工业和信息产业科技与教育专著出版资金资助出版

雷达技术丛书

雷达数据处理及应用

（第四版）

Radar Data Processing with Applications

（Fourth Edition）

何　友　修建娟　刘　瑜　崔亚奇　等著

電子工業出版社
Publishing House of Electronics Industry
北京 • BEIJING

内 容 简 介

本书是关于雷达数据处理理论及应用的一部专著，在前三版的基础上结合最新研究成果进行了修订、扩充和完善，是国内外该领域近年来研究进展的总结，全书总删减、新增、扩展和调整内容约53%。本书共由21章组成，主要内容有：雷达数据处理概述，参数估计，线性、非线性滤波方法，量测数据预处理技术，多目标跟踪中的航迹起始，多目标数据互联算法，多目标智能跟踪方法，中断航迹接续关联方法，机动目标、群目标跟踪算法，空间多目标跟踪与轨迹预报，多目标跟踪终结理论与航迹管理，无源雷达、脉冲多普勒雷达、相控阵雷达数据处理，雷达组网误差配准算法，雷达组网数据处理，雷达数据处理的性能评估和实际应用，以及关于雷达数据处理理论的回顾、建议与展望。

本书可供从事信息工程、C^3I 系统、雷达工程、电子对抗、红外、声呐、军事指挥等专业的科技人员阅读和参考，或作为上述专业的高年级本科生或研究生教材，同时也可供从事激光、机器人、遥感、遥测等领域的工程技术人员参考。

图书在版编目（CIP）数据

雷达数据处理及应用 / 何友等著. —4版. —北京：电子工业出版社，2022.7
（雷达技术丛书）
ISBN 978-7-121-43988-9

Ⅰ. ①雷…　Ⅱ. ①何…　Ⅲ. ①雷达信号—数据处理　Ⅳ. ①TN957.52

中国版本图书馆CIP数据核字（2022）第127495号

责任编辑：曲　昕
印　　刷：北京天宇星印刷厂
装　　订：北京天宇星印刷厂
出版发行：电子工业出版社
　　　　　北京市海淀区万寿路173信箱　邮编：100036
开　　本：787×1092　1/16　印张：35.5　字数：908.8千字
版　　次：2006年1月第1版
　　　　　2022年7月第4版
印　　次：2024年4月第8次印刷
定　　价：198.00元

凡所购买电子工业出版社图书有缺损问题，请向购买书店调换。若书店售缺，请与本社发行部联系，联系及邮购电话：（010）88254888，88258888。

质量投诉请发邮件至 zlts@phei.com.cn，盗版侵权举报请发邮件至 dbqq@phei.com.cn。

本书咨询联系方式：（010）88254468，quxin@phei.com.cn。

Abstract

This book is a monograph about radar data processing and its applications, and it is revised, expanded and improved by the authors on the basis of the previous three editions and combined with the summary of international and domestic advances in the research field and fruits of authors' research in recent 10 years. The total deletion, addition, expansion and adjustment of the book is about 53%. This book consists of 21 chapters, and the main contents are: radar data processing introduction, parameter estimator, linear filtering approach, nonlinear filtering approach, pretreatment technique of measurement, track initiation in multi-target tracking, multi-target data association approach, multi-target intelligent tracking approach, interrupted track association approach, maneuvering target tracking, group tracking, space multi-target tracking and trajectory prediction, multi-target tracking ending theory and track management, passive radar data processing, pulse Doppler radar data processing, phased array radar data processing, registration algorithm for radar network, radar net data processing, performance evaluations of radar data processing, practical applications of radar data processing, the last is the review suggestion and prospect about the radar data processing theory.

This book could be used by the scientific and technical staffs engaged in information engineering, C^3I system, radar engineering, electronic countermeasures, infrared technique, sonar technique, military command etc. to read and consult, and can also serve as the textbook of upperclassmen and graduate students of the above professions. This book also can be referenced by engineering staffs engaged in laser, robot, remote sensing and telemetry.

第四版前言

复杂环境下雷达多目标数据处理、跟踪滤波和多雷达数据融合已逐渐发展成为雷达领域的热门研究方向，现代雷达系统除了解决信号处理问题外还必须能够解决好数据处理问题，雷达数据处理已成为每个雷达系统和设计人员都不可回避的关键问题之一。为此，《雷达数据处理及应用》于 2006 年出版了第一版，并经过 2009 年第二版和 2013 年第三版的充实和更新，已经形成了稳定的框架。

（1）基础理论：时常参数估计→时变参数的线性滤波→非线性滤波；

（2）多目标跟踪：数据预处理→航迹起始→数据互联→机动目标跟踪→群跟踪→航迹质量管理；

（3）数据处理专题讨论：无源雷达→PD 雷达→相控阵雷达→雷达网数据处理→数据处理性能评估与应用等。

近年来，随着新型雷达相关硬件设备、信号处理算法、计算机性能的巨大进步，数据处理能力上了一个又一个新台阶，雷达数据处理理论、算法、应用等都得到不断发展，这些都使我们迫切感觉到需要对相关内容进行全面的扩展和完善，以适应当前雷达数据处理领域的发展。本书在第三版的基础上进行修订、扩展和完善，并结合近十年来的最新研究成果补充了新的内容，全书总删减、新增、扩展和调整内容约 53%，第四版修订后全书共 21 章，相关修订内容概括如下。

（1）新增“第 8 章 多目标智能跟踪方法”“第 9 章 中断航迹接续关联方法”和“第 12 章 空间多目标跟踪与轨迹预报”，主要讨论以深度学习/机器学习为代表的人工智能技术在多目标智能跟踪和中断目标航迹接续关联处理中的应用，以及空间目标跟踪等热点领域中著者团队的相关研究工作。

（2）删除原“第 7 章 极大似然类多目标数据互联方法”和原“第 18 章 雷达数据处理仿真技术”，原 7.3 节的内容合并到第 7 章，原 18.4 节算法仿真示例的部分内容调整到 7.6.5 节和 10.2 节。

（3）书稿其他章节的内容也均有不同程度的删减和新增，例如：第 3 章增加了 3.5 节 Sage-Husa 自适应卡尔曼滤波、3.6 节 H_∞卡尔曼滤波和 3.7 节变分贝叶斯滤波；第 4 章增加了 4.5 节平滑变结构滤波；第 5 章 5.3.1 节增加了 ECEF、ECI、NEU 坐标系的相关内容，5.3.3 节增加了“ECEF 坐标系与 ECI 坐标系间的转换”、“ECEF 坐标系与 NEU 坐标系间的转换”和“ECI 坐标系与 NEU 坐标系间的转换”，5.4.2 节删除了野值的判别方法中的部分内容；第 6 章增加了 6.3.7 节基于速度约束的改进 Hough 变换航迹起始算法；第 7 章增加了 7.7 节全邻模糊聚类数据互联算法；第 10 章 10.2 节增加了高超声速滑跃机动等典型的目标机动形式；第 14 章增加了 14.4.3 节扫描辐射源的时差无源定位；第 15 章增加了 15.3.2 节高重频微弱目标跟踪算法、15.5 节 PD 雷达应用举例等内容；第 18 章增加了一些典型的雷达组网系统介绍；第 20 章调整较大，特别是增加了雷达数据处理技术在船用导航雷达、AIS 和 ADS-B 系统、海上信息中心、对空监视系统中应用的典型实例。另外，本次修订其他章节内容也都有或多或少的调整，此处不再一一赘述。

（4）对全稿文字进行通读和修订，以使语句表述更加通顺易懂，增强书稿的可读性。

（5）参考文献由最后统一列出修订为各章分别单列，使读者查找相关文献更方便、更快捷，并根据近年来国内外研究成果的最新发展，补充了部分参考文献。

本书第四版修订工作由何友、修建娟、刘瑜、崔亚奇、董凯、孙顺、丁自然、李耀文等共同完成，其中何友参加了全书各章节的修订和扩充工作，并负责该书的顶层设计与构思、全书统稿、审改、完善和精品推进，指导其他作者对全书进行了四次修订和完善，其中个别章节修订五次以上；修建娟负责全书的初步统稿，第 1、5、11、13、16、19、21 章的修订，并编写第 12 章；刘瑜负责修订第 2、3、4、6、7、10 章；崔亚奇负责编写第 8、9 章，修订第 17、20 章；孙顺负责修订第 14 章；董凯负责修订第 15、18 章；丁自然负责修订缩略语和参考文献的按章排列。另外，刘俊、李耀文参加了本书部分章节的整理、校对等工作。本次修订过程中海军航空大学于洪波和谭顺成教员结合日常授课对本书提出了很多宝贵意见，研究生熊振宇、朱洪峰、徐平亮、顾祥岐、李浩然、孔战、陆源、邢汇源、姜乔文等也参与本书部分内容的校对、打印等工作，电子科技大学蔡德强教授在文献检索和查询中给予了诸多帮助，在此一并表示衷心的感谢。感谢国家自然科学基金（No.62171453、No.62001499）提供的资助和支持。最后，作者还要特别感谢电子工业出版社，特别是曲昕编辑对本书按期高质量出版的大力支持。

我们希望本书的出版，不仅能够给广大从事信息工程、模式识别、军事指挥等专业的科技人员提供一本可读性较好的参考书，也能够为他们的工作和后续学习打下一定的理论基础。

恳请广大读者能一如既往地关心本书，并提出宝贵的意见和建议。

何　友　修建娟　刘　瑜　崔亚奇　等

2022 年 5 月

于清华大学、海军航空大学

第三版前言

雷达技术的发展进步和应用需求持续推动雷达信号处理和数据处理技术的飞速发展，近年来随着新型雷达的不断出现，相关的硬件、算法和计算机性能等都取得了巨大进步，信号处理能力上了一个又一个新台阶，这就要求与之配套的雷达数据处理设备必须采用新的算法，能够在杂波环境下同时对多个目标进行处理，具有解决复杂环境下多目标数据互联、跟踪和多部雷达信息融合的能力。这些都使我们迫切感到需要结合雷达数据处理技术发展的新要求、新思路以及自己的最新研究成果对《雷达数据处理及应用（第二版）》的相关内容进行修订，以适应时代发展的需要。

本书从最基本的线性和非线性滤波方法入手，全面、系统地向读者介绍了雷达数据处理技术的发展情况与最新研究成果；在增强其逻辑性和可读性的基础上，对主要内容进行了补充和调整。具体为：（1）针对雷达数据处理的工程实现问题，对雷达数据处理器的工程设计要求、主要技术指标和数据处理器的评估等问题进行了分析和讨论。（2）将静态参数估计和动态参数估计这两部分既有相关性又有区别的内容分成两章分别进行讨论。（3）针对时变参数估计部分，详细讨论了描述系统输入输出关系的状态转移模型和输出观测模型的建立过程，充实了与稳态卡尔曼滤波相关的内容，包括滤波器稳定的数学定义和判断方法、随机线性系统的可控制性和可观测性等，同时结合弹道导弹目标跟踪问题充实了非线性滤波方面的内容。（4）增加了量测数据预处理中与时间配准相关的内容，讨论了三种典型的内插或外推时间配准方法，同时还增加了雷达误差标校技术等内容。（5）充实了航迹起始和极大似然类、贝叶斯类数据互联部分的内容，增加了针对编队目标进行航迹起始的算法、在杂波环境下对目标进行跟踪的综合概率数据互联（IPDA）算法和相应的仿真分析。（6）针对机动目标跟踪部分，增加了基于修正输入估计的机动目标自适应跟踪算法，并在同一仿真环境下对该算法和其他几种比较典型的机动目标跟踪算法进行了分析比较，得出了相关结论。（7）充实了杂波环境下群内目标精细航迹起始和编队群目标跟踪相关算法，增加了基于灰色理论的群目标精细航迹起始算法。（8）充实了航迹管理部分的内容，增加了航迹数据的存储和信息融合系统中的航迹文件管理等内容。（9）在无源雷达数据处理部分，增加了定位模糊椭圆最小准则下的无源传感器最优布站、测时差无源定位等内容，充实了机载 ESM 定位等内容。（10）将脉冲多普勒雷达数据处理和相控阵雷达数据处理相关内容分两章作为专题进行讨论，其中脉冲多普勒雷达数据处理一章在对原有内容进行调整、修改的基础上增加了无偏序贯不敏卡尔曼滤波算法、带 Doppler 测量的不敏卡尔曼滤波算法和机动目标不敏卡尔曼滤波算法，并分别在两种不同的仿真环境下对上述算法的跟踪性能进行了对比和分析，得出了相关结论；而相控阵雷达数据处理一章在原有内容的基础上增加了对相控阵雷达系统结构和工作过程的讨论，给出了相应的系统结构框图和相控阵雷达工作流程图，充实了多目标相关处理、变采样间隔滤波和资源调度策略部分的内容，增加了基于交互多模型的自适应采样、基于预测误差协方差门限的自适应采样和预先定义采样间隔的自适应采样等内容，最后通过仿真对相控阵雷达跟踪算法的性能进行了讨论和总结。(11) 将雷达组网误差配准问题从原来的雷达组网数据处理中分离出来用一章的篇幅做专门讨论，其中原有的雷达组网数据处理部分的内容进行了充实，增加了雷达组网优化布站、航迹关联等内容，补充了一些工程和实际上存在的雷达组网系统；而新增的雷达组网误差配准算法一章在对原有的系统误差配准相关内容进行充实的基础上，增加了对系统误差所造成影响的分析，特别是大的测距系统误差对航迹的影响，并把机动雷达误差配准算法专门作为一节进行了讨论，分别针对机动雷达系统建模方法、目标位置已知的机动雷达配准算法、机动雷达最大似然配准（MLRM）算法、联合扩维误差配准（ASR）算法进行了研究，同时还对上述算法的性能进行了仿真分析。(12) 对雷达数据处理性能评估部分进行了充实和补充，增加了雷达网数据处理性能评估相关内容。(13) 丰富了雷达数据处理应用部分的内容，在对原有内容进行充实并结合具体系统进行分析的基础上增加了与相控阵雷达系统应用有关的内容。同时，结合雷达数据处理技术日新月异的发展，本书增加了必要的参考文献，并对第二版中一些文字叙述不确切之处进行了修正。

本书在撰写出版过程中，烟台海军航空工程学院电子信息工程系王海鹏博士、崔亚奇博士生、董凯博士生、刘瑜博士生等参加了本书部分内容的编写和修改工作，著者在此一并向他们表示谢意。作者还要感谢电子工业出版社，特别是王春宁编辑对本书按期高质量出版的大力支持。

我们希望本书的出版，不仅给广大从事信息工程、模式识别、军事指挥等专业的科技人员提供一本可读性较好的参考书，也为他们的工作和后续学习打下一定的理论基础。

恳请广大读者能一如既往地关心本书，并提出宝贵的意见和建议。

何　友　修建娟　关　欣等
2013 年 3 月
于烟台海军航空工程学院

第二版前言

雷达技术的发展进步和应用需求推动雷达数据处理技术不断向前发展，雷达数据处理技术和优化理论、信息论、检测与估计、计算机科学等都有着紧密的联系，是未来各种智能化系统的重要基础之一。近年来，雷达数据处理技术无论在处理算法还是系统设计、硬件结构、实时处理软件编程等方面都有了长足的发展和进步，其在雷达、声呐、导航、通信、遥感、电子对抗、自动控制、生物医学、地球物理、经济学、社会学中都有良好的应用前景，受到了广泛的重视。

《雷达数据处理及应用》自2006年1月出版以来，受到广大读者的关注和厚爱，作者在此表示衷心的感谢。由于雷达数据处理理论、算法和应用的不断发展，我们迫切感觉到要对本书进行修订并补充新的内容，以适应时代发展的需要。

本书是在第一版的基础上加以修改和增订而成的，在力求具有较高科学性的前提下，从基本概念和基本滤波方法入手，全面、系统地向读者介绍了雷达数据处理技术的发展情况与最新研究成果；在增强其逻辑性和可读性的基础上，对主要内容进行了补充和调整，增加了“群目标跟踪”和“雷达数据处理性能评估”两章，同时还对第一版中原有的各章节内容进行了不同程度的修改，加强了在同一仿真环境下对不同算法的仿真比较，以增强说服力。具体为：（1）综合近几年雷达数据处理技术的发展，对雷达数据处理的研究现状给予了更全面的阐述；将雷达数据处理中所包含的相关概念和主要内容之间的关系给予了更深刻的分析；（2）充实了雷达数据处理所需的基础理论，对时常参数估计部分的内容进行了完善，并在同一仿真环境下对线性和非线性滤波算法、高斯和非高斯噪声情况下的非线性滤波方法进行了比较分析；（3）充实了雷达数据处理中有关多目标跟踪部分的内容，增加了简化联合概率数据互联算法，同时压缩了一些重复的内容，如删减了修正的当前统计模型部分内容；增加了群目标跟踪一章，在分析群的分割、群的互联和群速度估算三方面问题的基础上，从群的起始算法入手，围绕群的航迹更新、群的合并、群的分裂等多个方面研究了中心群目标跟踪算法和编队群目标跟踪算法；（4）补充了无源雷达数据处理一章的内容，增加了属性信息数据互联、机载ESM定位等内容，并将原来第3章的基于修正极坐标的无源跟踪调整到该部分；（5）对雷达组网数据处理技术一章进行了补充，增加了双基地雷达数据压缩可行性分析等内容；（6）增加了雷达数据处理性能评估一章，从平均航迹起始时间、航迹累积中断次数、航迹模糊度、航迹累积交换次数、航迹精度、跟踪机动目标能力、虚假航迹比例、发散度、有效度等几个方面研究了雷达数据处理性能评估指标，同时分析了蒙特卡罗方法、解析法、半实物仿真评估法、试验法等雷达数据处理性能评估方法；（7）进一步充实了雷达数据处理应用部分的内容，增加了带Doppler测量的雷达目标跟踪等内容。此外，根据近年来国内外最新的研究成果，本书增加了必要的参考文献并对第一版中一些文字叙述不确切之处进行了修正。

本书在撰写出版过程中，烟台海军航空工程学院电子信息工程系王国宏教授与作者进行了一些有益的讨论，提出了一些宝贵的修改意见；博士生宋强、王海鹏、王本才，硕士生张政超、刘小华等参加了本书部分内容的修改和校对工作，作者在此一并向他们表示谢意。作者还要感谢电子工业出版社，特别是王春宁编辑对本书按期高质量出版的大力支持。

我们希望本书的出版，不仅给广大从事信息工程、模式识别、军事指挥等专业的科技人员提供一本可读性较好的参考书，也为他们的工作和后续学习打下一定的理论基础。

恳请广大读者能一如既往地关心本书，并提出宝贵的意见和建议。

何 友 修建娟 张晶炜 关 欣 等

2009 年 7 月

于烟台海军航空工程学院

第一版前言

雷达数据处理器和雷达信号处理器是现代雷达系统中的两大重要组成部分，雷达接收到的信号先要在信号处理器中进行处理，达到抑制杂波、干扰信号和检测目标信号的目的；然后还要在数据处理器中进行处理，达到最大限度地提取目标坐标信息，以便对控制区域内目标的运动轨迹进行估计，并给出它们在下一时刻的位置推移，实现对目标高精度实时跟踪的目的。近年来，随着硬件、算法和计算机性能等方面的巨大进步，信号处理能力上了一个又一个台阶。这就使量测数据可被用于同时跟踪大量复杂目标，而且这些目标的机动性、目标平台的多样性、密集性和低可观测性也在不断加强，平台间对抗措施的先进性还在不断提高，从而也刺激了雷达数据处理的发展。本书是著者在多年来对雷达数据处理技术研究的基础上总结而成的，较全面、系统地向读者介绍了雷达数据处理技术的发展情况与最新研究成果，以期为国内同行提供一个进一步从事这一领域理论研究和实际应用的基础。

全书共分 15 章。第 1 章介绍了雷达数据处理的研究目的、意义、应用领域、历史和现状，以便使读者对雷达数据处理技术有一个全面的、基本的了解。第 2 章介绍状态估计与线性滤波方法，目的是为读者提供本书以后各章需要的理论基础。第 3 章研究非线性滤波方法。第 4 章讨论量测数据预处理技术，有效的量测数据预处理方法可以降低雷达数据处理的计算量和提高目标的跟踪精度。第 5 章研究了多目标跟踪中的航迹起始理论，具体包括两大类：一类是面向目标的顺序处理技术；另一类是面向量测的批处理方法。第 6 章讨论极大似然类多目标数据互联方法。作为第 6 章的继续，第 7 章研究贝叶斯类多目标数据互联方法。第 8 章研究机动目标跟踪方法，并分为具有机动检测的跟踪算法和自适应跟踪算法两大类进行论述。第 9 章讨论多目标跟踪终结技术与航迹管理技术。第 10 章研究无源雷达数据处理技术，同时还对无源雷达目标跟踪的优点和特点进行了阐述。第 11 章介绍相控阵技术在现代雷达系统中的应用情况，以及相控阵雷达数据处理的功能和特点，同时还介绍了脉冲多普勒（PD）雷达的一些相关知识和数据处理方法。第 12 章讨论雷达组网数据处理技术。第 13 章讨论雷达数据处理仿真技术，包括系统仿真的基础知识和进行 Monte Carlo 仿真实验时随机数的产生方法，同时还给出了雷达数据处理算法的仿真实例，以帮助读者能更好地理解系统仿真技术在雷达数据处理技术研究中的应用。第 14 章介绍雷达数据处理的实际应用。第 15 章回顾和总结本书的研究成果，并对某些问题提出进一步的研究建议。

本书由烟台海军航空工程学院何友、修建娟、张晶炜、关欣、熊伟、苏峰、董云龙、衣晓编著。我们知道，雷达数据处理技术是随着武器系统和设备、信号处理技术等的发展而不断发展的，由于篇幅的限制，本书不可能对这些发展做出统览无余的介绍。为此，我们在每章的最后都进行了归纳和总结，指出一些重要的新发展供读者进一步研究参考。同时，由于著者水平有限，书中难免还存在一些缺点和错误，殷切希望广大读者批评指正。

# 致　　谢

本书在撰写出版过程中，得到了国内著名电子学专家郭桂蓉院士、毛二可院士的推荐和帮助，在此向他们表示感谢。

感谢海军航空工程学院王国宏教授与作者进行了很多有益的学术交流和讨论，并在百忙之中审阅本书的手稿，提出了非常宝贵的意见。在此，对王国宏教授表示深深的谢意。

书中引用了一些论著及研究成果，在此向相关原作者表示深深的谢意。同样要感谢海军航空工程学院的领导、同仁和电子工业出版社，特别是电子工业出版社的王春宁编辑，正是由于他们的大力支持才保证了本书按期高质量出版。

在此，我还要感谢我的妻子潘丽娜女士，感谢她数十年来对我事业的理解和支持，感谢她在生活中给予了我无微不至的关心和照顾，这些都是我完成本书的基础。

最后还要感谢电子信息科技专著出版专项资金委员会对本书出版的资助。

何　友

2005 年 9 月

于烟台海军航空工程学院

目录

第1章 概 述

1.1 雷达数据处理的目的和意义

现代雷达系统概括来讲一般都包含信号处理器和数据处理器这两大重要组成部分，信号处理器是用来检测目标的，即利用恒虚警检测等一系列方法来抑制由地（海）面杂波、气象、射频干扰、噪声源和人为干扰所产生的不希望有的信号[1-3]。经过一系列处理后的视频输出信号若超过某个设定的检测门限，便判断为发现目标[4,5]，然后还要把发现的目标信号输送到数据录取器录取目标的空间位置、幅度值、径向速度以及其他一些目标特性参数[6]，数据录取器一般是由计算机来实现的。由数据录取器输出的点迹（量测）还要在数据处理器中完成各种相关处理，数据处理器通过对获得的目标位置（如径向距离、方位、俯仰角）、运动参数等测量数据进行互联、跟踪、滤波、平滑、预测等运算[7-9]，以达到有效抑制测量过程中引入的随机误差，对控制区域内目标的运动轨迹和相关运动参数（如速度和加速度等）进行估计，预测目标下一时刻位置等目的，最终形成稳定的目标航迹，并提供精度更高的目标速度、位置等信息[10,11]。

从对雷达回波信号进行处理的层次来讲，雷达信号处理通常被看作对雷达探测信息的一次处理，它是在每个雷达站进行的，通常利用同一部雷达、同一扫描周期、同一距离单元的信息，目的是在杂波、噪声和各种有源、无源干扰背景中提取有用的目标信息。而雷达数据处理通常被看作对雷达信息的二次处理，它利用同一部雷达、不同扫描周期、不同距离单元的信息，它可以在各个雷达站单独进行，也可以在雷达网的信息处理中心或指挥中心进行。而多雷达数据融合则看作对雷达信息的三次处理，它通常是在信息处理中心完成的，即信息处理中心所接收的是多部雷达一次处理后的点迹或二次处理后的航迹（通常称作局部航迹），融合后形成的航迹称作全局航迹或系统航迹。雷达信息二次处理是在一次处理的基础上，实现多目标的滤波、跟踪，对目标的运动参数和特征参数进行估计，同时，随着检测前跟踪（TBD）技术的发展，二次处理和一次处理先后关系的界限越来越模糊，而三次处理和二次处理之间则更没有严格的时间界限，它是二次信息处理的扩展和自然延伸，主要表现在空间维数上。

近年来，随着新型雷达和新概念雷达的不断出现，相关的硬件、算法和计算机性能等都取得了巨大进步，信息处理能力上了一个又一个台阶[12,13]，这就使与之相适应的雷达数据处理设备功能越来越强，处理的信息量越来越大，设备的组成也越来越复杂，这些都对雷达数据处理工作提出了更高的要求，从而也加速了雷达数据处理技术的发展。

1.2 雷达数据处理中的基本概念

雷达数据处理单元的输入是雷达数据录取器输出的雷达点迹，数据处理单元输出的是对目标进行数据处理后所形成的航迹。目标跟踪和数据互联是雷达数据处理的两大核心技术，目标跟踪是通过量测数据对不同时刻目标的位置坐标以及目标状态进行近似估计和预测，数据关联是将后一时刻的量测数据与前一时刻可能的目标量测或目标航迹的配准问题，除此之外，雷达数据处理过程中的功能模块还包括：点迹预处理、航迹起始等内容，而数据关联和跟踪的过程中还必须建立波门。雷达数据处理的简要流程如图 1.1 所示。下面简要讨论雷达数据处理各个功能模块所包含的主要内容和相关概念。

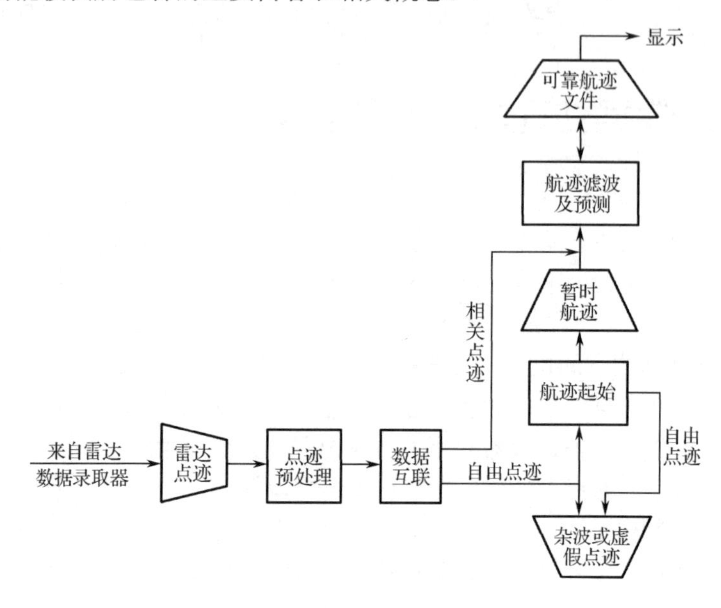

图 1.1　雷达数据处理简要流程图

1. 量测

量测是指与目标状态有关的受噪声污染的观测值[14]，量测通常并不是雷达的原始数据点，而是经过信号处理后的数据录取器输出的点迹。点迹按是否与已建立的目标航迹发生互联可分为自由点迹和相关点迹，其中，与已知目标航迹互联的点迹称为相关点迹，而与已建立的目标航迹不互联的点迹为自由点迹。另外，初始时刻测到的点迹均为自由点迹。概括来讲量测主要包括以下几种：

① 雷达所测得的目标距离、方位角、俯仰角；

② 两部雷达之间的到达时间差；

③ 目标辐射的窄带信号频率；

④ 观测的两个雷达之间的频率差（由多普勒频移产生）；

⑤ 信号强度等。

在现代复杂环境中，由于多种因素的影响，量测有可能是来自目标的正确量测，也有可能是来自杂波、虚假目标、干扰目标的错误量测，而且还有可能存在漏检情况，也就是说量测通常具有不确定性。概括来讲造成量测不确定性的原因主要有以下几种：

① 检测过程中的随机虚警；

② 由于所感兴趣目标附近的虚假反射体或辐射体所产生的杂波；

③ 干扰目标；

④ 诱饵等。

2. 量测数据预处理

尽管现代雷达采用了许多信号处理技术，但总会有一小部分杂波/干扰信号漏过去，为了减轻后续数据处理计算机的负担、防止计算机饱和以及提高系统性能等，还要对一次处理所给出的点迹（量测）进行预处理，即量测数据预处理。量测数据预处理是对雷达信息二次处理的预处理，它是对雷达数据进行正确处理的前提条件，有效的量测数据预处理方法可以起到“事半功倍”的作用，即在降低目标跟踪计算量的同时提高目标的跟踪精度。量测数据预处理技术包括的内容很多，其中主要包括系统误差配准、时间配准、空间配准、野值剔除及防止出现饱和等。

（1）系统误差配准。雷达对目标进行测量所得的测量数据中包含两种测量误差：一种是随机误差，是由测量系统的内部噪声引起的，每次测量时它可能都是不同的，随机误差可通过增加测量次数，利用滤波等方法使误差的方差在统计意义下最小化，在一定程度上克服随机误差；另一种是系统误差，它是由测量环境、天线、伺服系统、数据采集过程中的非校准因素等引起的，例如雷达站的站址误差、高度计零点偏差等，系统误差是复杂、慢变、非随机变化的，在相对较长的一段时间内可看作未知的“恒定值”。文献[15]的研究结果表明当系统误差和随机误差的比例大于等于1时，分布式航迹融合和集中式点迹融合的效果明显恶化，此时必须对系统误差进行校正。

（2）时间配准。由于每部雷达的开机时间和采样率均可能不相同，通过数据录取器所录取的目标测量数据通常并不是同一时刻的，所以在多雷达数据处理过程中必须把这些观测数据进行时间同步，通常利用一个雷达的采样时刻为基准，其他雷达的时间统一到该雷达的时间上。

（3）空间配准，即把不同雷达站送来的数据的坐标原点的位置、坐标轴的方向等进行统一，从而将多个雷达的测量数据纳入一个统一的参考框架中，为雷达数据处理的后期工作做铺垫。

（4）野值剔除，即把雷达测量数据中明显异常的值剔除。

（5）防止出现饱和，主要指下面两种情况下出现的饱和：

① 数据处理系统设计时，要限定能够处理的一定数量的目标数据，然而在实际系统中，要处理的数据远远超出处理能力时出现的饱和；

② 数据处理部分被分配的处理时间有限，当点迹的数量或目标批数增加到一定数量时，也出现饱和。在这种情况下，数据处理器对一次观测得到的数据尚没处理完，就被迫中断而去处理下一批数据。

3. 数据互联

在单目标无杂波环境下，目标的相关波门内只有一个点迹，此时只涉及跟踪问题。在多目标情况下，有可能出现单个点迹落入多个波门的相交区域内，或者出现多个点迹落入单个目标的相关波门内，此时就会涉及数据互联问题。例如，假设雷达在第n次扫描之前已建立了两条目标航迹，并且在第n次扫描中检测到两个回波，那么这两个回波是两个新目标，还是已建立航迹的两个目标在该时刻的回波呢？如果是已建立航迹的两个目标在该时刻的回波，那么这两次扫描的回波和两条航迹之间怎样实现正确配对呢？这就是数据互联问题，即建立某时刻雷达量测数据和其他时刻量测数据（或航迹）的关系，以确定这些量测数据是否来自同一个目标的处理过程（或确定正确的点迹和航迹配对的处理过程）。数据互联通常又称作数据关联，有时也被称作点迹相关，它是雷达数据处理的关键问题之一，如果数据互联不正确，那么错误的数据互联就会给目标配上一个错误的速度，对于空中交通管制雷达来说，错误的目标速度可能会导致飞机碰撞；对于军用雷达来说，可能会导致错过目标拦截。数据互联通常是通过相关波门来实现的，即通过波门排除其他目标形成的真点迹和噪声、干扰形成的假点迹。概括来讲，按照互联的对象的不同，数据互联问题可分为以下几类[16]：

① 量测与量测的互联或点迹与点迹的互联（航迹起始）；

② 量测与航迹的互联或点迹与航迹的互联（航迹保持或航迹更新）；

③ 航迹与航迹的互联又称作航迹关联（航迹融合）。

从数学上来看，数据互联问题可分为以下两种模型[16]：

① 确定性模型，其中量测源是确定的，并忽略它未必是正确的这一事实；

② 概率模型，它利用贝叶斯准则计算各个事件的概率，然后利用这些概率值适当修正状态估计算法。

在多目标跟踪中，数据互联问题是整个跟踪问题的核心与关键，在多目标环境下为了有效解决不同时刻测量数据的正确关联问题，就需要利用尽可能多的信息，数据互联算法往往也会比较复杂。

4. 波门

在对目标进行航迹起始和跟踪的过程中通常要利用波门解决数据互联问题，那么什么是波门呢？它又分为哪几种呢？下面就针对该问题作简要讨论。

初始波门：以自由点迹为中心，用来确定该目标的观测值可能出现范围的一块区域。在航迹起始阶段，为了更好地对目标进行捕获，初始波门一般要稍大一些。

相关波门（或相关域、跟踪波门）是指以被跟踪目标的预测位置为中心，用来确定该目标的观测值可能出现范围的一块区域[17]。波门大小与雷达测量误差大小、正确接收回波的概率等有关，也就是在确定波门的形状和大小时，应使真实量测以很高的概率落入波门内，同时又要使相关波门内的无关点迹的数量不是很多。落入相关波门内的回波称为候选回波。相关波门的大小反映了预测的目标位置和速度的误差，该误差与跟踪方法、雷达测量误差以及要保证的正确互联概率有关。相关波门的大小在跟踪过程中并不是一成不变的，而是应根据跟踪的情况在大波门、中波门和小波门之间自适应调整。

① 对处于匀速直线运动目标，比如民航飞机在高空平稳段飞行时，设置小波门；波门最小尺寸不应小于测量误差的均方根值的 3 倍；

② 当目标机动比较小时，比如飞机的起飞和降落、慢速转弯等可设置中波门；中波门可在小波门的基础上再加上 1～2 倍的测量误差的均方根值；

③ 当目标机动比较大时，比如飞机快速转弯，或者是目标丢失后的再捕获，可采用大波门。另外，在航迹起始阶段，为了有效地捕获目标初始波门也应采用大波门。

5. 航迹起始与终结

航迹起始是指从目标进入雷达威力区（并被检测到）到建立该目标航迹的过程。航迹起始是雷达数据处理中的重要问题，如果航迹起始不正确，则根本无法实现对目标的跟踪。

由于在对目标进行跟踪的过程中，被跟踪的目标随时都有逃离监视区域的可能性，一旦目标超出了雷达的探测范围，跟踪器就必须做出相应的决策以消除多余的航迹档案，进行航迹终结。

6. 跟踪

跟踪问题和数据互联问题是雷达数据处理中的两大基本问题，它们之间的关系可用图 1.2 表示，前面我们已经简要介绍了数据互联的相关概念，下面介绍什么是跟踪。

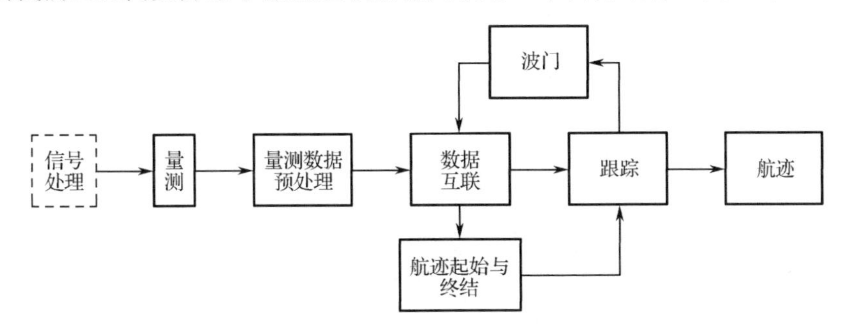

图 1.2 数据互联与跟踪关系框图

跟踪是指对来自目标的量测值进行处理，以便保持对目标现时状态的估计[16]。多雷达多目标跟踪系统是一个复杂性很高的大系统，这种复杂性主要是由于雷达数据处理过程中存在的不确定性。

（1）从量测数据来看，由于雷达得到的量测数据是随时间变化的随机变量（随机序列），该随机序列可能是非等间隔采样得到的，可能存在系统误差[18]，观测噪声是非高斯分布的等等，这些影响因素都需在实测数据处理中加以考虑。

（2）从多目标跟踪角度看，跟踪问题的复杂性主要来源于：

① 量测源的不确定性，由于存在多目标和虚警，雷达环境会产生很多点迹，导致用于滤波的量测值的不确定性；

② 目标模型参数不确定性，这是由于目标随时可能出现机动现象，导致一开始设置的模型参数不准确，此时必须根据跟踪情况不断对模型参数做出调整，以解决机动目标跟踪问题。

（3）从系统角度看，跟踪系统可能是非线性的，系统结构复杂，而复杂环境下的系统跟踪性能一方面取决于滤波算法本身解决量测源的不确定性和目标模型参数不确定性的能力，即滤波算法能否有效解决量测数据的互联和目标自适应跟踪问题，另一方面也需对系统本身的非线性等加以考虑。

为了能够在这些复杂条件下对目标进行有效跟踪，主要需要解决以下两个方面的问题。

（1）目标运动模型和观测模型的建立。雷达数据处理中的基础是估计理论，它要求建立系统模型来描述目标动态特性和雷达测量过程。状态变量法是描述系统模型的一种很有价值的方法，它是在系统状态方程和观测方程基础上进行的，并把系统状态变量、系统状态方程和观测方程、系统噪声和观测噪声、系统输入以及系统输出（即状态变量的估值）称为目标跟踪系统建模的 5 个基本要素。上述 5 个基本要素反应了一个系统的基本特征，也可以看作是动态系统的一种完备表示。其中，系统状态变量的引入是创立最优控制和估计理论的核心。这是因为在状态空间中，所定义的状态变量应是能够全面反映系统动态特性的一组维数最少的变量，并把某一时刻的状态变量表示为前一时刻状态变量的函数。系统的输入输出关系是用状态转移模型和输出观测模型在时域内加以描述的。状态反映了系统的“内部条件”，状态方程输入可以由确定的时间函数和代表不可预测的变量或噪声的随机过程组成，输出是状态向量的函数，观测方程通常受到随机观测误差的扰动。在系统建模过程中，用系统状态方程和观测方程来描述目标运动动态特性的方法是迄今为止最成功的常用方法。跟踪相关数学模型的图解说明如图 1.3 所示，从图中可见状态方程和观测方程之间的关系。

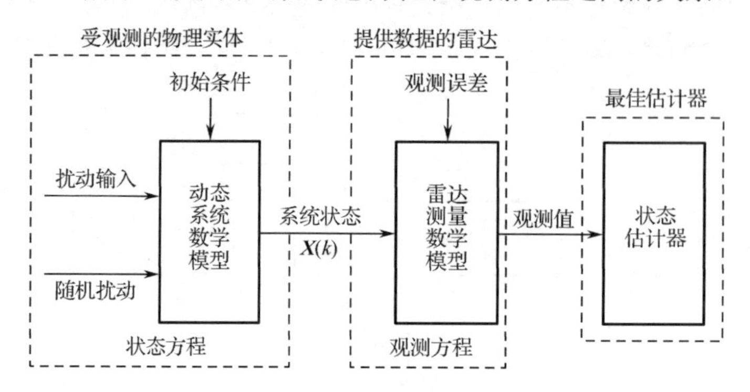

图 1.3　跟踪相关数学模型的图解说明

（2）跟踪算法。在状态空间中进行的跟踪滤波算法实际上属于基于状态空间的最优估计问题，跟踪算法关心的问题主要有以下两点。

① 机动多目标跟踪问题，机动是目标的基本属性之一，也是进攻或逃避过程中常用的运动形式。因此，机动多目标跟踪是目标跟踪领域的重点研究问题，它需要解决机动目标模型、检测以及跟踪算法。

② 跟踪算法的最优性、鲁棒性、快速性问题，即需要统筹考虑算法的跟踪实时性、跟踪精度和算法的稳健性问题。同时，随着新体制雷达的出现，需要研究新的跟踪算法，如相控阵雷达、超视距雷达、多传感器组网等，需要不断研究新的跟踪算法。

目标跟踪中状态估计是否有效、可靠，关键在于所建立的数学模型是否与实际系统的变化情况相匹配。一旦目标的真实运动与滤波所采用的目标运动模型不一致或者出现了错误的数据互联等，都可能导致滤波发散，即滤波值和目标真实值之间的差值随着时间的增加而无限增长。一旦出现发散现象，滤波就失去了意义。

7. 航迹

航迹是由来自同一个目标的量测集合所估计的目标状态形成的轨迹[16]，即跟踪轨迹。雷达在对多目标进行数据处理时要对每个跟踪轨迹规定一个编号，即航迹号，与一个给定航迹相联系的所有参数都以其航迹号作为参考；而航迹可靠性程度的度量可用航迹质量来描述，通过航迹质量管理，可以及时、准确地航迹起始以建立新目标档案，也可以及时、准确地撤销航迹以消除多余目标档案[17]。航迹是数据处理的最终结果，可参见目标跟踪流程图，如图 1.4 所示。

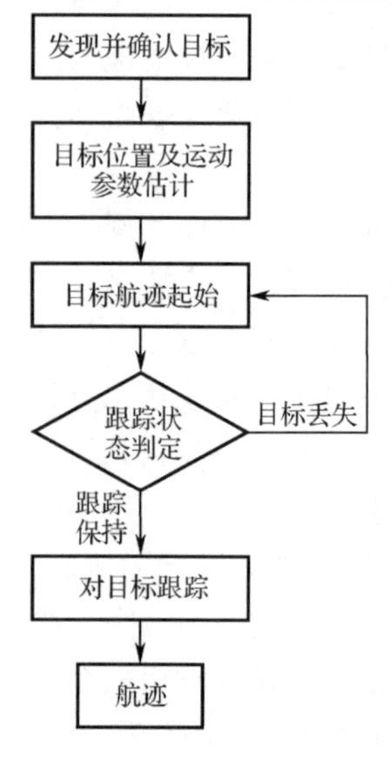

图 1.4　目标跟踪流程图

根据所航迹起始的质量高低，航迹可分为以下几类。

（1）可能航迹。可能航迹是由单个测量点组成的航迹。

（2）暂时航迹。由两个或多个测量点组成的并且航迹质量数较低的航迹统称为暂时航迹，它可能是目标航迹，也可能是随机干扰，即虚假航迹。可能航迹完成初始相关后就转化成暂时航迹或被撤销，也有人把暂时航迹称为试验航迹。

（3）确认航迹。确认航迹是具有稳定输出或航迹质量数超过某一定值的航迹，也称为可靠航迹或稳定航迹，它是数据处理器建立的正式航迹，通常被认为是真实目标航迹。

（4）固定航迹。它是由杂波点迹所组成的航迹，其位置在雷达各次扫描间变化不大。

在点迹与航迹的互联过程中可确定这样一种排列顺序：先是固定航迹，再是确认航迹，最后是暂时航迹。也就是说在获得一组观测点迹后，这些点迹首先与固定航迹关联，那些与固定航迹关联上的点迹从点迹文件中删除并用来更新固定航迹，即用互联上的点迹来代替旧的杂波点。若这些点迹不能与固定航迹进行互联，其再与已经存在的确认航迹进行互联，互联成功的点迹用来更新确认航迹。和确认航迹关联不上的点迹和暂时航迹进行互联，暂时航迹后来不是消失了就是转为确认航迹或固定航迹。确认航迹的优先级别高于暂时航迹，这样可使得暂时航迹不可能从确认航迹中窃得点迹。

（5）航迹撤销。当航迹质量数低于某一定值或是由孤立的随机干扰点组成时，称该航迹为撤销航迹，而这一过程称为航迹撤销或航迹终结。航迹撤销就是在该航迹不满足某种准则时，将其从航迹记录中抹去，这就意味着该航迹不是一个真实目标的航迹，或者该航迹对应的目标已经运动出该雷达的威力范围。也就是说如果某个航迹在某次扫描中没有与任何点迹关联上，要按最新的速度估计进行外推，在一定次数的相继扫描中没有关联点迹的航迹就要被撤销。航迹撤销的主要任务是及时删除假航迹而保留真航迹。

航迹撤销可考虑分为三种情况：

① 可能航迹（只有航迹头的情况），只要其后的第一个扫描周期中没有点迹出现，就将其撤销；

② 暂时航迹（例如对一条刚初始化的航迹来说），只要其后连续三个扫描周期中没有点迹出现，就将该初始航迹从数据库中消去；

③ 确认航迹，对其撤销要慎重，可设定连续 4～6 个扫描周期内没有点迹落入相关波门内，可考虑撤销该航迹，需要注意的是，这期间必须多次利用盲推的方法，扩大波门去对丢失目标进行再捕获，当然也可以利用航迹质量管理对航迹进行撤销。

8．和航迹相关的几个概念

（1）冗余航迹：当有二个或二个以上的航迹分配给同一个真实目标时，称为航迹冗余，多余的航迹称为冗余航迹。

（2）航迹中断：如果某一航迹在 t 时刻分配给某一真实目标，而在 $t+m$ 时刻没有航迹分配给该目标，则称在 t 时刻发生了航迹中断，其中，m 是由测试者设定的一个参数，通常取 $m=1$。

（3）航迹交换：如果某一航迹在 t 时刻分配给某一真实目标，而在 $t+m$ 时刻另一个航迹分配给该目标，则称在 t 时刻发生了航迹交换，其中，m 是由测试者设定的一个参数，通常取 $m=1$。

（4）航迹寿命：航迹的长度（连续互联次数），按照终结的航迹是假航迹还是真航迹又可分为[19]：

① 假航迹寿命：一条假航迹从起始到被删除的平均雷达扫描数称为假航迹寿命。在虚假点迹十分密集的情况下，既使是虚假航迹有时也维持较长的长度。

② 真航迹寿命：一条真航迹起始后被误作假航迹删除的平均雷达扫描数，称为真航迹寿命。

真航迹维持时间受两个因素的限制：

① 由于点迹-航迹关联错误（真点迹测量到了，但和其他航迹发生互联，在密集目标环境或交叉目标环境等容易出现该问题），可能降低真实航迹质量，甚至把真实航迹当作假航迹删除。

② 由于连续丢失量测次数达到给定的门限而作为丢失目标被删除，该情况容易出现在低信噪比或强干扰情况下。

9. 网络中心式数据处理

随着计算机技术、通信技术和微电子技术的发展，以及现代战争的复杂性日益提高，迫使人们要对多种体制的雷达源进行更有效的集成，以提高信息处理的自动化程度。现代战争中雷达组网是对抗四大威胁的一种有效手段，而从信息流通形式和数据处理方式上看，雷达组网可以采用的数据处理结构有：集中式、分布式、混合式、多级式、网络中心式等，其中集中式、分布式、混合式、多级式数据处理结构可参见文献[9]下面简要介绍一下网络中心式数据处理结构。

网络中心战是由美国前海军作战部长 Jay Johnson 首先提出来的，美国国防部向国会和总统提交的 2003 年《国防报告》中正式将这一理念写入国防政策报告，而协同作战能力（Cooperative Engagement Capability，CEC）系统是网络中心战的重要组成部分。CEC 网络中，由于传感器观测范围的限制，或敌方干扰、外部大气环境条件以及雷达本身的故障等影响，当某个或某几个传感器对目标的观测处于盲区状态时，参加网络作战的每个 CEC 单元只能观测到目标的部分时间段，因而导致航迹不连续，甚至丢失目标。但是由于数据分发系统（DDS）的实现，各个传感器平台可以进行实时的数据交换，使得不同的观测数据可以在最短的时间内共享，互补观测空白，提高观测精度，使传感器的观测盲区最小化，最大程度克服干扰区内目标航迹的不稳定性。通过航迹合成可应用网内其他传感器的观测数据（或航迹）填补观测空白，从而得到比不采用这种技术产生的航迹态势更加清晰、准确、完整的航迹处理过程，得到的是全局航迹而不是局部航迹，是稳定航迹，而不是暂时航迹。

10. 多目标智能跟踪

近年来，以深度学习、机器学习为代表的人工智能技术在视频图像、自然语言处理、控制决策等多个领域取得重大突破，该技术受到国内外学者的普遍重视，得到大量研究[20~23]，人们不断尝试把人工智能理论向其他领域延展。多目标智能跟踪是人工智能与雷达数据处理技术交叉融合的结果，它是利用以神经网络为代表的深度学习算法所具有的强大非线性拟合、学习、联想等能力，通过神经网络技术等来识别目标的运动模式、参数，对目标跟踪中的关键核心问题利用深度学习、机器学习等人工智能理论加以解决。

1.3 雷达数据处理器的设计要求

1. 数据处理器的基本任务

通过前面对雷达数据处理中相关基本概念的讨论和阐述可知，数据处理器的基本任务包括：

① 量测数据预处理；

② 互联区域和互联准则的确定、真假点迹的区分；

③ 新航迹的建立；

④ 点迹与已有航迹的互联、航迹维持；

⑤ 航迹与航迹之间的关联和融合；

⑥ 航迹终结和航迹管理，包括质量等级确定、航迹质量管理等；

⑦ 态势显示，包括航迹和点迹的显示。

2. 数据处理器的工程设计

数据处理器工程设计是一种综合设计，一般需要考虑如下 3 个方面的问题。

（1）要考虑跟踪精度、鲁棒性以及跟踪实时性之间的平衡关系。

目标跟踪算法大多是在系统噪声和量测噪声概率分布函数服从某种假设条件下获得的，而且通常假设系统噪声和量测噪声均为高斯白噪声，然而在实际系统中几乎不可能找到一个完全符合高斯分布的母体，电磁环境的突变、观测设备的不完善或故障等因素都可能使观测值偏离高斯分布。当系统实际噪声分布偏离算法事先所假设的噪声分布时，跟踪算法能够有效排除系统中不确定性因素和异常值的干扰，而保证估计效果和估计精度不发生大的变化，即保证估计算法的稳健性，从而保证系统正常工作，这就是鲁棒跟踪（估计）问题。也就是允许系统对噪声分布模式做比较“宽松”的假设，即它或许对某种特定的分布模式不是最优的，但它能排除异常值的干扰，提高系统的抗干扰能力。研究鲁棒估计理论的基本思想是寻找一种既能剔除或抗拒异常值（情况）的一些影响，又能基本上具有传统估计方法的一些良好特性的估计算法，即统筹考虑估计的最优性和鲁棒性问题。最优性强调的是使系统指标函数达到极小（或极大）的一种算法；而鲁棒性关心的是牺牲系统的一些指标来提高系统抗干扰性能的一种算法，因此，鲁棒性和最优性之间求最佳平衡是贯穿鲁棒跟踪系统设计的全过程，为保证鲁棒性，有必要牺牲一些效率。

现在在跟踪精度、鲁棒性以及跟踪实时性这三个指标之间普遍存在的问题是：

① 过分强调跟踪精度指标，忽略鲁棒性指标，导致目标跟踪结果在仿真阶段跟踪精度很高，而在实际工程检验阶段跟踪精度下降严重，降低了算法的工程实用价值；

② 过分追求理想化的指标设计，其结果是算法结构十分复杂，严重影响实时性。

对于工程算法来讲，鲁棒性指标是首位的，其次是跟踪精度和跟踪实时性指标。而在工程化的指标设计中，上述跟踪精度、鲁棒性和跟踪实时性 3 项指标是必须要折中考虑的基本技术指标。

（2）可靠性。

雷达数据处理器工程设计中应该选择结构简单、可靠性高、容易实现、在工程上较成熟的算法，否则系统不能连续正常工作，同时作为软件系统数据处理器的设计需要模块化，另外还需具有可视性和可修改性。

（3）智能信息处理。

虽然数据处理器所包含的功能模块基本相同，但不同的雷达对数据处理器的设计要求大不一样。例如天波超视距雷达的核心是电离层数学模型问题，具体为电离层多径结构引起的回波多径，严重的短波环境噪声及电离层传播特性引起的回波信号严重衰减，使雷达点迹存在较大的虚警和漏警概率，导致航迹不连续；地波超视距雷达中虚假航迹剔除和稳定航迹保持问题十分突出，因此在设计数据处理器时，首先要根据系统对数据处理器的指标要求分析数据处理器的特征，包括量测数据特性，例如点迹时空分布特征、噪声分布和统计特性、信噪比变化规律、目标密集程度等。另外，还包括系统的分辨率、检测器虚警和发现概率、积累时间以及坐标系等，为数据处理器指标分配、设计的侧重点提供依据。

1.4　雷达数据处理器的主要技术指标及评估

1. 数据处理器的主要技术指标

数据处理器主要技术指标概括如下。

（1）实时性。

若所采用的跟踪算法太复杂，数据处理时间占用太长，可能这一批数据还没有处理完，下一批数据又来了，造成数据处理饱和，影响处理效果和态势显示的实时性，态势显示无法准确反映当前的目标位置信息。

（2）跟踪容量。

跟踪容量是指数据处理器能同时跟踪的最大目标数量。这一指标的要求随着目标密集程度、传感器工作环境复杂性和硬件系统处理速度的提高而越来越高，同时由于数据漏检等原因，目标航迹可能出现断续，同一个目标航迹可能被误判成几个目标航迹，并赋予了不同的目标编号，增加了系统跟踪容量。

（3）真目标丢失概率和虚假目标概率。

这是极为重要的指标，实际上这两者是相互制约的，为了保证真实航迹的起始概率，必须建立较大的互联波门，这虽然可以提高真实目标落入波门内的概率，但落入波门内的其他无关点迹也会大量增加，在保证真实目标被起始的同时也要付出大量虚假目标被起始的代价，这对降低虚假航迹概率不利。反过来如果要降低虚假航迹的概率，波门要建的小一点，这会导致真实目标落不到波门内，导致真实目标丢失。这就要求波门的设计要合理，根据工程上对这两项指标要求的侧重点不同采用不同的准则，也可以在不同的探测区域采用不同的准则，在具体系统中这一指标的测试与检测器指标测试紧密相关，需要统筹考虑检测器和数据处理器指标[10]。

（4）跟踪精度。

这是数据处理器的核心指标。它主要取决于传感器的测量精度、所采用的数据互联和滤波算法等。

2. 数据处理器性能评估

数据处理性能评估主要包括如下 4 个方面。

（1）数据互联。这是较为复杂的评估指标，通常用不同环境下的数据，如存在野值、密集目标环境、交叉目标环境（可参考图 19.1）、目标接近-离开（可参考图 19.2）、机动多目标环境等，通过计算多目标正确互联概率、错误互联概率、漏互联概率等指标来对数据互联情况进行评价。

（2）跟踪批数。它直接反映系统跟踪容量和处理能力。

（3）跟踪滤波器精度。此时要综合考虑包括跟踪精度和实时性、鲁棒性（抗干扰性）等指标之间的平衡问题。

（4）实时性。此时需要用实测数据检验数据处理器的处理速度。

对于雷达系统来讲，数据处理器评估是极为重要的工作，因为雷达系统的许多指标，如威力范围、系统分辨率、跟踪批次、跟踪精度、目标分类和威胁度估计等的测试最终由数据处理器评估来确定，有关内容将在第 19 章专门讨论。

数据处理器评估过程可分为如下几个阶段：

① 分析和仿真阶段，这一阶段的关键是数学模型的建立；

② 各模块测试及评价阶段，重点是各模块接口硬件和通信协议的调试；

③ 室内联调和测试阶段；

④ 外场实验阶段；

⑤ 定型阶段。

通常一部雷达定型之前要进行一系列试验，而每一次试验可获取十分丰富的数据。这里强调的是：在外场实验过程中要注意通过实验数据建立数据处理器测试数据库[9]，并用这些实际数据，进一步调整具体的算法。测试数据库可分类建立，如航迹起始测试数据库、虚假航迹测试数据库、机动和非机动目标测试数据库、强干扰环境测试数据库等，因为现场的实际数据真实地反映了复杂的外部环境，而仿真实验是有限的。

文献[24]中设计开发了一种实用、易于部署、模块化的机载雷达数据处理器，该处理器共分为三层，第一层为预处理层，其主要功能是减少杂波并处理不想要的点迹；第二层是非机动目标跟踪和目标机动检测层；第三层是机动目标跟踪层。该处理器通过这些跟踪层之间的交互和无缝集成解决机动多目标跟踪问题，其目的在于减少机动雷达中的错误或不想要的航迹，通过第二、三层的反馈来提高检测性能。数据处理器的分层设计有助于有效使用不同算法，发挥模块可重用性和可配置性，在可维护性方面具有优势。

1.5　雷达数据处理技术研究历史与现状

最早的雷达数据处理方法是高斯于 1795 年提出的最小二乘算法，高斯首次运用该方法对神谷星轨道进行预测，开创了用数学方法处理观测数据和实验数据的科学领域。最小二乘算法虽然具有未考虑观测数据的统计特性等缺点，但由于它具有计算比较简单等优点，所以最小二乘算法仍然是一种应用非常广泛的估计方法，而且这种方法经后人的不断修改和完善，现在已经具有适于实时运算的形式，该方法是在得不到准确的系统动态误差和观测数据统计特性情况下的一种数据处理方法[25]。1912 年 R. A. Fisher 提出了极大似然估计方法，该方法从概率密度角度出发来考虑估计问题，对估计理论做出了重要贡献。随后对于随机信号的估计也于 20 世纪 30 年代蓬勃展开，逐渐建立了以概率论和随机过程为基础的现代滤波理论。1940 年，控制论的创始人之一、美国学者 N. Wiener 提出了著名的 Wiener（维纳）滤波，Wiener 滤波一经提出就被应用于通信、雷达和控制等各个领域，并取得了巨大成功。同一时期，苏联学者科尔莫哥洛夫提出并初次解决了离散平稳随机序列的预测和外推问题，Wiener 滤波和科尔莫哥洛夫滤波方法开创了一个用统计估计方法研究随机控制问题的新领域，为现代滤波理论的研究发展奠定了基础。

由于 Wiener 滤波采用的是频域设计法，解析求解困难，运算复杂，而且当时采用的批处理方法对存储空间的要求也很大，这就造成其适用范围极其有限，仅适用于一维平稳随机过程信号滤波[25]。Wiener 维纳滤波的缺陷促使人们再次寻找其他最优滤波器的设计方法，其中美国学者 R. E. Kalman 做出了重要贡献，他于 20 世纪 60 年代提出了著名的 Kalman（卡尔曼）滤波。卡尔曼滤波推广了维纳滤波的结果，它与维纳滤波采用的都是最小均方误差估计准则，二者的基本原理是一致的，但卡尔曼滤波与维纳滤波又是两种截然不同的方法。卡尔曼滤波将状态变量分析方法引入到滤波理论中，得到的是最小均方误差估计问题的时域解[26]；而且卡尔曼滤波理论突破了维纳滤波的局限性，它可用于非平稳和多变量的线性时变系统；具有递推结构，更适于计算机计算，计算量和数据存储量小，实时性强。正是由于具有以上一些其他滤波方法所不具备的优点，卡尔曼滤波理论一经提出立即在实际工程中获得了应用[27,28]。卡尔曼滤波具有应用范围广泛，设计方法简单易行等优点。目前卡尔曼滤波理论作为一种非常重要的最优估计理论被广泛应用于各种领域，如目标跟踪、惯性制导、全球定位系统、空中交通管制、故障诊断等[29,30]。

由于 R. E. Kalman 最初提出的滤波理论只适用于线性系统，并且要求观测方程也必须是线性的，此外还有高斯系统、白噪声等限定条件。为了有效解决非线性系统下的滤波问题，卡尔曼滤波理论逐渐向非线性系统和非线性观测下的系统扩展，扩展卡尔曼滤波（EKF）[30]、不敏卡尔曼滤波（UKF）[31]、粒子滤波（PF）[32]被用于解决非线性系统滤波问题，UKF 算法通过对待估计向量的概率密度函数进行采样从而确定其均值和协方差，获得了优于一阶 EKF 算法、与二阶 EKF 算法同数量级的估计精度。PF 算法的性能与 UKF 算法相近，但计算量略大，粒子滤波还可被应用于检测前跟踪等研究方向。近年来容积卡尔曼滤波（CKF）[33]、中心差分卡尔曼滤波（Central Difference Kalman Filter, CDKF）[34]、变分贝叶斯（Variational Bayes,VB）[35]、平滑变结构滤波方法（Smooth Variable Structure Filter，SVSF）[36]等非线性滤波方法也逐渐受到国内外学者的关注。同时由于随着科学技术的不断发展，目标为了避免被跟踪、被攻击等必须进行机动，为此，为了有效解决机动目标跟踪问题，Singer 算法、当前统计模型、交互多模型等经典机动跟踪算法先后涌现[37]，这些经典算法还在不断得到改进以适应现代机动目标跟踪环境[38-41]。传统的卡尔曼滤波理论是建立在模型精确和随机干扰信号统计特性已知基础上的，对于一个实际系统往往存在模型不确定性和/或干扰信号统计特性不完全已知等不确定因素，这些不确定因素使得传统的卡尔曼滤波的估计精度大大降低，严重时会导致滤波发散，为此有学者将鲁棒控制的思想引入到滤波理论中来，形成了鲁棒滤波理论[42,43]。

随着应用环境的不断复杂，雷达多目标跟踪能力的要求越来越强。多目标跟踪的基本概念是由 Wax 于 1955 年在《应用物理》杂志的一篇文章中提出来的，随后 1964 年斯特尔在 IEEE 上发表一篇名为“监视理论中的最优数据互联问题”的论文成为多目标跟踪先导性的工作。20 世纪 70 年代初开始在有虚警存在的情况下，利用卡尔曼滤波方法系统地对多目标跟踪进行处理，并用最近邻法解决多目标环境下的数据互联问题，该方法简单、易实现，但在杂波环境下正确关联率较低。为了解决该问题，Y. Bar-Shalom 提出了特别适用于在杂波环境下对单目标进行跟踪的概率数据互联算法，Y. Bar-Shalom 是美国康涅狄格（Connecticut）大学的教授，从 20 世纪 80 年代末期开始，他和他的学生们先后出版了多本理论性和系统性很强的多目标跟踪专著，尤其在数据互联和多目标多传感器跟踪数据融合方面提出了许多经典理论和方法。为了有效解决杂波环境下的多目标跟踪问题，T. E. Formann 和 Y. Bar-Shalom 等在概率数据互联算法基础上提出了联合概率数据互联算法[16]。以 Y. Bar-Shalom 提出的聚概念为基础，Reid 又提出利用多假设法解决多目标跟踪问题。此后 S. S. Blackman 等人开始对群目标跟踪问题进行研究[44]，S. S. Blackman 是美国航空公司的专家，他研究工作的特点是理论联系实际，更加贴近实际工程，实用性强，在工程实现方面作了大量的工作。

国内在雷达数据处理方面也做了大量有意义的研究工作[1,25]，特别是在目标跟踪、信息融合等领域有很多经典的学术专著和译著出版，其中有代表性的专著有：《雷达信号处理和数据处理技术》[6]、《多源信息融合理论及应用》[8]、《信息融合理论及应用》和《多传感器信息融合及应用（第二版）》[9,19]、《目标跟踪新理论与技术》[10]、《机动目标跟踪》[37]、《神经网络跟踪理论及应用》[45]、《分布式信息融合理论与方法》[46]、《单站无源定位跟踪技术》[47]、《信息融合滤波理论及其应用》[48]、《多源信息融合（第二版）》[49]、《多传感器数据融合及其应用》[50]、《分布式检测、跟踪及异类传感器数据关联与引导研究》[51]、《多传感器分布式统计判决》[52]、《模糊信息处理理论与应用》[53]等。

近年来，许多学者在目标跟踪融合、航迹关联、状态估计、扩展目标跟踪等领域也做出了大量卓有成效的研究工作[42,54-59]。同时，随着大数据技术、计算机硬件的日新月异，以机器学习、深度学习为代表的人工智能技术在各领域的广泛应用也在深度展开[60,61]，国内外学者们不断尝试将神经网络等人工智能技术运用到目标数据算法中，借以提高算法精度和适应能力[62-64]。总体来讲，随着时代和科学技术的发展，雷达数据处理技术在各个方面应用得到了深入而广泛地研究，出现了大量有关多目标跟踪的专著、学术文章和研究报告[65-72]。现在数据处理技术已经从最初的单部雷达向多部雷达、从多部雷达向多个传感器、从模型匹配到人工智能的转变，而有关多传感器多目标跟踪、信息融合方面的专著和论文等更是大量涌现[73-77]。目前，目标跟踪技术在智能监控[78]、姿态估计[79]、动作识别[80]、行为分析[81]、无人机[82]、智能人机交互[83]、跟踪系统设计[84]等领域都有重要的应用。另外，与一系列经典的概率数据融合技术相比，深度学习等人工智能技术具有强大的计算和预测能力，其可自动从过去的数据、经验中学习识别目标的运动模式、参数等信息。基于深度学习的目标跟踪方法通过在目标检测数据集上对模型进行预训练，通过学习通用特征来提升跟踪时的特征提取能力，从而起到提高目标跟踪的性能。但与深度学习在图像分类[85]、图像分割[86]、目标检测[87]等领域的研究相比，由于缺乏训练数据等原因，深度学习与目标跟踪的结合应用发展相对比较缓慢，还有许多问题需要做进一步研究。

1.6　本书的范围和概貌

无论是在现代防御还是在空中、海上交通管制系统中，多目标跟踪都是不可缺少的重要技术，例如对于空中航线交通控制中心来说，飞机空中和终端地区的管理、进场管理、防撞警告、碰撞回避等，都离不开目标跟踪系统，它要求跟踪系统探测和跟踪飞机，精确确定飞机的位置、航向及航速参数，提高空中交通安全性及其资源的利用率。近年来，随着现代信息化和网络化技术的发展、目标机动性能的提高、武器杀伤力的增强、目标平台的多样性、密集性和低可观测性的增加以及对抗措施先进性的加强，雷达数据处理技术也得到不断的发展和进步。为此，本书在对作者多年关于雷达数据处理技术研究总结的基础上进行修订、扩展和完善，并结合近十年来的最新研究成果补充了新的内容，旨在为国内同行提供一个进一步从事这一领域理论研究和实际应用的基础。本书主要内容和章节安排如下。

第 2 章：参数估计

本章从时常参数估计的基本概念入手，在介绍几种常用的时常参数估计方法，如最大后验估计（MAP）、最大似然估计（ML）、最小均方误差估计（MMSE）和最小二乘估计（LS）的基础上，对包括无偏性、估计的均方误差、估计的有效性和一致性等估计性质进行了讨论，最后对非时变向量的估计问题进行了分析，讨论了向量情况下的最小二乘估计、最小均方误差估计和线性最小均方误差估计（LMMSE）。

第 3 章：线性滤波方法

本章首先介绍了卡尔曼滤波（KF），包括系统模型的建立、相应的滤波模型、滤波器初始化方法、滤波器稳定的定义和判断方法、随机线性系统的可控制性和可观测性和稳态卡尔曼滤波等内容，并对卡尔曼滤波应用中应注意的一些问题进行了分析。为了减少卡尔曼滤波器的计算量，满足工程应用的需要，本章还对常增益滤波器进行了介绍，包括α-β 与α-β-γ 滤波器和自适应的α-β 与α-β-γ 滤波器，并对几种常用的线性滤波方法的性能进行比较。同时本章还对 Sage-Husa 自适应卡尔曼滤波、H_∞卡尔曼滤波、变分贝叶斯滤波和状态估计的一致性检验等内容进行了讨论，并通过一些仿真实例对这些滤波算法的性能和滤波一致性检验问题进行分析。

第 4 章：非线性滤波方法

本章讨论了雷达数据处理中的非线性滤波技术，包括扩展卡尔曼滤波（EKF）、不敏卡尔曼滤波（UKF）、粒子滤波（PF）、平滑变结构滤波（SVSF）等非线性滤波方法，给出了各自的滤波模型，并针对扩展卡尔曼滤波算法在弹道导弹目标跟踪中的应用进行了分析和讨论，并在系统状态的后验概率密度函数是高斯假设的前提下，在同一仿真环境下对卡尔曼滤波、去偏转换测量卡尔曼滤波这两种线性滤波算法，以及扩展卡尔曼滤波、不敏卡尔曼滤波这两种非线性滤波算法对同一目标的跟踪问题进行了仿真分析，对这几种方法的跟踪精度和计算量作了比较，得出了相关结论；同时还在同一仿真环境下对扩展卡尔曼滤波、不敏卡尔曼滤波和粒子滤波这三种非线性滤波算法对同一目标的跟踪问题做了仿真分析，对这几种方法的跟踪精度和计算量作了比较，并对各种方法的优缺点进行了综合评价。

第 5 章：量测数据预处理技术

本章讨论量测数据预处理问题，在利用多部传感器对目标进行跟踪的过程中，为了提高跟踪精度，通常需要对多部传感器的信息进行融合，而进行多传感器信息融合首先要解决的是不同传感器数据在时间和空间上的同步，本章首先对这两个问题进行了分析讨论，主要包括时间配准方法、坐标系的选择和转换等。由于坐标系的选择是一个与实际应用密切相关的问题，坐标系选择的好坏将直接影响到整个系统的跟踪效果，所以空间配准首先对一些常用坐标系进行讨论，其次研究了一些常用坐标转换技术，以保证将所有的数据信息格式能统一到同一坐标系中，最后对量测数据中野值的剔除、误差标校、数据压缩等问题进行了分析，有效的量测数据预处理技术对系统整体性能的提高可以起到事半功倍的效果，具有减小计算负载、改善跟踪效果等作用。

第 6 章：多目标跟踪中的航迹起始

本章在分析了航迹起始中初始波门和相关波门的形状、尺寸和种类的基础上，研究了多目标跟踪的航迹起始技术，包括面向目标的顺序处理技术和面向量测的批处理技术。通常，顺序处理技术适用于在相对无杂波背景中目标航迹的起始，而且目标航迹起始较快速；而批数据处理技术用于起始强杂波环境下目标的航迹具有很好的效果，但这是以增加计算量为代价换来的，因而需多次扫描才能有效起始航迹。为此，本章在逻辑法和 Hough 变换法的基础上，对基于速度约束的改进 Hough 变换航迹起始算法、基于聚类和 Hough 变换的编队目标航迹起始算法和被动雷达航迹起始算法做了专门介绍，本章最后在同一仿真环境下对几种常用的航迹起始算法，包括直观法、逻辑法、修正的逻辑法、基于 Hough 变换的方法、修正的 Hough 变换法和基于 Hough 变换及逻辑的航迹起始算法的起始效果进行了比较分析，并对航迹起始中的有关问题进行了分析，得出了相关结论。

第 7 章：多目标数据互联算法

本章主要讨论极大似然类互联算法中的联合极大似然算法和贝叶斯类互联算法，其中贝叶斯类互联算法概括来讲又可分为以下两类：第一类是次优贝叶斯算法，该类算法只对最新的确认量测集合进行研究，主要包括最近邻域算法、概率数据互联算法（PDA）、综合概率数据互联算法（IPDA）、联合概率数据互联算法（JPDA）、全邻模糊聚类数据互联算法（ANFC）；第二类是最优的贝叶斯算法，该类算法是对当前时刻以前的所有确认量测集合进行研究，给出每一个量测序列的概率，主要包括最优贝叶斯算法和多假设跟踪算法等。本章在联合概率数据互联算法一节中给出了一种非常简单实用、不易出错的确认矩阵拆分方法，在全邻模糊聚类数据互联算法一节则从模糊聚类的角度，建立了候选量测与跟踪目标之间的关联关系。为了减少联合概率数据互联算法的计算量，本部分还给出了几种简化的 JPDA 算法。最后本章通过仿真实验对不同算法的跟踪性能、耗时、误跟踪率等进行了比较和分析。

第 8 章：多目标智能跟踪算法

本章主要研究以深度学习为代表的人工智能技术在目标跟踪领域的交叉应用，围绕现有目标跟踪三大关键核心技术：航迹预测、点航关联、航迹滤波的人工智能技术实现和替换进行了讨论，分别提出了航迹智能预测、点航智能关联和航迹智能滤波方法，并通过仿真结果和部分实测数据对智能跟踪结果进行了验证，得出了相关结论，后续将持续深化人工智能与雷达数据处理学科交叉应用研究，争取在雷达目标跟踪领域实现突破性进展。

第 9 章：中断航迹接续关联方法

本章主要研究中断航迹接续关联问题。考虑到现代探测环境下，由于平台运动、目标机动、雷达长采样间隔、目标低探测概率以及地物杂波遮蔽等原因，很容易造成目标量测丢失，导致出现航迹中断、重新起批等问题，为了有效解决该问题，本章主要从传统关联和神经网络智能关联两个方面对中断航迹接续关联算法进行讨论，既包括交互式多模型、多假设运动模型、模糊航迹相似性度量等中断航迹接续关联算法中的传统内容，又包括判别式、生成式和图表示等智能中断航迹接续关联算法，目的是解决由于航迹频繁中断所导致的短小航迹多、航迹零碎度大等问题。

第 10 章：机动目标跟踪算法

本章在对目标典型机动形式进行讨论的基础上，研究了机动目标的跟踪方法。机动目标跟踪方法概括来讲大致可分为两大类，第一类为具有机动检测的跟踪算法，包括可调白噪声模型、变维滤波算法、输入估计法等；第二类为自适应跟踪算法，包括修正的输入估计算法、Singer 模型算法、当前模型及其修正算法、Jerk 模型算法、多模型算法和交互式多模型算法等。具有机动检测的跟踪算法计算量小，算法实时性强，但这类算法在目标出现机动时会产生较大的误差，同时由于机动检测的存在这些算法不可避免地会产生一定的估计时间延迟，影响滤波器的跟踪性能；自适应跟踪算法的普遍优点是可自适应跟踪机动目标，跟踪效果比较平稳，本章就这两大类典型的机动目标跟踪算法进行了讨论，最后通过仿真实例对以上两类方法进行了仿真分析与比较并得出了结论。

第 11 章：群目标跟踪算法

本章主要讨论群目标跟踪问题，在对群定义和群分割进行讨论的基础上研究了中心类群航迹起始，包括群互联和群速度估计，然后针对杂波环境下群内目标的精细航迹起始问题进行研究，提出了一种基于灰色理论的群目标精细航迹起始算法，并进行仿真验证分析；另外，本章还针对中心类群目标跟踪问题进行了讨论，并分别从群的航迹更新、群的合并、群的分裂等多个方面进行了分析；为了进一步解决群内目标的跟踪问题，本章还研究了编队群目标跟踪算法；最后从总体上对群目标跟踪算法进行了仿真分析和总结。

第 12 章：空间多目标跟踪与轨迹预报

本章首先针对动力学方程约束的系统模型、空间多目标数据关联、动力学方程约束的空间目标跟踪进行了讨论，以提高空间目标数据精度。考虑到空间目标运动速度快、飞行距离远，轨迹预报初值点数据精度的微小误差都可能带来“失之毫厘，谬以千里”的预报结果，为此，空间目标轨迹预报首先对轨迹预报初值点获取问题进行讨论，在此基础上对 ECI 坐标系下基于欧拉方程外推预报和龙格库塔积分预报法进行分析，最后本章对空间目标跟踪和轨迹预报进行了仿真分析和讨论。

第 13 章：多目标跟踪终结理论与航迹管理

本章首先对多目标跟踪终结技术进行研究，具体而言包括序列概率比检验算法、跟踪波门方法、代价函数法、Bayes 算法和全邻 Bayes 算法，最后在同一仿真环境下对上述算法的终结时间和错误终结率进行了比较分析，得出了相关结论。本章另一部分内容是讨论了航迹管理技术中的航迹号管理和航迹质量管理，包括利用航迹质量选择航迹起始准则和进行航迹撤销，同时还对航迹质量管理优化和信息融合系统中的航迹文件管理进行了讨论。

第 14 章：无源雷达数据处理

本章主要是对无源雷达中的数据处理问题进行研究，在对无源雷达的特点和优势进行分析的基础上，首先讨论了单站无源定位与跟踪问题，包括利用相位变化率法，多普勒变化率和方位联合定位，多普勒变化率和方位，俯仰联合定位，基于修正极坐标的被动跟踪，基于多模型的被动跟踪等问题，并对上述几种定位方法的优缺点进行了比较分析；然后对多站的纯方位/时差无源定位、扫描辐射源的时差无源定位与跟踪、无源雷达的最优布站和属性数据关联等问题进行了讨论，得出了相关结论。

第 15 章：脉冲多普勒雷达数据处理

本章在对脉冲多普勒（PD）雷达特点、跟踪系统进行概述的基础上，讨论了 PD 雷达最佳距离-速度互耦跟踪、高重频微弱目标跟踪、带 Doppler 量测的目标跟踪等数据处理方法，并对后两种算法性能进行了仿真分析，得出了相关结论，最后对 PD 雷达的应用进行了举例分析，包括气象 PD 雷达、机载火控雷达、机载预警雷达、陆/舰基防空雷达。

第 16 章：相控阵雷达数据处理

本章首先对相控阵雷达的特点、系统结构及工作过程进行讨论，给出了相应的系统结构框图和相控阵雷达工作流程图，在此基础上针对相控阵雷达多目标变采样间隔滤波、资源调度策略等内容进行研究，包括常增益滤波器的自适应采样、基于交互多模型的自适应采样、基于预测误差协方差门限的自适应采样等内容，最后对相控阵雷达跟踪算法的性能进行了仿真分析和比较。

第 17 章：雷达组网误差配准算法

本章首先对系统误差的构成和系统误差所造成的影响进行了讨论，并重点分析了大测距系统误差对航迹的影响。在此基础上研究了固定雷达误差配准算法，包括已知目标位置误差配准、实时质量控制（RTQC）误差配准算法、最小二乘（LS）误差配准算法、广义最小二乘（GLS）误差配准算法、扩展广义最小二乘（ECEF-GLS）算法；然后对机动雷达误差配准算法进行了研究，并分别分析了机动雷达系统建模方法、目标位置已知的机动雷达配准算法、机动雷达最大似然配准（MLRM）算法、联合扩维误差配准（ASR）算法等，最后对目标状态抗差估计方法进行了研究，包括系统描述、抗差估计等内容，并对上述几类算法的性能进行了仿真验证和讨论。

第 18 章：雷达组网数据处理

本章结合雷达组网数据处理技术的特点，从雷达网的设计和分析角度讨论了雷达网的性能评价指标等内容，并从雷达网优化部署、雷达网无缝覆盖、探测隐身目标、抗干扰、对顶空补盲和抗低空突防等原则出发讨论了雷达网的优化布站问题，给出了空管雷达监视系统、高级辅助驾驶系统、双/多基地气象雷达、“协同作战能力”系统、海军综合防空火控系统、预警机与其他平台雷达组网等典型的雷达组网系统，并在此基础上研究了单基地雷达、双基地雷达和多基地雷达组网数据处理等相关内容；最后对雷达网数据处理中的经典航迹关联和航迹抗差关联方法进行了讨论。

第 19 章：雷达数据处理性能评估

随着科学技术的发展，新的雷达数据处理算法不断涌现，这些算法性能的合理、准确评估是非常值得关注的问题。为此，本章系统性地对雷达数据处理性能评估有关的名词术语进行定义，在此基础上，主要从平均航迹起始时间、航迹累计中断次数、航迹相关概率、航迹模糊度、航迹精度、跟踪机动目标能力、虚假航迹比例、发散度、有效度、雷达覆盖范围重叠度、航迹容量、雷达网发现概率、响应时间等几个方面讨论了雷达数据处理性能评估指标，最后研究了专家打分评估法、Monte Carlo 仿真法、解析法、半实物仿真评估法、试验法等雷达数据处理性能评估方法。雷达数据处理性能依赖于诸多因素，这就造成了雷达数据处理性能评估指标体系所涉及的内容有很多。雷达数据处理算法性能在考虑各个指标进行综合评估时，工程技术人员可针对不同的应用环境优先考虑其中某几种性能指标。

第 20 章：雷达数据处理的实际应用

本章研究了雷达数据处理技术在实际中的一些典型应用，包括在船用导航雷达、AIS 和 ADS-B 系统、海上信息中心、对空监视系统中的应用等，并结合典型实例对上述系统的数据处理效果进行了分析，得出了相关结论，以使读者能够更进一步了解雷达数据处理技术与实际工程的结合应用。

第 21 章：回顾、建议与展望

本章回顾了本书的主要理论研究成果，并对雷达数据处理技术中的几个关键问题提出了一些研究建议，最后对雷达数据处理技术的研究动向、发展趋势进行了展望。

参考文献

[1] 王小谟, 张光义, 贺瑞龙, 等. 雷达与探测-现代战争的火眼金睛. 北京: 国防工业出版社, 2000.

[2] 崔健, 王志峰, 张乐, 等. 现代数字信号处理的应用和发展前景. 西安: 西安电子科技大学出版社, 2020.

[3] 洪一, 方体莲, 赵斌，等."魂芯一号"数字信号处理器及其应用[J]. 中国科学: 信息科学, 2015, 45(5): 574-586.

[4] Fei C, Liu T, Lampropoulos G A, et al. Markov Chain CFAR Detection for Polarimetric Data Using Data Fusion[J]. IEEE Trans on Geoscience and Remote Sensing, 2012, 50(2): 397-408.

[5] 何友, 关键, 孟祥伟, 等. 雷达目标检测与恒虚警处理. 第二版. 北京: 清华大学出版社, 2011.

[6] 吴顺君, 梅晓春. 雷达信号处理和数据处理技术. 北京: 电子工业出版社, 2008.

[7] 刘熹, 赵文栋, 徐正芹. 战场态势感知与信息融合. 北京: 清华大学出版社, 2019.

[8] 潘泉. 多源信息融合理论及应用. 北京: 清华大学出版社, 2013.

[9] 何友, 王国宏, 关欣. 信息融合理论及应用. 北京: 电子工业出版社, 2010.

[10] 权太范. 目标跟踪新理论与技术. 北京: 国防工业出版社, 2009.

[11] He Y, Zhang J W. New Track Correlation Algorithms in a Multisensor Data Fusion System[J]. IEEE Trans on Aerospace and Electronic Systems, 2006, 42(4). 1359- 1371.

[12] Guan J, Peng Y N, HE Y, et al. Three types of distributed CFAR detection based on localstatistic[J]. IEEE Transactions on Aerospace and Electronic Systems, 2002, 38(1): 278-288.

[13] 王楠, 许蕴山, 夏海宝, 等. 多基地雷达自适应 CFAR 检测融合算法. 信号处理, 2018, 34(7): 818-823.

[14] A. 费利那，F. A. 斯塔德. 雷达数据处理. 第二卷. 孙龙祥, 张祖稷, 等译. 北京: 国防工业出版社, 1992.

[15] Linas J, Waltz E. Mutisensor Data Fusion. Artech House, Massachusetts, 1990.

[16] Shalom Y B, Fortmann T E. Tracking and Data Association. Academic Press, 1988.

[17] Farina A, Studer F A. Radar Data Processing. Vol. I. II. Research Studies Press LTD, 1985.

[18] He Y, Zhu H W, Tang X M. Joint Systematic Error Estimation Algorithm for Radar and Automatic Dependent Surveillance Broadcasting. IET Radar, Sonar & Navigation, 2013, 7(4): 361-370.

[19] 何友, 王国宏, 陆大绘, 等. 多传感器信息融合及应用. 第二版. 北京: 电子工业出版社, 2007.

[20] 唐聪. 基于深度学习的目标检测与跟踪技术研究. 长沙: 国防科技大学研究生院, 2018.

[21] 赵崇文. 人工神经网络综述. 山西电子技术, 2020, No. 210(03): 96-98.

[22] Zhang X, He F, Zheng T. An LSTM-based Trajectory Estimation Algorithm for Non-cooperative Maneuvering Flight Vehicles. 2019 Chinese Control Conference (CCC). Piscataway, NJ: IEEE Press,

2019: 8821-8826.

[23] Liu J, Wang Z, Xu M. A deep Learning Maneuvering Target-tracking Algorithm Based on Bidirectional LSTM Network. Information Fusion, 2020, 53: 289-304.

[24] Narasimhan R S, Rathi A, Seshagiri D. Design of Multilayer Airborne Radar Data Processor. IEEE Aerospace Conference, March 2019.

[25] 付梦印, 邓志红, 张继伟. Kalman 滤波理论及其在导航系统中的应用. 北京: 科学出版社, 2003.

[26] Simon D, Chia T L. Kalman Filtering with State Equality Constraints. IEEE Transactions on Aerospace Electronic Systems, 2002, 38(1): 128-136.

[27] Ge Q B, Shao T, Duan Z S, et al. Performance Analysis of the Kalman Filter with Mismatched Noise Covariances. IEEE Transactions On Automatic Control, 2016, 61(12): 4014-4019.

[28] 葛泉波, 李宏, 文成林. 面向工程应用的 Kalman 滤波理论深度分析. 指挥与控制学报, 2019, 5(03): 167-180.

[29] Olivera R, Vite O. Application of the Three State Kalman Filtering for Moving Vehicle Tracking. IEEE Latin America Transactions, 2016, 14(5): 2072-2076.

[30] He Y, Xiu J J, Guan X. Radar Data Processing with Applications. John Wiley & Publishing house of electronics industry, 2016. 8.

[31] Julier S J, Uhlmann J K. A New Extension of the Kalman Filter to Nonlinear Systems. SPIE, Vol. 3068, 1997: 182-193.

[32] Gordon N. A Hybrid Particle Filter for Target Tracking in Clutter. IEEE Transactions on Aerospace and Electronic Systems, 1997, 33(1): 353-358.

[33] 刘向阳. 几种典型非线性滤波算法及性能分析. 舰船电子工程, 2019, 39(7): 32-36.

[34] 闫文旭, 兰华, 王增福, 等. 基于变分贝叶斯的星载雷达非线性滤波. 航空学报, 2020, 41(s2): 724395-1~724395-9.

[35] 于兴凯. 基于变分贝叶斯推理的非线性滤波算法研究. 上海: 上海交通大学, 2019.

[36] Li Y W, He Y, Li G, Liu Y. Modified Smooth Variable Structure Filter for Radar Target Tracking. 2019 International Radar Conference, Toulon, France, 2019: 1-6.

[37] 周宏仁, 敬忠良, 王培德. 机动目标跟踪. 北京: 国防工业出版社, 1991.

[38] Wang S L, Bi D, Ruan H L, Du M Y. Radar Maneuvering Target Tracking Algorithm Based on Human Cognition Mechanism. Chinese Journal of Aeronautics, 2019, 32(7): 1695-1704.

[39] 许红, 谢文冲, 袁华东, 等. 基于自适应的增广状态-交互式多模型的机动目标跟踪算法. 电子与信息学报, 2020, 42(11): 2749-2755.

[40] Lopez R, Danès P. Low-complexity IMM Smoothing for Jump Markov Nonlinear Systems. IEEE Transactions on Aerospace and Electronic Systems, 2017, 53(3): 1261-1272.

[41] Ma Y J, Zhao S Y, Huang B. Multiple-model State Estimation Based on Variational Bayesian Inference. IEEE Transactions on Automatic Control, 2019, 64(4): 1679-1685.

[42] Jiang Y Z, Baoyin H. Robust Extended Kalman Filter with Input Estimation for Maneuver Tracking. Chinese Journal of Aeronautics, 2018, 31(9): 1910-1919.

[43] Mattia Z. Robust Kalman Filtering under Model Perturbations. IEEE Transactions on Automatic Control, 2016, 12(8): 1-10.

[44] Blackman S S, Popoli R. Design and Analysis of Modern Tracking Systems. Artech House, Boston,

London, 1999.

[45] 敬忠良. 神经网络跟踪理论及应用. 北京: 国防工业出版社, 1995.

[46] 赵宗贵, 刁联旺, 李君灵, 等. 分布式信息融合理论与方法. 北京: 电子工业出版社, 2017.

[47] 孙仲康, 郭福成, 冯道旺, 等. 单站无源定位跟踪技术. 北京: 国防工业出版社, 2008.

[48] 邓自立. 信息融合滤波理论及其应用. 哈尔滨: 哈尔滨工业大学出版社, 2007.

[49] 韩崇昭, 朱洪艳, 段战胜. 多源信息融合. 第二版. 北京: 清华大学出版社, 2010.

[50] 杨万海. 多传感器数据融合及其应用. 西安: 西安电子科技大学出版社, 2004.

[51] 王国宏. 分布式检测、跟踪及异类传感器数据关联与引导研究. 北京: 高等教育出版社, 2006.

[52] 谢维信, 裴继红, 李良群. 模糊信息处理理论与应用. 北京: 科学出版社, 2018.

[53] 朱允民. 多传感器分布式统计判决. 北京: 科学出版社, 2000.

[54] 刘妹琴, 兰剑. 目标跟踪前沿理论与应用. 北京: 科学出版社, 2015. 2.

[55] 夏佩伦. 目标跟踪与信息融合. 北京: 国防工业出版社, 2010. 4.

[56] 赵宗贵, 刁联旺, 李君灵, 等. 信息融合工程实践技术与方法. 北京: 电子工业出版社, 2015.

[57] 崔亚奇, 熊伟, 顾祥岐. 基于三角稳定的海上目标航迹抗差关联算法. 系统工程与电子技术, 2020, 42(10): 2223-2230.

[58] 刘瑜, 董凯, 刘俊, 等. 基于 SRCKF 的自适应高斯和状态滤波算法. 控制与决策, 2014, 29(12): 2158- 2164.

[59] Granström K, Orguner U, Mahler R, et al. Corrections on: Extended Target Tracking Using a Gaussian-Mixture PHD Filter. IEEE Transactions on Aerospace and Electronic Systems, 2017, 53(2): 1055-1058.

[60] 胡玉兰, 郝博, 王东明. 智能信息融合与目标识别方法. 北京: 机械工业出版社, 2018.

[61] Meng T, Jing X Y, Yan Z, et al. A Survey on Machine Learning for Data Fusion. Information Fusion, 2020, 57, (5): 115-129.

[62] Yang T, Chan A B. Learning Dynamic Memory Networks for Object Tracking. European Conference on Computer Vision (ECCV), 2018: 153-169.

[63] Milan A, Rezatofighi S H, Dick A, et al. Online Multi-target Tracking Using Recurrent Neural Networks. Proceedings of the Thirty-First AAAI Conference on Artificial Intelligence. Palo Alto, CA: AAAI Press, 2017: 4225-4232.

[64] Lim B, Zohren S, Roberts S. Recurrent neural filters: Learning Independent Bayesian Filtering Steps for Time Series Prediction. 2020 International Joint Conference on Neural Networks (IJCNN). Piscataway, NJ: IEEE Press, 2020: 1-8.

[65] 彭冬亮, 文成林, 薛安克. 多传感器多源信息融合理论及应用. 北京: 科学出版社, 2010. 5.

[66] 何友, 姚力波, 江政杰. 基于空间信息网络的海洋目标监视分析与展望. 通信学报, 2019, 40(4): 1-9.

[67] 吴卫华, 孙合敏, 蒋苏蓉, 等. 随机有限集目标跟踪. 北京: 国防工业出版社, 2020. 4.

[68] Xiu J J, He Y, Wang G H, et al. Constellation of Multisensors in Bearing-only Location System. IEEE Proceedings on Radar, Sonar and Navigation, 2005, 152(3): 215-218.

[69] Wang G H, Xiu J J, He Y. An Unbiased Unscented Transform Based Kalman Filter for 3D Radar. Chinese Journal of Electronics, 2004, 13(4): 697-700.

[70] 朱均安. 基于深度学习的视觉目标跟踪算法研究. 长春: 中国科学院长春光学精密机械与物理研究所, 2020. 12.

[71] 虎小龙. 未知场景多伯努利滤波多目标跟踪算法研究. 西安: 西安电子科技大学, 2019. 04.

[72] 王国宏. 雷达组网关键技术研究[博士后报告]. 南京: 南京电子技术研究所, 2004. 5.

[73] 何友, 姚力波. 天基海洋目标信息感知与融合技术研究. 武汉大学学报(信息科学版), 2017, 42(11): 1530-1536.

[74] 何友, 姚力波, 李刚, 等. 多源卫星信息在轨融合处理分析与展望. 宇航学报, 2021, 42(1): 1-10.

[75] Ronald P. S. Mahler. 多源多目标统计信息融合进展. 范红旗, 卢大威, 蔡飞, 等译. ARTECH HOUSE & 国防工业出版社, 2017.

[76] 何友. 多目标多传感器分布信息融合算法研究. 北京: 清华大学, 1996.

[77] Xiao F. Multi-sensor Data Fusion Based on the Belief Divergence Measure of Evidences and the Belief Entropy. Information Fusion, 2018, 46.

[78] Wang X. Intelligent Multi-camera Video Surveillance: a review. Pattern Recognit. Lett. , 2013, 34(1): 3-19.

[79] Pfister T, Charles J, Zisserman A. Flowing Convnets for Human Pose Estimation in Videos. Proceedings of the IEEE International Conference on Computer Vision(ICCV). Piscataway, NJ: IEEE Press, 2015: 1913-1921.

[80] Choi W, Savarese S. A Unified Framework for Multi-target Tracking and Collective Activity Recognition. European Conference on Computer Vision. Switzerland: Springer, Cham, 2012: 215-230.

[81] Hu W, Tan T, Wang L, et al. A Survey on Visual Surveillance of Object Motion and Behaviors. IEEE Trans. Syst. Man Cybern. Part C-Appl. Rev. , 2004, 34(3): 334-352.

[82] Xu H, Yu H W, Dong M C, et al. Overview of UAV Object Tracking. Journal of Network New Media, 2019, 8(5): 11-20.

[83] Yang H X, Shao L, Zheng F, et al. Recent Advances and Trends in Visual Tracking: A review. Neurocomputing, 2011, 74(18): 3823-3831.

[84] Smeulders A W M, Chu D M, Cucchiara R, et al. Visual Tracking: an Experimental Survey. IEEE Transactions on Pattern Analysis and Machine Intelligence, 2014, 36(7): 1442-1468.

[85] Rawat W, Wang Z. Deep Convolutional Neural Networks for Image Classification: A Comprehensive Review. Neural Computation, 2017, 29(9): 2352-2449.

[86] Ghosh S, Das N, Das I, et al. Understanding Deep Learning Techniques for Image Segmentation. ACM Computing Surveys, 2019, 52(4): 1-35.

[87] Wu X, Sahoo D, HOI S C H. Recent Advances in Deep Learning for Object Detection. Neurocomputing, 2020, (396): 39-64.

第 2 章　参数估计

2.1　引言

第 1 章对雷达数据处理中的基本概念、设计要求、主要技术指标、研究历史与现状等进行了分析和讨论，概括来讲，雷达数据处理的本质就是要利用雷达测量数据对一些感兴趣的参数进行估计，而按照待估计参数是否随时间变化又可分为时常参数估计和时变参数估计，其中对时常参数的估计称为参数估计，而对时变参数的估计通常称为状态估计[1]。状态估计和参数估计这两个分支并不是完全独立的，实践中参数可作为系统变量的一部分，嵌入到适当的状态估计中；另外，状态也可被看作特殊的参数，用参数估计的方法来处理。目前，参数估计在各个研究领域都有普遍的应用，受到国内外学者的普遍关注，例如文献[2]针对非线性非高斯状态空间模型，提出了一种全新的粒子方法应用于状态空间模型中的静态参数估计；文献[3]针对非线性动力学模型的参数估计存在的非凸性和病态条件，提出了一种稳健且有效的解决方法；文献[4]提出了一种随机梯度参数估计方法，用以提高参数估计的精度；文献[5]提出了一种带有辅助参数的抽样方法，并将该框架用于随机微分方程的参数估计；文献[6]利用差分进化算法、遗传算法和模式搜索方法对 Hammerstein 控制自回归（HCAR）模型进行参数估计。由于参数估计和状态估计都源于一些基本的估计方法，具有共同的本质，所以本章主要从时常参数估计的基本概念入手，在对最大后验估计（MAP）、最大似然估计（ML）、最小均方误差估计（MMSE）和最小二乘估计（LS）这四种基本的时常参数估计方法进行分析的基础上，对估计性质问题进行讨论，并经过类推由时常参数估计获得静态（非时变）向量情况下的估计，其中重点介绍线性最小均方误差估计（LMMSE），而和时变参数估计相关的问题将在第 3 章作专题讨论。

2.2　参数估计的概念

2.2.1　参数估计定义

参数估计是根据一组与未知参数有关的观测数据按照某种准则推算出未知参数的值。如图 2.1 所示，待估计参数用参数空间 X 表示，和待估计参数相关的观测数据用观测空间 Z 表示，从参数空间 X 到观测空间 Z 有些因素（像传感器测量误差等）是知道的，而有些因素是未知的，利用观测数据在某种准则下得到的估计集合可用估计空间表示，准则不一样得到的估计也不同。

下面以参数 x 的估计问题来具体说明什么是参数估计。设 $z(j)$ 是在有随机噪声 $w(j)$ 情况下获得的 j 时刻参数 x 的量测值，用函数形式可表示为

$$z(j)=h(x,w(j)),\qquad j=1,2,\cdots \tag{2.1}$$

在采样时刻 j=1,2,⋯对信号参数 x 进行观测得到观测值{$z(j)$，j=1,2,⋯}，利用这些观测值按一定的准则可构造一个观测数据的函数来作为信号参数 x 的估计，该过程可用图 2.2 所示的参

数估计示意图来表示。

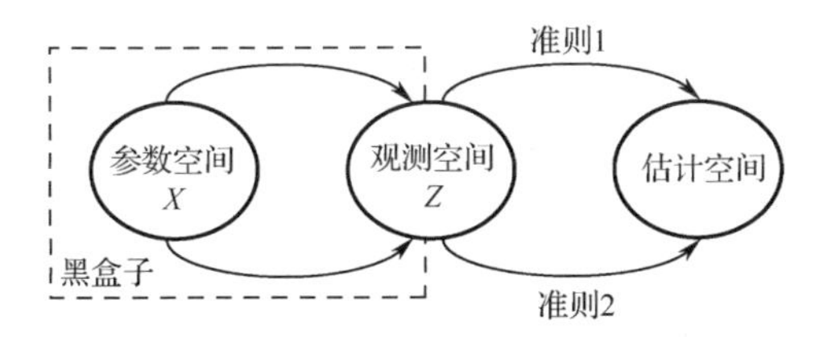

图 2.1　参数估计逻辑图

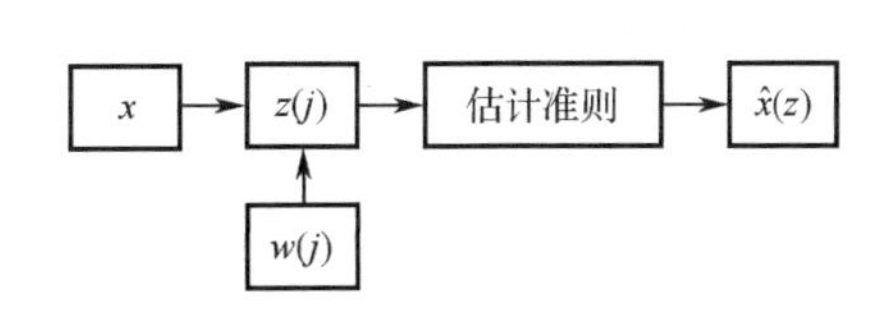

图 2.2　参数估计示意图

例如对于 k 个这样的量测，函数

$$\hat{x}(k)=\hat{x}(Z^k) \tag{2.2}$$

就是在某种意义下对参数 x 的估计，其中 Z^k 为直到 k 时刻的累计量测集合。

利用某种准则得到的参数估计 $\hat{x}$ 和待估计参数 x 的真实值之间是有差距的，这个差距可用代价函数 $c(x,\hat{x})$ 来定义。代价函数 $c(x,\hat{x})$ 又称为风险函数，是参数真值和估计值的函数。对于单参量估计常把代价函数设定为估计误差 $\tilde{x}=x-\hat{x}(z)$ 的函数，即 $c(x,\hat{x})=c(x-\hat{x})$。

1．静态标量情况下的代价函数

当被估计的参数为标量时给出如下三种典型的代价函数。

① 均匀代价函数，即

$$c(x,\hat{x})=\begin{cases}1, & |x-\hat{x}|\geqslant\dfrac{\Delta}{2}\\ 0, & |x-\hat{x}|<\dfrac{\Delta}{2}\end{cases} \tag{2.3}$$

$\Delta\to 0$，即令估计值十分接近于真实值时代价为 0，其余情况代价为 1，如图 2.3 所示。

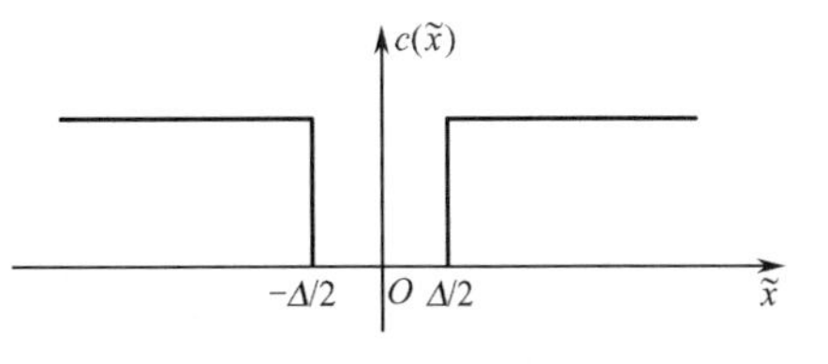

图 2.3　均匀代价函数

最大后验估计就是以均匀代价函数为基础得到的。

② 误差平方代价函数，即

$$c(x,\hat{x})=(x-\hat{x})^2 \tag{2.4}$$

误差平方代价函数随误差增加而快速增大，如图 2.4 所示。误差平方代价函数由于数学处理方便应用最为广泛。卡尔曼滤波等最小均方误差估计就是以误差平方代价函数为基础得到的。

③ 误差绝对值代价函数，即

$$c(x,\hat{x})=|x-\hat{x}| \tag{2.5}$$

误差绝对值代价函数随误差绝对值线性变化，如图 2.5 所示。由此代价函数可得到条件中位数估计，由于求解比较复杂，所以未得到广泛应用。

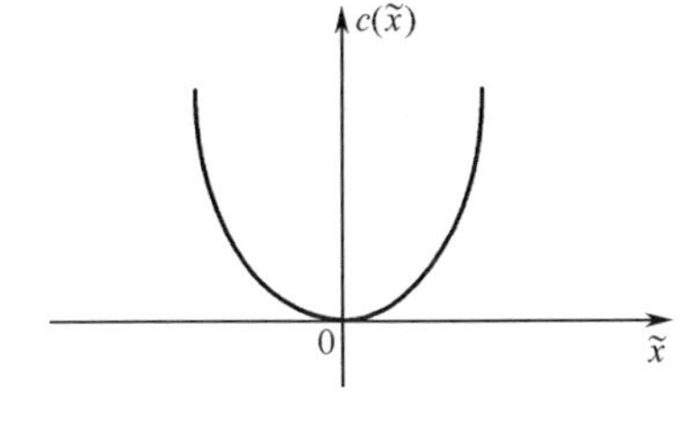

图 2.4　误差平方代价函数

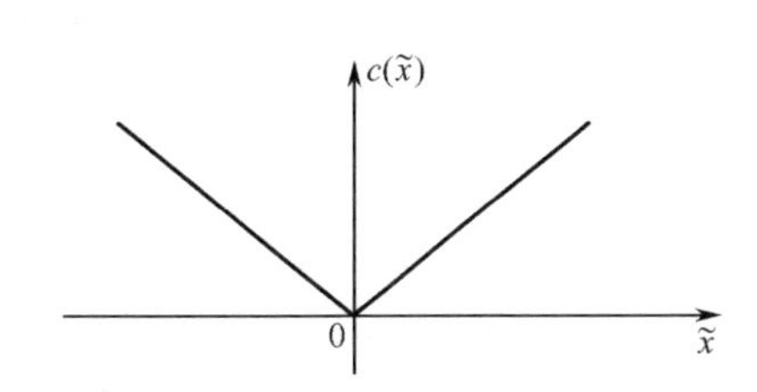

图 2.5　误差绝对值代价函数

2. 静态向量情况下的代价函数

当被估计的参数为 n 维静态向量时给出如下三种典型的代价函数。

① 均匀代价函数，即

$$c(\boldsymbol{x},\hat{\boldsymbol{x}})=\begin{cases}1, & \|\tilde{\boldsymbol{x}}\|_S=(\tilde{\boldsymbol{x}}'\boldsymbol{S}\tilde{\boldsymbol{x}})^{1/2}\geqslant\dfrac{\Delta}{2}\\ 0, & \|\tilde{\boldsymbol{x}}\|_S=(\tilde{\boldsymbol{x}}'\boldsymbol{S}\tilde{\boldsymbol{x}})^{1/2}<\dfrac{\Delta}{2}\end{cases}\tag{2.6}$$

式中，$\|\tilde{\boldsymbol{x}}\|$ 为误差向量的范数，$\boldsymbol{S}$ 为非负定的加权矩阵。

② 二次型代价函数，即

$$c(\boldsymbol{x},\hat{\boldsymbol{x}})=\|\tilde{\boldsymbol{x}}\|_S^2=\tilde{\boldsymbol{x}}'\boldsymbol{S}\tilde{\boldsymbol{x}}\tag{2.7}$$

③ 范数代价函数，即

$$c(\boldsymbol{x},\hat{\boldsymbol{x}})=\|\tilde{\boldsymbol{x}}\|_S=(\tilde{\boldsymbol{x}}'\boldsymbol{S}\tilde{\boldsymbol{x}})^{1/2}\tag{2.8}$$

2.2.2　参数估计准则

贝叶斯提出的平均代价最小估计准则就是要选择估计 $\hat{x}$ 使由不同代价函数 $c(x,\hat{x})$ 获得的平均代价 $\overline{c}$ 达到最小，代价函数不同，由平均代价最小获得的参数估计也是不同的，其中，平均代价（平均风险）的表达式为

$$\overline{c}=\int_{-\infty}^{+\infty}\int_{-\infty}^{+\infty}c(x,\hat{x})p(x,z)\mathrm{d}x\mathrm{d}z\tag{2.9}$$

式中，$p(x,z)$ 为待估计参数 x 和观测数据 z 的联合概率密度函数，由条件概率密度函数进一步可得

$$\overline{c}=\int_{-\infty}^{+\infty}\left[\int_{-\infty}^{+\infty}c(x,\hat{x})p(x\,|\,z)\mathrm{d}x\right]p(z)\mathrm{d}z\tag{2.10}$$

显然该内积分和观测数据 z 的概率密度函数 $p(z)$ 都是非负的，若参数估计 $\hat{x}$ 使内积分为极小，即可使平均代价 $\overline{c}$ 为极小。为此，定义

$$\overline{c}(\hat{x}|z)=\int_{-\infty}^{+\infty}c(x,\hat{x})p(x\,|\,z)\mathrm{d}x\tag{2.11}$$

为条件平均代价或条件平均风险，所以求估计 $\hat{x}$ 使平均代价为极小可等价为求估计 $\hat{x}$ 使条件平均代价为极小。

在利用多个观测数据进行估计时，式（2.11）可表示为

$$\overline{c}(\hat{x}\,|\,Z^k)=\int_{-\infty}^{+\infty}c(x,\hat{x})p(x\,|\,Z^k)\,\mathrm{d}x$$

2.3　四种基本参数估计方法

代价函数 $c(\boldsymbol{x},\hat{\boldsymbol{x}})$ 不同，平均代价 $\overline{c}$ 最小获得的估计也就不同，为此，对应有下列四种基本的参数估计方法，即最大后验估计（MAP）、最大似然估计（ML）、最小均方误差估计（MMSE）和最小二乘估计（LS），根据待估计参数是否看作是随机变量又分为以下两种模型：

（1）非随机模型：待估计参数看作是非随机变量，其有一个未知的真实值 x_0，该类参数常用的估计方法为非贝叶斯方法，包括最大似然估计（ML）、最小二乘估计（LS）；

（2）随机模型：待估计参数看作是随机变量，且其先验概率密度函数为 $p(x)$，该类参数

常用的估计方法为贝叶斯方法，包括最大后验估计（MAP）、最小均方误差估计（MMSE）。

1．最大后验估计

将均匀代价函数代入条件平均代价函数的表达式中可得

$$\begin{aligned}\overline{c}(\hat{x}\mid Z^k)&=\int_{-\infty}^{+\infty}c(x,\hat{x})p(x\mid Z^k)\mathrm{d}x\\&=\int_{-\infty}^{\hat{x}-\frac{\Delta}{2}}p(x\mid Z^k)\mathrm{d}x+\int_{\hat{x}+\frac{\Delta}{2}}^{+\infty}p(x\mid Z^k)\mathrm{d}x\\&=\int_{-\infty}^{+\infty}p(x\mid Z^k)\mathrm{d}x-\int_{\hat{x}-\frac{\Delta}{2}}^{\hat{x}+\frac{\Delta}{2}}p(x\mid Z^k)\mathrm{d}x\\&=1-\int_{\hat{x}-\frac{\Delta}{2}}^{\hat{x}+\frac{\Delta}{2}}p(x\mid Z^k)\mathrm{d}x\end{aligned}\tag{2.12}$$

要使 $\overline{c}(\hat{x}\mid z)$ 达到极小，就要使等式右边积分项达到最大，当 $\Delta\to 0$ 时，使积分项达到最大又等价于选择 $\hat{x}$ 使后验概率密度 $p(x|z)$ 达到最大，因此可以等价地使后验概率密度函数 $p(x|z)$ 达到最大作为估计准则，称为最大后验估计。

如果把待估计的时常参数看作随机变量，则利用随机参数 x 的先验概率密度函数 $p(x)$，由贝叶斯准则

$$p(x\mid Z^k)=\frac{p(Z^k\mid x)p(x)}{p(Z^k)}\tag{2.13}$$

可求得其后验概率密度函数，使后验概率密度函数达到最大的 x 值称为参数 x 的最大后验估计（MAP），即

$$\hat{x}^{\mathrm{MAP}}(k)=\arg\max_{x}p(x\mid Z^k)=\arg\max_{x}[p(Z^k\mid x)p(x)]\tag{2.14}$$

意义：在给定量测 Z^k 的条件下，参数 x 落在最大后验估计 $\hat{x}^{\mathrm{MAP}}$ 某个邻域内的概率要比落在其他任何值相同邻域内的概率要大，如图 2.6 所示。

最大后验估计需要知道被估计参数 x 的先验分布 $p(x)$，当 $p(x)$ 未知或被估计参数 x 为非随机参量时，此时无法获得最大后验估计，上述方程退化为最大似然估计。

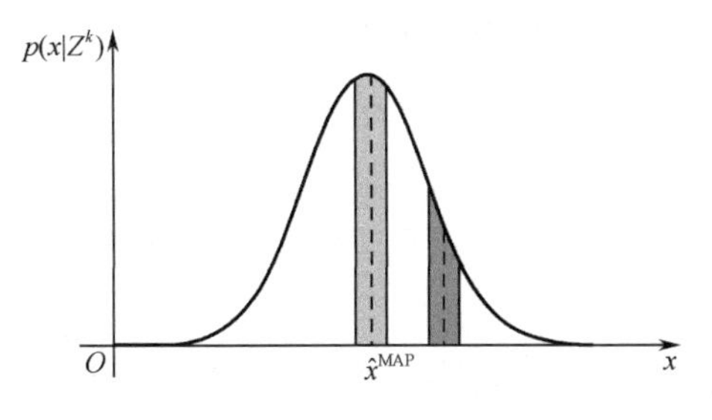

图 2.6　后验概率密度函数图

2．最大似然估计

使似然函数 $p(Z^k\mid x)$ 达到最大的 x 值称为参数 x 的最大似然（ML）估计，即

$$\hat{x}^{\mathrm{ML}}(k)=\arg\max_{x}p(Z^k\mid x)\tag{2.15}$$

意义：当 $x=\hat{x}^{\mathrm{ML}}$ 时，输入累积量测集合 Z^k 的出现概率达到最大，而现在观测到输入量测集合 Z^k，则可判断这些观测量是由使它最可能出现的那个参量 $\hat{x}^{\mathrm{ML}}$ 引起的。

由于最大似然估计没有充分利用待估计参量的先验知识，所以其估计性能一般来说要比最大后验估计差。但最大似然估计可以简便地实现复杂估计问题的求解，如果待估计参量的先验概率密度无法获得，或者计算待估参量后验概率密度比计算似然函数要困难得多时，该情况下最大似然估计仍不失为一种性能优良的、实用的估计方法[7,8]。当观测数据足够多时，最大似然估计的性能也是非常好的，因此最大似然估计在实际中也得到了广泛的应用[9]。

例 2.1　设观测数据为

$$z = x + w$$

式中，x 为待估计的参数，w 为量测噪声，且 $w \sim N(0,\sigma^2)$，参数 x 与噪声 w 是不相关的。问：①当参数 x 为未知常数时，求它的最大似然估计；②当参数 x 具有单边指数先验概率密度函数，即 $p(x)=a\mathrm{e}^{-ax}$，$x \geqslant 0$，求它的最大后验估计。

解：① 参数 x 的最大似然估计。当参数 x 为未知常数时，量测 z 的均值和方差分别为

$$\begin{cases} E(z)=E(x)+E(w)=x \\ D(z)=D(x)+D(w)=\sigma^2 \end{cases} \tag{2.16}$$

即 $z \sim \mathrm{N}(x,\sigma^2)$。则似然函数

$$p(z\,|\,x)=\frac{1}{\sqrt{2\pi}\sigma}\exp\left(-\frac{(z-x)^2}{2\sigma^2}\right) \tag{2.17}$$

进而参数 x 的最大似然估计为

$$\hat{x}^{\mathrm{ML}}(k)=\arg\max_{x} p(z\,|\,x)=z \tag{2.18}$$

② 参数 x 的最大后验估计。

方法 1：将式（2.17）的似然函数和先验概率密度函数 $p(x)=a\mathrm{e}^{-ax}(x \geqslant 0)$ 代入贝叶斯准则中可得

$$p(x\,|\,z)=\frac{p(z\,|\,x)p(x)}{p(z)}=\frac{a}{\sqrt{2\pi}\sigma p(z)}\exp\left(-\frac{(z-x)^2}{2\sigma^2}-ax\right) \tag{2.19}$$

定义

$$c(z)=\frac{a}{\sqrt{2\pi}\sigma p(z)} \tag{2.20}$$

则参数 x 的后验 PDF 可表示为

$$\begin{aligned} p(x\,|\,z)&=c(z)\exp\left(-\frac{(z-x)^2}{2\sigma^2}-ax\right) \\ &=c(z)\exp\left(-\frac{z^2-2(z-\sigma^2 a)x+x^2}{2\sigma^2}\right) \\ &=c(z)\exp\left(-\frac{[x-(z-\sigma^2 a)]^2-(z-\sigma^2 a)^2+z^2}{2\sigma^2}\right) \\ &=c(z)\exp\left(-\frac{[x-(z-\sigma^2 a)]^2+2z\sigma^2 a-\sigma^4 a^2}{2\sigma^2}\right) \\ &=c(z)\exp\left(-\frac{[x-(z-a\sigma^2)]^2}{2\sigma^2}\right)\exp\left(-\frac{2za-a^2\sigma^2}{2}\right) \\ &=c'(z)\exp\left(-\frac{[x-(z-a\sigma^2)]^2}{2\sigma^2}\right),\qquad x \geqslant 0 \end{aligned} \tag{2.21}$$

由于指数是 x 的二次方，所以上述后验 PDF 是高斯分布的，由于先验 PDF 是单边指数函数，即 $x \geqslant 0$，所以它是截尾的，这样可求得

$$\hat{x}^{\mathrm{MAP}}(k)=\arg\max_{x} p(x\,|\,z)=\max(z-a\sigma^2,0) \tag{2.22}$$

方法 2：设

$$f(x) = \frac{(z-x)^2}{2\sigma^2} + ax \tag{2.23}$$

$$f'(x) = -\frac{2(z-x)}{2\sigma^2} + a \tag{2.24}$$

$$f''(x) = \frac{1}{\sigma^2} > 0 \tag{2.25}$$

由 $f'(x)=0$ 可得当 $x = z - a\sigma^2$ 时，$f(x)$达到最小，进而可获得和方法 1 相同的结论。

方法 3：

$$\ln p(x|z) = \ln\frac{a}{\sqrt{2\pi}\sigma p(z)} + \left(-\frac{(z-x)^2}{2\sigma^2} - ax\right) \tag{2.26}$$

$$\frac{\partial \ln p(x|z)}{\partial x} = \frac{z-x}{\sigma^2} - a \tag{2.27}$$

$$\frac{\partial \ln^2 p(x|z)}{\partial x^2} = -\frac{1}{\sigma^2} < 0 \tag{2.28}$$

由 $\frac{\partial \ln p(x|z)}{\partial x} = 0$ 可得当 $x = z - a\sigma^2$ 时，$\ln p(x|z)$ 达到最小，进而可获得和方法 1 相同的结论。

最大后验方程

$$\left.\frac{\partial \ln p(x|z)}{\partial x}\right|_{x=\hat{x}^{\mathrm{MAP}}} = 0 \tag{2.29}$$

或

$$\left.\frac{\partial p(x|z)}{\partial x}\right|_{x=\hat{x}^{\mathrm{MAP}}} = 0 \tag{2.30}$$

由最大后验方程确定的估计即为最大后验估计。

类似地，可得似然方程为

$$\left.\frac{\partial \ln p(z|x)}{\partial x}\right|_{x=\hat{x}^{\mathrm{ML}}} = 0 \tag{2.31}$$

或

$$\left.\frac{\partial p(z|x)}{\partial x}\right|_{x=\hat{x}^{\mathrm{ML}}} = 0 \tag{2.32}$$

3．最小均方误差估计

将误差平方代价函数代入条件平均代价函数的表达式中可得

$$\begin{aligned}\overline{c}(\hat{x}|Z^k) &= \int_{-\infty}^{+\infty} c(x,\ \hat{x}) p(x|Z^k)\mathrm{d}x \\ &= \int_{-\infty}^{+\infty} (x-\hat{x})^2 p(x|Z^k)\mathrm{d}x = E[(\hat{x}-x)^2 | Z^k]\end{aligned} \tag{2.33}$$

选取 $\hat{x}$ 使 $\overline{c}(\hat{x}|Z^k)$ 达到极小，即可得到最小均方误差估计（MMSE）。

对式（2.33）中的条件平均代价函数求一阶和二阶导数可得

$$\begin{aligned}\frac{\mathrm{d}}{\mathrm{d}\hat{x}}\left(\int_{-\infty}^{+\infty}(x-\hat{x})^2 p(x|Z^k)\mathrm{d}x\right) &= -2\int_{-\infty}^{+\infty}(x-\hat{x})p(x|Z^k)\mathrm{d}x \\ &= -2\int_{-\infty}^{+\infty} xp(x|Z^k)\mathrm{d}x + 2\hat{x}\int_{-\infty}^{+\infty} p(x|Z^k)\mathrm{d}x\end{aligned} \tag{2.34}$$

和

$$\frac{\mathrm{d}^2}{\mathrm{d}\hat{x}^2}\left(\int_{-\infty}^{+\infty}(x-\hat{x})^2 p(x|Z^k)\mathrm{d}x\right)=2\int_{-\infty}^{+\infty}p(x|Z^k)\mathrm{d}x=2 \tag{2.35}$$

由于二阶导数大于零，所以条件平均代价函数存在极小值，由一阶导数等于零可得

$$\hat{x}=\int_{-\infty}^{+\infty}xp(x|Z^k)\mathrm{d}x \tag{2.36}$$

综上所述，使均方误差

$$E[(\hat{x}-x)^2|Z^k] \tag{2.37}$$

达到极小的 x 值的估计称为最小均方误差估计，即

$$\hat{x}^{\mathrm{MMSE}}(k)=\arg\min_{x} E[(\hat{x}-x)^2|Z^k] \tag{2.38}$$

它的解是条件均值，用条件概率密度函数可表示为

$$\hat{x}^{\mathrm{MMSE}}(k)=E[x|Z^k]=\int xp(x|Z^k)\mathrm{d}x \tag{2.39}$$

最小均方估计的均方误差阵小于或等于任何其他估计准则所得到的均方误差阵，所以最小均方估计具有最小的估计误差方差阵。

4．最小二乘估计

前面介绍的几种估计方法中，最小均方估计和最大后验估计需要知道被估计量的先验概率密度，最大似然估计需要知道似然函数，如果这些概率密度或似然函数未知，就不能采用这些方法。而最小二乘估计对统计特性没有任何假定，因此它的应用非常广泛。

对于量测

$$z(j)=h(j,x)+w(j),\qquad j=1,2,\cdots,k \tag{2.40}$$

k 时刻参数 x 的最小二乘估计（LS）是指使该时刻误差的平方和达到最小的 x 值，即

$$\hat{x}^{\mathrm{LS}}(k)=\arg\min_{x}\sum_{j=1}^{k}[z(j)-h(j,x)]^2 \tag{2.41}$$

最小二乘估计是把信号参量估计问题作为确定性的最优化问题来处理，完全不需要知道噪声和待估计参量的任何统计知识。

例 2.2 假定接收到的目标量测数据为 k 个，即

$$z(j)=x+w(j)\,,\qquad j=1,2,\cdots,k$$

式中，x 为待估计的目标位置，$w(j)$为独立、同分布的零均值高斯分布随机变量，方差为 σ^2，求参数 x 的最大似然估计和最小二乘估计。

解：由最小二乘估计的定义有

$$\hat{x}^{\mathrm{LS}}=\arg\min_{x}\sum_{j=1}^{k}[z(j)-x]^2 \tag{2.42}$$

设 $f(x)=\sum_{j=1}^{k}[z(j)-x]^2$，对其求一阶和二阶导数有

$$f'(x)=\frac{\mathrm{d}}{\mathrm{d}x}\left(\sum_{j=1}^{k}[z(j)-x]^2\right)=-2\sum_{j=1}^{k}[z(j)-x] \tag{2.43}$$

$$f''(x)=\frac{\mathrm{d}}{\mathrm{d}x}\left(-2\sum_{j=1}^{k}[z(j)-x]\right)=2k>0 \tag{2.44}$$

令一阶导数等于零可得

$$\sum_{j=1}^{k} z(j) - kx = 0 \tag{2.45}$$

即当

$$\hat{x}^{\mathrm{LS}} = \frac{1}{k}\sum_{j=1}^{k} z(j) \tag{2.46}$$

误差的平方和达到最小，此时的估计叫做样本均值。

由于 $w(j)$ 为均值为零、方差为 σ^2 的独立、同分布高斯随机变量，那么

$$E(z) = E(x) + E(w) = x \tag{2.47}$$

$$D(z) = D(x) + D(w) = \sigma^2 \tag{2.48}$$

即 $z \sim \mathrm{N}(x, \sigma^2)$。

高斯分布情况下，随机变量 X 和 Y 相互独立的充要条件为相关系数 $\rho=0$（$\rho=0$，X 和 Y 不相关，高斯分布情况下 X 和 Y 不相关与 X 和 Y 相互独立是等价的）。

$$\rho = \frac{\mathrm{Cov}[z(i), z(j)]}{\sqrt{D_{z(i)}}\sqrt{D_{z(j)}}} = \frac{\mathrm{Cov}[z(i), z(j)]}{\sigma^2}, \qquad i \neq j \tag{2.49}$$

$$\begin{aligned}\mathrm{Cov}[z(i), z(j)] &= E\{[z(i) - E(z(i))][z(j) - E(z(j))]\} \\ &= E\{[x + w(i) - x][x + w(j) - x]\} = E\{w(i)w(j)\} = 0\end{aligned} \tag{2.50}$$

由于 $\rho=0$，所以不同时刻的测量数据之间是统计独立的。进而可求得似然函数为

$$p(Z^k \mid x) = p\{[z(1), z(2), \cdots, z(k)] \mid x\} = \frac{1}{(2\pi)^{k/2}\sigma^k}\exp\left\{-\frac{1}{2\sigma^2}\sum_{j=1}^{k}[z(j) - x]^2\right\} \tag{2.51}$$

可求得此时的 ML 估计和 LS 估计是相同的，即

$$\hat{x}^{\mathrm{ML}} = \hat{x}^{\mathrm{LS}} = \frac{1}{k}\sum_{j=1}^{k} z(j) \tag{2.52}$$

例 2.3　考虑有附加量测噪声情况下的量测方程

$$z = x + w$$

式中，x 为待估计的参数，w 为量测噪声，且 $w \sim \mathrm{N}(0, \sigma^2)$，参数 x 与噪声 w 是不相关的。要求：

① 当参数 x 为未知常数时，求它的最大似然估计和最小二乘估计；

② 当参数 x 是具有均值 $\bar{x}$、方差 σ_0^2 的高斯随机变量时，求它的最大后验估计和最小均方误差估计。

解：

① 参数 x 的最大似然估计。由例 2.1 可知

$$\hat{x}^{\mathrm{ML}} = \arg\max_{x} p(z|x) = z \tag{2.53}$$

② 参数 x 的最小二乘估计。利用最小二乘估计的定义有

$$\hat{x}^{\mathrm{LS}} = \arg\min_{x}(z - x)^2 = z \tag{2.54}$$

即 $\hat{x}^{\mathrm{LS}}$ 和 $\hat{x}^{\mathrm{ML}}$ 是相同的，因为极大化似然函数式（2.17）和极小化它的指数中的平方是等价的。

③ 参数 x 的最大后验估计。由已知条件知道 $x \sim \mathrm{N}(\bar{x}, \sigma_0^2)$，而 $w \sim \mathrm{N}(0, \sigma^2)$，且 x 与 w 不相关，所以此时有

$$E(z)=E(x)+E(w)=\bar{x} \tag{2.55}$$

$$D(z)=D(x)+D(w)=\sigma_0^2+\sigma^2 \tag{2.56}$$

即量测 z 的概率密度函数为

$$p(z)=N(z;\bar{x},\sigma_0^2+\sigma^2) \tag{2.57}$$

由已知条件知参数 x 的先验概率密度函数 $p(x)=N(x;\bar{x},\sigma_0^2)$，将似然函数 $p(z|x)$、$p(x)$ 和 $p(z)$ 代入贝叶斯公式中，通过对 x 配平方和重新排列指数，可得参数 x 后验概率密度函数为

$$p(x|z)=\frac{1}{\sqrt{2\pi}\sigma_1}\exp\left(-\frac{[x-f(z)]^2}{2\sigma_1^2}\right) \tag{2.58}$$

式中

$$f(z)=\frac{\sigma^2}{\sigma_0^2+\sigma^2}\bar{x}+\frac{\sigma_0^2}{\sigma_0^2+\sigma^2}z=\bar{x}+\frac{\sigma_0^2}{\sigma_0^2+\sigma^2}(z-\bar{x}) \tag{2.59}$$

$$\sigma_1^2=\frac{\sigma_0^2\sigma^2}{\sigma_0^2+\sigma^2} \tag{2.60}$$

由式（2.58）可知参数 x 的最大后验估计为

$$\hat{x}^{\mathrm{MAP}}=f(z) \tag{2.61}$$

④ 参数 x 的最小均方误差估计。由于式（2.58）给出的后验概率密度函数形式为高斯分布的，由该式可看出这个高斯概率密度函数的均值即为 $f(z)$，因此

$$\hat{x}^{\mathrm{MMSE}}=E[x|z]=f(z)=\hat{x}^{\mathrm{MAP}} \tag{2.62}$$

由此可见，在高斯分布情况下参数 x 的 ML 估计与 LS 估计是相同的，而 MMSE 估计和 MAP 估计也是相同的，并且仅与待估计参数 x 和量测噪声的 w 的均值和方差有关。

参数 x 的最大似然估计和最大后验估计一般情况下是不同的，但当参数 x 具有扩散的先验信息时最大似然估计和最大后验估计是相同的。那么，什么是扩散的先验信息呢？若在体积为 $1/\varepsilon$ 的充分大的区域内，参数 x 具有一致的先验概率密度函数，即 $p(x)=\varepsilon$，则当 $\varepsilon\to 0$ 时，参数 x 是在体积趋近于无穷大的区域内具有一致的先验概率密度函数，也就是说参数 x 具有扩散的先验信息。

下面具体看一下在参数 x 具有扩散的先验概率密度函数时，由例 2.3 求得的最大似然估计和最大后验估计是否相同。

由例 2.3 可知参数 x 的先验概率密度函数为

$$p(x)=\frac{1}{\sqrt{2\pi}\sigma_0}\exp\left(-\frac{(x-\bar{x})^2}{2\sigma_0^2}\right) \tag{2.63}$$

当 $\sigma_0\to\infty$ 时，上式是参数 x 具有扩散的先验概率密度函数。而且当 $\sigma_0\to\infty$ 时，参数 x 的最大后验估计的极限形式为

$$\lim_{\sigma_0\to\infty}f(z)=\lim_{\sigma_0\to\infty}\left(\bar{x}+\frac{\sigma_0^2}{\sigma_0^2+\sigma^2}(z-\bar{x})\right)=z \tag{2.64}$$

所以 $\hat{x}^{\mathrm{ML}}$ 和 $\hat{x}^{\mathrm{MAP}}$ 是相同的。

例 2.4　考虑在白噪声中接收目标信号 s，噪声 w 是均值为零、方差为 σ^2 的高斯白噪声，若得到的一个量测数据为

$$z = \frac{1}{3}s + w$$

要求：

① 当目标信号 s 为未知常数时，求它的最大似然估计和最小二乘估计；

② 若已知信号 s 是在 $-S_{\mathrm{M}}$ 与 $+S_{\mathrm{M}}$ 之间服从均匀分布，求它的最大后验估计和最小均方误差估计。

解： ① 信号 s 的最大似然估计。量测 z 的均值和方差分别为

$$\begin{cases} E(z) = E\left(\frac{1}{3}s\right) + E(w) = \frac{1}{3}s \\ D(z) = D\left(\frac{1}{3}s\right) + D(w) = \sigma^2 \end{cases} \tag{2.65}$$

即 $z \sim N\left(\frac{1}{3}s, \sigma^2\right)$，进而可求得似然函数为

$$p(z \mid s) = N\left(z; \frac{1}{3}s, \sigma^2\right) = \frac{1}{\sqrt{2\pi}\sigma}\exp\left(-\frac{1}{2\sigma^2}\left(z - \frac{1}{3}s\right)^2\right) \tag{2.66}$$

则信号 s 的最大似然估计为

$$\hat{s}^{\mathrm{ML}} = \arg\max_{s} p(z \mid s) = 3z \tag{2.67}$$

② 信号 s 的最小二乘估计。利用最小二乘估计的定义有

$$\hat{s}^{\mathrm{LS}} = \arg\min_{s}\left(z - \frac{1}{3}s\right)^2 = 3z \tag{2.68}$$

即 $\hat{x}^{\mathrm{LS}}$ 和 $\hat{x}^{\mathrm{ML}}$ 是相同的。

③ 信号 s 的最大后验估计，有

$$\hat{s}^{\mathrm{MAP}}(k) = \arg\max_{s} p(s \mid z) = \arg\max_{s}[p(z \mid s)p(s)] \tag{2.69}$$

已知信号 s 在 $-S_{\mathrm{M}}$ 与 S_{M} 之间服从均匀分布，即

$$p(s) = \begin{cases} \frac{1}{2S_{\mathrm{M}}}, & -S_{\mathrm{M}} < s < S_{\mathrm{M}} \\ 0, & \text{其他} \end{cases} \tag{2.70}$$

所以当 $-S_{\mathrm{M}} < s < S_{\mathrm{M}}$ 时，有

$$p(z \mid s)p(s) = \frac{1}{2\sqrt{2\pi}S_{\mathrm{M}}\sigma}\exp\left(-\frac{1}{2\sigma^2}\left(z - \frac{1}{3}s\right)^2\right) \tag{2.71}$$

此时

$$\hat{s}^{\mathrm{MAP}}(k) = 3z, \qquad -\frac{S_{\mathrm{M}}}{3} < z < \frac{S_{\mathrm{M}}}{3} \tag{2.72}$$

当 $s \geqslant S_{\mathrm{M}}$ 或 $s \leqslant -S_{\mathrm{M}}$ 时，信号 s 的先验概率密度函数 $p(s)=0$，即信号 s 具有扩散的先验概率密度函数，此时 $\hat{s}^{\mathrm{MAP}} = \hat{s}^{\mathrm{ML}}$。从而有

$$p(z \mid s) = \frac{1}{\sqrt{2\pi}\sigma}\exp\left(-\frac{1}{2\sigma^2}\left(z - \frac{1}{3}s\right)^2\right) = \frac{1}{\sqrt{2\pi}\sigma}\exp\left(-\frac{1}{6\sigma^2}(s - 3z)^2\right) \tag{2.73}$$

进而可得

$$\hat{s}^{\mathrm{MAP}}(k)=\begin{cases}S_{\mathrm{M}}, & z\geqslant \dfrac{S_{\mathrm{M}}}{3}\\ -S_{\mathrm{M}}, & z\leqslant -\dfrac{S_{\mathrm{M}}}{3}\end{cases} \tag{2.74}$$

所以有

$$\hat{s}^{\mathrm{MAP}}(k)=\begin{cases}S_{\mathrm{M}}, & z\geqslant \dfrac{S_{\mathrm{M}}}{3}\\ 3z, & -\dfrac{S_{\mathrm{M}}}{3}<z<\dfrac{S_{\mathrm{M}}}{3}\\ -S_{\mathrm{M}}, & z\leqslant -\dfrac{S_{\mathrm{M}}}{3}\end{cases} \tag{2.75}$$

④ 信号 s 的最小均方误差估计。由最小均方误差估计的定义有

$$\begin{aligned}\hat{s}^{\mathrm{MMSE}}&=\int_{-\infty}^{+\infty}sp(s\,|\,z)\,\mathrm{d}s=\int_{-\infty}^{+\infty}s\frac{p(z\,|\,s)p(s)}{p(z)}\mathrm{d}s=\frac{\int_{-\infty}^{+\infty}sp(z\,|\,s)p(s)\,\mathrm{d}s}{\int_{-\infty}^{+\infty}p(z\,|\,s)p(s)\,\mathrm{d}s}\\
&\overset{y=z-\frac{1}{3}s}{=\!=\!=}\frac{\int_{z+\frac{S_{\mathrm{M}}}{3}}^{z-\frac{S_{\mathrm{M}}}{3}}3(z-y)\exp\left\{-\dfrac{1}{2\sigma^2}y^2\right\}\mathrm{d}y}{\int_{z+\frac{S_{\mathrm{M}}}{3}}^{z-\frac{S_{\mathrm{M}}}{3}}\exp\left\{-\dfrac{1}{2\sigma^2}y^2\right\}\mathrm{d}y}\\
&=3z-\frac{-3\sigma^2\int_{z+\frac{S_{\mathrm{M}}}{3}}^{z-\frac{S_{\mathrm{M}}}{3}}\exp\left\{-\dfrac{1}{2\sigma^2}y^2\right\}\mathrm{d}\left(-\dfrac{y^2}{2\sigma^2}\right)}{\int_{z+\frac{S_{\mathrm{M}}}{3}}^{z-\frac{S_{\mathrm{M}}}{3}}\exp\left\{-\dfrac{1}{2\sigma^2}y^2\right\}\mathrm{d}y}\\
&\overset{u=\frac{y}{\sigma}}{=\!=\!=}3z-\frac{3\sigma\left\{\exp\left[-\dfrac{1}{2\sigma^2}\left(z+\dfrac{S_{\mathrm{M}}}{3}\right)^2\right]-\exp\left[-\dfrac{1}{2\sigma^2}\left(z-\dfrac{S_{\mathrm{M}}}{3}\right)^2\right]\right\}}{\int_{\frac{z}{\sigma}+\frac{S_{\mathrm{M}}}{3\sigma}}^{\frac{z}{\sigma}-\frac{S_{\mathrm{M}}}{3\sigma}}\exp\left[-\dfrac{1}{2}u^2\right]\mathrm{d}u}\\
&=3z-3\frac{\sigma\left\{\exp\left[-\dfrac{1}{2\sigma^2}\left(z+\dfrac{S_{\mathrm{M}}}{3}\right)^2\right]-\exp\left[-\dfrac{1}{2\sigma^2}\left(z-\dfrac{S_{\mathrm{M}}}{3}\right)^2\right]\right\}}{\sqrt{2\pi}\left[\varPhi\left(\dfrac{z}{\sigma}-\dfrac{S_{\mathrm{M}}}{3\sigma}\right)-\varPhi\left(\dfrac{z}{\sigma}+\dfrac{S_{\mathrm{M}}}{3\sigma}\right)\right]}\end{aligned} \tag{2.76}$$

式中，概率函数为

$$\varPhi(v)=\frac{1}{\sqrt{2\pi}}\int_0^v\exp\left[-\frac{1}{2}u^2\right]\mathrm{d}u$$

2.4 估计性质

按照估计所采用的准则不同，上面给出了最大后验、最大似然、最小均方误差和最小二乘四种基本的参数估计方法。另外，估计方法还包括矩估计法、条件种位数估计法等，这么多估计方法所得到的统计量都可以作为未知参数 x 的估计，而且对于同一个参量，往往有若

干种方法进行估计，不同的估计方法可能会产生不同的估计量，为了选择估计效果最优良的估计量，就需要衡量估计量的性能，需要建立评判估计质量高低的性能指标，这就是本小节所要研究的问题——估计性质。

由于不同准则下获得的参数估计是观测数据的函数，而观测数据是随机变量，所以观测数据函数所得到的参数估计也是一个随机变量[10]，不同数据得到的估计也不相同，所以估计质量的高低需要用统计分析的方法来评判[11]，需要利用参数估计的数字特征对估计量的性能进行比较、评价[12]。为此，下面将介绍评价参数估计的 4 个主要性能指标：无偏性、估计的均方误差、一致性和有效性。

1. 无偏性

无偏性是对估计量的一个基本而重要的要求，对于具有真实值 x_0 的非随机参数 x，如果 $E[\hat{x}]=x_0$，则说估计 $\hat{x}$ 是无偏的。若在 $k\to\infty$ 的极限情况下上述结果仍然成立，则称为渐近无偏估计，否则为有偏估计[1,13]。

对于具有先验概率密度函数 $p(x)$的随机变量 x，如果 $E[\hat{x}]=E[x]$，则说估计 $\hat{x}$ 是无偏的，其中 $E[\hat{x}]$ 是关于联合概率密度函数 $p(Z^k,x)$ 的数学期望，$E[x]$ 是关于先验概率密度函数 $p(x)$ 的数学期望。如果在 $k\to\infty$ 的极限情况下上式成立，则称为渐近无偏估计，否则为有偏估计。

例 2.5　求证：参数 x 的最小均方误差估计 $\hat{x}^{\mathrm{MMSE}}=E(x\,|\,z)$ 是无偏估计。

证明：

$$
\begin{aligned}
E\{\hat{x}^{\mathrm{MMSE}}\}=E\{E(x\,|\,z)\}&=\int_{-\infty}^{+\infty}\left[\int_{-\infty}^{+\infty}xp(x\,|\,z)\mathrm{d}x\right]p(z)\mathrm{d}z\\
&=\int_{-\infty}^{+\infty}\int_{-\infty}^{+\infty}xp(x,z)\mathrm{d}x\mathrm{d}z\\
&=\int_{-\infty}^{+\infty}\int_{-\infty}^{+\infty}xp(z\,|\,x)p(x)\mathrm{d}z\mathrm{d}x\\
&=\int_{-\infty}^{+\infty}\left[\int_{-\infty}^{+\infty}p(z\,|\,x)\mathrm{d}z\right]xp(x)\mathrm{d}x\\
&=\int_{-\infty}^{+\infty}xp(x)\mathrm{d}x\\
&=E\{x\}
\end{aligned}
$$

证毕。

2. 估计的均方误差

估计量具有无偏性是估计质量保证的一个必要条件，也就是，利用某种准则得到的估计首先是希望估计量的均值能等于其取值中心，在此基础上还希望估计量的取值能集中在取值中心附近，也就是估计值相对于待估计参数均值的分散程度越小越好。因此需要建立估计第二个性能指标，即估计误差的方差。

对于具有真实值 x_0 的非随机参数 x 的无偏估计 $\hat{x}$，其估计误差为 $\tilde{x}=\hat{x}-x_0$，且 $E\{\tilde{x}\}=0$，估计误差的方差为 $\mathrm{var}(\tilde{x})=E[(\hat{x}-x_0)^2]=\mathrm{var}(\hat{x})$。对于随机参数 x 的无偏估计 $\hat{x}$，其估计误差的方差为 $\mathrm{var}(\tilde{x})=E[(\hat{x}-x)^2]$。由上述定义可以看出，估计误差的方差即为估计的均方误差。

例 2.6　当参数 x 为非随机参数时，其真实值为 x_0，请判断例 2.3 给出的四种估计是不是无偏估计？比较 ML 估计和 MAP 估计哪一个估计效果更好？

解：由例 2.3 知道上述情况下参数 x 的 ML 估计和 LS 估计是等价的，对其取均值有

$$E[\hat{x}^{\mathrm{ML}}]=E[\hat{x}^{\mathrm{LS}}]=E[z]=x_0 \tag{2.77}$$

由无偏估计的定义知道，当 x 为非随机参数时，它的 ML 估计和 LS 估计都是无偏的。当参数 x 是高斯随机变量时，它的 MAP 估计和 MMSE 估计是等价的，对其取均值有

$$E[\hat{x}^{\mathrm{MAP}}]=E[\hat{x}^{\mathrm{MMSE}}]=E\left[\bar{x}+\frac{\sigma_0^2}{\sigma_0^2+\sigma^2}(z-\bar{x})\right]=\bar{x} \tag{2.78}$$

由此可见，当 x 为随机参数时，它的 MAP 估计和 MMSE 估计也都是无偏的。另外，由于最小均方误差估计本身是条件均值，所以它总是无偏的。

由方差的定义知道，参数 x 的 ML 估计和 MAP 估计的方差分别为

$$\mathrm{var}(\hat{x}^{\mathrm{ML}})=E[(\hat{x}^{\mathrm{ML}}-x_0)^2]=E[(z-x_0)^2]=\sigma^2 \tag{2.79}$$

$$\begin{aligned}\mathrm{var}(\hat{x}^{\mathrm{MAP}})&=E[(\hat{x}^{\mathrm{MAP}}-x)^2]=E\left[\left(\frac{\sigma^2}{\sigma^2+\sigma_0^2}\bar{x}+\frac{\sigma_0^2}{\sigma^2+\sigma_0^2}(x+w)-x\right)^2\right]\\&=E\left[\left(\frac{-\sigma^2}{\sigma^2+\sigma_0^2}(x-\bar{x})+\frac{\sigma_0^2}{\sigma^2+\sigma_0^2}w\right)^2\right]\\&=\frac{\sigma^4\sigma_0^2}{(\sigma^2+\sigma_0^2)^2}+\frac{\sigma^2\sigma_0^4}{(\sigma^2+\sigma_0^2)^2}=\frac{\sigma^2\sigma_0^2}{\sigma^2+\sigma_0^2}\\&\leqslant\sigma^2=\mathrm{var}(\hat{x}^{\mathrm{ML}})\end{aligned} \tag{2.80}$$

由于估计的均方误差大小反映了估计值对真实值（或均值）的偏离程度，所以由式（2.80）可以看出 MAP 估计比 ML 估计偏离真实值的程度要小，这表明 MAP 估计比 ML 估计围绕着待估参数的波动就越小，所以 MAP 估计的效果要好一些。

3. 一致估计

一致估计是指随着可利用的观测数据数量的增加，估计器给出的估计值越来越趋近于真实值，即估计值不同于真值的概率趋于零[1,13]。

估计一致性的判断可采用均方收敛准则，即

如果非随机参数满足

$$\lim_{k\to\infty}E\{[\hat{x}(k)-x_0]^2\}=0 \tag{2.81}$$

则估计即为一致估计；

如果随机参数满足

$$\lim_{k\to\infty}E\{[\hat{x}(k)-x]^2\}=0 \tag{2.82}$$

则估计即为一致估计。换句话说，也就是对非随机参数和随机参数而言，如果随着接收样本数量的增加，均方误差的极限等于零，则称该估计是均方一致的。如果某个估计为一致估计，则随着接收样本数的增加估计性能将变得越来越好。

4. 有效估计

在同一参量的两个无偏估计中，以均方误差小者为好，但是估计量的均方误差最小能做到什么程度呢？可以证明，在一定条件下任何估计量都存在一个均方误差的下限，估计的均方误差不能小于而只能大于或者等于这个下限，这就是所谓的 Cramer-Rao 下界（CRLB）。

若参数估计对应的均方误差不小于 Cramer-Rao 下界（CRLB），则称该估计为有效估计。

具体而言，如果非随机参数 x 的估计 $\hat{x}(k)$ 是无偏估计，并且均方误差是有界的，即

$$E\{[\hat{x}(k)-x_0]^2\}\geqslant J^{-1} \tag{2.83}$$

则非随机参数 x 的估计为有效估计。其中，

$$J=-E\left[\frac{\partial^2 \ln \Lambda_k(x)}{\partial x^2}\right]_{x=x_0}=E\left[\frac{\partial \ln \Lambda_k(x)}{\partial x}\right]^2_{x=x_0} \tag{2.84}$$

是 Fisher 信息，$\Lambda_k(x)$ 是似然函数，x_0 是 x 的真实值。

如果随机参数 x 的估计 $\hat{x}(k)$ 是无偏估计，并且其均方误差是有界的，即

$$E\{[\hat{x}(k)-x]^2\}\geqslant J^{-1} \tag{2.85}$$

则随机参数 x 的估计为有效估计。其中，

$$J=-E\left[\frac{\partial^2 \ln p(Z^k,x)}{\partial x^2}\right]=E\left[\frac{\partial \ln p(Z^k,x)}{\partial x}\right]^2 \tag{2.86}$$

式中，J^{-1} 叫作 CRLB，它是与似然函数有关的一个确定的量。

2.5　静态向量情况下的参数估计

本节将要研究静态（非时变）向量情况下的参数估计问题，由于最大似然估计和最大后验估计需要知道待估计参数 x 的似然函数 $p(Z^k|x)$ 或先验概率密度函数 $p(x)$，而实际中做到这一点是比较困难的，所以这一节只把最小二乘估计和最小均方误差估计扩展到静态（非时变）向量情况，同时还给出最小二乘估计的递推形式。

1. 最小二乘估计

在向量情况下，使二次误差

$$J(k)=\sum_{i=1}^{k}[\boldsymbol{z}(i)-\boldsymbol{H}(i)\boldsymbol{X}]'[\boldsymbol{z}(i)-\boldsymbol{H}(i)\boldsymbol{X}]=[\boldsymbol{Z}^k-\boldsymbol{H}^k\boldsymbol{X}]'[\boldsymbol{Z}^k-\boldsymbol{H}^k\boldsymbol{X}] \tag{2.87}$$

达到最小的估计 $\hat{\boldsymbol{X}}(k)$ 即为非随机向量 $\boldsymbol{X}$ 的最小二乘估计。其中第 i 个时刻的量测值为

$$\boldsymbol{z}(i)=\boldsymbol{H}(i)\boldsymbol{X}+\boldsymbol{W}(i) \tag{2.88}$$

式中，$\boldsymbol{H}(i)$为量测矩阵，$\boldsymbol{W}(i)$为协方差矩阵为$\boldsymbol{R}(i)$的量测噪声，且

$$\boldsymbol{Z}^k=\begin{bmatrix}\boldsymbol{z}(1)\\ \vdots\\ \boldsymbol{z}(k)\end{bmatrix}\quad \boldsymbol{H}^k=\begin{bmatrix}\boldsymbol{H}(1)\\ \vdots\\ \boldsymbol{H}(k)\end{bmatrix}\quad \boldsymbol{W}^k=\begin{bmatrix}\boldsymbol{W}(1)\\ \vdots\\ \boldsymbol{W}(k)\end{bmatrix}\quad \boldsymbol{R}^k=\begin{bmatrix}\boldsymbol{R}(1) & \cdots & 0\\ \vdots & \ddots & \vdots\\ 0 & \cdots & \boldsymbol{R}(k)\end{bmatrix}$$

非随机向量 $\boldsymbol{X}$ 的最小二乘估计可通过令其二次误差关于 $\hat{\boldsymbol{X}}(k)$ 的梯度等于零得到，即

$$\nabla_X J(k)=-2(\boldsymbol{H}^k)'[\boldsymbol{Z}^k-\boldsymbol{H}^k\boldsymbol{X}]=0 \tag{2.89}$$

由式（2.89）可得

$$\hat{\boldsymbol{X}}(k)=[(\boldsymbol{H}^k)'\boldsymbol{H}^k]^{-1}(\boldsymbol{H}^k)'\boldsymbol{Z}^k \tag{2.90}$$

由于一般情况下，量测噪声 $\boldsymbol{W}(i)$的协方差矩阵 $\boldsymbol{R}(i)$并不是同分布的，因此考虑使误差的加权平方和

$$J(k)=\sum_{i=1}^{k}[\boldsymbol{z}(i)-\boldsymbol{H}(i)\boldsymbol{X}]'\boldsymbol{R}^{-1}(i)[\boldsymbol{z}(i)-\boldsymbol{H}(i)\boldsymbol{X}]=[\boldsymbol{Z}^k-\boldsymbol{H}^k\boldsymbol{X}]'(\boldsymbol{R}^k)^{-1}[\boldsymbol{Z}^k-\boldsymbol{H}^k\boldsymbol{X}] \tag{2.91}$$

达到最小的估计 $\hat{\boldsymbol{X}}(k)$ 更为合理，此时 $\hat{\boldsymbol{X}}(k)$ 称为非随机向量 $\boldsymbol{X}$ 的加权最小二乘估计，即

$$\hat{\boldsymbol{X}}(k)=[(\boldsymbol{H}^k)'(\boldsymbol{R}^k)^{-1}\boldsymbol{H}^k]^{-1}(\boldsymbol{H}^k)'(\boldsymbol{R}^k)^{-1}\boldsymbol{Z}^k \tag{2.92}$$

由式（2.90）和式（2.92）可以看出，当误差协方差矩阵 $\boldsymbol{R}^k$ 为单位阵时，加权最小二乘估计即为最小二乘估计，因此下面只讨论加权最小二乘估计。

由于

$$E[\hat{\boldsymbol{X}}(k)]=[(\boldsymbol{H}^k)'(\boldsymbol{R}^k)^{-1}\boldsymbol{H}^k]^{-1}(\boldsymbol{H}^k)'(\boldsymbol{R}^k)^{-1}\mathrm{E}[\boldsymbol{H}^k\boldsymbol{X}+\boldsymbol{W}^k]=\boldsymbol{X} \tag{2.93}$$

所以向量情况下的加权最小二乘估计式（2.92）是无偏的，其估计误差为

$$\tilde{\boldsymbol{X}}(k)=\boldsymbol{X}-\hat{\boldsymbol{X}}(k)=-[(\boldsymbol{H}^k)'(\boldsymbol{R}^k)^{-1}\boldsymbol{H}^k]^{-1}(\boldsymbol{H}^k)'(\boldsymbol{R}^k)^{-1}\boldsymbol{W}^k \tag{2.94}$$

利用式（2.94）可得向量情况下的加权最小二乘估计的误差协方差矩阵为

$$\begin{aligned}\boldsymbol{P}(k)&=E[\tilde{\boldsymbol{X}}(k)\tilde{\boldsymbol{X}}'(k)]\\&=[(\boldsymbol{H}^k)'(\boldsymbol{R}^k)^{-1}\boldsymbol{H}^k]^{-1}(\boldsymbol{H}^k)'(\boldsymbol{R}^k)^{-1}E[\boldsymbol{W}^k(\boldsymbol{W}^k)'](\boldsymbol{R}^k)^{-1}(\boldsymbol{H}^k)[(\boldsymbol{H}^k)'(\boldsymbol{R}^k)^{-1}\boldsymbol{H}^k]^{-1}\\&=[(\boldsymbol{H}^k)'(\boldsymbol{R}^k)^{-1}\boldsymbol{H}^k]^{-1}\end{aligned} \tag{2.95}$$

对于高斯扰动，非随机向量 $\boldsymbol{X}$ 的 LS 估计和 ML 估计是一致的。由式（2.90）和式（2.92）获得的 LS 估计是对 k 个数据同时进行处理，也就是批处理形式，批处理形式一般情况下计算量较大，下面给出最小二乘估计的递推式。

当得到了新的观测值 $\boldsymbol{z}(k+1)$时，把从 1 到 k+1 时刻的量测值构造成为多重向量、多重量测矩阵、量测误差的多重向量及其对应的分块对角正定矩阵表示为

$$\boldsymbol{Z}^{k+1}=\begin{bmatrix}\boldsymbol{Z}^k\\ \boldsymbol{z}(k+1)\end{bmatrix}\quad \boldsymbol{H}^{k+1}=\begin{bmatrix}\boldsymbol{H}^k\\ \boldsymbol{H}(k+1)\end{bmatrix}\quad \boldsymbol{W}^{k+1}=\begin{bmatrix}\boldsymbol{W}^k\\ \boldsymbol{W}(k+1)\end{bmatrix}\quad \boldsymbol{R}^{k+1}=\begin{bmatrix}\boldsymbol{R}^k & 0\\ 0 & \boldsymbol{R}(k+1)\end{bmatrix}$$

由式（2.95）可得 k+1 时刻误差协方差矩阵的逆为

$$\boldsymbol{P}^{-1}(k+1)=(\boldsymbol{H}^{k+1})'(\boldsymbol{R}^{k+1})^{-1}\boldsymbol{H}^{k+1}=(\boldsymbol{H}^k)'(\boldsymbol{R}^k)^{-1}\boldsymbol{H}^k+\boldsymbol{H}'(k+1)\boldsymbol{R}^{-1}(k+1)\boldsymbol{H}(k+1) \tag{2.96}$$

所以 k+1 时刻 Fisher 意义上的信息（即逆协方差矩阵）等于 k 时刻的信息再加上从量测 $\boldsymbol{z}(k+1)$ 所获得的与向量 $\boldsymbol{X}$ 有关的新信息。

利用矩阵反演引理

$$(\boldsymbol{P}^{-1}+\boldsymbol{H}'\boldsymbol{R}^{-1}\boldsymbol{H})^{-1}=\boldsymbol{P}-\boldsymbol{P}\boldsymbol{H}'(\boldsymbol{H}\boldsymbol{P}\boldsymbol{H}'+\boldsymbol{R})^{-1}\boldsymbol{H}\boldsymbol{P} \tag{2.97}$$

可把误差协方差矩阵的递推式重写为

$$\boldsymbol{P}(k+1)=\boldsymbol{P}(k)-\boldsymbol{P}(k)\boldsymbol{H}'(k+1)\left[\boldsymbol{H}(k+1)\boldsymbol{P}(k)\boldsymbol{H}'(k+1)+\boldsymbol{R}(k+1)\right]^{-1}\boldsymbol{H}(k+1)\boldsymbol{P}(k) \tag{2.98}$$

定义

$$\boldsymbol{S}(k+1)=\boldsymbol{H}(k+1)\boldsymbol{P}(k)\boldsymbol{H}'(k+1)+\boldsymbol{R}(k+1) \tag{2.99}$$

$$\boldsymbol{K}(k+1)=\boldsymbol{P}(k)\boldsymbol{H}'(k+1)\boldsymbol{S}^{-1}(k+1) \tag{2.100}$$

所以协方差的递推式又可表示为

$$\begin{aligned}\boldsymbol{P}(k+1)&=\boldsymbol{P}(k)-\boldsymbol{K}(k+1)\boldsymbol{H}(k+1)\boldsymbol{P}(k)\\&=[\boldsymbol{I}-\boldsymbol{K}(k+1)\boldsymbol{H}(k+1)]\boldsymbol{P}(k)\\&=\boldsymbol{P}(k)-\boldsymbol{K}(k+1)\boldsymbol{S}(k+1)\boldsymbol{K}'(k+1)\end{aligned} \tag{2.101}$$

利用式（2.98）有

$$\begin{aligned}&\boldsymbol{P}(k+1)\ \ \boldsymbol{H}'(k+1)\boldsymbol{R}^{-1}(k+1)\\&=\{\boldsymbol{P}(k)\boldsymbol{H}'(k+1)-\boldsymbol{P}(k)\boldsymbol{H}'(k+1)\boldsymbol{S}^{-1}(k+1)\boldsymbol{H}(k+1)\boldsymbol{P}(k)\boldsymbol{H}'(k+1)\}\boldsymbol{R}^{-1}(k+1)\\&=\boldsymbol{P}(k)\boldsymbol{H}'(k+1)\boldsymbol{S}^{-1}(k+1)\{\boldsymbol{S}(k+1)-\boldsymbol{H}(k+1)\boldsymbol{P}(k)\boldsymbol{H}'(k+1)\}\boldsymbol{R}^{-1}(k+1)\\&=\boldsymbol{P}(k)\boldsymbol{H}'(k+1)\boldsymbol{S}^{-1}(k+1)=\boldsymbol{K}(k+1)\end{aligned} \tag{2.102}$$

这是增益 $\boldsymbol{K}(k+1)$ 的另一种表达形式。

由式（2.90）可得估计的递推式为

$$\begin{aligned}\hat{\boldsymbol{X}}(k+1)&=[(\boldsymbol{H}^{k+1})'(\boldsymbol{R}^{k+1})^{-1}\boldsymbol{H}^{k+1}]^{-1}(\boldsymbol{H}^{k+1})'(\boldsymbol{R}^{k+1})^{-1}\boldsymbol{Z}^{k+1}\\&=\boldsymbol{P}(k+1)(\boldsymbol{H}^{k})'(\boldsymbol{R}^{k})^{-1}\boldsymbol{Z}^{k}+\boldsymbol{P}(k+1)\boldsymbol{H}'(k+1)\boldsymbol{R}^{-1}(k+1)\boldsymbol{z}(k+1)\\&=[\boldsymbol{I}-\boldsymbol{K}(k+1)\boldsymbol{H}(k+1)]\boldsymbol{P}(k)(\boldsymbol{H}^{k})'(\boldsymbol{R}^{k})^{-1}\boldsymbol{Z}^{k}+\boldsymbol{K}(k+1)\boldsymbol{z}(k+1)\\&=[\boldsymbol{I}-\boldsymbol{K}(k+1)\boldsymbol{H}(k+1)]\hat{\boldsymbol{X}}(k)+\boldsymbol{K}(k+1)\boldsymbol{z}(k+1)\\&=\hat{\boldsymbol{X}}(k)+\boldsymbol{K}(k+1)[\boldsymbol{z}(k+1)-\boldsymbol{H}(k+1)\hat{\boldsymbol{X}}(k)]\end{aligned}\tag{2.103}$$

上式说明新估计 $\hat{\boldsymbol{X}}(k+1)$ 等于先前时刻的估计 $\hat{\boldsymbol{X}}(k)$ 加上一个修正项，这个修正项由增益 $\boldsymbol{K}(k+1)$和中括号里的新息构成。

最小二乘估计在曲线拟合法、航迹匹配、数据关联等诸多领域都有着广泛应用[14-16]。

2. 最小均方误差估计

设 $\boldsymbol{x}$ 为待估计向量，$\boldsymbol{z}$ 为向量 $\boldsymbol{x}$ 的观测向量，并且这两个随机向量是联合正态分布的，即

$$\boldsymbol{y}=\begin{bmatrix}\boldsymbol{x}\\ \boldsymbol{z}\end{bmatrix}\sim N[\bar{\boldsymbol{y}},\boldsymbol{P}_{yy}]\tag{2.104}$$

式中

$$\bar{\boldsymbol{y}}=\begin{bmatrix}\bar{\boldsymbol{x}}\\ \bar{\boldsymbol{z}}\end{bmatrix}\qquad \boldsymbol{P}_{yy}=\begin{bmatrix}\boldsymbol{P}_{xx} & \boldsymbol{P}_{xz}\\ \boldsymbol{P}_{zx} & \boldsymbol{P}_{zz}\end{bmatrix}\tag{2.105}$$

式中，$\bar{\boldsymbol{x}}$、$\boldsymbol{P}_{xx}$ 和 $\bar{\boldsymbol{z}}$、$\boldsymbol{P}_{zz}$ 分别是随机向量 $\boldsymbol{x}$ 和 $\boldsymbol{z}$ 的均值和各自的自协方差，$\boldsymbol{P}_{xz}$ 为互协方差。由于

$$p(\boldsymbol{x},\boldsymbol{z})=p(\boldsymbol{y})=N(\boldsymbol{y};\bar{\boldsymbol{y}},\boldsymbol{P}_{yy})=\left|2\pi\boldsymbol{P}_{yy}\right|^{-\frac{1}{2}}\exp\left\{-\frac{1}{2}(\boldsymbol{y}-\bar{\boldsymbol{y}})'\boldsymbol{P}_{yy}^{-1}(\boldsymbol{y}-\bar{\boldsymbol{y}})\right\}\tag{2.106}$$

$$p(\boldsymbol{z})=N(\boldsymbol{z};\bar{\boldsymbol{z}},\boldsymbol{P}_{zz})=\left|2\pi\boldsymbol{P}_{zz}\right|^{-\frac{1}{2}}\exp\left\{-\frac{1}{2}(\boldsymbol{z}-\bar{\boldsymbol{z}})'\boldsymbol{P}_{zz}^{-1}(\boldsymbol{z}-\bar{\boldsymbol{z}})\right\}\tag{2.107}$$

所以

$$p(\boldsymbol{x}\mid\boldsymbol{z})=\frac{p(\boldsymbol{x},\boldsymbol{z})}{p(\boldsymbol{z})}=\frac{\left|2\pi\boldsymbol{P}_{yy}\right|^{-\frac{1}{2}}}{\left|2\pi\boldsymbol{P}_{zz}\right|^{-\frac{1}{2}}}\exp\left\{-\frac{1}{2}[(\boldsymbol{y}-\bar{\boldsymbol{y}})'\boldsymbol{P}_{yy}^{-1}(\boldsymbol{y}-\bar{\boldsymbol{y}})-(\boldsymbol{z}-\bar{\boldsymbol{z}})'\boldsymbol{P}_{zz}^{-1}(\boldsymbol{z}-\bar{\boldsymbol{z}})]\right\}\tag{2.108}$$

设

$$\boldsymbol{y}-\bar{\boldsymbol{y}}=\begin{bmatrix}\boldsymbol{x}-\bar{\boldsymbol{x}}\\ \boldsymbol{z}-\bar{\boldsymbol{z}}\end{bmatrix}=\begin{bmatrix}\boldsymbol{\xi}\\ \boldsymbol{\eta}\end{bmatrix}\tag{2.109}$$

$$\boldsymbol{P}_{yy}^{-1}=\begin{bmatrix}\boldsymbol{T}_{xx} & \boldsymbol{T}_{xz}\\ \boldsymbol{T}_{zx} & \boldsymbol{T}_{zz}\end{bmatrix}\tag{2.110}$$

则由式（2.105）和式（2.110）可得

$$\boldsymbol{T}_{xx}^{-1}=\boldsymbol{P}_{xx}-\boldsymbol{P}_{xz}\boldsymbol{P}_{zz}^{-1}\boldsymbol{P}_{zx},\qquad \boldsymbol{P}_{zz}^{-1}=\boldsymbol{T}_{zz}-\boldsymbol{T}_{zx}\boldsymbol{T}_{xx}^{-1}\boldsymbol{T}_{xz},\qquad \boldsymbol{T}_{xx}^{-1}\boldsymbol{T}_{xz}=-\boldsymbol{P}_{xz}\boldsymbol{P}_{zz}^{-1}\tag{2.111}$$

令

$$
\begin{aligned}
q &= (\boldsymbol{y}-\overline{\boldsymbol{y}})'\boldsymbol{P}_{yy}^{-1}(\boldsymbol{y}-\overline{\boldsymbol{y}})-(\boldsymbol{z}-\overline{\boldsymbol{z}})'\boldsymbol{P}_{zz}^{-1}(\boldsymbol{z}-\overline{\boldsymbol{z}}) \\
&= \boldsymbol{\xi}'\boldsymbol{T}_{xx}\boldsymbol{\xi}+\boldsymbol{\eta}'\boldsymbol{T}_{zx}\boldsymbol{\xi}+\boldsymbol{\xi}\boldsymbol{T}_{xz}\boldsymbol{\eta}+\boldsymbol{\eta}'\boldsymbol{T}_{zz}\boldsymbol{\eta}-\boldsymbol{\eta}'\boldsymbol{P}_{zz}^{-1}\boldsymbol{\eta} \\
&= \boldsymbol{\xi}'\boldsymbol{T}_{xx}\boldsymbol{\xi}+\boldsymbol{\eta}'\boldsymbol{T}_{zx}\boldsymbol{\xi}+\boldsymbol{\xi}'\boldsymbol{T}_{xz}\boldsymbol{\eta}+\boldsymbol{\eta}'\boldsymbol{T}_{zx}\boldsymbol{T}_{xx}^{-1}\boldsymbol{T}_{xz}\boldsymbol{\eta}+\boldsymbol{\eta}'\boldsymbol{T}_{zz}\boldsymbol{\eta}-\boldsymbol{\eta}'\boldsymbol{T}_{zx}\boldsymbol{T}_{xx}^{-1}\boldsymbol{T}_{xz}\boldsymbol{\eta}-\boldsymbol{\eta}'\boldsymbol{P}_{zz}^{-1}\boldsymbol{\eta} \\
&= (\boldsymbol{\xi}'+\boldsymbol{\eta}'\boldsymbol{T}_{zx}\boldsymbol{T}_{xx}^{-1})\boldsymbol{T}_{xx}\boldsymbol{\xi}+(\boldsymbol{\xi}'+\boldsymbol{\eta}'\boldsymbol{T}_{zx}\boldsymbol{T}_{xx}^{-1})\boldsymbol{T}_{xz}\boldsymbol{\eta}+\boldsymbol{\eta}'(\boldsymbol{T}_{zz}-\boldsymbol{T}_{zx}\boldsymbol{T}_{xx}^{-1}\boldsymbol{T}_{xz})\boldsymbol{\eta}-\boldsymbol{\eta}'\boldsymbol{P}_{zz}^{-1}\boldsymbol{\eta} \\
&= (\boldsymbol{\xi}+\boldsymbol{T}_{xx}^{-1}\boldsymbol{T}_{xz}\boldsymbol{\eta})'\boldsymbol{T}_{xx}(\boldsymbol{\xi}+\boldsymbol{T}_{xx}^{-1}\boldsymbol{T}_{xz}\boldsymbol{\eta})
\end{aligned} \tag{2.112}
$$

因为 $\boldsymbol{q}$ 是 $\boldsymbol{x}$ 的二次型，所以给定 $\boldsymbol{z}$ 的 $\boldsymbol{x}$ 的条件概率密度函数也是高斯分布的。又因为

$$\boldsymbol{\xi}+\boldsymbol{T}_{xx}^{-1}\boldsymbol{T}_{xz}\boldsymbol{\eta}=\boldsymbol{x}-\overline{\boldsymbol{x}}-\boldsymbol{P}_{xz}\boldsymbol{P}_{zz}^{-1}(\boldsymbol{z}-\overline{\boldsymbol{z}}) \tag{2.113}$$

进而，可求得依据 $\boldsymbol{z}$ 的 $\boldsymbol{x}$ 的最小均方误差估计为

$$\hat{\boldsymbol{x}}=E[\boldsymbol{x}\,|\,\boldsymbol{z}]=\overline{\boldsymbol{x}}+\boldsymbol{P}_{xz}\boldsymbol{P}_{zz}^{-1}(\boldsymbol{z}-\overline{\boldsymbol{z}}) \tag{2.114}$$

在高斯分布情况下，依据 $\boldsymbol{z}$ 的 $\boldsymbol{x}$ 的最小均方误差估计是给定 $\boldsymbol{z}$ 的 $\boldsymbol{x}$ 的条件均值。对应的条件误差协方差矩阵为

$$\boldsymbol{P}_{xx|z}=E[(\boldsymbol{x}-\hat{\boldsymbol{x}})\,(\boldsymbol{x}-\hat{\boldsymbol{x}})'\,|\,\boldsymbol{z}]=\boldsymbol{T}_{xx}^{-1}=\boldsymbol{P}_{xx}-\boldsymbol{P}_{xz}\boldsymbol{P}_{zz}^{-1}\boldsymbol{P}_{zx} \tag{2.115}$$

3．线性最小均方误差估计（LMMSE）

如果随机向量 $\boldsymbol{x}$ 和 $\boldsymbol{z}$ 不是联合高斯分布的，则一般情况下很难得到条件均值。但可以推导依据 $\boldsymbol{z}$ 的 $\boldsymbol{x}$ 的最佳线性估计。正交原理是线性估计成为最佳估计的充分必要条件，根据正交原理，最佳线性估计的估计误差 $\tilde{\boldsymbol{x}}$ 是无偏的，并且正交于观测值 $\boldsymbol{z}$。

若设

$$\hat{\boldsymbol{x}}=\boldsymbol{A}\boldsymbol{z}+\boldsymbol{b} \tag{2.116}$$

为非高斯分布情况下的最佳线性估计。由于最佳线性估计的估计误差 $\tilde{\boldsymbol{x}}$ 是无偏的，所以

$$E[\tilde{\boldsymbol{x}}]=E[\boldsymbol{x}-\hat{\boldsymbol{x}}]=\overline{\boldsymbol{x}}-(\boldsymbol{A}\overline{\boldsymbol{z}}+\boldsymbol{b})=0 \tag{2.117}$$

由此可得

$$\boldsymbol{b}=\overline{\boldsymbol{x}}-\boldsymbol{A}\overline{\boldsymbol{z}} \tag{2.118}$$

此时估计误差可表示为

$$\tilde{\boldsymbol{x}}=\boldsymbol{x}-\hat{\boldsymbol{x}}=\boldsymbol{x}-\boldsymbol{A}\boldsymbol{z}-\boldsymbol{b}=\boldsymbol{x}-\overline{\boldsymbol{x}}-\boldsymbol{A}(\boldsymbol{z}-\overline{\boldsymbol{z}}) \tag{2.119}$$

由于最佳线性估计同时还要满足估计误差 $\tilde{\boldsymbol{x}}$ 和量测值 $\boldsymbol{z}$ 正交的条件，所以

$$
\begin{aligned}
E[\tilde{\boldsymbol{x}}\boldsymbol{z}'] &= E\{[(\boldsymbol{x}-\overline{\boldsymbol{x}})-\boldsymbol{A}(\boldsymbol{z}-\overline{\boldsymbol{z}})](\boldsymbol{z}-\overline{\boldsymbol{z}}+\overline{\boldsymbol{z}})'\} \\
&= E\{[(\boldsymbol{x}-\overline{\boldsymbol{x}})-\boldsymbol{A}(\boldsymbol{z}-\overline{\boldsymbol{z}})](\boldsymbol{z}-\overline{\boldsymbol{z}})'\}=\boldsymbol{P}_{xz}-\boldsymbol{A}\boldsymbol{P}_{zz}=0
\end{aligned} \tag{2.120}
$$

由式（2.120）得到的 $\boldsymbol{A}$ 的解为

$$\boldsymbol{A}=\boldsymbol{P}_{xz}\boldsymbol{P}_{zz}^{-1} \tag{2.121}$$

联立式（2.118）和式（2.121）可得线性最小均方误差估计的表达式为

$$\hat{\boldsymbol{x}}=\boldsymbol{A}\boldsymbol{z}+\boldsymbol{b}=\overline{\boldsymbol{x}}+\boldsymbol{A}(\boldsymbol{z}-\overline{\boldsymbol{z}})=\overline{\boldsymbol{x}}+\boldsymbol{P}_{xz}\boldsymbol{P}_{zz}^{-1}(\boldsymbol{z}-\overline{\boldsymbol{z}}) \tag{2.122}$$

该估计即为非高斯分布情况下使均方误差

$$J=E[(\boldsymbol{x}-\hat{\boldsymbol{x}})'(\boldsymbol{x}-\hat{\boldsymbol{x}})] \tag{2.123}$$

达到极小的最佳线性估计。注意：式（2.122）形式和高斯分布情况下的 MMSE 估计式（2.114）相同，它仍是量测值 $\boldsymbol{z}$ 的线性函数，但它不是条件均值。

由式（2.119）可求得与式（2.122）对应的均方误差为

$$
\begin{aligned}
E\{\tilde{\boldsymbol{x}}\tilde{\boldsymbol{x}}'\} &= E\{(\boldsymbol{x}-\hat{\boldsymbol{x}})(\boldsymbol{x}-\hat{\boldsymbol{x}})'\} \\
&= E\{(\boldsymbol{x}-\bar{\boldsymbol{x}}-\boldsymbol{P}_{xz}\boldsymbol{P}_{zz}^{-1}(z-\bar{z}))(\boldsymbol{x}-\bar{\boldsymbol{x}}-\boldsymbol{P}_{xz}\boldsymbol{P}_{zz}^{-1}(z-\bar{z}))'\} \\
&= E\{[(\boldsymbol{x}-\bar{\boldsymbol{x}})-\boldsymbol{P}_{xz}\boldsymbol{P}_{zz}^{-1}(z-\bar{z})][(\boldsymbol{x}-\bar{\boldsymbol{x}})'-(z-\bar{z})'\boldsymbol{P}_{zz}^{-1\prime}\boldsymbol{P}_{xz}{}']\} \\
&= \boldsymbol{P}_{xx}-\boldsymbol{P}_{xz}\boldsymbol{P}_{zz}^{-1}\boldsymbol{P}_{zx}-\boldsymbol{P}_{xz}\boldsymbol{P}_{zz}^{-1}\boldsymbol{P}_{zx}+\boldsymbol{P}_{xz}\boldsymbol{P}_{zz}^{-1}\boldsymbol{P}_{zx} \\
&= \boldsymbol{P}_{xx}-\boldsymbol{P}_{xz}\boldsymbol{P}_{zz}^{-1}\boldsymbol{P}_{zx}
\end{aligned}
\tag{2.124}
$$

式中

$$\boldsymbol{P}_{xx}=E\{(\boldsymbol{x}-\bar{\boldsymbol{x}})(\boldsymbol{x}-\bar{\boldsymbol{x}})'\},\quad \boldsymbol{P}_{xz}=E\{(\boldsymbol{x}-\bar{\boldsymbol{x}})(z-\bar{z})'\},\quad \boldsymbol{P}_{zz}=E\{(z-\bar{z})(z-\bar{z})'\}$$

它具有与式（2.115）同样的表达式，但由于式（2.122）不是条件均值，所以严格来讲上式也不是协方差矩阵。

线性最小均方误差估计是以均方误差最小为准则获得的观测数据的线性函数，其仅需要知道观测数据和待估计参数的一、二阶矩，即均值、方差/协方差，在实际中比较容易满足，其线性估计的特性使估计器的实现得到简化，所以应用非常广泛[17-19]。卡尔曼滤波就是最小均方误差估计的典型应用，其除了均方误差最小的特点以外，还具有无偏性、一致估计等特性，并且适用于非平稳过程、可对向量进行处理，卡尔曼滤波是离散时间系统下的递推最优滤波器[20-23]。

2.6　小结

本章首先讨论了雷达数据处理中的一些基本的参数估计方法，包括最大似然估计、最大后验估计、最小二乘估计和最小均方误差估计，其中最大似然估计只需要知道似然函数，最大后验估计需要知道似然函数和待估计参数的先验概率密度函数，最小均方误差估计只需要知道相关参数的一、二阶统计矩，而不需要其他概率假定；而最小二乘估计去掉了全部概率假定，把估计问题作为确定性的最优化问题来处理，其可看作不断放宽统计要求的最后一步。同时最大后验估计和最小均方误差估计是以贝叶斯理论为基础的估计方法，贝叶斯理论不仅是工程领域[24]、数学领域[25]等传统领域的理论基础，也为机器学习[25]、机器人控制[26]等新兴领域提供重要的理论支撑。本章在对上述四种基本的参数估计方法进行介绍的基础上，对参数估计的 4 个主要性能指标：无偏性、估计的均方误差、一致性和有效性进行了分析，最后简单讨论了静态向量情况下的参数估计问题，上述参数估计方法和估计性质指标在信号检测与估计、阵列信号处理、小天体旋转参数估计等方向也有广泛应用[27-30]。

参考文献

[1] Shalom Y B, Fortmann T E. Tracking and Data Association. Academic Press, 1988.

[2] Kantas N, Doucet A, Singh S S, et al. On particle Methods for Parameter Estimation in State-space Models. Statistical Science, 2015, 30(3): 328-351.

[3] Gάbor A, Banga J R. Robust and efficient parameter estimation in dynamic models of biological systems. BMC Systems Biology, 2015, 9(74): 1-25.

[4] Xu L, Ding F. Recursive Least Squares and Multi-innovation Stochastic Gradient Parameter Estimation Methods for Signal Modeling. Circuits Systems and Signal Processing, 2017, 36(4): 1735-1753.

[5] Sun L, Lee C H, Hoeting J A. A Penalized Simulated Maximum Likelihood Approach in Parameter

Estimation for Stochastic Differential Equations. Computational Statistics and Data Analysis, 2015, 84: 54-67.

[6] Ammara M, Saecd A M, Ishtiaq C N, et al. Parameter Estimation for Hammerstein Control Autoregressive Systems Using Differential Evolution. Signal, Image and Video Processing, 2018, 12(8): 1603-1610.

[7] 曲长文, 刘晨, 周强, 等. 基于 CNN 的 SAR 图像舰船目标检测算法. 火力与指挥控制, 2019, 44(1): 40-44.

[8] 胡桂开. 线性模型的参数估计和预测理论. 北京: 科学出版社, 2019.

[9] 巴斌, 郑娜娥, 朱世磊, 等. 利用蒙特卡罗的最大似然时延估计算法. 西安: 西安交通大学学报, 2015(08): 30-36.

[10] 孔祥玉, 冯大政. 随机系统总体最小二乘参数估计理论与应用. 北京: 科学出版社, 2019.

[11] 韦杉. 雷达对高动态目标参数估计方法研究. 哈尔滨: 哈尔滨工业大学, 2019.

[12] 曲长文, 周强, 李炳荣, 等. 信号检测与估计. 北京: 电子工业出版社, 2016.

[13] He Y, Xiu J J, Guan X. Radar Data Processing with Applications. John Wiley & Publishing house of electronics industry, 2016, 8.

[14] 王丽华, 任磊, 李斌, 等. 基于最小二乘拟合的雷达航迹匹配算法. 现代导航, 2018, 9(5): 63-66.

[15] 王聪, 王海鹏, 熊伟, 等. 一种基于最小二乘拟合的数据关联算法. 航空学报, 2016, 37(5): 1603-1613.

[16] Newville M, Stensitzki T, Allen D B, et al. LMFIT: Non-Linear Least-Square Minimization and Curve-Fitting for Python. Astrophysics Source Code Library, 2016.

[17] Nicolson A, Paliwal K K. Deep Learning for Minimum Mean-square Error Approaches to Speech Enhancement Speech Communication, 2019, 111: 44-55.

[18] 孙冬, 向豪, 卢一相, 等. 基于最小均方误差估计和稀疏性先验的图像去噪. 安徽大学学报（自然科学版）, 2019, 43(1): 32-36.

[19] 刘书君, 吴国庆, 张新征, 等. 基于线性最小均方误差估计的 SAR 图像降噪. 系统工程与电子技术, 2016(4): 785-791.

[20] He Y, Zhang J W. New Track Correlation Algorithms in a Multisensor Data Fusion System. IEEE Trans on Aerospace and Electronic Systems, 2006, 42(4). 1359- 1371.

[21] 何友, 王国宏, 关欣. 信息融合理论及应用. 北京: 电子工业出版社, 2010, 3.

[22] 丁自然, 刘瑜, 曲建跃, 等. 基于节点通信度的信息加权一致性滤波. 系统工程与电子技术, 2020, 42(10): 2181-2188.

[23] 刘瑜, 刘俊, 徐从安, 等. 非均匀拓扑网络中的分布式一致性状态估计算法. 系统工程与电子技术, 2018, 40(9): 1917-1925.

[24] Avedissian S N, Rhodes N J, Kim Y, et al. Augmented Renal Clearance of Aminoglycosides Using Population-based Pharmacokinetic Modelling with Bayesian Estimation in the Paediatric ICU. Journal of Antimicrobial Chemotherapy, 2020, 75(1): 162-169.

[25] 李嘉琦. 基于智能算法的参数估计研究及其应用. 长春: 长春理工大学, 2020.

[26] 栾富进. 自适应参数估计及在机器人控制中的应用. 长春: 长春理工大学, 2020.

[27] 张文鹏. 复杂条件下多通道 SAR 运动目标检测与参数估计方法研究. 长沙: 国防科技大学, 2018.

[28] 李祥志. 基于空时信息融合的阵列参数估计方法研究. 郑州: 战略支援部队信息工程大学, 2020.

[29] Sun G H, Xu C D, Song D, et al. An Enhanced Least Squares Residual RAIM Algorithm Based on Optimal Decentralized Factor. Chinese Journal of Aeronautics, 2020, 33(12): 3369-3379.

[30] 刘鹏, 倪郑鸿远, 赵巍, 等. 一种小天体旋转参数估计方法. 空间控制技术与应用, 2020, 46(6): 20-27.

第 3 章　线性滤波方法

3.1　引言

第 2 章分析讨论的估计方法都是针对时常参数而言的，研究的是静态估计问题，本书从这一章开始将研究时变参数的估计问题，也就是状态估计问题，状态估计是对目标过去的运动状态（包括目标的位置、速度、加速度等）进行平滑、对目标现在的运动状态进行滤波以及对目标未来的运动状态进行预测[1-5]。例如雷达网中各站的定位和卫星轨道定位属于静态估计，而运动目标的跟踪则属于动态估计问题。虽然参数估计和状态估计都是根据一组与未知参数有关的观测数据来推算出未知参数的值，但由于在状态估计中，未知参数是个时间函数，因此在对观测数据进行处理时，未知参数和观测数据的时间演变都必须加以考虑。本章首先讨论的是卡尔曼滤波（Kalman Filter，KF），包括系统模型的建立、相应的滤波模型、滤波器初始化方法、滤波器稳定的定义和判断方法、随机线性系统的可控制性和可观测性、稳态卡尔曼滤波、自适应滤波等[6-9]。为了减少卡尔曼滤波的计算量，满足工程应用的需要，本章还对常增益滤波进行了介绍[10-13]，包括α-β与α-β-γ滤波和自适应的α-β与α-β-γ滤波，同时本章还对 Sage-Husa 自适应卡尔曼滤波、H_∞卡尔曼滤波、变分贝叶斯滤波和状态估计的一致性检验等内容进行了讨论。

3.2　卡尔曼滤波

卡尔曼滤波不仅是所有线性滤波器中最优的，而且是噪声模型为高斯过程时。所有滤波器中最优的。卡尔曼滤波除了系统噪声和量测噪声为高斯白噪声且已知其二阶矩之外，不需任何其他条件，因而完全适用于非平稳、多维随机序列的估计。

3.2.1　系统模型

状态变量法是描述动态系统的一种很有价值的方法，采用这种方法，系统的输入输出关系是用状态转移模型和输出观测模型在时域内加以描述的，输入可以由确定的时间函数和代表不可预测的变量或噪声的随机过程组成的状态方程进行描述，输出是状态向量的函数，通常受到随机观测误差的扰动，可由量测方程描述。

1．状态方程

1）匀速（Constant Velocity，CV）模型

状态方程是目标运动规律的假设，例如假设目标在二维平面内做匀速直线运动，则离散时间系统下 t_k 时刻目标的状态(x_k,y_k)可表示为

$$x_k = x_0 + v_x t_k = x_0 + v_x kT \tag{3.1}$$

$$y_k = y_0 + v_y t_k = y_0 + v_y kT \tag{3.2}$$

式中，(x_0,y_0)为初始时刻目标的位置，v_x和v_y分别为目标在x轴和y轴的速度，T为采样间隔。

式（3.1）和式（3.2）用递推形式可表示为

$$x_{k+1}=x_k+v_xT=x_k+\dot{x}_kT \tag{3.3}$$

$$y_{k+1}=y_k+v_yT=y_k+\dot{y}_kT \tag{3.4}$$

考虑不可能获得目标精确模型以及许多不可预测的现象，换句话说，也就是目标不可能做绝对匀速运动，其速度必然有一些小的随机波动，例如目标在匀速运动过程中，驾驶员或环境扰动等都可造成速度出现不可预测的变化，像飞机飞行过程中云层和阵风对飞机飞行速度的影响等，而这些速度的小的变化可看作过程噪声来建模，所以在引入过程噪声后式（3.3）和式（3.4）应表示为

$$x_{k+1}=x_k+\dot{x}_kT+\frac{1}{2}v_xT^2 \tag{3.5}$$

$$y_{k+1}=y_k+\dot{y}_kT+\frac{1}{2}v_yT^2 \tag{3.6}$$

这里要特别强调的是v_x、v_y分别表示目标在x轴和y轴速度的随机变化。而目标速度可表示为

$$\dot{x}_{k+1}=\dot{x}_k+v_xT \tag{3.7}$$

$$\dot{y}_{k+1}=\dot{y}_k+v_yT \tag{3.8}$$

在匀速模型中，描述系统动态特性的状态向量为$\boldsymbol{X}(k)=[x_k \quad y_k \quad \dot{x}_k \quad \dot{y}_k]'$，则式（3.5）～式（3.8）用矩阵形式可表示为

$$\begin{bmatrix} x_{k+1} \\ y_{k+1} \\ \dot{x}_{k+1} \\ \dot{y}_{k+1} \end{bmatrix}=\begin{bmatrix} 1 & 0 & T & 0 \\ 0 & 1 & 0 & T \\ 0 & 0 & 1 & 0 \\ 0 & 0 & 0 & 1 \end{bmatrix}\begin{bmatrix} x_k \\ y_k \\ \dot{x}_k \\ \dot{y}_k \end{bmatrix}+\begin{bmatrix} 0.5T^2 & 0 \\ 0 & 0.5T^2 \\ T & 0 \\ 0 & T \end{bmatrix}\begin{bmatrix} v_x \\ v_y \end{bmatrix} \tag{3.9}$$

即目标状态方程为

$$\boldsymbol{X}(k+1)=\boldsymbol{F}(k)\boldsymbol{X}(k)+\boldsymbol{\Gamma}(k)\boldsymbol{v}(k) \tag{3.10}$$

式中，$\boldsymbol{v}(k)=[v_x,v_y]'$为过程噪声向量，而

$$\boldsymbol{F}(k)=\begin{bmatrix} 1 & 0 & T & 0 \\ 0 & 1 & 0 & T \\ 0 & 0 & 1 & 0 \\ 0 & 0 & 0 & 1 \end{bmatrix} \tag{3.11}$$

为系统的状态转移矩阵；

$$\boldsymbol{\Gamma}(k)=\begin{bmatrix} 0.5T^2 & 0 \\ 0 & 0.5T^2 \\ T & 0 \\ 0 & T \end{bmatrix} \tag{3.12}$$

为过程噪声分布矩阵。

若目标为三维空间中目标，其状态向量为$\boldsymbol{X}(k)=[x_k \quad y_k \quad z_k \quad \dot{x}_k \quad \dot{y}_k \quad \dot{z}_k]'$，则过程噪声向量$\boldsymbol{v}(k)=[v_x,v_y,v_z]'$，而系统的状态转移矩阵和过程噪声分布矩阵分别为

$$F(k)=\begin{bmatrix}1&0&0&T&0&0\\0&1&0&0&T&0\\0&0&1&0&0&T\\0&0&0&1&0&0\\0&0&0&0&1&0\\0&0&0&0&0&1\end{bmatrix} \tag{3.13}$$

$$\Gamma(k)=\begin{bmatrix}0.5T^2&0&0\\0&0.5T^2&0\\0&0&0.5T^2\\T&0&0\\0&T&0\\0&0&T\end{bmatrix} \tag{3.14}$$

2）常加速度（Constant Acceleration，CA）模型

若假设目标在二维平面内做匀加速直线运动，并考虑速度的随机变化，则目标的位置和速度用递推形式可表示为

$$x_{k+1}=x_k+\dot{x}_kT+\frac{1}{2}\ddot{x}_kT^2+\frac{1}{2}v_xT^2 \tag{3.15}$$

$$y_{k+1}=y_k+\dot{y}_kT+\frac{1}{2}\ddot{y}_kT^2+\frac{1}{2}v_yT^2 \tag{3.16}$$

$$\dot{x}_{k+1}=\dot{x}_k+\ddot{x}_kT+v_xT \tag{3.17}$$

$$\dot{y}_{k+1}=\dot{y}_k+\ddot{y}_kT+v_yT \tag{3.18}$$

$$\ddot{x}_{k+1}=\ddot{x}_k+v_x \tag{3.19}$$

$$\ddot{y}_{k+1}=\ddot{y}_k+v_y \tag{3.20}$$

则由式（3.15）～式（3.20）得到的目标状态方程的表示形式仍同式（3.10），但此时状态向量为 $\boldsymbol{X}(k)=[x_k\ \ \dot{x}_k\ \ \ddot{x}_k\ \ y_k\ \ \dot{y}_k\ \ \ddot{y}_k]'$，过程噪声向量 $\boldsymbol{v}(k)=[v_x,\ v_y]'$，而相应的状态转移矩阵和过程噪声分布矩阵分别为

$$F(k)=\begin{bmatrix}1&T&\frac{1}{2}T^2&0&0&0\\0&1&T&0&0&0\\0&0&1&0&0&0\\0&0&0&1&T&\frac{1}{2}T^2\\0&0&0&0&1&T\\0&0&0&0&0&1\end{bmatrix}\qquad \Gamma(k)=\begin{bmatrix}\frac{1}{2}T^2&0\\T&0\\1&0\\0&\frac{1}{2}T^2\\0&T\\0&1\end{bmatrix} \tag{3.21}$$

同理，当目标在三维空间中做匀速和匀加速运动时，其对应的状态向量为 $\boldsymbol{X}(k)=[x_k\ \ \dot{x}_k\ \ \ddot{x}_k\ \ y_k\ \ \dot{y}_k\ \ \ddot{y}_k\ \ z_k\ \ \dot{z}_k\ \ \ddot{z}_k]'$，过程噪声向量 $\boldsymbol{v}(k)=[v_x,v_y,v_z]'$，而系统的状态转移矩阵和过程噪声分布矩阵分别为

$$\boldsymbol{F}(k)=\begin{bmatrix}1 & T & \frac{1}{2}T^2 & 0 & 0 & 0 & 0 & 0 & 0\\ 0 & 1 & T & 0 & 0 & 0 & 0 & 0 & 0\\ 0 & 0 & 1 & 0 & 0 & 0 & 0 & 0 & 0\\ 0 & 0 & 0 & 1 & T & \frac{1}{2}T^2 & 0 & 0 & 0\\ 0 & 0 & 0 & 0 & 1 & T & 0 & 0 & 0\\ 0 & 0 & 0 & 0 & 0 & 1 & 0 & 0 & 0\\ 0 & 0 & 0 & 0 & 0 & 0 & 1 & T & \frac{1}{2}T^2\\ 0 & 0 & 0 & 0 & 0 & 0 & 0 & 1 & T\\ 0 & 0 & 0 & 0 & 0 & 0 & 0 & 0 & 1\end{bmatrix}\quad \boldsymbol{\Gamma}(k)=\begin{bmatrix}\frac{1}{2}T^2 & 0 & 0\\ T & 0 & 0\\ 1 & 0 & 0\\ 0 & \frac{1}{2}T^2 & 0\\ 0 & T & 0\\ 0 & 1 & 0\\ 0 & 0 & \frac{1}{2}T^2\\ 0 & 0 & T\\ 0 & 0 & 1\end{bmatrix} \tag{3.22}$$

3）协同转弯或坐标转弯（Coordinate Turn，CT）模型[14,15]

CT 模型的原理如图 3.1 所示

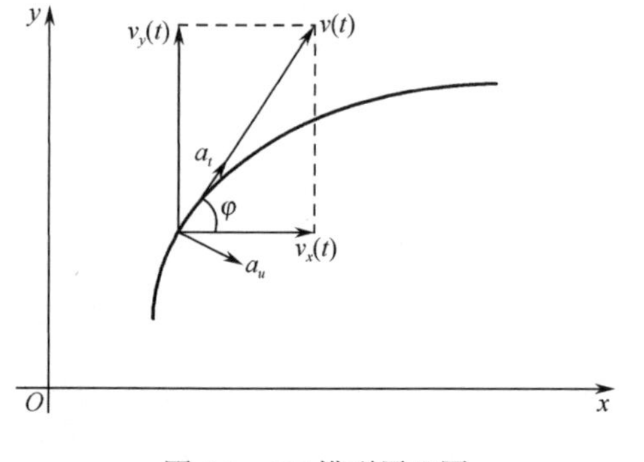

图 3.1　CT 模型原理图

由图 3.1 可看出

$$v_x = v\cos\varphi,\quad v_y = v\sin\varphi \tag{3.23}$$

由于

$$\omega=\frac{\mathrm{d}\varphi}{\mathrm{d}t} \tag{3.24}$$

所以

$$\frac{\mathrm{d}v_x}{\mathrm{d}t}=-v\sin\varphi\frac{\mathrm{d}\varphi}{\mathrm{d}t}=-v_y\omega \tag{3.25}$$

$$\frac{\mathrm{d}v_y}{\mathrm{d}t}=v\cos\varphi\frac{\mathrm{d}\varphi}{\mathrm{d}t}=v_x\omega \tag{3.26}$$

进而可得

$$\begin{bmatrix}\dot{x}(t)\\ \ddot{x}(t)\\ \dot{y}(t)\\ \ddot{y}(t)\end{bmatrix}=\begin{bmatrix}0 & 1 & 0 & 0\\ 0 & 0 & 0 & -\omega(t)\\ 0 & 0 & 0 & 1\\ 0 & \omega(t) & 0 & 0\end{bmatrix}\begin{bmatrix}x(t)\\ \dot{x}(t)\\ y(t)\\ \dot{y}(t)\end{bmatrix}+V(t) \tag{3.27}$$

其中，$V(t)$为过程噪声，一般假定为高斯白噪声，对上式进行离散化处理，经拉普拉斯变换，可得转弯率（ω）已知时转弯模型系统状态矩阵为

$$\boldsymbol{F}(k)=\begin{bmatrix}1 & \frac{\sin\omega T}{\omega} & 0 & \frac{\cos\omega T-1}{\omega}\\ 0 & \cos\omega T & 0 & -\sin\omega T\\ 0 & \frac{1-\cos\omega T}{\omega} & 1 & \frac{\sin\omega T}{\omega}\\ 0 & \sin\omega T & 0 & \cos\omega T\end{bmatrix} \tag{3.28}$$

如果过程噪声 $\boldsymbol{V}(k)$用 $\boldsymbol{\Gamma}(k)\boldsymbol{v}(k)$代替，则过程噪声分布阵 $\boldsymbol{\Gamma}(k)$的确定方法同匀速模型情况不变。

协同转弯模型能精确地表达具有已知转弯率（ω）的水平运动目标的转弯运动模式，但对实际的目标运动进行估计时，不可能精确知道目标的转弯率（ω），需要实时估计，因此要在标准的 CT 模型上进行扩展，在状态向量上增加一个 ω 元素，即

$$\boldsymbol{F}(k)=\begin{bmatrix}1 & \dfrac{\sin\omega T}{\omega} & 0 & \dfrac{\cos\omega T-1}{\omega} & 0\\ 0 & \cos\omega T & 0 & -\sin\omega T & 0\\ 0 & \dfrac{1-\cos\omega T}{\omega} & 1 & \dfrac{\sin\omega T}{\omega} & 0\\ 0 & \sin\omega T & 0 & \cos\omega T & 0\\ 0 & 0 & 0 & 0 & 1\end{bmatrix} \tag{3.29}$$

此时对应的过程噪声分布矩阵为

$$\boldsymbol{\Gamma}(k)=\begin{bmatrix}T^2/2 & T & 0 & 0 & 0\\ 0 & 0 & T^2/2 & T & 0\\ 0 & 0 & 0 & 0 & 1\end{bmatrix}' \tag{3.30}$$

另外，这里要说明的是状态向量 $\boldsymbol{X}(k)$中元素的位置可以任意互换，但相应的状态转移矩阵和过程噪声分布矩阵中的元素也要做出互换。虽然状态向量维数增加估计会更准确，但估计的计算量也会相应地增加，因此在满足模型的精度和跟踪性能的条件下，尽可能地采用简单的数学模型。

考虑到目标运动过程中有可能有控制信号，所以目标状态方程的一般形式可表示为

$$\boldsymbol{X}(k+1)=\boldsymbol{F}(k)\boldsymbol{X}(k)+\boldsymbol{G}(k)\boldsymbol{u}(k)+\boldsymbol{V}(k) \tag{3.31}$$

式中，$\boldsymbol{G}(k)$为输入控制项矩阵；$\boldsymbol{u}(k)$为已知输入或控制信号；$\boldsymbol{V}(k)$是零均值、白色高斯过程噪声序列，其协方差为 $\boldsymbol{Q}(k)$，即 $E[\boldsymbol{V}(k)\boldsymbol{V}'(j)]=\boldsymbol{Q}(k)\delta_{kj}$，式中 δ_{kj} 为 Kronecker Delta 函数，该性质说明不同时刻的过程噪声是相互独立的。如果过程噪声 $\boldsymbol{V}(k)$用 $\boldsymbol{\Gamma}(k)\boldsymbol{v}(k)$代替，则 $\boldsymbol{Q}(k)$变为 $\boldsymbol{\Gamma}(k)\boldsymbol{q}(k)\boldsymbol{\Gamma}'(k)$。

2．量测方程

量测方程是雷达测量过程的假设，对于线性系统而言量测方程可表示为

$$\boldsymbol{Z}(k+1)=\boldsymbol{H}(k+1)\boldsymbol{X}(k+1)+\boldsymbol{W}(k+1) \tag{3.32}$$

式中，$\boldsymbol{Z}(k+1)$为量测向量，$\boldsymbol{H}(k+1)$为量测矩阵，$\boldsymbol{W}(k+1)$为具有协方差 $\boldsymbol{R}(k+1)$的零均值、白色高斯量测噪声序列，即 $E[\boldsymbol{W}(k)\boldsymbol{W}'(j)]=\boldsymbol{R}(k)\delta_{kj}$，该性质说明不同时刻的量测噪声也是相互独立的，且假定过程噪声序列与量测噪声序列及目标初始状态是相互独立的。

当在二维平面中以匀速或匀加速运动对目标进行建模时，对应的状态向量分别为 $\boldsymbol{X}(k)=[x_k \quad y_k \quad \dot{x}_k \quad \dot{y}_k]'$ 和 $\boldsymbol{X}(k)=[x_k \ \dot{x}_k \ \ddot{x}_k \ y_k \ \dot{y}_k \ \ddot{y}_k]'$，此时这两种情况下的量测向量均为 $\boldsymbol{Z}(k)=[x_k \ \ y_k]'$，而量测矩阵 $\boldsymbol{H}(k)$分别为

$$\boldsymbol{H}(k)=\begin{bmatrix}1 & 0 & 0 & 0\\ 0 & 1 & 0 & 0\end{bmatrix} \tag{3.33}$$

$$\boldsymbol{H}(k)=\begin{bmatrix}1 & 0 & 0 & 0 & 0 & 0\\ 0 & 0 & 0 & 1 & 0 & 0\end{bmatrix} \tag{3.34}$$

当在三维空间中以匀速或匀加速运动对目标进行建模时，对应的状态向量分别为 $\boldsymbol{X}(k)=[x_k, y_k, z_k, \dot{x}_k, \dot{y}_k, \dot{z}_k]'$ 和 $\boldsymbol{X}(k)=[x_k \ \dot{x}_k \ \ddot{x}_k \ y_k \ \dot{y}_k \ \ddot{y}_k \ z_k \ \dot{z}_k \ \ddot{z}_k]'$，此时这两种情况下量测

向量均为 $\boldsymbol{Z}(k)=[x_k \ \ y_k \ \ z_k]'$，而量测矩阵 $\boldsymbol{H}(k)$分别为

$$\boldsymbol{H}(k)=\begin{bmatrix}1&0&0&0&0&0\\0&1&0&0&0&0\\0&0&1&0&0&0\end{bmatrix} \tag{3.35}$$

$$\boldsymbol{H}(k)=\begin{bmatrix}1&0&0&0&0&0&0&0&0\\0&0&0&1&0&0&0&0&0\\0&0&0&0&0&0&1&0&0\end{bmatrix} \tag{3.36}$$

当采用协同转弯模型时，状态向量分别为 $\boldsymbol{X}(k)=[x_k \ \ \dot{x}_k \ \ y_k \ \ \dot{y}_k]'$ 和 $\boldsymbol{X}(k)=[x_k \ \ \dot{x}_k \ \ y_k \ \ \dot{y}_k \ \ \omega]'$，这两种情况下的量测向量均为 $\boldsymbol{Z}(k)=[x_k \ \ y_k]'$，此时对应的量测矩阵 $\boldsymbol{H}(k)$分别为

$$\boldsymbol{H}(k)=\begin{bmatrix}1&0&0&0\\0&0&1&0\end{bmatrix} \tag{3.37}$$

$$\boldsymbol{H}(k)=\begin{bmatrix}1&0&0&0&0\\0&0&1&0&0\end{bmatrix} \tag{3.38}$$

上述离散时间线性系统也可用图 3.2 的框图来表示，该系统包含如下先验信息[11,16]：

① 初始状态 $\boldsymbol{X}(0)$是高斯分布的，具有均值 $\hat{\boldsymbol{X}}(0|0)$ 和协方差 $\boldsymbol{P}(0|0)$；

② 初始状态与过程噪声和量测噪声序列不相关；

③ 过程噪声和量测噪声序列互不相关。

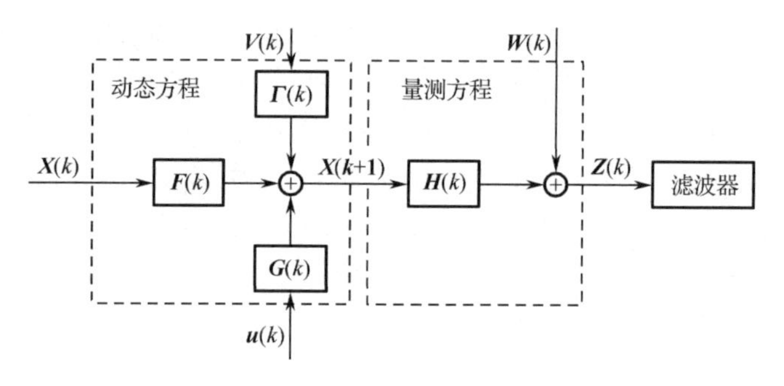

图 3.2　离散时间线性系统

在上述假定条件下，状态方程［见式（3.31）］和量测方程［见式（3.32）］的线性性质可保持状态和量测的高斯性质。根据已知的 j 时刻和 j 以前时刻的量测值对 k 时刻的状态 $\boldsymbol{X}(k)$作出的某种估计若记为 $\hat{\boldsymbol{X}}(k|j)$，则按照状态估计所指的时刻，估计问题可归纳为下列三种：

1）当 $k=j$ 时，是滤波问题，$\hat{\boldsymbol{X}}(k|j)$ 为 k 时刻状态 $\boldsymbol{X}(k)$的滤波值；

2）当 $k>j$ 时，是预测问题，$\hat{\boldsymbol{X}}(k|j)$ 为 k 时刻状态 $\boldsymbol{X}(k)$的预测值；

3）当 $k<j$ 时，是平滑问题，$\hat{\boldsymbol{X}}(k|j)$ 为 k 时刻状态 $\boldsymbol{X}(k)$的平滑值。

今后只讨论预测和滤波问题，而不讨论平滑问题。

3.2.2　滤波模型

在所有的线性形式的滤波器中，线性均方估计滤波器是最优的[17-20]。线性均方误差准则下的滤波器包括：维纳滤波器和卡尔曼滤波器，稳态条件下二者是一致的，但卡尔曼滤波器适用于有限观测间隔的非平稳问题，它是适合于计算机计算的递推算法。

2.5 节给出静态（非时变）情况下随机向量 $\boldsymbol{x}$ 的最小均方误差估计为

$$\hat{\boldsymbol{x}} = E[\boldsymbol{x} \mid z] = \overline{\boldsymbol{x}} + \boldsymbol{P}_{xz}\boldsymbol{P}_{zz}^{-1}(z - \overline{z}) \tag{3.39}$$

其对应的条件误差协方差矩阵为

$$\boldsymbol{P}_{xx|z} = E[(\boldsymbol{x}-\hat{\boldsymbol{x}})(\boldsymbol{x}-\hat{\boldsymbol{x}})' \mid z] = \boldsymbol{P}_{xx} - \boldsymbol{P}_{xz}\boldsymbol{P}_{zz}^{-1}\boldsymbol{P}_{zx} \tag{3.40}$$

类似地，动态（时变）情况下的最小均方误差估计可定义为

$$\hat{\boldsymbol{x}} \to \hat{\boldsymbol{X}}(k \mid k) = E[\boldsymbol{X}(k) \mid \boldsymbol{Z}^k] \tag{3.41}$$

式中

$$\boldsymbol{Z}^k = \{\boldsymbol{Z}(j),\ j = 1,2,\cdots,k\} \tag{3.42}$$

与式（3.41）相伴的状态误差协方差矩阵定义为

$$\boldsymbol{P}(k \mid k) = E\{[\boldsymbol{X}(k) - \hat{\boldsymbol{X}}(k \mid k)][\boldsymbol{X}(k) - \hat{\boldsymbol{X}}(k \mid k)]' \mid \boldsymbol{Z}^k\} = E\{\tilde{\boldsymbol{X}}(k \mid k)\tilde{\boldsymbol{X}}'(k \mid k) \mid \boldsymbol{Z}^k\} \tag{3.43}$$

把以 $\boldsymbol{Z}^k$ 为条件的期望算子应用到式（3.31）中，得到状态的一步预测为

$$\begin{aligned}\overline{\boldsymbol{x}} \to \hat{\boldsymbol{X}}(k+1 \mid k) &= E[\boldsymbol{X}(k+1) \mid \boldsymbol{Z}^k] = E[\boldsymbol{F}(k)\boldsymbol{X}(k) + \boldsymbol{G}(k)\boldsymbol{u}(k) + \boldsymbol{V}(k) \mid \boldsymbol{Z}^k] \\ &= \boldsymbol{F}(k)\hat{\boldsymbol{X}}(k \mid k) + \boldsymbol{G}(k)\boldsymbol{u}(k)\end{aligned} \tag{3.44}$$

预测值的误差为

$$\tilde{\boldsymbol{X}}(k+1 \mid k) = \boldsymbol{X}(k+1) - \hat{\boldsymbol{X}}(k+1 \mid k) = \boldsymbol{F}(k)\tilde{\boldsymbol{X}}(k \mid k) + \boldsymbol{V}(k) \tag{3.45}$$

一步预测协方差为

$$\begin{aligned}\boldsymbol{P}_{xx} \to \boldsymbol{P}(k+1 \mid k) &= E[\tilde{\boldsymbol{X}}(k+1 \mid k)\tilde{\boldsymbol{X}}'(k+1 \mid k) \mid \boldsymbol{Z}^k] \\ &= E\{[\boldsymbol{F}(k)\tilde{\boldsymbol{X}}(k \mid k) + \boldsymbol{V}(k)][\tilde{\boldsymbol{X}}'(k \mid k)\boldsymbol{F}'(k) + \boldsymbol{V}'(k)] \mid \boldsymbol{Z}^k\} \\ &= \boldsymbol{F}(k)\boldsymbol{P}(k|k)\boldsymbol{F}'(k) + \boldsymbol{Q}(k)\end{aligned} \tag{3.46}$$

注意：一步预测协方差 $\boldsymbol{P}(k+1|k)$ 为对称阵，它可用来衡量预测的不确定性，$\boldsymbol{P}(k+1|k)$ 越小则预测越精确。

通过对式（3.32）取在 k+1 时刻、以 $\boldsymbol{Z}^k$ 为条件的期望值，可以类似地得到量测的预测是

$$\begin{aligned}\overline{\boldsymbol{Z}} \to \hat{\boldsymbol{Z}}(k+1 \mid k) &= E[\boldsymbol{Z}(k+1) \mid \boldsymbol{Z}^k] = E[(\boldsymbol{H}(k+1)\boldsymbol{X}(k+1) + \boldsymbol{W}(k+1)) \mid \boldsymbol{Z}^k] \\ &= \boldsymbol{H}(k+1)\hat{\boldsymbol{X}}(k+1|k)\end{aligned} \tag{3.47}$$

进而可求得量测的预测值和量测值之间的差值为

$$\tilde{\boldsymbol{Z}}(k+1 \mid k) = \boldsymbol{Z}(k+1) - \hat{\boldsymbol{Z}}(k+1 \mid k) = \boldsymbol{H}(k+1)\tilde{\boldsymbol{X}}(k+1 \mid k) + \boldsymbol{W}(k+1) \tag{3.48}$$

量测的预测协方差（或新息协方差）为

$$\begin{aligned}\boldsymbol{P}_{zz} \to \boldsymbol{S}(k+1) &= E[\tilde{\boldsymbol{Z}}(k+1 \mid k)\tilde{\boldsymbol{Z}}'(k+1 \mid k) \mid \boldsymbol{Z}^k] \\ &= E\{[\boldsymbol{H}(k+1)\tilde{\boldsymbol{X}}(k+1 \mid k) + \boldsymbol{W}(k+1)][\tilde{\boldsymbol{X}}'(k+1 \mid k)\boldsymbol{H}'(k+1) + \boldsymbol{W}'(k+1)] \mid \boldsymbol{Z}^k\} \\ &= \boldsymbol{H}(k+1)\boldsymbol{P}(k+1 \mid k)\boldsymbol{H}'(k+1) + \boldsymbol{R}(k+1)\end{aligned} \tag{3.49}$$

注意：新息协方差 $\boldsymbol{S}(k+1)$ 也为对称阵，它用来衡量新息的不确定性，新息协方差越小，则说明量测值越精确。

状态和量测之间的协方差为

$$\begin{aligned}\boldsymbol{P}_{xz} \to E[\tilde{\boldsymbol{X}}(k+1 \mid k)\tilde{\boldsymbol{Z}}'(k+1 \mid k) \mid \boldsymbol{Z}^k] &= E\{\tilde{\boldsymbol{X}}(k+1 \mid k)[\boldsymbol{H}(k+1)\tilde{\boldsymbol{X}}(k+1 \mid k) + \boldsymbol{W}(k+1)]' \mid \boldsymbol{Z}^k\} \\ &= \boldsymbol{P}(k+1 \mid k)\boldsymbol{H}'(k+1)\end{aligned} \tag{3.50}$$

增益为

$$\boldsymbol{P}_{xz}\boldsymbol{P}_{zz}^{-1} \to \boldsymbol{K}(k+1) = \boldsymbol{P}(k+1 \mid k)\boldsymbol{H}'(k+1)\boldsymbol{S}^{-1}(k+1) \tag{3.51}$$

增益的大小反映了最新观测信息对状态估计量的贡献大小。

进而，可求得 k+1 时刻的状态更新方程为

$$\hat{\boldsymbol{X}}(k+1|k+1)=\hat{\boldsymbol{X}}(k+1|k)+\boldsymbol{K}(k+1)\boldsymbol{v}(k+1) \tag{3.52}$$

式中，$\boldsymbol{v}(k+1)$为新息或量测残差，即

$$\boldsymbol{v}(k+1)=\tilde{\boldsymbol{Z}}(k+1|k)=\boldsymbol{Z}(k+1)-\hat{\boldsymbol{Z}}(k+1|k) \tag{3.53}$$

式（3.52）说明 k+1 时刻的估计 $\hat{\boldsymbol{X}}(k+1|k+1)$ 等于该时刻的状态预测值 $\hat{\boldsymbol{X}}(k+1|k)$ 再加上一个修正项，而这个修正项与增益 $\boldsymbol{K}(k+1)$和新息有关。

协方差更新方程为

$$\boldsymbol{P}(k+1|k+1)=\boldsymbol{P}(k+1|k)-\boldsymbol{P}(k+1|k)\boldsymbol{H}'(k+1)\boldsymbol{S}^{-1}(k+1)\boldsymbol{H}(k+1)\boldsymbol{P}(k+1|k) \tag{3.54}$$

$$=[\boldsymbol{I}-K(k+1)\boldsymbol{H}(k+1)]\boldsymbol{P}(k+1|k) \tag{3.55}$$

$$=\boldsymbol{P}(k+1|k)-\boldsymbol{K}(k+1)\boldsymbol{S}(k+1)\boldsymbol{K}'(k+1) \tag{3.56}$$

$$=[\boldsymbol{I}-\boldsymbol{K}(k+1)\boldsymbol{H}(k+1)]\boldsymbol{P}(k+1|k)[\boldsymbol{I}+\boldsymbol{K}(k+1)\boldsymbol{H}(k+1)]'-\boldsymbol{K}(k+1)\boldsymbol{R}(k+1)\boldsymbol{K}'(k+1) \tag{3.57}$$

式中，$\boldsymbol{I}$ 为与协方差同维的单位阵。式（3.57）可保证协方差矩阵 $\boldsymbol{P}$ 的对称性和正定性。

滤波器增益的另一种表示形式为

$$\begin{aligned}&\boldsymbol{P}(k+1|k+1)\boldsymbol{H}'(k+1)\boldsymbol{R}^{-1}(k+1)\\&=[\boldsymbol{P}(k+1|k)\boldsymbol{H}'(k+1)-\boldsymbol{P}(k+1|k)\boldsymbol{H}'(k+1)\boldsymbol{S}^{-1}(k+1)\boldsymbol{H}(k+1)\boldsymbol{P}(k+1|k)\boldsymbol{H}'(k+1)]\boldsymbol{R}^{-1}(k+1)\\&=\boldsymbol{P}(k+1|k)\boldsymbol{H}'(k+1)\boldsymbol{S}^{-1}(k+1)[\boldsymbol{S}(k+1)-\boldsymbol{H}(k+1)\boldsymbol{P}(k+1|k)\boldsymbol{H}'(k+1)]\boldsymbol{R}^{-1}(k+1)\\&=\boldsymbol{K}(k+1)\end{aligned} \tag{3.58}$$

卡尔曼滤波除了系统噪声和量测噪声为高斯白噪声且已知其二阶矩之外，不需任何其他条件，因而完全适用于非平稳、多维的随机序列的估计问题。图 3.3 给出了卡尔曼滤波所包含的方程及滤波流程，而卡尔曼滤波算法单次循环流程图如图 3.4 所示，其余的依次类推。

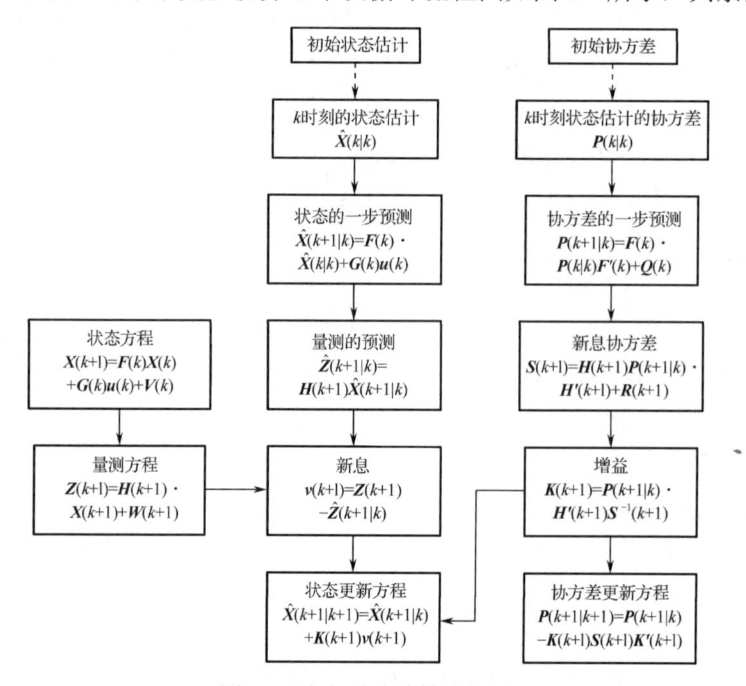

图 3.3　卡尔曼滤波算法框图

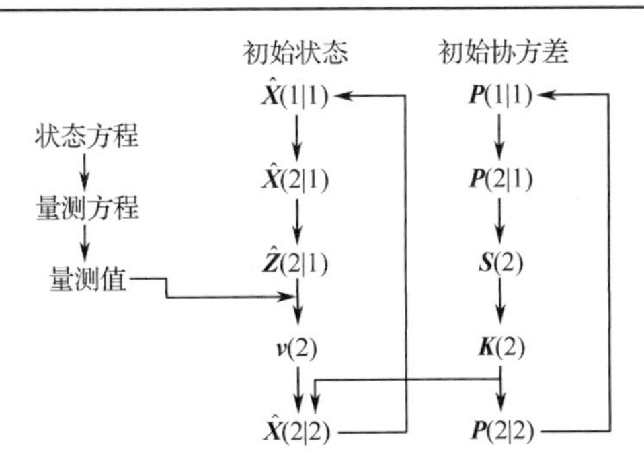

图 3.4　卡尔曼滤波算法单次循环流程图

3.2.3　卡尔曼滤波的初始化

本节讨论状态估计的初始化问题是运用卡尔曼滤波的一个重要的前提条件，只有进行了初始化，才能利用卡尔曼滤波对目标进行跟踪。

1．二维状态向量估计的初始化

系统的状态方程和量测方程同式（3.31）、式（3.32），此时的状态向量表示为 $\boldsymbol{X}=[x,\dot{x}]'$，量测噪声 $W(k)\sim \mathrm{N}(0,r)$，且与过程噪声相互独立。这种情况下的状态估计初始化可采用两点差分法，该方法只利用第一和第二时刻的两个量测值 $Z(0)$和 $Z(1)$进行初始化，即初始状态为

$$\hat{\boldsymbol{X}}(1|1)=\begin{bmatrix}\hat{x}(1|1)\\ \hat{\dot{x}}(1|1)\end{bmatrix}=\begin{bmatrix}Z(1)\\ \dfrac{Z(1)-Z(0)}{T}\end{bmatrix} \tag{3.59}$$

式中，T 为采样间隔。初始协方差为

$$\boldsymbol{P}(1|1)=\begin{bmatrix}r & r/T\\ r/T & 2r/T^2\end{bmatrix} \tag{3.60}$$

于是状态估计和滤波从 k=2 时刻开始。

在对算法进行多次 Monte Carlo 试验时，则在每次试验中都必须重新产生新的噪声，接着再使用同样的方法初始化。在 Monte Carlo 试验中，重复使用同样的初始条件将导致有偏估计，所以每次试验初始状态估计应重新随机选择。二维卡尔曼滤波通常在 x、y、z 轴解耦滤波的情况下使用。

2．四维状态向量估计的初始化

这种情况描述的是两坐标雷达的数据处理问题，此时系统的状态向量若表示为 $\boldsymbol{X}(k)=[x\ \ \dot{x}\ \ y\ \ \dot{y}]'$，而直角坐标系下的量测值 $\boldsymbol{Z}(k)$为

$$\boldsymbol{Z}(k)=\begin{bmatrix}Z_1(k)\\ Z_2(k)\end{bmatrix}=\begin{bmatrix}x(k)\\ y(k)\end{bmatrix}=\begin{bmatrix}\rho\cos\theta\\ \rho\sin\theta\end{bmatrix} \tag{3.61}$$

式中，ρ 和 θ 分别为极坐标系下雷达的目标径向距离和方位角量测数据。则系统的初始状态可利用前两个时刻的量值测 $\boldsymbol{Z}(0)$和 $\boldsymbol{Z}(1)$来确定，即

$$\hat{\boldsymbol{X}}(1|1)=\begin{bmatrix}Z_1(1) & \dfrac{Z_1(1)-Z_1(0)}{T} & Z_2(1) & \dfrac{Z_2(1)-Z_2(0)}{T}\end{bmatrix}' \tag{3.62}$$

k 时刻量测噪声在直角坐标系下的协方差为

$$\boldsymbol{R}(k)=\begin{bmatrix} r_{11} & r_{12} \\ r_{12} & r_{22} \end{bmatrix}=\boldsymbol{A}\begin{bmatrix} \sigma_\rho^2 & 0 \\ 0 & \sigma_\theta^2 \end{bmatrix}\boldsymbol{A}' \tag{3.63}$$

式中，σ_ρ^2 和 σ_θ^2 分别为目标径向距离和方位角测量误差的方差，而

$$\boldsymbol{A}=\begin{bmatrix} \cos\theta & -\rho\sin\theta \\ \sin\theta & \rho\cos\theta \end{bmatrix} \tag{3.64}$$

由量测噪声协方差的各元素可得四维状态向量情况下的初始协方差矩阵为

$$\boldsymbol{P}(1|1)=\begin{bmatrix} r_{11}(1) & r_{11}(1)/T & r_{12}(1) & r_{12}(1)/T \\ r_{11}(1)/T & 2r_{11}(1)/T^2 & r_{12}(1)/T & 2r_{12}(1)/T^2 \\ r_{12}(1) & r_{12}(1)/T & r_{22}(1) & r_{22}(1)/T \\ r_{12}(1)/T & 2r_{12}(1)/T^2 & r_{22}(1)/T & 2r_{22}(1)/T^2 \end{bmatrix} \tag{3.65}$$

并且滤波器从 k=2 时刻开始工作。

3．六维状态向量估计的初始化

针对三坐标雷达数据处理问题，此时系统状态向量若表示为 $\boldsymbol{X}(k)=[x\ \ \dot{x}\ \ y\ \ \dot{y}\ \ z\ \ \dot{z}]'$，而直角坐标系下的量测值 $\boldsymbol{Z}(k)$为

$$\boldsymbol{Z}(k)=\begin{bmatrix} Z_1(k) \\ Z_2(k) \\ Z_3(k) \end{bmatrix}=\begin{bmatrix} x(k) \\ y(k) \\ z(k) \end{bmatrix}=\begin{bmatrix} \rho\cos\theta\cos\varepsilon \\ \rho\sin\theta\cos\varepsilon \\ \rho\sin\varepsilon \end{bmatrix} \tag{3.66}$$

式中，ρ 和 θ 的定义同四维状态向量情况，而 ε 为目标的俯仰角量测数据。此时系统的初始状态仍只需利用前两个时刻的量测值 $\boldsymbol{Z}(0)$和 $\boldsymbol{Z}(1)$来确定，即

$$\hat{\boldsymbol{X}}(1|1)=\begin{bmatrix} Z_1(1) & \dfrac{Z_1(1)-Z_1(0)}{T} & Z_2(1) & \dfrac{Z_2(1)-Z_2(0)}{T} & Z_3(1) & \dfrac{Z_3(1)-Z_3(0)}{T} \end{bmatrix}' \tag{3.67}$$

在这种情况下，k 时刻直角坐标系下的量测噪声协方差为

$$\boldsymbol{R}(k)=\begin{bmatrix} r_{11} & r_{12} & r_{13} \\ r_{12} & r_{22} & r_{23} \\ r_{13} & r_{23} & r_{33} \end{bmatrix}=\boldsymbol{A}\begin{bmatrix} \sigma_\rho^2 & 0 & 0 \\ 0 & \sigma_\theta^2 & 0 \\ 0 & 0 & \sigma_\varepsilon^2 \end{bmatrix}\boldsymbol{A}' \tag{3.68}$$

式中，σ_ρ^2 和 σ_θ^2 的定义同四维状态向量情况，σ_ε^2 为俯仰角测量误差的方差，而

$$\boldsymbol{A}=\begin{bmatrix} \cos\theta\cos\varepsilon & -\rho\sin\theta\cos\varepsilon & -\rho\cos\theta\sin\varepsilon \\ \sin\theta\cos\varepsilon & \rho\cos\theta\cos\varepsilon & -\rho\sin\theta\sin\varepsilon \\ \sin\varepsilon & 0 & \rho\cos\varepsilon \end{bmatrix} \tag{3.69}$$

由量测噪声协方差的各元素可得六维状态向量情况下的初始协方差阵为

$$\boldsymbol{P}(1|1)=\begin{bmatrix} r_{11}(1) & r_{11}(1)/T & r_{12}(1) & r_{12}(1)/T & r_{13}(1) & r_{13}(1)/T \\ r_{11}(1)/T & 2r_{11}(1)/T^2 & r_{12}(1)/T & 2r_{12}(1)/T^2 & r_{13}(1)/T & 2r_{13}(1)/T^2 \\ r_{12}(1) & r_{12}(1)/T & r_{22}(1) & r_{22}(1)/T & r_{23}(1) & r_{23}(1)/T \\ r_{12}(1)/T & 2r_{12}(1)/T^2 & r_{22}(1)/T & 2r_{22}(1)/T^2 & r_{23}(1)/T & 2r_{23}(1)/T^2 \\ r_{13}(1) & r_{13}(1)/T & r_{23}(1) & r_{23}(1)/T & r_{33}(1) & r_{33}(1)/T \\ r_{13}(1)/T & 2r_{13}(1)/T^2 & r_{23}(1)/T & 2r_{23}(1)/T^2 & r_{33}(1)/T & 2r_{33}(1)/T^2 \end{bmatrix} \tag{3.70}$$

并且滤波器从 k=2 时刻开始工作。

4．九维状态向量估计的初始化

该情况下系统的状态向量若表示为 $\boldsymbol{X}(k)=[x\ \ \dot{x}\ \ \ddot{x}\ \ y\ \ \dot{y}\ \ \ddot{y}\ \ z\ \ \dot{z}\ \ \ddot{z}]'$，它与六维情况相比只是多了加速度项，所以此时直角坐标系下的目标量测值 $\boldsymbol{Z}(k)$、量测噪声协方差 $\boldsymbol{R}(k)$仍和六维情况相同。

由于此时含加速度项，所以系统的初始状态需利用前三个时刻的量测值 $\boldsymbol{Z}(0)$、$\boldsymbol{Z}(1)$和 $\boldsymbol{Z}(2)$确定，即

$$\hat{\boldsymbol{X}}(2|2)=\begin{bmatrix} Z_1(2) \\ (Z_1(2)-Z_1(1))/T \\ [(Z_1(2)-Z_1(1))/T-(Z_1(1)-Z_1(0))/T]/T \\ Z_2(2) \\ (Z_2(2)-Z_2(1))/T \\ [(Z_2(2)-Z_2(1))/T-(Z_2(1)-Z_2(0))/T]/T \\ Z_3(2) \\ (Z_3(2)-Z_3(1))/T \\ [(Z_3(2)-Z_3(1))/T-(Z_3(1)-Z_3(0))/T]/T \end{bmatrix} \tag{3.71}$$

而初始协方差矩阵为

$$\boldsymbol{P}(2|2)=\begin{bmatrix} \boldsymbol{P}_{11} & \boldsymbol{P}_{12} & \boldsymbol{P}_{13} \\ \boldsymbol{P}_{12} & \boldsymbol{P}_{22} & \boldsymbol{P}_{23} \\ \boldsymbol{P}_{13} & \boldsymbol{P}_{23} & \boldsymbol{P}_{33} \end{bmatrix} \tag{3.72}$$

式中，$\boldsymbol{P}_{11}$、$\boldsymbol{P}_{12}$、$\boldsymbol{P}_{13}$、$\boldsymbol{P}_{22}$、$\boldsymbol{P}_{23}$ 和 $\boldsymbol{P}_{33}$ 为分块矩阵，且

$$\boldsymbol{P}_{ij}=\begin{bmatrix} r_{ij}(2) & \dfrac{r_{ij}(2)}{T} & \dfrac{r_{ij}(2)}{T^2} \\ \dfrac{r_{ij}(2)}{T} & \dfrac{r_{ij}(2)+r_{ij}(1)}{T^2} & \dfrac{r_{ij}(2)+2r_{ij}(1)}{T^3} \\ \dfrac{r_{ij}(2)}{T^2} & \dfrac{r_{ij}(2)+2r_{ij}(1)}{T^3} & \dfrac{r_{ij}(2)+4r_{ij}(1)+r_{ij}(0)}{T^4} \end{bmatrix},\quad i=1,2,3;\ j=1,2,3 \tag{3.73}$$

并且滤波器从 k=3 时刻开始工作。

3.2.4　卡尔曼滤波算法应用举例

例题 3.1　设目标在 x 轴方向上做匀速直线运动，其状态方程为

$$\boldsymbol{X}(k+1)=\boldsymbol{F}(k)\boldsymbol{X}(k)+\boldsymbol{\varGamma}(k)v(k),\qquad k=0,1,\cdots,99 \tag{3.74}$$

式中，状态向量 $\boldsymbol{X}(k)=[x\quad \dot{x}]'$，状态转移矩阵 $\boldsymbol{F}(k)$、过程噪声分布矩阵 $\boldsymbol{\varGamma}(k)$分别为

$$\boldsymbol{F}(k)=\begin{bmatrix} 1 & T \\ 0 & 1 \end{bmatrix}\qquad \boldsymbol{\varGamma}(k)=\begin{bmatrix} T^2/2 \\ T \end{bmatrix} \tag{3.75}$$

式中，采样间隔 T=1 s，过程噪声是零均值的高斯白噪声，且和量测噪声序列相互独立，其方差为 $E[v^2(k)]=q$，仿真时取 q=0 和 q=1 两种情况，目标真实的初始状态为 $\boldsymbol{X}(0)=[9\quad 11]'$。

量测方程为

$$Z(k)=\boldsymbol{H}(k)\boldsymbol{X}(k)+W(k) \tag{3.76}$$

式中，量测噪声是零均值的白噪声，具有方差 $E[W^2(k)]=r=4$，而量测矩阵 $\boldsymbol{H}(k)=[1\quad 0]$。

要求：

（1）画出目标真实运动轨迹和估计轨迹；

（2）画出目标预测和更新的位置和速度方差。

解： 由于系统的状态向量是二维的，所以可采用式（3.59）和式（3.60）的方法进行状态和协方差初始化，量测值 $Z(k)$ 由式（3.76）获得。图 3.5 和图 3.6 分别为过程噪声 q=0 和 q=1 情况下的目标真实轨迹和滤波轨迹，其中横坐标为目标的位置，纵坐标为目标的运动速度。图 3.7、图 3.8 和图 3.9、图 3.10 分别为预测位置误差协方差 $P_{11}(k+1|k)$、更新位置误差协方差 $P_{11}(k+1|k+1)$、预测速度误差协方差 $P_{22}(k+1|k)$ 和更新速度误差协方差 $P_{22}(k+1|k+1)$ 在过程噪声 q=0 和 q=1 情况下的结果图，其中横坐标为跟踪步数，纵坐标分别为位置和速度误差协方差。

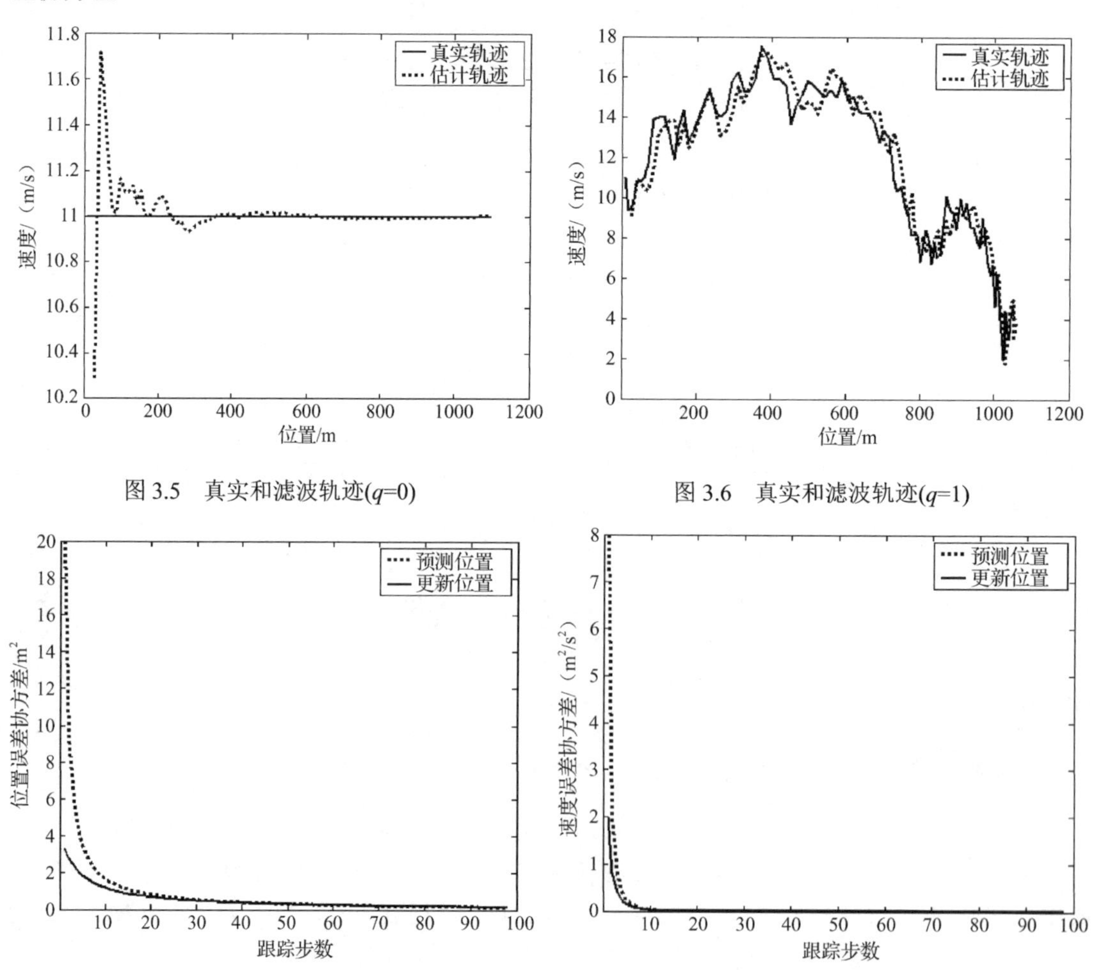

图 3.5　真实和滤波轨迹(q=0)　　图 3.6　真实和滤波轨迹(q=1)

图 3.7　预测和更新位置误差协方差(q=0)　　图 3.8　预测和更新速度误差协方差(q=0)

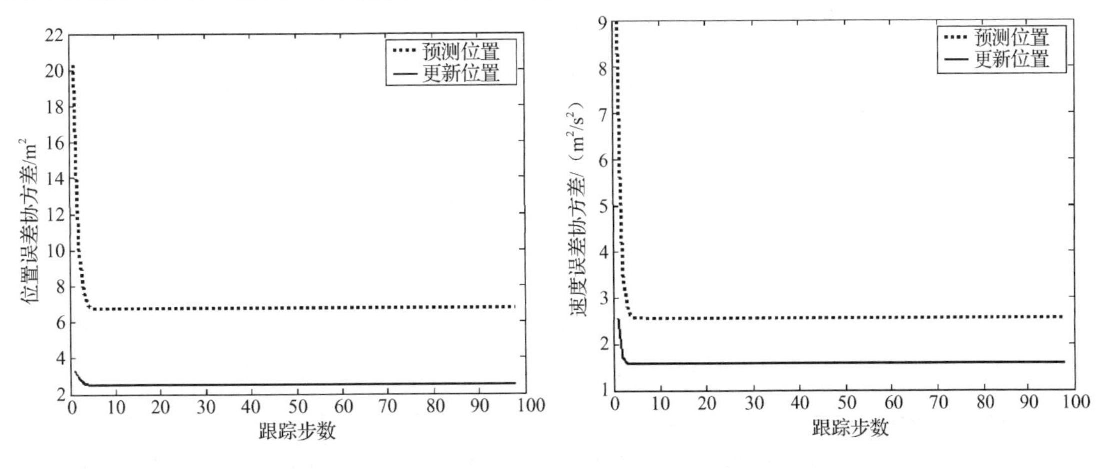

图 3.9　预测和更新位置误差协方差(q=1)　　　　图 3.10　预测和更新速度误差协方差(q=1)

由图 3.7～图 3.10 可看出，随着估计过程的进行，$\boldsymbol{P}(k+1|k+1)$是逐渐下降的，这说明估计在起作用，估计的误差在逐渐减少，下降的幅度与过程噪声协方差 $\boldsymbol{Q}$ 和量测噪声协方差 $\boldsymbol{R}$ 有关，也与环境的复杂性、滤波算法的好坏有关，而 $\boldsymbol{P}(k+1|k)$却比 $\boldsymbol{P}(k+1|k+1)$大，增大的值与 $\boldsymbol{Q}$ 有关。

3.2.5　卡尔曼滤波应用中应注意的一些问题

卡尔曼滤波结果的好坏与过程噪声和量测噪声的统计特性（零均值和协方差 $\boldsymbol{Q}(k)$、$\boldsymbol{R}(k)$）、状态初始条件等因素有关。实际上这些量都是未知的，我们在滤波时对它们进行了假设。如果假设的模型和真实模型比较相符，则滤波结果就会和真实值很相近，而且随着滤波时间的增长，二者之间的差值会越来越小。但如果假设的模型和真实模型不相符，则会出现滤波发散现象。什么是滤波发散？滤波发散是指滤波器实际的均方误差比估计值大很多，并且其差值随着时间的增加而无限增长。一旦出现发散现象，滤波就失去了意义。因此，在实际应用中，应克服这种现象。

引起滤波发散的主要原因概括来讲包括[11,16]：

（1）系统过程噪声和量测噪声参数的选取与实际物理过程不符，特别是过程噪声的影响较大；

（2）系统的初始状态和初始协方差的假设值偏差过大；

（3）不适当的线性化处理或降维处理；

（4）计算误差。

计算误差是由计算机的有限字长引起的，计算机的舍入、截断等计算误差会使预测协方差矩阵 $\boldsymbol{P}(k\,|\,k-1)$ 或更新协方差矩阵 $\boldsymbol{P}(k\,|\,k)$ 失去正定性，造成计算值与理论值之差越来越大，从而产生滤波数值不稳定问题。滤波运算中其他部分的误差积累，也会严重地影响滤波精度。特别是机载系统，由于计算机字长较短，计算误差有可能成为滤波发散的主要因素。采用双倍字长可以减少运算误差，但是这会使计算量成倍增加，大大降低滤波的实时处理能力。

克服前三种滤波发散的方法主要有限定下界滤波、衰减记忆滤波、限定记忆滤波和自适应滤波等，这些方法都是以牺牲滤波最佳性为代价而换取滤波收敛性的。而克服滤波数值不稳定的主要方法有协方差平方根滤波与平滑、信息平方根滤波与平滑、序列平方根滤波与平滑等[21]。例如，衰减记忆滤波方法就是利用折扣因子 $\alpha<1$ 乘似然函数得到的衰减记忆似然函数。

在一定的条件下滤波模型不精确引起的误差是允许的，这种误差随着时间的推移能够逐渐消失。如果模型误差超出了允许的范围，或者要求较高的滤波精度，就需要对滤波模型进行修改。

3.3 稳态卡尔曼滤波

前面详细给出了线性系统卡尔曼滤波基本方程，卡尔曼滤波是一种递推算法，在算法启动时必须先给出状态初值和估计误差方差矩阵的初值，当 $\hat{X}(0|0)=\mathrm{E}[X(0)]$、$P(0|0)=\mathrm{E}[\tilde{X}(0|0)\tilde{X}'(0|0)]$时，滤波估计从开始就是无偏的，而且估计的误差协方差矩阵最小，但在工程实际应用中所取的卡尔曼滤波的初始状态估计和初始协方差矩阵只能根据测量数据进行假设或估计，换句话说也就是初始状态估计和初始协方差矩阵所取的值根本不是其均值和对应的估计误差协方差矩阵，那么初始状态估计和初始协方差矩阵假设情况的偏差大小对滤波结果会有什么样的影响？这些影响是随着滤波时间的增长越来越大最终导致滤波发散，还是会随着滤波时间的增长越来越小？在什么情况下影响会越来越小，这就是本小节要研究的问题，即要研究滤波初值对卡尔曼滤波的影响问题，以及稳态情况下的卡尔曼滤波。

3.3.1 滤波器稳定的数学定义和判断方法

1．滤波器稳定的数学定义

若对于任意给定正数 $\varepsilon>0$，都可以找到正数 $\delta>0$，使得对任意满足不等式[3]

$$\|\hat{\boldsymbol{X}}^1(0|0)-\hat{\boldsymbol{X}}^2(0|0)\|<\delta \tag{3.77}$$

的初始状态 $\hat{\boldsymbol{X}}^i(0|0)\,(i=1,2)$，有

$$\|\hat{\boldsymbol{X}}^1(k|k)-\hat{\boldsymbol{X}}^2(k|k)\|<\varepsilon \quad \forall k \tag{3.78}$$

成立，则称滤波器稳定。

既然滤波器稳定是指随着滤波时间的增长，滤波值 $\hat{X}(k|k)$ 逐渐不受所选取的初始估计值的影响，那么什么情况下滤波器的初始值选取会对滤波结果逐渐无影响，即什么情况下滤波是稳定的？如何判断？这就是下面要讨论的问题。

2．稳定性判断

如果随机线性系统是一致完全可控和一致完全可观测的，则 Kalman 滤波是一致渐近稳定的[3]，即当滤波时间充分长后，它的 Kalman 滤波值将渐近地不依赖于滤波初值的选取。随机线性系统的可控性是描述系统随机噪声影响系统状态的能力，而根据观测数据通过某种算法能够获得目标的位置信息，即为可观测性问题。对于随机线性定常系统，一致完全可控和一致完全可观测就是完全可控和完全可观测，而什么是完全可控？什么又是完全可观测呢？这就是下一小节要讨论的问题。

3.3.2 随机线性系统的可控制性和可观测性

定义（完全可控）：随机线性离散系统完全可控的充分必要条件是存在正整数 N，使矩阵

$$\sum_{i=k-N+1}^{k} \boldsymbol{F}_{ik}\boldsymbol{\Gamma}_{i-1}\boldsymbol{Q}_{i-1}\boldsymbol{\Gamma}'_{i-1}\boldsymbol{F}'_{ik} > 0 \tag{3.79}$$

成立。式中 $\boldsymbol{F}_{ik}$ 为从 i 时刻到 k 时刻的状态转移矩阵，$\boldsymbol{\Gamma}_{i-1}$ 为过程噪声分布矩阵 $\boldsymbol{\Gamma}_{i-1,i}$ 的简写。

对于等间隔采样的随机线性定常系统，从 i 时刻到 k 时刻的状态转移矩阵 $\boldsymbol{F}_{ik}$ 可表示为（$k-i$）个一步状态转移矩阵相乘，即 $\boldsymbol{F}_{ik}=\boldsymbol{F}^{k-i}$，则由式（3.79）可得

$$\sum_{i=k-N+1}^{k} \boldsymbol{F}^{k-i}\boldsymbol{\Gamma}\boldsymbol{Q}_{i-1}\boldsymbol{\Gamma}'(\boldsymbol{F}^{k-i})' > 0 \tag{3.80}$$

定义（完全可观测）：随机线性离散系统完全可观测的充分必要条件是对于时刻 k，存在某一个正整数 N，使得矩阵

$$\sum_{j=k-N+1}^{k} \boldsymbol{F}'_{jk}\boldsymbol{H}'_{j}\boldsymbol{R}_{j}^{-1}\boldsymbol{H}_{j}\boldsymbol{F}_{jk} > 0 \tag{3.81}$$

成立。

对于随机线性定常系统，从 j 时刻到 k 时刻的状态转移矩阵 $\boldsymbol{F}_{jk}$ 可表示为（$k-j$）个一步状态转移矩阵相乘，即 $\boldsymbol{F}_{jk}=\boldsymbol{F}^{k-j}$，则由式（3.81）可得

$$\sum_{j=k-N+1}^{k} (\boldsymbol{F}^{k-j})'\boldsymbol{H}'_{j}\boldsymbol{R}_{j}^{-1}\boldsymbol{H}_{j}\boldsymbol{F}^{k-j} > 0 \tag{3.82}$$

由于式（3.80）和式（3.82）为求和，且（$k-i$）和（$k-i$）的变化范围均为 0 到（N−1），所以还可将式（3.80）和式（3.82）提取公因式再进一步化简成其他表示式，这里不再赘述。若一个随机系统是可观测的，则根据观测数据通过某种算法完全能够获得目标的位置信息。

对于一般系统都有 $\boldsymbol{Q}_{i-1}>0$ 和 $\boldsymbol{R}_{j}>0$，则可得对于随机线性定常系统完全可控与完全可观测的充分必要条件分别为

$$\sum_{l=0}^{n-1} \boldsymbol{F}^{l}\boldsymbol{\Gamma}\boldsymbol{\Gamma}'(\boldsymbol{F}^{l})' > 0 \tag{3.83}$$

$$\sum_{l=0}^{n-1} (\boldsymbol{F}^{l})'\boldsymbol{H}'\boldsymbol{H}\boldsymbol{F}^{l} > 0 \tag{3.84}$$

式中 n 为状态变量维数。

由以上分析可看出，随机线性定常系统的可控制性与系统的状态转移矩阵和过程噪声分布矩阵有关，而可观测性与系统的状态转移矩阵和观测矩阵有关。在 $\boldsymbol{P}(0|0)$、$\boldsymbol{Q}(k)$和 $\boldsymbol{R}(k)$无法精确获得的情况下，若知道它们可能的取值范围，则可以采用它们可能的较大值，亦即保守值，这种保守设计可以防止实际的估计误差方差矩阵发散[3]。

3.3.3　稳态卡尔曼滤波

当观测时间越来越长时，稳态卡尔曼滤波可用来描述一步预测协方差和状态更新协方差的特性，也就是当观测时间 $k\to\infty$时，稳态卡尔曼滤波用来描述协方差是否存在确定的极限值，以及在什么条件下存在确定的极限值。由式（3.44）状态的一步预测和式（3.52）的状态更新方程可组合成关于状态的一步预测的单递推式，即

$$\begin{aligned}
\hat{\boldsymbol{X}}(k+1|k) &= \boldsymbol{F}(k)\hat{\boldsymbol{X}}(k|k)+\boldsymbol{G}(k)\boldsymbol{u}(k) \\
&= \boldsymbol{F}(k)[\hat{\boldsymbol{X}}(k|k-1)+\boldsymbol{K}(k)\boldsymbol{v}(k)]+\boldsymbol{G}(k)\boldsymbol{u}(k) \\
&= \boldsymbol{F}(k)\hat{\boldsymbol{X}}(k|k-1)+\boldsymbol{F}(k)\boldsymbol{K}(k)[\boldsymbol{Z}(k)-\boldsymbol{H}(k)\hat{\boldsymbol{X}}(k|k-1)]+\boldsymbol{G}(k)\boldsymbol{u}(k) \\
&= \boldsymbol{F}(k)[\boldsymbol{I}-\boldsymbol{K}(k)\boldsymbol{H}(k)]\hat{\boldsymbol{X}}(k|k-1)+\boldsymbol{F}(k)\boldsymbol{K}(k)\boldsymbol{Z}(k)+\boldsymbol{G}(k)\boldsymbol{u}(k)
\end{aligned} \tag{3.85}$$

类似地，可获得一步预测协方差的单递推式，即离散时间矩阵 Riccati 方程

$$
\begin{aligned}
\boldsymbol{P}(k+1|k) &= \boldsymbol{F}(k)\boldsymbol{P}(k|k)\boldsymbol{F}'(k)+\boldsymbol{Q}(k) \\
&= \boldsymbol{F}(k)[\boldsymbol{P}(k|k-1)-\boldsymbol{P}(k|k-1)\boldsymbol{H}'(k)\boldsymbol{S}^{-1}(k)\boldsymbol{H}(k)\boldsymbol{P}(k|k-1)]\boldsymbol{F}'(k)+\boldsymbol{Q}(k) \\
&= \boldsymbol{F}(k)[\boldsymbol{P}(k|k-1)-\boldsymbol{P}(k|k-1)\boldsymbol{H}'(k)[\boldsymbol{H}(k)\boldsymbol{P}(k|k-1)\boldsymbol{H}'(k)+\boldsymbol{R}(k)]^{-1}\boldsymbol{H}(k)\boldsymbol{P}(k|k-1)]\boldsymbol{F}'(k)+\boldsymbol{Q}(k)
\end{aligned}
\tag{3.86}
$$

由式（3.86）可看出，k 时刻预测的 k+1 时刻的协方差 $\boldsymbol{P}(k+1|k)$ 只与前一时刻的一步预测协方差 $\boldsymbol{P}(k|k-1)$、过程噪声协方差矩阵 $\boldsymbol{Q}(k)$、量测噪声协方差矩阵 $\boldsymbol{R}(k)$有关，与量测 $\boldsymbol{Z}(k+1)$无直接关系，所以在某些特定条件下一步预测协方差矩阵可以在量测之前迭代计算。

如果系统是时常的，也就是状态转移矩阵 $\boldsymbol{F}$ 和量测矩阵 $\boldsymbol{H}$ 是常数矩阵，由于输入项一般认为为零，所以通常情况下只需要 $\boldsymbol{F}$ 和 $\boldsymbol{H}$ 是常数矩阵，并且噪声是平稳的，也就是 $\boldsymbol{Q}$ 和 $\boldsymbol{R}$ 是常数矩阵，而且满足以下两个条件：

（1）$\boldsymbol{F}$、$\boldsymbol{H}$ 是完全可观测的；

（2）$\boldsymbol{F}$、$\boldsymbol{D}$（过程噪声的标准差，即 $\boldsymbol{Q}=\boldsymbol{D}\boldsymbol{D}'$）是完全可控制的。

则随着 $k\to\infty$，Riccati 方程［见式（3.86）］的解收敛到一个正定矩阵 $\bar{\boldsymbol{P}}$。即如果随机线性系统是一致完全可控和一致完全可观测的，则 Kalman 滤波是一致渐近稳定的，且存在一个惟一的正定矩阵 $\bar{\boldsymbol{P}}$，使得从任意的初始协方差矩阵 $\boldsymbol{P}(0|0)$ 出发，当 $k\to\infty$ 时，恒有 $\boldsymbol{P}(k+1|k)\to\bar{\boldsymbol{P}}$。同时，由常协方差矩阵 $\bar{\boldsymbol{P}}$ 产生卡尔曼滤波稳态增益为

$$\bar{\boldsymbol{K}}=\bar{\boldsymbol{P}}\boldsymbol{H}'\boldsymbol{S}^{-1}$$

对于完全可观测和完全可控制的随机线性定常系统，达到稳态时，$\boldsymbol{P}(k|k-1)\to\bar{\boldsymbol{P}}$、$\boldsymbol{P}(k+1|k)\to\bar{\boldsymbol{P}}$、$\boldsymbol{K}(k+1)\to\boldsymbol{K}$，由式（3.86）可看出，此时 Riccati 差分方程退化为 Riccati 代数方程

$$\bar{\boldsymbol{P}}=\boldsymbol{F}[\bar{\boldsymbol{P}}-\bar{\boldsymbol{P}}\boldsymbol{H}'[\boldsymbol{H}\bar{\boldsymbol{P}}\boldsymbol{H}'+\boldsymbol{R}]^{-1}\boldsymbol{H}\bar{\boldsymbol{P}}]\boldsymbol{F}'+\boldsymbol{Q}$$

不论 $\boldsymbol{P}(k|k)$ 的值的大小，系统过程噪声方差矩阵 $\boldsymbol{Q}(k)$始终保证 $\boldsymbol{P}(k+1|k)$ 有值，量测噪声方差矩阵 $\boldsymbol{R}(k)$始终保证 $\boldsymbol{S}(k+1)$ 有值，从而保证增益 $\boldsymbol{K}(k+1)$ 有值，使得每步计算都能利用观测得到的最新信息来修正前一步的估计，得到新的实时估计。并且，一旦系统达到稳态则滤波由式（3.85）的时常型控制

$$\hat{\boldsymbol{X}}(k+1|k)=\boldsymbol{F}[\boldsymbol{I}-\bar{\boldsymbol{K}}\boldsymbol{H}]\hat{\boldsymbol{X}}(k|k-1)+\boldsymbol{F}\bar{\boldsymbol{K}}\boldsymbol{Z}(k)+\boldsymbol{G}\boldsymbol{u}(k) \tag{3.87}$$

理想条件下，Kalman 滤波是线性无偏最小方差估计。根据滤波稳定性定理，对于一致完全可控和一致完全可观测系统，随着时间的推移，观测数据的增多，稳态滤波效果与滤波初值的选取无关，滤波估计的精度应该越来越高，滤波误差方差矩阵或者趋于稳态值，或者有界，即滤波器具有稳定性。但是，这些结论的获得是以系统数学模型精确为前提的，而在实际应用中，由滤波得到的状态估计可能是有偏的，且估计误差的方差也可能很大，远远超出了按计算公式计算的方差所定出的范围；更有甚者，其滤波误差的均值与方差都有可能趋于无穷大，出现了滤波中的发散现象。显然，当滤波发散时，就完全失去了滤波的作用。因此，在实际应用中，必须抑制这种现象。

3.4 常增益滤波

在 3.2 节讨论了系统的输入可由确定的时间函数和噪声组成的动态模型来描述，而输出

是状态的函数，通常受到随机观测误差的扰动，可由量测方程描述，在离散状态下这两个方程可由式（3.31）和式（3.32）来描述。卡尔曼滤波由以下公式组成：

状态的一步预测

$$\hat{\boldsymbol{X}}(k+1|k)=\boldsymbol{F}(k)\hat{\boldsymbol{X}}(k|k) \tag{3.88}$$

协方差的一步预测

$$\boldsymbol{P}(k+1|k)=\boldsymbol{F}(k)\boldsymbol{P}(k|k)\boldsymbol{F}'(k)+\boldsymbol{Q}(k) \tag{3.89}$$

新息协方差

$$\boldsymbol{S}(k+1)=\boldsymbol{H}(k+1)\boldsymbol{P}(k+1|k)\boldsymbol{H}'(k+1)+\boldsymbol{R}(k+1) \tag{3.90}$$

增益

$$\boldsymbol{K}(k+1)=\boldsymbol{P}(k+1|k)\boldsymbol{H}'(k+1)\boldsymbol{S}^{-1}(k+1) \tag{3.91}$$

状态更新方程

$$\hat{\boldsymbol{X}}(k+1|k+1)=\hat{\boldsymbol{X}}(k+1|k)+\boldsymbol{K}(k+1)[\boldsymbol{Z}(k+1)-\boldsymbol{H}(k+1)\hat{\boldsymbol{X}}(k+1|k)] \tag{3.92}$$

协方差更新方程

$$\begin{aligned}&\boldsymbol{P}(k+1|k+1)\\&=[\boldsymbol{I}-\boldsymbol{K}(k+1)\boldsymbol{H}(k+1)]\boldsymbol{P}(k+1|k)[\boldsymbol{I}+\boldsymbol{K}(k+1)\boldsymbol{H}(k+1)]'-\boldsymbol{K}(k+1)\boldsymbol{R}(k+1)\boldsymbol{K}'(k+1)\end{aligned} \tag{3.93}$$

滤波的目的之一就是估计不同时刻的目标位置，而由式（3.92）可看出，某个时刻目标位置的更新值等于该时刻的预测值再加上一个与增益有关的修正项，而要计算增益 $\boldsymbol{K}(k+1)$，就必须计算协方差的一步预测、新息协方差和更新协方差，因而在卡尔曼滤波中增益 $\boldsymbol{K}(k+1)$ 的计算占了大部分的工作量，为了减少计算量，就必须改变增益矩阵的计算方法，为此人们提出了常增益滤波，此时增益不再与协方差有关，因而在滤波过程中可以离线计算，这样就大大减少了计算量、易于工程实现。α-β滤波和α-β-γ滤波分别是针对匀速运动和匀加速运动目标模型的常增益滤波器，下面重点讨论这两种滤波器及其发展。

3.4.1　α-β 滤波

α-β滤波[11,16]的目标状态向量只包含位置和速度两项，其是针对直角坐标系中某一坐标轴的解耦滤波。α-β滤波与卡尔曼滤波最大的不同点就在于增益的计算不同，此时增益 $\boldsymbol{K}=[\alpha,\beta/T]'$，式中，系数$\alpha$和$\beta$是无量纲的量，分别为目标状态的位置和速度分量的常滤波增益，这两个系数一旦确定，增益 $\boldsymbol{K}(k+1)$就是个确定的量。所以此时协方差和目标状态估计的计算不再通过增益使它们交织在一起，它们是两个独立的分支，在单目标情况下不再需要计算协方差的一步预测、新息协方差和更新协方差。但是在多目标情况下由于波门大小与新息协方差有关，而新息协方差又与一步预测协方差和更新协方差有关，所以此时协方差的计算不能忽略。

在单目标情况下α-β 滤波主要是由以下方程组成的，即

状态的一步预测

$$\hat{\boldsymbol{X}}(k+1|k)=\boldsymbol{F}(k)\hat{\boldsymbol{X}}(k|k) \tag{3.94}$$

状态更新方程

$$\hat{\boldsymbol{X}}(k+1|k+1)=\hat{\boldsymbol{X}}(k+1|k)+\boldsymbol{K}(k+1)\boldsymbol{v}(k+1) \tag{3.95}$$

新息方程

$$\boldsymbol{v}(k+1)=\boldsymbol{Z}(k+1)-\boldsymbol{H}(k+1)\hat{\boldsymbol{X}}(k+1|k) \tag{3.96}$$

在多目标情况下，α–β滤波需要再增加如下方程

协方差的一步预测

$$\boldsymbol{P}(k+1|k)=\boldsymbol{F}(k)\boldsymbol{P}(k|k)\boldsymbol{F}'(k)+\boldsymbol{Q}(k) \tag{3.97}$$

新息协方差

$$\boldsymbol{S}(k+1)=\boldsymbol{H}(k+1)\boldsymbol{P}(k+1|k)\boldsymbol{H}'(k+1)+\boldsymbol{R}(k+1) \tag{3.98}$$

协方差更新方程

$$\begin{aligned}\boldsymbol{P}(k+1|k+1)=&[\boldsymbol{I}-\boldsymbol{K}(k+1)\boldsymbol{H}(k+1)]\boldsymbol{P}(k+1|k)[\boldsymbol{I}+\boldsymbol{K}(k+1)\boldsymbol{H}(k+1)]'-\\&\boldsymbol{K}(k+1)\boldsymbol{R}(k+1)\boldsymbol{K}'(k+1)\end{aligned} \tag{3.99}$$

α-β滤波的关键是系数α、β的确定问题。由于采样间隔相对于目标进行跟踪的时间来讲一般情况下是很小的，因而在每一个采样周期内过程噪声 $V(k)$可近似看成是常数，如果再假设过程噪声在各采样周期之间是独立的，则该模型就是分段常数白色过程噪声模型。下面给出分段常数白色过程噪声模型下的α和β的值。为了描述问题的方便，定义目标机动指标 λ

$$\lambda=\frac{T^2\sigma_v}{\sigma_w} \tag{3.100}$$

式中，T 为采样间隔，σ_v 和 σ_w 分别为过程噪声和量测噪声方差的标准差。

于是可得位置和速度分量的常滤波增益分别为[11,16]

$$\begin{cases}\alpha=-\dfrac{\lambda^2+8\lambda-(\lambda+4)\sqrt{\lambda^2+8\lambda}}{8}\\\beta=\dfrac{\lambda^2+4\lambda-\lambda\sqrt{\lambda^2+8\lambda}}{4}\end{cases} \tag{3.101}$$

由式（3.101）可看出，位置、速度分量的增益α和β是目标机动指标 λ 的函数。而目标机动指标 λ 又与采样间隔 T、过程噪声的标准差 σ_v 和量测噪声方差的标准差 σ_w 有关，只有当 σ_v 和 σ_w 均为已知，才能求得目标的机动指标 λ，进而求得增益α和β。若目标机动指标 λ 已知，则α和β为常值。通常情况下量测噪声方差的标准差 σ_w 是已知的，过程噪声标准差 σ_v 较难获得，而且当 σ_v 的误差较大时，α-β滤波不能使用。若 σ_v 不能事先确定，那么目标机动指标 λ 就无法确定，增益α和β两参数也就无法确定，此时，工程上常采用如下与采样时刻 k 有关的α、β确定方法，即

$$\alpha=\frac{2(2k-1)}{k(k+1)},\quad \beta=\frac{6}{k(k+1)} \tag{3.102}$$

对α来说 k 从 1 开始计算，对β来说 k 从 2 开始计算，但滤波器从 k=3 开始工作。而且随着 k 的增加，α、β都是减小的，其取值随 k 的变化如表 3.1 所示[22]。对于某些特殊应用，可以事先规定α、β减小到某一值时保持不变。实际上，这时α-β滤波已退化成修正的最小二乘滤波[22]。

表 3.1　α、β 值与 k 的关系

k	1	2	3	4	5	6	7	8	9	10	11	12	…
α	1	1	5/6	7/10	3/5	11/21	13/28	5/12	17/45	19/55	7/22	23/78	…
β	—	1	1/2	3/10	1/5	1/7	3/28	1/12	1/15	3/55	1/22	1/26	…

3.4.2 自适应α-β滤波

由式（3.102）确定常增益α、β的办法随着采样时刻k的增大，滤波器增益误差是会随之增大的，而由式（3.101）给出的确定常增益α、β的办法又必须知道目标机动指标λ，这往往很难做到，为了得到较好的跟踪滤波效果有时需要采用自适应α-β滤波算法。这里设离散状态的目标状态方程和量测方程仍同式（3.31）和式（3.32），并且假设$\boldsymbol{X}(k)=[x\ \ \dot{x}]'$、$\boldsymbol{H}(k)=[1\quad 0]$，而

$$\boldsymbol{F}(k)=\begin{bmatrix}1 & T\\ 0 & 1\end{bmatrix} \tag{3.103}$$

预测协方差矩阵为

$$\boldsymbol{P}(k+1|k)=\begin{bmatrix}p_{11} & p_{12}\\ p_{12} & p_{22}\end{bmatrix} \tag{3.104}$$

将卡尔曼滤波中式（3.90）给出的新息协方差代入式（3.91）给出的增益公式中，可得到该情况下的新息协方差为标量$S(k+1)=p_{11}+\sigma_w^2$，进而可得滤波增益$\boldsymbol{K}=[\alpha\quad \beta/T]'$中的各元素分别为

$$\alpha=\frac{p_{11}}{p_{11}+\sigma_w^2},\qquad \frac{\beta}{T}=\frac{p_{12}}{p_{11}+\sigma_w^2} \tag{3.105}$$

式中，σ_w^2为量测噪声的方差。由式（3.56）可得这时的协方差更新方程

$$\boldsymbol{P}(k+1|k+1)=\boldsymbol{P}(k+1|k)-(p_{11}+\sigma_w^2)\boldsymbol{K}(k+1)\boldsymbol{K}'(k+1) \tag{3.106}$$

由式（3.105）可以看出，此时的α-β滤波已变成自适应调整增益的滤波。

3.4.3 α-β 滤波算法应用举例

例题 3.2 考虑一个系统，其运动限于直线上，系统的状态方程为

$$\boldsymbol{X}(k+1)=\boldsymbol{F}(k)\boldsymbol{X}(k)+\boldsymbol{\varGamma}(k)v(k),\quad k=0,\cdots,99 \tag{3.107}$$

式中，状态向量$\boldsymbol{X}(k)=[x\ \ \dot{x}]'$，状态转移矩阵 $\boldsymbol{F}(k)$同式（3.103），$v(k)$是零均值的白噪声$\mathrm{E}[v(k)v'(j)]=\sigma_v^2\delta_{kj}=9\delta_{kj}$，

$$\boldsymbol{\varGamma}(k)=\begin{bmatrix}T^2/2\\ T\end{bmatrix} \tag{3.108}$$

式中，T为采样间隔，并取T=1 s；目标运动的真实初始状态为$\boldsymbol{X}(0)=[8\quad 66]'$。量测方程为

$$Z(k)=[1\quad 0]\boldsymbol{X}(k)+W(k) \tag{3.109}$$

式中，量测噪声是零均值白噪声，并与过程噪声序列是相互独立的，且具有方差$\sigma_w^2=100$。

要求：

（1）求出目标机动指标λ和，α-β滤波增益；

（2）给出目标运动的真实轨迹和目标机动指标已知、未知情况下的估计轨迹。

解：利用已知的目标机动指标公式，即

$$\lambda=\frac{T^2\sigma_v}{\sigma_w}=0.3 \tag{3.110}$$

进而可求得目标位置和速度的常滤波增益α和β为

$$\begin{cases}\alpha=-\dfrac{\lambda^2+8\lambda-(\lambda+4)\sqrt{\lambda^2+8\lambda}}{8}=0.5369\\ \beta=\dfrac{\lambda^2+4\lambda-\lambda\sqrt{\lambda^2+8\lambda}}{4}=0.2042\end{cases} \tag{3.111}$$

则目标机动指标已知情况下滤波器增益为

$$\boldsymbol{K}(k+1)=\begin{bmatrix}0.5369\\0.2042\end{bmatrix} \tag{3.112}$$

而目标机动指标未知情况下的增益可由式（3.102）获得。

目标的真实轨迹和目标机动指标已知、目标机动指标未知、自适应滤波的估计轨迹如图 3.11 所示，其中横坐标为目标的位置，纵坐标为目标的运动速度大小；图 3.12 为目标位置的真实轨迹和目标机动指标已知、目标机动指标未知、自适应滤波的估计轨迹，其中横坐标为跟踪步数，纵坐标为目标的位置；而图 3.13 和图 3.14 分别是图 3.11 和图 3.12 的放大结果。由这四幅图可看出，当机动指标未知而 α、β 按式（3.102）获取，在采样次数达到 50 次以上时，跟踪结果已经很差，而自适应滤波方法和机动指标已知的理想情况的跟踪结果非常相像，都可达到非常好的跟踪结果。

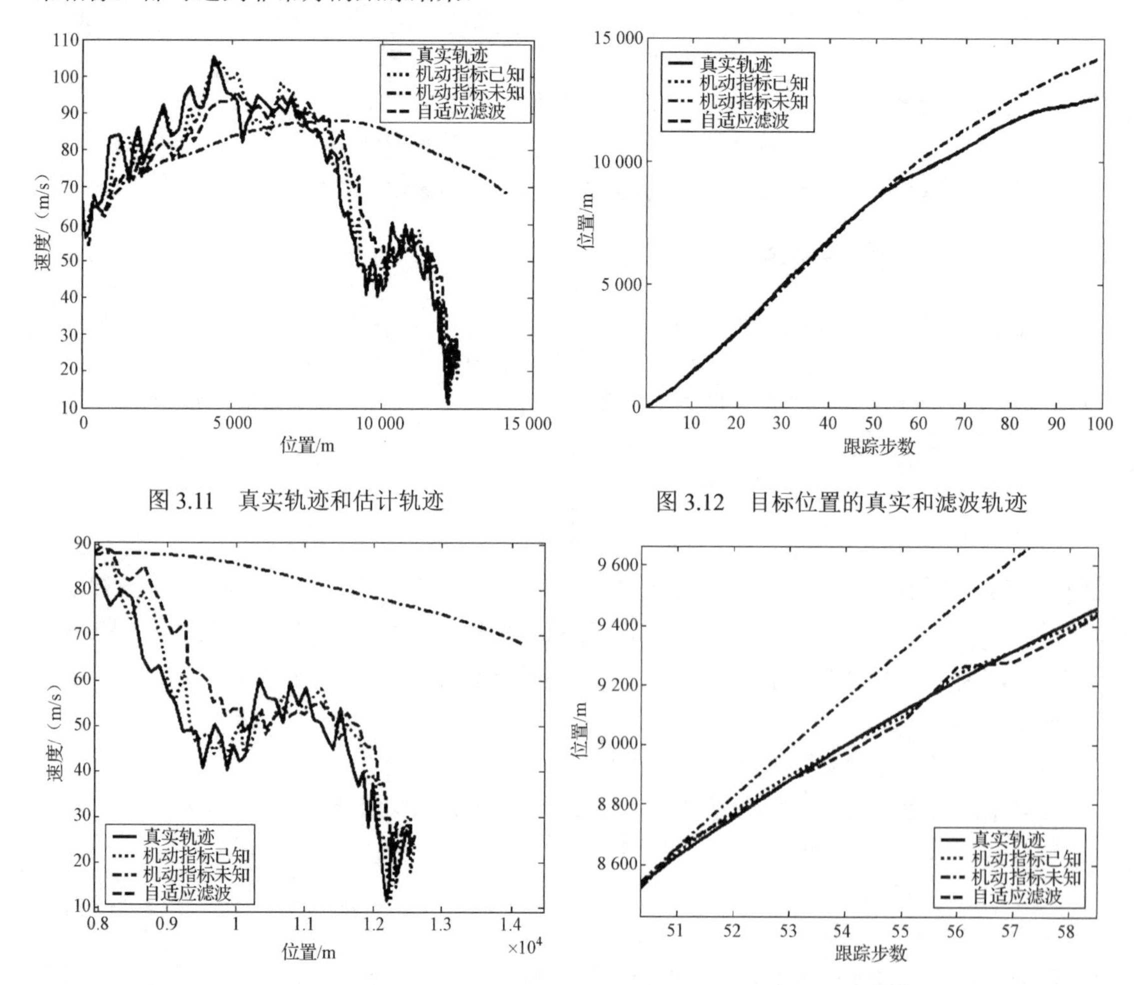

图 3.11 真实轨迹和估计轨迹

图 3.12 目标位置的真实和滤波轨迹

图 3.13 图 3.11 的放大结果

图 3.14 图 3.12 的放大结果

3.4.4　α-β-γ滤波

α-β-γ滤波用于对匀加速运动目标进行跟踪[11]，此时系统的状态方程和量测方程仍同式（3.31）和式（3.32），不过目标的状态向量中包含位置、速度和加速度三项分量。对某一坐标轴来说，若取状态向量为$\boldsymbol{X}(k)=[x \quad \dot{x} \quad \ddot{x}]'$，则相应的状态转移矩阵、过程噪声分布矩阵和量测矩阵分别为

$$\boldsymbol{F}(k)=\begin{bmatrix} 1 & T & T^2/2 \\ 0 & 1 & T \\ 0 & 0 & 1 \end{bmatrix} \tag{3.113}$$

$$\boldsymbol{\Gamma}(k)=[T^2/2 \quad T \quad 1]' \tag{3.114}$$

$$\boldsymbol{H}=[1 \quad 0 \quad 0] \tag{3.115}$$

此时滤波增益$\boldsymbol{K}(k+1)$为

$$\boldsymbol{K}(k+1)=[\alpha \quad \beta/T \quad \gamma/T^2]' \tag{3.116}$$

式中，T为采样间隔，系数α、β和γ是无量纲的量，分别为状态的位置、速度和加速度分量的常滤波增益。可以证明[17]α、β、γ和目标机动指标λ之间的关系为

$$\frac{\gamma^2}{4(1-\alpha)}=\lambda^2 \tag{3.117}$$

$$\beta=2(2-\alpha)-4\sqrt{1-\alpha} \quad （或\alpha=\sqrt{2\beta}-\tfrac{1}{2}\beta） \tag{3.118}$$

$$\gamma=\beta^2/\alpha \tag{3.119}$$

由这三个式子就可获得增益中的分量α、β和γ，α-β-γ滤波公式形式同α-β滤波，不过此时滤波的维数增加了。

与α-β滤波类似，如果过程噪声方差的标准差σ_v较难获得，那么目标机动指标λ就无法确定，因而α、β和γ就无法确定，换句话说也就无法获得增益，此时，工程上经常采用如下的方法来确定α、β、γ值，即把它们简化为采样时刻k的函数

$$\alpha=\frac{3(3k^2-3k+2)}{k(k+1)(k+2)}, \quad \beta=\frac{8(2k-1)}{k(k+1)(k+2)}, \quad \gamma=\frac{60}{k(k+1)(k+2)} \tag{3.120}$$

对α来说，从k=1 开始取值；对β来说，从k=2 时开始取值；对γ来说，从$k=3$时开始取值。α、β、γ值与k的关系如表 3.2 所示。

表 3.2　α、β、γ值与k的关系

k	1	2	3	4	5	6	7	8	9	10	11	12	…
α	1	1	1	19/20	31/35	23/28	16/21	17/24	109/165	34/55	83/143	199/364	…
β	—	1	2/3	7/15	12/35	11/42	13/63	1/6	68/495	19/165	14/143	23/273	…
γ	—	—	1	1/2	2/7	5/28	5/42	1/12	2/33	1/22	5/143	5/182	…

3.4.5　自适应α-β-γ滤波

设离散状态的目标状态方程和量测方程仍同式（3.31）和式（3.32），状态向量$\boldsymbol{X}(k)$、状态转移矩阵$\boldsymbol{F}(k)$和量测矩阵$\boldsymbol{H}(k)$均同 3.4.4 节，并且假设协方差矩阵为

$$\boldsymbol{P}(k+1|k)=\begin{bmatrix} p_{11} & p_{12} & p_{13} \\ p_{12} & p_{22} & p_{23} \\ p_{13} & p_{23} & p_{33} \end{bmatrix} \tag{3.121}$$

而滤波增益 $\boldsymbol{K}=[\alpha \quad \beta/T \quad \gamma/T^2]'$ 中的各元素分别为

$$\alpha=\frac{p_{11}}{p_{11}+\sigma_w^2}, \quad \frac{\beta}{T}=\frac{p_{12}}{p_{11}+\sigma_w^2}, \quad \frac{\gamma}{T^2}=\frac{p_{13}}{p_{11}+\sigma_w^2} \tag{3.122}$$

式中，σ_w^2 为测量噪声的协方差。这就实现了 α-β-γ 滤波增益随着预测协方差的变化而自适应地调整变化。

3.4.6 线性滤波器性能比较

随着雷达技术和雷达信号处理技术的不断发展进步[23,24]，雷达数据处理技术也得到了长足的发展和进步，新算法和新技术不断涌现，这些新算法和新技术大多是以卡尔曼滤波算法为基础的。在多目标高数据率情况下使用卡尔曼滤波有时可能会遇到困难，解决办法是采用常增益滤波方法，但 α-β 或 α-β-γ 滤波方法在减少计算量的同时，滤波后期的性能也下降了；如果希望既能减少实时运算量，又能保持较好滤波性能，有时可采用分段常增益滤波；对于分段常增益滤波，可以根据实际需要进行具体设计，例如分多少段，每段中取多少个点，都可以根据实际需要来定，从而使得它的滤波性能较好地接近于卡尔曼滤波的性能。

卡尔曼滤波为线性时变系统的一种线性无偏最小均方误差估计，它具有时变结构，因此可适用于非平稳过程。维纳滤波也采用的是线性最小均方误差准则，但它只适用于平稳过程。而最小二乘估计、加权最小二乘估计是线性时常系统中的估计方法。当先验统计特性一无所知时，一般采用最小二乘估计。如果知道了量测误差的统计特性，可采用加权最小二乘估计；而若知道了动态噪声和量测误差的统计特性则可采用估计精度较高的最小均方误差估计方法，即卡尔曼滤波和维纳滤波。当目标作匀速运动时，最小二乘估计及用最小均方差准则设计的常增益 α-β 滤波在稳态时与卡尔曼滤波是等效的，但是在暂态过程中，或者目标作随机机动飞行时，卡尔曼滤波的性能就要优于其他滤波方法。最小二乘估计和 α-β 滤波的优点是运算量小，容易实现，在对数据处理精度要求不高或者数据处理量较大的情况下，可以考虑采用这些方法。常增益 α-β-γ 滤波适用于目标作匀加速运动的情况，并且可通过机动检测控制滤波增益的大小，使 α-β-γ 常增益滤波的性能得到改善。但若修正算法过于复杂，则会失去常增益滤波运算量小的优点。总之，卡尔曼滤波是优于其他滤波方法的，它具有较强的适应能力，又适于实时处理。卡尔曼滤波的另一个优点就是能在作出估计的同时给出估计的误差方差，这些数据对于火力控制系统来说是非常有用的[25]。

3.5 Sage-Husa 自适应卡尔曼滤波

标准 Kalman 滤波高度依赖精确的数学模型和噪声先验信息，在系统模型和量测噪声统计特性不确定条件下，Kalman 滤波结果将失去最优性，甚至会造成滤波发散。为解决量测噪声协方差不确定条件下的状态滤波问题，需要在更新状态的同时估计量测噪声协方差，因此提出了 Sage-Husa 自适应卡尔曼滤波，具体滤波过程如下[26,27]：

计算加权系数

$$d_{k+1} = (1-b)/(1-b^{k+1}) \tag{3.123}$$

式中，b 为遗忘因子，其取值一般满足 $0<b<1$，采用遗忘因子可限制滤波的记忆长度。

状态的一步预测

$$\hat{\boldsymbol{X}}(k+1|k) = \boldsymbol{F}(k)\hat{\boldsymbol{X}}(k|k) \tag{3.124}$$

协方差的一步预测

$$\boldsymbol{P}(k+1|k) = \boldsymbol{F}(k)\boldsymbol{P}(k|k)\boldsymbol{F}'(k) + \boldsymbol{Q}(k) \tag{3.125}$$

量测新息

$$\boldsymbol{v}(k+1) = \boldsymbol{Z}(k+1) - \boldsymbol{H}(k+1)\hat{\boldsymbol{X}}(k+1|k) \tag{3.126}$$

估计量测噪声协方差

$$\boldsymbol{R}(k+1) = (1-d_{k+1})\boldsymbol{R}(k) + d_{k+1}[\boldsymbol{v}(k+1)\boldsymbol{v}'(k+1) - \boldsymbol{H}(k+1)\boldsymbol{P}(k+1|k)\boldsymbol{H}'(k+1)] \tag{3.127}$$

滤波增益

$$\boldsymbol{K}(k+1) = \boldsymbol{P}(k+1|k)\boldsymbol{H}'(k+1)[\boldsymbol{H}(k+1)\boldsymbol{P}(k+1|k)\boldsymbol{H}'(k+1) + \boldsymbol{R}(k+1)]^{-1} \tag{3.128}$$

状态更新

$$\hat{\boldsymbol{X}}(k+1|k+1) = \hat{\boldsymbol{X}}(k+1|k) + \boldsymbol{K}(k+1)\boldsymbol{v}(k+1) \tag{3.129}$$

协方差更新

$$\boldsymbol{P}(k+1|k+1) = [\boldsymbol{I} - \boldsymbol{K}(k+1)\boldsymbol{H}(k+1)]\boldsymbol{P}(k+1|k) \tag{3.130}$$

从上述更新过程可以看出，除式（3.123）和式（3.127）外，Sage-Husa 自适应卡尔曼滤波与标准 Kalman 滤波过程完全一致。不同的是，标准 Kalman 滤波假设量测噪声协方差 $\boldsymbol{R}(k+1)$ 为确定值，而 Sage-Husa 自适应卡尔曼滤波则考虑量测噪声协方差 $\boldsymbol{R}(k+1)$ 为时变值，可解决量测噪声统计特性不确定条件下的状态估计问题。

3.6 H_∞ 卡尔曼滤波

针对系统过程和量测噪声统计特性不确定问题，H_∞ 卡尔曼滤波将鲁棒控制设计中的性能指标 H_∞ 范数引入滤波，构建一个从干扰输入到滤波误差输出的 H_∞ 范数最小的滤波器，实现最坏干扰情况下的估计误差最小化[28,29]。与卡尔曼滤波不同，H_∞ 卡尔曼滤波仅要求噪声能量有界，而不需要预先知道噪声的统计特性。直到 $k+1$ 时刻的代价函数可以表示为：

$$J_{k+1} = \frac{\sum_{t=1}^{k+1}\left\|\boldsymbol{X}(t) - \hat{\boldsymbol{X}}(t|t)\right\|^2}{\|\boldsymbol{X}(1) - \hat{\boldsymbol{X}}(1|1)\|^2_{\boldsymbol{P}^{-1}(1|1)} + \sum_{t=1}^{k+1}(\|\boldsymbol{V}(t)\|^2_{\boldsymbol{Q}^{-1}(t)} + \|\boldsymbol{W}(t)\|^2_{\boldsymbol{R}^{-1}(t)})} \tag{3.131}$$

对于任意的初始估计状态、过程噪声和量测噪声，H_∞ 卡尔曼滤波的目标在于提供一个状态估计值，使最坏情况下的状态估计误差最小，保证代价函数小于某个给定的性能指数，即

$$\sup J_{k+1} < \frac{1}{\gamma} \tag{3.132}$$

其中，γ 为提前给定的噪声衰减水平。对于上述优化问题，可利用基于拉格朗日乘数的动态约束优化进行解决[30]。最终的滤波过程如下：

状态和协方差的一步预测可通过式（3.124）和式（3.125）获得，状态更新可以表示为：

$$\hat{\boldsymbol{X}}(k+1|k+1) = \hat{\boldsymbol{X}}(k+1|k) + \boldsymbol{K}(k+1)[\boldsymbol{Z}(k+1) - \boldsymbol{H}(k+1)\hat{\boldsymbol{X}}(k+1|k)] \tag{3.133}$$

其中，滤波增益 $\boldsymbol{K}(k+1)$ 可通过式（3.51）计算。

协方差更新可以表示为

$$\boldsymbol{P}(k+1|k+1)=\boldsymbol{P}(k+1|k)[\boldsymbol{I}-\gamma\boldsymbol{P}(k+1|k)+\boldsymbol{H}'(k+1)\boldsymbol{R}^{-1}(k+1)\boldsymbol{H}(k+1)\boldsymbol{P}(k+1|k)]^{-1} \tag{3.134}$$

3.7　变分贝叶斯滤波

卡尔曼滤波算法往往假设传感器量测噪声协方差已知。但是，对分布在时刻变化的环境中的传感器而言，其量测噪声统计量通常很难提前确定，并且可能会随环境发生变化[31-36]。在这种情况下，卡尔曼滤波算法获得的状态估值往往误差较大，难以满足实际应用的需求。变分贝叶斯滤波充分考虑量测噪声统计特性不确定问题，将传感器量测噪声协方差建模为服从逆 Wishart 分布的随机变量，对目标状态和量测噪声协方差进行联合估计[35]。具体滤波过程描述如下。

状态和协方差的一步预测可通过式（3.124）和式（3.125）计算，量测噪声协方差自由度的一步预测可以表示为

$$v(k|k-1)=\rho[v(k-1|k-1)-n-1]+n+1 \tag{3.135}$$

其中，ρ 为衰减因子，满足 $0<\rho\leqslant 1$。$\rho=1$ 表示协方差信息没有衰减，而较小的 ρ 增加了假设的时间波动，信息衰减也越大。

量测噪声协方差尺度矩阵的一步预测可以表示为

$$\boldsymbol{V}(k|k-1)=\boldsymbol{B}\boldsymbol{V}(k-1|k-1)\boldsymbol{B}' \tag{3.136}$$

在预测步骤中，为保证精度矩阵的期望不变，可以将 $\boldsymbol{B}$ 设置为 $\boldsymbol{B}=\boldsymbol{I}/\sqrt{\rho}$。

状态更新需要通过多次迭代实现，迭代初始值设置为 $\hat{\boldsymbol{X}}^0(k+1|k+1)=\hat{\boldsymbol{X}}(k+1|k)$，$\boldsymbol{P}^0(k+1|k+1)=\boldsymbol{P}(k+1|k)$，$v(k+1|k+1)=v(k+1|k)+1$，$\boldsymbol{V}^0(k+1|k+1)=\boldsymbol{V}(k+1|k)$。假设需要经过 N 次迭代才能获得比较满意的状态估计结果，那么第 i+1 次迭代过程可以表示为：

新息协方差更新

$$\boldsymbol{S}^{i+1}(k+1)=\boldsymbol{H}(k+1)\boldsymbol{P}(k+1|k)\boldsymbol{H}'(k+1)+[v(k|k)-n-1]\boldsymbol{V}^i(k+1|k+1) \tag{3.137}$$

状态更新

$$\hat{\boldsymbol{X}}^{i+1}(k+1|k+1)=\hat{\boldsymbol{X}}(k+1|k)+\boldsymbol{K}^{i+1}(k+1)[\boldsymbol{Z}(k+1)-\boldsymbol{H}(k+1)\hat{\boldsymbol{X}}(k+1|k)] \tag{3.138}$$

其中，$\boldsymbol{K}^{i+1}(k+1)=\boldsymbol{P}(k+1|k)\boldsymbol{H}'(k+1)[\boldsymbol{S}^{i+1}(k+1)]^{-1}$。

状态估计协方差更新

$$\boldsymbol{P}^{i+1}(k+1|k+1)=\boldsymbol{P}(k+1|k)-\boldsymbol{K}^{i+1}(k+1)\boldsymbol{S}^{i+1}(k+1)[\boldsymbol{K}^{i+1}(k+1)]' \tag{3.139}$$

量测噪声协方差尺度矩阵更新

$$\begin{aligned}\boldsymbol{V}^{i+1}(k+1|k+1)=&\boldsymbol{V}(k+1|k)+\boldsymbol{H}(k+1)\boldsymbol{P}^i(k+1|k+1)\boldsymbol{H}'(k+1)+\\&[\boldsymbol{Z}(k+1)-\boldsymbol{H}(k+1)\hat{\boldsymbol{X}}^i(k+1|k)][\boldsymbol{Z}(k+1)-\boldsymbol{H}(k+1)\hat{\boldsymbol{X}}^i(k+1|k)]'\end{aligned} \tag{3.140}$$

经过 N 次更新迭代后，最终的状态估计结果为

$$\hat{\boldsymbol{X}}(k+1|k+1)=\hat{\boldsymbol{X}}^N(k+1|k+1) \tag{3.141}$$

$$\boldsymbol{P}(k+1|k+1)=\boldsymbol{P}^N(k+1|k+1) \tag{3.142}$$

$$\boldsymbol{V}(k+1|k+1)=\boldsymbol{V}^N(k+1|k+1) \tag{3.143}$$

3.8　状态估计的一致性检验

前面几节讲述了在线性系统利用卡尔曼滤波以及其他一些滤波方法对目标状态进行估计，而估计效果的好坏则必须利用一定的准则进行评判，所以这一节讨论状态估计的一致性问题。一致性分析的目的是检验所设计的跟踪系统与实际物理环境的符合程度。在第 2 章参数估计中讨论过估计的一致性的判断要看估计值是否随机收敛于真实值。然而当估计动态系统的状态时，由于它是时变的，所以其估计值一般不会出现随机收敛到真实值，这时为了检验一致性可利用以下三种准则[11,16]。

3.8.1　状态估计误差一致性检验

在线性高斯假定下，状态 $\boldsymbol{X}(k)$在 k 时刻的条件概率密度函数（PDF）是

$$p[\boldsymbol{X}(k)\,|\,\boldsymbol{Z}^k]=N[\boldsymbol{X}(k);\hat{\boldsymbol{X}}(k\,|\,k),\boldsymbol{P}(k\,|\,k)] \tag{3.144}$$

系统模型由动态方程、量测方程和进入这些方程的随机变量的统计性质组成，如果上述系统模型是完全精确的，则式（3.144）精确成立。但实际上所有的模型都不可能精确成立，它们都含有某种近似，因此，高斯条件式（3.144）通常用式（3.145）代替，即

$$E\{[\boldsymbol{X}(k)-\hat{\boldsymbol{X}}(k\,|\,k)][\boldsymbol{X}(k)-\hat{\boldsymbol{X}}(k\,|\,k)]'\,|\,\boldsymbol{Z}^k\}=\boldsymbol{P}(k\,|\,k) \tag{3.145}$$

即滤波获得的估计误差的期望值要与滤波计算的协方差匹配。如果状态估计是无偏的，即 $E[\boldsymbol{X}(k)]=\hat{\boldsymbol{X}}(k\,|\,k)$，并且它的状态估计误差满足式（3.145），则状态估计是一致的。

状态估计的一致性可利用标准假设检验方法进行检验，下面描述具体方法。

利用状态估计误差

$$\tilde{\boldsymbol{X}}(k\,|\,k)=\boldsymbol{X}(k)-\hat{\boldsymbol{X}}(k\,|\,k) \tag{3.146}$$

定义归一化状态估计误差的平方

$$\varepsilon(k)=\tilde{\boldsymbol{X}}'(k\,|\,k)\boldsymbol{P}^{-1}(k\,|\,k)\tilde{\boldsymbol{X}}(k\,|\,k) \tag{3.147}$$

它是具有 n_x 个自由度的 χ^2 分布随机变量，其中 n_x 是状态向量 $\boldsymbol{X}(k)$的维数。

假设 Monte Carlo 实验提供随机变量 $\varepsilon(k)$的 N 个独立的样本，每个样本记为 $\varepsilon^i(k)$，样本均值为

$$\bar{\varepsilon}(k)=\frac{1}{N}\sum_{i=1}^{N}\varepsilon^i(k) \tag{3.148}$$

由于 $\varepsilon^i(k)$是具有 n_x 个自由度的 χ^2 分布随机变量，所以 $N\bar{\varepsilon}(k)$ 服从自由度为 Nn_x 的 χ^2 分布。给定置信度 α，由 χ^2 分布表可查得随机变量 $N\bar{\varepsilon}(k)$ 的置信区间，该置信区间再除以 N 即为随机变量 $\bar{\varepsilon}(k)$ 的置信区间。若利用滤波结果获得的检验统计量 $\bar{\varepsilon}(k)$ 落在这个区间内，则状态估计是一致的。

3.8.2　新息的一致性检验

定义归一化新息的平方为

$$\varepsilon_v(k)\overset{\Delta}{=}\boldsymbol{v}'(k)\boldsymbol{S}^{-1}(k)\boldsymbol{v}(k) \tag{3.149}$$

它是具有 n_z 个自由度的 χ^2 分布随机变量，其中 n_z 是量测的维数，由 N 个独立的样本 $\boldsymbol{v}^i(k)$可

计算样本均值

$$\overline{\varepsilon}_v(k)=\frac{1}{N}\sum_{i=1}^{N}\varepsilon_v^i(k) \tag{3.150}$$

由于此时 $\varepsilon_v^i(k)$ 是具有 n_z 个自由度的 χ^2 分布随机变量，所以 $N\overline{\varepsilon}_v(k)$ 服从自由度为 Nn_z 的 χ^2 分布，即 $N\overline{\varepsilon}_v(k)$ 是具有 Nn_z 个自由度的 χ^2 分布随机变量，而置信区域是基于这一事实确定的。给定置信度 α，由 χ^2 分布表可查得随机变量 $N\overline{\varepsilon}_v(k)$ 的置信区间，该置信区间再除以 N 即为随机变量 $\overline{\varepsilon}_v(k)$ 的置信区间。若检验统计量 $\overline{\varepsilon}_v(k)$ 落在这个区间内，则新息是零均值（无偏的），并且与滤波产生对应的协方差是一致的[11,16]。

3.8.3 新息的白色检验

定义样本自相关统计量

$$\overline{\rho}(k,j)=\sum_{i=1}^{N}\boldsymbol{v}^{i'}(k)\boldsymbol{v}^i(j)\left[\sum_{i=1}^{N}\boldsymbol{v}^{i'}(k)\boldsymbol{v}^i(k)\sum_{i=1}^{N}\boldsymbol{v}^{i'}(j)\boldsymbol{v}^i(j)\right]^{-\frac{1}{2}} \tag{3.151}$$

对于足够大的 N 值，$\overline{\rho}(k,j)$ 近似服从均值为 0，方差为 1/N 的正态分布，所以随机变量 $\overline{\rho}(k,j)$ 对应的置信区间将是$[-r_1/\sqrt{N},r_1/\sqrt{N}]$，其中置信区间$[-r_1, r_1]$为零均值、单位方差的正态随机变量的置信区间，可由标准正态分布表获得。若 $\overline{\rho}(k,j)\in[-r_1/\sqrt{N},r_1/\sqrt{N}]$ 则认为新息是白色的（时间上不相关）。

3.8.4 滤波器一致性检验应用举例

在 3.2.4 节卡尔曼滤波算法应用举例中给出了卡尔曼滤波的结果，现对其进行一致性检验。当利用 50 次仿真实验进行一致性检验时，由 χ^2 分布表可查得自由度为 100 的 χ^2 分布随机变量 $N\overline{\varepsilon}(k)$ 的 95%(α=0.05）的置信区间为[74.2,130]，进而可获得随机变量 $\overline{\varepsilon}(k)$ 的 95%的置信区间为[1.5,2.6]，经过 50 次 Monte Carlo 实验，由例题 3.1 滤波器所得的归一化状态误差平方的样本均值如图 3.15 所示，由该图可看出 100 个点中有 3 个点落在置信区域的外面；而图 3.16 所示的归一化状态误差平方的样本均值只有少数几个点落在置信区域内，此时滤波器失配，失配的原因是滤波器真实过程噪声的方差 q=1，而滤波模型过程噪声的方差取为 q_F=9。

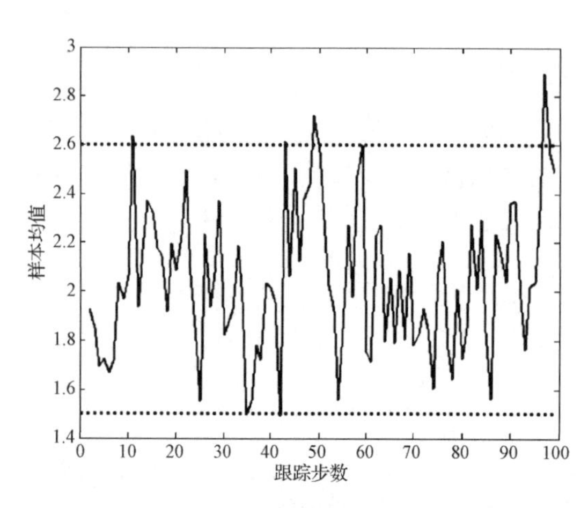

图 3.15　归一化状态误差平方的样本均值($q_F=1$)

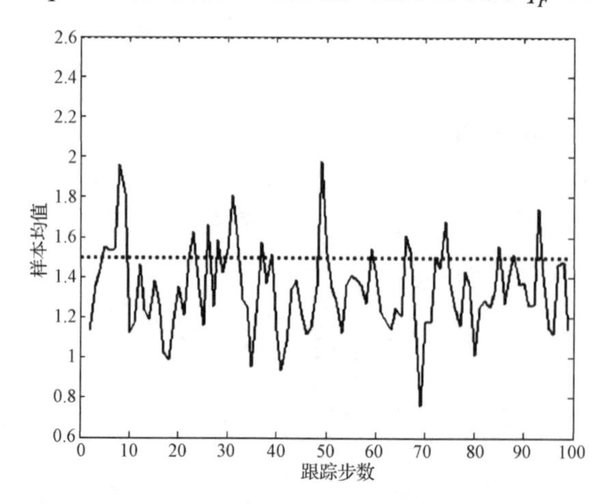

图 3.16　归一化状态误差平方的样本均值($q_F=9$)

3.9　小结

本章重点介绍了线性系统条件下的卡尔曼滤波，包括系统模型的建立、相应的滤波模型、滤波初始化方法、滤波器稳定的定义和判断方法、随机线性系统的可控制性和可观测性和稳态卡尔曼滤波等，同时本章还对α-β、α-β-γ滤波进行了分析，并对几种常用的线性滤波方法的性能进行了比较，最后对滤波的一致性检验问题进行了论述，并通过一些仿真实例对这些滤波算法的性能和滤波一致性检验问题进行了分析和讨论。卡尔曼滤波由于具有良好的跟踪性能以及适合计算机处理的迭代性能而受到人们的青睐[37-40]，并已被公认是目标状态估计的最好方法之一，其他方法均可通过对卡尔曼滤波算法的简化或推广得出。

由于卡尔曼滤波算法是以精确的数学模型为前提的，它首先需要在状态空间上建立系统方程和观测方程，对于目标跟踪系统建模来讲，最难的是系统噪声模型的建立，这是因为在系统方程中，系统噪声直接反映目标的机动特性[41]。所以在实际工程中，常常发生模型和系统不匹配的情况，这种理论模型和实际模型的差别称为模型误差。然而建立精确的数学模型并不是容易的事情，为进一步解决模型和系统精确匹配问题，产生了自适应滤波理论。如何由观测数据判断滤波器与系统是否匹配？当实际状态变化时，如何修正系统模型或者修正滤波器增益，这就是自适应滤波理论要解决的问题。

自适应滤波大致可以分为四类：基于关联的方法、协方差匹配、极大似然估计和贝叶斯方法。Sage-Husa 自适应卡尔曼滤波通过自适应调整过程和量测噪声协方差，对噪声统计量的变化进行误差补偿，从而估计实现对目标状态的更新，是一种典型的协方差匹配方法[42,43]。但是，该方法无法保证估计协方差收敛到真实噪声协方差，可能导致滤波发散。基于新息的自适应滤波利用新息序列为白噪声这一事实，估计噪声协方差矩阵，是一种典型的极大似然估计方法[44,45]。然而，为获得可靠的噪声协方差估计，该方法需要较大的数据窗口，从而难以应对噪声协方差快速变化的情形[46]。贝叶斯方法是解决滤波中参数不确定问题的常用方法，主要包括状态扩维方法[47]、多模型方法[48-50]、粒子滤波方法[51]、变分贝叶斯方法[31-36]等。针对缓慢变化的噪声，变分贝叶斯通过选择合适的共轭先验分布对噪声协方差建模，并利用固定点迭代更新目标状态，可在较小数据窗口下实现对目标状态的准确估计[32]。

参考文献

[1] 徐从安, 熊伟, 刘瑜, 等. 新生目标强度未知的单量测 PHD 滤波器. 电子学报, 2016, 44(10): 2300-2307.

[2] 权太范. 目标跟踪新理论与技术. 北京: 国防工业出版社, 2009, 8.

[3] 付梦印, 邓志红, 张继伟. Kalman 滤波理论及其在导航系统中的应用. 北京: 科学出版社, 2003.

[4] Olivera R, Vite O, et al. Application of the Three State Kalman Filtering for Moving Vehicle Tracking. IEEE Latin AmericaTransactions, 2016, 14(5): 2072-2076.

[5] 刘俊, 刘瑜, 徐从安, 等. 基于高斯似然近似的自适应球面径向积分滤波算法. 控制与决策, 2016, 31(06): 1073-1079.

[6] 葛泉波, 李宏, 文成林. 面向工程应用的 Kalman 滤波理论深度分析. 指挥与控制学报, 2019, 5(3): 167-180.

[7] 龚耀寰. 自适应滤波. 北京: 电子工业出版社, 2003.
[8] 刘俊, 刘瑜, 董凯, 等. 杂波环境下基于数据压缩的多传感器容积滤波算法. 海军航空工程学院学报, 2015, 30(06): 531-536.
[9] 张晶炜. 多传感器多目标跟踪算法研究. 烟台: 海军航空工程学院, 2008.
[10] Farina A, Studer F A. Radar Data Processing(Vol. I. II). Research Studies Press LTD, 1985.
[11] Shalom Y B, Fortmann T E. Tracking and Data Association. Academic Press, 1988.
[12] 卢泓钢, 罗强. 低空目标情况下 α-β 滤波器性能分析和优化. 电子世界, 2018(8): 201-202.
[13] Y. Bar-Shalom, L. Campo. The Effect of the Common Process Noise on the Two-sensor Fused-track Covariance. IEEE Trans. on AES, 1986(22): 803-805.
[14] 彭冬亮, 文成林, 薛安克. 多传感器多源信息融合理论及应用. 北京: 科学出版社，2010, 5.
[15] 夏佩伦. 目标跟踪与信息融合. 北京: 国防工业出版社, 2010, 4
[16] 张兰秀, 赵连芳, 译. 跟踪和数据互联. 连云港: 中船总七一六所, 1991.
[17] Shalom Y B, Li X R. Estimation and Tracking: Principles Techniques and Software. Boston. MA: Artech House, 1993.
[18] He Y, Zhang J W. New track correlation algorithms in a multisensor data fusion system. IEEE Trans on Aerospace and Electronic Systems, 2006, 42(4). 1359-1371.
[19] 何友, 王国宏, 关欣. 信息融合理论及应用. 北京: 电子工业出版社, 2010, 3.
[20] Ge Q B, Shao T, Duan Z S, et al. Performance Analysis of the Kalman Filter with Mismatched Noise Covariances. IEEE Transactions On Automatic Control, 2016, 61(12): 4014-4019.
[21] 周宏仁, 敬忠良, 王培德. 机动目标跟踪. 北京: 国防工业出版社, 1991.
[22] 何友, 王国宏, 陆大绘, 等. 多传感器信息融合及应用（第二版）. 北京: 电子工业出版社, 2007.
[23] 吴曼青. 数字阵列雷达及其进展. 中国电子科学研究院学报, 2006, 1(1): 11-16.
[24] 刘永坦. 雷达成像技术. 哈尔滨: 哈尔滨工业大学出版社，2001.
[25] 何友. 多目标多传感器分布信息融合算法研究. 北京: 清华大学, 1996.
[26] 何美光, 葛泉波, 赵嘉懿. 一种 Sage-Husa 和可观测度的滤波算法研究. 控制工程, 2021, 28(1): 120-126.
[27] Narasimhappa M, Mahindrakar A D, Guizilini V C, et al. MEMS-based IMU Drift Minimization: Sage Husa Adaptive Robust Kalman Filtering. IEEE Sensors Journal, 2019, 20(1), 250-260.
[28] Zhao J, Mili L. A decentralized H-infinity Unscented Kalman Filter for Dynamic State Estimation Against Uncertainties. IEEE Transactions on Smart Grid, 2018, 10(5), 4870-4880.
[29] Xia J, Gao S, Qi X, et al. Distributed Cubature H-infinity Information Filtering for Target Tracking Against Uncertain Noise Statistics. Signal Processing, 2020, 177: 107725.
[30] Simon D. Optimal State Estimation: Kalman, H-∞, and Nonlinear Approaches. Hoboken. NJ: John Wiley and Sons, 2006, 10, 0470045345.
[31] Sarkka S, Nummenmaa A. Recursive Noise Adaptive Kalman Filtering by Variational Bayesian Approximations. IEEE Transactions on Automatic Control , 2009, 54(3), 596-600.
[32] Särkkä S. Bayesian filtering and smoothing. Cambridge University Press, 2013.
[33] Huang Y, Zhang Y, Wu Z, et al. A novel Adaptive Kalman Filter with Inaccurate Process and Measurement Noise Covariance Matrices. IEEE Transactions on Automatic Control, 2017, 63(2), 594-601.

[34] Huang Y, Zhang Y, Xu B, et al. A New Adaptive Extended Kalman Filter for Cooperative Localization. IEEE Transactions on Aerospace and Electronic Systems, 2017, 54(1), 353-368.

[35] Ardeshiri T, Özkan E, Orguner U, et al. Approximate Bayesian Smoothing with Unknown Process and Measurement Noise Covariances. IEEE Signal Processing Letters, 2015, 22(12), 2450-2454.

[36] Särkkä S, Hartikainen J. Non-linear Noise Adaptive Kalman Filtering via Variational Bayes. IEEE International Workshop on Machine Learning for Signal Processing (MLSP), 2013: 1-6.

[37] 刘瑜, 刘俊, 徐从安, 等. 非均匀拓扑网络中的分布式一致性状态估计算法. 系统工程与电子技术, 2018, 40(9): 1917-1925.

[38] 丁自然, 刘瑜, 曲建跃, 等. 基于节点通信度的信息加权一致性滤波. 系统工程与电子技术, 2020, 42(10): 2181-2188.

[39] Ali N H, Hassan G M. Kalman Filter Tracking. International Journal of Computer Applications, 2014, 89(9): 15-18.

[40] He Y, Xiu J J, Guan X. Radar Data Processing with Applications. John Wiley & Publishing House of Electronics Industry, 2016, 8.

[41] 刘瑜, 董凯, 刘俊, 等. 基于 SRCKF 的自适应高斯和状态滤波算法. 控制与决策, 2014, 29(12): 2158-2164.

[42] Shi Y, Han C Z, Liang Y Q. Adaptive UKF for Target Tracking with Unknown Process Noise Statistics. In Proceedings of the International Conference on Information Fusion, Seattle, WA, USA, 2009: 1815-1820.

[43] Gao X, You D, Katayama S. Seam Tracking Monitoring Based on Adaptive Kalman Filter Embedded Elman Neural Network during Highpower Fiber Laser Welding. IEEE Transactions on Industrial Electronics, 2012, 59(11): 4315-4325.

[44] Gao W, Li J, Zhou G, et al. Adaptive Kalman Filtering with Recursive Noise Estimator for Integrated SINS/DVL Systems. J. Navig. , 2015, 68(1): 142-161.

[45] Xiao X, Shen K, Liang Y, et al. Kalman Filter with Recursive Covariance Estimation for Protection Against System Uncertainty. IET Control Theory & Applications, 2020, 14(15): 2097-2105.

[46] Karasalo M, Hu X M. An optimization approach to adaptive Kalman filtering. Automatica, 2011, 47(8): 1785-1793.

[47] 刘瑜, 何友, 王海鹏, 等. 基于平方根容积卡尔曼滤波的目标状态与传感器偏差扩维联合估计算法. 吉林大学学报(工学版), 2015, 45(1): 314-321.

[48] Vasuhi S, Vaidehi V. Target Tracking Using Interactive Multiple Model for Wireless Sensor Network. Information Fusion, 2016, 27, 41-53.

[49] Shalom Y B, Li X R, Kirubarajan T. Estimation with Applications to Tracking and Navigation. New York: Wiley Interscience, 2001.

[50] Li X R, Shalom Y B. A Recursive Multiple Model Approach to Noise Identification. IEEE Transactions on Aerospace and Electronic Systems, 1994, 30(3): 671-684.

[51] Arulampalam M S, Maskell S, Gordon N. A Tutorial on Particle Filters for Online Nonlinear/Non-Gaussian Bayesian Tracking. IEEE Trans. on AES, 2002, 55(2): 174-188.

第 4 章　非线性滤波方法

4.1　引言

第 3 章对线性系统下的滤波方法进行了分析和讨论，其状态方程和量测方程只包含线性运算。如果相关方程是非线性运算，有些情况下可经过一定的处理后再用线性方法进行滤波。例如将在第 5 章讨论的转换测量卡尔曼滤波就是其中一种处理方法；但有些情况就必须利用非线性滤波方法进行解决。例如现在所用的许多传感器，像红外、电子支援措施（Electronic Support Measure，ESM）、被动声呐等，都是被动传感器。这些被动传感器由于自身不发射信号，只是被动地接收目标发射、反射或散射的信号，因而与有源探测系统相比，无源探测系统还具有隐蔽性高、提取目标属性信息多等优点[1-3]，可增强系统在电子战环境下的抗干扰能力和生存能力，同时无源探测系统还具有探测隐身目标、低空目标和抗反辐射导弹攻击等潜力[4-7]，其在现代目标探测中发挥着不可替代的重要作用。但像无源探测这样一些非线性系统均无法利用第 3 章介绍的方法实现对目标的跟踪，所以本章在第 3 章线性滤波的基础上要对非线性滤波方法进行研究。在对目前比较常用的非线性滤波方法，包括扩展卡尔曼滤波、不敏卡尔曼滤波、粒子滤波方法、平滑变结构滤波进行讨论的基础上，结合弹道导弹目标的跟踪问题给出了扩展卡尔曼滤波算法的具体应用，同时通过仿真实验对非线性滤波方法进行分析比较。

4.2　扩展卡尔曼滤波

卡尔曼滤波是在线性高斯情况下利用最小均方误差准则获得目标的动态估计，但在实际系统中，许多情况下观测数据与目标动态参数间的关系是非线性的。对于非线性滤波问题，至今尚未得到完善的解法。通常的处理方法是利用线性化技巧将非线性滤波问题转化为一个近似的线性滤波问题，套用线性滤波理论得到求解原非线性滤波问题的次优滤波算法，其中最常用的线性化方法是泰勒级数展开，所得到的滤波方法是扩展卡尔曼滤波（EKF）[8-12]。

4.2.1　系统模型

非线性系统的状态方程为

$$\boldsymbol{X}(k+1)=\boldsymbol{f}(k,\boldsymbol{X}(k))+\boldsymbol{V}(k) \tag{4.1}$$

这里为了简便，假定没有控制输入项，并假定过程噪声是加性零均值白噪声，其协方差为

$$E[\boldsymbol{V}(k)\boldsymbol{V}'(j)]=\boldsymbol{Q}(k)\,\delta_{kj} \tag{4.2}$$

量测方程为

$$\boldsymbol{Z}(k)=\boldsymbol{h}[k,\boldsymbol{X}(k)]+\boldsymbol{W}(k) \tag{4.3}$$

式中，量测噪声也假定是加性零均值白噪声，其协方差为

$$E[\boldsymbol{W}(k)\boldsymbol{W}'(j)]=\boldsymbol{R}(k)\delta_{kj} \tag{4.4}$$

假定过程噪声和量测噪声序列是彼此不相关的。

4.2.2　滤波模型

和线性情况一样，假定滤波器的初始状态估计和初始协方差矩阵分别为 $\hat{\boldsymbol{X}}(0|0)$ 和 $\boldsymbol{P}(0|0)$，并假定 k 时刻的估计为

$$\hat{\boldsymbol{X}}(k|k) \approx E[\boldsymbol{X}(k)|\boldsymbol{Z}^k] \tag{4.5}$$

它是一个近似的条件均值，其相伴协方差矩阵为 $\boldsymbol{P}(k|k)$。由于 $\hat{\boldsymbol{X}}(k|k)$ 不是精确的条件均值，所以，严格地说，$\boldsymbol{P}(k|k)$ 是近似的均方误差，而不是协方差，但习惯上人们还是把它当作协方差。

为了得到预测状态 $\hat{\boldsymbol{X}}(k+1|k)$，对式（4.1）中的非线性函数 $f(k,\boldsymbol{X}(k))$在 k 时刻的估计值 $\hat{\boldsymbol{X}}(k|k)$ 附近进行泰勒级数展开，保留其一阶项或者一二阶项，得到一阶或者二阶扩展卡尔曼滤波器，其中二阶泰勒级数的展开式为

$$\begin{aligned}\boldsymbol{X}(k+1) = &\boldsymbol{f}(k,\hat{\boldsymbol{X}}(k|k)) + \boldsymbol{f}_{\boldsymbol{X}}(k)[\boldsymbol{X}(k)-\hat{\boldsymbol{X}}(k|k)] + \\ &\frac{1}{2}\sum_{i=1}^{n_x}\boldsymbol{e}_i[\boldsymbol{X}(k)-\hat{\boldsymbol{X}}(k|k)]'\boldsymbol{f}_{\boldsymbol{XX}}^i(k)[\boldsymbol{X}(k)-\hat{\boldsymbol{X}}(k|k)] + (\text{高阶项}) + \boldsymbol{V}(k)\end{aligned} \tag{4.6}$$

式中，n_x 为状态向量 $\boldsymbol{X}(k)$的维数，$\boldsymbol{e}_i$ 为第 i 个笛卡儿基本向量，例如四维向量情况下笛卡儿基本向量有 4 个，它们分别为

$$\boldsymbol{e}_1 = \begin{bmatrix}1\\0\\0\\0\end{bmatrix} \quad \boldsymbol{e}_2 = \begin{bmatrix}0\\1\\0\\0\end{bmatrix} \quad \boldsymbol{e}_3 = \begin{bmatrix}0\\0\\1\\0\end{bmatrix} \quad \boldsymbol{e}_4 = \begin{bmatrix}0\\0\\0\\1\end{bmatrix} \tag{4.7}$$

并且

$$\boldsymbol{f}_{\boldsymbol{X}}(k) = [\nabla_{\boldsymbol{X}}\boldsymbol{f}'(k,\boldsymbol{X})]'_{\boldsymbol{X}=\hat{\boldsymbol{X}}(k|k)} = \left[\begin{bmatrix}\partial/\partial x_1\\ \vdots \\ \partial/\partial x_n\end{bmatrix}[f_1(\boldsymbol{X}) \quad \cdots \quad f_n(\boldsymbol{X})]\right]'_{\boldsymbol{X}=\hat{\boldsymbol{X}}(k|k)} = \begin{bmatrix}\dfrac{\partial f_1(\boldsymbol{X})}{\partial x_1} & \cdots & \dfrac{\partial f_n(\boldsymbol{X})}{\partial x_1}\\ \vdots & \cdots & \vdots \\ \dfrac{\partial f_1(\boldsymbol{X})}{\partial x_n} & \cdots & \dfrac{\partial f_n(\boldsymbol{X})}{\partial x_n}\end{bmatrix}'_{\boldsymbol{X}=\hat{\boldsymbol{X}}(k|k)} \tag{4.8}$$

是向量 $\boldsymbol{f}$ 的雅可比矩阵，在状态当前时刻的估计 $\hat{\boldsymbol{X}}(k|k)$ 上取值，其中 x_1、x_2、…、x_{n_x} 为 n_x 维状态向量 $\boldsymbol{X}(k)$的元素。类似地，可求得向量 $\boldsymbol{f}$ 的第 i 个分量的海赛矩阵为

$$\boldsymbol{f}_{\boldsymbol{XX}}^i(k) \triangleq \left[\nabla_{\boldsymbol{X}}\nabla'_{\boldsymbol{X}}\boldsymbol{f}^i(k,\boldsymbol{X})\right]_{\boldsymbol{X}=\hat{\boldsymbol{X}}(k|k)} = \begin{bmatrix}\dfrac{\partial^2 f^i(\boldsymbol{X})}{\partial x_1\partial x_1} & \cdots & \dfrac{\partial^2 f^i(\boldsymbol{X})}{\partial x_1\partial x_n}\\ \vdots & \cdots & \vdots \\ \dfrac{\partial^2 f^i(\boldsymbol{X})}{\partial x_n\partial x_1} & \cdots & \dfrac{\partial^2 f^i(\boldsymbol{X})}{\partial x_n\partial x_n}\end{bmatrix}_{\boldsymbol{X}=\hat{\boldsymbol{X}}(k|k)} \tag{4.9}$$

从 k 时刻到 k+1 时刻的状态预测值是通过对式（4.6）取以 $\boldsymbol{Z}^k$ 为条件的期望值，并略去高阶项可得

$$\hat{X}(k+1|k)=E[X(k+1)|Z^k]=f(k,\hat{X}(k|k))+\frac{1}{2}\sum_{i=1}^{n_x}e_i\,\text{tr}[f_{XX}^i(k)P(k|k)] \tag{4.10}$$

这里运用了恒等式

$$E[X'AX]=E[\text{tr}(AXX')]=\text{tr}(AP) \tag{4.11}$$

由式（4.6）和式（4.10）可获得状态预测值的估计误差，这里忽略了较高阶项，具体为

$$\begin{aligned}\tilde{X}(k+1|k)&=X(k+1)-\hat{X}(k+1|k)=f_X(k)\tilde{X}(k|k)+\\&\frac{1}{2}\sum_{i=1}^{n_x}e_i\left[\tilde{X}'(k|k)f_{XX}^i(k)\tilde{X}(k|k)-\text{tr}[f_{XX}^i(k)P(k|k)]\right]+V(k)\end{aligned} \tag{4.12}$$

利用式（4.12）可求得与式（4.10）相伴的协方差（近似的均方误差）为

$$\begin{aligned}P(k+1|k)&=E[\tilde{X}(k+1|k)\tilde{X}'(k+1|k)|Z^k]=f_X(k)P(k|k)f_X'(k)+\\&\frac{1}{2}\sum_{i=1}^{n_x}\sum_{j=1}^{n_x}e_ie_j'\,\text{tr}[f_{XX}^i(k)P(k|k)f_{XX}^j(k)P(k|k)]+Q(k)\end{aligned} \tag{4.13}$$

这里运用了恒等式

$$E\{[X'AX-E(X'AX)][X'BX-E(X'BX)]\}=2\,\text{tr}(APBP) \tag{4.14}$$

对于二阶扩展卡尔曼滤波，量测预测值为

$$\hat{Z}(k+1|k)=h(k+1,\hat{X}(k+1|k))+\frac{1}{2}\sum_{i=1}^{n_z}e_i\,\text{tr}[h_{XX}^i(k+1)P(k+1|k)] \tag{4.15}$$

与其相伴的协方差（近似的均方误差）是

$$\begin{aligned}S(k+1)&=h_X(k+1)P(k+1|k)h_X'(k+1)+\\&\frac{1}{2}\sum_{i=1}^{n_z}\sum_{j=1}^{n_z}e_ie_j'\text{tr}\left[h_{XX}^i(k+1)P(k+1|k)h_{XX}^j(k+1)P(k+1|k)\right]+R(k+1)\end{aligned} \tag{4.16}$$

式中，$h_X(k+1)$ 是雅可比矩阵，即

$$h_X(k+1)=[\nabla_X h'(k+1,X)]'_{X=\hat{X}(k+1|k)} \tag{4.17}$$

它的第 i 个分量的海赛矩阵为

$$h_{XX}^i(k+1)=\left[\nabla_X\nabla_X h^i(k+1,X)\right]'_{X=\hat{X}(k+1|k)} \tag{4.18}$$

增益为

$$K(k+1)=P(k+1|k)h_X'(k+1)S^{-1}(k+1) \tag{4.19}$$

状态更新方程为

$$\hat{X}(k+1|k+1)=\hat{X}(k+1|k)+K(k+1)[Z(k+1)-\hat{Z}(k+1|k)] \tag{4.20}$$

协方差更新方程为

$$\begin{aligned}P(k+1|k+1)=&[I-K(k+1)h_X(k+1)]P(k+1|k)[I+K(k+1)h_X(k+1)]'-\\&K(k+1)R(k+1)K'(k+1)\end{aligned} \tag{4.21}$$

式中，I 为与协方差同维的单位矩阵。

式（4.10）、式（4.13）、式（4.16）、式（4.19）～式（4.21）构成了二阶扩展卡尔曼滤波公式系。由式（4.19）～式（4.21）可以看出，非线性情况下的增益、状态更新方程、协方差更新方程与线性情况下类似，不过此时用雅可比矩阵 $h_X(k+1)$代替量测矩阵 $H(k+1)$，状态更新方程中量测的预测为非线性函数 $h[k+1,\hat{X}(k+1|k)]$。

一阶扩展卡尔曼滤波公式系的获得方法与二阶情况类似，不过此时泰勒级数的展开式只

保留到一阶项，即

$$\boldsymbol{X}(k+1)=\boldsymbol{f}[k,\hat{\boldsymbol{X}}(k|k)]+\boldsymbol{f}_X(k)[\boldsymbol{X}(k)-\hat{\boldsymbol{X}}(k|k)]+(\text{高阶项})+\boldsymbol{V}(k) \tag{4.22}$$

因此，一阶扩展卡尔曼滤波的公式系包括

状态的一步预测

$$\hat{\boldsymbol{X}}(k+1|k)=\boldsymbol{f}[k,\hat{\boldsymbol{X}}(k|k)] \tag{4.23}$$

协方差的一步预测

$$\boldsymbol{P}(k+1|k)=\boldsymbol{f}_X(k)\boldsymbol{P}(k|k)\boldsymbol{f}_X'(k)+\boldsymbol{Q}(k) \tag{4.24}$$

量测预测值

$$\hat{\boldsymbol{Z}}(k+1|k)=\boldsymbol{h}[k+1,\ \hat{\boldsymbol{X}}(k+1|k)] \tag{4.25}$$

与其相伴的协方差

$$\boldsymbol{S}(k+1)=\boldsymbol{h}_X(k+1)\boldsymbol{P}(k+1|k)\boldsymbol{h}_X'(k+1)+\boldsymbol{R}(k+1) \tag{4.26}$$

增益

$$\boldsymbol{K}(k+1)=\boldsymbol{P}(k+1|k)\boldsymbol{h}_X'(k+1)\boldsymbol{S}^{-1}(k+1) \tag{4.27}$$

状态更新方程

$$\hat{\boldsymbol{X}}(k+1|k+1)=\hat{\boldsymbol{X}}(k+1|k)+\boldsymbol{K}(k+1)\{\boldsymbol{Z}(k+1)-\boldsymbol{h}[k+1,\ \hat{\boldsymbol{X}}(k+1|k)]\} \tag{4.28}$$

协方差更新方程

$$\begin{aligned}\boldsymbol{P}(k+1|k+1)=&[\boldsymbol{I}-\boldsymbol{K}(k+1)\boldsymbol{h}_X(k+1)]\boldsymbol{P}(k+1|k)[\boldsymbol{I}+\boldsymbol{K}(k+1)\boldsymbol{h}_X(k+1)]'-\\&\boldsymbol{K}(k+1)\boldsymbol{R}(k+1)\boldsymbol{K}'(k+1)\end{aligned} \tag{4.29}$$

式中，$\boldsymbol{I}$ 为与协方差同维的单位矩阵。

一阶扩展卡尔曼滤波的协方差预测公式与线性滤波中的类似，不过这里用雅可比矩阵 $\boldsymbol{f}_x(k)$代替线性系统中的状态转移矩阵 $\boldsymbol{F}(k)$。如果泰勒级数展开式中保留到三阶项或四阶项，则可得到三阶或四阶扩展卡尔曼滤波。由于二阶扩展卡尔曼滤波的性能远比一阶的要好，而二阶以上的扩展卡尔曼滤波的性能与二阶相比通常并没有明显地提高，但计算量显著增加，所以超过二阶以上的扩展卡尔曼滤波一般采用不多。二阶扩展卡尔曼滤波的性能虽然要优于一阶，但二阶的计算量较大，所以通常情况下人们更倾向采用一阶扩展卡尔曼滤波算法。

4.2.3　线性化 EKF 滤波的误差补偿

因为扩展卡尔曼滤波算法由泰勒级数的一阶或二阶展开式获得，并忽略了高阶项[13]，这样在滤波过程中不可避免地要引入线性化误差，对于这些误差可采用以下补偿方法：

① 为补偿状态预测中的误差，附加“人为过程噪声”，即通过增大过程噪声协方差

$$\boldsymbol{Q}^*(k)>\boldsymbol{Q}(k) \tag{4.30}$$

并用 $\boldsymbol{Q}^*(k)$代替 $\boldsymbol{Q}(k)$来解决误差补偿问题；

② 用标量加权因子 $\phi>1$ 乘状态预测协方差矩阵，即

$$\boldsymbol{P}^*(k+1|k)=\phi\boldsymbol{P}(k+1|k) \tag{4.31}$$

然后在协方差更新方程中使用 $\boldsymbol{P}^*(k+1|k)$；

③ 利用对角矩阵 $\boldsymbol{\Phi}=\text{diag}(\sqrt{\phi_i})$，$\phi_i>1$ 乘状态预测协方差矩阵，即

$$\boldsymbol{P}^*(k+1|k)=\boldsymbol{\Phi}'\boldsymbol{P}(k+1|k)\boldsymbol{\Phi} \tag{4.32}$$

该方法可有针对性解决预测协方差矩阵中不同元素的误差补偿问题。

4.2.4　EKF 应用举例

运用扩展卡尔曼滤波对目标进行跟踪的典型例子是对弹道导弹的跟踪[14]。弹道导弹是按预先给定弹道飞行的无人驾驶可控飞行器。根据弹道导弹从发射点到目标点的运动过程中发动机工作与否，将弹道分为两段。一是主动段，即从导弹离开发射台到发动机停止工作的一段弹道，在弹道目标的主动段，滤波器可采用卡尔曼滤波器，系统模型可采用 CV 模型，此时需要用位置和速度 6 个变量，也可采用 CA 模型，此时还需要再增加加速度变量；二是被动段，即从发动机停止工作到导弹落回地面为止的一段弹道，而被动段又可以根据所受空气动力的大小分为自由飞行段和再入段。自由飞行段的特点是弹头在极为稀薄的大气中飞行，引力远大于空气动力，可近似认为弹头在真空中飞行，该段射程约占远程导弹全射程 90%以上。再入段特点是弹头以高度重返大气层后作减速运动，这时弹道具有非线性，目标跟踪需要采用非线性跟踪算法。

1．系统模型

目标在再入段的运动模型基于如下假设：作用于目标上的力只考虑重力和空气阻力，忽略其他力（离心力、科里奥利加速度、风力、提升力、地球自转运动等）[14]。

状态方程

$$\boldsymbol{X}(k+1)=\boldsymbol{F}(k)\boldsymbol{X}(k)+\boldsymbol{G}(k)f_k(\boldsymbol{X}(k))+\boldsymbol{G}(k)\begin{bmatrix}0\\-g\end{bmatrix}+\boldsymbol{V}(k) \tag{4.33}$$

式中，g 为重力加速度，$\boldsymbol{V}(k)$为过程噪声序列，并且其为零均值、协方差为 $\boldsymbol{Q}(\boldsymbol{k})$的高斯白噪声序列，$f_k(\boldsymbol{X}(k))$ 为空气阻力，其表示式为

$$f_k(\boldsymbol{X}(k))=-0.5\frac{g}{X_k(5)}\rho X_k(3)\sqrt{X_k^2(2)+X_k^2(4)}\begin{bmatrix}X_k(2)\\X_k(4)\end{bmatrix} \tag{4.34}$$

这里 ρ 为大气密度，它通常随高度呈指数衰减，即

$$\rho=c_1e^{-c_2y} \tag{4.35}$$

当 y<9 144 m 时，c_1=1.227，c_2=1.093×10^{-4}，当 y≥9 144 m 时，c_1=1.754，c_2=1.49×10^{-4}，状态向量 $\boldsymbol{X}(k)$为

$$\boldsymbol{X}(k)=[x\quad \dot{x}\quad y\quad \dot{y}\quad \beta]' \tag{4.36}$$

这里 β 为弹道参数，它与目标的质量、形状、垂直于目标运动方向的目标有效面积等有关系。$X_k(2)$、$X_k(4)$、$X_k(5)$ 分别为状态向量 $\boldsymbol{X}(k)$的第 2、4、5 行元素，而 $\boldsymbol{F}(k)$为状态转移矩阵，$\boldsymbol{G}(k)$为系数矩阵，且

$$\boldsymbol{F}(k)=\begin{bmatrix}1&T&0&0&0\\0&1&0&0&0\\0&0&1&T&0\\0&0&0&1&0\\0&0&0&0&1\end{bmatrix},\quad \boldsymbol{G}(k)=\begin{bmatrix}0.5T^2&0\\T&0\\0&0.5T^2\\0&T\\0&0\end{bmatrix} \tag{4.37}$$

量测方程为

$$\boldsymbol{Z}(k)=h(\boldsymbol{X}(k))+\boldsymbol{W}(k) \tag{4.38}$$

式中

$$\boldsymbol{h}(\boldsymbol{X}(k))=\begin{bmatrix}\sqrt{X_k^2(1)+X_k^2(3)}\\ \arctan\left(\dfrac{X_k(3)}{X_k(1)}\right)\end{bmatrix} \tag{4.39}$$

这里 $\boldsymbol{W}(k)$为量测噪声序列，且假定其为零均值、协方差为 $\boldsymbol{R}(k)$的白色高斯噪声。

2. 滤波模型

对式（4.33）中的非线性函数 $f_k(\boldsymbol{X}(k))$ 在 $\hat{\boldsymbol{X}}(k\,|\,k)$ 附近进行泰勒级数展开，并取其一阶项，可得

$$\begin{aligned}\boldsymbol{X}(k+1)=&\boldsymbol{F}(k)\boldsymbol{X}(k)+\boldsymbol{G}(k)\{\boldsymbol{f}(\hat{\boldsymbol{X}}(k\,|\,k))+\boldsymbol{f}_{\boldsymbol{X}}(k)[\boldsymbol{X}(k)-\hat{\boldsymbol{X}}(k\,|\,k)]+(\text{高阶项})\}+\\&\boldsymbol{G}(k)\begin{bmatrix}0\\-g\end{bmatrix}+\boldsymbol{V}(k)\end{aligned} \tag{4.40}$$

进而可得状态的一步预测为

$$\hat{\boldsymbol{X}}(k+1\,|\,k)=E[\boldsymbol{X}(k+1)\,|\,Z^k]=\boldsymbol{F}(k)\hat{\boldsymbol{X}}(k\,|\,k)+\boldsymbol{G}(k)\boldsymbol{f}(k,\hat{\boldsymbol{X}}(k\,|\,k))+\boldsymbol{G}(k)\begin{bmatrix}0\\-g\end{bmatrix} \tag{4.41}$$

式中 $\boldsymbol{f}(k,\hat{\boldsymbol{X}}(k\,|\,k))$ 是向量 $\boldsymbol{f}_k(\boldsymbol{X}(k))$ 的雅可比矩阵，在状态当前估计 $\hat{\boldsymbol{X}}(k\,|\,k)$ 上取值，即

$$\boldsymbol{f}_{\boldsymbol{X}}(k)=\begin{bmatrix}\dfrac{\partial f_1(\boldsymbol{X})}{\partial x_1} & \cdots & \dfrac{\partial f_1(\boldsymbol{X})}{\partial x_5}\\ \dfrac{\partial f_2(\boldsymbol{X})}{\partial x_1} & \cdots & \dfrac{\partial f_2(\boldsymbol{X})}{\partial x_5}\end{bmatrix}_{X=\hat{X}(k|k)} \tag{4.42}$$

状态预测值的估计误差

$$\begin{aligned}\tilde{\boldsymbol{X}}(k+1\,|\,k)&=\boldsymbol{F}(k)\tilde{\boldsymbol{X}}(k\,|\,k)+\boldsymbol{G}(k)\boldsymbol{f}_{\boldsymbol{X}}(k)\tilde{\boldsymbol{X}}(k\,|\,k)+\boldsymbol{V}(k)\\&=[\boldsymbol{F}(k)+\boldsymbol{G}(k)\boldsymbol{f}_{\boldsymbol{X}}(k)]\tilde{\boldsymbol{X}}(k\,|\,k)+\boldsymbol{V}(k)\end{aligned} \tag{4.43}$$

进而可得协方差的一步预测为

$$\begin{aligned}\boldsymbol{P}(k+1\,|\,k)&=E[\tilde{\boldsymbol{X}}(k+1\,|\,k)\tilde{\boldsymbol{X}}'(k+1\,|\,k)\big|Z^k]\\&=[\boldsymbol{F}(k)+\boldsymbol{G}(k)\boldsymbol{f}_{\boldsymbol{X}}(k)]\boldsymbol{P}(k\,|\,k)[\boldsymbol{F}(k)+\boldsymbol{G}(k)\boldsymbol{f}_{\boldsymbol{X}}(k)]'+\boldsymbol{Q}(k)\end{aligned} \tag{4.44}$$

量测预测值为

$$\hat{\boldsymbol{Z}}(k+1\big|k)=\boldsymbol{h}[k+1,\ \hat{\boldsymbol{X}}(k+1\big|k)] \tag{4.45}$$

与量测预测相伴的量测预测协方差为

$$\boldsymbol{S}(k+1)=\boldsymbol{h}_{\boldsymbol{X}}(k+1)\boldsymbol{P}(k+1\,|\,k)\boldsymbol{h}_{\boldsymbol{X}}'(k+1)+\boldsymbol{R}(k+1) \tag{4.46}$$

式中，雅可比矩阵

$$\boldsymbol{h}_{\boldsymbol{X}}(k+1)=\begin{bmatrix}\dfrac{\partial h_1(\boldsymbol{X})}{\partial x_1} & \cdots & \dfrac{\partial h_1(\boldsymbol{X})}{\partial x_5}\\ \dfrac{\partial h_2(\boldsymbol{X})}{\partial x_1} & \cdots & \dfrac{\partial h_2(\boldsymbol{X})}{\partial x_5}\end{bmatrix}_{X=\hat{X}(k+1|k)}=\begin{bmatrix}\dfrac{\hat{x}(k+1\,|\,k)}{\hat{r}} & 0 & \dfrac{\hat{y}(k+1\,|\,k)}{\hat{r}} & 0 & 0\\ -\dfrac{\hat{y}(k+1\,|\,k)}{\hat{r}_{xy}^2} & 0 & \dfrac{\hat{x}(k+1\,|\,k)}{\hat{r}_{xy}^2} & 0 & 0\end{bmatrix} \tag{4.47}$$

增益为

$$\boldsymbol{K}(k+1)=\boldsymbol{P}(k+1\,|\,k)\boldsymbol{h}_{\boldsymbol{X}}'(k+1)\boldsymbol{S}^{-1}(k+1) \tag{4.48}$$

状态更新方程为

$$\hat{\boldsymbol{X}}(k+1|k+1)=\hat{\boldsymbol{X}}(k+1|k)+\boldsymbol{K}(k+1)\{\boldsymbol{Z}(k+1)-\boldsymbol{h}[k+1,\ \hat{\boldsymbol{X}}(k+1|k)]\} \tag{4.49}$$

协方差更新方程为

$$\begin{aligned}\boldsymbol{P}(k+1|k+1)=&\left[\boldsymbol{I}-\boldsymbol{K}(k+1)\boldsymbol{h}_{X}(k+1)\right]\boldsymbol{P}(k+1|k)\left[\boldsymbol{I}+\boldsymbol{K}(k+1)\boldsymbol{h}_{X}(k+1)\right]'-\\&\boldsymbol{K}(k+1)\boldsymbol{R}(k+1)\boldsymbol{K}'(k+1)\end{aligned} \tag{4.50}$$

在对弹道目标的跟踪过程中，除可以采用扩展卡尔曼滤波外，也可采用后面将要讨论的粒子滤波等非线性滤波方法。

3. 仿真分析

仿真时假定雷达站位置为：经度为1.5°，纬度为9.5°，高程为0 m，假定导弹关机点高度为80 km，其经度为0°，纬度为0°，关机点导弹速度为$\dot{x}=\dot{y}=\dot{z}=2\,000$ m/s。目标到地面的高度变化如图4.1所示，而在以雷达站中心为坐标原点的东北上（ENU）坐标系下目标径向距离、方位角变化如图4.2和图4.3所示，而对目标的跟踪结果如图4.4所示。

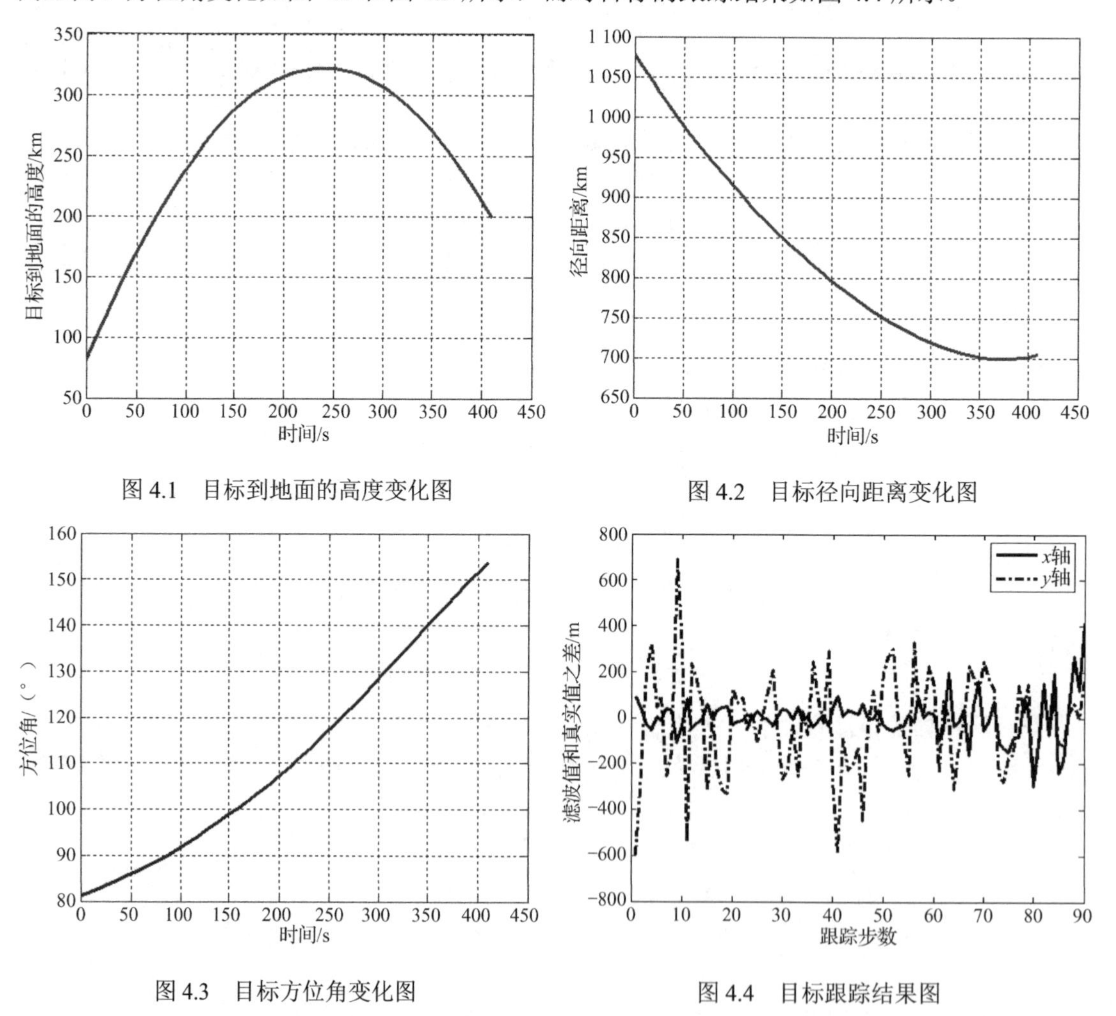

图4.1　目标到地面的高度变化图

图4.2　目标径向距离变化图

图4.3　目标方位角变化图

图4.4　目标跟踪结果图

由上面的仿真图可以看出，利用前面介绍的方法可对弹道导弹目标实现很好的跟踪，跟踪误差在几十到几百米之间，但需要注意的是，在对弹道导弹目标进行跟踪的过程中应首先将相应的参数和数据转换到地心惯性坐标系（ECI）下，再转换到东北上坐标系下，最后利用相应的滤波方法对目标进行跟踪。而不同坐标系之间的转换可参见本书第 5 章的内容。

4.2.5　EKF 应用中应注意的问题

在非线性滤波算法中，扩展卡尔曼滤波应用非常广泛，该滤波算法已被运用在实际工程中的各个方面[15]，为了使该算法更好地发挥作用，应用中应注意以下问题：

（1）利用扩展卡尔曼滤波对目标进行跟踪，只有当系统的动态模型和观测模型都接近线性时，也就是线性化模型误差较小时，扩展卡尔曼滤波结果才有可能接近于真实值；在系统非线性程度较高的情况下，当非线性函数泰勒展开式的高阶项无法忽略时，强制线性化会带来较大误差[16]，导致滤波不稳定甚至滤波发散。

（2）扩展卡尔曼滤波结果的好坏与过程噪声和量测噪声的统计特性估计准确性关系较大。由于扩展卡尔曼滤波中预先估计的过程噪声协方差 $\boldsymbol{Q}(k)$和量测噪声协方差 $\boldsymbol{R}(k)$在滤波过程中一直保持不变，如果这两个噪声协方差矩阵估计不太准确的话，在滤波过程中就容易产生误差积累，导致滤波发散。而且对于维数较大的非线性系统，估计的过程噪声协方差矩阵和量测噪声协方差矩阵易出现异常现象，即 $\boldsymbol{Q}(k)$失去半正定性，$\boldsymbol{R}(k)$失去正定性，也容易导致滤波发散。

（3）扩展卡尔曼滤波中雅可比矩阵计算量大，过程复杂，而且必须清楚认知非线性模型具体形式，否则无法求取非线性模型的雅可比矩阵，该算法不能处理不连续的系统[17]；而且扩展卡尔曼滤波还有一个缺点就是状态初始值不太容易确定，如果假设的状态初始值和初始协方差误差较大的话，也容易导致滤波发散。

4.3　不敏卡尔曼滤波

EKF 算法的基本思想是通过对非线性函数的泰勒级数展开式进行一阶或二阶线性化截断，将非线性问题转化为线性，然后再应用线性估计的各种方法得到求解原非线性滤波问题的次优滤波算法。尽管 EKF 得到了广泛的应用，但它也存在的不足：当非线性函数的泰勒展开式的高阶项无法忽略时，线性化使系统产生的模型线性化误差往往会影响最终的滤波精度，甚至导致滤波发散。另外，在许多实际应用中，模型的线性化过程比较复杂，而且也不容易得到。为此，本节将讨论不敏卡尔曼滤波（Unscented Kalman Filter，UKF）[18]，EKF 和 UKF 滤波原理如图 4.5 所示。

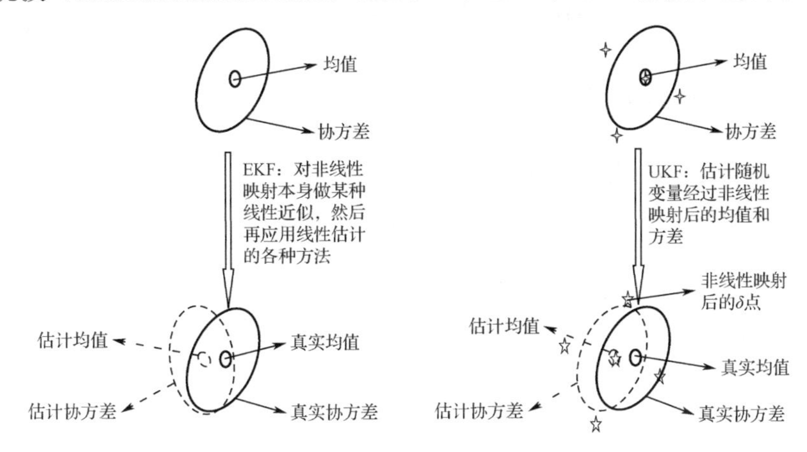

图 4.5　EKF 和 UKF 滤波原理示意图

UKF 是用一组精确选择的 δ 点经过非线性模型的映射来传递随机量的统计特性，这些 δ 采样点完全体现了高斯密度的真实均值和协方差。然后用加权统计线性回归的方法来估计随机量的均值和协方差，因而 UKF 无需计算雅克比矩阵。当这些 δ 点经过任何非线性系统的传递后，得到的后验均值和协方差都能够精确到二阶。由于不需要对非线性系统进行线性化，并可以很容易地应用于非线性系统的状态估计[19-21]，因此，UKF 方法在许多方面都得到了广泛应用，例如模型参数估计[22]、飞行器的状态或参数估计[23]、目标的方位跟踪[24]等。

4.3.1　不敏变换

不敏卡尔曼滤波是在不敏变换的基础上发展起来的。不敏变换（Unscented Transformation, UT）的基本思想是计算经过非线性变换的随机变量统计特性的一种新方法[18,25]，其不需要对非线性状态和测量模型进行线性化，而是对状态向量的 PDF 进行近似化，近似化后的 PDF 仍然是高斯分布的，其需要利用一系列选取好的 δ 采样点，具体如下。

假设 $\boldsymbol{X}$ 为一个 n_x 维随机向量，$g:\boldsymbol{R}^{n_x}\rightarrow\boldsymbol{R}^{n_y}$ 为一非线性函数，并且 $y=g(x)$。$\boldsymbol{X}$ 的均值和协方差分别为 $\bar{\boldsymbol{X}}$ 和 $\boldsymbol{P}_x$。计算 UT 变换的步骤可简单叙述如下[26,27]。

① 首先计算 $(2n_x+1)$ 个 δ 采样点 $\boldsymbol{\xi}_i$ 和相对应的权值 W_i

$$\begin{cases}\xi_0=\bar{\boldsymbol{X}} & i=0\\ \xi_i=\bar{\boldsymbol{X}}+\left(\sqrt{(n_x+\kappa)\boldsymbol{P}_x}\right)_i & i=1,\cdots,n_x\\ \xi_{i+n_x}=\bar{\boldsymbol{X}}-\left(\sqrt{(n_x+\kappa)\boldsymbol{P}_x}\right)_i & i=1,\cdots,n_x\end{cases}\tag{4.51}$$

式中，κ 是一个尺度参数，可以为任何数值，只要 $n_x+\kappa\neq0$。$\left(\sqrt{(n_x+\kappa)\boldsymbol{P}_x}\right)_i$ 是 $(n_x+\kappa)\boldsymbol{P}_x$ 均方根矩阵的第 i 行或第 i 列，n_x 为状态向量的维数。

这种形式所要求的 δ 采样点集共有 $2n_x$ 个，并关于 x 的均值对称分布，它在处理以高斯分布为主的各种单峰对称形式分布的随机量具有更高的精度。

$$\begin{cases}W_0=\dfrac{\kappa}{n_x+\kappa}\ , & i=0\\ W_i=\dfrac{1}{2(n_x+\kappa)}\ , & i=1,\cdots,2n_x\end{cases}\tag{4.52}$$

② 每个 δ 采样点通过非线性函数传播，得到

$$\boldsymbol{y}_i=g(\boldsymbol{\xi}_i)\ ,\qquad i=0,\cdots,2n_x\tag{4.53}$$

③ $\boldsymbol{y}$ 的估计均值和协方差估计如下

$$\bar{\boldsymbol{y}}=\sum_{i=0}^{2n_x}W_i\boldsymbol{y}_i\tag{4.54}$$

$$\boldsymbol{P}_y=\sum_{i=0}^{2n_x}W_i(\boldsymbol{y}_i-\bar{\boldsymbol{y}})(\boldsymbol{y}_i-\bar{\boldsymbol{y}})'\tag{4.55}$$

4.3.2　滤波模型

假设 k 时刻跟踪系统的状态估计向量和状态估计协方差分别为 $\hat{\boldsymbol{X}}(k|k)$ 和 $\boldsymbol{P}(k|k)$，则可

以利用式（4.51）和式（4.52）计算出相应δ点$\boldsymbol{\xi}_i(k|k)$和其对应的权值W_i。根据状态方程式（4.1），可以得到δ点的一步预测：

$$\xi_i(k+1|k)=f(k,\xi_i(k|k)) \tag{4.56}$$

利用δ点的一步预测$\xi_i(k+1|k)$和权值W_i，根据式（4.53）和式（4.54），可得到状态预测估计和状态预测协方差

$$\hat{\boldsymbol{X}}(k+1|k)=\sum_{i=0}^{2n_x}W_i\xi_i(k+1|k) \tag{4.57}$$

$$\boldsymbol{P}(k+1|k)=\sum_{i=0}^{2n_x}W_i\Delta\boldsymbol{X}_i(k+1|k)\Delta\boldsymbol{X}_i'(k+1|k)+\boldsymbol{Q}(k) \tag{4.58}$$

式中

$$\Delta\boldsymbol{X}_i(k+1|k)=\xi_i(k+1|k)-\hat{\boldsymbol{X}}(k+1|k) \tag{4.59}$$

根据量测方程式（4.3），可得到δ点的量测预测值

$$\varsigma_i(k+1|k)=\boldsymbol{h}(k+1,\xi_i(k+1|k)) \tag{4.60}$$

则量测预测和相应的协方差分别为

$$\hat{\boldsymbol{Z}}(k+1|k)=\sum_{i=0}^{2n_x}W_i\varsigma_i(k+1|k) \tag{4.61}$$

$$\boldsymbol{P}_{zz}=\boldsymbol{R}(k+1)+\sum_{i=0}^{2n_x}W_i\Delta\boldsymbol{Z}_i(k+1|k)\Delta\boldsymbol{Z}_i'(k+1|k) \tag{4.62}$$

式中

$$\Delta\boldsymbol{Z}_i=\varsigma_i(k+1|k)-\hat{\boldsymbol{Z}}(k+1|k) \tag{4.63}$$

同理，可得量测和状态向量的交互协方差为

$$\boldsymbol{P}_{xz}=\sum_{i=0}^{2n_x}W_i\Delta\boldsymbol{X}_i(k+1|k)\Delta\boldsymbol{Z}_i' \tag{4.64}$$

如果 k+1 时刻传感器所得到的测量为$\boldsymbol{Z}(k+1)$，则状态更新方程和状态更新协方差可表示为

$$\hat{\boldsymbol{X}}(k+1|k+1)=\hat{\boldsymbol{X}}(k+1|k)+\boldsymbol{K}(k+1)[\boldsymbol{Z}(k+1)-\hat{\boldsymbol{Z}}(k+1|k)] \tag{4.65}$$

$$\boldsymbol{P}(k+1|k+1)=\boldsymbol{P}(k+1|k)-\boldsymbol{K}(k+1)\boldsymbol{S}(k+1)\boldsymbol{K}'(k+1) \tag{4.66}$$

$$\boldsymbol{K}(k+1)=\boldsymbol{P}_{xz}\boldsymbol{P}_{zz}^{-1}=\sum_{i=0}^{2n_x}W_i\Delta\boldsymbol{X}_i(k+1|k)\Delta\boldsymbol{Z}_i'[\boldsymbol{R}(k+1)+\sum_{i=0}^{2n_x}W_i\Delta\boldsymbol{Z}_i(k+1|k)\Delta\boldsymbol{Z}_i'(k+1|k)]^{-1} \tag{4.67}$$

4.3.3　仿真分析

在噪声是高斯假设的条件下对 3D 雷达的目标跟踪问题进行仿真分析。目标假设为飞机，速度大小为 360 m/s；目标高度为 8 km；目标和 3D 雷达之间的初始距离为 305 km 左右。目标做等高飞行，其水平航向和 x 轴方向的夹角为−120°，距离测量误差的标准差为 60 m，方位角和俯仰角测量误差的标准差均为 1°。这里对相同环境下卡尔曼滤波、去偏转换测量卡尔曼滤波（UCMKF）、扩展卡尔曼滤波（EKF）和 UKF 对同一目标的跟踪误差进行了比较。四种方法的初始状态和初始协方差由式（3.67）和式（3.70）给出，卡尔曼滤波在第 3 章已做过详细介绍这里不再赘述，去偏转换测量卡尔曼滤波和卡尔曼滤波原理是一样的，只是在由极

坐标测量数据向直角坐标系转化的过程中加了两个去偏系数，有关去偏转换测量卡尔曼滤波的详细内容可见 5.3.4 节，扩展卡尔曼滤波采用一阶 EKF 模型。这四种方法的状态方程均选取匀速模型，即为

$$\boldsymbol{X}(k+1)=\boldsymbol{F}(k)\boldsymbol{X}(k)+\boldsymbol{\Gamma}(k)\boldsymbol{v}(k) \tag{4.68}$$

式中，状态向量 $\boldsymbol{X}(k)=[x\ \dot{x}\ y\ \dot{y}\ z\ \dot{z}]'$，且

$$\boldsymbol{F}(k)=\begin{bmatrix}1 & T & 0 & 0 & 0 & 0\\ 0 & 1 & 0 & 0 & 0 & 0\\ 0 & 0 & 1 & T & 0 & 0\\ 0 & 0 & 0 & 1 & 0 & 0\\ 0 & 0 & 0 & 0 & 1 & T\\ 0 & 0 & 0 & 0 & 0 & 1\end{bmatrix},\quad \boldsymbol{\Gamma}(k)=\begin{bmatrix}0.5T^2 & 0 & 0\\ T & 0 & 0\\ 0 & 0.5T^2 & 0\\ 0 & T & 0\\ 0 & 0 & 0.5T^2\\ 0 & 0 & T\end{bmatrix} \tag{4.69}$$

式中，$\boldsymbol{v}(k)$为零均值高斯过程噪声，其协方差为 $\boldsymbol{Q}(k)$。

量测方程为

$$\boldsymbol{Z}(k)=\boldsymbol{h}[\boldsymbol{X}(k)]+\boldsymbol{W}(k) \tag{4.70}$$

式中，

$$\boldsymbol{Z}(k)=[\rho(k)\quad \theta(k)\quad \gamma(k)]' \tag{4.71}$$

表示 k 时刻的测量数据向量，并假定 $\boldsymbol{W}(k)$是与 $\boldsymbol{V}(k)$相互独立的零均值高斯噪声，其协方差矩阵为 $\boldsymbol{R}(k)=\mathrm{diag}(\sigma_\rho^2,\sigma_\theta^2,\sigma_\gamma^2)$，$\sigma_\rho^2$、$\sigma_\theta^2$、$\sigma_\gamma^2$ 分别为距离、方位角和俯仰角测量误差的方差，而

$$\boldsymbol{h}[\boldsymbol{X}(k)]=\begin{bmatrix}\sqrt{x^2(k)+y^2(k)+z^2(k)}\\ \arctan\left[y(k)/x(k)\right]\\ \arctan[z(k)/\sqrt{x^2(k)+y^2(k)}]\end{bmatrix} \tag{4.72}$$

状态的一步预测是

$$\hat{\boldsymbol{X}}(k+1|k)=\boldsymbol{F}(k)\ \hat{\boldsymbol{X}}(k|k) \tag{4.73}$$

协方差的一步预测为

$$\boldsymbol{P}(k+1|k)=\boldsymbol{F}(k)\boldsymbol{P}(k|k)\boldsymbol{F}'(k)+\boldsymbol{\Gamma}(k)\boldsymbol{Q}(k)\boldsymbol{\Gamma}'(k) \tag{4.74}$$

新息协方差为

$$\boldsymbol{S}(k+1)=\boldsymbol{h}_X(k+1)\boldsymbol{P}(k+1|k)\boldsymbol{h}_X'(k+1)+\boldsymbol{R}(k+1) \tag{4.75}$$

其中：雅可比矩阵

$$\boldsymbol{h}_X(k+1)=[\nabla_X \boldsymbol{h}'(k+1,\boldsymbol{X})]'_{\boldsymbol{X}=\hat{\boldsymbol{X}}(k+1|k)}$$

$$=\begin{bmatrix}\dfrac{\hat{x}(k+1|k)}{\hat{r}} & 0 & \dfrac{\hat{y}(k+1|k)}{\hat{r}} & 0 & \dfrac{\hat{z}(k+1|k)}{\hat{r}} & 0\\ -\dfrac{\hat{y}(k+1|k)}{\hat{r}_{xy}^2} & 0 & \dfrac{\hat{x}(k+1|k)}{\hat{r}_{xy}^2} & 0 & 0 & 0\\ -\dfrac{\hat{x}(k+1|k)\hat{z}(k+1|k)}{\hat{r}_{xy}\hat{r}^2} & 0 & -\dfrac{\hat{y}(k+1|k)\hat{z}(k+1|k)}{\hat{r}_{xy}\hat{r}^2} & 0 & \dfrac{\hat{r}_{xy}}{\hat{r}^2} & 0\end{bmatrix} \tag{4.76}$$

式中

$$\hat{r}_{xy}=\sqrt{\hat{x}^2(k+1|k)+\hat{y}^2(k+1|k)},\quad \hat{r}=\sqrt{\hat{r}_{xy}^2+\hat{z}^2(k+1|k)} \tag{4.77}$$

滤波增益为

$$\boldsymbol{K}(k+1)=\boldsymbol{P}(k+1|k)\boldsymbol{h}_X'(k+1)\boldsymbol{S}^{-1}(k+1) \tag{4.78}$$

状态更新方程为

$$\hat{\boldsymbol{X}}(k+1|k+1)=\hat{\boldsymbol{X}}(k+1|k)+\boldsymbol{K}(k+1)\{\boldsymbol{Z}(k+1)-\boldsymbol{h}[k+1,\hat{\boldsymbol{X}}(k+1|k)]\} \tag{4.79}$$

式中

$$\boldsymbol{h}[k,\hat{\boldsymbol{X}}(k+1|k)]=\begin{pmatrix}\sqrt{x^2+y^2+z^2}\\ \arctan(y/x)\\ \arctan[z/\sqrt{x^2+y^2})]\end{pmatrix}_{\hat{\boldsymbol{X}}(k+1|k)} \tag{4.80}$$

协方差更新方程为

$$\boldsymbol{P}(k+1|k+1)=[\boldsymbol{I}-\boldsymbol{K}(k+1)\boldsymbol{h}_X(k+1)]\boldsymbol{P}(k+1|k)[\boldsymbol{I}+\boldsymbol{K}(k+1)\boldsymbol{h}_X(k+1)]'-\boldsymbol{K}(k+1)\boldsymbol{R}(k+1)\boldsymbol{K}'(k+1) \tag{4.81}$$

式中，$\boldsymbol{I}$ 为单位阵。

UKF 滤波中各参数的选取参照文献[28]，采样点 ξ_i 为

$$\begin{cases}\xi_0=\bar{\boldsymbol{X}} & i=0\\ \xi_i=\bar{\boldsymbol{X}}+\left(\sqrt{(n_x+\lambda)}\sqrt{\boldsymbol{P}_x}\right)_i & i=1,\cdots,n_x\\ \xi_{i+n_x}=\bar{\boldsymbol{X}}-\left(\sqrt{(n_x+\lambda)}\sqrt{\boldsymbol{P}_x}\right)_i & i=1,\cdots,n_x\end{cases} \tag{4.82}$$

式中，$\bar{\boldsymbol{X}}$ 和 $\boldsymbol{P}_x$ 分别为初始状态和初始协方差矩阵；n_x 为状态向量的维数，这里取 n_x=6，$\lambda=n_x(\alpha^2-1)$，参数 α 的取值范围为 $0.0001\leqslant\alpha\leqslant1$，这里取 α=0.01。

相对应的权值 W_i 为

$$W_0^{(m)}=\frac{\lambda}{n_x+\lambda},\qquad i=0 \tag{4.83}$$

$$W_0^{(c)}=\frac{\lambda}{n_x+\lambda}+1-\alpha^2+\beta,\qquad i=0 \tag{4.84}$$

$$W_i^{(m)}=W_i^{(c)}=\frac{1}{2(n_x+\lambda)},\qquad i=1,\cdots,2n_x \tag{4.85}$$

式中，参数 β 在高斯噪声情况下取 2 是最优的，这里取 β=2。上标 m 表示状态更新中的权值，上标 c 表示协方差更新中的权值。进而可利用式（4.56）～式（4.67）进行 UKF 滤波。图 4.6 给出的是经过 50 次蒙特卡罗实验上述四种滤波算法下的目标位置均方根误差，其中图 4.6(b) 为图 4.6（a）的局部放大结果图，图 4.7 给出的是上述四种滤波算法的计算量大小。

由图 4.6 可看出，在该仿真环境下 EKF、UKF、CMKF 和 UCMKF 算法均可达到对目标较好的跟踪，跟踪后期的均方根误差略有差别，由图 4.7 可看出，这四种算法中，CMKF 计算量最小，EKF 和 UCMKF 次之，并且这两种算法的计算量相差不大，但 UKF 的计算量要远远大于其他三种滤波算法。这是由于 EKF 通过线性化处理来实现非线性滤波估计，而 UKF 利用相应 δ 点的非线性传递来估计相应的均值和协方差。在计算速度上，EKF 具有明显的优势，但它的性能随着非线性强度变大而明显下降。UKF 因不采样线性化处理而能很好地解决这一问题。但是，不管是 EKF 还是 UKF，最终都是用高斯分布来逼近系统状态的后验概率密度。如果系统状态的后验概率密度函数是非高斯分布的，那么二者都将产生极大的误差。

针对这一问题，4.4 节将要讨论粒子滤波器。

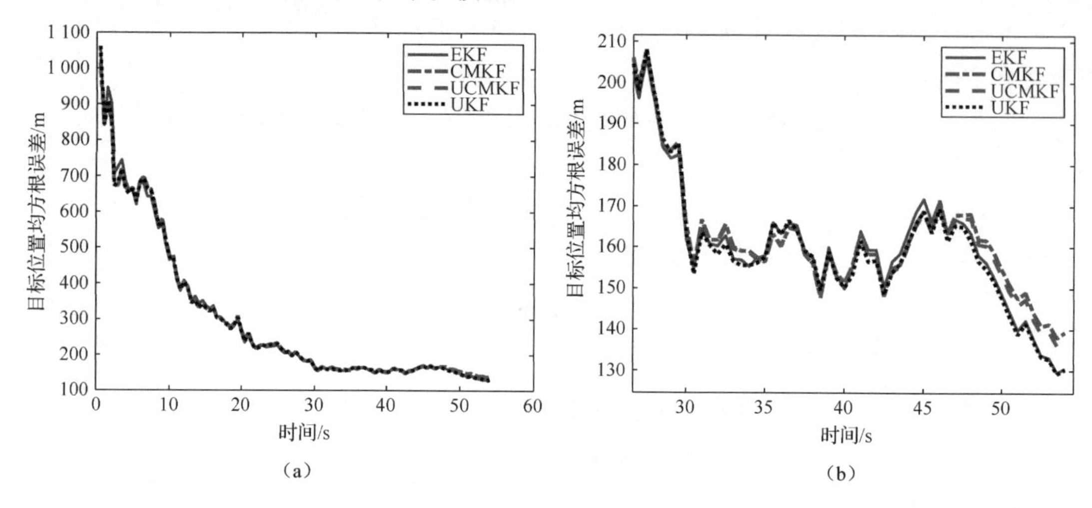

图 4.6　目标位置均方根误差图

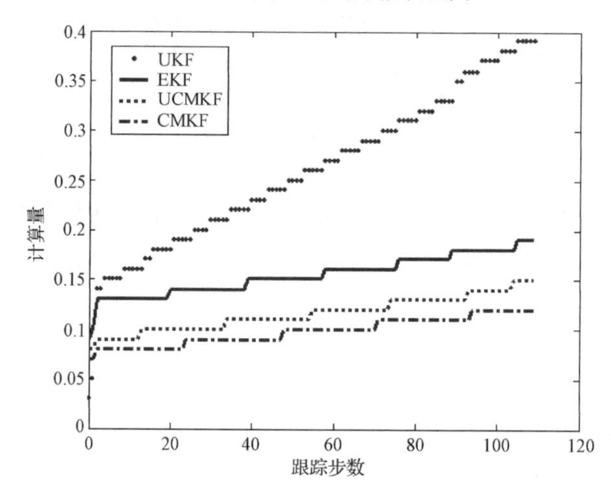

图 4.7　四种算法计算量比较图

4.4　粒子滤波

卡尔曼滤波、去偏转换测量卡尔曼滤波、扩展卡尔曼滤波和 UKF 等都受制于噪声是高斯分布这一假设[29-32]，为了解决非线性、非高斯分布场景下的滤波问题，这一节研究粒子滤波（Particle Filter，PF）。粒子滤波将所关心的状态向量表示为一组带有相关权值的随机样本，并且基于这些样本和权值可以计算出状态估值，它是一种基于 Monte Carlo 仿真的最优回归贝叶斯滤波算法[33-38]。这里为了后续讨论方便，假定系统的状态方程和传感器测量模型与式（4.1）、式（4.3）一致，但式（4.1）和式（4.3）中的过程噪声向量 $\boldsymbol{V}(k)$和量测噪声向量 $\boldsymbol{W}(k)$分别属于非高斯独立同分布噪声序列。

4.4.1　滤波模型

假定 k 时刻，一组随机样本 $\{\boldsymbol{X}_{0:k}^{i}, q_{k}^{i}\}_{i=1}^{N_s}$ 是根据后验概率密度 $p(\boldsymbol{X}_{0:k} \mid \boldsymbol{Z}_{1:k})$ 所获得的采样，

其中 $\boldsymbol{X}_{0:k}^i$ 表示 0 到 k 时刻的第 i 个样本集合，即粒子集合；q_k^i 为相关权值，并且权值满足 $\sum_{i=1}^{N_s} q_k^i = 1$；$N_s$ 为样本采样数，即粒子数；$\boldsymbol{Z}_{1:k}$ 表示传感器 k 时刻的量测集合；$\boldsymbol{X}_{0:k} = \{\boldsymbol{X}_j, j = 0,\cdots, k\}$ 表示 0 到 k 时刻的所有状态向量集合，则 k 时刻的后验概率密度可近似表示为

$$p(\boldsymbol{X}_{0:k} \mid \boldsymbol{Z}_{1:k}) \approx \sum_{i=1}^{N_s} q_k^i \delta(\boldsymbol{X}_{0:k} - \boldsymbol{X}_{0:k}^i) \tag{4.86}$$

由于很难直接从 $p(\boldsymbol{X}_{0:k} \mid \boldsymbol{Z}_{1:k})$ 抽取样本，通常可利用一个重要性概率密度 $\pi(\boldsymbol{X} \mid \boldsymbol{Z})$ 来获得样本值[35]。从而，权值 q_k^i 可以按序贯重点抽样的方法获得。如果 $\boldsymbol{X}_{0:k}^i$ 是从 $\pi(\boldsymbol{X} \mid \boldsymbol{Z})$ 获得的样本，根据文献[35]，未归一化的权值 $\tilde{q}_k^i$ 可定义为

$$\tilde{q}_k^i = \frac{p(\boldsymbol{Z}_{1:k} \mid \boldsymbol{X}_{0:k}^i) p(\boldsymbol{X}_{0:k}^i)}{\pi(\boldsymbol{X}_{0:k}^i \mid \boldsymbol{Z}_{1:k})} \tag{4.87}$$

如果所选择的重要性概率密度满足

$$\pi(\boldsymbol{X}_{0:k}^i \mid \boldsymbol{Z}_{1:k}) = \pi(\boldsymbol{X}_k^i \mid \boldsymbol{X}_{0:k-1}^i, \boldsymbol{Z}_{1:k}) \cdot \pi(\boldsymbol{X}_{0:k-1}^i \mid \boldsymbol{Z}_{1:k-1}) \tag{4.88}$$

则将式（4.88）代入式（4.87），可得

$$\begin{aligned}
\tilde{q}_k^i &= \frac{p(\boldsymbol{Z}_{1:k} \mid \boldsymbol{X}_{0:k}^i) p(\boldsymbol{X}_{0:k}^i)}{\pi(\boldsymbol{X}_k^i \mid \boldsymbol{X}_{0:k-1}^i, \boldsymbol{Z}_{1:k})} \cdot \frac{1}{\pi(\boldsymbol{X}_{0:k-1}^i \mid \boldsymbol{Z}_{1:k-1})} \\
&= \frac{p(\boldsymbol{Z}_k \mid \boldsymbol{X}_k^i) p(\boldsymbol{X}_k^i \mid \boldsymbol{X}_{k-1}^i)}{\pi(\boldsymbol{X}_k^i \mid \boldsymbol{X}_{0:k-1}^i, \boldsymbol{Z}_{1:k})} \cdot \frac{p(\boldsymbol{Z}_{1:k-1} \mid \boldsymbol{X}_{0:k-1}^i) p(\boldsymbol{X}_{0:k-1}^i)}{\pi(\boldsymbol{X}_{0:k-1}^i \mid \boldsymbol{Z}_{1:k-1})} \\
&= \frac{p(\boldsymbol{Z}_k \mid \boldsymbol{X}_k^i) p(\boldsymbol{X}_k^i \mid \boldsymbol{X}_{k-1}^i)}{\pi(\boldsymbol{X}_k^i \mid \boldsymbol{X}_{0:k-1}^i, \boldsymbol{Z}_{1:k})} \tilde{q}_{k-1}^i
\end{aligned} \tag{4.89}$$

为了能够方便地采用回归贝叶斯滤波算法，希望重要性概率密度只与前一时刻的测量和状态有关，即

$$\pi(\boldsymbol{X}_k^i \mid \boldsymbol{X}_{0:k-1}^i, \boldsymbol{Z}_{1:k}) = \pi(\boldsymbol{X}_k^i \mid \boldsymbol{X}_{k-1}^i, \boldsymbol{Z}_k) \tag{4.90}$$

结合式（4.89）和式（4.90），未归一化的权值 $\tilde{q}_k^i$ 可表示为

$$\tilde{q}_k^i = \frac{p(\boldsymbol{Z}_k \mid \boldsymbol{X}_k^i) p(\boldsymbol{X}_k^i \mid \boldsymbol{X}_{k-1}^i)}{\pi(\boldsymbol{X}_k^i \mid \boldsymbol{X}_{k-1}^i, \boldsymbol{Z}_k)} \cdot \tilde{q}_{k-1}^i \tag{4.91}$$

在粒子滤波算法中，经过几个迭代周期后，大多数的粒子权值会趋近于零，即粒子衰减现象。由于粒子权值的协方差随着时间的增长而不断变大，这种现象是无法避免的。为了减弱这种影响，一种最直接的方法就是使用大量的粒子数目。当然，这经常是不实际的。因此，目前常采用两种方法：（1）选择最优的重要性概率密度；（2）进行重抽样。

根据文献[36]，最优的重要性概率密度为

$$\pi(\boldsymbol{X}_k^i \mid \boldsymbol{X}_{k-1}^i, \boldsymbol{Z}_k) = p(\boldsymbol{X}_k^i \mid \boldsymbol{X}_{k-1}^i, \boldsymbol{Z}_k) \tag{4.92}$$

最优重要性概率密度可以使采样点权值的协方差最小。目前有两种情况经常采用最优重要性概率密度。第一种情况是 $\boldsymbol{X}_k$ 为有限集合，例如用于跟踪机动目标的跳变马尔可夫线性系统；第二种情况是状态方程为非线性的，量测方程为线性的系统[37]。对于大多数系统来说，最优重要性概率密度往往是无法实现的，因此经常利用线性化的技术对最优重要性概率密度进行次优近似。

4.4.2 EKF、UKF、PF 滤波算法性能分析

假设某站点有一部无源传感器跟踪一个匀速运动目标。设目标的动态方程为

$$\boldsymbol{X}(k+1)=\boldsymbol{F}(k)\boldsymbol{X}(k)+\boldsymbol{\varGamma}(k)v(k) \tag{4.93}$$

式中

$$\boldsymbol{X}(k)=[x\ \ y\ \ \dot{x}\ \ \dot{y}]' \tag{4.94}$$

$$\boldsymbol{F}(k)=\begin{bmatrix}1&0&T&0\\0&1&0&T\\0&0&1&0\\0&0&0&1\end{bmatrix} \tag{4.95}$$

$$\boldsymbol{\varGamma}(k)=\begin{bmatrix}0.5T^2&0\\0&0.5T^2\\T&0\\0&T\end{bmatrix} \tag{4.96}$$

并设过程噪声是二维零均值高斯噪声向量，其协方差阵为$\boldsymbol{Q}=q\boldsymbol{I}_{2\times2}$，其中$\boldsymbol{I}_{2\times2}$是$2\times2$的单位矩阵。目标初始状态分为以下两种情况：

① $\boldsymbol{X}(0)=[-10\,000\text{ m}\quad 100\text{ m/s}\quad 20\,000\text{ m}\quad -200\text{ m/s}]'$；

② $\boldsymbol{X}(0)=[30\,000\text{ m}\quad -200\text{ m/s}\quad 20\,000\text{ m}\quad 150\text{ m/s}]'$。

设红外传感器的量测方程为

$$\boldsymbol{Z}(k)=\boldsymbol{h}(\boldsymbol{X}(k))+\boldsymbol{W}(k) \tag{4.97}$$

式中：假定$\boldsymbol{W}(k)$是与$\boldsymbol{V}(k)$相互独立的零均值高斯白噪声，其方差为$R=\sigma_\alpha^2$，由于无源传感器测得的是目标的方位角，即

$$Z(k)=\alpha(k)=\arctan\left(\frac{x(k)}{y(k)}\right) \tag{4.98}$$

于是可得

$$\boldsymbol{H}(k)=\left.\frac{\partial\boldsymbol{h}}{\partial\boldsymbol{X}}\right|_{X=\hat{X}(k|k-1)}=\begin{bmatrix}\dfrac{\hat{y}(k\,|\,k-1)}{\hat{r}_{xy}^2}&-\dfrac{\hat{x}(k\,|\,k-1)}{\hat{r}_{xy}^2}&0&0\end{bmatrix} \tag{4.99}$$

式中

$$\hat{r}_{xy}=\sqrt{[\hat{x}(k\,|\,k-1)]^2+[\hat{y}(k\,|\,k-1)]^2} \tag{4.100}$$

假设传感器采样间隔为 2 s，方位角测量误差的标准偏差为 0.001 75 rad。这里在相同环境下利用 EKF、UKF 和粒子滤波对同一目标进行跟踪，并把跟踪结果进行分析比较，EKF 采用的是一阶模型 Monte Carlo 仿真次数为 50 次，每次仿真的扫描次数为 60。

情况①和情况②下目标起始状态估计分别为

① $\hat{\boldsymbol{X}}(0|0)=[-10\,200\text{ m}\quad 100\text{ m/s}\quad 20\,300\text{ m}\quad -200\text{ m/s}]'$；

② $\hat{\boldsymbol{X}}(0|0)=[30\,000\text{ m}\quad -200\text{ m/s}\quad 20\,000\text{ m}\quad 150\text{ m/s}]'$。

并假设这两种情况下相应的状态估计协方差均为

$$
\boldsymbol{P}(0|0)=\begin{bmatrix}50\,000 & 0 & 0 & 0\\ 0 & 800 & 0 & 0\\ 0 & 0 & 50\,000 & 0\\ 0 & 0 & 0 & 800\end{bmatrix} \tag{4.101}
$$

图 4.8（a）为情况①时目标运动轨迹，图 4.8（b）为各种算法在情况①时的 x 轴 RMS 比较。图 4.9（a）为情况②时目标运动轨迹，图 4.9（b）为各种算法在情况②时的 x 轴 RMS 比较。

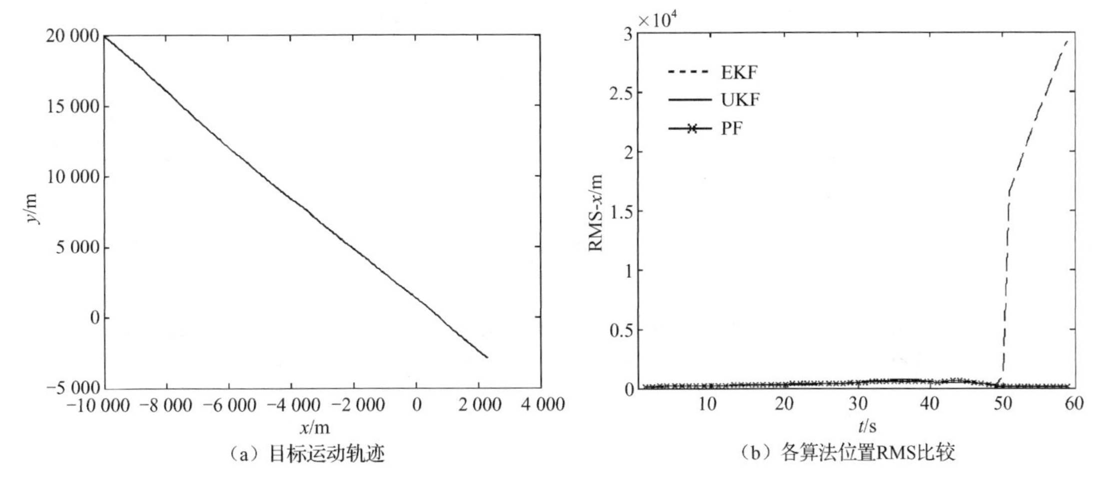

（a）目标运动轨迹　　（b）各算法位置RMS比较

图 4.8　情况①仿真结果

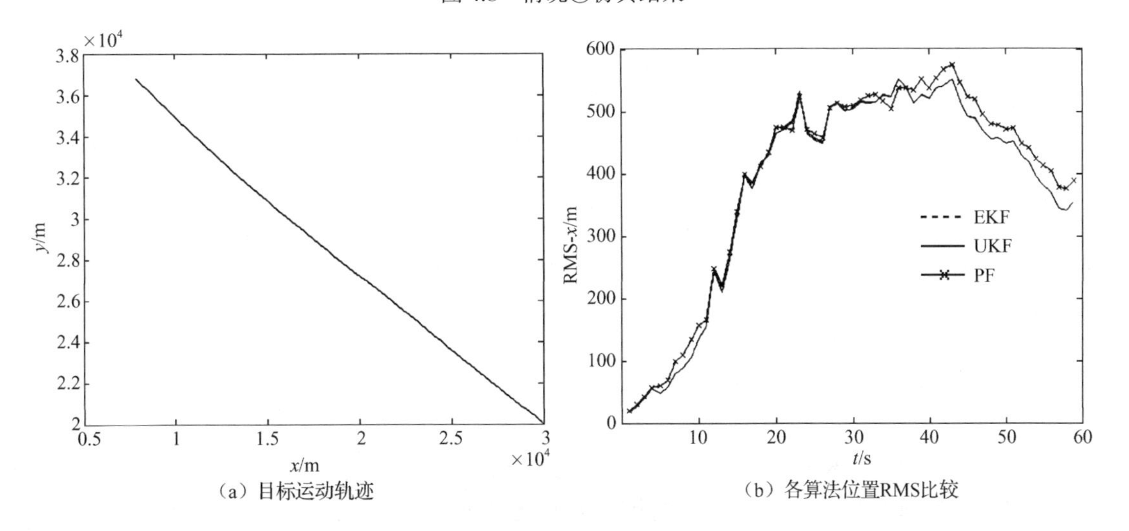

（a）目标运动轨迹　　（b）各算法位置RMS比较

图 4.9　情况②仿真结果

在情况①中，当目标运动轨迹经过测量点附近时（第 50 步左右），测量角正切变化加大，此时测量方程的非线性化已经变得越来越严重，模型的线性化误差也逐渐增大，从而导致一阶 EKF 的估计精度下降并发散。对于 UKF 和 PF 来说，由于不需要对系统观测方程进行线性化，因此其估计精度不受线性化误差的影响。UKF 和 PF 在测量点附近的精度有所下降，主要是由于此处测量点容易跳跃造成的。在情况②中，当目标运动轨迹远离测量点时，测量角正切变化不大，测量方程的非线性化程度小，模型的线性化误差也相对较小。此时，一阶

EKF、UKF 和 PF 的估计精度基本一致，这说明在系统非线性强度不大时，三种算法具有相近的估计精度（见图 4.9）。

表 4.1 对 EKF、UKF 和 PF 三种算法的计算速度、存储量和适应环境等进行了综合比较，其中计算速度是各种算法计算 60 个时间步所使用的计算时间；这里不包括目标产生、运动、目标测量时间，只代表各种算法本身的计算时间。

表 4.1　三种算法综合比较

算　法	计算速度（情况①）	计算速度（情况②）	存　储　量	适 应 环 境	非线性强度
EKF	0.039 s	0.038 s	低	高斯	弱非线性
UKF	1.040 s	1.040 s	中	高斯	无限制
PF	140.516 4 s	140.514 1 s	高	无限制	无限制

由表 4.1 给出的结果可看出，在这三种状态估计算法中速度最快的是 EKF，UKF 次之，最慢的是 PF（粒子数为 5 000）。表 4.1 中的存储量要求只是根据各种算法的计算过程、复杂度大致估计的，从对各种算法的分析看，PF 的存储量较高，并随粒子数的增加而增大；UKF 处于中等，EKF 则相对较低。表 4.1 中的适应环境是指算法对噪声环境（包括量测噪声和状态过程噪声）的要求。非线性强度则是指算法对系统非线性强度的要求。

下面对各种算法进行综合评价。首先从计算速度看，EKF 具有明显的优势。因此对于工程应用来说，如果不考虑其他因素（如系统的非线性强度、环境要求等），则应优先采用 EKF。但是，根据情况①的仿真结果可以看出，当系统的非线性强度增大导致线性化误差增大时，EKF 的估计精度将会明显下降，甚至发散。对于此类系统，我们就需要考虑采用其他的滤波方法。从估计精度角度看，UKF 和 PF 具有相似的性能。不过就计算量而言，PF 却要远远超过 UKF。因此对于这两种方法，在一般的非线性高斯环境中宜采用 UKF。不过，由于 UKF 只能适用于高斯白噪声环境，而不能用于更复杂的非高斯环境。因此，随着计算机能力的不断提高，PF 将具有广泛的应用前景。另外，意大利著名雷达专家 Farina 等人利用 CRLB 的方法对 EKF、协方差函数描述法（CADET）、UKF、PF 进行了分析，仿真结果显示，EKF 效果较好，它既具有计算量小的优点，又有统计有效的特点。值得注意的是这些结论是在仿真条件下（较为理想）得到的。

4.5　平滑变结构滤波

平滑变结构滤波（Smooth Variable Structure Filter，SVSF）是一种鲁棒的非线性滤波器，能够解决状态转移方程中的非线性问题和模型不确定问题，该方法借鉴了滑模控制理论和变结构控制理论，在模型误差有界的条件下保证估计误差的有界性，避免滤波发散，具有鲁棒性好、先验假设少、计算复杂度低等优势。2007 年 S. Habibi 等提出了平滑变结构滤波方法的基本结构，其信号模型如下[39-41]：

$$\boldsymbol{X}_{k+1} = \boldsymbol{f}_k(\boldsymbol{X}_k, \boldsymbol{u}_k) + \boldsymbol{w}_k \tag{4.102}$$

$$\boldsymbol{Z}_{k+1} = \boldsymbol{H}\boldsymbol{X}_{k+1} + \boldsymbol{v}_{k+1} \tag{4.103}$$

式中，$\boldsymbol{X}$ 是雷达目标状态向量，$\boldsymbol{u}$ 是已知输入项，$\boldsymbol{Z}$ 是观测向量，$\boldsymbol{w}$ 和 $\boldsymbol{v}$ 分别是过程噪声和量测噪声，均假设为零均值的高斯白噪声；$\boldsymbol{f}_k$ 是非线性的状态转移函数，由于存在模型误差，

在滤波过程中用 $\hat{\boldsymbol{f}}$ 区分；$\boldsymbol{H}$ 是时不变的量测矩阵，是准确已知的。

平滑变结构滤波方法沿用了经典的“预测-更新”框架，其预测过程如下：

$$\hat{\boldsymbol{X}}_{k+1|k} = \hat{\boldsymbol{f}}_k(\hat{\boldsymbol{X}}_{k|k}, \boldsymbol{u}_k) \tag{4.104}$$

$$\hat{\boldsymbol{Z}}_{k+1|k} = \boldsymbol{H}\hat{\boldsymbol{X}}_{k+1|k} \tag{4.105}$$

$$\boldsymbol{e}_{z,k+1|k} = \boldsymbol{Z}_{k+1} - \hat{\boldsymbol{Z}}_{k+1|k} \tag{4.106}$$

更新过程如下：

$$\boldsymbol{K}(k+1) = \boldsymbol{H}^{-1}\mathrm{diag}[(|\boldsymbol{e}_{z,k+1|k}|_{\mathrm{ABS}} + \gamma|\boldsymbol{e}_{z,k|k}|_{\mathrm{ABS}}) \circ \mathrm{sat}(\boldsymbol{e}_{z,k+1|k}, \boldsymbol{\psi})] \cdot [\mathrm{diag}(\boldsymbol{e}_{z,k+1|k})]^{-1} \tag{4.107}$$

$$\hat{\boldsymbol{X}}_{k+1|k+1} = \hat{\boldsymbol{X}}_{k+1|k+1} + \boldsymbol{K}(k+1)\boldsymbol{e}_{z,k+1|k} \tag{4.108}$$

其中，增益项 $\boldsymbol{K}(k+1)$ 的计算公式中，$|\cdot|_{\mathrm{ABS}}$ 表示逐元素求绝对值，用 $\circ$ 表示舒尔积算符，γ 是衰减因子且满足 $0<\gamma<1$，diag 表示将向量映射为对角阵，$\boldsymbol{\psi}$ 是预设的平滑层向量参数；$\mathrm{sat}(\cdot)$ 表示饱和函数，即

$$\mathrm{sat}_i(\mathrm{vec}, \psi) = \begin{cases} \mathrm{vec}_i / \psi_i, & |\mathrm{vec}_i / \psi_i| \leqslant 1 \\ \mathrm{sign}(\mathrm{vec}_i / \psi_i), & |\mathrm{vec}_i / \psi_i| > 1 \end{cases} \tag{4.109}$$

其中：vec 表示输入向量，下标 i 表示其第 i 个元素。

注 1：关于观测方程的讨论（广义形式的 SVSF）。

标准 SVSF 方法要求量测矩阵是时不变的满秩方阵，否则 $\boldsymbol{K}(k+1)$ 中的矩阵求逆操作可能引起数值稳定性问题[42]。广义形式的 SVSF 借鉴了降阶 Luenburger 观测器的思想，可用于应对非满秩方阵问题[39]，即当部分系统状态（例如目标加速度）不可直接观测时，可引入变换矩阵 $\boldsymbol{T}$ 使得

$$\boldsymbol{H}\boldsymbol{T} = [\boldsymbol{H}_1, \boldsymbol{H}_2] \tag{4.110}$$

其中：$\boldsymbol{H}_1$ 是单位阵，$\boldsymbol{H}_2$ 是零矩阵。广义形式下的 SVSF 增益项写为

$$\boldsymbol{K}(k+1) = \begin{bmatrix} \boldsymbol{K}_u(k+1) \\ \boldsymbol{K}_l(k+1) \end{bmatrix} \tag{4.111}$$

其中：$\boldsymbol{K}_u$ 对应于可直接观测的状态维度，计算公式为

$$\boldsymbol{K}_u(k+1) = \boldsymbol{H}_l^{-1}\mathrm{diag}\{\boldsymbol{E}_z \circ \mathrm{sat}[\boldsymbol{e}_z(k+1|k), \boldsymbol{\psi}_z]\} \cdot \{\mathrm{diag}[\boldsymbol{e}_z(k+1|k)]\}^{-1} \tag{4.112}$$

$\boldsymbol{K}_l$ 对应于人为构造的观测变量，计算公式为

$$\boldsymbol{K}_l(k+1) = \mathrm{diag}\{\boldsymbol{E}_y \circ \tanh(\boldsymbol{\Phi}_{22}\boldsymbol{\Phi}_{12}^{-1}\boldsymbol{e}_z(k+1|k), \boldsymbol{\psi}_y)\} \cdot \{\mathrm{diag}[\boldsymbol{\Phi}_{22}\boldsymbol{\Phi}_{12}^{-1}\boldsymbol{e}_z(k+1|k)]\}^{-1}\boldsymbol{\Phi}_{22}\boldsymbol{\Phi}_{12}^{-1} \tag{4.113}$$

式中混合误差项 $\boldsymbol{E}_z$ 和 $\boldsymbol{E}_y$ 分别为

$$\boldsymbol{E}_z = |\boldsymbol{e}_z(k+1|k)|_{\mathrm{ABS}} + \gamma_z|\boldsymbol{e}_z(k|k)|_{\mathrm{ABS}} \tag{4.114}$$

$$\boldsymbol{E}_y = |\boldsymbol{\Phi}_{22}\boldsymbol{\Phi}_{12}^{-1}\boldsymbol{e}_z(k+1|k)|_{\mathrm{ABS}} + \gamma_y|\boldsymbol{\Phi}_{12}^{-1}\boldsymbol{e}_z(k|k)|_{\mathrm{ABS}} \tag{4.115}$$

$\boldsymbol{\Phi}$ 矩阵是引入变换矩阵 $\boldsymbol{T}$ 后的新的状态转移矩阵

$$\boldsymbol{\Phi} = \boldsymbol{T}^{-1}\hat{\boldsymbol{F}}\boldsymbol{T} = \begin{bmatrix} \boldsymbol{\Phi}_{11} & \boldsymbol{\Phi}_{12} \\ \boldsymbol{\Phi}_{21} & \boldsymbol{\Phi}_{22} \end{bmatrix} \tag{4.116}$$

这里，$\hat{\boldsymbol{F}}$ 表示非线性系统 $\hat{\boldsymbol{f}}$ 的线性化雅可比矩阵，线性化误差可视为模型误差的一部分。

注 2：关于状态估计误差协方差的讨论（Covariance-modified SVSF）。

标准 SVSF 的估计过程是由 Lyapunov 稳定性理论推导的，不依赖于误差协方差的迭代计

算。但是在雷达跟踪系统中，为了保证滤波模块与数据互联等模块的兼容性，通常需要滤波算法输出状态估计误差协方差。此外，误差协方差还可用于在模型不确定度较低的情况下求解最优参数的 SVSF。因此，文献[43]给出了一种近似的状态估计误差协方差的计算方法，其迭代计算过程如下：

预测值为

$$\boldsymbol{P}(k+1|k)=\hat{\boldsymbol{F}}(k)\boldsymbol{P}(k|k)\hat{\boldsymbol{F}}'(k)+\boldsymbol{Q}(k) \tag{4.117}$$

更新值为

$$\boldsymbol{P}(k+1|k+1)=[\boldsymbol{I}-\boldsymbol{K}(k+1)\boldsymbol{H}]\boldsymbol{P}(k+1|k)[\boldsymbol{I}-\boldsymbol{K}(k+1)\boldsymbol{H}]'+\boldsymbol{K}(k+1)\boldsymbol{R}(k+1)\boldsymbol{K}'(k+1) \tag{4.118}$$

仿真实验表明，从归一化误差平方（Normalized Error Square, NES）指标看，这个近似值 $\boldsymbol{P}(k|k)$ 对真实估计误差的统计度量可能是过于悲观的。

注 3：关于参数最优性的讨论（VBL-SVSF 和 GVBL-SVSF）。

标准 SVSF 方法不具有传统的最大后验概率或最小均方误差等最优估计性能，这是因为在模型不确定度较高且未对模型误差赋予先验分布的前提下，无法保证状态估计的无偏性。严格意义上说，SVSF 不是一种贝叶斯滤波器。但是，文献[44]通过求解最小化估计误差协方差得到了时变平滑层参数 $\boldsymbol{\psi}_{\mathrm{VBL}}$

$$\boldsymbol{\psi}_{\mathrm{VBL}}(k+1)=(\mathrm{diag}(\boldsymbol{E})^{-1}\boldsymbol{HP}(k+1|k)\boldsymbol{H}'\boldsymbol{S}(k+1))^{-1} \tag{4.119}$$

其中，

$$\boldsymbol{E}=\left|\boldsymbol{e}_z(k+1|k)\right|_{\mathrm{ABS}}+\gamma\left|\boldsymbol{e}_z(k|k)\right|_{\mathrm{ABS}} \tag{4.120}$$

$$\boldsymbol{S}(k+1)=\boldsymbol{HP}(k+1|k)\boldsymbol{H}'+\boldsymbol{R}(k+1) \tag{4.121}$$

在此基础上将 SVSF 与卡尔曼滤波器结合，设计了一种自适应切换的 VBL-SVSF 方法，能够保证高模型不确定度情况下的鲁棒性和低模型不确定度情况下的参数最优性，显著提高了状态估计性能。

在文献[44]的基础上，文献[45]借鉴了降阶 Luenburger 观测器方法，将 VBL-SVSF 推广到非满秩量测矩阵的广义形式，提出了 GVBL-SVSF（Generalized VBL-SVSF），并将其应用于智能交通场景下的激光雷达感知系统。文献[46]和[47]则将 VBL-SVSF 与 EKF、UKF、CKF 等方法结合，进一步提高了非线性系统的鲁棒估计性能。

注 4：关于切换函数和抖振现象的讨论。

抖振（Chattering）问题是滑模控制理论的固有缺陷，一种解释是时滞问题等原因激发了系统中未建模的高频响应，导致系统状态在滑模面两侧反复穿越而不收敛。SVSF 方法也面临抖振问题，即使在模型误差较小情况下，高频的量测噪声也会引起状态估计误差显著增大。

采用更加光滑的切换函数是抑制抖振的有效策略，文献[39]提出采用饱和函数替代符号函数能够有效抑制抖振；文献[48,49]提出了采用非线性的双曲正切函数的 SVSF 方法（Tanh-SVSF），指出双曲正切函数的抖振抑制性能优于饱和函数，尤其在模型误差较大时优势更为明显，并证明了采用修正的切换函数不会影响 SVSF 方法固有的鲁棒性优势。

4.6 小结

本章讨论了雷达数据处理中的非线性滤波技术，包括扩展卡尔曼滤波、不敏卡尔曼滤波、粒子滤波、平滑变结构滤波等非线性滤波方法。扩展卡尔曼滤波将非线性函数利用泰勒级数进行线性化处理，保留其展开式的一阶或一、二阶项而省略其他高阶项，然后利用线性滤波理论得到滤波器；UKF 在卡尔曼滤波的框架下，针对卡尔曼滤波只利用待估计参数和噪声的一、二阶矩进行滤波的特点，使用 UT 变换来处理均值和协方差的非线性传递；由于这两种滤波方法都受制于高斯分布这一条件，为了解决非线性、非高斯分布场景下的滤波问题，粒子滤波利用一组随机离散的采样点去近似状态向量的后验概率密度函数。本章在分别描述上述算法滤波模型的基础上，在系统状态的后验概率密度函数是高斯假设的前提下，在同一仿真环境下对线性滤波算法（包括转换测量卡尔曼滤波、去偏转换测量卡尔曼滤波，将在第 5 章讨论）和非线性滤波算法（扩展卡尔曼滤波、不敏卡尔曼滤波）对同一目标的跟踪精度和计算量作了分析比较，得出了相关结论；同时还在同一仿真环境下对扩展卡尔曼滤波、不敏卡尔曼滤波和粒子滤波跟踪精度和计算量作了比较分析，并对这些算法的优缺点进行了综合评价。同时，随着科技的不断发展进步，容积卡尔曼滤波（CKF）[50]、中心差分卡尔曼滤波（Central Difference Kalman Filter,CDKF）[51]、变分贝叶斯（Variational Bayes,VB）[52]等非线性滤波方法近年来逐渐受到国内外学者的广泛关注，这里只对其做简要阐述，感兴趣的读者可查阅相关参考资料。

（1）CKF 算法的核心是采用三阶球面—径向容积规则近似非线性函数传递的后验均值和协方差。与 UT 变换类似，三阶球面—径向容积规则依据状态的先验均值和协方差，通过容积规则选取容积点，再将这些容积点经非线性函数传递，最后用传递后的容积点加权处理来近似状态后验均值和协方差。

（2）CDKF 算法的核心是通过 Sterling 插值法来近似非线性状态转移方程和量测方程。

（3）VB 算法的核心是将后验概率密度推理问题转化为优化问题，通过确定性近似方式获得后验概率密度函数的近似闭环解析解。

参考文献

[1] 何友, 王本才, 王国宏, 等. 被动传感器组网变门限聚类定位算法. 宇航学报, 2010, 31(4): 1125-1130.

[2] 苏伟. 单多站无源测向交叉定位技术研究. 烟台: 海军航空工程学院, 2009. 4.

[3] 王本才, 何友, 王国宏, 等. 双站无源均值定位算法精度分析. 四川兵工学报, 2010, 31(4): 78-81.

[4] 胡来招. 无源定位. 北京: 国防工业出版社, 2004.

[5] Xiu J J, He Y, Wang G H, et al. Constellation of Multisensors in Bearing-only Location System. IEE Proceedings on Radar, Sonar and Navigation, 2005, 152(3): 215-218.

[6] Bai J, Wang G H, He Y, et al. Optimal Deployment of Multiple Passive Sensors in the Sense of Minimum Concentration Ellipse. IET Proceedings on Radar, Sonar and Navigation, 2009, 3(1): 8-17.

[7] Wang B C, He Y, Wang G H, et al. Optimal Allocation of Multi-sensor Passive Localization. Science China-Information Science, 2010, 53: 2514-2526.

[8] 程咏梅, 潘泉, 张洪才, 等. 基于推广卡尔曼滤波的多站被动式融合跟踪. 系统仿真学报, 2003, 15(4): 548-550.

[9] 李硕, 曾涛, 龙腾, 等. 基于推广卡尔曼滤波的机载无源定位改进算法. 北京: 北京理工大学学报, 2002, 22(4): 521-524.

[10] He Y, Xiu J J, Guan X. Radar Data Processing with Applications. John Wiley & Publishing house of electronics industry, 2016. 8.

[11] 熊鹏. 非线性滤波在潜艇对目标跟踪定位中的算法研究. 桂林: 桂林理工大学, 2018.
[12] Jiang Y Z, Yin B H. Robust Extended Kalman Filter with Input Estimation for Maneuver Tracking. Chinese Journal of Aeronautics, 2018, 31(9): 1910-1919.
[13] Shalom Y B, Fortmann T E. Tracking and Data Association. Academic Press, 1988.
[14] 权太范. 目标跟踪新理论与技术. 北京: 国防工业出版社, 2009. 8.
[15] 张宏伟. 约束非线性滤波及其在目标跟踪中的应用研究. 深圳: 深圳大学, 2019.
[16] 张冲. 非线性滤波技术研究及其在深空探测自主导航中的应用. 成都: 电子科技大学, 2019.
[17] 陈秀琼. 关于非线性滤波问题的直接法和次最优算法的研究. 北京: 清华大学, 2019.
[18] Julier S J, Uhlmann J K. A New Method for the Nonlinear Transformation of Means and Covariances in Filters and Estimators. IEEE Trans. on AC, 2000, 45(3): 477-482.
[19] 熊伟, 陈立奎, 何友, 等. 有色噪声下的不敏卡尔曼滤波器. 电子与信息学报, 2007, 29(3): 598-600.
[20] Wang G H, Xiu J J, He Y. An Unbiased Unscented Transform Based Kalman Filter for 3D Radar. Chinese Journal of Electronics, 2004, 13(4): 697-700.
[21] Xiong W, Zhang J W, He Y. An Debiased Unscented Transform Based Kalman Filter. Proceedings of International Confernece on Radar, France, 2004.
[22] Merwe R, Wan E A. Efficient Derivative-Free Kalman Filters for Online Learning. In European Symposium on Artificial Neural Networks, 2001: 205-210.
[23] Vandyke M C, Schwartz J L, Hall C D. Unscented Kalman Filtering for Spacecraft Attitude State and Parameter Estimation. AAS/AIAA Space Flight Mechanics Conference, 2004.
[24] Joseph J, Viola J L. A Comparison of Unscented and Extended Kalman Filtering for Estimating Quaternion Motion. In the Proceedings of the 2003 American Control Conference, 2003: 2435-2440.
[25] 王磊, 程向红, 李双喜. 高斯和高阶无迹卡尔曼滤波算法. 电子学报, 2017(2): 424-428.
[26] 王淑一, 程杨, 杨涤, 等. UKF 方法及其在方位跟踪问题中的应用. 飞行力学, 2003, 2(2): 59-62.
[27] Gokce M, Kuzuoglu M. Unscented Kalman Filter-aided Gaussian Sum Filter. IET Radar Sonar Navigation, 2015, 9(5): 589-599.
[28] Wan E A, Merwe R V. The Unscented Kalman Filter for Nonlinear Estimation. In Proc. of IEEE Symposium 2000(AS-SPCC), Lake Louise, Alberta, Canada, Oct. 2000: 153-158.
[29] Ali N H, Hassan G M. Kalman Filter Tracking. International Journal of Computer Applications, 2014, 89(9): 15-18.
[30] 王国宏, 毛士艺, 何友. 均方意义下的最优无偏转换测量 Kalman 滤波. 系统仿真学报, 2002, 14(1): 119-122.
[31] 何友, 王国宏, 陆大绘, 等. 多传感器信息融合及应用（第二版）. 北京: 电子工业出版社, 2007.
[32] 修建娟, 张敬艳, 董凯. 基于动力学模型约束的空间目标精确跟踪算法研究. 电子学报, 2021, 49(4): 781-787.
[33] Carpenter J, Clifford P, Fearnhead P. An Improved Particle Filter for Non-linear Problems. IEE proceedings of Radar, Sonar and Navigation, 1999, 146(1): 2-7.
[34] Doucet A, Gordon N, Krishnamurthy V. Particle Filters for State Estimation of Jump Markov Linear Systems. IEEE Trans. on Signal Processing, 2001, 49(3): 613-624.
[35] Arulampalam M S, Maskell S, Gordon N. A Tutorial on Particle Filters for Online Nonlinear/Non-Gaussian Bayesian Tracking. IEEE Trans. on AES, 2002, 55(2): 174-188.

[36] Farina A, Ristic B. Tracking a Ballistic Target: Comparison of Several Nonlinear Filters. IEEE Trans. on AES, 2002, 38(3): 477-482.

[37] Gustafsson F, Gunnarsson F, Bergman N, et al. Particle Filters for Positioning, Navigation and Tracking. IEEE Trans. on SP, 2002, 50(2): 425-437.

[38] 熊伟, 何友, 张晶炜. 多传感器顺序粒子滤波算法. 电子学报, 2005, 33(6): 1116-1119.

[39] Habibi S. The smooth variable structure filter. Proceedings of the IEEE, 2007, 95(5): 1026-1059.

[40] Shabi M A, Gadsden S A, Habibi S R. Kalman Filtering Strategies Utilizing the Chattering Effects of the Smooth Variable Structure Filter. Signal Processing, 2013, 93(2): 420-431.

[41] Gadsden S A, Habibi S, Kirubarajan T. Kalman and Smooth Variable Structure Filters for Robust Estimation. IEEE Transactions on Aerospace and Electronic Systems, 2014, 50(2): 1038-1050.

[42] Shabi M A. The general Toeplitz/observability SVSF[Ph. D. thesis]. McMaster University, Hamilton, Ontario, 2011.

[43] Attari M, Habibi S, Gadsden S A. Target Tracking Formulation of the SVSF with Data Association Techniques. IEEE Transactions on Aerospace and Electronic Systems, 2017, 53, (1): 12-25.

[44] Gadsden S A, Habibi S R. A New Robust Filtering Strategy for Linear Systems. Journal of Dynamic Systems, Measurement and Control, Transactions of the ASME, 2013, 135(1).

[45] Attari M, Luo Z, Habibi S. An SVSF-based Generalized Robust Strategy for Target Tracking in Clutter. IEEE Transactions on Intelligent Transportation Systems, 2016, 17(5): 1381-1392.

[46] Gadsden S A, Habibi S, Kirubarajan T. Kalman and Smooth Variable Structure Filters for Robust Estimation. IEEE Transactions on Aerospace and Electronic Systems, 2014, 50(2): 1038-1050.

[47] Gadsden S A, Shabi M A, Arasaratnam I, et al. Combined Cubature Kalman and Smooth Variable Structure Filtering: A Robust Nonlinear Estimation Strategy. Signal Processing, vol. 96, pp. 290-299, 2014.

[48] Li Y W, He Y, Li G, et al. Modified Smooth Variable Structure Filter for Radar Target Tracking. 2019 International Radar Conference, Toulon, France, 2019: 1-6.

[49] Li Y W, Li G, Liu Y, et al. A Novel Smooth Variable Structure Filter for Target Tracking Under Model Uncertainty. IEEE Transactions on Intelligent Transportation Systems, 2021.

[50] 刘向阳. 几种典型非线性滤波算法及性能分析. 舰船电子工程, 2019, 39(7): 32-36.

[51] 闫文旭, 兰华, 王增福, 等. 基于变分贝叶斯的星载雷达非线性滤波. 航空学报, 2020, 41(s2): 724395-1~724395-9.

[52] 于兴凯. 基于变分贝叶斯推理的非线性滤波算法研究. 上海: 上海交通大学, 2019.

第 5 章　量测数据预处理技术

5.1　引言

前面几章分别对线性系统和非线性系统中的目标参数估计方法进行了分析和讨论，这些参数估计方法性能的好坏在利用仿真数据进行检验的同时，往往还需要用实测数据进行验证，而实测数据大多数情况下需要进行预处理，其可为后续工作带来事半功倍的效果[1,2]。有效的量测数据预处理方法不仅可以降低雷达数据处理的计算量，而且可以提高目标的跟踪精度。为此，本章将对量测数据预处理技术进行研究，主要讨论量测预处理技术中的时间配准、空间配准、野值剔除、雷达误差标校和数据压缩等问题。

时间配准又称时间同步，是指将多个测量单元经时间对准后剩余的时间偏差控制在容许的范围内的处理过程[3,4]。空间配准包括坐标系的选择和坐标系间的转换等[5-7]。在多目标跟踪系统中，任何一个观测模型都是依据状态空间模型建立的，因此选择适当的坐标系是相当重要的。坐标系的选择将直接影响跟踪的精度和计算量的大小。在许多雷达跟踪系统中，目标量测所在坐标系与数据处理所在坐标系经常是不一致的。此时，就需要通过坐标转换技术[8-12]，将所有的数据信息格式统一到同一坐标系中。

在各种数据处理问题中，由于传感器本身或者数据传输中的种种原因，都可能使所给出的量测序列中包含某些错误的量测量，工程上称为野值[13-16]。它们或是量级上与正常量测量相差很大，或者量级上虽没有明显差别，但是误差超越了传感器正常状态所允许的误差范围。如果不将这些野值预先剔除，将给数据处理带来很大的误差，并可能导致滤波器发散。

雷达误差标校和数据压缩是雷达数据处理系统中与实际工程紧密结合的技术[17-19]。有效的雷达误差标校和数据压缩技术将有利于提高目标跟踪的精度和有效减少系统运算量。

5.2　时间配准

时间配准（Time Registration）：又称时间同步，是指将多个测量单元经时间对准后剩余的时间偏差控制在容许的范围内的处理过程。时间配准包括与天文时间的同步（绝对配准）和与高精度主时钟的同步（相对配准），主要用于解决多传感器信息融合中的时间同步问题。例如在用雷达和数据链对目标进行跟踪融合的过程中，由于两种设备的数据率不同，所以在融合之前必须先进行时间配准。在配准过程中可采用雷达的测量数据为基准将数据链的测量数据向其对准，配准方法可采用内插/外推法、拉格朗日三点插值法、最小二乘曲线拟合法。

1. 内插/外推法

如果两部不同的传感器（例如数据链与雷达）的数据率不一致，首先要进行时间配准；内插/外推时间配准方法就是在同一时间片内对各传感器采集的目标观测数据进行内插或外推，将高精度观测时间上的数据推算到低精度的观测时间点上，以达到两类传感器时间上的同步。在这里以雷达点迹为基准，对数据链航迹使用内插/外推法进行时间配准，具体步骤描述如下。

（1）假设数据链和雷达的第一个测量数据是同一时刻的，即 $T_{a1}=T_{b1}$，如图 5.1 所示。

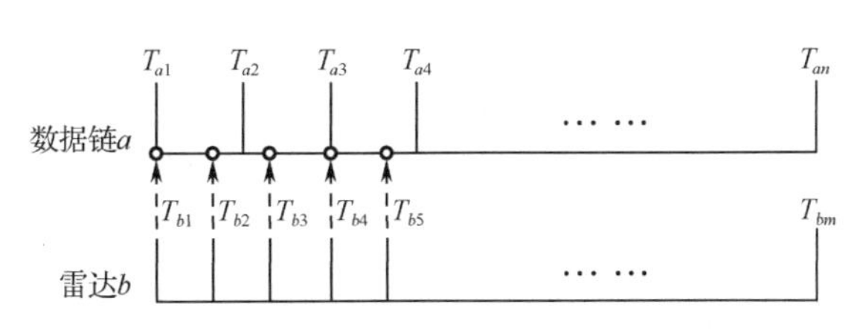

图 5.1　内插、外推时间配准法示意图

（2）估计数据链后续内插点对应的时刻，此时又可分以下三种情况。

① 如果数据链内插点对应时刻和其前一采样时刻的时间差小于数据链采样间隔，则在数据链前一时刻数据的基础上进行外推，例如数据链和雷达 T_{b2} 时刻测量数据对应的数据应为

$$X_{ab2}=X_{a1}+V_{a1}(T_{b2}-T_{a1}) \tag{5.1}$$

式中，V_{a1} 为数据链速度。

② 如果数据链内插点对应时刻和其前一参与判断的采样时刻的时间差大于数据链采样间隔，则在数据链前面最靠近内插点对应时刻数据的基础上进行外推，例如数据链和雷达 T_{b3} 时刻测量数据对应的数据应为

$$X_{ab3}=X_{a2}+V_{a2}(T_{b3}-T_{a2}) \tag{5.2}$$

③ 如果数据链内插点对应时刻和其前一参与判断的采样时刻的时间差等于数据链采样间隔，则保持数据链该时刻的数据不变，例如 $X_{ab4}=X_{a3}$。

（3）依次类推，将两部不同传感器的数据进行时间同步，以形成不同传感器对应同一时刻的目标观测数据。

另外，在利用不同传感器对运动目标进行跟踪的过程中，也可采用如下方法对不同传感器对应同一目标的航迹进行状态和相应协方差的时间配准，即以某个传感器不同时刻的状态和相应的协方差为基准，将其他传感器的状态和相应的协方差进行外推，并以外推时刻的状态预测值和预测协方差作为相应传感器该时刻对应的信息，即

$$\begin{cases}\hat{\boldsymbol{X}}(k+1|k)=\boldsymbol{F}(k)\hat{\boldsymbol{X}}(k|k)\\ \boldsymbol{P}(k+1|k)=\boldsymbol{F}(k)\boldsymbol{P}(k|k)\boldsymbol{F}'(k)+\boldsymbol{Q}(k)\end{cases} \tag{5.3}$$

式中，$\hat{\boldsymbol{X}}(k|k)$ 为 k 时刻目标状态滤波值，它类似于前面的 X_{ak}，$\boldsymbol{P}(k|k)$ 为与 $\hat{\boldsymbol{X}}(k|k)$ 对应的估计误差协方差矩阵，$\boldsymbol{Q}(k)$为过程噪声协方差矩阵。若 $\boldsymbol{X}(k)=[x\ \ \dot{x}\ \ y\ \ \dot{y}\ \ z\ \ \dot{z}]'$，则

$$\boldsymbol{F}(k)=\begin{bmatrix}1 & T_{ab} & 0 & 0 & 0 & 0\\ 0 & 1 & 0 & 0 & 0 & 0\\ 0 & 0 & 1 & T_{ab} & 0 & 0\\ 0 & 0 & 0 & 1 & 0 & 0\\ 0 & 0 & 0 & 0 & 1 & T_{ab}\\ 0 & 0 & 0 & 0 & 0 & 1\end{bmatrix}$$

而 T_{ab} 为采样时刻，其取值是变化的，具体取值方法同前。

2. 拉格朗日三点插值法

使用拉格朗日三点插值法把数据链的数据配准到雷达的时间点上，即将高精度的观测数据推算到低精度观测数据的时间点上。具体算法是：在同一时间片内将各传感器观测数据按测量精度进行增量排序，然后将高精度观测数据分别向最低精度观测数据时间点内插、外推，

以形成一系列等间隔的目标观测数据。

拉格朗日三点插值法的原理描述如下。

假设 t_{k-1}、t_k、t_{k+1} 时刻测量数据为 Z_{k-1}、Z_k、Z_{k+1}，则 t_i 时刻（$t_{k-1}<t_i<t_{k+1}$）的数据为

$$Z_i = \frac{(t_i - t_k)(t_i - t_{k+1})}{(t_{k-1} - t_k)(t_{k-1} - t_{k+1})} \times Z_{k-1} + \frac{(t_i - t_{k-1})(t_i - t_{k+1})}{(t_k - t_{k-1})(t_k - t_{k+1})} \times Z_k + \frac{(t_i - t_{k-1})(t_i - t_k)}{(t_{k+1} - t_{k-1})(t_{k+1} - t_k)} \times Z_{k+1} \tag{5.4}$$

如果（t_{k-1}, Z_{k-1}），（t_k, Z_k），（t_{k+1}, Z_{k+1}）三点不在一条直线上，则上述插值公式得到的是一个二次函数，通过这三点的曲线是抛物线。

3．最小二乘曲线拟合法

对于给出的量测数据（t_k, Z_k）（k=1,2,⋯,n）作曲线拟合时，最小二乘曲线拟合法的原理是使得各观测数据与拟合曲线的偏差的平方和最小，这样就能使拟合的曲线更接近于真实函数，具体步骤描述如下。

设未知函数接近于线性函数，取表达式

$$Z(t) = a \cdot t + b \tag{5.5}$$

作为它的拟合曲线。又设所得的观测数据为（t_k, Z_k）k=1,2,⋯,n，则每一个观测数据点与拟合曲线的偏差为

$$Z(t_k) - Z_k = a \cdot t_k + b - Z_k, \qquad k = 1,2,\cdots,n \tag{5.6}$$

而偏差的平方和为

$$F(a,b) = \sum_{k=0}^{n} (a \cdot t_k + b - Z_k)^2 \tag{5.7}$$

根据最小二乘曲线拟合原理，应取 a 与 b 使 $F(a,b)$ 有极小值，即 a 与 b 应满足如下条件：

$$\begin{cases} \dfrac{\partial F(a,b)}{\partial a} = 2\sum\limits_{k=0}^{n} (a \cdot t_k + b - Z_k) \cdot t_k = 0 \\ \dfrac{\partial F(a,b)}{\partial b} = 2\sum\limits_{k=0}^{n} (a \cdot t_k + b - Z_k) = 0 \end{cases} \tag{5.8}$$

即

$$\begin{cases} a\sum\limits_{k=0}^{n} t_k^2 + b\sum\limits_{k=0}^{n} t_k = \sum\limits_{k=0}^{n} t_k Z_k \\ a\sum\limits_{k=0}^{n} t_k + bn = \sum\limits_{k=0}^{n} Z_k \end{cases} \tag{5.9}$$

解上述方程组，便可获得 a、b 的取值。

5.3　空间配准

5.3.1　坐标系

对于雷达来说，目标的测量通常都是在空间极坐标系中完成的，而后续的目标跟踪处理通常是在直角坐标系中完成的。另外，当雷达安装在不同的载体（飞机、舰艇等）上时，不同雷达系统所采用的坐标系又可分为 NED（北东下）坐标系、载体坐标系、雷达天线坐标系、目标视线坐标系等。本节将主要介绍与雷达测量或数据处理相关的一些常用坐标系。

1．笛氏直角坐标系

在空间内选定三条交于一点而又两两垂直的轴（即规定正向的直线），按照一般的习惯，一条是前后轴，叫作横轴，即 OX 轴，简称为 X 轴，它的正向是由后到前；一条是左右轴，叫作纵轴，即 OY 轴，简称为 Y 轴，它的正向是由左到右；一条是上下轴，叫作立轴，简称为 Z 轴，它的正向是由下到上。X 轴、Y 轴、Z 轴总称为坐标轴，坐标轴的交点称为原点，通常用字母 O 来表示。平面 YOZ，ZOX 与 XOY 总称为坐标面，简称 YZ 面、ZX 面和 XY 面。

例如，地心地固（ECEF）坐标系就是一个典型的笛氏直角坐标系，该坐标系是一个相对于地球而言固定不动的坐标系，坐标系原点 O 位于地心，OX_F 轴在赤道平面内，且指向格林尼治天文台所在的子午线，OZ_F 轴与赤道平面垂直，且与地球自转轴重合指向北极，OY_F 轴、OX_F 轴及 OZ_F 轴三个轴构成一个右手坐标系[20,21]，如图 5.2 所示。

地心惯性（ECI）坐标系也是一个典型的笛氏直角坐标系，该坐标系是一个相对恒星固定不动的坐标系，通常认为其在惯性空间中，地心 O 为其坐标原点，OX_I 轴在赤道平面内，且指向平春分点，OZ_I 轴垂直于赤道平面且指向北极，OY_I 轴的方向符合右手螺旋准则[22,23]，如图 5.2 所示。关于坐标轴方向的规定，作一个附带说明，如果将右手的拇指和食指分别指向 X 轴和 Y 轴的方向，而中指的方向与 Z 轴的方向相同，则称此坐标系为右手坐标系，图 5.3 所示空间直角坐标系就是右手坐标系。否则，称为左手坐标系。为了与实际工程应用相一致，在本书中均采用右手坐标系。

另外，空间坐标系的规定不一定要求坐标轴非垂直不可，它们可以两两斜交，这时所建立的坐标系称为笛氏斜角坐标系。在工程应用中，笛氏斜角坐标系对一些公式的推导及运用则是比较麻烦和困难的，因此我们通常还是采用右手坐标系。

如图 5.3 所示，设 P 为已知的空间一点，通过点 P 作与 YZ 面、ZX 面和 XY 面平行的平面，分别与 X 轴、Y 轴、Z 轴交于点 A、B、C。点 A、B、C 在各坐标轴上的坐标分别是 a、b、c 时，这三个数构成的数组（a，b，c）叫作点 P 的直角坐标。a、b、c 分别称为点 P 的 X 坐标、Y 坐标和 Z 坐标。雷达数据处理过程中，直角坐标系的优点在于滤波、内插、外推过程可在线性模型中完成。

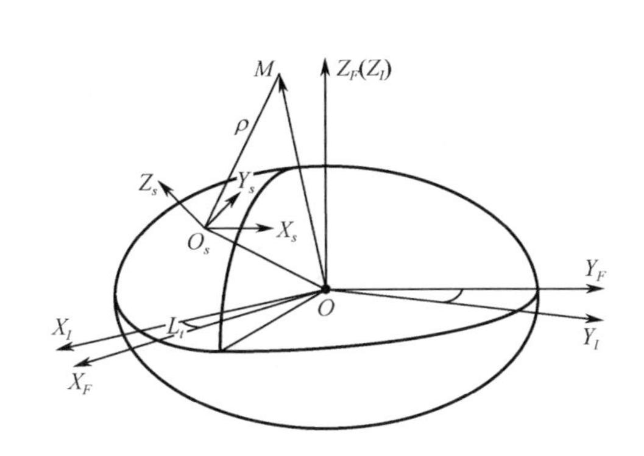

图 5.2　ECEF、ECI、NEU 坐标系

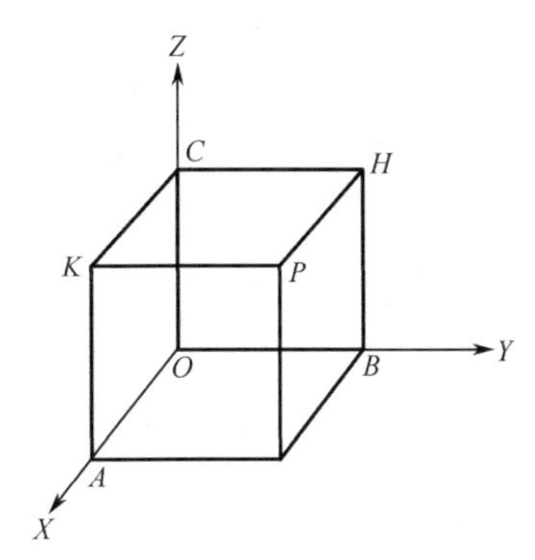

图 5.3　空间直角坐标系

2．空间极坐标系

一般情况下，雷达等传感器的测量值是在空间极坐标系中获得的，空间极坐标系也可称为球坐标系，其与空间直角坐标系的不同在于空间点在各自坐标系中的坐标定义不一样。

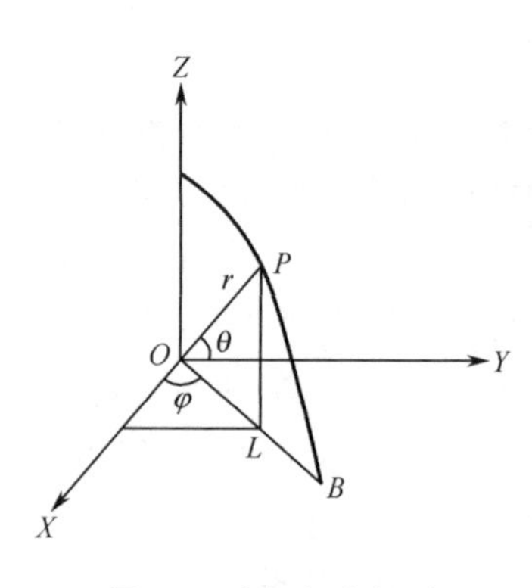

图 5.4　空间极坐标系

设 P 为已知的空间一点，由 P 向 XY 面作垂线，垂足为 L，用 r 表示径向距离，$\angle POB$、$\angle XOB$ 分别用 θ（俯仰角）、φ（方位角）表示，由 r、θ、φ 这三个数就可以确定 P 的位置。这样，数组（r,φ,θ）叫作点 P 的球面坐标或空间极坐标，如图 5.4 所示。

3．地球坐标系

地球坐标系是一种惯性坐标系，坐标系的原点选在地球球心，X_g 轴为地球的自旋轴，从地球球心指向北极，Y_g 轴被定义为在赤道平面上从地球球心指向子午线的轴线，Z_g 轴是 X_g 轴和 Y_g 轴的正交结果，如图 5.5 所示。需要说明的是，在不同的实际应用中，地球坐标系各坐标轴的定义可能会有所不同。

通常，该坐标系中的目标坐标用经度、纬度和高度表示，因而这种坐标系也常称为地理坐标系。当雷达将探测的目标信息上报时，目标的位置信息经常用地理坐标表示。

4．NED 坐标系

雷达站北东下（NED）坐标系是适用于空载系统对目标进行跟踪的一种局部坐标系[24]，其原点设在载体质心上，N 为地理指北针方向，E 为地球自转切线方向，D 为载体质心指向地心的方向，如图 5.6 所示。NED 坐标系是一种局部稳定坐标系，它不是一种严格的惯性坐标系。因为当运动平台经过地球表面时，坐标系中的 D 轴将缓慢地改变它在空间的指向。然而，除在北极附近外，这种转动的影响可以忽略不计。因此，对运动平台来说，NED 坐标系是一个近似惯性坐标系。

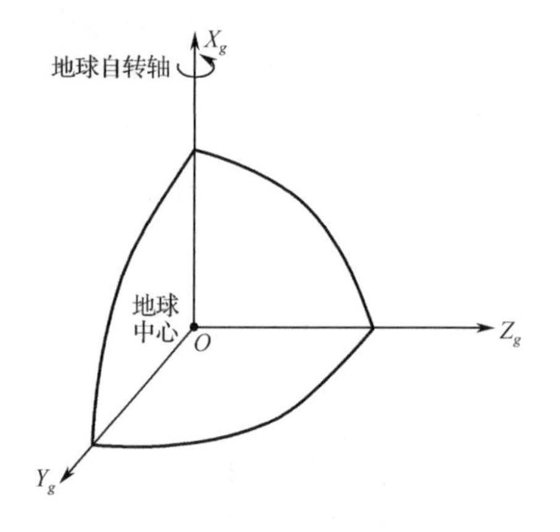

图 5.5　地球坐标系

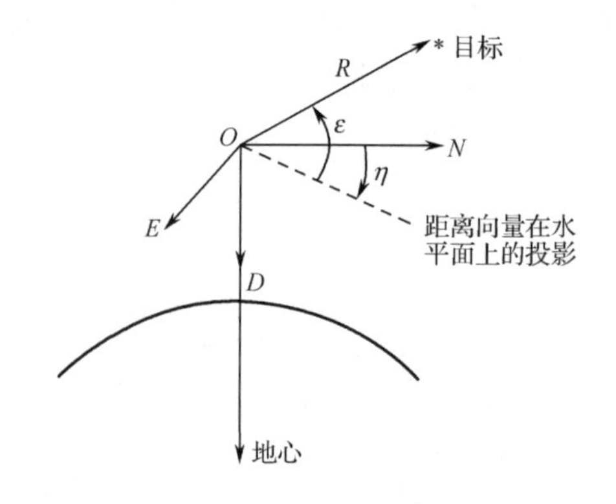

图 5.6　NED 坐标系

5．NEU 坐标系

雷达站北东天（NEU）坐标系是对空间目标进行跟踪时常用的一种非惯性局部坐标系，其与地球表面固连，坐标原点可以在地球表面上任选，通常取传感器所在点作为坐标原点 O_s，O_sX_s 轴与地球表面相切，指向东；O_sY_s 轴与地球表面相切，指向北，O_sZ_s 轴垂直于 $O_sX_sY_s$ 平面，与其他两个坐标轴构成右手坐标系[22,23]，参见图 5.2。

6．载体坐标系

载体坐标系[1]的原点取在载体质心上，对于舰载传感器来说，其 X_d 轴为舰首正方向，Z_d 轴为甲板平面的铅垂线，指向空中，Y_d 轴为舰艇右舷止方向，如图 5.7 所示。对于机载传感器，其 X_d 轴为载机纵轴机头正方向；Y_d 轴为右机翼正方向；Z_d 轴由右手螺旋定律确定，并指向机身下方。载体坐标系通常用于舰载或机载雷达对目标的空间位置进行测量。

7．雷达天线坐标系

雷达天线坐标系的原点设在雷达俯仰轴与波束轴线交点处，R 轴为雷达波束轴线瞄准方向，E 轴与 D 轴是与 R 轴垂直的一对正交轴，R、E 与 D 三轴依次构成右手关系。

8．目标视线坐标系

目标视线坐标系[9]的原点与雷达天线坐标系相同，R' 轴是天线焦点与目标连线方向，E' 轴与 D' 轴是与 R' 轴垂直的一对正交轴，R'、E' 与 D' 三轴依次构成右手关系。雷达天线坐标系与目标视线坐标系的关系如图 5.8 所示。雷达天线坐标系和目标视线坐标系也常常用于雷达对目标空间位置的测量。

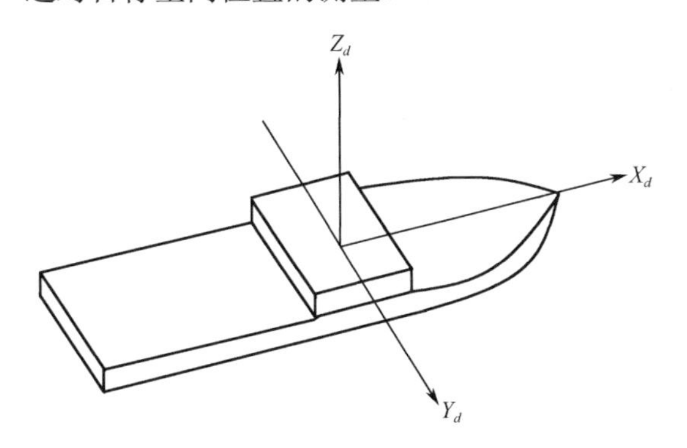

图 5.7　舰载传感器坐标系

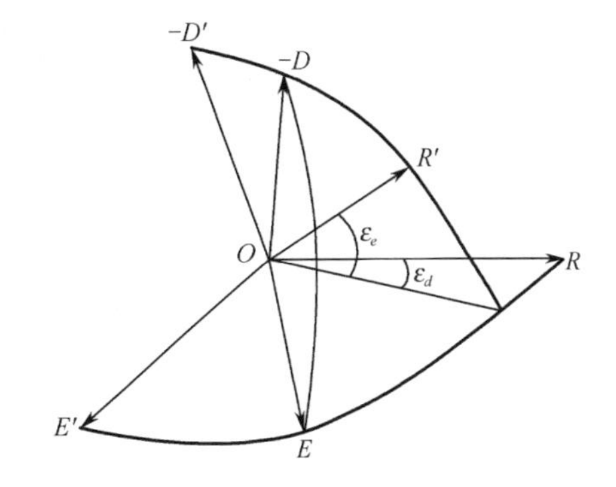

图 5.8　雷达天线坐标系与目标视线坐标系的关系

5.3.2　坐标变换

在雷达跟踪系统中，所谓坐标变换的问题是：已知两个坐标系，根据二者之间的位置关系，可以给出同一点的两组坐标间的位置关系，并且根据这个关系式，可以把同一目标的空间位置用不同的空间坐标系表示，从而可以方便地进行整个雷达跟踪系统的目标测量和数据处理。

坐标变换主要有两种方式：一种是平移变换；另一种是旋转变换。平移变换只改变原点的位置而不改变轴的方向，而旋转变换改变轴的方向而不改变原点的位置。任何系统的坐标变换都可通过这两种变换方式或其中一种变换方式完成。

1．平移变换

坐标平移变换如图 5.9 所示，将坐标轴自第一位置 OX、OY 与 OZ 平行移到第二位置 $O'X'$、$O'Y'$与 $O'Z'$，即 $O'X'$、$O'Y'$与 $O'Z'$分别平行于 OX、OY 与 OZ，把这种方法叫作坐标系的平移。

假设新原点 O' 关于旧坐标系的坐标是(a,b,c)，P 点关于旧坐标系和新坐标系的坐标分别是（x,y,z）和（x',y',z'），于是根据图 5.9 的空间几何关系，可以得出

$$\begin{cases} x = x' + a \\ y = y' + b \\ z = z' + c \end{cases} \tag{5.10}$$

或

$$\begin{cases} x' = x - a \\ y' = y - b \\ z' = z - c \end{cases} \tag{5.11}$$

式（5.10）和式（5.11）称作坐标轴平移下的坐标变换公式，简称为平移公式。

2．旋转变换

空间坐标系的旋转，就是原点不动，而坐标轴的方向变动，但单位线段不动。为了说明旋转变换的公式推导过程，我们先研究一种较简单的情况，这就是一个坐标轴不动，另外两个坐标轴围绕这个轴旋转的情况，如图 5.10 所示。在图 5.10 中，OX、OY 依相同方向绕 OZ 轴旋转 θ 角，得到 OX'、OY'，而 OZ 不动，即坐标系 $OXYZ$ 经过逆时针旋转后得到 $OX'Y'Z$ 。如果一点 P 在旧坐标系和新坐标系下的坐标分别是（x,y,z）和（x',y',z'），则这点的 Z 轴坐标显然不变，而 Y 轴、X 轴的坐标改变了。根据图 5.10 中各点的几何关系，可得到以下公式

$$\begin{cases} x' = x\cos\theta + y\sin\theta \\ y' = -x\sin\theta + y\cos\theta \\ z' = z \end{cases} \tag{5.12}$$

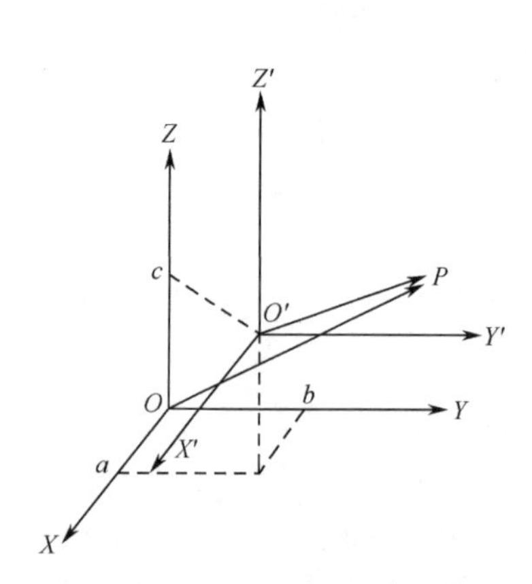

图 5.9　坐标平移变换

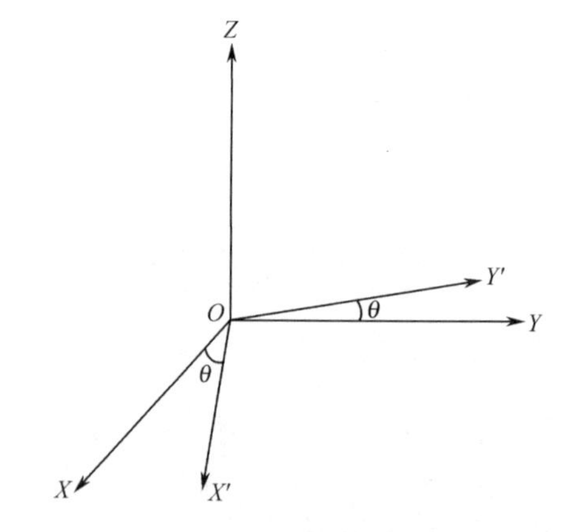

图 5.10　单坐标轴旋转空间几何关系

同样当坐标系绕 X 轴或 Y 轴逆时针旋转时，可分别得到类似的公式，即

$$\begin{cases} x' = x \\ y' = y\cos\theta + z\sin\theta \\ z' = -y\sin\theta + z\cos\theta \end{cases} \tag{5.13}$$

$$\begin{cases} x' = x\cos\theta - z\sin\theta \\ y' = y \\ z' = x\sin\theta + z\cos\theta \end{cases} \tag{5.14}$$

在雷达数据处理系统中，为了表述方便，通常将目标的空间坐标位置用向量表示。假

设式（5.12）～式（5.14）中旧坐标系和新坐标系下的坐标分别用向量 $\boldsymbol{X}_a=[x\ \ y\ \ z]'$ 和 $\boldsymbol{X}_b=[x'\ \ y'\ \ z']'$，其中矩阵外的上标 ′ 表示转置，空间某坐标系定义为 $OX_aY_aZ_a$，则该坐标系下与式（5.12）～式（5.14）对应的旋转变换后的坐标用向量形式分别可表示为

$$\boldsymbol{X}_b=\boldsymbol{L}_1\boldsymbol{X}_a \tag{5.15}$$

$$\boldsymbol{X}_b=\boldsymbol{L}_2\boldsymbol{X}_a \tag{5.16}$$

$$\boldsymbol{X}_b=\boldsymbol{L}_3\boldsymbol{X}_a \tag{5.17}$$

式中

$$\boldsymbol{L}_1(\theta)=\begin{bmatrix}\cos\theta & \sin\theta & 0\\ -\sin\theta & \cos\theta & 0\\ 0 & 0 & 1\end{bmatrix} \tag{5.18}$$

$$\boldsymbol{L}_2(\theta)=\begin{bmatrix}1 & 0 & 0\\ 0 & \cos\theta & \sin\theta\\ 0 & -\sin\theta & \cos\theta\end{bmatrix} \tag{5.19}$$

$$\boldsymbol{L}_3(\theta)=\begin{bmatrix}\cos\theta & 0 & -\sin\theta\\ 0 & 1 & 0\\ \sin\theta & 0 & \cos\theta\end{bmatrix} \tag{5.20}$$

称为绕 Z 轴、X 轴、Y 轴的基本旋转矩阵。任何两坐标系的旋转变换关系可由基本旋转矩阵的合成得到。

如果坐标系 $OX_bY_bZ_b$ 是由坐标系 $OX_aY_aZ_a$ 依次绕 X 轴、Y 轴、Z 轴逆时针旋转角度 φ_1、φ_2、φ_3 后得到的，则新坐标系下的坐标向量 $\boldsymbol{X}_b$ 和原坐标系下的坐标向量 $\boldsymbol{X}_a$ 之间的旋转变换关系为

$$\boldsymbol{X}_b=\boldsymbol{L}_{ba}\boldsymbol{X}_a \tag{5.21}$$

式中

$$\boldsymbol{L}_{ba}=\boldsymbol{L}_1(\varphi_1)\cdot\boldsymbol{L}_2(\varphi_2)\cdot\boldsymbol{L}_3(\varphi_3) \tag{5.22}$$

称为由坐标系 $OX_aY_aZ_a$ 到坐标系 $OX_bY_bZ_b$ 的变换矩阵。

不难证明，坐标变换矩阵 $\boldsymbol{L}_{ba}$ 满足如下的可逆和正交条件，即

$$\boldsymbol{L}'_{ba}=\boldsymbol{L}^{-1}_{ba}=\boldsymbol{L}_{ab} \tag{5.23}$$

5.3.3　常用坐标系间的变换关系[9,21-23]

1．直角坐标系与极坐标系

空间点 P 在两坐标系中存在的几何关系参见图 5.4。

我们把点 P 在空间极坐标系中目标的位置记为（r,φ,θ），在直角坐标系中的坐标位置记为（x,y,z），则传感器极坐标系与直角坐标系之间的变换关系为

$$\begin{cases}x=r\cos\varphi\cos\theta\\ y=r\sin\varphi\cos\theta\\ z=r\sin\theta\end{cases} \tag{5.24}$$

或

$$\begin{cases} r = \sqrt{x^2 + y^2 + z^2} \\ \varphi = \arctan^{-1}\left(\dfrac{y}{x}\right) \\ \theta = \sec^{-1}\left(\dfrac{z}{r}\right) \end{cases} \tag{5.25}$$

2. NED 坐标系与舰载坐标系

假设舰艇横摇的角度为 R（右摇为正），纵摇的角度为 P（船首抬起时为正），舰船的航向和正北方向之间的角度为 a_n（当航向右偏离正北方向时，a_n 为正）。舰载坐标系用 $OX_dY_dZ_d$ 表示，该坐标系经过横摇、纵摇和 Z 轴旋转变换后的坐标系依次用 $OX'_dY'_dZ'_d$、$OX''_dY''_dZ''_d$ 和 $OX_NY_EZ_D$ 表示，如图 5.11 所示，其中图（c）OX_N、OY_E、OZ_D 分别表示 NED 坐标系的三个轴。根据图 5.11 所示两个坐标系轴线之间的旋转关系，我们可以确定 3 个基本旋转矩阵为

$$\boldsymbol{L}_1(R) = \begin{bmatrix} 1 & 0 & 0 \\ 0 & \cos R & \sin R \\ 0 & -\sin R & \cos R \end{bmatrix} \tag{5.26}$$

$$\boldsymbol{L}_2(P) = \begin{bmatrix} \cos P & 0 & -\sin P \\ 0 & 1 & 0 \\ \sin P & 0 & \cos P \end{bmatrix} \tag{5.27}$$

$$\boldsymbol{L}_3(a_n) = \begin{bmatrix} \cos a_n & \sin a_n & 0 \\ -\sin a_n & \cos a_n & 0 \\ 0 & 0 & 1 \end{bmatrix} \tag{5.28}$$

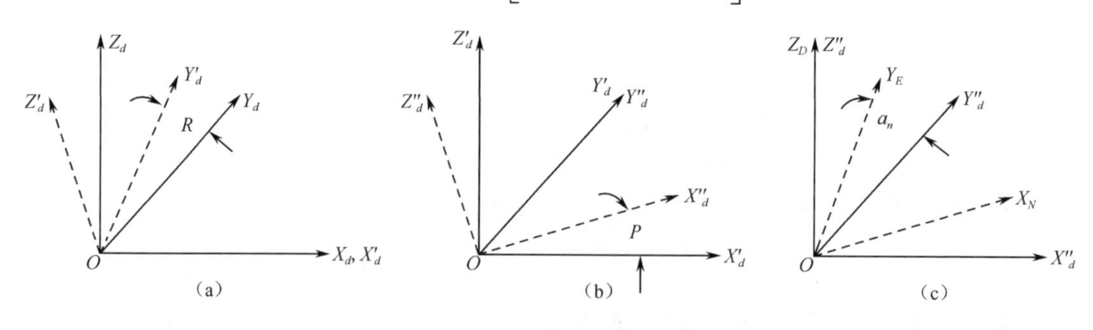

图 5.11　NED 坐标系与舰载坐标系的坐标轴线之间旋转关系

最后，可得坐标变换矩阵 $\boldsymbol{L}$ 为

$$\boldsymbol{L} = \boldsymbol{L}_1(R)\boldsymbol{L}_2(P)\boldsymbol{L}_3(a_n) = \begin{bmatrix} T_{11} & T_{12} & T_{13} \\ T_{21} & T_{22} & T_{23} \\ T_{31} & T_{32} & T_{33} \end{bmatrix} \tag{5.29}$$

式中

$$T_{11} = \cos a_n \cos P$$
$$T_{12} = \sin a_n \cos P$$
$$T_{13} = -\sin P$$
$$T_{21} = \cos a_n \sin P \sin R - \sin a_n \cos R$$

$$T_{22} = \sin a_n \sin P \sin R + \cos a_n \cos R$$
$$T_{23} = \cos P \sin R$$
$$T_{31} = \cos a_n \sin P \cos R + \sin R \sin a_n$$
$$T_{32} = \sin a_n \sin P \cos R - \sin R \cos a_n$$
$$T_{33} = \cos P \cos R$$

舰载坐标系属于载体坐标系中的一种，其他载体坐标系与 NED 坐标系之间的坐标变换同样可根据上述方法获得。

3．NED 坐标系与地球直角坐标系

NED 坐标系与地球直角坐标系的坐标轴线之间旋转关系如图 5.12 所示，设雷达的经度、纬度、高度和大地方位角分别为 L、B、H、A，则其在地球直角坐标系中的坐标为[5]

$$\begin{cases} x_o = [N_R(1-e_1^2)+H]\sin B \\ y_o = (N_R+H)\cos B \cos L \\ z_o = (N_R+H)\cos B \sin L \end{cases} \tag{5.30}$$

式中，$e_1^2 = \dfrac{a^2-b^2}{a^2}$ 为第一偏心率；$N_R = \dfrac{a}{\sqrt{1-e_1^2 \sin^2 B}}$；$a$ 为长半轴；b 为短半轴。如果采用 WGS-84 坐标系，则 a=6 378 137 m，b=6 356 752 m。

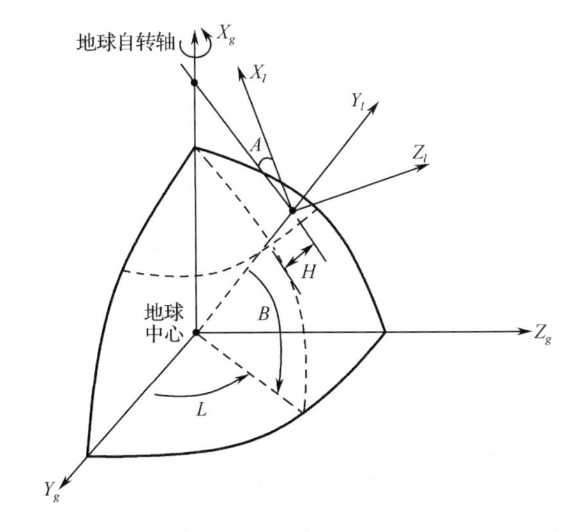

图 5.12　NED 坐标系与地球直角坐标系的坐标轴线之间旋转关系

假设目标点在 NED 坐标系与地球直角坐标系下的坐标参数分别为 $\boldsymbol{X}_l = (x_l, y_l, z_l)$，$\boldsymbol{X}_g = (x_g, y_g, z_g)$。根据图 5.12，可得到 NED 坐标系与地球直角坐标系的转换关系为

$$\boldsymbol{X}_g = \boldsymbol{T}\boldsymbol{X}_l + \boldsymbol{X}_o \tag{5.31}$$

式中

$$\boldsymbol{T} = \boldsymbol{R}_x(-L)\boldsymbol{R}_z(B)\boldsymbol{R}_y(A)$$

式中

$$\boldsymbol{R}_x(-L)=\begin{bmatrix}1 & 0 & 0\\ 0 & \cos\theta & \sin\theta\\ 0 & -\sin\theta & \cos\theta\end{bmatrix},\quad \boldsymbol{R}_y(A)=\begin{bmatrix}\cos\theta & 0 & -\sin\theta\\ 0 & 1 & 0\\ \sin\theta & 0 & \cos\theta\end{bmatrix},\quad \boldsymbol{R}_z(B)=\begin{bmatrix}\cos\theta & \sin\theta & 0\\ -\sin\theta & \cos\theta & 0\\ 0 & 0 & 1\end{bmatrix}$$

4．天线坐标系和目标视线坐标系

天线坐标系和目标视线坐标系[9]在目标被正确跟踪状态下，二者完全重合为同一坐标系。在目标未被正确跟踪状态时，则具有在 $R'OD'$ 平面上的俯仰角误差 ε_e 和在 $R'OE'$ 平面上的方位角误差 ε_d，角度正向，如图 5.8 所示。假设目标点在天线坐标系与目标视线坐标系下的坐标参数分别为 $\boldsymbol{X}_R=(x_r,e_r,d_r)$，$\boldsymbol{X}_{R'}=(x_{r'},e_{r'},d_{r'})$，则天线坐标系与目标视线坐标的转换关系为

$$\boldsymbol{X}_{R'}=\boldsymbol{T}_{rr'}\boldsymbol{X}_R \tag{5.32}$$

式中，$\boldsymbol{T}_{rr'}=\boldsymbol{R}_E(\varepsilon_e)\boldsymbol{R}_D(\varepsilon_d)$，并且，

$$\boldsymbol{R}_E(\varepsilon_e)=\begin{bmatrix}\cos\varepsilon_e & 0 & -\sin\varepsilon_e\\ 0 & 1 & 0\\ \sin\varepsilon_e & 0 & \cos\varepsilon_e\end{bmatrix},\quad \boldsymbol{R}_D(\varepsilon_d)=\begin{bmatrix}\cos\varepsilon_d & \sin\varepsilon_d & 0\\ -\sin\varepsilon_d & \cos\varepsilon_d & 0\\ 0 & 0 & 1\end{bmatrix}$$

5．NED 坐标系间的转换

对于组网雷达系统来说，为了充分利用各雷达的探测信息，必须将各雷达的探测数据转换到统一的坐标系中，这就是在组网雷达系统中的空间配准问题。在组网雷达系统中，常用的空间配准方法就是先将各雷达的测量坐标系转换到各自的 NED 坐标系中，再用 NED 坐标系完成不同雷达设备之间的坐标系转换。下面主要讲述不同雷达设备之间的 NED 坐标系转换问题。

假设 i 和 j 雷达测量坐标系坐标原点的经度、纬度、高度和大地方位角分别为 L_i、B_i、H_i、A_i 和 L_j、B_j、H_j、A_j；目标点在两测量坐标系下的位置参数分别为 $\boldsymbol{X}_{li}=(x_{li},y_{li},z_{li})$，$\boldsymbol{X}_{lj}=(x_{lj},y_{lj},z_{lj})$；根据式（5.30）可以获得 i 和 j 雷达的地球直角坐标分别为 $\boldsymbol{X}_{oi}$ 和 $\boldsymbol{X}_{oj}$；根据式（5.31），可以分别获得 i 和 j 雷达的 NED 坐标系与地球直角坐标系的转换关系为

$$\boldsymbol{X}_g=\boldsymbol{T}_i\boldsymbol{X}_{li}+\boldsymbol{X}_{oi}$$

$$\boldsymbol{X}_g=\boldsymbol{T}_j\boldsymbol{X}_{lj}+\boldsymbol{X}_{oj}$$

根据上式，可以得到 i 和 j 雷达的 NED 坐标系之间的变换关系为

$$\boldsymbol{X}_{lj}=\boldsymbol{T}_j^{-1}\boldsymbol{T}_i\boldsymbol{X}_{li}+\boldsymbol{T}_j^{-1}(\boldsymbol{X}_{oi}-\boldsymbol{X}_{oj}) \tag{5.33}$$

在许多实际的工程应用中，可根据具体的情况，采取一些简单的转换方法。例如，当各雷达的相互间距离比较近时，两者的 NED 坐标系可近似认为是平行的，从而可采用平移变换的方法来完成两者的坐标转换。另外，对于地面固定雷达，可以在系统运行前事先计算好各雷达设备的坐标转换关系，从而减少转换所需的计算量。

6．ECEF 坐标系与 ECI 坐标系

设空间目标在 ECEF 坐标系下的坐标为 (x_F,y_F,z_F)，在 ECI 坐标系下的坐标为 (x_I,y_I,z_I)，设 L_t 为任意时刻 t 弹道目标 ECEF 坐标系的 X_F 轴与 ECI 坐标系的 X_I 轴相差的角度，参见图 5.2。为了方便讨论，通常假定参考时刻 ECEF 坐标系和 ECI 坐标系是重合的[22,23]，并假设目标关机时刻为参考时刻，即该初始时刻 L_0=0，且 ECEF 坐标系和 ECI 坐标系下的目标位置

坐标相同。从关机点经过时间 t 后 OX_I 和 OX_F 的夹角为

$$L_t = \omega \cdot t \tag{5.34}$$

这里，ω 为地球自转角速度。

因此，t 时刻目标在 ECEF 和 ECI 坐标系下的转换关系为

$$\begin{bmatrix} x_I \\ y_I \\ z_I \end{bmatrix} = \boldsymbol{C}_{\text{ECEF}}^{\text{ECI}} \begin{bmatrix} x_F \\ y_F \\ z_F \end{bmatrix} \tag{5.35}$$

其中，$\boldsymbol{C}_{\text{ECEF}}^{\text{ECI}}$ 为 ECEF 坐标系到 ECI 坐标系的转换矩阵，且

$$\boldsymbol{C}_{\text{ECEF}}^{\text{ECI}} = \begin{bmatrix} \cos L_t & \sin L_t & 0 \\ -\sin L_t & \cos L_t & 0 \\ 0 & 0 & 1 \end{bmatrix}^{-1}$$

7. ECEF 坐标系与 NEU 坐标系

假设 B、L、H 分别为 WGS-84 坐标系中的雷达站中心的纬度、经度和大地高程，则 ECEF 坐标系下的目标位置 (x_F, y_F, z_F) 转换到 NEU 坐标系下的坐标为

$$\begin{bmatrix} x_U \\ y_U \\ z_U \end{bmatrix} = \boldsymbol{C}_{\text{ECEF}}^{\text{NEU}} \begin{bmatrix} x_F \\ y_F \\ z_F \end{bmatrix} - \begin{bmatrix} 0 \\ -Ne^2 \sin B \cos B \\ N + H - Ne^2 \sin^2 B \end{bmatrix} \tag{5.36}$$

其中，N 为雷达站站心所在点的卯酉圈曲率半径，e 为地球第一偏心率，$\boldsymbol{C}_{\text{ECEF}}^{\text{NEU}}$ 为 ECEF 坐标系到雷达站 NEU 坐标系的转换矩阵，且

$$\boldsymbol{C}_{\text{ECEF}}^{\text{NEU}} = \begin{bmatrix} -\sin L & \cos L & 0 \\ -\cos L \sin B & -\sin L \sin B & \cos B \\ \cos L \cos B & \sin L \cos B & \sin B \end{bmatrix}$$

8. ECI 坐标系与 NEU 坐标系

从 ECI 坐标系转换到雷达站 NEU 坐标系下的转换方程为

$$\begin{bmatrix} x_U \\ y_U \\ z_U \end{bmatrix} = \boldsymbol{C}_{\text{ECI}}^{\text{NEU}} \begin{bmatrix} x_I \\ y_I \\ z_I \end{bmatrix} - \begin{bmatrix} 0 \\ -Ne^2 \sin B \cos B \\ N + H - Ne^2 \sin^2 B \end{bmatrix} \tag{5.37}$$

其中，$\boldsymbol{C}_{\text{ECI}}^{\text{NEU}}$ 为 ECI 坐标系到雷达站 NEU 坐标系的转换矩阵，且

$$\boldsymbol{C}_{\text{ECI}}^{\text{NEU}} = \begin{bmatrix} -\sin(L+\omega t) & \cos(L+\omega t) & 0 \\ -\cos(L+\omega t)\sin B & -\sin(L+\omega t)\sin B & \cos B \\ \cos(L+\omega t)\cos B & \sin(L+\omega t)\cos B & \sin B \end{bmatrix}$$

5.3.4　常用坐标系中的跟踪问题

在多目标跟踪（MTT）系统中，坐标系的选择不同，则系统状态模型和传感器观测模型也有所区别，为此，这里从坐标系的角度出发，可将现有的多目标跟踪归结为三类[25-27]：直角坐标系、极坐标系和混合坐标系中的跟踪问题。

1. 直角坐标系中的跟踪问题

直角坐标系是一种最常用的坐标系，在目标跟踪问题中，它的最大优点是在滤波时，允许用线性方程对目标的运动特性外推。例如，如果给定目标的速度和加速度估计值，则目标的位置预测可以简单地用以下线性方程来计算

$$x(k+1)=x(k)+Tv(k)+\frac{T^2}{2}a(k) \tag{5.38}$$

为了用线性滤波方法对目标进行跟踪，需要将雷达极/球坐标系下的测量数据转化到直角坐标系下，对应的数据处理方法是转换测量卡尔曼滤波方法，该方法先通过坐标转换，将极坐标系下的测量值转换到直角坐标系中，再用卡尔曼滤波技术对转换后的数据进行处理[28,29]。下面，分别简单叙述二维和三维情况下的转换测量卡尔曼滤波方法。

1）二维情况

若雷达在极坐标系下的距离和方位角测量数据分别为ρ、θ，则有

$$\begin{cases}\rho=\rho_z+\mathrm{d}\rho\\ \theta=\theta_z+\mathrm{d}\theta\end{cases} \tag{5.39}$$

式中，ρ_z和θ_z分别为目标真实的距离和方位角数据；$\mathrm{d}\rho$和$\mathrm{d}\theta$为相应的测量误差，且其均值为0，方差分别为σ_ρ^2和σ_θ^2，该情况描述的是两坐标雷达数据处理问题。

通过极-直坐标转换，可得直角坐标系下的转换量测向量$\boldsymbol{Z}(k)$为

$$\boldsymbol{Z}(k)=\begin{bmatrix}z_1(k)\\ z_2(k)\end{bmatrix}=\begin{bmatrix}x(k)\\ y(k)\end{bmatrix} \tag{5.40}$$

式中

$$\begin{cases}x=\rho\cos\theta\\ y=\rho\sin\theta\end{cases} \tag{5.41}$$

由式（5.41）可得直角坐标系下的转换测量误差为

$$\begin{cases}\mathrm{d}x=\mathrm{d}\rho\cos\theta-\rho\sin\theta\mathrm{d}\theta\\ \mathrm{d}y=\mathrm{d}\rho\sin\theta+\rho\cos\theta\mathrm{d}\theta\end{cases} \tag{5.42}$$

该转换测量误差是零均值的随机变量，其方差和互协方差分别为

$$\begin{cases}\sigma_x^2=\sigma_\rho^2\cos^2\theta+\rho^2\sin^2\theta\sigma_\theta^2\\ \sigma_y^2=\sigma_\rho^2\sin^2\theta+\rho^2\cos^2\theta\sigma_\theta^2\\ \sigma_{xy}=(\sigma_\rho^2-\rho^2\sigma_\theta^2)\sin\theta\cos\theta\end{cases} \tag{5.43}$$

则k时刻直角坐标系下的转换测量误差协方差矩阵为

$$\boldsymbol{R}(k)=\begin{bmatrix}\sigma_x^2 & \sigma_{xy}\\ \sigma_{xy} & \sigma_y^2\end{bmatrix}=\begin{bmatrix}r_{11} & r_{12}\\ r_{12} & r_{22}\end{bmatrix} \tag{5.44}$$

在雷达测量数据是二维的情况下，只有距离和方位角测量数据ρ和θ，此时若状态向量取为$\boldsymbol{X}(k)=[x\ \dot{x}\ y\ \dot{y}]'$，则可用式（3.62）和式（3.65）对转换测量 Kalman 滤波器进行初始化；若状态向量取为$\boldsymbol{X}(k)=[x\ \dot{x}\ \ddot{x}\ y\ \dot{y}\ \ddot{y}]'$，则转换测量 Kalman 滤波器的初始状态为

$$\hat{\boldsymbol{X}}(2|2)=\begin{bmatrix} z_1(2) \\ [z_1(2)-z_1(1)]/T \\ \{[z_1(2)-z_1(1)]/T-[z_1(1)-z_1(0)]/T\}/T \\ z_2(2) \\ [z_2(2)-z_2(1)]/T \\ \{[z_2(2)-z_2(1)]/T-[z_2(1)-z_2(0)]/T\}/T \end{bmatrix} \tag{5.45}$$

式中，z_1、z_2分别为式（5.40）给出的量测向量中的对应元素，可由式（5.40）获得。初始协方差矩阵为

$$\boldsymbol{P}(2|2)=\begin{bmatrix} \boldsymbol{P}_{11} & \boldsymbol{P}_{12} \\ \boldsymbol{P}_{21} & \boldsymbol{P}_{22} \end{bmatrix} \tag{5.46}$$

式中，$\boldsymbol{P}_{11}$、$\boldsymbol{P}_{12}$、$\boldsymbol{P}_{21}$、$\boldsymbol{P}_{22}$为分块矩阵，且

$$\boldsymbol{P}_{ij}=\begin{bmatrix} r_{ij}(2) & \dfrac{r_{ij}(2)}{T} & \dfrac{r_{ij}(2)}{T^2} \\ \dfrac{r_{ij}(2)}{T} & \dfrac{r_{ij}(2)+r_{ij}(1)}{T^2} & \dfrac{r_{ij}(2)+2r_{ij}(1)}{T^3} \\ \dfrac{r_{ij}(2)}{T^2} & \dfrac{r_{ij}(2)+2r_{ij}(1)}{T^3} & \dfrac{r_{ij}(2)+4r_{ij}(1)+r_{ij}(0)}{T^4} \end{bmatrix},\quad i=1,2;\ j=1,2 \tag{5.47}$$

式中，r_{ij}为转换测量误差协方差矩阵$\boldsymbol{R}(k)$中的对应元素，可由式（5.44）获得，并且滤波器从k=3时刻开始工作。

由雷达在极坐标系下的距离ρ和方位角测量数据θ可得直角坐标系下的目标x轴位置

$$\begin{aligned} x=\rho\cos\theta &=(\rho_z+\tilde{\rho})\cos(\theta_z+\tilde{\theta}) \\ &=(\rho_z+\tilde{\rho})(\cos\theta_z\cos\tilde{\theta}-\sin\theta_z\sin\tilde{\theta}) \\ &=\rho_z\cos\theta_z\cos\tilde{\theta}+\tilde{\rho}\cos\theta_z\cos\tilde{\theta}-\rho_z\sin\theta_z\sin\tilde{\theta}-\tilde{\rho}\sin\theta_z\sin\tilde{\theta} \end{aligned} \tag{5.48}$$

目标x轴位置也可表示为

$$x=x_z+\tilde{x}=\rho_z\cos\theta_z+\tilde{x} \tag{5.49}$$

式中，x_z为目标x轴的真实位置。

由式（5.48）和式（5.49）可得目标x轴位置误差$\tilde{x}$为

$$\tilde{x}=\rho_z\cos\theta_z\cos\tilde{\theta}+\tilde{\rho}\cos\theta_z\cos\tilde{\theta}-\rho_z\sin\theta_z\sin\tilde{\theta}-\tilde{\rho}\sin\theta_z\sin\tilde{\theta}-\rho_z\cos\theta_z \tag{5.50}$$

进而可得

$$E[\tilde{x}]=E[\cos\tilde{\theta}]\rho_z\cos\theta_z-\rho_z\cos\theta_z-\rho_z\sin\theta_z E[\sin\tilde{\theta}] \tag{5.51}$$

由于

$$\begin{cases} \cos\tilde{\theta}=1-\dfrac{\tilde{\theta}^2}{2!}+\dfrac{\tilde{\theta}^4}{4!}-\dfrac{\tilde{\theta}^6}{6!}+\cdots+(-1)^n\dfrac{\tilde{\theta}^{2n}}{(2n)!}+\cdots \\ \sin\tilde{\theta}=\tilde{\theta}-\dfrac{\tilde{\theta}^3}{3!}+\dfrac{\tilde{\theta}^5}{5!}+\cdots+(-1)^{n-1}\dfrac{\tilde{\theta}^{2n-1}}{(2n-1)!}+\cdots \end{cases} \tag{5.52}$$

并且

$$E\{\tilde{\theta}^n\}=\sigma_\theta^n(n-1)(n-3)(n-5)\cdots$$

可得$E[\sin\tilde{\theta}]=0$和

$$E[\cos\tilde{\theta}]=1-\frac{E[\tilde{\theta}^2]}{2!}+\frac{E[\tilde{\theta}^4]}{4!}-\frac{E[\tilde{\theta}^6]}{6!}+\cdots+(-1)^n\frac{E[\tilde{\theta}^{2n}]}{(2n)!}+\cdots$$
$$=1-\frac{\sigma_\theta^2}{2!}+\frac{3\sigma_\theta^4}{4!}-\frac{5\cdot3\cdot\sigma_\theta^6}{6!}+\cdots+(-1)^n\frac{(2n-1)!\sigma_\theta^{2n}}{(2n)!}+\cdots$$
$$\overset{x=\frac{\sigma_\theta^2}{2}}{=}1-\frac{x}{1!}+\frac{x^2}{2!}-\frac{x^3}{3!}+\cdots+(-1)^n\frac{x^n}{n!}+\cdots=\mathrm{e}^{-x}\overset{x=\frac{\sigma_\theta^2}{2}}{=}\mathrm{e}^{-\sigma_\theta^2/2} \tag{5.53}$$

由式（5.51）和式（5.53）可得

$$E[\tilde{x}]=\mathrm{e}^{-\sigma_\theta^2/2}\rho_z\cos\theta_z-\rho_z\cos\theta_z \tag{5.54}$$

而由式（5.49）和式（5.54）可得

$$E[x]=E[\rho\cos\theta]=\rho_z\cos\theta_z+E[\tilde{x}]=\mathrm{e}^{-\sigma_\theta^2/2}\rho_z\cos\theta_z\neq\rho_z\cos\theta_z=E[x_z]$$

同理，对于目标的y轴数据也有类似的结果，由于式（5.41）给出的极-直坐标转换方程中包含了非线性转换，所以它给出的直角坐标系下的估计结果为有偏估计。

通过对这种有偏估计进行补偿，即设$x^u=\mathrm{e}^{\sigma_\theta^2/2}\rho\cos\theta$，则

$$E[x^u]=\mathrm{e}^{\sigma_\theta^2/2}E[\rho\cos\theta]=\mathrm{e}^{\sigma_\theta^2/2}E[\mathrm{e}^{-\sigma_\theta^2/2}\rho_z\cos\theta_z]=E[x_z] \tag{5.55}$$

则补偿后的转换测量数据是无偏的。

若设

$$\lambda_\theta=\mathrm{e}^{-\sigma_\theta^2/2} \tag{5.56}$$

则补偿后的目标位置数据为

$$x^u=\lambda_\theta^{-1}\rho\cos\theta \tag{5.57}$$

$$y^u=\lambda_\theta^{-1}\rho\sin\theta \tag{5.58}$$

补偿后的转换测量误差协方差矩阵$\boldsymbol{R}(k)$中的各元素分别为

$$r_{11}=\frac{1}{2}(\rho^2+\sigma_\rho^2)(1+\lambda_\theta'\cos2\theta)+(\lambda_\theta^{-2}-2)\rho^2\cos^2\theta \tag{5.59}$$

$$r_{22}=\frac{1}{2}(\rho^2+\sigma_\rho^2)(1-\lambda_\theta'\cos2\theta)+(\lambda_\theta^{-2}-2)\rho^2\sin^2\theta \tag{5.60}$$

$$r_{12}=\frac{1}{2}(\rho^2+\sigma_\rho^2)\lambda_\theta'\sin2\theta+(\lambda_\theta^{-2}-2)\rho^2\sin\theta\cos\theta \tag{5.61}$$

式中

$$\lambda_\theta'=\mathrm{e}^{-2\sigma_\theta^2}=\lambda_\theta^4 \tag{5.62}$$

去偏转换测量 Kalman 滤波器可用与式（5.45）相同的方法进行初始化，不过此时z_1、z_2分别是由式（5.57）和式（5.58）给出的元素，r_{ij}取由式（5.59）～式（5.61）给出的元素。

2）三维情况

若雷达在空间极坐标系下的距离、方位角和俯仰角测量数据分别为ρ、θ和ε，则有

$$\rho=\rho_z+\mathrm{d}\rho \tag{5.63}$$

$$\theta=\theta_z+\mathrm{d}\theta \tag{5.64}$$

$$\varepsilon=\varepsilon_z+\mathrm{d}\varepsilon \tag{5.65}$$

式中，ρ_z、θ_z和ε_z分别为目标真实的距离、方位角和俯仰角测量数据；$\mathrm{d}\rho$、$\mathrm{d}\theta$和$\mathrm{d}\varepsilon$为相应的测量误差，且其均值均为零，方差分别为σ_ρ^2、σ_θ^2和σ_ε^2，这种情况描述的是三维空间中的

雷达数据处理问题。

通过极-直坐标转换，可得直角坐标系下的转换量测值 $\boldsymbol{Z}(k)$ 为

$$\boldsymbol{Z}(k)=\begin{bmatrix} z_1(k) \\ z_2(k) \\ z_3(k) \end{bmatrix}=\begin{bmatrix} x(k) \\ y(k) \\ z(k) \end{bmatrix} \tag{5.66}$$

式中

$$x=\rho\cos\theta\cos\varepsilon \tag{5.67}$$

$$y=\rho\sin\theta\cos\varepsilon \tag{5.68}$$

$$z=\rho\sin\varepsilon \tag{5.69}$$

k 时刻直角坐标系下的转换测量误差协方差矩阵为

$$\boldsymbol{R}(k)=\begin{bmatrix} r_{11} & r_{12} & r_{13} \\ r_{12} & r_{22} & r_{23} \\ r_{13} & r_{23} & r_{33} \end{bmatrix}=\boldsymbol{A}\begin{bmatrix} \sigma_\rho^2 & 0 & 0 \\ 0 & \sigma_\theta^2 & 0 \\ 0 & 0 & \sigma_\varepsilon^2 \end{bmatrix}\boldsymbol{A}' \tag{5.70}$$

式中

$$\boldsymbol{A}=\begin{bmatrix} \cos\theta\cos\varepsilon & -\rho\sin\theta\cos\varepsilon & -\rho\cos\theta\sin\varepsilon \\ \sin\theta\cos\varepsilon & \rho\cos\theta\cos\varepsilon & -\rho\sin\theta\sin\varepsilon \\ \sin\varepsilon & 0 & \rho\cos\varepsilon \end{bmatrix} \tag{5.71}$$

同样地，三维情况下式（5.67）～式（5.69）给出的转换测量结果也是有偏差的，而对其进行补偿后的目标位置数据为

$$x=\lambda_\theta^{-1}\lambda_\varepsilon^{-1}\rho\cos\theta\cos\varepsilon \tag{5.72}$$

$$y=\lambda_\theta^{-1}\lambda_\varepsilon^{-1}\rho\sin\theta\cos\varepsilon \tag{5.73}$$

$$z=\lambda_\varepsilon^{-1}\rho\sin\varepsilon \tag{5.74}$$

补偿后的转换测量误差协方差矩阵中的各元素分别为

$$r_{11}=[(\lambda_\theta\lambda_\varepsilon)^{-2}-2]\rho^2\cos^2\theta\cos^2\varepsilon+\frac{1}{4}(\rho^2+\sigma_\rho^2)(1+\lambda_\theta'\cos 2\theta)(1+\lambda_\varepsilon'\cos 2\varepsilon) \tag{5.75}$$

$$r_{22}=[(\lambda_\theta\lambda_\varepsilon)^{-2}-2]\rho^2\sin^2\theta\cos^2\varepsilon+\frac{1}{4}(\rho^2+\sigma_\rho^2)(1-\lambda_\theta'\cos 2\theta)(1+\lambda_\varepsilon'\cos 2\varepsilon) \tag{5.76}$$

$$r_{33}=(\lambda_\varepsilon^{-2}-2)\rho^2\sin^2\varepsilon+\frac{1}{2}(\rho^2+\sigma_\rho^2)(1-\lambda_\varepsilon'\cos 2\varepsilon) \tag{5.77}$$

$$r_{12}=[(\lambda_\theta\lambda_\varepsilon)^{-2}-2]\rho^2\sin\theta\cos\theta\cos^2\varepsilon+\frac{1}{4}(\rho^2+\sigma_\rho^2)\lambda_\theta'\sin 2\theta(1+\lambda_\varepsilon'\cos 2\varepsilon) \tag{5.78}$$

$$r_{13}=(\lambda_\theta^{-1}\lambda_\varepsilon^{-2}-\lambda_\theta^{-1}-\lambda_\theta)\rho^2\cos\theta\sin\varepsilon\cos\varepsilon+\frac{1}{2}(\rho^2+\sigma_\rho^2)\lambda_\theta\lambda_\varepsilon'\cos\theta\sin 2\varepsilon \tag{5.79}$$

$$r_{23}=(\lambda_\theta^{-1}\lambda_\varepsilon^{-2}-\lambda_\theta^{-1}-\lambda_\theta)\rho^2\sin\theta\sin\varepsilon\cos\varepsilon+\frac{1}{2}(\rho^2+\sigma_\rho^2)\lambda_\theta\lambda_\varepsilon'\sin\theta\sin 2\varepsilon \tag{5.80}$$

式中

$$\lambda_\varepsilon=\mathrm{e}^{-\sigma_\varepsilon^2/2},\qquad \lambda_\varepsilon'=\mathrm{e}^{-2\sigma_\varepsilon^2}=\lambda_\varepsilon^4 \tag{5.81}$$

而 λ_θ、λ_θ' 同式（5.56）和式（5.62）。

在雷达测量数据是三维的情况下，若滤波采用匀速和匀加速模型，则可用式（3.67）、式（3.70）和式（3.71）、式（3.72）对转换测量 Kalman 滤波器进行初始化。

由于雷达的量测一般都是在极坐标系中完成的，因此直角坐标系下的目标跟踪存在如下问题：

① 为了把测量值（距离 r、方位角 θ、俯仰角 ε）变换到直角坐标系，必须获得目标的距离，但在有些情况下，不总是可以获得目标距离的，如红外（IR）探测器、PD 雷达的速度搜索状态。因此，限制了直角坐标系的应用范围。

② 在直角坐标系中，测量误差之间是相互耦合的。根据式（5.43）、式（5.61）以及式（5.78）和式（5.79），可以知道当 θ 和 ε 不为零或 $\frac{n\pi}{2}$ 时，σ_{xy}^2 将不为零，这说明量测误差之间是存在耦合的。因此，如果在 X 方向、Y 方向或 Z 方向采用独立解耦滤波器代替耦合滤波器会导致跟踪精度的下降。

2. 极坐标系中的跟踪问题

雷达的点迹录取一般在极坐标系下获得，因此采用极坐标允许跟踪和测量在同一坐标系中完成，从而避免了坐标之间的变换。在极坐标系中，观测误差是独立和稳定的，状态向量可以被分解，因而滤波器可以分解为三个简单滤波器，三个滤波器分别对距离、方位和仰角进行运算。然而，由于目标的动态特性不能用线性差分方程来描述，因此其对应的跟踪滤波器是非线性的。在以下的讨论中，我们将看到在极坐标系中，即使目标是匀速直线运动（见图 5.13），也会引起“伪加速度”[24]。而且，这些加速度与距离、角度的关系还是非线性的。

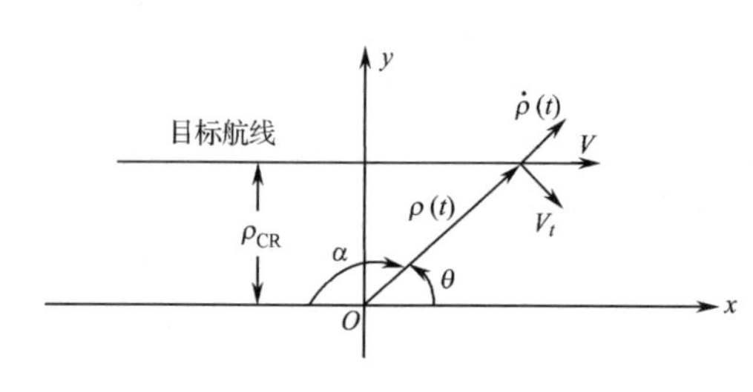

图 5.13　目标匀速直线运动情况

现在讨论图 5.13 所示的简单平面情况：匀速(V)直线运动目标 P 沿平行于 x 轴的航线运动。速度可分解为切向分量 V_t 和径向分量 $\dot{\rho}$，它们分别为

$$\begin{cases} V_t = V\sin\alpha \\ \dot{\rho} = V\cos\theta \end{cases} \tag{5.82}$$

在 α 增加的方向上 V_t 为正，而对于后退的目标 $\dot{\rho}$ 为正。切向分量 V_t 与角速度 $\dot{\alpha}(t)$ 有如下关系：

$$\dot{\alpha}(t) = \frac{V}{\rho(t)}\sin\alpha(t) \tag{5.83}$$

$\dot{\alpha}(t)$ 最大值 $\dot{\alpha}_{\max}$ 出现在横切距离 ρ_{CR} 处，并且式（5.83）中 $\alpha(t)$ 等于 $\frac{\pi}{2}$，于是以下公式成立

$$\begin{cases} \dot{\alpha}_{\max} = \dfrac{V}{\rho_{\mathrm{CR}}} \\ \dot{\alpha}(t) = \dot{\alpha}_{\max}\sin^2\alpha(t) \end{cases} \tag{5.84}$$

对式（5.84）中的 $\dot{\alpha}(t)$ 进行微分，可得如下角加速度

$$\ddot{\alpha}(t) = 2\dot{\alpha}_{\max}^2\sin^3\alpha(t)\cos\alpha(t) \tag{5.85}$$

根据上式，我们发现当 $\alpha(t)$ 不为 $\frac{n\pi}{2}$ $(n=1,2,\cdots)$ 时，采用极坐标系必然会出现角伪加速度，并且 $\ddot{\alpha}$ 和 α 之间是一种非线性关系。

下面讨论目标速度的径向分量，由式（5.82）可得

$$\dot{\rho}(t)=\dot{\rho}_{\max}\cos\theta(t) \tag{5.86}$$

式中，$\dot{\rho}_{\max}$ 等于目标速度 V。对上式微分，可得径向加速度为

$$\ddot{\rho}(t)=-\frac{V^2}{\rho(t)}\sin^2\theta(t) \tag{5.87}$$

它在横切距离 ρ_{CR} 处有最大值，即

$$\ddot{\rho}_{\max}=\frac{V^2}{\rho_{CR}} \tag{5.88}$$

将式（5.88）代入式（5.87），整理化简可得

$$\ddot{\rho}(t)=-\ddot{\rho}_{\max}\sin^3\theta(t) \tag{5.89}$$

根据上式，我们发现当 $\theta(t)\neq n\pi$ $(n=1,2,\cdots)$ 时，采用极坐标系必然会出现径向伪加速度，并且 $\ddot{\rho}$ 和 θ 之间是一种非线性关系。

为了使模型匹配这个“伪加速度”，模型中需加入高阶微分项，从而使模型更加复杂，这也正是极坐标系的缺陷。

如果目标在三维空间运动，则可以通过平面投影的方法，将三维空间分解为三个二维平面进行讨论，并可以得到类似的结论。有兴趣的读者，可以自己尝试推导。

3. 混合坐标系中的跟踪问题

混合坐标系是指采用多种坐标系实现对目标的跟踪[9,25]。混合坐标系主要有两种形式，一种是在同一处理周期内采用不同的坐标系；另一种是在不同的时间段采用不同的坐标系。

第一种混合坐标系的基本思路是：由于目标的运动方程在直角坐标系中可以用相对简单的状态方程进行描述，因此目标轨迹外推逻辑可以放在直角坐标系中完成；而目标新息（残差）、滤波增益、跟踪误差的协方差计算在极坐标系中完成。图 5.14 是在混合坐标系中实现跟踪滤波的简单程序流程图。具体的跟踪滤波方程可参见文献[29]。这种形式的混合坐标系主要用于相控阵雷达跟踪再入飞行器。

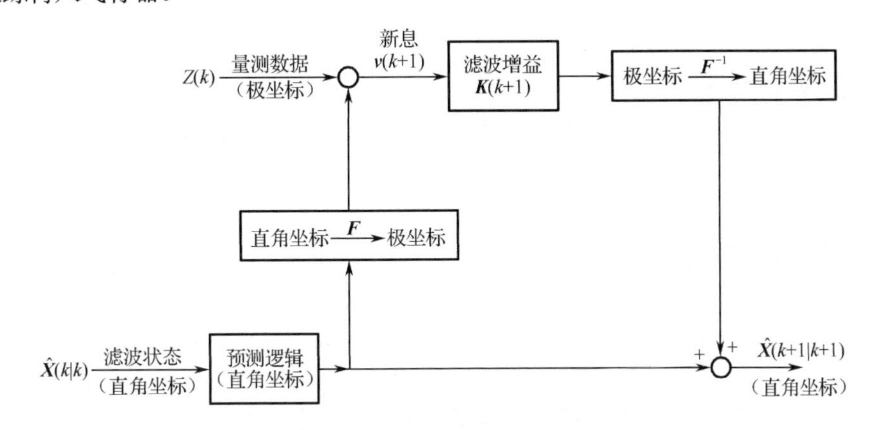

图 5.14　混合坐标系中的跟踪滤波程序框图

第二种混合坐标系的基本思路是：目标在运动过程中，运动方式会发生变化，针对不同的运动方式，采取不同的坐标系对目标进行跟踪有利于提高目标跟踪的精确性，并降低计算量。例如，通常所说的航迹定向坐标系[24]就是一种典型的混合坐标系。军用飞机的典型航迹由若干匀速直线段和急剧转弯时的弧线段组成，其横向加速度出现的可能性要比产生速度改

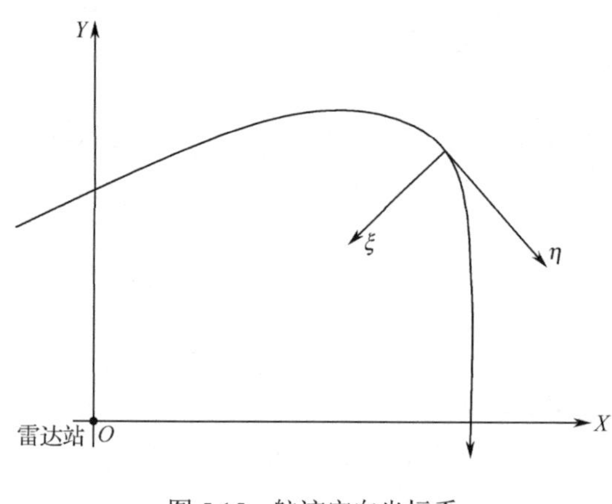

图 5.15　航迹定向坐标系

变的纵向加速度大得多，这一点促使航迹定向坐标系得以产生。在航迹定向坐标系中，直线航迹部分采用直角坐标系跟踪，但当雷达检测到目标机动转弯时，就采用另一种坐标参考系（其原点中心在目标位置上）来处理速度和加速度分量。这种新的坐标参考系如图 5.15 所示，包括η轴和ξ轴，其中η轴平行于速度方向，ξ轴垂直于速度方向。这样，转弯产生两个恒定的加速度

$$a_{\eta}=0,\quad a_{\xi}=a=\text{常数} \tag{5.90}$$

它可与时域中的二次多项式所对应的目标模型相吻合而没有偏差。

5.3.5　跟踪坐标系与滤波状态变量选择

跟踪滤波器的设计在很大程度上受以下因素数学模型的影响[9]：

① 探测器提供的量测（观测）；

② 被跟踪目标的运动。

这两种模型都依赖于所采用的坐标系体制，一般来讲跟踪坐标系可以采用任何一种坐标体系，但从使用环境和简便角度出发，在无杂波环境下，跟踪单个目标时，一般采用直角坐标系、NED 坐标系或极坐标系。而多回波环境跟踪多个目标或多平台联合跟踪目标时，采用混合坐标系较为方便。不管在何种情况下，所选的坐标系应满足：

① 易于目标的运动描述；

② 满足滤波器的带宽要求；

③ 易于状态耦合和解耦；

④ 较小的动态和静态偏差；

⑤ 在满足跟踪精度的情况下减少计算量。

状态变量与跟踪坐标系的选择是直接相关的，其选取的一般原则是选择维数最少且能全面反映目标动态特性的一组变量，以防止计算量随状态变量数目的增加而增加。

5.4　野值剔除

多年来雷达数据处理工作的实践告诉我们，即使是高精度的雷达设备，由于多种偶然因素的综合影响或作用，采样数据集合中往往包含 1%～2%，有时甚至多达 10%～20%（例如，雷达进行高仰角跟踪）的数据点严重偏离目标真值。工程数据处理领域称这部分异常数据为野值[9,13-16]。野值又称为异常值，野值对雷达数据处理工作有着十分不利的影响。近几十年，国际统计界大量的研究结果表明，无论是基于最小二乘理论的模型参数最优估计、最优线性滤波算法（包括多项式滤波与递推卡尔曼滤波等）还是频谱分析中著名的极大熵谱估计，对采样数据中包含的野值点反应都极为敏感。工程数据处理的实践也证实，在雷达的数据处理工作中，数据合理性检验是数据处理工作的重要一环，它对改进处理结果的精度、提高处理

质量都极为重要。

5.4.1　野值的定义、成因及分类

1. 定义

什么是野值？其定义一直不很明确，持不同态度的应用统计学家对其定义也不一样。本书采用文献[15]中野值定义：测量数据集合中严重偏离大部分数据所呈现趋势的小部分数据点。这一定义强调主体数据所呈现的“趋势”，以偏离数据集合主体的变化趋势为判别异常数据依据，并明确指出野值在测量数据集合中只占小部分（即最多不超过一半），这从直观上是合理的。

2. 成因

测量数据集合中出现野值点的原因很多，就雷达数据而言，产生野值主要有以下几个方面的原因[15]。

（1）操作和记录时，以及数据复制和计算处理时所出现的过失性错误。由此产生的误差称为过失误差（Gross Error），即观测设备的突然故障或失效。

（2）探测环境的变化。探测环境的突然改变使得部分数据与原先样本的模型不符合，例如雷达跟踪时应答机工作状态的不稳定等，包括外部突发性干扰（异常干扰、雷电冲击、大气层不稳定、色散等）。

（3）实际采样数据中也可能出现另一类异常数据，它既不是来自操作和处理的过失，也不是由突发性强影响因素导致的，而是某些服从长尾分布的随机变量（例如，服从 t 分布的随机变量）作用的结果。

（4）数据汇集和计算机处理在递推估计中产生的野值。

3. 分类

雷达数据处理过程中出现的野值点，比较常见的有两种类型[15]。

（1）孤立野值。这是观测序列中个别出现的异常值，主要由偶然性人为错误或突发性干扰造成，它的基本特点是某一采样时刻处的测量数据是否为野值与前一时刻及后一时刻数据的质量无必然联系。而且，比较常见的是当某时刻的测量数据呈现异常时，在该时刻的一个邻域内的数据质量是好的，即野值点的出现是孤立的。动态测量数据中孤立异常值的出现也是比较普遍的情形之一。

（2）斑点型野值，是指成片出现的异常数据，它们在观测序列中连续出现并持续一段时间（如连续的雷电冲击），并且取值十分接近。它的基本特征是在当前时刻出现的野值，也可能带动后续时刻测量数据均严重偏离真值。这种野值可能来自系统某环节的饱和或者软件程序的指针混乱，数学上把成片野值 z_i 描述为服从正态分布 $N(\mu,\sigma^2)$，而对正常观测值取 $\mu=0$。雷达在跟踪高仰角目标的测量数据序列中，野值斑点的出现是比较常见的故障现象。

在跟踪系统中，野值处理大都属于在动态测量数据中剔除野值问题，目前尚无在动态数据测量中判别野值的高效率方法，其主要原因在于动态测量中野值的判别与系统状态估计的精度有关。状态估计精度越高，则野值的判别效率也越高，而系统的状态估计精度本身还取决于建模的精度，包括对系统噪声和观测噪声的统计分布。

5.4.2 野值的判别方法

在跟踪系统中，由于斑点型野值涉及误差的前后相依性，所以成片野值判别的方法并不是很多，实现起来也比较复杂[1]。而对孤立野值的判别则相对简单一些，已经有大量的研究成果可供采用[30-32]，但也存在很难在较短的数据中区分真伪，尤其是目标发生机动时还将增大实时判别的困难。

本节将主要结合卡尔曼滤波技术，讨论孤立野值的判别方法。

设 $\boldsymbol{Z}(1)$、$\boldsymbol{Z}(2)$、…、$\boldsymbol{Z}(k)$ 为前 k 个时刻的测量值，对状态 $\boldsymbol{X}(k+1)$ 的预测值为 $\hat{\boldsymbol{X}}(k+1|k)$，预测残差为 $\boldsymbol{v}(k+1)$，由第 3 章 3.2 节可知

$$\boldsymbol{v}(k+1)=\boldsymbol{Z}(k+1)-\boldsymbol{H}(k+1)\hat{\boldsymbol{X}}(k+1|k) \tag{5.91}$$

$\boldsymbol{v}(k+1)$ 是均值为零的高斯随机向量，其协方差矩阵为

$$E\left[\boldsymbol{v}(k+1)\boldsymbol{v}'(k+1)\right]=\boldsymbol{H}(k+1)\boldsymbol{P}(k+1|k)\boldsymbol{H}'(k+1)+\boldsymbol{R}(k+1) \tag{5.92}$$

式中，$\boldsymbol{P}(k+1|k)$ 为预测协方差矩阵，$\boldsymbol{R}(k+1)$ 为量测噪声协方差矩阵。

利用预测残差的上述统计性质可对 $\boldsymbol{Z}(k+1)$ 的每个分量进行判别，判别式为

$$|v_i(k+1)|\leqslant C\sqrt{[\boldsymbol{H}(k+1)\boldsymbol{P}(k+1|k)\boldsymbol{H}'(k+1)+\boldsymbol{R}(k+1)]_{i,i}} \tag{5.93}$$

式中，下标 i 表示矩阵对角线上的第 i 个变元；$v_i(k+1)$ 表示 $\boldsymbol{v}(k+1)$的第 i 个分量；C 为常数，可根据实际情况选取。如果上式成立，判别 $z_i(k+1)$ 为正确观测量，反之，则判别 $z_i(k+1)$ 为野值，其中 $z_i(k+1)$ 为 $\boldsymbol{Z}(k+1)$ 的第 i 个分量。

5.5 雷达误差标校

在多雷达融合跟踪过程中，如果将各个雷达带有误差的信息直接拿来融合，即使再好的融合方法也有一定的局限。装备的实际情况也验证了这一点，海上的一架飞机起飞，某雷达站的三部雷达报出三条不同的航线，最大误差达到 10 余千米，存在如此偏差的数据传到情报中心进行融合处理，必将导致融合结果有误。因此在雷达融合之前，有必要进行标校，消除在雷达测距、测角方面存在的误差。目前雷达的一般标校方法有静态有源及无源合作式标校手段，以及非合作式标校手段，但需要激光测距、光学测角传感器来获取比对真值用于标校。有源及无源合作式标校适用于两坐标雷达，三坐标雷达由于标校体架高，受场地限制大，设备相对复杂。

本书作者团队研制的融合 ADS-B 的雷达标校设备通过实时接收民航飞机播报的位置数据，包括飞机的经纬度、速度、高度、机型等信息，直接与雷达记录的同批目标的三维数据进行比对，并根据比对分析的结果来验证评估雷达探测目标的性能是否达标。当今航空工业发展迅速，空域中飞机的数量越来越多。不同航向，不同高度的航班日渐增多。在雷达研制及其性能验证试验中，飞机的位置信息是一个很好的数据源。

ADS-B 有三个最大的特点：一是数据的实时性，ADS-B 数据通过 GNSS 定位系统，获取自身的位置信息，并实时将数据下传给地面接收设备及空域中临近的其他飞机；二是数据的可靠性，由于其提供的是 GNSS 导航定位信息，且其他参数也由精密航空电子设备获得，故其下传数据具备高精度的特性；三是数据接收的方便性，ADS-B 信息以广播方式传递，这意味着地面 ADS-B 接收设备的简单化，无需地面接收设备向目标飞机发射询问信息，因而可

以方便接收 ADS-B 数据。

融合 ADS-B 的雷达标校系统按模块化进行设计，通过模块间的不同组合及扩充，完成雷达战术性能的标校。系统主要由 7 个软硬件模块组成，分别是：ADS-B 数据接收模块、GPS 接收模块、雷达数据实时馈入模块、ADS-B 与雷达目标监控平台、ADS-B 与雷达数据比对处理模块、误差分析和校准建议模块以及雷达性能标校报告生成模块。在不影响雷达正常工作的前提下，将雷达数据通过数据上报口馈入到 ADS-B 雷达战术性能标校系统中，通过数据比对处理软件，给出雷达的战术性能指标的测评报告。融合 ADS-B 的雷达标校设备还具备对雷达跟踪引导、雷达威力评估、雷达目标辅助识别以及情报质量监测等功能。

5.6　数据压缩

目前，各类传感器的数据率越来越高，获得目标的运动信息也越来越多，目标的跟踪精度自然也就越高。然而，滤波采样率的提高，将提高对计算机运行速度的要求，同时增加跟踪器的代价。因此，在实际工程中，经常采用数据压缩技术妥善处理滤波精度与数据量之间的矛盾。就目前的雷达数据处理技术来说，数据压缩有两种概念：一种概念是指在单雷达数据处理系统中，将雷达不同时刻的数据压缩成一个时刻的数据；另一种概念是在多雷达（组网雷达）数据处理系统中，将多部雷达的数据压缩成单部雷达数据[33]。

5.6.1　单雷达数据压缩

1．等权平均量测预处理

设目标的离散状态方程和量测方程分别为

$$\boldsymbol{X}(k+1)=\boldsymbol{F}(k+1,k)\boldsymbol{X}(k)+\boldsymbol{V}(k) \tag{5.94}$$

$$\boldsymbol{Z}(k+1)=\boldsymbol{H}(k+1)\boldsymbol{X}(k+1)+\boldsymbol{W}(k+1) \tag{5.95}$$

式中，$\boldsymbol{F}(k+1,k)$ 和 $\boldsymbol{H}(k+1)$ 分别为状态转移矩阵和量测矩阵，$\boldsymbol{V}(k)$ 和 $\boldsymbol{W}(k+1)$ 分别为相互独立的高斯白色过程噪声和量测噪声向量。

再设滤波速率为 k(1/s)，在每一采样周期内对目标进行 M 次测量，量测序列为

$$\left\{\boldsymbol{Z}\left(k+\frac{1}{M}\right),\cdots,\boldsymbol{Z}\left(k+\frac{i}{M}\right),\cdots,\boldsymbol{Z}(k+1)\right\} \tag{5.96}$$

定义这 M 次量测的等权平均残差为 $\boldsymbol{v}_{\text{pm}}(k+1)$，则由第 3 章 3.2 节中的标准卡尔曼滤波方程可得如下关系

$$\begin{aligned}
\boldsymbol{v}_{\text{pm}}(k+1)&=\frac{1}{M}\sum_{i=1}^{M}\boldsymbol{v}\left(k+\frac{i}{M}\right)\\
&=\frac{1}{M}\sum_{i=1}^{M}\left[\boldsymbol{Z}\left(k+\frac{i}{M}\right)-\boldsymbol{H}\left(k+\frac{i}{M}\right)\cdot\hat{\boldsymbol{X}}\left(k+\frac{i}{M}\middle|k\right)\right]\\
&=\frac{1}{M}\sum_{i=1}^{M}\left[\boldsymbol{H}\left(k+\frac{i}{M}\right)\boldsymbol{X}\left(k+\frac{i}{M}\right)+\boldsymbol{W}\left(k+\frac{i}{M}\right)-\boldsymbol{H}\left(k+\frac{i}{M}\right)\boldsymbol{F}\left(k+\frac{i}{M},k\right)\hat{\boldsymbol{X}}(k|k)\right]\\
&=\frac{1}{M}\sum_{i=1}^{M}\boldsymbol{H}\left(k+\frac{i}{M}\right)\left[\boldsymbol{X}\left(k+\frac{i}{M}\right)-\boldsymbol{F}\left(k+\frac{i}{M},k\right)\hat{\boldsymbol{X}}(k|k)\right]+\frac{1}{M}\sum_{i=1}^{M}\boldsymbol{W}\left(k+\frac{i}{M}\right)
\end{aligned} \tag{5.97}$$

式中，最后一项称为等权平均量测噪声，即

$$\boldsymbol{W}_{\mathrm{pm}}(k+1)=\frac{1}{M}\sum_{i=1}^{M}\boldsymbol{W}\left(k+\frac{i}{M}\right) \tag{5.98}$$

而其协方差矩阵为

$$\begin{aligned}\boldsymbol{R}_{\mathrm{pm}}(k+1)&=E\left[\boldsymbol{W}_{\mathrm{pm}}(k+1)\boldsymbol{W}'_{\mathrm{pm}}(k+1)\right]\\&=E\left[\frac{1}{M^2}\sum_{i=1}^{M}\sum_{j=1}^{M}\boldsymbol{W}\left(k+\frac{i}{M}\right)\boldsymbol{W}'\left(k+\frac{j}{M}\right)\right]=\frac{1}{M}\boldsymbol{R}(k+1)\end{aligned} \tag{5.99}$$

式中，$\boldsymbol{R}(k+1)$ 为量测噪声 $\boldsymbol{W}(k+1)$ 的协方差矩阵。显然等权平均残差中随机测量噪声的影响已大大减小。

等权平均量测预处理的基本思想是，用这种包含更多目标信息而量测噪声影响更小的等权平均残差 $\boldsymbol{v}_{\mathrm{pm}}(k+1)$ 代替一次量测残差 $\boldsymbol{v}(k+1)$ 来计算目标状态估值，无疑会大大提高跟踪器的估计精度。

2. 变权平均量测预处理

变权平均量测预处理的核心同样是用包含更多目标信息、但量测噪声影响更小的变权平均残差 $\boldsymbol{v}_{\mathrm{vm}}(k+1)$ 代替一次量测残差 $\boldsymbol{v}(k+1)$ 来估计目标的状态，其目的是加强最新量测数据对滤波的作用。

定义 M 次量测的变权平均残差为 $\boldsymbol{v}_{\mathrm{vm}}(k+1)$ 为

$$\begin{aligned}\boldsymbol{v}_{\mathrm{vm}}(k+1)&=\frac{\sum_{i=1}^{M}i\cdot\boldsymbol{v}\left(k+\frac{i}{M}\right)}{\sum_{i=1}^{M}i}\\&=\frac{1}{\sum_{i=1}^{M}i}\sum_{i=1}^{M}i\cdot\boldsymbol{H}\left(k+\frac{i}{M}\right)\left[\boldsymbol{X}\left(k+\frac{i}{M}\right)-\boldsymbol{F}\left(k+\frac{i}{M},k\right)\hat{\boldsymbol{X}}(k|k)\right]+\boldsymbol{W}_{\mathrm{vm}}(k+1)\end{aligned} \tag{5.100}$$

式中，$\boldsymbol{W}_{\mathrm{vm}}(k+1)$ 为变权平均量测噪声

$$\boldsymbol{W}_{\mathrm{vm}}(k+1)=\frac{\sum_{i=1}^{M}i\cdot\boldsymbol{W}\left(k+\frac{i}{M}\right)}{\sum_{i=1}^{M}i} \tag{5.101}$$

其协方差矩阵为

$$\begin{aligned}\boldsymbol{R}_{\mathrm{vm}}(k+1)&=E\left[\boldsymbol{W}_{\mathrm{vm}}(k+1)\boldsymbol{W}'_{\mathrm{vm}}(k+1)\right]\\&=\frac{1}{\left(\sum_{i=1}^{M}i\right)^2}E\left\{\sum_{i=1}^{M}\sum_{j=1}^{M}i\cdot j\cdot\boldsymbol{W}\left(k+\frac{i}{M}\right)\boldsymbol{W}'\left(k+\frac{j}{M}\right)\right\}=\frac{\sum_{i=1}^{M}i^2}{\left(\sum_{i=1}^{M}i\right)^2}\boldsymbol{R}(k+1)\end{aligned} \tag{5.102}$$

5.6.2　多雷达数据压缩

集中式结构是多雷达系统常用的一种数据处理结构[23]。集中式结构将各传感器录取的观测信息传递到系统的数据处理中心，在那里直接对这些信息进行融合。当目标数量增多时，

这种系统的计算量将会显著增加。因此，在许多实际系统中常采用数据压缩方法来提高系统的实时处理速度。

组网雷达系统的数据压缩可分为两类[1]：点迹合成式和串行合并式。点迹合成将多部雷达在同一时间对同一目标的点迹合并起来，将多个探测数据合成一个数据。串行合并是将多雷达数据组合成类似于单雷达的探测点迹，但并不将多个探测数据合成一个数据。

1. 点迹合成

以两部雷达系统为例，假设每个雷达都能提供目标的距离和角度信息，数据压缩的基本过程如下。

假设 $\boldsymbol{Z}_k^1=\{\boldsymbol{z}_{1,k}^1,\cdots,\boldsymbol{z}_{N_{1,k},k}^1\}$ 和 $\boldsymbol{Z}_k^2=\{\boldsymbol{z}_{2,k}^2,\cdots,\boldsymbol{z}_{N_{2,k},k}^2\}$ 分别表示 k 时刻雷达 1 和雷达 2 的量测集，其中 $N_{1,k}$ 和 $N_{2,k}$ 为 k 时刻雷达 1 和雷达 2 得到的量测数目，$\boldsymbol{z}_{i,k}^1=[\rho_{i,k}^1 \quad \theta_{i,k}^1]'$（$i=1,\cdots,N_{1,k}$）和 $\boldsymbol{z}_{j,k}^2=[\rho_{j,k}^2 \quad \theta_{j,k}^2]'$（$j=1,\cdots,N_{2,k}$）分别表示雷达 1 和雷达 2 在 k 时刻的第 i 和第 j 个量测。若

$$\begin{cases}|\rho_{i,k}^1-\rho_{j,k}^2|\leqslant\rho_T\\|\theta_{i,k}^1-\theta_{j,k}^2|\leqslant\theta_T\end{cases},i=1,\cdots,N_{1,k},j=1,\cdots,N_{2,k} \tag{5.103}$$

则认为雷达 1 的量测 $\boldsymbol{z}_{i,k}^1$ 与雷达 2 的量测 $\boldsymbol{z}_{j,k}^2$ 互联，其中 ρ_T 和 θ_T 为相关波门的门限，其取值与传感器测量误差有关。如果雷达 1 的某个量测与雷达 2 的多个量测互联，则采用最近邻域法选取最近的量测点进行互联。

对于任意一组互联的量测 $\boldsymbol{z}_{i,k}^1$ 与 $\boldsymbol{z}_{j,k}^2$，按照下式进行数据压缩，得到一个等效量测

$$\begin{cases}\hat{\rho}=\dfrac{1}{\sigma_{1,\rho}^2+\sigma_{2,\rho}^2}(\sigma_{2,\rho}^2\cdot\rho_{i,k}^1+\sigma_{1,\rho}^2\cdot\rho_{j,k}^2)\\[2ex]\hat{\theta}=\dfrac{1}{\sigma_{1,\theta}^2+\sigma_{2,\theta}^2}(\sigma_{2,\theta}^2\cdot\theta_{i,k}^1+\sigma_{1,\theta}^2\cdot\theta_{j,k}^2)\end{cases} \tag{5.104}$$

和等效的量测误差

$$\begin{cases}\hat{\sigma}_\rho^2=\left(\dfrac{1}{\sigma_{1,\rho}^2}+\dfrac{1}{\sigma_{2,\rho}^2}\right)^{-1}\\[2ex]\hat{\sigma}_\theta^2=\left(\dfrac{1}{\sigma_{1,\theta}^2}+\dfrac{1}{\sigma_{2,\theta}^2}\right)^{-1}\end{cases} \tag{5.105}$$

其中 $\sigma_{i,\rho}^2$ 和 $\sigma_{i,\theta}^2$ 分别为第 i（$i=1,2$）个雷达的测距和测角方差，$\hat{\sigma}_\rho^2$ 和 $\hat{\sigma}_\theta^2$ 为压缩后的距离和角度方差。从式（5.104）和式（5.105）可以看出：数据压缩的本质是各雷达的量测按精度加权，压缩后的等效量测提高了精度，即

$$\begin{cases}\hat{\sigma}_\rho^2\leqslant\min\{\sigma_{1,\rho}^2,\sigma_{2,\rho}^2\}\\\hat{\sigma}_\theta^2\leqslant\min\{\sigma_{1,\theta}^2,\sigma_{2,\theta}^2\}\end{cases} \tag{5.106}$$

上述方法也可以推广到 3 部以上雷达组成的多雷达系统，假设不同雷达在同一时刻对应同一目标的量测向量分别为 $\boldsymbol{Z}_1$、$\boldsymbol{Z}_2$、…、$\boldsymbol{Z}_N$，相对应的量测误差协方差分别为 $\boldsymbol{R}_1$、$\boldsymbol{R}_2$、…、$\boldsymbol{R}_N$，则可采用如下公式进行数据压缩

$$\boldsymbol{Z}=\boldsymbol{R}\sum_{i=1}^N\boldsymbol{R}_i^{-1}\boldsymbol{Z}_i \tag{5.107}$$

$$R = \left[\sum_{i=1}^{N} R_i^{-1} \right]^{-1} \tag{5.108}$$

从式（5.107）和式（5.108）容易看出：估计的结果是各雷达的测量按精度加权；合并后点迹不仅提高了精度，而且也减少了运算量。

对于非同步采样的多雷达系统可以采用时间校正的方法，将异步数据变换成同步数据再进行点迹合成。另外，在实际工程中，为了进一步减少计算量，经常采用解耦的方式进行数据压缩[1]。

2. 串行合并

串行合并又称为点迹航迹合成式，它在实际中有着广泛的应用。美国 DDG-2/15 级舰载指控系统SYS-1-D就是采用的这种模式。集中式雷达点迹数据流合成的原理如图5.16所示（以单目标为例），图中横轴代表时间，点表示探测的点迹。

从图 5.16 中不难看出，串行合并的一个显著特点是合成后的数据流数据率加大，这意味着跟踪精度的提高，尤其是在目标发生机动的情形下。另外，由于总体数据率提高，使航迹起始速度加快，这对于反低空突防和低空反导尤为重要。同时也需要指出的是，对于数据率高的雷达系统，采用串行合并的方法将失去实际意义，此时最好采用点迹合成的方法。

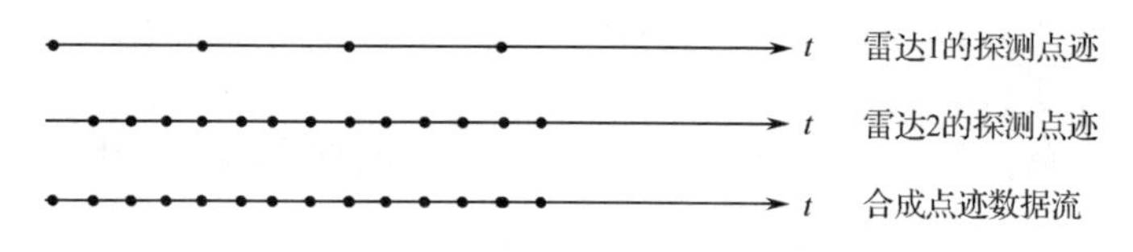

图 5.16　集中式雷达点迹数据流合成原理图

5.7　小结

量测数据预处理技术是雷达数据处理过程中一个重要的技术环节，有效的量测数据预处理方法可以降低计算量和提高目标的跟踪精度，对系统的整体性能提高将会有很大帮助，有效的量测数据预处理技术可以起到事半功倍的效果，因而，本章对量测数据预处理技术进行了研究。首先对时间和空间配准这两个问题进行了分析讨论，给出了相应的解决方法，其主要任务是在多传感器航迹融合时将不同步的数据进行时间同步，并解决传感器坐标转换与统一，将不同传感器数据转换到同一坐标系下。坐标系的选择是一个与实际应用密切相关的问题，坐标系选择的好坏将直接影响到整个系统的跟踪效果，为此，本章在介绍常用坐标系的基础上，给出了不同坐标系之间的转换关系。同时本章还对量测数据中野值的剔除、雷达误差标校和数据压缩等技术进行了分析和讨论，这些技术在减小计算负载、改善跟踪效果方面均能收到良好的效果。

近年来，随着大数据和传感器技术的飞速发展，量测数据预处理技术所包含的范围越来越广，无线传感器网络（Wireless Sensor Network，WSN）中的异常数据预处理[34]、对数值数据中的不完整或缺失数据的“清理”[35]以及对数据进行各类转换[36]等都受到国内外学者的广泛关注，特别是面对多元、数量庞大的结构化或非结构化的数据，数据的预处理更显得尤其重要，有效的数据预处理技术可以提高数据的质量，更有利于对数据的分析处理、信息挖掘[37,38]和知识发现。

参考文献

[1] He Y, Xiu J J, Guan X. Radar Data Processing with Applications. John Wiley & Publishing house of electronics industry, 2016. 8.

[2] 宋涵. 针对小型无人机目标的多雷达数据融合方法研究. 南京: 南京邮电大学, 2019.

[3] 白冬杰. 车载毫米波雷达多目标跟踪算法研究. 北京: 北京交通大学, 2019.

[4] 王晋晶. 雷达目标跟踪算法研究与实现. 西安: 西安电子科技大学, 2019.

[5] 熊伟. 水面舰艇编队作战系统信息融合技术研究. 烟台: 海军航空工程学院, 2001.

[6] Cheng H W, Sun Z K. On the Influence of Coordinate Transform Upon Measurement Error of Long-baseline Distributed Sensors System. SPIE 1997, 3067: 136-145.

[7] 衣晓, 何友, 关欣. 一种新的坐标变换方法. 武汉大学学报（信息科学版）, 2006, 31(3): 237-239.

[8] Blackman S S, Popoli R. Design and Analysis of Modern Tracking Systems. Artech House, Boston, London, 1999.

[9] 周宏仁, 敬忠良, 王培德. 机动目标跟踪. 北京: 国防工业出版社, 1991.

[10] Shalom Y B, Li X R. Multitarget-Multisensor Tracking: Principles and Techniques. Stors. CT: YBS Publishing, 1995.

[11] 何友. 多目标多传感器分布信息融合算法研究. 北京: 清华大学, 1996.

[12] Li X R, Jilkov V P. Survey of Maneuvering Target Tracking-Part II: Motion Models of Ballistic and Space Targets. IEEE Transactions on Aerospace and Electronic Systems, 2010, 46(2): 96-119.

[13] 王明杰. 噪声野值下的随机有限集多目标跟踪算法研究. 西安: 西安电子科技大学, 2019.

[14] 张强, 孙红胜, 胡泽明. 目标跟踪中野值的判别与剔除方法. 太赫兹科学与电子信息学报, 2014, 12(2): 256-259.

[15] 胡绍林, 孙国基. 靶场外测数据野值点的统计诊断技术. 宇航学报, 1999, 2.

[16] 刘承香, 孙枫, 陈小刚, 等. 野值存在情况下组合导航系统的容错技术研究. 中国惯性技术学报, 2002, 10(6): 12-17.

[17] 何友, 王国宏, 关欣. 信息融合理论及应用. 北京: 电子工业出版社, 2010, 3.

[18] 李朋, 刘小军, 方广有. 基于帧间差分的次表层探测雷达数据压缩. 雷达科学与技术, 2018, 16(5): 471-476.

[19] 周万幸. 空间导弹目标的捕获和处理. 北京: 电子工业出版社, 2013, 11.

[20] Li X R, Jilkov V P. Survey of Maneuvering Target Tracking-Part II: Motion Models of Ballistic and Space Targets. IEEE Transactions on Aerospace and Electronic Systems, 2010, 46(2): 96-119.

[21] 王思. 多基雷达弹道导弹弹道融合跟踪与预报方法研究. 哈尔滨: 哈尔滨工业大学, 2012.

[22] 赵艳丽. 弹道导弹雷达跟踪与识别研究. 长沙: 国防科技大学研究生院, 2007.

[23] Li X R, Jilkov V P. A Survey of Maneuvering Target Tracking-Part II: Ballistic Target Models. Proceedings of SPIE Conference on Signal and Data Processing of Small Targets, 2001, (4473): 559-581.

[24] Farina A, Studer F A. Radar Data Processing. Vol. I. II. Research Studies Press LTD, 1985.

[25] 何友, 王国宏, 陆大绘, 等. 多传感器信息融合及应用（第二版）. 北京: 电子工业出版社, 2007.

[26] Li X L. Improved Joint Probabilistic Data Association Method Based on Interacting Multiple Model. Journal of Networks, 2014, 9(6): 1572-1597.

[27] He Y, Xiong W. Relationship Between Track Fusion Solutions with and Without Feedback Information. Journal of System Engineering and Electronics, 2003, 14(2): 47-51.

[28] He Y, Xiong W, Ma Q. Composite Filtering with Feedback Information. Journal of Systems Engineering and Electronics, 2007, 18(1): 54-56.

[29] He Y, Zhang J W. New Track Correlation Algorithms in a Multisensor Data Fusion System. IEEE Trans on Aerospace and Electronic Systems, 2006, 42(4): 1359- 1371.

[30] 刘小洁. 航天器外弹道测量数据处理方法研究. 西安: 西安理工大学, 2020.

[31] Mu H Q, Yuen Y K. Novel Outlier-resistant Extended Kalman Filter for Robust Online Structural Indentification. Journal of engineering mechanics, 2015, 141(1): 1-9.

[32] 张昆，陶建锋，李一立. 基于粒子滤波的目标跟踪抗野值算法. 火力与指挥控制，2016，41(9): 98-102.

[33] 虞涵钧. 基于分布式数据融合的多目标跟踪. 哈尔滨: 哈尔滨工程大学, 2019.

[34] 郑宝周, 吴莉莉, 李富强, 等. 基于异常数据预处理和自适应估计的 WSN 数据融合算法. 计算机应用研究, 2019, 36(9): 2750-2754.

[35] 王成彬, 马小刚, 陈建国. 数据预处理技术在地学大数据中应用. 岩石学报, 2018, 34(2): 303 -313.

[36] 赵万龙. 多源融合定位理论与方法研究. 哈尔滨: 哈尔滨工业大学, 2018. 9.

[37] Pan X L, Wang H P, Cheng X Q, et al. Online Detection of Anomaly Behaviors Based on Multidimensional Trajectories. Information Fusion, 2020, 58(6): 40-51.

[38] Pan X L, Wang H P, He Y, et al. Online Classification of Frequent Behaviours Based on Multidimensional Trajectories. IET Radar, Sonar & Navigation, 2017, 11(7): 1147-1154.

第 6 章　多目标跟踪中的航迹起始

6.1　引言

前面几章重点介绍了雷达数据处理中的滤波问题，其本质是要解决噪声对有用信号的影响问题[1-3]，但在现代复杂电磁环境下，不仅要解决有用信号与噪声的区分（从噪声中把有用信号提取出来），而且还要解决杂波、虚假目标或其他目标对某个目标的影响问题，也就是要解决前后时刻测量数据的正确配对问题。为此，本章首先对航迹起始问题进行讨论，航迹起始是多目标跟踪面临的首要问题，其航迹起始的正确性是减少多目标跟踪固有的组合爆炸所带来的计算负担的有效措施[4,5]。复杂环境中目标航迹起始处理首先需要解决的是如何通过波门对测量数据进行选择确认，然后通过起始准则进行航迹确认[6,7]。为此，本章主要针对航迹起始波门和航迹起始算法进行讨论，航迹起始量测和量测的正确配对主要解决的是单传感器多目标或杂波环境下单传感器单目标跟踪中问题，在此基础上后续几章将陆续讨论杂波环境、目标机动等情况下的量测数据和航迹的互联配对问题。

6.2　航迹起始波门的形状和尺寸

波门是用来判断量测值是否源自目标的判断门限，它是以首次测量到的目标位置或被跟踪目标的预测位置为中心，用来确定该目标的量测值可能出现范围的一块区域[8-10]。区域大小由正确接收回波的概率来确定，也就是在确定波门的形状和大小时，应使真实量测以较高的概率落入波门内，同时又要保证波门内的无关点迹的数量较少，落入波门内的回波称为候选回波。相关波门大小主要取决于：

（1）预测误差（航迹外推误差）；（2）正确接收回波的概率——门限概率；（3）雷达测量误差；（4）目标运动（机动）特性；（5）坐标系的选择；（6）天线扫描周期等。

波门不仅在航迹起始中用于对测量数据进行选择，它也是后续航迹保持中解决测量数据和目标航迹关联问题的必要手段[11,12]。这里主要讨论几种比较常用的波门，包括环形波门、椭圆（球）波门、矩形波门和极坐标系下的扇形波门。为以后讨论方便，这里我们把第 3 章讨论的量测方程、新息（量测残差）和新息协方差重新描述。

量测方程为

$$\boldsymbol{Z}(k+1)=\boldsymbol{H}(k+1)\boldsymbol{X}(k+1)+\boldsymbol{W}(k+1) \tag{6.1}$$

式中，$\boldsymbol{H}(k+1)$为量测矩阵，$\boldsymbol{X}(k+1)$为状态向量，$\boldsymbol{W}(k+1)$是具有协方差 $\boldsymbol{R}(k+1)$的零均值、白色高斯量测噪声序列。

新息为

$$\boldsymbol{v}(k+1)=\boldsymbol{Z}(k+1)-\hat{\boldsymbol{Z}}(k+1|k) \tag{6.2}$$

新息协方差为

$$\boldsymbol{S}(k+1)=\boldsymbol{H}(k+1)\boldsymbol{P}(k+1|k)\boldsymbol{H}'(k+1)+\boldsymbol{R}(k+1) \tag{6.3}$$

式中，$\boldsymbol{P}(k+1|k)$为协方差的一步预测。

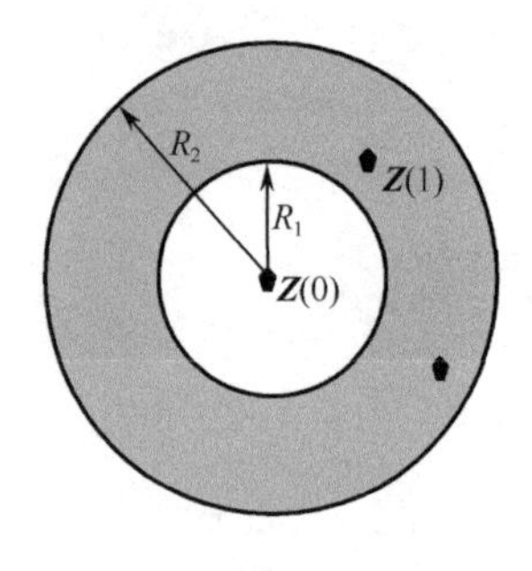

图 6.1　环形波门

6.2.1　环形波门

环形波门一般是用在航迹起始中的初始波门，它是一个以航迹头为中心建立一个由目标最大、最小运动速度以及采样间隔决定的360°环形大波门。因为航迹起始时目标一般距离较远，传感器探测分辨力低、测量精度差，所以初始波门相应要建大波门，环形波门的内径和外径应满足 $R_1 = V_{\min}T$ 、 $R_2 = V_{\max}T$ ，如图 6.1 所示，其中 $V_{\min}$ 和 $V_{\max}$ 分别为目标的最小和最大速度，T 为采样间隔。

6.2.2　椭圆（球）波门

若传感器测得的目标直角坐标系下的转换量测值 $\boldsymbol{Z}_c(k+1)$满足：

$$\begin{aligned}\tilde{\boldsymbol{V}}_{k+1}(\gamma) &\overset{\Delta}{=} [\boldsymbol{Z}_c(k+1)-\hat{\boldsymbol{Z}}_c(k+1|k)]'\boldsymbol{S}^{-1}(k+1)[\boldsymbol{Z}_c(k+1)-\hat{\boldsymbol{Z}}_c(k+1|k)] \\ &= \boldsymbol{v}_c'(k+1)\boldsymbol{S}^{-1}(k+1)\boldsymbol{v}_c(k+1) \leqslant \gamma \end{aligned} \tag{6.4}$$

则称转换量测值 $\boldsymbol{Z}_c(k+1)$ 为候选回波，式（6.4）称为椭圆（球）波门规则。其中参数γ由χ^2 分布表获得。若转换量测值 $\boldsymbol{Z}_c(k+1)$ 为 n_z 维，则 $\tilde{\boldsymbol{V}}_{k+1}(\gamma)$ 是具有 n_z 个自由度的χ^2 分布随机变量。参数的平方根 $g=\sqrt{\gamma}$ 称为门的"σ数"。当 n_z=2 时，直角坐标系下的椭圆相关波门如图 6.2 所示。

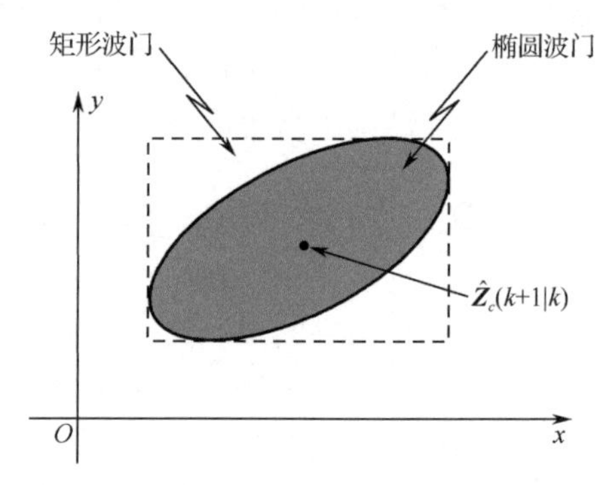

图 6.2　直角坐标系下的椭圆相关波门

对于不同γ值和不同量测维数 n_z，真实转换量测值落入波门内的概率 P_G 就不同，定义

$$P_G = \Pr\{\boldsymbol{Z}_c(k+1) \in \tilde{V}_{k+1}(\gamma)\} \tag{6.5}$$

P_G 与量测维数 n_z 和参数γ的关系式可用表 6.1 表示，表 6.2 给出了量测维数 n_z 从 1 到 3，不同参数γ对应的概率 P_G。

表 6.1　真实量测值落入 n_z 维椭圆（球）波门内的概率 P_G[9]

n_z	P_G	其中
1	$2f_g(\sqrt{\gamma})$	$f_g(\sqrt{\gamma})=\frac{1}{\sqrt{2\pi}}\int_0^{\sqrt{\gamma}}\exp\left(-\frac{u^2}{2}\right)\mathrm{d}u$
2	$1-\exp(-\gamma/2)$	
3	$2f_g(\sqrt{\gamma})-\sqrt{2\gamma/\pi}\exp(-\gamma/2)$	
4	$1-(1+\gamma/2)\exp(-\gamma/2)$	
5	$2f_g(\sqrt{\gamma})-(1+\gamma/3)\sqrt{2\gamma/\pi}\exp(-\gamma/2)$	
6	$1-1/2(\gamma^2/4+\gamma+2)\exp(-\gamma/2)$	

表 6.2　n_z 维量测值落入波门内的概率 P_G

γ	1	4	9	16	25
$g=\sqrt{\gamma}$	1	2	3	4	5
n_z=1	0.683	0.954	0.997	0.999 94	1.0
n_z=2	0.393	0.865	0.989	0.999 7	1.0
n_z=3	0.199	0.739	0.971	0.998 9	0.999 98

n_z 维椭圆（球）波门的面（体）积为

$$V_{椭}(n_z) = c_{n_z}\gamma^{\frac{n_z}{2}}|\boldsymbol{S}(k+1)|^{\frac{1}{2}} \tag{6.6}$$

式中

$$c_{n_z}=\begin{cases}\dfrac{\pi^{\frac{n_z}{2}}}{(n_z/2)!}, & n_z\text{为偶数}\\[2ex] \dfrac{2^{n_z+1}\left(\dfrac{n_z+1}{2}\right)!\pi^{\frac{n_z-1}{2}}}{(n_z+1)!}, & n_z\text{为奇数}\end{cases}\tag{6.7}$$

当 n_z=1,2,3 时，c_{n_z} 分别为 2、π和 4π/3。

利用新息协方差的标准差进行归一化可得归一化后的 n_z 维椭圆（球）波门的体积为

$$V^u_{椭}(n_z)=c_{n_z}\gamma^{n_z/2}\tag{6.8}$$

6.2.3　矩形波门

最简单的相关波门形成方法是在跟踪空间内定义一个矩形区域，即矩形波门。设新息 $\boldsymbol{v}_c(k+1)$、转换量测值 $\boldsymbol{Z}_c(k+1)$ 和量测的预测值 $\hat{\boldsymbol{Z}}_c(k+1|k)$ 的第 i 个分量分别用 $v_{ci}(k+1)$、$z_{ci}(k+1)$ 和 $\hat{z}_{ci}(k+1|k)$ 表示，新息协方差 $\boldsymbol{S}(k+1)$ 的第 i 行第 j 列的元素用 S_{ij} 表示，则当转换量测值 $\boldsymbol{Z}_c(k+1)$ 的所有分量均满足关系

$$|v_{ci}(k+1)|=|z_{ci}(k+1)-\hat{z}_{ci}(k+1|k)|\leqslant K_{\mathrm{G}}\sqrt{S_{ii}},\qquad i=1,2,\cdots,n_z\tag{6.9}$$

则称转换量测值 $\boldsymbol{Z}_c(k+1)$ 落入矩形波门内，该量测为候选回波。其中 K_{G} 为波门常数，在实际应用中往往取较大的 K_{G} 值（$K_{\mathrm{G}}\geqslant 3.5$）。

n_z 维矩形波门的面（体）积为

$$V_{矩}(n_z)=(2K_{\mathrm{G}})^{n_z}\prod_{i=1}^{n_z}\sqrt{S_{ii}}\tag{6.10}$$

利用新息协方差的标准差进行归一化得归一化后 n_z 维矩形波门面（体）积为

$$V^u_{矩}(n_z)=(2K_{\mathrm{G}})^{n_z}\tag{6.11}$$

若不同分量对应的波门常数 K_{G} 互不相同，则式（6.10）和式（6.11）分别变为

$$V_{矩}(n_z)=2^{n_z}\prod_{i=1}^{n_z}K_{\mathrm{G}i}\sqrt{S_{ii}}\tag{6.12}$$

$$V^u_{矩}(n_z)=2^{n_z}\prod_{i=1}^{n_z}K_{\mathrm{G}i}\tag{6.13}$$

由式（6.8）和式（6.11）可求得 K_{G} 相同情况下的椭圆（球）波门和矩形波门面（体）积之比为

$$\mathrm{ratio}(n_z)=\frac{V^u_{椭}(n_z)}{V^u_{矩}(n_z)}=\frac{c_{n_z}\gamma^{n_z/2}}{(2K_{\mathrm{G}})^{n_z}}\tag{6.14}$$

波门常数 K_{G}、参数γ和参数 n_z 确定的情况下，由式（6.14）求得的椭圆（球）波门和矩形波门面（体）积之比表示在表 6.3 中。

表 6.3　椭圆（球）波门和矩形波门面（体）积之比

K_G	2.8			3.0			3.5		
n_z \ γ	9	16	25	9	16	25	9	16	25
1	0.933 3	0.700 0	0.560 0	1.000 0	0.750 0	0.600 0	1.166 7	0.875 0	0.700 0
2	1.109 1	0.623 9	0.399 3	1.273 2	0.716 2	0.458 4	1.733 0	0.974 8	0.623 9
3	1.552 8	0.655 1	0.335 4	1.909 9	0.805 7	0.412 5	3.032 8	1.279 5	0.655 1
4	2.460 4	0.778 5	0.318 9	3.242 3	1.025 9	0.420 2	6.006 7	1.900 6	0.778 5
5	6.305 6	1.021 7	0.334 8	6.079 3	1.442 6	0.472 7	13.139 7	3.118 1	1.021 7

6.2.4　扇形波门

若相关是在测量坐标系（极坐标系）下进行的，传感器测得的目标量测值ρ、θ满足

$$\left|\rho(k+1)-\hat{\rho}(k+1|k)\right| \leqslant K_\rho\sqrt{\sigma_\rho^2+\sigma_{\hat{\rho}(k+1|k)}^2} \tag{6.15}$$

$$\left|\theta(k+1)-\hat{\theta}(k+1|k)\right| \leqslant K_\theta\sqrt{\sigma_\theta^2+\sigma_{\hat{\theta}(k+1|k)}^2} \tag{6.16}$$

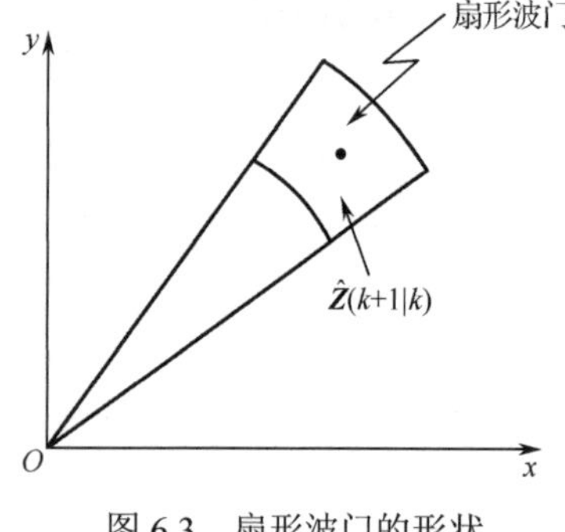

图 6.3　扇形波门的形状

则称量测值ρ、θ落入扇形波门内，该量测为候选回波。其中K_ρ、K_θ为由χ^2分布表查得的参数的平方根，σ_ρ^2和σ_θ^2分别为极坐标量测值ρ和θ的量测误差的方差，$\sigma_{\hat{\rho}(k+1|k)}^2$和$\sigma_{\hat{\theta}(k+1|k)}^2$分别为对应的预测值的方差。扇形波门的形状如图 6.3 所示，其尺寸大小与χ^2分布表查得的参数、σ_ρ^2、σ_θ^2以及$\sigma_{\hat{\rho}(k+1|k)}^2$、$\sigma_{\hat{\theta}(k+1|k)}^2$有关。

6.3　航迹起始算法

现有的航迹起始算法可分为顺序处理技术和批处理技术两大类。通常，顺序处理技术适用于在相对弱杂波背景中起始目标的航迹，而批处理技术对于起始强杂波环境下目标的航迹具有很好的效果，但计算量较大。在这一节中将研究几种常用的航迹起始算法，包括直观法、逻辑法、修正的逻辑法、基于 Hough 变换的方法、修正的 Hough 变换法、基于 Hough 变换和逻辑的航迹起始算法、基于速度约束的改进 Hough 变换航迹起始算法、基于聚类和 Hough 变换的编队目标航迹起始算法和被动雷达航迹起始算法。

6.3.1　直观法

假设$r_i(i=1,2,\cdots,N)$为N次连续扫描获得的位置量测值，如果这N次扫描中有某M个量测值满足以下条件，那么直观法就认定应起始一条航迹[13]。

（1）测量或估计的速度大于某最小值$V_{\min}$而小于某最大值$V_{\max}$。这种速度约束形成的相关波门，特别适合于第一次扫描得到的量测和后续扫描的自由量测。

（2）测量或估计的加速度的绝对值小于最大加速度$a_{\max}$。如果存在不止一个回波，则用加速度最小的那个回波来形成新的航迹。

从数学角度讲，以上两个判决可表达为

$$V_{\min} \leqslant \left|\frac{r_i - r_{i-1}}{t_i - t_{i-1}}\right| \leqslant V_{\max} \tag{6.17}$$

$$\left|\frac{r_{i+1} - r_i}{t_{i+1} - t_i} - \frac{r_i - r_{i-1}}{t_i - t_{i-1}}\right| \leqslant a_{\max}(t_{i+1} - t_i) \tag{6.18}$$

为了减小虚假航迹，直观法航迹起始还可追加选用一种角度限制规则，设φ为

$$\varphi = \arccos\left[\frac{(r_{i+1} - r_i)(r_i - r_{i-1})}{|r_{i+1} - r_i||r_i - r_{i-1}|}\right] \tag{6.19}$$

则角度限制规则可简单地表达成$|\varphi| \leqslant \varphi_0$，式中$0 < \varphi_0 \leqslant \pi$。当$\varphi_0 = \pi$时就是角度$\varphi$不受限制的情况。量测噪声以及目标的运动特性直接影响着φ_0的选取。在实际应用中为了保证以很高的概率起始目标航迹，φ_0一般选取较大的值。

直观法是一种确定性较为粗糙的方法。在没有真假目标先验信息的情况下，仍是一种可以使用或参与部分使用的方法。

6.3.2　逻辑法

逻辑法[10,12,14,15]对整个航迹处理过程均适用，当然也适用于航迹起始。逻辑法和直观法涉及雷达连续扫描期间接收到的顺序量测值的处理，量测值序列代表含有N次雷达扫描的时间窗的输入，当时间窗里的检测数达到指定门限时就生成一条成功的航迹，否则就把时间窗向增加时间的方向移动一次扫描时间。不同之处在于，直观法用速度和加速度两个简单的规则来减少可能起始的航迹，而逻辑法则以多重假设的方式通过预测和相关波门来识别可能存在的航迹。下面具体讨论逻辑法。

设$z_i^l(k)$是k时刻量测i的第l个分量，这里$l = 1,\cdots,p$，$i = 1,\cdots,m_k$。则可将量测值$\boldsymbol{Z}_i(k)$与$\boldsymbol{Z}_j(k+1)$间的距离向量$\boldsymbol{d}_{ij}$的第l个分量定义为

$$d_{ij}^l(k) = \max[0, z_j^l(k+1) - z_i^l(k) - v_{\max}^l t] + \max[0, -z_j^l(k+1) + z_i^l(k) + v_{\min}^l t] \tag{6.20}$$

式中，t为两次扫描的时间间隔。若假设量测误差是独立、零均值、高斯分布的，协方差为$\boldsymbol{R}_i(k)$，则归一化距离平方为

$$D_{ij}(k) \stackrel{\Delta}{=} \boldsymbol{d}_{ij}'[\boldsymbol{R}_i(k) + \boldsymbol{R}_j(k+1)]^{-1}\boldsymbol{d}_{ij} \tag{6.21}$$

式中，$D_{ij}(k)$为服从自由度为p的χ^2分布的随机变量。由给定的门限概率查自由度为p的χ^2分布表可得门限γ，若$D_{ij}(k) \leqslant \gamma$，则可判定$\boldsymbol{Z}_i(k)$和$\boldsymbol{Z}_j(k+1)$两个量测互联。

搜索程序按以下方式进行：

（1）用第一次扫描中得到的量测为航迹头建立门限，用速度法建立初始相关波门，对落入初始相关波门的第二次扫描量测均建立可能航迹；

（2）对每个可能航迹进行外推，以外推点为中心，后续相关波门的大小由航迹外推误差协方差确定；第三次扫描量测落入后续相关波门离外推点最近者给予互联；

（3）若后续相关波门没有量测，则撤销此可能航迹，或用加速度限制的扩大相关波门考察第三次扫描量测是否落在其中；

（4）继续上述的步骤，直到形成稳定航迹，航迹起始方算完成；

（5）在历次扫描中，未落入相关波门参与数据互联判决的那些量测（称为自由量测）均作为新的航迹头，转步骤（1）。

用逻辑法进行航迹起始，何时才能形成稳定航迹呢？这个问题取决于航迹起始复杂性分析和性能的折中。它取决于真假目标性能、密集程度及分布、搜索传感器分辨率和量测误差等。一般采用的方法是航迹起始滑窗法的 m/n 逻辑原理，如图 6.4 所示。

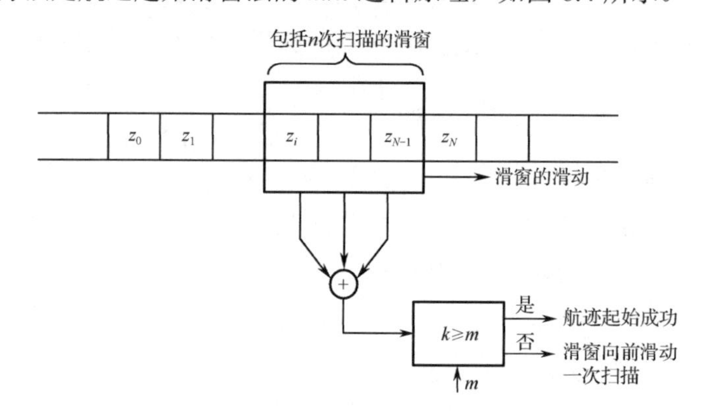

图 6.4　滑窗法的 m/n 逻辑原理

序列（$z_1, z_2, \cdots, z_i, \cdots, z_n$）表示含 n 次雷达扫描的时间窗的输入，如果在第 i 次扫描时相关波门内含有点迹，则元素 z_i 等于 1，反之为 0。当时间窗内的检测数达到某一特定值 m 时，航迹起始便告成功。否则，滑窗右移一次扫描，也就是增大窗口时间。航迹起始的检测数 m 和滑窗中的相继事件数 n，两者一起构成了航迹起始逻辑。

在军用飞机编队飞行的背景模拟中用 3/4 逻辑最为合适，取 n=5 时改进的效果不明显。为了性能与计算复杂程度的折中，在多次扫描内，取 $1/2 < m/n < 1$ 是适合的。因为 $m/n > 1/2$ 表示互联量测数过半，否则，作为可能航迹不可信赖；若取 $m/n = 1$，即表示每次扫描均有量测互联，这样也过分相信环境安静。因此，在工程上，通常只考虑以下两种情况：

（1）2/3 比值，作为快速启动；

（2）3/4 比值，作为正常航迹起始。

6.3.3　修正的逻辑法

在实际应用中，逻辑法在虚警概率较低的情况下可有效地起始目标的航迹。为了能在虚警概率较高的情况下，快速起始航迹，可使用修正的逻辑航迹起始算法[16,17]。这种方法计算量与逻辑法处于同一数量级，并能有效起始目标的航迹，在工程应用中具有较大的实用价值。

该算法的主要思想是在航迹起始阶段，对落入相关波门中的量测加一个限制条件，剔除在一定程度上与航迹成 V 形的测量点迹。其搜索程序按以下方式进行。

（1）设第一次扫描得到的量测集为 $\boldsymbol{Z}(1) = \{\boldsymbol{Z}_1(1), \cdots, \boldsymbol{Z}_{m_1}(1)\}$，第二次扫描得到的量测集为 $\boldsymbol{Z}(2) = \{\boldsymbol{Z}_1(2), \cdots, \boldsymbol{Z}_{m_2}(2)\}$。$\forall \boldsymbol{Z}_i(1) \in \boldsymbol{Z}(1)$，$i$=1,2,⋯,$m_1$，$\forall \boldsymbol{Z}_j(2) \in \boldsymbol{Z}(2)$，$j$=1,2,⋯,$m_2$，按式（6.20）求得 $\boldsymbol{d}_{ij}$，然后按式（6.21）求得 $D_{ij}(1)$，如果 $D_{ij}(1) \leqslant \gamma$，则建立可能航迹 o_{s1}，$s1 = 1, \cdots, q_1$，q_1 表示建立的可能航迹数量。

（2）对每个可能航迹 o_{s1} 直线外推，并以外推点为中心，建立后续相关波门 $\varOmega_j(2)$，后续相关波门 $\varOmega_j(2)$ 的大小由航迹外推误差协方差确定。对于落入相关波门 $\varOmega_j(2)$ 中的量测 $\boldsymbol{Z}_j(3)$

是否与该航迹关联，还应满足：假设 $\boldsymbol{Z}_j(3)$ 与航迹 o_{s1} 的第二个点的连线与该航迹的夹角为 α，若 $\alpha \leqslant \sigma$（σ 一般由测量误差决定，为了保证以很高的概率起始目标的航迹，可以选择较大的 σ），则认为 $\boldsymbol{Z}_j(3)$ 与该航迹关联。

（3）若在后续相关波门 $\Omega_j(2)$ 中没有量测，则将上述可能航迹 o_{s1}，$s1=1,\cdots,q_1$ 继续直线外推，以外推点为中心，建立后续相关波门 $\Omega_h(3)$，后续相关波门 $\Omega_h(3)$ 的大小由航迹外推误差协方差确定。对于第四次扫描中落入后续相关波门 $\Omega_h(3)$ 内的量测 $\boldsymbol{Z}_h(4)$，如果 $\boldsymbol{Z}_h(4)$ 与航迹 o_{s1} 的第一个点的连线与该航迹的夹角 β 小于 σ，那么就认为该量测与航迹关联。

（4）若在第四次扫描中，没有量测落入后续相关波门 $\Omega_h(3)$ 中，则终止该可能航迹。

（5）在各个周期中不与任何航迹关联的量测用来开始一条新的可能航迹，转步骤（1）。

当 σ 选为 360° 时，修正的逻辑法就简化为逻辑法。一般来说当目标进行直线运动时，可选择较小的 σ 值，从而可有效降低计算量，并可正确起始目标航迹。当目标机动运动时，σ 应适当放大，使得在航迹起始时，不至于丢失目标。在航迹起始阶段，若不知道目标的运动形式，σ 应取较大的值。

6.3.4 Hough 变换法

Hough 变换最早应用于图像处理中，是检测图像空间中图像特征的一种基本方法，主要适用于检测图像空间中的直线。现在 Hough 变换法已被广泛地应用于雷达数据处理中，用于检测直线运动或近似直线运动的低可观测目标，或用于多传感器航迹起始[18-20]。

Hough 变换法通过式（6.22）将笛卡儿坐标系中的观测数据（x,y）变换为参数空间中的坐标（ρ,θ），即

$$\rho = x\cos\theta + y\sin\theta \tag{6.22}$$

式中，$\theta \in [0, 360^\circ]$。对于一条直线上的点（$x_i, y_i$），必有两个唯一的参数 ρ_0 和 θ_0 满足

$$\rho_0 = x_i\cos\theta_0 + y_i\sin\theta_0 \tag{6.23}$$

如图 6.5 所示笛卡儿空间中的一条直线可以通过从原点到这条直线的距离 ρ_0 和 ρ_0 与 x 轴的夹角 θ_0 来定义。

将图 6.5 中直线上的几个点通过式（6.22）转换成参数空间的曲线，如图 6.6 所示。从图 6.6 中，可以明显地看出图 6.5 中直线上的几个点转换到参数空间中的曲线交于一公共点。上述结果表明：参数空间中交于公共点的曲线在笛卡儿坐标系中对应的坐标点一定在一条直线上。

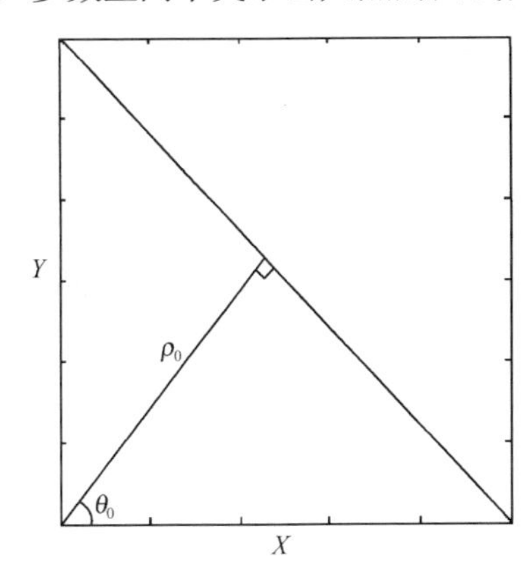

图 6.5　笛卡儿坐标系中的一条直线

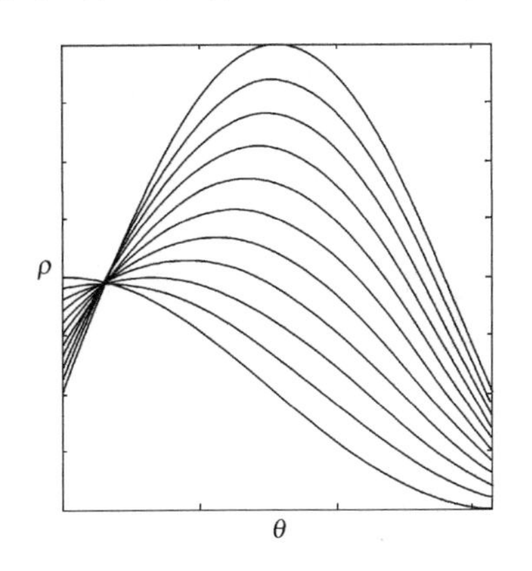

图 6.6　Hough 变换示意图

为了能在接收的雷达数据中将目标航迹检测出来，需将 ρ-θ 平面离散地分割成若干个小方格，通过检测 3-D 直方图中的峰值来判断公共的交点。直方图中每个方格的中心点为

$$\theta_n = \left(n - \frac{1}{2}\right)\Delta\theta, \qquad n = 1, 2, \cdots, N_\theta \tag{6.24}$$

$$\rho_n = \left(n - \frac{1}{2}\right)\Delta\rho, \qquad n = 1, 2, \cdots, N_\rho \tag{6.25}$$

式中，$\Delta\theta = \pi / N_\theta$，$N_\theta$ 为参数 θ 的分割段数，$\Delta\rho = L / N_\rho$，N_ρ 为参数 ρ 的分割段数，L 为雷达测量范围的 2 倍。

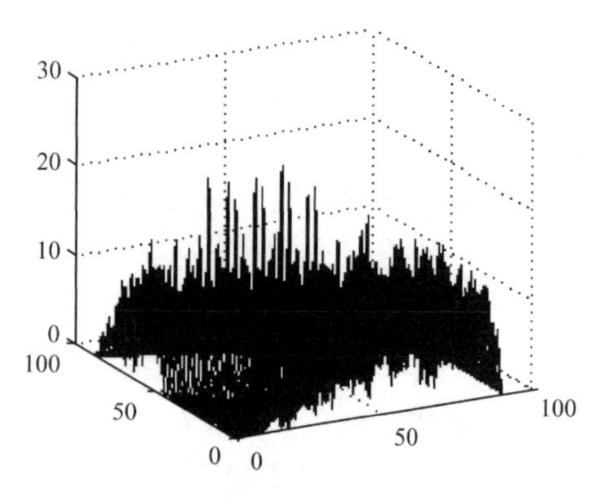

图 6.7　参数空间中直方图

当 X-Y 平面上存在可以连成直线的若干点时，这些点就会聚集在 ρ-θ 平面相应的方格内。经过多次扫描后，对于直线运动的目标，在某一个特定单元中的点的数量会得到积累。例如，在图 6.7 给定的参数空间直方图中，峰值暗示着可能的航迹，但有一些峰值不是由目标的航迹产生的，而是由杂波产生的。

数据空间的定义形式有很多种，如斜距 R 与扫描时间 T 构成 R-T 二维平面可以被看作数据图像平面，也可根据斜距 R 和方位角 β，求出目标的坐标位置(x, y)，将 X-Y 二维平面作为数据图像平面。R-T 二维平面的特点是：静止或慢速目标呈现为垂直于 R 轴的一条直线，对于速度无穷大的目标在数据图像空间中，目标的轨迹斜率近似为零。但是，对于具有加速度运动的目标，目标的轨迹则是一条曲线。X-Y 二维平面的特点是：对于具有加速度运动的目标的轨迹仍然是一条直线；对于静止的目标则是一个固定的点。因此可以根据实际的需要选择数据空间的定义形式。将笛卡儿坐标系中的坐标点转换到参数空间中曲线的方法具体如下。

首先定义一个数据矩阵 $\boldsymbol{D}$，L 对应笛卡儿坐标系中点的数量，即

$$\boldsymbol{D} = \begin{bmatrix} x_1 & x_2 & x_3 & \cdots & x_L \\ y_1 & y_2 & y_3 & \cdots & y_L \end{bmatrix} \tag{6.26}$$

转换矩阵 $\boldsymbol{H}$ 的定义为

$$\boldsymbol{H} = \begin{bmatrix} \cos\theta_1 & \sin\theta_1 \\ \cos\theta_2 & \sin\theta_2 \\ \cos\theta_3 & \sin\theta_3 \\ \vdots & \vdots \\ \cos\theta_N & \sin\theta_N \end{bmatrix} \tag{6.27}$$

式中，$\theta_i \in [0, \pi]$，$1 \leqslant i \leqslant N$，此时 N 的取值为 $N = \pi / \Delta\theta$，$\Delta\theta$ 为参数空间中 θ 的间隔尺寸。转换后的参数空间中的点可以表示为

$$\boldsymbol{R} = \boldsymbol{HD} = \begin{bmatrix} \rho_{1,\theta_1} & \rho_{2,\theta_1} & \cdots & \rho_{L,\theta_1} \\ \rho_{1,\theta_2} & \rho_{2,\theta_2} & \cdots & \rho_{L,\theta_2} \\ \vdots & \vdots & \ddots & \vdots \\ \rho_{1,\theta_N} & \rho_{2,\theta_N} & \cdots & \rho_{L,\theta_N} \end{bmatrix} \tag{6.28}$$

Hough 变换法适用于杂波环境下起始直线运动目标的航迹。Hough 变换法起始航迹的质量取决于航迹起始的时间和参数 $\Delta\theta$、$\Delta\rho$。航迹起始的时间越长，起始航迹的质量越高；参数 $\Delta\theta$、$\Delta\rho$ 选取越小，起始航迹的质量越高，但是容易造成漏警；参数 $\Delta\theta$、$\Delta\rho$ 的选取应根据实际雷达的测量误差而定，若测量误差较大，则参数 $\Delta\theta$、$\Delta\rho$ 要选取较大的值，使之不产生漏警。Hough 变换法很难起始机动目标的航迹，这是由 Hough 变换法的特点所决定的。若要起始机动目标的航迹，则可以用推广的 Hough 变换法起始目标航迹，但是由于推广的 Hough 变换法均具有计算量大的缺点，在实际中很难得到应用，这里不再赘述。

6.3.5　修正的 Hough 变换法

经典 Hough 变换法只有经过多次扫描后航迹起始才能获得比较好的效果，而且经典 Hough 变换法计算量较大，为了有效克服经典的 Hough 变换法起始航迹慢、计算量大等问题，修正的 Hough 变换法被用于进行目标航迹起始[21,22]，其原理如下。

假定雷达在第 n、n+1、n+2 次扫描时刻分别接收到三组数据 $\boldsymbol{r}_n$、$\boldsymbol{r}_{n+1}$ 和 $\boldsymbol{r}_{n+2}$，通过式（6.22）可以将这三组数据转换为参数空间中的三组曲线 ρ_n、ρ_{n+1} 和 ρ_{n+2}。据此可得差分函数如下

$$\Delta\rho_n = \rho_n - \rho_{n+1} \tag{6.29}$$

将零交汇点 $\Delta\rho_n$ 记为 $\Delta\rho_n(0)$，由 $\Delta\rho_n(0)$ 可以提供两条信息。首先，它提供了交汇点 ρ_n 和 ρ_{n+1} 对应的 θ 坐标，记为 $\theta_{\Delta\rho_n(0)}$；其次，如果考虑笛卡儿坐标系中的点，则 $\theta_{\Delta\rho_n(0)}$ 的符号取决于向量 $(\boldsymbol{r}_n - \boldsymbol{r}_{n+1})$ 的指向。基于上面的两条信息可以得出两条判据：

（1）过零交点 $\theta_{\Delta\rho_n(0)}$ 和 $\theta_{\Delta\rho_{n+1}(0)}$ 必须非常接近，即

$$|\theta_{\Delta\rho_n(0)} - \theta_{\Delta\rho_{n+1}(0)}| \leqslant \sigma_0 \tag{6.30}$$

式中，$\Delta\theta \leqslant \sigma_0 \leqslant m\Delta\theta$ 为允许误差，m 为任意正整数；

（2）过零交点 $\theta_{\Delta\rho_n(0)}$ 和 $\theta_{\Delta\rho_{n+1}(0)}$ 处斜率的符号必须相同。

判据（1）可用来判断数据点是否共线。如果在连续三次扫描中雷达接收到的数据是共线的，那么在参数空间中应该有相同的交点。但是在实际工程中，由于测量噪声的存在，参数空间中离散的间隔必须根据测量误差的大小来调整，使大多数曲线的交点在同一个方格中。判据（2）可用来确定目标移动的方向以避免生成像 V 形那样不现实的航迹。

当满足（1）和（2）时，还应判断第 n，n+1，n+2 扫描时刻形成的航迹与第 n+2，n+3 和 n+4 扫描时刻形成的航迹是否共线。定义 $\boldsymbol{r}_{n+1}$ 和 $\boldsymbol{r}_{n+2}$ 之间的距离为 $d_{n+1,n+2}$，定义向量（$\boldsymbol{r}_{n+1}-\boldsymbol{r}_{n+2}$）和（$\boldsymbol{r}_{n+2}-\boldsymbol{r}_{n+3}$）之间的夹角为 α_{n+2}，如图 6.8 所示。

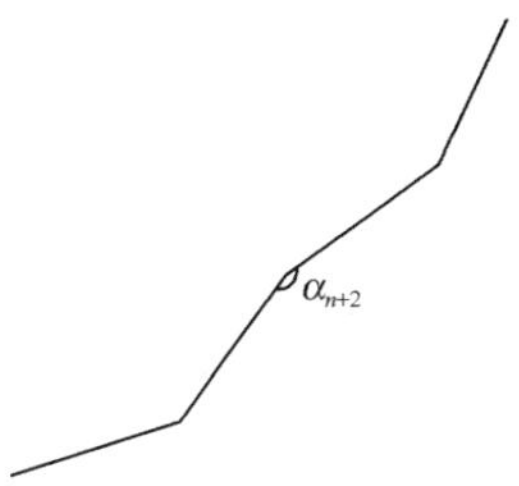

由于目标的加速度受到目标最大加速度值的约束，则有

$$|d_{n+1,n+2}| \leqslant c \times d_{n+2,n+3} \tag{6.31}$$

式中，c 由目标的最大加速度值来决定。

航迹之间的夹角 α_{n+2} 必须满足：

$$\beta_1 \leqslant \alpha_{n+2} \leqslant \beta_2 \tag{6.32}$$

选择的 β_1 和 β_2 值应防止起始 V 形的航迹。

图 6.8　航迹起始中的角度限制

如果对于假定的航迹也满足式（6.31）和式（6.32），那么 $\boldsymbol{r}_n$、$\boldsymbol{r}_{n+1}$、$\boldsymbol{r}_{n+2}$、$\boldsymbol{r}_{n+3}$ 和 $\boldsymbol{r}_{n+4}$ 就可以形成一条航迹。

为了使修正的 Hough 变换法能更快地起始航迹，可在修正的 Hough 变换基础上增加如下速度选通的条件，即量测值必须满足式（6.33）才能使用修正的 Hough 变换转化到参数空间中去。

$$v_{\min} \leqslant \left| \frac{x_i - x_{i-1}}{t_i - t_{i-1}} \right| \leqslant v_{\max} \tag{6.33}$$

使用速度选通条件可将进行修正 Hough 变换的量测值数量显著减少，达到快速起始航迹的目的。

6.3.6　基于 Hough 变换和逻辑的航迹起始算法

基于 Hough 变换的航迹起始算法虽然能在密集杂波环境中有效地起始目标航迹，但是需要的时间较长，并且参数 $\Delta\theta$ 、$\Delta\rho$ 选取较为困难；基于逻辑的航迹起始算法虽然能在较短的时间起始目标的航迹，但是在密集杂波环境中则很难有效起始目标的航迹。基于 Hough 变换和逻辑的航迹起始算法[23,24]通过将两种算法结合起来，就可有效地解决上述问题。主要包括两步：航迹起始中的点迹粗互联和航迹起始中的互联模糊排除。具体为：在航迹起始中的点迹粗互联阶段，主要利用杂波和目标运动特性的不同，采用 Hough 变换尽可能地去除虚假杂波点，参数选择原则是要选择较大的 $\Delta\theta$ ，以保证能以很高的概率检测到所有的真实航迹。这样虽然仍有一定数量的杂波点会超过门限，出现航迹起始模糊，但在保证以很高概率起始航迹的前提下，杂波密度已显著下降。在点迹粗互联阶段已剔除大量杂波点的基础上，对于出现的点迹与点迹互联模糊情况可利用基于 m/n 逻辑的方法去模糊。

6.3.7　基于速度约束的改进 Hough 变换航迹起始算法

通过 Hough 变换原理可知，笛卡儿坐标系中位于同一直线上任意两点在参数空间中的交点重合。具体地，假设点 A、B、C 在笛卡儿坐标系中共线，根据式（6.22），若 A、B 两点在参数空间中对应的曲线交于 (ρ_1, θ_1) ，B、C 两点在参数空间中对应的曲线交于 (ρ_2, θ_2) ，那么 $(\rho_1, \theta_1) = (\rho_2, \theta_2)$ ，即二者在参数空间中的交点重合。以此为基础，对不同扫描周期获取的量测进行两两配对组合，这里不仅要考虑相邻周期的量测，还要考虑不相邻周期的量测。这是因为当目标量测出现“闪烁”时，部分扫描周期传感器可能无法获得目标量测，从而造成相邻周期的量测无法组合，因此，仅考虑相邻周期的量测会造成目标量测的丢失，不利于目标航迹的起始[25]。

在进行组合配对时，并非不同周期内任意两个量测均来自目标，只有满足一定约束条件的量测才可能来自目标。将 t_1 时刻第 i 个量测值记作 $\boldsymbol{Z}_i(t_1)=[r_i(t_1) \quad \alpha_i(t_1)]$，$t_2$ 时刻第 j 个量测值记作 $\boldsymbol{Z}_j(t_2)=[r_j(t_2) \quad \alpha_j(t_2)]$，对应的平均速度为

$$v_{i,j}(t_1, t_2) = \frac{d_{i,j}(t_1, t_2)}{|t_2 - t_1|} \tag{6.34}$$

其中，$d_{i,j}(t_1, t_2) = \sqrt{r_i^2(t_1) + r_j^2(t_2) - 2r_i(t_1) r_j(t_2) \cos(\alpha_j(t_2) - \alpha_i(t_1))}$ 。

这里考虑目标的运动速度约束。假设目标的最大运动速度为 $v_{\max}$，最小运动速度为 $v_{\min}$，如果平均速度 $v_{i,j}(t_1, t_2)$ 满足式（6.35），那么量测值 $\boldsymbol{Z}_i(t_1)$和 $\boldsymbol{Z}_j(t_2)$可能来自同一目标。通过速度约束对量测进行筛选，可排除大量虚假量测构成的组合，从而减少后续航迹处理计算量。

$$v_{\min} \leqslant v_{i,j}(t_1,t_2) \leqslant v_{\max} \tag{6.35}$$

对于满足式（6.35）的量测组合 $\boldsymbol{Z}_i(t_1)$、$\boldsymbol{Z}_j(t_2)$，为利用极坐标系下的量测计算其在参数空间中的交点，可将式（6.22）改写为

$$\rho = x\cos(\theta) + y\sin(\theta) = \sqrt{x^2+y^2}\cos(\alpha-\theta) \tag{6.36}$$

其中，$\alpha = x/\sqrt{x^2+y^2}$ 表示笛卡儿坐标系中点（x, y）在极坐标系中对应的极角，$\sqrt{x^2+y^2}$ 表示对应的极径。因此，量测组合 $\boldsymbol{Z}_i(t_1)$、$\boldsymbol{Z}_j(t_2)$在参数空间中对应的曲线可表示为

$$\rho = r_i(t_1)\cos(\alpha_i(t_1)-\theta) \tag{6.37}$$

$$\rho = r_j(t_2)\cos(\alpha_j(t_2)-\theta) \tag{6.38}$$

求解式（6.37）和式（6.38）构成的方程组，得到

$$\tan\theta = -\frac{r_j(t_2)\cos(\alpha_j(t_2)) - r_i(t_1)\cos(\alpha_i(t_1))}{r_j(t_2)\sin(\alpha_j(t_2)) - r_i(t_1)\sin(\alpha_i(t_1))} \tag{6.39}$$

令 $a = -\dfrac{r_j(t_2)\cos(\alpha_j(t_2)) - r_i(t_1)\cos(\alpha_i(t_1))}{r_j(t_2)\sin(\alpha_j(t_2)) - r_i(t_1)\sin(\alpha_i(t_1))}$，由于 $0 \leqslant \theta \leqslant \pi$，所以

$$\theta = \begin{cases} \arctan(a) & a > 0 \\ \arctan(a) + \pi & a \leqslant 0 \end{cases} \tag{6.40}$$

将式（6.40）代入式（6.37），得到

$$\rho = \frac{r_i(t_1)r_j(t_2)\left|\sin(\alpha_j(t_2)-\alpha_i(t_1))\right|}{\sqrt{r_i^2(t_1) + r_j^2(t_2) - 2r_i(t_1)r_j(t_2)\cos(\alpha_j(t_2)-\alpha_i(t_1))}} \tag{6.41}$$

至此，求得量测组合在参数空间中的准确交点。若某几个组合在笛卡儿坐标系中对应的量测数据近似位于同一直线，那么它们在参数空间中的交点必然相距很近。与 Hough 变换法相同，通过参数空间划分并设定相应的门限值，提取出起始的目标航迹。

从以上处理流程可知，该算法通过量测组合与速度约束首先排除了大量虚假量测，从而大大减少了后续处理的量测数量。采用不同周期量测配对组合，并计算二者在参数空间中的准确交点，充分考虑量测的时序信息，从而有效避免了同一扫描周期量测配对关联，有效抑制了虚假航迹的产生，减少参与 Hough 运算的量测数量，可大幅降低算法计算量，同时可有效改善目标航迹的起始效果。

6.3.8　基于聚类和 Hough 变换的编队目标航迹起始算法

航迹起始算法和 DBSCAN 聚类、网格聚类等技术相结合可以解决多编队群目标、弹道目标等复杂条件下的航迹起始问题[26-30]。本小节主要以 Hough 变换和 K 均值聚类方法相结合为例来讨论编队目标的航迹起始问题，算法流程如图 6.9 所示，具体过程如下[7]。

（1）假设第 k 个时刻的传感器回波被分为 m 个编队，每个编队中成员数目 $N_{ik} \geqslant 3$，$i=1,\cdots,m, k=1,\cdots,n$，若编队 i 的成员数量 $N_{ik} < 3$，即该编队的目标成员数量少于 3，则默认为该编队全部由点组成，不应放在考虑的范围之内。通过这一过程大部分杂波或虚假量测点得到了剔除，剩下的 m 个编队则作为聚类的初始化粒子点。从第 k 个时刻循环阈值分割所形成的所有编队成员 $G_k(i),\ i=1,\cdots,m$ 中随机选取 $r\left(r < \sum_{i=1}^{m} N_{ik}\right)$ 个粒子 $x_1, x_2, \cdots, x_r$ 作为 k 个均

值聚类 $C_l(l=1,2,\cdots,r)$ 的初始点，不妨记每个聚类 C_l 的中心为 $o_l = x_l(l=1,2,\cdots,k)$。

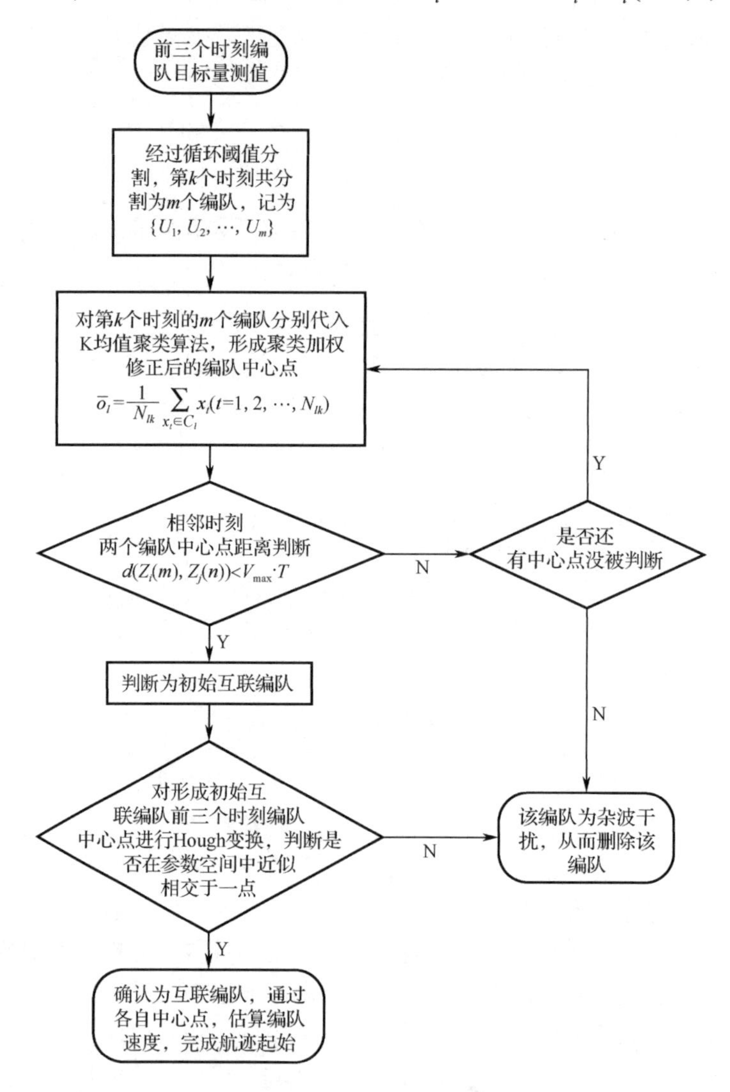

图 6.9　基于聚类和 Hough 变换的编队目标航迹起始算法流程

（2）对任意粒子 $x_t \in G_k(i),\ i=1,\cdots,m$，计算 $d(x_t,o_l)=\|x_t-o_l\|_p\ (l=1,2,\cdots,r)$。若

$$d(x_t,o_l)=\min_{l\in\{1,2,\cdots,r\}} d(x_t,o_l) \tag{6.42}$$

则把个体 x_t 分配到第 l 个聚类 C_l 中去。根据以上规则，直到把 $x_t \in G_k(i),\ i=1,\cdots,m$ 中所有粒子分配到不同聚类 $C_l(l=1,2,\cdots,r)$ 中为止。

（3）重新计算更新每个聚类 $C_l(i=1,2,\cdots,r)$ 的中心

$$\overline{o}_l=\frac{1}{N_{lk}}\sum_{x_t\in C_l} x_t(t=1,2,\cdots,N_{lk}) \tag{6.43}$$

式中，N_{lk} 表示 C_l 中粒子数。

（4）若 $\overline{o}_i = o_i, i=1,2,\cdots,r$，输出 r 个聚类 $C_i(i=1,2,\cdots,r)$，否则令 $o_i=\overline{o}_i$ 转步骤（2）。通过以上步骤，得到了各个时刻编队的聚类形心，其中包括真实目标的中心和虚假目标的形心。

（5）在稀疏编队背景下，由于可以从量测值中判断编队的队形结构，所以相邻时刻编队

的互联问题可以通过编队结构的相似性判断完成，并不需要初始互联中心点通过 Hough 变换进行直线判断；而在密集编队背景下，由于不能从量测值中判别出编队结构，所以在完成编队聚类中心点的距离判断，形成初始互联编队之后，有必要利用 Hough 变换的直线识别功能来完成密集编队背景下的编队航迹起始问题。

将初始互联编队的中心点坐标依次代入公式（6.22），若前三个时刻的编队中心点变换到参数空间后形成的曲线，近似相交于一点，则对该初始编队进行确认，编队目标航迹起始成功。

6.3.9　被动雷达航迹起始算法

在利用被动雷达对多目标进行跟踪时也必须考虑航迹起始问题[31]。一种可行的方法是：先用测得的数据进行定位，例如在测得的数据是目标方位角的情况下，需先利用方位数据进行交叉定位以获得目标的位置坐标。设 $\hat{\theta}_1$ 和 $\hat{\theta}_2$ 分别为两个被动雷达某个时刻所测的目标方位角，即

$$\tan\hat{\theta}_1=\frac{\hat{y}-y_{s1}}{\hat{x}-x_{s1}}\qquad \tan\hat{\theta}_2=\frac{\hat{y}-y_{s2}}{\hat{x}-x_{s2}} \tag{6.44}$$

式中，(x_{s1},y_{s1})和(x_{s2},y_{s2})分别为两个被动雷达自身所在的位置。经过简单的数学运算可求得目标位置坐标的估计值为

$$\hat{x}=\frac{y_{s2}-y_{s1}+x_{s1}\tan\hat{\theta}_1-x_{s2}\tan\hat{\theta}_2}{\tan\hat{\theta}_1-\tan\hat{\theta}_2} \tag{6.45}$$

$$\hat{y}=\frac{y_{s2}\tan\hat{\theta}_1-y_{s1}\tan\hat{\theta}_2+(x_{s1}-x_{s2})\tan\hat{\theta}_1\tan\hat{\theta}_2}{\tan\hat{\theta}_1-\tan\hat{\theta}_2} \tag{6.46}$$

在获得定位数据后，再利用本章前面讨论的航迹起始方法，例如逻辑法、Hough 变换法等进行航迹起始。另外，这里要说明的是，在定位过程中如果存在多目标还必须解决测量数据的正确配对问题，即正确的测量数据互联问题，该问题在后续有关章节中讨论。

如果在被动雷达多目标跟踪中不是先进行定位，而是直接利用方位数据形成航迹，则可采用如下方法进行航迹起始。

（1）设某个被动雷达初始时刻所测得的方位角集合为 $Z_1=\{\theta_{11},\theta_{12},\cdots,\theta_{1n_1}\}$，分别以该集合中的每一个方位角测量值为中心建立初始方位波门，初始方位波门的大小为[1,28]

$$|Z_2-Z_1|\leqslant\max\left(2\frac{(V_{\mathrm{m}}+V_{\mathrm{o}})_{\max}T}{D_{\min}},2\sigma_\theta\right) \tag{6.47}$$

式中，Z_2 为第二次采样方位角测量集合，V_{m} 为目标的最大运动速度，V_{o} 为被动雷达载体的最大运动速度，$D_{\min}$ 为感兴趣探测区域的最小距离，T 为采样间隔，σ_θ 为被动雷达方位测量误差的标准差。

（2）若第二次采样周期中获取的目标方位角测量值 $Z_2=\{\theta_{21},\theta_{22},\cdots,\theta_{2n_2}\}$ 落入相应的初始波门内，此时可分为以下两种情况：

① 当初始方位波门内只有一个回波时，则判定该回波所对应的方位角测量值与波门中心所对应的方位角测量值属于同一个目标，由这两个方位角测量值建立可能的方位航迹；

② 当初始方位波门内有多个回波时，则取其统计距离最近的回波为相关点迹，该点迹所对应的方位角测量值与波门中心所对应的方位角测量值属于同一个目标，并由这两个方位

角测量值建立可能的方位航迹；若无方位角测量值落入初始方位波门，则认为该波门中心所对应的方位角测量值是虚假测量，予以撤销；对上述每个方位航迹进行状态外推，并以外推点为中心建立后续波门，后续波门的大小为

$$B_k = 3\sqrt{\sigma^2_{\theta_{(k+1|k)}} + \sigma^2_\theta} \tag{6.48}$$

式中，$\sigma^2_{\theta_{(k+1|k)}}$ 为第 k 次采样对应的方位角的一步预测协方差。

（3）若下一时刻扫描所测得的点迹落入相应的后续波门内，则取落入后续波门内离外推点最近的予以关联，并进行状态外推，继续进行判断。若没有点迹落入后续波门内，则该点的测量值以 0 代替，同时用状态一步预测值来近似表示该时刻的状态更新值，同时进行状态外推，并以外推点为中心建立加大的后续波门，加大的后续波门的大小为

$$B_{k+1} = 5\sqrt{\sigma^2_{\theta_{(k+2|k+1)}} + \sigma^2_\theta} \tag{6.49}$$

（4）若下一时刻所测得的点迹都落在加大的后续波门外，则认为该航迹是虚假航迹予以撤销。否则，重复步骤（3）继续进行判断，直到满足准则为止。

（5）在每次扫描中，设没落入相关波门内参与航迹相关判别的点迹集合为 B_0，若 $B_0 \neq \phi$（空集），即存在点迹没有落入任意一个相关波门内情况，此时要以 B_0 中的每一个元素为中心，重新建立方位波门，重复步骤（1）。概括来讲，上述过程实际上仍是按逻辑法起始航迹。

6.4　航迹起始算法综合分析

为了更直观地分析航迹起始算法的性能，本节在同一环境下对相关算法进行仿真比较。仿真环境如下：假定 5 个目标做匀速直线运动，使用一个 2D 雷达对这些目标进行跟踪，5 个目标的初始位置分别为（55 000 m, 55 000 m）、（45 000 m, 45 000 m）、（35 000 m, 35 000 m）、（45 000 m, 25 000 m）、（55 000 m, 15 000 m），5 个目标的速度均为 $v_x = 500\ \text{m/s}, v_y = 0\ \text{m/s}$。同时假定雷达的采样周期 T=5 s，雷达的测向误差和测距误差分别为 σ_θ=0.3°和 σ_r=40 m。

每个周期产生的杂波个数按泊松分布确定，即给定参数 λ，首先产生（0,1）区间上均匀分布的随机数 r，然后由下式

$$\mathrm{e}^{-\lambda}\sum_{j=0}^{J-1}\frac{\lambda^j}{j!} < r \leqslant \mathrm{e}^{-\lambda}\sum_{j=0}^{J}\frac{\lambda^j}{j!}, \qquad J = 1,2,\cdots \tag{6.50}$$

确定杂波个数 J。在确定出 J 后，每个周期的 J 个杂波按均匀分布随机地分布在雷达视域范围内。

取 λ=50 时，在连续 4 个扫描周期内产生的杂波点与真实目标点的态势如图 6.10 所示，图中○代表真实的测量航迹点，*代表第一次扫描时的杂波点，□代表第二次扫描时的杂波点，+代表第三次扫描时的杂波点，•代表第四次扫描时的杂波点。对图 6.10 所示的态势图使用 4 个扫描周期，基于直观法起始的航迹如图 6.11 所示；基于 3/4 逻辑法起始航迹如图 6.12 所示；基于修正的 3/4 逻辑法起始的航迹如图 6.13 所示；基于 Hough 变换法起始的航迹如图 6.14 所示，其中 N_θ=90、N_ρ=90，参数空间的门限取为 4；基于修正的 Hough 变换法起始的航迹如图 6.15 所示，其中 N_θ=90、N_ρ=90，参数空间的门限取为 4；基于 Hough 变换和逻辑起始的航迹如图 6.16 所示，其中 N_θ=90、N_ρ=90，Hough 变换法的门限也取为 4，按 3/4 逻辑法起始航迹；基于速度约束的改进 Hough 变换起始的航迹如图 6.17 所示，其中 N_θ=90、N_ρ=90，

参数空间的门限取为 4。比较图 6.11～图 6.17 可知，基于 Hough 变换法航迹起始的性能最差，根本不能正确起始目标的航迹，其他 6 种航迹起始算法在杂波稀疏的情况下，起始航迹的性能相差不大。

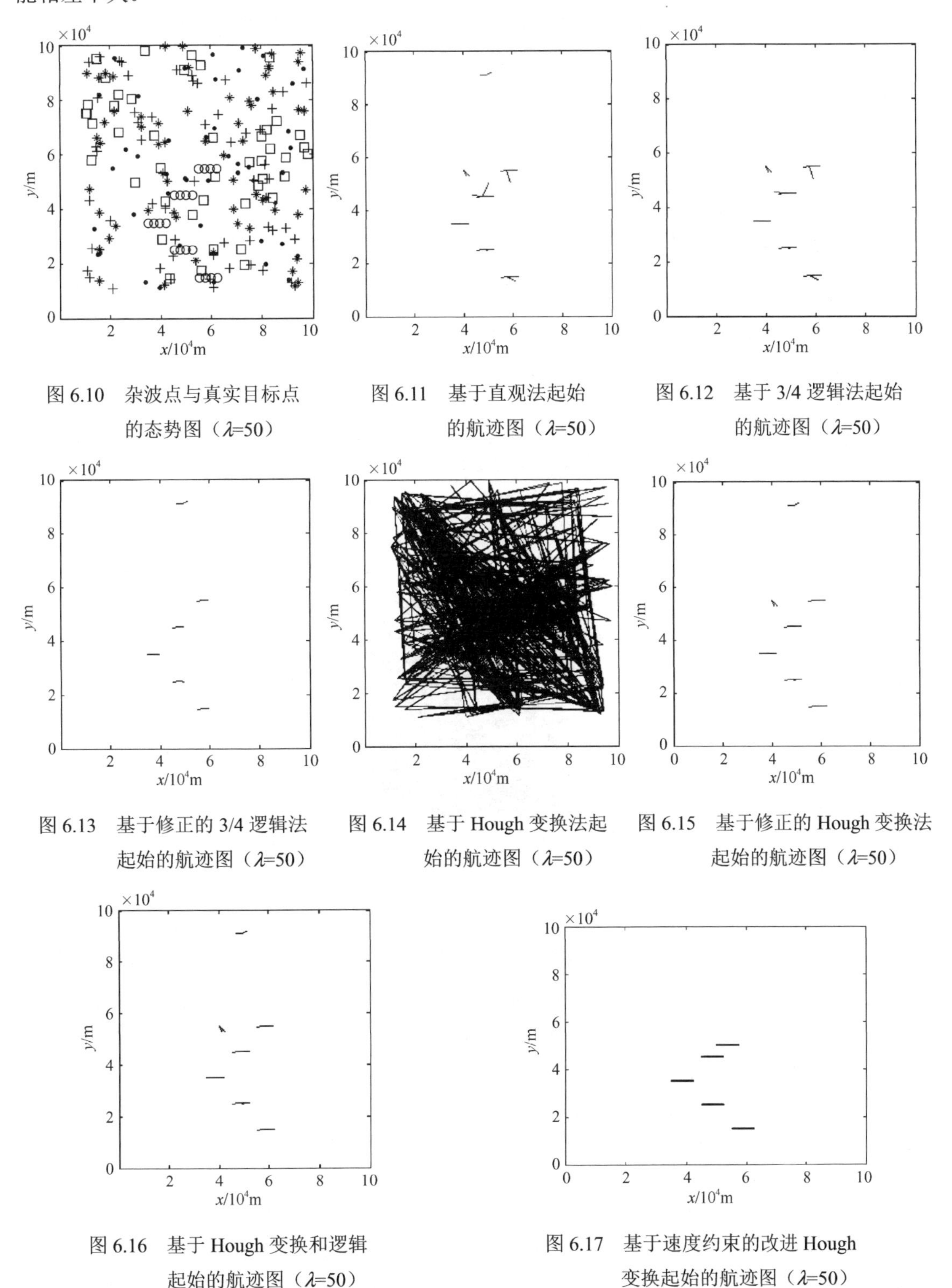

图 6.10　杂波点与真实目标点的态势图（λ=50）

图 6.11　基于直观法起始的航迹图（λ=50）

图 6.12　基于 3/4 逻辑法起始的航迹图（λ=50）

图 6.13　基于修正的 3/4 逻辑法起始的航迹图（λ=50）

图 6.14　基于 Hough 变换法起始的航迹图（λ=50）

图 6.15　基于修正的 Hough 变换法起始的航迹图（λ=50）

图 6.16　基于 Hough 变换和逻辑起始的航迹图（λ=50）

图 6.17　基于速度约束的改进 Hough 变换起始的航迹图（λ=50）

为进一步说明上述算法起始航迹的性能，令 $\lambda=100$，其他参数保持不变，得到的态势如图 6.18 所示，图中符号含义同图 6.10。对图 6.18 所示的态势图使用 4 个扫描周期，基于直观法起始的航迹如图 6.19 所示；基于 3/4 逻辑法起始航迹如图 6.20 所示；基于修正的 3/4 逻辑法起始的航迹如图 6.21 所示；基于 Hough 变换法起始的航迹如图 6.22 所示；基于修正的 Hough 变换法起始的航迹如图 6.23 所示；基于 Hough 变换和逻辑起始的航迹如图 6.24 所示；基于速度约束的改进 Hough 变换起始的航迹如图 6.25 所示。

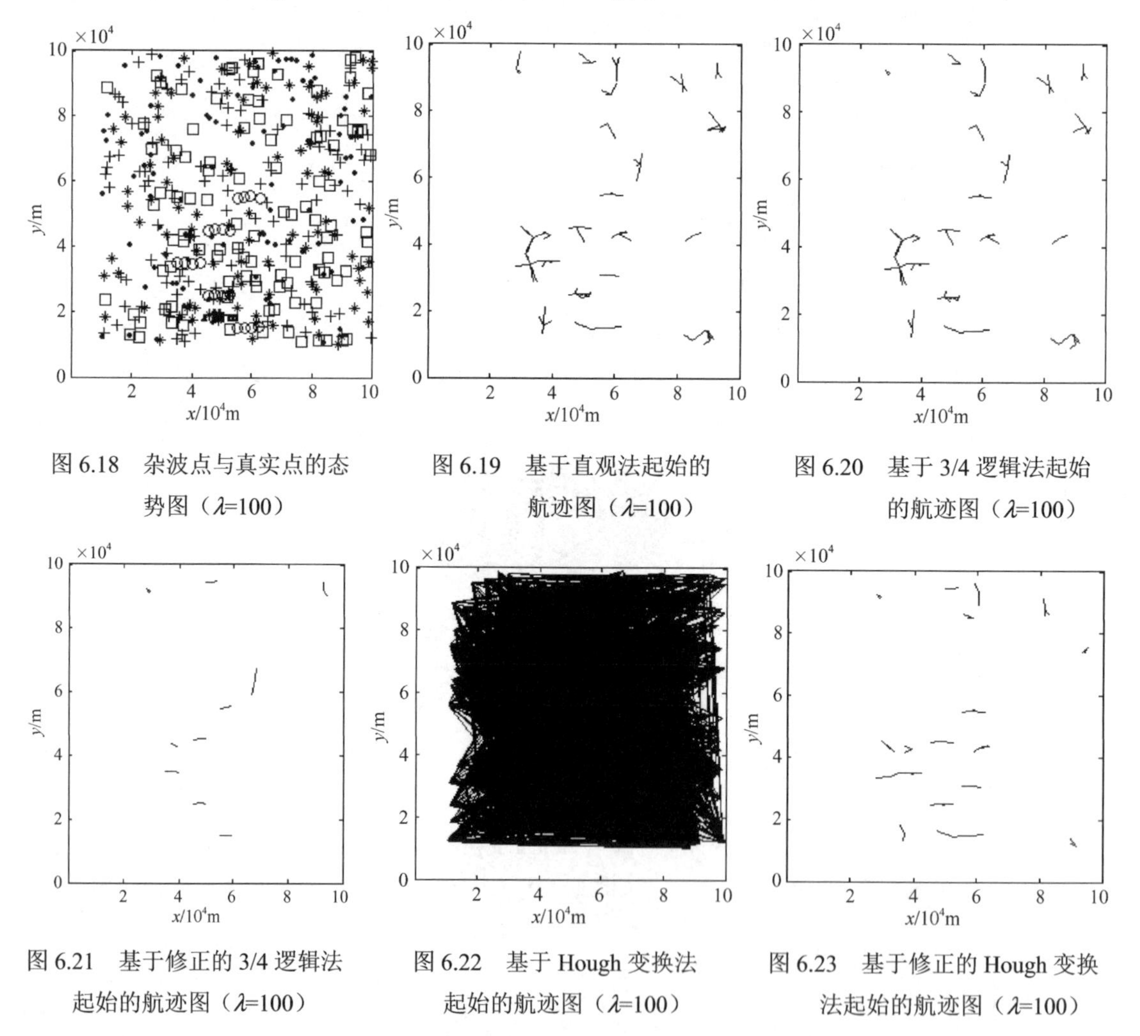

图 6.18 杂波点与真实点的态势图（λ=100）

图 6.19 基于直观法起始的航迹图（λ=100）

图 6.20 基于 3/4 逻辑法起始的航迹图（λ=100）

图 6.21 基于修正的 3/4 逻辑法起始的航迹图（λ=100）

图 6.22 基于 Hough 变换法起始的航迹图（λ=100）

图 6.23 基于修正的 Hough 变换法起始的航迹图（λ=100）

比较图 6.19～图 6.25 可知，上述航迹起始算法在杂波较密集的环境中，均出现了虚警，其中基于 Hough 变换法起始的虚假航迹最多，基于修正的 3/4 逻辑法和基于速度约束的改进 Hough 变换法起始航迹具有最好的性能，基于修正的 Hough 变换法和基于 Hough 变换和逻辑起始航迹的性能次之，逻辑法和直观法的性能较差。

基于修正的逻辑法考虑通过角度约束剔除 V 形起始航迹，基于速度约束的改进 Hough 变换法考虑量测时序信息进行组合配对，并通过计算量测配对在参数空间中的准确交点提取目标起始航迹，因此二者的航迹起始效果最好。比较图 6.23 与图 6.24 可以看出，基于 Hough 变换与逻辑的算法与基于修正的 Hough 变换法起始的航迹一样。究其原因，两种算法最基本的前提是使用 Hough 变换法可把在一条直线上的点找出来，修正的 Hough 变换法使用速度门限、角度、加速度等进一步剔除虚假航迹，同样逻辑法也是通过速度门限以及其他条件来进一步剔除虚假航迹，因此两者最终起始的航迹图类似。

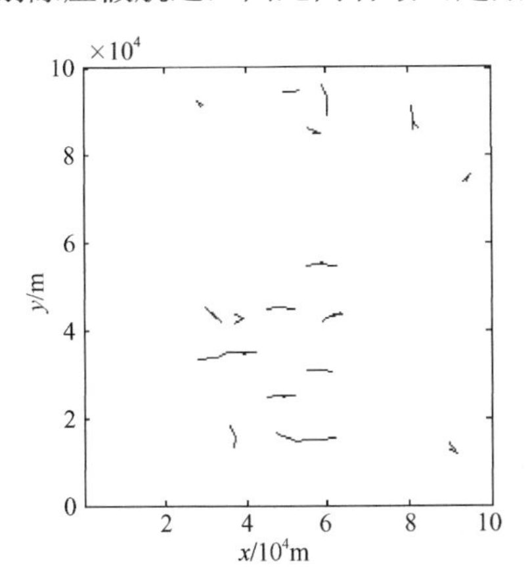

图 6.24　基于 Hough 变换和逻辑起始的航迹图（λ=100）

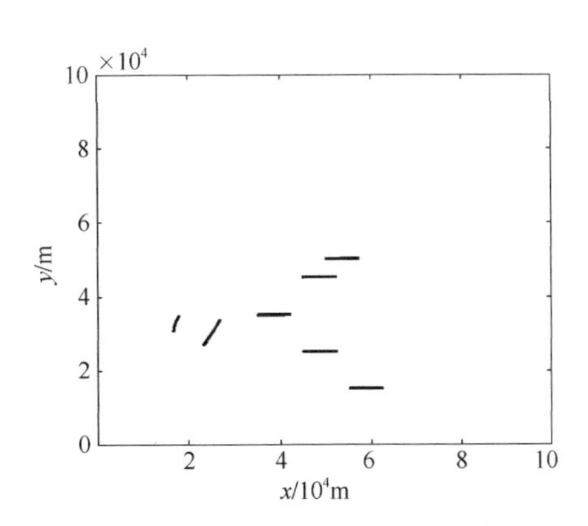

图 6.25　基于速度约束的改进 Hough 变换起始的航迹图（λ=100）

6.5　航迹起始中的有关问题讨论

航迹起始是目标跟踪的第一步，它是建立新的目标档案的决策方法，主要包括暂时航迹形成和轨迹确定两个方面。航迹起始的两大基本要求是：（1）真实目标航迹尽可能多地被起始；（2）尽可能少地起始虚假目标航迹。通常评判一个航迹起始方法的指标为航迹起始概率和航迹虚警概率，航迹起始概率为起始的正确航迹的个数同实际存在的目标航迹个数的比值；航迹虚警概率为形成的虚假航迹的概率。航迹起始需要综合考虑快速航迹起始和航迹起始积累问题。航迹起始积累是指建立真航迹所需要的扫描次数。显然这两者是矛盾的，积累时间越长，假航迹起始的可能性越小，但带来的问题是真实航迹起始的滞后时间长。在目标运动速度较快的情况下，要求尽可能快速地起始航迹。

航迹起始既需要在目标进入雷达威力范围后能尽快建立起真实目标航迹，还要防止由于存在不可避免的假点迹而建立起虚假航迹，虚假航迹会在很大程度上降低航迹数据的置信度。快速的起始要求与较高的成功概率是相互矛盾的，高可靠检测真实目标航迹，需要有足够的信息，因此不可避免地存在航迹起始响应时间的延迟。所以，一个好的航迹起始方法，应该在快速起始航迹能力与产生虚假航迹之间选取一个最佳折中。

6.6　小结

航迹起始是多目标航迹处理中的首要问题，因为航迹起始质量的好与坏，将直接影响后续航迹保持中对目标的跟踪效果。由于航迹起始时，目标距离较远，传感器探测分辨力低、测量精度差，再加上真假目标的出现无真正的统计规律，所以航迹起始问题是一个较难处理的问题。如果航迹起始不正确，则根本无法实现对目标的有效跟踪，甚至导致目标丢失。为此，本章针对多目标跟踪中的航迹起始问题进行了讨论，航迹起始技术概况而言包括两大类：一类是面向目标的顺序处理技术；另一类是面向量测的批处理方法。前者计算量小，易于工程实现，不足之处在于其稀疏回波环境目标起始效果较好，并且辨别目标与虚警的能力较差；后者处理效果较好，能有效地降低虚警概率，但在密集回波环境下计算量很大，实现较困难。本章所讨论的航迹起始算法（除了基于 Hough 变换法的航迹起始算法外）对于起始直线运动目标的航迹均具有比较好的效果。Hough 变换法、逻辑法等不仅可用于航迹起始，将其进行延展并和神经网络等人工智能技术相结合，可用于目标轨迹智能检测、复杂环境下扩展目标跟踪、检测前跟踪、复合干扰抑制等问题的解决[32-37]。

参考文献

[1] 何友, 王国宏, 陆大绘, 等. 多传感器信息融合及应用（第二版）. 北京: 电子工业出版社, 2007.

[2] 何友, 王国宏, 关欣. 信息融合理论及应用. 北京: 电子工业出版社, 2010, 3.

[3] 何友. 多目标多传感器分布信息融合算法研究. 北京: 清华大学, 1996.

[4] 李坦坦, 雷明. 基于启发式逻辑的概率假设密度滤波高效航迹起始方法. 上海交通大学学报, 2018, 52(1): 63-69.

[5] Farina A, Studer F A. Radar Data Processing. Vol. I. II. Research Studies Press LTD, 1985.

[6] 周宏仁, 敬忠良, 王培德. 机动目标跟踪. 北京: 国防工业出版社, 1991.

[7] 邢凤勇, 熊伟, 王海鹏. 基于聚类和 Hough 变换的多编队航迹起始算法. 海军航空工程学院学报, 2010, 25(6): 624-628.

[8] 张传宾. 强杂波下多目标航迹起始算法研究. 哈尔滨: 哈尔滨工程大学, 2018.

[9] Li D, Lin Y, Zhang Y. A Track Initiation Method for the Underwater Target Tracking Environment. China Ocean Engineering, 2018, 32(2): 206-215.

[10] 张兰秀, 赵连芳. 跟踪和数据互联. 连云港: 中船总七一六所, 1991.

[11] Blackman S S, Popoli R. Design and Analysis of Modern Tracking Systems. Artech House, Boston, London, 1999.

[12] Shalom Y B, Fortmann T E. Tracking and Data Association. Academic Press, 1988.

[13] He Y, Xiu J J, Guan X. Radar Data Processing with Applications. John Wiley & Publishing house of electronics industry, 2016, 8.

[14] 虞涵钧. 基于分布式数据融合的多目标跟踪. 哈尔滨: 哈尔滨工程大学, 2019.

[15] 党阿琳. 多目标跟踪中航迹起始数据处理技术研究. 沈阳: 沈阳理工大学, 2020.

[16] 苏峰, 王国宏, 何友. 修正的逻辑航迹起始算法. 现代防御技术, 2004. 32(5): 66-68.

[17] 余沙, 陈明燕, 曹建蜀. 基于网格聚类和修正逻辑的航迹起始算法. 计算机科学, 2015, 42(4): 181-184, 205.

[18] Olson C F. Constrained Hough Transforms for Curve Detection. Computer Vision & Image Understanding, 2016, 73(3): 329-345.

[19] Mukhopadhyay P, Chaudhuri B B. A survey of Hough Transform. Pattern Recognition, 2015, 48(3): 993-1010.

[20] Yan B, Xu N, Zhao W B, et al. A Three-Dimensional Hough Transform-Based Track-Before-Detect Technique for Detecting Extended Targets in Strong Clutter Backgrounds. Sensors, 2019, 19(4): 881-900.

[21] 王国宏, 孔敏, 何友. Hough 变换及其在信息处理中的应用. 北京: 兵器工业出版社, 2005.

[22] 聂泽东. 基于 DBSCAN 和修正 Hough 变换的多编队航迹起始算法. 信息化研究, 2019, 45(3): 22-25.

[23] 朱小平. 轨迹起始技术在多目标探测与跟踪中的应用研究. 深圳: 深圳大学，2019.

[24] 苏峰, 魏广芬, 魏志轩. 三维空间中基于修正逻辑的快速航迹起始算法. 系统仿真学报, 2008, 20(6): 1420-1422.

[25] Liu J, Liu Y, Xiong W. A Novel Track Initiation Method Based on Prior Motion Information and Hough Transform. International Conference on Intelligent Information Processing, Melbourne, Australia, 2016: 72-77.

[26] Dan X, Liu H, Zhou S, et al. Cooperative Track Initiation for Distributed Radar Network Based on Target Tracking Information. IET radar sonar & navigation, 2016, 10(04): 735-741.

[27] 张迪. 复杂条件下雷达点迹处理方法研究. 西安: 西安电子科技大学, 2020.

[28] 赵崇丞, 王君, 邵雷. 基于网格聚类的弹道目标航迹起始算法. 火力与指挥控制, 2018, 43(7): 37-41.

[29] Chen S W, Yang Y M. Track Initiation Algorithm Based on Hough Transform and K-medoids Clustering. Computer Simulation, 2017, 34(8)39-44.

[30] 靳标, 李聪, 张贞凯. 回波幅度信息辅助的群目标航迹起始方法. 雷达学报, 2020, 9(4): 723-729.

[31] 刘洁怡, 张林让, 赵珊珊, 等. 分布式结构下主被动雷达抗假目标干扰方法. 西安电子科技大学学报, 2018, 45(3): 1-6, 108.

[32] Benoudnine H, Meche A, Keche M, et al. Real Time Hough Transform Based Track Initiators in Clutter. Information Sciences, 2016, 337-338(C): 82-92.

[33] 王嘉雯. 基于 Hough 变换和神经网络的智能车辆车道线识别. 北京: 北京工业大学, 2018.

[34] 谭鹏. 天空背景下扩展目标稳定跟踪技术研究. 北京: 中国科学院大学, 2018.

[35] 杨升. 多雷达点迹融合前目标跟踪方法研究. 西安: 西安电子科技大学, 2020.

[36] 王国宏, 白杰, 孙殿星, 等. 基于信号-数据联合处理的压制-距离欺骗复合干扰抑制算法. 电子与信息学报, 2018, 40(10): 2430-2437.

[37] 杨翠芳, 刘硕, 李宏博, 等. 一种基于随机森林的航迹起始算法. 信息化研究, 2018, 44(6): 16-20.

第 7 章　多目标数据互联算法

7.1　引言

第 6 章对多目标跟踪中的航迹起始问题进行了分析和讨论，主要用于解决点迹和点迹的正确互联问题，在对目标进行航迹起始后还需要解决点迹和航迹的正确互联，也就是需要解决用于滤波的量测值的不确定问题。这是由于一方面起始的航迹可能为虚假航迹，需要通过后续的量测数据不断进行验证，以便确认或删除航迹；另一方面，由于存在多目标和虚警，雷达环境会产生很多点迹，该时刻哪个点迹用于更新哪个目标的状态需要做出选择。为此，本章将对量测数据和航迹的正确互联问题进行讨论。

多目标跟踪的点迹和航迹数据互联问题就基本方法而言，概括来讲可分为以下两类[1,2]：极大似然类数据互联算法和贝叶斯类数据互联算法。其中极大似然类数据互联算法是以观测序列的似然比为基础，主要包括航迹分叉法、联合极大似然算法、0-1 整数规划法、广义相关法等，本章只在 7.2 节讨论联合极大似然算法，其他方法可详见本书的第三版；贝叶斯类数据互联算法则以贝叶斯准则为基础[3-5]，这也是本章重点讨论的内容。贝叶斯类多目标数据互联算法概括来讲还可分为两类[6-8]：第一类只对最新的确认量测集合进行研究，因而是一种次优的贝叶斯算法[9,10]，这类贝叶斯算法主要包括本章 7.3 节～7.7 节介绍的最近邻域算法（NNSF）、概率最近邻域算法（PNNF）、概率数据互联算法（PDA）、综合概率数据互联算法（IPDA）、联合概率数据互联算法（JPDA）、全邻模糊聚类数据互联算法（ANFC）等；第二类是对当前时刻以前的所有确认量测集合进行研究，给出每一个量测序列的概率，它是一种最优的贝叶斯算法，主要包括 7.8 节最优贝叶斯算法和 7.9 节多假设跟踪算法。在上述几节各自进行算法性能分析的基础上，7.10 节在同一密集目标环境下对两类算法中的 JPDA、最优贝叶斯和多假设算法性能进行对比分析，并在 7.11 节对本章内容进行小结。

7.2　联合极大似然算法

7.2.1　基本原理

极大似然类数据互联算法是以似然函数检验为基础的数据互联方法，其基本原理是：

（1）在航迹已经起始的情况下，以目标在某个时刻的预测位置为中心建立相关波门；

（2）通过相关波门对量测数据做出选择，把落在相关波门内的候选量测均作为目标该时刻的有效量测值；

（3）利用每一个有效量测值对原有的目标状态和协方差进行更新，计算每一条航迹的似然函数；

（4）似然函数低于某一设定门限的航迹予以去除，其余航迹保留。

在多目标环境下，如果当不同目标的相交波门内有回波时，则必须考虑几条分支之间对同一量测的竞争，此时可采用联合极大似然算法，进行多量测对多航迹的有效分配，相关过程如下。

设监视区域内有多个目标存在，并设 k 时刻落入所有目标相关波门内的候选回波集合为 $\boldsymbol{Z}(k)=\{\boldsymbol{z}_i(k)\}_{i=1}^{m_k}$，这里 m_k 是相关波门内的候选回波数，则直到 k 时刻确认量测的累积集合表示为 $\boldsymbol{Z}^k=\{\boldsymbol{Z}(j)\}_{j=1}^{k}$，集合 $\boldsymbol{Z}^k$ 中的量测总数为 $N^k=\sum_{j=1}^{k}m_j$ 。设直到 k 时刻的量测的第 l 个序列为 $\boldsymbol{Z}^{k,l}=\{\boldsymbol{z}_{i_1 l}(1),\cdots,\boldsymbol{z}_{i_k l}(k)\}$，这里 $\boldsymbol{z}_{i_j l}(j)$ 表示第 j 个时刻属于第 l 个量测序列的第 i_j 个量测。

将量测序列 $\boldsymbol{Z}^{k,l}$ 的量测数据来自同一目标的事件记为

$$\theta^{k,l} \triangleq \{\boldsymbol{Z}^{k,l}\text{表示一个真实的航迹}\}$$

则该量测序列对应的似然函数为

$$\Lambda(\theta^{k,l})=\prod_{j=1}^{k}\left\{P_{\mathrm{D}}\frac{1}{(2\pi)^{n_z/2}\sqrt{|\boldsymbol{S}_l(j)|}}\exp\left[-\frac{1}{2}\boldsymbol{v}_{i_j l}'(j)\boldsymbol{S}_l^{-1}(j)\boldsymbol{v}_{i_j l}(j)\right]\right\}^{1-\delta_{0i_j}}\cdot[1-P_{\mathrm{D}}]^{\delta_{0i_j}} \tag{7.1}$$

式中，P_{D} 为检测概率，n_z 为量测的维数，$\boldsymbol{S}_l(j)$为 j 时刻与第 l 个量测序列对应的新息协方差；$\boldsymbol{v}_{i_j l}(j)$ 为与第 l 个量测序列中第 i_j 个量测值对应的新息，

$$\delta_{0i_j}=\begin{cases}1, & \text{漏检}\\ 0, & \text{其他}\end{cases}$$

为了避免似然函数过多依赖旧量测，量测序列 $\boldsymbol{Z}^{k,l}$ 可利用衰减记忆似然函数进行检验，低于检测阈值的予以保留，否则删除，以增大含有当前信息的新量测数据在似然函数中所占的比例。

衰减记忆似然函数为

$$\rho_l(k)=\mu\rho_l(k-1)+\boldsymbol{v}_{i_j l}'(j)\boldsymbol{S}_l^{-1}(j)\boldsymbol{v}_{i_j l}(j) \tag{7.2}$$

式中，μ为折扣因子，且$\mu<1$。

衰减记忆似然函数$\rho_l(k)$的有效记忆或者窗口长度是$(1-\mu)^{-1}$，在稳态情况下，衰减记忆似然函数$\rho(k)$近似地可看作具有 $n_z(1+\mu)/(1-\mu)$个自由度的χ^2 分布随机变量，其均值为 $n_z/(1-\mu)$，方差为 $2n_z/(1-\mu^2)$。

将保留下来的量测序列用$\gamma_i(i=1,2,\cdots,m)$表示，并将这些量测序列划分为多个可行划分，设 $\tau=\{\gamma_l\}_{l=0}^{n}$ 为其中某个划分，量测序列 γ_0 表示在所考虑的可行划分内不互联成为任何航迹的虚假量测的集合。将某个量测序列γ_i中的量测数据均为虚假量测的事件记为

$$\theta^{k,0}=\{\gamma_i\text{表示一条由虚假量测构成的航迹}\}$$

假设不源于任何目标的量测数据在雷达监视区域内服从均匀分布，并且不同量测数据之间是相互独立的，则完全由虚假量测组成的量测序列 γ_0 的概率密度函数可表示为

$$p(\gamma_0|\theta^{k,0})=\left(\frac{1}{V}\right)^{N_0} \tag{7.3}$$

式中，V 是监视区域的大小；N_0 为虚假量测序列 γ_0 中的虚假量测的数量。由于对应于不同的可行划分，虚假量测序列 γ_0 中的虚假量测数据的数量也不同，所以 N_0 随可行划分的不同而不同。

为保证一个量测数据只能源于一个可能航迹，可行划分τ内的量测序列应满足下列要求

$$\boldsymbol{Z}^k=\bigcup_{l=0}^{n}\gamma_l\text{，且 }\gamma_l\cap\gamma_j=\varnothing\text{，}l\neq j \tag{7.4}$$

式中，$\varnothing$表示空集。

对应可行划分τ，我们有事件$\theta(\tau)=\{$分区τ为真$\}$，并把全部可行划分的集合定义为$\varGamma=\{\tau\}$，通过计算全部可行划分集合$\varGamma$中的每一个可行划分的联合似然函数，并求取其中的极大值来获取最可能的划分。

由式（7.4）可知，可行划分τ中每一个量测序列中的量测数据是相互独立的，因而有

$$p[\boldsymbol{Z}^k|\theta(\tau)]=\prod_{l=0}^{n}p(\gamma_l\,|\,\theta^{k,l}) \tag{7.5}$$

且满足

$$\max_{\tau\in\varGamma}p(\boldsymbol{Z}^k|\theta(\tau))=\max_{\tau\in\varGamma}\prod_{l=0}^{n}p(\gamma_l|\theta^{k,l}) \tag{7.6}$$

的可行划分即正确划分，若该可行划分下的每一个量测序列都对应一个目标，就可利用卡尔曼滤波技术对其进行滤波。

量测序列γ_i的似然函数可表示为

$$p(\gamma_i|\theta^{k,i})=\left[\prod_{l=1}^{N_i}|2\pi\boldsymbol{S}_i(l)|^{-\frac{1}{2}}\right]\exp\left[-\frac{1}{2}\sum_{l=1}^{N_i}\boldsymbol{v}_i'(l)\boldsymbol{S}_i^{-1}(l)\boldsymbol{v}_i(l)\right] \tag{7.7}$$

式中，N_i为量测序列γ_i中的测量数据的数量，$\boldsymbol{v}_i(l)$为与可能航迹对应的新息，$\boldsymbol{S}_i(l)$为对应的新息协方差，且

$$\begin{cases}\boldsymbol{v}_i(l)=\boldsymbol{z}(l)-\boldsymbol{H}(l)\hat{\boldsymbol{X}}_i(l\,|\,l-1)\\ \boldsymbol{S}_i(l)=\boldsymbol{H}(l)\boldsymbol{P}(l\,|\,l-1)\boldsymbol{H}'(l)+\boldsymbol{R}(l)\end{cases} \tag{7.8}$$

式中，$\boldsymbol{z}(l)$为量测序列γ_i中最新时刻的量测值，$\boldsymbol{H}(l)$为量测矩阵，$\hat{\boldsymbol{X}}_i(l\,|\,l-1)$为量测序列$\gamma_i$的状态的一步预测，$\boldsymbol{P}(l\,|\,l-1)$为状态的一步预测协方差，$\boldsymbol{R}(l)$为量测协方差。

7.2.2　应用举例

在利用多个无源观测站的测向信息对多目标进行无源定位时，利用联合极大似然算法可有效解决多站多目标测向定位中虚假定位点的排除问题，具体思路如下。

设M个无源传感器在某个时刻所测得的方位角集合分别为$\boldsymbol{Z}_1$、$\boldsymbol{Z}_2$、…、$\boldsymbol{Z}_M$，其中$\boldsymbol{Z}_s=\{z_{s1},z_{s2},\cdots,z_{sN}\}$，$s=1,2,\cdots,M$，而$z_{si}\in\varGamma_{si}$，$i=1,2,\cdots,N$，且

$$z_{si}=\begin{cases}\theta_{si}+v_s & \text{测量来自目标}\\ 0 & \text{漏检}\end{cases}$$

这里N为目标的数量，v_s是零均值的高斯白色测量噪声，即$v_s\sim\mathrm{N}(0,\sigma_s^2)$。

从这M个方位角集合$\boldsymbol{Z}_1,\boldsymbol{Z}_2,\cdots,\boldsymbol{Z}_M$中各任取一个方位角测量值可构成一个可能的互联组合，设第i个互联组合为$\boldsymbol{Z}_{i_1i_2\cdots i_M}^{i}=\{z_{1i_1},z_{2i_2},\cdots,z_{Mi_M}\}$，其似然函数为

$$\varLambda(\boldsymbol{Z}_{i_1i_2\cdots i_M}^{i})=\prod_{s=1}^{M}[P_{\mathrm{D}}p(z_{si_s})]^{1-\delta_{i_s}}(1-P_{\mathrm{D}})^{\delta_{i_s}} \tag{7.9}$$

式中，P_{D}为检测概率，$p(z_{si_s})=\mathrm{N}(\hat{\theta}_{si},\sigma_s^2)$，$\delta_{i_s}$为Kronecker Delta函数，即

$$\delta_{i_s}=\begin{cases}1, & z_{si_s}=0\\0, & z_{si_s}\neq 0\end{cases}$$

在探测区域存在 N 个目标的情况下可获得 N 个这样的组合，并记为 $\boldsymbol{Z}^1_{i_1i_2\cdots i_M},\cdots,\boldsymbol{Z}^N_{i_1i_2\cdots i_M}$，由这些组合可构成一个目标来源组，记为一个可行划分 $\gamma=\{\boldsymbol{Z}^1_{i_1i_2\cdots i_M},\cdots,\boldsymbol{Z}^N_{i_1i_2\cdots i_M}\}$，该可行划分必须满足如下条件 $\boldsymbol{Z}^1_{i_1i_2\cdots i_M}\cap\cdots\cap\boldsymbol{Z}^N_{i_1i_2\cdots i_M}=\varnothing$（空集），可行划分 γ 的似然函数为

$$p(\gamma)=\prod_{i=1}^{N}\{\Lambda(\boldsymbol{Z}^i_{i_1i_2\cdots i_M})\}\tag{7.10}$$

同理可求得其他可行划分及其似然函数。将所有可行划分的似然函数进行比较，似然函数最大的那个划分即为正确划分，该可行划分下的方位组合即为来自 N 个不同目标的正确组合。

下面对上述算法进行仿真，仿真是利用三个观测站对三个目标进行无源定位和跟踪，并假设目标为舰艇，速度约为 12 m/s，观测站之间的距离约为 20 km。无源探测器的测角误差为 0.5°，图 7.1 为三个目标的真实和估计轨迹，经过 50 次蒙特卡罗实验后，无源探测器对这三个目标的径向距离跟踪精度图如图 7.2 至图 7.4 所示。

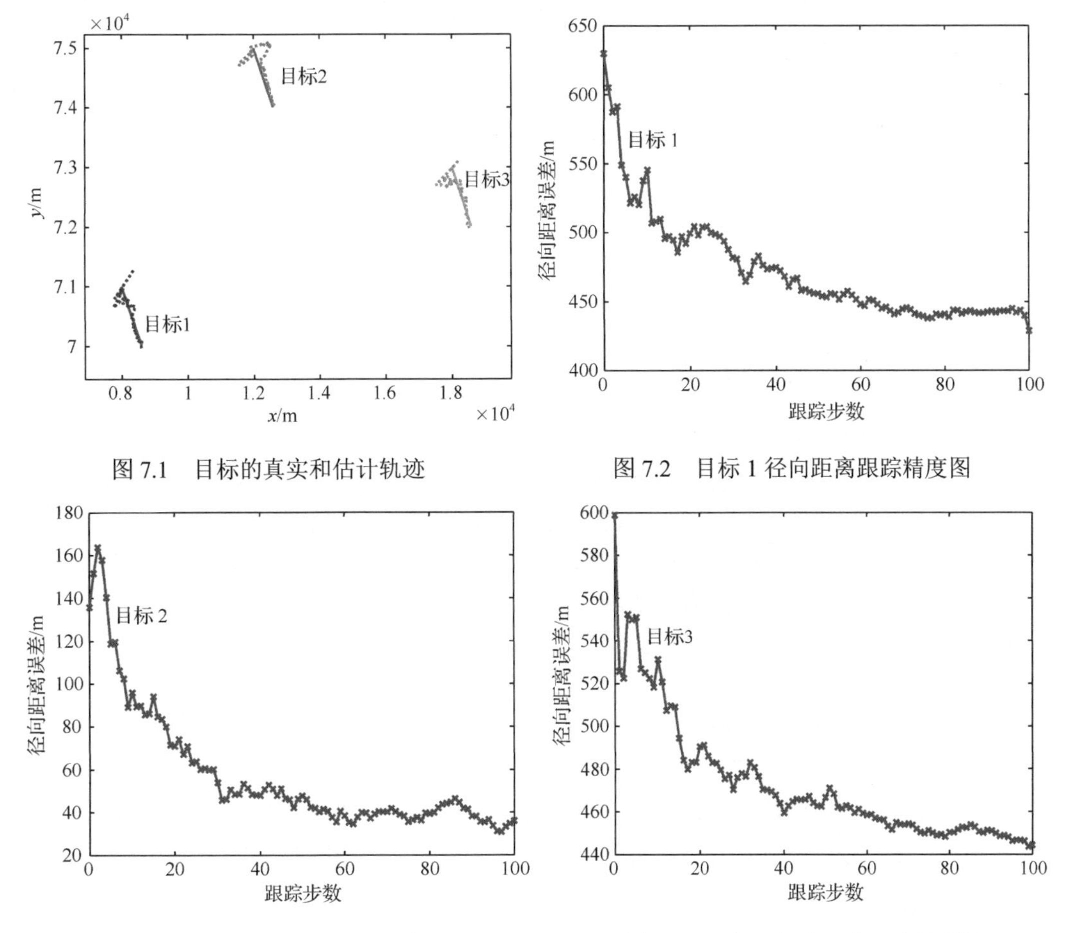

图 7.1　目标的真实和估计轨迹

图 7.2　目标 1 径向距离跟踪精度图

图 7.3　目标 2 径向距离跟踪精度图

图 7.4　目标 3 径向距离跟踪精度图

由图 7.1～图 7.4 可看出，利用联合极大似然算法，无源探测器可对目标的距离信息进行较准确的估计，从而可对多目标进行跟踪。由仿真分析还可看出交叉定位的定位误差对角度

测量误差非常敏感，定位精度极大地依赖于设备的测向精度，而且目标和传感器之间的距离以及观测站的布站情况对定位精度也有一定的影响。

7.3 最近邻算法

7.3.1 最近邻算法

最近邻算法（NNSF）是一种利用先验统计特性估计相关性能的滤波器，其工作原理是先设置跟踪波门，由跟踪波门（相关波门）初步筛选所得到的回波成为候选回波，以限制参与相关判别的回波数目[11,12]。正如第 6 章所述，跟踪波门是跟踪空间中的一块子区间，中心位于被跟踪目标的预测位置，跟踪波门大小的设计应保证以一定的概率接收正确回波，落入跟踪波门内的量测即作为候选回波，也就是判断目标的量测值 $z(k+1)$是否满足

$$[z(k+1)-\hat{z}(k+1|k)]'\boldsymbol{S}^{-1}(k+1)[z(k+1)-\hat{z}(k+1|k)]\leqslant\gamma \tag{7.11}$$

若落入相关波门内的测量值只有 1 个，则该测量值可被直接用于航迹更新；但若有一个以上的回波落在被跟踪目标的相关波门内，此时要取统计距离最小的候选回波作为目标回波，也就是在最近邻标准滤波器中，使新息加权范数

$$d^2(z)=[z-\hat{z}(k+1|k)]'\boldsymbol{S}^{-1}(k+1)[z-\hat{z}(k+1|k)] \tag{7.12}$$

达到极小的量测被用于在滤波器中对目标状态进行更新。

最近邻算法的优点是计算简单，缺点是在多回波环境下离目标（特别是相距较近或轨迹交叉的目标）预测位置最近的候选回波并不一定就是目标的真实回波，也就是这种方法相关性能不完善，有可能出现误跟和丢失目标的现象[13]。由于最近邻域法是利用波门中离预测值最近的量测来进行状态更新的，因而通常只适用于在稀疏回波环境中跟踪非机动目标。

7.3.2 概率最近邻算法

通过选取离量测预测最近的有效量测作为目标的正确量测进行滤波更新，NNSF 采用了最简单的方法进行数据互联，并由于计算简便得到了广泛的应用。为提高 NNSF 的跟踪性能，T. L. Song 等人提出了概率最近邻算法（PNNF）[14]，PNNF 算法是另一种最近邻互联算法，它同样采用波门内最近邻量测用作更新，但该方法在 NNSF 的基础上，还考虑最近邻量测来自虚警的可能性以及波门内无回波的情况，从而修改了相应的状态误差协方差更新式[15]。

PNNF 算法定义了三种事件：

① 波门内没有有效量测（M_0）；

② 最近邻量测来源于目标（M_T）；

③ 最近邻量测来源于虚警（M_F）。

PNNF 算法中的状态预测与标准卡尔曼滤波一致，而状态更新过程可描述如下。

① 当 M_0 事件发生时，即以$\sqrt{\gamma}$为大小的跟踪波门内没有落入回波时，采用 k−1 时刻状态预测作为 k 时刻状态更新值

$$\hat{\boldsymbol{X}}(k|k)=\hat{\boldsymbol{X}}(k|k-1) \tag{7.13}$$

$$\boldsymbol{P}(k|k)=\boldsymbol{P}(k|k-1)_{M_0}=\boldsymbol{P}(k|k-1)+\frac{P_\mathrm{D}P_\mathrm{G}(1-C_{\tau g})}{1-P_\mathrm{D}P_\mathrm{G}}\boldsymbol{K}(k)\boldsymbol{S}(k)\boldsymbol{K}'(k) \tag{7.14}$$

式中，P_D是目标检测概率；P_G是门概率；$C_{\tau g}=\dfrac{\int_0^{\gamma} q^{m/2}\mathrm{e}^{-q/2}\mathrm{d}q}{n\int_0^{\gamma} q^{m/2-1}\mathrm{e}^{-q/2}\mathrm{d}q}$；$m$ 是量测向量维数，当 m=2 时，$C_{\tau g}=[1-\mathrm{e}^{-\gamma/2}(1+\gamma/2)]/(1-\mathrm{e}^{-\gamma/2})$。

② 当$\bar{M}_0$事件发生时，即有多于一个回波落入以$\sqrt{\gamma}$为大小的跟踪波门内时，此时回波可能是目标或杂波，取 k 时刻波门内最近邻量测用于状态更新

$$\hat{\boldsymbol{X}}(k|k)=\hat{\boldsymbol{X}}(k|k-1)+\boldsymbol{K}(k)\beta_1\boldsymbol{v}^*(k) \tag{7.15}$$

$$\bar{\boldsymbol{P}}_k^{M_F}(D)=\boldsymbol{P}(k|k-1)+\frac{P_D P_R(D)[1-C_\tau(D)]}{1-P_D P_R(D)}\boldsymbol{K}(k)\boldsymbol{S}(k)\boldsymbol{K}'(k) \tag{7.16}$$

其中

$$D=\boldsymbol{v}^{*'}(k)\boldsymbol{S}^{-1}(k)\boldsymbol{v}^*(k) \tag{7.17}$$

$$\begin{aligned}\boldsymbol{P}(k|k)&=\beta_0\bar{\boldsymbol{P}}_k^{M_F}(D)+\beta_1[\boldsymbol{P}(k|k-1)-\boldsymbol{K}(k)\boldsymbol{S}(k)\boldsymbol{K}'(k)]+\beta_0\beta_1\boldsymbol{K}(k)\boldsymbol{v}^*(k)\boldsymbol{v}^{*'}(k)\boldsymbol{K}'(k)\\&=\boldsymbol{P}(k|k-1)+\left(\frac{\beta_0 P_D P_R(D)[1-C_\tau(D)]}{1-P_D P_R(D)}-\beta_1\right)\boldsymbol{K}(k)\boldsymbol{S}(k)\boldsymbol{K}'(k)+\beta_0\beta_1\boldsymbol{K}(k)\boldsymbol{v}^*(k)\boldsymbol{v}^{*'}(k)\boldsymbol{K}'(k)\end{aligned} \tag{7.18}$$

式中，$\boldsymbol{v}^*(k)$为波门内最近邻量测对应的新息；$\bar{\boldsymbol{P}}_k^{M_F}(D)$为在事件 M_F发生，已知 D 条件下的状态估计误差协方差，$P_R(D)$为目标存在于以$\sqrt{D}$为大小的波门内的概率，且 $P_R(D)=\dfrac{mC_m}{2^{m/2+1}\pi^{m/2}}\int_0^D q^{m/2-1}\mathrm{e}^{-q/2}\mathrm{d}q$，当 m=2 时，$P_R(D)=1-\mathrm{e}^{-D/2}$；求取$C_\tau(D)$只需要将 D 替代$C_{\tau g}$式中的γ即可；β_1为该最近邻量测源于目标的概率，且

$$\beta_1=\frac{P_D\mathrm{e}^{-\lambda V_D}N(v^*(k);0,\boldsymbol{S}(k))}{P_D\mathrm{e}^{-\lambda V_D}N(v^*(k);0,\boldsymbol{S}(k))+(1-P_D P_R(D))\lambda\mathrm{e}^{-\lambda V_D}}$$

β_0为该最近邻量测源于杂波的概率，且$\beta_0=1-\beta_1$，V_D为以$\sqrt{D}$为波门大小的波门体积，可参照式（6.6），该算法假设波门内杂波数服从参数为λV_k的泊松分布。

7.3.3　性能分析

仿真环境假设为杂波下单目标环境，被跟踪目标在平面内做匀速直线运动，初始状态为 $\boldsymbol{X}(0)$=[60 000 m, 16 m/s, 60 000 m, −1m/s]′，过程噪声分量 q_1=0.4，q_2=0.3，x 轴和 y 轴测量误差的标准差均为 30 m，采样间隔 T=1 s，每次仿真跟踪步数为 100 步，单位面积的虚假量测数 λ=0.000 01，两维量测确认区域 A_V 内的虚假量测总数 $n_c=\mathrm{INT}[10A_V\lambda+1]$，INT[$x$]表示取不大于 x 的最大整数，$A_V=\pi\gamma|\boldsymbol{S}(k)|^{\frac{1}{2}}$，这里参数$\gamma=16$，$\boldsymbol{S}(k)$为新息协方差，由仿真计算可得每个时刻确认区域内的虚假量测总数 n_c 为 6～9。最近邻算法（NNSF）和概率最近邻算法（PNNF）单次实验跟踪结果如图 7.5 所示，图 7.6 为 100 次蒙特卡罗实验目标位置均方根误差曲线，即设直角坐标系下目标的无噪声真实测量值为(x, y)，滤波值设为$(\hat{x}, \hat{y})$，则目标位置均方根误差为

$$\sigma_p=\sqrt{\frac{1}{N}\sum_{i=1}^{N}(\hat{x}-x)^2+(\hat{y}-y)^2}$$

其中，N 为蒙特卡罗实验次数。

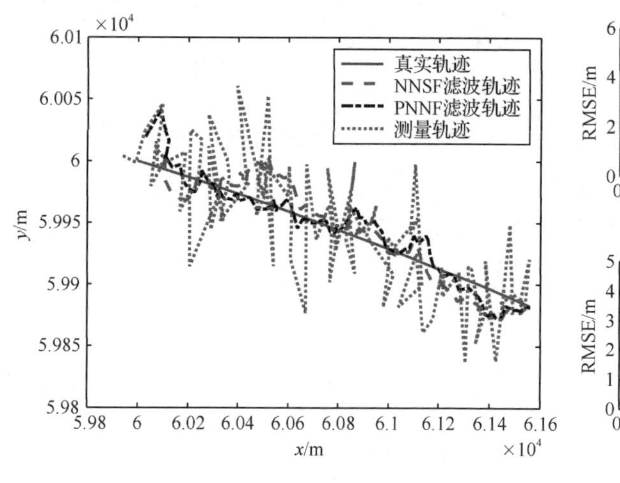

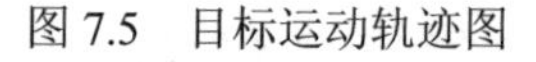
图 7.5　目标运动轨迹图

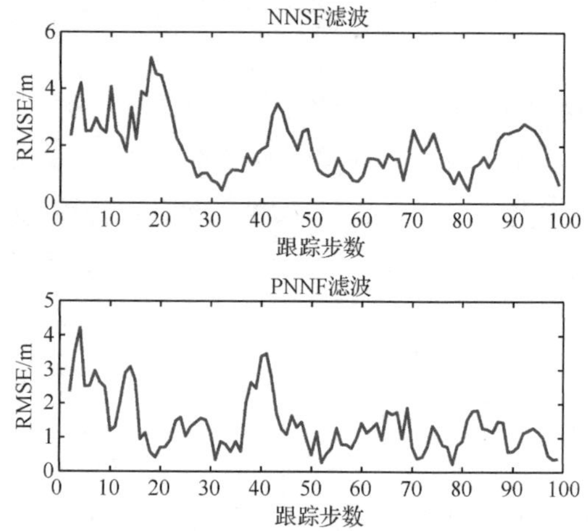

图 7.6　均方根位置误差图

由图 7.5 可看出，在杂波比较稀疏的环境下，同时传感器测量误差不是很大，最近邻算法和概率最近邻算法均可对目标进行较好的跟踪，由图 7.6 可看出，这两种方法跟踪的均方根位置误差均在几米范围内波动。这是由于这两种方法都是取统计距离最近的量测用于目标状态更新，其所选量测对就全对，错也是全错，其在稀疏目标环境下的关联数据一般均为正确量测，其跟踪结果甚至可能优于下一节将要介绍的概率数据互联算法，但在密集目标环境下的跟踪性能一般会大大下降。

7.4　概率数据互联（PDA）算法

概率数据互联滤波（PDAF）是一种全邻算法，它考虑了落入相关波门内的所有候选回波（确认量测），并根据不同的相关情况计算出各回波来自目标的概率，然后利用这些概率值对相关波门内不同回波进行加权，各个候选回波的加权和作为等效回波，并用等效回波来对目标的状态进行更新。概率数据互联算法是一种次优滤波方法，它只对最新的量测进行分解，主要用于解决杂波环境下的单雷达单目标跟踪问题[16-22]。在单目标环境下，若落入相关波门内的回波多于一个，这些候选回波中只有一个来自目标，其余均由虚警或者杂波产生。利用概率数据互联算法对杂波环境下的单目标进行跟踪的优点是误跟和丢失目标的概率较小，而且计算量相对较小。

7.4.1　状态更新与协方差更新

与 7.2 节类似，$\boldsymbol{Z}(k)$仍表示 k 时刻落入某个目标相关波门内的候选回波集合，$\boldsymbol{Z}^k$ 仍表示直到 k 时刻的确认量测的累积集合，即

$$\boldsymbol{Z}^k = \{\boldsymbol{Z}(j)\}_{j=1}^{k} \tag{7.19}$$

其中

$$\boldsymbol{Z}(k) = \{z_i(k)\}_{i=1}^{m_k} \tag{7.20}$$

式中，m_k 是相关波门内的候选回波数。

定义事件

$\theta_i(k) \triangleq \{z_i(k)$是源于目标的量测$\}$，$i=1,2,\cdots,m_k$；

$\theta_0(k) \triangleq \{$在 k 时刻没有源于目标的量测$\}$。

以确认量测的累积集合 $\boldsymbol{Z}^k$ 为条件，第 i 个量测值 $z_i(k)$源于目标的条件概率为

$$\beta_i(k) \triangleq P_{\mathrm{r}}\{\theta_i(k) \big| \boldsymbol{Z}^k\} \tag{7.21}$$

由于这些事件是互斥的，并且是穷举的，所以 $\sum_{i=0}^{m_k}\beta_i(k)=1$，则 k 时刻目标状态的条件均值可写为

$$\hat{\boldsymbol{X}}(k|k)=E[\boldsymbol{X}(k)|\boldsymbol{Z}^k]=\sum_{i=0}^{m_k}E[\boldsymbol{X}_i(k)|\theta_i(k),\boldsymbol{Z}^k]P_{\mathrm{r}}\{\theta_i(k)|\boldsymbol{Z}^k\}=\sum_{i=0}^{m_k}\beta_i(k)\hat{\boldsymbol{X}}_i(k|k) \tag{7.22}$$

式中，$\hat{\boldsymbol{X}}_i(k|k)$ 是以事件 $\theta_i(k)$ 为条件的目标状态更新估计，即

$$\hat{\boldsymbol{X}}_i(k|k)=\hat{\boldsymbol{X}}(k|k-1)+\boldsymbol{K}(k)\boldsymbol{v}_i(k) \tag{7.23}$$

式中，$\boldsymbol{v}_i(k)$是与量测值 $z_i(k)$对应的新息。

如果没有一个量测是源于目标的正确量测，即 $i=0$，则无法进行状态更新，此时的状态更新值要用预测值来近似表示，即

$$\hat{\boldsymbol{X}}_0(k|k)=\hat{\boldsymbol{X}}(k|k-1) \tag{7.24}$$

把式（7.23）和式（7.24）代入到式（7.22）中，可得目标状态更新方程的表达式为

$$\hat{\boldsymbol{X}}(k|k)=\sum_{i=0}^{m_k}\beta_i(k)\hat{\boldsymbol{X}}_i(k|k)=\hat{\boldsymbol{X}}(k|k-1)+\boldsymbol{K}(k)\sum_{i=1}^{m_k}\beta_i(k)\boldsymbol{v}_i(k)=\hat{\boldsymbol{X}}(k|k-1)+\boldsymbol{K}(k)\boldsymbol{v}(k) \tag{7.25}$$

式中

$$\boldsymbol{v}(k)=\sum_{i=1}^{m_k}\beta_i(k)\boldsymbol{v}_i(k) \tag{7.26}$$

称为组合新息。与更新状态估计对应的误差协方差为

$$\boldsymbol{P}(k|k)=\boldsymbol{P}(k|k-1)\beta_0(k)+[1-\beta_0(k)]\boldsymbol{P}^c(k|k)+\tilde{\boldsymbol{P}}(k) \tag{7.27}$$

式中

$$\boldsymbol{P}^c(k|k)=[I-\boldsymbol{K}(k)\boldsymbol{H}(k)]\boldsymbol{P}(k|k-1) \tag{7.28}$$

$$\tilde{\boldsymbol{P}}(k)=\boldsymbol{K}(k)\left[\sum_{i=1}^{m_k}\beta_i(k)\boldsymbol{v}_i(k)\boldsymbol{v}_i'(k)-\boldsymbol{v}(k)\boldsymbol{v}'(k)\right]\boldsymbol{K}'(k) \tag{7.29}$$

且 $\boldsymbol{P}(k|k-1)$、$\boldsymbol{K}(k)$ 分别由式（3.46）和式（3.51）给出。

例题 7.1　由状态误差协方差矩阵的定义证明式（7.27）成立。

证明：由第 3 章可知与状态更新方程［见式（7.25）］相伴的状态误差协方差矩阵为

$$\begin{aligned}\boldsymbol{P}(k|k)&=E\{[\boldsymbol{X}(k)-\hat{\boldsymbol{X}}(k|k)]\,[\boldsymbol{X}(k)-\hat{\boldsymbol{X}}(k|k)]'|\boldsymbol{Z}^k\}\\&=\sum_{i=0}^{m_k}\beta_i(k)E\{[\boldsymbol{X}(k)\boldsymbol{X}'(k)-\boldsymbol{X}(k)\hat{\boldsymbol{X}}'(k|k)-\boldsymbol{X}(k|k)\hat{\boldsymbol{X}}'(k)+\hat{\boldsymbol{X}}(k|k)\,\hat{\boldsymbol{X}}'(k|k)]|\theta_i(k),\boldsymbol{Z}^k\}\\&\triangleq \boldsymbol{P}^1+\boldsymbol{P}^2+(\boldsymbol{P}^2)'+\boldsymbol{P}^3\end{aligned} \tag{7.30}$$

由于

$$\boldsymbol{X}(k)=[\boldsymbol{X}(k)-\hat{\boldsymbol{X}}_i(k|k)]+\hat{\boldsymbol{X}}_i(k|k)=\tilde{\boldsymbol{X}}_i(k|k)+\hat{\boldsymbol{X}}_i(k|k) \tag{7.31}$$

则

$$\boldsymbol{X}(k)\boldsymbol{X}'(k)=\tilde{\boldsymbol{X}}_i(k|k)\tilde{\boldsymbol{X}}_i'(k|k)+\hat{\boldsymbol{X}}_i(k|k)\tilde{\boldsymbol{X}}_i'(k|k)+\tilde{\boldsymbol{X}}_i(k|k)\hat{\boldsymbol{X}}_i'(k|k)+\hat{\boldsymbol{X}}_i(k|k)\hat{\boldsymbol{X}}_i'(k|k) \tag{7.32}$$

进而，可求得

$$\begin{aligned}\boldsymbol{P}^1&=\sum_{i=0}^{m_k}\beta_i(k)E\{\boldsymbol{X}(k)\boldsymbol{X}'(k)|\theta_i(k),\boldsymbol{Z}^k\}=\sum_{i=0}^{m_k}\beta_i(k)[\boldsymbol{P}_i(k|k)+\hat{\boldsymbol{X}}_i(k|k)\hat{\boldsymbol{X}}_i'(k|k)]\\&=\beta_0(k)\boldsymbol{P}_0(k|k)+[1-\beta_0(k)]\boldsymbol{P}^c(k|k)+\sum_{i=0}^{m_k}\beta_i(k)\hat{\boldsymbol{X}}_i(k|k)\ \hat{\boldsymbol{X}}_i'(k|k)\end{aligned} \tag{7.33}$$

同理，可求得

$$\begin{aligned}(\boldsymbol{P}^2)'&=-\sum_{i=0}^{m_k}\beta_i(k)E\{\hat{\boldsymbol{X}}(k|k)\boldsymbol{X}'(k)|\theta_i(k),\boldsymbol{Z}^k\}=-\hat{\boldsymbol{X}}(k|k)\sum_{i=0}^{m_k}\beta_i(k)E\{\boldsymbol{X}'(k)|\theta_i(k),\boldsymbol{Z}^k\}\\&=-\hat{\boldsymbol{X}}(k|k)\sum_{i=0}^{m_k}\beta_i(k)\hat{\boldsymbol{X}}'(k|k)=-\hat{\boldsymbol{X}}(k|k)\hat{\boldsymbol{X}}'(k|k)=\boldsymbol{P}^2\end{aligned} \tag{7.34}$$

$$\begin{aligned}\boldsymbol{P}^3&=\sum_{i=0}^{m_k}\beta_i(k)E\{\hat{\boldsymbol{X}}(k|k)\hat{\boldsymbol{X}}'(k|k)\big|\theta_i(k),\boldsymbol{Z}^k\}=\hat{\boldsymbol{X}}(k|k)\hat{\boldsymbol{X}}'(k|k)\sum_{i=0}^{m_k}\beta_i(k)\\&=\hat{\boldsymbol{X}}(k|k)\hat{\boldsymbol{X}}'(k|k)\end{aligned} \tag{7.35}$$

将 $\boldsymbol{P}^1$、$\boldsymbol{P}^2$、$\boldsymbol{P}^3$ 代入式（7.30）可得

$$\begin{aligned}\boldsymbol{P}(k|k)&=\beta_0(k)\boldsymbol{P}_0(k|k)+[1-\beta_0(k)]\boldsymbol{P}^c(k|k)+\sum_{i=0}^{m_k}\beta_i(k)\hat{\boldsymbol{X}}_i(k|k)\hat{\boldsymbol{X}}_i'(k|k)-\hat{\boldsymbol{X}}(k|k)\hat{\boldsymbol{X}}'(k|k)\\&=\beta_0(k)\boldsymbol{P}(k|k-1)+[1-\beta_0(k)]\boldsymbol{P}^c(k|k)+\tilde{\boldsymbol{P}}(k)\end{aligned} \tag{7.36}$$

式中

$$\tilde{\boldsymbol{P}}(k)=\sum_{i=0}^{m_k}\beta_i(k)\hat{\boldsymbol{X}}_i(k|k)\hat{\boldsymbol{X}}_i'(k|k)-\hat{\boldsymbol{X}}(k|k)\hat{\boldsymbol{X}}'(k|k) \tag{7.37}$$

下面证明式（7.29）和式（7.37）等价，将式（7.23）和式（7.26）代入式（7.37）可得

$$\begin{aligned}\tilde{\boldsymbol{P}}(k)&=\sum_{i=0}^{m_k}\beta_i(k)[\hat{\boldsymbol{X}}(k|k-1)+\boldsymbol{K}(k)\boldsymbol{v}_i(k)]\ [\hat{\boldsymbol{X}}(k|k-1)+\boldsymbol{K}(k)\boldsymbol{v}_i(k)]'-\hat{\boldsymbol{X}}(k|k)\ \hat{\boldsymbol{X}}'(k|k)\\&=\hat{\boldsymbol{X}}(k|k-1)\ \hat{\boldsymbol{X}}'(k|k-1)+\hat{\boldsymbol{X}}(k|k-1)\ \sum_{i=0}^{m_k}\beta_i(k)\boldsymbol{v}_i'(k)\boldsymbol{K}'(k)+\boldsymbol{K}(k)\sum_{i=0}^{m_k}\beta_i(k)\boldsymbol{v}_i(k)\hat{\boldsymbol{X}}'(k|k-1)\\&\quad+\boldsymbol{K}(k)\sum_{i=0}^{m_k}\beta_i(k)\boldsymbol{v}_i(k)\boldsymbol{v}_i'(k)\boldsymbol{K}'(k)-[\hat{\boldsymbol{X}}(k|k-1)+\boldsymbol{K}(k)\boldsymbol{v}(k)]\ [\hat{\boldsymbol{X}}(k|k-1)+\boldsymbol{K}(k)\boldsymbol{v}(k)]'\\&=\boldsymbol{K}(k)\left[\sum_{i=0}^{m_k}\beta_i(k)\boldsymbol{v}_i(k)\boldsymbol{v}_i'(k)-\boldsymbol{v}(k)\boldsymbol{v}'(k)\right]\boldsymbol{K}'(k)\end{aligned} \tag{7.38}$$

证毕。

7.4.2　互联概率计算

式（7.18）互联概率的计算按如下进行，首先把量测集合 $\boldsymbol{Z}^k$ 分为过去累积数据 $\boldsymbol{Z}^{k-1}$ 和最新数据 $\boldsymbol{Z}(k)$，即

$$\beta_i(k)=P_{\mathrm{r}}\{\theta_i(k)|\boldsymbol{Z}^k\}=P_{\mathrm{r}}\{\theta_i(k)|\boldsymbol{Z}(k),m_k,\boldsymbol{Z}^{k-1}\} \tag{7.39}$$

利用贝叶斯准则

$$P_{\mathrm{r}}(B_i|x)=\frac{p(x\mid B_i)P_{\mathrm{r}}(B_i)}{\sum_{j=1}^{n}p(x\mid B_j)P_{\mathrm{r}}(B_j)} \tag{7.40}$$

可把式（7.39）重写为

$$\beta_i(k)=P_{\mathrm{r}}\{\theta_i(k)\mid \boldsymbol{Z}(k),m_k,\boldsymbol{Z}^{k-1}\}=\frac{p[\boldsymbol{Z}(k)\mid \theta_i(k),m_k,\boldsymbol{Z}^{k-1}]P_{\mathrm{r}}\{\theta_i(k)\mid m_k,\boldsymbol{Z}^{k-1}\}}{\sum_{j=0}^{m_k}p[\boldsymbol{Z}(k)\mid \theta_j(k),m_k,\boldsymbol{Z}^{k-1}]P_{\mathrm{r}}\{\theta_j(k)\mid m_k,\boldsymbol{Z}^{k-1}\}} \tag{7.41}$$

若 $z_i(k)$是源于目标的量测，则其概率密度函数为

$$p[\boldsymbol{z}_i(k)\mid \theta_i(k),m_k,\boldsymbol{Z}^k]=P_{\mathrm{G}}^{-1}N[\boldsymbol{z}_i(k);\hat{\boldsymbol{z}}(k\mid k-1),\boldsymbol{S}(k)]=P_{\mathrm{G}}^{-1}N[\boldsymbol{v}_i(k);0,\boldsymbol{S}(k)] \tag{7.42}$$

式中，P_{G}是门概率。若不正确量测在确认区域内作为独立均匀分布的随机变量建模，则

$$p[\boldsymbol{Z}(k)\mid \theta_i(k),m_k,\boldsymbol{Z}^{k-1}]=\begin{cases}V_k^{-m_k+1}P_{\mathrm{G}}^{-1}N[\boldsymbol{v}_i(k);0,\boldsymbol{S}(k)], & i=1,\cdots,m_k\\ V_k^{-m_k}, & i=0\end{cases} \tag{7.43}$$

式中，V_k为相关波门的体积，$\boldsymbol{v}_i(k)$服从均值为 0，方差为$\boldsymbol{S}(k)$的高斯分布。

$N[\boldsymbol{v}_i(k);0,\boldsymbol{S}(k)]$和$N[\boldsymbol{z}_i(k);\hat{\boldsymbol{z}}(k\mid k-1),\boldsymbol{S}(k)]$的具体表示式为

$$f(\boldsymbol{z}_i(k))=\frac{1}{(2\pi)^{n_z/2}\left|\boldsymbol{S}(k)\right|^{1/2}}\exp\left\{-\frac{1}{2}(\boldsymbol{z}_i(k)-\hat{\boldsymbol{z}}(k\mid k-1))'\boldsymbol{S}^{-1}(k)(\boldsymbol{z}_i(k)-\hat{\boldsymbol{z}}(k\mid k-1))\right\}$$

其中，n_z为 k 时刻第 i 个测量数据$\boldsymbol{z}_i(k)$的维数。

事件 θ_i的条件概率为

$$\begin{aligned}\gamma_i(m_k)&=P_{\mathrm{r}}\{\theta_i(k)\mid m_k,\boldsymbol{Z}^{k-1}\}=P_{\mathrm{r}}\{\theta_i(k)\mid m_k\}\\&=\begin{cases}\dfrac{1}{m_k}P_{\mathrm{D}}P_{\mathrm{G}}\left[P_{\mathrm{D}}P_{\mathrm{G}}+(1-P_{\mathrm{D}}P_{\mathrm{G}})\dfrac{\mu_{\mathrm{F}}(m_k)}{\mu_{\mathrm{F}}(m_k-1)}\right]^{-1}, & i=1,2,\cdots,m_k\\(1-P_{\mathrm{D}}P_{\mathrm{G}})\dfrac{\mu_{\mathrm{F}}(m_k)}{\mu_{\mathrm{F}}(m_k-1)}\left[P_{\mathrm{D}}P_{\mathrm{G}}+(1-P_{\mathrm{D}}P_{\mathrm{G}})\dfrac{\mu_{\mathrm{F}}(m_k)}{\mu_{\mathrm{F}}(m_k-1)}\right]^{-1}, & i=0\end{cases}\end{aligned} \tag{7.44}$$

式中，P_{D}是目标检测概率，也就是正确量测完全被检测的概率；$\mu_{\mathrm{F}}(m_k)$是虚假测量数（杂波点）的概率质量函数（PMF）。

概率质量函数有参数和非参数两种模型。

（1）参数模型

该模型的概率质量函数为具有参数 λV_k 的泊松函数

$$\mu_{\mathrm{F}}(m_k)=P_{\mathrm{r}}\{m_k^F=m_k\}=\mathrm{e}^{-\lambda V_k}\frac{(\lambda V_k)^{m_k}}{m_k!},\qquad m_k=0,1,2,\cdots \tag{7.45}$$

式中，λ 是虚假测量的空间密度（即单位面积的虚假测量数），V_k是确认区域的体积，则 λV_k 是确认门内的虚假测量数。

（2）非参数模型

这时模型的概率质量函数为具有扩散的先验概率密度函数

$$\mu_F(m_k)=\frac{1}{N},\qquad m_k=0,1,\cdots,N-1 \tag{7.46}$$

在式（7.44）中使用泊松参数模型式（7.45），可得

$$\gamma_i(m_k)=\begin{cases}\dfrac{P_{\mathrm{D}}P_{\mathrm{G}}}{P_{\mathrm{D}}P_{\mathrm{G}}m_k+(1-P_{\mathrm{D}}P_{\mathrm{G}})\lambda V_k}, & i=1,2,\cdots,m_k\\ \dfrac{(1-P_{\mathrm{D}}P_{\mathrm{G}})\lambda V_k}{P_{\mathrm{D}}P_{\mathrm{G}}m_k+(1-P_{\mathrm{D}}P_{\mathrm{G}})\lambda V_k}, & i=0\end{cases} \tag{7.47}$$

在式（7.44）中使用扩散非参数先验模型式（7.46），可得

$$\gamma_i(m_k)=\begin{cases}P_{\mathrm{D}}P_{\mathrm{G}}/m_k, & i=1,2,\cdots,m_k\\ 1-P_{\mathrm{D}}P_{\mathrm{G}}, & i=0\end{cases} \tag{7.48}$$

用确认量测的样本空间密度代替泊松参数，非参数模型可直接从泊松参数模型中得到，即式（7.48）可通过令 $\lambda=m_k/V_k$ 由式（7.47）直接获得。

把式（7.43）、式（7.47）代入到式（7.41）中，消去某些项后可得到具有泊松杂波模型的概率

$$\begin{aligned}\beta_i(k)&=\frac{N[\boldsymbol{v}_i(k);0,\boldsymbol{S}(k)]}{\lambda(1-P_{\mathrm{D}}P_{\mathrm{G}})/P_{\mathrm{D}}+\sum\limits_{j=1}^{m_k}N[\boldsymbol{v}_j(k);0,\boldsymbol{S}(k)]}\\&=\frac{\exp\left\{-\dfrac{1}{2}\boldsymbol{v}_i'(k)\boldsymbol{S}^{-1}(k)\boldsymbol{v}_i(k)\right\}}{\lambda\left|2\pi\boldsymbol{S}(k)\right|^{\frac{1}{2}}(1-P_{\mathrm{D}}P_{\mathrm{G}})/P_{\mathrm{D}}+\sum\limits_{j=1}^{m_k}\exp\left\{-\dfrac{1}{2}\boldsymbol{v}_j'(k)\boldsymbol{S}^{-1}(k)\boldsymbol{v}_j(k)\right\}},\quad i=1,2,\cdots,m_k\end{aligned} \tag{7.49}$$

$$\beta_0(k)=\frac{\lambda\left|2\pi\boldsymbol{S}(k)\right|^{\frac{1}{2}}(1-P_{\mathrm{D}}P_{\mathrm{G}})/P_{\mathrm{D}}}{\lambda\left|2\pi\boldsymbol{S}(k)\right|^{\frac{1}{2}}(1-P_{\mathrm{D}}P_{\mathrm{G}})/P_{\mathrm{D}}+\sum\limits_{j=1}^{m_k}\exp\left\{-\dfrac{1}{2}\boldsymbol{v}_j'(k)\boldsymbol{S}^{-1}(k)\boldsymbol{v}_j(k)\right\}} \tag{7.50}$$

定义

$$e_i \triangleq \exp\left\{-\frac{1}{2}\boldsymbol{v}_i'(k)\boldsymbol{S}^{-1}(k)\boldsymbol{v}_i(k)\right\} \tag{7.51}$$

$$b \triangleq \lambda\left|2\pi\boldsymbol{S}(k)\right|^{\frac{1}{2}}(1-P_{\mathrm{D}}P_{\mathrm{G}})/P_{\mathrm{D}}=\left|2\pi\right|^{\frac{1}{2}}\gamma^{-\frac{n_z}{2}}\frac{\lambda v_k}{c_{n_z}}(1-P_{\mathrm{D}}P_{\mathrm{G}})/P_{\mathrm{D}} \tag{7.52}$$

可得

$$\beta_0(k)=\frac{b}{b+\sum\limits_{j=1}^{m_k}e_j} \tag{7.53}$$

$$\beta_i(k)=\frac{e_i}{b+\sum\limits_{j=1}^{m_k}e_j},\quad i=1,2,\cdots,m_k \tag{7.54}$$

若式（7.52）中的 λV_k 用 m_k 代替，其他不变，则可获得非参数模型的概率 $\beta_i(k)$ 和 $\beta_0(k)$。由于概率 $\beta_i(k)$ 含指数项，所以式（7.26）是高度非线性的。

7.4.3 修正的 PDAF 算法

在概率数据互联算法中，一个很重要的参数就是杂波密度（又称为波门内虚假量测的期望数），该参数的选取直接关系到互联概率的计算。因此，如果算法中假设的这一参数与实际

情况相差较大，那么所得滤波结果的误差将很大，算法的跟踪精度将会下降。然而，在许多实际情况中，杂波密度这一参数是很难获取的。文献[23]提出了一种修正的概率数据互联算法，该算法在对目标进行状态估计的同时，以历次扫描所得杂波数为先验信息对杂波密度进行估计，能够较为实用地解决杂波密度的实时估计问题。

在该算法中，对历次扫描落入波门内的测量数据数量进行平均，即得平均杂波密度

$$\lambda = \frac{1}{V_k k}\sum_{i=1}^{k} m_k \tag{7.55}$$

式中，λ 是杂波密度；m_k 是 k 时刻落入波门内的测量数据数量；V_k 是确认区域体积。

在实时对杂波密度 λ 进行估计的同时，由式（7.53）和式（7.54）获得波门内所有有效量测均为虚假量测和第 i 个量测是来自目标真实量测的互联概率，然后按概率数据互联算法（PDAF）的滤波思路实现在杂波环境下对目标进行跟踪。

7.4.4　性能分析

这里采用杂波下单目标运动仿真环境，对概率数据互联算法、最近邻算法、概率最近邻算法的跟踪效果进行了仿真比较。假设被跟踪的目标在平面内做匀速运动，初始状态为 $\boldsymbol{X}(0)=[10\ \text{m}\quad 6\ \text{m/s}\quad 10\ \text{m}\quad -15\ \text{m/s}]'$，过程噪声分量 $q_1=0.04$，$q_2=0.03$，x 轴和 y 轴测量误差的标准差均为 40 m，采样间隔 $T=1$ s，每次仿真步数 100 步。

离散化的系统方程为

$$\boldsymbol{X}(k+1)=\boldsymbol{F}(k)\boldsymbol{X}(k)+\boldsymbol{\Gamma}(k)v(k), \qquad k=0,\cdots,99 \tag{7.56}$$

式中，目标状态为

$$\boldsymbol{X}=[x\quad \dot{x}\quad y\quad \dot{y}]' \tag{7.57}$$

状态转移矩阵为

$$\boldsymbol{F}(k)=\begin{bmatrix}1 & T & 0 & 0\\ 0 & 1 & 0 & 0\\ 0 & 0 & 1 & T\\ 0 & 0 & 0 & 1\end{bmatrix} \tag{7.58}$$

过程噪声分布矩阵为

$$\boldsymbol{\Gamma}(k)=\begin{bmatrix}\frac{1}{2}T^2 & 0\\ T & 0\\ 0 & \frac{1}{2}T^2\\ 0 & T\end{bmatrix} \tag{7.59}$$

过程噪声是零均值的高斯白噪声。

转换量测后的量测方程为

$$\boldsymbol{z}(k)=\boldsymbol{H}(k)\boldsymbol{X}(k)+\boldsymbol{W}(k) \tag{7.60}$$

式中，量测矩阵为

$$\boldsymbol{H}(k)=\begin{bmatrix}1 & 0 & 0 & 0\\ 0 & 0 & 1 & 0\end{bmatrix} \tag{7.61}$$

$$z(k)=\begin{bmatrix} z_1(k) \\ z_2(k) \end{bmatrix} \tag{7.62}$$

对于两维量测确认区域的面积为

$$A_V = \pi\gamma \left|\boldsymbol{S}(k)\right|^{\frac{1}{2}} \tag{7.63}$$

式中，$\boldsymbol{S}(k)$为新息协方差。

设参数$\gamma=16$，由γ和量测维数n_z查表 6.2 可获得门概率质量P_G=0.999 7。虚假量测是在以正确的量测为中心的正方形内均匀产生的，正方形的面积为$A=n_c/\lambda\approx 10A_V$，其中$\lambda$是单位面积的虚假量测数，并取$\lambda$=0.000 04，$n_c=\text{INT}[10A_V\lambda+1]$为虚假量测总数，其中 INT[$x$]表示取不大于$x$的最大整数。则第$i$个虚假量测的位置为

$$x_i = a+(b-a)\text{RND}\ ,\ y_i = c+(d-c)\text{RND}\ ,\qquad i=1,2,\cdots,n_c \tag{7.64}$$

式中，RND 表示均匀分布的随机数，

$$\begin{cases} a = x_k - q, & b = x_k + q \\ c = y_k - q, & d = y_k + q \end{cases} \tag{7.65}$$

式中，(x_k,y_k)为正确量测的位置，

$$q=\sqrt{10A_V}\ /\ 2 \tag{7.66}$$

在$A\approx 10A_V$的面积内，产生大量的虚假量测，而落入确认区域A_V内的虚假量测数λA_V近似服从泊松分布。当随机杂波或者虚警率高时，上述产生虚假量测的方法可十分精确地描述实际发生的情况。要求：①试写出利用 PDAF 法对目标进行跟踪的步骤；②画出目标的单次真实运动轨迹、各算法的目标滤波轨迹以及算法 RMS 图。

解：

① 真实轨迹和测量轨迹。由离散化的系统方程和已知的初始状态 $\boldsymbol{X}(0)$可获得目标其他时刻的真实状态$\boldsymbol{X}(1)$、$\boldsymbol{X}(2)$、…、$\boldsymbol{X}(99)$，将这些值代入测量方程中经转换量测后可求得目标位置的转换测量值$\boldsymbol{z}(1)$、$\boldsymbol{z}(2)$、…、$\boldsymbol{z}(99)$。

② 滤波轨迹。利用获得的目标位置测量值，采用第 3 章介绍的两点差分法进行初始化，可得目标的初始状态和初始协方差为

$$\hat{\boldsymbol{X}}(1|1)=\begin{bmatrix} z_1(1) & \dfrac{z_1(1)-z_1(0)}{T} & z_2(1) & \dfrac{z_2(1)-z_2(0)}{T} \end{bmatrix}' \tag{7.67}$$

$$\boldsymbol{P}(1|1)=\begin{bmatrix} R_{11} & R_{11}/T & R_{12} & R_{12}/T \\ R_{11}/T & 2R_{11}/T^2 & R_{12}/T & 2R_{12}/T^2 \\ R_{21} & R_{21}/T & R_{22} & R_{22}/T \\ R_{21}/T & 2R_{21}/T^2 & R_{22}/T & 2R_{22}/T^2 \end{bmatrix} \tag{7.68}$$

引入杂波前的滤波方程采用第 3 章介绍的 Kalman 滤波方程，引入杂波后，要通过建立相关波门来选取候选回波，即判断下式是否成立

$$\boldsymbol{v}_i'(k+1)S^{-1}(k+1)\boldsymbol{v}_i(k+1)\leqslant\gamma \tag{7.69}$$

式中，$\boldsymbol{v}_i(k+1)$为与第i个量测值相对应的新息；$\boldsymbol{S}(k+1)$为新息协方差。若量测满足式（7.69），则作为候选回波保留下来，否则作为杂波排除，保留下来的候选回波由式（7.26）、式（7.53）和式（7.54）可求得其组合新息、互联概率$\beta_0(k)$和$\beta_i(k)$，进而可由式（7.25）和式（7.27）求得杂波环境下目标的状态更新值和协方差更新值。杂波环境下利用概率数据互联算法对目标

进行滤波跟踪的单次仿真循环流程图如图 7.7 所示。

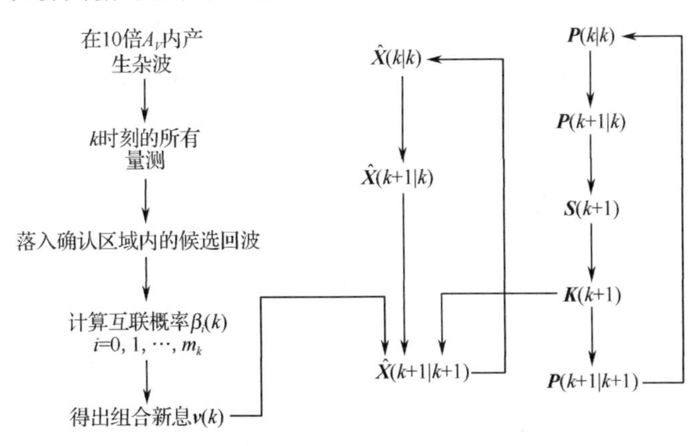

图 7.7　概率数据互联算法单次仿真循环流程图

当参数 γ=16、λ=0.000 4 时，由于每次采样新息协方差 $\boldsymbol{S}(k)$不能完全相同，导致确认区域 A_V不完全相同，因而造成每次采样虚假量测总数 n_c有可能不同，范围基本在 43～70，图 7.8 为目标的真实和滤波轨迹图，其中横坐标为目标 x 轴位置，纵坐标为目标 y 轴位置，图 7.9 为图 7.8 的放大结果，图 7.10 和图 7.11 为 50 次蒙特卡罗实验所得的概率数据互联算法的目标 x 轴和 y 轴位置均方根误差曲线，即设直角坐标系下目标的无噪声真实测量值为(x, y)，滤波值设为$(\hat{x}, \hat{y})$，则目标 x 和 y 轴位置的均方根误差分别为

$$\sigma_x = \sqrt{\frac{1}{N}\sum_{i=1}^{N}(\hat{x}-x)^2} \tag{7.70}$$

$$\sigma_y = \sqrt{\frac{1}{N}\sum_{i=1}^{N}(\hat{y}-y)^2} \tag{7.71}$$

式中，N 为蒙特卡罗实验次数。

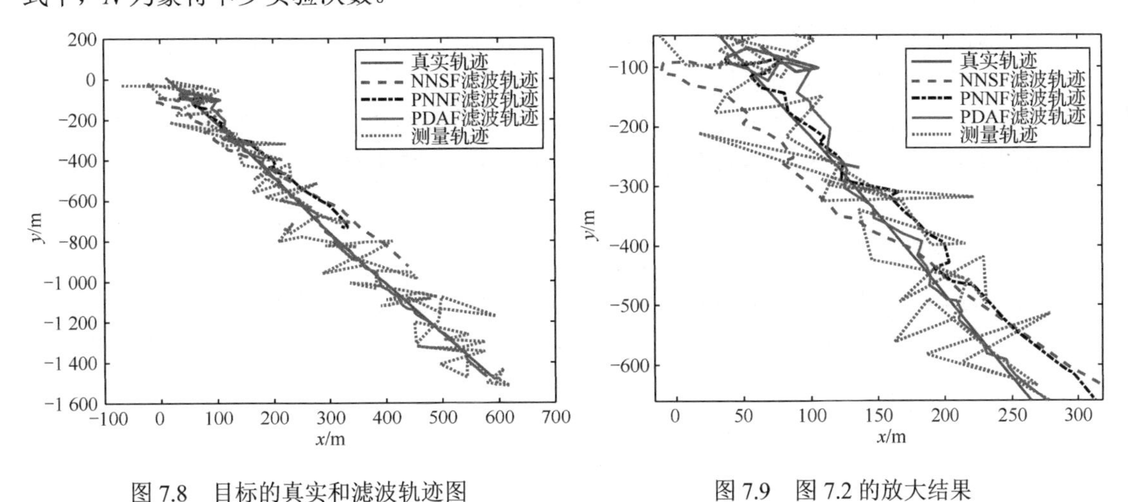

图 7.8　目标的真实和滤波轨迹图　　图 7.9　图 7.2 的放大结果

由图 7.8 和图 7.9 可看出，在杂波环境下概率数据互联算法对目标的跟踪效果较好，而最近邻算法和概率最近邻算法跟踪效果较差。这里要说明的是杂波密度的大小对最近邻算法、概率最近邻算法和概率数据互联算法的跟踪效果均有影响，且对前两者的影响更大一些。在杂波密度较小的环境下，最近邻算法和概率最近邻算法也可以达到较好的跟踪效果，在杂波

密度较大的情况下，某次蒙特卡罗仿真中这两种滤波方法也可能实现较好的目标跟踪效果。在上述仿真环境中，由于最近邻算法和概率最近邻算法均出现了滤波发散现象，所以这里仅给出了多次蒙特卡罗仿真实验中概率数据互联算法对目标跟踪的位置均方根误差估计结果。由图 7.10 和图 7.11 可看出，随着跟踪时间的延长，PDAF 滤波所得的目标 x 轴和 y 轴位置均方根误差能较快收敛。此外，在仿真中还发现，最近邻算法具有计算量小的优点，概率最近邻算法的计算量稍大于最近邻算法，小于概率数据互联算法，但其误跟踪次数要小于最近邻算法；以上 3 种算法中概率数据互联算法在杂波环境下具有最优的目标跟踪能力，误跟踪次数少，跟踪精度相对较高，但其算法耗时较前两者有所增加。

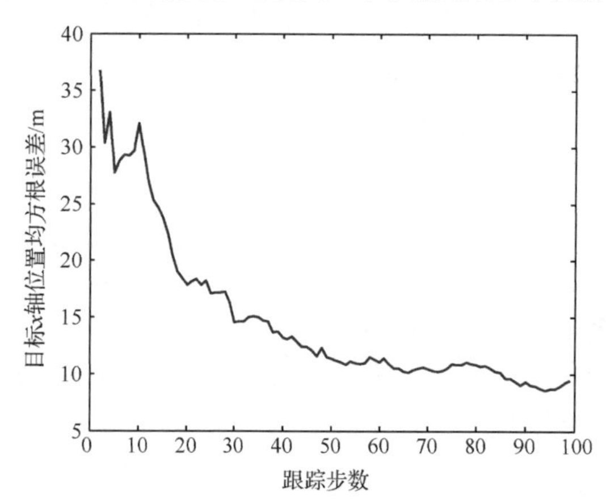

图 7.10　目标 x 轴均方根误差（PDAF 滤波）

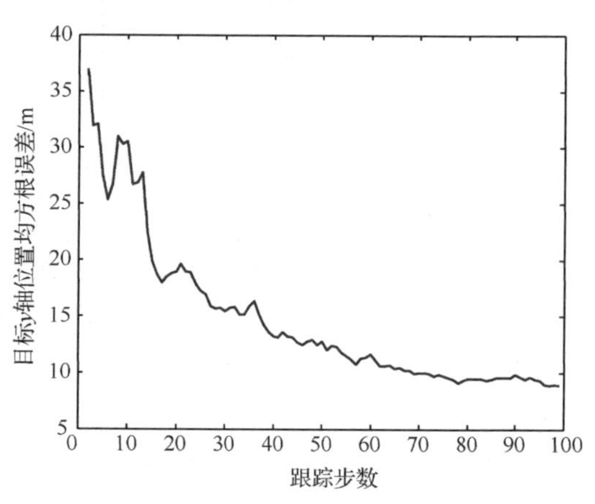

图 7.11　目标 y 轴均方根误差（PDAF 滤波）

7.5　综合概率数据互联算法（IPDA）

杂波环境下利用传感器对多目标进行定位和跟踪，不仅面临测量数据真实性判断以及它是哪个目标正确回波的问题，还存在目标数量难以确定等问题。为了能在杂波环境下对目标进行跟踪的同时估计目标数目，D. Musicki 等人在 PDA 算法的基础上引入目标存在概念，在没有航迹存在假设的基础上重新推导了 PDA 得出了综合概率数据互联（IPDA），该算法可在目标跟踪的同时估计目标航迹存在的概率，而且计算量与 PDA 相当[24,25]。

7.5.1　航迹存在性判断

在杂波环境目标数目未知且变化的情况下，为解决在多目标跟踪的同时有效估计目标数目的问题，可将航迹存在性作为马尔可夫过程建模，并定义与航迹存在性相关的事件如下：

① 目标存在且可见（即目标以检测概率 P_{D} 存在）；

② 目标存在但不可见；

③ 目标不存在。

即把航迹存在性看作一个三状态的马尔可夫链，并用

① $X_k^{t,\mathrm{o}}$ 表示 k 时刻目标 t 存在且以概率 P_{D} 被检测到；

② $X_k^{t,\mathrm{n}}$ 表示 k 时刻目标 t 存在但未被检测到；

③ $\overline{X_k^t}$ 表示 k 时刻目标 t 不存在。

三个状态之间的转移概率矩阵为

$$\boldsymbol{P}=\begin{bmatrix} p_{11} & p_{12} & p_{13} \\ p_{21} & p_{22} & p_{23} \\ p_{31} & p_{32} & p_{33} \end{bmatrix} \tag{7.72}$$

式中，$0 \leqslant p_{ij} \leqslant 1$，且 $\sum_{j=1}^{3} p_{ij}=1 \quad i=1,2,3$。

若 $k-1$ 时刻目标 t 存在且可见、目标 t 存在但不可见、目标 t 不存在的概率已知的情况下，即已知 $P_{\mathrm{r}}\{X_{k-1}^{t,o} \mid Z^{k-1}\}$、$P_{\mathrm{r}}\{X_{k-1}^{t,n} \mid Z^{k-1}\}$ 和 $P_{\mathrm{r}}\{\overline{X_{k-1}^{t}} \mid Z^{k-1}\}$，其中 Z^{k-1} 表示直到 $k-1$ 时刻跟踪波门内的累积量测集合，则由 $k-1$ 时刻目标 t 是否存在、可见的概率值和由式（7.72）给出的不同状态之间的转移概率矩阵，由全概率公式可得 k 时刻目标 t 存在且可见的概率预测值为

$$P_{\mathrm{r}}\{X_{k}^{t,o} \mid Z^{k-1}\}=P_{\mathrm{r}}\{X_{k-1}^{t,o} \mid Z^{k-1}\} p_{11}+P_{\mathrm{r}}\{X_{k-1}^{t,n} \mid Z^{k-1}\} p_{21}+P_{\mathrm{r}}\{\overline{X_{k-1}^{t}} \mid Z^{k-1}\} p_{31} \tag{7.73}$$

即由 $k-1$ 时刻目标 t 存在且可见、目标 t 存在但可见、目标 t 不存在状态转移到 k 时刻 t 存在且可见状态的概率和，同理可得 k 时刻目标 t 其他状态的概率预测值为

$$P_{\mathrm{r}}\{X_{k}^{t,n} \mid Z^{k-1}\}=P_{\mathrm{r}}\{X_{k-1}^{t,o} \mid Z^{k-1}\} p_{12}+P_{\mathrm{r}}\{X_{k-1}^{t,n} \mid Z^{k-1}\} p_{22}+P_{\mathrm{r}}\{\overline{X_{k-1}^{t}} \mid Z^{k-1}\} p_{32} \tag{7.74}$$

$$P_{\mathrm{r}}\{\overline{X_{k}^{t}} \mid Z^{k-1}\}=P_{\mathrm{r}}\{X_{k-1}^{t,o} \mid Z^{k-1}\} p_{13}+P_{\mathrm{r}}\{X_{k-1}^{t,n} \mid Z^{k-1}\} p_{23}+P_{\mathrm{r}}\{\overline{X_{k-1}^{t}} \mid Z^{k-1}\} p_{33} \tag{7.75}$$

由式（7.74）和式（7.75）可得目标 t 存在（包括可见和不可见两种状态）的概率：

$$P_{\mathrm{r}}\{X_{k}^{t} \mid Z^{k-1}\}=P_{\mathrm{r}}\{X_{k}^{t,o} \mid Z^{k-1}\}+P_{\mathrm{r}}\{X_{k}^{t,n} \mid Z^{k-1}\} \tag{7.76}$$

目标 t 不存在的概率：

$$P_{\mathrm{r}}\{\overline{X_{k}^{t}} \mid Z^{k-1}\}=1-P_{\mathrm{r}}\{X_{k}^{t} \mid Z^{k-1}\} \tag{7.77}$$

令 m_{k}^{t} 表示 k 时刻目标 t 跟踪波门内的量测数量，V_{k}^{t} 表示 k 时刻跟踪波门的面（体）积，且

$$V_{k}^{t}=c_{n_z} \gamma^{\frac{n_z}{2}}\left|\boldsymbol{S}^{t}(k)\right|^{\frac{1}{2}} \tag{7.78}$$

式中，n_z 为量测维数，当 n_z=1,2,3 时，c_{n_z} 分别为 2、π和 4π/3，$\boldsymbol{S}^{t}(k)$ 为与目标 t 对应的新息协方差。

跟踪波门内的虚假量测数量用 $\hat{m}_{k}^{t}$ 表示，并分为以下几种情况：

① 若虚假量测数量服从泊松分布，且参数 λ 已知，则 $\hat{m}_{k}^{t}=\lambda V_{k}^{t}$；

② 若虚假量测数量服从泊松分布，但参数 λ 未知，则

$$\hat{m}_{k}^{t}=\begin{cases} 0 & m_{k}^{t}=0 \\ m_{k}^{t}-P_{\mathrm{D}} P_{\mathrm{G}} P_{\mathrm{r}}\{X_{k}^{t,o} \mid Z^{k-1}\} & m_{k}^{t}>0 \end{cases} \tag{7.79}$$

式中，P_{G} 表示门概率；

③ 若未知虚假量测数量的先验分布，则 $\hat{m}_{k}^{t}=m_{k}^{t}$。

可得 k 时刻和目标 t 存在性相关的概率值更新如下：

$$P_{\mathrm{r}}\{X_{k}^{t,o} \mid Z^{k}\}=\frac{(1-\delta_{k}^{t}) P_{\mathrm{r}}\{X_{k}^{t,o} \mid Z^{k-1}\}}{1-\delta_{k}^{t} P_{\mathrm{r}}\{X_{k}^{t,o} \mid Z^{k-1}\}} \tag{7.80}$$

$$P_{\mathrm{r}}\{X_{k}^{t,n} \mid Z^{k}\}=\frac{P_{\mathrm{r}}\{X_{k}^{t,n} \mid Z^{k-1}\}}{1-\delta_{k}^{t} P_{\mathrm{r}}\{X_{k}^{t,o} \mid Z^{k-1}\}} \tag{7.81}$$

$$P_{\mathrm{r}}\{\overline{X_{k}^{t}} \mid Z^{k}\}=1-P_{\mathrm{r}}\{X_{k}^{t,o} \mid Z^{k-1}\}-P_{\mathrm{r}}\{X_{k}^{t,n} \mid Z^{k-1}\} \tag{7.82}$$

式中

$$\delta_k^t=\begin{cases}P_{\mathrm{D}}P_{\mathrm{G}} & m_k^t=0\\ P_{\mathrm{D}}P_{\mathrm{G}}-P_{\mathrm{D}}P_{\mathrm{G}}\dfrac{V_k^t}{\hat{m}_k^t}\sum\limits_{i=1}^{m_k^t}\Lambda_i^t(k) & m_k^t>0\end{cases} \tag{7.83}$$

这里$\Lambda_i^t(k)$表示k时刻跟踪波门内第i个量测$z_i(k)$源于目标t的似然函数，即

$$\Lambda_k^i(k)=P_{\mathrm{G}}^{-1}N[\boldsymbol{v}_i(k);0,\boldsymbol{S}^t(k)] \tag{7.84}$$

而$\boldsymbol{v}_i(k)$为与量测值$z_i(k)$相对应的新息，$\boldsymbol{S}^t(k)$为与目标t对应的新息协方差。

7.5.2　数据互联

k时刻跟踪波门内第i个量测$z_i(k)$源于目标t的互联概率为

$$\beta_i(k)=\frac{P_{\mathrm{D}}P_{\mathrm{G}}\dfrac{V_k^t}{\hat{m}_k^t}\Lambda_i^t(k)P_{\mathrm{r}}\{X_k^{t,o}\mid Z^{k-1}\}}{(1-\delta_k^t)P_{\mathrm{r}}\{X_k^{t,o}\mid Z^{k-1}\}+P_{\mathrm{r}}\{X_k^{t,n}\mid Z^{k-1}\}} \tag{7.85}$$

$$\beta_0(k)=\frac{(1-P_{\mathrm{D}}P_{\mathrm{G}})P_{\mathrm{r}}\{X_k^{t,o}\mid Z^{k-1}\}+P_{\mathrm{r}}\{X_k^{t,n}\mid Z^{k-1}\}}{(1-\delta_k^t)P_{\mathrm{r}}\{X_k^{t,o}\mid Z^{k-1}\}+P_{\mathrm{r}}\{X_k^{t,n}\mid Z^{k-1}\}} \tag{7.86}$$

目标t的状态更新方程为

$$\hat{\boldsymbol{X}}(k\mid k)=\sum_{i=0}^{m_k^t}\beta_i(k)\hat{\boldsymbol{X}}_i(k\mid k) \tag{7.87}$$

式中

$$\hat{\boldsymbol{X}}_0(k\mid k)=\hat{\boldsymbol{X}}(k\mid k-1) \tag{7.88}$$

目标t的协方差更新方程为

$$\boldsymbol{P}(k\mid k)=\sum_{i=0}^{m_k^t}\beta_i(k)\{\boldsymbol{P}_i(k\mid k)+[\hat{\boldsymbol{X}}_i(k\mid k)-\hat{\boldsymbol{X}}(k\mid k)][\hat{\boldsymbol{X}}_i(k\mid k)-\hat{\boldsymbol{X}}(k\mid k)]'\} \tag{7.89}$$

式中，$\boldsymbol{P}_0(k\mid k)=\boldsymbol{P}(k\mid k-1)$。

综合概率数据互联算法（IPDA）中用到的其他滤波方程同概率数据互联算法。

7.6　联合概率数据互联算法（JPDA）

联合概率数据互联算法（JPDA）是 Bar-Shalom 和他的学生们在仅适用于单目标跟踪的概率数据互联算法（PDA）的基础上提出来的，该方法是杂波环境下对多目标进行数据互联的一种良好算法。与 PDA 类似，JPDA 也是基于确认波门内的所有量测为其计算一个加权新息用于航迹更新，不同之处在于当有回波落入不同目标相关波门的重叠区域内时，此时必须综合考虑各个量测的目标来源情况，在计算互联概率时需要考虑多条航迹对量测的竞争，有竞争的量测权值要有所减少，以体现其他目标对该量测的竞争。杂波环境下的多目标数据互联技术是多目标跟踪中最重要又最难处理的问题[26-33]。如果被跟踪的多个目标的相关波门不相交，或者没有回波落入波门的相交区域内，此时多目标数据互联问题可简化为多个单目标数据互联问题，利用 7.4 节讨论的概率数据互联算法即可解决。但是，如果有回波落入各目标相关波门的相交区域内，则此时的数据互联问题就要复杂得多，这也就是本节要解决的问题。

7.6.1 JPDA 算法的基本模型

1. 确认矩阵

当有回波落入不同目标相关波门的重叠区域内时，必须综合考虑各个量测的目标来源情况，为了表示有效回波和各目标跟踪波门的复杂关系，Bar-Shalom 引入了确认矩阵的概念。确认矩阵被定义为

$$\boldsymbol{\Omega}=[\omega_{jt}]=\overbrace{\begin{bmatrix}\omega_{10} & \cdots & \omega_{1T}\\ \vdots & \cdots & \vdots\\ \omega_{m_k 0} & \cdots & \omega_{m_k T}\end{bmatrix}}^{T}\Bigg\}j \tag{7.90}$$

式中，ω_{jt} 是二进制变量，$\omega_{jt}=1$ 表示量测 $j(j=1,2,\cdots,m_k)$落入目标 $t(t=0,1,\cdots,T)$的确认波门内，而 $\omega_{jt}=0$ 表示量测 j 没有落在目标 t 的确认波门内。$t=0$ 表示没有目标，此时 $\boldsymbol{\Omega}$ 对应的列元素 ω_{j0} 全都是 1，这是因为每一个量测都可能源于杂波或者虚警。

2. 互联矩阵（联合事件）

对于一个给定的多目标跟踪问题，一旦给出反映有效回波与目标或杂波互联态势的确认矩阵（或互联矩阵）$\boldsymbol{\Omega}$ 后，可通过对确认矩阵的拆分得到所有表示互联事件的互联矩阵，在对确认矩阵进行拆分时必须依据两个基本假设。

① 每一个量测有唯一的源，即任一个量测不源于某一目标，则必源于杂波。换言之，这里不考虑有不可分辨的探测情况。

② 对于一个给定的目标，最多有一个量测以其为源。如果一个目标有可能与多个量测相匹配，将取一个为真，其他为假。

也就是说对确认矩阵的拆分必须遵循两个原则。

① 在确认矩阵的每一行，选出一个且仅选出一个 1，作为互联矩阵在该行唯一非零的元素。这实际上是为使可行矩阵表示的可能联合事件满足第一个假设，即每个量测有唯一的源。

② 在可行矩阵中，除第一列外，每列最多只能有一个非零元素。这是使互联矩阵表示的可行事件满足第二个假设，即每个目标最多有一个量测以其为源。

3. 互联概率的计算

联合概率数据互联的目的就是计算每一个量测与其可能的各种源目标相互联的概率。在有回波落入不同目标相关波门的重叠区域内时，则必须综合考虑各个量测的目标来源情况。设 $\theta_{jt}(k)$表示量测 j 源于目标 t（$0\leqslant t\leqslant T$）的事件，而事件 $\theta_{j0}(k)$表示量测 j 源于杂波或虚警。按照单目标概率数据互联滤波器中条件概率的定义有

$$\beta_{jt}(k)=P_{\mathrm{r}}\{\theta_{jt}(k)\mid \boldsymbol{Z}^k\},\qquad j=0,1,\cdots,m_k,\ t=0,1,\cdots,T \tag{7.91}$$

表示第 j 个量测与目标 t 互联的概率，且

$$\sum_{j=0}^{m_k}\beta_{jt}(k)=1 \tag{7.92}$$

则 k 时刻目标 t 的状态估计为

$$\hat{\boldsymbol{X}}^t(k|k) = E[\boldsymbol{X}^t(k)|\boldsymbol{Z}^k] = \sum_{j=0}^{m_k} E[\boldsymbol{X}^t(k)|\theta_{jt}(k),\boldsymbol{Z}^k] P_{\mathrm{r}}\{\theta_{jt}(k)|\boldsymbol{Z}^k\} = \sum_{j=0}^{m_k} \beta_{jt}(k)\hat{\boldsymbol{X}}_j^t(k|k) \quad (7.93)$$

式中

$$\hat{\boldsymbol{X}}_j^t(k|k) = E[\boldsymbol{X}^t(k)\big|\theta_{jt}(k),\boldsymbol{Z}^k], \qquad j = 0,1,\cdots,m_k \quad (7.94)$$

表示在 k 时刻用第 j 个量测对目标 t 进行卡尔曼滤波所得的状态估计。而 $\hat{\boldsymbol{X}}_0^t(k|k)$ 表示 k 时刻没有量测源于目标的情况，这时需要用预测值 $\hat{\boldsymbol{X}}^t(k|k-1)$ 代替状态更新值。

第 j 个量测与目标互联的概率可利用下式求取：

$$\beta_{jt}(k) = P_{\mathrm{r}}\{\theta_{jt}(k)|\boldsymbol{Z}^k\} = P_{\mathrm{r}}\left\{\bigcup_{i=1}^{n_k}\theta_{jt}^i(k)|\boldsymbol{Z}^k\right\} = \sum_{i=1}^{n_k}\hat{\omega}_{jt}^i[\theta_i(k)]P_{\mathrm{r}}\{\theta_i(k)|\boldsymbol{Z}^k\} \quad (7.95)$$

式中，$\theta_{jt}^i(k)$ 表示量测 j 在第 i 个联合事件中源于目标 t（$0 \leqslant t \leqslant T$）的事件，$\theta_i(k)$表示第 i 个联合事件，n_k 表示联合事件的个数，而

$$\hat{\omega}_{jt}^i(\theta_i(k)) = \begin{cases} 1, & 若\ \theta_{jt}^i(k) \subset \theta_i(k) \\ 0, & 其他 \end{cases} \quad (7.96)$$

表示在第 i 个联合事件中，量测 j 是否源于目标 t，在量测 j 源于目标 t 时为 1，否则为 0。

定义一般情况下的第 i 个联合事件为

$$\theta_i(k) = \bigcap_{j=1}^{m_k}\theta_{jt}^i(k) \quad (7.97)$$

它表示 m_k 个量测与不同目标匹配的一种可能。而与联合事件对应的互联矩阵定义为

$$\hat{\boldsymbol{\Omega}}(\theta_i(k)) = [\hat{\omega}_{jt}^i(\theta_i(k))] = \overbrace{\begin{bmatrix} \hat{\omega}_{10}^i \cdots \hat{\omega}_{1T}^i \\ \vdots \quad \cdots \quad \vdots \\ \hat{\omega}_{m_k 0}^i \cdots \hat{\omega}_{m_k T}^i \end{bmatrix}}^{T} \Bigg\} j,\ j = 1,2,\cdots,m_k; i = 1,2,\cdots,n_k; t = 0,1,\cdots,T \quad (7.98)$$

根据上述两个基本假设容易推出互联矩阵满足：

$$\begin{aligned} &\sum_{t=0}^{T}\hat{\omega}_{jt}^i[\theta_i(k)] = 1, \qquad j = 1,2,\cdots,m_k \\ &\sum_{j=1}^{m_k}\hat{\omega}_{jt}^i[\theta_i(k)] \leqslant 1, \qquad t = 1,2,\cdots,T \end{aligned} \quad (7.99)$$

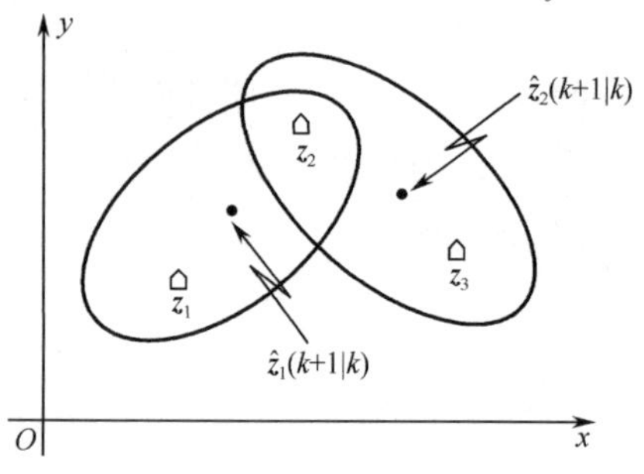

图 7.12　确认矩阵及互联事件形成举例

4．应用举例

设有两个目标航迹，以这两个航迹的量测预测为中心建立波门，并设下一时刻扫描得到三个回波，这三个回波和相关波门的位置关系如图 7.12 所示，试写出其确认矩阵、互联矩阵，并求取量测与不同目标互联的概率 $\beta_{jt}(k)$。

解：按照式（7.90）确认矩阵的构造方法，得此时的确认矩阵为

$$\boldsymbol{\Omega}=[\omega_{jt}]=\overbrace{\begin{bmatrix}1&1&0\\1&1&1\\1&0&1\end{bmatrix}}^{t}\left.\begin{matrix}1\\2\\3\end{matrix}\right\}j \tag{7.100}$$

由确认矩阵按上述两条原则可穷举搜索得 8 个互联矩阵及相应的联合事件（可行互联事件）为

$$\hat{\boldsymbol{\Omega}}[\theta_1(k)]=\begin{bmatrix}1&0&0\\1&0&0\\1&0&0\end{bmatrix},\qquad \theta_1(k)=\theta_{10}^1(k)\cap\theta_{20}^1(k)\cap\theta_{30}^1(k) \tag{7.101}$$

$$\hat{\boldsymbol{\Omega}}[\theta_2(k)]=\begin{bmatrix}0&1&0\\1&0&0\\1&0&0\end{bmatrix},\qquad \theta_2(k)=\theta_{11}^2(k)\cap\theta_{20}^2(k)\cap\theta_{30}^2(k) \tag{7.102}$$

$$\hat{\boldsymbol{\Omega}}[\theta_3(k)]=\begin{bmatrix}0&1&0\\0&0&1\\1&0&0\end{bmatrix},\qquad \theta_3(k)=\theta_{11}^3(k)\cap\theta_{22}^3(k)\cap\theta_{30}^3(k) \tag{7.103}$$

$$\hat{\boldsymbol{\Omega}}[\theta_4(k)]=\begin{bmatrix}0&1&0\\1&0&0\\0&0&1\end{bmatrix},\qquad \theta_4(k)=\theta_{11}^4(k)\cap\theta_{20}^4(k)\cap\theta_{32}^4(k) \tag{7.104}$$

$$\hat{\boldsymbol{\Omega}}[\theta_5(k)]=\begin{bmatrix}1&0&0\\0&1&0\\1&0&0\end{bmatrix},\qquad \theta_5(k)=\theta_{10}^5(k)\cap\theta_{21}^5(k)\cap\theta_{30}^5(k) \tag{7.105}$$

$$\hat{\boldsymbol{\Omega}}[\theta_6(k)]=\begin{bmatrix}1&0&0\\0&1&0\\0&0&1\end{bmatrix},\qquad \theta_6(k)=\theta_{10}^6(k)\cap\theta_{21}^6(k)\cap\theta_{32}^6(k) \tag{7.106}$$

$$\hat{\boldsymbol{\Omega}}[\theta_7(k)]=\begin{bmatrix}1&0&0\\0&0&1\\1&0&0\end{bmatrix},\qquad \theta_7(k)=\theta_{10}^7(k)\cap\theta_{22}^7(k)\cap\theta_{30}^7(k) \tag{7.107}$$

$$\hat{\boldsymbol{\Omega}}[\theta_8(k)]=\begin{bmatrix}1&0&0\\1&0&0\\0&0&1\end{bmatrix},\qquad \theta_8(k)=\theta_{10}^8(k)\cap\theta_{20}^8(k)\cap\theta_{32}^8(k) \tag{7.108}$$

上述由确认矩阵得出互联矩阵的过程也可用图 7.13 所示的框图来表示。即对应于由式（7.100）所得到的确认矩阵，按照确认矩阵的拆分准则可把该矩阵第一行拆分成以下两种情况：[1 0 0]和[0 1 0]，即第一个量测来源于假目标或者目标 1；对于第二个量测（确认矩阵的第二行），在第一个量测来源于假目标情况下，其又可分为以下三种情况：[1 0 0]、[0 1 0]与[0 0 1]，即第二个量测来源于假目标、目标 1 和目标 2；而在第一个量测来源于目标 1 的情况下，第二个量测的归属可分为两种情况：[1 0 0]与[0 0 1]，即该量测来源于假目标和目标 2，这里需要注意的是：在这种情况下由于第一个量测已经来源于目标 1，因此，按照确认矩阵的拆分准则 2，第二个量测不能再次属于第一个目标，所以没有[0 1 0]这种情况。同理，在前两个量测来源于不同目标的情况下，对第三个量测（确认矩阵的第三行）的来源问题进行拆分，即可得到图 7.13 所示的框图。

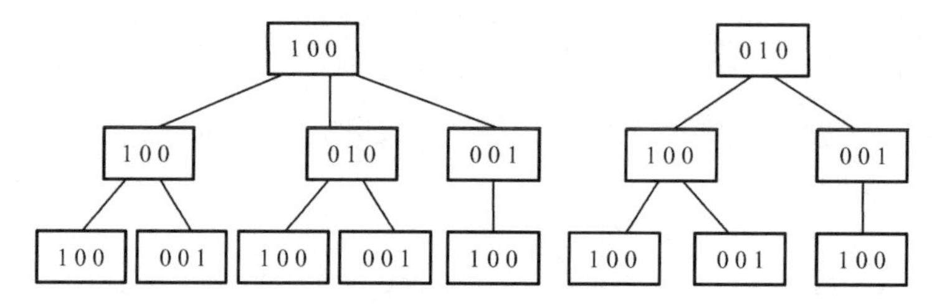

图 7.13　互联矩阵框图

不同量测与不同目标互联的概率 $\beta_{jt}(k)$ 为

$$\beta_{11}(k)=P_{\mathrm{r}}\{\theta_{11}(k)\,|\,\boldsymbol{Z}^k\}=P_{\mathrm{r}}\left\{\bigcup_{i=1}^{8}\theta_{11}^{i}(k)\,|\,\boldsymbol{Z}^k\right\}=\sum_{i=1}^{8}\hat{\omega}_{11}^{i}[\theta_i(k)]P_{\mathrm{r}}\{\theta_i(k)\,|\,\boldsymbol{Z}^k\}=\sum_{i=2}^{4}P_{\mathrm{r}}\{\theta_i(k)\,|\,\boldsymbol{Z}^k\} \tag{7.109}$$

$$\beta_{21}(k)=P_{\mathrm{r}}\{\theta_{21}(k)\,|\,\boldsymbol{Z}^k\}=P_{\mathrm{r}}\left\{\bigcup_{i=1}^{8}\theta_{21}^{i}(k)\,|\,\boldsymbol{Z}^k\right\}=\sum_{i=1}^{8}\hat{\omega}_{21}^{i}[\theta_i(k)]P_{\mathrm{r}}\{\theta_i(k)\,|\,\boldsymbol{Z}^k\}=\sum_{i=5}^{6}P_{\mathrm{r}}\{\theta_i(k)\,|\,\boldsymbol{Z}^k\} \tag{7.110}$$

$$\beta_{31}(k)=P_{\mathrm{r}}\{\theta_{31}(k)\,|\,\boldsymbol{Z}^k\}=P_{\mathrm{r}}\left\{\bigcup_{i=1}^{8}\theta_{31}^{i}(k)\,\middle|\,\boldsymbol{Z}^k\right\}=\sum_{i=1}^{8}\hat{\omega}_{31}^{i}[\theta_i(k)]P_{\mathrm{r}}\{\theta_i(k)\,|\,\boldsymbol{Z}^k\}=0 \tag{7.111}$$

$$\beta_{12}(k)=P_{\mathrm{r}}\{\theta_{12}(k)\,|\,\boldsymbol{Z}^k\}=P_{\mathrm{r}}\left\{\bigcup_{i=1}^{8}\theta_{12}^{i}(k)\,|\,\boldsymbol{Z}^k\right\}=\sum_{i=1}^{8}\hat{\omega}_{12}^{i}[\theta_i(k)]P_{\mathrm{r}}\{\theta_i(k)\,|\,\boldsymbol{Z}^k\}=0 \tag{7.112}$$

$$\begin{aligned}\beta_{22}(k)&=P_{\mathrm{r}}\{\theta_{22}(k)\,|\,\boldsymbol{Z}^k\}=P_{\mathrm{r}}\left\{\bigcup_{i=1}^{8}\theta_{22}^{i}(k)\,|\,\boldsymbol{Z}^k\right\}=\sum_{i=1}^{8}\hat{\omega}_{22}^{i}[\theta_i(k)]P_{\mathrm{r}}\{\theta_i(k)\,|\,\boldsymbol{Z}^k\}\\&=P_{\mathrm{r}}\{\theta_3(k)\,|\,\boldsymbol{Z}^k\}+P_{\mathrm{r}}\{\theta_7(k)\,|\,\boldsymbol{Z}^k\}\end{aligned} \tag{7.113}$$

$$\begin{aligned}\beta_{32}(k)&=P_{\mathrm{r}}\{\theta_{32}(k)\,|\,\boldsymbol{Z}^k\}=P_{\mathrm{r}}\left\{\bigcup_{i=1}^{8}\theta_{32}^{i}(k)\,|\,\boldsymbol{Z}^k\right\}=\sum_{i=1}^{8}\hat{\omega}_{32}^{i}[\theta_i(k)]P_{\mathrm{r}}\{\theta_i(k)\,|\,\boldsymbol{Z}^k\}\\&=P_{\mathrm{r}}\{\theta_4(k)\,|\,\boldsymbol{Z}^k\}+P_{\mathrm{r}}\{\theta_6(k)\,|\,\boldsymbol{Z}^k\}+P_{\mathrm{r}}\{\theta_8(k)\,|\,\boldsymbol{Z}^k\}\end{aligned} \tag{7.114}$$

同理，目标 1 和目标 2 的各个有效回波均为虚假量测的概率 β_{0j} (j=1,2)可表示为

$$\beta_{01}=P_{\mathrm{r}}\{\theta_1(k)\,|\,\boldsymbol{Z}^k\}+\sum_{i=7}^{8}P_{\mathrm{r}}\{\theta_i(k)\,|\,\boldsymbol{Z}^k\}，\quad \beta_{02}=\sum_{i=1}^{2}P_{\mathrm{r}}\{\theta_1(k)\,|\,\boldsymbol{Z}^k\}+P_{\mathrm{r}}\{\theta_5(k)\,|\,\boldsymbol{Z}^k\} \tag{7.115}$$

通过以上的例子可以看出，互联矩阵和可行互联事件之间是一一对应的。而实际应用中，一般是通过对确认矩阵的拆分得到的互联矩阵来确定可行互联事件的。根据拆分原则，一个确认矩阵可以拆分成许多可行互联矩阵。随着目标个数、有效回波数的增大，互联矩阵的数量会迅速增大，通常呈指数增长。另外波门相交的程度越大，落入相交波门的量测越多，互联矩阵的数量也越大。通过以上例子还可以看出，计算第 j 个量测与目标互联的概率的关键就是计算联合事件 $\theta_i(k)(i=1,2,\cdots,n_k)$的概率。

7.6.2　联合事件概率的计算

为了以后讨论问题的方便，这里引入两个二元变量：

① 量测互联指示，即

$$\tau_j[\theta_i(k)] = \sum_{t=1}^{T} \hat{\omega}_{jt}^i(\theta_i(k)) = \begin{cases} 1 \\ 0 \end{cases} \tag{7.116}$$

表示量测 j 在联合事件 $\theta_i(k)$ 中是否跟一个真实目标互联；

② 目标检测指示，即

$$\delta_t[\theta_i(k)] = \sum_{j=1}^{m_k} \hat{\omega}_{jt}^i[\theta_i(k)] = \begin{cases} 1 \\ 0 \end{cases} \tag{7.117}$$

表示任一量测在联合事件 $\theta_i(k)$ 中是否与目标 t 互联，亦即目标 t 是否被检测。

设 $\phi[\theta_i(k)]$ 表示在联合事件 $\theta_i(k)$ 中假量测的数量，则

$$\phi[\theta_i(k)] = \sum_{j=1}^{m_k} \{1 - \tau_j[\theta_i(k)]\} \tag{7.118}$$

应用贝叶斯法则，在 k 时刻联合事件 $\theta_i(k)$ 的条件概率是

$$\begin{aligned} P_{\rm r}\{\theta_i(k) \mid \boldsymbol{Z}^k\} &= P_{\rm r}\{\theta_i(k) \mid \boldsymbol{Z}(k), \boldsymbol{Z}^{k-1}\} = \frac{1}{c} p[\boldsymbol{Z}(k) \mid \theta_i(k), \boldsymbol{Z}^{k-1}] P_{\rm r}\{\theta_i(k) \mid \boldsymbol{Z}^{k-1}\} \\ &= \frac{1}{c} p[\boldsymbol{Z}(k) \mid \theta_i(k), \boldsymbol{Z}^{k-1}] P_{\rm r}\{\theta_i(k)\} \end{aligned} \tag{7.119}$$

式中，c 为归一化常数

$$c = \sum_{j=0}^{n_k} p[\boldsymbol{Z}(k) \mid \theta_j(k), \boldsymbol{Z}^{k-1}] P_{\rm r}\{\theta_j(k)\} \tag{7.120}$$

假定不与任何目标互联的虚假量测在体积为 V 的确认区域中均匀分布，而与目标互联的量测服从高斯分布。与单目标情况的区别只是要假设所有的跟踪波门对应整个监视区域，即门概率 $P_{\rm G}$=1，仿照单目标概率数据互联法的处理结果，有

$$p[\boldsymbol{z}_j(k) \mid \theta_{jt}^i(k), \boldsymbol{Z}^{k-1}] = \begin{cases} N_t[\boldsymbol{z}_j(k)], & 若 \tau_j[\theta_i(k)] = 1 \\ V^{-1}, & 若 \tau_j[\theta_i(k)] = 0 \end{cases} \tag{7.121}$$

于是有

$$p[\boldsymbol{Z}(k) \mid \theta_i(k), \boldsymbol{Z}^{k-1}] = \prod_{j=1}^{m_k} p[\boldsymbol{z}_j(k) \mid \theta_{jt}^i(k), \boldsymbol{Z}^{k-1}] = V^{-\phi[\theta_i(k)]} \prod_{j=1}^{m_k} N_t[\boldsymbol{z}_j(k)]^{\tau_j[\theta_i(k)]} \tag{7.122}$$

$N[\boldsymbol{z}_j(k)]$ 的具体表示式为

$$f(\boldsymbol{z}_j(k)) = \frac{1}{(2\pi)^{n_z/2} \left|\boldsymbol{S}(k)\right|^{1/2}} \exp\left\{ -\frac{1}{2} (\boldsymbol{z}_j(k) - \hat{z}(k|k-1))' \boldsymbol{S}^{-1}(k) (\boldsymbol{z}_j(k) - \hat{z}(k|k-1)) \right\}$$

其中，n_z 为 k 时刻第 j 个测量数据 $\boldsymbol{z}_j(k)$ 的维数。

我们知道，一旦 $\theta_i(k)$ 给定，则目标探测指示 $\delta_t(\theta_i(k))$ 和虚假量测数 $\phi(\theta_i(k))$ 就完全确定了。因此，

$$P_{\rm r}\{\theta_i(k)\} = P_{\rm r}\{\theta_i(k), \delta_t[\theta_i(k)], \phi[\theta_i(k)]\} \tag{7.123}$$

应用乘法定理上式可表示为

$$P_{\rm r}\{\theta_i(k)\} = P_{\rm r}\{\theta_i(k) \mid \delta_t(\theta_i(k)), \phi(\theta_i(k))\} P_{\rm r}\{\delta_t(\theta_i(k)), \phi(\theta_i(k))\} \tag{7.124}$$

实际上，一旦虚假量测数给定后，联合事件 $\theta_i(k)$ 便由其目标探测指示函数 $\delta_t[\theta_i(k)]$ 唯一确定，而包含 $\phi[\theta_i(k)]$ 个虚假量测的事件共有 $C_{m_k}^{\phi[\theta_i(k)]}$ 个，对于其余 $m_k - \phi[\theta_i(k)]$ 个真实量测，在包含 $\phi[\theta_i(k)]$ 个虚假量测的事件中与目标共有 $\{m_k - \phi[\theta_i(k)]\}!$ 种可能的互联，故

$$P_{\mathrm{r}}\{\theta_i(k)\mid\delta_t(\theta_i(k)),\phi(\theta_i(k))\}=\frac{1}{(m_k-\phi(\theta_i(k))!C_{m_k}^{\phi(\theta_i(k))}}=\frac{\phi(\theta_i(k))!}{m_k!} \tag{7.125}$$

式（7.124）中的最后一因子为

$$P_{\mathrm{r}}\{\delta_t(\theta_i(k)),\phi(\theta_i(k))\}=\prod_{t=1}^{T}(P_{\mathrm{D}}^t)^{\delta_t(\theta_i(k))}(1-P_{\mathrm{D}}^t)^{1-\delta_t(\theta_i(k))}\mu_{\mathrm{F}}(\phi(\theta_i(k)) \tag{7.126}$$

式中，P_{D}^t 是目标 t 的检测概率，$\mu_{\mathrm{F}}\{\phi[\theta_i(k)]\}$ 是假量测数量 $\phi[\theta_i(k)]$ 的先验概率质量函数。把式（7.125）、式（7.126）代入式（7.124）得到联合事件 $\theta_i(k)$ 的先验概率为

$$P_{\mathrm{r}}\{\theta_i(k)\}=\frac{\phi[\theta_i(k)]!}{m_k!}\mu_{\mathrm{F}}\{\phi[\theta_i(k)]\}\prod_{t=1}^{T}(P_{\mathrm{D}}^t)^{\delta_t[\theta_i(k)]}(1-P_{\mathrm{D}}^t)^{1-\delta_t[\theta_i(k)]} \tag{7.127}$$

类似地，把式（7.122）和式（7.127）合并到式（7.119）可得出联合事件 $\theta_i(k)$ 的后验概率为

$$P_{\mathrm{r}}\{\theta_i(k)\mid\boldsymbol{Z}^k\}=\frac{1}{c}\frac{\phi[\theta_i(k)]!}{m_k!}\mu_{\mathrm{F}}\{\phi[\theta_i(k)]\}V^{-\phi[\theta_i(k)]}\prod_{j=1}^{m_k}N_{t_j}[\boldsymbol{z}_j(k)]^{\tau_j[\theta_i(k)]}\prod_{t=1}^{T}(P_{\mathrm{D}}^t)^{\delta_t[\theta_i(k)]}(1-P_{\mathrm{D}}^t)^{1-\delta_t[\theta_i(k)]} \tag{7.128}$$

根据假量测数量 $\phi[\theta_i(k)]$ 的概率质量函数 $\mu_{\mathrm{F}}\{\phi[\theta_i(k)]\}$ 所使用的模型，JPDA 滤波器有两种形式[8]。参数 JPDA 滤波器使用泊松分布，即

$$\mu_{\mathrm{F}}\{\phi[\theta_i(k)]\}=\mathrm{e}^{-\lambda V}\frac{(\lambda V)^{\phi[\theta_i(k)]}}{\phi[\theta_i(k)]!} \tag{7.129}$$

式中 λ 是虚假量测空间密度，λV 是门内虚假量测期望数。把式（7.129）代入式（7.128）有

$$P_{\mathrm{r}}\{\theta_i(k)\mid\boldsymbol{Z}^k\}=\frac{\lambda^{\phi[\theta_i(k)]}}{c'}\prod_{j=1}^{m_k}N_{t_j}[\boldsymbol{z}_j(k)]^{\tau_j[\theta_i(k)]}\prod_{t=1}^{T}(P_{\mathrm{D}}^t)^{\delta_t[\theta_i(k)]}(1-P_{\mathrm{D}}^t)^{1-\delta_t[\theta_i(k)]} \tag{7.130}$$

这里 c'是新的归一化常数。

非参数 JPDA 使用均匀分布的 $\mu_{\mathrm{F}}\{\phi[\theta_i(k)]\}$，即 $\mu_{\mathrm{F}}\{\phi[\theta_i(k)]\}=\varepsilon$，代入式（7.128），并消去每个表达式中出现的常数 ε 和 $m_k!$后，则式（7.128）就变成

$$P_{\mathrm{r}}\{\theta_i(k)\mid\boldsymbol{Z}^k\}=\frac{1}{c''}\frac{\phi[\theta_i(k)]!}{V^{\phi[\theta_i(k)]}}\prod_{j=1}^{m_k}N_{t_j}[\boldsymbol{z}_j(k)]^{\tau_j[\theta_i(k)]}\prod_{t=1}^{T}(P_{\mathrm{D}}^t)^{\delta_t[\theta_i(k)]}(1-P_{\mathrm{D}}^t)^{1-\delta_t[\theta_i(k)]} \tag{7.131}$$

式中，c'' 为新的归一化常数。

7.6.3 状态估计协方差的计算

由卡尔曼滤波公式可得，基于第 j 个量测对目标 t 的状态估计 $\hat{\boldsymbol{X}}_j^t(k\mid k)$ 的协方差为

$$\boldsymbol{P}_j^t(k\mid k)=E\{[\boldsymbol{X}^t(k)-\hat{\boldsymbol{X}}_j^t(k\mid k)][\boldsymbol{X}^t(k)-\hat{\boldsymbol{X}}_j^t(k\mid k)]'\mid\theta_{jt}(k),\boldsymbol{Z}^k\} \tag{7.132}$$

$$=\boldsymbol{P}^t(k\mid k-1)-\boldsymbol{K}^t(k)\boldsymbol{S}^t(k)\boldsymbol{K}^{t'}(k) \tag{7.133}$$

式中，$\boldsymbol{K}^t(k)$ 表示 k 时刻目标的增益矩阵，$\boldsymbol{S}^t(k)$ 是对应的新息协方差。

我们知道，当没有任何量测源于目标 t 时，即不利用任何有效回波对目标状态进行更新时，目标状态估计和目标的预测值相同，于是

$$\begin{aligned}\boldsymbol{P}_0^t(k\mid k)&=E\{[\boldsymbol{X}^t(k)-\hat{\boldsymbol{X}}_0^t(k\mid k)][\boldsymbol{X}^t(k)-\hat{\boldsymbol{X}}_0^t(k\mid k)]'\mid\theta_{0t}(k),\boldsymbol{Z}^k\}\\&=E\{[\boldsymbol{X}^t(k)-\hat{\boldsymbol{X}}^t(k\mid k-1)][\boldsymbol{X}^t(k)-\hat{\boldsymbol{X}}^t(k\mid k-1)]'\mid\theta_{0t}(k),\boldsymbol{Z}^k\}=\boldsymbol{P}^t(k\mid k-1)\end{aligned} \tag{7.134}$$

状态估计 $\hat{\boldsymbol{X}}^t(k\mid k)$ 的协方差为

$$
\begin{aligned}
\boldsymbol{P}^t(k|k) &= E\{[\boldsymbol{X}^t(k)-\hat{\boldsymbol{X}}^t(k|k)][\boldsymbol{X}^t(k)-\hat{\boldsymbol{X}}^t(k|k)]'|\boldsymbol{Z}^k\} \\
&= \sum_{j=0}^{m_k}\beta_{jt}(k)\ E\{[\boldsymbol{X}^t(k)-\hat{\boldsymbol{X}}^t(k|k)][\boldsymbol{X}^t(k)-\hat{\boldsymbol{X}}^t(k|k)]'|\theta_{jt}(k),\boldsymbol{Z}^k\} \\
&= \sum_{j=0}^{m_k}\beta_{jt}(k)\ E\{[(\boldsymbol{X}^t(k)-\hat{\boldsymbol{X}}_j^t(k|k))+(\hat{\boldsymbol{X}}_j^t(k|k)-\hat{\boldsymbol{X}}^t(k|k))]\cdot \\
&\quad [(\boldsymbol{X}^t(k)-\hat{\boldsymbol{X}}_j^t(k|k))+(\hat{\boldsymbol{X}}_j^t(k|k)-\hat{\boldsymbol{X}}^t(k|k))]'|\theta_{jt}(k),\boldsymbol{Z}^k\} \\
&= \sum_{j=0}^{m_k}\beta_{jt}(k)\ E\{[\boldsymbol{X}^t(k)-\hat{\boldsymbol{X}}_j^t(k|k)][\boldsymbol{X}^t(k)-\hat{\boldsymbol{X}}_j^t(k|k)]'|\theta_{jt}(k),\boldsymbol{Z}^k\}+ \\
&\quad \sum_{j=0}^{m_k}\beta_{jt}(k)\ E\{[\boldsymbol{X}^t(k)-\hat{\boldsymbol{X}}_j^t(k|k)][\hat{\boldsymbol{X}}_j^t(k|k)-\hat{\boldsymbol{X}}^t(k|k)]'|\theta_{jt}(k),\boldsymbol{Z}^k\}+ \\
&\quad \sum_{j=0}^{m_k}\beta_{jt}(k)\ E\{[\hat{\boldsymbol{X}}_j^t(k|k)-\hat{\boldsymbol{X}}^t(k|k)][\boldsymbol{X}^t(k)-\hat{\boldsymbol{X}}_j^t(k|k)]'|\theta_{jt}(k),\boldsymbol{Z}^k\}+ \\
&\quad \sum_{j=0}^{m_k}\beta_{jt}(k)\ E\{[\hat{\boldsymbol{X}}_j^t(k|k)-\hat{\boldsymbol{X}}^t(k|k)][\hat{\boldsymbol{X}}_j^t(k|k)-\hat{\boldsymbol{X}}^t(k|k)]'|\theta_{jt}(k),\boldsymbol{Z}^k\}
\end{aligned}
\tag{7.135}
$$

由式（7.132）～式（7.134）可得

$$
\begin{aligned}
&\sum_{j=0}^{m_k}\beta_{jt}(k)\ E\{[\boldsymbol{X}^t(k)-\hat{\boldsymbol{X}}_j^t(k|k)][\boldsymbol{X}^t(k)-\hat{\boldsymbol{X}}_j^t(k|k)]'|\theta_{jt}(k),\boldsymbol{Z}^k\}=\sum_{j=0}^{m_k}\beta_{jt}(k)\ \boldsymbol{P}_j^t(k|k) \\
&\quad =\beta_{0t}(k)\ \boldsymbol{P}_0^t(k|k)+\sum_{j=1}^{m_k}\beta_{jt}(k)\ [\boldsymbol{P}^t(k|k-1)-\boldsymbol{K}^t(k)\boldsymbol{S}^t(k)\boldsymbol{K}^{t'}(k)] \\
&\quad =\boldsymbol{P}^t(k|k-1)-[1-\beta_{0t}(k)]\ \boldsymbol{K}^t(k)\ \boldsymbol{S}^t(k)\ \boldsymbol{K}^{t'}(k)
\end{aligned}
\tag{7.136}
$$

由式（7.135）可得

$$
\begin{aligned}
&\sum_{j=0}^{m_k}\beta_{jt}(k)E\{[\boldsymbol{X}^t(k)-\hat{\boldsymbol{X}}_j^t(k|k)][\hat{\boldsymbol{X}}_j^t(k|k)-\hat{\boldsymbol{X}}^t(k|k)]'|\theta_{jt}(k),\boldsymbol{Z}^k\} \\
&\quad =\sum_{j=0}^{m_k}\beta_{jt}(k)\,[E[\boldsymbol{X}^t(k)|\theta_{jt}(k),\boldsymbol{Z}^k]-\hat{\boldsymbol{X}}_j^t(k|k)][\hat{\boldsymbol{X}}_j^t(k|k)-\hat{\boldsymbol{X}}^t(k|k)]'=0
\end{aligned}
\tag{7.137}
$$

同理可得

$$
\sum_{j=0}^{m_k}\beta_{jt}(k)E\{[\hat{\boldsymbol{X}}_j^t(k|k)-\hat{\boldsymbol{X}}^t(k|k)][\boldsymbol{X}^t(k)-\hat{\boldsymbol{X}}_j^t(k|k)]'|\theta_{jt}(k),\boldsymbol{Z}^k\}=0
\tag{7.138}
$$

$$
\begin{aligned}
&\sum_{j=0}^{m_k}\beta_{jt}(k)E\{[\hat{\boldsymbol{X}}_j^t(k|k)-\hat{\boldsymbol{X}}^t(k|k)][\hat{\boldsymbol{X}}_j^t(k|k)-\hat{\boldsymbol{X}}^t(k|k)]'|\theta_{jt}(k),\boldsymbol{Z}^k\} \\
&=\sum_{j=0}^{m_k}\beta_{jt}(k)[\hat{\boldsymbol{X}}_j^t(k|k)\ \hat{\boldsymbol{X}}_j^{t'}(k|k)-\hat{\boldsymbol{X}}^t(k|k)\ \hat{\boldsymbol{X}}_j^{t'}(k|k)-\boldsymbol{X}_j^t(k|k)\hat{\boldsymbol{X}}^{t'}(k|k)+\hat{\boldsymbol{X}}^t(k|k)\ \hat{\boldsymbol{X}}^{t'}(k|k)] \\
&=\sum_{j=0}^{m_k}\beta_{jt}(k)\hat{\boldsymbol{X}}_j^t(k|k)\ \hat{\boldsymbol{X}}_j^{t'}(k|k)-\hat{\boldsymbol{X}}^t(k|k)\ \hat{\boldsymbol{X}}^{t'}(k|k)
\end{aligned}
\tag{7.139}
$$

于是，把式（7.136）～式（7.139）代入式（7.134），可得 $\hat{\boldsymbol{X}}^t(k|k)$ 的协方差为

$$
\begin{aligned}
\boldsymbol{P}^t(k|k)&=\boldsymbol{P}^t(k|k-1)-(1-\beta_{0t}(k))\ \boldsymbol{K}^t(k)\ \boldsymbol{S}^t(k)\ \boldsymbol{K}^{t'}(k)+ \\
&\quad \sum_{j=0}^{m_k}\beta_{jt}(k)\hat{\boldsymbol{X}}_j^t(k|k)\hat{\boldsymbol{X}}_j^{t'}(k|k)-\hat{\boldsymbol{X}}^t(k|k)\ \hat{\boldsymbol{X}}^{t'}(k|k)
\end{aligned}
\tag{7.140}
$$

联合概率数据互联算法单次仿真循环的流程如图 7.14 所示。

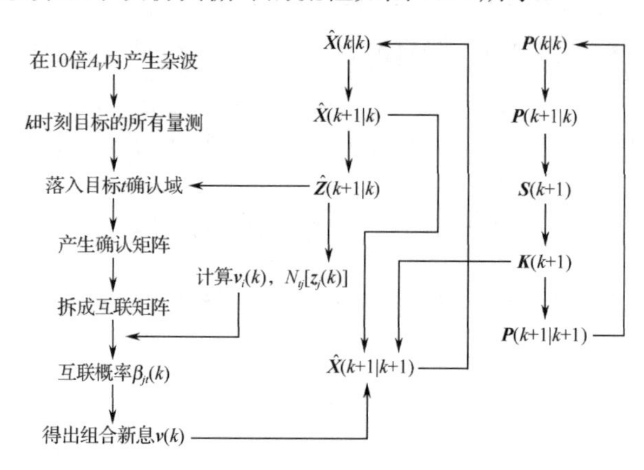

图 7.14　联合概率数据互联算法单次仿真循环流程图

7.6.4　简化的 JPDA 算法模型

在 JPDA 中，算法将所有的目标和量测进行排列组合，从中选择出合理的联合事件来计算联合概率[34-36]。因此，JPDA 考虑了来自其他目标的多个量测处在同一目标互联域内的可能性。这样，该算法便能很好地解决杂波环境下一个互联域内出现多个目标量测的问题。但与此同时，该算法比较复杂，计算量大，并且随着目标数的增长确认矩阵的拆分会出现组合爆炸的情况。由于面临上述问题，联合概率数据互联算法在工程实现上比较困难。因此，为了使算法易于工程实现，人们又提出许多基于联合概率数据互联的简化算法[37-40]。下面给出三种简化的 JPDA 算法模型。

1．经验 JPDA

经验 JPDA（Cheap JPDA）算法给出的经验概率计算公式具有 JPDA 计算的特征，即只对出现在一个航迹关联域内的量测进行重加权，而对在几个航迹关联域重叠和矛盾的量测进行轻加权。该经验算法对接近预测位置和可以用最少航迹数目进行互联给出了较高的加权。通常情况下（除非杂波很大），B=0 均可给出满意的结果。Fitagerald 还认为，在更新目标状态时，只应使用 2～3 个具有最高概率的量测，此约束考虑了计算机计算负担的因素。此外，限制量测数的另一个原因是经验概率可能对错误量测赋予过高的权重，以致在高密度目标环境中造成协方差矩阵失控地增长。

经验 JPDA 算法对量测 j 与航迹 t 互联概率 β_{jt} 的计算进行了简化，即

$$\beta_{jt}=\frac{G_{jt}}{S_t+S_j-G_{jt}+B} \tag{7.141}$$

式中

$$\begin{cases}G_{jt}=N_{jt}[\boldsymbol{v}_j(k)]\\ S_t=\sum\limits_{j=1}^{m}G_{jt}\\ S_j=\sum\limits_{t=1}^{T}G_{jt}\\ B=\text{取决于杂波密度的常数}\end{cases}$$

式中，G_{jt} 为量测 j 与航迹 t 互联的有效似然函数；S_t 为某个目标 t 的所有 G_{jt} 的和；S_j 为某个量测 j 的所有 G_{jt} 的和，且

$$N_{jt}[\boldsymbol{v}_j(k)] = \frac{1}{|2\pi \boldsymbol{S}(k)|^{1/2}} \exp\left[-\frac{1}{2}\boldsymbol{v}_j'(k)\boldsymbol{S}^{-1}(k)\boldsymbol{v}_j(k)\right] \tag{7.142}$$

其中，$\boldsymbol{v}_j(k)$为新息；$\boldsymbol{S}(k)$为新息协方差。

经验 JPDA 算法除了对互联概率的计算进行简化外，其余的状态更新和协方差更新等均与 JPDA 相同。

2. 次最优 JPDA

次最优 JPDA 算法使用了部分联合事件的概念。假设这些部分联合事件是非矛盾互联，即量测 j_1 与航迹 t_1 互联，量测 j_2 与航迹 t_2 互联。航迹 t_1 与 t_2 的互联域重叠，并有一个共同量测，这被视为一个部分联合事件。由于所有次最优联合事件都是最优联合事件的子集，因此称为次最优。具体操作步骤如下：

① 对每个航迹 t，保留一个记录所有落在互联域内量测的列表：

L_t=与航迹 t 互联的量测目录表；

② 对每个量测 j，保留一个记录所有互联域均包含这个量测的航迹列表：

L_j=与量测 j 互联的航迹目录表；

③ 通过下面几个步骤计算次最优概率：

对每条航迹 t 互联域内的所有量测，构造一个航迹目录表的集合（而不包含航迹 t 目录表）：

$$\text{LOT}_t = (\bigcup L_j \quad j \in \text{航迹 } t \text{ 互联域}) \notin t$$

对所有的 $t' \in \text{LOT}_t$，求

$$M_{t'} = \max(G_{ht'}), \qquad h \in L_{t'}, h \notin L_t \tag{7.143}$$

$G_{ht'}$ 与上面介绍的经验 JPDA 中 G_{jt} 的取值相同，如果 $M_{t'}$=0，说明航迹 t' 的互联域内只有一个量测，就可以使用量测 j，并令

$$M_{t'} = G_{jt'} \tag{7.144}$$

如果 $\text{LOT}_t = \varnothing$ 就不存在其他航迹与航迹 t 在互联域内共享量测，所以令

$$H_{jt} = G_{jt} \tag{7.145}$$

式中，H_{jt} 是部分联合事件发生的概率。否则令

$$H_{jt} = G_{jt} \sum_{t' \in \text{LOT}_t} M_{t'} \tag{7.146}$$

现在给出次最优概率，即

$$\beta_{jt} = \frac{H_{jt}}{B + \sum_j H_{jt}} \tag{7.147}$$

式中，B 是取决于杂波密度的常数。如果杂波比较稀疏，可让 B=0。

3. 深度优先搜索算法（简化形式）

对于多目标跟踪来说，数据互联可以认为是一个组合问题，而对 JPDA 的实现来说，所关心的问题是如何能有效且快速地产生假设矩阵并快速地计算互联概率。组合问题的一个著名模型为一定限制的穷举搜索法，深度优先搜索算法就是利用此模型来解决数据互联问题，

对 JPDA 算法而言，即互联矩阵的产生与拆分问题。下面就目标数 n=1,2,3 三种情况列出了 β_{jt} 的直接计算公式

n=1 时：

$$\beta_{jt} = P_{jt} \quad (j=1,2,\cdots,m), \quad \beta_0^t = P_0 \tag{7.148}$$

n=2 时：

$$\beta_{jt_1} = P_{jt_1}(P_{t_2} - P_{jt_2}), \quad \beta_{0t_1} = P_0 P_{t_2} \tag{7.149}$$

式中，$t_1 \neq t_2$，

$$P_t = P_0 + \sum_{j=1}^{m} P_{jt}, \quad t = 1,2 \tag{7.150}$$

n=3 时：

$$\beta_{jt_1} = P_{jt_1}\{(P_{t_2} - P_{jt_2})(P_{t_3} - P_{jt_3}) - [G(t_2,t_3) - G_j(t_2,t_3)]\} \tag{7.151}$$

$$\beta_{0t_1} = P_0[P_{t_2}P_{t_3} - G(t_2,t_3)] \tag{7.152}$$

式中，$t_p \neq t_q$，若 $p \neq q$

$$G_j(t_2,t_3) = P_{jt_2}P_{jt_3} \tag{7.153}$$

$$G(t_2,t_3) = \sum_{j=1}^{m} G_j(t_2,t_3) \tag{7.154}$$

式中，β_{jt} 为量测 j 与目标 t 互联的概率，P_{jt} 等同于式（7.141）中的 G_{jt}。

7.6.5　性能分析

上面讨论了联合概率数据互联算法及其几种简化算法，均可对杂波环境下密集目标进行跟踪，这里对这几种方法进行了仿真比较。假设滤波器跟踪两个交叉运动的目标，目标初始位置分别为：目标 1，$\boldsymbol{X}$（0）=（−29 500 m　400 m/s　34 500 m　−400 m/s）；目标 2，$\boldsymbol{X}$（0）=（−26 250 m　296 m/s　34 500 m　−400 m/s）。过程噪声分量 q_1=q_2=0.01，雷达测距误差 σ_r=100 m，测角误差 $\sigma_\theta = 0.02$ rad；探测概率 $P_{\rm D}$=0.98，门概率 $P_{\rm G}$=0.999 7，$\gamma = 16$，m_k=2，采样间隔 T=1 s。每次仿真步数 70 步，仿真次数 50 次。系统状态方程与量测方程与 7.4.4 节所述相同。

虚假量测是在以正确的量测为中心的正方形内均匀产生的，正方形的面积 A=n_c/λ≈$10A_V$，其中 λ 是单位面积的虚假量测数，并取 λ=0.000 4，n_c 为虚假测量总数，即 $n_c = \text{INT}[10A_V\lambda + 1]$，$A_V = \pi\gamma|\boldsymbol{S}(k)|^{\frac{1}{2}}$，而参数 γ=16。两个交叉目标真实运动轨迹及利用 JPDA 算法、经验 JPDA 算法、次最优 JPDA 算法和深度优先搜索算法对这两个目标的均方根位置误差曲线分别如图 7.15、图 7.16 和图 7.17 所示；仿真中各算法耗时及误跟踪率如表 7.1 所示。

综合各种仿真结果不难看出，各算法在杂波环境下都能实现对两交叉目标的跟踪，其中 JPDA 算法的跟踪精度高于三种简化的 JPDA 算法，且算法误跟踪率最低，但算法的实时性不如三种简化的 JPDA 算法；在三种简化的 JPDA 算法中，深度优先搜索算法的跟踪精度与误跟踪率均好于其他两种算法，且算法实时性较好，易于工程实现；次最优 JPDA 与经验 JPDA 算法也能满足工程实现的要求，其中次最优 JPDA 算法的跟踪精度较高，而误跟踪率较低，但算法实时性相对较差，而经验 JPDA 算法实时性最好，易于工程实现，但其误跟踪率较其他两种算法要高。

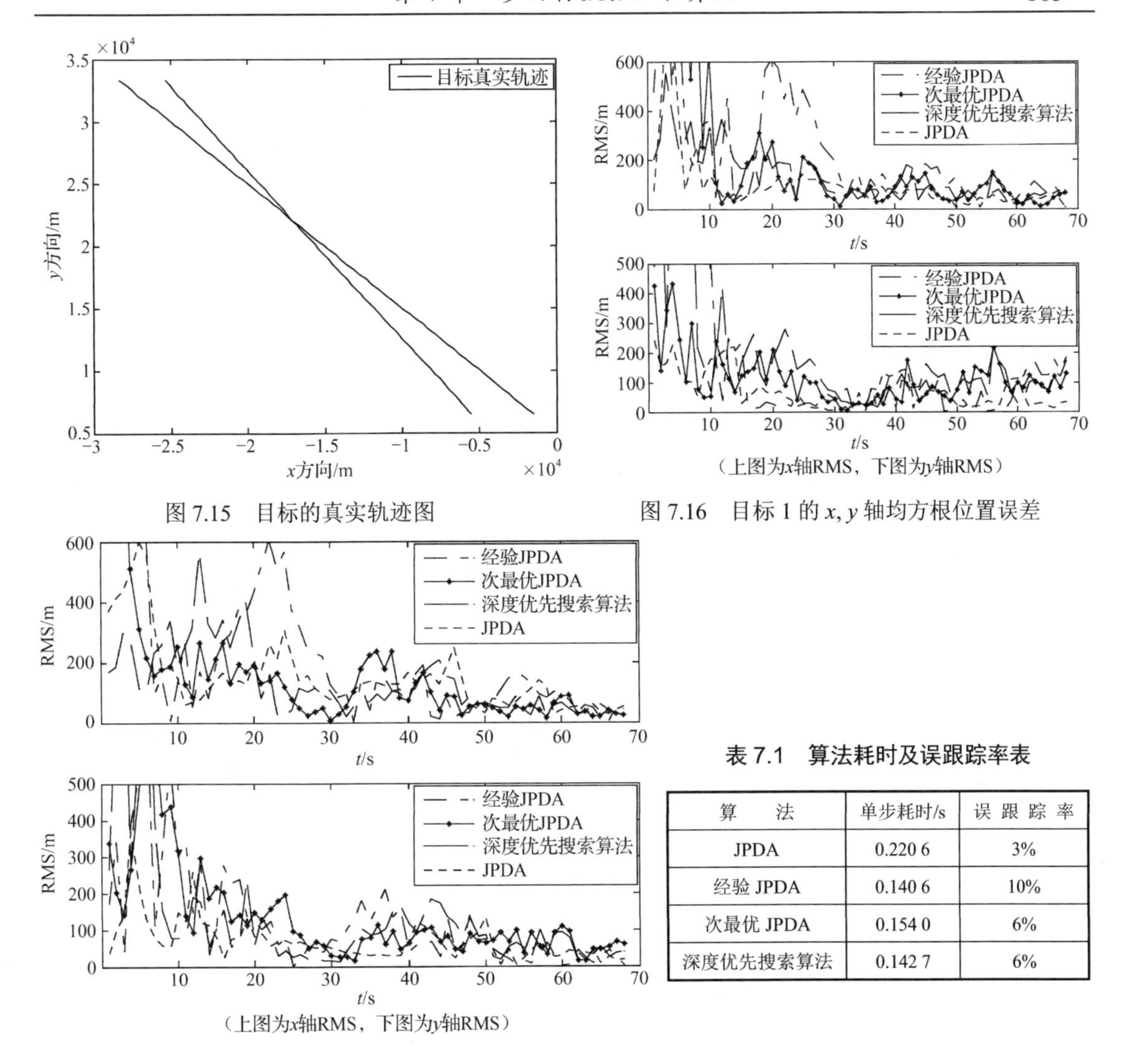

图 7.15 目标的真实轨迹图

图 7.16 目标 1 的 x, y 轴均方根位置误差

图 7.17 目标 2 的 x, y 轴均方根位置误差

表 7.1 算法耗时及误跟踪率表

算　　法	单步耗时/s	误 跟 踪 率
JPDA	0.220 6	3%
经验 JPDA	0.140 6	10%
次最优 JPDA	0.154 0	6%
深度优先搜索算法	0.142 7	6%

造成这种结果的主要原因有以下几点：

（1）经验 JPDA 算法利用 JPDA 本质特性来计算互联概率，因而算法直接简单，但是该算法所得每一条航迹的互联概率之和不为 1，易导致经验概率对不正确回波赋予过高权重。

（2）次最优 JPDA 算法考虑部分联合事件，因此其互联概率相对更合理、跟踪精度更高，同时正因如此，该算法相对来说更为复杂。

（3）利用深度优先搜索算法的简化形式直接计算互联概率，在目标密度适中时可以达到与 JPDA 类似的跟踪效果，而且计算速度较快，但在目标密集时该算法的简化形式仍然涉及复杂的方程式，对系统本身的存储要求较高，而对系统来说，过高的存储量不利于目标跟踪性能的提升。

7.7 全邻模糊聚类数据互联算法

多目标数据互联问题实际上是一个量测聚类分配问题，量测-目标航迹关联判决中本身存在着较大的模糊性。全邻模糊聚类数据互联算法（ANFC）以模糊聚类方法为基础，通过最小化目标函数将量测数据划分给各个目标，从而建立候选量测与目标的对应关系，通过计算得到候选量测源于不同目标或杂波的概率，最终利用概率加权融合对各目标状态与协方差进行更新[41,42]。

7.7.1　确认矩阵的建立

将 k+1 时刻目标的有效回波集合 $\boldsymbol{Z}(k+1)$ 看作样本数据集合，将 n_t 个目标的预测位置看作聚类中心。根据目标的预测位置设置跟踪波门，构造大小为 $n_t \times (m_{k+1}+1)$ 的确认矩阵，

$$\boldsymbol{\Omega}=\left[\omega_{ij}\right]=\overbrace{\begin{bmatrix}\omega_{10} & \cdots & \omega_{1m_k}\\ \vdots & \vdots & \vdots\\ \omega_{n_t0} & \cdots & \omega_{n_tm_k}\end{bmatrix}}^{j=0,1,\cdots,m_{k+1}}\left.\begin{matrix}1\\ \vdots\\ n_t\end{matrix}\right\}i \tag{7.155}$$

式中：ω_{ij} 是二进制变量，$\omega_{ij}=1$ 且 $j\neq 0$ 表示量测 $j(j=1,2,\cdots,m_{k+1})$ 落入目标 $i(i=1,2,\cdots,n_t)$ 的确认区域中，$\omega_{ij}=0$ 且 $j\neq 0$ 表示量测 j 没有落在目标 i 的确认区域中，即 $j\neq 0$ 时

$$\omega_{ij}=\begin{cases}1 & 量测\,j\,落入目标\,i\,的确认区域\\ 0 & 其他\end{cases} \tag{7.156}$$

j=0 表示没有量测来自目标，即所有量测均来自杂波，此时 $\boldsymbol{\Omega}$ 对应的列元素 ω_{i0} 全部为 1，即 $\boldsymbol{\Omega}$ 的第一列元素全为 1，即 $\omega_{ij}=1,\ i=1,2,\cdots,n_t, j=0$。与 JPDA 算法不同的是，这里的确认矩阵是根据每个目标的可能互联量测给出的，而 JPDA 算法则根据每个量测的可能来源建立确认矩阵，所以 ANFC 算法中确认矩阵的第一列并非表示量测来自杂波，而是表示目标没有量测，即出现漏测，也就是确认区域内的所有候选量测均来自杂波。

为更清晰地表述确认矩阵的建立过程，下面举例进行说明。假设 k 时刻有 3 个目标航迹，以这 3 个目标航迹的预测位置为中心建立相关波门，并假设下一时刻扫描有 6 个量测落入波门内，这 6 个回波与 3 个相关波门的位置关系如图 7.18 所示，

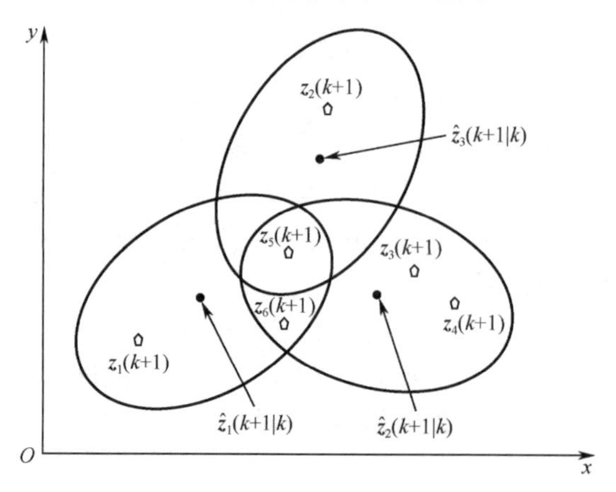

图 7.18　确认区域内量测分布图（以 3 目标 6 量测为例）

从图 7.18 可以看出，k+1 时刻的量测 $z_1(k+1)$、$z_5(k+1)$、$z_6(k+1)$ 落入目标 1 的确认区域中，落入目标 2 确认区域中的候选量测有 $z_3(k+1)$、$z_4(k+1)$、$z_5(k+1)$、$z_6(k+1)$，量测

$z_2(k+1)$、$z_5(k+1)$ 落入目标 3 的确认区域中，因此确认区域中量测分布情况可以用如下的确认矩阵表示

$$\boldsymbol{\Omega}=\begin{bmatrix}1&1&0&0&0&1&1\\1&0&0&1&1&1&1\\1&0&1&0&0&1&0\end{bmatrix},\quad i=3,j=0,1,\cdots,6 \tag{7.157}$$

7.7.2 有效回波概率计算

假设 k+1 时刻量测 $z_j(k+1)$ 与目标 i 的预测位置 $\hat{z}_i(k+1|k)$ 之间的统计距离为 $\mathcal{D}_{ij}(k+1)$，在定义 $\mathcal{D}_{ij}$ 之前，先计算二者之间的归一化距离平方

$$d_{ij}^2(k+1)=\tilde{z}_{ij}^{\mathrm{T}}(k+1)\boldsymbol{S}_i^{-1}(k+1)\tilde{z}_{ij}(k+1) \tag{7.158}$$

式中，$\tilde{z}_{ij}(k+1)=z_j(k+1)-\hat{z}_i(k+1|k)$ 表示新息，$\boldsymbol{S}_i(k+1)$ 表示目标在 k+1 时刻的新息协方差。为了获得更好的点航数据互联效果，根据以下互联规则对 $d_{ij}^2(k+1)$ 进行改进。

（1）由于每个目标航迹确认区域内的候选量测比其外部量测更可能来自该目标，并且其关联概率与目标检测概率 P_{D}^i、门概率 P_{G}^i 成正比。若目标被检测到，即 $\omega_{ij}=1$，定义 $\mathcal{D}_{ij}(k+1)$ 时应该考虑因子 $P_{\mathrm{D}}^iP_{\mathrm{G}}^i$，表示检测到目标；相反地，若目标未被检测到，即 $\omega_{ij}=0$，定义 $\mathcal{D}_{ij}(k+1)$ 时应该考虑因子 $1-P_{\mathrm{D}}^iP_{\mathrm{G}}^i$。特别地，若 $P_{\mathrm{D}}^i=1$ 且 $P_{\mathrm{G}}^i=1$，表示所有的跟踪们对应整个监视区域。

（2）若 j≠0 且 $\omega_{ij}=1$，表示量测 $z_j(k+1)$ 已经被目标航迹 i 检测到。此时，$\mathcal{D}_{ij}(k+1)$ 与归一化距离平方 $d_{ij}^2(k+1)$ 成正比。在这种情况下，假设不与任何目标互联的虚假量测在体积为 V 的确认区域中均匀分布，由于每次扫描中每个目标航迹至多只有 1 个量测与其互联，定义 $\mathcal{D}_{ij}(k+1)$ 时应考虑因子 $\left(\dfrac{1}{V}\right)^{n_i-1}$，表示目标 i 的确认区域中有 1 个量测与目标航迹 i 互联，其余量测均来自杂波，其中 n_i 表示目标航迹 i 确认区域中的量测数量。

（3）若 j=0，定义 $\mathcal{D}_{ij}(k+1)$ 时应考虑因子 $\left(\dfrac{1}{V}\right)^{n_i}$，表示目标航迹 i 确认区域中的所有量测均来自杂波，即出现目标漏测情况。

基于以上分析，定义 k+1 时刻量测 $z_j(k+1)$ 与目标 i 的预测位置 $\hat{z}_i(k+1|k)$ 之间的距离

$$\mathcal{D}_{ij}(k+1)=\begin{cases}\dfrac{P_{\mathrm{D}}^iP_{\mathrm{G}}^id_{ij}^2(k+1)}{V^{n_i-1}}, & \omega_{ij}=1,j\neq0\\[2ex]\dfrac{1-P_{\mathrm{D}}^iP_{\mathrm{G}}^i}{V^{n_i}}, & \forall\omega_{ij},j=0\end{cases} \tag{7.159}$$

注意到若 $\omega_{ij}=0$ 且 $j\neq0$，表示量测 $z_j(k+1)$ 没有落入目标航迹 i 的确认区域内。对目标航迹 i，此时可以认为 $\mathcal{D}_{ij}(k+1)$ 趋于∞，在后面的讨论中假设这种情况下的 $\mathcal{D}_{ij}(k+1)=\infty$。

定义 $\boldsymbol{\varPsi}$ 是元素为 $\beta_{ij}(k+1)$ 的模糊分割矩阵，其中 $\beta_{ij}(k+1)$ 表示量测 $z_j(k+1)$ 源自第 i 条目标航迹的关联权重，根据模糊聚类思想，定义目标函数

$$S_p=\sum_{j=1}^{m_{k+1}}\sum_{i=1}^{n_t}[\beta_{ij}(k+1)]^p\mathcal{D}_{ij} \tag{7.160}$$

式中，

$$\beta_{ij}(k+1)\in[0,1],\quad 1\leqslant i\leqslant n_t,1\leqslant j\leqslant m_{k+1}$$
$$\sum_{i=1}^{m_{k+1}}\beta_{ij}(k+1)=1,\quad j=1,2,\cdots,n_t \tag{7.161}$$
$$0\leqslant\sum_{j=1}^{n_t}\beta_{ij}(k+1)\leqslant n_t,\quad i=1,2,\cdots,m_{k+1}$$

通过拉格朗日乘数法求取目标函数的最小值，得到

$$\beta_{ij}(k+1)=\frac{(1/\mathcal{D}_{ij})^{1/(p-1)}}{\sum_{i=1}^{n_t}(1/\mathcal{D}_{ij})^{1/(p-1)}},\quad 1\leqslant i\leqslant n_t,1\leqslant j\leqslant m_{k+1} \tag{7.162}$$

注意到若量测 $\boldsymbol{z}_j(k+1)$ 位于目标航迹 i 确认区域外，即 $\mathcal{D}_{ij}(k+1)=\infty$ 时，$\beta_{ij}(k+1)=0$，这与实际情况是一致的。对于 j=0 的情况，定义

$$\beta_{i0}(k+1)=\mathcal{D}_{i0}(k+1)=\frac{1-P_{\mathrm{D}}^{i}P_{\mathrm{G}}^{i}}{V^{n_t}},\quad i=1,2,\cdots,n_t \tag{7.163}$$

从关联权重 $\beta_{ij}(k+1)$ 的表达式可以看出，$\beta_{ij}(k+1)$ 的取值与权重指数 p 有关，权重指数 p 越大，$\beta_{ij}(k+1)$ 越小，若 p=2，$\beta_{ij}(k+1)$ 的取值只与 $\mathcal{D}_{ij}(k+1)$ 的取值有关，即 $\beta_{ij}(k+1)$ 的取值取决于式（7.158）定义的加权新息内积，这与 JPDA 算法中联合事件概率的表达式相似。

对每个目标而言，所有关联权重的和应为 1，对关联权重进行归一化处理，得到量测 $\boldsymbol{z}_j(k+1)$ 与目标航迹 i 的互联概率

$$\phi_{ij}(k+1)=\frac{\beta_{ij}(k+1)}{\sum_{j=0}^{m_{k+1}}\beta_{ij}(k+1)}\quad i=1,2,\cdots,n_t \tag{7.164}$$

在获得不同量测与各目标航迹的互联概率后，利用这些概率作加权融合得到第 i 个目标的状态更新值为

$$\hat{\boldsymbol{X}}_i(k+1|k+1)=\sum_{l=0}^{m_{k+1}}\phi_{il}(k+1)\hat{\boldsymbol{X}}_i^l(k+1|k+1) \tag{7.165}$$

式中，$\hat{\boldsymbol{X}}_i^l(k+1|k+1)$ 表示以第 l 个量测为真实量测获得的目标状态更新值，即

$$\hat{\boldsymbol{X}}_i^l(k+1|k+1)=\hat{\boldsymbol{X}}_i(k+1|k)+\boldsymbol{K}_i(k+1)\boldsymbol{v}_{il}(k+1) \tag{7.166}$$

式中，$\boldsymbol{v}_{il}(k+1)=\boldsymbol{z}_l(k+1)-\hat{\boldsymbol{z}}_i(k+1|k)$ 表示与量测 $\boldsymbol{z}_l(k+1)$ 对应的新息。

若没有一个量测是源于目标的正确量测，即 l=0，则无法进行状态更新，此时的状态更新值用预测值表示，即

$$\hat{\boldsymbol{X}}_i^0(k+1|k)=\hat{\boldsymbol{X}}_i(k+1|k) \tag{7.167}$$

把式（7.166）和式（7.167）代入式（7.165）中，目标的状态更新值可化简为

$$\begin{aligned}\hat{\boldsymbol{X}}_i(k+1|k+1)&=\sum_{l=0}^{m_{k+1}}\phi_{il}(k+1)\hat{\boldsymbol{X}}_i^l(k+1|k+1)\\&=\hat{\boldsymbol{X}}_i(k+1|k)+\boldsymbol{K}_i(k+1)\sum_{l=1}^{m_{k+1}}\phi_{il}(k+1)\boldsymbol{v}_{il}(k+1)\\&=\hat{\boldsymbol{X}}_i(k+1|k)+\boldsymbol{K}_i(k+1)\boldsymbol{v}_i(k+1)\end{aligned} \tag{7.168}$$

式中，$\boldsymbol{v}_i(k+1)=\sum_{l=1}^{m_{k+1}}\phi_{il}(k+1)\boldsymbol{v}_{il}(k+1)$ 表示组合新息。与状态更新值对应的误差协方差为

$$\boldsymbol{P}_i(k+1|k+1)=\phi_{i0}(k+1)\boldsymbol{P}_i(k+1|k)+(1-\phi_{i0}(k+1))\boldsymbol{P}_i^c(k+1|k+1)+\tilde{\boldsymbol{P}}_i(k+1) \tag{7.169}$$

式中，

$$\boldsymbol{P}_i^c(k+1|k+1)=[\boldsymbol{I}-\boldsymbol{K}_i(k+1)\boldsymbol{H}_i(k+1)]\boldsymbol{P}_i(k+1|k) \tag{7.170}$$

$$\tilde{\boldsymbol{P}}_i(k+1)=\boldsymbol{K}_i(k+1)\left[\sum_{l=1}^{m_{k+1}}\phi_{il}(k+1)\boldsymbol{v}_{il}(k+1)\boldsymbol{v}'_{il}(k+1)-\boldsymbol{v}_i(k+1)\boldsymbol{v}'_i(k+1)\right]\boldsymbol{K}'_i(k+1) \tag{7.171}$$

式中，$\boldsymbol{I}$ 为与目标 i 状态同维数的单位矩阵，$\boldsymbol{K}_i(k+1)$ 表示第 i 个目标的增益。

7.7.3　性能分析

采用 7.6.5 节中的杂波下两交叉匀速运动目标的仿真环境，对全邻模糊聚类数据互联算法、联合概率数据互联算法的状态估计性能进行对比分析。二者对目标的状态估计结果如图 7.19 所示，算法耗时随杂波密度的变化如图 7.20 所示，图 7.21 和图 7.22 分别展示了两种算法对交叉目标的位置估计均方根误差。

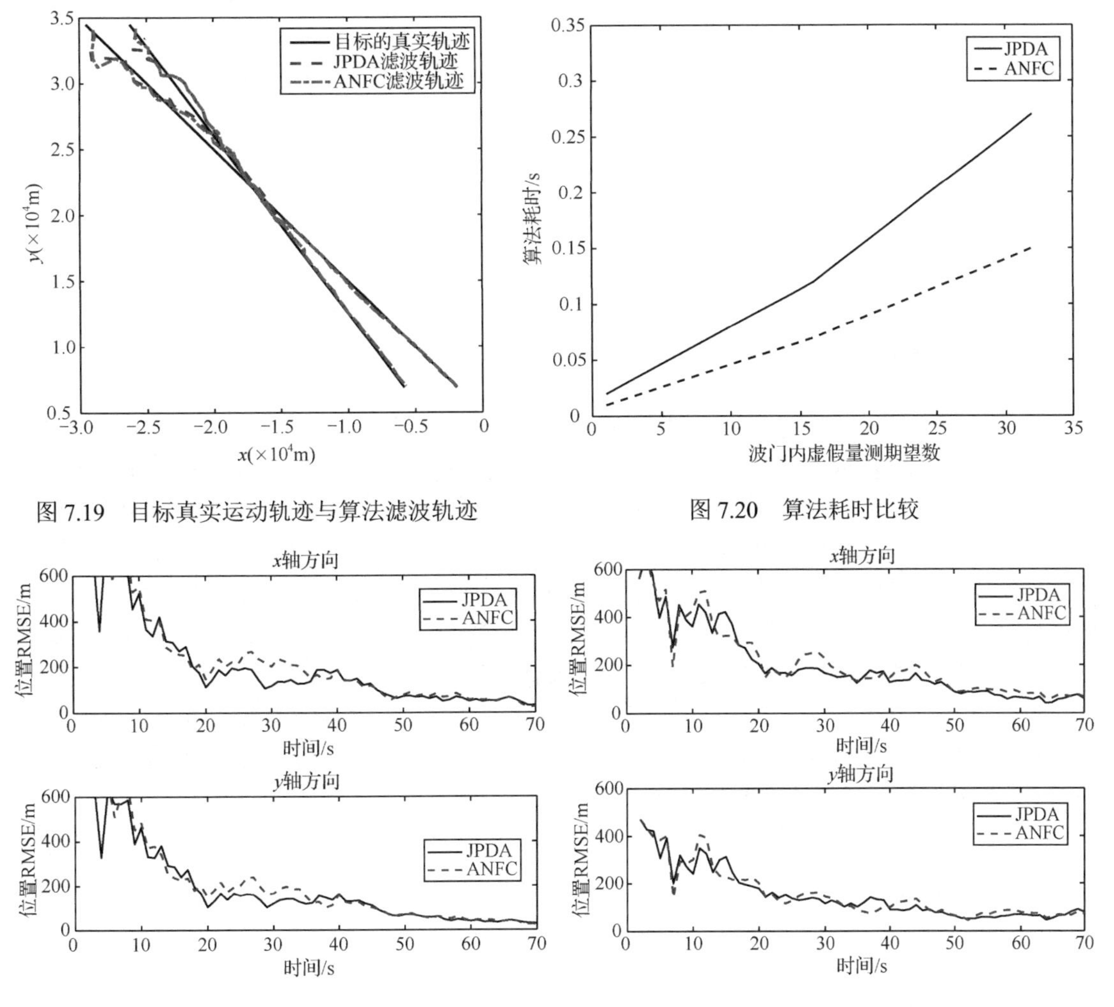

图 7.19　目标真实运动轨迹与算法滤波轨迹

图 7.20　算法耗时比较

图 7.21　目标 1 的 x，y 轴位置估计均方根误差

图 7.22　目标 2 的 x，y 轴位置估计均方根误差

从图 7.19 可以看出，全邻模糊聚类数据互联算法、联合概率数据互联算法都能对交叉目标进行有效地跟踪。具体而言，两种算法均能快速收敛，实现对目标状态的准确估计，且全邻模糊聚类数据互联算法的估计精度与联合概率数据互联算法接近，如图 7.21 和图 7.22 所示。从图 7.20 可以看出，随着杂波数的增加，联合概率数据互联算法和全邻模糊聚类数据互联算法耗时均增加，且联合概率数据互联算法耗时增加较快。在相同的杂波密度下，与联合概率数据互联算法相比，全邻模糊聚类数据互联算法耗时较少，耗时减少了约 40%，实时性相对较好，易于工程实现。

表 7.2 给出了联合概率数据互联算法与全邻模糊聚类数据互联算法的有效关联率随杂波系数变化的比较结果，从表中可以看出，随着杂波数的增加，两种算法的正确关联率均降低，当波门内杂波密度相同时，全邻模糊聚类数据互联算法的正确关联率与联合概率数据互联算法相近。当杂波密度适中时，两种算法均能对杂波环境下的多目标进行有效地跟踪。

表 7.2　算法的有效关联率随杂波系数变化表

杂波系数	有效跟踪率	
	JPDA	ANFC
1	100.00%	100.00%
2	100.00%	100.00%
4	92.31%	87.72%
8	72.82%	67.91%
16	61.73%	57.43%
32	54.28%	51.67%

综上所述，全邻模糊聚类数据互联算法能够有效解决多目标相关波门内量测竞争问题，且跟踪精度与联合概率数据互联算法接近，加上计算耗时得到了较大幅度的降低，有利于工程应用实现。

7.8　最优贝叶斯算法

7.8.1　最优贝叶斯算法模型

最优贝叶斯算法是 Singer、Sea 和 Housewright 在文献[43]中提出的一种全邻滤波器，该算法不仅考虑了所有候选回波（空间积累信息），而且考虑了跟踪历史，即多扫描相关（时间积累信息），即该算法将 k 时刻目标跟踪波门内所有观测与 k–1 时刻的航迹假设分别进行组合，产生新的航迹假设，并根据贝叶斯定理求出每条假设的互联概率，而目标估计为各种航迹假设下估计值的概率加权和。考虑到假设数量会随着扫描次数的增加而迅速递增，一般只采用 N 次扫描的次优情况。由于最优贝叶斯算法采用后验的方式，考虑处于航迹附近的所有量测点迹，能够提供密集环境下最优的性能，因此，也称其为后验全邻域算法。

最优贝叶斯方法与概率数据互联算法之间的主要差别为：状态分解是通过从初始时刻到现在时刻量测值的全部组合进行的，而不是只对最新的量测集合进行状态分解[8]。设 k 时刻的第 l 个量测序列（量测历经）为

$$\boldsymbol{Z}^{k,l}=\{z_{i_1,l}(1),\cdots,z_{i_k,l}(k)\}=\{\boldsymbol{Z}^{k-1,s},z_{i_k,l}(k)\} \tag{7.172}$$

它由通过 k–1 时刻的第 s 个序列和 k 时刻的第 i 个量测构成。在 k 时刻，总的量测历经数是

$$L_k=\prod_{j=1}^{k}(1+m_j)=(1+m_k)L_{k-1} \tag{7.173}$$

式中，m_j 是在 j 时刻的量测数。由于所有的量测均可能来自虚警，所以式（7.173）中要加 1。

由上式可看出最优贝叶斯方法的计算量和记忆量随时间的增加而急剧增大。

利用与概率数据互联类似的方法，这里也可用 $\theta^{k,l}$ 表示 k 时刻第 l 个历经是正确量测序列这一事件，它在 $\boldsymbol{Z}^k$ 条件下的概率为

$$\beta^{k,l} = P_{\mathrm{r}}\{\theta^{k,l} \mid \boldsymbol{Z}^k\} \tag{7.174}$$

由于事件 $\theta^{k,l}(l=1,2,\cdots,L_k)$是互斥的，并且是穷举的，所以 k 时刻状态的条件均值可表示为

$$\hat{\boldsymbol{X}}(k \mid k) = E[\boldsymbol{X}(k) \mid \boldsymbol{Z}^k] = \sum_{l=1}^{L_k} E[\boldsymbol{X}(k) \mid \theta^{k,l}, \boldsymbol{Z}^k] P_{\mathrm{r}}\{\theta^{k,l} \mid \boldsymbol{Z}^k\} = \sum_{l=1}^{L_k} \hat{\boldsymbol{X}}^l(k \mid k)\beta^{k,l} \tag{7.175}$$

式中，$\hat{\boldsymbol{X}}^l(k \mid k)$ 是历经条件估计，对于每一个历经，标准滤波器给出了这个估计

$$\hat{\boldsymbol{X}}^l(k \mid k) = \hat{\boldsymbol{X}}^s(k \mid k-1) + \boldsymbol{K}^l(k)[\boldsymbol{z}_{i_k,l}(k) - \hat{\boldsymbol{z}}^s(k \mid k-1)] \tag{7.176}$$

式中，$\boldsymbol{z}_{i_k,l}(k)$ 是 k 时刻序列 l 中的量测，$\hat{\boldsymbol{z}}^s(k \mid k-1)$ 是与历经 $\boldsymbol{Z}^{k-1,s}$ 相对应的预测量测，具有协方差 $\boldsymbol{S}^s(k)$。而式（7.176）中的增益为

$$\boldsymbol{K}^l(k) = \boldsymbol{P}^s(k \mid k-1)\boldsymbol{H}'(k)[\boldsymbol{S}^s(k)]^{-1} \tag{7.177}$$

并且历经条件更新状态式（7.176）的协方差为

$$\begin{aligned}\boldsymbol{P}^l(k|k) &= E\{[\boldsymbol{X}(k) - \hat{\boldsymbol{X}}^l(k|k)][\boldsymbol{X}(k) - \hat{\boldsymbol{X}}^l(k|k)]' \big| \theta^{k,l}, \boldsymbol{Z}^k\} \\ &= [\boldsymbol{I} - \boldsymbol{K}^l(k)\boldsymbol{H}(k)]\boldsymbol{P}^s(k|k-1)\end{aligned} \tag{7.178}$$

与组合估计式（7.175）对应的协方差为

$$\boldsymbol{P}(k \mid k) = \sum_{l=1}^{L_k} \beta^{k,l}\boldsymbol{P}^l(k \mid k) + \sum_{l=1}^{L_k} \beta^{k,l}\hat{\boldsymbol{X}}^l(k \mid k)\ \hat{\boldsymbol{X}}^{l\prime}(k \mid k) - \hat{\boldsymbol{X}}(k \mid k)\ \hat{\boldsymbol{X}}'(k \mid k) \tag{7.179}$$

在得到 k 时刻最新量测集合 $\boldsymbol{Z}(k)$之前，已由卡尔曼滤波方程获得目标的预测状态 $\hat{\boldsymbol{X}}(k|k-1)$、它的相伴协方差阵 $\boldsymbol{P}(k|k-1)$ 和量测的预测 $\hat{\boldsymbol{Z}}(k|k-1)$。以量测的预测 $\hat{\boldsymbol{Z}}(k|k-1)$ 为中心建立波门，落入波门内的量测构成最新量测集合 $\boldsymbol{Z}(k)$。从初始时刻到 k 时刻的确认量测数用向量可表示为

$$\boldsymbol{m}^k = [m_1, \cdots, m_k]' \tag{7.180}$$

通过 k 时刻的第 l 个量测历经是正确的概率 $\beta^{k,l}$ 的计算按下式进行

$$\begin{aligned}\beta^{k,l} &= P_{\mathrm{r}}[\theta^{k,l} \big| \boldsymbol{Z}^k, \boldsymbol{m}^k] = P_{\mathrm{r}}\{\theta_i(k), \theta^{k-1,s} \big| \boldsymbol{Z}(k), m_k, \boldsymbol{Z}^{k-1}, \boldsymbol{m}^{k-1}\} \\ &= \frac{1}{c} p[\boldsymbol{Z}(k) \big| \theta_i(k), m_k, \theta^{k-1,s}, \boldsymbol{Z}^{k-1}, \boldsymbol{m}^{k-1}] P_{\mathrm{r}}\{\theta_i(k) \big| m_k, \theta^{k-1,s}, \boldsymbol{Z}^{k-1}, \boldsymbol{m}^{k-1}\}\beta^{k-1,s}\end{aligned} \tag{7.181}$$

式中，c 是归一化常数。而 k 时刻确认量测的联合 PDF 是

$$\begin{aligned}&p[\boldsymbol{Z}(k) \big| \theta_i(k), m_k, \theta^{k-1,s}, \boldsymbol{Z}^{k-1}, \boldsymbol{m}^{k-1}] \\ &= \begin{cases} V_k^{-m_k+1} P_{\mathrm{G}}^{-1} N[\boldsymbol{z}_i(k); \hat{\boldsymbol{z}}^s(k \mid k-1), \boldsymbol{S}^s(k)], & i = 1,2,\cdots,m_k \\ V_k^{-m_k}, & i = 0 \end{cases}\end{aligned} \tag{7.182}$$

$N[\boldsymbol{z}_i(k); \hat{\boldsymbol{z}}^s(k \mid k-1), \boldsymbol{S}^s(k)]$ 的具体表示式为

$$f(\boldsymbol{z}_i(k)) = \frac{1}{(2\pi)^{n_z/2}\left|\boldsymbol{S}^s(k)\right|^{1/2}} \exp\left\{-\frac{1}{2}(\boldsymbol{z}_i(k) - \hat{\boldsymbol{z}}^s(k \mid k-1))'\boldsymbol{S}^{-1}(k)(\boldsymbol{z}_i(k) - \hat{\boldsymbol{z}}^s(k \mid k-1))\right\}$$

其中，n_z 为 k 时刻第 i 个测量数据 $\boldsymbol{z}_i(k)$ 的维数。

式（7.181）右边的因式 $P_{\mathrm{r}}\{\theta_i(k) \mid m_k, \theta^{k-1,s}, \boldsymbol{Z}^{k-1}, \boldsymbol{m}^{k-1}\}$ 的表达式同式（7.44）。

7.8.2 算法的次优实现

如前所述，最优贝叶斯算法的状态分解考虑从滤波初始时刻到当前时刻量测值的全部组合，k 时刻总的量测历经数为 $L_k = \prod_{j=1}^{k}(1+m_j)$，这种对所有时刻的记忆将导致算法计算量随时间急剧增长，并且对于密集多目标环境下是完全不适用的。

因此，在实际使用时有必要对最优贝叶斯算法进行适当近似以限制算法计算量，可行的方法有如下三种。

① 采用 N 次扫描近似，以限制算法记忆增长。采用这种近似方法能够使滤波器的计算量近似稳定，而不会随着时间增长而急剧增长，当 N=0 时，算法的计算量约等于卡尔曼滤波器的计算量；而随着扫描数 N 的不断增加，算法的性能及开销就会逼近最优贝叶斯算法。

② 只利用波门内最近邻的 L 个量测点迹，采用小的固定门限制点迹数。在 k 时刻，采用门内最近的 L 个点的次优方法的量测历经数限于 $(1+L)^k$。此时，算法利用 L 个最近回波，其余回波则被丢掉。

③ 大多数情况下可采用上述次优方法的组合应用。为达到算法性能与计算量之间的平衡，一般采用固定门限和/或最近二、三个回波限制和由零次、一次或两次扫描固定记忆近似组合，这样对于高密度、要求高的跟踪是合适的。

7.9 多假设跟踪算法

多假设多目标跟踪算法（MHT）是由 Reid 首先提出来的，它以“全邻”最优滤波器和 Y. Bar-Shalom 提出的聚概念为基础。算法主要包括：聚的构成，“假设”的产生（每一个可能航迹为一个假设），每一个假设的概率计算以及假设约简。在理想假设条件下，MHT 被认为是处理数据互联的最优方法[44,45]。它有以下两个特点：将航迹起始和航迹维持统一在一个框架上处理；其他算法（如最近邻 NN、概率数据互联 PDA、联合概率数据互联 JPDA 等）都可以看作它的一个子集，因此目前国外许多先进的多雷达跟踪系统都广泛采用了 MHT 算法。

多假设跟踪算法提出的“假设”概念与 Y. Bar-Shalom 提出的联合事件概念几乎相同，其不同点主要在于：①对每一回波不仅考虑虚警的可能性，也考虑新目标出现的可能性；②将当前时刻的假设视为前一时刻的某一假设与当前数据集合互联的结果。该方法考虑每个新接收到的测量可能来自新目标、虚警或已有目标，它通过对所建立的多个候选假设的评估及管理来实现多目标跟踪。由于 MHT 方法是一种基于延迟逻辑的方法，不仅能够有效解决航迹保持过程中的数据互联问题，同时也能在算法的框架内考虑新目标航迹起始及航迹终止。与此同时，MHT 方法在试图获得数据互联问题最优解的情况下不可避免地带来了算法在计算量及存储量上的苛刻要求，因此采用一定的假设约简技术非常必要。

7.9.1 假设的产生

设 Ω^k 是至 k 时刻的互联假设集。从 Ω^{k-1} 和最新量测集，按以下公式得到 Ω^k 集，即

$$\boldsymbol{Z}(k) = \{\boldsymbol{Z}_i(k)\}_{i=1}^{m_k} \tag{7.183}$$

通过互联到 Ω^{k-1} 的第一个 $\boldsymbol{Z}_1(k)$，然后用 $\boldsymbol{Z}_2(k)$ 扩展所得的集，就能形成新的假设。对于 $\boldsymbol{Z}_i(k)$ 可能的互联是：（1）它是以前历经（已有的目标确认航迹）的继续；（2）它是新目标；（3）它是虚警。每个目标最多能与一个当前时刻的量测互联，而且该量测必须落入它的确认区域内。

7.9.2　概率计算

与现在量测有关的事件 $\theta(k)$ 包括：τ 个量测源于已确认的航迹；v 个量测源于新目标；ϕ 个量测是虚警或者杂波。

对于 i=1,2,⋯,m_k，定义与 $\theta(k)$ 事件有关的以下标记变量

$$\tau_i=\tau_i[\theta(k)]=\begin{cases}1, & \text{如果 } \boldsymbol{Z}_i(k) \text{来自已确认的航迹}\\ 0, & \text{其他}\end{cases}$$

$$v_i=v_i[\theta(k)]=\begin{cases}1, & \text{如果 } \boldsymbol{Z}_i(k) \text{是新目标}\\ 0, & \text{其他}\end{cases}$$

$$\delta_t=\delta_t[\theta(k)]=\begin{cases}1, & \text{如果在 } k \text{ 时刻探测到（在 } \Omega^{k-1}\text{ ）航迹 } t\\ 0, & \text{其他}\end{cases}$$

在 $\theta(k)$事件中已确认的航迹数是

$$\tau=\sum_{i=1}^{m_k}\tau_i \tag{7.184}$$

在 $\theta(k)$事件中已新确认的航迹数是

$$v=\sum_{i=1}^{m_k}v_i \tag{7.185}$$

在 $\theta(k)$事件中虚假量测数是

$$\phi=m_k-\tau-v \tag{7.186}$$

对于任一假设 $\theta^{k,l}$ 的概率，其迭代计算公式如下

$$P_{\mathrm{r}}\{\theta^{k,l}\mid \boldsymbol{Z}^k\}=\frac{1}{C}\frac{v!\phi!}{m_k!}\mu_F(\phi)\mu_N(v)V^{-\phi-v}\prod_{i=1}^{m_k}\{N_{t_i}[\boldsymbol{z}_i(k)]\}^{\tau_i}\prod_t(P_{\mathrm{D}}^t)^{\delta_t}(1-P_{\mathrm{D}}^t)^{1-\delta_t}P_{\mathrm{r}}\{\theta^{k-1,s}\mid \boldsymbol{Z}^{k-1}\} \tag{7.187}$$

式中，C 为归一化常数因子，μ_F、μ_N 分别是虚假量测数和新目标数的先验 PMF，P_{D}^t 是航迹 t 的探测概率，$N_{t_i}[\boldsymbol{z}_i(k)]$ 为服从均值为 $\hat{\boldsymbol{z}}_t(k\mid k-1)$, 方差为 $\boldsymbol{S}_t(k)$ 的高斯分布的概率密度函数，表达式参见式（7.121）。

多假设跟踪算法的结构如图 7.23 所示。多假设跟踪算法的缺点在于过多地依赖于目标和杂波的先验知识，如已进入跟踪的目标数，虚警回波数、新目标回波数、虚假目标密度以及被检测目标密度等。

除了 Reid 定义的完整的多假设跟踪算法外，还有大量的近似算法也被用来解决多目标跟踪问题，例如 Streit 给出的概率 MHT 算法[46]，其本质上是基于 EM 算法的离线最大后验估计算法。另外，Poore 所给出的算法[47]不是求解完整的多假设跟踪，而是试图寻找具有最大似然的数据互联假设，由该假设形成的航迹便是最终的目标轨迹。

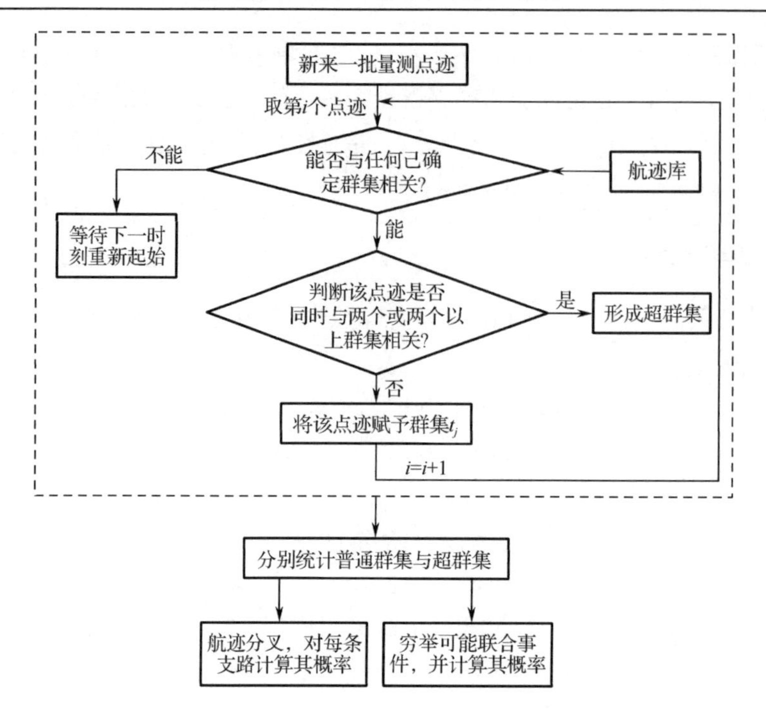

图 7.23　多假设跟踪算法的结构图

7.10　性能分析

本节将对最优贝叶斯算法、多假设算法和联合概率数据互联算法的跟踪效果进行对比分析。仿真环境仍然采用杂波下两交叉匀速运动目标环境，利用三种算法对这两个交叉目标的跟踪结果和均方根位置误差分别如图 7.24、图 7.25 和图 7.26 所示。

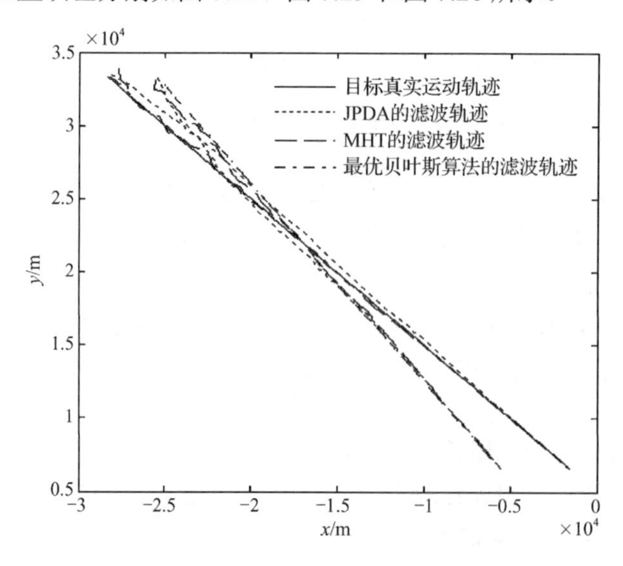

图 7.24　三种算法滤波轨迹图

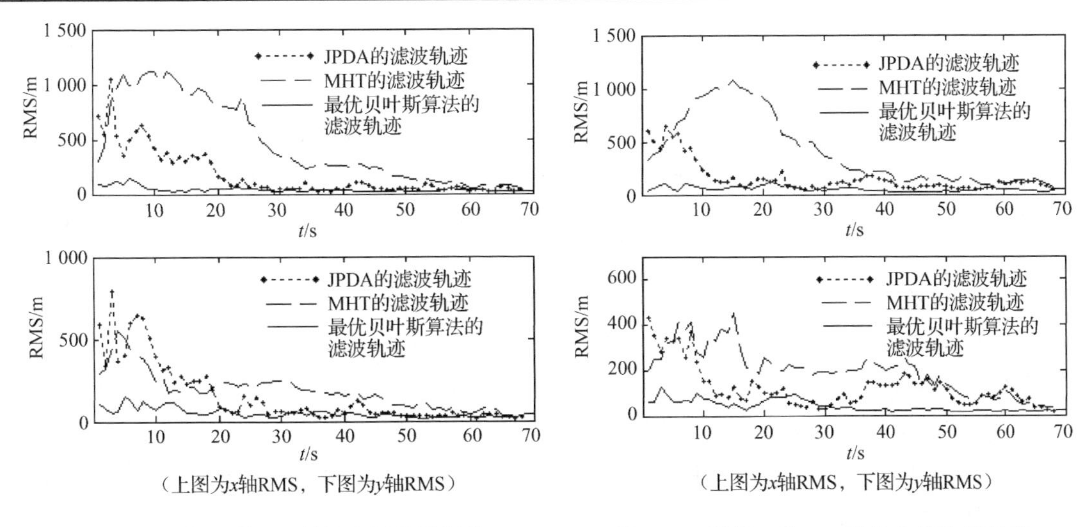

图 7.25　目标 1 的 x, y 轴均方根位置误差　　图 7.26　目标 2 的 x, y 轴均方根位置误差

由图 7.24～图 7.26 可看出，在杂波环境下多假设算法，联合概率数据互联算法和最优贝叶斯算法均可对较复杂的目标进行良好的跟踪，其中最优贝叶斯算法的均方根位置误差最小，但由于该算法考虑从滤波初始时刻到当前时刻量测值的全部组合，从而导致其计算量很大，工程实现相对较难；而在该仿真中联合概率数据互联算法的跟踪性能要优于多假设算法，但联合概率数据互联算法的计算量相对多假设算法要大；在三种算法中，多假设算法计算量居中，但跟踪性能相对要差，算法收敛相对较慢。

7.11　小结

本章在对联合极大似然算法进行介绍的基础上，主要讨论了在工程中更普遍采用的贝叶斯类数据互联算法，包括次优贝叶斯算法中的最近邻算法、概率最近邻算法、概率数据互联算法、综合概率数据互联算法、联合概率数据互联算法、全邻模糊聚类数据互联算法和最优类贝叶斯算法中最优贝叶斯算法和多假设跟踪算法。次优贝叶斯算法中的 PDA、IPDA 和 JPDA 都是首先对当前时刻不同确认量测来自目标的正确概率进行计算，然后利用这些概率进行加权以获得目标的状态估计，其不同之处在于 IPDA 算法是在 PDA 算法的基础上引入目标存在概念，在对目标状态进行估计的同时提供对潜在目标存在性的概率估计，进一步提高航迹确认或航迹终止的准确性；而 JPDA 主要针对密集目标环境，需要考虑多条航迹对同一量测有竞争的情况下互联概率的计算；ANFC 则从模糊聚类的角度，建立候选量测与跟踪目标之间的关联关系。次优贝叶斯算法具有计算量相对较少、便于工程应用等优点，而最优类贝叶斯算法相对来讲计算量较大，因此实际使用时可根据应用背景进行一定简化，以利于工程应用。本章在对上述算法进行分析讨论的基础上，在同一仿真环境下通过仿真实验对不同算法的性能进行了比较和分析，得出了相关结论。

为了有效避免杂波环境下的密集目标数据关联难题，随机有限集、概率假设密度滤波等被用于解决复杂环境下的目标跟踪问题，但该类算法也具有计算复杂度较高，环境要求过于理想化，所需的先验参数较多等缺点[48,49]，实际应用中需要根据环境特点、目标特性等综合考虑算法的适用性和可行性。

参考文献

[1] Farina A, Studer F A. Radar Data Processing. Vol. I. II. Research Studies Press LTD, 1985.

[2] Shalom Y B, Fortmann T E. Tracking and Data Association. Academic Press, 1988.

[3] Blackman S S, Popoli R. Design and Analysis of Modern Tracking Systems. Artech House, Boston, London, 1999.

[4] 何友, 宋强, 熊伟. 基于相位相关的航迹对准关联技术. 电子学报, 2010, 38(12): 2718-2723.

[5] 何友, 宋强, 熊伟. 基于傅里叶变换的航迹对准关联算法. 航空学报, 2010, 31(2): 356-362.

[6] Chen J, Leung H, Lo T, et al. A Modified Probabilistic Data Association Filter in Real Clutter Environment. IEEE Trans. on AES, 1996, (32): 300-314.

[7] He Y, Xiu J J, Guan X. Radar Data Processing with Applications. John Wiley & Publishing house of electronics industry, 2016. 8.

[8] 张晶炜. 多传感器多目标跟踪算法性能比较、分析及研究. 烟台: 海军航空工程学院, 2004.

[9] 周宏仁, 敬忠良, 王培德. 机动目标跟踪. 北京: 国防工业出版社, 1991.

[10] 张晶炜, 修建娟, 何友, 等. 基于 D-S 理论的分布交互式多传感器联合概率数据互联算法. 中国科学, 2006, 36(2): 182-190.

[11] 张兰秀, 赵连芳. 跟踪和数据互联. 连云港: 中船总七一六所, 1991.

[12] Park S T, Lee J G. Improved Kalman Filter Design for Three-dimensional Radar Tracking. IEEE Trans. AES, 2001, 37(2): 727-739.

[13] Li X R. Tracking in Clutter with Strongest Neighbor Measurements. I. Theoretical Analysis. IEEE. Trans. Automat. Control, 1998, 43(11): 1560-1578.

[14] Song T L, Lee D G, Ryu J. A Probabilistic Nearest Neighbor Filter Algorithm for Tracking in a Clutter Environment. Signal Process, 2005, 85(10): 2044-2053.

[15] 王海鹏, 熊伟, 何友, 等. 集中式多传感器概率最近邻域算法. 仪器仪表学报, 2010, 31(11): 2500-2507.

[16] 王国宏. 多传感器信息融合关键技术研究. 北京: 航空航天大学, 2002, 12.

[17] Yi X, He Y, Guan X. Cooperative Location Model under the Nearest Neighbor Criterion. Monterey, CA, USA: IEEE PLANS, 2004. 4: 658-661.

[18] Brookner E. Tracking and Kalman Filtering Made Easy. John Wiley& Sons. INC, 1998.

[19] 王晋晶. 雷达目标跟踪算法研究与实现. 西安: 西安电子科技大学, 2019, 9.

[20] 虎小龙. 未知场景多伯努利滤波多目标跟踪算法研究. 西安: 西安电子科技大学, 2019, 04.

[21] Chalvatzaki G, Papageorgiou X S, Tzafestas C S, et al. Augmented human state estimation using interacting multiple model particle filters with probabilistic data association. IEEE Robotics and Automation Letters, 2018, 3(3): 1872-1879.

[22] 钟芳宇. 雷达探测空间目标跟踪与数据关联方法研究. 北京: 北京理工大学, 2016.

[23] 熊伟, 张晶炜, 何友. 修正的概率数据互联算法. 海军航空工程学院学报, 2004, 19(3): 309-311.

[24] Musicki D, Evans R. Integrated Probabilistic Data Association. IEEE Trans. on Automatic Control, 1994, 39(6): 1237-1241.

[25] Musicki D, Evans R. Joint Integrated Probabilistic Data Association: JIPDA. IEEE Trans. on Aerospace and Electronic Systems, 2004, 40 (3): 1093-1099.

[26] 何友, 王国宏, 陆大绘, 等. 多传感器信息融合及应用（第二版）. 北京: 电子工业出版社, 2007.
[27] Zhang J W, Xiu J J, He Y, et al. Distributed Interacted Multisensor Joint Probabilistic Data Association Algorithm Based on D-S Theory. Science in China Series F-Information Sciences 2006, 49(2): 219-227.
[28] 虞涵钧. 基于分布式数据融合的多目标跟踪. 哈尔滨: 哈尔滨工程大学, 2019, 3.
[29] 潘泉. 多源信息融合理论及应用. 北京: 清华大学出版社, 2013.
[30] Li X L. Improved Joint Probabilistic Data Association Method Based on Interacting Multiple Model. Journal of Networks, 2014, 9(6): 1572-1597.
[31] Yoon K, Kim D Y, Yoon Y C, et al. Data Association for Multi-object Tracking via Deep Neural Networks. Sensors, 2019, 19(3): 559.
[32] Ding Z, Leung H, Hong L. Decoupling Joint Probabilistic Data Association Algorithm for Multiple Target Tracking. IEE Proc. Radar Sonar Navig. 1999, 146(5): 251-254.
[33] Lyu X Y, Wang J. Sequential Multi-sensor JPDA for Target Tracking in Passive Multi-static Radar with Range and Doppler Measurements. IEEE Access, 2019, 7: 34488-34498.
[34] Sun L L, Cao Y H, Wu W H, et al. A Multi-target Tracking Algorithm Based on Gaussian Mixture Model. Journal of Systems Engineering and Electronics, 2020, 31(3): 482-487.
[35] 何友, 王国宏, 关欣. 信息融合理论及应用. 北京: 电子工业出版社, 2010.
[36] Shalom Y B. Multitarget Multisensor Tracking: Applications and Advances. Norwood, MA: Artech House, 1992.
[37] 权太范. 目标跟踪新理论与技术. 北京: 国防工业出版社, 2009.
[38] 夏佩伦. 目标跟踪与信息融合. 北京: 国防工业出版社, 2010.
[39] 李首庆, 徐洋. 基于自适应聚概率矩阵的 JPDA 算法研究. 西南交通大学学报, 2017, 52 (2): 340-347.
[40] 盛涛, 夏海宝, 杨永建, 等. 密集杂波环境下的简化 JPDA 多目标跟踪算法. 信号处理, 2020, 36(8): 1280-1287.
[41] Ashraf M Aziz. A novel All-neighbor Fuzzy Association Approach for Multitarget Tracking in a Cluttered Environment. Signal Processing, 2011, 91: 2001-2015.
[42] 刘俊, 刘瑜, 何友, 等. 杂波环境下基于全邻模糊聚类的联合概率数据互联算法. 电子与信息学报, 2016, 38(6): 1438-1445.
[43] Singer R A, Sea R G, Housewright K B. Derivation and Evaluation of Improved Tracking Filters for Use in Dense Multitarget Environments. IEEE Transactions. Information Theory, 1974, 20(7): 423-432.
[44] Ahmeda S S, Keche M, Harrison I, et al. Adaptive Joint Probabilistic Data Association Algorithm for Tracking Multiple Targets in Cluttered Environment. IEE Proc. Radar, Sonar, Navig. , 1997, 144(6): 309-314.
[45] Kojima M. A Study of Target Tracking Using Track-oriented Multiple Hypothesis Tracking. SICE, 1998. 5: 29-31.
[46] Streit R L. Studies in Probabilistic Multi-Hypothesis Tracking and Related Topics. Naval Undersea Warfare Center Publication SES-98-101, Newport, RI, 1998.
[47] Poore A B. Multidimensional Assignment Formulation of Data Association Problems Arising from Multitarget and Multisensor Tracking. Computational Optimization and Applications. 1994. 3: 27-57.
[48] Zhu Y, Zhou S, Zou H, et al. Probability Hypothesis Density Filter with Adaptive Estimation of Target Birth Intensity. IET Radar, Sonar & Navigation, 2016, 10(5): 901-911.
[49] 董青, 胡建旺, 吉兵. 基于随机有限集的多目标跟踪算法综述. 飞航导弹, 2019 , (3): 79-83, 94.

第8章　多目标智能跟踪方法

8.1　引言

近年，以深度学习为代表的人工智能机器学习理论与技术发展迅速，已在视频图像处理、自然语言处理以及控制决策等多个领域取得重大进展，得到了当前最优结果，部分领域甚至打破传统技术多年瓶颈，对经济、社会、生活、军事等多个方面产生了重大影响。在预警探测、电子对抗领域，美国先后开展了认知雷达、自适应雷达对抗、自适应电子战行为学习等多项人工智能应用研究，美国众议院国防未来特别工作组发布的《2020国防未来特遣部队报告》中，明确指出国防部必须优先考虑人工智能技术。可见，开展人工智能交叉应用研究已成为一种重要研究趋势和方向。

从2014年起，著者团队即着手开展人工智能与雷达数据处理学科交叉应用研究，目前，对航迹预测、点航关联、航迹滤波等现有目标跟踪处理框架中的三大核心关键技术均已初步实现人工智能技术替换。本章主要针对航迹智能预测、点航智能关联和航迹智能滤波等三项技术进行探讨，它们之间的关系如图8.1所示。

图8.1　基于现有目标跟踪处理框架的智能跟踪实现

需要明确指出的是，虽然智能方法在通用性、实用性等方面具有诸多优势，但它也不是完美无瑕、毫无缺点的。现有机器学习、深度学习技术主要采用复杂判别式或深度网络结构，通过大量训练，学习掌握数据中蕴含的规律知识。但人工智能面临的困境是：离不开数据，不能推理，依然处在“弱人工智能时代”，只能解决有限领域内、有限范围内的问题，对世界缺乏“基本常识”，不能“因果推理”，短期内难以实现“像人一样思考”和“像人一样行动”的强人工智能目标。因此，我们应该正确、科学地对待智能方法，既要重视，又不盲信，切忌武断认为传统方法性能一定差、一定解决不了问题，智能方法性能一定好、一定能解决问题。任何时候都要具体问题具体分析，结合问题、数据、算力、需求等多种因素，合理选择所需的处理方法。实际上，对于训练数据难以大规模获取或获取代价太大的情况，传统算法仍具有显著优势，仍是主要选择。

8.2　航迹智能预测技术

鉴于目标航迹预测技术的重要作用和广泛需求，当前对目标航迹预测技术进行了多方面、多角度的研究尝试，取得一批研究成果。根据是否需要对目标运动模型进行建模，现有航迹预测技术可分为无模和有模两类。其中，无模技术把航迹预测问题单纯地视为时间序列预测问题，忽略问题领域知识，直接选取匹配的方法进行预测，譬如基于灰色模型的航迹预测方法[1]，基于BP神经网络的航迹预测方法[2,3]等。此类方法具有前提假设少、模型简单、所需样本数据少的优点，但对所采用时序方法的合理性，与实际问题的契合性，缺乏必要理论论证。同时由于所采用时序模型较为简单、能力有限，现有无模技术还存在适用范围窄，泛化能力弱、预测精度低的问题。

有模技术则基于假定的目标运动模型，采用统计估计理论，对航迹进行预测。根据假定的目标运动模型数量，有模技术还可进一步划分为单模和多模两类[4-10]。单模技术基于目标仅做一种模式运动的假设进行航迹预测，常见的目标运动模型有匀速、常加速、协同转弯、Singer、当前统计和 Jerk 等模型，相匹配的统计估计方法有卡尔曼滤波、扩展卡尔曼滤波、粒子滤波等。多模技术则假定目标依据一定概率，按照模型集里面的有限个运动模式进行交替运动，其假定的模型集一般比较小，主要包括匀速、常加速、协同转弯等三种模型，相匹配的统计估计方法有交互多模型和高斯和等。有模技术具有理论严谨，性能有保证，实现简单的优点，但由于实际目标运动模型未知多样，此类方法存在先验假设过多，前提条件严苛的问题，进而导致其适用范围有限、通用性差，实际运用效果时好时坏。虽然多模技术一定程度上弱化了目标模型假设，但其与实际情况仍存在较大差距，还没有完全有效解决问题。

综上所述，现有航迹预测技术存在的问题可归纳如下：

（1）无模技术假设简单、通用性强，但其合理性目前缺乏理论分析支持，同时现有方法采用的时序模型较为简单、能力有限，存在适用范围较窄，泛化能力较弱，预测精度较低等问题。

（2）有模技术理论严谨，性能有保证，实现简单，但存在先验假设过多，前提条件严苛等问题，实际运用效果时好时坏，通用性较差。

针对上述问题，本书研究提出不确定航迹自适应预测模型。该模型兼具无模与有模两类技术的优点与长处，具有理论严谨，先验假设少，适用范围广，通用性强等优点，适用于目标运动具有规律性、但具体运动模式不确定的航迹预测问题，无须对目标可能的运动模型进行提前明确，可有效解决航迹预测问题。

本节首先通过理论推导，构建不确定航迹自适应预测基本模型框架，然后基于神经网络结构，建立不确定航迹自适应预测（Uncertain Track Adaptive Forecast，UTAF）模型[11]，同时给出典型的实现方法，最后通过仿真与实测数据，对其有效性进行验证。

8.2.1　模型研究

首先对需要解决的问题进行描述建模，然后根据实际情况，进行合理必要假设。基于此，利用全概率公式，构建问题的基本解决框架，最后利用神经网络设计出有效的模型。

1. 基本假设

受目标自身性能、操纵人员习惯，以及其他外部条件影响限制，目标在运动过程中是存在一定规律的，并不是毫无章法、随机运动的，譬如受目标自身性能限制，目标的最大加速度、最小转弯半径、巡航速度基本上是确定的，受操纵人员习惯和其他外部条件影响，目标何时加速、何时减速、何时转弯、加速方式、减速方式等，也是存在特定规律的。因此，目标运动是有模式的，但什么类型的目标，具有什么样的运动模式，相应运动模式的多少、规模、具体内容，以及目标在何时以何种模式运动，对预测者来说，是不确定的，也是难以确定的。

因而，可假设目标以一定模式 $\boldsymbol{c}$ 运动，并且目标下一时刻的位置完全由当前的模式 $\boldsymbol{c}$ 确

定，即

$$P(\boldsymbol{x}|\boldsymbol{c},\{z_1,\cdots,z_t\})=P(\boldsymbol{x}|\boldsymbol{c}) \tag{8.1}$$

其中，$\boldsymbol{c}$ 是实数向量，包含所有与下一时刻预测相关的信息，由 $\boldsymbol{c}$ 构成的空间 $\{\boldsymbol{c}\}$ 为目标运动模式空间，表示目标所有可能的运动模式。

2. 问题建模

航迹预测主要是由前面多个时刻的位置，预测下一时刻的位置。从概率的角度看，航迹预测就是通过求取概率分布 $P(\boldsymbol{x}_{t+1}|\{z_1,\cdots,z_t\})$ 的最大似然，以得到

$$\hat{\boldsymbol{x}}_{t+1}=\underset{\boldsymbol{x}_{t+1}}{\operatorname{argmax}}\,P(\boldsymbol{x}_{t+1}|\{z_1,\cdots,z_t\}) \tag{8.2}$$

其中 $\boldsymbol{x}_{t+1}$ 是需要预测的下一时刻真实位置，$\{z_1,\cdots,z_t\}$ 是已知的前面多个时刻位置，$P(\boldsymbol{x}_{t+1}|\{z_1,\cdots,z_t\})$ 是以前面多个时刻位置为条件，关于下一时刻位置的概率，$\hat{\boldsymbol{x}}_{t+1}$ 是预测结果。为了表示方便，在不引起歧义的情况下，可去掉 $\boldsymbol{x}_{t+1},\hat{\boldsymbol{x}}_{t+1}$ 的时间标签。

3. 基本框架

对于条件概率 $P(\boldsymbol{x}|\{z_1,\cdots,z_t\})$，由全概率公式，可得

$$P(\boldsymbol{x}|\{z_1,\cdots,z_t\})=\sum_{\{\boldsymbol{c}\}}P(\boldsymbol{x}|\boldsymbol{c},\{z_1,\cdots,z_t\})P(\boldsymbol{c}|\{z_1,\cdots,z_t\}) \tag{8.3}$$

基于假设，根据式（8.1），可进一步得到

$$P(\boldsymbol{x}|\{z_1,\cdots,z_t\})=\sum_{\{\boldsymbol{c}\}}P(\boldsymbol{x}|\boldsymbol{c})P(\boldsymbol{c}|\{z_1,\cdots,z_t\}) \tag{8.4}$$

下面，依据式（8.4），进一步求取 $\hat{\boldsymbol{x}}$。关于求取 $\hat{\boldsymbol{x}}$，有两种方式，一种是软求取，另一种是硬求取。其中软求取是通过求取所有可能预测位置的概率加权和来获得目标预测位置，如式（8.5）所示。此种方法与交互多模型类似，是概率意义上的正确解，但由于对每个不同的模式 $\boldsymbol{c}$，都需要求取相应的最优预测位置 $\hat{\boldsymbol{x}}_c$，在实际目标运动模式多样、不确定的情况下，实施难度较大。

$$\begin{aligned}\hat{\boldsymbol{x}}^s&=\underset{\boldsymbol{x}}{\operatorname{argmax}}\,P(\boldsymbol{x}|\{z_1,\cdots,z_t\})=\underset{\boldsymbol{x}}{\operatorname{argmax}}\sum_{\{\boldsymbol{c}\}}P(\boldsymbol{x}|\boldsymbol{c})P(\boldsymbol{c}|\{z_1,\cdots,z_t\})\\&=\sum_{\{\boldsymbol{c}\}}\{\underset{\boldsymbol{x}}{\operatorname{argmax}}\,P(\boldsymbol{x}|\boldsymbol{c})\}P(\boldsymbol{c}|\{z_1,\cdots,z_t\})=\sum_{\{\boldsymbol{c}\}}\hat{\boldsymbol{x}}_c P(\boldsymbol{c}|\{z_1,\cdots,z_t\})\end{aligned} \tag{8.5}$$

$\hat{\boldsymbol{x}}$ 的硬求取则选取最大模式概率下最可能预测位置作为输出，如式（8.6）所示。由于目标当前时刻只能以一种模式运动，因此硬求取最贴近实际情况，是合理的求取方式。后面将以式（8.6）为基础，进行 UTAF 模型设计。

$$\hat{\boldsymbol{x}}=\underset{\boldsymbol{x}}{\operatorname{argmax}}\,P(\boldsymbol{x}|\boldsymbol{c}_m=\underset{\boldsymbol{c}}{\operatorname{argmax}}\,P(\boldsymbol{c}|\{z_1,\cdots,z_t\})) \tag{8.6}$$

由式（8.6）可知，$\hat{\boldsymbol{x}}$ 的硬求取实际包括两个过程，分别为模式信息提取过程，简称 I-step，如式（8.7）所示，和预测位置生成过程，简称 E-step，如式（8.8）所示。

$$\boldsymbol{c}_m=\underset{\boldsymbol{c}}{\operatorname{argmax}}\,P(\boldsymbol{c}|\{z_1,\cdots,z_t\})=\boldsymbol{I}(\{z_1,\cdots,z_t\}) \tag{8.7}$$

$$\hat{\boldsymbol{x}}=\underset{\boldsymbol{x}}{\operatorname{argmax}}\,P(\boldsymbol{x}|\boldsymbol{c}_m)=\boldsymbol{E}(\boldsymbol{c}_m) \tag{8.8}$$

其中式（8.7）为 I-step 主要是根据前面多个时刻的位置提取目标可能的模式信息，而式（8.8）

为E- step，则根据模式信息对目标可能的预测位置进行估计生成。

4．模型设计

如果能根据 I- step 和 E- step 过程的信息处理特点，直接设计出既具有相应功能特征，又不涉及目标具体运动模式，同时还能方便求解的一般表示，则可构建 UTAF 模型，不确定航迹预测思维导图如图 8.2 所示。

鉴于神经网络强大的信息提取、模式识别和函数逼近能力，考虑用神经网络结构对 I- step 和 E- step 进行一般表示。

（1）循环神经网络（Recurrent Neural Network, RNN）是专门处理变长序列数据的网络结构[12,13]，具有强大的信息记忆、信息提取、信息表示以及模式识别能力，因此可采用 RNN 对 I- step 进行一般表示，如式（8.9）和式（8.10）所示。

$$\boldsymbol{h}_i = \boldsymbol{f}(\boldsymbol{z}_i, \boldsymbol{h}_{i-1}) \tag{8.9}$$

$$\boldsymbol{c} = \boldsymbol{q}(\{\boldsymbol{h}_1, \cdots, \boldsymbol{h}_t\}) \tag{8.10}$$

（2）多层神经网络具有很强的函数逼近能力，两层 MLP 即可逼近任意一个连续函数[14-18]，因此可采用 MLP 对 E- step 进行一般表示，如式（8.11）所示。

$$\hat{\boldsymbol{x}} = \boldsymbol{g}(\boldsymbol{c}) \tag{8.11}$$

因此，可以用 RNN 表示 I- step，用 MLP 表示 E- step，串联起来，即为 UTAF 模型，如图 8.3 所示。

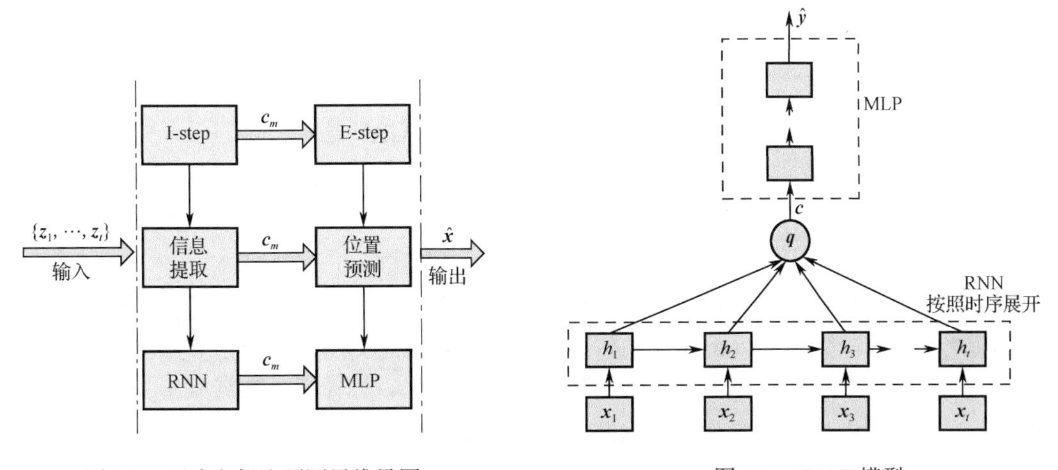

图 8.2　不确定航迹预测思维导图　　　　图 8.3　UTAF 模型

与现有航迹预测模型方法相比，UTAF 模型具有如下显著特点：

（1）几乎不存在任何先验假设，唯一要求是目标运动有模式，即目标运动事件本身是可预测的，这与实际情况是相符的；

（2）采用神经网络结构，模型表达能力强，涵盖维度高，泛化能力强；

（3）能利用大量历史观测数据进行模型训练，符合大数据、人工智能发展潮流。

与此同时，如引言所示，UTAF 模型具有智能算法的固有问题，仅能解决“看到过”的问题，对于“未曾见过”的问题，无法做出正确预测，即如果目标突然改变策略，采用完全不同的运动模型，则 UTAF 模型很难做出正确的预测。

8.2.2　典型方法

基于已建立的通用模型，采用具体 RNN 和 MLP 结构，通过参数寻优，构建生成典型不确定航迹自适应预测方法（Basic Uncertain Track Adaptive Forecast Method, Basic-UTAFM）。

首先，采用典型 RNN 结构，实现 I- step。典型 RNN 结构包括 Simple-RNN，LSTM（Long Short-Term Memory）以及 GRU（Gated Recurrent Unit）等。其中 Simple-RNN 存在长时间信息衰减问题，LSTM 与 GRU 则通过门结构建立了长时间信息保持通道，可有效保留提取长时间信息，并且 GRU 结构更加简单有效。因此这里采用 GRU，详细构建公式（8.9），如下式所示。

$$\boldsymbol{h}_i = \boldsymbol{f}(\boldsymbol{z}_i, \boldsymbol{h}_{i-1}) = (1-\boldsymbol{k}_i)\circ \boldsymbol{h}_{i-1} + \boldsymbol{k}_i \circ \tilde{\boldsymbol{h}}_i \tag{8.12}$$

$$\tilde{\boldsymbol{h}}_i = \tanh(\boldsymbol{W}\boldsymbol{z}_i + \boldsymbol{U}[\boldsymbol{r}_i \circ \boldsymbol{h}_{i-1}]) \tag{8.13}$$

$$\boldsymbol{r}_i = \sigma(\boldsymbol{W}_r \boldsymbol{z}_i + \boldsymbol{U}_r \boldsymbol{h}_{i-1}) \tag{8.14}$$

$$\boldsymbol{k}_i = \sigma(\boldsymbol{W}_k \boldsymbol{z}_i + \boldsymbol{U}_k \boldsymbol{h}_{i-1}) \tag{8.15}$$

其中运算符$\circ$表示对应元素相乘，σ表示 sigmoid 函数。$\boldsymbol{h}_i, \boldsymbol{r}_i, \boldsymbol{k}_i \in \boldsymbol{R}^n$，$\boldsymbol{h}_i$表示 RNN 第$i$时刻隐藏层向量，$\boldsymbol{r}_i, \boldsymbol{k}_i$表示相应时刻的重置门和更新门，$n$表示隐藏层单元数量，代表 GRU 的表示能力。$\boldsymbol{W}, \boldsymbol{W}_r, \boldsymbol{W}_k \in \boldsymbol{R}^{n\times o}$，$\boldsymbol{U}, \boldsymbol{U}_r, \boldsymbol{U}_k \in \boldsymbol{R}^{n\times n}$是权重矩阵，$o$表示输入层$\boldsymbol{z}_i$的维度。

需要说明的是，为了简化表达，在式（8.13）～式（8.15）中，省略了偏置项。在 MLP 层，也按照同一原则进行了处理，不再另行交代。

由于$\boldsymbol{h}_t$基本包含了$\{\boldsymbol{z}_1,\cdots,\boldsymbol{z}_t\}$历史观测的模式信息，可以把其直接作为模式，即

$$\boldsymbol{c} = \boldsymbol{q}(\{\boldsymbol{z}_1,\cdots,\boldsymbol{z}_t\}) = \boldsymbol{h}_t \tag{8.16}$$

然后，采用典型 MLP 结构，具体实现 E- step。由于 GRU 结构已经包括一定量非线性单元，MLP 可以采用简单的一层结构进行目标位置预测，如下式所示

$$\hat{\boldsymbol{x}} = \boldsymbol{g}(\boldsymbol{c}) = \boldsymbol{W}_x \boldsymbol{h}_t \tag{8.17}$$

其中$\boldsymbol{W}_x \in \boldsymbol{R}^{o\times n}$表示权重矩阵。

最后利用训练数据集，通过参数训练优化，生成典型的不确定航迹自适应预测方法。由于航迹预测是回归问题，可采用均方差作为损失函数，如式（8.18），而后利用梯度下降法进行$\boldsymbol{W}, \boldsymbol{U}, \boldsymbol{W}_r, \boldsymbol{U}_r, \boldsymbol{W}_k, \boldsymbol{U}_k, \boldsymbol{W}_x$权重矩阵参数和偏置项参数寻优。另外训练数据集主要通过历史观测数据来构建，在构建时，应注意数据的广泛性和规范性。

$$L(\boldsymbol{x}, \hat{\boldsymbol{x}}) = \sum_j (\boldsymbol{x}_j - \hat{\boldsymbol{x}}_j)'(\boldsymbol{x}_j - \hat{\boldsymbol{x}}_j) \tag{8.18}$$

其中，$\boldsymbol{x}_j, \hat{\boldsymbol{x}}_j$分别表示训练数据和预测数据。

本节，采用简单的一层 RNN 和两层 MLP 结构，示范性生成了 Basic-UTAFM。在实际运用中，应根据问题的复杂程度，参照神经网络模型设计、调节、优化的步骤和方法，依据数据验证结果，对 RNN 基本结构，RNN 和 MLP 层数，每层神经元个数，激励函数类别、正则化、dropout 等影响神经网络性能的主要配置与选项进行选择优化。

8.2.3　实验验证

为充分验证 UTAF 模型的有效性，分别进行仿真实验和实测实验，并与 baseline 方法进

行性能分析比较，其中仿真实验主要验证 UTAF 模型是否具备多模航迹预测能力，实测实验主要是在实际问题中对模型的性能表现进行验证分析。baseline 方法则采用时间序列预测中的 Persistence Algorithm，用 t 时刻数据预测 $t+1$ 时刻数据。

整个实验主要采用 Python 语言，基于 Keras 和 Tensorflow 深度学习库，进行 UTAF 建模、训练、优化，以及与 baseline 的性能比较分析。

1. 仿真验证

用余弦、斜三角、阶跃、抛物线等常见基本函数，表示目标不同的运动模式，并以它们为基础，混合构建四种不同数据集，分别为不同频率余弦数据集（简称多频余弦集）及添加噪声版（简称噪声多频余弦集），不同类型函数数据集（简称多类函数集）及添加噪声版（简称噪声多类函数集）。每种测试数据集包含 4 000 条训练数据，每种模式 1 000 条，打乱混合在一起，具体构建方法见表 8.1。

表 8.1　仿真数据集

名　称	包 含 模 式	构 成 方 法
多频余弦集	模式 1 设置为余弦函数，周期 1 Hz；模式 2 设置为余弦函数，周期 5 Hz；模式 3 设置为余弦函数，周期 10 Hz；模式 4 设置为余弦函数，周期 20 Hz	按照 200 Hz 的采样频率对不同模式函数进行采样，每种模式的连续 7 个点作为一条训练数据，前 6 个点为输入，第 7 个点为输出
多类函数集	模式 1 设置为余弦函数，周期 10 Hz；模式 2 设置为阶跃函数，周期 10 Hz；模式 3 为斜三角函数，周期 10 Hz；模式 4 为抛物线函数，周期 10 Hz	
噪声多频余弦集	与多频余弦集构成相同，但添加均值为 0，方差为 0.04 的高斯白噪声	
噪声多类函数集	与多类函数集构成相同，但添加均值为 0，方差为 0.01 的高斯白噪声	

对于四种不同数据集，分别进行 Basic-UTAFM 的训练、验证和测试。由数据集的构成可知，Basic-UTAFM 输入和输出维度 $o=1$，设置 RNN 隐藏层神经单元数量为 $n=10$。数据集按照 9 : 1 比例划分为训练集、验证集，采用 adam 自适应寻优方法，按每批 10 条数据进行 Basic-UTAFM 参数更新，共训练遍历 20 次数据集。

首先，以情况较为复杂的噪声多类函数集为例，通过直观展示预测结果，进行 Basic-UTAFM 预测性能定性分析，如图 8.4 至图 8.7 所示。

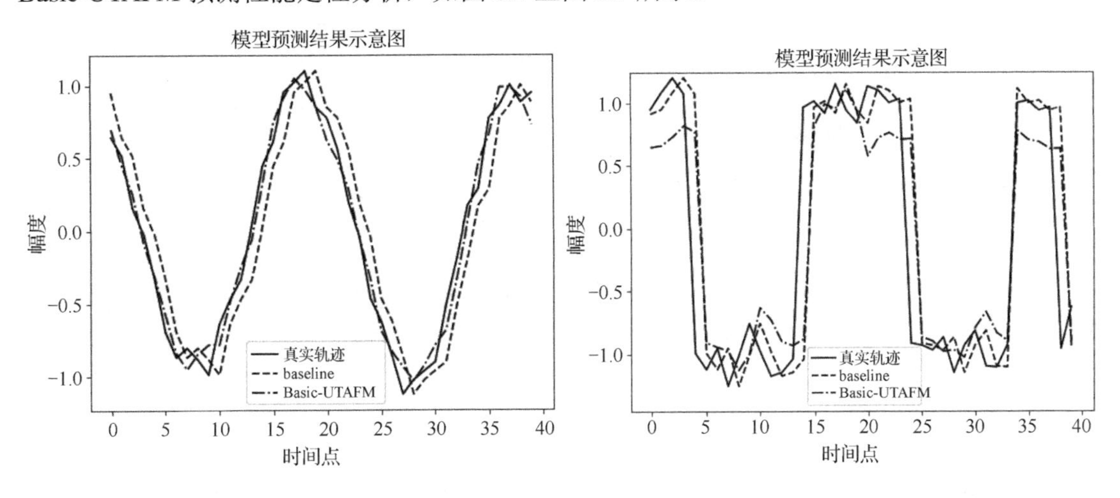

图 8.4　噪声余弦 Basic-UTAFM 预测结果对比　　图 8.5　噪声阶跃 Basic-UTAFM 预测结果对比

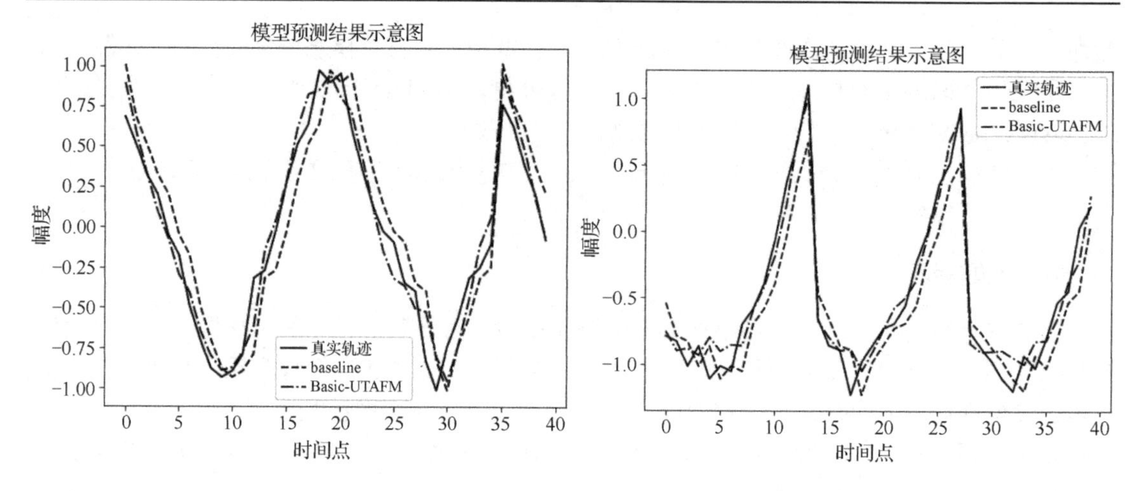

图 8.6　噪声斜三角 Basic-UTAFM 预测结果对比　　图 8.7　噪声抛物线 Basic-UTAFM 预测结果对比

由上图可见，基于多类函数数据集，训练生成的 Basic-UTAFM，能对数据集里面的四种类别函数进行较为准确的预测。同一个 Basic-UTAFM，相同的参数配准，清晰地表明了 UTAF 和 Basic-UTAFM 能提取识别数据的模式信息，并基于模式进行预测。

下面，进一步对 Basic-UTAFM 预测性能进行定量分析。Basic-UTAFM 在不同数据集的训练误差曲线如图 8.8～图 8.11 所示，Basic-UTAFM 预测均方误差（MSE）如表 8.2 所示。在表 8.2 中，性能提升数据列是表示相对于 baseline、Basic-UTAFM 预测精度提升的百分比，其计算公式为$(1-\text{MSE}_{\text{Basic-UTAFM}} / \text{MSE}_{\text{baseline}})\times 100$。

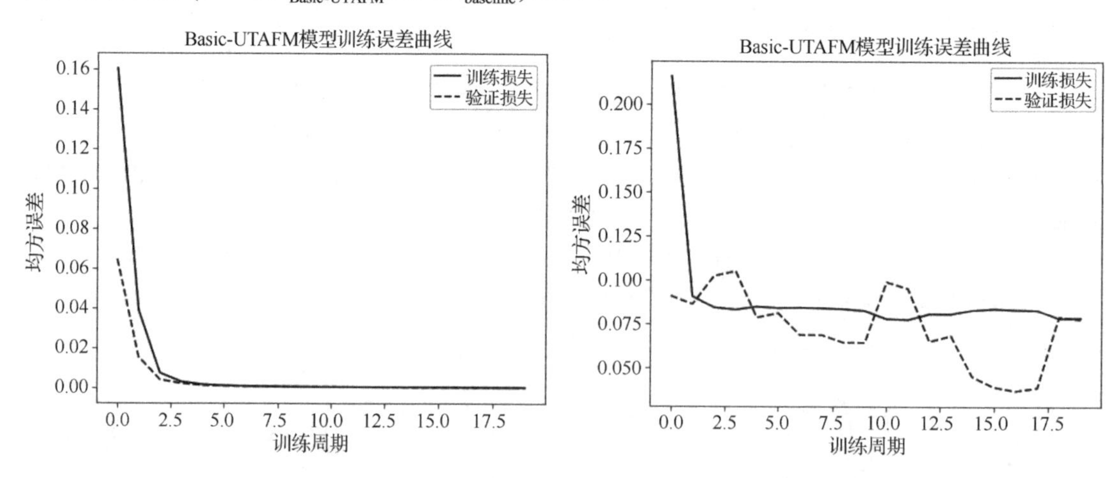

图 8.8　多频余数据集下 Basic-UTAFM 训练误差曲线　　图 8.9　多类函数数据集下 Basic-UTAFM 训练误差曲线

由图 8.8～图 8.11 和表 8.2 可知，Basic-UTAFM 在 4 种数据集下均能得到收敛的结果，并且与 baseline 方法相比，预测性能提升明显：（1）在多频余弦数据集上，误差曲线下降趋势明显，训练曲线与验证曲线基本重合，与 baseline 相比，性能提升 99.86%，表明在数据变化连续、模式清晰可辨情况下，Basic-UTAFM 具有很好的预测效果；（2）在噪声多频余弦数据集上的表现，与多频余弦数据集上基本相同，但由于受噪声影响，模式的可辨性变差，性能存在一定程度下降，变为 69.24%，并且在模式 1 数据上性能提升为-15.1%，分析主要是由

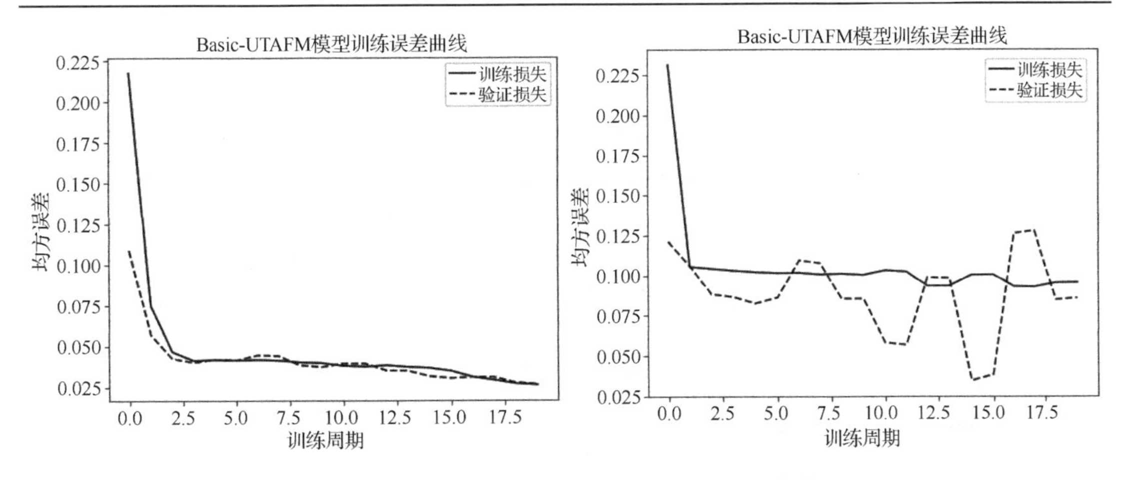

图 8.10　噪声多频余弦数据集下 Basic-UTAFM 训练误差曲线

图 8.11　噪声多类函数数据集下 Basic-UTAFM 训练误差曲线

表 8.2　Basic-UTAFM 预测均方误差（MSE）比较

名　称	数　据	Basic-UTAFM	baseline	性能提升%
多频余弦数据集	模式 1	8.80×10^{-5}	4.93×10^{-4}	82.24
	模式 2	4.20×10^{-5}	1.23×10^{-2}	99.65
	模式 3	1.25×10^{-4}	5.02×10^{-2}	99.75
	模式 4	8.90×10^{-5}	1.95×10^{-1}	99.95
	全部	8.60×10^{-5}	6.45×10^{-2}	**99.86**
多类函数集	模式 1	2.92×10^{-3}	5.02×10^{-2}	94.19
	模式 2	2.94×10^{-1}	3.52×10^{-1}	16.57
	模式 3	7.99×10^{-3}	4.00×10^{-2}	80.02
	模式 4	4.81×10^{-3}	4.40×10^{-2}	89.06
	全部	7.73×10^{-2}	1.22×10^{-1}	**36.37**
噪声多频余弦数据集	模式 1	2.35×10^{-2}	2.04×10^{-2}	−15.11
	模式 2	2.28×10^{-2}	3.17×10^{-2}	27.99
	模式 3	3.36×10^{-2}	7.29×10^{-2}	53.95
	模式 4	2.75×10^{-2}	2.16×10^{-1}	87.28
	全部	2.61×10^{-2}	8.49×10^{-2}	**69.24**
噪声多类函数集	模式 1	1.96×10^{-2}	7.13×10^{-2}	72.54
	模式 2	3.13×10^{-1}	3.80×10^{-1}	17.61
	模式 3	6.15×10^{-2}	2.76×10^{-2}	55.16
	模式 4	6.59×10^{-2}	2.52×10^{-2}	61.77
	全部	9.34×10^{-2}	1.41×10^{-1}	**33.61**

于“模式 1”周期为 1 Hz，在 200 Hz 数据采样频率下，相邻时刻采样点间数值差别较小，如果进一步受噪声影响，则相邻时刻数值表现为来回摆动，变化趋势微弱、不明显，模式不易被 Basic-UTAFM 识别，导致模式 1 预测存在一定困难，Basic-UTAFM 预测性能存在一定程

度下降。但是可以肯定，在噪声情况下，如果数据模式仍旧可辨，则 Basic-UTAFM 仍能取得较好的预测效果；（3）在多类函数数据集和相应噪声数据集上，误差曲线下降趋势同样比较明显，与 baseline 相比，性能分别提升 36.37%和 33.61%。但验证曲线围绕训练曲线存在一定上下波动，表明此类数据集下，Basic-UTAFM 在部分数据上有较差表现。结合表 8.2 可知，Basic-UTAFM 主要是对模式 2 阶跃函数的预测效果差，相对于 baseline，性能仅提升 16.57%和 17.61%，不及整体平均水平。分析主要是由于阶跃函数存在突变，模式辨别存在困难所导致的，而噪声情况下性能 1%的提升，也主要是由于噪声一定程度上缓解了阶跃函数突变效果的原因。

进一步，多频余弦数据集下 100 次蒙特卡罗仿真结果如图 8.12 所示。由图可知，除了在模式 1 数据上，存在少量与 baseline 性能相当的异常点外，Basic-UTAFM 在大部分仿真中对模式 1 预测性能、所有仿真中对其他模式预测性能、在所有仿真中的整体预测性能，均明显优于 baseline，有力地说明了 Basic-UTAFM 的有效性和稳定性。

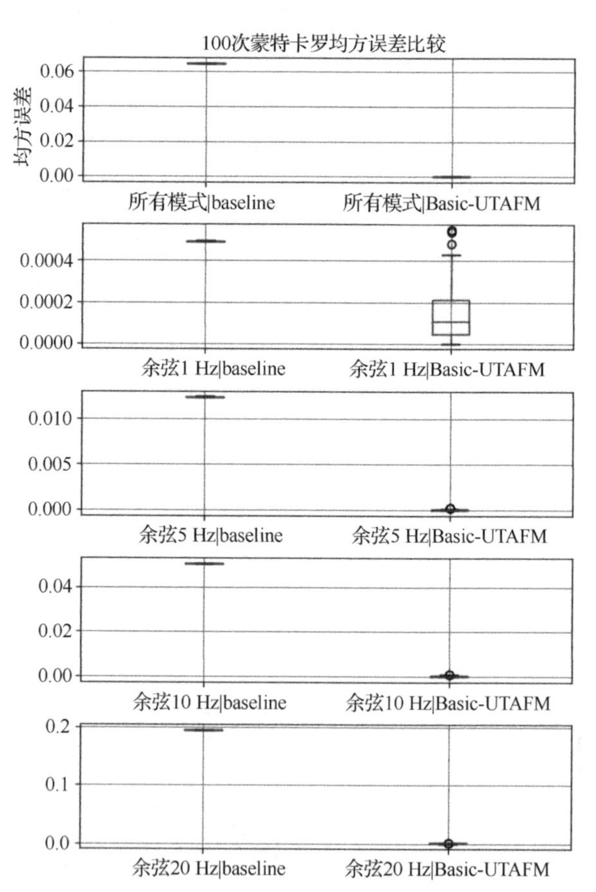

图 8.12　多频余弦数据集下 100 次蒙特卡罗仿真结果

下面对 Basic-UTAFM 训练耗时和预测耗时进行分析，如表 8.3 所示，共设置四种不同大小数据集，采用与上面相同的模型设置和训练设置，每个数据集上训练模型 20 次，训练所用计算机 CPU 为至强 E5-1620 v4 3.5 GHz，内存为 16 GB，没有利用 GPU 加速运算。

由表 8.3 可知，当数据集大小为 4 000 时，总训练耗时、单次训练耗时和每 1 000 次的平均预测耗时分别为 74.24 s、3.71 s 和 0.110 s，训练耗时大，预测耗时很小，并且随着数据集增大，训练耗时线性增加，而预测耗时有一定程度下降，稳定在 0.063 s，符合神经网络训练特点。按照神经网络实际运用方法，由于模型训练耗时比较大，预测耗时比较小，可以在线下对模型进行训练，训练成功后，在线上进行部署预测。

表 8.3　Basic-UTAFM 耗时分析/s

数据集大小	总训练耗时	单次训练耗时	平均预测耗时/1 000
4 000	74.24	3.71	0.110
8 000	157.16	7.86	0.070
40 000	732.10	36.61	0.063
80 000	1 475.44	73.77	0.063

综合上述分析，可以肯定：在数据集包含多种模式，并且不同模式间清晰可辨情况下，UTAF 模型和具体 Basic-UTAFM 方法能很好地提取识别出数据中模式，并基于模式，进行正确有效地预测。

2. 实测验证

进一步，通过民航飞机空中位置预测，对 UTAF 模型和具体 Basic-UTAFM 进行实测数据验证。由于飞机当前航迹点位置是由前一时刻位置加上航速与时间差乘积得到的，存在确定趋势，是非平稳的，民航飞机航迹和航速示意图如图 8.13 所示，不能直接作为神经网络输入，而飞机航速的变化是平稳的，因此这里通过对航速的预测。来实现飞机航迹的预测。同时由于经度方向速度和纬度方向速度基本是不相关的，可以对它们进行分别预测。

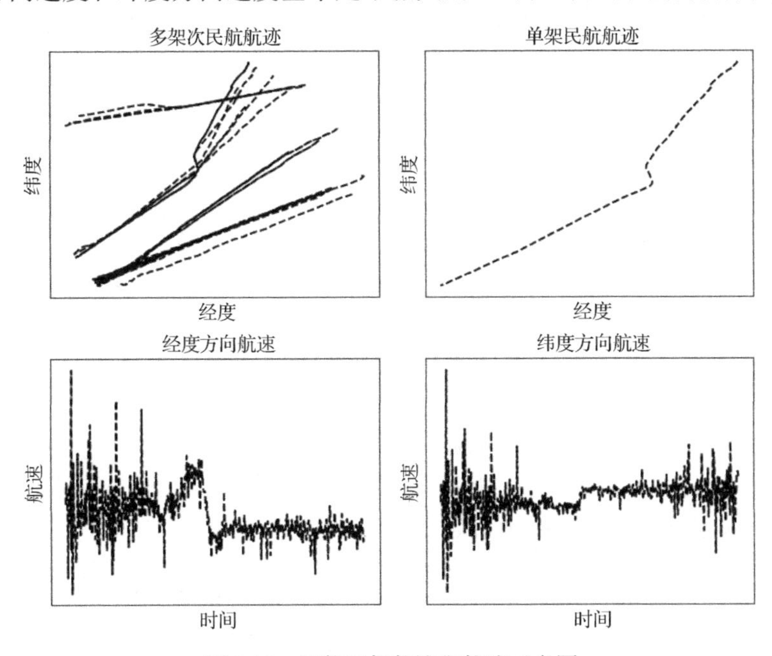

图 8.13　民航飞机航迹和航速示意图

利用 ADS-B 设备，采集民航飞机航行轨迹数据，构建民航飞机航迹数据集（Civil Aviation Flight Track Data Set, CAFT），具体构建方法见表 8.4。其中 T_{max} 表示所有航迹内航迹点间的最大时间间隔。航迹点间时间间隔越小，航速可能的变化也就越小，信息的不确定性相应也比较小，因此需要根据 T_{max} 把 CAFT 分成存在包含关系的 5 类数据集，即 CAFT-60 包含 CAFT-50、CAFT-50 包含 CAFT-40 等。另外，在实际训练时，还需要设定最大航速，对航速数据进行归一化处理，把航速限定在[0,1]或[−1,1]范围内。

表 8.4　民航飞机航迹数据集

名　称	数 据 构 成	T_{max}	（训练集大小、验证集大小）
CAFT-20	对每条目标航迹，按照时间先后，求取经度方向和纬度方向航速序列，然后顺序取 6 个连续时刻航速数据作为输入，相邻的后一个航速数据作为输出，进而构成一条数据，一条目标航迹可构成多条数据	20	86 090
CAFT-30		30	7 630 840
CAFT-40		40	321 703 570
CAFT-50		50	625 506 950
CAFT-60		60	9 408 010 450

对于 5 类 CAFT 数据集，分别进行 Basic-UTAFM 的训练、验证和测试。由数据集的构成可知，Basic-UTAFM 输入和输出维度$o=1$，设置 RNN 隐藏层神经单元数量为$n=10$。采用 adam 自适应寻优方法，按每批 5 条数据进行 Basic-UTAFM 参数更新，共训练遍历 10 次数据集，Basic-UTAFM 在 CAFT-20 和 CAFT-60 数据集下的训练过程误差曲线如图 8.14 和图 8.15 所示。由图可见，Basic-UTAFM 收敛速度快，稳定性强，训练曲线与验证曲线也基本吻合，表明 Basic-UTAFM 能实现飞机航迹的预测，能解决实际的航迹预测问题。

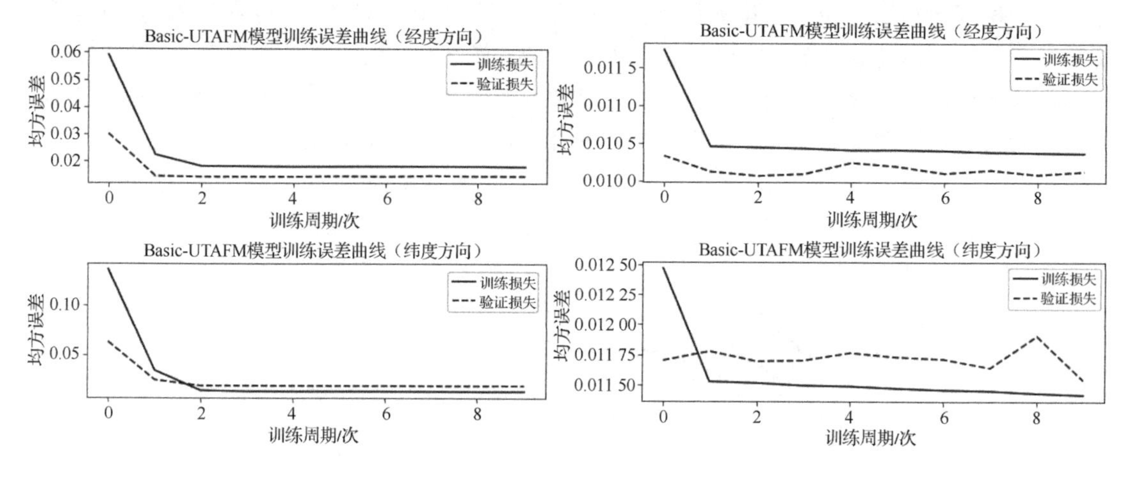

图 8.14　CAFT-20 数据集下 Basic-UTAFM 训练误差曲线

图 8.15　CAFT-60 数据集下 Basic-UTAFM 训练误差曲线

Basic-UTAFM 预测 RMSE 如表 8.5 所示，其中类别列中，lat 表示纬度方向航速预测，lon 表示经度方向航速预测，分别采用两个不同的 Basic-UTAFM 进行预测，合成表示两个 Basic-UTAFM 对绝对速度的预测结果，即对 lat 方向与 lon 方向速度的 L2 范数的预测结果。

表 8.5　Basic-UTAFM 预测 RMSE 比较（实测数据）

名　称	类　别	Basic-UTAFM	baseline	性能提升/%
CAFT-20	lat	1.75×10^{-2}	2.78×10^{-2}	**36.87**
	lon	1.46×10^{-2}	2.12×10^{-2}	**30.91**
	合成	1.87×10^{-2}	3.14×10^{-2}	**40.44**
CAFT-30	lat	1.49×10^{-2}	2.25×10^{-2}	33.83
	lon	1.37×10^{-2}	2.05×10^{-2}	33.11
	合成	1.57×10^{-2}	2.56×10^{-2}	38.65
CAFT-40	lat	1.24×10^{-2}	1.84×10^{-2}	32.58
	lon	1.17×10^{-2}	1.76×10^{-2}	33.36
	合成	1.24×10^{-2}	1.94×10^{-2}	36.37
CAFT-50	lat	1.08×10^{-2}	1.61×10^{-2}	32.47
	lon	1.19×10^{-2}	1.73×10^{-2}	31.53
	合成	1.10×10^{-2}	1.72×10^{-2}	36.13
CAFT-60	lat	1.03×10^{-2}	1.52×10^{-2}	32.03
	lon	1.13×10^{-2}	1.72×10^{-2}	33.99
	合成	9.99×10^{-3}	1.62×10^{-2}	38.17

由表 8.5 可知，Basic-UTAFM 在 5 类实测数据集，10 个航速预测问题中均能得到良好的结果，并且与 baseline 方法相比，最低提升 30.91%，最高提升 36.87%，大部分提升 33%左右，预测性能提升明显。

综合上述分析，实测实验结果有力地表明 Basic-UTAFM 具有较强的适应性，能有效地解决不同实际环境中的航迹预测问题，效果明显。

8.3　点航智能关联技术

编队目标距离近、运动轨迹相似，点航关联难度大，经常出现关联不上和关联错误等问题，致使编队目标跟踪过程中漏跟、错跟严重，航迹交叉现象普遍，难以建立精准、稳定的跟踪航迹。为此本节围绕编队目标跟踪重难点问题，研究提出了一种点航智能关联模型[19]：首先基于多层感知机（Multi-layer Perceptron, MLP）设计整体差异参数提取网络，分别提取航迹点和量测点的整体差异参数；接着采用串联等方式整合提取到的差异参数得到全局差异参数；然后将全局参数通过设计的位移变换网络实现航迹点和量测点的配准对齐；最后根据定义的关联判别准则对配准后的目标点进行关联判断。仿真实验结果表明该模型能够很好适应目标队形变换，雷达虚警漏报等场景，有效提高了关联速度和精度。

8.3.1　模型研究

1．问题描述

假设 l 时刻雷达在某一区域的航迹点集合为 S，k 时刻量测点集合为 G。受时间间隔影响，目标点位置的整体差异具有一致性，同时每个点受定位误差的影响，目标点之间的差异还具有个体波动性。因此，关联问题可描述为：

$$\hat{m},\hat{o}=\underset{m,o,\lambda}{\arg\min}\sum_{i=1}^{N}D(x^{\mathrm{r}}(m(i))-(x^{\mathrm{s}}(i)+o(x^{\mathrm{s}}(i),\lambda))) \tag{8.19}$$

式中，$x^{\mathrm{s}}(i)$ 表示 l 时刻航迹点 i 的位置，$x^{\mathrm{s}}(i)\in S$；λ 表示整体差异参数，用于描述不同时刻目标点量测位置结构上的整体差异；o 表示空间差异函数，用于估计 l 时刻航迹点和 k 时刻量测点间的位移变换；m 表示映射函数，用于描述不同时刻每个量测点对应的关联关系；$x^{\mathrm{r}}(m(i))$ 表示 k 时刻量测点 $m(i)$ 的位置，即与 l 时刻航迹点 i 相关联的量测点 $m(i)$ 位置，$x^{\mathrm{r}}(m(i))\in G$；$D$ 表示距离度量，用于计算 l 时刻航迹点和 k 时刻量测点间的距离，距离越小关联程度越高；N 表示点数量；$\hat{m}$ 和 $\hat{o}$ 分别表示最优映射函数和最优空间差异函数。

2．模型设计

航迹点与量测点间空间差异性大，难以直接进行关联匹配，需先配准对齐，再关联判断，同时空间差异函数 o 的优化不受映射函数 m 的影响，而映射函数 m 取决于空间差异函数 o 的优化程度。所以采取先优化空间差异函数，后优化映射函数的思路设计模型。

① 对于优化 $o(x^{\mathrm{s}}(i),\lambda)$，采取先整体后个体的方式进行模型设计，网络模型如图 8.16 所示。l 时刻的航迹点 $x^{\mathrm{s}}(i)$ 通过位移变换 $\varGamma$ 能够逼近对应 k 时刻的量测点 $x^{\mathrm{r}}(m(i))$。l 时刻航迹点 $x^{\mathrm{s}}(i)$ 的变换过程为：

$$\varGamma(x^{\mathrm{s}}(i),o)=x^{\mathrm{s}}(i)+o(x^{\mathrm{s}}(i),\lambda) \tag{8.20}$$

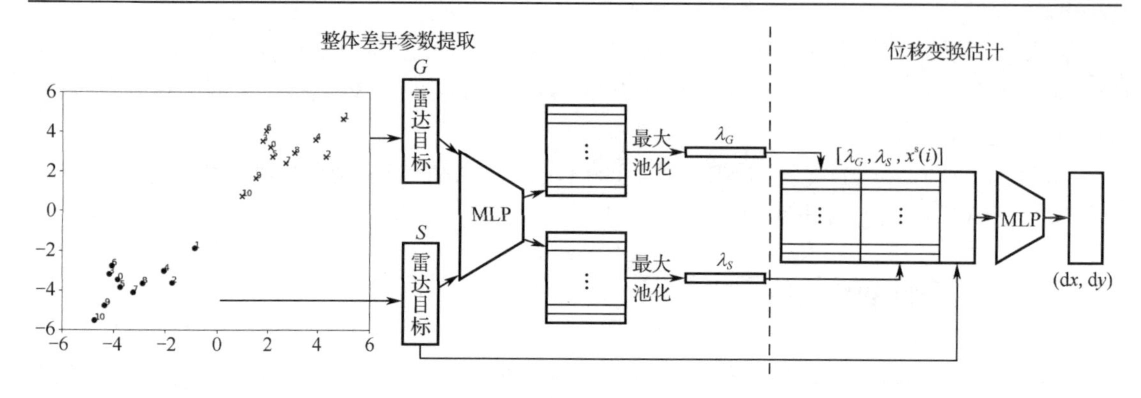

图 8.16　网络模型

先利用神经网络强大的信息提取能力，采用多层神经网络和最大池化函数提取航迹点与量测点间的整体差异参数 λ。再利用神经网络强大的函数逼近能力，将整体差异参数 λ 与 l 时刻航迹点集 S 串联整合后，通过多层神经网络估计 l 时刻航迹点到 k 时刻量测点的位移变换 $o(x^s(i),\lambda)$。

② 对于优化映射函数 $m(i)$，通过先计算关联矩阵再采用最大关联系数法配对实现航迹点与量测点间的关联。

1）整体差异参数提取

设计整体差异参数提取网络提取出点航（点迹—航迹）间显著性差异特征，如图 8.17 所示。

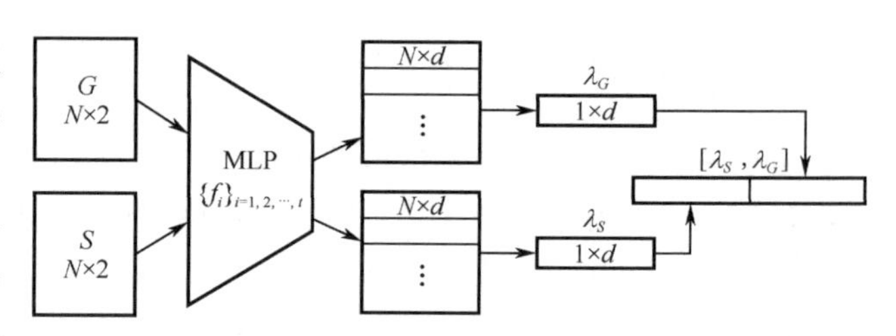

图 8.17　整体差异参数提取网络

首先将不同时刻的点航集合 $D=\{(S,G)\,|\,S,G\subset R^2\}$ 作为网络的输入部分，该网络采用了含有 Relu 激活函数的多层神经网络 $\{f_i\}_{i=1,2,\cdots,t}$，其中 t 为网络的层数。然后将网络的输出通过最大池化函数进行归一化处理，提取到整体差异参数 $\lambda=\{(\lambda_S,\lambda_G)\,|\,\lambda_S,\lambda_G\subset R^d\}$，其中 d 为参数的维度。最后将提取到的整体差异参数串联 $[\lambda_S,\lambda_G]$。整体差异参数提取网络具体如表 8.6 所描述。该网络的表达式为

$$\lambda_S=\text{Maxpool}\{f_t f_{t-1}\cdots f_1(x^s(i))\}_{x^s(i)\in S} \tag{8.21}$$

$$\lambda_G=\text{Maxpool}\{f_t f_{t-1}\cdots f_1(x^G(i))\}_{x^G(i)\in G} \tag{8.22}$$

表 8.6　整体差异参数提取网络结构

网络层	输入尺寸	网络参数	输出尺寸
MLP-1	$M\times N\times 2$	1×1×16	$M\times N\times 16$
MLP-2	$M\times N\times 16$	1×1×64	$M\times N\times 64$
MLP-3	$M\times N\times 64$	1×1×128	$M\times N\times 128$
MLP-4	$M\times N\times 128$	1×1×256	$M\times N\times 256$
MLP-5	$M\times N\times 256$	1×1×512	$M\times N\times 512$
Maxpool	$M\times N\times 512$	$1\times N\times 1$	$M\times 1\times 512$

该网络采用了 5 层 MLP 结构，即 t=5，网络输出的维度为 512 维。即 d=512。其中 M 为训练过程中每一批次数据的大小，N 为 l 时刻量测点的数量。

2）位移变换估计

在位移变换的过程中，通过该网络不仅能够让点航迹（点迹—航迹）尽可能重合，同时还能保证位移变换函数连续且平滑，位移变换估计网络如图 8.18 所示。

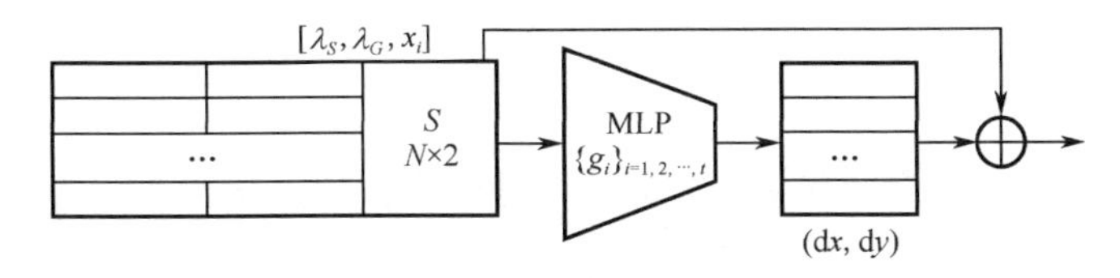

图 8.18　位移变换估计网络

首先将串联后的整体差异参数$[\lambda_S,\lambda_G]$复制 N 次，目的是让复制后的维度与 l 时刻点航迹维度相同；然后将 l 时刻点航迹与复制后的差异参数串联得到全局差异参数$[\lambda_S,\lambda_G,x^s(i)]$。最后将全局差异参数作为输入，通过带有 Relu 激活函数的多层神经网络$\{g_i\}_{i=1,2,\cdots,s}$。因此相应空间差异函数为$o=g_s g_{s-1}\dots g_1$，位移变换网络表达式为

$$\mathrm{d}x^s(i)=g_s g_{s-1}\cdots g_1([\lambda_S,\lambda_G,x^s(i)]) \tag{8.23}$$

$$\hat{S}=\Gamma(S)=\{x^s(i)+\mathrm{d}x^s(i)\}_{x^s(i)\in S} \tag{8.24}$$

其中，$\hat{S}$ 表示 l 时刻航迹点经过位移变换后的集合，$\mathrm{d}x^s(i)$ 表示对 l 时刻航迹点中第 i 个目标点移动轨迹的估计，“,”表示向量的串联。位移变换估计网络结构如表 8.7 所示。

表 8.7　位移变换估计网络结构

网　络　层	输 入 尺 寸	网 络 参 数	输 出 尺 寸
MLP-6	M×N×512	1×1×256	M×N×256
MLP-7	M×N×256	1×1×128	M×N×128
MLP-8	M×N×128	1×1×2	M×N×2

采用倒角距离[20]，对模型损失函数进行度量。为了让 l 时刻量测点集经位移变换后与 k 时刻量测点集距离接近，该模型的损失函数倒角损失定义如下：

$$L(\hat{S},G\,|\,\theta)=\sum_{\hat{x}^s(i)\in\hat{S}}\max(\min_{x^r(j)\in G}\|\hat{x}^s(i)-x^r(j)\|_2^2,\beta)+\sum_{x^r(j)\in G}\max(\min_{\hat{x}^s(i)\in\hat{S}}\|\hat{x}^s(i)-x^r(j)\|_2^2,\beta) \tag{8.25}$$

其中，θ 为该关联网络模型中需要训练的参数，β 为超参数，在实验中 β=0.1。

3）关联判决

计算位移变换后 l 时刻航迹点位置 $\hat{x}^s(i)$ 与 k 时刻量测点位置 $x^r(j)$ 间的距离，求得关联系数 c_{ij}，进而得到关联系数矩阵 $\boldsymbol{C}$。其中 $i=1,2,\cdots,N$；$j=1,2,\cdots,M$，不存在虚警漏报时 M=N。

$$c_{ij}=\|\hat{x}^s(i)-x^r(j)\|_2^2 \tag{8.26}$$

关联系数矩阵中若 c_{ij} 在该行和该列中都能取得最大值，则对应的点 $\hat{x}^s(i)$ 和 $x^r(j)$ 关联。经位移变换后 l 时刻航迹点 $\hat{x}^s(i)$ 与 k 时刻量测点 $x^r(j)$ 为同一目标，即 $m(i)=j$。

基于以上原则采用最大关联系数法进行关联判断，具体过程如下：

① 首先在关联系数矩阵 $\boldsymbol{C}$ 中找出最大元素 c_{ij}，则判定目标 $\hat{x}^{s}(i)$ 和目标 $x^{r}(j)$ 关联；

② 然后从关联系数矩阵 $\boldsymbol{C}$ 中划去最大元素 c_{ij} 所对应的行和列元素，得到新的降阶关联矩阵 $\boldsymbol{C}_1$，但原矩阵的行、列号（即数据中对应的目标）保持不变，从降阶矩阵 $\boldsymbol{C}_1$ 中找到新的最大值以判定该下标对应目标的关联；

③ 重复上述过程直到求出降阶关联矩阵 $\boldsymbol{C}_{N-1}$ 中的最大元素。

8.3.2　实验验证

为充分验证自适应关联模型算法的有效性，分别进行数据集构建、仿真场景验证和对比实验。根据实际情况，在仿真实验中考虑了三种仿真场景，分别验证提出的模型算法在处理舰船编队队形变换、定位误差和漏检等情况中的自适应能力。在对比试验中，将传统高斯混合模型算法（Gaussian Mixture Model, GMM）[21]与点航智能关联模型进行对比。仿真场景验证和对比实验都采用了 20 000 组训练集和 20 000 组测试集。整个实验是在 Tensorflow 框架下的一个 64 位工作站上进行的，该工作站主要配置为 Ubuntu 16.04、32gb RAM、8 Intel（R）Core（TM）i7-6770k CPU 和 NVIDIA GTX 1080Ti×2。

1. 数据集构建

根据舰船编队实际场景，首先构建训练数据集。l 时刻航迹点生成是通过对某一单元区域内随机选取 11 个目标点（即 N=11）。将 l 时刻航迹点集进行平移得到 k 时刻量测点集，在平移过程中涉及的参数有 x 坐标轴平移量 $\Delta x \in [-5,5]$，y 坐标轴平移量 $\Delta y \in [-5,5]$。考虑到舰船的队形可能发生变化和量测误差，即 k 时刻量测点集中的位置相较于 l 时刻航迹点集发生了非刚性形变，引入形变因子 q。

测试数据集的构建大致与训练数据相同。主要考虑以下三种场景。

（1）仿真场景一：考虑到在 l 时刻和 k 时刻的时间间隔内，舰船编队发生位移和队形变化，即 k 时刻量测点集中相较于 l 时刻航迹点集发生平移和非刚性形变，具体参数设置与训练集构建相同。

（2）仿真场景二：考虑到两种观测手段所获取的数据在定位精度上存在偏差。在场景一基础上对 k 时刻量测点集 G 中的每个位置坐标点添加位置噪声。位置噪声采用均值 $u_{\text{noise}}=0$，标注差 $\sigma_{\text{noise}}=f$ 的高斯噪声，其中 f 为噪声因子。

（3）仿真场景三：考虑到获取的数据可能存在漏警，在场景二基础上对 k 时刻量测点集 G 中减少 $N\times s$ 个缺失点，其中 s 为缺失点比率。

2. 仿真场景验证

1）仿真场景一

假设检测概率为 100%，即不存在漏警点。k 时刻上报数据时间晚于 l 时刻上报数据，在这段时间内舰船编队发生机动，队形产生形变。通过增加形变因子 q 的值，验证模型对舰船编队发生队形变化的适应能力。q 越大则 k 时刻量测点发生非刚性形变的形变量越大，实验结果仿真场景一的关联结果如图 8.19 所示。左图表示训练前 l 时刻航迹点与 k 时刻量测点间的位置关系，其中“○”代表 l 时刻的航迹点，而“×”代表 k 时刻的量测点。右图表示位移变换时每个 l 时刻的航迹点的移动轨迹。实验分别测试了 q 取 0.3、0.9 和 1.5 时的匹配效果。

实验结果表明，形变因子较小时匹配结果精确，有相同标号的点几乎完全重合；随着形变因子增大，整体编队结构产生较大变化，加大了匹配难度。最终匹配结果表明，虽然部分点没有完全重合，但有相同标号的点距离更近。根据 8.3.2 节定义的关联判别准则计算，q 取 0.3、0.9 和 1.5 时的关联准确率分别为 100%、81%、64%。

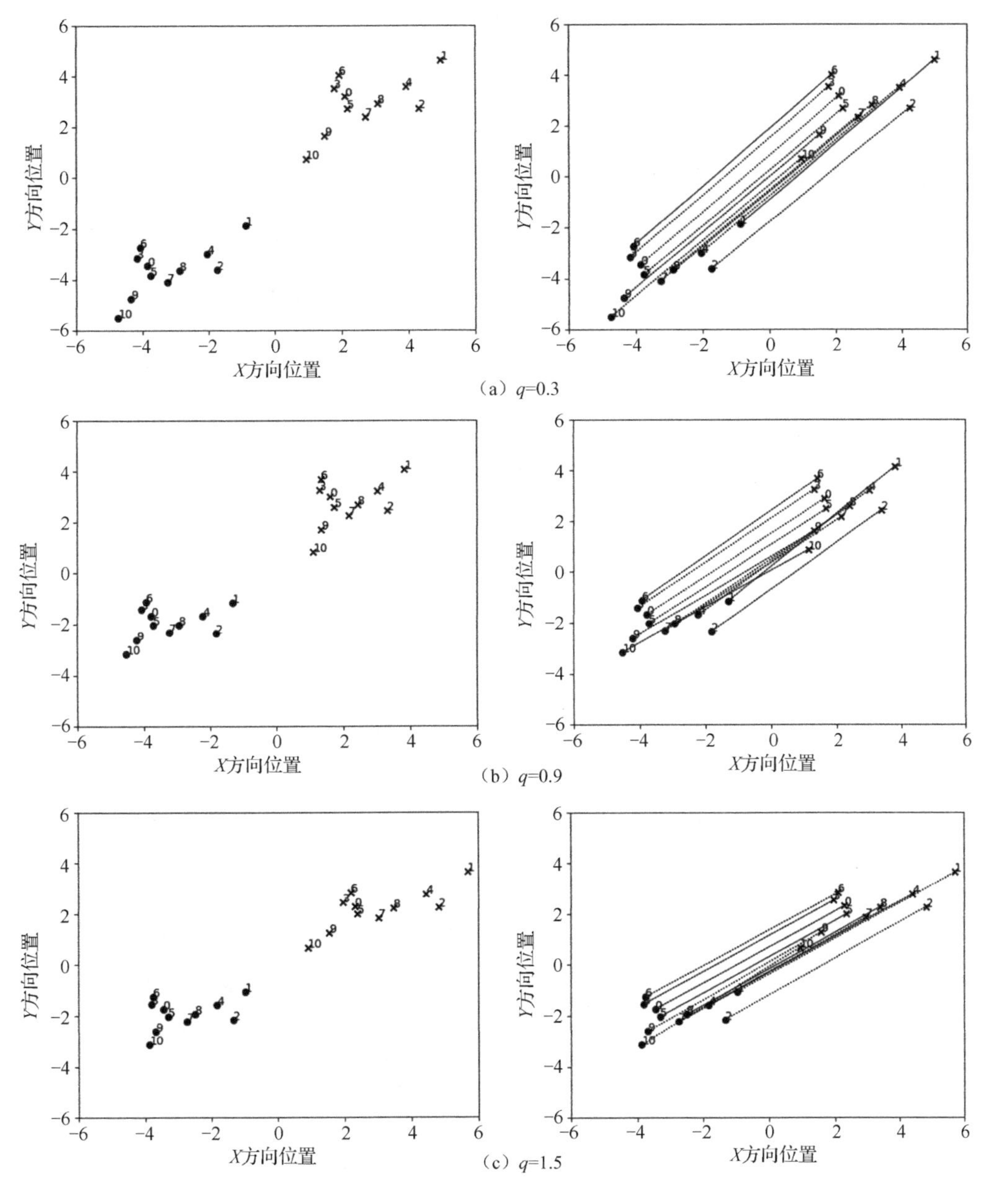

图 8.19　仿真场景一的关联结果

2）仿真场景二

假设量测点集中不存在漏警点。k 时刻上报数据时间晚于 l 时刻上报数据，在这段时间内舰船编队发生机动，队形产生形变。形变因子 l 为 0.3。通过增加噪声因子 f 的值，验证模型的抗噪声能力。仿真场景二的关联结果如图 8.20 所示，实验分别测试了 f 取 0.05、0.1 和 0.2

时的匹配效果，实验结果表明噪声因子较小时，经过目标点位移变换后，l 时刻航迹点与 k 时刻量测点匹配结果精确，重合度高。当噪声因子增大，k 时刻量测点的相对位置发生较大改变时，通过提出的自适应关联模型后，l 时刻航迹点与 k 时刻量测点匹配结果较差，但单纯依靠位置信息，人眼也难以判别。根据 8.3.2 节定义的关联判别准则计算，f 取 0.05、0.1 和 0.2 时的关联准确率分别为 100%、64%、36%。

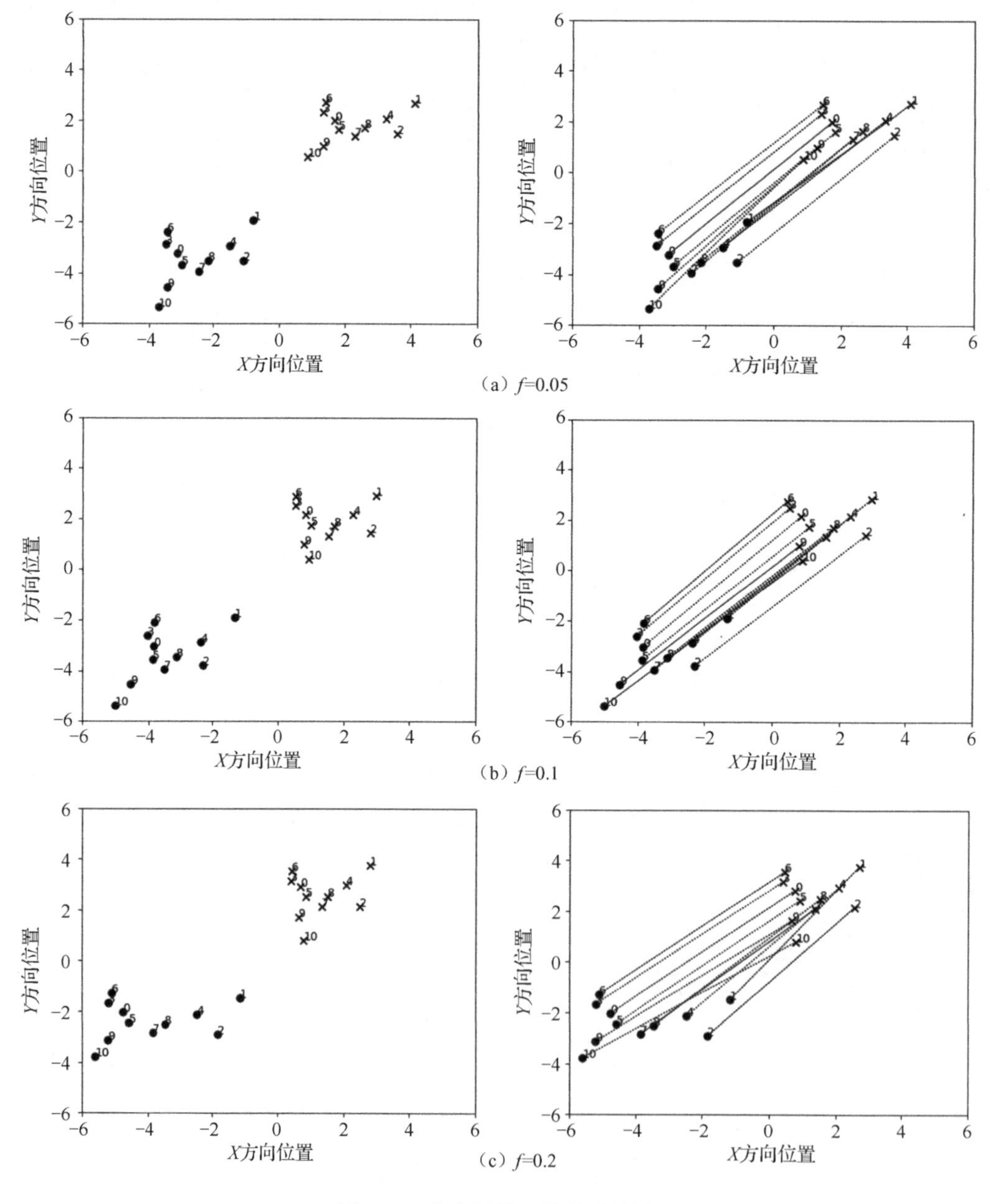

（a）f=0.05

（b）f=0.1

（c）f=0.2

图 8.20　仿真场景二的关联结果

3）仿真场景三

假设 k 时刻量测点存在漏警，随机删除 k 时刻数据中的量测点作为缺失点，漏警率用缺失点比率表示。k 时刻上报数据时间晚于 l 时刻上报数据，在这段时间内舰船编队发生机动，队形产生形变。形变因子 l 为 0.3，噪声因子 f 为 0.05。通过缺失点比率 s 的值，验证模型的抗漏警能力。仿真场景三的关联结果如图 8.21 所示，实验分别测试了 s 取 0.09、0.27 和 0.45 时的目标匹配效果，实验结果表明，缺失点个数较小时，能够保持 k 时刻量测点中编队目标的整体轮廓，匹配结果精确；当缺失点个数较多时，只能保持编队目标的局部轮廓，部分局部点匹配正确。根据 8.3.2 节定义的关联判别准则计算，s 分别取 0.09、0.27 和 0.45 时的关联准确率分别为 90%、75%、67%。

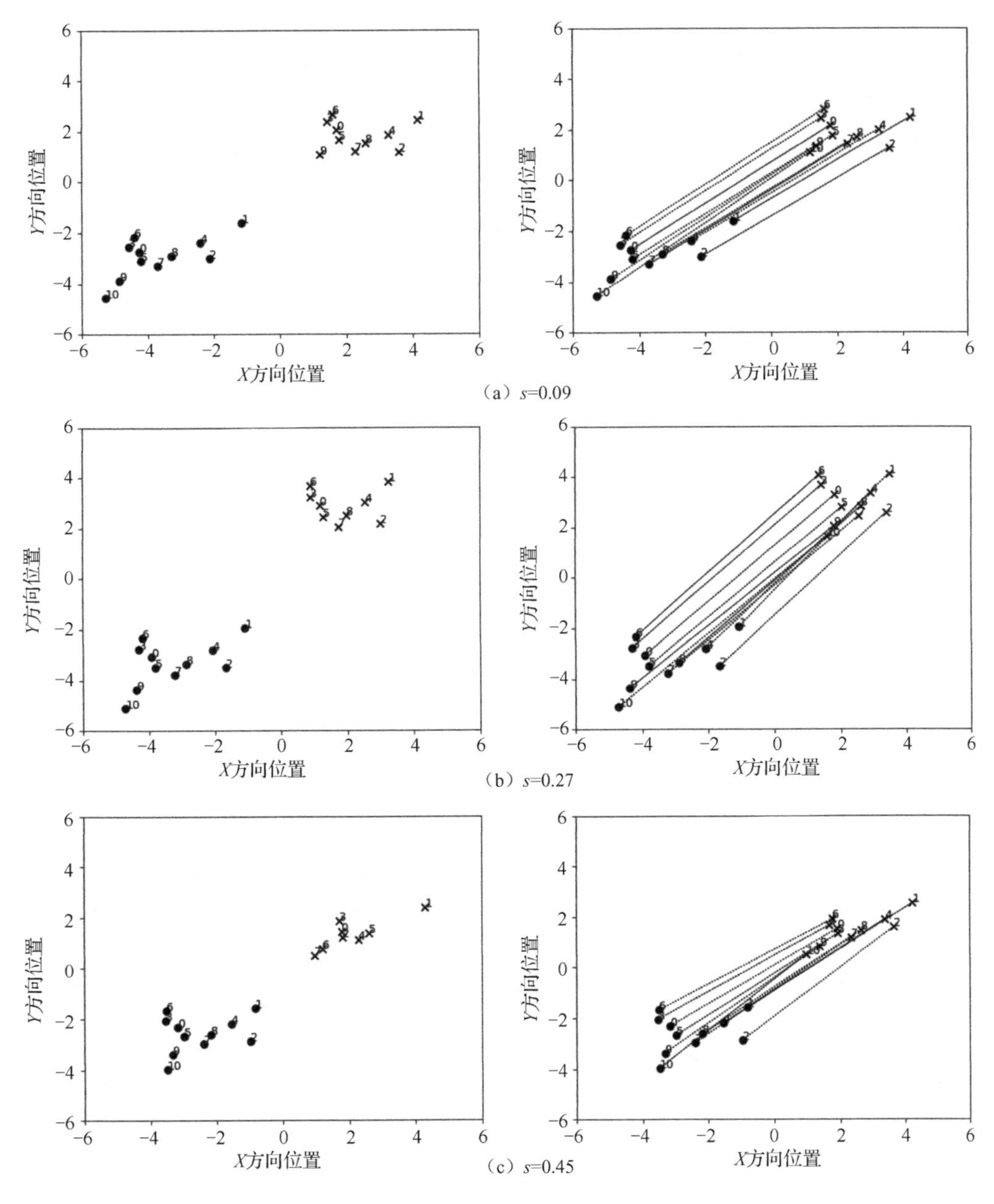

图 8.21　仿真场景三的关联结果

3. 对比试验

为了验证该模型的泛化能力和关联效率，与 GMM 进行对比时主要考虑关联耗时和平均关联准确率两项指标。

根据模拟的三种仿真场景，计算不同条件下模型在测试集中的平均关联准确率，实验结果如图 8.22 所示。在图 8.22（a）中，当 k 时刻量测点发生非刚性变换，点航智能关联模型相比于 GMM 算法适应能力更强。当形变因子小于 0.6 时，点航智能关联模型的平均关联准确率在 90%以上，而 GMM 算法的最高平均关联准确率不到 90%。随着形变程度的增加，点航智能关联模型的准确率缓慢下降，而 GMM 算法下降较快，无法应对较大的非刚性形变。当形变因子达到 2.0 时，点航智能关联模型准确率依然能够达到 50%以上，而 GMM 算法准确率不到 30%，难以进行关联。在图 8.22（b）中，随着噪声因子的增加，两种算法的准确率都下降较快，难以克服高噪声的情况，但点航智能关联模型的平均关联准确率整体优于 GMM 算法。在图 8.22（c）中，点航智能关联模型在应对失格点的情况明显优于 GMM 算法，当失格点个数较少时，平均关联准确率较于 GMM 算法提升较大，表明点航智能关联模型不仅能够实现目标点的全局关联，对局部目标点依然能够保持很好关联效果。

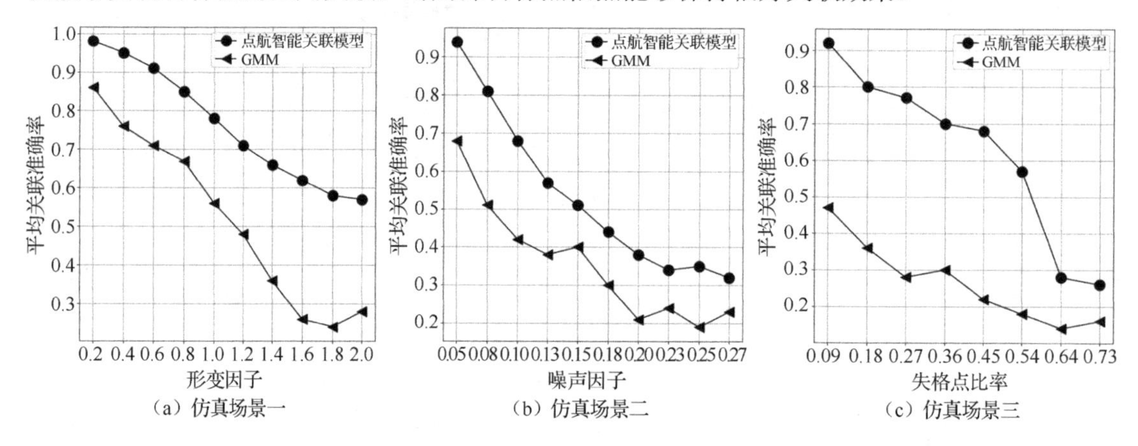

（a）仿真场景一　　（b）仿真场景二　　（c）仿真场景三

图 8.22　与 GMM 算法实验结果对比

根据仿真场景一中的参数设置，对比点航智能关联模型和 GMM 算法在形变因子为 0.9 时的平均关联准确率和关联时间，实验结果如表 8.8 所示。实验结果表明，点航智能关联模型在平均关联准确率和关联时间上明显优于 GMM 算法，表现出很好的关联精度和效率。这主要因为传统的 GMM 算法采用迭代优化的策略，不同场景中每一次关联过程都是相互独立的，很大程度上限制了该算法在应对大规模关联任务时的有效性。而点航智能关联模型采用基于学习的策略，能够通过神经网络进行离线训练，同时学习到目标点的全局和局部特征，在测试时关联精度高，耗时少，能够实时处理大规模的关联任务。

表 8.8　与 GMM 算法的性能和时间对比

方　法	平均关联准确率	关 联 时 间
GMM 算法（训练）	0.671 7	约 32 h
点航智能关联模型（训练）	0.846 6	约 6 min
GMM 算法（测试）	0.663 2	约 32 h
点航智能关联模型（测试）	0.841 3	约 8 s

8.4　航迹智能滤波技术

目标机动时，由于运动模式或者运动参数的快速变化，导致目标跟踪算法模型失配、结果发散，同时由于目标机动先验信息难以获得，使得机动目标跟踪成为重点和难点问题[22]。经典机动目标跟踪算法常常通过以下三种方式对滤波器进行调整，以自适应目标机动变化[23-25]：

① 机动检测；

② 调整滤波器增益；

③ 多模型覆盖。

虽然经典算法根据目标机动情况，采用不同途径进行自适应调整，但仍时常会存在以下局限。

一是引入了更多先验信息和参数。机动检测类算法需要设置机动检测门限、动态模型类算法需要对过程噪声进行建模、多模型类算法需要设定模型空间。

二是跟踪能力受引入参数影响较大，环境适应能力不强。经典算法引入的参数决定了其对当前环境的自适应能力。但当环境复杂多变时，算法容易出现模型失配，进而导致跟踪精度降低甚至跟踪发散。

实际应用中，由于目标机动复杂和环境动态变化，充足的先验信息基本难以获得，同时固定的参数设置也缩小了算法适用范围。随着目标跟踪应用环境不断拓展、目标机动性能不断提高，经典机动目标跟踪算法已难以完全满足实际应用需求。

神经网络具有强大的非线性拟合、学习和预测等能力，特别是近十年，以此为基础的深度学习在许多行业得到应用和探索，展现出了强大的效能和发展前景[26]。因此学者们不断尝试将神经网络运用到机动目标跟踪算法中，借以提高算法精度和适应能力。根据应用方式主要分为两种：第一种通过神经网络识别目标运动模式、参数或者对经典跟踪算法直接进行外部修正[27,28]，这一类算法原理虽然简单，但是神经网络与主体跟踪算法框架并未充分耦合交互，致使神经网络难以有效学习机动变化算法调节机制，算法鲁棒性差；第二种是通过循环神经网络[29]对目标进行端到端的状态估计和跟踪[30,31]。此种纯网络结构存在噪声敏感、平滑能力差和可解释性差等问题，在实际应用中可靠性难以保证，有待于进一步发展。

本节主要通过将神经网络与 Kalman 滤波算法进行耦合，得到一种可解释、可端到端学习、鲁棒性强的机动目标自适应跟踪算法[32]。

8.4.1　问题描述

本节使用混合状态空间模型对机动目标跟踪问题进行建模：

$$\boldsymbol{x}(k+1)=\boldsymbol{F}(k)\boldsymbol{x}(k)+\boldsymbol{\Gamma}(k)\boldsymbol{v}(k) \tag{8.27}$$

$$\boldsymbol{z}(k+1)=\boldsymbol{H}(k+1)\boldsymbol{x}(k+1)+\boldsymbol{w}(k+1) \tag{8.28}$$

其中，$\boldsymbol{x}(k+1)$、$\boldsymbol{z}(k+1)$ 分别为 $k+1$ 时刻的状态估计和量测，$\boldsymbol{F}(k)$、$\boldsymbol{H}(k+1)$ 为相应时刻的状态转移矩阵和量测矩阵，$\boldsymbol{\Gamma}(k)$、$\boldsymbol{w}(k+1)$ 为过程噪声矩阵和量测噪声。当目标机动时，状态转移矩阵 $\boldsymbol{F}(k)$ 发生改变，即目标运动模型发生改变时，算法在迭代过程中会产生误差。

Kalman 滤波算法单次迭代过程如下：

$$\hat{\boldsymbol{x}}(k+1|k)=\boldsymbol{F}(k)\hat{\boldsymbol{x}}(k|k) \tag{8.29}$$

$$\hat{\boldsymbol{z}}(k+1|k)=\boldsymbol{H}(k+1)\hat{\boldsymbol{x}}(k+1|k) \tag{8.30}$$

$$\boldsymbol{v}(k+1)=\boldsymbol{z}(k+1)-\hat{\boldsymbol{z}}(k+1|k) \tag{8.31}$$

$$\boldsymbol{P}(k+1|k)=\boldsymbol{F}(k)\boldsymbol{P}(k|k)\boldsymbol{F}'(k)+\boldsymbol{Q}(k) \tag{8.32}$$

$$\boldsymbol{S}(k+1)=\boldsymbol{H}(k+1)\boldsymbol{P}(k+1|k)\boldsymbol{H}'(k+1)+\boldsymbol{R}(k+1) \tag{8.33}$$

$$\boldsymbol{K}(k+1)=\boldsymbol{P}(k+1|k)\boldsymbol{H}'(k+1)\boldsymbol{S}^{-1}(k+1) \tag{8.34}$$

$$\boldsymbol{P}(k+1|k+1)=\boldsymbol{P}(k+1|k)-\boldsymbol{K}(k+1)\boldsymbol{S}(k+1)\boldsymbol{K}'(k+1) \tag{8.35}$$

$$\hat{\boldsymbol{x}}(k+1|k+1)=\hat{\boldsymbol{x}}(k+1|k)+\boldsymbol{K}(k+1)\boldsymbol{v}(k+1) \tag{8.36}$$

由上述公式可知，通过调整滤波增益可应对目标机动情况，具体可通过过程噪声协方差 $\boldsymbol{Q}$ 和量测噪声协方差 $\boldsymbol{R}$ 进行控制。

在实际应用中，当环境较为复杂时，难以对 $\boldsymbol{R}$ 进行先验或者实时估计。同时，目标机动时，Kalman 滤波算法的调节与 $\boldsymbol{Q}$ 、$\boldsymbol{R}$ 的关系也很难通过数学解析式进行准确表达，只能通过经验或者假设噪声、加速度等参数的概率分布，或者机动检测阈值，对算法进行调节。而如果使用神经网络直接离线或者外部调节，则存在以下两个局限性：

（1）实际中，一般只能获取目标较为精确的位置信息，中间参数信息无法直接得到。采用神经网络直接离线学习机动调节策略，存在数据集构建成本高、准确性低的问题；

（2）外部学习方式会导致神经网络学习过程与目标跟踪过程分离开来，当训练好的神经网络重新与跟踪算法相结合时，算法鲁棒性和实际有效性无法保证。

因此，为使神经网络学习达到较为准确的机动调整策略，需要将神经网络与跟踪算法耦合在一起，进而能够在跟踪任务中端到端学习到机动调节策略，以最终提高算法跟踪性能和鲁棒性。

8.4.2　端到端学习的可行性分析

神经网络通过将误差进行梯度反向传播来实现参数的自动学习。因此，实现端到端学习的前提条件为整体算法输出端的误差梯度能够通过非神经网络部分，反向传播到嵌在“中间”的神经网络的输出端，神经网络根据输出端的梯度再进行学习。下面对端到端学习的可行性进行理论分析。

采用 Kalman 滤波器作为跟踪算法的基本框架，考虑二维状态下的目标跟踪情形（一维、三维可类推）。假设目标在直角坐标系下 k 时刻的状态向量为 $\boldsymbol{x}=[x\quad \dot{x}\quad \ddot{x}\quad y\quad \dot{y}\quad \ddot{y}]'$，其中 $\dot{x}$ 、$\ddot{x}$ 以及 $\dot{y}$ 、$\ddot{y}$ 分别为目标在 X 轴和 Y 轴的速度和加速度分量。假设目标对应时刻的状态估计为 $\hat{\boldsymbol{x}}(k)$，则 k 时刻目标状态估计误差为

$$\tilde{\boldsymbol{x}}(k)=\boldsymbol{x}(k)-\hat{\boldsymbol{x}}(k) \tag{8.37}$$

令误差函数为 $f(\tilde{\boldsymbol{x}})$，为便于书写，在此处和后续文中不产生歧义前提下省略 k 。需要说明的是，实际中一般只能直接得到目标的位置信息，速度、加速度等信息一来不能大范围获取，二来获取的精度不高。因此为提高算法通用性和适用范围，这里只使用目标位置信息来计算算法的误差，并以此作为损失函数。

$$\mathrm{loss}(k)=f(\boldsymbol{x}_p(k)-\hat{\boldsymbol{x}}_p(k)) \tag{8.38}$$

式中，下标 p 表示目标状态的位置分量。

从另一个角度来说，由于目标机动，跟踪算法速度、加速度估计波动都比较大，甚至会严重偏离真值。因此如果将速度、加速度考虑在内，作为整体计算算法误差，则会导致算法训练不稳定，进而显著提高算法训练的时间和调参成本。因此从实际情况和降低算法复杂度

两方面考虑，只使用目标位置信息计算误差是合理合适的。

下面讨论 $\boldsymbol{Q}$ 和 $\boldsymbol{R}$ 的调节方式。在实际应用中，常常将 $\boldsymbol{Q}$ 和 $\boldsymbol{R}$ 设置为简单的对角矩阵。在本节中使用神经网络对 $\boldsymbol{Q}$ 和 $\boldsymbol{R}$ 进行调节。在神经网络中，网络输出维度越高，神经网络参数和计算量就会越大，而 $\boldsymbol{Q}$ 和 $\boldsymbol{R}$ 为矩阵结果，如果全部分量都采用网络输出，从算法复杂性和计算成本考虑，均是不合理的。因此，本节中将 $\boldsymbol{Q}$ 和 $\boldsymbol{R}$ 建模为对角形式，具体为

$$\boldsymbol{Q}(k)=\begin{bmatrix} \alpha_x(k)\boldsymbol{Q}_{x,0} & \boldsymbol{0} \\ \boldsymbol{0} & \alpha_y(k)\boldsymbol{Q}_{y,0} \end{bmatrix} \tag{8.39}$$

$$\boldsymbol{R}(k)=\begin{bmatrix} \beta_x(k)r_{x,0} & 0 \\ 0 & \beta_y(k)r_{y,0} \end{bmatrix} \tag{8.40}$$

同时，令

$$\boldsymbol{\alpha}(k)=[\alpha_x(k) \quad \alpha_y(k)] \tag{8.41}$$

$$\boldsymbol{\beta}(k)=[\beta_x(k) \quad \beta_y(k)] \tag{8.42}$$

上面四式中，$\boldsymbol{\alpha}(k)$、$\boldsymbol{\beta}(k)$ 分别为调节 $\boldsymbol{Q}$、$\boldsymbol{R}$ 两个维度的神经网络输出向量，其大小均 $\in(0,1)$。$\boldsymbol{Q}_{x,0}$、$\boldsymbol{Q}_{y,0}$ 分别为 $\boldsymbol{Q}$ 在两个维度的初始矩阵；$r_{x,0}$、$r_{y,0}$ 分别为 $\boldsymbol{R}$ 在两个维度的初始值。由于神经网络输出在 $(0,1)$ 范围，则 $\boldsymbol{Q}_{x,0}$、$\boldsymbol{Q}_{y,0}$、$r_{x,0}$、$r_{y,0}$ 也是网络输出的归一化矩阵/值，其有三个作用：一是限定 $\boldsymbol{Q}$ 和 $\boldsymbol{R}$ 在一定范围内，使得 Kalman 滤波算法更易收敛，加速网络训练，提高训练的稳定性；二是在算法正向传播时，将神经网络输出映射到实际值以维持算法的迭代过程；三是在误差反向传播时，将整体算法尾端反向传播到神经网络输出端的梯度归一化，避免梯度爆炸，这样整体算法的误差不用归一化，减少了预处理步骤，使得训练更为直观。

对于转移矩阵 $\boldsymbol{F}$，可以调节其部分元素使模型转移更加符合实际机动情况，这里令 k 时刻 $\boldsymbol{F}$ 中被调节的参数集为 $\boldsymbol{F}_{\text{para}}(k)$。

令构造的神经网络模型为 Net，网络 k 时刻输入为 input(k)，则本节需要实现的模型为

$$\begin{bmatrix} \boldsymbol{\alpha}(k) \\ \boldsymbol{\beta}(k) \\ \boldsymbol{F}_{\text{para}}(k) \end{bmatrix}=\text{Net}(\text{input}(k)) \tag{8.43}$$

在本节环境中，端到端学习的关键在于，实现跟踪位置误差梯度到神经网络输出端梯度的映射，即

$$\nabla f(\tilde{\boldsymbol{x}}_p(k)) \to \begin{bmatrix} \nabla\boldsymbol{\alpha}(k) \\ \nabla\boldsymbol{\beta}(k) \\ \nabla\boldsymbol{F}_{\text{para}}(k) \end{bmatrix} \tag{8.44}$$

Kalman 滤波算法的迭代过程主要由矩阵乘法、加法、转置以及逆运算等操作实现完成，由矩阵/向量的求导法则可以得知，式（8.44）的梯度运算过程是可以实现的。使用 L2 范数作为误差函数，即

$$f(\boldsymbol{x}_p(k)-\hat{\boldsymbol{x}}_p(k))=\|\boldsymbol{x}_p(k)-\hat{\boldsymbol{x}}_p(k)\|_2^2 \tag{8.45}$$

为便于书写，在不引起歧义的情况下，略去时间参数 k 和下标 p 以及部分明显的书写，将式（8.36）代入式（8.45），得到

$$f(\tilde{\boldsymbol{x}})=\|\boldsymbol{K}\boldsymbol{v}-\boldsymbol{b}\|_2^2 \tag{8.46}$$

$$\boldsymbol{b}(k+1)=-(\hat{\boldsymbol{x}}(k+1|k)-\boldsymbol{x}(k+1)) \tag{8.47}$$

对式（8.46）进行矩阵运算形式展开

$$f(\tilde{x})=\|\boldsymbol{K}\boldsymbol{v}-\boldsymbol{b}\|=(\boldsymbol{K}\boldsymbol{v}-\boldsymbol{b})'(\boldsymbol{K}\boldsymbol{v}-\boldsymbol{b}) \tag{8.48}$$

对式（8.48）两边微分，常数微分为 0 或者 **0**，得到

$$\mathrm{d}f=((\mathrm{d}\boldsymbol{K})\boldsymbol{v})'(\boldsymbol{K}\boldsymbol{v}-\boldsymbol{b})+(\boldsymbol{K}\boldsymbol{v}-\boldsymbol{b})'((\mathrm{d}\boldsymbol{K})\boldsymbol{v}) \tag{8.49}$$

由于 $f(\tilde{x})$ 为标量，可对式（8.49）进行矩阵迹运算，由迹的性质可得

$$\begin{aligned}\mathrm{d}f&=\mathrm{tr}(\mathrm{d}f)=\mathrm{tr}(((\mathrm{d}\boldsymbol{K})\boldsymbol{v})'(\boldsymbol{K}\boldsymbol{v}-\boldsymbol{b})+(\boldsymbol{K}\boldsymbol{v}-\boldsymbol{b})'((\mathrm{d}\boldsymbol{K})\boldsymbol{v}))\\&=\mathrm{tr}(((\mathrm{d}\boldsymbol{K})\boldsymbol{v})'(\boldsymbol{K}\boldsymbol{v}-\boldsymbol{b}))+\mathrm{tr}((\boldsymbol{K}\boldsymbol{v}-\boldsymbol{b})'((\mathrm{d}\boldsymbol{K})\boldsymbol{v}))\\&=2\mathrm{tr}((\boldsymbol{K}\boldsymbol{v}-\boldsymbol{b})'((\mathrm{d}\boldsymbol{K})\boldsymbol{v}))\end{aligned} \tag{8.50}$$

接下来将 $\boldsymbol{K}$ 使用式（8.34）进行替代，得到

$$\mathrm{d}\boldsymbol{K}=\mathrm{d}(\boldsymbol{P}\boldsymbol{H}'\boldsymbol{S}^{-1})=-\boldsymbol{P}\boldsymbol{H}'\boldsymbol{S}^{-1}(\mathrm{d}\boldsymbol{S})\boldsymbol{S}^{-1}=-\boldsymbol{P}\boldsymbol{H}'\boldsymbol{S}^{-1}(\mathrm{d}\boldsymbol{R})\boldsymbol{S}^{-1} \tag{8.51}$$

将式（8.51）代入式（8.50）中，再根据迹的性质进行形式变化得到

$$\begin{aligned}\mathrm{d}f&=2\mathrm{tr}((\boldsymbol{K}\boldsymbol{v}-\boldsymbol{b})'((\mathrm{d}\boldsymbol{K})\boldsymbol{v}))\\&=2\mathrm{tr}((\boldsymbol{K}\boldsymbol{v}-\boldsymbol{b})'((-\boldsymbol{P}\boldsymbol{H}'\boldsymbol{S}^{-1}(\mathrm{d}\boldsymbol{R})\boldsymbol{S}^{-1})\boldsymbol{v}))\\&=-2\mathrm{tr}(\boldsymbol{S}^{-1}\boldsymbol{v}(\boldsymbol{K}\boldsymbol{v}-\boldsymbol{b})'\boldsymbol{P}\boldsymbol{H}'\boldsymbol{S}^{-1}\mathrm{d}\boldsymbol{R})\\&=-2\mathrm{tr}(((\boldsymbol{S}^{-1})'\boldsymbol{H}\boldsymbol{P}'(\boldsymbol{K}\boldsymbol{v}-\boldsymbol{b})\boldsymbol{v}'(\boldsymbol{S}^{-1})')'\mathrm{d}\boldsymbol{R})\end{aligned} \tag{8.52}$$

再将式（8.32）、式（8.33）替代 $\boldsymbol{K}$ ，得到

$$\begin{aligned}\mathrm{d}\boldsymbol{K}&=\mathrm{d}(\boldsymbol{P}\boldsymbol{H}'\boldsymbol{S}^{-1})=(\mathrm{d}\boldsymbol{P})\boldsymbol{H}'\boldsymbol{S}^{-1}-\boldsymbol{P}\boldsymbol{H}'\boldsymbol{S}^{-1}(\mathrm{d}\boldsymbol{S})\boldsymbol{S}^{-1}\\&=(\mathrm{d}\boldsymbol{Q})\boldsymbol{H}'\boldsymbol{S}^{-1}-\boldsymbol{P}\boldsymbol{H}'\boldsymbol{S}^{-1}(\boldsymbol{H}(\mathrm{d}\boldsymbol{Q})\boldsymbol{H}')\boldsymbol{S}^{-1}\\&=(\mathrm{d}\boldsymbol{Q})\boldsymbol{H}'\boldsymbol{S}^{-1}-\boldsymbol{P}\boldsymbol{H}'\boldsymbol{S}^{-1}\boldsymbol{H}(\mathrm{d}\boldsymbol{Q})\boldsymbol{H}'\boldsymbol{S}^{-1}\end{aligned} \tag{8.53}$$

同样，将式（8.53）代入式（8.52）中，使用迹的性质，变形可得

$$\begin{aligned}\mathrm{d}f&=2\mathrm{tr}((\boldsymbol{K}\boldsymbol{v}-\boldsymbol{b})'(((\mathrm{d}\boldsymbol{Q})\boldsymbol{H}'\boldsymbol{S}^{-1}-\boldsymbol{P}\boldsymbol{H}'\boldsymbol{S}^{-1}\boldsymbol{H}(\mathrm{d}\boldsymbol{Q})\boldsymbol{H}'\boldsymbol{S}^{-1})\boldsymbol{v}))\\&=2\mathrm{tr}((\boldsymbol{K}\boldsymbol{v}-\boldsymbol{b})'(\mathrm{d}\boldsymbol{Q})\boldsymbol{H}'\boldsymbol{S}^{-1}\boldsymbol{v})-2\mathrm{tr}((\boldsymbol{K}\boldsymbol{v}-\boldsymbol{b})'\boldsymbol{P}\boldsymbol{H}'\boldsymbol{S}^{-1}\boldsymbol{H}(\mathrm{d}\boldsymbol{Q})\boldsymbol{H}'\boldsymbol{S}^{-1}\boldsymbol{v})\\&=2\mathrm{tr}(\boldsymbol{H}'\boldsymbol{S}^{-1}\boldsymbol{v}(\boldsymbol{K}\boldsymbol{v}-\boldsymbol{b})'\mathrm{d}\boldsymbol{Q})-2\mathrm{tr}(\boldsymbol{H}'\boldsymbol{S}^{-1}\boldsymbol{v}(\boldsymbol{K}\boldsymbol{v}-\boldsymbol{b})'\boldsymbol{P}\boldsymbol{H}'\boldsymbol{S}^{-1}\boldsymbol{H}\mathrm{d}\boldsymbol{Q})\\&=2\mathrm{tr}(((\boldsymbol{K}\boldsymbol{v}-\boldsymbol{b})\boldsymbol{v}'(\boldsymbol{S}^{-1})'\boldsymbol{H})'\mathrm{d}\boldsymbol{Q})-2\mathrm{tr}((\boldsymbol{H}'(\boldsymbol{S}^{-1})'\boldsymbol{H}\boldsymbol{P}'(\boldsymbol{K}\boldsymbol{v}-\boldsymbol{b})\boldsymbol{v}'(\boldsymbol{S}^{-1})'\boldsymbol{H})'\mathrm{d}\boldsymbol{Q})\\&=2\mathrm{tr}(((\boldsymbol{I}-\boldsymbol{H}'(\boldsymbol{S}^{-1})'\boldsymbol{H}\boldsymbol{P}')(\boldsymbol{K}\boldsymbol{v}-\boldsymbol{b})\boldsymbol{v}'(\boldsymbol{S}^{-1})'\boldsymbol{H})'\mathrm{d}\boldsymbol{Q})\end{aligned} \tag{8.54}$$

将式（8.32）替代 $\boldsymbol{K}$ ，可以得到

$$\begin{aligned}\mathrm{d}\boldsymbol{K}&=\mathrm{d}(\boldsymbol{P}\boldsymbol{H}'\boldsymbol{S}^{-1})=(\mathrm{d}\boldsymbol{P})\boldsymbol{H}'\boldsymbol{S}^{-1}-\boldsymbol{P}\boldsymbol{H}'\boldsymbol{S}^{-1}(\mathrm{d}\boldsymbol{S})\boldsymbol{S}^{-1}\\&=((\mathrm{d}\boldsymbol{F})\boldsymbol{P}_k\boldsymbol{F}'+\boldsymbol{F}\boldsymbol{P}_k(\mathrm{d}\boldsymbol{F})')\boldsymbol{H}'\boldsymbol{S}^{-1}-\boldsymbol{P}\boldsymbol{H}'\boldsymbol{S}^{-1}(\boldsymbol{H}(\mathrm{d}\boldsymbol{P})\boldsymbol{H}')\boldsymbol{S}^{-1}\\&=((\mathrm{d}\boldsymbol{F})\boldsymbol{P}_k\boldsymbol{F}'+\boldsymbol{F}\boldsymbol{P}_k(\mathrm{d}\boldsymbol{F})')\boldsymbol{H}'\boldsymbol{S}^{-1}-\boldsymbol{P}\boldsymbol{H}'\boldsymbol{S}^{-1}(\boldsymbol{H}((\mathrm{d}\boldsymbol{F})\boldsymbol{P}_k\boldsymbol{F}'+\boldsymbol{F}\boldsymbol{P}_k(\mathrm{d}\boldsymbol{F})')\boldsymbol{H}')\boldsymbol{S}^{-1}\end{aligned} \tag{8.55}$$

将式（8.55）代入式（8.54），同样使用迹的相关性质可以得到

$$\begin{aligned}\mathrm{d}f&=2\mathrm{tr}\left((\boldsymbol{K}\boldsymbol{v}-\boldsymbol{b})'\left(\begin{pmatrix}((\mathrm{d}\boldsymbol{F})\boldsymbol{P}_k\boldsymbol{F}'+\boldsymbol{F}\boldsymbol{P}_k(\mathrm{d}\boldsymbol{F})')\boldsymbol{H}'\boldsymbol{S}^{-1}-\\ \boldsymbol{P}\boldsymbol{H}'\boldsymbol{S}^{-1}(\boldsymbol{H}((\mathrm{d}\boldsymbol{F})\boldsymbol{P}_k\boldsymbol{F}'+\boldsymbol{F}\boldsymbol{P}_k(\mathrm{d}\boldsymbol{F})')\boldsymbol{H}')\boldsymbol{S}^{-1}\end{pmatrix}\boldsymbol{v}\right)\right)\\&=2\mathrm{tr}((\boldsymbol{K}\boldsymbol{v}-\boldsymbol{b})'((\mathrm{d}\boldsymbol{F})\boldsymbol{P}_k\boldsymbol{F}'+\boldsymbol{F}\boldsymbol{P}_k(\mathrm{d}\boldsymbol{F})')\boldsymbol{H}'\boldsymbol{S}^{-1}\boldsymbol{v})-\\&\quad 2\mathrm{tr}((\boldsymbol{K}\boldsymbol{v}-\boldsymbol{b})'\boldsymbol{P}\boldsymbol{H}'\boldsymbol{S}^{-1}(\boldsymbol{H}((\mathrm{d}\boldsymbol{F})\boldsymbol{P}_k\boldsymbol{F}'+\boldsymbol{F}\boldsymbol{P}_k(\mathrm{d}\boldsymbol{F})')\boldsymbol{H}')\boldsymbol{S}^{-1}\boldsymbol{v})\\&=2\mathrm{tr}(\boldsymbol{P}_k\boldsymbol{F}'\boldsymbol{H}'\boldsymbol{S}^{-1}\boldsymbol{v}(\boldsymbol{K}\boldsymbol{v}-\boldsymbol{b})'\mathrm{d}\boldsymbol{F})+2\mathrm{tr}((\boldsymbol{H}'\boldsymbol{S}^{-1}\boldsymbol{v}(\boldsymbol{K}\boldsymbol{v}-\boldsymbol{b})'\boldsymbol{F}\boldsymbol{P}_k)'\mathrm{d}\boldsymbol{F})-\\&\quad 2\mathrm{tr}(\boldsymbol{P}_k\boldsymbol{F}'\boldsymbol{H}'\boldsymbol{S}^{-1}\boldsymbol{v}(\boldsymbol{K}\boldsymbol{v}-\boldsymbol{b})'\boldsymbol{P}\boldsymbol{H}'\boldsymbol{S}^{-1}\boldsymbol{H}\mathrm{d}\boldsymbol{F})-\\&\quad 2\mathrm{tr}((\boldsymbol{H}'\boldsymbol{S}^{-1}\boldsymbol{v}(\boldsymbol{K}\boldsymbol{v}-\boldsymbol{b})'\boldsymbol{P}\boldsymbol{H}'\boldsymbol{S}^{-1}\boldsymbol{H}\boldsymbol{F}\boldsymbol{P}_k)'\mathrm{d}\boldsymbol{F})\end{aligned}$$

$$= 2\mathrm{tr}(((\boldsymbol{I} - \boldsymbol{H}'(\boldsymbol{S}^{-1})'\boldsymbol{H}\boldsymbol{P}')(\boldsymbol{K}\boldsymbol{v} - \boldsymbol{b})\boldsymbol{v}'(\boldsymbol{S}^{-1})'\boldsymbol{H}\boldsymbol{F}\boldsymbol{P}_k')'\mathrm{d}\boldsymbol{F}) + 2\mathrm{tr}((\boldsymbol{H}'\boldsymbol{S}^{-1}\boldsymbol{v}(\boldsymbol{K}\boldsymbol{v} - \boldsymbol{b})'(\boldsymbol{I} - \boldsymbol{P}\boldsymbol{H}'\boldsymbol{S}^{-1}\boldsymbol{H})\boldsymbol{F}\boldsymbol{P}_k)'\mathrm{d}\boldsymbol{F}) \tag{8.56}$$

由矩阵导数与微分的关系式

$$\mathrm{d}f = \mathrm{tr}\left(\left(\frac{\partial f}{\partial \boldsymbol{X}}\right)'\mathrm{d}\boldsymbol{X}\right) \tag{8.57}$$

根据上式，分析式（8.52）、式（8.54），可以得到

$$\frac{\partial f}{\partial \boldsymbol{R}} = -2(\boldsymbol{S}^{-1})'\boldsymbol{H}\boldsymbol{P}'(\boldsymbol{K}\boldsymbol{v} - \boldsymbol{b})\boldsymbol{v}'(\boldsymbol{S}^{-1})' \tag{8.58}$$

$$\frac{\partial f}{\partial \boldsymbol{Q}} = (\boldsymbol{I} - \boldsymbol{H}'(\boldsymbol{S}^{-1})'\boldsymbol{H}\boldsymbol{P}')(\boldsymbol{K}\boldsymbol{v} - \boldsymbol{b})\boldsymbol{v}'(\boldsymbol{S}^{-1})'\boldsymbol{H} \tag{8.59}$$

$$\frac{\partial f}{\partial \boldsymbol{F}} = (\boldsymbol{I} - \boldsymbol{H}'(\boldsymbol{S}^{-1})'\boldsymbol{H}\boldsymbol{P}')(\boldsymbol{K}\boldsymbol{v} - \boldsymbol{b})\boldsymbol{v}'(\boldsymbol{S}^{-1})'\boldsymbol{H}\boldsymbol{F}\boldsymbol{P}_k' + \boldsymbol{H}'\boldsymbol{S}^{-1}\boldsymbol{v}(\boldsymbol{K}\boldsymbol{v} - \boldsymbol{b})'(\boldsymbol{I} - \boldsymbol{P}\boldsymbol{H}'\boldsymbol{S}^{-1}\boldsymbol{H})\boldsymbol{F}\boldsymbol{P}_k \tag{8.60}$$

其中，$\boldsymbol{P}$ 为 $\boldsymbol{P}(k+1|k)$，$\boldsymbol{P}_k$ 为 $\boldsymbol{P}(k|k)$。

需要注意的是，这里使用的矩阵求导为分母布局，即对于标量对矩阵求导，结果矩阵的维度与分母一致。根据正文中对 $\boldsymbol{Q}$ 和 $\boldsymbol{R}$ 的定义以及损失函数的计算，得到调节因子的梯度为：

$$\frac{\partial f}{\partial \alpha_x} = \frac{\partial f}{\partial \boldsymbol{Q}}\frac{\partial \boldsymbol{Q}}{\partial \alpha_x} = \boldsymbol{Q}_{x,0}(1,1)\frac{\partial f}{\partial \boldsymbol{Q}}(1,1) = \boldsymbol{Q}_{x,0}(1,1)[(\boldsymbol{I} - \boldsymbol{H}'(\boldsymbol{S}^{-1})'\boldsymbol{H}\boldsymbol{P}')(\boldsymbol{K}\boldsymbol{v} - \boldsymbol{b})\boldsymbol{v}'(\boldsymbol{S}^{-1})'\boldsymbol{H}]_{1,1} \tag{8.61}$$

$$\frac{\partial f}{\partial \alpha_y} = \frac{\partial f}{\partial \boldsymbol{Q}}\frac{\partial \boldsymbol{Q}}{\partial \alpha_y} = \boldsymbol{Q}_{y,0}(1,1)\frac{\partial f}{\partial \boldsymbol{Q}}(1,1) = \boldsymbol{Q}_{y,0}(1,1)[(\boldsymbol{I} - \boldsymbol{H}'(\boldsymbol{S}^{-1})'\boldsymbol{H}\boldsymbol{P}')(\boldsymbol{K}\boldsymbol{v} - \boldsymbol{b})\boldsymbol{v}'(\boldsymbol{S}^{-1})'\boldsymbol{H}]_{4,4} \tag{8.62}$$

$$\frac{\partial f}{\partial \beta_x} = \frac{\partial f}{\partial \boldsymbol{R}}\frac{\partial \boldsymbol{R}}{\partial \beta_x} = r_{x,0}[-2(\boldsymbol{S}^{-1})'\boldsymbol{H}\boldsymbol{P}'(\boldsymbol{K}\boldsymbol{v} - \boldsymbol{b})\boldsymbol{v}'(\boldsymbol{S}^{-1})']_{1,1} \tag{8.63}$$

$$\frac{\partial f}{\partial \beta_y} = \frac{\partial f}{\partial \boldsymbol{R}}\frac{\partial \boldsymbol{R}}{\partial \beta_y} = r_{y,0}[-2(\boldsymbol{S}^{-1})'\boldsymbol{H}\boldsymbol{P}'(\boldsymbol{K}\boldsymbol{v} - \boldsymbol{b})\boldsymbol{v}'(\boldsymbol{S}^{-1})']_{2,2} \tag{8.64}$$

f 中关于 $\boldsymbol{F}$ 各元素的导数按照以上四式同样的方法可以给出，这里不再赘述。

上述四式中，损失函数的值为标量，调节因子也为标量，因此调节因子的梯度应为标量。同时，由于只使用目标位置分量计算损失，因此关于速度和加速度分量的部分信息最后无须使用。需要说明的是，由于只使用了目标的位置分量计算误差，会使得单个时间步无法计算速度、加速度有关的因子导数，这可以通过多时间步解决。综上，可以得到调节因子的梯度计算式。

得到调节因子 $\boldsymbol{\alpha}(k)$、$\boldsymbol{\beta}(k)$、$\boldsymbol{F}_{\mathrm{para}}(k)$ 输出端的梯度之后，通过神经网络学习算法，就能对状态转移矩阵、过程噪声协方差矩阵和量测噪声协方差矩阵的自适应调节策略进行学习，从而实现机动目标的自适应跟踪。综上可知，状态转移矩阵、过程噪声协方差矩阵和量测噪声协方差矩阵的自适应调节策略是可以实现的。

8.4.3 循环卡尔曼神经网络模型

在大部分目标跟踪任务场景中，不同方向目标状态信息独立性强、耦合性弱，实际可以对目标不同方向进行单独跟踪。鉴于此，本节仅对单个方向目标状态进行建模。目标机动主要是加速度发生了变化，根据 Singer 模型推导过程，将目标转移矩阵建模为

$$\boldsymbol{F}(k)=\begin{bmatrix}1 & T & \boldsymbol{\Gamma}_1(k)\\0 & 1 & \boldsymbol{\Gamma}_2(k)\\0 & 0 & \boldsymbol{\Gamma}_3(k)\end{bmatrix} \tag{8.65}$$

其中$\boldsymbol{\Gamma}(k)$为调节参数向量（其中每个元素$\in(0,1)$）。对于$\boldsymbol{Q}(k)$和$\boldsymbol{R}(k+1)$建模如下

$$\boldsymbol{Q}(k)=\alpha(k)\boldsymbol{Q}_0 \tag{8.66}$$

$$\boldsymbol{R}(k+1)=\beta(k)\boldsymbol{R}_0 \tag{8.67}$$

其中$\alpha(k)$、$\beta(k)\in(0,1)$分别为过程噪声协方差矩阵和量测噪声协方差矩阵的幅度调节因子，是标量，$\boldsymbol{Q}_0$和$\boldsymbol{R}_0$分别为初始化的过程和量测噪声常数矩阵。

令构造的神经网络模型为Net，网络k时刻输入为input(k)，则本节需要实现的模型为

$$\begin{bmatrix}\alpha(k)\\\beta(k)\\\boldsymbol{\Gamma}'(k)\end{bmatrix}=\mathrm{Net}(\mathrm{input}(k)) \tag{8.68}$$

$$\boldsymbol{\Gamma}'(k)=\boldsymbol{\kappa}\cdot\boldsymbol{\Gamma}(k) \tag{8.69}$$

其中$\boldsymbol{\kappa}$为幅度常数向量，可确保网络输出能够符合使用需求。

卡尔曼（Kalman）滤波算法结合神经网络，在线通过上一时刻状态和协方差，根据当前时刻的量测，得到当前时刻的状态估计和协方差，并且修正中间参数$\boldsymbol{Q}$和$\boldsymbol{R}$。将上一时刻状态和协方差作为隐藏信息，量测和状态估计分别作为输入和输出，此时算法可以视为一种广义的循环神经网络。为便于书写，后面将循环卡尔曼神经网络简称为RKNN。

RNN由于其特殊的反馈循环结构，能够学习大量时序信息。与此同时，理论上单隐层神经网络能够趋近于任何非线性函数。有鉴于此，本节提出的RKNN网络模型结构如图8.23所示。

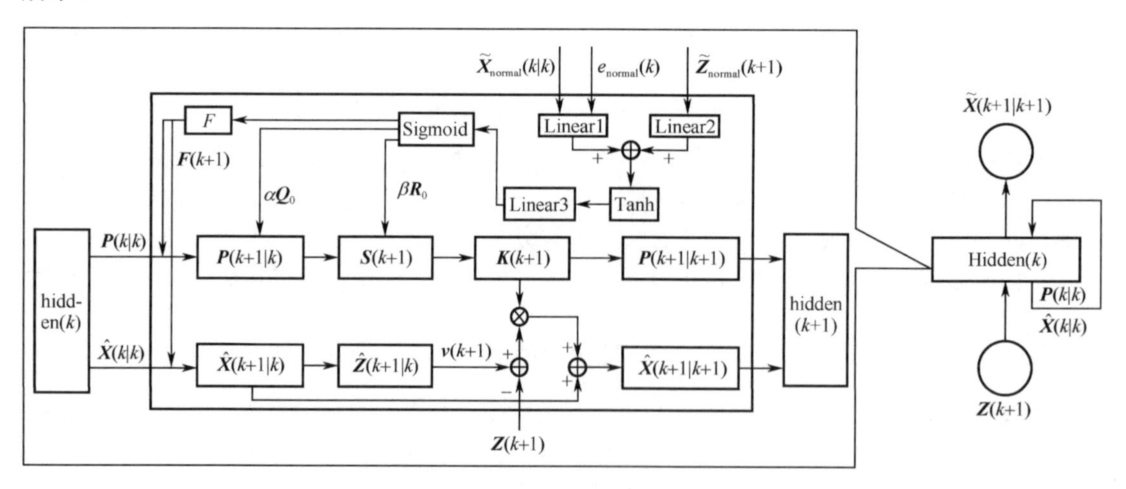

图8.23　RKNN网络模型结构图

本节采用目标状态估计、量测以及归一化新息加权范数e神经网络输入，作为网络感知目标状态的依据。

令Linear为单层线性网络，normal(·)为归一化处理，则图8.23中网络输入到输出计算公式如下：

$$e_{\mathrm{normal}}(k)=\mathrm{normal}(\nu'(k)S^{-1}(k)\nu(k)) \tag{8.70}$$

$$\tilde{\boldsymbol{x}}_{\text{normal}}(k|k) = \text{normal}(\hat{\boldsymbol{x}}(k|k) - \hat{\boldsymbol{x}}(k-1|k-1)) \tag{8.71}$$

$$\tilde{z}_{\text{normal}}(k+1) = \text{normal}(z(k+1) - z(k)) \tag{8.72}$$

$$\text{out}_1 = \text{Linear}_1[\tilde{\boldsymbol{x}}_{\text{normal}}(k|k), e_{\text{normal}}(k)] \tag{8.73}$$

$$\text{out}_2 = \text{Tanh}(\text{out}_1 + \text{Linear}_2(\tilde{z}_{\text{normal}}(k+1))) \tag{8.74}$$

$$\begin{bmatrix} \alpha(k+1) \\ \beta(k+1) \\ \boldsymbol{\Gamma}'(k+1) \end{bmatrix} = \text{sigmoid}(\text{Linear}_3(\text{out}_2)) \tag{8.75}$$

根据循环网络特性，当设定好时间窗后，RKNN 就可以根据时间窗内的目标信息对 $\boldsymbol{Q}$ 和 $\boldsymbol{R}$ 进行修正。令 RKNN 为 seq-to-seq 模式，w 为时间窗，即

$$\{\hat{\boldsymbol{x}}(k|k)\}_i^{i+w} = \text{RKNN}(\{z(k)\}_i^{i+w})_{\text{hidden}(i-1)} \tag{8.76}$$

8.4.4 RKNN 网络训练

1. 数据集生成

本节通过仿真方法构建训练数据集，其中单条样本，即目标轨迹生成规则如表 8.9 所示，其中，$\text{rand}(a,b)$ 表示从 a 到 b 的均匀分布。目标在起始时进行匀速直线运动，到了随机产生的机动时间点，开始机动，匀速直线运动转变为匀加速运动，加速度变化方式为随机阶跃变化，大小不超过设定的最大加速度。

表 8.9　目标轨迹生成规则

参数名称	数量值	参数名称	数量值
轨迹长度/s	100	机动次数/次	3～5（随机）
采样率/Hz	2	最大速度/（m/s）	400
轨迹点数目	200	测试集轨迹数目/条	200
起点位置/m	rand（5 000,7 000）	训练集轨迹数目/条	1 000
起点速度/（m/s）	rand（−100,100）	起始运动模式	匀速直线

2. 网络训练

根据第二节描述，Linear_1 和 Linear_2 的输入维度大小分别为 4 和 1。本节中设定两个线性层输出维度即隐层大小或 Linear_3 的输入维度为 20。

网络输入的归一化规则为

$$\tilde{\boldsymbol{x}}_{\text{normal}}(k|k) = \frac{\hat{\boldsymbol{x}}(k|k) - \hat{\boldsymbol{x}}(k-1|k-1)}{V_{\max}} \tag{8.77}$$

$$\tilde{z}_{\text{normal}}(k+1) = \frac{z(k+1) - z(k)}{V_{\max}} \tag{8.78}$$

$$e_{\text{normal}}(k) = \frac{\nu'(k)S^{-1}(k)\nu(k)}{e_{\max}} \tag{8.79}$$

由于目标轨迹序列数值是在初始位置的基础上进行变化的，而目标的初始位置数值变化区间较大，会对归一化因子的选择、归一化后的数值压缩程度产生负面影响，因此在式（8.77）

至式（8.78）中通过对目标状态和量测的前后增量进行归一化来去除初始状态这一“直流分量”的影响。式（8.79）是目标的机动检测中常用的归一化新息平方计算公式。

当目标采样率高于 1 Hz 时，其位置增量不会超过最大速度大小，根据表 8.9，$V_{\max}=400\ \text{m/s}$。归一化新息加权范数的最大值，根据经验，设定为$e_{\max}=10$。

为了加快和稳定训练的过程，在目标的前t_s秒内使用标准的匀速直线 Kalman 滤波，此时滤波算法经过收敛已经得到了较为稳定的目标状态估计和滤波相关的参数，减少了训练发散的可能性。在此后的算法测试和算法对比时所有算法均使用该设定。t_s秒后使用 RKNN 模型进行跟踪和训练，令采样间隔为T，令目标过程噪声和量测方差初值分别为q_0和r_0，则有

$$\boldsymbol{\Gamma}=\begin{bmatrix}\frac{1}{2}T^2 & T & 1\end{bmatrix}' \tag{8.80}$$

$$\boldsymbol{Q}_0=\boldsymbol{\Gamma}q_0\boldsymbol{\Gamma} \tag{8.81}$$

$$\boldsymbol{R}_0=r_0\boldsymbol{I} \tag{8.82}$$

由于 RKNN 中，$\boldsymbol{Q}$和$\boldsymbol{R}$根据式（8.66）和式（8.67）进行调节，sigmoid 层会使得α、β输出为[0,1]，理论上只要将q_0和r_0设定为大于实际量测和过程噪声方差即可，网络能够进行自适应调整。

对于损失函数的选择，一方面由于 RKNN 是进行端到端训练的，其网络输出并没有进行归一化，如果使用均方误差作为损失函数，由于误差普遍大于 1，因此噪声的影响可能会被损失函数放大。另一方面实际中一般只能获取到目标位置的真值或者高精度值，故本节仅使用目标的位置计算损失，同时考虑到 L1 损失函数计算简单、鲁棒性较强，便于网络调试，因此本节网络训练使用 L1 损失函数。RKNN 在每个w时间窗内完成迭代后，进行误差反向传播和网络训练。令$\boldsymbol{X}_{i,j}$和$\hat{\boldsymbol{X}}_{i,j}$分别为批数据第$j$条轨迹的第$i$个真实目标位置和相应的估计目标位置，则误差通过下式进行计算：

$$\text{loss}(\hat{\boldsymbol{X}},\boldsymbol{X})=\frac{1}{\text{batch}}\sum_{j=1}^{\text{batch}}\left(\frac{1}{w}\sum_{i=1}^{w}|\boldsymbol{X}_{i,j}-\hat{\boldsymbol{X}}_{i,j}|\right) \tag{8.83}$$

由于训练集含有噪声，为了提高网络的泛化能力，减少过拟合，采用蒙特卡罗方式进行训练，即每轮训练开始时，对数据集重新添加量测噪声，再送入网络进行训练。训练集轨迹条数为 1 000，批大小为 1 000，训练次数为 2 000，初始学习率设为 0.005，使用余弦退火函数进行学习率调整，衰减周期为 2 000，即第 2 000 次学习率将衰减为 0。

每轮训练完成后，将所有轨迹、所有时间窗的损失均值作为该轮整体损失。令训练集噪声方差为r，记录网络在 1 900 次之后的最低损失。RKNN 最小训练误差记录如表 8.10 所示。

表 8.10　RKNN 最小训练误差记录

序　号	r/m^2	q_0/m^2	r_0/m^2	w/s	loss（最低/m）
1	900	9	4 900	5	14.416 2
2	2 500	9	4 900	5	22.435 5
3	4 700	9	4 900	5	29.892 4

从表可以看到，RKNN 模型训练最后能够收敛，且降低了约 50%的量测噪声，量测噪声越大，降低幅度越大。参数设置要求不高，对于q_0、r_0，只要设置一个较大的值，在大于或

等于目标噪声参数阈值的情况下，算法训练时能够自动调节，鲁棒性较强。

8.4.5 RKNN 网络测试与仿真验证

1. RKNN 网络测试

在网络训练好之后，需要进行网络测试。为了对比 RKNN 算法的性能和自适应能力，将 RKNN 与经典算法同时进行测试与比较。对比算法分别采用当前模型（CS）、Singer 模型和交互式多模型算法（IMM）。分别在量测噪声方差已知和未知两种环境下进行算法测试。测试数据集为 200 条随机生成的轨迹。选用表 8.10 中序号为 2 的环境训练得到的网络进行测试。在测试数据集上依次叠加从 5 m 到 100 m（间隔为 5 m）的高斯白噪声作为量测噪声，以测试 RKNN 以及对比算法在测试集上关于量测噪声对应的平均 L1 误差。

（1）量测噪声已知，此时对比的三个算法仿真所用噪声均与测试集叠加噪声一致。

仿真 1：CS 模型算法机动频率设为 1/20，最大加速度为 30 m/s^2；Singer 模型算法机动频率设为 1/20，最大加速度为 30 m/s^2，最大加速度概率为 0.9，加速度为 0，概率为 0.1；CS 和 Singer 模型过程噪声方差均设置为 1；IMM 算法采用三个过程噪声方差分别为 0.001、1、10 的匀加速 Kalman 模型，IMM 的模型转移矩阵设置为

$$\boldsymbol{\pi}=\begin{bmatrix}0.8 & 0.1 & 0.1\\ 0.1 & 0.8 & 0.1\\ 0.1 & 0.1 & 0.8\end{bmatrix} \tag{8.84}$$

仿真 2：CS 模型算法机动频率设为 1/60，最大加速度为 20 m/s^2；Singer 模型算法机动频率设为 1/60，最大加速度为 20 m/s^2，最大加速度概率为 0.5，加速度为 0，概率为 0.5；CS 和 Singer 模型过程噪声方差均设置为 1。IMM 算法采用两个过程噪声方差分别为 0.001、1 的匀加速 Kalman 模型，IMM 的模型转移矩阵设置为

$$\boldsymbol{\pi}=\begin{bmatrix}0.9 & 0.1\\ 0.1 & 0.9\end{bmatrix} \tag{8.85}$$

最终，RKNN 和三种对比算法量测噪声和位置估计平均 L1 误差曲线如图 8.24 所示。

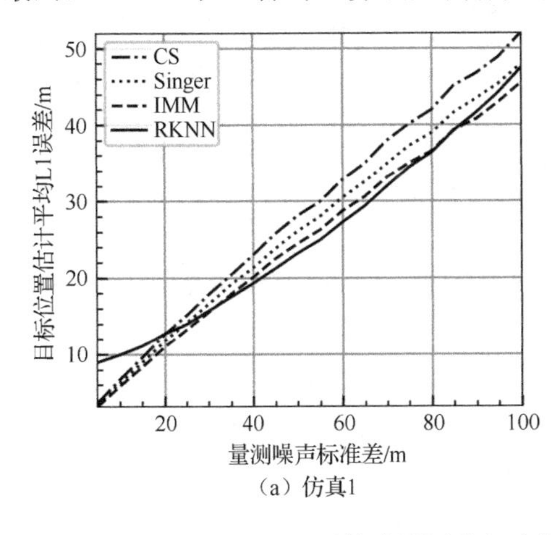

（a）仿真1

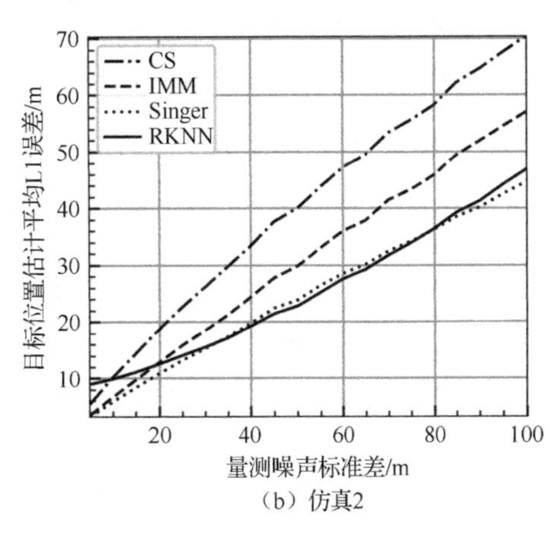

（b）仿真2

图 8.24　四种算法量测噪声对应 L1 误差曲线图（量测噪声已知）

（2）量测噪声未知，此时三个对比算法对测试集噪声参数未知。在仿真 1 中三个算法参

数设置的基础上，将三个对比算法的量测噪声标准差，分别固定在 30 m、70 m，重复仿真 1 实验，四种算法量测噪声对应 L1 误差曲线图（量测噪声未知）如图 8.25 所示。

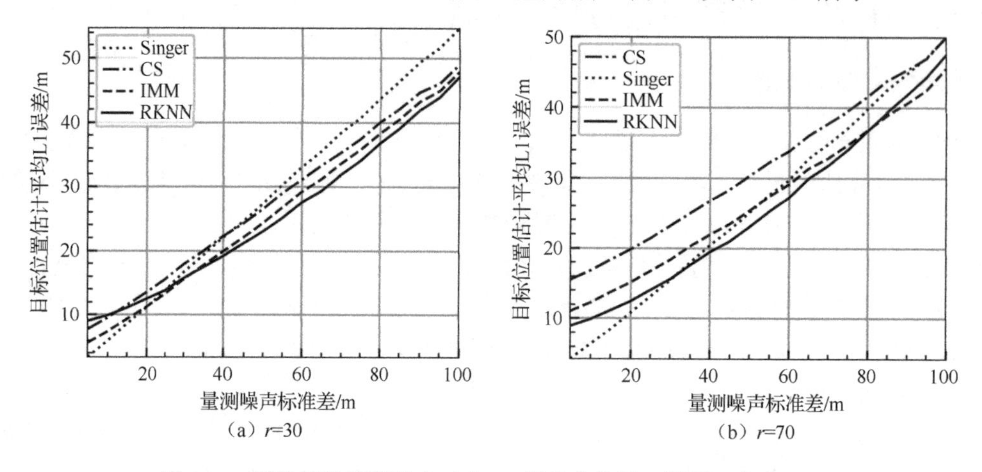

图 8.25　四种算法量测噪声对应 L1 误差曲线图（量测噪声未知）

在量测噪声已知的环境中，观察图 8.24，使用量测噪声标准差为 50 m 训练得到的 RKNN 模型跟踪算法，较之其他三种经典算法，在 38～80 m 范围内具有最低平均 L1 误差，即跟踪精度最高。同时对比这两图可以看到，经典的机动跟踪算法对自身参数较为敏感，不同的参数使得三种算法的表现前后相差较大。而这些参数需要先验知识来进行估计，但实际中很难获取足够的先验知识来较为准确地设定它们。相比，RKNN 则需要很少的先验参数，并且其对参数的选取要求也比较低，只需要足够大使得算法调节范围满足要求即可。

在量测噪声未知的环境中，由图 8.25 可以看到，三种经典的机动目标跟踪算法在实际噪声大小与算法预设大小不匹配时，两者相差越大，对算法的精度影响越大。而 RKNN 由于进行了噪声自适应，其对噪声先验知识要求很低，并且在其最优适应范围外，算法性能变化不大，鲁棒性强。

2．基于 RKNN 的机动目标跟踪仿真验证

在仿真 1 中，随机选取两条轨迹，进行蒙特卡罗实验，以进一步分析 RKNN 性能。

使用均方根误差（Root Mean Squard Error，RMSE）作为评价指标，令 $\boldsymbol{X}_{i,k}$、$\hat{\boldsymbol{X}}_{i,k}$ 分别为第 i 次实验目标的第 k 个位置点，n 为蒙特卡罗实验次数，则 RMSE 定义如下：

$$\text{RMSE}=\sqrt{\frac{1}{n}\sum_{i=1}^{n}(\boldsymbol{X}_{i,k}-\hat{\boldsymbol{X}}_{i,k})^2} \tag{8.86}$$

对随机抽出的 2 条轨迹进行 200 次蒙特卡罗仿真实验，叠加量测噪声标准差为 50 m。得到四种算法跟踪 RMSE 对比图如 8.26（a）、图 8.28（a）所示。同时从每条轨迹的蒙特卡罗仿真中随机抽取一次仿真，得到四种算法的跟踪结果图如图 8.26（b）至图 8.26（d）、图 8.27、图 8.28（b）至图 8.28（d）以及图 8.29 所示。为了便于观察和分析四种算法的跟踪轨迹，将图 8.26（b）中的虚线矩形框中的曲线放大得到图 8.26（c）。

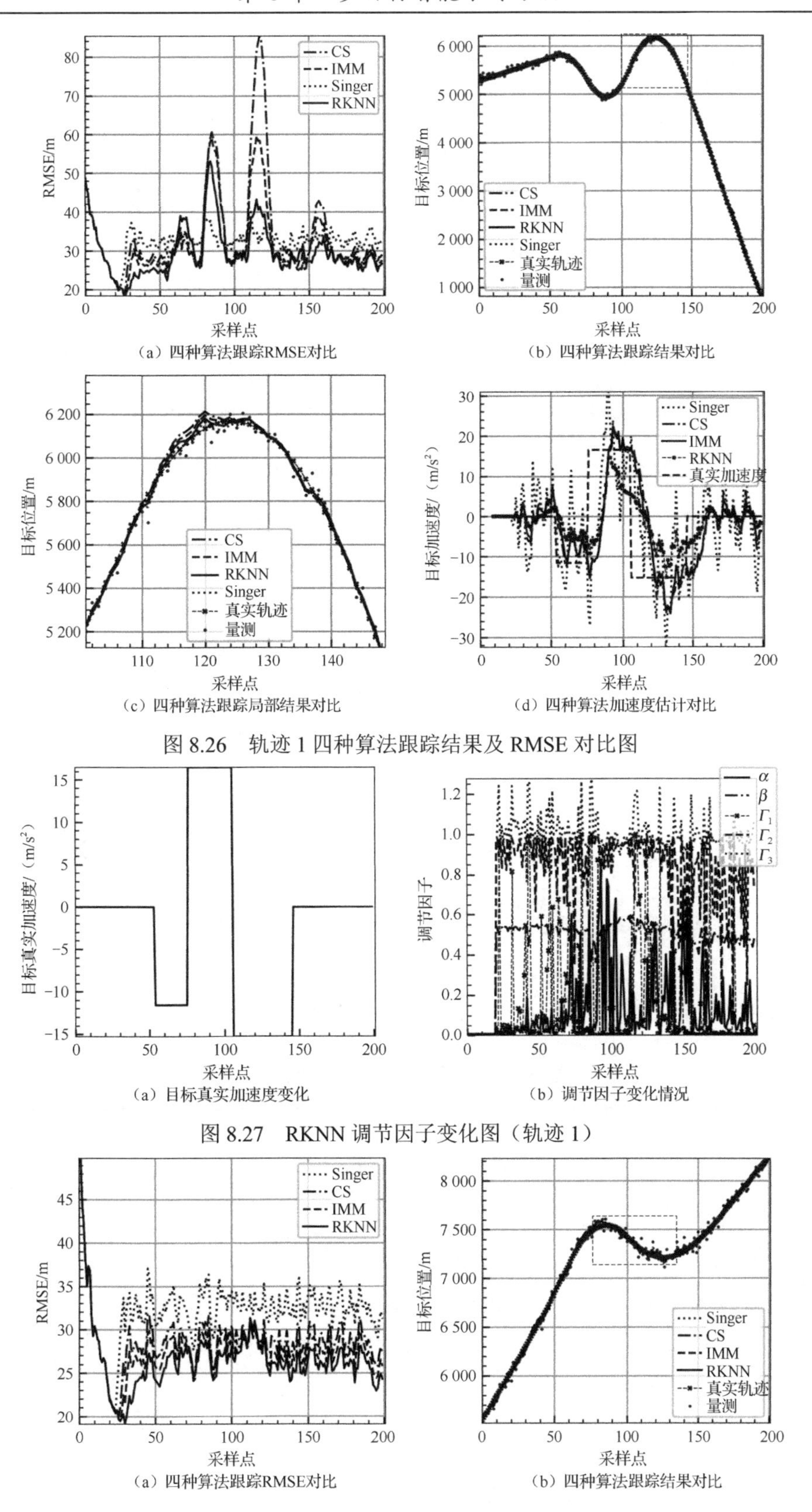

（a）四种算法跟踪RMSE对比　（b）四种算法跟踪结果对比

（c）四种算法跟踪局部结果对比　（d）四种算法加速度估计对比

图 8.26　轨迹 1 四种算法跟踪结果及 RMSE 对比图

（a）目标真实加速度变化　（b）调节因子变化情况

图 8.27　RKNN 调节因子变化图（轨迹 1）

（a）四种算法跟踪RMSE对比　（b）四种算法跟踪结果对比

图 8.28　轨迹 2 四种算法跟踪结果和 RMSE 对比图

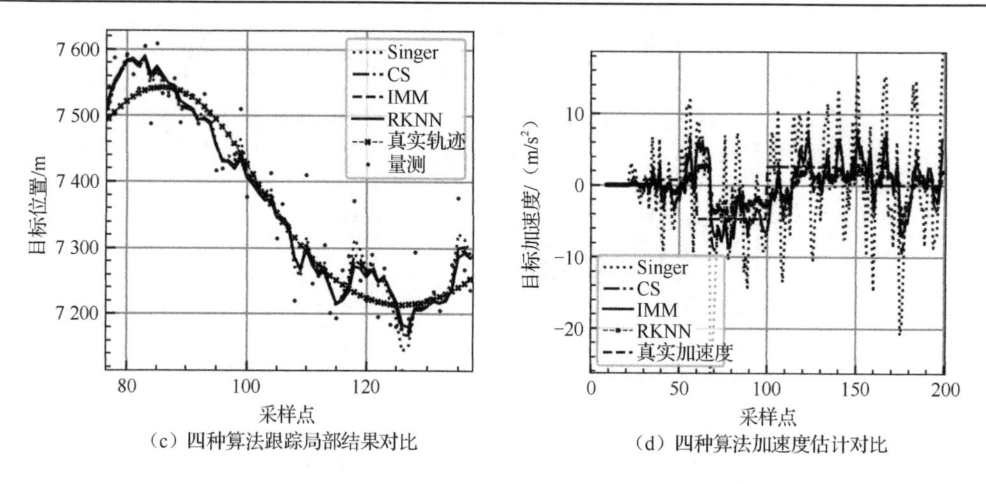

（c）四种算法跟踪局部结果对比　　（d）四种算法加速度估计对比

图 8.28　轨迹 2 四种算法跟踪结果和 RMSE 对比图（续）

调节因子α、β、Γ在轨迹中相对于加速度的变化情况如图 8.29 所示。

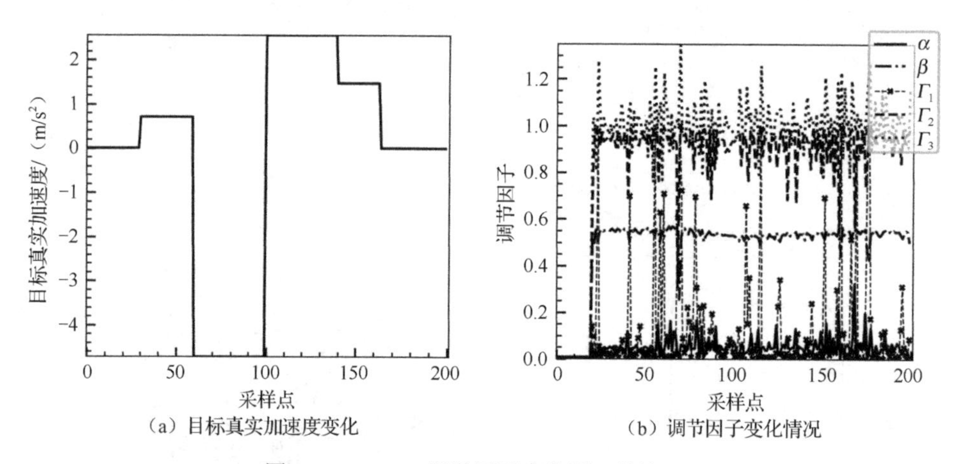

（a）目标真实加速度变化　　（b）调节因子变化情况

图 8.29　RKNN 调节因子变化图（轨迹 2）

四种算法在 200 次仿真实验中的运行时间和平均 RMSE 如表 8.11 所示。

表 8.11　仿真运行时间和结果记录

指标	RKNN	CS	Singer	IMM
运行时间（200 次/s）	0.112 1	0.063 9	0.059 9	0.476 7
轨迹 1 平均 RMSE/m	29.68	33.97	32.42	31.82
轨迹 2 平均 RMSE/m	26.41	28.60	32.12	27.46

本节从测试集中随机选取了两条轨迹进行 RKNN 和在仿真 1 参数设定下的三种对比算法的跟踪测试。由图 8.26、图 8.28 的（a）、（b）、（c）可以看到，RKNN 在目标机动较小及非机动区域相比其他三种算法具有最高的跟踪精度；而机动较大时，RKNN 相比 IMM 和 CS 算法跟踪更为稳定，峰值 RMSE 更小，稍微大于 Singer 跟踪算法的峰值误差。

从图 8.26、图 8.28 中的图（d）可以看到，RKNN 能够估计目标加速度变化趋势，并且较其他三种对比算法，加速度估计更加平滑，因此跟踪更为稳定。同时可以发现，RKNN 对大加速度的估计较为“保守”，估计值偏小，因此在小加速度的情况下，跟踪优势更为明显。

从图 8.27、图 8.29 可以看到，RKNN 的调节因子在目标加速度变化之后，经过短暂延迟后，α、$\boldsymbol{\Gamma}$ 开始发挥调节作用；对于 β，其稳定在 0.5 左右，RKNN 量测噪声方差阈值设定为 4 900 m^2，轨迹的量测噪声方差为 2 500 m^2，因此 β 的值是正确的，也说明了 RKNN 在量测噪声方面的自适应能力。

从表 8.11 来看，RKNN 由于弱机动和非机动时具有最高跟踪精度，强机动时具有较强稳定性，因此从整体轨迹来看，其具有最小的平均 RMSE，较三种算法中最优的 IMM 能提高 1～2 m 的跟踪精度。从运行时间来看，长度为 200 步的轨迹，进行 200 次跟踪，RKNN 仅需要 0.112 1 s，能够满足实际需要，虽然是 CS、Singer 耗费时间的两倍，但较三种算法中最优的 IMM 算法，其时间仅为其 25%左右。

综上，本节分别从整体和个体两个角度对 RKNN 及三种对比算法进行了测试对比。仿真表明，RKNN 机动目标跟踪算法在训练好之后，只需要很少的先验知识就可以进行稳定的机动目标跟踪，鲁棒性很强，具有较宽的最优适应区域。在跟踪弱机动和非机动轨迹时精度较其他三种算法最高，而跟踪强机动时，稳定性也较强，整体精度最高。

上述仿真均是在一维空间中进行的，下面进行简单的二维空间目标跟踪仿真实验。在一般跟踪环境中，可对目标不同维度进行分别跟踪，此时使用 RKNN 对单个维度分别进行跟踪。采用表 8.9 的目标轨迹生成规则随机生成一条二维轨迹，使用与单维跟踪仿真实验相同的噪声和算法预设条件，得到仿真结果如图 8.30 所示。同样，为了便于观察和分析四种算法的跟踪轨迹，将图 8.30（b）中的虚线矩形框中的曲线放大得到图 8.30（c）。

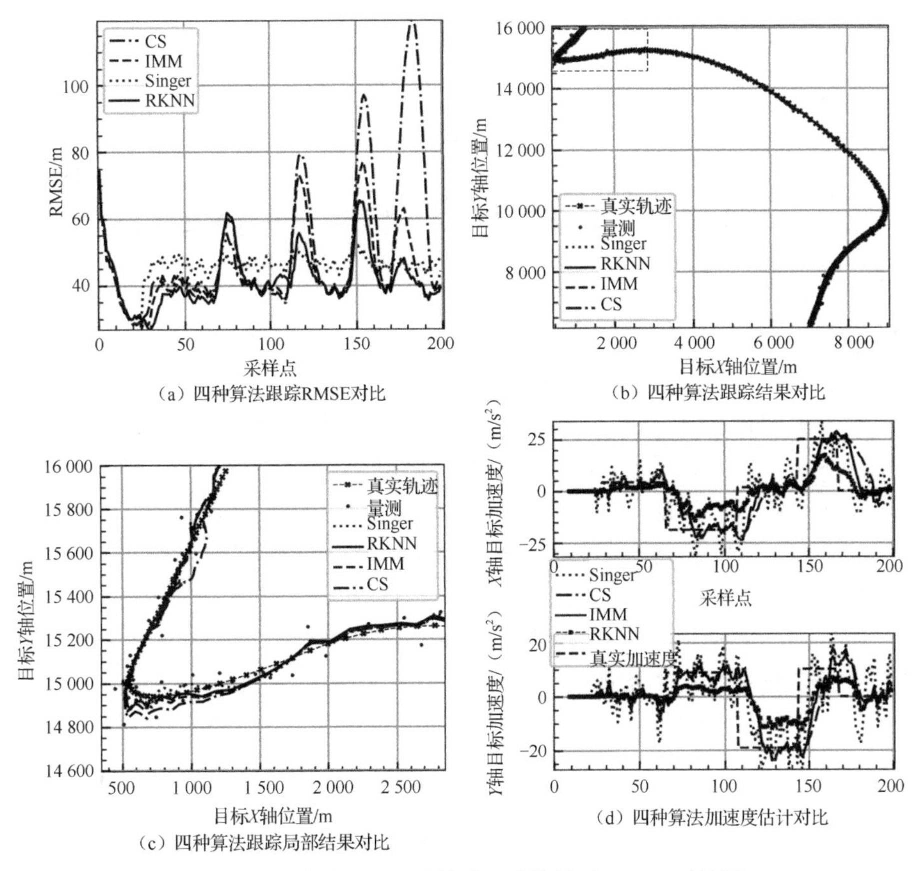

（a）四种算法跟踪RMSE对比　（b）四种算法跟踪结果对比

（c）四种算法跟踪局部结果对比　（d）四种算法加速度估计对比

图 8.30　二维轨迹下四种算法跟踪结果及 RMSE 对比图

从图 8.30 中的四个图可以看到，在二维解耦条件下，RKNN 仍然能以最好的效果完成跟踪，具体表现与前面一维的仿真结果一致，这里不再赘述。在实际的应用中，在目标模式较为简单或者维度之间耦合性不强的情况下，可以直接应用一维 RKNN 算法。

从耗时上来讲，RKNN 采用简单 RNN 结构，只用很简单的神经网络就能对目标时序信息进行处理和记忆，因此只牺牲了很小的效率，就可以在稳定性、适应性以及综合跟踪能力优于其他三种跟踪算法，运行时间更是只有 IMM 的 20%。

从实际应用考虑，一方面 RKNN 由于使用在线学习的方法，因此几乎不需要对数据集进行预处理，也不需要对目标航迹进行分类、筛选等处理，就可以对算法进行训练。在实际应用中，目标的真实航迹，可以使用 GPS 等高精度位置信息以及 AIS、ADS-B 等数据，数据集构建成本很低。另一方面，虽然本节为了简化研究，处理的是一维目标跟踪，但是二维、三维均可以使用矩阵求导将算法推导出来，并且现在主流的深度学习平台大多具有自动求导机制(Autograd)，如 Pytorch，并不需要人为去实际求梯度，算法实现的成本也很低，这也是下一步的研究方向之一。

总之，本节提供了一种将经典算法与深度学习相结合的思路，提出了在线端到端学习 RKNN 跟踪方法。在未来面对越发复杂的跟踪环境和目标时，RKNN 机动目标跟踪算法具有较大的实际意义和发展前景，未来可以进一步扩展。

8.5 小结

本章围绕航迹预测、点航关联、航迹滤波等现有目标跟踪框架三大核心关键技术进行了深度学习交叉应用研究，分别提出了航迹智能预测、点航智能关联和航迹智能滤波技术方法。仿真结果和部分实测结果表明：所提算法能达到甚至有时优于现有算法的最优结果。实验结果充分说明了采用深度学习、机器学习解决雷达目标跟踪问题技术路径的正确性。后续，团队将按照设定的近期目标和远期目标，继续深化人工智能与雷达数据处理学科交叉应用研究，争取在雷达目标跟踪领域实现突破性进展。

参考文献

[1] 邸忆，顾晓辉，龙飞. 基于灰色残差修正理论的目标航迹预测方法. 兵工学报, 2017, 38(3): 454-459.

[2] 谭伟，陆百川，黄美灵. 神经网络结合遗传算法用于航迹预测. 重庆交通大学学报（自然科学版），2010, 29(1): 147-150.

[3] 钱夔，周颖，杨柳静，等. 基于 BP 神经网络的空中目标航迹预测模型. 指挥信息系统与技术，2017, 8(3): 54-58.

[4] Blackman S S. Multiple hypothesis tracking for multiple target tracking. IEEE Aerospace & Electronic Systems Magazine, 2009, 19(1): 5-18.

[5] Vasuhi S, Vaidehi V. Target tracking using Interactive Multiple Model for Wireless Sensor Network. Information Fusion, 2016, 27(C): 41-53.

[6] Jiang Z, Huynh D Q. Multiple Pedestrian Tracking from Monocular Videos in an Interacting Multiple Model Framework. IEEE Transactions on Image Processing, 2017, (99): 1-1.

[7] Cosme L B, Caminhas W M, D'Angelo M F, et al. A Novel Fault Prognostic Approach Based on

Interacting Multiple Model Filters and Fuzzy Systems. IEEE Transactions on Industrial Electronics, 2018, 99.

[8] Hwang I, Seah C E, Lee S. A Study on Stability of the Interacting Multiple Model Algorithm. IEEE Transactions on Automatic Control, 2017, 62(2): 901-906.

[9] Yuan T, Krishnan K, Chen Q, et al. Object Matching for Inter-Vehicle Communication Systems-An IMM-Based Track Association Approach With Sequential Multiple Hypothesis Test. IEEE Transactions on Intelligent Transportation Systems, 2017, (99): 1-12.

[10] Yu M, Liu B, Byon E, et al. Direction-dependent Power Curve Modeling for Multiple Interacting Wind Turbines. IEEE Transactions on Power Systems, 2017, 99.

[11] 崔亚奇, 熊伟, 何友. 不确定航迹自适应预测模型. 航空学报, 2019, 40(5): 322557.

[12] Mao J, Xu W, Yang Y, et al. Deep Captioning with Multimodal Recurrent Neural Networks (m-RNN). Eprint Arxiv, 2014.

[13] Chen S H, Hwang S H, Wang Y R. An RNN-based Prosodic Information Synthesizer for Mandarin Text-to-speech. IEEE Transactions on Speech & Audio Processing, 1998, 6(3): 226-239.

[14] Lecun Y, Bengio Y, Hinton G. Deep learning. Nature, 2015, 521(7553): 436.

[15] Schmidhuber J. Deep Learning in Neural Networks. Elsevier Science Ltd, 2015.

[16] Schmidhuber J. Deep Learning in Neural Networks: an overview. Neural Netw, 2015, 61: 85-117.

[17] Torres J F, Troncoso A, Koprinska I, et al. Deep Learning for Big Data Time Series Forecasting Applied to Solar Power. International Joint Conference SOCO'18-CISIS'18- ICEUTE'18, 2019.

[18] Chen S, Wen J, Zhang R. GRU-RNN Based Question Answering Over Knowledge Base. Knowledge Graph and Semantic Computing: Semantic, Knowledge, and Linked Big Data. Springer Singapore, 2016: 80-91.

[19] 熊振宇, 崔亚奇, 熊伟, 等. 卫星与雷达位置数据自适应关联. 系统工程与电子技术, 2021, 43(1): 91-98 .

[20] Borgefors G. Hierarchical Chamfer Matching: A Parametric Edge Matching Algorithm. IEEE Trans. on Pattern Analysis and Machine, 1988, 10(6): 849-865.

[21] Jian B, Vemuri B C. Robust Point Set Registration Using Gaussian Mixture Models. IEEE Trans. on Pattern Analysis and Machine, 2011, 33: 1633-1645.

[22] 王林茜, 胡晓曦, 韩勋, 等. 单目标跟踪技术发展研究. 空间电子技术, 2019, 16(1): 1-10.

[23] He Y, Xiu J J, Guan X. Radar Data Processing with Applications. John Wilty & Publishing House of Electronics Industy, 2016. 8.

[24] Li X R, Vesselin P J. Survey of Maneuvering Target Tracking. Part I: dynamic models. IEEE Transactions on Aerospace & Electronic Systems, 2003, 39(4): 1333-1364.

[25] Rong L X, Jilkov V P. Survey of Maneuvering Target Tracking. Part V. Multiple-model Methods. IEEE Transactions on Aerospace & Electronic Systems, 2005, 41(4): 1255-1321.

[26] 赵崇文. 人工神经网络综述. 山西电子技术, 2020, 210(3): 96-98.

[27] Zhang X, He F, Zheng T. An LSTM-based Trajectory Estimation Algorithm for Non-cooperative Maneuvering Flight Vehicles. 2019 Chinese Control Conference (CCC). Piscataway, NJ: IEEE Press, 2019: 8821-8826.

[28] Liu J, Wang Z, Xu M. Deep MTT: A Deep Learning Maneuvering Target-tracking Algorithm Based on

Bidirectional LSTM Network. Information Fusion, 2020, (53): 289-304.

[29] Zaremba W, Sutskever I, O VINYALS. Recurrent Neural Network Regularization, arXiv preprint, 2014: 1409-2329.

[30] Milan A, Rezatofighi S H, Dick A, et al. Online Multi-target Tracking Using Recurrent Neural Networks. Proceedings of the Thirty-First AAAI Conference on Artificial Intelligence. Palo Alto, CA: AAAI Press, 2017: 4225-4232.

[31] Lim B, Zohren S, Roberts S. Recurrent Neural Filters: Learning Independent Bayesian Filtering Steps for Time Series Prediction. 2020 International Joint Conference on Neural Networks (IJCNN). Pi scataway, NJ: IEEE Press, 2020: 1-8.

[32] 熊伟, 朱洪峰, 崔亚奇. 在线学习的循环自适应机动目标跟踪算法. 航空学报, 2021, 6(23): 1-14.

第 9 章　中断航迹接续关联方法

9.1　引言

在舰载、岸基以及机载雷达对海上或空中运动目标实施探测跟踪的过程中，由于平台运动、目标机动、雷达长采样间隔、目标低探测概率以及海杂波或地物杂波遮蔽等原因，目标航迹发生中断并重新起批的现象十分常见。其中机载雷达由于平台转弯、加速以及姿态变化等快速机动，更易造成目标量测丢失和航迹中断。航迹频繁中断后，关于同一目标会产生多条不同批号的短小航迹，显著增大航迹零碎度，进而给后续航迹关联和融合造成较大干扰，导致态势描述不一致、混乱，严重影响后续指挥决策。为提高雷达连续观测能力，以获取清晰、完整、一致的态势信息，中断航迹接续关联（Track Segment Association，TSA）是亟需解决的难题。本章主要从传统方法和神经网络智能方法两个方面，对中断航迹接续关联方法进行研究讨论。

9.2　问题描述

雷达自动跟踪环境中的多个运动目标，进而生成环境中的目标运动态势。航迹中断使环境中形成多条零散的航迹段，提取每条航迹段的第一个和最后一个状态更新点，对满足时间先后顺序的多对新老航迹段实施配对关联。某对新老航迹表示如下。

老航迹：因缺少量测数据无法进行状态更新的中断航迹。

$$\boldsymbol{T}^i=\{\hat{\boldsymbol{X}}^i(k|k),k=k_s^i,\cdots,k_e^i\},i=1,\cdots,I \tag{9.1}$$

新航迹：新起始的航迹段，可能是中断“老航迹”的继续。

$$\boldsymbol{T}^j=\{\hat{\boldsymbol{X}}^j(k|k),k=k_s^j,\cdots,k_e^j\},\ j=1,\cdots,J \tag{9.2}$$

其中 $\hat{\boldsymbol{X}}^i(k|k)$ 表示 k 时刻航迹 i 的状态估计向量，

$$\hat{\boldsymbol{X}}^i(k|k)=[\hat{\boldsymbol{x}}^i(k)\quad \hat{\dot{\boldsymbol{x}}}^i(k)\quad \hat{\ddot{\boldsymbol{x}}}^i(k)\quad \hat{\boldsymbol{y}}^i(k)\quad \hat{\dot{\boldsymbol{y}}}^i(k)\quad \hat{\ddot{\boldsymbol{y}}}^i(k)]' \tag{9.3}$$

式中，k_s^i 、k_e^i 分别表示航迹 i 的第 1 个和最后 1 个状态更新时刻，I 、J 分别表示老航迹和新航迹的条数。由于新起始的航迹滤波精度较差，通常基于原始量测对新航迹进行逆向滤波，替换航迹起始阶段的若干个状态估计点。

定义 I 行 J 列的航迹段关联矩阵 $\boldsymbol{\Pi}$ 为

$$\boldsymbol{\Pi}=\begin{pmatrix}\boldsymbol{\pi}_{11} & \boldsymbol{\pi}_{12} & \cdots & \boldsymbol{\pi}_{1J}\\ \boldsymbol{\pi}_{21} & \boldsymbol{\pi}_{22} & \cdots & \boldsymbol{\pi}_{2J}\\ \vdots & \vdots & \ddots & \vdots\\ \boldsymbol{\pi}_{I1} & \boldsymbol{\pi}_{I2} & \cdots & \boldsymbol{\pi}_{IJ}\end{pmatrix} \tag{9.4}$$

其中，$\boldsymbol{\pi}_{ij}$=1，表示第 i 条老航迹 $\boldsymbol{T}^i$ 与第 j 条新航迹 $\boldsymbol{T}^j$ 关联，$\boldsymbol{\pi}_{ij}$=0，表示第 i 条老航迹 $\boldsymbol{T}^i$ 与第 j 条新航迹 $\boldsymbol{T}^j$ 不关联，新老航迹接续关联还需满足以下准则：每条老航迹至多与一条新航迹实现关联，每条新航迹至多与一条老航迹实现关联，即关联矩阵的每行（或每列）至多有一个元素为 1，其余均为 0。

9.3　传统方法

传统方法是指基于假设的目标运动模型，依据估计理论，用航迹滤波、目标跟踪和相似性度量等方法对中断航迹进行接续关联。在传统方法中，一条中断的航迹被看成两部分：断前航迹和断后航迹。一类方法是通过预测算法将断前航迹向前预测，断后航迹向后预测（平滑），在公共区域通过最优分配、多项式拟合等手段将新老航迹相连，最终实现断续航迹关联。方法主要包括卡尔曼中断航迹关联算法（KF-TSA）[1]、交互式多模型中断航迹关联算法（IMM-TSA）[2]、双哑分配-中断航迹接续关联（Two Dummy Assignment-Track Segment Association，TDA-TSA）[3]算法、状态相关转移概率交互式多模型中断航迹接续关联算法（IMMSDP-TSA）[4]、多假设运动模型中断航迹接续关联算法[5]。另一类方法是利用航迹段之间的相似性判断两条航迹段是否属于同一目标，主要包括模糊航迹相似性度量[6]。下面对几种经典方法进行讨论。

9.3.1　交互式多模型（IMM）中断航迹接续关联算法

在文献[2]中，作者采用交互式多模型（Interacting Multiple Model, IMM）[7]进行航迹的跟踪预测，取得了较好的关联效果。该方法利用 IMM 将新航迹向后预测直到老航迹的最后更新时间为止，使新老航迹相接。

首先进行速度门匹配，速度门是由原始航迹数据中目标的最大速度决定的，通过速度门匹配产生若干初步候选航迹对。

$$\phi_v=\left\{(\boldsymbol{T}^i,\boldsymbol{T}^j):\frac{|\hat{\boldsymbol{x}}^j(k_s^j|k_s^j)-\hat{\boldsymbol{x}}^i(k_e^i|k_e^i)|}{t_s^j-t_e^i}<v_{\max},\frac{|\hat{\boldsymbol{y}}^j(k_s^j|k_s^j)-\hat{\boldsymbol{y}}^i(k_e^i|k_e^i)|}{t_s^j-t_e^i}<v_{\max},(\boldsymbol{T}^i,\boldsymbol{T}^j)\in\phi\right\}\tag{9.5}$$

其中，ϕ 表示原始航迹对，ϕ_v 表示经过速度门匹配得到的候选航迹对；$\hat{\boldsymbol{x}}^i$ 和 $\hat{\boldsymbol{y}}^i$ 分别表示老航迹在 X 轴和 Y 轴对应的位置分量。

接着进行 χ_n^2 检验（n 表示航迹向量的维数）得到候选关联航迹对。

$$\hat{\varDelta}^{ij}=\hat{\boldsymbol{x}}^i(k_e^o|k_e^o)-\hat{\boldsymbol{x}}^j(k_e^o|k_s^y)\tag{9.6}$$

$$P^{ij}=P^i(k_e^o|k_e^o)+P^j(k_e^o|k_y^s)\tag{9.7}$$

$$\phi_h=\{(\boldsymbol{T}^i,\boldsymbol{T}^j):(\hat{\varDelta}^{ij})'(P^{ij})^{-1}(\hat{\varDelta}^{ij})\leqslant\chi_n^2(1-Q),(\boldsymbol{T}^i,\boldsymbol{T}^j)\in\phi_v\}\tag{9.8}$$

其中 P^{ij} 表示协方差，Q 是高斯过程噪声序列协方差。

最后，通过二维最优分配进行航迹匹配，目标是使得代价函数最小。

$$\min_a\sum_{i=1}^{I}\sum_{j=1}^{J}c(i,j)a(i,j)\tag{9.9}$$

约束条件为

$$\begin{cases}\displaystyle\sum_{i=1}^{I}a(i,j)=1\\ \displaystyle\sum_{j=1}^{J}a(i,j)=1\end{cases}\tag{9.10}$$

二维赋值变量 $a(i,j)$ 定义为

$$a(i,j)=\begin{cases}1, & \text{新航迹}\boldsymbol{T}^j\text{和老航迹}\boldsymbol{T}^i\text{匹配}\\ 0, & \text{其他}\end{cases} \tag{9.11}$$

分配损失 $c(i,j)$ 定义为

$$c(i,j)=\begin{cases}\dfrac{1}{2}(\hat{\Delta}^{ij})'(P^{ij})^{-1}(\hat{\Delta}^{ij})-\ln(|2\pi P^{ij}|^{1/2}),(\boldsymbol{T}^i,\boldsymbol{T}^j)\in\phi_h\\ \infty,\text{其他}\end{cases} \tag{9.12}$$

9.3.2　多假设运动模型中断航迹接续关联算法

中断区间目标发生机动运动时，基于中断前后的量测信息预测中断区间目标运动状态的准确性很差，造成中断航迹配对关联失准。为解决该问题，文献[5]提出基于先验信息的多假设运动模型中断航迹配对关联算法。该算法充分考虑目标属性、目标运动特征、使用场景等先验信息实施航迹段粗关联判断，对于满足粗关联关系的新老航迹，基于多假设思想设置多种可能的目标运动模型并进行航迹预测，基于目标运动特征的模糊相关函数[8-11]描述多条预测航迹与新起始航迹的模糊匹配关系，选出其中最大的模糊相似度作为新老航迹的匹配关系，并使用二维分配原理确定目标间的关联关系，最后使用多项式拟合[12,13]方法连接满足关联关系的新老航迹。

首先进行基于先验信息的中断航迹粗关联。考虑到在现实环境中，目标的部分属性可以先验获得，如飞行器飞行速度区间、加速度区间、转弯角速度范围等；基于目标飞行高度，飞行负载等附加信息可进一步限定上述运动特征的范围，作为中断航迹粗关联的先验条件。

（1）速度匹配：目标在中断区间的位移与时间的比值满足目标速度门限，即

$$v_{\min}\leqslant\frac{([\hat{\boldsymbol{x}}^j(k_s^j)-\hat{\boldsymbol{x}}^i(k_e^i)]^2+[\hat{\boldsymbol{y}}^j(k_s^j)-\hat{\boldsymbol{y}}^i(k_e^i)]^2)^{\frac{1}{2}}}{k_s^j-k_e^i}\leqslant v_{\max} \tag{9.13}$$

（2）加速度匹配：目标在中断区间的速度变化率小于目标加速度门限，即

$$\frac{([\hat{\dot{\boldsymbol{x}}}^j(k_s^j)-\hat{\dot{\boldsymbol{x}}}^i(k_e^i)]^2+[\hat{\dot{\boldsymbol{y}}}^j(k_s^j)-\hat{\dot{\boldsymbol{y}}}^i(k_e^i)]^2)^{\frac{1}{2}}}{k_s^j-k_e^i}\leqslant a_{\max} \tag{9.14}$$

（3）角速度匹配：目标在单位时间的转弯角度小于目标的角速度门限，即

$$\frac{|\hat{\boldsymbol{\theta}}^j(k_s^j)-\hat{\boldsymbol{\theta}}^i(k_e^i)\pm 2\pi|}{k_s^j-k_e^i}\leqslant\omega_{\max} \tag{9.15}$$

式中

$$\hat{\boldsymbol{\theta}}(k)=\begin{cases}\arctan(\hat{\dot{\boldsymbol{y}}}(k)/\hat{\dot{\boldsymbol{x}}}(k)),\hat{\dot{\boldsymbol{x}}}(k)\geqslant 0\\ \arctan(\hat{\dot{\boldsymbol{y}}}(k)/\hat{\dot{\boldsymbol{x}}}(k))+\pi\quad\hat{\dot{\boldsymbol{y}}}(k)\geqslant 0,\hat{\dot{\boldsymbol{x}}}(k)<0\\ \arctan(\hat{\dot{\boldsymbol{y}}}(k)/\hat{\dot{\boldsymbol{x}}}(k))-\pi\quad\hat{\dot{\boldsymbol{y}}}(k)<0,\hat{\dot{\boldsymbol{x}}}(k)<0\end{cases} \tag{9.16}$$

限定目标在中断区间的最大转弯角度为 π ，即 $0\leqslant|\hat{\boldsymbol{\theta}}^j(k_s^j)-\hat{\boldsymbol{\theta}}^i(k_e^i)\pm 2\pi|\leqslant\pi$ 。

接着基于多假设运动模型对航迹进行预测。根据先验信息推算出的目标加速度取值范围 $[0,a_{\max}]$ ，将最大加速度 $a_{\max}$ 做 N_a-1 等分，得到每个坐标轴上 N_a 种可能的加速度取值，则空间 n_x 维加速度取值的总模型数为 $N_a^{n_x}$ 。基于老航迹最后一个状态更新点做中断区间航迹多

假设预测，利用 $N_a^{n_x}$ 种加速度模型递推得到下一时刻目标的 $N_a^{n_x}$ 种状态预测，假设第 n 种运动模型横纵坐标加速度取值分别为$[a_x^n, a_y^n]$,将其赋值给 k_e^i 时刻老航迹运动状态向量

$$\begin{aligned}\hat{\boldsymbol{X}}^i(k_e^i) &= [\hat{\boldsymbol{x}}^i(k_e^i), \hat{\dot{\boldsymbol{x}}}^i(k_e^i), \hat{\ddot{\boldsymbol{x}}}^i(k_e^i), \hat{\boldsymbol{y}}^i(k_e^i), \hat{\dot{\boldsymbol{y}}}^i(k_e^i), \hat{\ddot{\boldsymbol{y}}}^i(k_e^i)]' \\ &= [\hat{\boldsymbol{x}}^i(k_e^i), \hat{\dot{\boldsymbol{x}}}^i(k_e^i), a_x^n(k_e^i), \hat{\boldsymbol{y}}^i(k_e^i), \hat{\dot{\boldsymbol{y}}}^i(k_e^i), a_y^n(k_e^i)]'\end{aligned} \tag{9.17}$$

式中，当 $\hat{\dot{\boldsymbol{x}}}^i(k_e^i) < \hat{\dot{\boldsymbol{x}}}^j(k_s^j)$ 时，a_x^n 取正值，当 $\hat{\dot{\boldsymbol{x}}}^i(k_e^i) > \hat{\dot{\boldsymbol{x}}}^j(k_s^j)$ 时，a_x^n 取负值，a_y^n 的取值同理。由式

$$\hat{\boldsymbol{X}}(k+1) = \boldsymbol{F} \cdot \hat{\boldsymbol{X}}(k) \tag{9.18}$$

可得 $k_e^i + 1$ 时刻目标的运动状态预测，式中

$$\boldsymbol{F} = \begin{bmatrix} 1 & T & \dfrac{T^2}{2} & 0 & 0 & 0 \\ 0 & 1 & T & 0 & 0 & 0 \\ 0 & 0 & 1 & 0 & 0 & 0 \\ 0 & 0 & 0 & 1 & T & \dfrac{T^2}{2} \\ 0 & 0 & 0 & 0 & 1 & T \\ 0 & 0 & 0 & 0 & 0 & 1 \end{bmatrix} \tag{9.19}$$

同理推算出目标匀速转弯运动的角速度取值范围$[0, \omega_{\max}]$，将最大角速度 $\omega_{\max}$ 做 $N_\omega - 1$ 等分，得到 N_ω 种可能的角速度取值，假设第 n 种匀速转弯模型角速度取值为 ω^n，其中 $\hat{\dot{\boldsymbol{\theta}}}^i(k_e^i) < \hat{\dot{\boldsymbol{\theta}}}^j(k_s^j)$ 时，ω^n 取正值，$\hat{\dot{\boldsymbol{\theta}}}^i(k_e^i) > \hat{\dot{\boldsymbol{\theta}}}^j(k_s^j)$ 时，ω^n 取负值，状态转移矩阵如式（9.20）所示

$$\boldsymbol{F} = \begin{bmatrix} 1 & \dfrac{\sin\omega^n T}{\omega^n} & 0 & 0 & \dfrac{\cos\omega^n T - 1}{\omega^n} & 0 \\ 0 & \cos\omega^n T & 0 & 0 & -\sin\omega^n T & 0 \\ 0 & 0 & 0 & 0 & 0 & 0 \\ 0 & \dfrac{1-\cos\omega^n T}{\omega^n} & 0 & 1 & \dfrac{\sin\omega^n T}{\omega^n} & 0 \\ 0 & \sin\omega^n T & 0 & 0 & \cos\omega^n T & 0 \\ 0 & 0 & 0 & 0 & 0 & 0 \end{bmatrix} \tag{9.20}$$

由式

$$\boldsymbol{P}_{k+1} = \boldsymbol{F} \cdot \boldsymbol{P}_k \cdot \boldsymbol{F}' \tag{9.21}$$

可得 $k_e^i + 1$ 时刻的相应模型下状态预测误差协方差，基于相同的加速度取值范围$[0, a_{\max}]$和角速度取值范围$[0, \omega_{\max}]$，又将衍生出 $N_a^{n_x} + N_\omega$ 种可能的运动模型。

然后根据航迹预测结果计算基于目标运动特征的航迹模糊相似度。基于 $N_a^{n_x} + N_\omega$ 种运动模型将老航迹 $\boldsymbol{T}^i$ 由 k_e^i 时刻预测至新航迹起始时刻 k_s^j，得到 $N_a^{n_x} + N_\omega$ 种相应的状态预测向量 $\{\hat{\boldsymbol{X}}^{in}(k_s^j), n = 1, \cdots, N_a^{n_x} + N_\omega\}$，其中

$$\hat{\boldsymbol{X}}^{in}\left(k_s^j\right) = [\hat{\boldsymbol{x}}^{in}(k_s^j), \hat{\dot{\boldsymbol{x}}}^{in}(k_s^j), \hat{\ddot{\boldsymbol{x}}}^{in}(k_s^j), \hat{\boldsymbol{y}}^{in}(k_s^j), \hat{\dot{\boldsymbol{y}}}^{in}(k_s^j), \hat{\ddot{\boldsymbol{y}}}^{in}(k_s^j)]' \tag{9.22}$$

针对单目标中断航迹关联问题，当新航迹起始时刻状态估计向量

$$\hat{\boldsymbol{X}}^j(k_s^j | k_s^j) = [\hat{\boldsymbol{x}}^j(k_s^j), \hat{\dot{\boldsymbol{x}}}^j(k_s^j), \hat{\ddot{\boldsymbol{x}}}^j(k_s^j), \hat{\boldsymbol{y}}^j(k_s^j), \hat{\dot{\boldsymbol{y}}}^j(k_s^j), \hat{\ddot{\boldsymbol{y}}}^j(k_s^j)]' \tag{9.23}$$

落入以 $\hat{\boldsymbol{X}}^{in}(k_s^j)(n=1,\cdots,N_a^{n_x}+N_\omega)$ 为中心的关联波门中的任意一个时，判断新老航迹满足匹配关联关系。针对多目标中断航迹关联问题，为量化老航迹 k_s^j 时刻预测状态 $\hat{\boldsymbol{X}}^{in}(k_s^j)$ 和新航迹起始状态 $\hat{\boldsymbol{X}}^j(k_s^j|k_s^j)$ 的匹配关系，引入基于位置和速度近似程度的模糊相关函数

$$f(i,n,j)=\begin{cases}\sum_{m=1}^{2}a_m\mu_m(u_m),\text{新航迹}j\text{落入老航迹}i\text{的第}n\text{个关联波门}\\0,\text{新航迹}j\text{未落入老航迹}i\text{的第}n\text{个关联波门}\end{cases}\tag{9.24}$$

式中，$\sum_{m=1}^{2}a_m=1$，a_m 表示第 m 个模糊因素对应的权值，正态隶属度函数

$$\mu_m(u_m)=\exp[-\tau_m(u_m^2/\sigma_m^2)],m=1,2\tag{9.25}$$

其中 u_m 是第 m 个模糊因素，σ_m 是第 m 个模糊因素的展度，τ_m 是调整度。式中

$$\begin{cases}u_1=[(\hat{\boldsymbol{x}}^{in}(k_s^j)-\hat{\boldsymbol{x}}^j(k_s^j))^2+(\hat{\boldsymbol{y}}^{in}(k_s^j)-\hat{\boldsymbol{y}}^j(k_s^j))^2]^{\frac{1}{2}}\\u_2=[(\hat{\dot{\boldsymbol{x}}}^{in}(k_s^j)-\hat{\dot{\boldsymbol{x}}}^j(k_s^j))^2+(\hat{\dot{\boldsymbol{y}}}^{in}(k_s^j)-\hat{\dot{\boldsymbol{y}}}^j(k_s^j))^2]^{\frac{1}{2}}\end{cases}\tag{9.26}$$

$$\begin{cases}\sigma_1^2=\sigma_x^2+\sigma_y^2=\boldsymbol{P}_{k_s^j}^{in}(1,1)+\boldsymbol{P}_{k_s^j}^{j}(1,1)+\boldsymbol{P}_{k_s^j}^{in}(4,4)+\boldsymbol{P}_{k_s^j}^{j}(4,4)\\\sigma_2^2=\sigma_{\dot{x}}^2+\sigma_{\dot{y}}^2=\boldsymbol{P}_{k_s^j}^{in}(2,2)+\boldsymbol{P}_{k_s^j}^{j}(2,2)+\boldsymbol{P}_{k_s^j}^{in}(5,5)+\boldsymbol{P}_{k_s^j}^{j}(5,5)\end{cases}\tag{9.27}$$

u_1 是位置模糊因素，u_2 是速度模糊因素。老航迹 $\boldsymbol{T}^i$ 和新航迹 $\boldsymbol{T}^j$ 基于多假设运动模型的模糊相似度表示如下

$$d(\boldsymbol{T}^i,\boldsymbol{T}^j)=\max_n[f(i,n,j)]\tag{9.28}$$

最后进行中断航迹拟合。采用多项式拟合方法连接满足关联关系的中断航迹，拟合数据使用老航迹最后 L 个状态更新点的位置向量

$$\begin{cases}\hat{\boldsymbol{x}}^i(k_e^i-L+1),\hat{\boldsymbol{x}}^i(k_e^i-L+2),\cdots,\hat{\boldsymbol{x}}^i(k_e^i-1),\hat{\boldsymbol{x}}^i(k_e^i)\\\hat{\boldsymbol{y}}^i(k_e^i-L+1),\hat{\boldsymbol{y}}^i(k_e^i-L+2),\cdots,\hat{\boldsymbol{y}}^i(k_e^i-1),\hat{\boldsymbol{y}}^i(k_e^i)\end{cases}\tag{9.29}$$

和新航迹起始的 L 个状态更新点的位置向量

$$\begin{cases}\hat{\boldsymbol{x}}^j(k_s^j),\hat{\boldsymbol{x}}^j(k_s^j+1),\cdots,\hat{\boldsymbol{x}}^j(k_s^j+L-2),\hat{\boldsymbol{x}}^j(k_s^j+L-1)\\\hat{\boldsymbol{y}}^j(k_s^j),\hat{\boldsymbol{y}}^j(k_s^j+1),\cdots,\hat{\boldsymbol{y}}^j(k_s^j+L-2),\hat{\boldsymbol{y}}^j(k_s^j+L-2)\end{cases}\tag{9.30}$$

假设目标在 X 轴上做匀速运动，则 X 轴上目标位置和时间近似满足线性关系；目标做匀加速运动时，位置和时间的关系近似满足二维曲线；目标做匀速转弯运动时，位置和时间近似满足更高维的曲线关系。由于中断区间目标运动状态未知，考虑随机误差对目标位置的影响，论文中凭借经验使用 4 阶多项式拟合各坐标轴上中断的航迹数据，将老航迹和新航迹连接起来。

综上所述，基于先验信息的多假设运动模型中断航迹配对关联算法流程如图 9.1 所示。

9.3.3　模糊航迹相似性度量

文献[6]基于模糊数学理论，提出航迹模糊相似度的概念，利用模糊航迹相似度进行中断航迹关联。计算模糊航迹相似度需要确定相应的模糊因素集、模糊因素权集和隶属度函数。

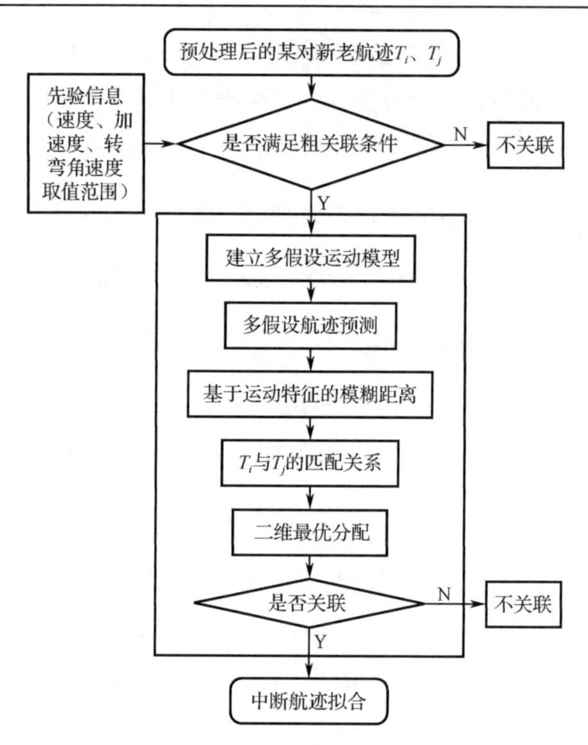

图 9.1　多假设运动模型中断航迹配对关联算法流程图

首先定义模糊因素集，

$$
\begin{cases}
u_1 = \sum_{i=1}^{N}[(x_i - \overline{x}_i)^2 + (y_i - \overline{y}_i)^2] \\
u_2 = \sum_{i=1}^{N}[(\dot{x}_i - \dot{\overline{x}}_i)^2 + (\dot{y}_i - \dot{\overline{y}}_i)^2] \\
u_3 = \sum_{i=1}^{N}[(\ddot{x}_i - \ddot{\overline{x}}_i)^2 + (\ddot{y}_i - \ddot{\overline{y}}_i)^2]
\end{cases}
\tag{9.31}
$$

其中，u_1、u_2、u_3 分别表示位置、速度、加速度的模糊因素，$\overline{x}_i$ 表示老航迹的第 i 个采样点，x_i 表示新航迹的第 i 个采样点。

之后采用正态型隶属度函数进行航迹关联

$$
\mu_k(u_k) = \exp\left[-\tau_k\left(\frac{u_k^2}{\sigma_k^2}\right)\right], \qquad k = 1,2,\cdots,n \tag{9.32}
$$

其中，u_k 是模糊因素集中的第 k 个模糊因素，σ_k 表示第 k 个模糊因素的展度，τ_k 表示调整度。相对于以上三个模糊因素，对应三个隶属度函数

$$
\begin{cases}
u_1 = \exp\left[-\tau_1\left(\dfrac{u_1^2}{\sigma_x^2 + \sigma_y^2}\right)\right] \\
u_2 = \exp\left[-\tau_2\left(\dfrac{u_2^2}{\sigma_{\dot{x}}^2 + \sigma_{\dot{y}}^2}\right)\right] \\
u_3 = \exp\left[-\tau_3\left(\dfrac{u_3^2}{\sigma_{\ddot{x}}^2 + \sigma_{\ddot{y}}^2}\right)\right]
\end{cases}
\tag{9.33}
$$

这里使用卡尔曼滤波协方差矩阵中相应元素作为隶属度函数的展度。其中σ_x、σ_y表示位置模糊因素的展度，即位置误差方差；$\sigma_{\dot{x}}$、$\sigma_{\dot{y}}$表示速度模糊因素的展度，即速度误差方差；$\sigma_{\ddot{x}}$、$\sigma_{\ddot{y}}$表示加速度模糊因素的展度，即加速度误差方差。

然后计算出新老航迹之间的模糊相似度：

$$f_{ij} = a_1\mu_1 + a_2\mu_2 + a_3\mu_3 \tag{9.34}$$

由于在实际环境下，位置模糊因素对目标关联的影响最大，速度因素次之，加速度因素影响相对较小，所以这 3 个模糊因素权值分别设置为：$a_1 = 0.55$，$a_2 = 0.35$，$a_3 = 0.1$。

9.4　神经网络智能方法

基于预测法和相似性度量法的中断航迹接续关联方法，首先需要获取先验知识，然后假定目标运动模型，并对中断航迹数据进行复杂计算，比较各个航迹段间的差异，最后通过关联分配，完成关联任务。整个算法从建立到投入实际运用，围绕先验知识获取建模和算法参数调试核心环节，需要投入大量的人力物力，大大削减了算法的实用价值。考虑到深度学习方法可以使关联任务由流程驱动转化为数据驱动，无须大量先验信息和构建复杂的目标运动模型，完全避免了人工对运动模型的选取、目标运动参数的设置、目标运动先验信息的采集等大量调试操作，具有模型生成速度快、实用效果好、节省人力物力等优点。并且近年来，深度学习方法[14]在目标识别、目标检测、图像分割、图像检索、自然语言理解等应用领域都取得了巨大的成功[15-18]，具有非常广阔的发展应用前景，因此，本节提出基于神经网络的系列智能中断航迹接续关联方法，包括基于度量学习的判别式中断航迹接续关联方法[19]、基于生成对抗网络的生成式中断航迹接续关联方法[20]和基于图表示学习的图表示中断航迹接续关联方法[21]。

9.4.1　判别式中断航迹接续关联方法

基于度量学习的判别式中断航迹接续关联方法，其总体结构如图 9.2 所示，整个网络包含两个共享权重的分支，每个分支由时间相关特征提取模块、空间结构特征提取模块串联组成。根据度量学习理论[22]，判别网络需要学习到一种变换矩阵$\boldsymbol{W}$，将航迹段映射到高维空间中，之后在损失函数的约束下，使得来自同一目标的航迹相互靠近，来自不同目标的航迹相互远离，最后根据最近邻准则选取相近的新老航迹对作为最终关联结果。

1. 数据预处理

在原始的航迹向量中，数据的每一个维度（X 轴和 Y 轴）的数值分布是不同的，由于神经网络对于数值分布具有较高的敏感性，因此不能直接使用原始航迹数据作为神经网络的输入。为了统一各个维度的数值分布，需要对航迹数据进行归一化。本文采用 0-1 归一化，将所有维度的值映射到[0,1]，消除数据分布不同对网络训练带来的影响。0-1 归一化对各个维度分别进行，以 X 轴数据为例，首先遍历所有航迹段中的所有采样点，选出 X 轴的最大值点 $x_{\max}$ 和最小值点 $x_{\min}$，之后每一个航迹采样点都减去 $x_{\min}$ 并除以 X 轴最大值和最小值间的差值，得到 0-1 归一化结果，具体定义为

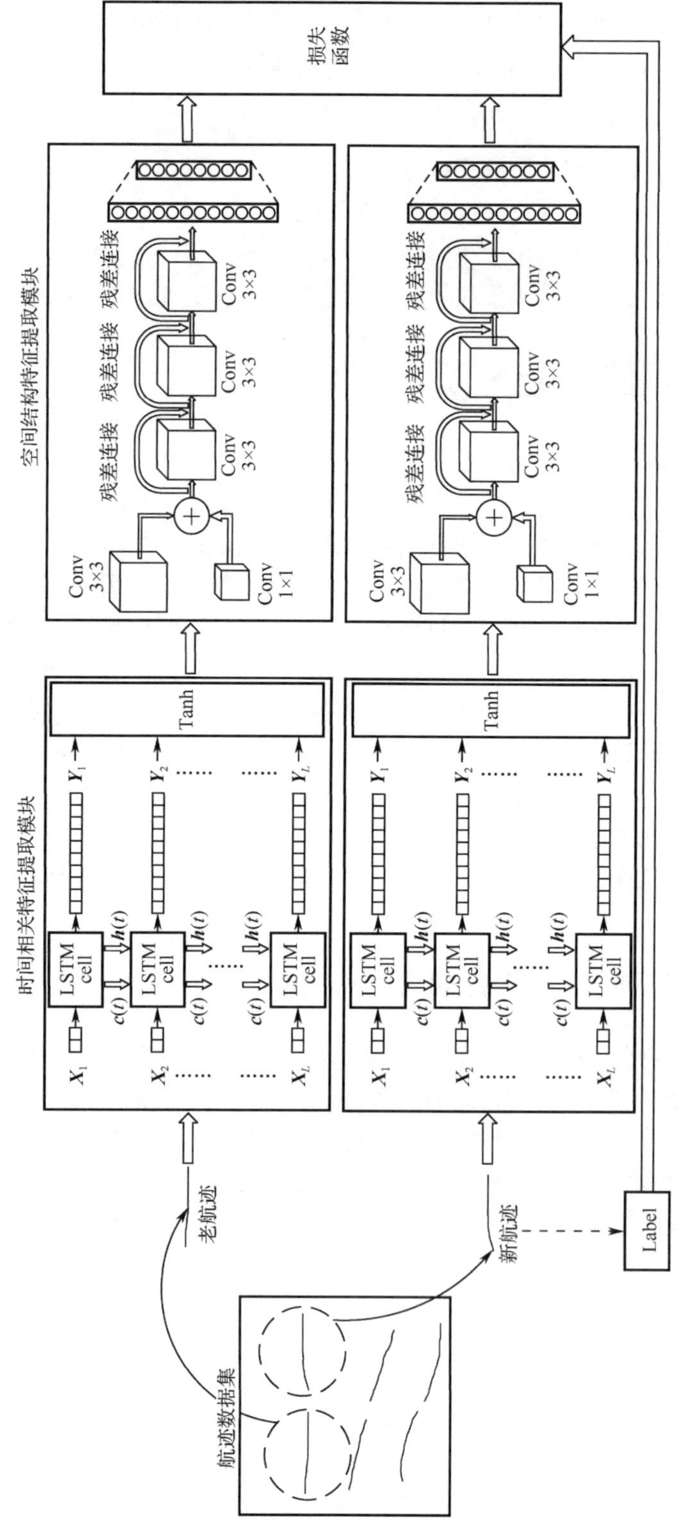

图9.2　判别式中断航迹接续关联方法总体结构图

$$x_i^j = \frac{x_i^j - x_{\min}}{x_{\max} - x_{\min}} \tag{9.35}$$

其中，x_i^j 为第 i 个航迹段中的第 j 个采样点，$x_{\max} = \max\limits_{i=1:N, j=1:M} x_i^j$，$x_{\min} = \min\limits_{i=1:N, j=1:M} x_i^j$，$N$ 表示航迹段的个数，M 表示航迹段中包含的采样点数。

航迹段归一化后用长度为 W 的截断窗口对新老航迹进行截断，截断窗口长度 W 是一个可变参数，取决于目标的所在场景。

截断后的新老航迹可以任意组合，作为神经网络的输入；经过网络处理后输出航迹段的高维空间表示。之后利用包含丰富的航迹时间相关特征和空间结构特征的航迹段高维空间表示，依据最近邻准则进行中断航迹接续关联。

2．时间相关特征提取模块

假设每个航迹段包含 L 个航迹点，航迹点状态向量维数为 D，通常情况下 D 远小于 L，致使航迹段矩阵十分扁平，不利于神经网络的处理。为使航迹向量变得对称，基于 LSTM 设计了时间相关特征提取模块。该模块提取航迹段中的时间相关特征的同时，通过升维将航迹向量的形状由 $L\times D$ 变换成为 $L\times L$，便于网络的后续处理。航迹段的时间特征可以看作航迹点间的相关性，考虑到相关矩阵是一个对称矩阵，通过在损失函数中添加对称约束损失，以控制网络参数的更新，使得相关特征具有对称性。但对称约束损失有时会采用使相关特征矩阵中各个元素都很小（接近 0）的方法来获得对称性，这样无法有效提取相关特征。为了解决这一问题，在 LSTM 后添加了 Tanh 非线性激活函数将相关特征矩阵中的各个元素值约束在-1 到 1 之间，避免其过小问题的产生。时间相关特征提取模块结构如图 9.3 所示。

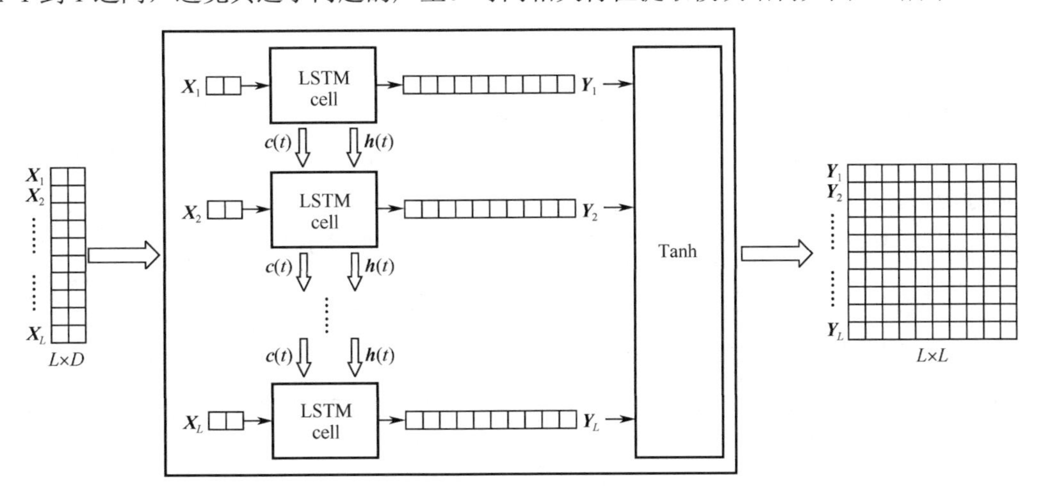

图 9.3　时间相关特征提取模块

3．空间结构特征提取模块

航迹段空间结构特征由多尺度卷积神经网络提取。多尺度卷积神经网络作用在对称的相关特征矩阵中，考虑到与自然图像相比，航迹特征矩阵包含的空间特征相对较少，卷积神经网络极易产生梯度消失问题，因此在多尺度卷积神经网络中添加残差连接[23]。同时考虑到随着网络层数的增加，一般的卷积神经网络输出特征图会逐渐减小，对于航迹段而言可能会导致信息丢失，所以去除了在图像处理中广泛使用的池化层，并且只使用大小为1×1的卷积核和大小为3×3且步长为1的卷积核，以保证特征图大小在卷积处理前后不会发生较大变化。首先由1×1卷积核和3×3卷积核对航迹时间相关特征矩阵进行多尺度特征提取，然后将两个卷积核提取的特征按元素相加进行特征融合，进一步由3层添加残差连接的3×3卷积核进行空间特征精细提取，得到特征图。经过空间信息提取后的特征图包含冗余信息，若直接用来进行后续的损失计算会导致计算复杂增加、处理时间变长，因此对最后的特征图使用全连接层进行高维空间映射，降低特征维度并减少冗余信息，全连接层的输出即为航迹段高维空间表示。空间结构特征提取模块的结构如图 9.4 所示，每一个卷积层和全连接层后都包含一个 LeakyReLU 非线性激活函数，在图中没有画出。

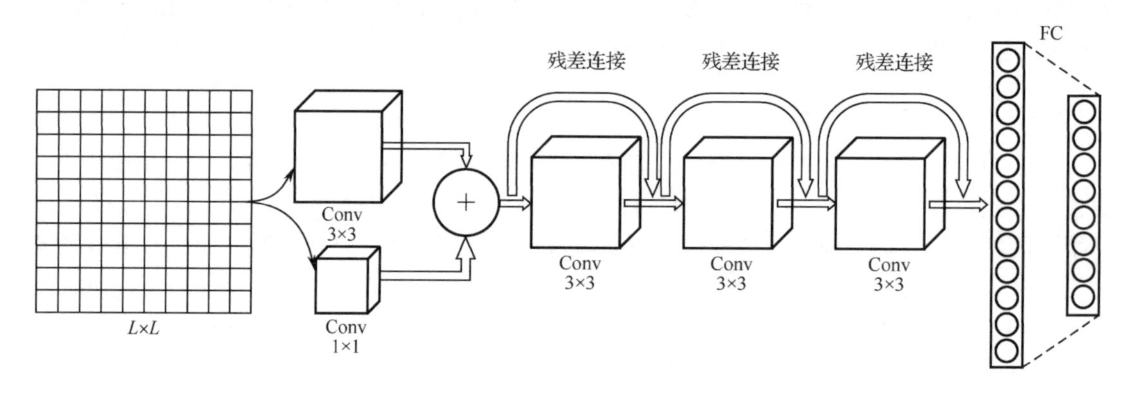

图 9.4　空间结构特征提取模块结构图

4. 损失函数

1）对比损失

为了实现同一目标不同航迹段相关联，不同目标不同航迹段保持不相关，需要设定一种接续关联损失函数。换句话说，该损失函数能够使得来自同一目标的航迹段在高维空间中相互靠近，来自不同目标的航迹段在高维空间中相互远离，以满足航迹接续关联的需要。考虑到在实际应用过程中，仅仅知道航迹是否来自同一目标，而无法确定目标类别的个数，所以这里选择对比损失[24]函数作为接续关联损失函数，来优化神经网络参数，其具体定义为

$$\mathcal{L}_C = \frac{1}{2} l D^2 + \frac{1}{2}(1-l)[\max(0, m-D)]^2 \tag{9.36}$$

其中，l 为二值标签，当一对航迹段 $\boldsymbol{x}_i$ 和 $\boldsymbol{x}_j$ 来自同一目标时，$l=1$，否则 $l=0$。$m>0$ 表示边缘距离，限制了在高维空间中两个来自不同目标的航迹段能够保持的最近距离。$D=\| f(\boldsymbol{x}_i)-f(\boldsymbol{x}_j)\|_2$ 为两个航迹段高维空间表示的欧氏距离。

2）对称约束损失

在时间相关特征提取模块中，为了得到对称的相关特征矩阵，需要对矩阵元素进行限制，本文提出对称约束损失来尽可能缩小相关特征矩阵对称位置元素间的差异。对称约束损失定义为

$$\mathcal{L}_S = \sum_{i=1}^{L}\sum_{j=1}^{L}(a_{ij}-a_{ji})^2 \tag{9.37}$$

其中，a_{ij} 表示相关特征矩阵中第 i 行，第 j 列的元素。

考虑到对称约束损失的值较小，所以对其进行加权，从而保证航迹相关特征矩阵满足对

称性。整个网络的损失函数为对称约束损失和对比损失的加权和，定义为

$$\mathcal{L} = 10 \times \mathcal{L}_S + \mathcal{L}_C \tag{9.38}$$

5. 训练与部署

在训练过程中，首先对已经标注属于各个目标的海量中断航迹段进行预处理，得到截断的归一化航迹段；之后将预处理后的新老航迹段任意组合，输入到神经网络进行处理。训练时需要标签提供训练监督信息，当新老航迹来自同一目标时，标签为 1；否则，标签为 0。最后经过多轮迭代，当网络达到收敛后停止训练并保存网络参数，网络训练完成。

在测试和部署应用过程中，无须新老航迹任意组合和提供标签，只需将预处理后的新老航迹段依次输入到神经网络中，直接获取网络输出的航迹段高维空间表示。通过最近邻准则比较并选择最接近的新老航迹对，该新老航迹对即为中断航迹接续关联结果。

9.4.2　生成式中断航迹接续关联方法

生成对抗网络（Generative Adversarial Networks，GAN）[25]包含一个生成器和一个判别器，判别器的作用是判断一个样本是来自真实数据还是网络生成的假数据，生成器的作用是尽可能生成与真实数据相近的样本，使得判别器无法准确判断样本来源。训练结束后如果判别器无法判断一个样本究竟来自真实数据还是来自网络生成的假数据，那么就可以认为生成对抗网络生成的数据的概率分布与真实数据相同。生成对抗网络的计算流程如图 9.5 所示。

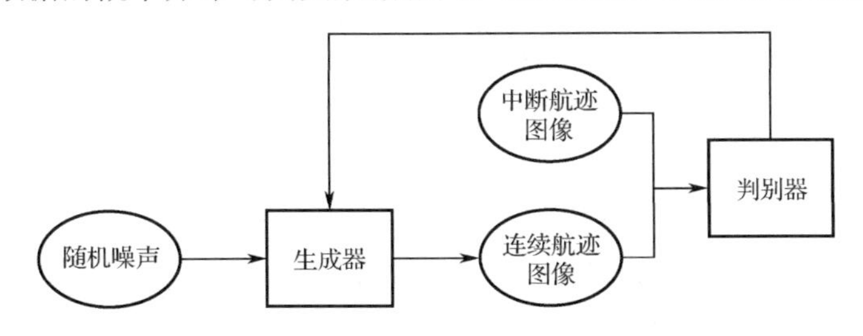

图 9.5　生成对抗网络的计算流程图

中断航迹接续关联问题可以看作一种转化问题：将中断的航迹图像转化为连续的航迹图像。鉴于大量基于 GAN 的图与图之间的转化任务取得了较好的结果[26-33]，据此提出了生成式中断航迹接续关联方法。该方法主要包含两部分：航迹生成器和航迹判别器，其原理图如图 9.6 所示。首先经过数据预处理，将航迹段转化为航迹图像，便于生成对抗网络进行处理；之后以中断航迹图像作为航迹生成器的输入，由航迹生成器提取航迹运动特征和中断特征，生成连续航迹图像。考虑到生成连续航迹图像较为复杂并且与自然图像相比连续航迹图像特征较少，在航迹生成器中加入了注意力模块，从而加强其对于中断位置和目标运动的敏感性；接着，航迹判别器判断生成的连续航迹图像真假，为航迹生成器提供指导；最后生成器和判别器交替训练，直至达到纳什均衡[34]，即判别器无法准确判断生成的连续航迹图像的真假，此时保存航迹生成器的参数，即可利用生成器完成中断航迹接续关联任务。

1. 数据预处理

由于原始航迹向量中的航迹采样点数量较少且中断前后的航迹采样点位置差异较大，直接利用原始航迹向量作为 GAN 的输入会导致 GAN 的损失产生较大震荡，不利于 GAN 的稳

定训练。所以在使用 GAN 生成连续航迹图像之前，通过数据预处理，将航迹段向量变成航迹图像，便于后续 GAN 的训练。针对不同场景下的航迹坐标大小不统一，无法直接映射到同一张图像中，采用归一化方法对原始航迹向量进行归一化，将航迹位置坐标限制在[0,1]，以统一航迹坐标的大小并减少航迹位置分布差异带来的影响。

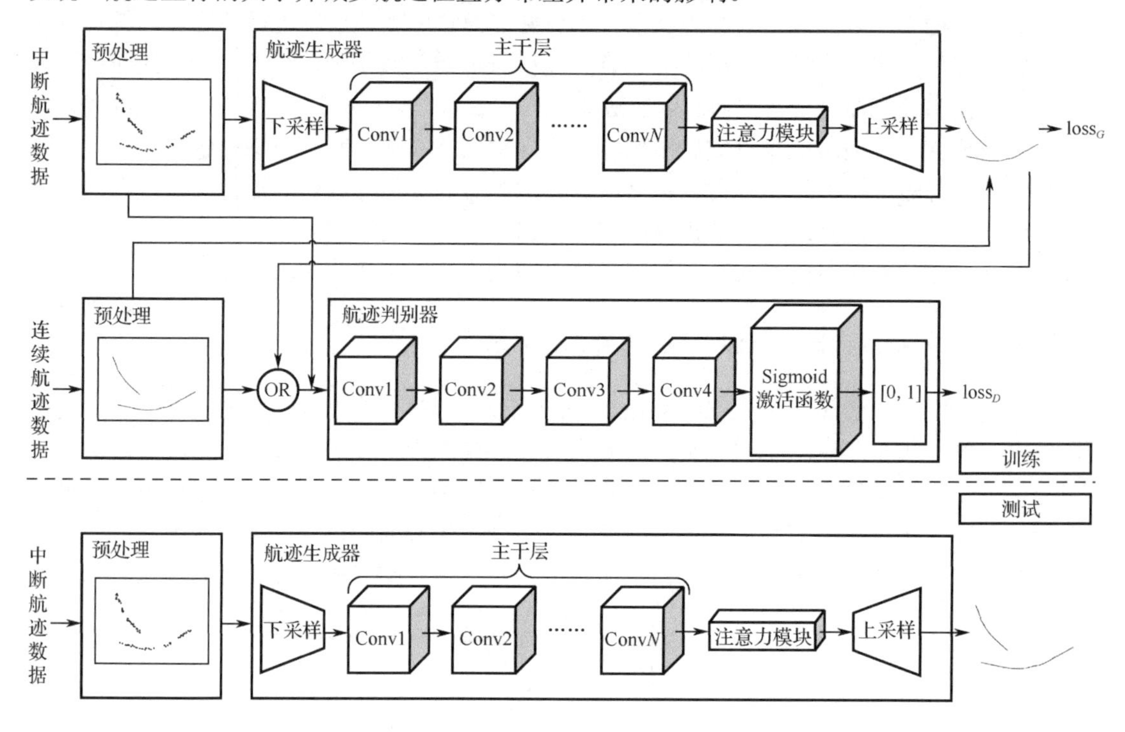

图 9.6　生成式中断航迹接续关联方法原理图

接着设置空白图的大小为 $M \times M$，M 为图的像素大小，用单位长度除以 M 进行网格量化，即 $1/M$ 表示量化网格中每一像素代表的归一化航迹长度，将归一化航迹坐标与量化网格坐标一一对应，得到航迹图像，航迹图像示意图如图 9.7 所示。

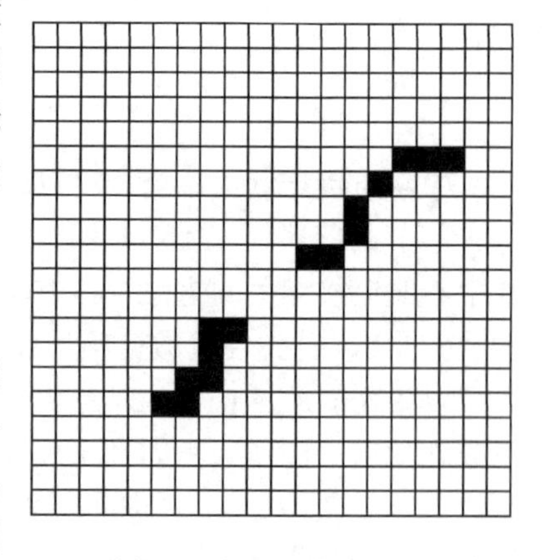

图 9.7　航迹图像示意图

2. 航迹生成对抗网络

航迹生成对抗网络的目标是将中断航迹图像转化为连续航迹图像。航迹生成对抗网络包含一个航迹生成器和一个航迹判别器。航迹生成器以中断航迹图像为输入，输出连续航迹图像；航迹判别器用来判断所生成的连续航迹图像是真还是假，进而为生成器的生成方向提供指导。

1）航迹生成器

航迹生成器用来提取中断航迹图像中的航迹运动特征和中断特征，根据这些特征进行中断航迹关联，得到连续航迹图像，采用自动编码-解码器[35]作为航迹生成器的骨干网络。由于航迹的中断特征较为稀疏，在特征提取过程中容易丢失，所以在航迹生成器中添加注意力机制，增强网络对中断位置的敏感性。航迹生成器包含下采样层、主干层和上采样层。下采样层包含卷积层、归一化层（Instance Norm）[36]和非线性激活层[37]，用来粗略地提取特征。考虑到航迹图像的稀疏性，在下采样层中没有使用池化层而是使用步长为 2 的卷积层进行下采样，避免丢弃过多的航迹信息；主干层为输出张量大小不变（即去除池化层）的残差网络[23]，用来精细提取特征，网络层数均为 6 层，两者之间的差异在于是否添加残差连接。注意力模块添加在主干层最后一层之后，从高维进行特征权重分配；上采样层由反卷积网络（TransposeConv2d）[38]、归一化层和非线性激活层组成，反卷积为卷积的逆运算，利用反卷积将提取到的航迹特征维度提升至原中断航迹图像特征维度，将提取的航迹特征映射到航迹图像中，生成可视化的连续航迹图像。航迹生成器结构如图 9.8 所示。

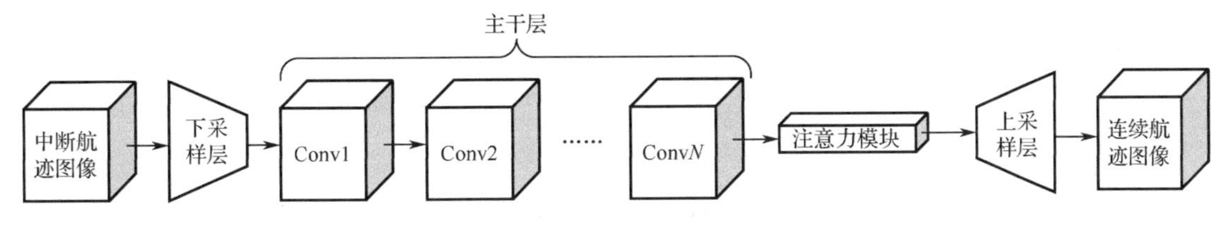

图 9.8　航迹生成器结构

2）航迹判别器

航迹判别器用来提取中断航迹图像和连续航迹图像的特征，利用中断航迹图像作为监督信息，判断连续航迹图像是真还是假（生成的）并为生成器的参数更新提供指导。航迹判别器的输入是中断航迹图像和连续航迹图像在其通道维的连接，由中断航迹图像提供监督信息，提高网络的判别能力。由于判别任务是一个简单的二分类问题，如果判别器的性能过强，会导致误差梯度为 0，造成生成器训练困难[39]，所以这里采用简单的下采样网络作为判别器。判别器由卷积层、归一化层（Instance Norm）和非线性激活层组成，为减少特征损失，同样不使用池化层而用步长为 2 的卷积层代替。非线性激活层将判别结果限制在 0 到 1 之间，表示判别连续航迹图像的真假程度。航迹判别器结构如图 9.9 所示。

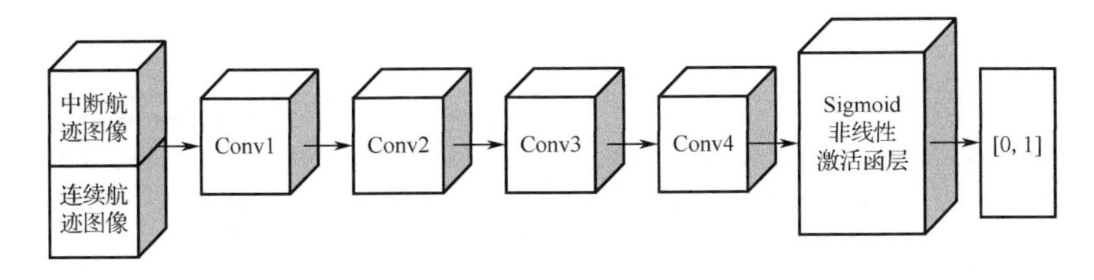

图 9.9　航迹判别器结构

3. 注意力模块

为了让航迹生成器能够更好地提取航迹中断位置的细节特征，有效判断目标运动模式，本文在该网络中特征提取层的最后一层加入了注意力模块。该注意力模块包含两部分：通道注意力和空间注意力。通道注意力的作用是选择观测目标航迹的最佳观测尺度；空间注意力的作用是提高网络对目标运动状态变化规律的关注程度，从而选择最有利于进行中断航迹接续关联的目标运动状态。注意力模块的结构如图 9.10 所示，其中 C、H、W 分别代表中断航迹图片的通道数、高度和宽度。

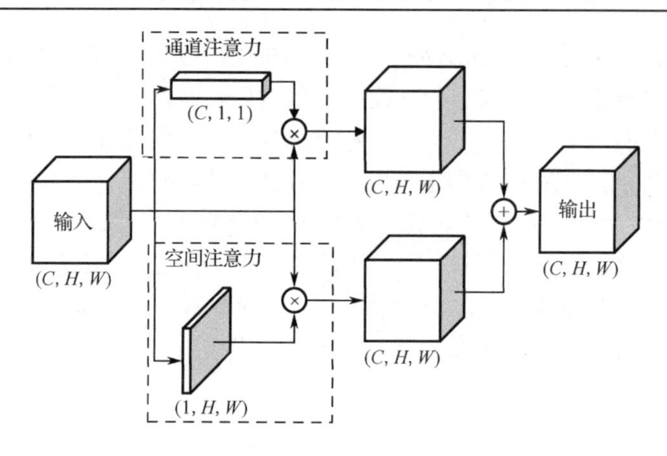

图 9.10　注意力模块结构图

1）通道注意力

通道注意力用来从不同的尺度观测航迹段，假设网络的特征提取层最后一层输出向量的大小为(C,H,W)，通道注意力模块$(C,1,1)$将给不同的通道以不同的权重，以更加关注对于目标任务重要的通道。对于网络最后一层输出的特征图而言，不同的通道代表着不同的特征。为了选择重要的特征通道，利用通道注意力模块学习通道注意力矩阵$\boldsymbol{M}_c$对不同的通道进行注意力加权。通道注意力模块结构如图 9.11 所示。

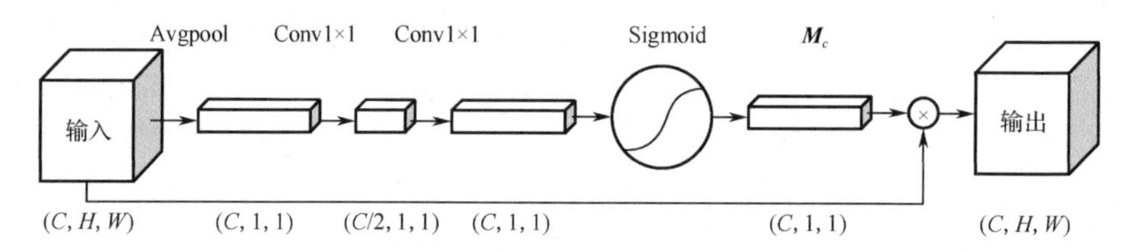

图 9.11　通道注意力模块结构图

2）空间注意力

空间注意力用来聚焦航迹段的运动变化趋势，尤其是中断区域附近的变化趋势。与通道注意力不同的是，空间注意力只需要关注每个通道中航迹运动的变化情况，所以空间注意力模块的向量大小为$(1,H,W)$。空间注意力模块通过学习空间注意力矩阵$\boldsymbol{M}_s$，实现空间特征选择。空间注意力模块网络结构如图 9.12 所示。

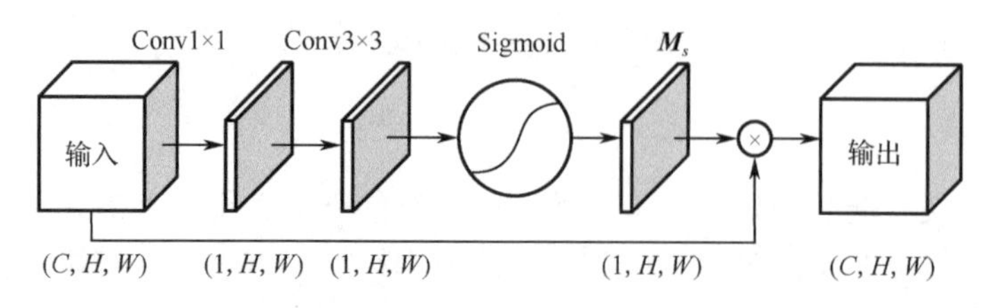

图 9.12　空间注意力模块结构图

4．损失函数

航迹生成对抗网络的损失函数可以分为两部分：判别损失和生成损失。两种损失函数交替反向传递直至航迹判别器和航迹生成器达到纳什均衡[34]，完成对抗训练。航迹关联网络的

总体训练损失函数如公式（9.39）所示，

$$\min_G \max_D L_{\mathrm{TGAN}}(G,D)=\min_G \max_D \{\mathbb{E}_{\boldsymbol{T}_i}[\log D(\boldsymbol{T}_i,\boldsymbol{T}_c)]+\mathbb{E}_{\boldsymbol{T}_i}[\log(1-D(\boldsymbol{T}_i,G(\boldsymbol{T}_i)))]\} \tag{9.39}$$

其中 $\boldsymbol{T}_i$ 和 $\boldsymbol{T}_c$ 分别表示中断航迹图像和连续航迹图像，$\mathbb{E}$ 表示求期望，G 表示航迹关联网络中的生成器，D 表示航迹关联网络中的判别器。

1）判别损失

判别损失用来量化航迹判别器的判别结果和真实标签之间的差异。由于（航迹）判别器的输出是介于[0,1]之间的连续值，因此不使用交叉熵损失（Cross Entropy Loss）而使用均方误差（Mean Square Error，MSE）损失作为判别损失。当训练判别器时，首先使中断航迹图像和数据集中的连续航迹图像联结，标签为 1；之后和生成的连续航迹图像联结，标签为 0。在训练生成器时，中断航迹图像和生成的连续航迹图像联结，标签为 1，以达到欺骗判别器的目的。判别损失如公式（9.40）所示。

$$\mathrm{loss}_D=\sqrt{(l_D-l_R)^2} \tag{9.40}$$

其中 l_D 和 l_R 分别表示判别器的判别结果和标签。

2）生成损失

生成损失包括 $L1$ 损失和判别损失。$L1$ 损失被用来衡量真实连续航迹图像和生成连续航迹图像之间的差别，并在误差反向传递的过程中通过调节网络参数使生成的连续航迹图像尽可能与真实的连续航迹图像相似。由于 $L1$ 损失更加注重度量图像细节和边缘的差异[40]，十分适合航迹图像之间的比较，所以本文中选择 $L1$ 损失而不使用 $L2$ 损失。判别损失被用来为生成器的训练提供梯度指导，使得生成器和判别器之间的对抗产生效果。λ_{L1} 和 λ_D 分别是 $L1$ 损失和判别损失的权重，由于生成器参数复杂，训练难度大，通常将 $L1$ 生成损失权重 λ_{L1} 设为较大值，以加快生成器参数收敛。$L1$ 损失如公式（9.41）所示。

$$\mathrm{loss}_{L1}=|\boldsymbol{M}_G-\boldsymbol{M}_R| \tag{9.41}$$

其中 $\boldsymbol{M}_G$ 是生成的连续航迹图像，$\boldsymbol{M}_R$ 是真实的连续航迹图像。生成损失如公式（9.42）所示。

$$\mathrm{loss}_G=\lambda_G\times\mathrm{loss}_{L1}+\lambda_D\times\mathrm{loss}_D \tag{9.42}$$

9.4.3　图表示中断航迹接续关联方法

无论是传统中断航迹接续关联方法还是判别式和生成式智能中断航迹接续关联方法，都需要单独提取航迹位置或其他航迹信息进行关联计算，而忽视了航迹的拓扑结构特征。航迹的运动过程可以看作是马尔可夫过程，即当前时刻的运动状态仅与前一时刻的运动状态有关，因此保留航迹的拓扑结构特征对于目标运动状态的确定至关重要，需要寻找一种能够将航迹运动属性嵌入到航迹图中的方法。考虑到航迹向量在空间坐标中可以看成图结构，因此利用图论理论对航迹结构特征进行分析，这样既可以充分利用采样节点的位置特征，又能保留节点与节点之间的结构特征。传统神经网络只能处理结构化数据，结构化数据的特点为每个数据点的邻居数据的位置是固定的，数据与数据的连接也是确定的，而图数据的特点为数据点的邻居数据的数量是不确定的，数据与数据的连接也是不确定的。这个需要扩展了传统神经网络的应用范围，改进现有神经网络无法对图结构数据进行处理的问题。

能够处理图数据的神经网络称为图神经网络（Graph Neural Network，GNN），由 F. Scarselli 等人在 2009 年首次提出[41]，可以对图的节点和图结构进行特征提取和处理。一个图由节点、边和邻接矩阵组成，可以表示为$\mathcal{G}=(V,E,\boldsymbol{A})$，其中 V 表示节点集合，E 表示边集合，$\boldsymbol{A}$ 表示邻接矩阵。假设$v_i \in V$ 表示一个节点，$e_{ij}=(v_i,v_j)\in E$ 表示连接节点v_i和v_j的一个边，该图中共有 N 个节点，那么邻接矩阵$\boldsymbol{A}=(a_{ij})$可以表示成一个 $N\times N$ 的矩阵，并且满足

$$a_{ij}=\begin{cases}1, & e_{ij}\in E\\ 0, & e_{ij}\notin E\end{cases} \tag{9.43}$$

$D(v_i)$表示节点的度，定义为与v_i节点相连接的边的个数。图的分类由好多种，包括有向图、无向图、同质图、异质图等。

图神经网络的目标是学习到一种包含每个节点邻域信息的特征嵌入表示$\boldsymbol{h}_v$，图中的信息用节点特征$\boldsymbol{x}_v$和边特征$\boldsymbol{x}_e$来表示，定义 f 为图信息嵌入函数，则节点邻域信息的特征嵌入可由该节点的节点特征$\boldsymbol{x}_v$、边特征$\boldsymbol{x}_e$、其邻居节点的节点特征$\boldsymbol{x}_{ne[v]}$和邻居节点的边特征$\boldsymbol{x}_{ne[e]}$表示，即

$$\boldsymbol{h}_v=f(\boldsymbol{x}_v,\boldsymbol{x}_e,\boldsymbol{x}_{ne[v]},\boldsymbol{x}_{ne[e]}) \tag{9.44}$$

图表示中断航迹接续关联方法主要包含两个模块：局部航迹节点嵌入模块和航迹图嵌入模块，该方法的原理如图 9.13 所示。首先聚合节点的邻域信息，计算航迹图中各个节点的嵌入表示，此时各个嵌入表示只包含局部航迹信息，缺少全局航迹信息；之后，为了添加全局航迹信息，局部航迹节点嵌入表示经过航迹图嵌入模块的加权处理，生成航迹图嵌入表示；最后计算表示空间中各个新老航迹间的距离，根据最近邻准则，选出距离最近的新老航迹完成关联。

1．航迹图的构建

为了利用图神经网络对航迹段进行处理，首先需要将航迹段转化为航迹图，采用与判别式中断航迹接续关联方法相同的数据归一化方法和截断窗口进行航迹数据处理后，根据文献[42]，航迹的运动过程可以看作是马尔可夫过程，即当前时刻的运动状态仅与前一时刻的运动状态有关，所以可以将截取的航迹点从前至后连接，并在各个航迹节点中添加自循环保证运动信息的正常传递。航迹段中各个航迹节点构成航迹图的节点，航迹图节点按先后顺序有向连接构成航迹图的边，之后选择归一化航迹节点坐标(X_i,Y_i)作为航迹图的节点特征，两节点之间归一化坐标的距离$D_{i,j}$作为航迹图的边特征，得到航迹图如图 9.14 所示。

2．局部航迹节点嵌入模块

局部航迹节点嵌入是航迹图嵌入的前提和基础，必须具有很好的泛化性能。泛化性能指的是局部航迹节点嵌入模块能够学习到一种关联策略，该关联策略能够保证网络不仅能正确汇聚训练集中航迹段的邻居特征，而且对于不在训练集中的航迹段也能正确汇聚其邻居特征。图卷积网络（Graph Convolutional Network，GCN）[43]可以生成具有泛化性的特征表示，因为它可以聚合邻居节点的特征，然后从大量的航迹图中归纳出航迹特征来生成一个节点的特征表示。基于 GCN，由很多聚合式的图神经网络被提出，例如 GRAPHSAGE[44]、Graph Attention Networks（GAT）[45]、Graph Isomorphism Network（GIN）[46]等。由于 GIN 有着最好的聚合性能，所以局部航迹节点嵌入模块采用 GIN 作为基础网络。与其他的图结构数据（例如社交网络图、蛋白质结构图、知识图谱等）相比，航迹图数据较为简单，邻居节点信息较少，针对以上问题，在 GIN 的前后添加残差连接，以缓解航迹的信息稀疏性引起的过平滑（Over-

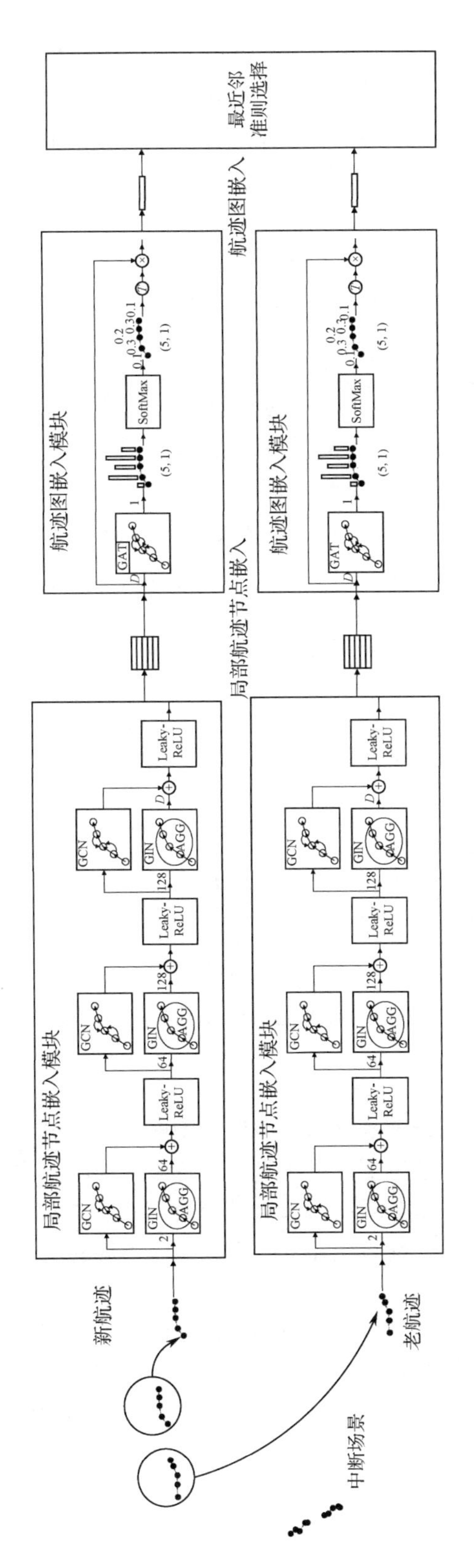

图9.13　基于航迹图表示学习的中断航迹接续关联方法原理图

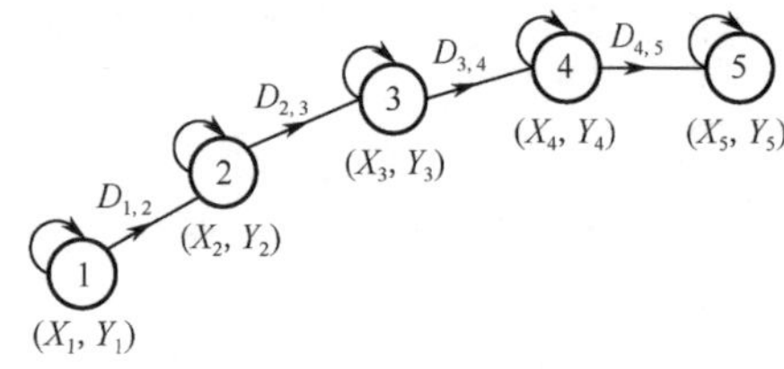

图 9.14　航迹图

Smoothing）问题[43, 47, 48]。残差连接不仅需要保证聚合邻居节点信息时前后维度不变，而且不能过度聚合，以保留原始的节点信息，所以选择较为简单的 GCN 作为残差连接层。局部航迹节点嵌入模块对于一条航迹的处理如下式所示。

$$\begin{cases} \boldsymbol{T}_i^{(k)} = \sigma(\mathrm{GIN}_{\boldsymbol{W}_k}^{(k)}(\boldsymbol{T}_i^{(k-1)}) + \mathrm{GCN}_{\boldsymbol{U}_k}^{(k)}(\boldsymbol{T}_i^{(k-1)})) \\ \mathrm{GIN}_{\boldsymbol{W}_k}^{(k)}(\boldsymbol{T}_i^{(k-1)}) = \mathrm{MLP}_{\boldsymbol{W}_k}^{(k)}((1+\varepsilon^{(k)}) \cdot \boldsymbol{T}_i^{(k-1)} + \underset{j\in\mathcal{N}(i)}{\mathrm{AGG}}(\boldsymbol{T}_j^{(k-1)})) \\ \mathrm{GCN}_{\boldsymbol{U}_k}^{(k)}(\boldsymbol{T}_i^{(k-1)}) = b_k + \sum\limits_{j\in\mathcal{N}(i)} \dfrac{1}{\sqrt{|\mathcal{N}(i)|\cdot|\mathcal{N}(j)|}} \boldsymbol{T}_j^{(k-1)} \boldsymbol{U}_k \end{cases} \tag{9.45}$$

其中 $\boldsymbol{T}_i^{(k)}$ 和 $\varepsilon^{(k)}$ 分别表示对应第 k 个 GIN 层中航迹节点 i 的嵌入和可训练超参数；σ 表示 LeakyReLU 非线性激活函数；$\mathcal{N}(i)$ 表示航迹节点 i 的邻居节点；AGG 表示对航迹节点 i 邻居节点的聚合操作，它可以是求和操作（Sum）、求最大操作（Max）、求均值操作（Mean）；$\mathrm{MLP}_{\boldsymbol{W}_k}^{(k)}$ 表示第 k 个 GIN 层使用的多层感知机，带有可训练参数 $\boldsymbol{W}_k$；$\mathrm{GCN}_{\boldsymbol{U}_k}^{(k)}$ 表示第 k 个 GCN 残差连接，带有可训练参数 $\boldsymbol{U}_k$ 和偏置 b_k；$|\mathcal{N}(i)|$ 表示航迹节点 i 的度。局部航迹节点嵌入模块结构图如图 9.15 所示。

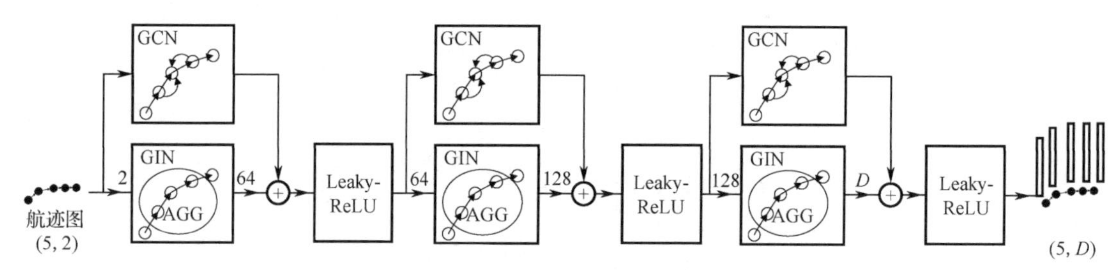

图 9.15　局部航迹节点嵌入模块结构图

（图中括号中的数字表示航迹图或航迹节点嵌入的维度，GIN 旁边的数字表示输入或输出维度）

3. 航迹图嵌入模块

航迹图嵌入模块利用局部航迹节点嵌入生成航迹图嵌入，与局部航迹节点嵌入模块具有良好的泛化性能相对应的是，航迹图嵌入模块需要具有适应不同结构的航迹图的特点。现有的图嵌入方法大多采用将整个图数据中所有节点进行聚合操作的方式生成图嵌入，然而，这些简单的聚合操作生成的图嵌入可能过于粗糙，无法捕获不同的航迹时空特征。通过分析可得，不同的航迹节点能够反映不同的目标运动特征，为了提取航迹图结构差异，我们可以从航迹节点入手，在航迹图嵌入模块中添加图注意力机制给不同的航迹节点打分，从而选出最重要的航迹节点嵌入。假设来自航迹图 $\mathcal{G}$ 的局部航迹节点嵌入为 $\boldsymbol{T}_{\mathcal{G}} = (\boldsymbol{T}_1 \quad \boldsymbol{T}_2 \quad \cdots \quad \boldsymbol{T}_W)' \in \boldsymbol{R}^{W\times D}$，其中 W 表示航迹节点数，即截断窗口的长度；D 为局部航迹节点嵌入的维度。将 $\boldsymbol{T}_{\mathcal{G}}$ 送入航迹图嵌入模块后，对不同的局部航迹节点嵌入的打分如下式所示。

$$\begin{cases} \boldsymbol{S} = \text{SoftMax}(\text{ATT}_{\boldsymbol{Z}}(\boldsymbol{T}_{\mathcal{G}})) = (S_1 \quad S_2 \quad \cdots \quad S_N) \\ S_i = \dfrac{\mathrm{e}^{\text{ATT}_{\boldsymbol{Z}}(\boldsymbol{T}_i)}}{\sum\limits_{j=1}^{N} \mathrm{e}^{\text{ATT}_{\boldsymbol{Z}}(\boldsymbol{T}_j)}} \\ \text{ATT}_{\boldsymbol{Z}}(\boldsymbol{T}_i) = \sum\limits_{j \in \mathcal{N}(i)} \alpha_{i,j} \boldsymbol{Z}\boldsymbol{T}_i \end{cases} \tag{9.46}$$

其中，$\text{ATT}_{\boldsymbol{Z}}$ 表示单层 GAT，带有可训练参数 $\boldsymbol{Z}$；$\boldsymbol{S} \in \boldsymbol{R}^{W \times 1}$ 表示对局部航迹节点嵌入的打分；SoftMax 表示概率映射函数，通过该函数可以将有正有负的图注意力数值转换成非负的概率值；$\alpha_{i,j}$ 表示一条航迹中的节点 i 和节点 j 之间的注意力得分，定义为

$$\alpha_{i,j} = \text{SoftMax}(\text{LeakyReLU}(a'[\boldsymbol{Z}\boldsymbol{T}_i \,\|\, \boldsymbol{Z}\boldsymbol{T}_j])) \tag{9.47}$$

其中，a 表示单层前馈神经网络的权值，$\|$ 表示向量之间的连结（Concatenation）操作。

之后如公式（9.48）所示，对局部航迹节点嵌入的打分进行加权平均得到航迹图嵌入。

$$\boldsymbol{h}_{\mathcal{G}} = \boldsymbol{S}' \times \boldsymbol{T}_{\mathcal{G}} \tag{9.48}$$

其中 $\boldsymbol{h}_{\mathcal{G}} \in \boldsymbol{R}^{1 \times D}$ 表示航迹图嵌入，航迹图嵌入模块的结构图如图 9.16 所示。

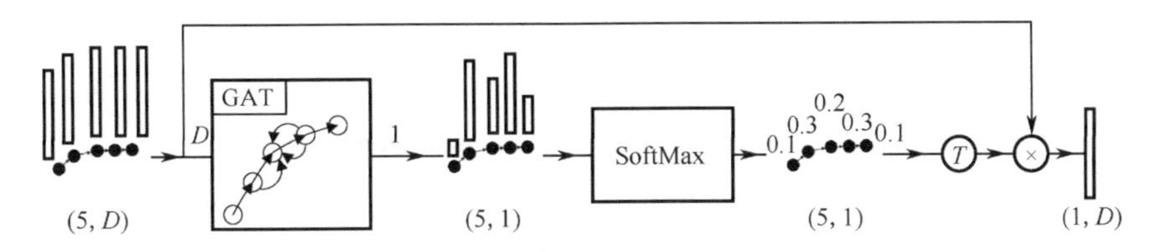

图 9.16　航迹图嵌入模块的结构图

（图中括号中的数字表示航迹图或航迹图嵌入的维度，GAT 旁边的数字表示输入或输出维度）

4．损失函数

该方法的损失函数与判别式中断航迹接续关联方法中所使用的对比损失定义相同，因为任务的目标相同，都是为了使得来自同一目标的航迹在表示空间中相互靠近，来自不同目标的航迹在表示空间中相互远离。损失函数定义为

$$\mathcal{L} = \frac{1}{2} l H^2 + \frac{1}{2}(1-l)[\max(0, m-H)]^2 \tag{9.49}$$

其中 l 为二值标签，当一对航迹段 $\boldsymbol{x}_i$ 和 $\boldsymbol{x}_j$ 来自同一目标时，$l=1$，否则 $l=0$。$m>0$ 表示边缘距离，限制了在高维空间中两个来自不同目标的航迹段能够保持的最近距离。$H = \|\boldsymbol{h}_{\mathcal{G}_i} - \boldsymbol{h}_{\mathcal{G}_j}\|_2$ 表示在高维空间中两个航迹段之间的欧氏距离。

9.4.4　仿真分析

为了对神经网络智能方法的关联效果进行验证，本节以图表示中断航迹接续关联方法为例进行仿真分析，主要包括网络场景适应性测试、网络抗噪声测试和对比实验。

1．网络场景适应性测试

航迹中断现象经常由于某些特殊的目标机动导致，例如交叉运动、相切运动等。为了测试网络在特殊的目标机动场景下的适应能力，本小节设置了 4 个典型的目标运动场景对网络

的适应性进行验证。每一个典型目标运动场景设置如下：（1）场景 1 包含两个近距离相向运动的目标，在同一时刻发生航迹中断；（2）场景 2 包含两个交叉运动的目标，在交叉位置发生航迹中断；（3）场景 3 包含两个发生二次交叉运动的目标，在两次交叉之间发生航迹中断；（4）场景 4 包含两个相切运动的目标，在相切位置发生中断。4 个典型的目标运动场景的关联效果如图 9.17 所示。

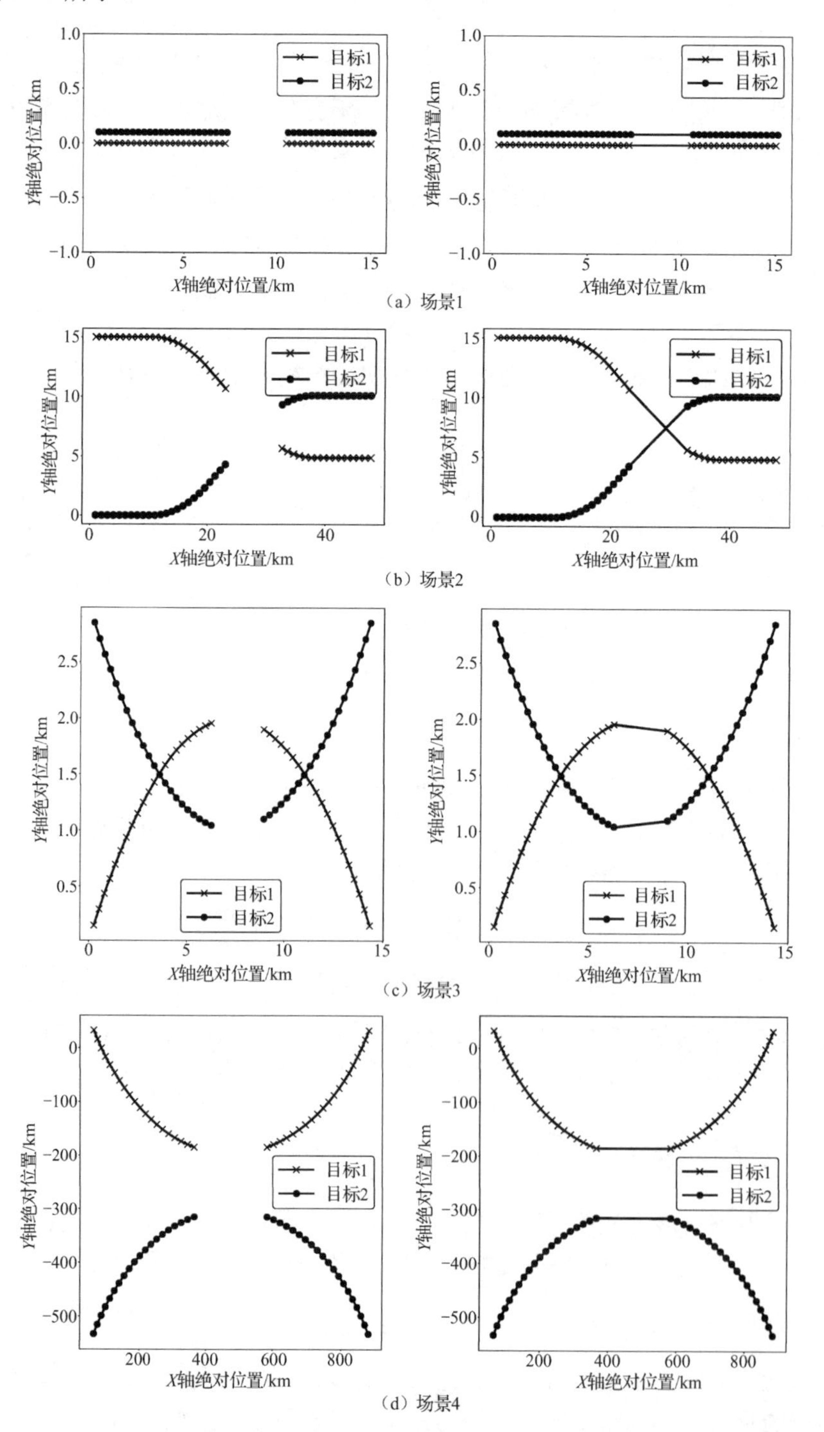

图 9.17　典型目标运动场景的关联效果（左侧为中断航迹，右侧为关联后的连续航迹）

根据图 9.17 的关联结果，该网络对于特殊的机动目标具有较好的适应性，可以很好地应对真实场景中的中断现象，不会由于航迹交叉或相切而导致关联错误。

2. 网络抗噪声测试

实际航迹数据大多含有噪声，为了测试网络对于真实场景下含噪声航迹数据的关联效果，这里在含有 5 个目标的运动场景中添加不同等级的噪声对网络性能进行测试。在理想的无噪声航迹数据中分别添加均值为 0，标准差为 2 km、4 km、6 km 的高斯噪声，构成不同噪声等级的航迹数据，利用不同噪声等级的航迹数据对该网络进行测试，得到在该场景下各个噪声等级的关联结果如图 9.18 所示。

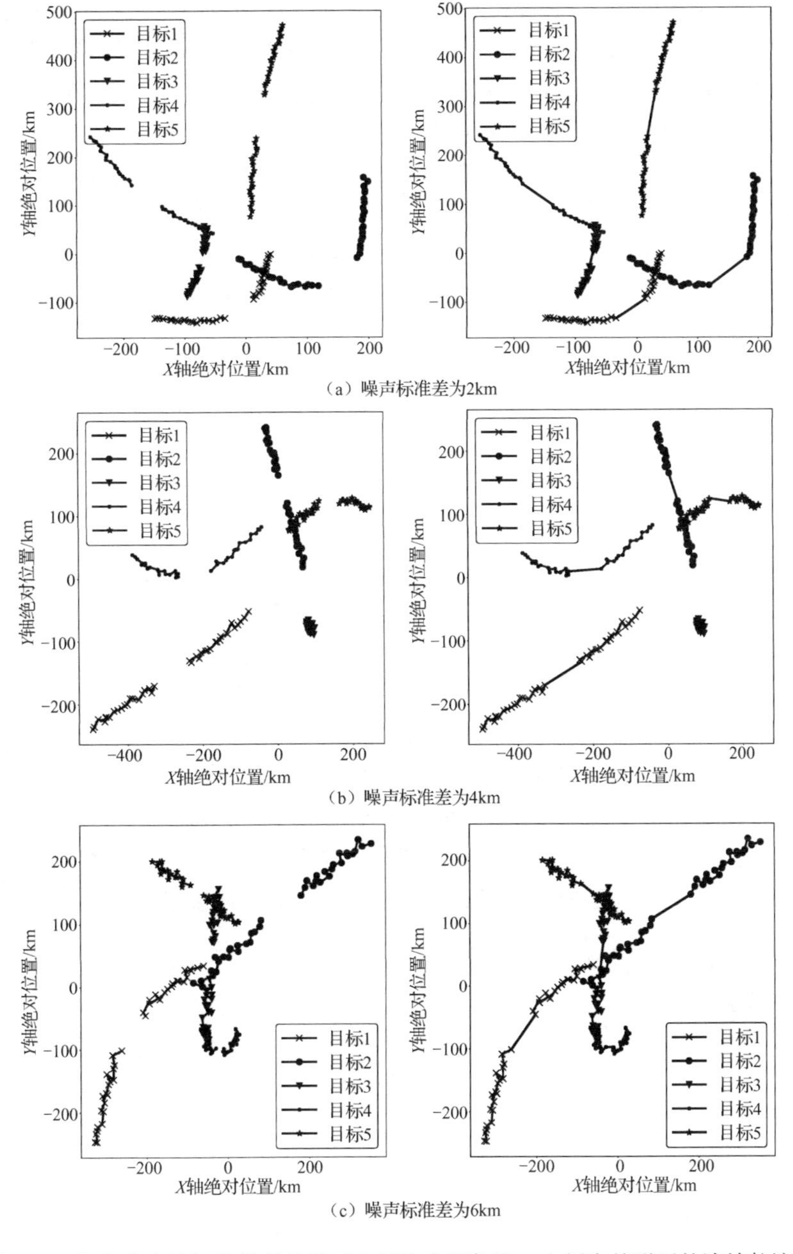

图 9.18　各个噪声等级的关联结果（左侧为中断航迹，右侧为关联后的连续航迹）

从图 9.18 中可以看出，该网络具有较好的抗噪声性能，在噪声条件下也能准确提取航迹的时间信息和空间信息，完成可靠的关联。

3. 对比实验

现在，将基于航迹图表示学习的中断航迹接续关联方法和 Traditional TSA[2]、Multiple-hypothesis TSA[5]、Multi-frame S-D TSA[49]进行对比，以验证该方法的有效性。首先设置了包含 5 个目标的仿真场景，在中断前后，目标一直保持匀速直线运动状态，在中断过程中，目标可能转变为匀加速曲线运动或匀速曲线运动状态，雷达的更新周期 $T_{ra}=5\text{ s}$，T_{it} 定义为在中断时间内雷达观测的更新次数。各个目标的运动状态设置如下：（1）目标 1 的初始位置为（−27 000 m, 0），初始速度为（250 m/s, 0），中断区间内仍保持匀速直线运动状态；（2）目标 2 的初始位置为（−30 000 m, 1 000 m），初始速度为（300 m/s, 0），中断区间变为匀加速运动状态，加速度为（-0.5 m/s^2, -1.7 m/s^2）；（3）目标 3 的初始位置为（−25 000 m, −1 000 m），初始速度为（200 m/s, 0），中断区间变为匀加速运动状态，加速度为（-0.8 m/s^2, 1.4 m/s^2）；（4）目标 4 的初始位置为（−30 000 m, −2 000 m），初始速度为（300 m/s, 0），中断区间变为匀速曲线运动状态，角速度为 $\omega=\pi/200(\text{rad/s})$；（5）目标 5 的初始位置为（−27 500 m, 2 000 m），初始速度为（250 m/s, 0），中断区间变为匀速曲线运动状态，角速度为 $\omega=-\pi/150(\text{rad/s})$。对比仿真实验中所有的航迹信息如图 9.19 所示。

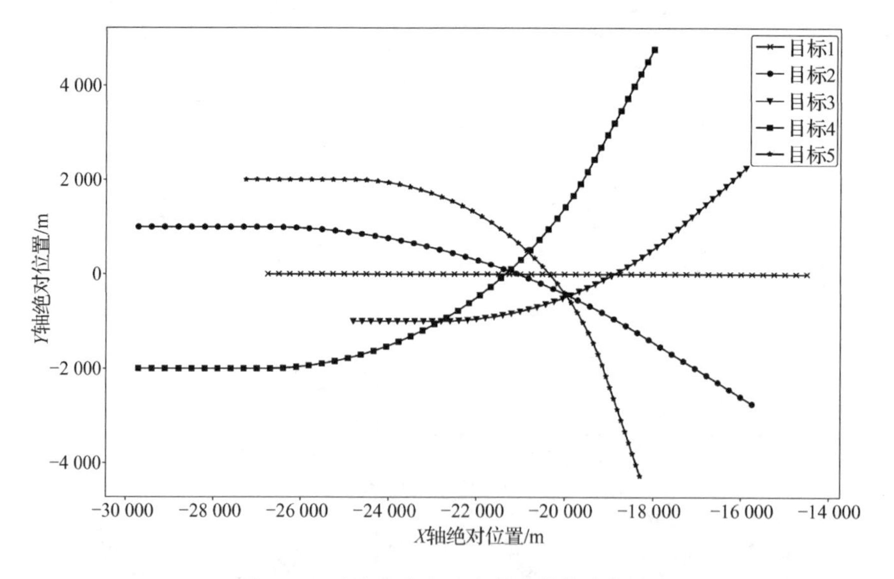

图 9.19　对比仿真实验中所有的航迹信息

为了更好地描述各个算法的关联效果，定义如下关联指标

（1）平均正确关联率

$$R_{ta}=\frac{n_t}{n} \tag{9.50}$$

（2）平均错误关联率

$$R_{fa}=\frac{n_f}{n} \tag{9.51}$$

（3）平均漏关联率

$$R_{oa} = \frac{n_o}{n} \tag{9.52}$$

（4）平均关联时间

$$T = \frac{T_0}{N} \tag{9.53}$$

其中，n 表示单个算法所有实验包含的总目标数，N 表示单个算法所有的实验次数，n_t 表示单个算法所有实验正确关联的目标个数，n_f 表示单个算法所有实验错误关联的目标个数，n_o 表示单个算法所有实验漏关联的目标个数，并且满足 $n_t + n_f + n_o = n$，T_0 表示单个算法所有实验所消耗的时间。

设置不同的 T_{it} 并进行 50 次仿真，得到对比实验的关联结果如表 9.1 所示，之后选取了 $T_{it} = 10$ 的关联结果作为一个例子在图 9.20 中展示。

表 9.1　对比实验的关联结果

T_{it}	Traditional TSA				Multiple-hypothesis TSA				Multi-frame S-D TSA				图表示方法			
	R_{ta}	R_{fa}	R_{oa}	T	R_{ta}	R_{fa}	R_{oa}	T	R_{ta}	R_{fa}	R_{oa}	T	R_{ta}	R_{fa}	R_{oa}	T
6	42.8	9.2	48.0	0.346	97.2	0	2.8	0.387	100.0	0	0	1.219	100.0	0	0	0.318
8	40.4	16.4	43.2	0.349	98.4	0.4	1.2	0.391	100.0	0	0	1.328	100.0	0	0	0.317
10	26.8	22.0	51.2	0.351	97.2	2.4	0.4	0.395	100.0	0	0	1.417	100.0	0	0	0.315
12	9.6	36.0	54.4	0.355	98.4	1.6	0	0.401	100.0	0	0	1.523	100.0	0	0	0.316
14	10.0	38.4	51.6	0.361	93.2	6.4	0.4	0.405	98.7	1.3	0	1.631	100.0	0	0	0.313

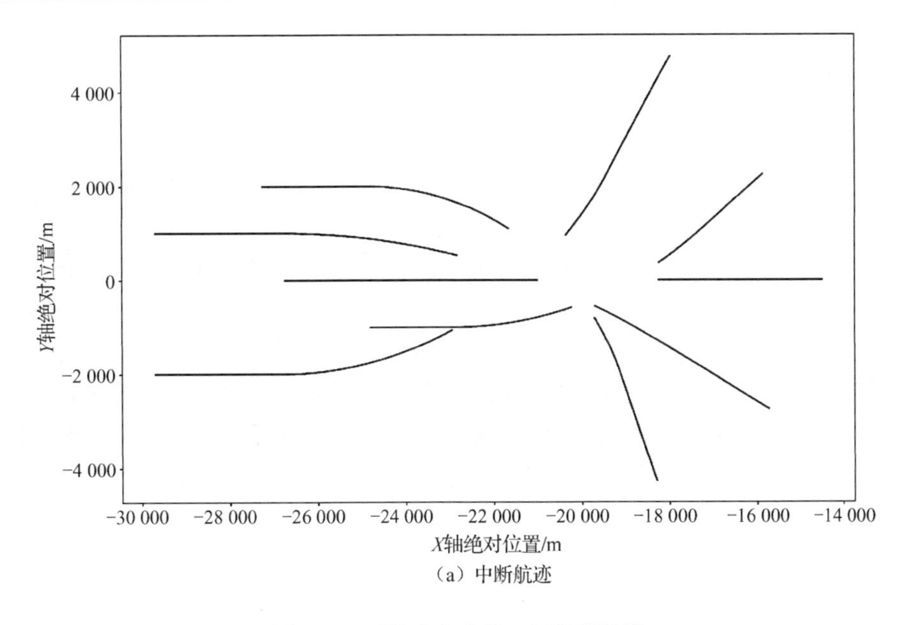

（a）中断航迹

图 9.20　对比实验中的一例关联结果

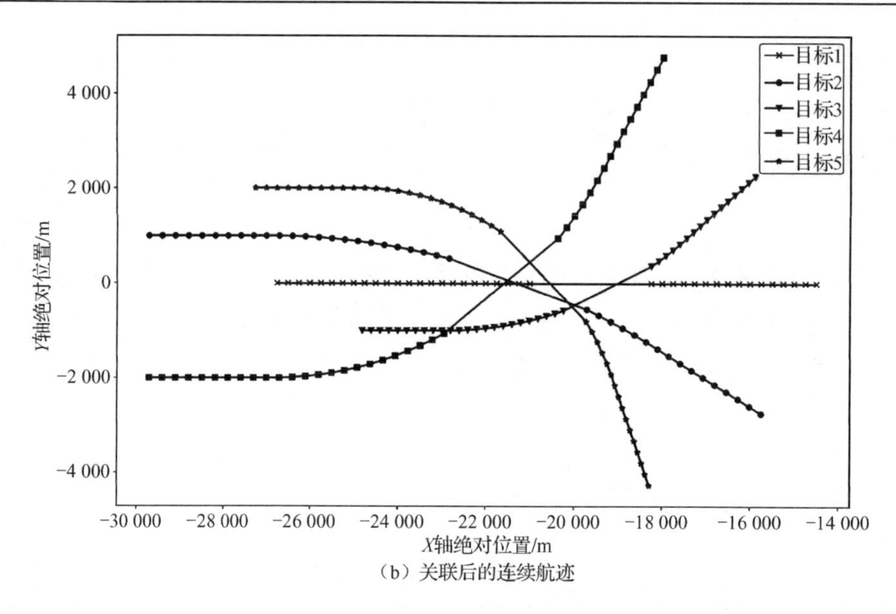

（b）关联后的连续航迹

图 9.20　对比实验中的一例关联结果（续）

从表 9.1 中可以看出，随着中断时间间隔的增加，Traditional TSA 的关联性能急剧下降，而 Multiple-hypothesis TSA、Multi-frame S-D TSA 和图表示方法均能保持关联效果并且图表示方法优于 Multiple-hypothesis TSA 和 Multi-frame S-D TSA。因为 Traditional TSA、Multiple-hypothesis TSA、Multi-frame S-D TSA 都需要对航迹数据进行复杂计算并且丢弃了航迹的拓扑结构信息，而图表示方法可以直接将包含拓扑结构信息的航迹图映射到表示空间中，所以图表示方法取得了更快的推理速度并且在算法质量上也有很大提升。

9.5　小结

中断航迹接续关联是完成后续信息融合和态势分析等任务的重要基础，本章将中断航迹接续关联方法分为基于运动模型的传统方法和基于神经网络的智能方法等两大类别，进行了详细的总结和讨论。对于传统方法而言，由于其有着严密的数学推导过程，具有较好的可解释性和可信性，目前仍是主流方法。但随着科技的不断发展，各类海空平台性能、隐身性能不断提升，环境日益复杂，传统方法假设不合理、模型不适用、门限无法确定等缺陷日益凸显。本章提出的中断航迹接续关联智能方法基于神经网络的数据驱动学习能力，利用神经网络自动提取航迹信息，不需要大量先验信息和构建复杂的目标运动模型，完全避免了人工对运动模型的选取、目标运动参数的设置、目标运动先验信息的采集等大量调试操作，具有模型生成速度快、实用效果好、节省人力物力等优点，但同时也存在着可解释性差等问题，还需进一步完善和发展。

参考文献

[1] Arnold J, Shalom Y B, Mucci R. Track Segment Association with a Distributed Field of Sensors. American Control Conference, 1984: 605-612.

[2] Yeom S W, Kirubarajan T, Shalom Y B. Track Segment Association, Fine-step IMM and Initialization with

Doppler for Improved Track Performance. IEEE Transactions on Aerospace and Electronic Systems, 2004, 40(1): 293-309.

[3] Lin L, Shalom Y B, Kirubarajan T. New Assignment-based Data Association for Tracking Move-stop-move Targets. IEEE Transactions on Aerospace and Electronic Systems, 2004, 40(2): 714-725.

[4] Zhang S, Shalom Y B. Track Segment Association for GMTI Tracks of Evasive Move-stop-move Maneuvering Targets. IEEE Transactions on Aerospace and Electronic Systems, 2011, 47(3): 1899-1914.

[5] Qi L, Wang H P, Xiong W. Track Segment Association Algorithm Based on Multiple-hypothesis Models with Priori Information. Syst. Eng. Electron, 2015, 37(4), 732-739.

[6] 杜渐, 夏学知. 面向航迹中断的模糊航迹关联算法. 火力与指挥控制, 2013, 38(6): 68-71.

[7] Blom H A, Shalom Y B. The Interacting Multiple Model Algorithm for Systems with Markovian Switching Coefficients. IEEE Transactions on Automatic Control, 1988, 33(8): 780-783.

[8] Aziz A M. A New Nearest-neighbor Association Approach Based on Fuzzy Clustering. Aerospace Science and Technology, 2013, 26(1): 87-97.

[9] Aziz A M. A Novel All-neighbor Fuzzy Association Approach for Multitarget Tracking in a Cluttered Environment. Signal Processing, 2011, 91(8): 2001-2015.

[10] Aziz A M, Tummala M, Cristi R. Fuzzy Logic Data Correlation Approach in Multisensor-multitarget Tracking Systems. Signal Processing, 1999, 76(2): 195-209.

[11] Weng C H, Chen Y L. Mining Fuzzy Association Rules From Uncertain Data. Knowledge and Information Systems, 2010, 23(2): 129-152.

[12] Li B, Fujii K, Gao Y. Kalman-filter-based Track Fitting in Non-uniform Magnetic Field with Segment-wise Helical Track Model. Computer Physics Communications, 2014 185(3): 754-761.

[13] Kleinwort C. General Broken Lines as Advanced Track Fitting Method. Nuclear Instruments and Methods in Physics Research Section A: Accelerators, Spectrometers, Detectors and Associated Equipment, 2012, 673: 107-110.

[14] Goodfellow I, Bengio Y, Courville A, et al. Deep Learning (no. 2). MIT press Cambridge, 2016.

[15] Li Y, Zhang Y, Huang X, et al. Large-scale Remote Sensing Image Retrieval by Deep Hashing Neural Networks. IEEE Transactions on Geoscience and Remote Sensing, 2017, 56(2): 950-965.

[16] Mao G, Yuan Y, Xiaoqiang L. Deep Cross-modal Retrieval for Remote Sensing Image and Audio. 10th IAPR Workshop on Pattern Recognition in Remote Sensing (PRRS), 2018: 1-7.

[17] Lu X, Wang B, Zheng X, et al. Exploring Models and Data for Remote Sensing Image Caption Generation. IEEE Transactions on Geoscience and Remote Sensing, 2017, 56(4): 2183-2195.

[18] Jiang Q Y, Li W J. Deep Cross-modal Hashing. IEEE Conference on Computer Vision and Pattern Recognition, 2017: 3232-3240.

[19] Xiong W, Xu P L, Cui Y Q, et al. Track Segment Association with Dual Contrast Neural Network. IEEE Transactions on Aerospace and Electronic Systems, 2021.

[20] 徐平亮, 崔亚奇, 熊伟, 等. 生成式中断航迹接续关联方法. 系统工程与电子技术, 2021.

[21] Xiong W, Xu P L, Cui Y Q, Xiong Z Y, Gu X Q, Lv Y F. Track Segment Association via Track Graph Representation Learning. IET Radar, Sonar & Navigation, 2021.

[22] Kaya M, Bilge H S. Deep Metric Learning: A survey. Symmetry, 2019, 11(9): 1066.

[23] He K, Zhang X, Ren S, et al. Deep Residual Learning for Image Recognition. IEEE Conference on

Computer Vision and Pattern Recognition, 2016: 770-778.

[24] Hadsell R, Chopra S, LeCun Y. Dimensionality Reduction by Learning an Invariant Mapping. IEEE Computer Society Conference on Computer Vision and Pattern Recognition, 2006, 2: 1735-1742.

[25] Goodfellow I, Pouget-Abadie J, Mirza, M, et al. Generative Adversarial Nets. Advances in neural information processing systems, 2014, 27: 2672-2680.

[26] Dong H, Yu S, Wu C, et al. Semantic Image Synthesis via Adversarial Learning. IEEE International Conference on Computer Vision, 2017: 5706-5714.

[27] Kaneko T, Hiramatsu K, Kashino K. Generative Attribute Controller with Conditional Filtered Generative Adversarial Networks. IEEE Conference on Computer Vision and Pattern Recognition, 2017: 6089-6098.

[28] Karacan L, Akata Z, Erdem A, et al. Learning to Generate Images of Outdoor Scenes from Attributes and Semantic Layouts. arXiv preprint arXiv:1612.00215, 2016.

[29] Ledig C, Theis L, Huszar F, et al. Photo-realistic Single Image Super-resolution Using a Generative Adversarial Network. IEEE Conference on Computer Vision and Pattern Recognition, 2017: 4681-4690.

[30] Pathak D, Krahenbuhl P, Donahue J, et al. Context Encoders: Feature Learning by Inpainting. IEEE Conference on Computer Vision and Pattern Recognition, 2016: 2536-2544.

[31] Sangkloy P, Lu J, Fang C, et al. Scribbler: Controlling Deep Image Synthesis with Sketch and Color. IEEE Conference on Computer Vision and Pattern Recognition, 2017: 5400-5409.

[32] Wang X, Gupta A. Generative Image Modeling Using Style and Structure Adversarial Networks. European Conference on Computer Vision, 2016: 318-335.

[33] Zhang Z, Song Y, Qi H. Age Progression/regression by Conditional Adversarial Autoencoder. IEEE Conference on Computer Vision and Pattern Recognition, 2017: 5810-5818.

[34] Ratliff L J, Burden S A, Sastry S S. Characterization and Computation of Local Nash Equilibria in Continuous Games. The 51st Annual Allerton Conference on Communication, Control, and Computing, 2013, Allerton: 917-924.

[35] Vincent P, Larochelle H, Bengio Y, et al. Extracting and Composing Robust Features with Denoising Autoencoders. The 25th International Conference on Machine Learning, 2008: 1096-1103.

[36] Ulyanov D, Vedaldi A, Lempitsky V. Instance Normalization: The Missing Ingredient for Fast Stylization. arXiv Preprint arXiv:1607.08022, 2016.

[37] Glorot X, Bordes A, Bengio Y. Deep Sparse Rectifier Neural Networks. The Fourteenth International Conference on Artificial Intelligence and Statistics, 2011, 315-323.

[38] Dumoulin V, Visin F. A Guide to Convolution Arithmetic for Deep Learning. arXiv Preprint arXiv:1603.07285, 2016.

[39] Peng X B, Kanazawa A, Toyer S, et al. Variational Discriminator Bottleneck: Improving Imitation Learning, Inverse rl, and Gans by Constraining Information Flow. arXiv Preprint arXiv:1810.00821, 2018.

[40] Zhao H, Gallo O, Frosio I, et al. Loss Functions for Image Restoration with Neural Networks. IEEE Transactions on Computational Imaging, 2016, 3(1): 47-57.

[41] Scarselli F, Gori M, Tsoi A C, et al. The Graph Neural Network Model. IEEE Transactions on Neural Networks, 2008, 20(1), 61-80.

[42] Li X R, Jilkov V P. Survey of Maneuvering Target Tracking. Part I. Dynamic models. IEEE Transactions

on Aerospace and Electronic Systems, 2003, 39(4): 1333-1364.

[43] Kipf T N, Welling M. Semi-supervised Classification with Graph Convolutional Networks. arXiv Preprint arXiv:1609.02907, 2016.

[44] Hamilton W, Ying Z, Leskovec J. Inductive Representation Learning on Large Graphs. Advances in Neural Information Processing Systems, 2017: 1024-1034.

[45] Veličković P, Cucurull G, Casanova A, et al. Graph Attention Networks. arXiv Preprint arXiv:1710.10903, 2017.

[46] Xu K, Hu W, Leskovec J, et al. How Powerful are Graph Neural Networks. arXiv Preprint arXiv:1810.00826, 2018.

[47] Huang W, Rong Y, Xu T, et al. Tackling Over-Smoothing for General Graph Convolutional Networks. arXiv e-prints, p. arXiv: 2008.09864, 2020.

[48] Li G, Muller M, Thabet A, et al. Deepgcns: Can Gcns Go as Deep as Cnns. IEEE International Conference on Computer Vision, 2019: 9267-9276.

[49] Raghu J, Srihari P, Tharmarasa R, et al. Comprehensive Track Segment Association for Improved Track Continuity. IEEE Transactions on Aerospace and Electronic Systems, 2018, 54(5): 2463-2480.

第 10 章　机动目标跟踪算法

10.1　引言

在第 3 章中我们讨论了雷达数据处理中的一些基本滤波方法，这些方法中一般都假定目标做匀速运动或匀加速运动。如果雷达运动速度较快，而目标运动速度较慢，比如飞机上的雷达对地面目标或海面目标进行跟踪，此时目标可近似看作匀速运动或匀加速运动，甚至可看成静止的。但随着飞行器机动性能的不断提高，而且在目标运动过程中，驾驶员的人为动作或控制指令使得目标随时会出现转弯、闪避或其他特殊的攻击姿态等机动现象，因此一般情况下目标不可能一直做匀速运动或匀加速运动，该情况下就必须解决目标运动过程中出现机动时的跟踪问题[1-5]。为此，本章对机动目标跟踪问题进行研究，在对目标典型机动形式进行讨论的基础上，解决滤波过程中所建立的目标模型参数的不确定性问题，它和第 6、7 章所讨论的量测源不确定性问题是目标跟踪中的两大根本问题。

机动目标跟踪方法概括来讲可分为以下两类：具有机动检测的跟踪算法；无须机动检测的自适应跟踪算法。第一类算法按照检测到机动后调整的参数又可进一步分为以下两种。

（1）调整滤波器增益。具体方法有：重新启动滤波器增益序列；增大输入噪声的方差；增大目标状态估计的协方差矩阵。10.3.1 节中的可调白噪声算法即属于此类方法[6]，该算法通过调整输入噪声的方差来达到调整滤波器增益的目的。

（2）调整滤波器的结构。具体方法有：在不同的跟踪滤波器之间切换；增大目标状态维数。10.3.2 节中变维滤波算法在判断出目标发生机动后将当前的目标状态维数增加，在判断机动结束后恢复至原来的模型。10.3.3 节中输入估计算法是把机动加速度看成未知的确定性输入，利用最小二乘法从新息中估计出机动加速度大小，并用来更新目标的状态[7]。

第二类算法不需要对目标进行机动检测，而是在对目标状态进行估计的同时对滤波增益进行修正。10.4.1 节在输入估计算法的基础上给出了机动目标自适应跟踪算法——修正的输入估计算法，该方法把 Bayesian 方法和 Fisher 方法相结合实现对机动目标的自适应跟踪[8]；10.4.2 节中的 Singer 模型法认为噪声过程是有色的，将目标加速度作为具有指数自相关的零均值随机过程建模[9]；而 10.4.3 节中的当前模型是在估计目标状态的同时估计机动加速度均值，并利用估计对加速度分布进行实时修正，最后通过方差的形式反馈到下一时刻的滤波增益中[2,7,10]；10.4.4 节对 Jerk 模型算法进行了分析，该算法与 Singer 算法类似，也是把过程噪声作为色噪声来建模，而且其需要实时地对加速度求导数——加加速度进行估计[7,11]；10.4.5 节中的多模型算法假定几种不同的噪声级，计算每一个噪声级的概率，然后求它们的加权和[12-16]；当然跟踪器也可以按照一定准则在它们之间进行转换，比如哪个噪声级的概率大就选哪个；10.4.6 节讨论了交互式多模型算法，该算法通过输入和输出交互利用多个模型实现对机动目标的自适应跟踪[17-19]。最后通过仿真分析对各类算法的跟踪情况和应注意的问题进行了分析和讨论，得出了相关的结论。

10.2　目标典型机动形式

1. 高超声速滑跃机动

高超声速滑跃机动是高超声速武器高速突防所采取的一种机动运动形式，其采用“打水漂”式跳跃式机动巡航运动，巡航弹道近似沿一中线摆动运动，其弹道具有类周期性，间隔整数个周期的目标状态呈强相关性，但间隔周期数越多其相关性越弱，目标运动具有机动相关衰减性[20]。临近空间高超声速飞行器在推力、阻力、升力和重力的共同作用下做高速、高机动滑跃运动的运动轨迹如图 10.1 所示[21]。

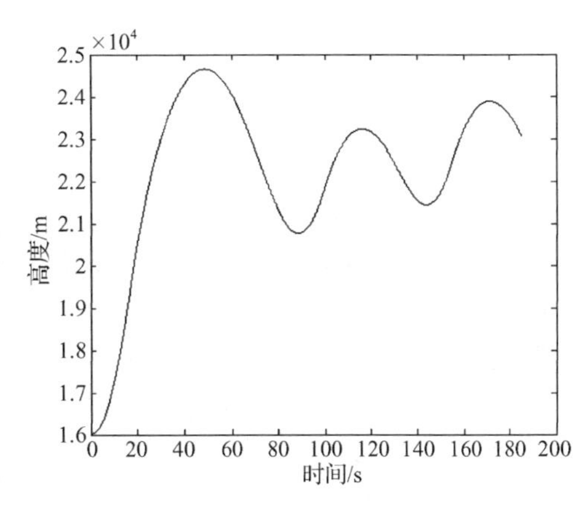

图 10.1　高超声速滑跃机动

据临近空间高超声速飞行器加速度的相关性质，假设加速度作为二阶时间自相关的零均值随机过程建模，其相关函数为衰减振荡函数

$$R(\tau)=E[a(t)a(t+\tau)]=\sigma_m^2 \mathrm{e}^{-\alpha|\tau|}\cos\beta\tau \tag{10.1}$$

其中，σ_m^2 是目标的加速度方差；$\alpha \geqslant 0$ 为最大相关衰减量；$\beta=\dfrac{2\pi}{\Delta T_c}\geqslant 0$ 为机动振荡频率，ΔT_c 为振荡周期；τ 为时间差。

当 α、β 取极限值时，则有

$$\begin{cases}\lim\limits_{\alpha\to 0}R(\tau)=\sigma_m^2\cos\beta\tau\\ \lim\limits_{\beta\to 0}R(\tau)=\sigma_m^2\mathrm{e}^{-\alpha|\tau|}\end{cases} \tag{10.2}$$

当 α 趋近 0 时，模型表现为完全周期性，当 β 趋近 0 时，模型表现为衰减性，即 Singer 模型。

2. 蛇行机动

蛇行机动是一种反雷达、反高炮的机动运动方式，其目的在于增大雷达的跟踪误差，增大高炮的瞄准误差，以期降低射击效果。

蛇行机动是沿主航线飞行时左右压坡度而产生的机动飞行，如图 10.2 所示。图中，T 为蛇行周期，$\Delta\phi$ 为目标飞行方向对主航向的偏离角。

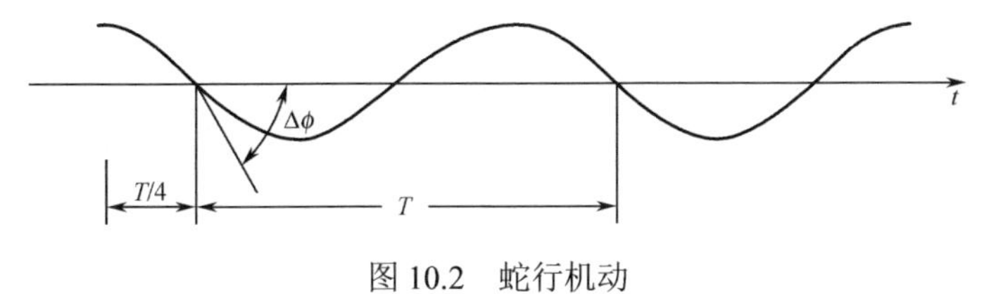

图 10.2　蛇行机动

3. 俯冲机动

俯冲机动是飞机进行俯冲轰炸时的机动动作，典型的俯冲机动运动曲线如图 10.3 所示。

这里给出以下假设条件：①假设在降高过程中飞行实体偏转的角度是均匀变化的，飞行员推杆与拉起时飞行器转角的变化大小相等，方向相反；②降高过程中，飞行实体为一平衡状态，忽略了重力、升力等作用力，只考虑发动机推力和与速度成一定比例的阻力之间的平衡关系，假设飞行实体的推力在水平与垂直两方向的分解与速度的大小成正比例；③飞机的提速过程在俯冲初始时刻瞬间完成，飞机在俯冲过程中油门不动，发动机推力是常值；④同样大小的推力在水平方向和垂直方向产生的速度之间存在一个固定比例系数 q。

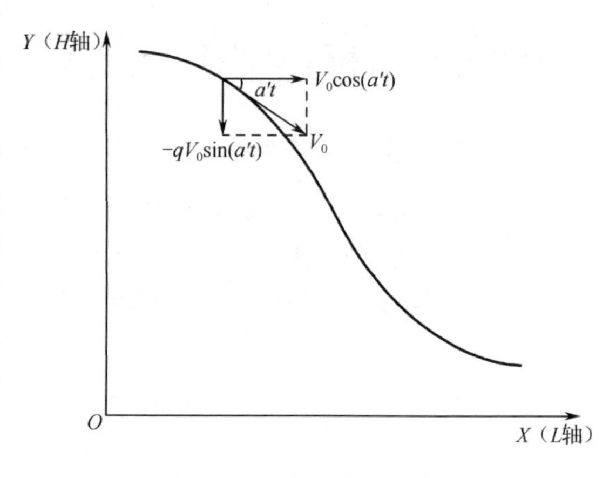

图 10.3　俯冲机动运动曲线

该模型的输入是态势编辑给定的降高距离 ΔL 、降高高度 ΔH 和降高时间 T ，输出为飞行实体俯冲爬升类运动的模拟运动轨迹。模型是在沿飞行方向的二维（与飞行方向一致的 L 轴和垂直于地面的 H 轴）纵向平面中建立的。

将俯冲爬升过程分为压杆状态和拉起状态两部分。

① 压杆状态（ $t \leqslant T/2$ ） $V_H(t) = -V_0 q\sin(a't)$ ， $V_L(t) = V_0\cos(a't)$ ；拉起状态（ $t \geqslant T/2$ ）， $V_H(t) = -V_0 q\sin(a'(T-t))$ ， H 方向的速度 $V_H = V_0\cos[a'(T-t)]$ ，其中 a' 为角速度的绝对值， V_0 为俯冲爬升的初始水平速度。

② $t = T/2$ 时刻运动由压杆状态转为拉起状态，此时飞机降高高度为 $H/2$ ，降高距离为 $L/2$ 。

因此可以得到下面两个方程

$$\begin{cases} \int_0^{T/2}(\sin a't)V_0 q\mathrm{d}t = \dfrac{|\Delta H|}{2} \\ \int_0^{T/2}(\cos a't)V_0\mathrm{d}t = \dfrac{\Delta L}{2} \end{cases} \tag{10.3}$$

式（10.3）为俯冲运动的初始化方程，联立求解可得

$$\begin{cases} a' = \dfrac{4}{T}\arctan(q\times|\Delta H|/\Delta L) \\ v_0 = \Delta L\times a'/2\sin(a'T/2) \end{cases} \tag{10.4}$$

根据约束条件①，可得到相应的时钟触发方程

$$\begin{cases} x(t) = x(0) + \int_0^t v_0\cos(a't)\,\mathrm{d}t \\ y(t) = y(0) - \int_0^t qv_0\sin(a't)\,\mathrm{d}t \end{cases} \tag{10.5}$$

式中， $t \leqslant T/2$ ， $x(0)$、$y(0)$ 为初始时刻实体在 L 轴和 H 轴的坐标

$$\begin{cases} x(t) = x(T/2) + \int_{T/2}^t v_0\cos[a'(T-t)]\mathrm{d}t \\ y(t) = y(T/2) - \int_{T/2}^t qv_0\sin[a'(T-t)]\mathrm{d}t \end{cases} \tag{10.6}$$

式中， $t \geqslant T/2$ ， $x(T/2)$、$y(T/2)$ 为 $T/2$ 时刻实体在 L 轴和 H 轴的坐标。

4．上仰机动

上仰机动是空袭飞机上仰轰炸时的机动动作。上仰机动过程中，飞机飞行速度的方向和大小都在变化。典型的上仰机动是飞机在垂直平面内作180°的圆弧形转弯，如图 10.4 所示，t_1 时刻进入上仰机动，t_2 时刻退出上仰机动。

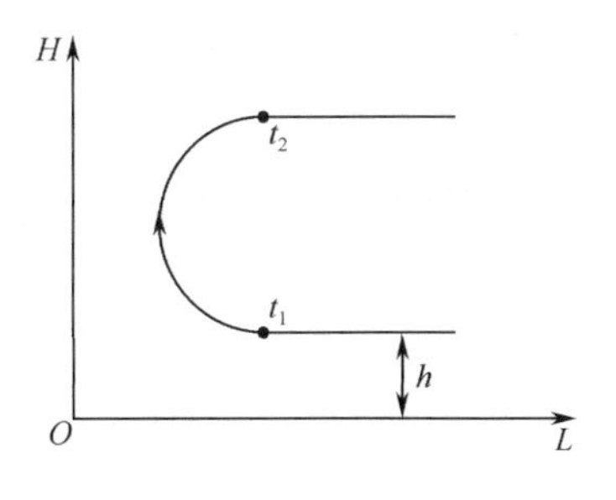

图 10.4　上仰机动

10.3　具有机动检测的跟踪算法

目标的机动检测实质上是一种判别机制，它利用目标的量测信息和数理统计理论进行检测。其基本思想是，机动的发生将使原来的模型变差，从而造成目标状态估计偏离真实状态，滤波残差特性发生变化。因此，人们便可以通过观测目标运动的残差变化来探测目标是否发生机动或机动结束，然后使跟踪算法进行相应的调整，即进行噪声方差调整或模型转换，以便能够更好地跟踪目标。图 10.5 为这类机动目标跟踪算法的基本原理图。

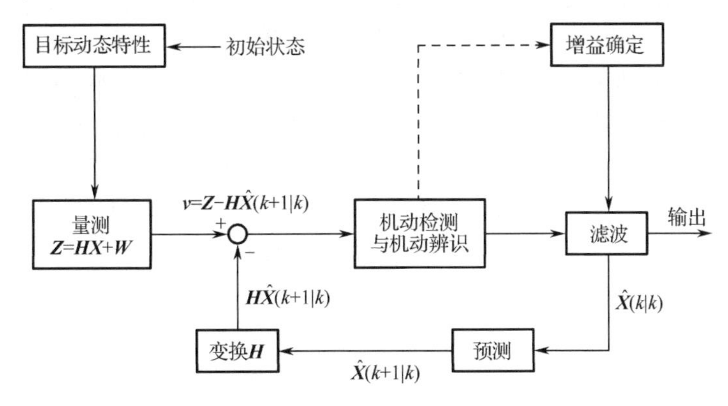

图 10.5　机动目标跟踪基本原理图

从图中我们可以看出：首先由量测 $\boldsymbol{Z}$ 与状态预测 $\boldsymbol{H}\hat{\boldsymbol{X}}(k+1|k)$ 构成新息向量 $\boldsymbol{v}$，然后通过观察 $\boldsymbol{v}$ 的变化进行机动检测，最后按照某一准则或逻辑调整滤波增益或者滤波器的结构，从而达到对机动目标的跟踪。

10.3.1　可调白噪声模型

可调白噪声模型是通过观察目标新息的变化来判断目标机动的产生与结束，并对过程噪声协方差做出调整，最终目的是调整滤波器增益，以便实现对机动目标更好的跟踪。

为了讨论问题的方便，下面再次描述的目标运动方程如下：

$$\boldsymbol{X}(k+1)=\boldsymbol{F}(k)\boldsymbol{X}(k)+\boldsymbol{V}(k) \tag{10.7}$$

式中，过程噪声 $\boldsymbol{V}(k)$是零均值、白色随机序列，具有协方差矩阵 $\boldsymbol{Q}(k)$。

与式（10.7）对应的量测方程为

$$\boldsymbol{Z}(k+1)=\boldsymbol{H}(k+1)\boldsymbol{X}(k+1)+\boldsymbol{W}(k+1) \tag{10.8}$$

如果目标发生机动了，目标下一时刻的测量数据和其预测位置之间的位置差将变大，即其新息必将增大。为此，可利用归一化的新息平方

$$\varepsilon_v(k)=\boldsymbol{v}'(k)\boldsymbol{S}^{-1}(k)\boldsymbol{v}(k) \tag{10.9}$$

对目标进行机动检测，式中 $\boldsymbol{v}(k)=\boldsymbol{Z}(k)-\hat{\boldsymbol{Z}}(k|k-1)$ 为滤波残差（新息）。若 $\varepsilon_v(k)$ 超过阈值 $\varepsilon_{\max}$，则认为目标发生机动，须增大过程噪声协方差 $\boldsymbol{Q}(k)$，以后一直采用增大的过程噪声协方差直到 $\varepsilon_v(k)$ 小于阈值 $\varepsilon_{\max}$ 为止。若 $\varepsilon_v(k)$ 小于阈值 $\varepsilon_{\max}$，则认为目标机动结束，便恢复原来的滤波模型。

由于 $\varepsilon_v(k)$ 是具有 n_z 个自由度的 χ^2 分布随机变量，其中 n_z 是量测的维数，基于非机动情况的目标模型，阈值这样设定：$P_r\{\varepsilon_v(k)\leqslant\varepsilon_{\max}\}=1-\alpha$，这里 α 为显著性水平。过程噪声协方差 $\boldsymbol{Q}(k)$也可使用比例因子 $\phi>1$ 来达到特定噪声分量有选择性地增加，即使用比例因子 $\phi>1$ 去乘过程噪声矩阵 $\boldsymbol{Q}(k)$。为达到调整归一化新息平方的目的，除了采用单次检验统计量，我们还可以使用滑窗平均或衰减记忆似然函数来对噪声进行调整。

10.3.2　变维滤波算法

变维滤波算法不依赖于目标机动的先验假设，把机动看做目标动态特性的内部变化，而不是作为噪声建模。检测手段采用平均新息法，调整方式采用“开关”型转换，在没有机动的情况下，跟踪滤波器采用原来的模型，一旦检测到机动，滤波器就要使用不同的、具有较高维数的状态量测，新的状态分量被附加上。再由非机动检测器检测机动消除并转换到原来的模型。这里采用两种模型，即未机动时的匀速模型和对于机动目标的近似匀加速模型。

在匀速模型中，平面运动的状态分量为 $\boldsymbol{X}=[x\ \ \dot{x}\ \ y\ \ \dot{y}]'$，在机动模型中状态分量为 $\boldsymbol{X}^m=[x\ \ \dot{x}\ \ y\ \ \dot{y}\ \ \ddot{x}\ \ \ddot{y}]'$。在匀速模型条件下，机动检测按如下方法进行。设 $\rho(k)$ 为基于等速模型滤波新息 $\varepsilon_v(k)$ 的衰减记忆平均值，即 $\rho(k)=\mu\rho(k-1)+\varepsilon_v(k)$，式中 $\varepsilon_v(k)$ 为式（10.9）所述的归一化新息的平方，$\mu=1-1/s$ 为折扣因子，s 为滑窗长度，且 $0<\mu<1$，按这个长度检测机动的存在。

如果 $\rho(k)$ 超过所设定的阈值 $\varepsilon_{\max}$，则接收发生机动的假设，在阈值点上估计器从非机动模型转换为机动模型；反之，用估计的加速度与它们的标准偏差进行比较，如果它不是统计显著的，则拒绝机动假设，从机动模型转为非机动模型。

对于加速度估计显著性检验的统计量为

$$\delta_a(k)=\hat{\boldsymbol{a}}'(k|k)[\boldsymbol{P}_a^m(k|k)]^{-1}\ \hat{\boldsymbol{a}}(k|k) \tag{10.10}$$

式中，$\hat{\boldsymbol{a}}$ 是加速度分量的估计，$\boldsymbol{P}_a^m$ 是与来自机动模型的协方差矩阵相对应的块，当在长度为 p 的滑窗上的和

$$\rho_a(k)=\sum_{j=k-p+1}^{k}\delta_a(j) \tag{10.11}$$

落在阈值以下时，则认为加速度是不显著的。

当出现加速度突然下降到 0 的情况时（即机动突然结束），可能导致机动模型产生很大的新息，这可以用下面的方法缓解，即当机动模型的新息超过 95%置信区域时，就可以转换到较低阶的模型。

当在 k 时刻检测到机动时，滤波器假定：目标在 k-s-1 时刻开始有等加速度，其中 s 为有效滑窗的长度。然后对 k-s 时刻的状态估计进行适当地修正。首先在 k-s 时刻，对加速度的估计为

$$\hat{X}_{4+i}^m(k-s|k-s)=\frac{2}{T^2}[\boldsymbol{z}_i(k-s)-\hat{\boldsymbol{z}}_i(k-s|k-s-1)],\qquad i=1,2 \tag{10.12}$$

在 k-s 时刻，估计的位置分量取作对应的量测值，即

$$\hat{X}_{2i-1}^{m}(k-s|k-s)=z_i(k-s),\qquad i=1,2 \tag{10.13}$$

与此同时，估计的速度分量用加速度估计修正如下

$$\hat{X}_{2i}^{m}(k-s|k-s)=\hat{X}_{2i}(k-s|k-s-1)+T\hat{X}_{4+i}^{m}(k-s|k-s),\qquad i=1,2 \tag{10.14}$$

与修正的状态估计相伴的协方差矩阵是 $\boldsymbol{P}^m(k-s|k-s)$，具体表示式为

$$\begin{cases}
P_{11}^m(k-s|k-s)=R_{11},P_{12}^m(k-s|k-s)=2R_{11}/T,P_{15}^m(k-s|k-s)=2R_{11}/T^2\\
P_{22}^m(k-s|k-s)=(4/T^2)\times(R_{11}+P_{11})+P_{22}+4P_{12}/T\\
P_{25}^m(k-s|k-s)=(4/T^3)\times(R_{11}+P_{11})+(2/T)P_{22}+(6/T^2)P_{12}\\
P_{33}^m(k-s|k-s)=R_{22},P_{34}^m(k-s|k-s)=2R_{22}/T,P_{36}^m(k-s|k-s)=2R_{22}/T^2\\
P_{44}^m(k-s|k-s)=(4/T^2)\times(R_{22}+P_{33})+P_{44}+4P_{34}/T\\
P_{46}^m(k-s|k-s)=(4/T^3)\times(R_{22}+P_{33})+(2/T)P_{44}+(6/T^2)P_{34}\\
P_{55}^m(k-s|k-s)=(4/T^4)\times(R_{11}+P_{11}+2TP_{12}+T^2P_{22})\\
P_{66}^m(k-s|k-s)=(4/T^4)\times(R_{22}+P_{33}+2TP_{34}+T^2P_{44})\\
P_{13}^m=P_{14}^m=P_{16}^m=P_{23}^m=P_{24}^m=P_{26}^m=P_{35}^m=P_{45}^m=P_{56}^m=0\\
P_{ij}^m=P_{ji}^m,\qquad i,j=1,2,\cdots,6
\end{cases} \tag{10.15}$$

当探测到机动时，目标的状态模型需要引入额外的状态分量，即目标加速度。变维滤波算法的机动检测手段是采用基于衰减记忆新息量的 χ^2 检验，采用切换策略的调整方式。当目标非机动时，算法工作在 CV 模型；若在 k 时刻检测到目标机动，算法假定目标在 k-s-1 时刻出现机动，并于 k-s 时刻启动 CA 模型，利用其后的量测信息修正此前的状态估计，并扩充目标状态。而当检测到目标从机动状态切换到非机动状态时，算法并不重新修正此前基于 CA 模型所获得的状态估计，其原因是基于 CA 模型跟踪非机动目标时，算法的跟踪性能下降相对较小。变维滤波器有较好的机动目标跟踪适应能力，而该滤波器的主要缺点是当改变到机动模型时，必须完全重建滑动窗口内状态变量的估计。

10.3.3　输入估计算法

输入估计算法是另一种重要的机动目标跟踪检测方法，该方法不依赖于机动特性的先验知识，而把机动加速度看作未知的确定性输入，利用最小二乘法从新息中估计出机动加速度大小，并用来更新目标的状态。

该算法的目标状态方程建模如下：

$$\boldsymbol{X}(k+1)=\boldsymbol{F}(k)\boldsymbol{X}(k)+\boldsymbol{G}(k)\boldsymbol{u}(k)+\boldsymbol{V}(k) \tag{10.16}$$

式中，$\boldsymbol{u}(k)$ 是目标机动模型的未知输入（当没有机动时，$\boldsymbol{u}(k)=0$），$\boldsymbol{V}(k)$是具有协方差矩阵 $\boldsymbol{Q}(k)$的零均值、白色过程噪声序列。量测方程与式（10.8）相同。

没有输入（非机动）模型对应的状态方程为

$$\boldsymbol{X}(k+1)=\boldsymbol{F}(k)\boldsymbol{X}(k)+\boldsymbol{V}(k) \tag{10.17}$$

从该模型的卡尔曼滤波的新息看到，机动输入项 $\boldsymbol{u}(k)$ 是被检测、被估计的，并被用于修正状态估计。

假定目标在 k 时刻之前不发生机动，而从 k 时刻开始机动，在时间区间$[k, k+s]$内它的未知输入为 $\boldsymbol{u}(i), i=k,\cdots,k+s-1$。

由基于式（10.17）的（失配）滤波得到的状态估计将用星号表示，相应的一步预测为

$$\begin{aligned}\hat{X}^*(i+1|i) &= F(i)[I-W(i)H(i)]\hat{X}^*(i|i-1)+F(i)W(i)Z(i)\\ &\triangleq \Phi(i)\hat{X}^*(i|i-1)+F(i)W(i)Z(i)\end{aligned} \tag{10.18}$$

而初始条件为

$$\hat{X}^*(k|k-1)=\hat{X}(k|k-1) \tag{10.19}$$

在机动开始之前该一步预测是未失配的正确估计。

利用式（10.19）给出的初始条件，式（10.18）可表示为

$$\hat{X}^*(i+1|i)=[\prod_{j=k}^{i}\Phi(j)]\hat{X}(k|k-1)+\sum_{j=k}^{i}[\prod_{m=k}^{j-1}\Phi(m)]F(j)W(j)Z(j)\text{，}i=k,\cdots,k+s-1 \tag{10.20}$$

如果输入是已知的，则基于式（10.16）的未失配滤波器对应的估计为

$$\begin{aligned}\hat{X}(i+1|i) &= \Phi(i)\hat{X}(i|i-1)+F(i)W(i)Z(i)+G(i)u(i)\\ &=[\prod_{j=k}^{i}\Phi(j)]\hat{X}(k|k-1)+\sum_{j=k}^{i}[\prod_{m=k}^{j-1}\Phi(m)][F(j)W(j)Z(j)+G(j)u(j)],i=k,\cdots,k+s-1\end{aligned} \tag{10.21}$$

与未失配滤波器[见式（10.21）]对应的新息为

$$v(i+1)=Z(i+1)-H\hat{X}(i+1|i) \tag{10.22}$$

它是零均值白色序列，协方差为 $S(i+1)$，与失配滤波器对应的新息是

$$v^*(i+1)=Z(i+1)-H\hat{X}^*(i+1|i) \tag{10.23}$$

两者关系可表述如下

$$v^*(i+1)=v(i+1)+H\sum_{j=k}^{i}\left[\prod_{m=k}^{j-1}\Phi(m)\right]Gu(j) \tag{10.24}$$

输入估计算法是在跟踪过程中不断进行机动检测，一旦判断目标出现机动，则原滤波器就会和目标运动情况发生失配，此时需要估计机动修正项 $u(j)$，并利用该修正项对失配情况下的滤波结果进行修正，其中机动修正项 $u(j)$的估计方法具体如下。假定在时间区间$[k, k+s]$上输入是常数向量，即 $u(j)=u$，$j=k,\cdots,k+s-1$，则式（10.24）可表示为

$$v^*(i+1)=\Psi(i+1)u+v(i+1),\qquad i=k,\cdots,k+s-1 \tag{10.25}$$

式中

$$\Psi(i+1)\triangleq H\sum_{j=k}^{i}\left[\prod_{m=k}^{j-1}\Phi(m)\right]G \tag{10.26}$$

式（10.25）表明，非机动滤波器的新息 v^*可看成在存在附加“白噪声”v 的情况下输入 u 的线性量测，该式给出了未失配滤波器和失配滤波器新息序列之间的关系。

将式（10.25）用矩阵形式可表示为

$$y=\Psi u+\varepsilon,\qquad i=k,\cdots,k+s-1 \tag{10.27}$$

式中

$$y\triangleq\begin{bmatrix}v^*(k+1)\\ \vdots\\ v^*(k+s)\end{bmatrix}\qquad \Psi=\begin{bmatrix}\Psi(k+1)\\ \vdots\\ \Psi(k+s)\end{bmatrix}\qquad \varepsilon\triangleq\begin{bmatrix}v(k+1)\\ \vdots\\ v(k+s)\end{bmatrix}$$

且 ε 均值为零，具有分块对角协方差矩阵

$$S\triangleq\mathrm{diag}[S(i)] \tag{10.28}$$

利用第 3 章讲述的最小二乘估计方法可得输入 $\boldsymbol{u}$ 的最小二乘估计为

$$\hat{\boldsymbol{u}} = (\boldsymbol{\Psi}'\boldsymbol{S}^{-1}\boldsymbol{\Psi})^{-1}\boldsymbol{\Psi}'\boldsymbol{S}^{-1}\boldsymbol{y} \tag{10.29}$$

对应的协方差为

$$\boldsymbol{L} = (\boldsymbol{\Psi}'\boldsymbol{S}^{-1}\boldsymbol{\Psi})^{-1} \tag{10.30}$$

为了避免非机动时误引入输入项 $\boldsymbol{u}$，这里要进行显著性检验，只有当按式（10.29）获得的估计是“统计显著的”，估计才被接受，也就是说宣布机动被检测到了。对于向量估计 $\hat{\boldsymbol{u}}$ 的显著性检验为

$$d(\hat{\boldsymbol{u}}) \overset{\Delta}{=} \hat{\boldsymbol{u}}\boldsymbol{L}^{-1}\hat{\boldsymbol{u}} \geqslant c \tag{10.31}$$

式中，c 为阈值。统计量 d 是具有 n_u 个自由度的 χ^2 分布随机变量，由 χ^2 分布表可获得阈值 c，即

$$\Pr\{d(\hat{\boldsymbol{u}}) \geqslant c\} = \alpha \tag{10.32}$$

如果机动被检测到，则目标状态必须进行如下修正

$$\hat{\boldsymbol{X}}^{u}(k+s+1|k+s) = \hat{\boldsymbol{X}}^{*}(k+s+1|k+s) + \boldsymbol{M}\hat{\boldsymbol{u}} \tag{10.33}$$

式中

$$\boldsymbol{M} = \sum_{j=k}^{i}[\prod_{m=k}^{j-1}\boldsymbol{\Phi}(m)]\boldsymbol{G}$$

与估计式（10.33）相伴的协方差是

$$\boldsymbol{P}^{u}(k+s+1|k+s) = \boldsymbol{P}(k+s+1|k+s) + \boldsymbol{MLM}' \tag{10.34}$$

输入估计算法存在一个缺点就是，由于假设 $\boldsymbol{u}$ 是常数向量，且修正的估计存在 ΔT 的时间延迟，即目标开始机动时并不能被检测到，只有在机动开始了一段时间后才能被检测到。因此在许多情况下，其估计的可靠性就会降低，特别是当目标以比跟踪滤波器设定的机动目标的加速度级大的速度机动时，假设和实际目标机动开始时间的差别将最终增加跟踪误差。

基于机动检测的跟踪方法的优点是不需要对目标的机动特性作任何先验假设，但其明显的缺点是由于机动检测的存在而产生不可避免的时间延迟，尤其是当时间延迟和目标的机动自相关时间常数相近时，这类算法将不能很好地工作，为此下面将讨论自适应类机动目标跟踪算法。

10.4　自适应跟踪算法

10.4.1　修正的输入估计算法

修正输入估计算法[8]是把 Bayesian 方法和 Fisher 方法相结合的方法，并把目标机动加速度看成是未知的输入向量附加到状态方程中去，然后在状态向量扩维情况下对目标进行跟踪，跟踪过程中在对原来目标状态向量进行估计的同时估计目标加速度。该算法不需要对目标进行机动检测，它能够适应目标机动和非机动两种工作模式，实现对机动目标的自适应跟踪。

设离散时间系统的状态方程为

$$\boldsymbol{X}(k+1) = \boldsymbol{F}(k)\boldsymbol{X}(k) + \boldsymbol{G}(k)\boldsymbol{u}(k) + \boldsymbol{\Gamma}(k)\boldsymbol{v}(k) \tag{10.35}$$

式中，$\boldsymbol{F}(k)$ 为状态转移矩阵，$\boldsymbol{X}(k)$ 为状态向量，$\boldsymbol{G}(k)$ 为输入控制项矩阵，$\boldsymbol{u}(k)$ 是目标机动模型的未知输入项，$\boldsymbol{\Gamma}(k)$ 为过程噪声分布矩阵，$\boldsymbol{v}(k)$ 是零均值、白色高斯过程噪声序列，且满足

$$\mathrm{E}[\boldsymbol{v}(k)\boldsymbol{v}'(j)] = \boldsymbol{Q}(k)\delta_{kj} \tag{10.36}$$

即不同时刻的过程噪声是相互统计独立的，这里 δ_{kj} 为 kronecker delta 函数，而当状态向量分别为 $\boldsymbol{X}(k)=[x \quad \dot{x} \quad y \quad \dot{y}]'$ 和 $\boldsymbol{X}(k)=[x \quad \dot{x} \quad y \quad \dot{y} \quad z \quad \dot{z}]'$ 时，对应的目标机动模型的未知输入项分别为 $\boldsymbol{u}(k)=[a_x \quad a_y]'$ 和 $\boldsymbol{u}(k)=[a_x \quad a_y \quad a_z]'$，对应的 $\boldsymbol{G}(k)$ 分别为

$$\boldsymbol{G}(k)=\begin{bmatrix} T^2/2 & T & 0 & 0 \\ 0 & 0 & T^2/2 & T \end{bmatrix}' \tag{10.37}$$

$$\boldsymbol{G}(k)=\begin{bmatrix} T^2/2 & T & 0 & 0 & 0 & 0 \\ 0 & 0 & T^2/2 & T & 0 & 0 \\ 0 & 0 & 0 & 0 & T^2/2 & T \end{bmatrix}' \tag{10.38}$$

若将未知的输入向量 $\boldsymbol{u}(k)$ 附加到状态向量 $\boldsymbol{X}(k)$ 上，可将式（10.35）给出的机动目标状态方程改写为如下状态方程

$$\begin{bmatrix} \boldsymbol{X}(k+1) \\ \boldsymbol{u}(k+1) \end{bmatrix}=\begin{bmatrix} \boldsymbol{F} & \boldsymbol{G} \\ \boldsymbol{0}_{2\times4} & \boldsymbol{I} \end{bmatrix}\begin{bmatrix} \boldsymbol{X}(k) \\ \boldsymbol{u}(k) \end{bmatrix}+\begin{bmatrix} \boldsymbol{\Gamma} \\ \boldsymbol{0}_{2\times2} \end{bmatrix}\boldsymbol{v}(k) \tag{10.39}$$

式中，$\boldsymbol{I}$ 表示 2×2 的单位阵，$\boldsymbol{0}_{2\times4}$ 表示 2×4 的全零阵，$\boldsymbol{0}_{2\times2}$ 表示 2×2 的全零阵，而且这里为了简单起见将 $\boldsymbol{F}(k)$、$\boldsymbol{G}(k)$、$\boldsymbol{\Gamma}(k)$ 简写为 $\boldsymbol{F}$、$\boldsymbol{G}$、$\boldsymbol{\Gamma}$。

定义

$$\boldsymbol{X}_{\text{Aug}}(k+1)=\begin{bmatrix} \boldsymbol{X}(k+1) \\ \boldsymbol{u}(k+1) \end{bmatrix} \tag{10.40}$$

$$\boldsymbol{F}_{\text{Aug}}(k)=\begin{bmatrix} \boldsymbol{F} & \boldsymbol{G} \\ \boldsymbol{0}_{2\times4} & \boldsymbol{I} \end{bmatrix} \tag{10.41}$$

$$\boldsymbol{\Gamma}_{\text{Aug}}(k)=\begin{bmatrix} \boldsymbol{\Gamma} \\ \boldsymbol{0}_{2\times2} \end{bmatrix} \tag{10.42}$$

则扩维后的状态方程为

$$\boldsymbol{X}_{\text{Aug}}(k+1)=\boldsymbol{F}_{\text{Aug}}(k)\boldsymbol{X}_{\text{Aug}}(k)+\boldsymbol{\Gamma}_{\text{Aug}}(k)\boldsymbol{v}(k) \tag{10.43}$$

离散时间系统的量测方程为

$$\begin{aligned} \boldsymbol{Z}(k+1) &= \boldsymbol{H}(k+1)\boldsymbol{X}(k+1)+\boldsymbol{W}(k+1) \\ &= \boldsymbol{H}(k+1)[\boldsymbol{F}(k)\boldsymbol{X}(k)+\boldsymbol{G}(k)\boldsymbol{u}(k)+\boldsymbol{\Gamma}(k)\boldsymbol{v}(k)]+\boldsymbol{W}(k+1) \end{aligned} \tag{10.44}$$

式中，$\boldsymbol{W}(k+1)$ 是零均值、白色高斯量测噪声序列，满足 $\mathrm{E}[\boldsymbol{W}(k)\boldsymbol{W}'(j)]=\boldsymbol{R}(k)\delta_{kj}$，且过程噪声序列和量测噪声序列互不相关。

由式（10.44）可得

$$\boldsymbol{Z}(k+1)=[\boldsymbol{HF} \quad \boldsymbol{HG}]\begin{bmatrix} \boldsymbol{X}(k) \\ \boldsymbol{u}(k) \end{bmatrix}+\boldsymbol{H\Gamma}\boldsymbol{v}(k)+\boldsymbol{W}(k+1) \tag{10.45}$$

这里为了简单起见将 $\boldsymbol{H}(k+1)$ 简写为 $\boldsymbol{H}$。

定义

$$\boldsymbol{Z}_{\text{Aug}}(k)=\boldsymbol{Z}(k+1) \tag{10.46}$$

$$\boldsymbol{H}_{\text{Aug}}(k)=[\boldsymbol{HF} \quad \boldsymbol{HG}] \tag{10.47}$$

$$\boldsymbol{W}_{\text{Aug}}(k)=\boldsymbol{H\Gamma}\boldsymbol{v}(k)+\boldsymbol{W}(k+1) \tag{10.48}$$

则由式（10.45）可得扩维后的量测方程为

$$\boldsymbol{Z}_{\text{Aug}}(k)=\boldsymbol{H}_{\text{Aug}}(k)\boldsymbol{X}_{\text{Aug}}(k)+\boldsymbol{W}_{\text{Aug}}(k) \tag{10.49}$$

由式（10.43）和式（10.49）可得修正的输入估计滤波算法如下

状态的一步预测

$$\hat{\boldsymbol{X}}_{\text{Aug}}(k+1|k)=\boldsymbol{F}_{\text{Aug}}(k)\hat{\boldsymbol{X}}_{\text{Aug}}(k|k) \tag{10.50}$$

增益

$$\boldsymbol{K}_{\text{Aug}}(k+1)=[\boldsymbol{P}_{\text{Aug}}(k+1|k)\boldsymbol{H}'_{\text{Aug}}(k+1)+\boldsymbol{\Gamma}_{\text{Aug}}(k)\boldsymbol{T}_{\text{Aug}}(k)]\boldsymbol{R}^{-1}_{\text{Aug}}(k+1) \tag{10.51}$$

其中

$$\begin{aligned}\boldsymbol{T}_{\text{Aug}}(k)&=E[\boldsymbol{v}(k)\boldsymbol{W}'_{\text{Aug}}(k+1)]\\&=E[\boldsymbol{v}(k)(\boldsymbol{H}(k+1)\boldsymbol{\Gamma}(k)\boldsymbol{v}(k)+\boldsymbol{W}(k+1))']\\&=E[\boldsymbol{v}(k)\boldsymbol{v}'(k)\boldsymbol{\Gamma}'(k)\boldsymbol{H}'(k+1)]+E[\boldsymbol{v}(k)\boldsymbol{W}(k+1)]\\&=\boldsymbol{Q}(k)\boldsymbol{\Gamma}'(k)\boldsymbol{H}'(k+1)\end{aligned} \tag{10.52}$$

同理可得

$$\begin{aligned}\boldsymbol{R}_{\text{Aug}}(k+1)&=E[\boldsymbol{W}_{\text{Aug}}(k+1)\boldsymbol{W}'_{\text{Aug}}(k+1)]\\&=\boldsymbol{H}(k+1)\boldsymbol{\Gamma}(k)\boldsymbol{Q}(k)\boldsymbol{H}'(k+1)\boldsymbol{\Gamma}'(k)+\boldsymbol{R}(k+1)\end{aligned} \tag{10.53}$$

协方差的一步预测

$$\boldsymbol{P}_{\text{Aug}}(k+1|k)=\boldsymbol{F}_{\text{Aug}}(k)\boldsymbol{P}_{\text{Aug}}(k|k)\boldsymbol{F}'_{\text{Aug}}(k)+\boldsymbol{\Gamma}_{\text{Aug}}(k)\boldsymbol{Q}(k)\boldsymbol{\Gamma}'_{\text{Aug}}(k) \tag{10.54}$$

新息协方差

$$\boldsymbol{S}_{\text{Aug}}(k+1)=\boldsymbol{H}_{\text{Aug}}(k+1)\boldsymbol{P}_{\text{Aug}}(k+1|k)\boldsymbol{H}'_{\text{Aug}}(k+1)+\boldsymbol{R}_{\text{Aug}}(k+1) \tag{10.55}$$

协方差更新方程

$$\begin{aligned}\boldsymbol{P}_{\text{Aug}}(k+1|k+1)=\;&\boldsymbol{P}_{\text{Aug}}(k+1|k)-\boldsymbol{P}_{\text{Aug}}(k+1|k)\times\\&\boldsymbol{H}'_{\text{Aug}}(k+1)\boldsymbol{S}^{-1}_{\text{Aug}}(k+1)\boldsymbol{H}_{\text{Aug}}(k+1)\boldsymbol{P}_{\text{Aug}}(k+1|k)\end{aligned} \tag{10.56}$$

状态更新方程

$$\hat{\boldsymbol{X}}_{\text{Aug}}(k+1|k+1)=\hat{\boldsymbol{X}}_{\text{Aug}}(k+1|k)+\boldsymbol{K}_{\text{Aug}}(k+1)[\boldsymbol{Z}_{\text{Aug}}(k+1)-\boldsymbol{H}_{\text{Aug}}(k+1)\hat{\boldsymbol{X}}_{\text{Aug}}(k+1|k)] \tag{10.57}$$

10.4.2　Singer 模型跟踪算法

前面的讨论通常是把机动相关项作为白噪声建模，白噪声模型是一种比较理想化的模型，它把相关噪声（色噪声）做了理想化处理，在目标机动时再做一些相应的处理，例如估计机动控制项、增大过程噪声协方差、调整滤波器结构等。与白噪声建模相对应的机动目标跟踪算法是把机动相关项作为相关噪声（有色噪声）建模，这就是 Singer 算法，该算法认为机动模型是相关噪声模型，而不是通常假定的白噪声模型[1]，目标机动加速度 $a(t)$是作为具有指数自相关的零均值随机过程建模，即

$$R(\tau)=E[a(t)a(t+\tau)]=\sigma_m^2\mathrm{e}^{-\alpha|\tau|} \tag{10.58}$$

式中，σ_m^2 是目标的加速度方差；α 是机动时间常数的倒数，即机动频率，通常 α 的经验取值范围为：目标机动形式是飞机慢速转弯，$1/\alpha$ 的取值为 60 s，对于逃避机动是 20 s，大气扰动是 1 s，它的确切值要通过实时测量才能确定。

对于机动加速度方差 σ_m^2，我们可以根据机动目标的概率密度函数来计算。通常对机动加速度的分布作如下假定：①机动加速度等于极大值 a_{M} 的概率为 p_{M}，等于 $-a_{\text{M}}$ 的概率也为 p_{M}；

②机动加速度等于 0 的概率为 p_0（非机动概率）；③机动加速度在区间 $[-a_{\mathrm{M}}, a_{\mathrm{M}}]$ 上近似服从均匀分布。由以上假定可得如下的概率密度函数

$$p(a)=[\delta(a-a_{\mathrm{M}})+\delta(a+a_{\mathrm{M}})]p_{\mathrm{M}}+\delta(a)p_0+[1(a+a_{\mathrm{M}})-1(a-a_{\mathrm{M}})]\frac{1-p_0-2p_{\mathrm{M}}}{2a_{\mathrm{M}}} \tag{10.59}$$

式中，$1(\cdot)$ 是单位阶跃函数；$\delta(\cdot)$ 是狄拉克脉冲函数。

由上述概率密度函数可得与式（10.59）对应的方差为

$$\sigma_m^2=\frac{a_{\mathrm{M}}^2}{3}(1+4p_{\mathrm{M}}-p_0) \tag{10.60}$$

Singer 模型的机动加速度 $\alpha(t)$ 被假定为相关的随机过程（色噪声），但在应用卡尔曼滤波时，需要它是一个不相关的白噪声过程，故在应用卡尔曼滤波之前，须将 $\alpha(t)$ “白化”。白化滤波器的传递函数为 $H(s)=s+\alpha$，则通过“白化”滤波器后输出信号相关函数的拉普拉斯变换为

$$\Phi_w(s)=\Phi(s)H(s)H(-s)=2\alpha\sigma_m^2 \tag{10.61}$$

其中

$$\Phi(s)=\sigma_m^2\frac{-2\alpha}{(s+\alpha)(s-\alpha)} \tag{10.62}$$

为与时间相关函数 $R(\tau)=\sigma_m^2\mathrm{e}^{-\alpha|\tau|}$ 对应的拉普拉斯变换。

机动加速度 $\alpha(t)$ 通过一个“白化”滤波器，“白化”滤波器输出信号为白噪声，其相关函数为 $2\alpha\sigma_m^2\delta(\tau)$，即

$$H(s)=s+\alpha=\frac{\tilde{V}(s)}{A(s)}\Rightarrow sA(s)+\alpha A(s)=\tilde{V}(s)$$

$$\Rightarrow sA(s)=-\alpha A(s)+\tilde{V}(s)\Rightarrow \dot{a}(t)=-\alpha a(t)+\tilde{v}(t) \tag{10.63}$$

式（10.63）即为机动加速度 $\alpha(t)$ 用白噪声表示的关系式，它是输入为白噪声的一阶时间相关模型（该动态模型是一阶马尔可夫过程），式中，$\tilde{v}(t)$ 是均值为 0、方差为 $2\alpha\sigma_m^2$ 的高斯白噪声，即

$$\mathrm{E}[\tilde{v}(t)\tilde{v}(\tau)]=2\alpha\sigma_m^2\delta(t-\tau) \tag{10.64}$$

令关于坐标 x 的状态向量为 $\boldsymbol{X}=[x \quad \dot{x} \quad \ddot{x}]'$，式中，$\ddot{x}=a$，上述一阶时间相关模型如果用状态方程可表示为

$$\dot{\boldsymbol{X}}(t)=\boldsymbol{A}\boldsymbol{X}(t)+\tilde{\boldsymbol{V}}(t) \tag{10.65}$$

这就是著名的 Singer 模型，其中系统矩阵

$$\boldsymbol{A}=\begin{bmatrix}0 & 1 & 0\\ 0 & 0 & 1\\ 0 & 0 & -\alpha\end{bmatrix} \tag{10.66}$$

过程噪声

$$\tilde{\boldsymbol{V}}=[0 \quad 0 \quad \tilde{v}]' \tag{10.67}$$

将 $\boldsymbol{A}$ 和 $\tilde{\boldsymbol{V}}$ 代入式（10.65）有

$$\dot{\boldsymbol{X}}(t)=\begin{bmatrix}\dot{x}\\ \ddot{x}\\ \dot{a}\end{bmatrix}=\boldsymbol{A}\boldsymbol{X}(t)+\tilde{\boldsymbol{V}}(t)=\begin{bmatrix}0 & 1 & 0\\ 0 & 0 & 1\\ 0 & 0 & -\alpha\end{bmatrix}\begin{bmatrix}x\\ \dot{x}\\ \ddot{x}\end{bmatrix}+\begin{bmatrix}0\\ 0\\ \tilde{v}\end{bmatrix} \tag{10.68}$$

对于采样间隔 T，与式（10.65）对应的离散时间动态方程为

$$\boldsymbol{X}(k+1)=\boldsymbol{F}(k)\boldsymbol{X}(k)+\boldsymbol{V}(k) \tag{10.69}$$

式中

$$\boldsymbol{F}=\mathrm{e}^{AT}=\begin{bmatrix} 1 & T & (\alpha T-1+\mathrm{e}^{-\alpha T})/\alpha^2 \\ 0 & 1 & (1-\mathrm{e}^{-\alpha T})/\alpha \\ 0 & 0 & \mathrm{e}^{-\alpha T} \end{bmatrix} \tag{10.70}$$

其离散时间过程噪声 $\boldsymbol{V}$ 具有协方差

$$\boldsymbol{Q}=2\alpha\sigma_m^2\begin{bmatrix} q_{11} & q_{12} & q_{13} \\ q_{21} & q_{22} & q_{23} \\ q_{31} & q_{32} & q_{33} \end{bmatrix} \tag{10.71}$$

式中假定 $\alpha T \ll 1$，即采样间隔 T 比机动自相关时间常数 $1/\alpha$ 小得多。在雷达对目标的跟踪中，如果更新率足够高，则认为上述假定（$\alpha T \ll 1$）是正确的。但在远距离声呐（主动声呐和被动声呐)对目标的跟踪中，情况可能是相反的，即 $\alpha T \gg 1$。量测方程与卡尔曼滤波方程、白噪声建模类似，只不过量测矩阵 $\boldsymbol{H}$ 可能会有所不同，这里 $\boldsymbol{H}=[1\quad 0\quad 0]$，而 $\boldsymbol{Q}$ 的精确表达式为（$\boldsymbol{Q}$ 为对称阵）：

$$\begin{cases} q_{11}=\dfrac{1}{2\alpha^5}\left(1-\mathrm{e}^{-2\alpha T}+2\alpha T+\dfrac{2\alpha^3 T^3}{3}-2\alpha^2T^2-4\alpha T\mathrm{e}^{-\alpha T}\right) \\ q_{12}=\dfrac{1}{2\alpha^4}(\mathrm{e}^{-2\alpha T}+1-2\mathrm{e}^{-\alpha T}+2\alpha T\mathrm{e}^{-\alpha T}-2\alpha T+\alpha^2T^2) \\ q_{13}=\dfrac{1}{2\alpha^3}(1-\mathrm{e}^{-2\alpha T}-2\alpha T\mathrm{e}^{-\alpha T}) \\ q_{22}=\dfrac{1}{2\alpha^3}(4\mathrm{e}^{-\alpha T}-3-\mathrm{e}^{-2\alpha T}+2\alpha T) \\ q_{23}=\dfrac{1}{2\alpha^2}(\mathrm{e}^{-2\alpha T}+1-2\mathrm{e}^{-\alpha T}) \\ q_{33}=\dfrac{1}{2\alpha}(1-\mathrm{e}^{-2\alpha T}) \end{cases} \tag{10.72}$$

注意到式（10.65）矩阵 $\boldsymbol{A}$ 中取 $\alpha=0$ 时

$$\boldsymbol{A}=\begin{bmatrix} 0 & 1 & 0 \\ 0 & 0 & 1 \\ 0 & 0 & 0 \end{bmatrix} \tag{10.73}$$

状态转移矩阵为

$$\boldsymbol{F}=\mathrm{e}^{AT}=\begin{bmatrix} 1 & T & 0.5T^2 \\ 0 & 1 & T \\ 0 & 0 & 1 \end{bmatrix} \tag{10.74}$$

过程噪声协方差矩阵为

$$\boldsymbol{Q}=q\begin{bmatrix} T^5/20 & T^4/8 & T^3/6 \\ T^4/8 & T^3/3 & T^2/2 \\ T^3/6 & T^2/2 & T \end{bmatrix} \tag{10.75}$$

此矩阵为匀加速直线运动模型，其中，q 可取为一个较小值，如取 q=0.05。

若 $\boldsymbol{A}$ 取

$$\boldsymbol{A}=\begin{bmatrix}0 & 1\\ 0 & 0\end{bmatrix} \tag{10.76}$$

此时，状态转移矩阵为

$$\boldsymbol{F}=\mathrm{e}^{AT}=\begin{bmatrix}1 & T\\ 0 & 1\end{bmatrix} \tag{10.77}$$

过程噪声协方差矩阵为

$$\boldsymbol{Q}=q\begin{bmatrix}T^3/3 & T^2/2\\ T^2/2 & T\end{bmatrix} \tag{10.78}$$

此矩阵为匀速直线运动模型。由此可见匀加速直线运动模型和匀速直线运动模型是 Singer 模型的两种特例。

事实上，Singer 模型算法的提出为此后的各种机动目标模型算法奠定了理论基础。但是不难看出，Singer 模型算法本质上是一种先验模型算法，而期望用一种先验机动模型有效描述目标的机动是不现实的，且其关于目标机动加速度在 $[-a_{\mathrm{M}}, a_{\mathrm{M}}]$ 近似服从均匀分布的假设，使得加速度的均值始终为零，这也是不恰当的。

10.4.3　当前统计模型算法

当前统计模型算法[2,22]从本质上讲是一个具有自适应非零均值加速度的 Singer 模型。与 Singer 模型算法中的近似均匀分布假设不同的是，该算法采用修正瑞利分布来描述机动加速度的统计特性，所假设的分布具有这样的优点：分布随均值变化而变化，方差由均值决定。因此，算法在估计目标状态的同时，还可辨识出机动加速度均值，从而实时地修正加速度分布，并通过方差反馈到下一时刻的滤波增益中，实现了闭环自适应跟踪。

设目标运动状态方程为

$$\boldsymbol{X}(k+1)=\boldsymbol{F}(k)\boldsymbol{X}(k)+\boldsymbol{G}(k)\bar{a}+\boldsymbol{V}(k) \tag{10.79}$$

式中，$\boldsymbol{F}(k)$ 如式（10.70）所述，$\boldsymbol{G}(k)$ 为输入控制矩阵，即

$$\boldsymbol{G}(k)=\begin{bmatrix}\dfrac{1}{\alpha}\left(-T+\dfrac{\alpha T^2}{2}+\dfrac{1-\mathrm{e}^{-\alpha T}}{\alpha}\right)\\ T-\dfrac{1-\mathrm{e}^{-\alpha T}}{\alpha}\\ 1-\mathrm{e}^{-\alpha T}\end{bmatrix} \tag{10.80}$$

$\boldsymbol{V}(k)$是离散时间白噪声序列，且

$$\boldsymbol{Q}(k)=E[\boldsymbol{V}(k)\boldsymbol{V}'(k)]=2\alpha\sigma_a^2\begin{bmatrix}q_{11} & q_{12} & q_{13}\\ q_{12} & q_{22} & q_{23}\\ q_{13} & q_{23} & q_{33}\end{bmatrix} \tag{10.81}$$

式中，$\boldsymbol{Q}(k)$ 的具体表达式见 10.4.2 节中的 Singer 模型，α 为自相关时间常数，σ_a^2 为机动加速度方差，$\bar{a}(k)$ 为机动加速度均值，即

$$\sigma_a^2=\frac{4-\pi}{\pi}[a_{\max}-\bar{a}(k)]^2 \tag{10.82}$$

$$\overline{a}(k)=\hat{\ddot{x}}(k\,|\,k-1) \tag{10.83}$$

该算法的一步预测方程为

$$\hat{\boldsymbol{X}}(k\,|\,k-1)=\boldsymbol{F}(k)\ \hat{\boldsymbol{X}}(k-1\,|\,k-1)+\boldsymbol{G}(k)\overline{a}(k) \tag{10.84}$$

式中，测量矩阵 $\boldsymbol{H}=[1\quad 0\quad 0]$。

当前统计模型算法已经具备了根据前一时刻的加速度估值来自适应地调整过程噪声的能力，其更关心的是目标机动的当前统计特征，即当目标以某一加速度机动时，其下一时刻的加速度变化范围是有限的，只能在当前加速度的某一邻域内，因而与 Singer 模型算法相比，当前统计模型算法能更真实地反映目标机动范围和强度的变化。

针对当前模型算法中难以选取自相关时间常数的问题，文献[22]结合多模型的思想对当前模型算法进行了修正，提出了修正的当前模型算法。修正后的算法首先设置多个不同的自相关时间常数的当前模型，然后对这些模型得出的跟踪结果进行概率加权，从而使当前模型能够自适应地跟踪不同环境的机动目标。

10.4.4　Jerk 模型跟踪算法

Jerk 模型跟踪算法[11,23]认为各种机动模型跟踪算法跟踪复杂机动目标性能不佳的一个主要原因是状态向量的导数阶数不足，因此该算法在加速度模型的基础上又增加了一维，即实时地对加速度的导数——加加速度进行估计，以此可得到对加速度更加精确的估计，从而达到对机动目标的跟踪。

类似于 Singer 模型算法，目标加加速度 $j(t)$ 的指数自相关函数为

$$R_j(\tau)=E[j(t)j(t+\tau)]=\sigma_j^2\mathrm{e}^{-\alpha|\tau|} \tag{10.85}$$

式中，σ_j^2 是目标的加加速度方差，α 是自相关时间常数。对 $R_j(\tau)$ 进行拉普拉斯变换

$$R(s)=\frac{-2\alpha\sigma_j^2}{(s-\alpha)(s+\alpha)}=H(s)H(-s)V(s) \tag{10.86}$$

式中

$$H(s)=1/(s+\alpha) \tag{10.87}$$

$$V(s)=2\alpha\sigma_j^2 \tag{10.88}$$

式（10.87）的微分方程为

$$\dot{j}(t)=-\alpha j(t)+v(t) \tag{10.89}$$

白噪声 $v(t)$ 的自相关函数即式（10.88）的拉普拉斯反变换为

$$r_v(\tau)=2\alpha\sigma_j^2\delta(\tau) \tag{10.90}$$

令关于坐标 x 的状态向量为

$$\boldsymbol{X}=[x\quad \dot{x}\quad \ddot{x}\quad \dddot{x}]' \tag{10.91}$$

一阶时间相关模型如果用状态方程可表示为

$$\dot{\boldsymbol{X}}(t)=\boldsymbol{A}\boldsymbol{X}(t)+\boldsymbol{B}v(t) \tag{10.92}$$

其中，系统矩阵

$$\boldsymbol{A}=\begin{bmatrix}0&1&0&0\\0&0&1&0\\0&0&0&1\\0&0&0&-\alpha\end{bmatrix} \tag{10.93}$$

噪声分布矩阵

$$\boldsymbol{B}=[0\quad 0\quad 0\quad 1]' \tag{10.94}$$

对于采样间隔 T，与式（10.92）对应的离散时间动态方程为

$$\boldsymbol{X}(k+1)=\boldsymbol{F}(k)\boldsymbol{X}(k)+\boldsymbol{V}(k) \tag{10.95}$$

式中

$$\boldsymbol{F}(k)=\begin{bmatrix}1 & T & T^2/2 & p_1\\ 0 & 1 & T & q_1\\ 0 & 0 & 1 & r_1\\ 0 & 0 & 0 & s_1\end{bmatrix} \tag{10.96}$$

其中

$$\begin{cases}p_1=(2-2\alpha T+\alpha^2T^2-2\mathrm{e}^{-\alpha T})/(2\alpha^3)\\ q_1=(\mathrm{e}^{-\alpha T}-1+\alpha T)/\alpha^2\\ r_1=(1-\mathrm{e}^{-\alpha T})/\alpha\\ s_1=\mathrm{e}^{-\alpha T}\end{cases} \tag{10.97}$$

过程噪声协方差为

$$\boldsymbol{Q}(k)=2\alpha\sigma_j^2\begin{bmatrix}q_{11} & q_{12} & q_{13} & q_{14}\\ q_{21} & q_{22} & q_{23} & q_{24}\\ q_{31} & q_{32} & q_{33} & q_{34}\\ q_{41} & q_{42} & q_{43} & q_{44}\end{bmatrix} \tag{10.98}$$

式中，对称阵 $\boldsymbol{Q}(k)$ 的具体表达式为

$$\begin{cases}q_{11}=\dfrac{1}{2\alpha^7}\left(\dfrac{\alpha^5T^5}{10}-\dfrac{\alpha^4T^4}{2}+\dfrac{4\alpha^3T^3}{3}-2\alpha^2T^2+2\alpha T-3+4\mathrm{e}^{-\alpha T}+2\alpha^2T^2\mathrm{e}^{-\alpha T}-\mathrm{e}^{-2\alpha T}\right)\\ q_{12}=\dfrac{1}{2\alpha^6}\left(1-2\alpha T+2\alpha^2T^2-\alpha^3T^3+\dfrac{\alpha^4T^4}{4}+\mathrm{e}^{-2\alpha T}+2\alpha T-2\mathrm{e}^{-\alpha T}-\alpha^2T^2\mathrm{e}^{-\alpha T}\right)\\ q_{13}=\dfrac{1}{2\alpha^5}\left(2\alpha T-\alpha^2T^2-\dfrac{\alpha^3T^3}{3}-3-2\mathrm{e}^{-2\alpha T}+4\mathrm{e}^{-\alpha T}+\alpha^2T^2\mathrm{e}^{-\alpha T}\right)\\ q_{14}=\dfrac{1}{2\alpha^4}(1+\mathrm{e}^{-2\alpha T}-2\mathrm{e}^{-\alpha T}-\alpha^2T^2\mathrm{e}^{-\alpha T})\\ q_{22}=\dfrac{1}{2\alpha^5}\left(1-\mathrm{e}^{-2\alpha T}+\dfrac{2\alpha^3T^3}{3}+2\alpha T-2\alpha^2T^2-4\alpha T\mathrm{e}^{-\alpha T}\right)\\ q_{23}=\dfrac{1}{2\alpha^4}(1+\alpha^2T^2-2\alpha T+2\alpha T\mathrm{e}^{-\alpha T}+\mathrm{e}^{-2\alpha T}-2\mathrm{e}^{-\alpha T})\\ q_{24}=\dfrac{1}{2\alpha^3}(1-\mathrm{e}^{-2\alpha T}-2\alpha T\mathrm{e}^{-2\alpha T})\\ q_{33}=\dfrac{1}{2\alpha^3}(4\mathrm{e}^{-\alpha T}-\mathrm{e}^{-2\alpha T}+2\alpha T-3)\\ q_{34}=\dfrac{1}{2\alpha^2}(1-2\mathrm{e}^{-\alpha T}+\mathrm{e}^{-2\alpha T})\\ q_{44}=\dfrac{1}{2\alpha}(1-\mathrm{e}^{-2\alpha T})\end{cases} \tag{10.99}$$

10.4.5　多模型算法

在使用基于单模型的自适应滤波算法进行机动目标跟踪时，由于模型需要先验设定而不能较好地匹配目标的机动运动，因此其跟踪效果往往不好，特别是当前目标机动能力日益增强，目标运动模式的结构、参数变化起伏很大，导致单模型算法很难及时准确地辨识机动参数，从而造成模型的不准确，而导致算法性能的下降。在这种情况下，人们借助自动控制领域中的多模型自适应控制思想，提出了多模型算法，从而将机动目标跟踪描述为一个混合估计问题[24]。在 10.3.1 节的可调白噪声模型中，噪声只有一级，发生机动噪声协方差就增大，机动结束就恢复原来的模型，而多模型算法是另一种未知输入作为白噪声的建模方法。该方法是假定两个或两个以上的过程噪声级，并给每一个模型建立一个滤波器，滤波器按照一定的准则在它们之间进行转换，或者是根据它们的似然函数，计算每一个模型是正确的概率，然后求它们的加权和，多模型算法的框图如图 10.6 所示。

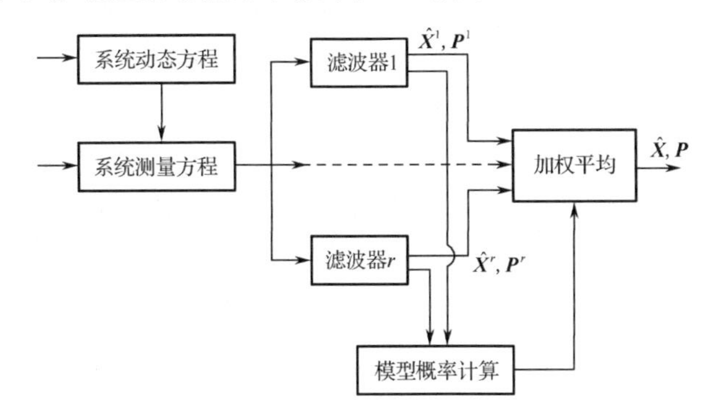

图 10.6　多模型算法结构图

令 M_j 表示具有先验概率 $P_{\mathrm{r}}\{M_j\}=\mu_j(0)(j=1,2,\cdots,r)$ 的模型 j 是正确的事件，在模型 j 的假定下，直到 k 时刻的量测的似然函数为

$$\lambda_j(k)=P_{\mathrm{r}}[\boldsymbol{Z}^k\mid \boldsymbol{M}_j]=\prod_{i=1}^{k}p[\boldsymbol{v}_j(i)] \tag{10.100}$$

其中，在高斯假定下，由滤波器 j 得到的新息 PDF 是

$$p[\boldsymbol{v}_j(k)]=|2\pi\boldsymbol{S}_j(k)|^{-\frac{1}{2}}\exp\left[-\frac{1}{2}\boldsymbol{v}_j'(k)\boldsymbol{S}_j^{-1}(i)\boldsymbol{v}_j(k)\right] \tag{10.101}$$

若不考虑历史似然函数值的积累，则 $\lambda_j(k)$ 也可取为模型 j 在 k 时刻的量测的似然函数，即

$$\lambda_j(k)=|2\pi\boldsymbol{S}_j(k)|^{-\frac{1}{2}}\exp\left\{-\frac{1}{2}\boldsymbol{v}_j'(k)\boldsymbol{S}_j^{-1}(k)\boldsymbol{v}_j(k)\right\} \tag{10.102}$$

使用贝叶斯法则，则在 k 时刻模型 j 是正确的后验概率是

$$\mu_j(k)\overset{\Delta}{=}P_{\mathrm{r}}(\boldsymbol{M}_j\mid \boldsymbol{Z}^k)=\frac{P_{\mathrm{r}}(\boldsymbol{Z}^k\mid \boldsymbol{M}_j)P_{\mathrm{r}}(\boldsymbol{M}_j)}{P_{\mathrm{r}}(\boldsymbol{Z}^k)}=\frac{P_{\mathrm{r}}(\boldsymbol{Z}^k\mid \boldsymbol{M}_j)P_{\mathrm{r}}(\boldsymbol{M}_j)}{\sum_{l=1}^{r}P_{\mathrm{r}}(\boldsymbol{Z}^k\mid \boldsymbol{M}_l)P_{\mathrm{r}}(\boldsymbol{M}_l)}=\frac{\lambda_j(k)\mu_j(0)}{\sum_{l=1}^{r}\lambda_l(k)\mu_l(0)} \tag{10.103}$$

用上述概率作为权重进行加权所获得的条件模型估计的加权平均就是目标的状态估计

$$E\{\boldsymbol{X}(k)\mid \boldsymbol{Z}^k\}=\sum_{j=1}^{r}E\{\boldsymbol{X}(k)\mid \boldsymbol{M}_j,\boldsymbol{Z}^k\}P_{\mathrm{r}}\{\boldsymbol{M}_j\mid \boldsymbol{Z}^k\} \tag{10.104}$$

即最终得出组合估计 $\hat{\boldsymbol{X}}(k|k)$ 及协方差 $\boldsymbol{P}(k|k)$ 为

$$\hat{\boldsymbol{X}}(k|k)=\sum_{j=1}^{r}\mu_j(k)\hat{\boldsymbol{X}}_j(k|k) \tag{10.105}$$

$$\boldsymbol{P}(k|k)=\sum_{j=1}^{r}\mu_j(k)\boldsymbol{P}_j(k|k)+\sum_{j=1}^{r}\mu_j(k)[\hat{\boldsymbol{X}}_j(k|k)-\hat{\boldsymbol{X}}(k|k)][\hat{\boldsymbol{X}}_j(k|k)-\hat{\boldsymbol{X}}(k|k)]' \tag{10.106}$$

10.4.6 交互式多模型算法

1. 基本原理

Blom 和 Bar-Shalom 在广义伪贝叶斯算法基础上，提出了一种具有马尔可夫转移概率的结构自适应算法——交互式多模型算法[25-30]（Interacting Multiple Model Algorithm，IMM），它是具有相当实用水平的一种多模型估计算法。这种算法在多模型算法的基础上，假设不同模型之间的转移服从已知转移概率的有限态马尔可夫链，考虑多个模型的交互作用，以此得出目标的状态估计。

交互式多模型算法包含了多个滤波器（各自对应着相应的模型）、一个模型概率估计器、一个交互式作用器（在滤波器的输入端）和一个估计混合器（在滤波器的输出端），多模型通过交互作用来跟踪一个目标的机动运动，其中 N 个模型的 IMM 示意图如图 10.7 所示。图中 $\hat{\boldsymbol{X}}(k|k)$ 为基于 N 个模型基础之上的状态估计，$\hat{\boldsymbol{X}}^j(k|k)$ (j=1,2,⋯,N)为模型 j 的状态估计。$\boldsymbol{\Lambda}(k)$ 为模型可能性向量，$\boldsymbol{u}(k)$为模型概率向量。$\hat{\boldsymbol{X}}^j(k-1|k-1)$，$j$=1,2,⋯,$N$ 为 k−1 时刻第 j 个滤波器的输出。$\hat{\boldsymbol{X}}^{oj}(k-1|k-1)$ (j=1,2,⋯,N)为 $\hat{\boldsymbol{X}}^j(k-1|k-1)$ (j=1,2,⋯,N)交互作用的结果，它作为 k 时刻滤波器 j 的输入。$\boldsymbol{Z}(k)$为 k 时刻的量测。

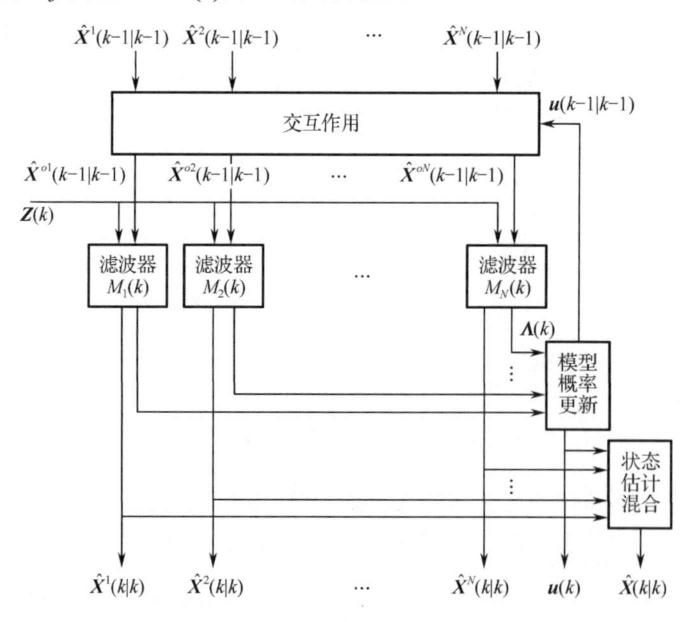

图 10.7　N 个模型的 IMM 示意图

假设模型概率切换是在马尔可夫链下进行的，那么交互式作用器利用模型概率和模型转移概率来计算每一个滤波器的交互估计，滤波循环的开始端，每个滤波器利用交互式估计和量测数据计算出一个新的估计和模型的可能性，然后，前一时刻的模型概率、模型可能性、模型转移概率被用来计算新的模型概率。那么，总的状态就可以通过新的状态估计以及相应的模型概率计算出来。下面描述具有 N 个模型的 IMM 算法从 k−1 时刻到 k 时刻的递推过程。

1）状态估计的交互式作用

设图 10.7 中从模型 i 转移到模型 j 的转移概率为 $\boldsymbol{P}_{t_{ij}}$ （有些文献中用 π_{ij} 表示）：

$$\boldsymbol{P}_{t_{ij}}=\begin{bmatrix}\boldsymbol{P}_{t_{11}} & \boldsymbol{P}_{t_{12}} & \cdots & \boldsymbol{P}_{t_{1r}}\\ \boldsymbol{P}_{t_{21}} & \boldsymbol{P}_{t_{22}} & \cdots & \boldsymbol{P}_{t_{2r}}\\ \vdots & \vdots & \ddots & \vdots\\ \boldsymbol{P}_{t_{r1}} & \boldsymbol{P}_{t_{r2}} & \cdots & \boldsymbol{P}_{t_{rr}}\end{bmatrix} \tag{10.107}$$

需要注意的是，该模型转移概率通常都是先验给定的，与模式 i 的驻留时间无关，但实际中目标的运动模式间的转换是服从时间相关的马尔可夫过程的，即与其在原运动模式上的驻留时间是密切相关的，因此 L. Campo 提出了与状态驻留时间相关的交互式多模型算法，具体内容可参见文献[31]。

令 $\hat{\boldsymbol{X}}^j(k-1|k-1)$ 为 k−1 时刻滤波器 j 的状态估计， $\boldsymbol{P}^j(k-1|k-1)$ 为相应的状态协方差阵，$u_{k-1}(j)$为 k−1 时刻模型 j 的概率，且 i, j=1, 2, ⋯, N，则交互计算后 N 个滤波器在 k 时刻的输入如下

$$\hat{\boldsymbol{X}}^{oj}(k-1|k-1)=\sum_{i=1}^{N}\hat{\boldsymbol{X}}^{i}(k-1|k-1)u_{k-1|k-1}(i|j) \tag{10.108}$$

式中

$$\begin{cases}u_{k-1|k-1}(i|j)=\dfrac{1}{\overline{C}_j}\boldsymbol{P}_{t_{ij}}u_{k-1}(i)\\ \overline{C}_j=\displaystyle\sum_{i=1}^{N}\boldsymbol{P}_{t_{ij}}u_{k-1}(i)\end{cases} \tag{10.109}$$

$$\begin{aligned}\boldsymbol{P}^{oj}(k-1|k-1)=\sum_{i=1}^{N}\{&\boldsymbol{P}^{i}(k-1|k-1)+[\hat{\boldsymbol{X}}^{i}(k-1|k-1)-\hat{\boldsymbol{X}}^{oj}(k-1|k-1)]\cdot\\&[\hat{\boldsymbol{X}}^{i}(k-1|k-1)-\hat{\boldsymbol{X}}^{oj}(k-1|k-1)]'\}u_{k-1|k-1}(i|j)\end{aligned} \tag{10.110}$$

2）模型修正

将状态向量 $\hat{\boldsymbol{X}}^{oj}(k-1|k-1)$ 及其方差 $\boldsymbol{P}^{oj}(k-1|k-1)$ 与观测值 $\boldsymbol{Z}(k)$一起作为 k 时刻第 j 个模型的输入值，通过标准卡尔曼滤波器进行计算可获得各个模型的输出 $\hat{\boldsymbol{X}}^j(k|k)$， $\boldsymbol{P}^j(k|k)$， $j=1,2,\cdots,N$ 。

3）模型可能性计算

若模型 j 的滤波残差为 $\boldsymbol{v}_k^j$，相应的协方差为 $\boldsymbol{S}_k^j$ ，并假定服从高斯分布，那么可得

$$\Lambda_k^j=\frac{1}{\sqrt{|2\pi\boldsymbol{S}_k^j|}}\exp\left[-\frac{1}{2}(\boldsymbol{v}_k^j)'(\boldsymbol{S}_k^j)^{-1}\boldsymbol{v}_k^j\right] \tag{10.111}$$

式中

$$\begin{cases}\boldsymbol{v}_k^j=\boldsymbol{Z}(k)-\boldsymbol{H}^j(k)\hat{\boldsymbol{X}}^j(k|k-1)\\ \boldsymbol{S}_k^j=\boldsymbol{H}^j(k)\boldsymbol{P}^j(k|k-1)(\boldsymbol{H}^j(k))'+\boldsymbol{R}(k)\end{cases} \tag{10.112}$$

4）模型概率更新

模型j的概率更新为

$$u_k(j)=\frac{1}{C}\Lambda_k^j\overline{C}_j \tag{10.113}$$

其中

$$C=\sum_{i=1}^{N}\Lambda_k^i\overline{C}_i \tag{10.114}$$

5）模型输出

设$\hat{\boldsymbol{X}}(k|k)$、$\boldsymbol{P}(k|k)$分别为$k$时刻交互式的输出，则有

$$\hat{\boldsymbol{X}}(k|k)=\sum_{i=1}^{N}\hat{\boldsymbol{X}}^i(k|k)u_k(i) \tag{10.115}$$

$$\boldsymbol{P}(k|k)=\sum_{i=1}^{N}u_k(i)\{\boldsymbol{P}^i(k|k)+[\hat{\boldsymbol{X}}^i(k|k)-\hat{\boldsymbol{X}}(k|k)]\,[\hat{\boldsymbol{X}}^i(k|k)-\hat{\boldsymbol{X}}(k|k)]'\} \tag{10.116}$$

整个 IMM 就是利用这一递推过程而完成的。IMM 算法的特点包括：

① 对量测信息的利用不仅反映在滤波估计的输出交互中，而且通过把输出状态反馈到系统的输入中，通过输入交互和模型概率的变化达到自适应调整模型的作用，通过模型概率的转移实现自适应的变结构；

② 目标的运动采用多个模型进行描述，模型可根据实际需要适当增减或变更，从而可增强算法的自适应跟踪能力；

③ 算法中各模块并行计算，从而提高了计算效率，滤波模块可根据应用环境的不同采用不同的线性和非线性滤波算法。

IMM 估计一般认为是一种最有效的混合估计方案，同时兼顾了估计性能和计算上的优势，目前 IMM 被成功地应用于很多跟踪系统中，但与多模型算法一样，IMM 的性能在很大程度上依赖于其所使用的模型集。这也就产生了一个难于调和的矛盾，即为了提高状态估计性能就需要更多的模型来匹配目标运动，但这些增加的模型不但会大大增加系统运算量，甚至很多情况下也有可能降低跟踪器的性能。另外，对于弱机动或非机动目标采用 IMM 也会造成资源的浪费。

上面所讨论的各种方法都是无需机动检测的自适应跟踪算法，也称为机动辨识类跟踪算法。这类算法的优点是不需要进行机动检测，估值无时间滞后；缺点就是需要对目标的机动特性进行合乎实际的先验假设，而这也是在实际应用中所难以确定的。

2. 性能分析

采用三种模型，每种模型的过程噪声协方差系数为$q_1=1$，$q_2=0.1$，$q_3=0.01$，模型先验概率为$\mu_0=[1/2,1/6,1/3]$；马尔可夫模型转移概率为

$$\boldsymbol{P}_{t_{ij}}=\begin{bmatrix}0.95 & 0.025 & 0.025\\ 0.025 & 0.95 & 0.025\\ 0.025 & 0.025 & 0.95\end{bmatrix} \tag{10.117}$$

目标分别做匀速直线运动、滑跃机动、椭圆机动和之字形机动的跟踪结果图如图 10.8 至图 10.11 所示，由这几幅图可看出，IMM 可对多种机动形式的目标进行较好的跟踪。

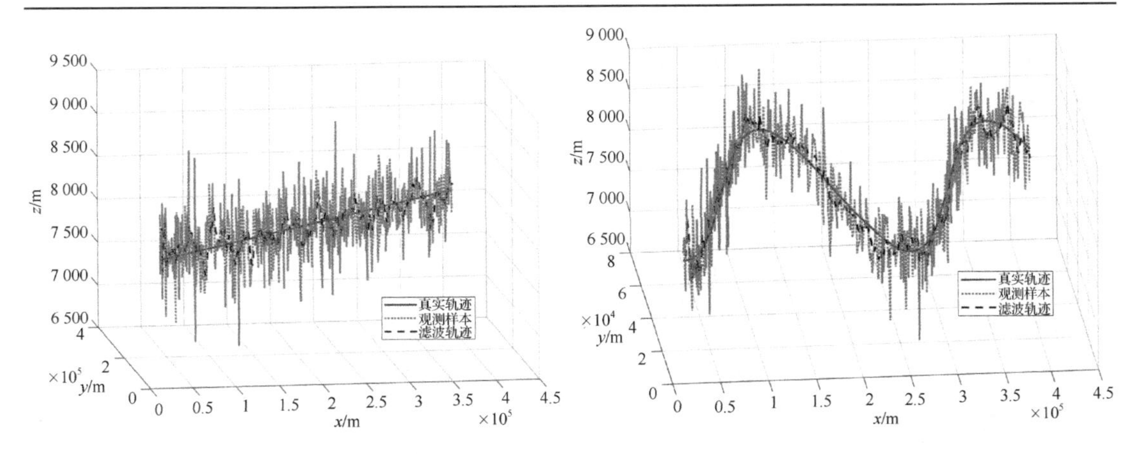

图 10.8　目标匀速直线运动跟踪结果图　　图 10.9　目标滑跃机动跟踪结果图

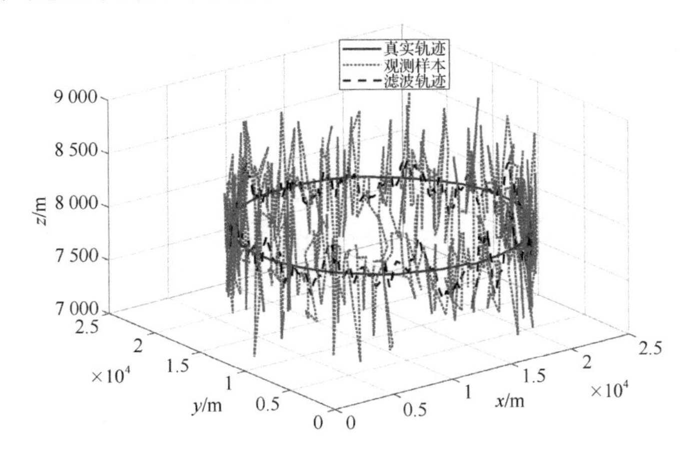

图 10.10　目标椭圆机动跟踪结果图

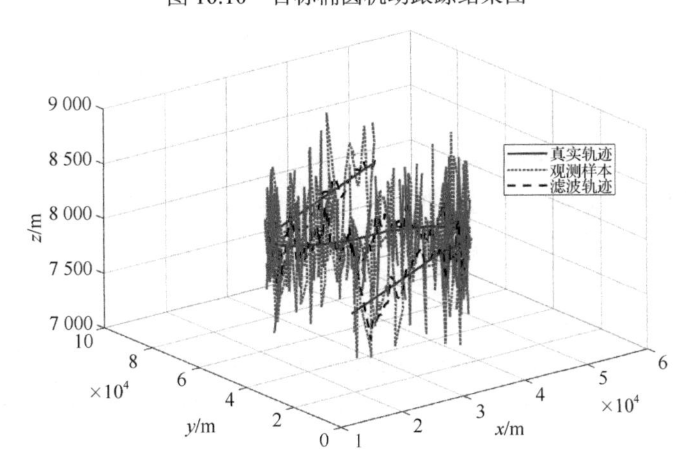

图 10.11　目标之字形机动跟踪结果图

10.5　机动目标跟踪算法性能比较

回顾前几节所讨论的各种机动目标跟踪算法，由于所基于的原理各不相同，因此它们在不同环境中所表现出的各种性能也就必然有所差异。为了对各种算法有更直观的了解，在本节中我们选取四种典型的目标机动环境，将这些算法放在统一的环境中进行仿真实验，从算法的跟踪精度、航迹寿命、实时性三个方面对其进行综合比较。

10.5.1　仿真环境

环境 1

目标起始状态：$\boldsymbol{X}(0)=[120\ 000\ \text{m}\quad -426\ \text{m/s}\quad 2\ 000\ \text{m}\quad 0\ \text{m/s}]'$，目标运动过程历时 90 s，目标发生机动时刻及加速度大小如表 10.1 所示。

表 10.1　环境 1 目标机动运动情况表

目标发生机动的时刻/s	t=31	t=38	t=49	t=61	t=65	t=66	t=81
X 方向加速度/（m/s²）	5	−8	10	0	−10	−5	5
Y 方向加速度/（m/s²）	−10	18	−20	30	−8	0	−10

环境 2

目标起始状态：$\boldsymbol{X}(0)=[47\ 000\ \text{m}\quad -426\ \text{m/s}\quad 12\ 000\ \text{m}\quad 0\ \text{m/s}]'$，目标运动过程历时 120 s，目标发生机动时刻及加速度大小如表 10.2 所示。

表 10.2　环境 2 目标机动运动情况表

目标发生机动的时刻/s	t=31	t=38	t=61	t=71	t=91
X 方向加速度/（m/s²）	10	0	−5	−10	50
Y 方向加速度/（m/s²）	−10	−10	30	0	−2

环境 3

在这种仿真环境中，我们在保留运动学方程，简化动力学方程的基础上，给出了对飞行器的俯冲运动较逼真的运动模型。目标运动过程历时 100 s，目标降高高度为 2 500 m，降高距离为 15 000 m，目标初始状态为 $\boldsymbol{X}(0)=[8\ 000\ \text{m}\quad 191\ \text{m/s}\quad 6\ 000\ \text{m}\quad 0\ \text{m/s}]'$。

环境 4

与环境 3 类似，在该仿真环境中，本书给出了对飞行器的爬升运动较逼真的运动模型。目标运动过程历时 100 s，目标爬升高度为 400 m，爬升距离为 1 000 m，目标初始状态为 $\boldsymbol{X}(0)=[8\ 000\ \text{m}\quad 110\ \text{m/s}\quad 6\ 000\ \text{m}\quad 0\ \text{m/s}]'$。

在仿真过程中，假设雷达采样间隔为 T=1 s，测距误差 $\rho_r=100\ \text{m}$，测角误差 $\rho_\theta=0.03\ \text{rad}$。仿真次数 N=50 次。各算法参数设置如下。

① 可调白噪声：检测滑窗长度 l=8，机动发生判决门限 $\varepsilon_{\max}$=5.07，初级过程噪声 q_0=0.005；

② 变维滤波：检测滑窗长度 l=8，机动发生判决门限 $\varepsilon_{\max}$=20.1，机动结束门限为 $\varepsilon_{\min}$=13.4；

③ 输入估计：检测滑窗长度 l=8，机动发生判决门限 $\varepsilon_{\max}$=5.07；

④ 交互式多模型：采用三种模型，每种模型的过程噪声协方差系数 q_1=10，q_2=1，q_3=0.1，模型先验概率 $\boldsymbol{\mu}_0=[1/3\quad 1/3\quad 1/3]$；马尔可夫模型转移概率为

$$\boldsymbol{P}_{t_{ij}}=\begin{bmatrix}0.8 & 0.15 & 0.05\\ 0.3 & 0.4 & 0.3\\ 0.05 & 0.15 & 0.8\end{bmatrix}\tag{10.118}$$

⑤ 当前模型：自相关时间常数 α=1/20，最大加速度 a_{max} = 100 m/s²，a_{-max} = −100 m/s²；

⑥ Singer 模型：自相关时间常数 α=1/20，最大加速度 a_{max} = 100 m/s²，最大概率 P_{max}=0.95，P_{min}=0.05。

环境 5

在同一仿真环境下对修正的输入估计算法、可调白噪声，Singer 算法、Jerk 算法的跟踪结果进行了仿真比较，仿真过程中假设雷达采样间隔为 T=2 s，测距误差 ρ_r = 100 m，测角误差 $\rho_\theta = 0.1^\circ$，仿真次数 N=100 次，目标起始状态：$\boldsymbol{X}(0)$=[20 000 m　4 m/s　80 000 m　−15 m/s]′，目标运动过程历时 900 s。目标发生机动时刻及加速度大小如表 10.3 所示。

表 10.3　环境 5 目标机动运动情况表

目标发生机动的时刻/s	t=400～600	t=610～660	其他时刻
X 方向加速度/（m/s²）	0.075	−0.3	0
Y 方向加速度/（m/s²）	0.075	−0.3	0

Singer 模型各参数设置如下：自相关时间常数 α=1/20，最大加速度 a_{max} = 100 0.1m/s²，最大加速度出现概率 P_M=0.2，目标未发生机动概率 P_0=0.6。Jerk 算法的加速度方差为 0.000 9²。

10.5.2　结果分析

环境 1（见图 10.12～图 10.15）：

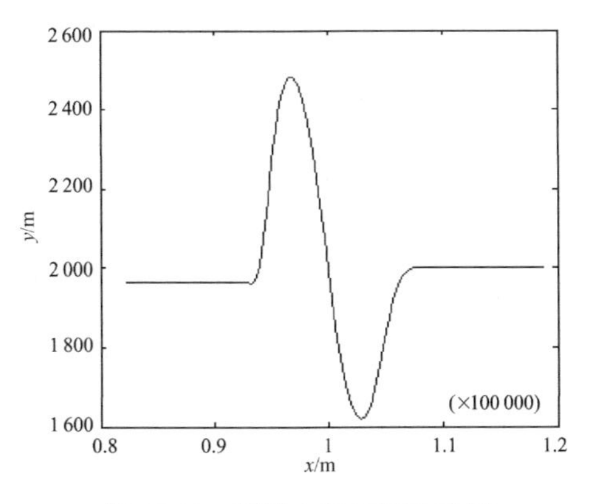

图 10.12　环境 1 目标运动轨迹

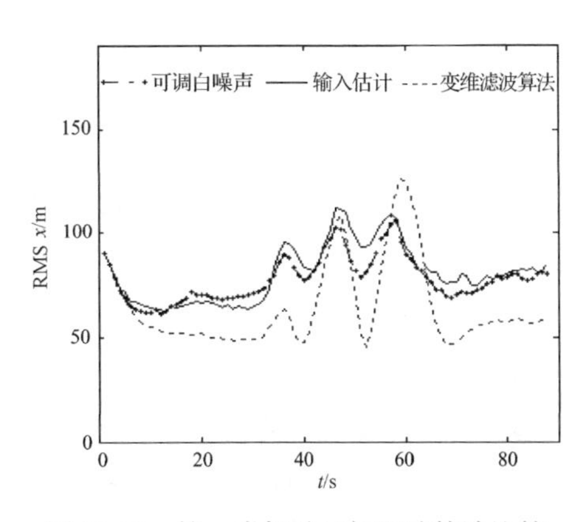

图 10.13　第一类机动目标跟踪算法比较

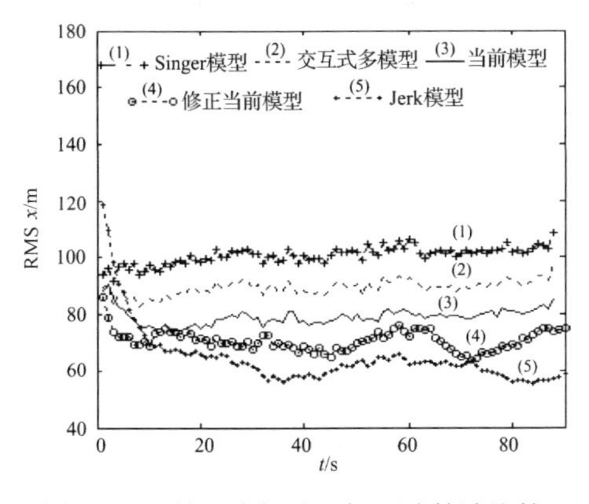

图 10.14　第二类机动目标跟踪算法比较

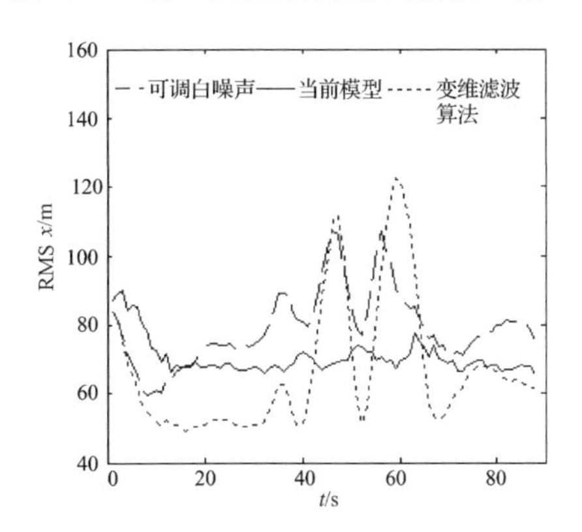

图 10.15　第一、二类机动目标跟踪算法比较

环境 2（见图 10.16～图 10.19）：

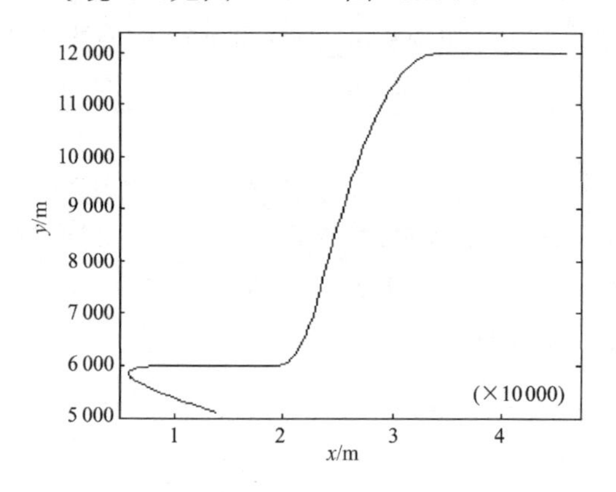

图 10.16　环境 2 目标运动轨迹

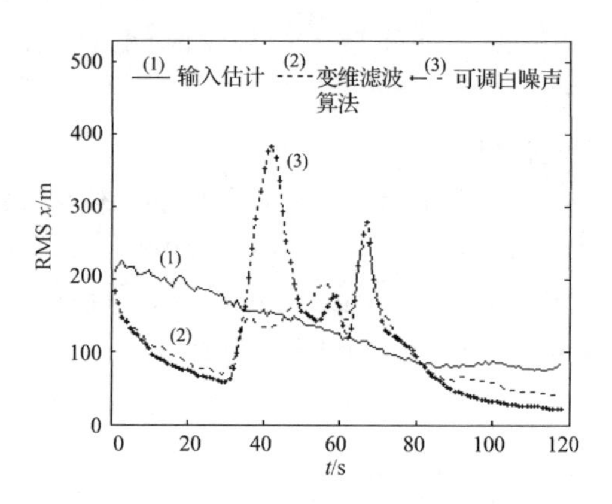

图 10.17　第一类机动目标跟踪算法比较

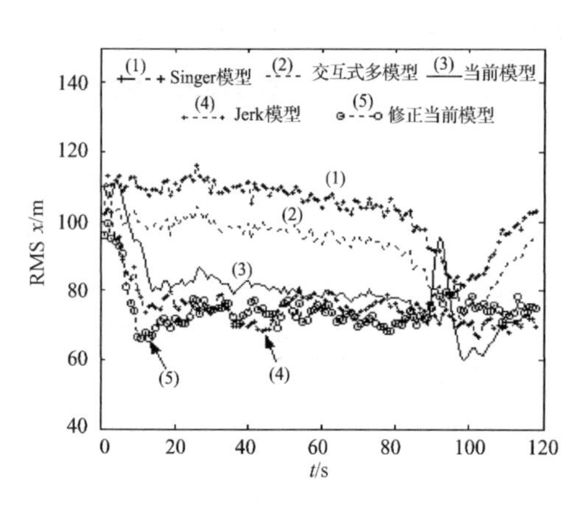

图 10.18　第二类机动目标跟踪算法比较

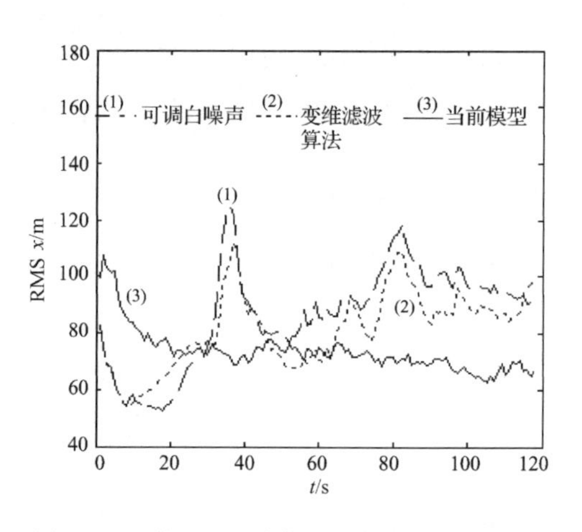

图 10.19　第一、二类机动目标跟踪算法比较

环境 3（见图 10.20～图 10.23）：

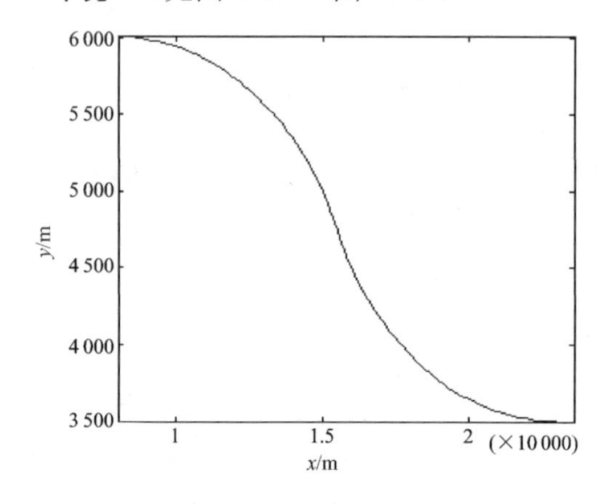

图 10.20　环境 3 目标运动轨迹

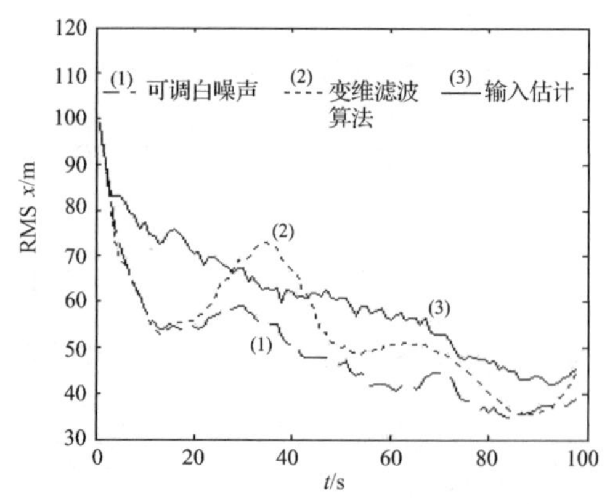

图 10.21　第一类机动目标跟踪算法比较

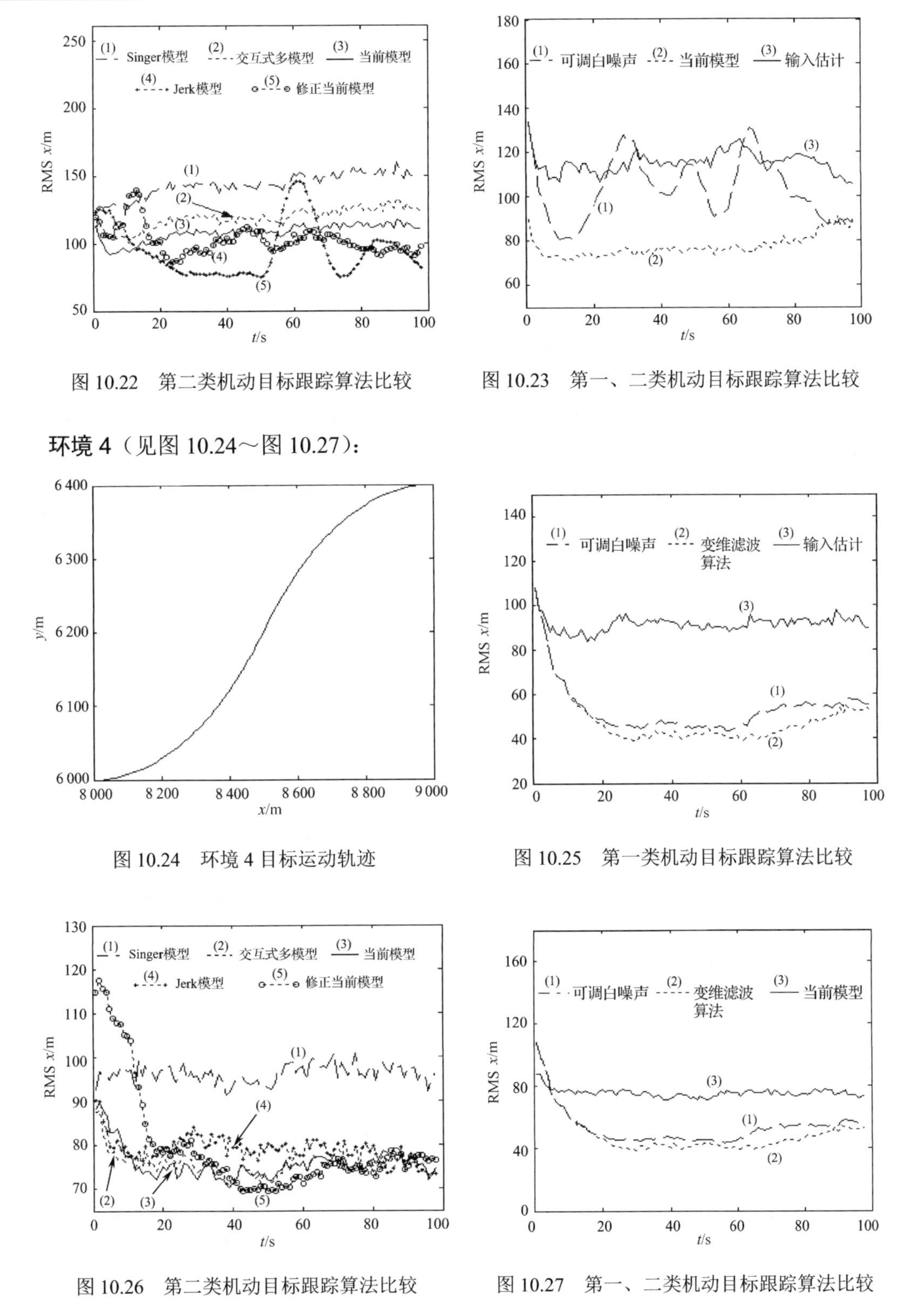

图 10.22 第二类机动目标跟踪算法比较

图 10.23 第一、二类机动目标跟踪算法比较

环境 4（见图 10.24～图 10.27）：

图 10.24 环境 4 目标运动轨迹

图 10.25 第一类机动目标跟踪算法比较

图 10.26 第二类机动目标跟踪算法比较

图 10.27 第一、二类机动目标跟踪算法比较

环境 1 至环境 4 中各算法航迹寿命及周期平均耗时如表 10.4 所示。

表 10.4　环境 1 至环境 4 中各算法航迹寿命与周期平均耗时比较表

机动目标跟踪算法	航迹寿命（步）				周期平均耗时/ms			
	1	2	3	4	1	2	3	4
可调白噪声算法	432	572	463	489	0.12	0.13	0.12	0.12
变维滤波算法	396	549	448	471	0.23	0.29	0.21	0.27
输入估计算法	425	582	490	454	0.23	0.28	0.25	0.26
交互式多模型算法	450	600	500	500	1.49	1.91	1.62	1.67
Singer 模型算法	428	577	492	500	0.15	0.16	0.15	0.15
当前统计模型算法	450	600	500	500	0.17	0.25	0.18	0.17
Jerk 模型算法	450	600	500	500	0.15	0.21	0.17	0.17
修正当前模型算法	450	600	500	500	0.72	1.33	1.03	1.09

环境 5（见图 10.28～图 10.31）：

图 10.28 为目标运动轨迹图，图 10.29、图 10.30 为目标 x 轴位置跟踪轨迹图，图 10.31 为 100 次蒙特卡罗实验的均方根误差图。

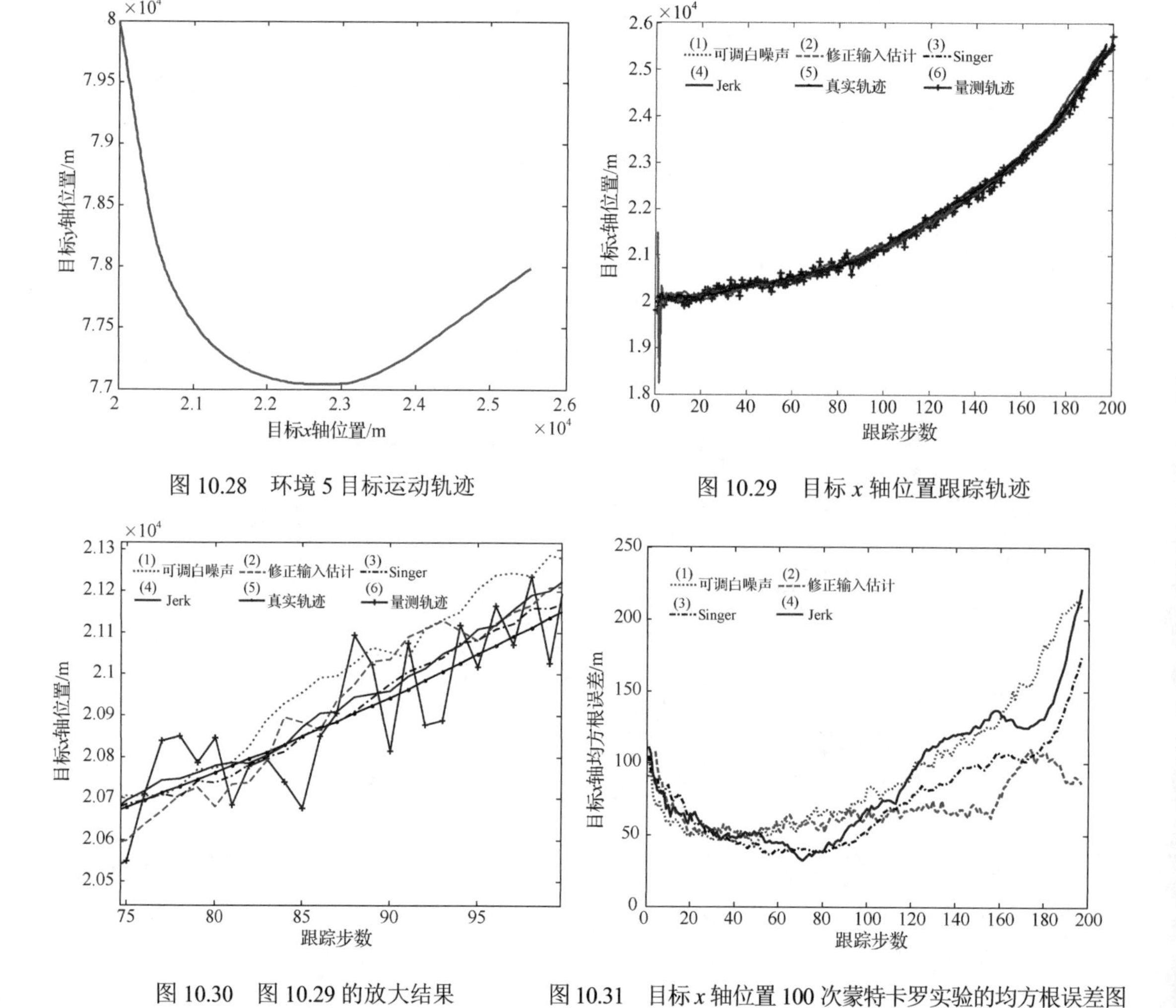

图 10.28　环境 5 目标运动轨迹

图 10.29　目标 x 轴位置跟踪轨迹

图 10.30　图 10.29 的放大结果

图 10.31　目标 x 轴位置 100 次蒙特卡罗实验的均方根误差图

从上述仿真结果我们可以得出以下结论。

① 第一类算法跟踪结果如图 10.13、图 10.17、图 10.21、图 10.25 所示，其中变维滤波虽然在目标发生机动的时候会产生较大的误差，但总体来说都能较快地收敛，不过有时也会产生很大的误差；可调白噪声算法的跟踪精度略差于变维算法，但在所有的仿真试验中其性能表现得比较稳定，未出现非常大的误差；输入估计算法在整个跟踪过程均比较稳定，跟踪误差曲线很少出现较大的波动，不过跟踪精度较前两种算法略低。

② 第二类算法中的当前模型与交互式多模型的跟踪精度比较相近，有时前者略好于后者，如图 10.18 所示；有时后者略好于前者，如图 10.26 所示，有时两者基本一致如图 10.14、图 10.22 所示。这是由交互式多模型所设定的先验模型集造成的，如果目标运动模型包含在该集合中，算法的跟踪精度就比较好，反之亦然。而 Singer 模型从所有仿真试验结果来看，其跟踪精度均低于前两种算法，如图 10.14、图 10.18、图 10.22、图 10.26 所示。Jerk 模型与修正当前模型的跟踪精度在整个跟踪过程中比较相近，且好于前三种算法，如图 10.14、图 10.18 和图 10.22 所示，但 Jerk 模型的均方根位置误差偶尔会出现较大的波动，如图 10.22 所示。

③ 由图 10.29～图 10.31 可看出，修正的输入估计算法、可调白噪声算法、Singer 算法和 Jerk 算法在目标未发生机动或出现的机动较小的时候均能较好地对目标进行跟踪，但在目标出现较大机动的情况下，可调白噪声算法、Singer 算法和 Jerk 算法均会产生较大的误差，而修正的输入估计算法在该情况下的跟踪效果要明显好于上述三种算法。

④ 将每种环境中第一类算法中跟踪精度较高两种算法模型与第二类算法中的当前模型进行比较，发现在环境 2 和环境 3 中当前模型的跟踪精度明显地高于可调白噪声与变维滤波模型，而在环境 1 中，当前模型的跟踪精度高于可调白噪声但低于变维滤波模型，在环境 4 中当前模型的跟踪精度又明显低于可调白噪声与变维滤波模型。这种结果是由当前模型对目标机动运动的自相关时间常数的先验假设造成的，当其假设与目标真实的机动运动自相关时间常数接近时，跟踪精度较高，反之亦然。

⑤ 表 10.4 环境 1～环境 4 中各算法航迹寿命与周期平均耗时比较表中，从航迹寿命来看当前统计模型、交互式多模型、Jerk 模型与修正当前算法的航迹寿命最长，在 50 次仿真中均能完整地对目标运动过程进行跟踪，可调白噪声算法、输入估计算法、Singer 模型算法略差一些，变维滤波算法的航迹寿命最短；从算法实时性来看，可调白噪声算法的实时性最好，变维滤波算法、Singer 模型算法、Jerk 模型与当前统计模型次之，修正当前模型与交互式多模型算法的实时性相对来说最差。因此，从跟踪精度、航迹寿命以及算法的实时性等三个方面综合来看这些算法都各有所长。

总体来说，自适应类算法的跟踪精度、航迹寿命等普遍高于机动检测类算法，其中修正的输入估计算法、当前统计模型和 Jerk 模型算法的跟踪精度较高，航迹寿命较长而且其算法实时性也比较好，比较利于工程实现，但当前统计模型和 Jerk 模型算法在目标不发生机动时跟踪性能会有所下降；交互式多模型与修正当前统计模型算法的跟踪精度与航迹寿命都类似于当前统计模型，然而其算法的实时性略差；Singer 模型算法的实时性较强，但航迹寿命与跟踪精度与机动频率 α 取值有关。

10.6　小结

本章所讨论的机动目标跟踪方法大致可分为两大类：具有机动检测的跟踪算法以及自适

应跟踪算法，其中具有机动检测的跟踪算法按照检测到机动后调整的参数又可分为调整滤波器增益的方法和调整滤波器结构的方法；而自适应跟踪算法可以分为单模型类算法和多模型类算法两类，其中修正的输入估计算法、Singer 模型算法、当前统计模型算法、Jerk 模型算法属于单模型的机动目标自适应跟踪算法，而多模型算法和交互多模型算法则属于基于多模型的自适应跟踪算法。通过对以上两类方法的仿真分析与比较，我们得出了以下结论：具有机动检测的跟踪算法计算量小，算法实时性强，但这类算法在目标出现机动时会产生较大的误差，同时由于机动检测的存在这些算法不可避免地会产生一定的估计时间延迟，影响滤波器的跟踪性能；而自适应跟踪算法的普遍优点是可自适应跟踪机动目标，跟踪效果比较平稳，其中单模型类跟踪算法主要通过实时估计机动目标状态及模型参数来实现对机动目标的自适应跟踪，这类算法在目标发生机动的时候不会出现较大的误差，但是这类算法通常需要对目标的机动特性进行合理的机动假设，当假设与外界不符时，算法性能将大打折扣，而且这些算法在目标不发生机动时的跟踪精度会有所下降[32]。这类算法中的修正的当前统计模型算法可以不需要对目标的机动特性进行先验假设，且在目标不发生机动时也有很好的跟踪性能。而自适应机动目标跟踪算法中的多模型类算法通过多个目标模型或过程噪声级的有效组合来实现对目标机动状态的自适应估计，能够获得较好的机动目标跟踪效果，但计算量与所取模型的多少有关，模型较多情况下实时性较差。

随着高速飞行器、大机动空间目标飞行性能的不断提高，特别是随着临近空间高超声速飞行器[33,34]、具有高度协同性和整体性蜂群无人机[35]等的飞速发展，机动目标的跟踪往往需要和其他一些算法相结合来解决特殊实际环境下的多目标跟踪问题[36-39]，不断尝试结合新技术，像人工智能[40-42]等，来探索新的机动目标跟踪思路。

参考文献

[1] Shalom Y B, Fortmann T E. Tracking and Data Association. Academic Press, 1988.

[2] 周宏仁, 敬忠良, 王培德. 机动目标跟踪. 北京: 国防工业出版社, 1991.

[3] 陈出新. 弹道导弹跟踪方法和算法研究. 西安: 西北工业大学, 2014.

[4] 刘代, 赵永波, 郭敏, 等. 一种杂波环境下机动目标跟踪算法. 电子科技大学学报, 2020, 49(2): 213-218.

[5] Li X R, Jilkov V P. A Survey of Maneuvering Target Tracking-Part II: Ballistic Target Models. Proceedings of SPIE conference on signal and Data Processing of Small Targets, 2001, (4473): 559-581.

[6] 张晶炜, 熊伟, 何友. 扩展式机动目标可调白噪声模型. 火力与指挥控制, 2004, 29(5): 28-30.

[7] He Y, Xiu J J, Guan X. Radar Data Processing with Applications. John Wiley & Publishing house of electronics industry, 2016. 8.

[8] Khaloozadeh H, Karsaz A. Modified Input Estimation Technique for Tracking Manoeuvring Targets. IET Proceedings on Radar, Sonar and Navigation, 2009, 3(1): 30-41.

[9] 赵艳丽. 弹道导弹雷达跟踪与识别研究. 长沙: 国防科技大学研究生院, 2007.

[10] 熊伟, 张晶炜, 何友. 扩展式机动目标当前统计模型. 电光与控制, 2004, 11(2): 15-17.

[11] Mehrotra K, Mahapatra P R. A Jerk Model for Tracking Highly Maneuvering Targets. IEEE Transactions on Aerospace and Electronics, 1997: 1094-1105.

[12] Blackman S S, Popoli R. Design and Analysis of Modern Tracking Systems. Artech House, Boston,

London, 1999.

[13] Ma Y J, Zhao S Y, Huang B. Multiple-model state Estimation Based on Variational Bayesian Inference. IEEE Transactions on Automatic Control, 2019, 64(4): 1679-1685.

[14] Hong L. Multi-resolutional Multiple-modal Target Tracking. IEEE Trans. on AES, 1994, 30(2): 518-524.

[15] Li X R, Shalom Y B. Model-set Adaptation in Multiple-Model Estimators for Hybrid Systems. American Control conf, 1992: 1794-1799.

[16] Li X R, Shalom Y B. Multiple-model Estimation with Variable Structure. IEEE Trans. on AC, 1996, 41: 478-439.

[17] Mazor E, Dayan J, Shalom Y B. Interacting Multiple Model in Target Tracking: a Survey. IEEE Trans. on AES, 1998, 103-124.

[18] Li X R, Shalom Y B. Performance Prediction of Interacting Multiple Model Algorithm. IEEE Trans. on AES, 1993: 755-771.

[19] 许红, 谢文冲, 袁华东, 等. 基于自适应的增广状态-交互式多模型的机动目标跟踪算法. 电子与信息学报, 2020, 42(11): 2749-2755.

[20] 李凡, 熊家军, 李冰洋, 等. 临近空间高超声速跳跃式滑翔目标跟踪模型. 电子学报, 2018, 46(9): 2212-2221.

[21] 张翔宇, 王国宏, 宋振宇, 等. LFM 雷达对临近空间高超声速目标的跟踪研究. 电子学报, 2018, 44(4): 846-853.

[22] 张晶炜, 何友, 熊伟. 修正的当前模型机动目标跟踪算法. 第八届全国雷达年会, 2002: 764-768.

[23] 苗士雨. 临近空间强机动目标跟踪算法研究. 北京: 北京交通大学, 2018.

[24] Rice T R, Alouani A T. Multiple model filtering. Oriando, Florida: SPIE Conference on Acquisition, Tracking and Pointing, Vol. 3365, 1998: 100-112.

[25] Kirubarajan T, Shalom Y B. IMM PDA for Radar Management and Tracking Benchmark with ECM. IEEE Transactions on Aerospace and Electronics, 1998, 1115-1132.

[26] Munir A, Atherton D P. Adaptive Interacting Multiple Model Algorithm for Tracking a Maneuvering Target. IEEE Proc-F, 1995, 142(1): 11-16.

[27] Hu Q, Ji H, Zhang Y. An Improved Extended State Estimation Approach for Maneuvering Target Tracking Using Random Matrix. International Conference on Information Fusion. IEEE, 2017: 1-7.

[28] 李姝怡, 程婷. 基于量测转换 IMM 的多普勒雷达机动目标跟踪. 电子学报, 2019, 47(3): 538-544.

[29] Hwang I, Seah C E, Lee S, et al. A Study on Stability of the Interacting Multiple Model Algorithm. IEEE Transactions on Automatic Control, 2017, 62(2): 901-906.

[30] 潘泉. 多源信息融合理论及应用. 北京: 清华大学出版社, 2013.

[31] Campo L, Mookerjee P, Shalom Y B. State Estimation for Systems with a Sojoum-Time-Dependent Markov Switching Model. IEEE Trans on Auto. Control, 1991, 36(2): 238-243.

[32] 张晶炜, 熊伟, 何友. 杂波中机动目标跟踪算法性能分析. 火力与指挥控制, 2004, 29(4): 71-74.

[33] 王国宏, 李俊杰, 张翔宇, 等. 临近空间高超声速滑跃式机动目标的跟踪模型. 航空学报, 2015, 36(7): 2400-2410.

[34] Li B, Yang Z P, Chen D Q, et al. Maneuvering Target Tracking of UAV Based on MN-DDPG and Transfer Learning. Defence Technology, 2021 (17): 457-466.

[35] 杜明洋. 机动群目标跟踪关键技术研究. 长沙: 国防科技大学, 2018. 9.

[36] 刘妹琴, 兰剑. 目标跟踪前沿理论与应用. 北京: 科学出版社, 2015.

[37] Jiang Y Z, Baoyin H. Robust Extended Kalman Filter with Input Estimation for Maneuver Tracking. Chinese Journal of Aeronautics, 2018, 31(9): 1910-1919.

[38] Chalvatzaki G, Papageorgiou X S, Tzafestas C S, et al. Augmented Human State Estimation Using Interacting Multiple Model Particle Filters with Probabilistic Data Association. IEEE Robotics and Automation Letters, 2018, 3(3): 1872-1879.

[39] Li X R, Jilkov V P. Survey of Maneuvering Target Tracking-Part II: Motion Models of Ballistic and Space Targets. IEEE Transactions on Aerospace and Electronic Systems, 2010, 46(2): 96-119.

[40] Liu J, Wang Z, Xu M. A Deep Learning Maneuvering Target-tracking Algorithm Based on Bidirectional LSTM Network. Information Fusion, 2020, 53: 289-304.

[41] Wang S L, Bi D, Ruan H L, et al. Radar Maneuvering Target Tracking Algorithm Based on Human Cognition Mechanism. Chinese Journal of Aeronautics, 2019, 32(7): 1695-1704.

[42] Meng T, Jing X Y, Yan Z, et al. A Survey on Machine Learning for Data Fusion. Information Fusion, 2020, 57, (5): 115-129.

第 11 章 群目标跟踪算法

11.1 引言

在现实环境中，经常因为不可控制或特定人为目的等因素，会在一个较小的空域分布范围内构成一个复杂的目标群，如分裂的空间碎片、弹道导弹突防过程中伴飞的碎片及诱饵、导弹和飞机编队等，这些目标运动特性相似，且在较长一段时间内都处于相互临近状态，目标跟踪领域将此类目标称为群目标[1-4]。无论是无人机群、弹道目标群、飞机/舰船编队，还是交通车辆管制、人群、动物种群的迁徙等都需要解决群目标跟踪问题，以便给出群目标的运动状态、群结构、群目标扩散形态等，辅助于对监控区域中的目标进行识别、态势分析以及威胁度评估等[5-8]。

由于受制于测量设备角度分辨力、距离分辨力、威力及测量精度等因素，探测系统在群目标跟踪过程中，通常会出现三种情况：①探测系统完全不能分辨群内目标，此时群不可分辨；②探测系统有时能分辨群内目标，但又无法稳定获取连续有效测量，此时群部分可分辨；③探测系统能够完全分辨群内目标，此时群完全可分辨。而且，当目标与传感器之间的距离、角度发生变化时，上述三种情况会相互转换。因此，与传统的多目标跟踪相比，群目标的运动对外表现出一种群组特征，而且随着时间的推移，不同群目标之间还会发生群目标的合并与分裂等运动，构成复杂的运动态势，这就对跟踪系统提出了更高的要求。传统的目标跟踪算法[9-12]往往存在对群目标回波的复杂性估计不足，设计相对简单，在航迹起始、航迹维持、机动处理、航迹撤销等问题的解决上或多或少存在一定不足，群整体跟踪效果较差。为更好地解决群目标跟踪问题，本章首先在 11.2 节给出群的定义和群分割相关方法，11.3 节研究中心类群目标起始技术，重点讨论航迹起始中的群互联和群速度估计技术，然后在 11.4 节讨论适用于杂波环境的群目标灰色精细航迹起始算法，在群航迹起始技术讨论的基础上，11.5 节和 11.6 节研究中心群目标跟踪算法和编队群目标跟踪算法；最后，在 11.7 节中设计几种与实际背景相近的仿真环境，对本章算法的综合性能进行验证和分析，11.8 节对本章进行小结。

11.2 群定义与群分割

11.2.1 群定义

群目标是指在满足给定的目标间距约束条件下，在足够长的时间内目标保持空间位置相对固定的多目标集合。传统的群目标大多指编队群目标，即方向、距离和速度满足以下三个条件的多个目标：①运动方向一致；②群中各成员之间的距离远远小于各群之间的距离；③速度基本相同。

相对密集目标跟踪而言，群目标跟踪具有以下优势：①群目标跟踪节省了雷达资源。群目标跟踪只跟踪群的中心而非群中每个目标，因而所需的雷达操作减少；由于单个群的跟踪取代了群内所有目标的跟踪，因而所需处理的航迹文件数量下降。在空对地跟踪环境下，当所跟踪目标为地面上运动的车队时，群目标跟踪的这一优点非常重要，因为对于该环境及类似的环境，单独地跟踪每个目标可能做不到、很难做到或根本没有必要做到。②对复杂环境下的密集目标跟踪而言，错误互联是不可避免的，群目标跟踪能在这些环境下为目标跟踪进行额外的平滑，提高稳定性。③当传感器的目标检测概率较低时，群目标跟踪更易于从每个目标群中获取信息，取得更好的跟踪效果。

近年来，随着科学技术的发展，群目标的概念、范围、特点等也有所发展和扩充，群目标一般仍具有间距很小的特点，但其速度大小和运动方向有可能并不具有一致性，例如弹道目标产生的碎片、释放的诱饵往往具有方向随机、间距复杂等特点[13,14]，同时随着传感器分辨率的提高，产生了多个回波的单目标也可作为群目标来处理[15,16]。

11.2.2　群分割

针对上一小节中对群的定义，本小节具体讨论距离分割法、阈值循环法及图解法三种典型的群分割方法。

1. 距离分割法

群的定义要求群中各成员之间的距离要远远小于各群之间的距离，所以通过比较两个量测的空间距离与一个常数之间的大小关系可以完成群的分割。

假定 $\boldsymbol{Z}(k)$ 为传感器在 k 时刻所获得的量测集，且

$$\boldsymbol{Z}(k)=\{z_i(k)\}_{i=1}^{m_k} \tag{11.1}$$

式中，m_k 为 k 时刻的量测个数。

定义 $\boldsymbol{Z}(k)$ 中第 i 个量测 $z_i(k)=[x_{ik}\quad y_{ik}\quad z_{ik}]'$ 与第 j 个量测 $z_j(k)$ 之间的距离为

$$d(z_i(k),z_j(k))=\sqrt{(x_{ik}-x_{jk})^2+(y_{ik}-y_{jk})^2+(z_{ik}-z_{jk})^2} \tag{11.2}$$

若

$$d(z_i(k),z_j(k))<d_0 \tag{11.3}$$

则量测 $z_i(k)$ 和 $z_j(k)$ 属于同一个群。其中，d_0 反映了群内目标的稠密程度，其取值与现实传感器系统使用群目标的目的有关。对机械扫描雷达而言，使用群跟踪的目的是解决错误互联所引起的滤波误差协方差增大的问题，故 d_0 为最近邻域法刚好不能区分的两个目标之间的空间距离；对相控阵雷达而言，使用群跟踪的目的是为了节省雷达资源，可取 $d_0=3\sim5\ \text{km}$。

用式（11.2）和式（11.3）计算 $\boldsymbol{Z}(k)$ 中任意两个量测之间的距离并与 d_0 比较，可最终将 $\boldsymbol{Z}(k)$ 分割成多个不同的群。设 $\boldsymbol{Z}(k)$ 最终可分为 m 个群，记为 $\{\boldsymbol{U}_1,\boldsymbol{U}_2,\cdots,\boldsymbol{U}_m\}$，且

$$\boldsymbol{U}_i=\{\tilde{z}_j^i(k)\}_{j=1}^{\tilde{m}_i} \tag{11.4}$$

式中，$\tilde{z}_j^i(k)$ 为第 i 个群的第 j 个量测，$\tilde{m}_i$ 为第 i 个群中的量测个数。

定义两个不同的群 $\boldsymbol{U}_i$ 和 $\boldsymbol{U}_j$ 之间的距离为

$$d(\boldsymbol{U}_i,\boldsymbol{U}_j)=\min\{d(\tilde{z}_m^i(k),\tilde{z}_n^j(k))\}\qquad 1\leqslant m\leqslant\tilde{m}_i,1\leqslant n\leqslant\tilde{m}_j \tag{11.5}$$

当 $d(\boldsymbol{U}_i,\boldsymbol{U}_j)\geqslant d_0$，$\boldsymbol{U}_i$ 和 $\boldsymbol{U}_j$ 为分离的两个群；当 $d(\boldsymbol{U}_i,\boldsymbol{U}_j)<d_0$ 时，$\boldsymbol{U}_i$ 和 $\boldsymbol{U}_j$ 合并为一个群。故 $\boldsymbol{U}_i$ 中的各量测必须满足

$$\min\{d(\tilde{z}_m^i(k),\tilde{z}_n^i(k))\}<d_0 \quad 1\leqslant m\leqslant \tilde{m}_i,1\leqslant n\leqslant \tilde{m}_i,m\neq n \tag{11.6}$$

且集合$\{\tilde{z}_1^i(k),\tilde{z}_2^i(k),\cdots,\tilde{z}_{\tilde{m}_i}^i(k)\}$不能分割成两部分$\boldsymbol{U}_1^*$和$\boldsymbol{U}_2^*$，使$d(\boldsymbol{U}_1^*,\boldsymbol{U}_2^*)\geqslant d_0$。

2. 循环阈值法

循环阈值法可分为以下四步：

① 选取$\boldsymbol{z}_i(k)$为中心，以d_0为阈值建立波门；

② 对落入波门中的每个量测重新以d_0为阈值建立波门，寻找落入最新波门中的量测；

③ 重复步骤②，直到所建立的波门中没有量测落入为止，在此过程中落入所有波门内的量测定义为一个群；

④ 从不属于已确定群的量测中任意选取一个量测重复以上三步直到最后一个量测，最终完成对群的分割。

循环阈值法中d_0的取值与距离分割法中的取值方法一样；由算法流程可知，该算法是以距离分割法为基础建立的，它能取得和距离分割法相同的分割效果，但计算复杂度显著降低。

3. 图解法

图解法是面向整个探测区域对群进行分割的，其规定群为满足以下两个条件的任意一个量测集合：①$\boldsymbol{U}$中各量测之间的距离小于阈值d_0；②$\boldsymbol{U}$中的量测个数大于阈值L。其中，d_0和L的值取决于现实跟踪系统及任务要求。

鉴于以上规定，图解法具体分为以下四步进行。

① 如图 11.1 所示，探测区域被分割成l^2个微小区域，其中l由式（11.7）确定。

$$l=\text{INT}\left[\sqrt{\frac{V}{\pi d_0^2}}+1\right] \tag{11.7}$$

式中，V为探测区域的面积，INT[x]表示取不大于x的最大整数。

探测区域的分割过程是图解法的关键，如果分割后微小区域的面积过大，目标密集区域可能被忽略，如果分割后微小区域的面积过小，会额外加大计算量。

② 如图 11.2 所示，统计落入分割后的各微小区域内的量测个数，图 11.2 给出的是和图 11.1 对应的各微小区域内的量测个数。

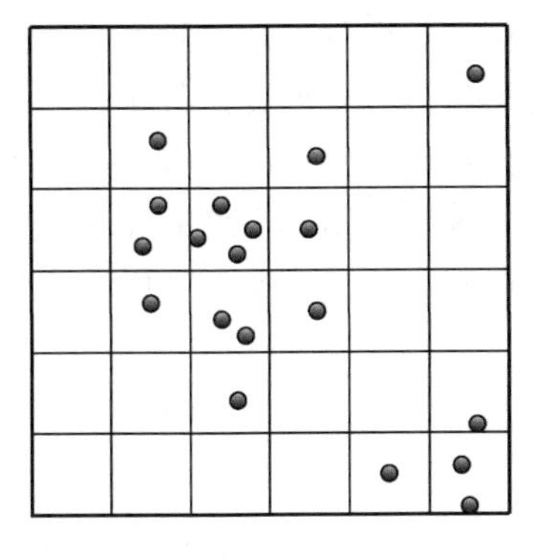

图 11.1　探测区域分割示意图

0	0	0	0	0	1
0	1	0	1	0	0
0	2	4	1	0	0
0	1	2	1	0	0
0	0	1	0	0	1
0	0	0	0	1	2

图 11.2　量测个数统计示意图

③ 如图 11.3 所示，任取一个微小区域，记落入该微小区域内的量测个数为$N0$，则定义与该微小区域相邻近的一块区域的取值M为

$$M = N0 + N1 + N2 + N3 + N4 + N5 + N6 + N7 + N8 \tag{11.8}$$

式中，$N1, N2, \cdots, N8$ 分别为与该微小区域相邻的 8 个微小区域内的量测个数。

④ 利用式（11.8）各微小区域的取值并与阈值 L 比较，取值大于 L 的区域被定义为量测密集区域，如图 11.4 中的阴影区域，落入量测密集区域中的量测则组成一个群。

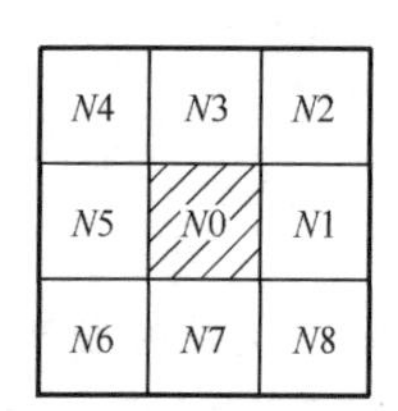

图 11.3　微小区域取值计算示意图

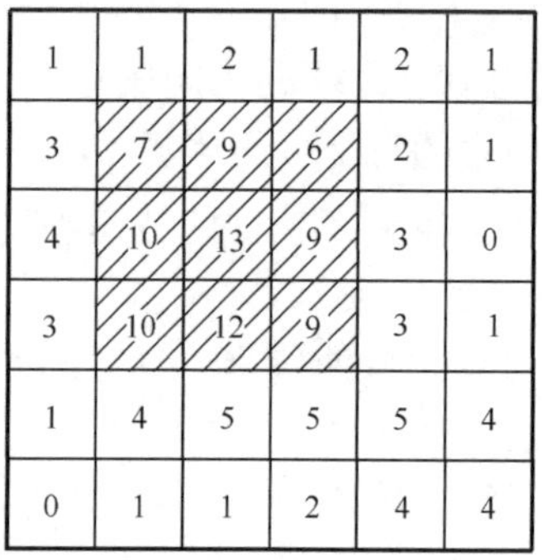

1	1	2	1	2	1
3	7	9	6	2	1
4	10	13	9	3	0
3	10	12	9	3	1
1	4	5	5	5	4
0	1	1	2	4	4

图 11.4　量测密集区域确定示意图

图解法直观方便，分割效果较好，而且能够一次性确定多个群，计算量较小。

11.3　中心类群航迹起始

群目标的航迹起始比单目标、多目标跟踪中的航迹起始问题要复杂得多，传统的航迹起始算法对群目标的起始效果不理想[17-19]。首先，群中各目标空间距离较小，如果采用直观法、逻辑法[20]对群中各目标分别建立航迹，各目标的起始波门会严重交叉，因量测误差、外推误差的存在，群中目标与量测极易出现错误的交叉互联；其次，因为群中各目标行为模型相似，各目标回波前后时刻交叉互联性很强，错误的临时航迹能在后续时刻找到互联值，直观法、逻辑法等传统目标起始方法的确认航迹规则无法抑制错误航迹的输出，最终造成虚假航迹起始率增大；如果采用基于 Hough 变换的各种航迹起始算法[21,22]对群中各目标建立航迹，对需建航目标而言，其他目标的回波均为杂波，因误差的存在，易出现局部极大值，易造成群内各目标量测交叉互联，正确航迹起始率下降。

考虑到编队群目标特征是群内目标的运动状态存在一致性，群结构在一段时间内保持相对比较稳定的状态，是一种协同运动，因此将目标群作为一个整体进行跟踪，这就是基于等效量测的中心类群目标跟踪[23]，该类跟踪中的群目标航迹起始算法大多首先基于 K 方法、集群引晶方法、图解法等进行群分割[3]，然后基于群的等效量测进行群的互联，最终基于群内目标的个数实现群速度的估计，并得出群等效量测的状态值，为此，下面重点讨论一下中心类群航迹起始中的群互联和群速度估计问题。

11.3.1　群互联

设量测集 $\boldsymbol{Z}(k)$ 最终分割为 m 个群，记为 $\{\boldsymbol{U}_1, \boldsymbol{U}_2, \cdots, \boldsymbol{U}_m\}$。要进行群的互联，首先须计算各群的中心，定义 $\bar{\boldsymbol{Z}}_i(k)$ 为第 i 个群 $\boldsymbol{U}_i$ 的中心，且

$$\bar{\boldsymbol{Z}}_i(k) = [\bar{X}_{ik} \quad \bar{Y}_{ik} \quad \bar{Z}_{ik}]' \tag{11.9}$$

其中，

$$\bar{X}_{ik}=\frac{1}{\tilde{m}_i}\sum_{l=1}^{\tilde{m}_i}x_{lk},\quad \bar{Y}_{ik}=\frac{1}{\tilde{m}_i}\sum_{l=1}^{\tilde{m}_i}y_{lk},\quad \bar{Z}_{ik}=\frac{1}{\tilde{m}_i}\sum_{l=1}^{\tilde{m}_i}z_{lk} \tag{11.10}$$

式中，$\tilde{m}_i$ 为该群中的量测个数。

在获得相邻时刻各群的中心之后，定义 $k=m$ 时刻第 i 个群的中心与 $k=n$ 时刻第 j 个群的中心的距离为

$$d[\boldsymbol{Z}_i(m),\boldsymbol{Z}_j(n)]=\sqrt{(\bar{X}_{im}-\bar{X}_{jn})^2+(\bar{Y}_{im}-\bar{Y}_{jn})^2+(\bar{Z}_{im}-\bar{Z}_{jn})^2} \tag{11.11}$$

若这两个群互联，则必须满足

$$d[\boldsymbol{Z}_i(m),\boldsymbol{Z}_j(n)]<V_{\max}\cdot T \tag{11.12}$$

式中，T 为采样间隔，$n=m+1$，$V_{\max}$ 为群的最大速度，其取值视具体群目标类型而定。

如果 $k=m$ 时刻第 i 个群与 $k=n$ 时刻的多个群互联，选取距离最近的群为互联群。

11.3.2　群速度估计

在完成群的分割和群的互联后，要完成群的起始还须进行群速度估计，为了保证较高的群速度估计精度，同时又不增加算法的复杂度，根据群中目标个数的不同，须采用不同的群速度估计算法，具体如下。

1．直接估算法

若群中的目标个数 $N>6$，群速度可通过前三个时刻的互联群直接计算得出。设 $k=1$ 时刻第 i 个群 $\boldsymbol{U}_i(1)$ 与 $k=2$ 时刻第 j 个群 $\boldsymbol{U}_j(2)$ 互联，而 $k=2$ 时刻第 j 个群又与 $k=3$ 时刻第 m 个群 $\boldsymbol{U}_m(3)$ 互联，则 $\boldsymbol{U}_m(3)$ 的群速度估计值为

$$\boldsymbol{V}_m(3)=\frac{\boldsymbol{V}_2+\boldsymbol{V}_3}{2} \tag{11.13}$$

式中

$$\boldsymbol{V}_2=\frac{\bar{\boldsymbol{Z}}_j(2)-\bar{\boldsymbol{Z}}_i(1)}{T},\quad \boldsymbol{V}_3=\frac{\bar{\boldsymbol{Z}}_m(3)-\bar{\boldsymbol{Z}}_j(2)}{T} \tag{11.14}$$

这里 $\bar{\boldsymbol{Z}}_i(1),\bar{\boldsymbol{Z}}_j(2),\bar{\boldsymbol{Z}}_m(3)$ 分别为 $\boldsymbol{U}_i(1)$、$\boldsymbol{U}_j(2)$ 和 $\boldsymbol{U}_m(3)$ 的群中心数据。

2．互联与区别算法

若群中的目标个数 $N\leqslant 2$，此时用直接估算法估算群速度将不再准确，为了提高估算精度，需要用另一种群速度估计算法，即互联与区别算法，主要分为三步完成。

（1）计算速度候选值。

设 $\boldsymbol{U}_i(1)$ 与 $\boldsymbol{U}_j(2)$ 互联，$\boldsymbol{U}_j(2)$ 与 $\boldsymbol{U}_m(3)$ 互联，以 $\boldsymbol{U}_i(1)$ 中各量测为中心建立面积为 $\boldsymbol{V}_{\max}\cdot T$ 的确认波门，针对 $\boldsymbol{U}_j(2)$ 中落入确认波门中的各个量测，利用相邻时刻互联量测之间的差值估算出速度候选值，如图 11.5 所示。

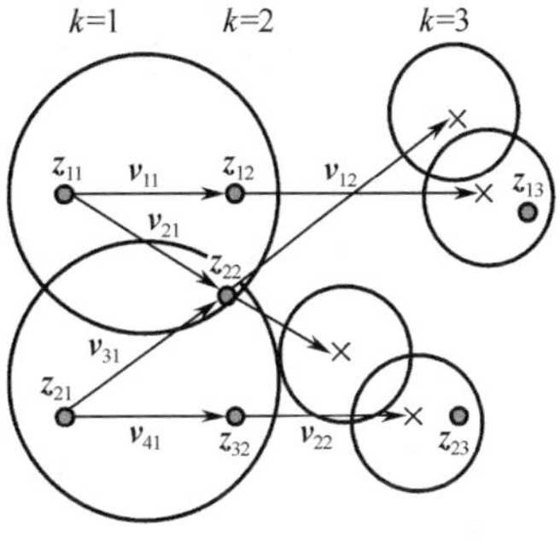

图 11.5　互联与区别算法示意图

$\boldsymbol{U}_i(1)$ 中有两个量测值，即 z_{11}、z_{21}，$\boldsymbol{U}_j(2)$ 中有三个量测值，即 z_{12}、z_{22}、z_{32}；且 z_{12}、z_{22} 与 z_{11} 互联，z_{32}、z_{22} 与 z_{21} 互

联，因而可得出四个相应的速度候选值，即

$$\begin{cases} \boldsymbol{v}_{11} = \dfrac{\boldsymbol{z}_{12} - \boldsymbol{z}_{11}}{T}, \boldsymbol{v}_{21} = \dfrac{\boldsymbol{z}_{22} - \boldsymbol{z}_{11}}{T} \\ \boldsymbol{v}_{31} = \dfrac{\boldsymbol{z}_{22} - \boldsymbol{z}_{21}}{T}, \boldsymbol{v}_{41} = \dfrac{\boldsymbol{z}_{32} - \boldsymbol{z}_{21}}{T} \end{cases} \tag{11.15}$$

（2）合并速度候选值。

设 $\boldsymbol{v}_i = [v_{ix} \quad v_{iy} \quad v_{iz}]'$ 和 $\boldsymbol{v}_j = [v_{jx} \quad v_{jy} \quad v_{jz}]'$ 为任意两个速度候选值，若其能满足式（11.16），则定义 $\boldsymbol{v}_i$ 和 $\boldsymbol{v}_j$ 大致相等。

$$|v_{ix} - v_{jx}| \leqslant \sigma_x, \quad |v_{iy} - v_{jy}| \leqslant \sigma_y, \quad |v_{iz} - v_{jz}| \leqslant \sigma_z \tag{11.16}$$

式中，σ_x、σ_y、σ_z 分别为 x、y、z 轴方向上的量测误差标准差。

如果由式(11.15)所得到的速度候选值 $\boldsymbol{v}_{21}$ 和 $\boldsymbol{v}_{31}$ 不满足式(11.16)，而 $\boldsymbol{v}_{11}$ 和 $\boldsymbol{v}_{41}$ 满足式(11.16)，则 $\boldsymbol{v}_{11}$ 和 $\boldsymbol{v}_{41}$ 可合并为

$$\boldsymbol{v}_1 = \frac{\boldsymbol{v}_{11} + \boldsymbol{v}_{41}}{2} \tag{11.17}$$

（3）估算群速度。

若经过第（2）步后只剩下 1 个速度候选值，则选该速度值作为群速度，群的初始化完成。

若经过第（2）步后仍然存在多个速度候选值，如图 11.5 所示，合并后仍存在 $\boldsymbol{v}_1$、$\boldsymbol{v}_{21}$、$\boldsymbol{v}_{31}$，此时需要用这些速度值把 $k=2$ 时刻的量测外推至 $k=3$ 时刻，并以各外推点为中心建立确认波门与 $\boldsymbol{U}_m(3)$ 中的量测进行互联，若 $k=3$ 时刻的量测 $\boldsymbol{z}_{i3} = [x_{i3} \quad y_{i3} \quad z_{i3}]'$ 落入外推点 $\boldsymbol{z}' = [x' \quad y' \quad z']$ 的波门中，则必须满足

$$d(\boldsymbol{z}_{i3}, \boldsymbol{z}') = \sqrt{(x_{i3} - x')^2 + (y_{i3} - y')^2 + (z_{i3} - z')^2} \leqslant c_1\sigma_x c_2\sigma_y c_3\sigma_z \tag{11.18}$$

式中，c_1, c_2, c_3 为常数。

如果确认波门内没有量测，说明用于外推的速度候选值无效，该值不能用于群速度的估算。如果确认波门内有量测，继续计算速度候选值，重复上述步骤。

在群中的目标数很少的情况下，只须利用有限的几个时刻就可按照规则估算出群速度。

如图 11.5 所示，$\boldsymbol{z}_{13}$ 和 $\boldsymbol{z}_{23}$ 为 $\boldsymbol{U}_m(3)$ 中的两个量测，$\boldsymbol{z}_{13}$ 与用速度 $\boldsymbol{v}_1$ 对 $\boldsymbol{z}_{12}$ 进行外推所得的外推点互联，其速度候选值计算为

$$\boldsymbol{v}_{12} = \frac{\boldsymbol{z}_{13} - \boldsymbol{z}_{12}}{T} \tag{11.19}$$

$\boldsymbol{z}_{23}$ 与用速度 $\boldsymbol{v}_1$ 对 $\boldsymbol{z}_{32}$ 进行外推所得的外推点互联，其速度候选值计算为

$$\boldsymbol{v}_{22} = \frac{\boldsymbol{z}_{23} - \boldsymbol{z}_{32}}{T} \tag{11.20}$$

用式（11.16）定义的规则验证，发现 $\boldsymbol{v}_{12}$ 和 $\boldsymbol{v}_{22}$ 大致相等，故合并两者可得

$$\boldsymbol{v}_2 = \frac{\boldsymbol{v}_{12} + \boldsymbol{v}_{22}}{2} \tag{11.21}$$

因没有量测落入用速度 $\boldsymbol{v}_{21}$ 和 $\boldsymbol{v}_{31}$ 对 $\boldsymbol{z}_{22}$ 进行外推所得的外推点的确认波门中，故 $\boldsymbol{v}_2$ 为 $k=3$ 时刻唯一的速度候选值，且经验证发现 $\boldsymbol{v}_2$ 与 $\boldsymbol{v}_1$ 大致相同，对两者进行合并可得群速度的最终估计值为

$$v = \frac{v_1 + v_2}{2} \tag{11.22}$$

3. 中心外推法

若群中的目标个数$2 < N \leqslant 6$，此时用直接估算法估算群速度，估计误差偏大；而用互联与区别算法计算量也会偏大，故此时需要用到另一种群速度估计算法，即中心外推法。

中心外推法首先假定群中每个目标的相对位置是基本不变的，通过几次外推，删除那些不属于任何一个群的量测（例如虚警），然后通过群中真实目标的量测计算出群的中心，最终估算出群的速度。

（1）建立基本集与候选集。

用中心外推法估算群速度，首先要建立基本集和候选集，具体如下：选取$\boldsymbol{U}_i(1)$中任意两个量测$\boldsymbol{z}_1 = [x_{w1} \quad y_{w1} \quad z_{w1}]'$和$\boldsymbol{z}_2 = [x_{w2} \quad y_{w2} \quad z_{w2}]'$作为基本集，若$\boldsymbol{U}_j(2)$中有两个量测$\boldsymbol{z}_3 = [x_{w3} \quad y_{w3} \quad z_{w3}]'$和$\boldsymbol{z}_4 = [x_{w4} \quad y_{w4} \quad z_{w4}]'$间的连线与$\boldsymbol{z}_1$和$\boldsymbol{z}_2$间的连线平行，即满足式（11.23），则$\boldsymbol{z}_3$和$\boldsymbol{z}_4$被选为候选集。对同一个基本集而言，候选集可以有多个。

$$\begin{cases} |(x_{w1} - x_{w2}) - (x_{w3} - x_{w4})| < \sigma_x \\ |(y_{w1} - y_{w2}) - (y_{w3} - y_{w4})| < \sigma_y \\ |(z_{w1} - z_{w2}) - (z_{w3} - z_{w4})| < \sigma_z \end{cases} \tag{11.23}$$

如果$\boldsymbol{U}_j(2)$中没有满足式（11.23）的量测，则需要在$\boldsymbol{U}_i(1)$中重新选取两个量测作为基本集，重复上述步骤，直到确保对应上述基本集的候选集存在。如果$\boldsymbol{U}_i(1)$中不存在满足上述条件的基本集，群航迹的起始可从$k = 2$或$k = 3$时刻开始。

如图 11.6 所示，若$\boldsymbol{U}_i(1)$中量测$\boldsymbol{z}_{11}$和$\boldsymbol{z}_{21}$被选作基本集，则$\boldsymbol{U}_j(2)$中量测$\boldsymbol{z}_{12}$和$\boldsymbol{z}_{22}$、$\boldsymbol{z}_{32}$和$\boldsymbol{z}_{42}$可组成两个候选集，此时$m = 2$。

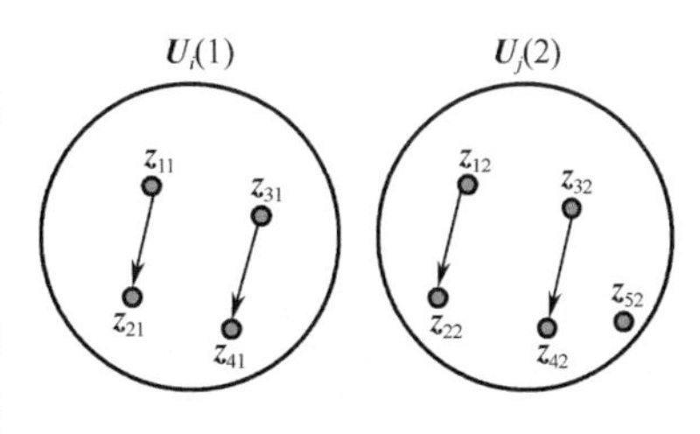

图 11.6　基本集与候选集建立过程示意图

（2）扩充基本集的成员，减少候选集的个数。

在$\boldsymbol{U}_i(1)$中另外选取一个量测$\boldsymbol{z}^*$，该量测最好与基本集的成员不在同一条直线上；然后在$\boldsymbol{U}_j(2)$中选择一个候选集$\boldsymbol{C}$，计算其中心相对于基本集中心的速度$\boldsymbol{v}^*$，利用速度$\boldsymbol{v}^*$对量测$\boldsymbol{z}^*$进行外推，并以外推点为中心建立确认波门与$\boldsymbol{U}_j(2)$中的量测进行互联。如果互联成功，量测$\boldsymbol{z}^*$加入基本集，$\boldsymbol{U}_j(2)$中互联成功的量测加入候选集$\boldsymbol{C}$，更新基本集与候选集$\boldsymbol{C}$的中心；若互联失败，删除所选候选集；如果对所有的候选集而言都互联失败，选取$\boldsymbol{U}_i(1)$中另外一个量测重复上述步骤。

若经过上述处理后，候选集的个数仍大于 1，则重复上述步骤，直到候选集的个数为 1 或$\boldsymbol{U}_i(1)$中没有量测可供选择。

如图 11.7 所示，选取$\boldsymbol{z}_{41}$加入基本集，量测$\boldsymbol{z}_{42}$可加入第一个候选集，$\boldsymbol{z}_{52}$可加入第二个候选集；因此候选集的个数$m = 2$，故需进一步把量测$\boldsymbol{z}_{31}$加入基本集，如图 11.8 所示，经验证，量测$\boldsymbol{z}_{32}$可加入第一个候选集，$\boldsymbol{U}_j(2)$中没有量测可加入第二个候选集，删除第二个候选集，此时候选集的个数$m = 1$。

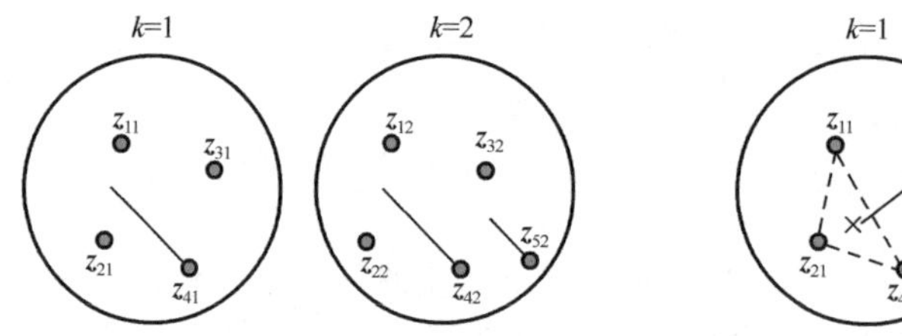

图 11.7　基本集扩充过程示意图

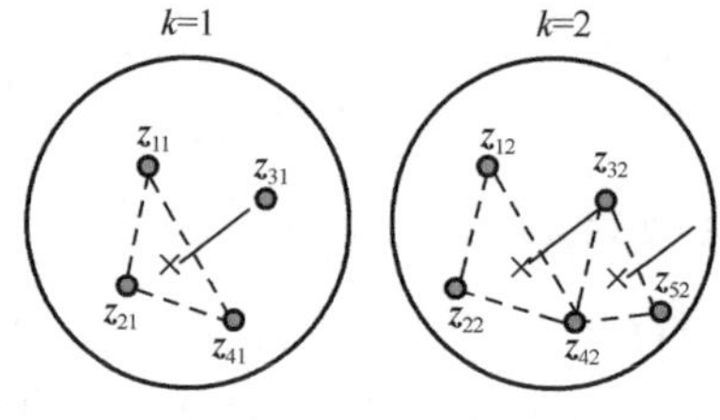

图 11.8　候选集个数缩减过程示意图

（3）估算群速度。

用基本集与候选集的中心可算出群速度候选值，若群速度候选值是唯一的，该值即群速度；若群速度候选值多于一个，则利用各个群速度候选值在步骤（2）的基础上进行外推，并以各外推点为中心建立确认波门与 $\boldsymbol{U}_m(3)$ 中的各量测进行互联，哪一个互联成功的量测个数多，哪一个就是群速度；若对两个或多个群速度候选值而言，互联成功的量测个数相同，则需要继续外推至下一时刻，直到按照该规则得出群速度。因为经过步骤（2）的消减后，速度候选值不会太多，所以该步的计算负担不会太重。

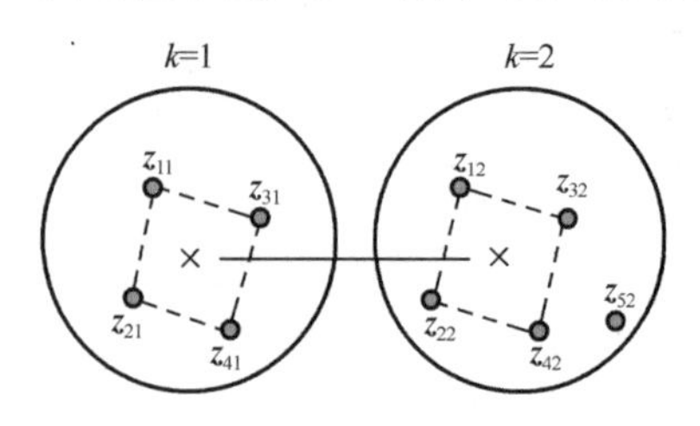

图 11.9　最终的基本集与候选集

如图 11.9 所示，候选集的个数 $m=1$，群速度候选值 v 计算为

$$v=\sqrt{v_x^2+v_y^2+v_z^2} \tag{11.24}$$

$$v_x=\frac{z_{2x}-z_{1x}}{T},\ v_y=\frac{z_{2y}-z_{1y}}{T},\ v_z=\frac{z_{2z}-z_{1z}}{T} \tag{11.25}$$

式中，$[z_{1x}\ z_{1y}\ z_{1z}]'$ 为基本集的中心；$[z_{2x}\ z_{2y}\ z_{3z}]'$ 为候选集的中心。因群速度候选值 v 是唯一的，故 v 为群速度估计值。

11.4　群目标灰色精细航迹起始

11.3 节的中心类群航迹起始方法优点是在很大程度上避免了群内各目标间的交叉互联错误，降低了计算量。其缺点主要有：①因为随时可能有新成员加入群、旧成员离开群，而且当雷达分辨率较低时，群中量测可能丢失，所以在杂波环境下简单依靠空间距离直接对群分割不准确，群的互联和群速度的估计不稳定，起始航迹精确度较低；②在一些实际工程应用中，如低空编队突防目标的拦截、群内具有特殊价值的目标跟踪等，在跟踪整个群的同时，十分需要对群中个体目标准确建航，所以需要对群中个体目标进行航迹起始，即群目标的精细航迹起始；然而现有群目标航迹起始算法大多只能得到群中心的状态，未解决杂波下群目标的精细航迹起始问题。为进一步解决研究这一问题，本节给出了群目标灰色精细航迹起始的完整框架，具体描述如下。

设 $\boldsymbol{Z}(k)$为传感器所获得的第 k 个量测集，即

$$\boldsymbol{Z}(k)=\{z_i(k)\}\qquad i=1,2,\cdots,m_k \tag{11.26}$$

式中，m_k 为量测个数；$z_i(k)=[x\ \ y\ \ t]'$，t 为雷达系统输出量测 $z_i(k)$ 的实际时间。这是因为现有部分雷达系统按扇区输出量测，即使在同一个探测周期中，各量测的输出时间也可能不同。

设 k 时刻传感器已确认系统航迹由传统多目标航迹和群目标航迹组成，航迹起始过程包括传统多目标和群目标双重航迹起始过程，完整起始框架如图 11.10 所示。为完成群目标航

迹起始框架中的后续几步，本节提出了基于相对位置向量的群目标灰色精细航迹起始算法，具体流程如图 11.11 所示。

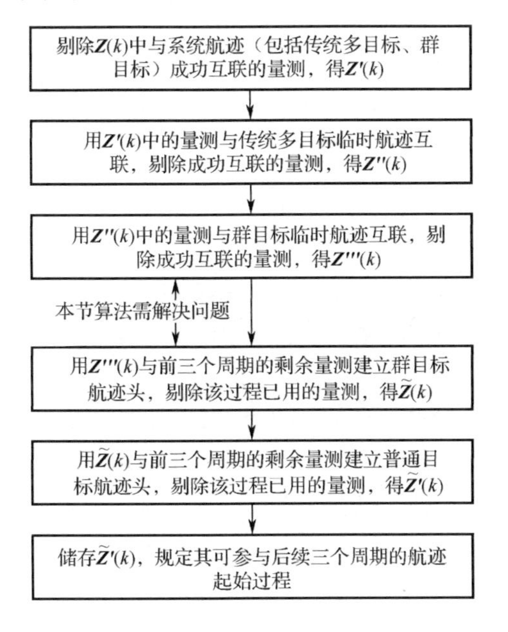

图 11.10　群目标航迹起始框架图

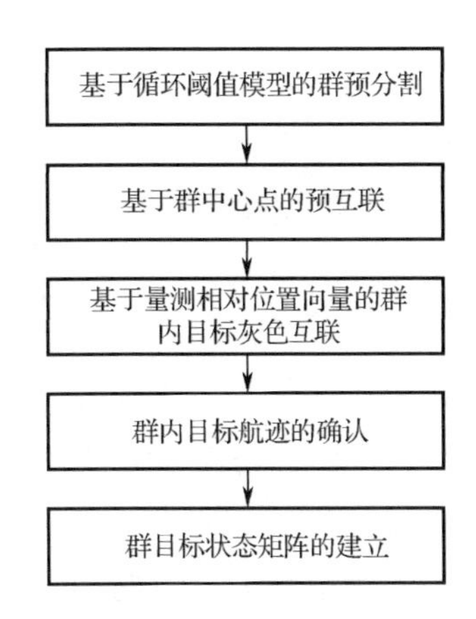

图 11.11　群目标灰色精细航迹起始流程图

11.4.1　群的预分割和预互联

基于 11.2.2 节描述的循环阈值法和 11.3.1 节描述的群互联算法，分别完成群的预分割和预互联。但在此需要注意的是，预分割和预互联结果不作为群的最终分割和互联结果，该点区别于中心类群目标航迹起始算法。

11.4.2　群内目标灰色精细互联

由群定义可知，群中各目标的相对位置是缓慢漂移的，相邻几个周期内同一群中目标回波可构成一个结构相对稳定的整体，发生仿射变换的幅度较小（主要受量测误差影响）。在航迹起始阶段，对相邻时刻预互联成功的群目标而言，其内部目标回波的相对位置关系基本不变，只是整体发生了平移和旋转，但前后周期内杂波的出现是随机的，不存在真实目标回波所具有的整体互联性，为此，下面将基于量测相对位置向量来完成群内目标灰色精细互联。

1．量测相对位置向量的建立

设 $\boldsymbol{Z}_1$ 与 $\boldsymbol{Z}_2$ 为相邻周期预互联成功的两个群，$\boldsymbol{Z}_1$ 在前，$\boldsymbol{Z}_2$ 在后，且

$$\boldsymbol{Z}_1 = \{\boldsymbol{z}_{l_1}^1\}_{l_1=1}^{\tilde{m}_1}、\ \boldsymbol{Z}_2 = \{\boldsymbol{z}_{l_2}^2\}_{l_2=1}^{\tilde{m}_2} \tag{11.27}$$

式中，$\tilde{m}_1$ 和 $\tilde{m}_2$ 为两个群中的量测个数。

$\boldsymbol{Z}_1$ 与 $\boldsymbol{Z}_2$ 中各量测的相对位置向量建立可分两步进行。

1）对应坐标系的建立

（1）基本坐标系与参考坐标系的建立。

仿照 11.3.2 节中的中心外推法建立基本集与候选集的模式，在 $\boldsymbol{Z}_1$ 中任选两个量测

$z_1^1=[x_1^1\ \ y_1^1]'$ 和 $z_2^1=[x_2^1\ \ y_2^1]'$，若 $\boldsymbol{Z}_2$ 中存在两个量测 $z_1^2=[x_1^2\ \ y_1^2]'$ 和 $z_2^2=[x_2^2\ \ y_2^2]'$，其连线的长度、方向与 z_1^1 和 z_2^1 连线的长度、方向基本相同，即满足式（11.28），则以 z_1^1 和 z_2^1 连线的中点为原点仿照大地直角坐标系建立基本坐标系。

$$\begin{cases}|d_1-d_2|<a\sigma_\rho\\|\theta_1-\theta_2|<b\sigma_\theta\\d_1=\sqrt{(x_1^1-x_2^1)^2+(y_1^1-y_2^1)^2}\\d_2=\sqrt{(x_1^2-x_2^2)^2+(y_1^2-y_2^2)^2}\\\theta_1=c\pi+d\arcsin\dfrac{y_1^1-y_2^1}{\sqrt{(x_1^1-x_2^1)^2+(y_1^1-y_2^1)^2}}\\\theta_2=c\pi+d\arcsin\dfrac{y_1^2-y_2^2}{\sqrt{(x_1^2-x_2^2)^2+(y_1^2-y_2^2)^2}}\end{cases}\tag{11.28}$$

式中，σ_ρ 和 σ_θ 分别为 ρ 方向与 θ 方向上的量测误差标准差；a、b 为阈值系数；c、d 分别与量测 $(z_1^2-z_1^1)$ 和 $(z_2^2-z_2^1)$ 所在的象限有关，若量测 $(z_1^2-z_1^1)$ 或 $(z_2^2-z_2^1)$ 处于第一象限，则 c=0、d=1，若在第二象限，则 c=1、d=−1，若在第三象限，则 c=2、d=−1，若在第四象限，则 c=1、d=1。同理，建立基于 z_1^2 和 z_2^2 的参考坐标系。

（2）坐标原点综合量的建立。

一个基本坐标系可能有多个参考坐标系满足式（11.28），但实际最多只有一个与其构成对应关系。就坐标原点与群中各量测的整体关系而言，对应坐标系最相近。因此，可建立坐标原点综合量描述坐标原点与群中各量测的整体关系并完成对应坐标系的确认。

将基本坐标系和各参考坐标系从极轴开始沿顺时针方向划分为 $\widehat{S}$ 个象限[24]；将基本坐标系与参考坐标系同一象限中的所有量测与各自原点连线，并基于式（11.28）进行判断；对该象限内满足式（11.28）的各量测与坐标原点间的欧氏距离求和，作为该象限的分量。以参考坐标系 $\widehat{j}$ 为例，定义坐标原点综合量 $\boldsymbol{C}_{\widehat{j}}$ 为

$$\boldsymbol{C}_{\widehat{j}}=\left[\sum_{s=1}^{S_1}\rho^{0i_s^1}\cdots\sum_{s=1}^{S_{\widehat{n}}}\rho^{0i_s^{\widehat{n}}}\cdots\sum_{s=1}^{S_M}\rho^{0i_s^{\widehat{M}}}\right]\tag{11.29}$$

式中，$\rho^{0i_s^{\widehat{n}}}=\sqrt{(x_{\widehat{j}}^{20}-x_{\widehat{j}}^{i_s^{\widehat{n}}})^2+(y_{\widehat{j}}^{20}-\hat{y}_{\widehat{j}}^{i_s^{\widehat{n}}})^2}$ 表示参考坐标系 $\widehat{j}$ 坐标原点 $z_{\widehat{j}}^{20}=(z_{1\widehat{j}}^2+z_{2\widehat{j}}^2)/2=[x_{\widehat{j}}^{20}\ \ y_{\widehat{j}}^{20}]'$ 与群中落入第 $\widehat{n}$ 个象限且满足式（11.28）的第 s 个量测的欧氏距离，$S_{\widehat{n}}$ 表示象限 $\widehat{n}$ 中满足式（11.28）的量测数。

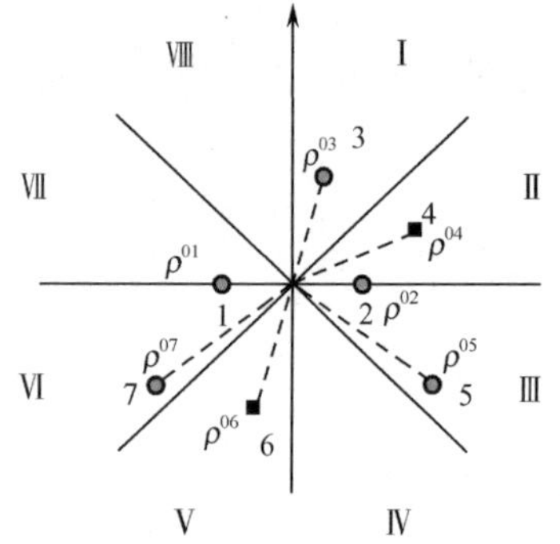

图 11.12　参考坐标系 $\widehat{j}$ 中量测的相对位置示意图

若假设象限数 $\widehat{S}=8$，群 $\boldsymbol{Z}_2$ 中有 7 个量测，如图 11.12 所示。经检测后，群 $\boldsymbol{Z}_2$ 在参考坐标系 $\widehat{j}$ 中有 5 个量测与群 $\boldsymbol{Z}_1$ 在基本坐标系中的量测满足式（11.28），z_4^2 和 z_6^2 不满足。则参考坐标系 $\widehat{j}$ 的坐标原点综合量为 $\boldsymbol{C}_{\widehat{j}}=[\rho^{03}\ \ \rho^{02}\ \ \rho^{05}\ \ 0\ \ 0\ \ \rho^{01}+\rho^{07}\ \ 0\ \ 0]$。同理可得基本坐标系 $\widehat{i}$ 和 $\widehat{M}$ 个参考坐标系的坐标原点综合量 $\boldsymbol{B}_{\widehat{i}}$ 和 $\boldsymbol{C}_{\widehat{j}},\ \widehat{j}=1,\cdots,\widehat{M}$。

（3）对应坐标系的确认。

为便于比较参考坐标系与基本坐标系之间的相似性，基于

式（11.30）建立统计量 $T_{\hat{i}\hat{j}}$，并选取 $T_{\hat{i}\hat{j}}$ 最小的基本坐标系与参考坐标系为对应坐标系。

$$T_{\hat{i}\hat{j}} = 1 - \frac{B_{\hat{i}} C_{\hat{j}}^T}{\sqrt{|B_{\hat{i}}||C_{\hat{j}}|}} \qquad \hat{i} = 1,\cdots,\hat{N}; \hat{j} = 1,\cdots,\hat{M} \tag{11.30}$$

式中，$\hat{N}$ 为基本坐标系的个数。

2）相对位置向量的建立

当对应坐标系确认后，可建立群 $\boldsymbol{Z}_2$ 中各量测的相对位置向量 $\boldsymbol{W}_2 = \{w_{l_2}^2\}, l_2 = 1,\cdots,n_2$；其中，

$$w_{l_2}^2 = \mathrm{Pol}([x_{l_2}^2 - x_{j^*}^{20}, y_{l_2}^2 - y_{j^*}^{20}]') = (\rho_{l_2}^2, \theta_{l_2}^2) \tag{11.31}$$

这里 Pol() 为将直角坐标变换成极坐标的函数，$[x_{j^*}^{20}, y_{j^*}^{20}]'$ 为参考坐标系 j^* 坐标原点在大地直角坐标系中的坐标；$(\rho_{l_2}^2, \theta_{l_2}^2)$ 为量测 $\boldsymbol{z}_i^2$ 相对坐标原点的距离和方位。同理可得，$\boldsymbol{Z}_1$ 中各量测的相对位置向量 $\boldsymbol{W}_1 = \{w_{l_1}^1\}, l_1 = 1,\cdots,n_1$。

2. 灰色精细互联模型的建立

$\boldsymbol{Z}_1$ 和 $\boldsymbol{Z}_2$ 中目标回波在对应坐标系中的位置基本相同，而相对位置向量描述了各量测在对应坐标系中的位置，因此，可基于各量测的相对位置向量，判断不同时刻预互联群中量测的相似程度，实现杂波的剔除及群内目标的精细互联，在此采用灰色理论[25-27]解决该问题。

1）问题的描述

为考虑问题的方便，只考虑相邻两个周期内的互联群。把来自群 $\boldsymbol{Z}_1$ 的 l_1 个量测看做是 l_1 个已知模式，把来自 $\boldsymbol{Z}_2$ 的量测 $\boldsymbol{z}_{l_2}^2$ 看作是待识别模式，则不同周期预互联群内目标量测的精细互联可转化为一个典型的模式识别问题。

2）量测相对位置向量间的灰互联度

（1）数据列的确定。

选取 $\boldsymbol{Z}_2$ 的量测 $\boldsymbol{z}_{l_2}^2$ 为参考向量，记为 $\boldsymbol{w}_0(g) = \{w_{l_2}^2(g), g = 1,2, l_2 = 1,\cdots,n_2\}$。设 $\boldsymbol{Z}_1$ 中的 n_1 个量测为比较向量，记为 $\boldsymbol{w}_{l_1}(g) = \{w_{l_1}(g), g = 1,2,\ l_1 = 1,\cdots,n_1\}$。

（2）数据的标准化。

为保证数据具有可比性，在进行灰互联分析时，需要对数据列进行生成处理，这里用区间值法对量测相对位置特征数据进行归一化。

$$\boldsymbol{w}_{l_1}(g) = \frac{w_{l_1}(g) - \min\limits_{l_1} w_{l_1}(g)}{\max\limits_{l_1} w_{l_1}(g) - \min\limits_{l_1} w_{l_1}(g)},\quad l_1 = 1,\cdots,n_1 \tag{11.32}$$

$$\boldsymbol{w}_0(g) = \frac{w_0(g) - \min\limits_{l_1} w_{l_1}(g)}{\max\limits_{l_1} w_{l_1}(g) - \min\limits_{l_1} w_{l_1}(g)},\quad l_1 = 1,\cdots,n_1 \tag{11.33}$$

（3）计算灰互联系数。

根据量测误差标准差 $\boldsymbol{\sigma} = [\sigma_\rho\ \ \sigma_\theta]'$，推导参考向量 $\boldsymbol{w}_0$ 与比较向量 $\boldsymbol{w}_j$ 的互联系数为

$$\xi_{l_1}(g) = \frac{\sigma(g)}{\sigma(g) + |\boldsymbol{w}_0(g) - \boldsymbol{w}_{l_1}(g)| \cdot A(g)} \tag{11.34}$$

式中，$A(g) = (\max\limits_{l_1} w_{l_1}(g) - \min\limits_{l_1} w_{l_1}(g))$。于是可得参考向量 $\boldsymbol{w}_0$ 与比较向量 $\boldsymbol{w}_{l_1}$ 的互联系数为

$\xi_{l_1}=\{\xi_{l_1}(g),g=1,2\}$。

（4）计算灰互联度。

为便于比较，需要将互联系数的各个指标集中体现在一个值上，该值称为灰互联度。比较向量 $\boldsymbol{w}_{l_1}$ 对参考向量 $\boldsymbol{w}_0$ 的灰互联度为 $\gamma(\omega_0,\omega_{l_1})$，简记为 γ_{l_1}。由式（11.31）可知，量测的相对位置向量由群中量测与对应坐标系原点的距离和方位组成，在不考虑系统误差的情况下，距离和方位信息受量测噪声的影响；当距离量测噪声较大时，目标的雷达探测距离与真实距离相差较大，距离信息对量测相对位置的贡献可信度较低，此时应赋予距离信息指标较小的权值；同理，对于方位信息指标也有类似的结论。

定义灰互联度为

$$\gamma_{l_1}=\lambda_1\xi_{l_1}(\rho)+\lambda_2\xi_{l_1}(\theta)=\frac{\sigma(\theta)\sigma_{\max}(\rho)\xi_{l_1}(\rho)+\sigma(\theta)\sigma_{\max}(\rho)\xi_{l_1}(\theta)}{\sigma(\rho)\sigma_{\max}(\theta)+\sigma(\theta)\sigma_{\max}(\rho)} \tag{11.35}$$

式中，$\sigma_{\max}(\rho)$、$\sigma_{\max}(\theta)'$ 为雷达相应量测误差标准差的最大值；在无法确定最大值的情况下，取 $\lambda_1=\lambda_2=0.5$ 一般可满足要求。

3．灰互联量测精细互联准则

当获得描述两个量测在对应坐标系相对位置接近程度的灰互联度之后，须判决两量测是否互联。为了给出量测 $\boldsymbol{z}_{l_2}^2$ 与 $\boldsymbol{z}_{l_1}^1\,|\,l_1=1,\cdots,n_1$ 的互联判决，需要对灰互联度按从大到小排序，得出灰互联序。在此用最大互联度识别原则，即

$$\gamma_*=\max_{l_1}\gamma_{l_1} \tag{11.36}$$

且

$$\gamma_*>\varepsilon \tag{11.37}$$

则判决量测 $\boldsymbol{z}_{l_2}^2$ 与 $\boldsymbol{z}_{l_1^*}^1$ 互联，且 $\boldsymbol{z}_{l_2}^2$ 不再与其他任何量测互联；否则，判定量测 $\boldsymbol{z}_{l_2}^2$ 为杂波；其中，ε 为阈值参数（$\varepsilon\leqslant 1$），具体取值与构成 ω_0、ω_{l_1} 的所有量测及量测误差 σ 有关，计算公式可看见本书第三版附录 10A。最终可得到 $\boldsymbol{Z}_1$ 和 $\boldsymbol{Z}_2$ 中对应互联的量测集合 $\hat{\boldsymbol{Z}}=\{(\boldsymbol{z}_c^1,\boldsymbol{z}_c^2)\}_{c=1}^C$，其中 C 为互联量测对的个数。

11.4.3 群内航迹的确认

基于对应互联量测集建立可能航迹后，利用 3/4 逻辑规则，完成群中各目标确认航迹的输出，进一步降低虚假航迹起始率。为更清晰描述航迹确认过程，这里举例说明。设图 11.13 为连续 4 个处理周期某个预互联群中量测的分布情况；基于灰色精细互联模型可形成 8 条可能航迹，图中标有同一序号的量测隶属同一条航迹，然而超过 3 个互联量测的航迹只有{1, 2, 4, 5}，根据 3/4 逻辑规则，只有这 4 条航迹为确认航迹，输出{1, 2, 4, 5}并撤销其他航迹。

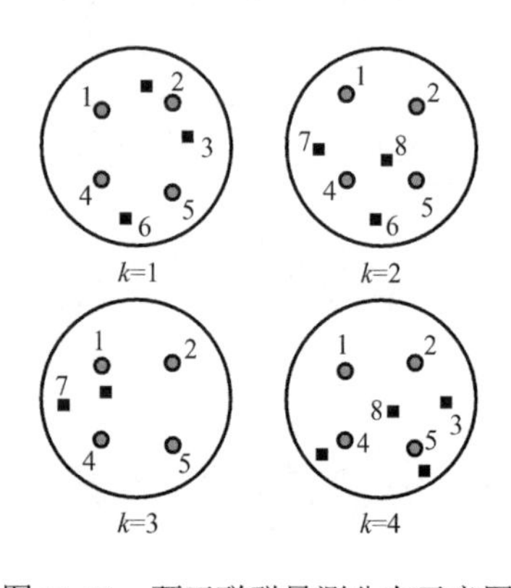

图 11.13　预互联群量测分布示意图

11.4.4　群目标状态矩阵的建立

为充分描述群目标的状态，基于式（11.38）建立群目标状态矩阵，其中，第一列为群中心的状态，其余的 n 列为群中 n 条确认航迹的状态。在此需要说明的是，群中心的状态及状态协方差由群中各确认航迹确定，与预分割及预互联结果无关。

$$\boldsymbol{X}=\begin{bmatrix} x_0\ x_1 \cdots x_n \\ \dot{x}_0\ \dot{x}_1 \cdots \dot{x}_n \\ y_0\ y_1 \cdots y_n \\ \dot{y}_0\ \dot{y}_1 \cdots \dot{y}_n \\ t_0\ \ t_1 \cdots t_n \end{bmatrix} \tag{11.38}$$

11.4.5　算法仿真验证与分析

为验证算法性能和有效性，本小节采用 100 次蒙特卡罗仿真，对基于相对位置向量的群目标灰色精细航迹起始算法（表示为 group 算法）与修正的逻辑法（表示为 logic 算法）及文献[23]提出的基于聚类和 Hough 变换的多编队航迹起始算法（表示为 center 算法）就航迹起始性能进行比较与分析。

1．仿真环境

假定雷达的采样周期为 T=1 s，雷达的测向误差和测距误差分别为 σ_θ=0.3° 和 σ_r=40 m；为比较各算法在不同仿真环境中的航迹起始性能，设置以下三种典型环境。

环境①：模拟杂波下稀疏群目标环境。设在一两维平面上存在 10 个目标，其中 8 个目标构成 2 个群，稀疏群目标环境群中各目标的距离一般处于区间（600 m, 1 000 m）中。第 1 个群做匀速直线运动，由前 4 个目标组成，各目标初始位置分别为（5 000 m, 800 m）、（5 400 m, 1 400 m）、（5 850 m, 1 500 m）、（6 100 m, 900 m），初始速度均为（0 m/s, 300 m/s）；第 2 个群做机动运动，由第 5～8 个目标组成，各目标的初始位置分别为（−5 000 m, 10 000 m）、（−5 200 m, 9 400 m）、（−4 900 m, 8 600 m）、（−5 300 m, 8 000 m），初始速度均为（−270 m/s, 270 m/s），初始加速度均为（5 m/s^2, −10 m/s^2）；剩余 2 个目标做匀速直线运动，初始位置分别为（10 000 m, −8 000 m）、（−10 000 m, −8 000 m），初始速度分别为（−240 m/s, 200 m/s）、（200 m/s, 230 m/s）。仿真中杂波的产生分为两部分。对普通目标 T_0 而言，以 T_0 为中心在极坐标下建立一个边长为[$10\sigma_\rho$,$10\sigma_\theta$]的矩阵，在此矩阵中均匀产生 λ_1 个杂波；对群目标 $\boldsymbol{G}$ 而言，计算群目标的中心点 $\bar{G}$，以 $\bar{G}$ 为中心在极坐标下建立一个边长为[$2\Delta G_\rho+10\sigma_\rho$,$2\Delta G_\theta+10\sigma_\theta$]的矩阵（其中 ΔG_ρ、ΔG_θ 为 $\boldsymbol{G}$ 中各量测在极坐标系两坐标轴上的最大差值），在此矩阵中均匀产生 λ_2 个杂波。在此，取 $\lambda_1=2$，$\lambda_2=4$。

环境②：模拟杂波下密集群目标环境。密集群目标环境群中各目标的距离一般处于区间（100 m, 300 m）中，第 1 个群中各目标的初始位置变为（5 000 m, 800 m）、（5 200 m, 850 m）、（5 350 m, 900 m）、（5 550 m, 830 m）；第 2 个群中各目标的初始位置变为（5 000 m, 10 000 m）、（−5 100 m, 9 800 m）、（−5 000 m, 9 650 m）、（−5 050 m, 9 500 m）；其他参数同环境①。

环境③：为验证各算法综合起始能力随杂波及传感器测量误差的变化情况，在环境①的基础上，杂波（单位为个）、测距误差（单位为米）及测角误差（单位为度）的取值如表 11.1 所示。

表 11.1　环境③中杂波及测量误差取值表

λ_1	1	2	3	4	5	6
λ_2	2	4	6	8	10	12
σ_ρ	20	40	60	70	80	100
σ_θ	0.1	0.3	0.5	0.7	0.9	1.2

2. 仿真结果及分析

图 11.14 为 10 个目标的整体态势局部放大图，图中包括 2 个群目标和 2 个普通目标；图 11.15 为前 4 个时刻传感器量测分布图，从图中可以看出，与传统目标相比，群的量测分布要密集很多；图 11.16、图 11.17 分别为环境①和环境②下前 4 个周期目标真实航迹图，两种环境下群的运动状态相似，但就群中各航迹的密集程度而言，后者高于前者；图 11.18 为环境 1 下 logic、group、center 三种算法分别对第 1 个群目标（分图（a）～（c））、第 2 个群目标（分图（d）～（f））、第 1 个普通目标（分图（g）～（i））的航迹起始比较图；图 11.19 为环境②下三种算法的航迹起始比较图，其中，分图（a）～（c）对应第 1 个群目标，分图（d）～（f）对应第 2 个群目标，分图（g）～（i）对应第 1 个普通目标。

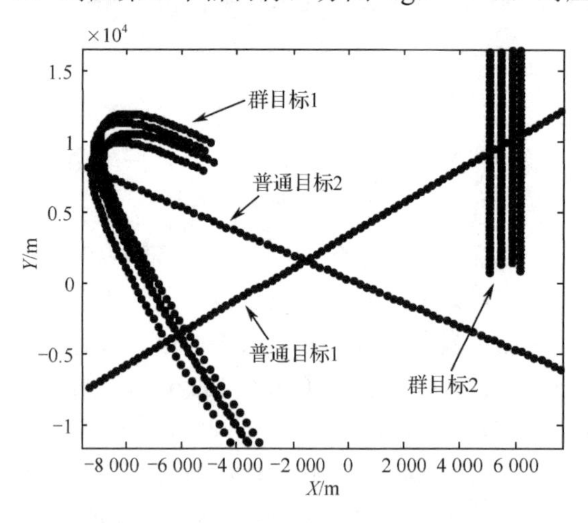

图 11.14　目标整体态势图（环境①）

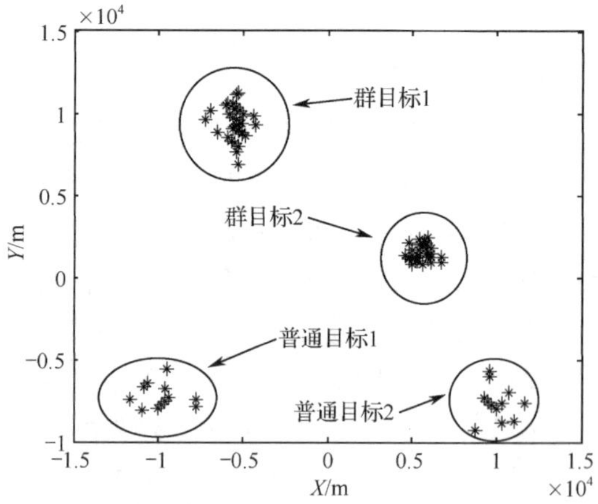

图 11.15　前 4 个时刻量测分布图（环境①）

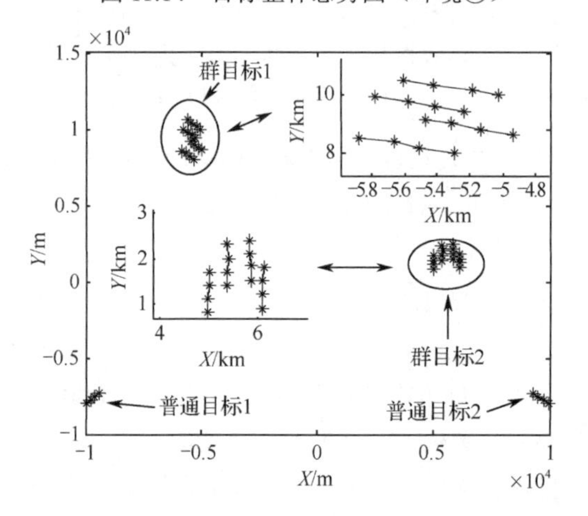

图 11.16　前 4 个周期各目标真实航迹图（环境①）

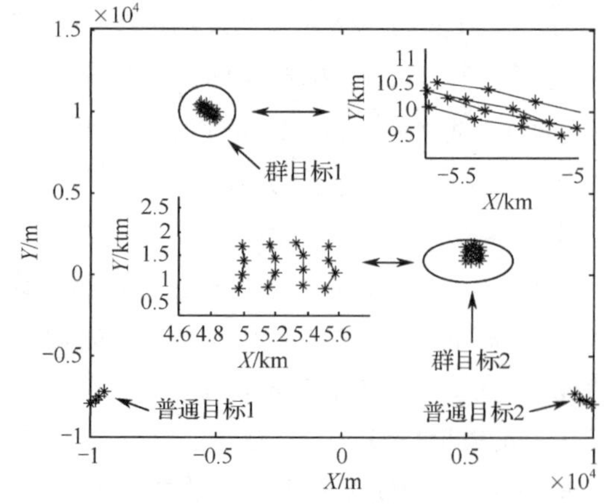

图 11.17　前 4 个周期各目标真实航迹图（环境②）

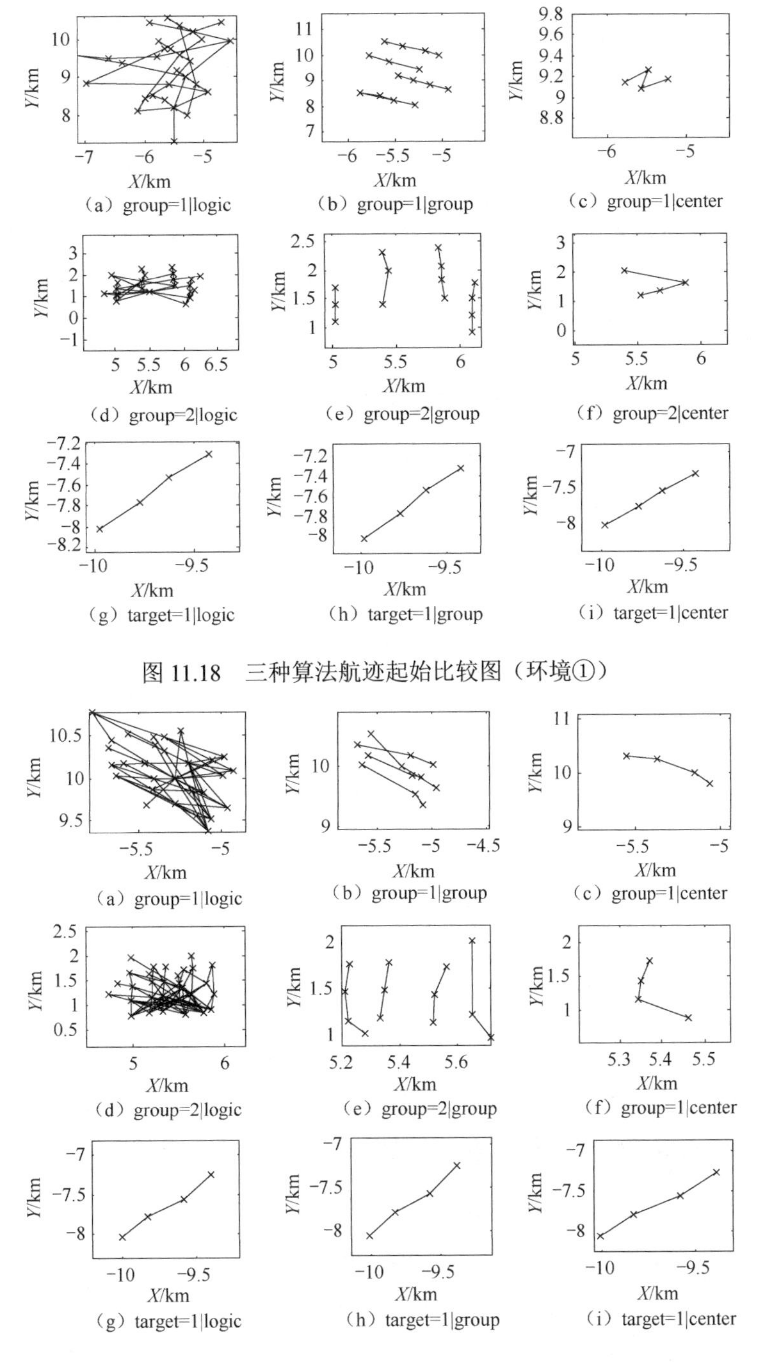

（a）group=1|logic　（b）group=1|group　（c）group=1|center

（d）group=2|logic　（e）group=2|group　（f）group=2|center

（g）target=1|logic　（h）target=1|group　（i）target=1|center

图 11.18　三种算法航迹起始比较图（环境①）

（a）group=1|logic　（b）group=1|group　（c）group=1|center

（d）group=2|logic　（e）group=2|group　（f）group=1|center

（g）target=1|logic　（h）target=1|group　（i）target=1|center

图 11.19　三种算法航迹起始比较图（环境②）

将图 11.18、图 11.19 与图 11.16、图 11.17 比较可知，对两种环境下的群量测而言，logic 算法起始出多条虚假航迹，已无法辨别出群的真实运动态势，center 算法对每个群只能建立 1 条航迹，且航迹精确度较低；group 算法可基本准确地起始出群中各目标，只在图 11.19 第 1 个群的起始图中出现了一次航迹交叉，整体效果明显优于 logic、center 两种算法；对普通目标而言，因各算法采用的起始逻辑一致，起始效果相同。造成上述结果的原因为：logic 算法为非抢占式的，即已参加建航的量测仍可为其他航迹所用，如此可保证较高的正确航迹起始率及航迹精度，但会大增虚假航迹起始率；center 算法基于群的中心点进行起始，最多只能起始出 1 条航迹，固然会造成态势的丢失，而且因为杂波的存在，易造成群中心点偏离真实值，进而降低所建立航迹的精确度，严重时甚至无法建航；group 算法对各互联群基于量测相对向量进行群内精心建航，最大限度地消除了杂波的影响，并基于 3/4 逻辑剔除虚假航迹，保证了较高的正确航迹起始率和较低的虚假航迹起始率。

为了量化各算法航迹起始效果的优劣，在此建立整体起始航迹质量与整体起始航迹精度两项指标，并给出 50 次仿真（每次仿真包括 100 次蒙特卡罗试验）中各算法基于两项指标的比较图，指标建立过程可分为以下三步。

（1）起始航迹真伪的判断。

设航迹起始算法基于四个周期的量测共建立 T_l 条航迹，其中第 i 条航迹的状态为 $\hat{\boldsymbol{X}}_i=[\hat{x}_i\ \ \hat{v}_{ix}\ \ \hat{y}_i\ \ \hat{v}_{iy}]'$，要计算该算法的整体起始航迹质量与整体起始航迹精度，首先需要判断 T_l 条航迹中真实航迹的个数，设此时 T 个目标的真实航迹为 $\{\boldsymbol{X}_j=[x_j\ \ v_{jx}\ \ y_j\ \ v_{jy}]'\}_{j=1}^{T}$，若 $\hat{\boldsymbol{X}}_i$ 与 $\boldsymbol{X}_j$ 满足式（11.39），则 $\hat{\boldsymbol{X}}_i$ 为真实航迹 $\boldsymbol{X}_j$ 的候选对应航迹，即

$$\begin{cases}|\hat{\rho}_i-\rho_j|<\xi_\rho\\ |\hat{\theta}_i-\theta_j|<\xi_\theta\\ \Delta d<\xi_d\end{cases} \tag{11.39}$$

式中，$\xi_\rho,\xi_\theta,\xi_d$ 分别为判断速度大小、速度方向、位置距离大小的阈值，与量测误差有关；$(\hat{\rho}_i,\hat{\theta}_i)=\mathrm{Pol}(\hat{v}_{ix},\hat{v}_{iy})$，$(\rho_j,\theta_j)=\mathrm{Pol}(v_{jx},v_{jy})$，$\mathrm{Pol}()$ 为将直角坐标变换成极坐标的函数；如果第 i 条航迹包含 4 个量测，则

$$\Delta d=\sqrt{(\hat{x}_i-x_j)^2+(\hat{y}_i-y_j)^2} \tag{11.40}$$

如果第 i 条航迹只包含 3 个量测，则

$$\begin{aligned}\Delta d&=\min\left(\sqrt{(\hat{x}_i-x_j)^2+(\hat{y}_i-y_j)^2},d'\right)\\ d'&=\sqrt{(\hat{x}_i-x_{3j})^2+(\hat{y}_i-y_{3j})^2}\end{aligned} \tag{11.41}$$

式中，(x_{3j},y_{3j}) 为第 j 条真实航迹的第 3 个测量点。

$\{\hat{\boldsymbol{X}}_i\}_{i=1}^{T_l}$ 中 $\boldsymbol{X}_j$ 候选对应航迹可能有多条，定义综合量 D_{ij} 进行判断，即

$$D_{ij}=|\hat{\rho}_i-\rho_j|+|\hat{\theta}_i-\theta_j|+\Delta d \tag{11.42}$$

$$i^*=\underset{i=1:T'}{\mathrm{argmin}}(D_{ij}) \tag{11.43}$$

式中，T' 为 X_j 候选对应航迹的个数。将 $\hat{X}_{i^*}$、X_j 置零，使其不能参与其他航迹真伪的判断；将表示真实航迹个数的 l_{true} 加 1，并存储 $D_{l_{\mathrm{true}}}=D_{i^*j}$。

（2）整体起始航迹质量的建立。

航迹起始要求尽可能多地起始真实航迹，同时尽可能少地起始虚假航迹；所以可以用正确航迹起始率、错误航迹起始率及漏航迹起始率综合表示出一种算法的优劣，这里利用式（11.44）定义一种算法整体起始航迹质量 P_{qu}，其分子为算法虚假航迹起始率与漏航迹起始率之和，分母为正确航迹起始率，所以 P_{qu} 越小，航迹起始效果越好。

$$P_{\text{qu}} = \frac{\left(1 - \frac{l_{\text{true}}}{T}\right) + \frac{T_l - l_{\text{true}}}{T}}{\frac{l_{\text{true}}}{T}} \tag{11.44}$$

（3）整体起始航迹精度的建立。

航迹起始要求建立的航迹状态与真实航迹尽可能一致，所以通过起始航迹位置、速度等状态精度判读一个起始算法的优劣，在此用式（11.45）定义一种算法整体起始航迹质量 P_{pr}，其中 D_i 充分包含了位置、速度大小、速度方向上的精度信息，所以 P_{pr} 越小，航迹起始效果越好。

$$P_{\text{pr}} = \frac{\sum_{i=1}^{l_{\text{true}}} D_i}{l_{\text{true}}} \tag{11.45}$$

图 11.20、图 11.21 为环境①、环境②下 50 次仿真中各算法整体起始航迹质量比较图。从图中可以看出，group 算法的整体航迹质量远高于 logic 算法与 center 算法，其主要原因是：logic 算法为非抢占式的，因而正确航迹起始率很高，漏起始率很低，但同时虚假航迹起始率要远远高于其他两种算法，从而拉低了该算法的整体起始航迹质量；center 算法简单基于群的中心点建航，虚假航迹起始率相对较低，但正确航迹起始率较低，漏起始率较高，同样拉低了该算法的整体起始航迹质量；group 算法正确航迹起始率可能略低于 logic 算法，但其虚假航迹起始率远低于 logic 算法，其总体质量远高于 logic 算法；group 算法虚假航迹起始率可能与 center 算法相当，但其正确航迹起始率要远高于 center 算法，所以总体质量同样远高于 center 算法。

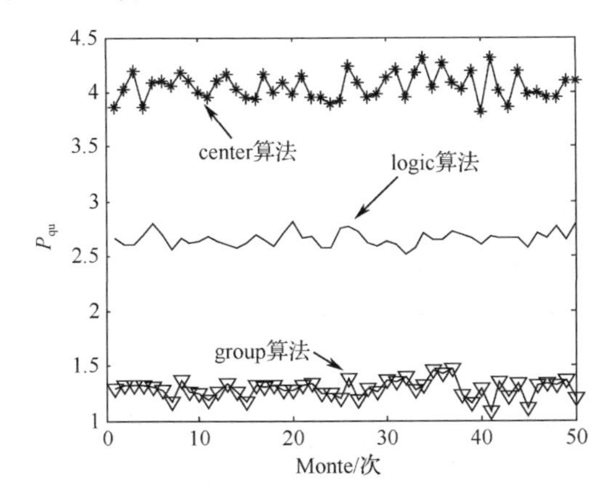

图 11.20 各算法整体起始航迹质量比较图（环境①）

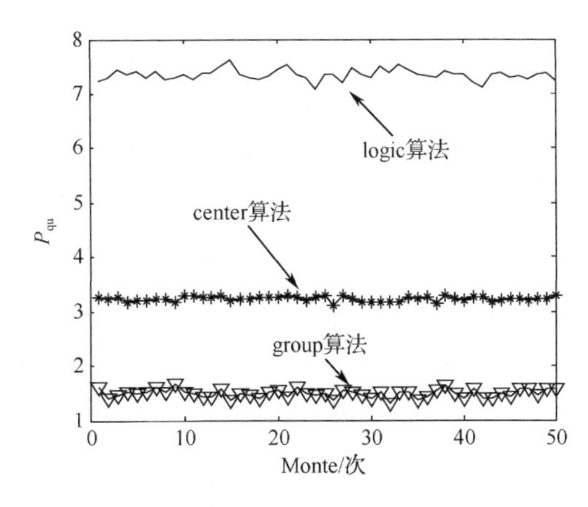

图 11.21 各算法整体起始航迹质量比较图（环境②）

图 11.22、图 11.23 为环境①、环境②下 50 次仿真中各算法整体起始航迹精度比较图。从图中可以看出，logic 算法整体航迹精度最高，group 算法次之，center 算法最差，其原因为：logic 算法中各量测各参与多条航迹的起始，每条航迹均能找到最佳的互联点；group 算法为抢占式算法，每个量测只能与一条航迹关联，当出现量测互联错误时，会影响其他航迹找到真实的互联点，在一定程度上降低了整体起始航迹精度；center 算法利用群中心点起始航迹，但杂波存在时，群分割时易将杂波纳入群中，造成群中心点偏离真实值，故用群中心点起始的群航迹精度较低。

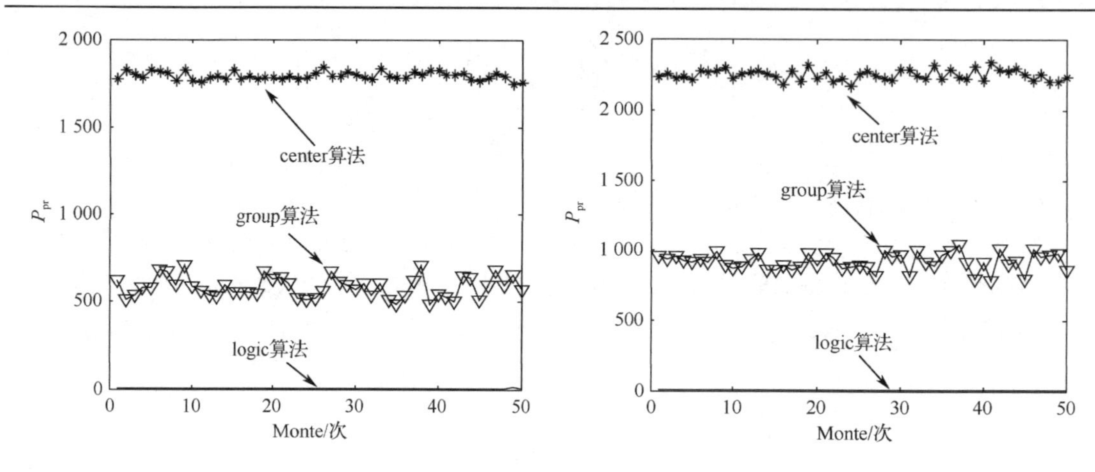

图 11.22　各算法整体起始航迹精度比较图（环境①）　图 11.23　各算法整体起始航迹精度比较图（环境②）

为验证各算法对杂波及传感器测量误差的适应能力，引入两项评价指标。

（1）正确航迹数与真实航迹数之比 P_{True}，定义为

$$P_{\text{True}} = \frac{T_{\text{initiation}}}{T_{\text{true}}} \tag{11.46}$$

式中，$T_{\text{initiation}}$ 为算法起始的正确航迹个数；T_{true} 为真实航迹个数。P_{True} 越大，说明算法正确起始航迹的能力越强。

（2）错误航迹数与真实航迹数之比 P_{Error}，定义为

$$P_{\text{Error}} = \frac{T_{\text{false}} + T_{\text{seep}}}{T_{\text{true}}} \tag{11.47}$$

式中，T_{false} 为算法起始的虚假航迹个数，且 $T_{\text{false}} = T_{\text{num}} - T_{\text{initiation}}$，$T_{\text{num}}$ 为算法起始的航迹总数；T_{seep} 为算法未起始成功的真实航迹个数，且 $T_{\text{seep}} = T_{\text{ture}} - T_{\text{initiation}}$。值得注意的是，$T_{\text{false}}$ 可能大于 T_{true}，所以 P_{Error} 可能大于 1；P_{Error} 越大，说明算法起始真实航迹、抑制虚假航迹的能力越弱。

表 11.2 和表 11.3 给出了各算法在环境③中 P_{True} 和 P_{Error} 的变化比较。

表 11.2　各算法 P_{True} 和 P_{Error} 随杂波数变化比较

杂波	λ_1	1	2	3	4	5	6
	λ_2	2	4	6	8	10	12
P_{True}	logic	1	1	0.999 0	1	1	0.999 0
	group	0.885 0	0.749 0	0.705 0	0.649 0	0.609 0	0.536 0
	center	0.345 0	0.357 0	0.372 0	0.373 0	0.212 0	0.197 0
P_{Error}	logic	1.336 0	2.647 0	4.487 0	6.791 0	9.405 0	12.987 0
	group	0.428 0	0.653 0	0.749 0	0.991 0	1.270 3	1.537 0
	center	0.723 0	0.798 0	0.943 0	1.100 0	1.040 0	0.968 0

表 11.3　各算法 P_{True} 和 P_{Error} 随量测误差变化比较

测量误差	σ_ρ	20	40	60	70	80	100
	σ_θ	0.1	0.3	0.5	0.7	0.9	1.2

续表

P_{True}	logic	1.000 0	1.000 0	0.988 0	0.918 0	0.838 0	0.736 0
	group	0.795 0	0.786 0	0.738 0	0.680 0	0.619 0	0.559 0
	center	0.345 0	0.343 0	0.337 0	0.307 0	0.277 0	0.234 0
P_{Error}	logic	1.306 0	1.307 0	1.200 0	1.325 0	1.530 0	1.824 0
	group	0.412 0	0.431 0	0.456 0	0.563 0	0.627 0	0.696 0
	center	0.798 0	0.721 0	0.711 0	0.759 0	0.809 0	0.868 0

从表 11.2 可以看出，随杂波数的增大，logic 算法的 P_{True} 一直最高，几乎能确保起始出所有的真实航迹，原因是该算法对所有满足互联条件的量测均建立航迹，没有考虑量测的重复使用问题，所以在其建立的航迹中肯定包含真实航迹，T_{seep} 几乎为零，但这样做的代价是建立了多条虚假航迹，其 P_{Error} 要远高于其他两种算法，在杂波数为(6, 12)时，P_{Error} 高达 12.987 0，即该算法起始 120 多条虚假航迹，是其他两种算法的 10 倍以上；center 算法的 P_{True} 有所下降，且始终低于 0.4，不能满足实际的工程需求，原因是该算法对一个群只能建立一条航迹，虽然 T_{false} 较低，但 T_{seep} 较高，而且当杂波很密集时，其 T_{false} 也会增大；group 算法因为基于相对位置向量对群内量测进行了专门处理，受杂波的影响较小，虽然 P_{True} 略有下降，P_{Error} 略有上升，但总体起始效果保持在一个较高水平，对杂波的鲁棒性优于其他两种算法。

从表 11.3 可以看出，随着量测误差的增大，三种算法的 P_{True} 都有所下降，P_{Error} 都有所上升，其中 center 算法的变化幅度最小，因为 center 算法的航迹形成由群航迹与普通目标航迹两部分组成，量测误差对群的分割影响较小，而该算法形成群航迹的个数只与群的个数有关，进而对群航迹形成部分影响较小，所以量测误差对该算法的影响只来源于对普通目标航迹的影响；logic 算法的变化幅度居中，因为该算法将群看做普通目标处理，所以量测误差对群目标航迹同样产生了影响；group 算法的变化幅度相对较大，因为该算法对群内目标精细起始的前提是群中各目标的相对位置是缓慢漂移的，而当量测误差较大时，航迹起始阶段同一群中各目标量测的整体形状仿射变化的幅度较大，降低了基于相对位置向量判断群中各量测精细互联关系的准确度，造成量测互联错误，增大错误航迹起始率。图 11.24 与图 11.25 为两种量测误差下前 4 个周期群目标量测分布示意图，从图中可以看出，后者各周期同一群目标的仿射变化幅度明显大于前者。

11.4.6　讨论

为解决群内目标的精细互联问题，本节提出了一种基于相对位置向量的群目标灰色精细航迹起始算法，该算法的优点为：

① 对群目标与普通目标分类处理，避免了传统航迹起始算法起始群目标时虚假航迹率过高的缺点；

② 对预互联成功的群进行精细处理，基于相对位置向量利用灰色理论可对群内目标分别建航，避免了现有群目标航迹起始算法简单基于群等效量测建航造成态势丢失、航迹精度下降的缺点；

③ 通过群中各量测的相对位置向量最大限度地剔除了群中杂波，对杂波的适应能力较强，避免了产生大量的虚假量测，同时保证了起始航迹的整体精度。

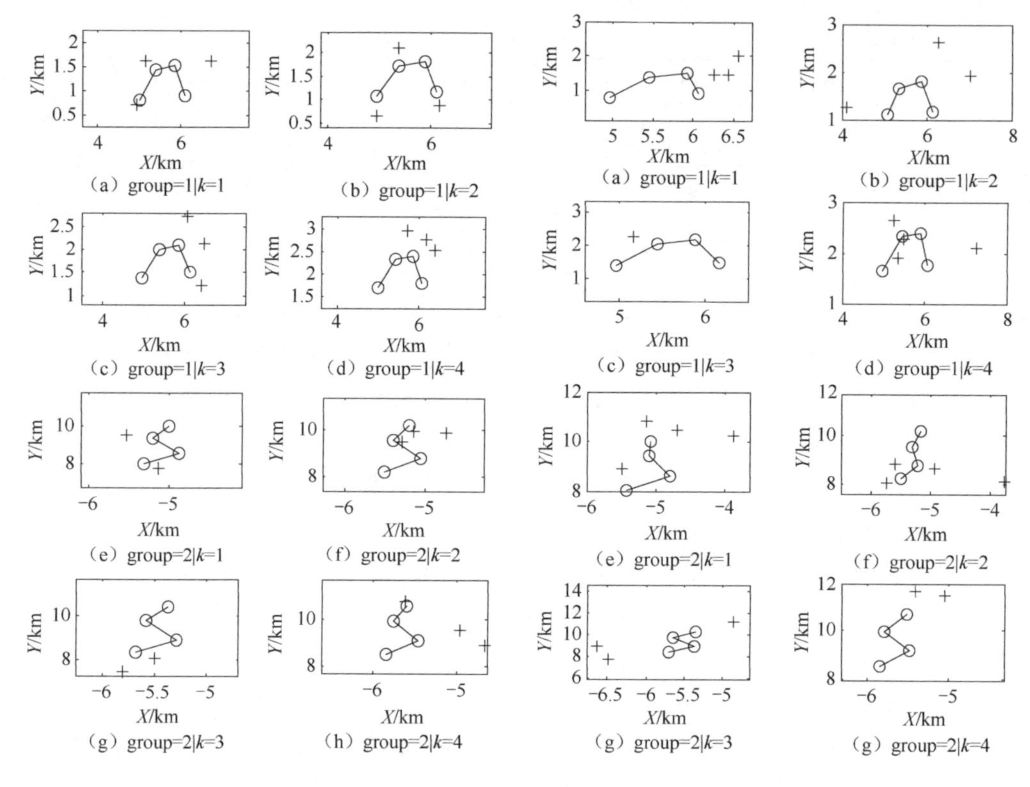

图 11.24　前 4 个周期群目标量测分布示意图（σ_θ=0.3°、σ_r=40 m）

图 11.25　前 4 个周期群目标量测分布示意图（σ_θ=1.2°、σ_r=100 m）

该算法的缺点是当量测误差很大时，群的形状仿射变化可能较大，此时该算法不再适用；且本文算法仅考虑了单传感器情况，多传感器系统的群目标航迹起始和跟踪问题可参见文献[28-30]，此时需要进一步研究群目标的航迹特征，建立对量测误差的不敏变量，解决量测误差较大时的多传感器群目标精细航迹起始和跟踪。

11.5　中心类群目标跟踪

由 Frazier 和 Scott 提出的中心类群目标跟踪算法（Centroid Group Tracking，CGT）通过人工辅助或自动完成航迹起始，利用卡尔曼滤波直接对群中心进行跟踪，实时性较好，但当群量测丢失或杂波较密集时，跟踪效果容易恶化；S. S. Blackman 则在其专著 *Design and Analysis of Modern Tracking Systems* 中对群目标跟踪算法进行了总结，主要阐述了中心群目标跟踪算法和编队群目标跟踪算法的实现过程及优缺点，Blackman 对群目标跟踪的总结是群目标跟踪发展史上的一个里程碑。近年来，随着传感器分辨率的提高，一个目标个体可能会对应多个量测，文献[31,32]采用扩展目标跟踪思路研究了群目标跟踪问题，在估计群目标整体运动特征同时估计其空间形状，通过跟踪群目标的质心运动状态和扩展形态，解决飞机或舰船等有固定形状的多反射点群目标跟踪问题；文献[33～36]利用随机有限集理论等研究扩展目标/多目标跟踪问题。随着科学技术的发展，不断有新理论、新方法被用来解决群目标跟踪问题，而这些新理论、新方法很多是在中心类群目标跟踪的基础上结合测量数据、环境等的新变化、新特点发展而来的，为此，下面主要讨论中心类群目标跟踪。

图 11.26 为二维平面上的中心类群目标跟踪方法示意图，由图可知，首先围绕群的中心建立一个椭圆，该椭圆的参数由群中量测的分布、量测误差的统计信息和目标的机动能力确定；然后用群速度的估计值计算群的中心的一步预测值，并以预测值为中心再次建立椭圆，椭圆的大小随着外推时间的增加而增大；最后，当获得下一时刻的量测集合时，落入由椭圆定义的群跟踪波门内的量测被用于群的更新。为了更清晰地展示中心类群目标跟踪算法的跟踪过程，建立逻辑流程如图 11.27 所示。

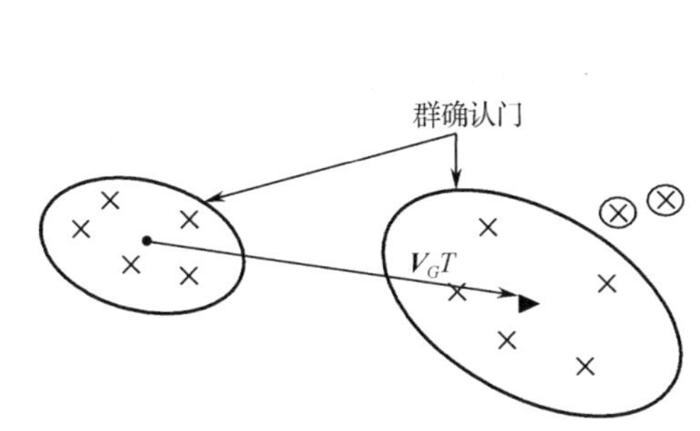

图 11.26　中心类群目标跟踪算法示意图

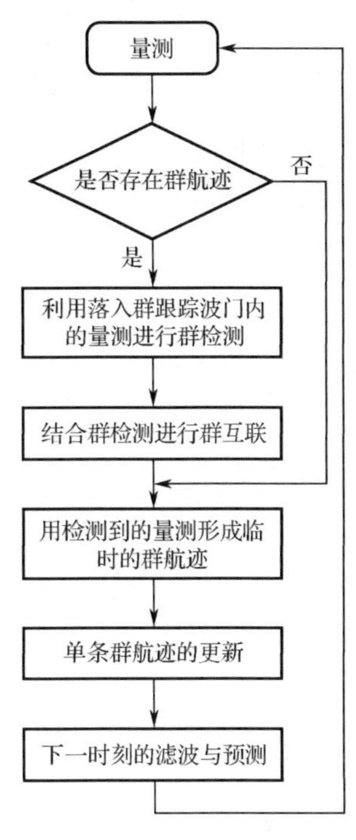

图 11.27　中心类群目标跟踪算法流程图

11.5.1　群航迹起始、确认和撤销

群的航迹起始过程可由操作人员协助完成，也可由多个没有分配给已有群航迹的量测自动完成。若群的起始为自动起始过程，则群的分割可采用空间距离分割法或循环阈值法，群速度的估计可采用直接估算法，这几种算法已在 11.2 节和 11.3 节做出了详细讨论。在群目标完成航迹起始后，还需对其进行群航迹更新，以保持对群目标的跟踪。群目标跟踪与单目标、多目标跟踪算法一样，若一条群航迹连续几个时刻都互联成功，该群航迹为确认航迹；相反，若一条群航迹连续几个时刻都没被检测到，则该群航迹被撤销。下面将重点讨论群目标跟踪中的群航迹更新问题。

11.5.2　群航迹更新

设传感器在杂波环境中对 T 个群目标进行跟踪，群目标跟踪的系统动态方程可表示为

$$\boldsymbol{X}^t(k+1)=\boldsymbol{F}(k)\boldsymbol{X}^t(k)+\boldsymbol{G}(k)\boldsymbol{V}^t(k) \qquad k=1,2,\cdots,\quad t=1,2,\cdots,T \tag{11.48}$$

式中，$\boldsymbol{X}^t(k+1)$ 为群 t 中心的全局状态向量，在二维坐标系下，$\boldsymbol{X}^t(k+1)=[x\quad \dot{x}\quad y\quad \dot{y}]'$。

测量方程可表示为

$$\boldsymbol{z}^t(k)=\boldsymbol{H}(k)\boldsymbol{X}^t(k)+\boldsymbol{W}(k) \tag{11.49}$$

式中，量测 $\boldsymbol{z}^t(k)$ 表示 k 时刻群目标 t 中心的测量值，可用落入群 t 中的测量得出。

设 $\boldsymbol{Z}(k)$ 表示 k 时刻的量测集合，且

$$\boldsymbol{Z}(k)=\{z_i(k)\}_{i=1}^{m_k} \tag{11.50}$$

式中，m_k 为 k 时刻的量测个数。

基于式（11.48）和式（11.49）建立的滤波模型，群航迹的更新步骤可描述为以下三步。

1. 针对群中心的一步预测值建立跟踪波门

对暂时航迹而言，矩形门和椭圆门都可作为跟踪波门，其建立过程受群中目标机动情况、群中目标分布情况和量测噪声等多个因素的影响。

设 $\hat{\boldsymbol{X}}^t(k|k-1)$ 为 k 时刻群航迹 t 的状态一步预测值，定义落入其确认波门中的量测需满足

$$d_i^2(k)=\boldsymbol{v}_i^t(k)'\boldsymbol{S}_G^{t-1}(k)\boldsymbol{v}_i^t(k)<d_{\max}^2 \tag{11.51}$$

式中，$\boldsymbol{v}_i^t(k)$ 为量测 $z_i(k)$ 相对群航迹 t 的量测一步预测值 $\hat{z}^t(k|k-1)$ 的新息；$d_i^2(k)$ 为归一化距离；$d_{\max}^2$ 为可允许的归一化距离的最大值；$\boldsymbol{S}_G^t(k)$ 为 Franzier 和 Scott 定义的一个归一化的方差矩阵[14]，其定义式为

$$\boldsymbol{S}_G^t=\hat{\boldsymbol{S}}_D^t+\boldsymbol{R}_G^t+\boldsymbol{H}\boldsymbol{P}^t\boldsymbol{H}' \tag{11.52}$$

式中，矩阵 $\hat{\boldsymbol{S}}_D^t$ 与群 t 中量测的分布有关，代表对群中量测分布的一种估计；$\boldsymbol{R}_G^t$ 为群 t 量测误差协方差矩阵，其与单目标跟踪中所定义的协方差矩阵不同，通常 $\boldsymbol{R}_G^t$ 可通过下式得出

$$\boldsymbol{R}_G^t=\boldsymbol{C}\boldsymbol{R}_m^t\boldsymbol{C}' \tag{11.53}$$

式中，$\boldsymbol{R}_m^t$ 是量测坐标系下的群量测 t 的误差协方差矩阵，$\boldsymbol{C}$ 为量测坐标系（如天线坐标系）到跟踪坐标系的转换矩阵。

矩阵 $\boldsymbol{H}\boldsymbol{P}^t\boldsymbol{H}'$ 代表目标动态变化（或机动）而引起的群 t 中心不确定性，该矩阵中包含群 t 一步预测协方差矩阵 $\boldsymbol{P}^t(k|k-1)$ 和量测矩阵 $\boldsymbol{H}$，与单目标跟踪中的对应表示形式类似。

由于外推很可能使得椭圆波门增长过大，故有时在满足式（11.51）的基础上，还需要检测量测到群中心的实际（未归一化）距离。

2. 以落入确认波门内的量测为基础建立新群

新群的建立过程可分为以下三步：

① 假设满足式（11.51）的量测存在，从中选择归一化距离 d^2 最小的量测作为一个群 t 的种子量测，并以该种子量测为基础建立群 G_0。

② 验证满足式（11.51）的其他量测，若量测满足所设定的某种有关种子量测的临近标准，如落入以种子量测为中心的一个椭圆波门内，量测就被暂时加入群 G_0。

③ 设定一个附加的逻辑过程决定哪些量测可最终保留在群 G_0 中。

选取未落入群 G_0 中的量测作为种子量测，重复上述步骤，直到没有量测可供选择为止；在所有的群建立完毕后，计算群中心和分布矩阵。

一个群的建立过程是一个在原有量测的基础上不断向群中添加新量测的过程，所建立的群必须符合一定的规则：

① 群中的任何一个量测必须满足相对于群中心和种子量测的两个距离标准；

② 设定一个群内量测数目的上限，每个群的量测个数不能超过该上限；

③ 若已知群在每个采样间隔内的距离变化范围，群中所有量测的距离变化都必须在该范围内。

若围绕种子量测建立新群时发现无法满足上述建立新群的规则，此时应围绕下一个最近的量测建立新群，直到成功地建立起一个群或已没有可供选择的量测；这一过程应用于所有存在的群航迹。

3．在所有的群建立完毕后对群量测和群航迹进行互联

互联过程中会碰到量测与航迹关联所固有的问题，即群量测该如何分配给群航迹，解决这一问题最直接的方法是将群量测直接分配给产生种子量测的群航迹。

假设群航迹 t 的确认波门中有多个群量测，定义一个互联算法，在该算法中，群航迹 t 和所有的群量测都可能互联；同解决单目标航迹和量测的互联问题一样，计算群航迹 t 中心的一步预测值 $\hat{z}(k|k-1)$ 和各个群量测中心的归一化距离，利用归一化距离可最终解决该互联问题。

考虑利用群量测集合 G_0 对群航迹 t 进行更新，状态更新中需确定用于计算 Kalman 增益的量测噪声协方差矩阵 $\boldsymbol{R}_c^t$，即

$$\boldsymbol{R}_c^t=\frac{\boldsymbol{R}_G^t}{N_0}+f(N_0,\hat{N}_t)\hat{\boldsymbol{S}}_D^t \tag{11.54}$$

式中，N_0 为 G_0 中的量测个数；$\hat{N}_t$ 为群航迹 t 波门中量测的预计个数；$\hat{\boldsymbol{S}}_D^t$ 与群 t 中量测的分布有关，代表着对群 t 中量测分布的一种估计；$f(N_0,\hat{N}_t)$ 为权重因子，它是有关群中量测个数和群航迹波门中预计量测个数的函数。

由式(11.54)确定的量测噪声协方差矩阵 $\boldsymbol{R}_c^t$ 为两个矩阵之和，其中第一个矩阵为 $\boldsymbol{R}_G^t/N_0$，表示由雷达测量误差造成的群量测中心的误差，随着群中的量测个数的减少而减少。第二个矩阵表示群中心的不确定性，因为群的量测可能不会全被观测到，故这种不确定性是存在的。若群中量测的个数已知为 N_t，并且没有虚假回波（所以 $N_0\leqslant N_t$），权重因子被定义为

$$f(N_0,N_t)=\frac{N_t-N_0}{(N_t-1)N_0} \tag{11.55}$$

由式（11.55）可知，当群中所有的量测都被检测到时权重因子为零，当只有一个量测被检测到时权重因子为 1。

由式（11.54）中给出的 $\boldsymbol{R}_c^t$ 可以看出，标准卡尔曼滤波可以用于状态估计。对群航迹中量测的个数和群分布矩阵而言，其递推估计可通过使用 α 跟踪器获得，即

$$\begin{cases}\hat{N}_t(k)=(1-\alpha)\hat{N}_t(k-1)+\alpha N_0\\ \hat{\boldsymbol{S}}_D^t(k)=(1-\alpha)\hat{\boldsymbol{S}}_D^t(k-1)+\alpha\hat{\boldsymbol{S}}_{DG0}(k)\end{cases} \tag{11.56}$$

式中，k 是时间标志；α 为目标状态位置分量的常滤波增益；$\hat{\boldsymbol{S}}_{DG0}$ 是与 G_0 相关的估计分布矩阵。

11.5.3　相关问题的实现

由群的航迹更新过程可知，用中心群目标跟踪算法对群进行跟踪时，需要估算各时刻群中元素的个数，这可通过修正群检测中的量测个数获得；除此之外，Franzier 和 Scott 定义检

测到的量测个数的最大值为群中量测个数的估计值，该方法计算简单，但当杂波密度很高时，该方法不精确[37]。

用中心群目标跟踪算法对群进行跟踪时，还需要估算与群中量测分布有关的矩阵 $\hat{\boldsymbol{S}}_D$；对于二维跟踪情况 (x,y)，$\hat{\boldsymbol{S}}_D$ 被定义为

$$\hat{\boldsymbol{S}}_D=\begin{bmatrix} s_x^2 & s_{xy}^2 \\ s_{xy}^2 & s_y^2 \end{bmatrix} \tag{11.57}$$

式中，s_x^2、s_y^2 分别为群在 x 和 y 方向上的估计协方差；s_{xy}^2 为 x 和 y 方向上的互协方差。对于一个给定的群，可使用标准方法计算中心方差 (s_x^2,s_y^2) 和均值 $(\overline{x},\overline{y})$ 估计值，互协方差 s_{xy}^2 为

$$s_{xy}^2=\frac{1}{N}\sum_{i=1}^{N}(x_i-\overline{x})(y_i-\overline{y}) \tag{11.58}$$

式中，(x_i,y_i) 是群中的第 i 个量测，N 是群中量测的个数。

群跟踪中的另一个重要问题是解决群的分裂和合并，这是确保及时调整群目标规模、实现群目标稳定跟踪的关键环节，其研究重点为群目标成员合并与分离的要素、准则及算法等。如果群跟踪波门的大小和群内量测的范围受到限制，一个分裂的目标群应该自动地建立一条新的群航迹；相反地，当两个或多个群合并时，群将包括其他群的量测；群的中心也将合并，并且为了在同一目标集上只保留一条群航迹，需要对各群航迹进行冗余检测。中心群目标跟踪算法直接利用群的中心对群进行跟踪，计算复杂度较小，但当跟踪环境中存在虚假测量或由于外在原因造成真实量测丢失时，中心群目标跟踪算法的跟踪效果可能恶化；因为群内的虚假量测会破坏群原有的分布矩阵，并且可能导致群中量测个数过大；真实目标量测的丢失，在目标被遮蔽时（因而系统看不到）可能发生，会严重地影响群速度的估计，例如，一个作为群进行跟踪的车队进入遮蔽区域时，可能看不见引导车，那么群速度的估计值就会严重偏离真实值。

11.6 编队群目标跟踪

为降低杂波、丢失量测等对群中心计算的影响，Flad 和 Taenzer 提出了编队群目标跟踪算法（Formation Group Tracking，FGT），该算法在跟踪群中心的同时跟踪群中的各个目标，但由于需维持个体目标的位置估计[37]；为增强群目标跟踪的工程实用性，Farina 给出了编队目标跟踪功能流程图[10]。另外，这里需要说明的是， Flad 和 Taenzer 提出具体跟踪方法虽然思路相近但仍存在一定的差别。Flad 提出的算法只跟踪编队中个体目标，不跟踪编队中心，没有考虑丢失测量的影响；而 Taenzer 提出的算法用估计的中心航迹及中心与编队成员的相对位置建立航迹文件，在测量丢失时仍能保持重心的稳定。编队群目标跟踪算法较上一节所讨论的中心群目标跟踪算法是有所改进的，下面就先对该算法进行概述，然后讨论编队群目标跟踪的算法逻辑。

11.6.1 编队群目标跟踪概述

如图 11.28 所示，编队群目标跟踪算法同样利用群中心的变化来计算群的速度，同时利用群速度和采样间隔来对群中的各量测进行外推，并以外推点为中心建立跟踪波门，与下一时刻落入群中的各量测进行互联，从而实现单目标航迹的维持。该方法主要有 4 个优点：

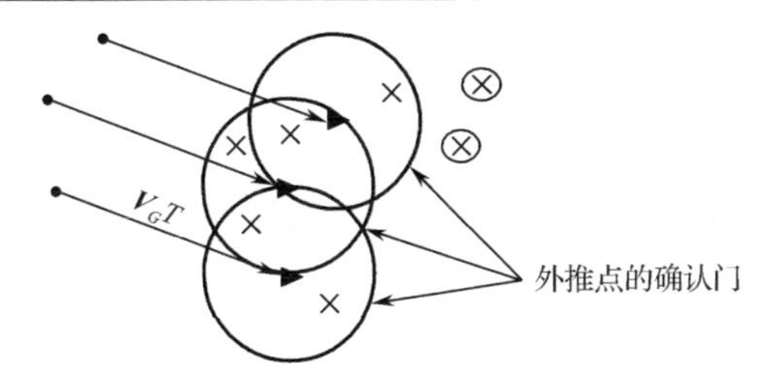

• k时刻群的量测
▶ k+1时刻各量测的预测值
× 落入群中各量测一步预测值确认波门的雷达量测
⊗ 未落入确认波门内的雷达量测（可能来自新的群）
V_G 采样间隔
T　群速度向量

图 11.28　编队群跟踪算法示意图

① 保存了雷达和计算机的资源；

② 可以提供单个目标的位置估计；

③ 减少了由测量丢失和虚假量测所造成的不良影响；

④ 群跟踪与单个目标跟踪使用同一种跟踪逻辑。

这里，第一个优点是编队群目标跟踪算法和中心群目标跟踪算法所共有的，因进行群跟踪时，多个目标是作为一个群被雷达照射，从而不需对各个目标进行单独的照射，故节省了雷达资源；其他三个优点代表着编队群目标跟踪算法对中心群目标跟踪算法的改进。

为了更好地说明编队群目标跟踪算法，下面结合带有遮蔽区域的群跟踪进行阐述。如图 11.29 所示，考虑一个由四个目标组成的群进入遮蔽区域的过程。假设第一次扫描时，四个目标都能被检测到；在第二次扫描时两个前面的目标被遮蔽；在第三次扫描时，前两个目标离开遮蔽区域被检测到，但后两个目标又被遮蔽。z_{ij} 为目标 i 在第 j 次扫描时的位置；$\boldsymbol{Z}_j$ 和 $\boldsymbol{Z}_j^*$ 分别为第 j 次扫描时群的测量中心和真实中心，注意 $\boldsymbol{Z}_1$ 和 $\boldsymbol{Z}_1^*$ 是相同的，因为在第一次扫描时群中四个目标都能被检测到。

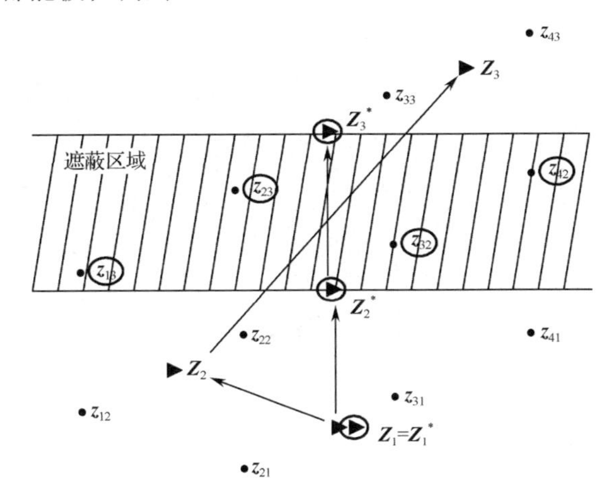

⟶ 群速度量
• z_{ij}：j时刻群中的第i个目标的量测
▶ $\boldsymbol{Z}_j$：j时刻群的测量中心
• (z_{ij})：j时刻群中的被遮蔽目标的量测
(▶) $\boldsymbol{Z}_j^*$：j时刻群的真实中心

图 11.29　带有遮蔽区域的群跟踪示例图

在该环境下，利用编队群目标跟踪算法进行航迹更新的步骤描述如下。

1）量测的预测

针对群中的单个目标，利用群速度的估计值和采样间隔进行外推得到各个目标的预测位置。由图 11.30 所示，对第一次扫描中得到的单个量测 $\boldsymbol{z}_{i1}$，用下式进行外推。

$$\hat{\boldsymbol{z}}_{i2}=\boldsymbol{z}_{i1}+\boldsymbol{v}_G T \tag{11.59}$$

式中，$\boldsymbol{v}_G$ 为群速度估计值，T 为采样间隔。

2）量测的互联

以各外推点为中心建立波门与下一次扫描中所得到的量测点进行互联；若互联成功，互联量测为群中量测，若只有一个量测互联成功，该量测被用于估计群的中心和速度，若有多个量测互联成功，从中选择归一化距离最小的量测用于估计群的中心和速度；若互联失败，则量测丢失，用目标的预测位置代替丢失的量测估计群的中心和速度。

如图 11.30 所示，以各外推点为中心建立波门与第二次扫描中所得到的量测点进行互联；与单目标、多目标跟踪一样，针对预测位置 $\hat{\boldsymbol{z}}_{i2}$ 的跟踪波门最终可由方差矩阵表示为 $d^2=\tilde{\boldsymbol{y}}_{ij}'\boldsymbol{S}_i^{-1}\tilde{\boldsymbol{y}}_{ij}$。因而，若量测 $\boldsymbol{z}_{j2}$ 被认为落入群中心的跟踪波门内，则必须满足

$$d^2=\tilde{\boldsymbol{y}}_{ij}'\boldsymbol{S}_i^{-1}(k)\tilde{\boldsymbol{y}}_{ij}'<d_{\max}^2 \tag{11.60}$$

式中，$d_{\max}^2$ 是可允许的归一化距离函数的最大值，$\boldsymbol{S}_i$ 为量测误差协方差矩阵，$\tilde{\boldsymbol{y}}_{ij}$ 为量测 $\boldsymbol{z}_{j2}$ 对预测位置 $\hat{\boldsymbol{z}}_{i2}$ 的误差，其表达式为

$$\tilde{\boldsymbol{y}}_{ij}=\boldsymbol{z}_{j2}-\hat{\boldsymbol{z}}_{i2} \tag{11.61}$$

经验证，在第二次扫描时，量测 $\boldsymbol{z}_{12}$ 和 $\boldsymbol{z}_{22}$ 落入外推点 $\hat{\boldsymbol{z}}_{12}$ 和 $\hat{\boldsymbol{z}}_{22}$ 的跟踪波门内；但是，由于目标 3 和 4 被遮蔽，没有量测落入外推点 $\hat{\boldsymbol{z}}_{32}$ 和 $\hat{\boldsymbol{z}}_{42}$ 的跟踪波门内；在群航迹更新时，使用预测值 $\hat{\boldsymbol{z}}_{32}$ 和 $\hat{\boldsymbol{z}}_{42}$ 代替丢失的量测。最后，使用 $\boldsymbol{z}_{12}$、$\boldsymbol{z}_{22}$、$\hat{\boldsymbol{z}}_{32}$ 和 $\hat{\boldsymbol{z}}_{42}$ 计算群的量测中心，更新群速度的估计值。

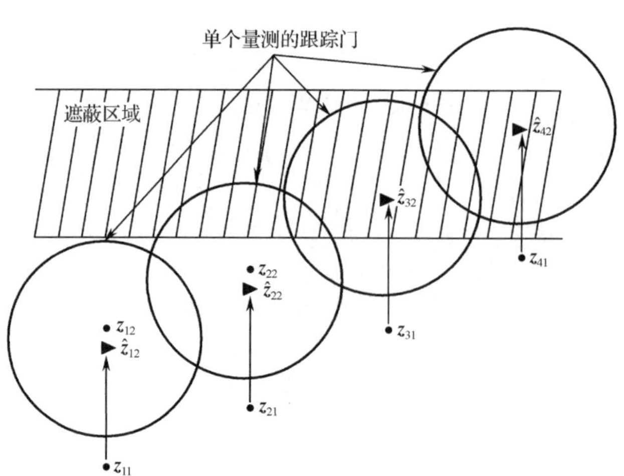

图 11.30　编队群目标跟踪算法量测更新示意图

3）群航迹的更新

用互联成功的量测和目标的预测位置计算出群的中心和速度，完成群的航迹更新过程。

在图 11.29 所设定的环境下，因遮蔽区域的存在，使用中心群跟踪算法得出的群的中心是不精确的，由群的中心计算出的群速度是不稳定的；若在该环境下使用中心群跟踪算法进行跟踪，当前面的目标从遮蔽区域出现时，群航迹很可能丢失。而编队群目标跟踪算法对群中的单个目标进行位置估计，并使用预测值代替丢失的量测，因而可以得到一个稳定的群中心，由此估计的群速度比中心群跟踪算法估计的群速度要更加精确。

对于编队群目标跟踪算法，Flad 和 Taenzer 在确定哪些量测属于群航迹的方法有所不同。Flad 认为新的量测只有落入群中量测的跟踪波门内才能加入群；而 Taenzer 考虑了所有落入围绕群中心预测值的距离和角度跟踪波门内的所有量测。编队群目标跟踪算法跟踪波门示意图如图 11.31 所示，具体展示了上述两者的区别，Taenzer 用波束宽度和距离间隔 ΔR_G 定义了一个跟踪波门并考虑落入该跟踪波门内的所有量测值；Flad 针对群中各量测的预测位置建立波门，按照他的方法，该群只可能接受 z_1、z_2 和 z_3，而 Taenzer 还会考虑 z_4，两种方法都拒绝 z_5，因为 z_5 不属于该群。

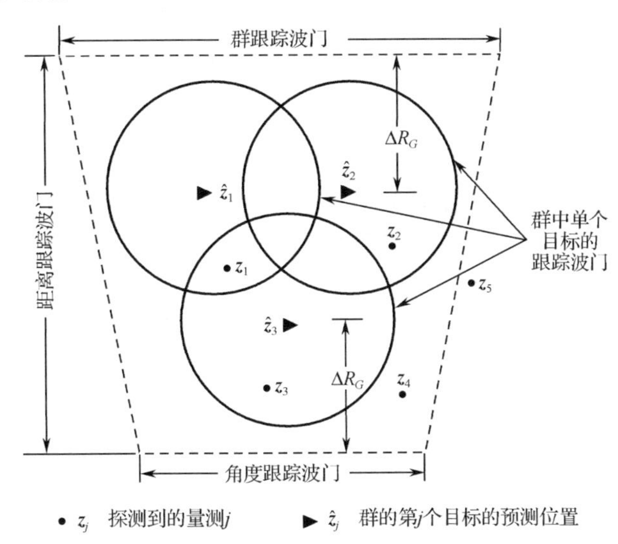

图 11.31　编队群目标跟踪算法跟踪波门示意图

最后，需要强调的是，在编队群目标跟踪算法中，虽然需要对群中的单个目标进行位置估计，但不需要进行位置平滑，所检测到的量测可作为群中各目标状态的最佳当前估计，而且这些估计值可用群速度估计值及时地向前外推。因而，编队群目标跟踪算法用群中各目标的位置估计值对群进行描述，并直接用这些未经平滑的量测计算群中心和群速度。

11.6.2　编队群目标跟踪逻辑描述

虽然编队群目标跟踪算法在原理上相对简单，但仍需要一个复杂的逻辑过程来处理群跟踪中可能发生的多种情况。为此，结合图 11.31 所示的量测集合，下面将对有关该算法逻辑的基本原则进行总结。

（1）设定一定的规则，确定哪些量测可能为群中成员。如图 11.31 所示，建立跟踪波门对量测进行检测；如用 Taenzer 的方法，z_1、z_2、z_3 和 z_4 都被列为考虑对象，然后，用一个简单的最近邻类型的方法对新测量和群中的原有元素进行相关；结果表明 z_1、z_2 和 z_3 可以与群中的原有元素相关，z_4 不能与群中的原有元素相关。

（2）将落入跟踪波门内但不能与群中的原有元素相关的量测作为附加元素作进一步的检测，如图 11.31 所示，z_4 为一个附加元素。首先检测附加元素是否为真实量测。如果经检测发现附加元素为真实量测，则需要结合其他群航迹对其进行进一步的门限检验，判断该附加元素是否属于先前建立的或与当前群航迹交叉的另一条群航迹；如果经检测发现附加元素为虚假量测，删除该量测。如果经门限检测发现附加量测确实属于另一条群航迹，则需要进一步比较群速度，判断群航迹是合并还是分叉；如果经检测确定群航迹是进行交叉，而不是合并，附加量测须在群中剔出；如果确定群航迹是进行合并，附加量测须并入群，同时撤销第二条群航迹（即冗余航迹）；如果经门限检测发现附加量测不属于另一条群航迹，针对该量测进行航迹起始。

如图 11.31 所示，假设量测 z_4 属于群（z_1、z_2 和 z_3 也属于群）；首先，对四个量测取平均获得当前群中心的最佳估计；然后，对量测 z_1、z_2 和 z_3 的中心与预测位置 $\hat{z}_1$、$\hat{z}_2$ 和 $\hat{z}_3$ 的中心进行比较，并用标准的固定系数或 Kalman 滤波技术得出群速度的估计值；最后，利用群速度估计把量测（z_1 到 z_4）预测至下一个扫描周期；在下一个扫描周期中，群是基于这四个群元素的预测中心而建立的。

（3）对于群的合并问题，如上所述，若在群航迹更新过程中发现存在附加元素，算法会对是否出现群合并现象进行自动识别；但对于检测概率 P_{D} 较低的系统，附加元素可能不会被发现，此时应用其他的检测辨别群合并的具体情况。

（4）对于群分裂或目标脱离群的问题，通过分裂检测解决。分裂检测由两次比较过程组成，第一个过程是对群中各元素的距离估计值与其临近元素的距离估计值进行比较，第二个过程是对群各元素的角度估计值与群中心的角度估计值进行比较。

（5）在用编队群目标跟踪算法对群目标进行跟踪时，还应注意以下两点：

① 群机动的可能性比单个目标（只要它们仍然属于群）要小，在进行滤波器和跟踪波门的设计时应考虑到该现象；

② 群的分裂只可能出现在信息不完整的情况下；因而，如果没有量测丢失或附加量测，只可能出现群的合并。

11.7　群目标跟踪性能分析

11.7.1　仿真环境

为分析比较本章群目标跟踪算法的性能，本节假定两种典型的仿真环境。

环境①：跟踪 20 个目标；前 10 个目标组为第一个群，群中每个目标的初始位置均在（500 m, 1 000 m）与（−5 000 m, −3 000 m）中随机产生，初始速度为（200 m/s, 400 m/s）；后 10 个目标组为第二个群，群中每个目标的初始位置均在（2 000 m, 2 500 m）与（2 000 m, 3 000 m）中随机产生，初始速度为（400 m/s, 200 m/s）。

环境②：在环境①基础上加入遮蔽区域；在第 10 个采样间隔到第 25 个采样间隔之间，第一个群的后 5 个目标处于遮蔽区域；在第 26 个采样间隔到第 40 个采样间隔之间，第一个群的前 5 个目标处于遮蔽区域。

过程噪声分量为 $q_1 = q_2 = 0.01$，2D 雷达的采样间隔为 1 s，采样时长为 50 s，测距误差为 $\sigma_r = 30$ m，测角误差为 $\sigma_\theta = 0.03$ rad，检测概率 $P_{\mathrm{D}} = 0.997$，门概率 $P_{\mathrm{G}} = 0.997$，仿真中用非参数泊松分布杂波模型，取波门内虚假量测的期望数 m=1.8。

11.7.2　仿真结果分析

仿真结果如图 11.32～图 11.41 所示。

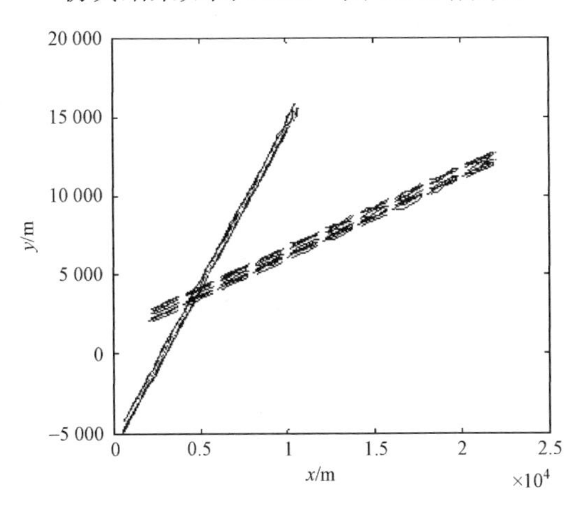

图 11.32　环境①中 20 个目标航迹图

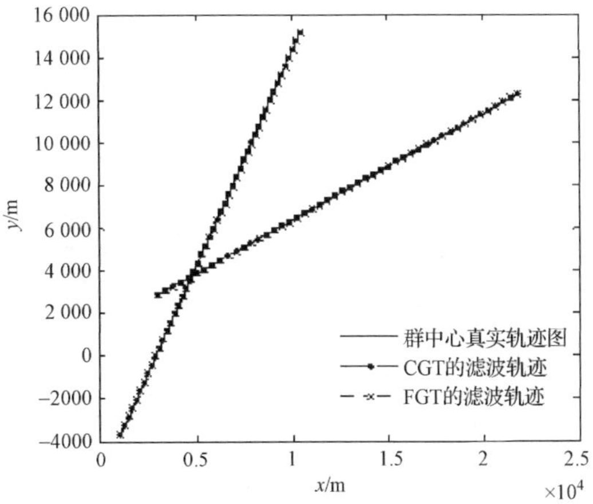

图 11.33　两种群目标跟踪算法滤波轨迹比较图

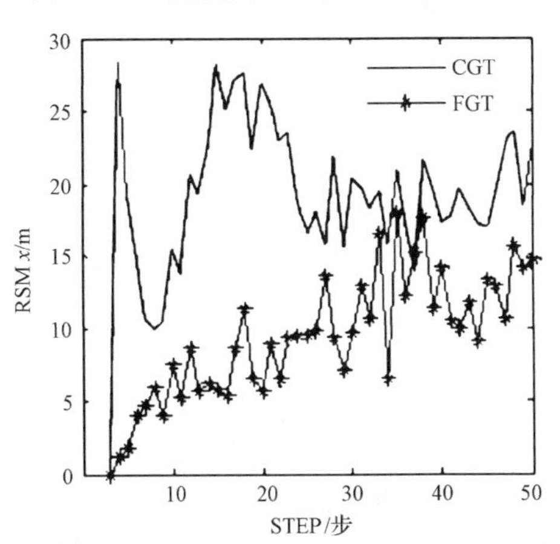

图 11.34　群一 x 方向均方根位置误差比较图

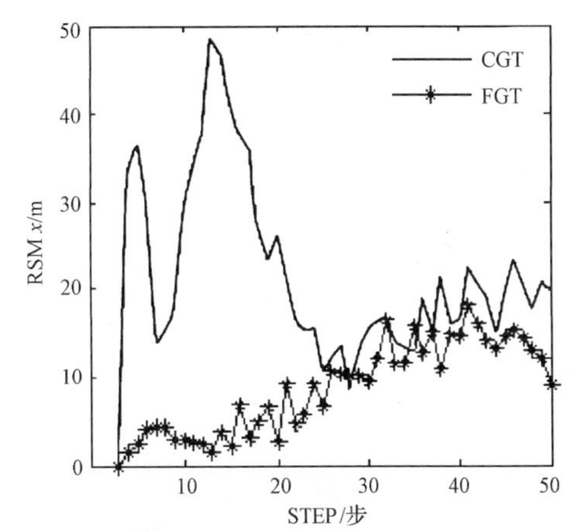

图 11.35　群二 x 方向均方根位置误差比较图

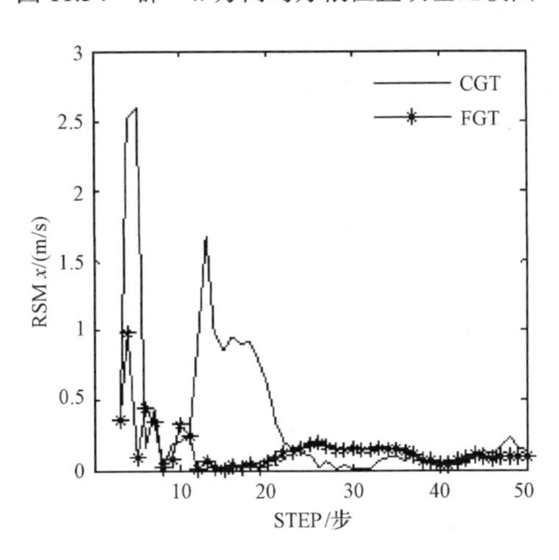

图 11.36　群一 x 方向均方根速度误差比较图

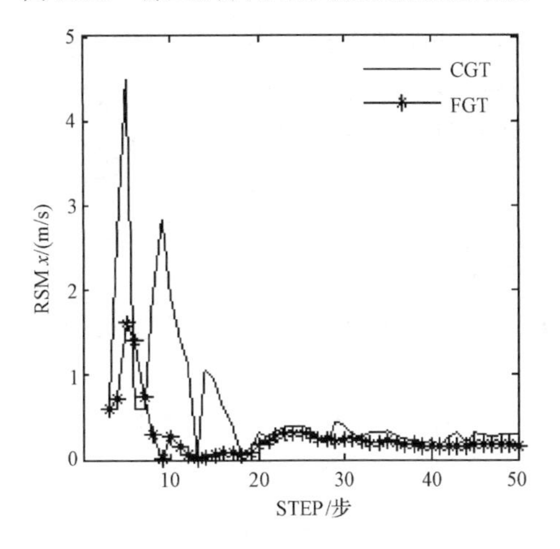

图 11.37　群二 x 方向均方根速度误差比较图

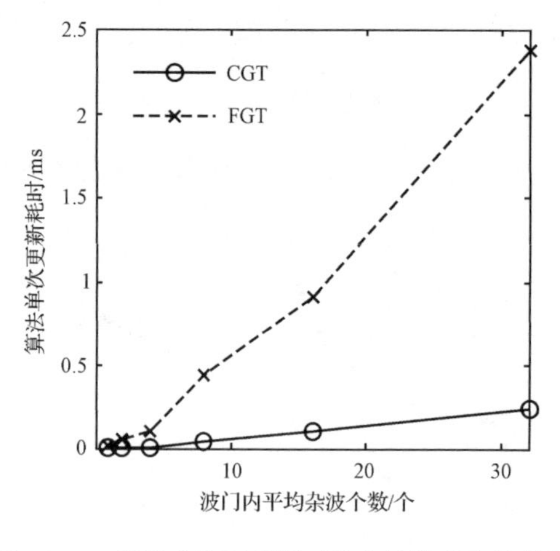

图 11.38　算法单次更新耗时随杂波数变化比较图

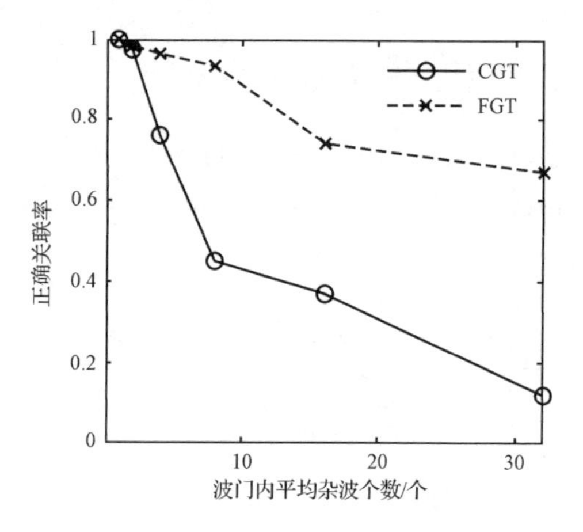

图 11.39　算法正确互联率随杂波数变化比较图

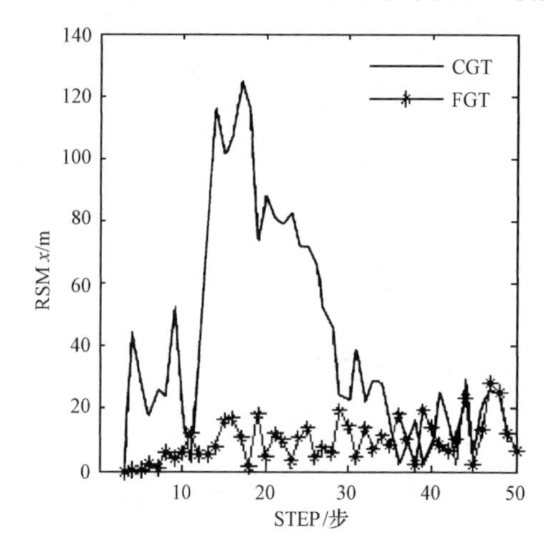

图 11.40　环境②中 x 方向均方根位置误差比较图

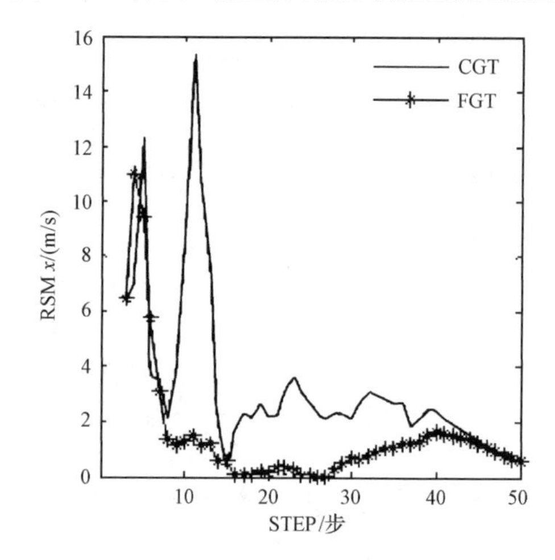

图 11.41　环境②中 x 方向均方根速度误差比较图

图 11.32 为环境①中 20 个目标航迹图，从图中结果可以看出，20 个目标在运动过程中明显地分为两个群；图 11.33 为两个群中心的真实运动轨迹与两种群目标跟踪算法滤波轨迹比较图；图 11.34～11.37 分别为在传感器探测概率 $P_{\mathrm{D}}=0.997$ 时中心群目标跟踪算法、编队群目标跟踪算法跟踪两个群的均方根位置、速度误差比较图。从图中结果可以看出，编队群目标跟踪算法的跟踪精度较为稳定，总体优于中心群目标跟踪算法的跟踪精度；中心群目标跟踪算法的跟踪精度波动范围较大。图 11.38 为算法单次更新耗时随杂波数变化比较图。从图中结果可以看出，随着波门内平均杂波数的增长，编队群目标跟踪算法的单次更新耗时远远大于中心群目标跟踪算法的单次更新耗时，而且前者的算法耗时增长幅度高于后者。图 11.39 为算法正确互联率随杂波数变化比较图。从图中结果可以看出，对应于同样的杂波数，编队群目标跟踪算法的有效跟踪率高于中心群目标跟踪算法；随着波门内平均杂波数的增长，前者的下降幅度要小于后者。

图 11.40、图 11.41 分别为环境②下中心群目标跟踪算法、编队群目标跟踪算法的均方根位置、速度误差比较图。从图中结果可以看出，与中心群目标跟踪算法相比，编队群目标跟踪算法的跟踪精度更加稳定；中心群目标跟踪算法的跟踪性能出现了大范围波动，尤其是当群中有目标处于遮蔽区域内时，中心群目标跟踪算法的均方根位置误差大于 100 m，不能对

群进行有效的跟踪，而编队群目标跟踪算法的均方根位置误差小于 20 m，仍能有效地跟踪群目标，其跟踪效果好于中心群目标跟踪算法。

根据上述综合比较可知，与中心群目标跟踪算法相比，编队群目标跟踪算法的跟踪效果更好，但其耗时大于中心群目标跟踪算法，因为中心群目标跟踪算法只对群的中心进行处理，而编队群目标跟踪算法在处理群的中心时还要处理落入群中的各量测，这也是当存在遮蔽区域时编队群目标跟踪算法的跟踪效果明显好于中心群目标跟踪算法的原因。

11.8　小结

本章首先在 11.2 节给出了群定义和群分割方法，并在 11.3 节重点讨论了中心类群目标航迹起始中的群互联和群速度估计方法，而群分割和群速度估计是群起始中的难点，文中针对这两个方面讨论了多种方法。在 11.4 节中，为解决杂波下群内目标精细航迹起始的难题，给出了完整的群目标航迹起始框架，并提出了一种基于相对位置向量的群目标灰色精细航迹起始算法，经仿真数据验证，与修正的逻辑法、基于聚类和 Hough 变换的多编队航迹起始算法相比，该算法在起始真实航迹、抑制虚假航迹及杂波鲁棒性等方面综合性能更优。然后在 11.5 节、11.6 节分别讨论了两种典型的群目标跟踪算法，即中心类群目标跟踪算法、编队群目标跟踪算法；中心群目标跟踪算法是最直接的群跟踪算法，因为该算法只对群的中心预测和估计，不需要对群中的独立目标进行跟踪。然而，在群中元素丢失或误把虚警当成群中元素时，用该方法计算的群中心是不可信的，从而不能精确地估算群速度，最终造成航迹丢失；编队群目标跟踪算法能够利用单独量测中包含的信息实现群内个体目标的跟踪。该算法的优点是群中心的估算更加稳定，群速度的估计也更加稳定。但由于需要对独立目标进行位置估计，也会加大它的计算量。编队群目标跟踪算法最适用于空中目标的跟踪，因为空中群目标的个数是受限的，而且对单个目标的考虑比较重要；而对于地面目标跟踪问题，当遮蔽存在或需要识别单个目标的特定战术价值时，该方法也能发挥自身的优势，取得较好的跟踪效果。最后，11.7 节在仿真环境下对本章两种算法的综合跟踪性能进行了验证和分析,由仿真结果可知，与中心群目标跟踪算法相比，编队群目标跟踪算法的跟踪效果更好，但就算法耗时而言，中心群目标跟踪算法的耗时要小于编队群目标跟踪算法。

除这一章所讨论的方法之外，国内外学者还提出了多种算法，如基于 JPDA、MHT、粒子滤波、贝叶斯递推等传统数据互联方法[38-44]的群跟踪算法和基于遗传算法[45]、动态网络[46]、广义 Janossy 量测密度方程[47]、概率假设密度滤波（PHDF）[48]、贝叶斯框架[49]下的群目标跟踪算法等。这些算法从不同角度研究了群整体和群内目标的跟踪问题，但前提大多为探测系统可完全分辨群内目标，然而在实际探测过程中，因目标的互相遮挡、传感器分辨率不足等因素，群目标通常是部分可辨的。为此，文献[26]基于相位相关研究了部分可辨编队目标的航迹起始问题，文献[50,51]基于随机集对部分可辨群目标及扩展目标的数据互联和航迹维持问题进行了深入分析，文献[52,53]提出了一种基于 SMC-PHDF 的部分可分辨的群目标跟踪算法，可直接获得群的个数、质心状态及形状；在机动群目标跟踪方面，文献[54～57]将中心群跟踪、强跟踪滤波与交互多模型算法相结合解决机动群目标跟踪问题。群目标跟踪技术的研究是随着目标特性、传感器技术、环境特点等的发展变化而不断深化的。

参考文献

[1] 甘林海, 王刚, 刘进忙, 等. 群目标跟踪技术综述. 自动化学报, 2020, 46(3): 411-425.

[2] Geng W D, Liu H Y, et al. A Study of Kalman-Based Algorithm for the Maneuvering Group-Target Tacking. ICR2001, 2006: 1211-1214.

[3] 王海鹏, 董云龙, 熊伟, 等. 多传感器编队目标跟踪技术. 北京: 电子工业出版社, 2016.

[4] Mihaylova L, Carmi A Y, Septier F. Overview of Bayesian sequential Mote Carlo methods for group and extended object tracking. Digital Signal Processing, 2014, 25: 1-16.

[5] 修建娟, 韩蕾蕾, 董凯, 等. 空间密集群目标关联与跟踪算法研究. 火力与指挥控制, 2020, 45(8): 51-56.

[6] 王海鹏. 多传感器多目标跟踪新算法研究. 烟台: 海军航空工程学院, 2009.

[7] 杜明洋, 毕大平, 王树亮. 群目标跟踪关键技术研究进展. 电光与控制, 2019, 26(4): 59-65.

[8] 黄剑, 胡卫东. 基于贝叶斯框架的空间群目标跟踪技术. 雷达学报, 2013, 2(1): 86-96.

[9] 蔡庆宇, 薛毅, 张伯彦. 相控阵雷达数据处理及其仿真技术. 北京: 国防工业出版社, 1997.

[10] Farina A, Studer F A. Radar Data Processing(Vol. I. II). Research Studies Press LTD, 1985.

[11] Blackman S S, Popoli R. Design and Analysis of Modern Tracking Systems. Artech House, Boston, London, 1999.

[12] Singer R, Sea R. New Results in Optimizing Surveillance System Tracking and Data Correlation Performance in Dense Multitarget Environments . IEEE Transactions on Automatic Control, 2014, 18(6): 571-82.

[13] 李昌玺, 周焰, 郭戈, 等. 弹道导弹群目标跟踪技术综述. 战术导弹技术, 2015 (3): 66-72.

[14] 卢哲俊. 空间碎片群目标状态估计理论与方法研究. 长沙: 国防科技大学研究生院, 2017.

[15] 陈辉, 杜金瑞, 韩崇昭. 基于星凸形随机超曲面模型多扩展目标多伯努利滤波器. 自动化学报, 2020, 46(5): 909-922.

[16] 刘妹琴, 兰剑. 目标跟踪前沿理论与应用. 北京: 科学出版社, 2015. 2.

[17] Clark D, Godsill S. Group Target Tracking with the Gaussian Mixture Probability Hypothesis Density Filter. Proceedings of the International Conference on Intelligent Sensors, Sensor Networks and Information Processing. Melbourne, AU: IEEE, 2007: 149-154.

[18] 周大庆, 耿文东, 倪春雷. 基于编队目标重心的航迹起始方法研究. 无线电工程, 2010, 40(2): 32-34.

[19] 汤琦, 黄建国, 杨旭东. 航迹起始算法及性能仿真. 系统仿真学报, 2007, (19)1: 149-152.

[20] Tang Q, Huang J G, Yang X D. Algorithm of Track Initiation and Performance Evaluation. Journal of System Simulation, 2007, (19)1: 149-152.

[21] 赵志超, 饶彬, 王雪松, 等. 基于概率网格 Hough 变换的多雷达航迹起始算法. 航空学报, 2010, (31)11: 2209-2215.

[22] 金术玲, 梁彦, 王增福, 等. 两级 Hough 变换航迹起始算法. 电子学报. 2008, (36)3: 590-593.

[23] 邢凤勇, 熊伟, 王海鹏. 基于聚类和 Hough 变换的多编队航迹起始算法. 海军航空工程学院学报, 2010, 25(6): 624-628.

[24] 宋强. 目标航迹对准关联与传感器系统误差估计技术研究. 烟台: 海军航空工程学院, 2010.

[25] 衣晓, 关欣, 何友. 分布式多目标跟踪系统的灰色航迹关联模型. 信号处理, 2005, (21), 6: 653-655.

[26] 何友, 王国宏, 关欣. 信息融合理论及应用. 北京: 电子工业出版社, 2010. 3.
[27] 何友, 王国宏, 陆大绘, 等. 多传感器信息融合及应用. 第二版. 北京: 电子工业出版社, 2007.
[28] 王聪, 王海鹏, 熊伟, 等. 基于相位相关的部分可辨编队精细起始算法. 航空学报, 2017, 38(4): 320299-1～320299-12.
[29] 王海鹏, 贾舒宜, 林雪原, 等. 基于模板匹配的集中式多传感器群内目标精细跟踪算法. 海军航空工程学院学报, 2016, 31(4): 430-436.
[30] 王海鹏, 潘新龙, 贾舒宜, 等. 系统误差下基于双重模糊拓扑的编队航迹精细关联算法. 北京理工大学学报, 2016, 36(9): 960-965.
[31] Lan J, Li X R. Tracking of Maneuvering Non-Ellipsoidal Extended Object or Target Group Using Random Matrices. IEEE Transactions on Signal Processing, 2014, 62(9): 2450-2463.
[32] Granström K, Orguner U, Mahler R, et al. Corrections on: Extended Target Tracking Using a Gaussian-Mixture PHD Filter. IEEE Transactions on Aerospace and Electronic Systems, 2017, 53(2): 1055-1058.
[33] Feldmann M, Fraenken D, Koch W. Tracking of Extended Objects and Group Targets Using Random Matrices. IEEE Transactions on Signal Processing, 2009, 59(4): 1409-20.
[34] 宋骊平, 刘宇航, 程轩. 箱粒子 PHD 演化网络群目标跟踪算法. 控制与决策, 2018, 33 (1): 74-80.
[35] 沈杏林. 基于随机有限集的多检测目标跟踪技术研究. 长沙: 国防科技大学, 2018.
[36] 王明杰. 噪声野值下的随机有限集多目标跟踪算法研究. 西安: 西安电子科技大学, 2019.
[37] He Y, Xiu J J, Guan X. Radar Data Processing with Applications. John Wiley & Publishing House of Electronics Industry, 2016. 8.
[38] Gning A, Mihaylova L. Ground Target Group Structure and State Estimation with Particle Filtering. IEEE Transactions on Auto Control. 2010: 1-8.
[39] Xiong W, He Y, Zhang J W. Particle filter method for a centralized multisensor system. Springer: Lecture Notes in Computer Science. 2006, 39(30): 64-69.
[40] 熊伟, 张晶炜, 何友. 基于 S-D 分配的集中式多传感器联合概率数据互联算法. 清华大学学报, 2005, 45(4): 452-455.
[41] 张晶炜, 何友, 熊伟. 集中式多传感器模糊联合概率数据互联算法. 清华大学学报. 2007, 47(7): 1188-1192.
[42] He Y, Zhang J W. New Track Correlation Algortihms in a Multisensor Data Fusion System. IEEE Trans on Aerospace and Electronic Systems, 2006, 42(4). 1359- 1371.
[43] 熊伟, 何友, 张晶炜. 多传感器顺序粒子滤波算法. 电子学报, 2005, 33(6): 1116-1119.
[44] 张晶炜, 修建娟, 何友, 等. 基于 D-S 理论的分布交互式多传感器联合概率数据互联算法. 中国科学, 2006, 36(2): 182-190.
[45] Peter J S, Kathleen A. Group Tracking using Genetic Algorithms. ISIF. 2003: 680-687.
[46] James P F. Group Tracking on Dynamic Networks. 12th International Conference on Information Fusion Seattle. WA, USA, 2009, 7: 930-937.
[47] Mori S, Chong C Y. Tracking of Groups of Targets Using Generalized Janossy Measure Density Function. IEEE International Conference on Radar. 2009: 1-7.
[48] Clark D, Godsill S. Group Target Tracking with the Gaussian Mixture Probability Hypothesis Density Filter. In: Proceedings of the International Conference on Intelligent Sensors, Sensor Networks and Information Processing. Melbourne, AU: IEEE, 2007: 149-154.

[49] 高磊. 基于贝叶斯框架的群目标跟踪. 上海: 上海交通大学, 2019.

[50] Mihaylova L. Group Object Structure and State Estimation in The Presence of Measurement Origin Uncertainty. IEEE 15th Workshop on Statistical Signal Processing. 2009: 473-476.

[51] Feldmann M, Franken D. Advances on Tracking of Extended Objects and Group Targets using Random Matrices. 12th International Conference on Information Fusion Seattle. WA, USA. 2009: 1029-1036.

[52] Lian F, Han C Z, Liu W F. Sequential Monte Carlo Implementation and State Extraction of the Group Probability Hypothsis Density Filter for Partly Unresolvable Group Targets-tracking Problem. IET Radar, Sonar and Navigation. 2010, 4(5): 685-702.

[53] 连峰, 韩崇昭, 刘伟峰, 等. 基于SMC-PHDF的部分可分辨的群目标跟踪. 自动化学报, 2010，36(5): 939-944.

[54] 杜明洋. 机动群目标跟踪关键技术研究. 长沙: 国防科技大学, 2018. 9.

[55] 汪云, 胡国平, 甘林海. 基于多模型 GGIW-CPHD 滤波的群目标跟踪算法. 华中科技大学学报（自然科学版）, 2017, 45(2): 89-94.

[56] Hu Q, Ji H, Zhang Y. An improved extended state estimation approach for maneuvering target tracking using random matrix. International Conference on Information Fusion. IEEE, 2017: 1-7.

[57] Wang H P, Xiong W, He Y. Height Estimation in Distributed 2-D Radar Network. Sensor Letter. 2012, 10: 1-5.

第 12 章　空间多目标跟踪与轨迹预报

12.1　引言

随着科学技术的发展，近地空间已成为继陆地、海洋和空中之后人类生存的第四资源要地[1]，其在国防、政治、经济及生活领域的战略地位日益凸显。由于地球近地轨道空间空气十分稀薄，此时目标除了地球重力外几乎不受其他外力作用[2-4]，因而空间目标与有动力引擎的舰船目标、飞机目标等有着明显不同的环境背景：飞机、舰船等有动力装置的目标群，其目标之间的间距相对较大，而且不同目标间存在相对运动、目标的运动状态也有一定差别[5-7]；而空间目标在飞行中段产生/释放的碎片、诱饵以及其他伴飞目标所构成的空间目标群具有运动速度快、密集性高、可分性差、目标间相对运动速度低、运动特性非常相似等特点[8-10]，因而，其目标跟踪也就有和陆地、海洋和空中目标不一样的独特之处[11-15]。为此，本章在前几章目标跟踪研究的基础上针对空间目标特点，进一步针对空间目标跟踪问题进行研究，给出了空间动力学方程约束下的系统模型和跟踪模型，并根据空间目标实时跟踪结果构造检验统计量，利用双向互选全局最近邻准则在全局范围内选择关联数据，当选择的量测数据出现归属矛盾，再由该矛盾量测数据对目标进行选择，通过目标与量测数据互相选择确认提高数据互联的准确性，跟踪过程中通过将空间目标动力学方程和跟踪算法相结合，利用包含地球形状动力学系数 J_2 项的标准椭球地球模型来实时估计空间目标重力加速度，并利用该加速度对空间目标跟踪模型做出实时修正，提高空间目标跟踪精度。最后，在通过滤波跟踪提高目标数据精度的基础上研究空间目标轨迹预报问题，为空间目标识别、拦截指示等提供数据基础。

12.2　空间目标系统模型

空间目标从发射点到落地点，根据其受力情况可分为主动段、中段和再入段三个阶段[16]，其目标飞行示意图如图 12.1 所示[16,17]。

主动段，也称助推段，是指从空间目标点火离开发射架到其最后一级火箭助推器关机之间的阶段。中段又称被动段，是指目标关机后到再入大气层之前的飞行阶段。在该阶段中，先进的空间目标一般采取多种突防措施，比如释放干扰诱饵、假目标以及将末级火箭炸成碎片等等，各目标均在重点目标附近伴飞。由于该阶段中空气阻力几乎可以忽略不计，目标在重力和惯性作用下飞行，很难进行机动，加上该阶段是空间目标飞行轨道中最长的阶段，该过程所占时间比例可达整个飞行时间的 80%～90%。再入段又称为末段，是指空间目标重新进入大气层后飞向目的地的阶段。该阶段目标飞行时间较短，机动性较大。

空间目标在中段惯性飞行阶段没有推力和阻力的作用，但目标运动会受重力支配[18,19]，具有椭圆轨道运动特点，而重力加速度根据空间目标飞行距离远近的不同，可用不同的重力模型—空间目标动力学模型：

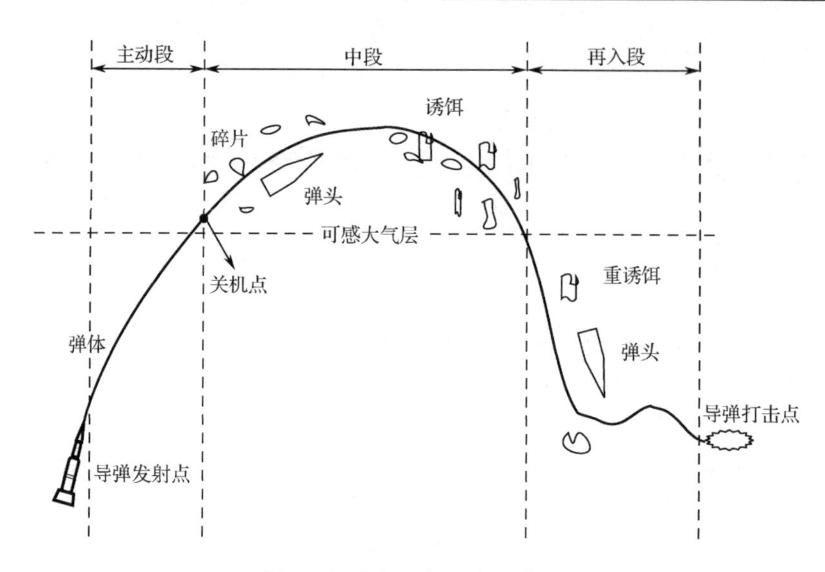

图 12.1　空间目标飞行示意图

（1）当目标飞行距离相对于地球半径要小得多时，可用最简单的圆球重力模型；

（2）随着飞行距离的增加采用椭球地球模型代替圆球地球模型可以获得更准确的重力加速度[18,20]；

（3）椭球模型中把地球重力模型中的二阶带谐系数 J_2 包含进来，则可获得更精确的重力模型[18,20]。

12.2.1　基于空间动力学方程约束的状态方程

第 3 章式（3.31）给出了目标状态方程的建模方式，但其针对的不是空间目标环境，其没有考虑重力加速度对空间目标运动状态的影响[18,21]，为了能更好地对空间目标运动状态进行建模，这里针对中远程空间目标的运动特点，从其运动特性出发，通过包含地球形状动力学系数 J_2 项的标准椭球地球重力模型来实时估计空间目标加速度修正项，并利用该加速度修正项对目标状态方程进行实时修正，建立空间目标动力学方程约束下状态方程为

$$\boldsymbol{X}(k+1)=\boldsymbol{F}(k)\boldsymbol{X}(k)+\boldsymbol{D}(k)\boldsymbol{f}(\boldsymbol{X}(k))+\boldsymbol{V}(k) \tag{12.1}$$

其中，

$$\boldsymbol{X}(k)=[x(k)\ \ \dot{x}(k)\ \ \ddot{x}(k)\ \ y(k)\ \ \dot{y}(k)\ \ \ddot{y}(k)\ \ z(k)\ \ \dot{z}(k)\ \ \ddot{z}(k)]' \tag{12.2}$$

为状态向量。

$$\boldsymbol{F}(k)=\begin{bmatrix}\boldsymbol{\Phi}(k) & \boldsymbol{0}_{3\times3} & \boldsymbol{0}_{3\times3}\\ \boldsymbol{0}_{3\times3} & \boldsymbol{\Phi}(k) & \boldsymbol{0}_{3\times3}\\ \boldsymbol{0}_{3\times3} & \boldsymbol{0}_{3\times3} & \boldsymbol{\Phi}(k)\end{bmatrix} \tag{12.3}$$

为状态转移矩阵，式中 $\boldsymbol{0}_{3\times3}$ 为 3×3 的全零矩阵。如果空间目标跟踪滤波模型采用 Singer 算法，则

$$\boldsymbol{\Phi}(k)=\begin{bmatrix}1 & T & (\alpha T-1+\mathrm{e}^{-\alpha T})/\alpha^2\\ 0 & 1 & (1-\mathrm{e}^{-\alpha T})/\alpha\\ 0 & 0 & \mathrm{e}^{-\alpha T}\end{bmatrix} \tag{12.4}$$

这里 T 为采样间隔，α 是机动时间常数的倒数，即机动频率。非线性函数 $\boldsymbol{f}(\boldsymbol{X}(k))$为 ENU 坐标系下空间动力学方程实时估计的加速度，也可用 $\boldsymbol{g}_r(k)$表示，具体为

$$\boldsymbol{f}(\boldsymbol{X}(k))=\boldsymbol{g}_r(k)=\begin{bmatrix}\ddot{x}(k)\\\ddot{y}(k)\\\ddot{z}(k)\end{bmatrix}=\begin{bmatrix}\boldsymbol{f}_1(\boldsymbol{X}(k))\\\boldsymbol{f}_2(\boldsymbol{X}(k))\\\boldsymbol{f}_3(\boldsymbol{X}(k))\end{bmatrix}$$

$$=-\frac{\mu}{r^3(k)}\begin{bmatrix}\left(1+\frac{1.5J_2r_e^2}{r^2(k)}\left(1-5\left(\frac{z(k)+r_e+H}{r(k)}\right)^2\right)\right)x(k)\\\left(1+\frac{1.5J_2r_e^2}{r^2(k)}\left(1-5\left(\frac{z(k)+r_e+H}{r(k)}\right)^2\right)\right)y(k)\\\left(1+\frac{1.5J_2r_e^2}{r^2(k)}\left(3-5\left(\frac{z(k)+r_e+H}{r(k)}\right)^2\right)\right)(z(k)+r_e+H)\end{bmatrix}-$$

$$2\boldsymbol{\Psi}\begin{bmatrix}\dot{x}(k)\\\dot{y}(k)\\\dot{z}(k)\end{bmatrix}-\boldsymbol{\Psi}^2\begin{bmatrix}x(k)\\y(k)\\z(k)+r_e+H\end{bmatrix} \tag{12.5}$$

其中，$\mu=3.986\,004\,418\times10^{14}\ \mathrm{m^3\cdot s^{-2}}$为万有引力常数，$J_2=1.082\,64\times10^{-3}$为地球二阶带谐系数，$r_e=6\,378\,137\ \mathrm{m}$为地球赤道半径，$x(k)$、$y(k)$、$z(k)$和 $\dot{x}(k)$、$\dot{y}(k)$、$\dot{z}(k)$ 为 k 时刻雷达站东北天（ENU）坐标系下空间目标 x、y、z 轴位置和速度信息，$r(k)=\sqrt{x^2(k)+y^2(k)+(z(k)+r_e+H)^2}$，这里 H 为雷达站的大地高程。

$$\boldsymbol{\Psi}=\begin{bmatrix}0&-\omega\sin B&\omega\cos B\\\omega\sin B&0&0\\-\omega\cos B&0&0\end{bmatrix} \tag{12.6}$$

这里 B 为雷达站大地纬度，$\omega=2\pi/(24\times3\,600)=7.27\times10^{-5}\ \mathrm{rad/s}$ 为地球自转角速度。$\boldsymbol{D}(k)$为系数矩阵

$$\boldsymbol{D}(k)=\begin{bmatrix}0.5T^2&T&1&0&0&0&0&0&0\\0&0&0&0.5T^2&T&1&0&0&0\\0&0&0&0&0&0&0.5T^2&T&1\end{bmatrix}' \tag{12.7}$$

$\boldsymbol{V}(k)$为零均值的高斯白色过程噪声，且 $E[\boldsymbol{V}(k)\boldsymbol{V}'(j)]=\boldsymbol{Q}(k)\delta_{kj}$，这里 δ_{kj} 为 Kronecker Delta 函数。

12.2.2　量测方程

空间目标球坐标系下的量测方程可建模为

$$\boldsymbol{Z}(k)=\boldsymbol{h}(\boldsymbol{X}(k))+\boldsymbol{W}(k) \tag{12.8}$$

其中，

$$\boldsymbol{Z}(k)=[\hat{r}(k)\quad\hat{\theta}(k)\quad\hat{\gamma}(k)]' \tag{12.9}$$

式中，$\hat{r}(k)$、$\hat{\theta}(k)$ 和 $\hat{\gamma}(k)$ 分别表示 k 时刻雷达径向距离、方位角和俯仰角量测数据，且

$$\boldsymbol{h}(\boldsymbol{X}(k))=\begin{bmatrix}\sqrt{x^2(k)+y^2(k)+z^2(k)}\\ \arctan\left(\dfrac{x(k)}{y(k)}\right)\\ \arctan\left(\dfrac{z(k)}{\sqrt{x^2(k)+y^2(k)}}\right)\end{bmatrix} \tag{12.10}$$

$\boldsymbol{W}(k)$为量测噪声序列，并假定其为零均值、协方差为$\boldsymbol{R}(k)$白色高斯噪声，且

$$\boldsymbol{R}(k)=\begin{bmatrix}\sigma_r^2 & 0 & 0\\ 0 & \sigma_\theta^2 & 0\\ 0 & 0 & \sigma_\gamma^2\end{bmatrix} \tag{12.11}$$

式中，σ_r^2、σ_θ^2和σ_γ^2分别表示雷达径向距离、方位角和俯仰角量测误差的方差。

为了用线性滤波器对目标进行跟踪，这里将球坐标系下的量测数据进行转换，则可得直角坐标系下的转换量测方程为

$$\boldsymbol{Z}_D(k)=\boldsymbol{H}(k)\boldsymbol{X}(k)+\boldsymbol{W}_D(k) \tag{12.12}$$

其中

$$\boldsymbol{Z}_D(k)=\begin{bmatrix}\hat{x}(k)\\ \hat{y}(k)\\ \hat{z}(k)\end{bmatrix}=\begin{bmatrix}\hat{r}(k)\cos(\hat{\gamma}(k))\sin(\hat{\theta}(k))\\ \hat{r}(k)\cos(\hat{\gamma}(k))\cos(\hat{\theta}(k))\\ \hat{r}(k)\sin(\hat{\gamma}(k))\end{bmatrix} \tag{12.13}$$

$$\boldsymbol{H}(k)=\begin{bmatrix}1&0&0&0&0&0&0&0&0\\ 0&0&0&1&0&0&0&0&0\\ 0&0&0&0&0&0&1&0&0\end{bmatrix} \tag{12.14}$$

$\boldsymbol{W}_D(k)$为直角坐标系下的转换量测噪声序列，其协方差为

$$\boldsymbol{R}_D(k)=\begin{bmatrix}r_{11}(k) & r_{12}(k) & r_{13}(k)\\ r_{12}(k) & r_{22}(k) & r_{23}(k)\\ r_{13}(k) & r_{23}(k) & r_{33}(k)\end{bmatrix}=\boldsymbol{A}(k)\boldsymbol{R}(k)\boldsymbol{A}'(k) \tag{12.15}$$

式中

$$\boldsymbol{A}(k)=\begin{bmatrix}\cos(\hat{\gamma}(k))\sin(\hat{\theta}(k)) & \hat{r}(k)\cos(\hat{\gamma}(k))\cos(\hat{\theta}(k)) & -\hat{r}(k)\sin(\hat{\gamma}(k))\sin(\hat{\theta}(k))\\ \cos(\hat{\gamma}(k))\cos(\hat{\theta}(k)) & -\hat{r}(k)\cos(\hat{\gamma}(k))\sin(\hat{\theta}(k)) & -\hat{r}(k)\sin(\hat{\gamma}(k))\cos(\hat{\theta}(k))\\ \sin(\hat{\gamma}(k)) & 0 & \hat{r}(k)\cos(\hat{\gamma}(k))\end{bmatrix} \tag{12.16}$$

12.3　空间多目标数据互联

由于空间目标具有运动速度快、密集性高、运动特性接近等特点，传统的多目标数据关联方法为了保证互联效果处理过程往往会比较复杂[22-25]。复杂的多目标数据关联方法在运动速度很快的空间目标环境下往往实时性很难满足，而简单的数据关联算法实时性提高了，但互联效果往往不尽如人意。数据关联有可能存在“先占先得”问题，即先关联目标（如目标A）抢占的数据是另外一个目标（如目标B）的有效数据，目标B的正确数据被抢占了，它

关联上的数据又会影响到其他某个目标，形成连锁反应。该问题在密集性较高的空间目标环境带来的影响尤其严重。近年来，为了回避数据关联问题，基于随机有限集的多目标跟踪算法得到快速发展[26,27]，但基于随机有限集滤波的计算量偏大，多用于解决杂波环境下的慢速目标跟踪。同时随着传感器分辨率的提高，一个目标个体可能会对应多个量测，该情况下的多目标跟踪可采用扩展目标跟踪思路[28,29]，在估计多目标整体运动特征同时估计其空间形状。而空间目标由于飞行过程中受地球引力影响等受力特点导致其多目标量测数据虽然密集性较高，但数据间并没有固定的形状，其数据结构是随时间推移而变化的。

为此，针对空间目标数据和环境特点，既要保证实时性，又要考虑准确性，这里用基于双向互选全局最近邻准则解决空间多目标数据关联问题，双向互选数据关联示意图如图 12.2 所示，相关步骤具体描述如下。

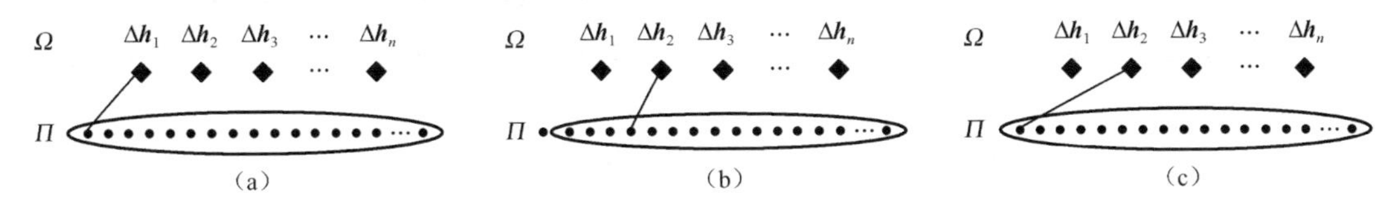

图 12.2　双向互选数据关联示意图

步骤 1：将雷达多目标跟踪中还处于起始过程中的数据、还未完成起始的暂时航迹、已经起始成功的稳定航迹放在一起用集合 Ω 表示，将下一时刻的量测数据用集合 Π 表示，并以集合 Ω 中第一个元素为中心，通过建立门限对集合 Π 中的元素进行选择，如果选择的元素多于一个，则取统计距离最近的元素作为关联上的候选量测，如图 12.2（a）所示。

步骤 2：从集合 Ω 中第二个元素开始，并不是像传统方法那样将集合 Ω 中第一个元素 Δh_1 所选择的数据去除，然后在集合 Π 剩余的数据中进行选择，如图 12.2（b）所示，而是如图 12.2（c）所示仍在整个集合 Π 中进行关联选择，该处理过程能够避免密集目标数据关联过程中出现的“先占先得”问题，即先关联目标抢占了错误数据，形成连锁反映，导致数据关联正确率低的问题。但如图 12.2（c）所示的关联选择有可能出现集合 Ω 中的元素 Δh_1 和 Δh_2 选择了量测集合 Π 中的同一个元素，如图 12.2（a）、（c）所示；因而，从集合 Ω 中第二个元素（目标）开始需要判断选出的关联数据和前面元素（目标）确定的关联数据是否有重复，即第二个目标选出的关联数据需要和第一个目标选择的关联数据进行重复判断，而第三个目标选出的数据需要和前面两个目标选择的数据进行重复判断，依次类推，以避免相同的数据被两个不同目标重复利用。

步骤 3：如果判断集合 Ω 中某两个目标选择了相同的数据，例如图 12.2（a）和（c）给出的元素 Δh_1 和 Δh_2 均选择量测集合 Π 中的第一个元素 π_1 为候选量测，该情况下需由数据 π_1 按照一定的准则对目标 Δh_1 和 Δh_2 做出选择，假设数据 π_1 最终选择元素 Δh_2 作为关联对，则元素 Δh_1 的关联数据需重新进行选择，选择的方法是将数据 π_1 去除后，在集合 Π 剩下的数据中用图 12.2（b）类似的方法重新进行关联判断。

步骤 4：另外，关联过程中还需要对集合 Ω 中漏关联元素和集合 Π 中新出现的目标数据进行处理，即集合 Ω 中没有关联上量测数据的元素需要进行多次外推，继续进行关联判断。在一定检验要求下一直没有数据关联上才可消除该航迹号。Π 中没有和任何航迹关联上的数据作为新的航迹头，重新进行航迹起始。

通过上述测量数据与目标航迹互相选择确认，提高测量数据和空间目标航迹配对的时效性，解决空间目标数据正确有效关联问题。

12.4 动力学方程约束的空间目标跟踪

基于空间动力学方程约束的滤波模型是在式（12.1）和式（12.12）给出的模型的基础上获得的。由于式（12.1）包含非线性部分 $\boldsymbol{D}(k)\boldsymbol{f}(\boldsymbol{X}(k))$，该部分需要先进行线性化，然后才能建立相应的线性滤波方程。为此，这里将该非线性部分在当前时刻（k 时刻）的状态更新值 $\hat{\boldsymbol{X}}(k|k)$ 附近利用泰勒级数展开进行线性化，得到线性化后的状态方程为[21]

$$\boldsymbol{X}(k+1)=\boldsymbol{F}(k)\boldsymbol{X}(k)+\boldsymbol{D}(k)\{\boldsymbol{f}(\hat{\boldsymbol{X}}(k|k))+\boldsymbol{f}_{\boldsymbol{X}}(k)[\boldsymbol{X}(k)-\hat{\boldsymbol{X}}(k|k)]+\text{高阶项}\}+\boldsymbol{V}(k) \quad (12.17)$$

其中，$\boldsymbol{f}(\hat{\boldsymbol{X}}(k|k))$ 可由式（12.5）获得，即将式（12.5）中 $x(k)$、$y(k)$、$z(k)$、$\dot{x}(k)$、$\dot{y}(k)$、$\dot{z}(k)$ 换成状态向量更新值 $\hat{\boldsymbol{X}}(k|k)$ 中对应的位置和速度值即可，$\boldsymbol{f}_{\boldsymbol{X}}(k)$ 为非线性函数 $\boldsymbol{f}(\boldsymbol{X}(k))$ 对应雅克比矩阵，具体计算如下

$$\boldsymbol{f}_{\boldsymbol{X}}(k)=\begin{bmatrix} \dfrac{\partial f_1(\boldsymbol{X})}{\partial x}, & \dfrac{\partial f_1(\boldsymbol{X})}{\partial y}, & \dfrac{\partial f_1(\boldsymbol{X})}{\partial z}, & \dfrac{\partial f_1(\boldsymbol{X})}{\partial \dot{x}}, & \dfrac{\partial f_1(\boldsymbol{X})}{\partial \dot{y}}, & \dfrac{\partial f_1(\boldsymbol{X})}{\partial \dot{z}}, & 0, & 0, & 0 \\ \dfrac{\partial f_2(\boldsymbol{X})}{\partial x}, & \dfrac{\partial f_2(\boldsymbol{X})}{\partial y}, & \dfrac{\partial f_2(\boldsymbol{X})}{\partial z}, & \dfrac{\partial f_2(\boldsymbol{X})}{\partial \dot{x}}, & \dfrac{\partial f_2(\boldsymbol{X})}{\partial \dot{y}}, & \dfrac{\partial f_2(\boldsymbol{X})}{\partial \dot{z}}, & 0, & 0, & 0 \\ \dfrac{\partial f_3(\boldsymbol{X})}{\partial x}, & \dfrac{\partial f_3(\boldsymbol{X})}{\partial y}, & \dfrac{\partial f_3(\boldsymbol{X})}{\partial z}, & \dfrac{\partial f_3(\boldsymbol{X})}{\partial \dot{x}}, & \dfrac{\partial f_3(\boldsymbol{X})}{\partial \dot{y}}, & \dfrac{\partial f_3(\boldsymbol{X})}{\partial \dot{z}}, & 0, & 0, & 0 \end{bmatrix}_{\boldsymbol{X}=\hat{\boldsymbol{X}}(k|k)} \quad (12.18)$$

由式（12.15）可得

$$\boldsymbol{f}_1(\boldsymbol{X}(k))=-\frac{\mu x(k)}{r^3(k)}-\frac{1.5\mu J_2 r_e^2 x(k)}{r^5(k)}+\frac{7.5\mu J_2 r_e^2 x(k) z'^2(k)}{r^7(k)}+2\omega\sin B\dot{y}(k)-2\omega\cos B\dot{z}(k)+\omega^2 x(k) \quad (12.19)$$

$$\boldsymbol{f}_2(\boldsymbol{X}(k))=-\frac{\mu y(k)}{r^3(k)}-\frac{1.5\mu J_2 r_e^2 y(k)}{r^5(k)}+\frac{7.5\mu J_2 r_e^2 y(k) z'^2(k)}{r^7(k)}- \\ 2\omega\sin B\dot{x}(k)+\omega^2\sin^2 B y(k)-\omega^2\sin B\cos B z'(k) \quad (12.20)$$

$$\boldsymbol{f}_3(\boldsymbol{X}(k))=-\frac{\mu z'(k)}{r^3(k)}-\frac{4.5\mu J_2 r_e^2 z'(k)}{r^5(k)}+\frac{7.5\mu J_2 r_e^2 z'^3(k)}{r^7(k)}+2\omega\cos B\dot{x}(k)- \\ \omega^2\sin B\cos B\, y(k)+\omega^2\cos^2 B z'(k) \quad (12.21)$$

进而由式（12.19）～式（12.21）可得

$$\frac{\partial f_1(\boldsymbol{X})}{\partial x}=-\frac{\mu}{r^3(k)}+\frac{3\mu x^2(k)}{r^5(k)}-\frac{-1.5\mu J_2 r_e^2}{r^5(k)}+\frac{7.5\mu J_2 r_e^2 (x^2(k)+z'^2(k))}{r^7(k)}-52.5\frac{\mu J_2 r_e^2 x^2(k) z'^2(k)}{r^9(k)}+\omega^2 \quad (12.22)$$

$$\frac{\partial f_1(\boldsymbol{X})}{\partial y}=\frac{3\mu x(k)y(k)}{r^5(k)}+\frac{7.5\mu J_2 r_e^2 x(k)y(k)}{r^7(k)}-52.5\frac{\mu J_2 r_e^2 x(k) z'^2(k) y(k)}{r^9(k)} \quad (12.23)$$

$$\frac{\partial f_1(\boldsymbol{X})}{\partial z}=\frac{3\mu x(k)z'(k)}{r^5(k)}+\frac{22.5\mu J_2 r_e^2 x(k) z'(k)}{r^7(k)}-52.5\frac{\mu J_2 r_e^2 x(k) z'^3(k)}{r^9(k)} \quad (12.24)$$

$$\frac{\partial f_2(\boldsymbol{X})}{\partial x}=\frac{3\mu x(k)y(k)}{r^5(k)}+\frac{7.5\mu J_2 r_e^2 y(k)x(k)}{r^7(k)}-\frac{52.5\mu J_2 r_e^2 y(k) z'^2(k) x(k)}{r^9(k)} \quad (12.25)$$

$$\frac{\partial f_2(\boldsymbol{X})}{\partial y}=-\frac{\mu}{r^3(k)}+\frac{3\mu y^2(k)}{r^5(k)}-\frac{1.5\mu J_2 r_e^2}{r^5(k)}+\frac{7.5\mu J_2 r_e^2(y^2(k)+z'^2(k))}{r^7(k)}-\frac{52.5\mu J_2 r_e^2 y^2(k)z'^2(k)}{r^9(k)}-\omega^2\sin^2 B \tag{12.26}$$

$$\frac{\partial f_2(\boldsymbol{X})}{\partial z}=\frac{3\mu y(k)z'(k)}{r^5(k)}+\frac{22.5\mu J_2 r_e^2 y(k)z'(k)}{r^7(k)}-\frac{52.5\mu J_2 r_e^2 y(k)z'^3(k)}{r^9(k)}-\omega^2\sin B\cos B \tag{12.27}$$

$$\frac{\partial f_3(\boldsymbol{X})}{\partial x}=\frac{3\mu x(k)z'(k)}{r^5(k)}+\frac{22.5\mu J_2 r_e^2 z'(k)x(k)}{r^7(k)}-\frac{52.5\mu J_2 r_e^2 z'^3(k)x(k)}{r^9(k)} \tag{12.28}$$

$$\frac{\partial f_3(\boldsymbol{X})}{\partial y}=\frac{3\mu y(k)z'(k)}{r^5(k)}+\frac{22.5\mu J_2 r_e^2 z'(k)y(k)}{r^7(k)}-\frac{52.5\mu J_2 r_e^2 z'^3(k)y(k)}{r^9(k)}-\omega^2\sin B\cos B \tag{12.29}$$

$$\frac{\partial f_3(\boldsymbol{X})}{\partial z}=-\frac{\mu}{r^3(k)}+\frac{3\mu z'^2(k)}{r^5(k)}-\frac{4.5\mu J_2 r_e^2}{r^5(k)}+\frac{45\mu J_2 r_e^2 z'^2(k)}{r^7(k)}-\frac{52.5\mu J_2 r_e^2 z'^4(k)}{r^9(k)}+\omega^2\cos^2 B \tag{12.30}$$

$$\frac{\partial f_1(\boldsymbol{X})}{\partial \dot{x}}=\frac{\partial f_2(\boldsymbol{X})}{\partial \dot{y}}=\frac{\partial f_2(\boldsymbol{X})}{\partial \dot{z}}=\frac{\partial f_3(\boldsymbol{X})}{\partial \dot{y}}=\frac{\partial f_3(\boldsymbol{X})}{\partial \dot{z}}=0 \tag{12.31}$$

$$\frac{\partial f_1(\boldsymbol{X})}{\partial \dot{y}}=2\omega\sin B,\ \frac{\partial f_1(\boldsymbol{X})}{\partial \dot{z}}=-2\omega\cos B,\ \frac{\partial f_2(\boldsymbol{X})}{\partial \dot{x}}=-2\omega\sin B,\ \frac{\partial f_3(\boldsymbol{X})}{\partial \dot{x}}=2\omega\cos B \tag{12.32}$$

由于 $\hat{\boldsymbol{X}}(k|k)=E[\boldsymbol{X}(k)|Z^k]$，所以忽略高阶项后由式（12.27）可得空间动力学方程约束下状态一步预测为

$$\hat{\boldsymbol{X}}(k+1|k)=E[\boldsymbol{X}(k+1)|Z^k]=\boldsymbol{F}(k)\hat{\boldsymbol{X}}(k|k)+\boldsymbol{D}(k)\boldsymbol{f}(\hat{\boldsymbol{X}}(k|k)) \tag{12.33}$$

式（12.33）既包含了式（12.17）所给出状态方程线性部分对应的滤波公式，又包含了空间动力学方程约束部分 $\boldsymbol{D}(k)\boldsymbol{f}(\boldsymbol{X}(k))$ 对应的滤波公式 $\boldsymbol{D}(k)\boldsymbol{f}(\hat{\boldsymbol{X}}(k|k))$。

式（12.17）和式（12.33）相减，并忽略高阶项可得

$$\tilde{\boldsymbol{X}}(k+1|k)=\boldsymbol{X}(k+1)-\hat{\boldsymbol{X}}(k+1|k)=\boldsymbol{F}(k)\tilde{\boldsymbol{X}}(k|k)+\boldsymbol{D}(k)\boldsymbol{f}_{\boldsymbol{X}}(k)\tilde{\boldsymbol{X}}(k|k)+\boldsymbol{V}(k) \tag{12.34}$$

其中，$\tilde{\boldsymbol{X}}(k|k)=\boldsymbol{X}(k)-\hat{\boldsymbol{X}}(k|k)$。由式（12.34）可得协方差的一步预测为

$$\begin{aligned}\boldsymbol{P}(k+1|k)&=E[\tilde{\boldsymbol{X}}(k+1|k)\tilde{\boldsymbol{X}}'(k+1|k)|\boldsymbol{Z}^k]\\&=E[(\boldsymbol{F}(k)\tilde{\boldsymbol{X}}(k|k)+\boldsymbol{D}(k)\boldsymbol{f}_{\boldsymbol{X}}(k)\tilde{\boldsymbol{X}}(k|k)+\boldsymbol{V}(k))(\tilde{\boldsymbol{X}}'(k|k)\boldsymbol{F}'(k)+\\&\quad\tilde{\boldsymbol{X}}'(k|k)\boldsymbol{f}_{\boldsymbol{X}}'(k)\boldsymbol{D}'(k)+\boldsymbol{V}'(k))|\boldsymbol{Z}^k]\\&=\boldsymbol{F}(k)\boldsymbol{P}(k|k)\boldsymbol{F}'(k)+\boldsymbol{F}(k)\boldsymbol{P}(k|k)\boldsymbol{f}_X'(k)\boldsymbol{D}'(k)+\boldsymbol{D}(k)\boldsymbol{f}_X(k)\boldsymbol{P}(k|k)\boldsymbol{F}'(k)+\\&\quad\boldsymbol{D}(k)\boldsymbol{f}_X(k)\boldsymbol{P}(k|k)\boldsymbol{f}_X'(k)\boldsymbol{D}'(k)+\boldsymbol{Q}(k)\end{aligned} \tag{12.35}$$

其中，$\boldsymbol{Q}(k)$ 为过程噪声 $\boldsymbol{V}(k)$ 的协方差矩阵。式（12.35）既包含了式（12.17）所给出状态方程线性部分对应的协方差滤波公式 $\boldsymbol{F}(k)\boldsymbol{P}(k|k)\boldsymbol{F}'(k)$ 和 $\boldsymbol{Q}(k)$，又包含了空间动力学方程约束部分 $\boldsymbol{D}(k)\boldsymbol{f}(\boldsymbol{X}(k))$ 对应的协方差滤波公式 $\boldsymbol{F}(k)\boldsymbol{P}(k|k)\boldsymbol{f}_X'(k)\boldsymbol{D}'(k)+\boldsymbol{D}(k)\boldsymbol{f}_X(k)\boldsymbol{P}(k|k)\boldsymbol{F}'(k)+\boldsymbol{D}(k)\boldsymbol{f}_X(k)\boldsymbol{P}(k|k)\boldsymbol{f}_X'(k)\boldsymbol{D}'(k)$。

新息协方差

$$\boldsymbol{S}(k+1)=\boldsymbol{H}(k+1)\boldsymbol{P}(k+1|k)\boldsymbol{H}'(k+1)+\boldsymbol{R}_D(k+1) \tag{12.36}$$

增益

$$\boldsymbol{K}(k+1)=\boldsymbol{P}(k+1|k)\boldsymbol{H}'(k+1)\boldsymbol{S}^{-1}(k+1) \tag{12.37}$$

状态更新方程

$$\hat{\boldsymbol{X}}(k+1|k+1)=\hat{\boldsymbol{X}}(k+1|k)+\boldsymbol{K}(k+1)[\boldsymbol{Z}_D(k+1)-\boldsymbol{H}(k+1)\hat{\boldsymbol{X}}(k+1|k)] \tag{12.38}$$

协方差更新方程

$$\boldsymbol{P}(k+1|k+1)=[\boldsymbol{I}-\boldsymbol{K}(k+1)\boldsymbol{H}(k+1)]\boldsymbol{P}(k+1|k)[\boldsymbol{I}+\boldsymbol{K}(k+1)\boldsymbol{H}(k+1)]'-\boldsymbol{K}(k+1)\boldsymbol{R}_D(k+1)\boldsymbol{K}'(k+1) \tag{12.39}$$

其中，$\boldsymbol{I}$ 为 9×9 的单位阵。

基于动力学方程约束的空间目标跟踪过程如图 12.3 所示。

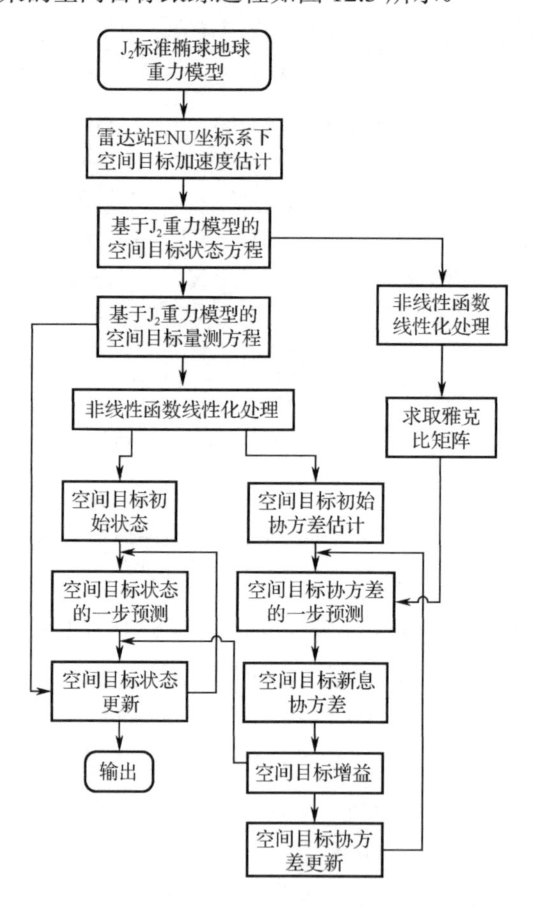

图 12.3　基于 J_2 重力模型的空间目标跟踪流程示意图

12.5　空间目标轨迹预报

12.5.1　轨迹预报初值点获取

快速、有效地对空间目标飞行轨迹进行预报是空间目标监视跟踪的关键问题之一[30-33]，是实现不同雷达间数据引导交接和空间目标拦截的关键核心所在。空间目标运动轨迹有效预报是以多目标精确跟踪为前提，通过跟踪滤波可以降低随机误差的影响提高数据精度，但由于空间目标运动速度快、飞行距离远，滤波后残存的误差对轨迹预报精度仍有较大影响，特别是轨迹预报初值点数据精度对预报结果的影响甚至可用“失之毫厘，谬以千里”来比喻。为此，为进一步提高初值点的精度，获得更为准确的弹道预报初值点数据，这里用 5.2 节给出的最小二乘曲线拟合法进行平滑处理，由于该方法是一阶最小二乘拟合法，在对轨迹预报初值点拟合获取的实际工程应用中，根据精度要求也可用二阶最小二乘拟合法提高轨迹预报初值点的精度，具体描述如下：

将已有数据拟合为二次曲线，表达式为

$$Z(t) = a_0 + a_1 \cdot t + a_2 \cdot t^2 \tag{12.40}$$

式中，系数 a_0、a_1、a_2 满足如下方程组

$$a_0 \sum_{k=0}^{n} t_k^j + a_1 \sum_{k=0}^{n} t_k^{j+1} + a_2 \sum_{k=0}^{n} t_k^{j+2} = \sum_{k=0}^{n} t_k^j Z_k, \qquad j = 0,1,2 \tag{12.41}$$

确定待定系数后即可求解初值时刻的位置。

最小二乘拟合不要求拟合曲线通过所有已知点，只要求得到的近似函数能反映数据的基本关系，适合于目标复杂运动形成曲线航迹的情况，因此，最小二乘曲线拟合不仅能够有效降低随机量测误差的影响，而且得到的结果能更贴近空间目标运动轨迹。

12.5.2　ECI 坐标系下欧拉方程外推预报

在地心惯性（ECI）坐标系下对目标运动轨迹进行预报，需要把雷达测得的东北天（ENU）坐标系下的目标数据 (x_r, y_r, z_r) 转换到 ECI 坐标系下，具体步骤描述如下。

（1）先将 ENU 坐标系下目标数据 (x_r, y_r, z_r) 转换到地心地固直角（ECEF）坐标系下，可得 (x_e, y_e, z_e)

$$\begin{bmatrix} x_e \\ y_e \\ z_e \end{bmatrix} = (\boldsymbol{C}_{\mathrm{EC}}^{\mathrm{ENU}})' \cdot \left(\begin{bmatrix} x_r \\ y_r \\ z_r \end{bmatrix} + \begin{bmatrix} 0 \\ -Ne^2 \sin B \cos B \\ N + H - Ne^2 \sin^2 B \end{bmatrix} \right) \tag{12.42}$$

其中，$(\boldsymbol{C}_{\mathrm{EC}}^{\mathrm{ENU}})'$ 表示矩阵 $\boldsymbol{C}_{\mathrm{EC}}^{\mathrm{ENU}}$ 的转置，而

$$\boldsymbol{C}_{\mathrm{EC}}^{\mathrm{ENU}} = \begin{bmatrix} -\sin L & \cos L & 0 \\ -\cos L \sin B & -\sin L \sin B & \cos B \\ \cos L \cos B & \sin L \cos B & \sin B \end{bmatrix} \tag{12.43}$$

这里 B、L、H 分别为雷达站站心的大地纬度、大地经度和大地高程；N 为雷达站站心所在点的卯酉圈曲率半径，即

$$N = \frac{a}{(1 - e^2 \sin^2 B)^{1/2}} \tag{12.44}$$

式中，a 为参考椭球体的长半轴，a=6 378 137 m，e 为地球第一偏心率，且

$$e = \sqrt{1 - \frac{b^2}{a^2}} \tag{12.45}$$

这里 b 为参考椭球体的短半轴，b=6 356 752 m。

（2）将 ECEF 坐标系下的目标位置转换到 ECI 坐标系下可得

$$\begin{bmatrix} x_I \\ y_I \\ z_I \end{bmatrix} = \begin{bmatrix} \cos L_0 & \sin L_0 & 0 \\ -\sin L_0 & \cos L_0 & 0 \\ 0 & 0 & 1 \end{bmatrix}^{-1} \begin{bmatrix} x_e \\ y_e \\ z_e \end{bmatrix} \tag{12.46}$$

其中，L_0 为某初始时刻地心地固坐标系的 X_e 轴与地心惯性坐标系的 X_I 轴相差的角度，通常假定空间目标起飞的瞬间或雷达开始检测到目标的时刻，地心地固坐标系和地心惯性坐标系

是重合的，从该时刻经过 t_t 时间后，O_eX_I 和 O_eX_e 的夹角为 $L_0=\omega\cdot t_t$，这里 ω 为地球自转角速度。

若 ENU 坐标系下位置和速度直接转换到 ECI 坐标系下，则有

$$\begin{bmatrix} x_I \\ y_I \\ z_I \end{bmatrix}=\begin{bmatrix} -\sin(L+L_0) & -\cos(L+L_0)\sin B & \cos(L+L_0)\cos B \\ \cos(L+L_0) & -\sin(L+L_0)\sin B & \sin(L+L_0)\cos B \\ 0 & \cos B & \sin B \end{bmatrix}\begin{bmatrix} x_r \\ y_r \\ z_r+a+H \end{bmatrix} \tag{12.47}$$

$$\begin{aligned}\begin{bmatrix} \dot{x}_I \\ \dot{y}_I \\ \dot{z}_I \end{bmatrix}=&\begin{bmatrix} -\sin(L+L_0) & -\cos(L+L_0)\sin B & \cos(L+L_0)\cos B \\ \cos(L+L_0) & -\sin(L+L_0)\sin B & \sin(L+L_0)\cos B \\ 0 & \cos B & \sin B \end{bmatrix}\begin{bmatrix} \dot{x}_r \\ \dot{y}_r \\ \dot{z}_r \end{bmatrix}+ \\ &\omega\cdot\begin{bmatrix} -\cos(L+L_0) & \sin(L+L_0)\sin B & -\sin(L+L_0)\cos B \\ -\sin(L+L_0) & -\cos(L+L_0)\sin B & \cos(L+L_0)\cos B \\ 0 & 0 & 0 \end{bmatrix}\begin{bmatrix} x_r \\ y_r \\ z_r+a+H \end{bmatrix}\end{aligned} \tag{12.48}$$

（3）由空间目标动力学方程获得 ECI 坐标系下的加速度

$$\begin{bmatrix} \ddot{x}_I \\ \ddot{y}_I \\ \ddot{z}_I \end{bmatrix}=-\frac{\mu}{r_I^3}\begin{bmatrix} \left(1+\frac{c_e}{r_I^2}\left(1-5\left(\frac{z_I}{r_I}\right)^2\right)\right)x_I \\ \left(1+\frac{c_e}{r_I^2}\left(1-5\left(\frac{z_I}{r_I}\right)^2\right)\right)y_I \\ \left(1+\frac{c_e}{r_I^2}\left(3-5\left(\frac{z_I}{r_I}\right)^2\right)\right)z_I \end{bmatrix} \tag{12.49}$$

其中，μ 为万有引力常数，$r_I=\sqrt{x_I^2+y_I^2+z_I^2}$，$c_e=1.5J_2r_e^2$，$J_2$ 为地球二阶带谐系数，r_e 为地球赤道半径。

（4）由地心惯性（ECI）坐标系下目标位置 $(x_I(k),y_I(k),z_I(k))$、速度 $(\dot{x}_I(k),\dot{y}_I(k),\dot{z}_I(k))$ 和加速度 $(\ddot{x}_I,\ddot{y}_I,\ddot{z}_I)$，利用欧拉预报法进行预报外推[18]，可获得 k+1 时刻外推预报点位置和速度分别为

$$\begin{cases} x_I(k+1)=x_I(k)+\dot{x}_I(k)T+0.5\ddot{x}_I(k)T^2 \\ y_I(k+1)=y_I(k)+\dot{y}_I(k)T+0.5\ddot{y}_I(k)T^2 \\ z_I(k+1)=z_I(k)+\dot{z}_I(k)T+0.5\ddot{z}_I(k)T^2 \end{cases} \tag{12.50}$$

$$\begin{cases} \dot{x}_I(k+1)=\dot{x}_I(k)+\ddot{x}_I(k)T \\ \dot{y}_I(k+1)=\dot{y}_I(k)+\ddot{y}_I(k)T \\ \dot{z}_I(k+1)=\dot{z}_I(k)+\ddot{z}_I(k)T \end{cases} \tag{12.51}$$

（5）由获得的 k+1 时刻外推预报点位置、速度，再结合由式（12.49）获得的 k+1 时刻加速度重复步骤（4）即可获得下一时刻外推预报点位置、速度，以此类推。

12.5.3 龙格-库塔积分预报法

龙格-库塔（Runge-Kutta）方法在工程应用广泛，是一种具有高精度的单步算法。龙格-库塔法采取有效措施来抑制误差，精度高。这里采用的是四阶龙格-库塔积分，即广泛应用在工程中的经典龙格-库塔算法：

$$\begin{cases} k_1 = f(t(k), \boldsymbol{X}_I(k)) \\ k_2 = f\left(t(k) + \dfrac{h}{2}, \boldsymbol{X}_I(k) + \dfrac{h}{2} \cdot k_1\right) \\ k_3 = f\left(t(k) + \dfrac{h}{2}, \boldsymbol{X}_I(k) + \dfrac{h}{2} \cdot k_2\right) \\ k_4 = f(t(k) + h, \boldsymbol{X}_I(k) + h \cdot k_3) \\ \boldsymbol{X}_I(k+1) = \boldsymbol{X}_I(k) = \dfrac{h}{6}(k_1 + 2 \cdot k_2 + 2 \cdot k_3 + k_4) \end{cases} \tag{12.52}$$

其中，f 是根据弹道导弹的动力学方程建立的时刻、位置与速度、加速度的函数关系，$t(k)$ 表示第 k 个时刻的时间戳，$\boldsymbol{X}_I(k)$ 表示第 k 个时刻的位置和速度状态向量

$$\boldsymbol{X}_I(k) = [x_I(k) \quad y_I(k) \quad z_I(k) \quad \dot{x}_I(k) \quad \dot{y}_I(k) \quad \dot{z}_I(k)]' \tag{12.53}$$

四阶龙格-库塔法计算精度较高，截断误差为 $o(h^5)$，并且是可以自启动的数值积分法。但是每步需要对 f 进行四次计算，计算量稍大。

12.6　仿真分析

12.6.1　仿真环境

仿真参数设置如表 12.1 所示。

表 12.1　仿真参数设置

参 数 名 称	参 数 值
测量时间	0～540 s
关机点空间目标 x 轴速度	1 200 m/s
关机点空间目标 y 轴速度	1 200 m/s
关机点空间目标 z 轴速度	2 000 m/s
关机点空间目标经度	85°
关机点空间目标纬度	40°
关机点空间目标高度	80 km
雷达站经度	70°
雷达站纬度	35°
雷达站大地高程	600 m
雷达采样间隔	50 ms
目标数量	6
雷达距离量测误差	10 m
雷达方位量测误差	0.2 mrad
雷达俯仰量测误差	0.2 mrad

12.6.2　空间多目标跟踪结果分析

空间多目标航迹起始用 6.3.2 节介绍的逻辑法，其中基于 3/4 逻辑的空间目标航迹起始过程如图 12.4 所示，空间多目标跟踪过程如图 12.5 所示。

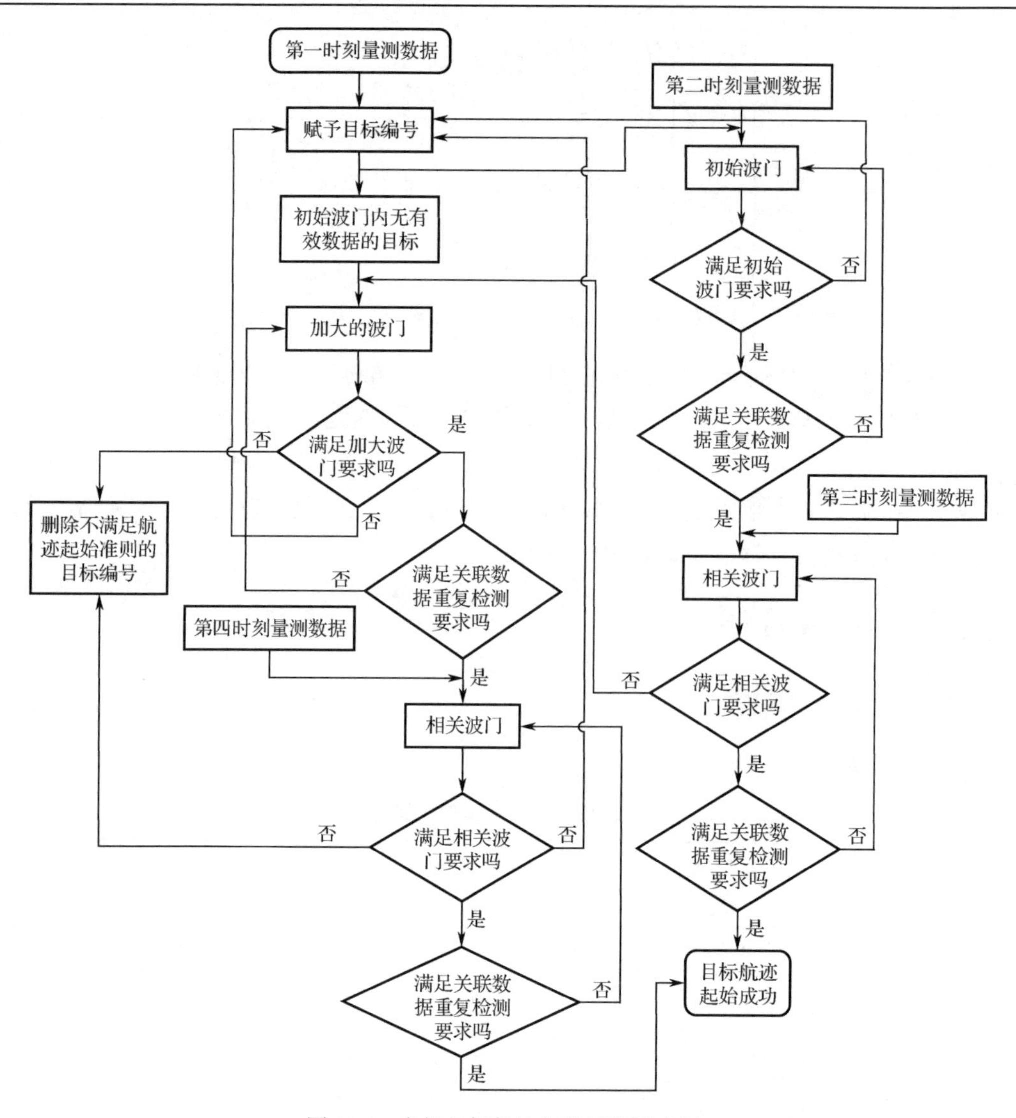

图 12.4　空间目标航迹起始过程示意图

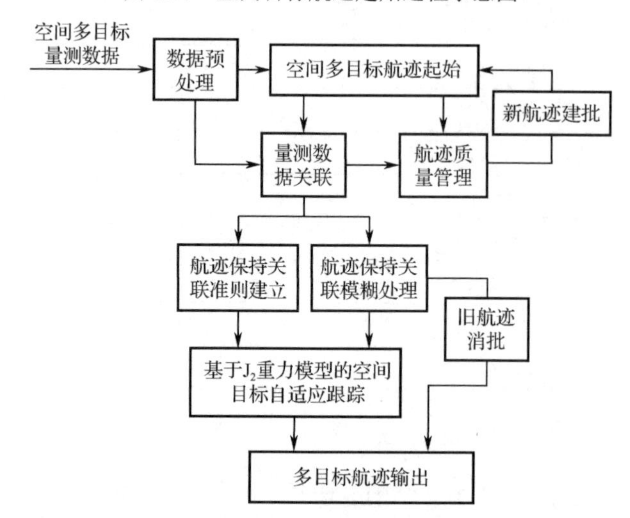

图 12.5　空间多目标跟踪过程示意图

在表 12.1 给出的仿真条件下，空间目标到地面高度随时间变化如图 12.6 所示，其中*为关机点位置。图 12.7～图 12.9 为 ENU 坐标系下的空间目标三维、x～z 轴跟踪结果及其局部放大图，其中实线为目标真实轨迹、点线为量测轨迹、虚线为跟踪轨迹。由仿真可以看出，跟踪滤波在目标比较密集的上升段跟踪结果略差，而随着跟踪时间的延长，滤波平滑后的数据改善效果明显。

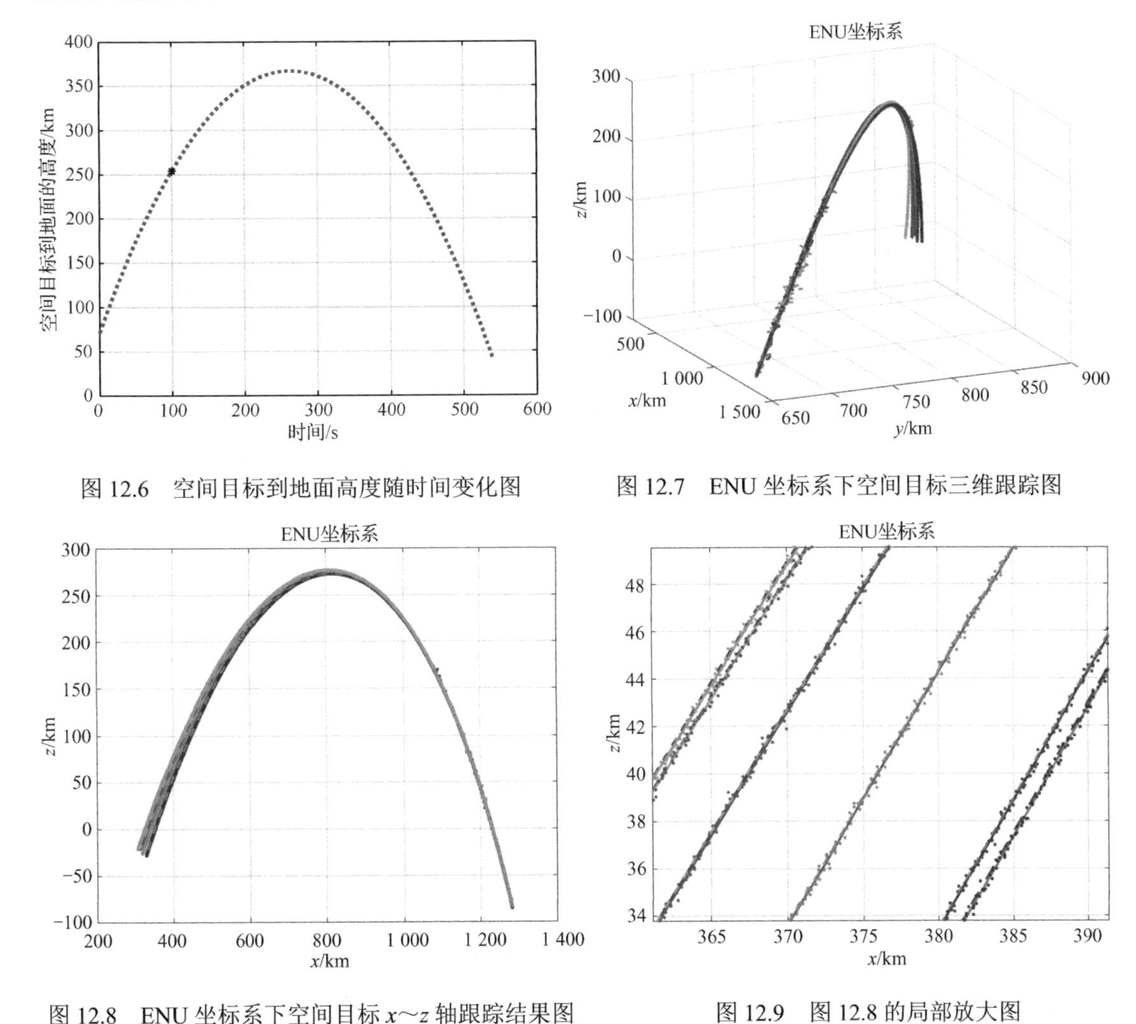

图 12.6　空间目标到地面高度随时间变化图

图 12.7　ENU 坐标系下空间目标三维跟踪图

图 12.8　ENU 坐标系下空间目标 x～z 轴跟踪结果图

图 12.9　图 12.8 的局部放大图

12.6.3　空间目标轨迹预报结果分析

在目标个数为 1、其他参数同表 12.1 的仿真条件下，ECI 坐标系下空间目标轨迹预报结果如图 12.10 所示，图 12.11 为图 12.10 中欧拉外推轨迹和目标真实轨迹三个坐标轴的合位置误差，图 12.12 和图 12.13 为 GPS 数据 60 s 和 230 s 的预报结果图。

由图 12.10 可看出，预报时间越长，滤波外推的轨迹预报结果越差，而欧拉外推轨迹和目标真实轨迹在目标飞行距离较远的情况下基本呈完全重合状态；由图 12.11 可看出，仿真条件下欧拉外推和目标真实轨迹预报后期的合位置误差为 5 m 左右，其中合位置误差具体计算如下：

$$P_I = \sqrt{(x_I(k) - x_{IZ}(k))^2 + (y_I(k) - y_{IZ}(k))^2 + (z_I(k) - z_{IZ}(k))^2} \tag{7.70}$$

其中，$x_I(k)$、$y_I(k)$、$z_I(k)$ 和 $x_{IZ}(k)$、$y_{IZ}(k)$、$z_{IZ}(k)$ 分别表示 ECI 坐标系下目标位置的欧拉外推预测数据和真实数据。

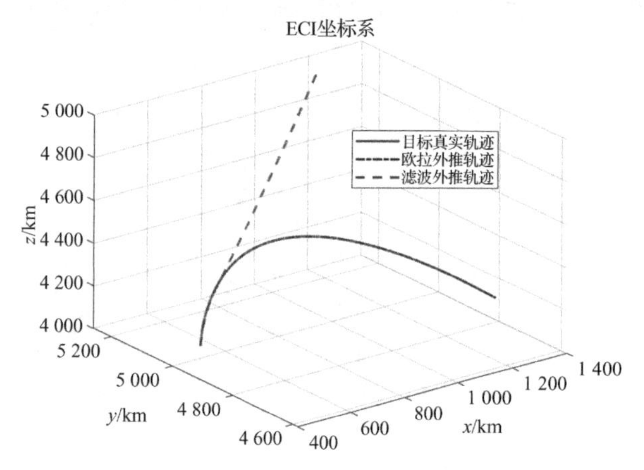

图 12.10　ECI 坐标系下空间目标轨迹预报结果图

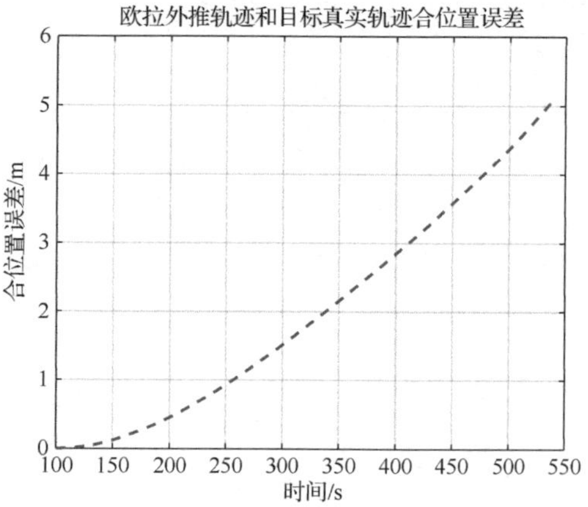

图 12.11　图 12.10 中欧拉外推轨迹和目标真实轨迹合位置误差

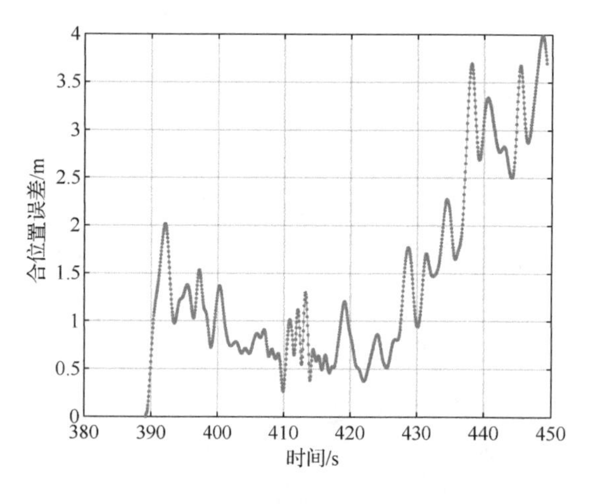

图 12.12　GPS 数据 60 s 预报结果图

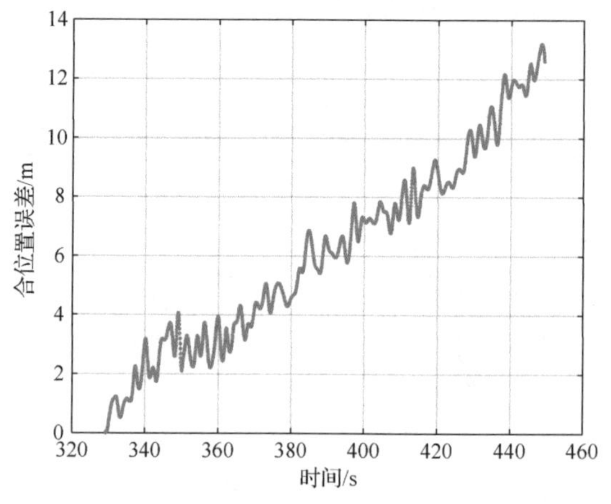

图 12.13　GPS 数据 230 s 预报结果图

由图 12.11～图 12.13 可看出，预报的时间越长预报误差越大，由仿真分析还可看出，在雷达测量误差增大或数据质量变差的情况下，预报误差增大的幅度将更大。

12.7　小结

空间目标群与有动力引擎的舰船编队、飞机编队等有着明显不同的环境背景：飞机、舰船等有动力装置的密集目标群，其目标之间的间距相对较大，而且不同目标间存在相对运动、目标的运动状态也有一定差别。而空间目标为了避免被跟踪、被拦截在飞行中段产生/释放的碎片、诱饵以及其他伴飞目标所构成的空间目标群具有运动速度快、密集性高、可分性差、目标运动特性非常相近等特点，导致空间目标检测效果差，数据易断续。为此，本章针对空间目标运动特点对空间系统模型、数据关联、多目标跟踪等问题进行研究，在此基础上，研究了空间目标轨迹预报问题，并通过仿真分析对相关算法进行了验证。

另外，借鉴扩展目标跟踪（ET Tracking，ETT）思路[34-37]、随机有限集理论[38-40]等都可对空间目标跟踪问题进行研究，同时随着太空探测脚步的不断迈进，如何充分利用深度学习[41]、机器学习[42]等人工智能技术对空间碎片群[43,44]、临近空间目标[45-48]等进行跟踪、预报，通过雷达智能跟踪提升复杂场景下多源多域信息提取、分析、评估、融合等能力，利用多源信息融合实现对重点目标的自主连续追踪、监测、预报等更是值得深入研究[49-52]。

参考文献

[1] 卢哲俊. 空间碎片群目标状态估计理论与方法研究. 长沙: 国防科技大学研究生院, 2017.

[2] 郭军海. 弹道测量数据融合技术. 北京: 国防工业出版社, 2012.

[3] 刘利生, 郭军海, 刘元, 等. 空间轨迹测量融合处理与精度分析. 北京: 清华大学出版社, 2014.

[4] 李昌玺, 周焰, 郭戈, 等. 弹道导弹群目标跟踪技术综述. 战术导弹技术, 2015 (3): 66-72.

[5] He Y, Xiu J J, Guan X. Radar Data Processing with Applications. John Wiley & Publishing house of electronics industry, 2016. 8.

[6] 何友, 王国宏, 关欣. 信息融合理论及应用. 北京: 电子工业出版社, 2010.

[7] 杜明洋, 毕大平, 王树亮. 群目标跟踪关键技术研究进展. 电光与控制, 2019, 26(4): 59- 65, 90.

[8] 张自序. 空间群目标下多假设跟踪方法研究. 成都: 电子科技大学, 2014.

[9] 黄强, 俞建国, 时鹏飞. 基于自适应压缩感知的复杂弹道群目标跟踪技术. 系统工程与电子技术, 2020, 42(8): 1710-1717.

[10] 苗士雨. 临近空间强机动目标跟踪算法研究. 北京: 北京交通大学, 2018.

[11] 赫亮. 临近空间目标跟踪方法研究. 哈尔滨: 哈尔滨工业大学, 2019.

[12] 刘也. 弹道目标实时跟踪的稳健高精度融合滤波方法. 长沙: 国防科技大学研究生院, 2011.

[13] 陈出新. 弹道导弹跟踪方法和算法研究. 西安: 西北工业大学, 2014.

[14] 黄剑, 胡卫东. 基于贝叶斯框架的空间群目标跟踪技术. 雷达学报, 2013, 2(1): 86-96.

[15] 张博伦, 周荻, 吴世凯. 临近空间高超声速飞行器机动模型及弹道预测. 系统工程与电子技术, 2019, 41(9): 2072-2079.

[16] 周万幸. 空间导弹目标的捕获和处理. 北京: 电子工业出版社, 2013.

[17] 韩蕾蕾. 空间群目标跟踪算法研究. 烟台: 海军航空大学, 2019. 12: 1-4.

[18] 赵艳丽. 弹道导弹雷达跟踪与识别研究. 长沙: 国防科技大学研究生院, 2007.

[19] Li X R, Jilkov V P. A Survey of Maneuvering Target Tracking-Part II: Ballistic Target Models. Proceedings of SPIE conference on signal and Data Processing of Small Targets, 2001, (4473): 559-581.

[20] Li X R, Jilkov V P. Survey of Maneuvering Target Tracking-Part II: Motion Models of Ballistic and Space Targets. IEEE Transactions on Aerospace and Electronic Systems, 2010, 46(2): 96-119.

[21] 修建娟, 张敬艳, 董凯. 基于动力学模型约束的空间目标精确跟踪算法研究. 电子学报, 2021, 49(4): 781-787.

[22] 刘妹琴, 兰剑. 目标跟踪前沿理论与应用. 北京: 科学出版社, 2015.

[23] 彭冬亮, 文成林, 薛安克. 多传感器多源信息融合理论及应用. 北京: 科学出版社, 2010.

[24] 韩崇昭, 朱洪艳, 段战胜, 等. 多源信息融合（第 2 版）. 北京: 清华大学出版社, 2010.

[25] 潘泉, 程咏梅, 梁彦, 等. 多源信息融合理论与应用. 北京: 清华大学出版社, 2013.

[26] 李云湘. 随机有限集多目标跟踪技术研究. 长沙: 国防科技大学研究生院, 2016.

[27] 朱书军. 基于随机有限集的可分辨群目标跟踪算法研究. 杭州: 杭州电子科技大学, 2017.

[28] 虎小龙. 未知场景多伯努利滤波多目标跟踪算法研究. 西安: 西安电子科技大学, 2019, 04.

[29] 陈辉, 杜金瑞, 韩崇昭. 基于星凸形随机超曲面模型多扩展目标多伯努利滤波器. 自动化学报, 2020, 46(5): 909-922.

[30] 王思. 多基雷达弹道导弹弹道融合跟踪与预报方法研究. 哈尔滨: 哈尔滨工业大学, 2012.

[31] 钟芳宇. 雷达探测空间目标跟踪与数据关联方法研究. 北京: 北京理工大学, 2016.

[32] 修建娟, 张敬艳, 董凯. 空间目标航迹片段关联算法研究. 弹道学报, 2020, 32(3): 85-90.

[33] 杜广洋, 郑学合. 雷达群目标跟踪条件下的弹道预报方法. 系统工程与电子技术, 2018, 40 (12): 2683- 2688.

[34] Granström K, Orguner U, Mahler R, et al. Corrections on: Extended Target Tracking Using a Gaussian-Mixture PHD Filter. IEEE Transactions on Aerospace and Electronic Systems, 2017, 53(2): 1055-1058.

[35] Su Z Z, Ji H B, Zhang Y Q. Loopy Belief Propagation Based Data Association Forextended Target Tracking. Chinese Journal of Aeronautics, 2020, 33(8): 2212-2223.

[36] Zou Z B, Song L P, Cheng X. Labeled box-particle CPHD Filter Formultiple Extended Targets Tracking. Journal of Systems Engineering and Electronics, 2019, 30(1): 57-67.

[37] Hu Q, Ji H, Zhang Y. An Improved Extended State Estimation Approach for Maneuvering Target Tracking Using Random Matrix. International Conference on Information Fusion. IEEE, 2017: 1-7.

[38] Lan J, Li X R. Tracking of Extended Object or Target Group Using Random Matrix: New Model and Approach. IEEE Transactions on Aerospace & Electronic Systems, 2017, 52(6): 2973-2989.

[39] Vivone G, Granström K, Braca P, et al. Multiple Sensor Measurement Updates for the Extended Target Tracking Random Matrix Model. IEEE Transactions on Aerospace & Electronic Systems, 2017, 99: 1-1.

[40] Lan J, Li X R. Extended Object or Group Target Tracking Using Random Matrix with Nonlinear Measurements. Proceedings of the International Conference on Information Fusion, IEEE, 2016.

[41] Meng T, Jing X Y, Yan Z, et al. A Survey on Machine Learning for Data Fusion. Information Fusion, 2020, 57, (5): 115-129.

[42] Liu J, Wang Z, Xu M. A Deep Learning Maneuvering Target-tracking Algorithm Based on Bidirectional LSTM Network. Information Fusion, 2020, 53: 289-304.

[43] Peerapong T, Gao P Q, Shen M, et al. Space Debris Tracking Strategy through Monte-CarloBased Track-before-Detect Framework. Astronomical Research And Technology, 2019, 16(1): 33-43.

[44] Wei B, Nener B, Liu W. Tracking of Space Debris via CPHD and Consensus. International Conference on Control, Automation and Information Sciences (ICCAIS), IEEE, 2015, 436-441.

[45] Zhang J F, Qiu T S. A Robust Correntropy Based Subspace Tracking Algorithm in Impulsive Noise Environments. Digital Signal Processing, 2017, 62: 168-175.

[46] 张翔宇, 王国宏, 李俊杰, 等. 临近空间高超声速滑跃式轨迹目标跟踪技术. 航空学报, 2015, 36(6): 1983-1994.

[47] 秦武韬. 临近空间高速滑翔飞行器跟踪滤波方法研究. 哈尔滨: 哈尔滨工业大学, 2019.

[48] Zhang X Y, Wang G H, et al. Hypersonic Sliding Target Trackingin Near Space. Defence Technology, 2015, 11(4): 370-381.

[49] Wu L, Sheng W, An W. A Trajectory Tracking Algorithm in Boost Phase Based on MLE-CKF Federated

Filter. Journal of Computational and Theoretical Nanoscience, 2016, 13(5): 3036-3042.

[50] Wang X, Qin W, Cui N. Robust Trajectory Estimation in Ballistic Phase using Out-of-Sequence High-degree Cubature Huber-based Filtering. Transactions of the Japan Society for Aeronautical and Space Science, 2017, 60(3): 164-170.

[51] Jia B, Pham K D, Blasch E, et al. Cooperative Space Object Tracking Using Space-based Optical Sensors via Consensus-based Filters. IEEE Transactions on Aerospace & Electronic Systems, 2016, 52: 1908-1936.

[52] 胡云鹏, 黎克波, 陈磊. 面向空间态势感知的天基可见光空间目标自主跟踪方法. 中国科学: 技术科学, 2021, 51: 424-434.

第 13 章　多目标跟踪终结理论与航迹管理

13.1　引言

由于在对目标进行跟踪的过程中，正在被跟踪的目标随时都有逃离监视区域的可能性，一旦目标超出了雷达的探测范围，跟踪器就必须作出相应的决策以消除多余的航迹档案，确定跟踪终结[1,2]。因而，在多目标跟踪领域中，除了滤波估计理论、航迹起始、数据互联、复杂目标跟踪技术以外，航迹跟踪终结和航迹管理问题[3-5]也是颇受人们所关注的。同时在目标环境日益复杂的背景下，由于雷达探测航迹之间呈现着错综复杂的关系，因而目标航迹的起始、确认、保持、撤销准则在工程应用中成了非常重要的问题，使得目标航迹管理[6,7]成为雷达数据处理系统中的一个重要和必需的环节，尤其是航迹管理中的航迹号管理与航迹质量管理[8-11]特别需要关注，为此，本章还将讨论这两方面的内容。

13.2　多目标跟踪终结理论

跟踪终结是对于已确认航迹的目标，当其离开监视区域时，终止对其进行继续跟踪，从而节省航迹存储空间。目前的多目标跟踪终结技术主要有序列概率比检验算法、跟踪波门方法、代价函数法、Bayes 算法以及全邻 Bayes 算法等。

13.2.1　序列概率比检验（SPRT）算法

序列概率比检验（SPRT）算法[12,13]采用假设检验来进行跟踪的起始或终结，具体方法描述如下。

① 首先需要建立两种假设 H_1 和 H_0，其中 H_1 为跟踪维持假设，H_0 为跟踪终结假设。

② 其次，分别计算每种假设的似然函数 P_{1k} 和 P_{0k}，即

$$H_1:\quad P_{1k}=P_D^m(1-P_D)^{k-m} \tag{13.1}$$

$$H_0:\quad P_{0k}=P_F^m(1-P_F)^{k-m} \tag{13.2}$$

式中，P_D 和 P_F 分别为检测概率和虚警概率；m 为检测数；k 为扫描数。接着，分别定义相应于上述两种假设的似然比函数为

$$U_k=\frac{P_{1k}}{P_{0k}} \tag{13.3}$$

并相应设置两种门限分别为 C_1 和 C_2。

最后，SPRT 算法的决策逻辑安排如下：

① $U_k \geqslant C_2$，接受假设 H_1，跟踪维持；

② $U_k \leqslant C_1$，接受假设 H_0，跟踪终结；

③ $C_1 < U_k < C_2$，继续检验。

这里，决策门限 C_1 和 C_2 满足

$$C_1 = \frac{\beta}{1-\alpha} \tag{13.4}$$

$$C_2 = \frac{1-\beta}{\alpha} \tag{13.5}$$

式中，α 和 β 为预先给定的允许误差概率，α 是假设 H_0 为真时，接受 H_1 的概率，即漏撤（当航迹应该撤销而判决航迹不撤销）概率，而 β 则是假设 H_1 为真时，接受 H_0 的概率，即误撤（当存在真实航迹却被判为航迹撤销）概率。对式（13.3）两边取对数，并利用式（13.1）、式（13.2），得到似然比函数的对数形式，决策逻辑式就可以转化为

$$\ln U_k = \ln(P_{1k} / P_{0k}) = ma_1 - ka_2 \tag{13.6}$$

式中，参数 a_1，a_2 分别为

$$a_1 = \ln\frac{P_{\rm D}/(1-P_{\rm D})}{P_{\rm F}/(1-P_{\rm F})} \tag{13.7}$$

$$a_2 = \ln\frac{1-P_{\rm F}}{1-P_{\rm D}} \tag{13.8}$$

定义检验统计变量 $ST(k)$为

$$ST(k) = ma_1 \tag{13.9}$$

$$\ln U_k = ST(k) - ka_2 \tag{13.10}$$

此时定义 k 时刻决策门限为

$$T_U(k) = \ln C_2 + ka_2 \tag{13.11}$$

$$T_L(k) = \ln C_1 + ka_2 \tag{13.12}$$

这样，跟踪终结决策逻辑可表示如下：

① $ST(k) \geqslant T_U(k)$，接受假设 H_1，跟踪维持；

② $ST(k) \leqslant T_L(k)$，接受假设 H_0，跟踪终结；

③ $T_L(k) < ST(k) < T_U(k)$，继续检验。

这就是说，在 k 时刻，若某航迹的波门内落入了点迹，则统计量 $ST(k)$增加 a_1，若航迹的波门内无任何点迹，则 $ST(k)$ 保持不变，而门限 $T_L(k)$、$T_U(k)$ 每一时刻都增加 a_2。当统计量 $ST(k)$高于门限 $T_U(k)$ 时算法判决跟踪维持；当统计量 $ST(k)$低于门限 $T_L(k)$ 时算法判决跟踪终结，航迹被撤销；否则，继续进行检验。

由于漏撤概率 α 和误撤概率 β 只能凭经验给定，在密集回波环境下其设定有很大的不确定性，设定不合理有可能会带来很高的全局虚警率，因而该方法通常用于稀疏回波环境下非机动目标的跟踪终结。

13.2.2　跟踪波门方法

跟踪波门方法[13]将最优跟踪波门限用于确定跟踪终结的准则，最优跟踪波门限 γ_0 的表达式为

$$\gamma_0 = 2\ln\frac{P_{\rm D}}{(1-P_{\rm D})\beta_{\rm new}(2\pi)^{M/2}\sqrt{|\boldsymbol{S}|}} \tag{13.13}$$

式中，$P_{\rm D}$ 为检测概率；$\beta_{\rm new}$ 为新回波密度；M 为观测维数；$|\boldsymbol{S}|$ 为新息协方差矩阵的行列式。

若 $\gamma_0 > 0$，则存在着更新被跟踪目标轨迹的可能，若 $\gamma_0 < 0$，则所接收到的回波很可能

是来自新目标回波而非被跟踪的目标。当$\gamma_0 > 0$时，若由跟踪滤波所获得的新息范数$\psi(k)$满足下式

$$\psi(k) \leqslant \gamma_0 \tag{13.14}$$

则探测器接收到的回波很可能来自被跟踪的目标。

由最优跟踪波门限γ_0确定的跟踪终结准则为，当且仅当

$$\gamma_0 < \gamma_{\min} \tag{13.15}$$

成立时，认为跟踪终结。式中$\gamma_{\min}$为某一最小的门限值，$\gamma_{\min}$值可由具有M（观测维数）个自由度的标准χ_M^2分布求取，以保证在存在预先给定的轨迹更新概率条件下跟踪不至于被终结。

跟踪波门方法是用设定的门限和准则来判定当前航迹是应该继续保持还是应该终结，同时随着现在目标环境越来越复杂，用该方法进行航迹终结最好结合航迹质量使用多点信息进行判断，即对于一个航迹质量较高的航迹，须在后续连续几个时刻均判断为应该终结，这条航迹才可以在数据库中被消去，同时在终结之前的跟踪过程中还须多次利用盲目外推的方法，由扩大波门对目标进行再捕获。

13.2.3 代价函数法

由第 6 章、第 7 章的研究可知，当目标动态模型足够精确，且观测/轨迹配对正确时，目标新息范数$\psi(k)$[14,15]

$$\psi(k) = \boldsymbol{v}'(k)\boldsymbol{S}^{-1}(k)\boldsymbol{v}(k) \tag{13.16}$$

服从自由度为M的χ^2分布。式中$\boldsymbol{v}(k)$为目标的新息向量，$\boldsymbol{S}(k)$为新息协方差矩阵，M为观测维数。

为了提高跟踪终结正确率，可定义一种以其更新次数N_i归一化的累积χ^2代价函数，即

$$C_i = \frac{1}{N_i}\sum_{k=1}^{N_i}\psi(k) \tag{13.17}$$

式中，N_i为航迹i的更新次数。

根据上述定义可知N_iC_i服从自由度为MN_i的χ^2分布。由此，按照χ^2分布或利用高斯近似，可设置门限为

$$\eta_i = \mu_{C_i} + \alpha\sigma_{C_i}, \qquad \forall \alpha \geqslant 3 \tag{13.18}$$

式中，μ_{C_i}、σ_{C_i}分别为C_i的均值与标准偏差，即

$$\mu_{C_i} = E[C_i] \tag{13.19}$$

$$\sigma_{C_i} = \sqrt{\frac{2\mu_{C_i}}{N_i}} \tag{13.20}$$

最后，当满足以下条件时

$$C_i > \mu_{C_i} + \alpha\sigma_{C_i} \tag{13.21}$$

或

$$C_i < \mu_{C_i} - \alpha\sigma_{C_i} \tag{13.22}$$

算法接受跟踪终结假设。

在这种算法中，随着更新次数N_i的增加，由式（13.17）定义的代价函数C_i可能会存在对以往的数据进行重加权而对新数据进行轻加权的情况，这样便容易导致错误的跟踪终结。

解决该问题的方法之一是在代价函数 C_i 中设置衰减系数 $\delta(k)$，即

$$C_i^* = \frac{1}{N_i}\sum_{k=1}^{N_i}\delta(k)\psi(k) \tag{13.23}$$

式中，$\delta(N_i)=1$，且 $\delta(k+1)>\delta(k)$。

修正后的代价函数服从自由度为 V_Γ 的 $A\chi^2_{V_\Gamma}$ 分布（证明可参阅文献[2]），其中

$$A = \frac{\sum_{k=1}^{N_i}\delta^2(k)}{\sum_{k=1}^{N_i}\delta(k)} \tag{13.24}$$

$$V_\Gamma = M\frac{\left[\sum_{k=1}^{N_i}\delta(k)\right]^2}{\sum_{k=1}^{N_i}\delta^2(k)} \tag{13.25}$$

另一种解决方法是取一个固定的更新次数 N_i，对航迹进行滑窗长度为 N_i 的跟踪终结检测。

13.2.4　Bayes 算法

Bayes 算法[13]既可用于跟踪起始，也可用于跟踪终结，下面主要讨论利用 Bayes 算法进行跟踪终结。

首先计算给定量测集合 $\boldsymbol{Z}$ 条件下轨迹为真的后验概率 $P_{\mathrm{r}}(T\,|\,\boldsymbol{Z})$，由 Bayes 法则有

$$P_{\mathrm{r}}(T\,|\,\boldsymbol{Z}) = \frac{P_{\mathrm{r}}(\boldsymbol{Z}\,|\,T)P_0(T)}{P_{\mathrm{r}}(\boldsymbol{Z})} \tag{13.26}$$

而

$$P_{\mathrm{r}}(\boldsymbol{Z}) = P_{\mathrm{r}}(\boldsymbol{Z}\,|\,T)P_0(T) + P_{\mathrm{r}}(\boldsymbol{Z}\,|\,F)P_0(F) \tag{13.27}$$

$$P_0(F) = 1 - P_0(T) \tag{13.28}$$

式中，$P_{\mathrm{r}}(\boldsymbol{Z}\,|\,T)$ 和 $P_{\mathrm{r}}(\boldsymbol{Z}\,|\,F)$ 分别为存在真实目标和虚假目标条件下接收量测集合 $\boldsymbol{Z}$ 的概率；$P_0(T)$ 和 $P_0(F)$ 分别为真实目标和虚假目标的先验概率；$P_{\mathrm{r}}(\boldsymbol{Z})$ 为接收量测集合的概率。

定义数据似然比 $L(\boldsymbol{Z}) = \dfrac{P_{\mathrm{r}}(\boldsymbol{Z}\,|\,T)}{P_{\mathrm{r}}(\boldsymbol{Z}\,|\,F)}$，并组合式（13.26）～式（13.28），有

$$P_{\mathrm{r}}(T\,|\,\boldsymbol{Z}) = \frac{L(\boldsymbol{Z})P_0(T)}{L(\boldsymbol{Z})P_0(T) + 1 - P_0(T)} \tag{13.29}$$

此时若设 L_k 为第 k 次扫描时的数据似然比，$P_{\mathrm{r}}(T|\boldsymbol{Z}_k)$为直到第 k 次扫描为止时目标为真的概率，那么式（13.29）则变换为

$$P_{\mathrm{r}}(T\,|\,\boldsymbol{Z}_k) = \frac{L_k P_{\mathrm{r}}(T\,|\,\boldsymbol{Z}_{k-1})}{L_k P_{\mathrm{r}}(T\,|\,\boldsymbol{Z}_{k-1}) + 1 - P_{\mathrm{r}}(T\,|\,\boldsymbol{Z}_{k-1})} \tag{13.30}$$

式中

$$L_k = \frac{P_{\mathrm{r}}(\boldsymbol{Z}_{k-1}\,|\,T)}{P_{\mathrm{r}}(\boldsymbol{Z}_{k-1}\,|\,F)} = \begin{cases} \dfrac{P_{\mathrm{D}}V_j(k)\exp(-\psi_j{}^2(k)/2)}{P_{\mathrm{F}}(2\pi)^{M/2}\sqrt{|\boldsymbol{S}_j(k)|}}, & \text{不漏检} \\[2ex] \dfrac{1-P_{\mathrm{D}}}{1-P_{\mathrm{F}}}, & \text{漏检} \end{cases} \tag{13.31}$$

式中，$V_j(k)$ 为第 j 个目标的互联域体积；$\boldsymbol{S}_j(k)$ 为新息协方差矩阵；$\psi_j(k)$ 为目标的新息范数；M 为观测维数；P_{D} 为雷达探测概率；P_{F} 为虚警概率，且

$$P_{\mathrm{F}} = \beta_{\mathrm{FT}} \cdot V_j \tag{13.32}$$

这里 β_{FT} 为虚警密度，V_j 为互联域体积。

设置跟踪终结门限 P_{el}，当且仅当

$$P_{\mathrm{r}}(T \mid \boldsymbol{Z}_k) < P_{\mathrm{el}} \tag{13.33}$$

时判定为跟踪终结。

Bayes 算法属于最近邻的算法，其统计决策中需要用到量测集合 $\boldsymbol{Z}$ 中多量测点信息和滤波残差信息，适用于稀疏回波环境下的目标跟踪终结问题。

13.2.5　全邻 Bayes 算法

为了解决密集回波环境下的机动多目标跟踪终结问题，需要对 Bayes 算法进行修正[13]，即利用修正的概率数据互联中的全邻等效新息代替 Bayes 算法中的“最近邻”新息，进而得到新的数据似然比计算方法。修正后的全邻 Bayes 算法基本方程为

$$P_{\mathrm{r}}(T \mid \boldsymbol{Z}_k) = \frac{L_k P_{\mathrm{r}}(T \mid \boldsymbol{Z}_{k-1})}{L_k P_{\mathrm{r}}(T \mid \boldsymbol{Z}_{k-1}) + 1 - P_{\mathrm{r}}(T \mid \boldsymbol{Z}_{k-1})} \tag{13.34}$$

式中

$$L_k = \begin{cases} \dfrac{P_{\mathrm{D}} V_j(k) \exp(-\varphi_j(k)/2)}{P_{\mathrm{F}} (2\pi)^{M/2} \sqrt{|\boldsymbol{S}_j(k)|}}, & \text{不漏检} \\[2ex] \dfrac{1-P_{\mathrm{D}}}{1-P_{\mathrm{F}}}, & \text{漏检} \end{cases} \tag{13.35}$$

式中，$\varphi_j(k)$ 为第 j 个目标的等效新息范数，即

$$\varphi_j(k) = [\boldsymbol{Z}_j(k) - \boldsymbol{H}(k)\hat{\boldsymbol{X}}_j(k \mid k-1)]' \boldsymbol{S}_j^{-1}(k) [\boldsymbol{Z}_j(k) - \boldsymbol{H}(k)\hat{\boldsymbol{X}}_j(k \mid k-1)], \quad j = 1, \cdots, n \tag{13.36}$$

式中，n 为目标个数。

由于多余回波在监视区域内服从均匀分布，为适合高密集回波环境重新定义

$$P_{\mathrm{F}} = \frac{V_j}{V_T}, \qquad j = 1, \cdots, n \tag{13.37}$$

式中，V_T 为监视区域的体积。

同样，设置跟踪终结门限 P_{TT}，当且仅当

$$P_{\mathrm{r}}(T \mid \boldsymbol{Z}_k) < P_{\mathrm{TT}} \tag{13.38}$$

则接受跟踪终结假设。

13.2.6　算法性能分析

1．仿真环境及参数设置

本节选取两种典型的多机动目标运动环境。

环境 1：

目标起始状态：$\boldsymbol{X}(0)$=[60 000 m　0 m/s　40 000 m　−600 m/s]′；t=30 s 时，a_x=35 m/s^2，a_y=35 m/s^2；目标运动过程终结时刻 t=50 s。

环境 2：

假设监视区域不断有目标出现，由最初的 5 批目标逐渐增加至 60 批目标。目标初始位置在图 13.1 所示区域按正态分布产生，初速和初始航向分别在 4～1 200 m/s 和 0～2π 之间均匀分布。图 13.1 中 r_1 是观测半径，r_1' 是盲区半径，r_1=110 km，r_1'=2 km，x_1=380 km，y_1=270 km。在仿真过程中，假设雷达采样间隔 T=2 s，测距误差 $\sigma_r = 100\,\text{m}$，测角误差 $\sigma_\theta = 0.03\,\text{rad}$，仿真次数 N=50 次。

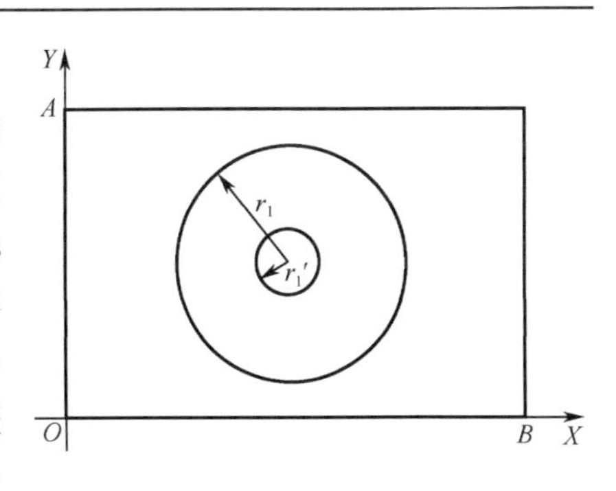

图 13.1　雷达观测区示意图

各算法参数设置如下：

① 序列概率比检验算法：探测概率 $P_\text{D} = 0.95$，虚警概率 $P_\text{F} = 0.1$，漏撤概率 $\alpha = 0.15$，误撤概率 $\beta = 0.1$；

② 跟踪波门方法：探测概率 $P_\text{D} = 0.95$，新目标回波密度 $\beta_\text{new} = 0$（环境 1），$\beta_\text{new} = 0.2$（环境 2），最小门限值 $\gamma_\text{min} = 0.103$；

③ 代价函数法：滑窗长度 N_i=8；

④ Bayes 算法：探测概率 $P_\text{D} = 0.95$，虚警概率 $P_\text{F} = 0.1$，终结门限 $P_\text{el} = 0.7$，初始概率 $P_0 = 0.01$；

⑤ 全邻 Bayes 算法：探测概率 $P_\text{D} = 0.95$，虚警概率 $P_\text{F} = 0.1$，终结门限 $P_\text{TT} = 0.7$，初始概率 $P_0 = 0.01$。

2．仿真结果与分析

环境 1

表 13.1 对各种航迹终结算法所需终结时间进行了比较。从仿真结果可以看出，全邻 Bayes 算法所需跟踪终结最短，能够快速地提供撤销航迹的信息；代价函数法次之；Bayes 算法与序列概率比检验算法均需较长的终结时间；而跟踪波门方法耗费时间最长，实时性较差。

表 13.1　各种算法跟踪终结时间

终结算法	序列概率比检验算法	跟踪波门方法	代价函数法	Bayes 算法	全邻 Bayes 算法
终结时间/s	6	8	5	6	4

环境 2

图 13.2 给出了各种算法错误终结率随目标批数变化的比较结果。由图中结果可以看出，全邻 Bayes 算法与序列概率比检验算法的错误终结率随目标批数的增加上升较为缓慢，跟踪波门方法与 Bayes 算法的错误终结率随目标批数的增加上升较为迅速，而代价函数法在目标数小于 40 批时其错误终结率较跟踪波门方法与 Bayes 算法的错误终结率更低，但当目标数大于 40 批时该算法的错误终结率逐渐超过了上述两种算法。

因此，从算法的跟踪终结时间与错误终结率综合来看，全邻 Bayes 算法实时性较好且稳定性强；序列概率比检验算法跟踪终结时间较长但稳定性强；代价函数法的实时性近似于全邻 Bayes 算法，在目标批数较小时其错误终结率较低而当目标批数较大时该算法的错误终结率较高；Bayes 算法与跟踪波门方法跟踪终结时间较长且算法的稳定性差。从算法分类来看，序列概率比检验算法、跟踪波门算法、代价函数法和 Bayes 算法都属于最近邻算法，这就决定了这些算法的使用范围仅限于稀疏目标回波环境和非机动目标环境。而全邻 Bayes 算法利用了全邻信息，是一种适用于密集回波环境和机动多目标的跟踪终结技术，能够提供可靠快速的跟踪终结决策，因而最具工程实用价值。

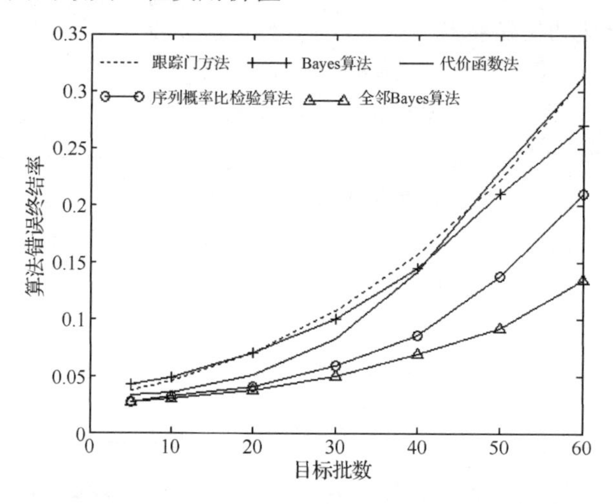

图 13.2 各种算法错误终结率随目标批数变化比较图

13.3 航迹管理

现代空中环境日益复杂，各种飞机实施交叉、编队、迂回等协同和非协同技术机动，有源、无源电子对抗等都带来大量的不确定性[16-18]。在复杂的多目标多杂波环境下，由雷达探测形成的航迹之间呈现着错综复杂的关系，该情况下不仅要解决非线性、多目标、有杂波等复杂环境下的目标跟踪问题[19,20]，还须及时对所形成的航迹质量进行评估。结合航迹质量来设定目标航迹起始、确认、保持、撤销准则已成为工程应用中非常重要的问题，也是及时消批防止出现跟踪饱和、实现目标运动状态监测、预测等应用的基础[21-23]，航迹管理现已成为雷达数据处理中的一个重要内容。航迹管理概括来讲可分为两部分内容：航迹号管理与航迹质量管理。下面首先讨论航迹号管理，然后讨论航迹质量管理问题。

13.3.1 航迹号管理

每一雷达跟踪系统都必须有自己的航迹文件管理系统，而航迹管理一般要通过航迹编号来实现，航迹的编号通常简称为航迹号，与给定航迹相联系的所有参数都以其航迹号作为参考。航迹号一方面在航迹管理中用于标记航迹，借助于航迹号进行航迹间相关处理的标记；另一方面可事后统计分析航迹处理效果，同时借助于航迹号的管理可描述一定的环境态势，并反馈给航迹内部的信息处理。

航迹号管理中航迹号的申请、撤销、保持及对航迹的运算与操作等过程实现的关键是建立航迹号数组和赋值航迹号链表，其具体操作过程如下：

① 建立航迹号数组 DT，维数为 NN（NN 为整数），初始化为 $DT(i)=i$，$i=1,2,3,\cdots,NN$。

② 设定 NU 为进入雷达监视区的指针，初值都为零。

③ 航迹号的申请。新航迹进入监视区，则 $NU=NU+1$，并为该航迹分配航迹号 $NT=DT(NU)$。

④ 航迹号的撤销。若航迹 $NT1$ 被撤销，则 $DT(NU)=NT1$，且 $NU=NU-1$。

由于对航迹的所有操作都是以航迹号为第一参数的，为了便于对监视区所有航迹连续不断和有效的操作，需要对雷达监视区建立赋值航迹号链表。监视区内的航迹号存储、转换航迹号的管理过程如下：

① 建立航迹号存储数组 $IDT1$，且规定 $IDT1$ 的初值为零；设定一变量 $TB1$，并把第一个航迹号 $NT1$ 存储到 $TB1$ 中；

② 把航迹号按下面规则存储到 $IDT1$ 中，即 $IDT1(NT1) = NT2$，依次类推 $IDT1(NTm)=NTm+1$；

③ 要对该监视区的航迹进行操作时，从 $TB1$ 中取得第一个航迹号 $NT1$，然后依次取出 $NTm=IDT1(NTm-1)$，直到遇到零为止；

④ 航迹的撤销。设 NT 为当前处理的航迹号，NTL 为上次处理的航迹号，撤销过程为：

若 $NTL=0$，则 $TB1=IDT1(NT)$，$IDT1(NT)=0$；

若 $NTL\neq 0$，则 $NT1(NTL)=IDT1(NT)$，$IDT1(NT)=0$。

为了便于后期的数据处理，需要根据数据处理算法的要求存储一定时间范围内的航迹数据。但是实际系统中可能面临目标进入或者离开雷达探测区域，目标之间发生交叉、分叉、合并、消失等复杂情况，因此需要动态开辟和释放存储的航迹数据，灵活地管理数据的更新。

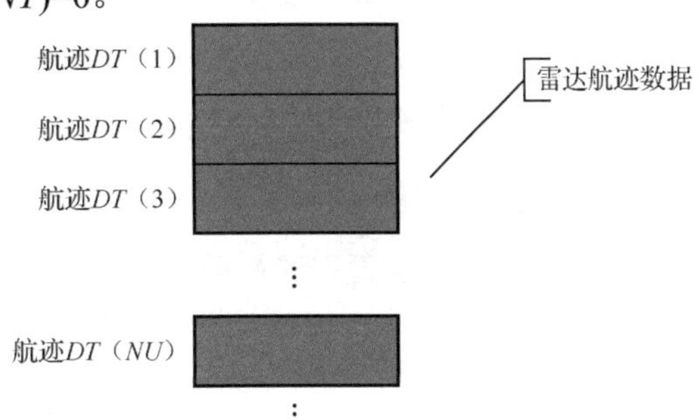

图 13.3　雷达航迹单向链表存储示意图

雷达的各条航迹数据以单向链表的形式进行存储，示意图如图 13.3 所示。新航迹产生时根据航迹号数组分配航迹号 $DT(NU)$，并动态开辟固定存储单元数量的内存空间以存储航迹数据；当航迹 $DT(NU)$删除时，释放其内存空间并修改相邻两个存储单元的指针使其成为相邻单元，最后撤销航迹号 $DT(NU)$。

每条航迹按照滑动循环时间窗存储航迹数据，示意图如图 13.4 所示。假定航迹数据存储单元数量为 M，当前时刻为 k。图 13.4（a）表示 $k<M$ 时，航迹的新点迹 k 存储在对应存储 k 位置，往后依次存储；当 $k=M$ 时，航迹的新点迹 k 存储在对应存储 M 位置，如图 13.4（b）所示；当 $k=M+1$ 时，将新的航迹点数据存储在 1 单元中，如图 13.4（c）所示，后续的点迹以此类推，向后存储。这样就保证循环时间窗内存储的航迹数据始终是最近 M 个时刻的数据，M 的大小根据具体系统需求进行设置。

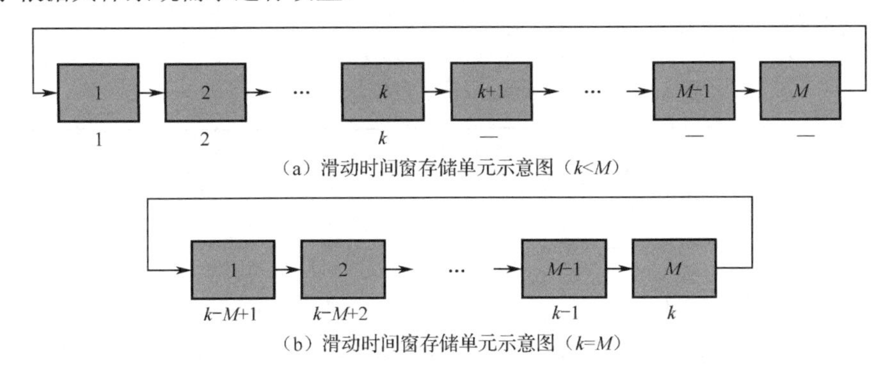

（a）滑动时间窗存储单元示意图（$k<M$）

（b）滑动时间窗存储单元示意图（$k=M$）

图 13.4　滑动循环时间窗存储航迹数据示意图

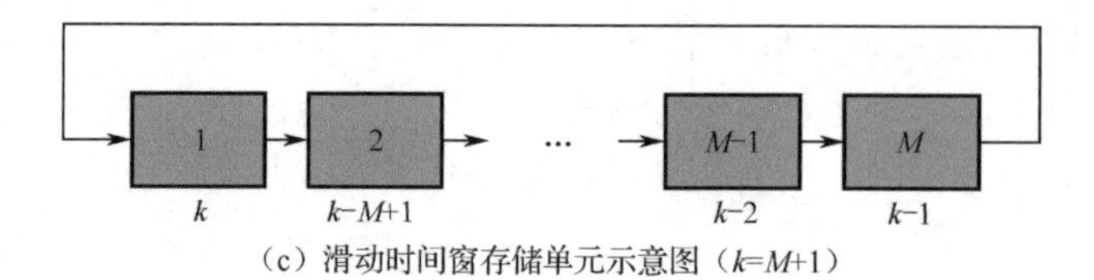

（c）滑动时间窗存储单元示意图（k=M+1）

图 13.4　滑动循环时间窗存储航迹数据示意图（续）

13.3.2　航迹质量管理

航迹质量管理是航迹管理的重要组成部分，通过航迹质量管理可以及时、准确地起始航迹以建立新目标档案，也可以及时、准确地撤销航迹以消除多余目标档案。为此，在对真假轨迹进行分类的基础上，可利用航迹质量管理来抑制错误跟踪，减少误判[24]。概况来讲，航迹质量管理的主要任务有两个：

① 正确、迅速地起始新航迹，并抑制假航迹的起始；

② 及时、准确地删除已建立的假航迹，并保留真航迹不被删除。

1．利用航迹质量选择起始准则

1）起始响应时间

为了对航迹质量管理进行理论分析，我们用滑窗检测器来讲述航迹的起始和撤销。在第 6 章已专门讨论过了滑窗检测航迹起始技术，该方法由于具有计算量小和可用蒙特卡罗法（或解析法）进行分析的优点，因而被许多实际跟踪系统所采用。

滑窗检测器的一般原理是：设序列（$Z_1, Z_2, \cdots, Z_N$）表示雷达的 N 次扫描，如果第 i 次扫描相关波门有点迹，则令 Z_i=1，否则 Z_i=0。当尺寸为 n 的滑窗内检测数达到 m 时，则称航迹起始成功，否则滑窗向前滑动。

航迹起始目前通用的技术指标是起始响应时间。起始响应时间是指目标进入雷达威力区到建立该航迹的时间，通常用雷达扫描数作为单位。快速航迹起始一般为 3～4 个雷达扫描周期，而慢速航迹起始一般为 8～10 个扫描周期。

在航迹起始过程中，真航迹出现的概率相当于目标检测过程中雷达的发现概率。设 p 为 $Z_i=1$ 的概率，$P_c(N)$为第 N 次检测成功的概率状态差分方程。从表 13.2 中可以看出，在准则一定的情形下，航迹起始响应时间为 p 的单值函数。给定航迹起始响应时间，则可以选出若干个响应时间小于该额定起始响应时间的 m/n 准则。给定不同的准则及 p，可用表 13.2 得到航迹起始响应时间和第 N 次成功的概率状态差分方程。

表 13.2　第 N 次起始成功的概率状态差分方程表

准　　则	航迹起始响应时间	第 N 次成功的概率状态差分方程
2/2	$\dfrac{1+p}{p^2}$	$P_c(N)=p^2\delta_{N2}+(2-p)P_c(N-1)-(1-p)^2P_c(N-2)-$ $p(1-p)P_c(N-3)$　　当 N<2 时，$P_c(N)$=0
2/3	$\dfrac{2-q^2}{p(1-q^2)}$ 其中 q=1−p	$P_c(N)=p^2\delta_{N2}+p^2(1-p)\delta_{N3}+(2-p)P_c(N-1)+$ $(p-1)P_c(N-2)+p(1-p)^2P_c(N-3)-$ $p(1-p)^2P_c(N-4)$　　当 N<2 时，$P_c(N)$=0

续表

准　　则	航迹起始响应时间	第 N 次成功的概率状态差分方程
3/3	$\dfrac{1+p+p^2}{p^3}$	$P_c(N)=p^3\delta_{N3}+(2-p)P_c(N-1)-(1-p)^2P_c(N-2)-p(1-p)^2P_c(N-3)-p^2(1-p)P_c(N-4)$ 当 $N<3$ 时，$P_c(N)=0$

（注：当 $N=i$ 时，$\delta_{Ni}=1$，否则，$\delta_{Ni}=0$）

在航迹起始反应时间小于系统指标的要求下 m/n 逻辑滑窗检测法常用的准则如表 13.3 所示。

表 13.3　航迹起始反应时间小于系统指标的准则

起始时间指标	P_d			
	0.9	0.8	0.7	0.6
快速航迹起始（响应时间≤4）	2/2,2/3,3/3	2/2, 2/3	2/2, 2/3	
慢速航迹起始（响应时间≤8）	2/2,2/3,3/3	2/2,2/3,3/3	2/2,2/3,3/3	2/2, 2/3

2）假航迹起始概率

为了反映航迹质量管理系统对假航迹起始的抑制能力，定义假航迹起始概率 P_{FTI}。

假目标出现的概率为

$$P_c=1-(1-P_F)^L \tag{13.39}$$

式中，P_F 为雷达的虚警概率，L 为初始波门内雷达分辨单元的个数，对于二维雷达

$$L=\frac{\pi(V_{max}T)^2}{\Delta\rho(\rho\Delta\theta)} \tag{13.40}$$

式中，$\Delta\rho$、$\Delta\theta$ 分别为雷达的距离和方位分辨力；ρ 为起始波门中心与雷达之间的距离；V_{max} 是预期的最大目标速度；T 是雷达扫描周期。

假定 ρ=50 km，$\Delta\theta$=0.026 rad，$\Delta\rho$=300 m，σ_θ=0.014 rad，σ_ρ=150 m，V_{max}=600 m/s，T=1 s，$P_F=10^{-5}$，则由式（13.39）和式（13.40）可求得：$P_c=5.9\times10^{-4}$，把 P_c 作为假目标的检测概率 p 代入表 13.2 中的概率状态差分方程，便得到各准则下的假航迹起始概率 P_{FTI}，如表 13.4 所示。要求它小于系统的假航迹起始概率指标 P_{FTIT}，即 $P_{FTI}\leqslant P_{FTIT}$。从表 13.4 中可以得出 3/3 准则 P_{FTI} 最小。若给定 $P_{FTIT}=5\times10^{-5}$，则 2/2 准则是可以选用的。

表 13.4　假航迹起始概率（在 $P_c=5.9\times10^{-4}$ 条件下）

航迹起始准则	P_{FTI}
2/2	3.4×10^{-5}
2/3	6.8×10^{-3}
3/3	2.0×10^{-8}

3）假航迹寿命和真航迹寿命

航迹撤销的主要任务是及时删除假航迹而保留真航迹[25]。为此定义假航迹寿命和真航迹寿命这两个指标。

定义 13.1：一条假航迹从起始后到被删除的平均雷达扫描数称为假航迹寿命 L_{FT}。

定义 13.2：一条真航迹起始后被误作假航迹删除的平均雷达扫描数，称为真航迹寿命。

2. 利用航迹质量撤销航迹

采用滑窗检测器进行航迹撤销的原则是：对于连续 n 次检测，如果有 m 次没有检测到与航迹关联的点迹，则删除该航迹。

后续相关波门内分辨单元的数目与波门尺寸有关，而波门尺寸与滤波精度有关，它是观测预测协方差矩阵的函数。作为一种近似，假定预测误差等于观测误差，则后续相关波门内分辨单元的个数为

$$L=\frac{2\chi^2\sigma_\rho\sigma_\theta}{\Delta\rho\Delta\theta} \tag{13.41}$$

式中，χ^2 是给定显著水平的 Chi 方分布门限。测量精度一般与分辨单元成正比，后续波门内分辨单元的个数与信噪比和积累方式有关。在后续相关波门内无假目标出现的概率为 $\overline{P_\mathrm{c}}=1-P_\mathrm{c}$。

假定式（13.41）中参数与前面相同，求得 $\overline{P_\mathrm{c}}=0.999\,96$，可以求出各准则下假航迹寿命如表 13.5 所示。

表 13.5　假航迹寿命（P_c=4×10^{-5}）

准　则	假航迹寿命
2/2	2.00
2/3	2.00
3/3	3.00

研究真航迹寿命时必须考虑以下情况：

① 源于目标回波落在相关域内，且无虚警；

② 源于目标回波落在相关域内，且有虚警；

③ 不存在源于目标的回波，且有虚警；

④ 不存在源于目标的回波，且无虚警。

以上情形均假定点迹(回波)落在相关域内的概率即门限概率 P_G=1.0，则各事件的概率为：$P_1=P_\mathrm{d}\times(1-P_\mathrm{c})$，$P_2=P_\mathrm{d}\times P_\mathrm{c}$，$P_3=(1-P_\mathrm{d})\times P_\mathrm{c}$，$P_4=(1-P_\mathrm{d})\times(1-P_\mathrm{c})$，其中最后一种情况将导致丢失一次点迹，故真航迹的丢点概率为

$$\overline{P_{\mathrm{TL}}}=1-P_\mathrm{d}-P_\mathrm{c}+P_\mathrm{d}P_\mathrm{c} \tag{13.42}$$

可以计算出 P_c=4.0×10^{-5} 和不同发现概率情形下的丢点概率和真航迹寿命如表 13.6 所示。当 P_d=0.9 时，从表 13.5 和表 13.6 可以看出选用 3/3 准则既可以有效地删除假航迹又便于保留真航迹。

表 13.6　丢点概率与真航迹寿命

准　则	P_d			
	0.9	0.8	0.7	0.6
2/2	0.1/110.0	0.2/30.4	0.3/14.3	0.4/8.7

续表

准　则	P_d			
	0.9	0.8	0.7	0.6
2/3	0.1/62.4	0.2/18.9	0.3/9.7	0.4/6.3
3/3	0.1/1 110.0	0.2/155	0.3/51.5	0.4/24.9

注：表格内（/）表示（丢点概率/真航迹寿命）。

3. 单站情况下航迹质量管理的优化

考虑到航迹起始与撤销的准则主要依赖于发现概率 P_d 和假目标出现的概率 P_c。当信号检测系统给定后，在恒虚警雷达中，发现概率与信噪比有关，而假目标出现的概率 P_c 也与信噪比有关。

根据雷达方程，接收信号的信噪比为

$$(\mathrm{SNR})_{\mathrm{dB}}=(P_t)_{\mathrm{dBw}}+2(G)_{\mathrm{dB}}+2(\lambda)_{\mathrm{dBcm}}+(\sigma)^2_{\mathrm{dBm}}-4(R)_{\mathrm{dB\,海里}}-(B)_{\mathrm{dBHz}}-(\overline{\mathrm{NF}_0})_{\mathrm{dB}}-(L)_{\mathrm{dB}} \tag{13.43}$$

式中，P_t 发射功率；G 为天线增益；λ 为波长；σ 为雷达截面积；R 为目标的距离，B 为系统带宽；$\overline{\mathrm{NF}_0}$ 为有效噪声系数；L 为雷达系统总的系统损失因子。此处分贝定义为 10 倍的对数。

相参雷达系统最佳检测的发现概率为

$$P_d=1-\Phi\left(\sqrt{1/d}\ln l_0+\frac{1}{2}\sqrt{d}-d\right) \tag{13.44}$$

式中，l_0 为门限值，取决于判决准则，$d=2E_1/N_0$ 为信噪比，$\Phi(x)=\int_{-\infty}^{x}\frac{1}{\sqrt{2\pi}}\mathrm{e}^{-\frac{v^2}{2}}\mathrm{d}v$ 是高斯分布函数。

当给定 l_0 时，可以画出不同虚警率下 $P_d \sim \sqrt{d}$ 的关系曲线（即检测特性曲线）如图 13.5 所示，从图中可以看出当虚警率一定时，P_d 与信噪比（按 dB 表示）近似呈线性关系。由式（13.43）可知信噪比与距离呈线性关系，因此可以认为发现概率与距离也呈线性关系。

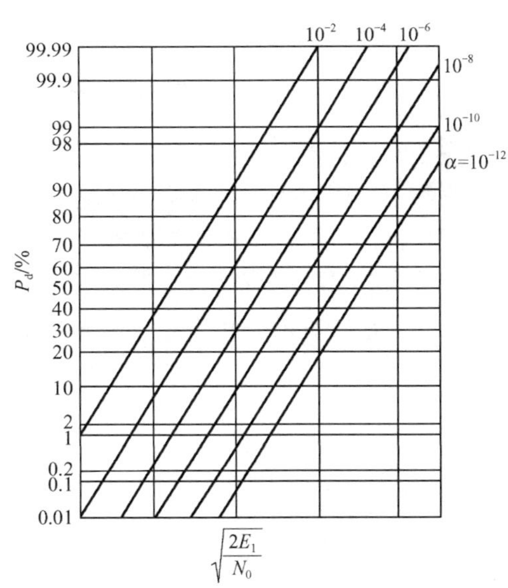

图 13.5　检测特性曲线

由于发现概率随距离变化，因此要求不同距离上使用不同航迹起始和撤销准则。为了建立不同距离上的航迹质量准则，定义最优起始准则和最优删除准则。

设 B 为可供使用准则的集合

$$B=\{B_i\} \tag{13.45}$$

常供使用的准则为 2/2、2/3、3/3；有时需要用 3/4、4/4 等。

设 $S_i \subseteq B$，且满足航迹起始反应时间 T_I 小于额定航迹起始响应时间 T_{IT}，即

$$S_i=\{B_i|T_I(B_i)\leqslant T_{IT}\} \tag{13.46}$$

设 $P_{\mathrm{FTI}}(B_i)$为集合中采用准则 B_i 时的假航迹起始概率，则定义最优航迹起始准则 B_{opt} 为

$$B_{\mathrm{opt}}=\{B_i \mid \min_{B_i \in S_i} P_{\mathrm{FTI}}(B_i)\} \tag{13.47}$$

设集合 $S_P \subseteq B$，且满足假航迹寿命 L_{FT} 小于额定假航迹寿命 L_{FTT}，即

$$S_P=\{B_i|L_{\mathrm{FT}} \leqslant L_{\mathrm{FTT}}\} \tag{13.48}$$

设 $L_{\mathrm{RT}}(B_i)$为采用准则 B_i 时的真航迹寿命，定义最优删除准则 Q_{opt} 为

$$Q_{\mathrm{opt}}=\{B_i| \min_{B_i \in S_p} L_{\mathrm{RT}}(B_i)\} \tag{13.49}$$

如果系统指标给出了额定航迹起始响应时间 T_{IT} 和额定假航迹起始概率 P_{FTIT}，则可定义准最优航迹起始准则如下。

设 S_q 为假航迹起始概率 $P_{\mathrm{FTI}}(B_i)$小于额定假航迹概率 P_{FTIT} 的准则 B_i 的集合，即

$$S_q=\{B_i|P_{\mathrm{FTI}}(B_i)<P_{\mathrm{FTIT}}\} \subseteq S_i \tag{13.50}$$

定义准最优航迹起始准则为

$$B_{\mathrm{sopt}}=\{B_i| \min_{B_i \in S_q} T_{\mathrm{I}}(B_i)\} \tag{13.51}$$

之所以这样定义准最优航迹起始准则，是因为考虑到航迹滤波精度通常与滤波的次数有关。因此尽可能地选用航迹起始响应时间小的准则。

选择出最优航迹起始、删除准则后可以将准则制定成相应的航迹质量管理系统。例如对于起始用 2/2 准则，删除用 3/3 准则的航迹质量管理系统可用记分法表述。考虑到冲突互联以及大机动、小波门等给出航迹质量记分方法描述如下：

初始相关波门每互联一次加 1 分，最低分为 1 分（即录取到一个自由点迹后作为航迹头，给 1 分），丢失一个点迹，减 3 分。航迹成为确定性航迹后（确定航迹最低分为 2 分），小波门加 3 分；大波门加 2 分；冲突互联情形时加 1 分；丢失一次点迹扣 3 分；系统最高得分为 8 分；航迹得分低于 1 分将被删除。这套航迹质量管理的特点是中等得分的航迹升级快。另外，随着目标特性和环境越来越复杂，利用记分法进行航迹质量管理也不断得到发展[26]。

4．多站情形下的航迹质量管理优化

在多雷达情形下，各雷达的发现概率、虚警率、分辨单元的大小及相关域尺寸以及雷达数据率都不相同。为了对多雷达情况下的航迹质量进行管理，这里引入真目标的平均发现概率和假目标的平均发现概率的概念。

设对于特定区域 Ω_j 为 N_{Rj} 部雷达的共同威力区，设各雷达的扫描周期为 $T_i(i=1,\cdots,N_{Rj})$，则各雷达扫描波束指向某一目标的概率为

$$P_i = \frac{1/T_i}{\sum_{i=1}^{N_{Rj}} 1/T_i} \tag{13.52}$$

设第 i 部雷达的发现概率为 $P_{\mathrm{d}i}$，则 N_{Rj} 部雷达的平均发现概率为

$$E[P_{\mathrm{d}j}]=\sum_{i=1}^{N_{Rj}} P_{\mathrm{d}i} P_i \tag{13.53}$$

设第 i 部雷达在相关域内假目标出现的概率为 $P_{\mathrm{c}i}$，则 N_{Rj} 部雷达假目标平均出现的概率为

$$E[P_{\mathrm{c}j}]=\sum_{i=1}^{N_{Rj}} P_{\mathrm{c}i} P_i \tag{13.54}$$

由于各雷达的威力区不一样，因而对于不同的空间 Ω_j，$E[P_{dj}]$、$E[P_{cj}]$也是不尽相同的。这样多雷达系统用一套航迹质量管理系统是不行的。为此，下面给出多雷达系统的航迹质量管理系统的优化设计方法。

① 已确定相异空间 Ω_j 的个数 N，所谓相异空间是指探测该空间雷达型号和数目不相同。

② 每一空间 Ω_j 可分成若干个子空间（通常按距离划分）$\Omega_{jk}(k=1,\cdots,N_j)$，子空间划分的原则是使得每个子空间的最优（或次最优）航迹质量管理规则不同，记每个子空间对应的准则为 $R_{jk}(k=1,\cdots,N_j)$。

③ 将设计出的 $N_j\times N$ 个准则 R_{jk} 进行同类合并。设合并后共存在 N_B 个航迹质量管理规则。建立准则分配矩阵 $\boldsymbol{A}$，该矩阵为 $N_B\times N_j\times N$ 维，它的行号对应 N_B 个航迹质量管理规则的编号，它的列号对应着 $N_j\times N$ 个子空间的编号。

当需要对航迹质量进行评估时，首先判定该航迹所在的子空间，然后找出对应的航迹质量准则，用该准则对航迹质量作出评估。在航迹质量管理的其他表示方法中，应尽可能地考虑各准则之间的相容性，即一个准则状态与另一个准则状态应该建立相应的对应关系。

13.3.3　信息融合系统中的航迹文件管理

随着信息融合技术的快速发展，情报综合系统为了获得全面的环境信息和态势，掌握信息主动权，必须采用全新的数据处理技术，将来自多个传感器或多源的观测信息进行多级别、多方面、多层次的处理，达到实时发现目标、识别目标属性，给出完整清晰的综合态势。信息融合系统对多源信息进行融合处理的过程中，在对单传感器航迹文件进行管理的基础之上，还需要及时对各传感器航迹数据进行时空对准、航迹关联、航迹融合和统一编批，去除冗余航迹、虚假航迹等处理，进而形成清晰环境态势。

为了对各传感器送来的局部航迹和融合中心的全局航迹进行有效的管理，方便融合中心进行多传感器数据融合运算，在系统中采用多个原始航迹表来对应多个传感器的局部航迹，采用融合航迹表来对应由融合中心产生的融合航迹。一般每一个融合航迹至少有一个或多个原始航迹与它对应，为了便于查找这种对应关系，在每一个航迹表上都有一个被称之为相关链的双向链表结构，建立融合航迹与和它相关的原始航迹之间的关系。相关链为空的融合航迹被称之为孤立航迹[27]。

融合航迹相关链表举例如表 13.7 所示。k 时刻，传感器 1、2、3 分别得到 4 条、2 条、2 条航迹，分别编号如表中所示。传感器 1 的 1 号航迹与传感器 2 的 1 号航迹判为相关，融合处理得到融合航迹，融合航迹号为 1；传感器 1 的 2 号航迹、传感器 2 的 2 号航迹、传感器 3 的 1 号航迹判为相关，融合处理得到融合航迹，融合航迹号为 2；传感器 1 的 3 号航迹与传感器 3 的 2 号航迹判为相关，融合处理得到融合航迹，融合航迹号为 3；传感器 1 的 4 号航迹没有与之相关的航迹，即孤立航迹，直接得到融合航迹，融合航迹号为 4。k+1 时刻，传感器 1 的 4 号航迹撤销，则 4 号融合航迹撤销。因此从示例中可以看出，为每条融合航迹建立相关链将航迹来源记录下来，一方面，在进行相关判断的过程中，可以避免已经判断过的航迹之间重复判断，减少计算量；另一方面，融合航迹中新增航迹可能和之前删除航迹的编号相同，但其相关链表能够表明融合航迹的数据来源不同。

表 13.7　融合航迹相关链表举例

时　刻	传感器 1 航迹号	传感器 2 航迹号	传感器 3 航迹号	融合航迹号
k	1	1	—	1
	2	2	1	2
	3	—	2	3
	4	—	—	4
k+1	1	1	—	1
	2	2	1	2
	3	—	2	3

融合航迹管理有以下 3 个基本步骤。

① 融合航迹的建立。传感器得到新的原始航迹送入融合中心，航迹关联处理后即使没有与之相关的航迹，也通过重新编批形成融合航迹，这样能够及时将所有目标显示出来。但存在的问题是在航迹关联错误或者漏关联时可能出现冗余航迹，解决的方法是在后续的处理周期中删除冗余航迹。

② 融合航迹的维持。通过航迹关联质量记录航迹相关次数，即航迹关联成功则关联质量加 1，关联不上则关联质量加 0。如果采用的是 6/8 准则，则最近 8 次关联判断中关联质量达到 6 即确认航迹关联，达不到 6 则为试验关联航迹。确认关联航迹对应的融合航迹得到维持，对应的相关链得到设置，而试验关联航迹不进行融合处理，对应的相关链置为空。

③ 融合航迹的删除。由于原始航迹的起始、跟踪过程以及航迹关联中可能会出现错误航迹、冗余航迹，而这些航迹也通过重新编批被称为融合航迹。但随着每一次融合处理都进行的相关运算，这些航迹随着融合的推进将被逐渐删除。

13.4　小结

本章研究了多目标跟踪终结与航迹管理技术，所讨论的序列概率比检验算法、跟踪波门算法、代价函数法和 Bayes 算法都属于最近邻算法，这类方法的优点是计算量小，工程实现比较容易，但在密集回波环境下其效果较差；全邻 Bayes 算法利用了全邻信息，计算量较大，但在密集回波环境下的效果明显好于最近邻算法。为解决实际系统运行中目标航迹的新增、删除等复杂情况，本章还讨论了航迹管理技术中的航迹号管理和航迹质量管理方法，重点是对利用航迹质量选择起始准则和撤销航迹，以及对单站和多站情况下的航迹质量管理进行了分析，相关结论可为航迹质量管理系统的优化设计提供理论依据。另外，本章提出的四个技术指标：起始响应时间、假航迹起始概率、真航迹寿命和假航迹寿命，它们对实际工程应用具有重要价值。最后，本章针对信息融合系统中的航迹文件管理问题进行研究，讨论了采用原始航迹表和融合航迹表来管理航迹文件的方法，以便在信息融合系统中对各传感器送来的局部航迹和融合中心的全局航迹进行有效管理，方便融合中心进行多传感器数据融合运算。

近年来，航迹管理优化、工程实现等受到国内外学者广泛关注[28,29]，实用、易于部署、模块化的雷达数据处理器已逐渐设计实现[30]，如何利用航迹质量辅助解决雷达数据智能分析、无人机航迹规划等更是值得做出深入研究[31-35]。

参考文献

[1] Blackman S S, Popoli R. Design and Analysis of Modern Tracking Systems. Artech House, Boston, London, 1999.

[2] Carlson N A. Federated Square Filtering for Decentralized Parallel Processes. IEEE Trans. on Aerospace and Electronic System, 1990, 26(3): 517-525.

[3] 王晋晶. 雷达目标跟踪算法研究与实现. 西安: 西安电子科技大学, 2019.

[4] 李珂, 王瑞, 宋建强. 多目标雷达数据处理系统中的算法研究. 空间电子技术. 2018(6): 46-51.

[5] 钟芳宇. 雷达探测空间目标跟踪与数据关联方法研究. 北京: 北京理工大学, 2016.

[6] Shalom Y B, Li X R. Multitarget-Multisensor Tracking: Principles and Techniques. Stors. CT: YBS Publishing, 1995.

[7] 崔亚奇, 熊伟, 顾祥岐. 基于三角稳定的海上目标航迹抗差关联算法. 系统工程与电子技术, 2020, 42(10): 2223-2230.

[8] 刘瑜, 董凯, 刘俊, 等. 基于 SRCKF 的自适应高斯和状态滤波算法. 控制与决策, 2014, 29(12): 2158- 2164.

[9] 丁自然, 刘瑜, 曲建跃, 等. 基于节点通信度的信息加权一致性滤波. 系统工程与电子技术, 2020, 42(10): 2181-2188.

[10] 刘瑜, 刘俊, 徐从安, 等. 非均匀拓扑网络中的分布式一致性状态估计算法. 系统工程与电子技术, 2018, 40(9): 1917-1925.

[11] 孙仲康, 郭福成, 冯道旺, 等. 单站无源定位跟踪技术. 北京: 国防工业出版社, 2008.

[12] 陶然, 邓兵, 王越. 分数阶傅里叶变换及其应用. 北京: 清华大学出版社, 2009.

[13] He Y, Xiu J J, Guan X. Radar Data Processing with Applications. John Wiley & Publishing house of electronics industry, 2016. 8.

[14] Ali N H, Hassan G M. Kalman Filter Tracking. International Journal of Computer Applications, 2014, 89(9): 15-18.

[15] He Y, Zhang J W. New Track Correlation Algortihms in a Multisensor Data Fusion System. IEEE Trans on Aerospace and Electronic Systems, 2006, 42(4). 1359- 1371.

[16] Pan X L, Wang H P, He Y, et al. Online Classification of Frequent Behaviours Based on Multidimensional Trajectories. IET Radar, Sonar & Navigation, 2017, 11(7): 1147-1154.

[17] He Y, Zhu H W, Tang X M. Joint Systematic Error Estimation Algorithm for Radar and Automatic Dependent Surveillance Broadcasting. IET Radar, Sonar & Navigation, 2013, 7(4): 361-370.

[18] Li X L. Improved Joint Probabilistic Data Association Method Based on Interacting Multiple Model. Journal of Networks, 2014, 9(6): 1572-1597.

[19] Li Y W, He Y, Li G, liu Y. Modified Smooth Variable Structure Filter for Radar Target Tracking. 2019 International Radar Conference, Toulon, France, 2019, 1-6.

[20] Zhang J W, Xiu J J, He Y, et al. Distributed Interacted Multisensor Joint Probabilistic Data Association Algorithm Based on D-S Theory. Science in China Series F-Information Sciences 2006, 49(2): 219-227.

[21] Ge Q, Shao T, Duan Z, et al. Performance Analysis of the Kalman Filter With Mismatched Noise Covariances. IEEE Transactions on Automatic Control, 2016, 61(12): 4014-4019.

[22] Simon D, Chia T L. Kalman Filtering with State Equality Constraints. IEEE Transactions on Aerospace Electronic Systems, 2002, 38(1): 128-136.

[23] Olivera R, Olivera R, Vite O, et al. Application of the Three State Kalman Filtering for Moving Vehicle Tracking. IEEE Latin America Transactions, 2016, 14(5): 2072-2076.

[24] Dai X, Yu C Z, Qi Y M. A Radar False Track Suppression Algorithm based on Logistic Regression. 2019 IEEE International Conference on Artificial Intelligence and Computer Applications (ICAICA), 2019: 29-31.

[25] 荆楠. 地面相控阵雷达数据处理技术及软件设计研究. 南京: 南京理工大学, 2018.

[26] 陈冲. 基于 X86 平台的雷达数据处理技术研究. 西安: 西安电子科技大学, 2019.

[27] 万志军, 黄萍. 多传感器数据融合中的航迹文件管理. 舰船电子工程, 2001, 125(5) : 24-28.

[28] 高萌. 雷达航迹处理算法及仿真平台设计与实现. 西安: 西安电子科技大学, 2015.

[29] 郑贵文. 雷达目标航迹建立和管理的设计与实现. 现代导航, 2015(4) : 378 - 381.

[30] Narasimhan R S, Rathi A, Seshagiri D. Design of Multilayer Airborne Radar Data Processor. IEEE Aerospace Conference, 2019, 3.

[31] Feng Q, Huang J, Huang J. Target tracking using pre-tracking compressive detector. IEEE International Conference on Signal Processing. 2018: 138 - 142.

[32] 于鸿达. 复杂环境下无人机航迹规划方法研究. 南京: 南京航空航天大学, 2018.

[33] 孙梧雨. 基于机器学习的车载雷达航迹关联方法研究. 绵阳: 西南科技大学, 2020.

[34] 裴方瑞. 空管雷达数据质量智能分析系统的研制. 高新技术, 2018(18): 36-37.

[35] Wang S L, Bi D P, Ruan H L, et al. Radar maneuvering target tracking algorithm based on human cognition mechanism. Chinese Journal of Aeronautics, 2019, 32(7): 1695-1704.

第 14 章　无源雷达数据处理

14.1　引言

无源雷达是指雷达本身不向外辐射电磁波，只通过天线接收来自目标辐射源的直射波或外部辐射源照射目标后形成的反射波或散射波，经信息处理后提取有用信息，再经过数据处理完成对辐射源目标的定位和跟踪。相对应地，如果雷达系统自身向外辐射电磁波，并接收来自目标的反射波或散射波，这些反射波或散射波携带有目标的有用信息。这些信息被送至接收机，经信息处理后，消除无用信息和干扰，提取有用信息，再经过数据处理完成对目标的定位和跟踪，就称为有源雷达。人们通常所说的雷达一般都是指有源雷达。

本章主要是对无源雷达中的数据处理问题进行研究，在分析无源雷达特点和优势的基础上，对单站无源定位与跟踪、多站纯方位/时差无源定位与跟踪、机载 ESM 定位、定位模糊椭圆最小准则下的测向无源定位最优布站、时差无源定位、扫描辐射源时差无源定位、无源雷达属性信息关联等问题进行了讨论，最后是本章小结。

14.2　有源与无源雷达比较分析

雷达是利用自身发射的电磁波来发现目标并探测其位置的电子设备，其优点是对目标定位精度较高，但缺点是很容易被对方侦察设备侦察到，并易受到干扰和攻击。由于雷达接收的目标回波功率与距离的四次方成反比，而它接收的干扰功率与距离的二次方成反比。因此，雷达在受到电子干扰的情况下根本无法正常工作。为了减轻电子干扰对雷达工作性能的影响，现代雷达采用了许多抗干扰措施，如极化选择、脉冲压缩、隐蔽备用频率、突发工作、组网处理等[1]。这些抗干扰措施在一定条件下是非常有效的，但是由于干扰和抗干扰措施之间具有较强的针对性，一般来说，一种干扰方法会找到一种或几种抗干扰方法，而每种抗干扰方法也都对应一种或几种干扰方法，而且从总体上来讲，进攻性的干扰突破比防御性的抗干扰要容易一些，花费的代价要少一些。因此，电子干扰仍然是现代雷达系统的主要威胁，而且很难找到彻底的解决办法。

反辐射武器（如反辐射导弹、反辐射无人机等）是一种强有力的电子对抗手段[1-3]，其攻击威力不仅在于能直接摧毁雷达设施，而且在于能对雷达操作员产生严重的心理威慑力，为了避免遭受反辐射武器的攻击而不得不关闭雷达系统，这样就会大大降低雷达系统的工作效率和能力。目前，通过拓展导弹的射程、改进射频导引头、增加精确制导设备，反辐射导弹已经具有记忆跟踪能力，能攻击关机后的雷达，从而显著提高了反辐射导弹对目标攻击的准确性和杀伤能力。与反辐射导弹不同，反辐射无人机通过携带高爆弹头实现对雷达的打击和威慑，可将数架反辐射无人机发射到作战区域进行盘旋，一旦无人机发现敌方雷达，就可以对雷达的射频辐射进行寻的，并将其摧毁。同时部署多架反辐射无人机的能力意味着只需在作战区域采用简单的巡飞战术即可将敌方雷达置于险境，使敌方雷达操作员不敢开机对空中进行监视[3]。反辐射导弹和反辐射无人机的硬杀伤与电子干扰的软杀伤是两种相辅相成的电子战作战手段，它们综合应用会带来更高的作战效能，电子干扰能掩护反辐射武器的攻击活动，增大反辐射武器攻击的突然性和有效性。当前，雷达除了应用诱饵欺骗、机动规避和及时关机以外，尚未找到其他可以有效对抗反辐射攻击的措施。

为了探测隐身目标，雷达正在向降低工作频率、组网等方向发展。然而，低频段的雷达工作频带较窄，天线波瓣较宽，容易遭受电子干扰，而且电子干扰掩护反射截面积较小的隐身目标比较容易，因此，当隐身措施与远距离掩护干扰手段结合使用时，会对雷达系统产生更大的威胁[1]。

由于地球曲率或地面反射导致波瓣上翘，使得地面雷达信号存在低空探测盲区和地形多径效应，并且低空探测时地杂波影响严重，因此低空或超低空突防成为敌方飞机或导弹入侵的主要战术突防措施。为对付低空突防目标，可将雷达天线升高，例如将雷达架设在高山上或应用预警机把雷达升空，但是，由于雷达抑制地杂波的措施往往不能反噪声干扰，而抑制噪声干扰的措施往往又不能反地杂波，所以当敌方将低空突防与电子干扰综合使用时，雷达也会面临很大威胁[1]。

综上所述，现代雷达系统虽然采取了许多先进措施来对抗反辐射武器、电子干扰、隐身技术、低空和超低空突防四大威胁，但仍没有很好的解决方案。而由于无源雷达本身并不辐射电磁波，不易被敌方电子侦察系统探测到，从而具有抗干扰、抗反辐射武器攻击等潜在的优势，因而系统的生存能力较强；而且无源雷达系统还可以有效地探测、跟踪隐身目标和低空目标，具有较强的反隐身和抗低空目标的能力。因此，无源雷达已逐渐成为现代防空情报系统的一种重要探测手段。

与有源探测系统相比，无源探测具有隐蔽性高、能够提取目标属性信息等优点，可增强系统在电子战环境下的反侦察、抗干扰、抗软硬杀伤等能力，从而可增强系统的生存能力，提高系统的性能。近年来，随着无源探测技术的逐步发展和成熟，人们除了可以把它们用于完成电子情报的侦察任务外，还可以把它们用于警戒、防空、精密定位打击等方面，在越来越强调军事电子系统隐蔽攻击和硬杀伤功能的趋势下，电子对抗系统能力的高低已成为决定战争进程和胜负的重要因素。概括来讲无源雷达主要具有以下特点和优点[4-6]。

（1）隐蔽性好、生存能力较强。由于无源探测系统本身不辐射大功率的电磁信号，只是被动地接收目标辐射、反射或散射的电磁波，隐蔽性较强，减少了运载平台的暴露时机，敌方的电子侦察设备不易侦察到，因而不会像有源雷达那样成为反辐射导弹、巡航导弹或其他精确制导武器的攻击目标，生存能力较强。

（2）抗电子干扰能力较强。由于无源探测系统具有隐蔽性较强的特点，所以敌方无法实施有针对性的电子干扰，而且敌方对常规有源雷达施放的电子干扰，还会成为无源雷达探测电子干扰源的信号，无源雷达可利用这些信号对目标进行无源侦测、定位和打击。

（3）具有探测隐身飞机的潜力。由于无源雷达可利用隐身目标的雷达、通信、电子干扰等设备的电磁辐射信号对其进行探测和识别，因而无源雷达具有探测隐身飞机的潜力。

（4）低空探测能力较强。对于无源雷达来说，不存在像有源雷达那样的强地杂波、海杂波干扰问题，因而其对低空、超低空目标的探测能力较强。

（5）探测距离较远。由于无源探测系统是直接接收目标的辐射信号，电磁波是单程传播的，其接收信号强度与距离的平方成反比，而有源雷达接收的是目标的反射信号，其接收信号强度与距离的四次方成反比，故无源探测系统的作用距离通常比有源探测系统要远得多。

（6）目标识别能力较强。无源探测的特点是可以获取较多的目标属性信息，能够测量目标电磁辐射信号的细微特征。无源雷达通过截获辐射源参数并凭借数据库内容，可对目标进行精细的特性识别，判定目标属性、类型、数量及工作状态，甚至能够实现辐射源的“指纹”识别[7]。

（7）宽广的空域覆盖。现代无源探测设备通常具有 360° 方位覆盖、50°～60° 俯仰覆盖，因而其瞬时空域覆盖很大，对信号的截获概率较高，设备响应时间较快。

（8）广泛的适用性。任何现代武器系统均依赖雷达、通信等军用电子设备，故不可避免地会产生电磁波辐射。因此无源探测设备对环境具有广泛适用性，不管这些目标位于空中、陆地、海面，也不管这些目标是静止的，还是运动的，只要它有电磁辐射信号，就可以利用无源探测设备对其进行侦测。

（9）极宽的频率覆盖。现代无源探测设备的带宽可达数十千兆赫，可以覆盖米波、分米波、厘米波、毫米波等广阔的频域及红外、激光的常用工作波段。

（10）体积小、重量轻、系统成本低。无源探测设备不辐射高功率探测信号，无需建造和维护高功率的发射机，省去收发开关及相关电子设备，节省费用，系统成本较低；而且系统体积较小、重量轻，易于机动和伪装。

14.3　单站无源定位与跟踪

当利用无源雷达的纯方位信息对目标进行跟踪时，必须利用角度量测来确定相关目标相对于传感器平台的位置和速度，解决这一问题需要传感器平台加速以便能测量目标的距离。当无源传感器载体与目标间的相对加速度为零时，目标的距离状态是不可观测的，从而得不到目标距离状态的最优估计[8]。为了克服这个问题，文献[9]提出了伪线性滤波的概念，其实质在于根据量测值适时地改变量测矩阵，从而改变可观性。这种算法的主要特点是，算法稳定、计算简单和易于实现，但伪线性滤波存在着有偏估计的性质。若采用扩展卡尔曼滤波（EKF）对目标进行跟踪，由于角度量测是一个不完全位置观测，它不可能被转换成直角坐标供线性滤波用。在递归纯方位跟踪中使用扩展卡尔曼滤波（状态方程是直角坐标，而量测是状态的一个非线性函数），已经证明：即使没有虚假量测或杂波产生的不利影响，也只能提供不稳定的估计结果和不稳定的状态[10]。这是因为在直角坐标系中，状态方程是线性的，而量测方程是非线性的，这需要一个用于滤波协方差计算的雅可比矩阵，该计算会导致不准确估值进入增益和协方差计算，而且在大的距离和大的测角误差情况下，EKF 还会引入大的截断误差，因而会导致滤波发散。近年来，随着无源探测技术的发展，人们在利用角度信息的同时还利用了其他一些信息进行无源定位与跟踪，如相位变化率法[11]、多普勒变化率法[12]和多模型法[13]等。若无源雷达探测区域内存在多个目标，则在实现多目标无源定位的基础上，还必须解决多目标跟踪中的航迹起始和数据互联问题。无源定位系统航迹起始方法和有源定位系统相比是类似的，但相比之下，无源定位系统的航迹起始更难以处理，这主要是由无源定位的特点所决定的，同有源定位相比，其主要特点有：

（1）定位数据不连续。无源定位系统能否实现目标定位，首先取决于目标是否辐射信号，这使得定位数据不连续的可能性很大；

（2）相邻点迹间的时间间隔随机。由于无源系统受制于目标，而目标辐射信号的时机具有很强的随机性，导致获取目标位置的时刻不确定；

（3）定位误差大。同有源定位系统相比较，无源系统的定位误差更大，而且定位误差分布受多种因素影响。

14.3.1 相位变化率法

如图 14.1 所示，设运动平台上的两个天线阵元 A_1 和 A_2 接收的来波信号相位差为

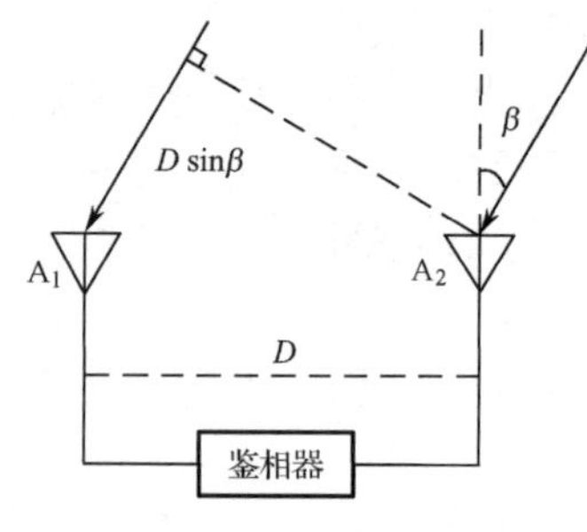

图 14.1 相位差示意图

$$\varphi(t)=\omega_0\Delta t=\frac{2\pi D}{c}f_0\sin\beta(t) \tag{14.1}$$

式中，ω_0 为来波角频率；Δt 为来波到达 A_1 和 A_2 两个天线阵元的时间差；c 为电磁波的传播速度；D 为阵元间距（即干涉仪基线长），且假定 D 远小于运动平台到辐射源之间的距离；f_0 为来波频率；β为来波方位角。

对式（14.1）求导后可求得相位变化率 $\dot{\varphi}(t)$，即

$$\dot{\varphi}(t)=\frac{2\pi D}{c}f_0\cos\beta(t)\dot{\beta}(t) \tag{14.2}$$

式中

$$\dot{\varphi}(t)=\frac{\mathrm{d}\varphi(t)}{\mathrm{d}t},\quad \dot{\beta}(t)=\frac{\mathrm{d}\beta(t)}{\mathrm{d}t} \tag{14.3}$$

进而，可求得

$$\dot{\beta}(t)=\frac{\dot{\varphi}(t)}{\dfrac{2\pi D}{c}f_0\cos\beta(t)} \tag{14.4}$$

另外，由几何知识可知，t 时刻所测得的目标方位角满足

$$\beta(t)=\arctan\left[\frac{x_\mathrm{T}(t)-x_\mathrm{o}(t)}{y_\mathrm{T}(t)-y_\mathrm{o}(t)}\right] \tag{14.5}$$

式中，$[x_\mathrm{T}(t),y_\mathrm{T}(t)]$ 和 $[x_\mathrm{o}(t),y_\mathrm{o}(t)]$ 分别为 t 时刻辐射源目标和传感器平台所在的位置，以后为了书写简单起见省略时刻 t。

对式（14.5）求导可得

$$\dot{\beta}(t)=\frac{(\dot{x}_\mathrm{T}-\dot{x}_\mathrm{o})(y_\mathrm{T}-y_\mathrm{o})-(x_\mathrm{T}-x_\mathrm{o})(\dot{y}_\mathrm{T}-\dot{y}_\mathrm{o})}{(x_\mathrm{T}-x_\mathrm{o})^2+(y_\mathrm{T}-y_\mathrm{o})^2} \tag{14.6}$$

若记 $x=x_\mathrm{T}-x_\mathrm{o}$、$y=y_\mathrm{T}-y_\mathrm{o}$，并把 t 时刻传感器平台到辐射源的距离定义为

$$r^2(t)=(x_\mathrm{T}-x_\mathrm{o})^2+(y_\mathrm{T}-y_\mathrm{o})^2 \tag{14.7}$$

则式（14.6）可表示为

$$\dot{\beta}(t)=\frac{\dot{x}\cos\beta(t)-\dot{y}\sin\beta(t)}{r(t)} \tag{14.8}$$

式中

$$\dot{x}=\dot{x}_\mathrm{T}-\dot{x}_\mathrm{o},\quad \dot{y}=\dot{y}_\mathrm{T}-\dot{y}_\mathrm{o} \tag{14.9}$$

当辐射源固定时，由式（14.9）可得

$$\dot{x}=-\dot{x}_o,\quad \dot{y}=-\dot{y}_o \tag{14.10}$$

由式（14.8）可求得 t 时刻辐射源和运动平台之间的相对距离为

$$r(t)=\frac{\dot{x}\cos\beta(t)-\dot{y}\sin\beta(t)}{\dot{\beta}(t)} \tag{14.11}$$

将式（14.4）代入到式（14.11）中可得

$$r(t)=\frac{2\pi D}{c}f_0\cos\beta(t)\frac{-\dot{x}_o\cos\beta(t)+\dot{y}_o\sin\beta(t)}{\dot{\varphi}(t)} \tag{14.12}$$

进而，可求取辐射源的位置坐标

$$x_T=x_o+r(t)\sin\beta(t)=x_o+\frac{2\pi D}{c}f_0\cos\beta(t)\sin\beta(t)\frac{-\dot{x}_o\cos\beta(t)+\dot{y}_o\sin\beta(t)}{\dot{\varphi}(t)} \tag{14.13}$$

$$y_T=y_o+r(t)\cos\beta(t)=y_o+\frac{2\pi D}{c}f_0\cos^2\beta(t)\frac{-\dot{x}_o\cos\beta(t)+\dot{y}_o\sin\beta(t)}{\dot{\varphi}(t)} \tag{14.14}$$

由此可见，当辐射源固定时利用相位变化率 $\dot{\varphi}(t)$ 和传感器所测得的方位角 $\beta(t)$ 便可确定目标的位置。在获取了目标的位置坐标后就可利用第 2 章介绍的卡尔曼滤波方法对目标进行跟踪。而由式（14.11）可看出，这里隐含了一个假定就是 $\dot{\beta}(t)\neq 0$。当辐射源和传感器平台均为固定时，由式（14.8）可看出 $\dot{\beta}(t)=0$；而当传感器平台相对目标做径向运动时，有

$$\dot{x}_o(y_T-y_o)=(x_T-x_o)\dot{y}_o \tag{14.15}$$

而由式（14.6）可知，$\dot{\beta}(t)=0$。当目标位于与干涉仪基线重合的直线上时，由式（14.1）可知 $|\varphi(t)|$ 为极大值，而由式（14.2）可知，此时 $\dot{\varphi}(t)=0$，所以 $\dot{\beta}(t)$ 无法由测量确定。综上所述，在以上三种情况下，无法通过式（14.13）和式（14.14）获取目标的位置坐标，此时目标是不可观测的。

若辐射源是运动的，则此时情况较为复杂。因为这种情况下目标的运动速度未知，所以也就无法利用式（14.9）求取目标和传感器平台之间的相对运动速度，因而也就无法利用式（14.11）求取辐射源和运动平台之间的相对距离，目标的位置也就无法由式（14.13）和式（14.14）获取。此时在满足可观测条件下可利用第 4 章讨论的非线性滤波方法通过滤波获得目标位置的估计值。

与只利用测角信息的定位方法相比，额外引入相位变化率信息可以显著放宽无源定位的约束条件，而且有效提高定位速度和定位精度，该技术可用于非相干雷达的无源定位，其中相位变化率的精度是实现对辐射源快速、高精度定位的关键。

14.3.2　多普勒变化率和方位联合定位

当目标和观测器之间存在径向速度时，会在观测器上产生多普勒频偏，因此可利用目标的多普勒变化率信息实现无源定位[12]。首先考虑二维平面内的定位问题。假设观测器和辐射源之间的相对速度为 v，在以观测器为坐标原点的参考坐标系中，相对速度可以被分解成切向速度 v_t 和径向速度 v_r，定位原理示意图如图 14.2 所示。

由图 14.1 和式（14.8）可得

$$\dot{\beta}(t)=\frac{v_x\cos\beta-v_y\sin\beta}{r(t)} \tag{14.16}$$

式中，v_x 和 v_y 分别为观测器和辐射源之间相对速度的 x 轴和 y 轴分量，即

$$v_x=\dot{x}_T-\dot{x}_o,\quad v_y=\dot{y}_T-\dot{y}_o \tag{14.17}$$

将图 14.2 虚线框内的图放大，如图 14.3 所示，可知

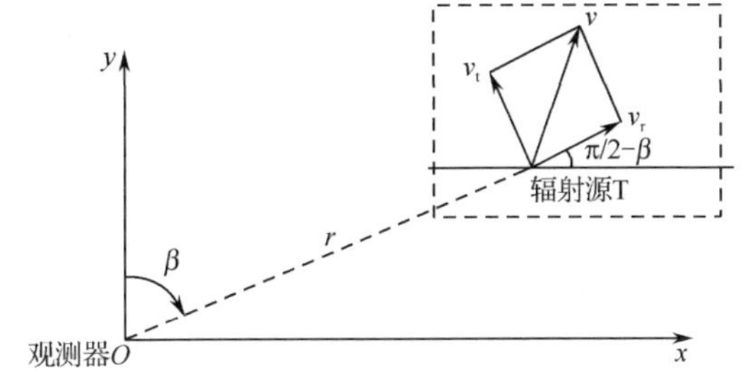

图 14.2　定位原理示意图

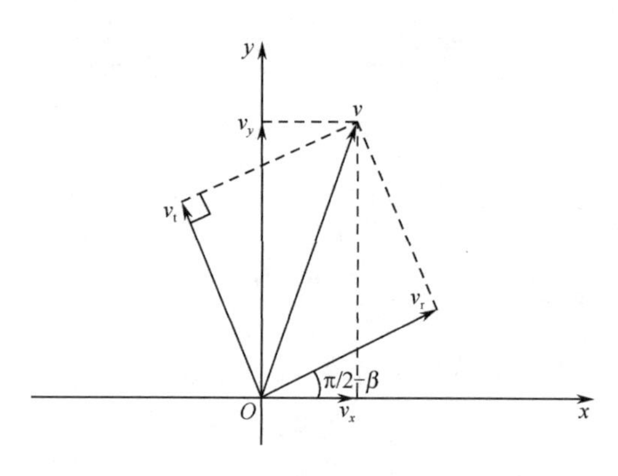

图 14.3　定位原理放大示意图

$$(v_y - v_x \cot\beta)\sin\beta = v_t(t) \tag{14.18}$$

化简可得

$$v_y \sin\beta - v_x \cos\beta = v_t(t) \tag{14.19}$$

将式（14.19）代入到式（14.16）中可得

$$\dot{\beta}(t) = -\frac{v_t(t)}{r(t)} \tag{14.20}$$

则观测器和辐射源之间的距离 $r(t)$ 为

$$r(t) = -\frac{v_t(t)}{\dot{\beta}(t)} \tag{14.21}$$

式中，$\dot{\beta}(t)$ 是相对运动引起的角度变化率，t 为时间。但是，通常辐射源目标的运动速度未知，因而其相对观测器的速度未知，$v_t(t)$ 也就无法获得，此时仅利用式（14.21）无法测距。另外，根据运动学原理，有等式

$$\ddot{r}(t) = \frac{v_t^2(t)}{r(t)} \tag{14.22}$$

式中，离心加速度 $\ddot{r}$ 为距离 r 标量的二次导数。

联合式（14.21）和式（14.22），可得如下关系式

$$r(t) = \frac{\ddot{r}(t)}{\dot{\beta}^2(t)} \tag{14.23}$$

如果能够在某一时刻测量得到离心加速度 $\ddot{r}(t)$ 和角速度 $\dot{\beta}(t)$，即可实现瞬时测距。通常观测器可以接收到辐射源辐射的信号，因此离心加速度信息可以从信号的频域获得，其原理如下：根据多普勒效应，径向速度 v_r 和多普勒频率 f_d 之间的关系为

$$v_r(t) = \dot{r}(t) = -\lambda f_d(t) \tag{14.24}$$

对上式求导，可得离心加速度 $\ddot{r}(t)$ 和多普勒频率变化率 $\dot{f}_d(t)$ 为

$$\ddot{r}(t) = -\lambda \dot{f}_d(t) \tag{14.25}$$

式中，$\dot{f}_d(t)$ 为多普勒频率变化率。

将式（14.25）代入式（14.23）可得基于多普勒频率变化率的单站测距公式

$$r(t) = -\lambda \frac{\dot{f}_d(t)}{\dot{\beta}^2(t)} \tag{14.26}$$

再结合传感器所测得的目标方位角，可获得目标在直角坐标系下的坐标 $[x(t), y(t)]$ 为

$$\begin{cases} x(t) = r(t)\sin\beta(t) \\ y(t) = r(t)\cos\beta(t) \end{cases} \tag{14.27}$$

14.3.3　多普勒变化率和方位、俯仰联合定位

在利用传感器测得的方位角、俯仰角和多普勒频率变化率对空间目标进行定位时，假设 t 时刻传感器测得的方位角满足式（14.5），方位角变化率如式（14.16）所示，俯仰角为

$$\varepsilon(t) = \arctan\left(\frac{z(t) - z_o}{\sqrt{(x(t) - x_o)^2 + (y(t) - y_o)^2}}\right) \tag{14.28}$$

式中，$[x(t), y(t), z(t)]$ 和 $[x_o, y_o, z_o]$ 分别为 t 时刻辐射源和传感器平台所在的位置。

由式（14.28）可得

$$\dot{\varepsilon}(t) = \frac{-(x(t)-x_o)(z(t)-z_o)(\dot{x}(t)-\dot{x}_o)-(z(t)-z_o)(y(t)-y_o)(\dot{y}(t)-\dot{y}_o)}{[(x(t)-x_o)^2+(y(t)-y_o)^2+(z(t)-z_o)^2]\sqrt{(x(t)-x_o)^2+(y(t)-y_o)^2}} + \frac{[(x(t)-x_o)^2+(y(t)-y_o)^2](\dot{z}(t)-\dot{z}_o)}{[(x(t)-x_o)^2+(y(t)-y_o)^2+(z(t)-z_o)^2]\sqrt{(x(t)-x_o)^2+(y(t)-y_o)^2}} \tag{14.29}$$

此时利用多普勒频率变化率可得

$$r(t) = -\lambda \frac{\dot{f}_d(t)}{(\dot{\beta}(t)\cos\varepsilon)^2 + \dot{\varepsilon}^2(t)} \tag{14.30}$$

由式（14.30）结合传感器所测得的目标方位角和俯仰角，可获得目标在直角坐标系下的坐标 $[x(t), y(t), z(t)]$ 为

$$\begin{cases} x(t) = r(t)\sin\beta(t)\cos\varepsilon(t) \\ y(t) = r(t)\cos\beta(t)\cos\varepsilon(t) \\ z(t) = r(t)\sin\varepsilon(t) \end{cases} \tag{14.31}$$

从而实现对空间目标的三维定位。

14.3.4　基于修正极坐标的被动跟踪

在纯方位跟踪中，由于跟踪系统本质上的非线性和低可观测性，导致了跟踪算法处理上的困难，并使得跟踪结果在精度和收敛时间上产生了矛盾。以往的研究表明，纯方位被动跟踪系统的性能不但与运动几何有关，还同进行系统描述的坐标系有关。

对于纯方位问题，其坐标系的选择受两个要素的影响：

（1）描述问题最好是使量测方程对状态的关系是线性的；

（2）最好将状态向量中不需要观察平台机动就能确定的元素从要求平台机动才能确定的元素中分离出来。

为解决上述要素的影响，本节将讨论基于修正极坐标系的非线性滤波方法[14]。

1. 系统模型

基于修正的极坐标（MPC）进行滤波，其直角坐标系下的状态方程可表示为

$$\boldsymbol{X}(t) = \boldsymbol{F}_X(t,t_0)\boldsymbol{X}(t_0) + \boldsymbol{V}(t,t_0) \tag{14.32}$$

式中，$\boldsymbol{X}(t) = [\dot{x}(t) \quad \dot{y}(t) \quad x(t) \quad y(t)]'$，这里 $\dot{x}(t)$、$\dot{y}(t)$、$x(t)$ 和 $y(t)$ 分别表示 x、y 轴方向上目标相对于传感器的速度分量和位置分量；$\boldsymbol{F}_X(t,t_0)$ 为状态转移矩阵；$\boldsymbol{V}(t,t_0)$ 为过程噪声

$$\boldsymbol{F}_X(t,t_0) = \begin{bmatrix} 1 & 0 & 0 & 0 \\ 0 & 1 & 0 & 0 \\ t-t_0 & 0 & 1 & 0 \\ 0 & t-t_0 & 0 & 1 \end{bmatrix} \tag{14.33}$$

$$
\boldsymbol{V}(t,t_0)=\begin{bmatrix} v_1(t,t_0) \\ v_2(t,t_0) \\ v_3(t,t_0) \\ v_4(t,t_0) \end{bmatrix}=\begin{bmatrix} \int_{t_0}^{t} a_x(\lambda)\mathrm{d}\lambda \\ \int_{t_0}^{t} a_y(\lambda)\mathrm{d}\lambda \\ \int_{t_0}^{t} (t-\lambda)a_x(\lambda)\mathrm{d}\lambda \\ \int_{t_0}^{t} (t-\lambda)a_y(\lambda)\mathrm{d}\lambda \end{bmatrix} \tag{14.34}
$$

$$
\begin{bmatrix} a_x(t) \\ a_y(t) \end{bmatrix}=\begin{bmatrix} a_{\mathrm{tx}}(t)-a_{\mathrm{dx}}(t) \\ a_{\mathrm{ty}}(t)-a_{\mathrm{dy}}(t) \end{bmatrix} \tag{14.35}
$$

式中，$a_{\mathrm{tx}}(t)$、$a_{\mathrm{ty}}(t)$、$a_{\mathrm{dx}}(t)$ 和 $a_{\mathrm{dy}}(t)$ 分别表示目标和传感器加速度的 x 轴和 y 轴分量。

在 MPC 中，选择 φ、$\dot{\varphi}$、$\dot{r}/r$、$1/r$ 为状态变量，其中 φ 为方位角，r 为目标到传感器的距离，即 MPC 中的状态向量为

$$
\boldsymbol{Y}(t)=[y_1(t) \quad y_2(t) \quad y_3(t) \quad y_4(t)]'=\begin{bmatrix} \dot{\varphi}(t) & \dfrac{\dot{r}(t)}{r(t)} & \varphi(t) & \dfrac{1}{r(t)} \end{bmatrix}' \tag{14.36}
$$

式中

$$
\begin{cases} r(t)=\sqrt{x^2+y^2} \\ \varphi(t)=\arctan\left(\dfrac{x}{y}\right) \end{cases} \tag{14.37}
$$

因为

$$
x(t)=r(t)\sin\varphi(t) \tag{14.38}
$$

$$
y(t)=r(t)\cos\varphi(t) \tag{14.39}
$$

$$
\dot{x}(t)=\dot{r}(t)\sin\varphi(t)+r(t)\cos\varphi(t)\dot{\varphi}(t) \tag{14.40}
$$

$$
\dot{y}(t)=\dot{r}(t)\cos\varphi(t)-r(t)\sin\varphi(t)\dot{\varphi}(t) \tag{14.41}
$$

由 MPC 到直角坐标系的变换关系为

$$
\boldsymbol{X}(t)=f_X(\boldsymbol{Y}(t))=\frac{1}{y_4(t)}\begin{bmatrix} y_2(t)\sin y_3(t)+y_1(t)\cos y_3(t) \\ y_2(t)\cos y_3(t)-y_1(t)\sin y_3(t) \\ \sin y_3(t) \\ \cos y_3(t) \end{bmatrix} \tag{14.42}
$$

上式只要 $y_4(t)\neq 0$，则对任意 t 值均成立。当取 $t=t_0$ 时，式（14.42）可表示为

$$
\boldsymbol{X}(t_0)=\frac{1}{y_4(t_0)}\begin{bmatrix} y_2(t_0)\sin y_3(t_0)+y_1(t_0)\cos y_3(t_0) \\ y_2(t_0)\cos y_3(t_0)-y_1(t_0)\sin y_3(t_0) \\ \sin y_3(t_0) \\ \cos y_3(t_0) \end{bmatrix} \tag{14.43}
$$

将 $\boldsymbol{X}(t_0)$ 代入式（14.32）可得

$$
\boldsymbol{X}(t)=\frac{1}{y_4(t_0)}\left\{\begin{bmatrix} y_2(t_0)\sin y_3(t_0)+y_1(t_0)\cos y_3(t_0) \\ y_2(t_0)\cos y_3(t_0)-y_1(t_0)\sin y_3(t_0) \\ (t-t_0)[y_2(t_0)\sin y_3(t_0)+y_1(t_0)\cos y_3(t_0)]+\sin y_3(t_0) \\ (t-t_0)[y_2(t_0)\cos y_3(t_0)-y_1(t_0)\sin y_3(t_0)]+\cos y_3(t_0) \end{bmatrix}+\begin{bmatrix} y_4(t_0)v_1(t,t_0) \\ y_4(t_0)v_2(t,t_0) \\ y_4(t_0)v_3(t,t_0) \\ y_4(t_0)v_4(t,t_0) \end{bmatrix}\right\} \tag{14.44}
$$

即

$$\begin{bmatrix} x_1(t) \\ x_2(t) \\ x_3(t) \\ x_4(t) \end{bmatrix} = \frac{1}{y_4(t_0)} \begin{bmatrix} s_1(t,t_0)\cos y_3(t_0) + s_2(t,t_0)\sin y_3(t_0) \\ s_2(t,t_0)\cos y_3(t_0) - s_1(t,t_0)\sin y_3(t_0) \\ s_3(t,t_0)\cos y_3(t_0) + s_4(t,t_0)\sin y_3(t_0) \\ s_4(t,t_0)\cos y_3(t_0) - s_3(t,t_0)\sin y_3(t_0) \end{bmatrix} \tag{14.45}$$

式中

$$s_1 = y_1(t_0) + y_4(t_0)\{v_1(t,t_0)\cos[y_3(t_0)] - v_2(t,t_0)\sin[y_3(t_0)]\} \tag{14.46}$$

$$s_2 = y_2(t_0) + y_4(t_0)\{v_1(t,t_0)\sin[y_3(t_0)] + v_2(t,t_0)\cos[y_3(t_0)]\} \tag{14.47}$$

$$s_3 = (t-t_0)y_1(t_0) + y_4(t_0)\{v_3(t,t_0)\cos[y_3(t_0)] - v_4(t,t_0)\sin[y_3(t_0)]\} \tag{14.48}$$

$$s_4 = 1 + (t-t_0)y_2(t_0) + y_4(t_0)\{v_3(t,t_0)\sin[y_3(t_0)] + v_4(t,t_0)\cos[y_3(t_0)]\} \tag{14.49}$$

由直角坐标系到 MPC 的变换关系为

$$\boldsymbol{Y}(t) = f_Y[\boldsymbol{X}(t)] = \begin{bmatrix} [x_1(t)x_4(t) - x_2(t)x_3(t)]/x[_3^2(t) + x_4^2(t)] \\ [x_1(t)x_3(t) + x_2(t)x_4(t)]/[x_3^2(t) + x_4^2(t)] \\ \arctan\left(\dfrac{x_3(t)}{x_4(t)}\right) \\ 1/\sqrt{x_3^2(t) + x_4^2(t)} \end{bmatrix} \tag{14.50}$$

将式（14.45）代入式（14.50）可求得 MPC 坐标系下的状态方程为

$$\boldsymbol{Y}(t) = f[\boldsymbol{Y}(t_0);t,t_0] = \begin{bmatrix} [s_1(t,t_0)s_4(t,t_0) - s_2(t,t_0)s_3(t,t_0)]/[s_3^2(t,t_0) + s_4^2(t,t_0)] \\ [s_1(t,t_0)s_3(t,t_0) + s_2(t,t_0)s_4(t,t_0)]/[s_3^2(t,t_0) + s_4^2(t,t_0)] \\ y_3(t_0) + \arctan[s_3(t,t_0)/s_4(t,t_0)] \\ y_4(t_0)/\sqrt{s_3^2(t,t_0) + s_4^2(t,t_0)} \end{bmatrix} \tag{14.51}$$

由于利用修正的极坐标进行滤波时，第四个状态变量与前三个状态变量是解耦的，为减少计算量在滤波过程中也可只取前三个状态变量，即

$$\boldsymbol{Y}(t) = [y_1(t) \quad y_2(t) \quad y_3(t)]' = \begin{bmatrix} \dot{\varphi}(t) & \dfrac{\dot{r}(t)}{r(t)} & \varphi(t) \end{bmatrix}' \tag{14.52}$$

此时有

$$s_1 = y_1(t_0) \tag{14.53}$$

$$s_2 = y_2(t_0) \tag{14.54}$$

$$s_3 = (t-t_0)y_1(t_0) \tag{14.55}$$

$$s_4 = 1 + (t-t_0)y_2(t_0) \tag{14.56}$$

当 $t_0 = kT$， $t = (k+1)T$ 时可得离散状态下的状态方程为

$$\boldsymbol{Y}(k+1) = f[\boldsymbol{Y}(k);(k+1)T,kT] = \begin{bmatrix} (s_1 s_4 - s_2 s_3)/(s_3^2 + s_4^2) \\ (s_1 s_3 + s_2 s_4)/(s_3^2 + s_4^2) \\ y_3(k) + \arctan(s_3/s_4) \end{bmatrix} \tag{14.57}$$

式中

$$s_1 = y_1(k) \tag{14.58}$$

$$s_2 = y_2(k) \tag{14.59}$$

$$s_3 = Ty_1(k) \tag{14.60}$$

$$s_4 = 1 + Ty_2(k) \tag{14.61}$$

在纯方位被动跟踪时，因为只有一个方位角的测量值，所以量测方程可表示为

$$Z(k) = \boldsymbol{H}(k)\boldsymbol{Y}(k) + W(k) \tag{14.62}$$

式中，$Z(k)$ 为量测值；$\boldsymbol{H}(k)$ 为量测矩阵；$W(k)$ 为具有协方差矩阵的零均值、白色高斯量测噪声，即

$$Z(k) = \varphi_{测} \tag{14.63}$$

$$\boldsymbol{H}(k) = [0 \ \ 0 \ \ 1] \tag{14.64}$$

$$E[W(k)] = 0 \tag{14.65}$$

$$E[W(k)W'(j)] = R(k)\delta_{kj} = \sigma_\varphi^2 \delta_{kj} \tag{14.66}$$

式中，δ_{kj} 为 Kronecker δ 函数。

2. 滤波模型

状态方程的一步预测为

$$\hat{\boldsymbol{Y}}(k+1|k) = f[\hat{\boldsymbol{Y}}(k|k);(k+1)T, kT] \tag{14.67}$$

状态预测协方差矩阵为

$$\boldsymbol{P}(k+1|k) = \boldsymbol{A}(k+1,k)\boldsymbol{P}(k|k)\boldsymbol{A}'(k+1,k) \tag{14.68}$$

式中，状态转移矩阵为

$$\boldsymbol{A}(k+1,k) = \frac{\partial f[\hat{\boldsymbol{Y}}(k|k);(k+1)T, kT]}{\partial \hat{\boldsymbol{Y}}(k|k)} \tag{14.69}$$

滤波增益为

$$\boldsymbol{K}(k+1) = \boldsymbol{P}(k+1|k)\boldsymbol{H}'(k+1)[\boldsymbol{S}(k+1)]^{-1} \tag{14.70}$$

式中

$$\boldsymbol{S}(k+1) = \boldsymbol{H}(k+1)\boldsymbol{P}(k+1|k)\boldsymbol{H}'(k+1) + \boldsymbol{R}(k+1) \tag{14.71}$$

为新息协方差。

状态更新方程为

$$\hat{\boldsymbol{Y}}(k+1|k+1) = \hat{\boldsymbol{Y}}(k+1|k) + \boldsymbol{K}(k+1)[Z(k+1) - \boldsymbol{H}(k+1)\hat{\boldsymbol{Y}}(k+1|k)] \tag{14.72}$$

协方差更新方程为

$$\boldsymbol{P}(k+1|k+1) = [\boldsymbol{I} - \boldsymbol{K}(k+1)\boldsymbol{H}(k+1)]\boldsymbol{P}(k+1|k) \tag{14.73}$$

式中，$\boldsymbol{I}$ 为单位矩阵。

3. 应用举例

设被动传感器的载体为飞机，其发射方向和正北方向的夹角为 53°，目标为舰船，其初始位置为（34 km, 50 km），目标的运动速度为 28 节，其运动方向与正北方向的夹角为 323°，采样间隔 T=0.5 s。在 MPC 下进行滤波的初始状态和初始误差协方差矩阵分别为

$$\hat{\boldsymbol{Y}}(1|1) = \begin{bmatrix} \dfrac{\varphi(1) - \varphi(0)}{T} \\ 0 \\ \varphi(1) \end{bmatrix} \tag{14.74}$$

$$
\boldsymbol{P}(1|1)=\begin{bmatrix} 10^{-4} & 0 & 0 \\ 0 & 10^{-4} & 0 \\ 0 & 0 & 10^{-4} \end{bmatrix} \tag{14.75}
$$

式中，$\varphi(0)$ 和 $\varphi(1)$ 为前两个时刻的方位角量测值。

利用修正极坐标系进行滤波的结果如图 14.4～图 14.6 所示，其中横坐标为跟踪步数。

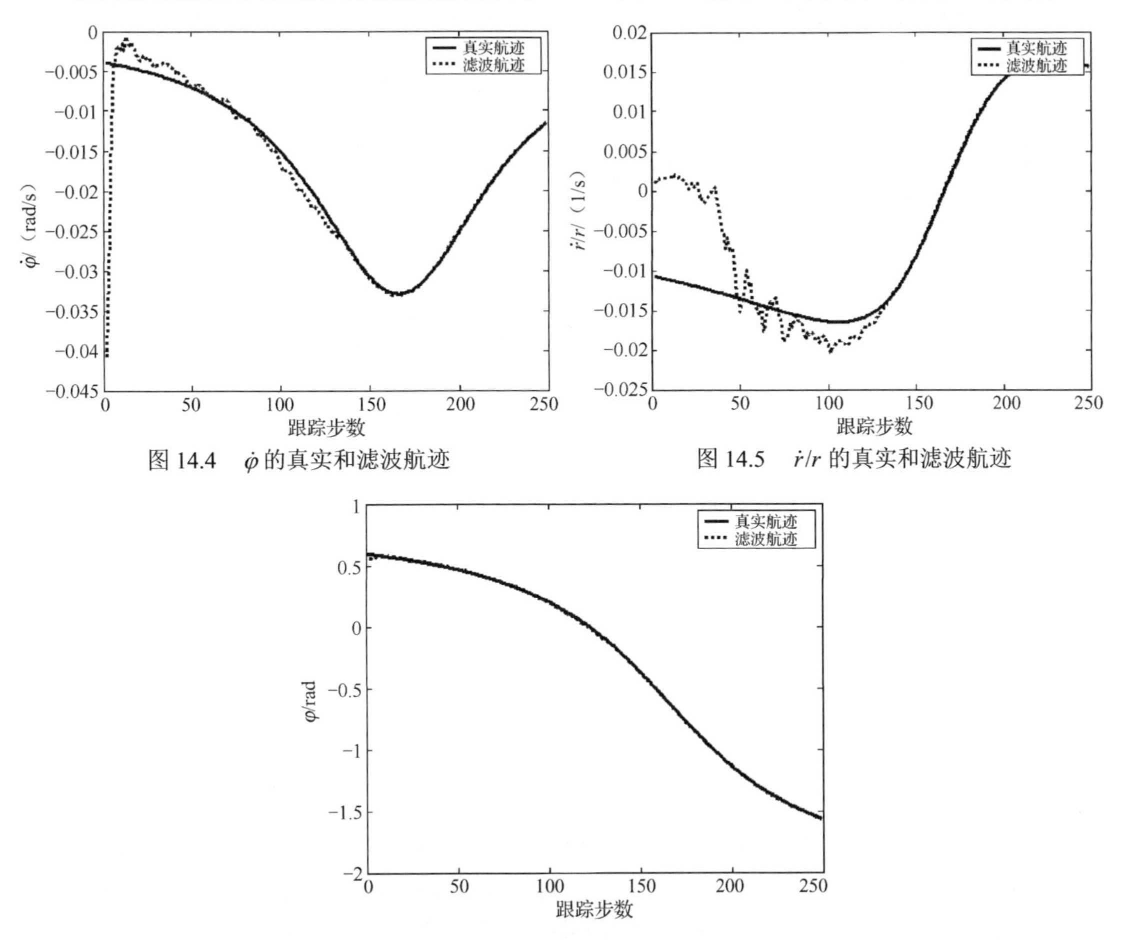

图 14.4　$\dot{\varphi}$ 的真实和滤波航迹

图 14.5　$\dot{r}/r$ 的真实和滤波航迹

图 14.6　φ 的真实和滤波航迹

14.3.5　基于多模型的被动跟踪

利用单个无源传感器对目标进行测向，设 k 时刻所测得的目标方位角为 $\beta_m(k)$，并设目标可能出现的最远和最近距离分别为 $L_{\max}$ 和 $L_{\min}$，将此空间范围划分成 N 个距离间隔不相等的子区间[13]。$2\sigma_{L(i)}$ 和 $L(i)$ 分别为第 i 个子区间的长度和平均径向距离，且满足

$$
L(i)=L(i-1)+\sigma_{L(i-1)}+\sigma_{L(i)} \tag{14.76}
$$

$$
\frac{2\sigma_{L(i)}}{L(i)}=\frac{2(\rho-1)}{\rho+1},\ i=1,2,\cdots,N \tag{14.77}
$$

式中，$L(0)=L_{\min}$，$\sigma_{L(0)}=0$，$L_{\max}=L(N)+\sigma_{L(N)}$，$\rho=(L_{\max}/L_{\min})^{\frac{1}{N}}$。

经过简单的数学运算，由式（14.76）、式（14.77）可求得第 i 个子区间的长度 $2\sigma_{L(i)}$ 和平均径向距离 $L(i)$ 分别为

$$2\sigma_{L(i)} = \rho^{i-1}(\rho-1)L_{\min} \tag{14.78}$$

$$L(i) = \frac{\rho^{i-1}(\rho+1)L_{\min}}{2} \tag{14.79}$$

在每一个子区间上分别建立扩展卡尔曼滤波模型，而第 i 个子区间的初始状态向量和初始协方差矩阵分别为

$$\hat{\boldsymbol{X}}^m(i,1|1) = \begin{bmatrix} L(i)\sin(\beta(1)) \\ L(i)\cos(\beta(1)) \\ v_s\sin(\beta(1)) \\ v_s\cos(\beta(1)) \end{bmatrix} \tag{14.80}$$

$$\boldsymbol{P}(i,1|1) = \boldsymbol{A}_{RP}\begin{bmatrix} L^2(i)\sigma_\alpha^2 & 0 & 0 & 0 \\ 0 & \sigma_{L(i)}^2 & 0 & 0 \\ 0 & 0 & \hat{\sigma}_v^2 & 0 \\ 0 & 0 & 0 & \hat{\sigma}_v^2 \end{bmatrix}\boldsymbol{A}_{RP}^{\mathrm{T}} \tag{14.81}$$

式中，v_s 为基准观测站的初始运动速度，$\hat{\sigma}_v$ 为速度量测误差标准差的估计值，而

$$\boldsymbol{A}_{RP} = \begin{bmatrix} \cos[\beta_m(1)] & \sin[\beta_m(1)] & 0 & 0 \\ -\sin[\beta_m(1)] & \cos[\beta_m(1)] & 0 & 0 \\ 0 & 0 & 1 & 0 \\ 0 & 0 & 0 & 1 \end{bmatrix} \tag{14.82}$$

目标在第 i 个模型的初始概率为

$$P_{\mathrm{r}}(i,1) = \frac{2\sigma_{L(i)}}{L_{\max} - L_{\min}} \tag{14.83}$$

目标的状态方程为

$$\boldsymbol{X}(k+1) = \boldsymbol{F}(k)\boldsymbol{X}(k) + \boldsymbol{\Gamma}(k)\boldsymbol{v}(k) \tag{14.84}$$

式中，$\boldsymbol{X}(k)$ 为 k 时刻目标的状态向量；$\boldsymbol{F}(k)$ 为状态转移矩阵；$\boldsymbol{v}(k)$ 为具有协方差阵 $\boldsymbol{Q}(k)$ 的零均值白色高斯过程噪声；$\boldsymbol{\Gamma}(k)$ 是过程噪声分布矩阵，且

$$\boldsymbol{X}(k) = [x(k) \;\; y(k) \;\; \dot{x}(k) \;\; \dot{y}(k)]' \tag{14.85}$$

$$\boldsymbol{F}(k) = \begin{bmatrix} 1 & 0 & T & 0 \\ 0 & 1 & 0 & T \\ 0 & 0 & 1 & 0 \\ 0 & 0 & 0 & 1 \end{bmatrix} \tag{14.86}$$

$$\boldsymbol{\Gamma}(k) = \begin{bmatrix} \dfrac{T^2}{2} & 0 & T & 0 \\ 0 & \dfrac{T^2}{2} & 0 & T \end{bmatrix}' \tag{14.87}$$

式中，T 为采样间隔。

目标的量测方程为

$$Z(k)=\boldsymbol{h}[\boldsymbol{X}(k)]+W(k)=\arctan\left(\frac{y-y_l}{x-x_l}\right)+W(k) \tag{14.88}$$

式中，(x_l,y_l) 为观测站的位置；(x,y) 为目标的位置；$W(k)$ 为基准观测站的量测噪声，该测量噪声和过程噪声 $\boldsymbol{v}(k)$是相互独立的，且为具有协方差阵 $R(k)$的零均值、白色高斯噪声。

第 i 个模型的状态方程的一步预测为

$$\hat{\boldsymbol{X}}(i,k+1\,|\,k)=\boldsymbol{F}(k)\hat{\boldsymbol{X}}(i,k\,|\,k)-\boldsymbol{U}(k+1) \tag{14.89}$$

式中，$\boldsymbol{U}(k+1)$为从 k 时刻到 $k+1$ 时刻的时间间隔内观测站位置的改变，若假设观测站做匀速直线运动，则

$$\boldsymbol{U}(k+1)=[v_{xs}T \quad v_{ys}T \quad 0 \quad 0]' \tag{14.90}$$

式中，v_{xs}、v_{ys} 分别为观测站 x、y 轴方向的运动速度；矩阵中 T 为采样间隔。

第 i 个模型的状态预测协方差矩阵为

$$\boldsymbol{P}(i,k+1\,|\,k)=\boldsymbol{F}(k)\boldsymbol{P}(i,k\,|\,k)\boldsymbol{F}'(k)+\boldsymbol{\Gamma}(k)\boldsymbol{Q}(k)\boldsymbol{\Gamma}'(k) \tag{14.91}$$

进而，可求得第 i 个模型的滤波增益为

$$\boldsymbol{K}(i,k+1)=\boldsymbol{P}(i,k+1\,|\,k)\boldsymbol{H}'(i,k+1)(S(i,k+1))^{-1} \tag{14.92}$$

式中

$$S(i,k+1)=\boldsymbol{H}(i,k+1)\boldsymbol{P}(i,k+1\,|\,k)\boldsymbol{H}'(i,k+1)+R(k+1) \tag{14.93}$$

为新息协方差；

$$\boldsymbol{H}(i,k+1)=\frac{\partial \boldsymbol{h}}{\partial \hat{\boldsymbol{X}}^m(i,k+1\,|\,k)}=\left[\frac{-\hat{y}(i,k+1\,|\,k)}{(\hat{x}(i,k+1\,|\,k))^2+(\hat{y}(i,k+1\,|\,k))^2} \quad \frac{\hat{x}(i,k+1\,|\,k)}{(\hat{x}(i,k+1\,|\,k))^2+(\hat{y}(i,k+1\,|\,k))^2} \quad 0 \quad 0\right] \tag{14.94}$$

为量测矩阵。

由式（14.89）和式（14.92）可求得第 i 个模型的状态更新方程为

$$\hat{\boldsymbol{X}}(i,k+1\,|\,k+1)=\hat{\boldsymbol{X}}(i,k+1\,|\,k)+\boldsymbol{K}(i,k+1)\{Z(k+1)-h[\hat{\boldsymbol{X}}(i,k+1\,|\,k)]\} \tag{14.95}$$

由式（14.91）、式（14.92）和式（14.94）可求得第 i 个模型的协方差更新方程为

$$\begin{aligned}\boldsymbol{P}(i,k+1\,|\,k+1)=&[\boldsymbol{I}-\boldsymbol{K}(i,k+1)\boldsymbol{H}(i,k+1)]\boldsymbol{P}(i,k+1\,|\,k)[\boldsymbol{I}+\boldsymbol{K}(i,k+1)\boldsymbol{H}(i,k+1)]'-\\&\boldsymbol{K}(i,k+1)\boldsymbol{R}(k+1)\boldsymbol{K}'(i,k+1)\end{aligned} \tag{14.96}$$

式中，$\boldsymbol{I}$ 为单位矩阵。

按照贝叶斯准则可求得目标在第 i 个模型上的更新概率为

$$P_{\mathrm{r}}(i,k)=\frac{P_{\mathrm{r}}[\beta(k)\,|\,i]\Pr(i,k-1)}{\sum\limits_{n=1}^{N}P_{\mathrm{r}}[\beta(k)\,|\,n]\Pr(n,k-1)} \tag{14.97}$$

式中

$$P_{\mathrm{r}}[\beta(k)\,|\,i]=|2\pi S(i,k)|^{-\frac{1}{2}}\exp\left\{\frac{-v'(i,k)[S(i,k)]^{-1}v(i,k)}{2}\right\} \tag{14.98}$$

为 k 时刻第 i 个模型的似然函数，它与 k 时刻第 i 个模型的新息 $v(i,k)$和新息协方差 $S(i,k)$有关。

在滤波过程中不断把更新概率和某个设定的检测门限比较，只有更新概率高于检测门限的子区间才予以保留，并利用由式（14.89）、式（14.91）、式（14.92）、式（14.95）和式（14.96）组成的滤波方程组不断地进行迭代，求得不同时刻各个子区间上的状态估计及其协方差矩阵。

把由式（14.97）求得的更新概率作为权重来对各个子区间上的滤波结果进行加权融合，融合后的结果作为与该目标相对应的状态估计和协方差输出[15]，即

$$\hat{\boldsymbol{X}}(k|k)=\sum_{i=1}^{N}P_{\mathrm{r}}(i,k)\hat{\boldsymbol{X}}(i,k|k) \tag{14.99}$$

$$\begin{aligned}\boldsymbol{P}(k|k)=\sum_{i=1}^{N}\mathrm{Pr}(i,k)\{\boldsymbol{P}(i,k|k)+[\hat{\boldsymbol{X}}(i,k|k)-\hat{\boldsymbol{X}}(k|k)]\\ [\hat{\boldsymbol{X}}(i,k|k)-\hat{\boldsymbol{X}}(k|k)]'[\hat{\boldsymbol{X}}(i,k|k)-\hat{\boldsymbol{X}}(k|k)]\}\end{aligned} \tag{14.100}$$

14.3.6 性能分析

近年来随着无源定位技术的发展，单站无源定位领域出现了许多新的理论研究成果，这里不作一一评述，仅对 14.3.1 节～14.3.5 节提到的五种定位方法的优缺点进行简单分析。

测向定位法的优点是只需要方向测量数据和观测站自身位置数据，数据量小，数据处理手段也相对比较简单。缺点是当目标运动时，该方法的可观测性问题突出，即要求观测站必须做特殊的机动运动，而且跟踪精度直接决定于观测站运动的机动量。目标运动速度越高，要求观测站的机动量越大。当观测站机动量较小时，跟踪算法收敛困难，完成定位时目标运动距离相对较长，不利于及早确定目标位置，很难满足瞬息万变的现代战争需求。多模型法可利用两个传感器实现对多目标的测向被动跟踪问题，不需解决测向交叉定位中的虚假定位点排除问题，但该方法计算量相对要大一些。

利用运动观测平台上的相位干涉仪所测量的相位差及其变化率对固定和运动辐射源进行无源定位的定位速度和定位精度远远好于测向定位法。但相位差变化率的测量精度严重影响这种方法的定位精度和定位速度，因此如何获得精确的相位差变化率是这种方法的一个关键技术。为了获得精确的相位差变化率，往往需要增加相位干涉仪的天线阵元之间基线距离，由此产生了相位测量模糊现象。

依据运动学原理，对观测站与目标辐射源之间的相对运动速度进行分解，从径向速度中提取多普勒频率变化率信息，辅以方位信息，可以实现单平台快速、高精度无源定位的目的。该定位方法还具有一个潜在优势，当受目标辐射源限制，观测器采样率较低时，依然可以通过较少的测量次数达到较高的测距精度。但该方法对多普勒频率变化率的测量精度要求较高，多普勒频率变化率的测量精度的高低是影响定位精度的主要因素之一，在多普勒频率变化率和测向信息等测量的测量精度满足要求的情况下，该方法可解决单平台快速、高精度无源定位。

修正极坐标系下的扩展卡尔曼滤波方法极小化了系统的二阶非线性损失，当被动探测器与目标间的相对加速度为零时，不可观的距离状态与可观的其他状态间能自动解耦，从而保证滤波器仍能稳定工作，该方法可以获得稳定和渐近无偏的估计，可用来克服直角坐标系 EKF 的不稳定性和有偏性。但距离状态仍不可观，且基于 MPC 进行滤波的计算量也比较大。

基于多模型的被动跟踪方法通过假定不同的初始目标距离，将距离信息未知的被动跟踪问题转化为多模型跟踪器的加权和，在满足可观测性条件的情况下，取得了较好的跟踪效果。此外，通过与修正极坐标系下的扩展卡尔曼滤波方法相结合，该方法表现出了更好的收敛速度和定位精度[16]。

14.4　多站无源定位与跟踪

14.4.1　纯方位无源定位

纯方位无源定位是多站无源定位与跟踪中的重点研究方向，其中机载 ESM 定位[17]由于具有隐蔽性好、机动性强、技术手段相对简单、实现方便等优点，在跟踪、侦察监视等领域都具有重要的应用前景，包括对中低空目标、海上目标、地面目标的早期发现定位，为雷达搜索指示目标等。在对方辐射电磁波或施放干扰的情况下，利用 ESM 对雷达实施引导，可以减少雷达的开机时间，通过尽量使有源传感器（雷达）静默，提高生存能力；此外当目标距离较远时，机上有源雷达即使开机也无法发现目标。在上述情况下都需要利用机上无源 ESM 传感器发现目标并对其进行定位跟踪，或为雷达指示目标。因此，机载 ESM 传感器对运动目标的定位跟踪有着重要的实用意义。

由于机载 ESM 传感器是单一信息源，其量测只有目标方位信息，无目标距离信息，属于不完全量测，其对运动目标的定位是有条件的，即只有预警机与运动目标之间存在相对切向运动（即 ESM 所测的目标方位角是随着时间变化的，而非固定值），才能满足 ESM 对运动目标的可观测性条件，这就要求预警机必须作机动运动。本节主要是针对机载 ESM 对地面固定目标的定位跟踪进行讨论。

假设机载 ESM 在 k 时刻测得的目标的方位信息为

$$Z(k)=h(\boldsymbol{X},k)+W(k) \tag{14.101}$$

式中，$W(k)$为方位测量误差，并假定 ESM 方位测量误差服从独立、零均值和恒定方差的高斯分布，而

$$h(\boldsymbol{X},k)=\arctan\left[\frac{y(k)-y_p(k)}{x(k)-x_p(k)}\right] \tag{14.102}$$

式中 $x(k)$、$y(k)$表示 k 时刻目标的位置；$x_p(k)$、$y_p(k)$表示 k 时刻飞机所在位置的 x、y 轴分量。

对目标 N 次测量后的方位角观测数据用 $\boldsymbol{Z}=[Z_1\quad Z_2\quad\cdots\quad Z_N]$表示，假设不同测量数据之间是相互独立的，则由这 N 个测量数据可获得目标的极大似然函数为

$$L(\boldsymbol{X})=\prod_{k=1}^{N}\frac{1}{2\pi\sigma_\beta}\exp\left\{-\frac{1}{2\sigma_\beta^2}[Z(k)-h(\boldsymbol{X},k)]^2\right\} \tag{14.103}$$

对式（14.103）求对数可得

$$\begin{aligned}\ln\{L(\boldsymbol{X})\}&=\sum_{k=1}^{N}\left\{\ln\left(\frac{1}{2\pi\sigma_\beta}\right)-\frac{1}{2\sigma_\beta^2}[Z(k)-h(\boldsymbol{X},k)]^2\right\}\\&=\sum_{k=1}^{N}\ln\left(\frac{1}{2\pi\sigma_\beta}\right)-\frac{1}{2}\sum_{k=1}^{N}\frac{1}{\sigma_\beta^2}[Z(k)-h(\boldsymbol{X},k)]^2\end{aligned} \tag{14.104}$$

选取 $\boldsymbol{X}$ 使式(14.104)的后一项达到最小，即满足 $\arg\min\limits_{x}\sum_{k=1}^{N}\frac{1}{\sigma_\beta^2}[Z(k)-h(\boldsymbol{X},k)]^2$，此时 $\ln\{L(\boldsymbol{X})\}$ 达到最大，似然函数 $L(\boldsymbol{X})$ 达到最大，对应的向量 $\boldsymbol{X}$ 即为目标的位置向量，从而实现目标定位的目的。对于上述非线性最小二乘（NLS）估计问题，解为

$$\hat{\boldsymbol{X}}_c = \hat{\boldsymbol{X}} + \Delta\hat{\boldsymbol{X}} \tag{14.105}$$

式中，$\hat{\boldsymbol{X}}$ 为目标当前位置向量的估计，而

$$\Delta\hat{\boldsymbol{X}} = (\boldsymbol{H}\boldsymbol{R}^{-1}\boldsymbol{H}^{\mathrm{T}})^{-1}\boldsymbol{H}\boldsymbol{R}^{-1}\Delta Z \tag{14.106}$$

式中

$$\boldsymbol{R} = \begin{bmatrix} \sigma_{\theta_1}^2 & 0 & \cdots & 0 \\ 0 & \sigma_{\theta_2}^2 & \cdots & 0 \\ & & \ddots & \\ 0 & 0 & \cdots & \sigma_{\theta_M}^2 \end{bmatrix} \tag{14.107}$$

为 M 次方位量测误差的协方差阵，$\sigma_{\theta_i}^2$（i=1,2,⋯,M）为第 i 次测量的方位测量噪声的协方差；

$$\Delta Z = [Z(k) - h(\hat{\boldsymbol{X}}, k)] = \hat{\theta}_i - \arctan\left(\frac{y - y_p}{x - x_p}\right) \tag{14.108}$$

为量测残差，$\hat{\theta}_i$ 为方位测量数据。

$$\boldsymbol{H} = \left.\frac{\partial h}{\partial \boldsymbol{X}}\right|_{\hat{X}} = \begin{bmatrix} -\sin\hat{\theta}_1 / r & \cos\hat{\theta}_1 / r_1 \\ -\sin\hat{\theta}_2 / r & \cos\hat{\theta}_2 / r_2 \\ \vdots & \vdots \\ -\sin\hat{\theta}_M / r_M & \cos\hat{\theta}_M / r_M \end{bmatrix} \tag{14.109}$$

式中，M 为测量数量，矩阵中行向量是通过对式（14.102）求偏导数并代入目标当前位置的估计值得到的，即

$$\left.\frac{\partial h(\boldsymbol{X},k)}{\partial x}\right|_{\hat{X}} = \frac{-(\hat{y}(k) - y_{pi}(k))}{[\hat{x}(k) - x_{pi}(k)]^2 + [\hat{y}(k) - y_{pi}(k)]^2} = -\frac{\sin\hat{\theta}_i}{r_i} \tag{14.110}$$

$$\left.\frac{\partial h(\boldsymbol{X},k)}{\partial y}\right|_{\hat{X}} = \frac{\hat{x}(k) - x_{pi}(k)}{[\hat{x}(k) - x_{pi}(k)]^2 + [\hat{y}(k) - y_{pi}(k)]^2} = \frac{\cos\hat{\theta}_i}{r_i} \tag{14.111}$$

为了检验修正后的目标状态估计 $\hat{\boldsymbol{X}}_c$ 收敛性的好坏，定义如下的检验统计量

$$S = [Z - h(\hat{\boldsymbol{X}})]'\boldsymbol{R}^{-1}[Z - h(\hat{\boldsymbol{X}})] \tag{14.112}$$

该检验统计量服从自由度为 D 的 χ^2 分布，其中 D=M−m，m 为状态维数。如果状态估计 $\hat{\boldsymbol{X}}_c$ 是一个好的估计，则检验统计量 S 应小于由 χ^2 分布表获得的某个检测门限。

当估计开始收敛时，此时对应的协方差矩阵为

$$\boldsymbol{P} = (\boldsymbol{H}\boldsymbol{R}^{-1}\boldsymbol{H}^{\mathrm{T}})^{-1} + \mathrm{HOT} \tag{14.113}$$

式中，HOT 为高阶项，可忽略。由该协方差矩阵还可得出另外一个检验统计量，该检验统计量用来对最终的 $\Delta\hat{X}$ 进行显著性检验，定义

$$d^2 = \Delta\boldsymbol{X}'\boldsymbol{P}^{-1}\Delta\boldsymbol{X} = \Delta\boldsymbol{X}'(\boldsymbol{H}\boldsymbol{R}^{-1}\boldsymbol{H}')\Delta\boldsymbol{X} \tag{14.114}$$

如果 d^2 小于某个特定的值（比如 0.01），则认为估计已经开始收敛。

如果有两台以上的机载 ESM 信息可利用，则可利用这些 ESM 给出的方位角和俯仰角信息通过交叉定位可实现对目标的定位和跟踪。设某时刻两架飞机的位置为（x_{s1},y_{s1},z_{s1}）和（x_{s2},y_{s2},z_{s2}），测得的目标方位角和俯仰角分别为 $\hat{\theta}_i$ 和 $\hat{\gamma}_i$（i=1,2），即

$$\tan\hat{\theta}_i = \frac{\hat{y} - y_{si}}{\hat{x} - x_{si}}, \quad i = 1,2 \tag{14.115}$$

$$\tan\hat{\gamma}_i = \frac{\hat{z} - z_{si}}{\sqrt{(\hat{x} - x_{si})^2 + (\hat{y} - y_{si})^2}}, \quad i = 1,2 \tag{14.116}$$

此时可先利用两台 ESM 所给出的方位角信息对目标进行二维定位，即

$$\hat{x} = \frac{y_{s2} - y_{s1} + x_{s1}\tan\hat{\theta}_1 - x_{s2}\tan\hat{\theta}_2}{\tan\hat{\theta}_1 - \tan\hat{\theta}_2} \tag{14.117}$$

$$\hat{y} = \frac{y_{s2}\tan\hat{\theta}_1 - y_{s1}\tan\hat{\theta}_2 + (x_{s1} - x_{s2})\tan\hat{\theta}_1\tan\hat{\theta}_2}{\tan\hat{\theta}_1 - \tan\hat{\theta}_2} \tag{14.118}$$

在求得目标的 x 轴和 y 轴位置数据估计值后，再结合 ESM 所提供的俯仰角测量信息，求得目标 z 轴数据的估计值，即

$$\hat{z}_i = z_{si} + \sqrt{(\hat{x} - x_{si})^2 + (\hat{y} - y_{si})^2}\tan\hat{\gamma}_i, \quad i = 1,2 \tag{14.119}$$

由于 ESM 存在测量噪声，所以利用不同 ESM 的俯仰角测量数据由式（14.119）求得的目标 z 轴数据可能并不相同，此时可以采用如下准则加以取舍。

（1）如果两台 ESM 的俯仰角的测量误差都很小，则可利用其中任意一台 ESM 的俯仰角测量数据求取目标的 z 轴位置估计值，也可把两台不同 ESM 的俯仰角测量数据都代入式（14.119）中求取目标的 z 轴数据 $\hat{z}_1$、$\hat{z}_2$，再取平均；

（2）如果某台 ESM 的俯仰角测量误差较大，而某台 ESM 的俯仰角测量误差又较小，此时可由测量误差较小的 ESM 俯仰角数据来求取目标的 z 轴估计值，即测量精度较高的 ESM 测量数据多利用，而精度较差的 ESM 测量数据少利用；

（3）若 ESM 的俯仰角的测量误差都较大，则此时也需要把两台 ESM 的俯仰角测量数据都代入式（14.119）中求取不同的目标 z 轴数据 $\hat{z}_1$、$\hat{z}_2$，再对这两个数据取平均。

14.4.2　时差无源定位

1．定位模型

时差（Time Difference of Arrival, TDOA）定位又称为双曲线定位，它是通过处理三个或更多个测量（观测）站接收到的目标信号到达时间差数据对目标进行定位的[18]。对二维目标的定位至少需要三个测量站，而对三维目标的定位则至少需要四个测量站，这些观测站中一个设为主站，其余为辅站。时间差乘以光速即为辐射源到主站和某个辅站之间的距离差，由解析几何“到两固定点的距离之差等于定长的点的轨迹是双曲线”的原理可知，目标即位于以这两个观测站为焦点的双曲线上。在二维平面内，利用三个观测站可形成两对双曲线，其中两个单边双曲线的交点就是目标的位置，平面测时差定位原理图如图 14.7 所示。在三维空间中，目标信号到达主、辅观测站的时间差规定了一对以这两站为焦点的双曲面，四个观测站可形成三对双曲面，其中两个单边双曲面相交得到一条交线，该交线和第三对双曲面中的某个相交得到的交点即为目标位置。

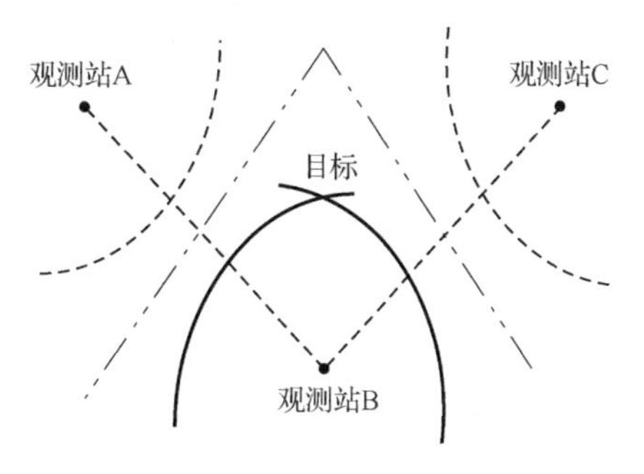

图 14.7　平面测时差定位原理图

由于时差定位系统可以延长基线，提高时差测量精度，因此比一般的测向交叉定位、单站定位等方法具有更高的定位精度。

2. 二维情况

设目标位置为$[x,y]$，它到观测站的主站$[x_0,y_0]$和两个辅站$[x_i,y_i]$的距离分别为r_0和r_i（i=1,2），而它们之间的距离差设为Δr_i

$$\Delta r_i = r_i - r_0 = C \cdot \Delta t_{i0}, \quad i = 1,2 \tag{14.120}$$

式中，Δt_{i0}为目标信号到达观测站的主、辅站之间的时间差，即

$$\Delta t_{10} = t_1 - t_0 \tag{14.121}$$

$$\Delta t_{20} = t_2 - t_0 \tag{14.122}$$

式中，t_0和t_1、t_2分别为目标信号到达地面主、辅站的时间，而

$$r_i^2 = (x - x_i)^2 + (y - y_i)^2 \tag{14.123}$$

$$r_0^2 = (x - x_0)^2 + (y - y_0)^2 \tag{14.124}$$

将式（14.120）中的r_0移到第一个等号的左边，两边取平方，再将式（14.123）、式（14.124）代入，整理、化简可得

$$(x_0 - x_i)x + (y_0 - y_i)y = k_i + r_0 \Delta r_i \tag{14.125}$$

式中

$$k_i = \frac{1}{2}(\Delta r_i^2 + d_0^2 - d_i^2) \tag{14.126}$$

$$d_0^2 = x_0^2 + y_0^2 + z_0^2 \tag{14.127}$$

$$d_i^2 = x_i^2 + y_i^2 + z_i^2 \tag{14.128}$$

将式（14.125）写成矩阵形式为

$$\boldsymbol{AX} = \boldsymbol{B} \tag{14.129}$$

式中

$$\boldsymbol{A} = \begin{bmatrix} x_0 - x_1 & y_0 - y_1 \\ x_0 - x_2 & y_0 - y_2 \end{bmatrix} \tag{14.130}$$

$$\boldsymbol{X} = \begin{bmatrix} x \\ y \end{bmatrix} \tag{14.131}$$

$$\boldsymbol{B} = \begin{bmatrix} k_1 + r_0 \Delta r_1 \\ k_2 + r_0 \Delta r_2 \end{bmatrix} \tag{14.132}$$

当三个传感器不在同一直线上时矩阵$\boldsymbol{A}$可逆，可得

$$\hat{\boldsymbol{X}} = \boldsymbol{A}^{-1}\boldsymbol{B} \tag{14.133}$$

式中

$$\boldsymbol{A}^{-1} = \frac{1}{(x_0 - x_1)(y_0 - y_2) - (y_0 - y_1)(x_0 - x_2)} \begin{bmatrix} y_0 - y_2 & y_1 - y_0 \\ x_2 - x_0 & x_0 - x_1 \end{bmatrix} \triangleq \begin{bmatrix} a_{11} & a_{12} \\ a_{21} & a_{22} \end{bmatrix} \tag{14.134}$$

那么，x、y的r_0参数解为

$$\hat{x} = m_1 r_0 + n_1 \tag{14.135}$$

$$\hat{y} = m_2 r_0 + n_2 \tag{14.136}$$

式中

$$m_i = \sum_{j=1}^{2} a_{ij} \Delta r_j, \quad i = 1,2 \tag{14.137}$$

$$n_i = \sum_{j=1}^{2} a_{ij} k_j, \quad i = 1,2 \tag{14.138}$$

将式（14.135）和式（14.136）代入式（14.124）中整理、化简可得

$$(m_1 r_0 + n_1 - x_0)^2 + (m_2 r_0 + n_2 - y_0)^2 + z_0^2 = r_0^2 \tag{14.139}$$

而将（14.139）进一步化简可得

$$a r_0^2 + 2 b r_0 + c = 0 \tag{14.140}$$

式中

$$a = m_1^2 + m_2^2 - 1 \tag{14.141}$$

$$b = m_1 (n_1 - x_0) + m_2 (n_2 - y_0) \tag{14.142}$$

$$c = (n_1 - x_0)^2 + (n_2 - y_0)^2 + z_0^2 \tag{14.143}$$

解式（14.140）可得

$$r_0 = \frac{-b \pm \sqrt{b^2 - ac}}{a} \tag{14.144}$$

将由式（14.144）求得的 r_0 代入式（14.135）和式（14.136）就可获得目标位置的估计值。

3. 三维情况

设目标位置为 (x,y,z)，它到观测站的主站 (x_0,y_0,z_0) 和三个辅站 (x_i,y_i,z_i) 之间的距离差为

$$\Delta r_i = r_i - r_0 = C \cdot \Delta t_{i0}, \quad i = 1,2,3 \tag{14.145}$$

式中，C 为光速，Δt_{i0} 为目标信号到达观测站的主站和辅站的时间差，可由式（14.121）和式（14.122）获得，而

$$r_0 = \sqrt{(x - x_0)^2 + (y - y_0)^2 + (z - z_0)^2} \tag{14.146}$$

$$r_i = \sqrt{(x - x_i)^2 + (y - y_i)^2 + (z - z_i)^2} \tag{14.147}$$

将 r_0 移到式（14.145）第一个等号的左边，两边取平方，再将式（14.146）、式（14.147）代入式（14.145）中整理、化简可得

$$(x_0 - x_i)x + (y_0 - y_i)y + (z_0 - z_i)z = k_i + r_0 \Delta r_i, \quad i = 1,2,3 \tag{14.148}$$

式中

$$k_i = \frac{1}{2}(\Delta r_i^2 + d_0^2 - d_i^2) \tag{14.149}$$

$$d_0^2 = x_0^2 + y_0^2 + z_0^2 \tag{14.150}$$

$$d_i^2 = x_i^2 + y_i^2 + z_i^2 \tag{14.151}$$

将式（14.148）写成矩阵形式为

$$\boldsymbol{AX} = \boldsymbol{B} \tag{14.152}$$

式中

$$\boldsymbol{A} = \begin{bmatrix} x_0 - x_1 & y_0 - y_1 & z_0 - z_1 \\ x_0 - x_2 & y_0 - y_2 & z_0 - z_2 \\ x_0 - x_3 & y_0 - y_3 & z_0 - z_3 \end{bmatrix} \tag{14.153}$$

$$\boldsymbol{X}=\begin{bmatrix}x\\y\\z\end{bmatrix} \tag{14.154}$$

$$\boldsymbol{B}=\begin{bmatrix}k_1+r_0\Delta r_1\\k_2+r_0\Delta r_2\\k_3+r_0\Delta r_3\end{bmatrix} \tag{14.155}$$

当四个传感器不在同一平面上时，系数矩阵 $\boldsymbol{A}$ 的秩 rank($\boldsymbol{A}$)=3，此时矩阵 $\boldsymbol{A}$ 可逆。当四个传感器在同一平面上时，此时只能降维处理，即对观测远距离目标进行二维定位；当四个传感器不仅在同一平面上而且在同一条直线上时，此时不能定位。若四个传感器不在同一平面上，则对式（14.152）直接求解可得

$$\hat{\boldsymbol{X}}=\boldsymbol{A}^{-1}\boldsymbol{B} \tag{14.156}$$

式中

$$\boldsymbol{A}^{-1}\triangleq\begin{bmatrix}a_{11}&a_{12}&a_{13}\\a_{21}&a_{22}&a_{23}\\a_{31}&a_{32}&a_{33}\end{bmatrix} \tag{14.157}$$

那么，x、y、z 的 r_0 参数解可写成

$$\hat{x}=m_1r_0+n_1 \tag{14.158}$$

$$\hat{y}=m_2r_0+n_2 \tag{14.159}$$

$$\hat{z}=m_3r_0+n_3 \tag{14.160}$$

式中

$$m_i=\sum_{j=1}^{3}a_{ij}\Delta r_j,i=1,2,3 \tag{14.161}$$

$$n_i=\sum_{j=1}^{3}a_{ij}k_j,i=1,2,3 \tag{14.162}$$

将式（14.158）、式（14.159）和式（14.160）代入式（14.146）中整理、化简可得

$$ar_0^2+2br_0+c=0 \tag{14.163}$$

式中

$$a=m_1^2+m_2^2+m_3^2-1 \tag{14.164}$$

$$b=m_1(n_1-x_0)+m_2(n_2-y_0)+m_3(n_3-z_0) \tag{14.165}$$

$$c=(n_1-x_0)^2+(n_2-y_0)^2+(n_3-z_0)^2 \tag{14.166}$$

解式（14.163）可得

$$r_0=\frac{-b\pm\sqrt{b^2-ac}}{a} \tag{14.167}$$

将由式（14.167）求得的 r_0 代入式（14.158）、式（14.159）和式（14.160）中就可求得目标位置的估计值，实现利用时差信息对目标进行无源定位。

14.4.3　扫描辐射源的时差无源定位与跟踪

机械扫描雷达的波束扫描是依靠雷达天线的转动实现，相控阵雷达则是用电控制大量辐

射器构成阵列实现雷达波束指向的变化，即电扫描方式。以上体制雷达均通过扫描方式发射电磁波，因此均可视作扫描体制辐射源。该类辐射源的无源时差定位问题的难点在于当扫描辐射源的扫描速率未知时，如何对辐射源有效定位。针对舰载、机载扫描体制运动辐射源的定位跟踪问题，本节给出一种有效的时差无源定位方法，用于解决扫描速率未知条件下的扫描辐射源定位问题[19]。

针对运动的扫描辐射源，在观测周期内其扫描速率可视为不变的常数。假设定位场景中有 n 个观测站，目标辐射源为扫描体制雷达，其主瓣扫描速率为固定值 w，k 时刻运动目标辐射源位置向量为 $\boldsymbol{u}(k)=[x_0(k)\quad y_0(k)]'$。目标辐射源作 360° 的圆形扫描或在某个范围内作扇形扫描，并假设所有观测站在其扫描范围内。当目标辐射源的主瓣扫过第 i 个观测站时，各个观测站都能感知并记录波束到达时间 $t_i(k)$，同时各观测站可以利用携带的定位系统记录其位置信息 $\boldsymbol{p}_i(k)=[x_i(k)\quad y_i(k)]'\ (i=1,2,\cdots,n)$。对于慢速运动的辐射源，忽略其运动对量测的影响，同时忽略由于信号传播产生的相对极小的时间差，可将相对于观测站 1 的时差量测方程建模为

$$\tau_i(k)=t_{i+1}(k)-t_1(k)=g_i(w,\boldsymbol{u}(k))+v_i(k),\qquad i=1,2,\cdots,n-1 \tag{14.168}$$

$$g_i(w,\boldsymbol{u}(k))=\frac{1}{w}A_i(\boldsymbol{u}(k)) \tag{14.169}$$

$$A_i(\boldsymbol{u}(k))=\arccos\frac{(\boldsymbol{p}_1(k)-\boldsymbol{u}(k))'(\boldsymbol{p}_i(k)-\boldsymbol{u}(k))}{\|\boldsymbol{p}_1(k)-\boldsymbol{u}(k)\|\cdot\|\boldsymbol{p}_i(k)-\boldsymbol{u}(k)\|} \tag{14.170}$$

式中，$g_i(w,\boldsymbol{u}(k))$ 为第 i 个观测站相对观测站 1 的时差量测方程，$v_i(k)$ 为第 i 个时差量测的随机噪声，服从均值为零，方差为 $\boldsymbol{\Sigma}_{\tau_i}(k)$ 的正态分布，$A_i(\boldsymbol{u}(k))$ 表示观测站 i 和观测站 1 对目标的视线夹角，$\|\cdot\|$ 表示欧几里得范数。其典型定位场景如图 14.8 所示。

可定义 k 帧获得的所有量测为单帧量测

$$\boldsymbol{\tau}(k)=[\tau_1(k)\quad \tau_2(k)\quad \cdots\quad \tau_{n-1}(k)]' \tag{14.171}$$

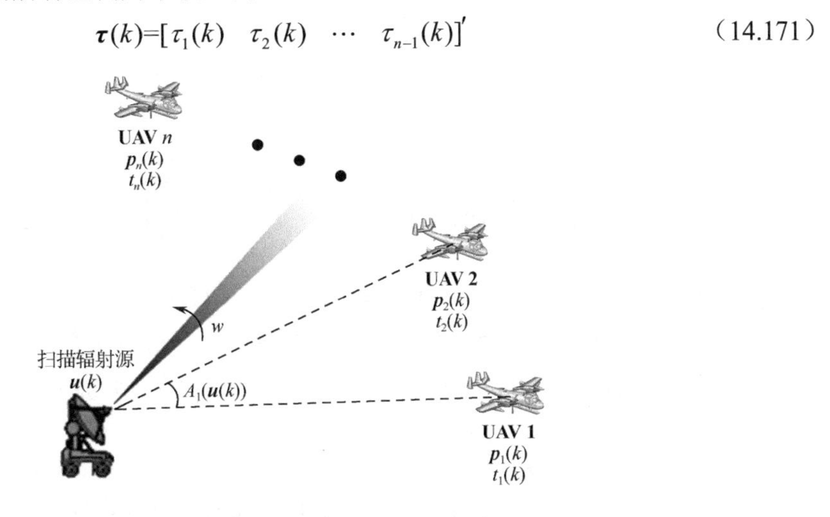

图 14.8　扫描辐射源的定位场景示意图

1. 基于最大似然的扫描辐射源连续定位

经过 N 个帧的连续观测，可得量测集合为 $\boldsymbol{Z}=\{\boldsymbol{\tau}(k);k=1,2,\cdots,N\}$，需要估计出扫描速率 w 和目标状态集合 $\boldsymbol{X}=\{\boldsymbol{u}(k);k=1,2,\cdots,N\}$。可利用最大似然算法对 w 和 $\boldsymbol{X}$ 进行估计，该问

题描述可表示为

$$\{\hat{w},\hat{\boldsymbol{X}}\}=\arg\max_{w,\boldsymbol{X}}\{p(\boldsymbol{\tau}(1),\boldsymbol{\tau}(2),\cdots,\boldsymbol{\tau}(N)\mid w,\boldsymbol{X})\} \tag{14.172}$$

设不同帧量测噪声相互独立，式（14.172）可化简为

$$\{\hat{w},\hat{\boldsymbol{X}}\}=\arg\max_{w,\boldsymbol{X}}\left\{\prod_{k=1}^{N}\max_{\boldsymbol{u}(k)}p(\boldsymbol{\tau}(k)\mid w,\boldsymbol{u}(k))\right\} \tag{14.173}$$

假设不同量测之间的噪声相互独立，并且为表示方便，省去时间标签 k，可得

$$p(\boldsymbol{\tau}\mid w,\boldsymbol{u})=\prod_{i=1}^{n-1}p(\tau_i\mid w,\boldsymbol{u})=K_1\exp\left\{-\frac{1}{2}\sum_{i=1}^{n-1}(\tau_i-\overline{\tau}_i)'\boldsymbol{\Sigma}_{\tau_i}^{-1}(\tau_i-\overline{\tau}_i)\right\} \tag{14.174}$$

式中 $\overline{\tau}_i$ 为不含量测噪声的量测值。

在已知扫描速率 w 的情况下，对式（14.168）求微分可得 $\mathrm{d}\tau_i=\nabla_{\boldsymbol{u}_i}g_i(w,\boldsymbol{u})\mathrm{d}\boldsymbol{u}_i$。量测误差较小时，可将量测误差 $(\tau_i-\overline{\tau}_i)$ 投影到目标状态空间 $(\boldsymbol{u}_i-\overline{\boldsymbol{u}}_i)$。$\boldsymbol{u}_i$ 和 $\overline{\boldsymbol{u}}_i$ 分别为 τ_i 和 $\overline{\tau}_i$ 对应的目标状态估计值，可得

$$\tau_i-\overline{\tau}_i=\boldsymbol{G}_i(\boldsymbol{u}_i-\overline{\boldsymbol{u}}_i) \tag{14.175}$$

$$\boldsymbol{\Sigma}_{\tau_i}=\boldsymbol{G}_i\boldsymbol{\Sigma}_{\boldsymbol{u}_i}\boldsymbol{G}_i' \tag{14.176}$$

式中 $\boldsymbol{G}_i=\nabla_{\boldsymbol{u}_i}g_i(w,\boldsymbol{u}_i)$ 表示 $g_i(w,\boldsymbol{u})$ 在 $\boldsymbol{u}_i$ 处对 $\boldsymbol{u}$ 的一阶导数值。

考虑到对于相同目标，不同量测 $\overline{\tau}_i$ 投影的目标状态向量 $\overline{\boldsymbol{u}}_i$ 应是一致的，记做 $\boldsymbol{u}$。将式（14.175）和式（14.176）代入式（14.174），可得

$$\begin{aligned}p(\boldsymbol{\tau}\mid w,\boldsymbol{u})&=K_2\exp\left[-\frac{1}{2}\sum_{i=1}^{n-1}(\boldsymbol{u}_i-\boldsymbol{u})'\boldsymbol{\Sigma}_{\boldsymbol{u}_i}^{-1}(\boldsymbol{u}_i-\boldsymbol{u})\right]\\&=K_2\exp\left[-\frac{1}{2}(\boldsymbol{u}_i-\hat{\boldsymbol{u}})'\left(\sum_{i=1}^{n-1}\boldsymbol{\Sigma}_{\boldsymbol{u}_i}^{-1}\right)(\boldsymbol{u}_i-\hat{\boldsymbol{u}})-\frac{1}{2}\boldsymbol{U}^{\mathrm{T}}\boldsymbol{\Sigma}^{-1}\boldsymbol{U}\right]\end{aligned} \tag{14.177}$$

式中

$$\hat{\boldsymbol{u}}=\left(\sum_{i=1}^{n-1}\boldsymbol{\Sigma}_{\boldsymbol{u}_i}^{-1}\right)^{-1}\left(\sum_{i=1}^{n-1}\boldsymbol{\Sigma}_{\boldsymbol{u}_i}^{-1}\boldsymbol{u}_i\right) \tag{14.178}$$

$$\boldsymbol{U}=[\boldsymbol{u}_1',\boldsymbol{u}_2',\cdots,\boldsymbol{u}_{n-1}']' \tag{14.179}$$

$$\boldsymbol{\Sigma}^{-1}=\mathrm{blkdiag}(\boldsymbol{\Sigma}_{\boldsymbol{u}_1}^{-1},\boldsymbol{\Sigma}_{\boldsymbol{u}_2}^{-1},\cdots,\boldsymbol{\Sigma}_{\boldsymbol{u}_{n-1}}^{-1})-\left[\boldsymbol{\Sigma}_{\boldsymbol{u}_i}^{-1}\left(\sum_{l=1}^{n-1}\boldsymbol{\Sigma}_{\boldsymbol{u}_l}^{-1}\right)^{-1}\boldsymbol{\Sigma}_{\boldsymbol{u}_j}^{-1}\right]_{ij} \tag{14.180}$$

式中 $[\cdot]_{ij}$ 表示子矩阵所在位置为 $(i,j),i,j=1,2,\cdots,n-1$ 的分块矩阵。

由式（14.177）可知，当等式右面的第一项为零时，似然函数 $p(\boldsymbol{\tau}\mid w,\boldsymbol{u})$ 达到最大值。因此式（14.178）即为目标状态的最大似然估计。观察式（14.178）可知，$\hat{\boldsymbol{u}}$ 是对不同量测在目标状态空间上投影 $\boldsymbol{u}_i$ 的融合结果。

当利用时差量测信息 $\boldsymbol{\tau}(k)$ 对目标定位时，单个量测信息 $\tau_i(k)$ 并不能直接得到对应的目标状态 $\boldsymbol{u}_i(k)$，此时可使用相关单帧定位算法，利用 k 帧量测得到目标状态 $\tilde{\boldsymbol{u}}(k)$，代入式（14.168）得到一组新的量测 $\tilde{\boldsymbol{\tau}}(k)$，然后利用式（14.175）得到单一量测对应的目标状态估计

$$\boldsymbol{u}_i(k)=\boldsymbol{G}_i^{-\mathrm{L}}(k)(\tau_i(k)-\tilde{\tau}_i(k))+\tilde{\boldsymbol{u}}(k) \tag{14.181}$$

在观测期间，扫描速率可以视作恒定不变的常数，在利用上述方法求得各个帧的目标状态后，对扫描速率构造最大似然估计。

当式（14.168）在 $\boldsymbol{u}_i(k)$ 和 w 方向上存在微小扰动时，在 $\boldsymbol{u}_{i0}(k)$ 和 w_0 处进行一阶泰勒展开近似，可得

$$\boldsymbol{G}_i(k)(\boldsymbol{u}_i(k)-\boldsymbol{u}_{i0}(k))+F_i(k)(w-w_0)\approx 0 \tag{14.182}$$

式中 $F_i=\nabla_w g_i(w_0,\boldsymbol{u}_i)$ 表示 $g_i(w,\boldsymbol{u})$ 在 w_0 处对 w 的一阶导数值。

将式（14.182）推广到 k 帧的所有量测，可得

$$\boldsymbol{U}(k)\approx\begin{bmatrix}\boldsymbol{u}_{10}(k)\\ \boldsymbol{u}_{20}(k)\\ \vdots\\ \boldsymbol{u}_{(n-1)0}(k)\end{bmatrix}+\begin{bmatrix}\boldsymbol{G}_1^{-\mathrm{L}}(k)F_1(k)\\ \boldsymbol{G}_2^{-\mathrm{L}}(k)F_2(k)\\ \vdots\\ \boldsymbol{G}_{n-1}^{-\mathrm{L}}(k)F_{n-1}(k)\end{bmatrix}(w_0-w) \tag{14.183}$$

或写成紧凑的形式

$$\boldsymbol{U}(k)\approx\bar{\boldsymbol{U}}_0(k)-\boldsymbol{Q}(k)w \tag{14.184}$$

式中

$$\bar{\boldsymbol{U}}_0(k)=\boldsymbol{U}_0(k)+\boldsymbol{Q}(k)w_0 \tag{14.185}$$

$$\boldsymbol{Q}(k)=\begin{bmatrix}\boldsymbol{G}_1^{-\mathrm{L}}(k)F_1(k)\\ \boldsymbol{G}_2^{-\mathrm{L}}(k)F_2(k)\\ \vdots\\ \boldsymbol{G}_{n-1}^{-\mathrm{L}}(k)F_{n-1}(k)\end{bmatrix} \tag{14.186}$$

式中，$\boldsymbol{U}_0(k)$ 定义与式（14.179）类似，表示扫描速率为 w_0 时的目标状态初始估计，w_0 表示扫描速率估计初值。

将式（14.177）和式（14.178）代入式（14.173）可得

$$\begin{aligned}\hat{w}&=\arg\max_w\{p(\boldsymbol{Z}\mid w,\hat{\boldsymbol{X}})\}=\arg\max_w\left[\prod_{k=1}^{N}p(\boldsymbol{\tau}(k)\mid w,\hat{\boldsymbol{u}}(k))\right]\\&=\arg\max_w\left\{K_3\exp\left[-\frac{1}{2}\sum_{k=1}^{N}\boldsymbol{U}'(k)\boldsymbol{\Sigma}^{-1}(k)\boldsymbol{U}(k)\right]\right\}\end{aligned} \tag{14.187}$$

代入式（14.184），可得

$$p(\boldsymbol{Z}\mid w,\hat{\boldsymbol{X}})=K_3\exp\left\{-\frac{1}{2}(w-\hat{w})'\left[\sum_{k=1}^{N}\boldsymbol{Q}'(k)\boldsymbol{\Sigma}^{-1}(k)\boldsymbol{Q}(k)\right](w-\hat{w})+C\right\} \tag{14.188}$$

$$\hat{w}=\left(\sum_{k=1}^{N}\boldsymbol{Q}'(k)\boldsymbol{\Sigma}^{-1}(k)\boldsymbol{Q}(k)\right)^{-1}\left(\sum_{k=1}^{N}\boldsymbol{Q}'(k)\boldsymbol{\Sigma}^{-1}(k)\bar{\boldsymbol{U}}_0(k)\right) \tag{14.189}$$

式中 C 为与 w 无关的常量。当式（14.188）等号右面的第一项为零时，似然函数 $p(\boldsymbol{Z}\mid w,\hat{\boldsymbol{X}})$ 达到最大值，因此 $\hat{w}$ 是 w 的最大似然估计。

在算法初始化时，需要对扫描速率进行初值估计，可利用网格搜索的方法得到目标状态和扫描速率的初值。若直接对目标状态和扫描速率划分为三维网格，会由于网格点太多导致计算量过大，于是可结合基于方位量测的单帧定位算法仅将扫描速率划分为较粗糙的等间隔网格[20]。可得方位量测为

$$\beta_{i,j}(k)=w_j\cdot\tau_i(k),\qquad(i=1,2,\cdots,n-1) \tag{14.190}$$

式中，w_j=$j\cdot\Delta w_{\text{net}}(j=1,2,\cdots,m)$ 表示第 j 个网格点，Δw_{net} 为网络间隔。由图 14.8 所示的定位场景可知，方位量测的最大值 $\max\limits_i(\boldsymbol{\beta}_j(k))$ 应不大于 2π，因此最大的网格点应满足下述约束条件

$$w_m \leqslant \frac{2\pi}{\max\limits_i(\boldsymbol{\beta}_j(k))} \tag{14.191}$$

式中，$\boldsymbol{\beta}_j(k)$ 定义与 $\boldsymbol{\tau}(k)$ 类似，表示 k 帧第 j 个网格点 w_j 对应的方位角差量测。

然后利用基于方位量测的单帧定位方法可得到目标状态的估计初值 $\bar{\boldsymbol{u}}_j(k)$ 。将 $\bar{\boldsymbol{u}}_j(k)$ 代入量测方程计算得到 $\bar{\boldsymbol{\tau}}_j(k)$ ，将 $\bar{\boldsymbol{\tau}}_j(k)$ 代入似然函数式（14.174）中，选取使似然函数最大的 $\bar{\boldsymbol{u}}_j(k)$ 作为目标状态估计初值 $\boldsymbol{u}'(k)$ ，其对应的 w_j 作为扫描速率的估计初值 w_0 ，即

$$\{\boldsymbol{u}'(k), w_0\} = \arg\max_j \left\{K_1 \exp\left\{-\frac{1}{2}(\tau(k) - \bar{\boldsymbol{\tau}}_j(k))' \boldsymbol{\Sigma}_\tau^{-1}(k)(\tau(k) - \bar{\boldsymbol{\tau}}_j(k))\right\}\right\} \tag{14.192}$$

2．基于总体最小二乘的扫描辐射源单帧定位

当扫描速率已知时，可将时差量测转换为方位差量测，然后可利用基于路标方位(Landmark Bearings)的自定位算法[21,22]求解扫描辐射源位置信息，但由于算法应用时扫描速率参数估计值存在估计误差，在量测转换过程中引入了新的误差项，使得原有定位模型失配，定位精度下降，直接影响对扫描辐射源定位时的收敛速度和收敛后的精度。此外，在求解扫描速率初值和利用式（14.181）将量测投影到目标状态空间时，需要频繁使用单帧定位算法估计目标位置 $\boldsymbol{u}'(k)$ ，该单帧定位精度直接影响扫描辐射源的连续定位性能。本节考虑扫描辐射源单帧定位的特点，重新推导分析误差项，从而改进优化算法的定位性能。

基于方位量测，根据 k 帧目标与观测站位置的几何关系可得

$$\tan(\bar{\beta}_i(k) + \theta(k)) = \frac{y_i(k) - y_0(k)}{x_i(k) - x_0(k)}, \qquad i = 1, 2, \cdots, n \tag{14.193}$$

式中 $\bar{\beta}_i(k)$ 为真实方位量测值。

利用正余弦的和差化积公式，将量测值 $\bar{\beta}_i(k)$ 和未知定向角参数 $\theta(k)$ 解耦合后，可构造齐次线性方程，然后代入实际量测值 $\beta_i(k)$ 可得（为表示方便，省去时间标签）

$$\begin{bmatrix} x_i \sin\beta_i - y_i \cos\beta_i \\ x_i \cos\beta_i + y_i \sin\beta_i \\ \sin\beta_i \\ -\cos\beta_i \end{bmatrix}' \begin{bmatrix} -\boldsymbol{R}_\theta \boldsymbol{u} \\ \cos\theta \\ \sin\theta \end{bmatrix} \approx 0 \tag{14.194}$$

或写成紧凑的形式

$$\boldsymbol{A}_i \boldsymbol{X} \approx 0 \tag{14.195}$$

式中 $\boldsymbol{R}_\theta$ 表示旋转矩阵

$$\boldsymbol{R}_\theta = \begin{bmatrix} \cos\theta & \sin\theta \\ -\sin\theta & \cos\theta \end{bmatrix} \tag{14.196}$$

令 $\boldsymbol{A} = [\boldsymbol{A}_1' \quad \boldsymbol{A}_2' \quad \cdots \quad \boldsymbol{A}_n']'$，将上述方程扩展到 k 帧所有量测可得 $\boldsymbol{AX} \approx 0$ 。于是可构造关于 $\boldsymbol{X}$ 的总体最小二乘（Total Least Square, TLS）问题

$$\begin{gathered} \min \|\boldsymbol{\varDelta}\|_{\mathrm{F}}^2 \\ \text{s.t.} \quad (\boldsymbol{A} + \boldsymbol{\varDelta})\hat{\boldsymbol{X}} = 0 \\ \|\hat{\boldsymbol{X}}(3:4)\|^2 = 1 \end{gathered} \tag{14.197}$$

可利用奇异值分解（Singular Value Decomposition，SVD）的方法求解上述 TLS 问题，

对矩阵 $\boldsymbol{A}$ 进行 SVD 可得

$$\boldsymbol{A}=\boldsymbol{U}\boldsymbol{\Sigma}\boldsymbol{V}'=\sum_{i=1}^{4}\sigma_i\boldsymbol{u}_i\boldsymbol{v}_i' \tag{14.198}$$

记最小奇异值 $\sigma_{\min}$ 对应的右奇异向量为 $\boldsymbol{v}_{\min}$，使其满足约束条件，可得 $\boldsymbol{X}$ 的估计值为

$$\hat{\boldsymbol{X}}=\frac{\boldsymbol{v}_{\min}}{\|\boldsymbol{v}_{\min}(3:4)\|} \tag{14.199}$$

于是定向角参数和目标位置的估计为

$$\hat{\theta}=\arctan(\hat{\boldsymbol{X}}(4)/\hat{\boldsymbol{X}}(3)) \tag{14.200}$$

$$\hat{\boldsymbol{u}}=-\boldsymbol{R}_{\hat{\theta}}'\hat{\boldsymbol{X}}(1:2) \tag{14.201}$$

为使上述线性方程得到最优解需要满足以下条件[22]：

条件（1）矩阵 $\boldsymbol{A}$ 中各项会受到量测噪声的影响产生一定扰动，其方差大小应一致；

条件（2）不同量测的噪声误差对解的影响应一致；

条件（3）矩阵 $\boldsymbol{A}$ 中各项应当相互独立。

矩阵 $\boldsymbol{A}$ 中行向量之间是相互独立的，但由于列向量含有相同的方位量测值，具有明显的相关性，难以消除，因此不对条件（3）进行讨论。下面分别针对条件（1）和条件（2）对算法进行分析与改进。

考虑到各观测站的时间量测 t_i 存在噪声误差 Δt_i，扫描速率参数 w 存在估计误差 Δw，表示角度差量测为

$$\beta_i=(\overline{w}+\Delta w)(\overline{t}_i+\Delta t_i-\overline{t}_1-\Delta t_1),\qquad i=1,2,\cdots,n \tag{14.202}$$

将 β_i 代入式（14.193），忽略二阶误差项可得

$$\tan[\beta_i-\Delta w(\overline{t}_i-\overline{t}_1)-\overline{w}\Delta t_i+\overline{w}\Delta t_1+\theta]=\frac{y_i-y_0}{x_i-x_0} \tag{14.203}$$

将 β_i 代入矩阵 $\boldsymbol{A}_i$，可得

$$\boldsymbol{A}_i=\overline{\boldsymbol{A}}_i+\Delta\boldsymbol{A}_i \tag{14.204}$$

$$\Delta\boldsymbol{A}_i=\frac{\partial\boldsymbol{A}_i}{\partial w}\Delta w+\frac{\partial\boldsymbol{A}_i}{\partial t_i}\Delta t_i \tag{14.205}$$

$$\frac{\partial\boldsymbol{A}_i}{\partial w}=(\overline{t}_i-\overline{t}_1)\begin{bmatrix}x_i\cos(\overline{w}(\overline{t}_i-\overline{t}_1))+y_i\sin(\overline{w}(\overline{t}_i-\overline{t}_1))\\-x_i\sin(\overline{w}(\overline{t}_i-\overline{t}_1))+y_i\cos(\overline{w}(\overline{t}_i-\overline{t}_1))\\\cos(\overline{w}(\overline{t}_i-\overline{t}_1))\\\sin(\overline{w}(\overline{t}_i-\overline{t}_1))\end{bmatrix}' \tag{14.206}$$

$$\frac{\partial\boldsymbol{A}_i}{\partial t_i}=\overline{w}\begin{bmatrix}x_i\cos(\overline{w}(\overline{t}_i-\overline{t}_1))+y_i\sin(\overline{w}(\overline{t}_i-\overline{t}_1))\\-x_i\sin(\overline{w}(\overline{t}_i-\overline{t}_1))+y_i\cos(\overline{w}(\overline{t}_i-\overline{t}_1))\\\cos(\overline{w}(\overline{t}_i-\overline{t}_1))\\\sin(\overline{w}(\overline{t}_i-\overline{t}_1))\end{bmatrix}' \tag{14.207}$$

式中，$\overline{\boldsymbol{A}}_i$ 为真实量测矩阵，$\Delta\boldsymbol{A}_i$ 为误差项矩阵，$\dfrac{\partial\boldsymbol{A}_i}{\partial w}$ 和 $\dfrac{\partial\boldsymbol{A}_i}{\partial t_i}$ 分别为 $\boldsymbol{A}_i$ 对 w 和 t_i 的偏导数。

由上式可知，$\Delta\boldsymbol{A}_i$ 前两项的方差为 $((\overline{t}_i-\overline{t}_1)\|\boldsymbol{p}_i\|)^2\sigma_w^2+(\overline{w}\|\boldsymbol{p}_i\|)^2\sigma_{t_i}^2$，后两项的方差为 $(\overline{t}_i-\overline{t}_1)^2\sigma_w^2+\overline{w}^2\sigma_{t_i}^2$，相差一个 $\|\boldsymbol{p}_i\|^2$ 因子。因此可通过坐标系转换，使各项方差近似一致。

计算各观测站站址 $\boldsymbol{p}_i$ 的型心 $\boldsymbol{C}$，可得坐标系转换后的站址为

$$\tilde{\boldsymbol{p}}_i = \frac{\boldsymbol{p}_i - \boldsymbol{C}}{\max\limits_i \| \boldsymbol{p}_i - \boldsymbol{C} \|} \tag{14.208}$$

通过上述转换，把 $\boldsymbol{p}_i$ 落到以 $\boldsymbol{C}$ 为圆心的单位圆内，使得各项方差在同一量级，从而满足条件（1）。获得定位解后，对其逆变换可得原坐标系下的目标位置估计。

条件（2）等价于约束

$$E[(\Delta \boldsymbol{A}_i \boldsymbol{X})^2] = 1 \tag{14.209}$$

代入式（14.205），可得

$$\left(\frac{\partial \boldsymbol{A}_i \boldsymbol{X}}{\partial w}\right)^2 \sigma_w^2 + \left(\frac{\partial \boldsymbol{A}_i \boldsymbol{X}}{\partial t_i}\right)^2 \sigma_{t_i}^2 = 1 \tag{14.210}$$

式中 $\boldsymbol{X}$ 是未知量，可先用 SVD 得到 $\hat{\boldsymbol{X}}$，并计算

$$d_i = \left[\left(\frac{\partial \boldsymbol{A}_i \boldsymbol{X}}{\partial w}\right)^2 \sigma_w^2 + \left(\frac{\partial \boldsymbol{A}_i \boldsymbol{X}}{\partial t_i}\right)^2 \sigma_{t_i}^2\right]^{\frac{1}{2}} \tag{14.211}$$

然后令矩阵 $\boldsymbol{A}$ 中的每行 $\boldsymbol{A}_i$ 乘以 $1/d_i$，再利用 SVD 方法更新 $\hat{\boldsymbol{X}}$。重复该操作直至结果收敛，最终利用式（14.201）得到目标状态估计。注意到 σ_w^2 随时间累积不断缩小，且其值不易得到，应用该方法时可设 σ_w^2 为一个相对真实值较大的常数。

通过上述推导分析，得到了目标的状态集合 $\boldsymbol{X}$ 和扫描速率 w 的估计方法，算法流程如下。

步骤 1：利用式（14.192）得到扫描速率的初值估计 w_0。

步骤 2：使用 w_0 和所有帧的量测信息，利用改进的单帧定位算法，求得目标状态估计初值 $\boldsymbol{u}'(k)$ $(k = 1,2,\cdots,N)$，代入式（14.181）得到所有量测对目标状态空间的投影 $\boldsymbol{u}_i(k)$，根据式（14.179）构造 $\boldsymbol{U}_0(k)$。

步骤 3：将 $\boldsymbol{u}_i(k)$ 和 w_0 代入求解 $\boldsymbol{G}_i(k)$ 和 $F_i(k)$，根据式（14.186）构造 $\boldsymbol{Q}(k)$。

步骤 4：将 $\boldsymbol{U}_0(k)$、$\boldsymbol{Q}(k)$、w_0 代入式（14.185），可求得 $\bar{\boldsymbol{U}}_0(k)$。

步骤 5：将 $\boldsymbol{\Sigma}_{\tau_i}(k)$、$\boldsymbol{G}_i(k)$ 代入式（14.176），求解 $\boldsymbol{\Sigma}_{\boldsymbol{u}_i}(k)$，并根据式（14.180）构造 $\boldsymbol{\Sigma}^{-1}(k)$。

步骤 6：将 $\boldsymbol{Q}(k)$、$\bar{\boldsymbol{U}}_0(k)$、$\boldsymbol{\Sigma}^{-1}(k)$ 代入式（14.189），求得 $\hat{w}$。

步骤 7：根据 $|\hat{w} - w_0| < \varepsilon$ 判断扫描速率估计值 $\hat{w}$ 是否收敛，其中 ε 为较小的常数，表示收敛门限。若收敛，则继续向下执行，否则令 $w_0 = \hat{w}$，跳到步骤 2 继续执行。

步骤 8：将 $\bar{\boldsymbol{U}}_0(k)$、$\boldsymbol{Q}(k)$、$\hat{w}$ 代入式（14.184）得到 $\boldsymbol{U}(k)$。

步骤 9：将 $\boldsymbol{U}(k)$ 和 $\boldsymbol{\Sigma}_{\boldsymbol{u}_i}(k)$ 代入式（14.178）得到目标状态估计值 $\hat{\boldsymbol{u}}(k)$。

由上述流程可知，该算法是关于量测的批处理方法，能够利用全部帧量测信息得到精度更高的扫描速率估计，从而提高了目标定位精度。

为便于分析比较算法性能，此处给出扫描辐射源时差连续定位最佳性能的计算方法。克拉美罗下界（Cramér-Rao Lower Bound，CRLB）表示无偏估计量的协方差下界，可通过对费舍尔信息矩阵（Fisher Information Matrix，FIM）求逆获得[23]。k 帧待估参数为扫描速率和目标位置的联合估计 $\boldsymbol{\Theta}(k) = [w \quad \boldsymbol{u}'(k)]'$，带有噪声扰动的量测向量为 $\boldsymbol{\tau}(k)$，为表示方便，省略时间标签，可得对数似然函数

$$\ln[p(\boldsymbol{\tau}\,|\,\boldsymbol{\Theta})]=K-\frac{1}{2}(\boldsymbol{\tau}-\overline{\boldsymbol{\tau}})'\boldsymbol{\Sigma}_{\tau}^{-1}(\boldsymbol{\tau}-\overline{\boldsymbol{\tau}}) \tag{14.212}$$

式中，$\boldsymbol{\tau}$ 为真实量测向量，$\overline{\boldsymbol{\tau}}_i=g_i(w,\boldsymbol{u})$，$\boldsymbol{\Sigma}_{\tau}^{-1}$ 为量测协方差矩阵，K 为与 $\boldsymbol{\Theta}$ 无关的常数项。

通过推导分析可得关于 $\boldsymbol{\Theta}$ 的 CRLB 为

$$\text{CRLB}(\boldsymbol{\Theta})=-E\left[\frac{\partial^2\ln(\boldsymbol{\tau}\,|\,\boldsymbol{\Theta})}{\partial\boldsymbol{\Theta}\partial\boldsymbol{\Theta}'}\right]^{-1} \tag{14.213}$$

代入量测方程可得

$$\text{CRLB}(\boldsymbol{\Theta})=\boldsymbol{H}'\boldsymbol{\Sigma}_{\tau}^{-1}\boldsymbol{H} \tag{14.214}$$

式中

$$\boldsymbol{H}=\frac{\partial\overline{\boldsymbol{\tau}}}{\partial\boldsymbol{\Theta}}=\begin{bmatrix}F_1 & F_1 & \cdots & F_{n-1}\\ \boldsymbol{G}_1^{\mathrm{T}} & \boldsymbol{G}_2^{\mathrm{T}} & \cdots & \boldsymbol{G}_{n-1}^{\mathrm{T}}\end{bmatrix}' \tag{14.215}$$

当待估扫描速率参数 w 存在估计误差时

$$\text{CRLB}(\boldsymbol{\Theta})=\boldsymbol{H}'\boldsymbol{\Sigma}_{\tau}^{-1}\boldsymbol{H}+\boldsymbol{J} \tag{14.216}$$

式中 $\boldsymbol{J}=\text{diag}(\sigma_w^{-2},0,0)$ 表示关于 w 估计误差的先验信息。CRLB($\boldsymbol{\Theta}$) 右下角 2×2 子矩阵的迹即目标定位所能达到的最小均方误差(Mean Square Error, MSE)。

3．仿真结果与性能分析

设置仿真场景如下，有 8 个静止观测站，其位置如表 14.1 所示。设扫描速率 w_0 =75 deg/s，对其估计误差的标准差设为 σ_w =1 deg/s。

表 14.1　观测站位置

观测站编号 i	1	2	3	4	5	6	7	8
x_i/km	−15	−8	−8	−2	0	4	11	11
y_i/km	2	5	1	5	2	0	1	5

1）单帧定位仿真结果

假设目标位于（−1 km, 10 km），各观测站量测噪声方差相同。进行 10 000 次仿真实验，将文本所提单帧定位算法的性能与 TLS 算法[20]、迭代的 TLS 算法[22]、基于伪线性方程（PLE）的 WIV 方法[21]进行比较，仿真结果如表 14.2 和表 14.3 所示。

表 14.2 和表 14.3 分别给出了不同单帧定位算法在不同量测噪声下的定位偏差和定位均方根误差（Root Mean Square Error，RMSE），表 14.3 还给出了不同噪声情况下存在扫描速率估计误差时的 CRLB。通过对比以上仿真结果可知，TLS、迭代 TLS、PLE-WIV 和本文方法都能得到目标的有效无偏估计，但本文算法考虑了扫描速率估计误差的影响，使其 RMSE 更接近 CRLB，定位精度更高。

表 14.2　不同单帧定位算法的定位偏差

量测噪声标准差/ms	TLS/m	迭代 TLS/m	PLE-WIV/m	本文算法/m
5	3.808	2.607 8	2.964 7	1.970 4
10	3.218 0	1.965 0	3.085 7	2.289 0
15	4.986 4	1.785 7	3.783 5	1.522 4

表 14.3　不同单帧定位算法的 RMSE

量测噪声标准差/ms	TLS/m	迭代 TLS/m	PLE-WIV/m	本文算法/m	CRLB/m
5	220.53	194.40	194.42	172.54	133.69
10	255.31	220.90	220.94	213.44	201.06
15	307.03	262.60	262.63	259.83	253.15

2）连续定位仿真结果与性能分析

假设目标做如下慢速曲线运动

$$\begin{cases} x_0(k) = 0.03k - 1 \\ y_0(k) = 0.1\sin(0.1k) + 10 \end{cases} \tag{14.217}$$

式中，$x_0(k)$ 和 $y_0(k)$ 分别表示目标在 x 轴和 y 轴方向上的运动状态，单位为 km，$k = 1,2,\cdots,50$ 。

设多个观测站平台为水面舰艇编队，其初始位置如表 14.1 所示，各个观测站按照 20 节的航速向正东方向匀速直线运动。假设所有观测站的量测误差的标准差为 10 ms，初值估计时搜索算法的网络间隔 Δw_{net} 为 10 deg/s，进行 2 000 次仿真实验。分别使用 TLS 算法和改进的 TLS 算法作为所提算法中的单帧定位算法，并简称为 ML 算法和改进的 ML 算法，仿真结果如图 14.9 和图 14.10 所示。

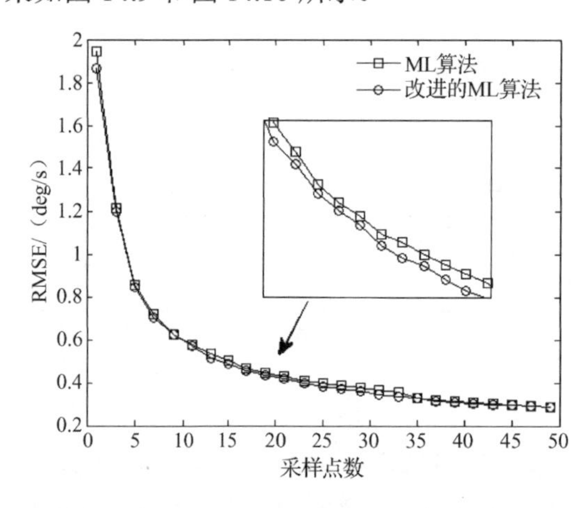

图 14.9　扫描速率估计精度随采样点数的变化

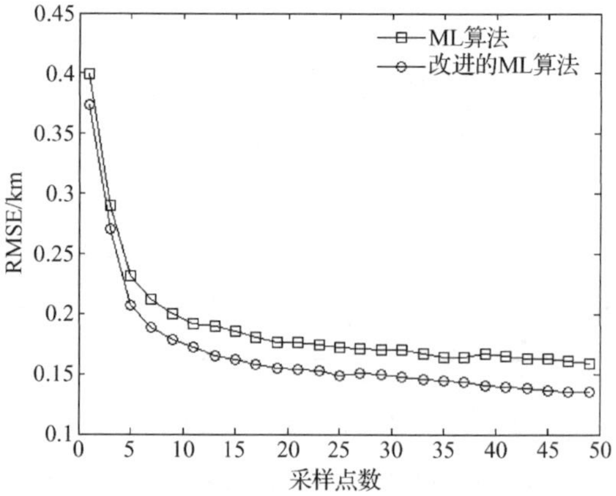

图 14.10　定位精度随采样点数的变化

图 14.9 为两算法对辐射源扫描速率估计的 RMSE 曲线图。由图可知，随着采样点数的增加，该算法能够有效提高对扫描速率的估计精度，其中改进的 ML 算法的收敛速度和估计精度都略有提高，表明高精度的单帧定位算法能够提高对扫描速率的估计速度和精度。

图 14.10 为两算法对目标定位精度随采样点数的变化情况。由图可知，随着采样点数的增加，该算法对目标的定位精度不断提高，在 10 个采样点数后，收敛速度减慢，趋于平稳，这一趋势与图 14.9 中对扫描速率估计精度的变化趋势一致，表明扫描速率估计精度对定位精度有着直接影响，与理论分析一致。相比于 ML 算法，改进的 ML 算法能够有效提高目标状态估计速度和精度，表明高精度的单帧定位算法能够改进本文所提 ML 定位算法的性能。

综合以上结论可知，所提的初值估计方法是有效的。工程应用时，如果测量误差恶化严重，对初值估计要求较高，可通过减小搜索算法的网络间隔提高初值估计精度，并且初值估计只需要在算法起始时运行一次，增加的运算时间对算法整体影响十分有限，表明了所提方法具有一定应用可行性。

为进一步说明本文所提算法的有效性和优越性，将本算法与文献[20]中提出的 NLS 方法进行比较。表 14.4 比较了改进的 ML 算法、ML 算法和 NLS 算法在不同量测噪声下对扫描速率的估计精度。图 14.11 给出了以上三种算法的定位 RMSE 和 CRLB 的比较图。通过数值对比和分析可知，随着量测误差的增加，三种算法的估计精度都有所下降。其中 NLS 算法对扫描速率的估计精度较差，噪声较大时，估计精度显著下降；改进的 ML 算法和 ML 算法估计精度较高，当噪声增大时，估计精度下降缓慢，具有较强的鲁棒性。改进的 ML 算法的性能最好，虽然对扫描速率的估计精度提高不明显，但能够明显提高定位精度，使其更接近 CRLB。量测噪声为 15 ms 时，扫描速率的估计精度仅提高了 0.36%（0.001 4 deg/s），辐射源目标的定位精度提高了 12.18%（0.308 km）。

表 14.4　不同量测误差下对扫描速率的估计精度

量测噪声标准差/ms	NLS 算法/（deg/s）	ML 算法/（deg/s）	改进的 ML 算法/（deg/s）
2.5	0.168 4	0.026 3	0.026 1
5.0	0.446 8	0.052 3	0.065 6
7.5	0.834 4	0.133 4	0.138 8
10.0	1.372 2	0.206 2	0.218 8
12.5	1.772 2	0.284 5	0.280 8
15.0	2.186 3	0.389 9	0.388 5

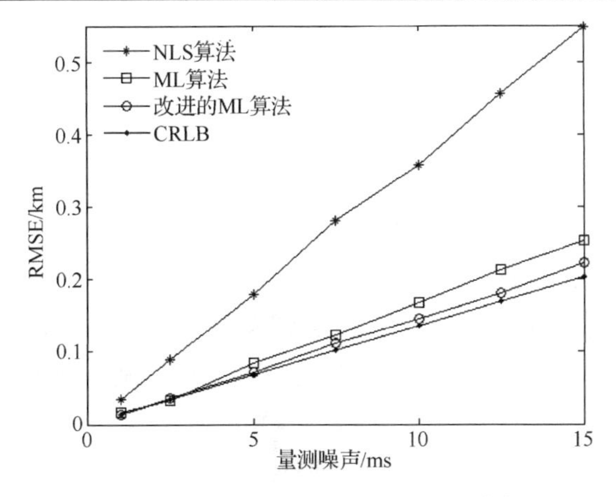

图 14.11　不同量测误差下的定位精度

这是因为 NLS 算法使用的联合估计方法只能利用单一帧的量测数据，限制其性能。而 ML 定位算法考虑到扫描速率在观测期间为不变常数这一特点，充分利用全部量测数据信息，从而得到了高精度扫描速率估计精度和目标定位精度。改进的 ML 算法通过改进单帧定位算法，进一步提高了估计精度。

14.5　无源雷达的最优布站

无源定位技术由于具备“四抗”性能强、作用距离远等优点在军事和民用领域有很高的应用价值，而测向交叉定位又是无源定位中应用较多的一种，该定位技术既可以应用于无源传感器网络，也可以应用于复杂电磁环境下（如强压制干扰条件下）的有源传感器网络，后者为了隐蔽自己和先敌发现将主动传感器降维为被动传感器使用。传感器优化部署是无源定位的主要研究领域，本节主要针对定位模糊椭圆面积最小准则下的无源传感器最优布站问题[24]进行讨论。

14.5.1　定位模糊椭圆面积

假设某一时刻目标的真实位置为$\boldsymbol{X}=[x\quad y]'$，无源传感器 1 位于坐标系原点，无源传感器 2 的坐标为$[x_2\quad y_2]'$，约束条件下测向交叉定位示意图如图 14.12 所示。

两个无源传感器量测到的方位角分别为$\theta_i(i=1,2)$，$\theta_i\in[0,\pi]$，且$\theta_2>\theta_1$，即目标位于两个传感器基线上或基线上方。假设量测噪声为独立的零均值加性高斯白噪声，方差分别为$\sigma_{\theta_i}^2(i=1,2)$，并假设两部无源传感器的角度量测误差不相同，不失一般性，设无源传感器 1 的角度量测误差小于或等于无源传感器 2 的角度量测误差，即$\sigma_{\theta_1}^2=k\sigma_{\theta_2}^2=k\sigma^2$，且$k\leqslant 1$。值得说明的是，图中表示的是某一时刻目标与两个传感器之间的几何布局，后续得出的结论同样适用于目标和传感器位置时变或目标位于基线下方的情况。

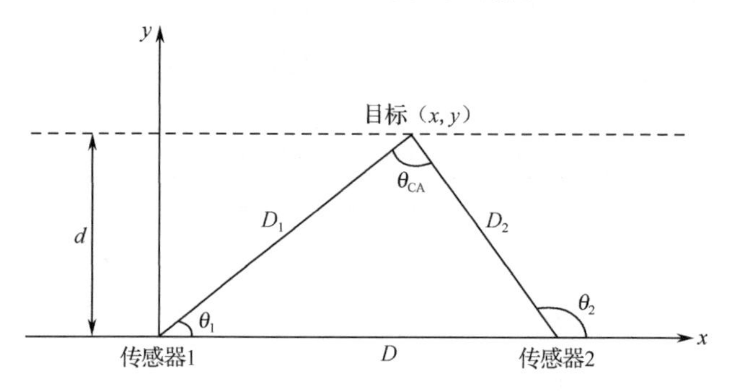

图 14.12　约束条件下测向交叉定位示意图

从图 14.12 可以看出，交会角可定义为$\theta_{\text{CA}}=\theta_2-\theta_1$，两个传感器到目标的距离分别为$D_i(i=1,2)$，两个传感器的基线长度为$D$，目标到两部无源传感器基线之间的垂直距离为$d$，且$d>0$，令$l=d/D$，即$l$表示垂直距离与基线长度的比值，则根据正弦定理可得

$$\begin{cases}D_1=\dfrac{D\sin\theta_2}{\sin(\theta_2-\theta_1)}\\[2ex] D_2=\dfrac{D\sin\theta_1}{\sin(\theta_2-\theta_1)}\end{cases}\tag{14.218}$$

目标的估计位置为

$$\begin{cases}\hat{x}=D_1\cos\theta_1\\ \hat{y}=D_1\sin\theta_1\end{cases}\tag{14.219}$$

式（14.219）两边进行微分可以得出

$$\begin{cases}\mathrm{d}\hat{x}=\dfrac{D\sin\theta_2\cos\theta_2}{\sin^2(\theta_2-\theta_1)}\mathrm{d}\theta_1-\dfrac{D\sin\theta_1\cos\theta_1}{\sin^2(\theta_2-\theta_1)}\mathrm{d}\theta_2\\[2ex] \mathrm{d}\hat{y}=\dfrac{D\sin^2\theta_2}{\sin^2(\theta_2-\theta_1)}\mathrm{d}\theta_1-\dfrac{D\sin^2\theta_1}{\sin^2(\theta_2-\theta_1)}\mathrm{d}\theta_2\end{cases}\tag{14.220}$$

进而，可求得如下的定位误差协方差阵

$$\boldsymbol{P}=\begin{bmatrix}\sigma_x^2 & \sigma_{xy}\\ \sigma_{yx} & \sigma_y^2\end{bmatrix}=E\left(\begin{bmatrix}\mathrm{d}\hat{x}\\ \mathrm{d}\hat{y}\end{bmatrix}[\mathrm{d}\hat{x}\quad \mathrm{d}\hat{y}]\right) \tag{14.221}$$

式中

$$\begin{cases}\sigma_x^2=\dfrac{D^2}{\sin^4(\theta_2-\theta_1)}(\sin^2\theta_2\cos^2\theta_2\sigma_{\theta_1}^2+\sin^2\theta_1\cos^2\theta_1\sigma_{\theta_2}^2)\\ \sigma_y^2=\dfrac{D^2}{\sin^4(\theta_2-\theta_1)}(\sin^4\theta_2\sigma_{\theta_1}^2+\sin^4\theta_1\sigma_{\theta_2}^2)\\ \sigma_{xy}=\sigma_{yx}=\dfrac{D^2}{\sin^4(\theta_2-\theta_1)}(\sin^3\theta_2\cos\theta_2\sigma_{\theta_1}^2+\sin^3\theta_1\cos\theta_1\sigma_{\theta_2}^2)\end{cases} \tag{14.222}$$

对于给定的垂直距离 d，从图 14.12 可知式

$$\frac{D\sin\theta_1\sin\theta_2}{\sin(\theta_2-\theta_1)}-d=0 \tag{14.223}$$

成立。

在前面的假设条件下，目标估计位置 $\hat{\boldsymbol{X}}=[\hat{x}\quad \hat{y}]'$ 的概率密度函数可近似表示为[24]

$$p(\hat{x},\hat{y})=(2\pi)^{-1}(|\boldsymbol{P}|)^{-1/2}\exp\left[-\frac{1}{2}(\hat{\boldsymbol{X}}-\boldsymbol{X})'\boldsymbol{P}^{-1}(\hat{\boldsymbol{X}}-\boldsymbol{X})\right] \tag{14.224}$$

这里 $\boldsymbol{P}$ 代表定位误差协方差且 $\boldsymbol{X}=[x\quad y]'$ 为目标的真实位置。因此目标定位的模糊区域为一个椭圆，称之为定位模糊椭圆。该椭圆的长、短半轴分别表示为[25]

$$a=\sqrt{\frac{m}{2}\left[\sigma_x^2+\sigma_y^2+\sqrt{(\sigma_x^2-\sigma_y^2)^2+4\sigma_{xy}^2}\right]} \tag{14.225}$$

$$b=\sqrt{\frac{m}{2}\left[\sigma_x^2+\sigma_y^2-\sqrt{(\sigma_x^2-\sigma_y^2)^2+4\sigma_{xy}^2}\right]} \tag{14.226}$$

式中，$m=-2\ln(1-P_{\mathrm{e}})$，$P_{\mathrm{e}}$ 为目标位置估计 $\hat{\boldsymbol{X}}=[\hat{x}\quad \hat{y}]'$ 落入模糊椭圆的概率。

定位模糊椭圆的面积为

$$S=\pi ab=\pi m\sqrt{\sigma_x^2\sigma_y^2-\sigma_{xy}^2} \tag{14.227}$$

将式（14.222）代入式（14.227）可得

$$\begin{aligned}S&=\pi m\sqrt{\frac{D^4\sin^2\theta_1\sin^2\theta_2}{\sin^6(\theta_2-\theta_1)}\sigma_{\theta_1}^2\sigma_{\theta_2}^2}=\pi mD^2\sqrt{k}\sigma_{\theta_2}^2\sqrt{\frac{\sin^2\theta_1\sin^2\theta_2}{\sin^6(\theta_2-\theta_1)}}\\ &\triangleq\pi mD^2\sqrt{k}\sigma_{\theta_2}^2\sqrt{g(\theta_1,\theta_2)}\end{aligned} \tag{14.228}$$

式中，D,σ_{θ_2} 和 k 均为已知常量。

14.5.2　利用拉格朗日乘子法求解条件极值

最小化模糊椭圆的面积 S 就等价于最小化二元函数 $g(\theta_1,\theta_2)$，即

$$\min g(\theta_1,\theta_2)=\frac{\sin^2\theta_1\sin^2\theta_2}{\sin^6(\theta_2-\theta_1)} \tag{14.229}$$

将式（14.223）作为约束条件与式（14.229）联合优化得到条件极值，使用拉格朗日乘

子法进行求解[24]。令

$$G(\theta_1,\theta_2)=g(\theta_1,\theta_2)+\lambda\left(\frac{D\sin\theta_1\sin\theta_2}{\sin(\theta_2-\theta_1)}-d\right) \tag{14.230}$$

式中λ为拉格朗日乘子。式（14.230）两边分别对θ_1和θ_2求偏导并令其等于零，即

$$\begin{aligned}\frac{\partial G}{\partial\theta_1}=&\frac{2\sin\theta_1\sin^2\theta_2\cos\theta_1\sin(\theta_2-\theta_1)+6\sin^2\theta_1\sin^2\theta_2\cos(\theta_2-\theta_1)}{\sin^7(\theta_2-\theta_1)}+\\&\lambda\left[\frac{D\sin\theta_1\sin\theta_2\cos(\theta_2-\theta_1)}{\sin^2(\theta_2-\theta_1)}+\frac{D\cos\theta_1\sin\theta_2}{\sin(\theta_2-\theta_1)}\right]=0\end{aligned} \tag{14.231}$$

$$\begin{aligned}\frac{\partial G}{\partial\theta_2}=&\frac{2\sin^2\theta_1\sin\theta_2\cos\theta_2\sin(\theta_2-\theta_1)-6\sin^2\theta_1\sin^2\theta_2\cos(\theta_2-\theta_1)}{\sin^7(\theta_2-\theta_1)}+\\&\lambda\left[-\frac{D\sin\theta_1\sin\theta_2\cos(\theta_2-\theta_1)}{\sin^2(\theta_2-\theta_1)}+\frac{D\sin\theta_1\cos\theta_2}{\sin(\theta_2-\theta_1)}\right]=0\end{aligned} \tag{14.232}$$

由式（14.231）和式（14.232）可得

$$\lambda\sin(\theta_1+\theta_2)=-\frac{2\sin\theta_1\sin\theta_2}{D\sin^5(\theta_2-\theta_1)}\sin(\theta_1+\theta_2) \tag{14.233}$$

为了求解式（14.233）中的λ，此时又须考虑$\sin(\theta_1+\theta_2)\neq 0$和$\sin(\theta_1+\theta_2)=0$两种情况，具体如下。

（1）当$\sin(\theta_1+\theta_2)\neq 0$时

$$\lambda=-\frac{2\sin\theta_1\sin\theta_2}{D\sin^5(\theta_2-\theta_1)} \tag{14.234}$$

将式（14.234）代入式（14.231）可得

$$\sin^2\theta_1\sin^2\theta_2\cos(\theta_2-\theta_1)=0 \tag{14.235}$$

从式（14.235）和前面的假设$\theta_1\neq 0$和$\theta_2\neq 0$得出

$$\theta_{\mathrm{CA}}=\theta_2-\theta_1=\frac{\pi}{2} \tag{14.236}$$

式（14.236）说明此时目标位于以两部传感器的基线为直径的圆周上（除两部无源传感器的位置），如图14.13所示。这种情况下$d\leqslant D/2$，即当$l=d/D\leqslant 0.5$时式（14.236）成立。

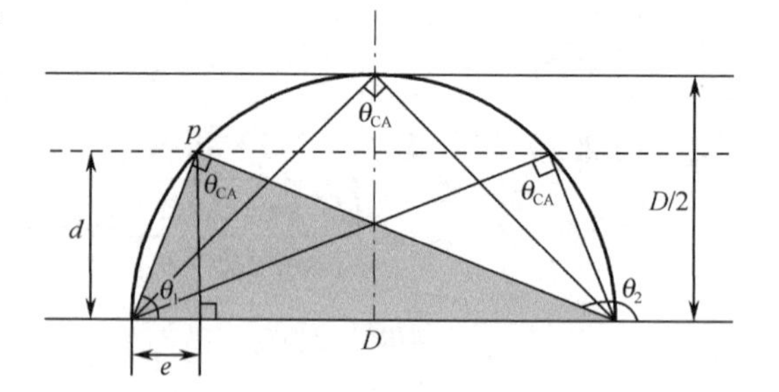

图14.13　$l\leqslant 0.5$时的最优交会角θ_{CA}

由图14.13可得

$$\theta_1=\arctan\left(\frac{d}{e}\right) \tag{14.237}$$

根据图14.13中的阴影直角三角形，下式成立

$$e(D-e)=d^2 \tag{14.238}$$

求解上式可得

$$e=\frac{D\pm\sqrt{D^2-4d^2}}{2} \tag{14.239}$$

针对式（14.239），分如下两种情况讨论

当$\theta_1 \in \left(0, \frac{\pi}{4}\right]$时，$e \geqslant D/2$。此时有

$$e = \frac{D + \sqrt{D^2 - 4d^2}}{2}, \qquad \theta_1 \in \left(0, \frac{\pi}{4}\right] \tag{14.240}$$

当$\theta_1 \in \left[\frac{\pi}{4}, \frac{\pi}{2}\right)$时，$e \leqslant D/2$。此时有

$$e = \frac{D - \sqrt{D^2 - 4d^2}}{2}, \qquad \theta_1 \in \left[\frac{\pi}{4}, \frac{\pi}{2}\right) \tag{14.241}$$

为了简便起见，式（14.236）和式（14.237）的解表示为(θ_1^0, θ_2^0)。为了分析定位模糊椭圆面积在稳定点(θ_1^0, θ_2^0)能否达到局部极小值，在式（14.223）的约束条件下得到$g(\theta_1, \theta_2)$的二阶偏导数。

利用式（14.223）可得

$$\theta_1 = \arccos\left(\frac{1 + lc}{\sqrt{1 + 2lc + l^2c^2 + l^2}}\right) \tag{14.242}$$

式中

$$c = \frac{\cos\theta_2}{\sin\theta_2} \tag{14.243}$$

那么

$$\cos\theta_1 = \frac{\sin\theta_2 + l\cos\theta_2}{\sqrt{(\sin\theta_2 + l\cos\theta_2)^2 + l^2\sin^2\theta_2}} \tag{14.244}$$

且

$$\sin\theta_1 = \frac{l\sin\theta_2}{\sqrt{(\sin\theta_2 + l\cos\theta_2)^2 + l^2\sin^2\theta_2}} \tag{14.245}$$

将式（14.244）～式（14.245）代入式（14.229）的$g(\theta_1, \theta_2)$可得

$$g(\theta_1, \theta_2) \triangleq \psi(\theta_2) = \frac{l^2(\cos^2\theta_2 - l\sin 2\theta_2 - l^2 - 1)^2}{\sin^8\theta_2} \tag{14.246}$$

利用式（14.246），得到一元函数$\psi(\theta_2)$对θ_2的二阶导数为

$$\begin{aligned}
\psi''(\theta_2) = {} & \frac{2l^2(-\sin 2\theta_2 - 2l\cos 2\theta_2)^2}{\sin^8\theta_2} - \frac{8l^2\cos 2\theta_2(\cos^2\theta_2 - l\sin 2\theta_2 - l^2 - 1)^2}{\sin^{10}\theta_2} - \\
& \frac{16l^2\sin 2\theta_2(\cos^2\theta_2 - l\sin 2\theta_2 - l^2 - 1)(-\sin 2\theta_2 - 2l\cos 2\theta_2)}{\sin^{10}\theta_2} + \\
& \frac{2l^2(\cos^2\theta_2 - l\sin 2\theta_2 - l^2 - 1)(-2\cos 2\theta_2 + 4l\sin 2\theta_2)}{\sin^8\theta_2} + \\
& \frac{20l^2\sin^2 2\theta_2(\cos^2\theta_2 - l\sin 2\theta_2 - l^2 - 1)^2}{\sin^{12}\theta_2}
\end{aligned} \tag{14.247}$$

根据$\psi''(\theta_2^0)$的符号可以判断稳定点是否为局部极大值、局部极小值或鞍点。从式（14.240）和式（14.241）中e的表达式，考虑$\theta_1 \in \left(0, \frac{\pi}{4}\right]$和$\theta_1 \in \left[\frac{\pi}{4}, \frac{\pi}{2}\right)$的两种情况。

当$\theta_1 \in \left(0,\dfrac{\pi}{4}\right]$时，将式（14.240）代入式（14.237）并简化可得

$$\cos\theta_2 = -\sin\theta_1 = -\sqrt{\frac{1}{2}+\sqrt{\frac{1}{4}-l^2}}\ ,\theta_1 \in \left(0,\frac{\pi}{4}\right] \tag{14.248}$$

且

$$\cos\theta_1 = \sin\theta_2 = \sqrt{\frac{1}{2}-\sqrt{\frac{1}{4}-l^2}}\ ,\theta_1 \in \left(0,\frac{\pi}{4}\right] \tag{14.249}$$

将式（14.248）和式（14.249）代入式（14.247）可得

$$\psi''(\theta_2) = \frac{16l^2(1-4l^2)}{(\sqrt{1-4l^2}-1)^2},\theta_1 \in \left(0,\frac{\pi}{4}\right] \tag{14.250}$$

当$\theta_1 \in \left[\dfrac{\pi}{4},\dfrac{\pi}{2}\right)$时，将式（14.241）代入式（14.237）并简化可得

$$\cos\theta_2 = -\sin\theta_1 = -\sqrt{\frac{1}{2}-\sqrt{\frac{1}{4}-l^2}}\ ,\theta_1 \in \left[\frac{\pi}{4},\frac{\pi}{2}\right) \tag{14.251}$$

且

$$\cos\theta_1 = \sin\theta_2 = \sqrt{\frac{1}{2}+\sqrt{\frac{1}{4}-l^2}}\ ,\theta_1 \in \left[\frac{\pi}{4},\frac{\pi}{2}\right) \tag{14.252}$$

将式（14.251）和式（14.251）代入式（14.247）可得

$$\psi''(\theta_2) = \frac{16l^2(1-4l^2)}{(\sqrt{1-4l^2}+1)^2},\theta_1 \in \left[\frac{\pi}{4},\frac{\pi}{2}\right) \tag{14.253}$$

从式（14.250）和式（14.253）可以看出，$\sin(\theta_1+\theta_2)\neq 0$时，当$l<0.5$时，$\psi''(\theta_2)>0$，定位模糊椭圆面积达到局部极小值；当$l=0.5$时，$\psi''(\theta_2)=0$，此时不能确定定位模糊椭圆面积能否达到极值点。

从图 14.13 可以看出，当$l=0.5$时稳定点满足$(\theta_1^0,\theta_2^0)=(45^\circ,135^\circ)$。此时有

$$\psi'(135^\circ)=\psi''(135^\circ)=\psi'''(135^\circ)=0 \tag{14.254}$$

而

$$\psi^{(4)}(135^\circ)=48>0 \tag{14.255}$$

根据极值性判定准则，此时定位模糊椭圆面积达到局部极小值。

（2）当$\sin(\theta_1+\theta_2)=0$时

$$\theta_1+\theta_2=\pi \tag{14.256}$$

此时，目标与两部无源传感器之间呈等腰三角形。从图 14.12 可看出

$$\theta_1 = \arctan\left(\frac{2d}{D}\right) \tag{14.257}$$

那么

$$\sin\theta_1 = \sin\theta_2 = \frac{2l}{\sqrt{1+4l^2}} \tag{14.258}$$

$$\cos\theta_1 = -\cos\theta_2 = \frac{1}{\sqrt{1+4l^2}} \tag{14.259}$$

根据式（14.233），此时拉格朗日乘子 λ 是任意的。还不能确定式（14.256）的解是否为一元函数 $\psi(\theta_2)$ 的稳定点。从式（14.246）可得

$$\psi'(\theta_2)=\frac{2l^2(\cos^2\theta_2-l\sin 2\theta_2-l^2-1)(-\sin 2\theta_2-2l\cos 2\theta_2)}{\sin^8\theta_2}-\frac{4l^2\sin 2\theta_2(\cos^2\theta_2-l\sin 2\theta_2-l^2-1)^2}{\sin^{10}\theta_2} \tag{14.260}$$

将式（14.258）和式（14.259）代入式（14.260）得

$$\psi'(\theta_2)=0 \tag{14.261}$$

那么，可以确定式（14.256）的解就是 $\psi(\theta_2)$ 的稳定点。进而，将式（14.258）和式（14.259）代入式（14.247）得

$$\psi''(\theta_2)=-\frac{(1-4l^2)(1+4l^2)^4}{128l^4} \tag{14.262}$$

从式（14.262）可得

$$\begin{cases}\psi''(\theta_2)>0, & l>0.5\\ \psi''(\theta_2)=0, & l=0.5\\ \psi''(\theta_2)<0, & 0<l<0.5\end{cases} \tag{14.263}$$

因此，当 $l>0.5$ 时，定位模糊椭圆面积达到局部极小值；当 $0<l<0.5$ 时，定位模糊椭圆面积达到局部极大值；当 $l=0.5$ 时，不能确定定位模糊椭圆面积能否达到极值点。利用与前面相似的过程，同样可以证明此时定位模糊椭圆面积达到局部极小值。

在定位模糊椭圆准则下，交会角有如下四个特性：

① 当 $l>0.5$，目标与两部无源传感器呈等腰三角形时得到最优交会角，这里所说的最优是相对意义下的最优，也即约束条件下局部极小值对应的交会角，下同；

② 当 $l<0.5$，目标位于以两部传感器基线为直径的圆上（除两个传感器的位置外）时得到最优交会角；

③ 当 $l=0.5$，目标与两部无源传感器呈等腰直角三角形时得到最优交会角；

④ 最优交会角与方差倍数 k 无关。

根据上述结论，在定位模糊椭圆面积最小准则下，当且仅当目标位于图 14.14 中的实线（或弧）上时，可以得到最优交会角。

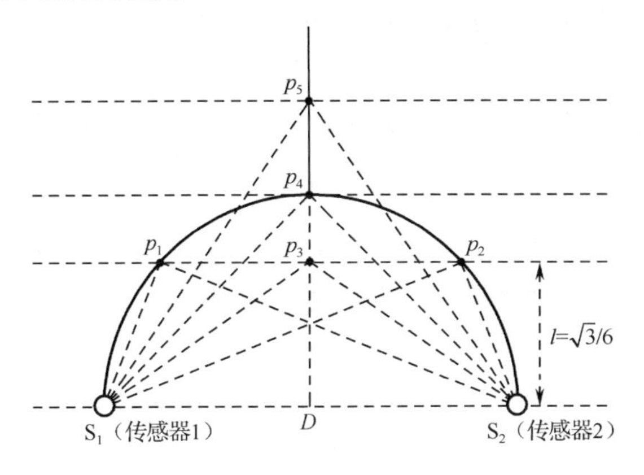

图 14.14　定位模糊椭圆达到局部极小值时的目标位置分布（位于实线、弧）情况

14.5.3　定位模糊椭圆面积最小准则下的最优布站

为了研究垂直距离与基线长度的比值 l 的变化对定位模糊椭圆局部极小值的影响，此时又分如下两种情况进行讨论。

（1）当 $l \geqslant 0.5$ 时，从图 14.14 可以看出 $\theta_1 \in \left[\frac{\pi}{4}, \frac{\pi}{2}\right)$ 且 $\theta_1 + \theta_2 = \pi$。将式（14.256）代入式（14.229）中的 $g(\theta_1, \theta_2)$ 可得

$$g_1(\theta_1) = g(\theta_1, \theta_2)\big|_{\theta_2 = \pi - \theta_1} = \frac{1}{64\sin^2\theta_1 \cos^6\theta_1} \tag{14.264}$$

从式（14.264）可得

$$g_1'(\theta_1) = \frac{4\sin^2\theta_1 - 1}{32\sin^3\theta_1 \cos^5\theta_1} > 0 \tag{14.265}$$

那么，在区间 $\left[\frac{\pi}{4}, \frac{\pi}{2}\right)$ 内，$g_1(\theta_1)$ 是单调上升的。如图 14.14 所示，θ_1 随着 l 的增大而增大，也即 $g_1(\theta_1)$ 随着 l 的增大而增大。

（2）当 $0 < l < 0.5$ 时，从图 14.14 可以看出，$\theta_2 = \theta_1 + \pi/2$ 且 $\theta_1 \in \left(0, \frac{\pi}{4}\right)$ 或 $\theta_1 \in \left(\frac{\pi}{4}, \frac{\pi}{2}\right)$。将式（14.236）代入式（14.229）中的 $g(\theta_1, \theta_2)$ 可得

$$g_2(\theta_1) = g(\theta_1, \theta_2)\Big|_{\theta_2 = \frac{\pi}{2} + \theta_1} = \frac{1}{4}\sin^2 2\theta_1 \tag{14.266}$$

从式（14.266）可得

$$g_2'(\theta_1) = \sin 2\theta_1 \cos 2\theta_1 \tag{14.267}$$

且

$$\begin{cases} g_2'(\theta_1) > 0,\ \theta_1 \in \left(0, \frac{\pi}{4}\right) \\ g_2'(\theta_1) < 0,\ \theta_1 \in \left(\frac{\pi}{4}, \frac{\pi}{2}\right) \end{cases} \tag{14.268}$$

那么，$g_2(\theta_1)$ 在区间 $\left(0, \frac{\pi}{4}\right)$ 内单调上升，在区间 $\left(\frac{\pi}{4}, \frac{\pi}{2}\right)$ 内单调下降。从图 14.14 可以看出，$g_2(\theta_1)$ 在区间 $\left(0, \frac{\pi}{4}\right)$ 内 θ_1 随着 l 的增大而增大，在区间 $\left(\frac{\pi}{4}, \frac{\pi}{2}\right)$ 内 θ_1 随着 l 的增大而减小。所以，当 $0 < l < 0.5$ 时，$g_2(\theta_1)$ 随着 l 的增大而增大。

根据上面的两种情况可以得出，$g_2(\theta_1)$ 随着 l 在区间 $(0, +\infty)$ 上增大而单调上升，而 $g_2(\theta_1)$ 的全局最小值可以通过将 l 减少至零来逐渐逼近。这种情况下，目标沿着图 14.14 中的实线圆弧无限逼近传感器 1 或传感器 2 的位置，而此时相应的稳定点满足 $(\theta_1^0, \theta_2^0) \to (\pi/2, \pi)$ 或 $(\theta_1^0, \theta_2^0) \to (0, \pi/2)$。

下面讨论一种特殊的情况，根据式（14.264）或式（14.265），在约束条件 $\theta_1 + \theta_2 = \pi$ 下，令 $g_1'(\theta_1) = 0$ 可得 $\theta_1 = 30^\circ$ 和 $\theta_2 = 150^\circ$，即 $(30^\circ, 150^\circ) = \underset{\substack{\theta_1, \theta_2 \\ \theta_1 + \theta_2 = \pi}}{\arg\min}\, g(\theta_1, \theta_2)$，此时所得的结论与文献[26]

的结论一致。因此，在定位模糊椭圆面积最小准则下，文献[26]中的稳定点在约束条件 $\theta_1+\theta_2=\pi$ 下是最优的。

将式（14.269）代入式（14.257）可得 $l=\sqrt{3}/6<0.5$，此时对应的目标位置在图 14.14 中的 p_3 点。根据前面得到的最优交会角的第二个特性，当 $l=\sqrt{3}/6$，此时达到最小定位模糊椭圆时的目标位置有两个，如图 14.14 中的 p_1 和 p_2 点。

14.6　无源雷达属性数据关联

当前，无源传感器在探测系统中的应用越来越重要和广泛。无源多传感器多目标跟踪的一个关键问题是量测数据的关联问题，即找到各平台对同一目标的观测数据，才能将这些数据进行融合，得到正确的目标位置信息。目前无源多传感器的关联都是在空间进行关联，而对利用目标属性特征信息的属性关联的研究相对较少，实际上无源传感器可以先利用获得的目标辐射源的属性特征参数信息，如载频（RF）、脉宽（PW）、脉冲重复频率（PRF）、天线扫描周期（ASP）等，进行属性关联。如果属性关联后不能得到唯一的关联结果，可先通过单站无源定位得到目标空间信息，而后再进行空间关联。相比有源雷达，理论上，源自同一辐射源目标的测量数据中的属性特征值是相同的。但由于传感器存在量测误差，不同的辐射源之间本身也可能存在属性特征上的相似性，这些都使量测值与其源自的辐射源之间的对应关系出现了模糊性。无源多传感器的属性数据关联就是根据来源于统一辐射源的观测数据所具有的相似性，采用一定的算法和分配策略将多传感器获取的对多目标的量测值进行分类划分和关联判定，利用其属性特征信息来消除关联模糊。这里主要讨论基于统计距离的属性数据关联方法。为了以后讨论方便这里假设传感器对目标属性参数的量测误差均为零均值的高斯分布随机变量，且同一传感器对目标的不同属性参数、不同传感器对目标的同一参数的量测误差都是不相关的。

设传感器 A 和 B 所测得的目标属性数据分别用向量 $\boldsymbol{a}=[a_1\quad a_2\quad\cdots\quad a_n]'$ 和 $\boldsymbol{b}=[b_1\quad b_2\quad\cdots\quad b_n]'$ 表示，并定义参数差为

$$\boldsymbol{c}=[c_1\quad c_2\quad\cdots\quad c_n]'=\boldsymbol{a}-\boldsymbol{b} \tag{14.269}$$

则 $\boldsymbol{c}$ 为零均值高斯分布随机变量，其协方差矩阵为对角阵，即

$$\boldsymbol{S}=\begin{bmatrix}\sigma_{a_1}^2+\sigma_{b_1}^2 & 0 & 0 & \cdots & 0\\ 0 & \sigma_{a_2}^2+\sigma_{b_2}^2 & 0 & \cdots & 0\\ \vdots & & & \ddots & \vdots\\ 0 & 0 & 0 & \cdots & \sigma_{a_n}^2+\sigma_{b_n}^2\end{bmatrix} \tag{14.270}$$

式中，$\sigma_{a_1}^2$、$\sigma_{a_2}^2$、…、$\sigma_{a_n}^2$ 和 $\sigma_{b_1}^2$、$\sigma_{b_2}^2$、…、$\sigma_{b_n}^2$ 分别为传感器 A 和 B 测得的目标属性参数的量测误差的方差。

定义目标属性参数量测向量 $\boldsymbol{a}$ 和 $\boldsymbol{b}$ 之间的统计距离检验统计量为 $d^2=\boldsymbol{c}'\boldsymbol{S}^{-1}\boldsymbol{c}$，由于属性量测误差是假设为零均值的高斯分布随机变量，所以该检验统计量服从自由度为 n 的 χ^2 分布。则由给定的置信度通过 χ^2 分布表可获得某一检测门限，当检验统计量 d^2 低于该检测门限时，则判定两个量测源自同一目标；否则，判定两个量测源自不同目标，达到实现对目标属性信息进行正确关联的目的。

14.7 小结

无源定位是现代一体化防空系统、机载对地/海攻击以及对付隐身目标的远程预警系统的重要组成部分，与有源定位方法相比，无源定位在发挥其隐蔽性好、不易被对方侦察系统发觉的优点的同时，还由于其接收辐射源信号直达波，具有距离优势，可以争取较长的预警时间，对于提高系统在电子战环境下的生存能力和作战能力具有重要作用。

无源雷达数据处理作为现代探测手段的重要组成部分，一直是国内外学者的研究热点。本章在对无源雷达的特点和优点进行分析的基础上，讨论了基于运动学、多模型和修正极坐标系的单站无源定位与跟踪问题，并对上述几种定位方法的优缺点进行了比较分析；多站协同无源定位具有可观测性强、定位精度高的特点，本章进而讨论了基于纯方位和时差定位体制的多站无源定位跟踪问题；而后给出定位模糊椭圆面积最小准则下的测向无源定位最优布站，有助于设计无源雷达的分布配置方案；最后对无源雷达属性数据关联问题进行了介绍。除以上内容外，仍有许多广受关注的研究方向，包括多目标定位场景："鬼影"消除技术[27]、数据互联技术[28]等；多种定位体制：结合到达增益比（GROA）、到达频差（FDOA）、到达相位差（PDOA）等多种量测信息的联合定位体制[29-31]、基于接收信号强度（RSS）的定位体制[32-34]等；最优布站方向[35]以及有源/无源雷达联合的数据处理方法[36,37]等。此外，随着机载/星载技术和传感器网络技术的快速发展，多运动平台组网协同定位具有生存能力强、时空覆盖范围广等特点，通过结合无源传感器的优势特点，可以大幅度提升可观测性、定位精度和探测效率，因此多平台协同无源定位技术将是未来重要的发展方向[33,34,38-40]。

参考文献

[1] 王小谟, 张光义, 贺瑞龙等. 雷达与探测——现代战争的火眼金睛. 北京: 国防工业出版社, 2000.

[2] 翟伟建, 戴国宪. 无源雷达浅析. 电子对抗, 2003 (2): 41-46.

[3] 常晋聃, 朱松. 2016 全球反辐射武器的发展. 战略前沿技术, 2016, 1.

[4] Theodorou E, Buchli J, Schaal S. Learning Policy Improvements with Path Integrals Journal of Machine Learning Research, 2010, 9: 828-835.

[5] 何友, 修建娟, 唐小明, 等. 基于时差信息的超视距目标定位与跟踪. 电子学报, 2003, 31(12): 1917-1920.

[6] Nardone S C, Lindgren A G, Gong K F. Fundamental Properties and Performance of Conventional Bearing only Target Motion Analysis. IEEE Trans. on AC, 1984, 29(9).

[7] Langley L E. Specific Emitter Identification (SEI) and Classical Parameter Fusion Technology. Proceedings of WESCON '93, 1993: 377-381.

[8] Hammel S E, Aidaia V J. Observability Requirements for Three-dimensional Tracking via Angle Measurements. IEEE Trans. on AES, 1985, 21(2): 200-207.

[9] S. Koteswara Rao. Pseudo-linear Estimator for Bearings-only Passive Target Tracking. IEE Proc. Radar Sonar Navig, 2001, 148(1): 16-22.

[10] Kirubarajan T, Shalom Y B, Lerro D. Bearings-only Tracking of Maneuvering Targets Using a Batch-recursive Estimator. IEEE Trans. on AES 2001, 37(3): 770-779.

[11] 许耀伟，孙仲康. 利用相位变化率对固定辐射源的无源定位. 系统工程与电子技术，1999，21(3): 34-37.

[12] 郭福成，龚享铱，冯道旺，孙仲康. 基于多普勒频率变化率的单站无源雷达定位方法. 第九届全国雷达学术年会论文集, 2004 (8): 717-720.

[13] Peach N. Bearings-only Tracking Using a Set of Range-parameterised Extended Kalman Filters. IEE Proc. on Control Theory Application, 1995, 142(1): 73-80.

[14] Aidala V J, Hammel S E. Utilization of Modified Polar Coordinates for Bearing-only Tracking. IEEE Trans. on AC, 1983, 28(3): 283-293.

[15] 修建娟. 多站无源定位技术研究. 烟台: 海军航空工程学院, 2004.

[16] 修建娟，何友，王国宏，修建华. 两站无源定位系统中的多目标跟踪算法研究. 电子学报，2002, 30(12): 1763-1767.

[17] 贲德, 韦传安, 林佑权. 机载雷达技术. 北京: 电子工业出版社, 2006.

[18] Mellen G, Pachter M, Raquet J. Closed-form Solution for Determining Emitter Location Using Time Difference of Arrival Measurements. IEEE Trans. AES, 2003, 39(3): 1056-1058

[19] 何友, 孙顺, 董凯, 刘瑜. 扫描辐射源的最大似然定位算法. 控制与决策, 2017, 32(7): 1293-1300.

[20] Hmam H, Doğançay K. Passive Localization of Scanning Emitters. IEEE Transactions on Aerospace and Electronic Systems, 2010, 46 (2): 944-951.

[21] Doğancay K. Self-localization from Landmark Bearings Using Pseudolinear Estimation Techniques. IEEE Transactions on Aerospace and Electronic Systems, 2014, 50 (3): 2361-2368.

[22] Shimshoni I. On mobile Robot Localization from Landmark Bearings. IEEE Transactions on Robotics and Automation, 2002, 18 (6): 971-976.

[23] Ho K C, Lu X N, Kovavisaruch L. Source Localization Using TDOA and FDOA Measurements in the Presence of Receiver Location Errors Analysis and Solution. IEEE Transactions on Aerospace and Electronic Systems, 2007, 55 (2): 684-696.

[24] Wang G H, Bai J, He Y, et al. Optimal Deployment of Multiple Passive Sensors in the Sense of Minimum Concentration Ellipse, IET Radar, Sonar & Navigation, 2009, 3(1): 8-17.

[25] 白晶, 王国宏, 王娜, 徐海全. 测向交叉定位系统中的最优交会角研究. 航空学报, 2009.

[26] Xiu J J, He Y, Wang G H, et al. Constellation of Multisensors in Bearing-only Location System. IEE Proceedings on Radar, Sonar and Navigation, 2005, 152(3): 215-218.

[27] Bai J, Wang G H, Xiu J J, et al. New Deghosting Method Based on Generalized Triangulation. Journal of System Engineering and Electronics, 2009, 20(3): 504-511.

[28] Lyu X, Wang J. Sequential Multi-Sensor JPDA for Target Tracking in Passive Multi-Static Radar With Range and Doppler Measurements. IEEE Access, 2019, 7: 34488-34498.

[29] Yu H G, Huang G M, Gao J, et al. An Efficient Constrained Weighted Least Squares Algorithm for Moving Source Location Using TDOA and FDOA Measurements. IEEE Transactions on Wireless Communications, 2012, 11(1): 44-47.

[30] 孙顺, 董凯, 齐林, 等. 基于 TDOA 与 GROA 的多运动站误差配准算法. 电子与信息学报, 2017, 39(6): 1439-1445.

[31] Chen H, Ballal T, Saeed N, et al. A Joint TDOA-PDOA Localization Approach Using Particle Swarm Optimization. IEEE Wireless Communications Letters, 2020, 9(8): 1240-1244.

[32] Kan C, Ding G, Wu Q, et al. Robust Relative Fingerprinting-Based Passive Source Localization via Data Cleansing. IEEE Access, 2018, 6: 19255-19269.

[33] Tomic S, Beko M, Dinis R. RSS-Based Localization in Wireless Sensor Networks Using Convex Relaxation: Noncooperative and Cooperative Schemes. IEEE Transactions on Vehicular Technology, 2015, 64(5): 2037-2050.

[34] Liu C, Fang D, Yang Z, et al. RSS Distribution-Based Passive Localization and Its Application in Sensor Networks. IEEE Transactions on Wireless Communications, 2016, 15(4): 2883-2895.

[35] Xie R, Luo K, Jiang T. Joint Coverage and Localization Driven Receiver Placement in Distributed Passive Radar. IEEE Transactions on Geoscience and Remote Sensing, 2021, 59(2): 1094-1105.

[36] Sun S, Xu C, Qi L, et al. Radar/ESM Anti-bias Track Association Algorithm Based on Hierarchical Clustering in Formation. 2018 International Conference on Information Fusion (FUSION), 2018.

[37] He Q, Hu J, Blum R S, et al. Generalized Cramér-Rao Bound for Joint Estimation of Target Position and Velocity for Active and Passive Radar Networks. IEEE Transactions on Signal Processing, 2016, 64(8): 2078-2089.

[38] Ronghua Z, Hemin S, Hao L, et al. TDOA and Track Optimization of UAV Swarm Based on D-Optimality. Journal of Systems Engineering and Electronics, 2020, 31(6): 1140-1151.

[39] 孙顺, 熊伟, 刘瑜, 等. 基于 TDOA 的多机协同闭环最优控制方法. 电光与控制, 2019.

[40] Shu F, Yang S, Lu J, et al. On Impact of Earth Constraint on TDOA-Based Localization Performance in Passive Multisatellite Localization Systems. IEEE Systems Journal, 2018, 12(4): 3861-3864.

第 15 章　脉冲多普勒雷达数据处理

15.1　引言

脉冲多普勒（PD）雷达是一种利用多普勒效应并采用频谱分离技术抑制各类背景杂波的脉冲体制雷达，目前广泛应用于气象探测、空中交通管制、地面防空警戒、低空探测、导弹制导、舰载火控、机载预警和火控等领域。PD 雷达的最大特点就是除了获得常规雷达所能得到的目标距离、方位和俯仰角之外，还能获得利用由多普勒频率处理得到的目标径向速度。因此，PD 雷达数据处理的核心问题就是如何充分利用这一维新增的信息，提高目标状态估计性能。本章首先介绍了 PD 雷达的特点及其跟踪系统组成，然后重点讨论 PD 雷达的典型数据处理算法，包括最佳距离-速度互耦跟踪算法、高重频微弱目标跟踪算法和几种带 Doppler 量测的滤波算法，并对算法性能进行验证和分析，最后给出 PD 雷达应用举例。

15.2　PD 雷达系统概述

15.2.1　PD 雷达的特点

多普勒效应是指当发射源与接收者之间存在相对径向运动时，接收到的信号频率将发生变化，它是由奥地利物理学家多普勒在声学领域中首先发现的。而对于雷达而言，当雷达与目标之间存在运动时，多普勒效应也体现在回波信号的频率和发射信号的频率不相等。雷达发射电磁波信号后遇到一个朝着雷达方向运动的目标时，由于多普勒效应，雷达发射信号在雷达与目标之间往返传播之后，雷达收到更高频率的电磁波信号。

雷达发射信号与回波信号的相位变化为

$$\varphi(t)=\frac{2\pi}{\lambda}2R(t) \tag{15.1}$$

式中，$R(t)$ 表示雷达与目标相对运动时随时间变化的单程距离；λ 为雷达信号波长。当运动目标以速度 v 向静止的雷达做运动时，则 $R(t)=vt$ 。于是，式（15.1）可写成

$$\varphi(t)=2\pi\frac{2v}{\lambda}t=2\pi f_{\mathrm{d}}t \tag{15.2}$$

式中，$f_{\mathrm{d}}=\dfrac{2v}{\lambda}$，这就是由运动目标产生的多普勒频率。当雷达信号波长一定时，多普勒频率正比于目标与雷达之间的相对速度。

利用目标与雷达之间相对运动而产生的多普勒效应进行目标信息提取和处理的雷达称做多普勒雷达。如果发射的是脉冲调制的射频信号，则称为脉冲多普勒雷达，简称为 PD 雷达。

各种实用的 PD 雷达的功能和组成往往有很大差异，就其数据处理机制而言，主要功能有数据相关和滤波、距离跟踪、角度跟踪、解模糊计算、天线角度误差修正、工作方式的控制、扫描图形的产生、PRF 的选择、杂波频率的预测和其他系统接口等[1]。

脉冲多普勒雷达以其卓越的杂波抑制性能受到世人瞩目。现代飞行器性能的改进和导航手段的加强，使其能在低空和超低空飞行，因此防御低空入侵已成为重要问题，由此要求机载雷达，包括预警机雷达和机载火控雷达具有下视能力，即要求能在强的地海杂波背景中发现微弱的目标信号，所以现代的预警机雷达和机载火控雷达皆采用 PD 体制。这种雷达除了能有效地抑制地海杂波外，还具有良好的抗消极干扰能力和抗积极干扰能力[2]。

15.2.2 PD 雷达跟踪系统

PD 雷达数据处理所需要的原始数据来自雷达的方位角、俯仰角、距离和速度跟踪环路。PD 雷达具有两种跟踪体制，即单目标跟踪和多目标跟踪。

1. 单目标角度跟踪系统

PD 雷达的单目标角度跟踪与常规雷达相同，可以使用顺序波束序列转换或单脉冲体制。

因为存在匹配多路接收通道问题，在 PD 雷达中实现单脉冲体制是很困难的。这些接收机的每一路都必须有复杂的杂波抑制器，并且进行相位匹配才能正常跟踪。多极点的杂波滤波器具有多普勒频率特性，因此匹配是相当困难的。

波束序列转换体制只需要一个杂波滤波器，因此可以避免多路匹配问题。合并通道技术将由单脉冲天线接收的信号在高频端调制成具有某种波束序列转换形式的信号，然后再在视频端用信号处理的方法把三路信号分离出来。这种体制只需要一路接收通道，没有多路匹配问题，同时又保持了单脉冲体制的优越性。

2. 单目标速度（多普勒频率）跟踪系统

频率跟踪环路根据频率敏感元件的不同可以分为锁频式和锁相式两种。锁频式频率跟踪环路用鉴频器作为敏感元件，其原理方框图如图 15.1 所示。

跟踪环路一开始可以工作在搜索状态，在压控振荡器输入端加上一个周期变化的电压，使压控振荡器频率在预期的多普勒频率范围内变化。当搜索到目标时，目标回波频率 f_0+f_d 与压控振荡器频率 $f_0-f_2+f_\mathrm{d}'$ 差拍后，得到频率为 $f_2'=f_2+f_\mathrm{d}-f_\mathrm{d}'$ 的差拍信号，该信号通过窄带滤波器后进入鉴频器。此时可用附加的截获电路控制环路断开搜索，转入跟踪状态。如果此时 $f_\mathrm{d}'>f_2$，差拍后信号谱线的中心频率 $f_2'<f_2$。这时，鉴频器将输出正电压，使压控振荡器频率降低。经过这样的闭环调整，使 f_d' 趋近于 f_d。压控振荡器频偏 f_d' 经过频率输出电路的转换，就可以输出目标的速度数据。当目标回波的多普勒频率发生变化时，由鉴频器判断出频率变化的大小和方向，送出控制电压，使压控振荡器的频率产生相应的变化，从而实现自动频率的跟踪。

锁相式频率跟踪器的原理框图如图 15.2 所示。可以看出，除了对频率变化的敏感元件换成鉴相器外，其他部分与锁频式频率跟踪环路基本相同。为了保证锁相系统处于跟踪状态，压控振荡器的相位总是基本同步地跟随信号相位变化，它们之间的误差不能超过信号周期的几分之一。因此，对雷达设备的稳定性提出了较高的要求。其次，要使目标机动引起的相位动态滞后不超过允许范围，锁相系统的通带应足够宽，但带宽的增大会使由噪声引起的跟踪误差增加。当系统的带宽一定时，锁相系统就存在最大可跟踪的目标加速度的限制。

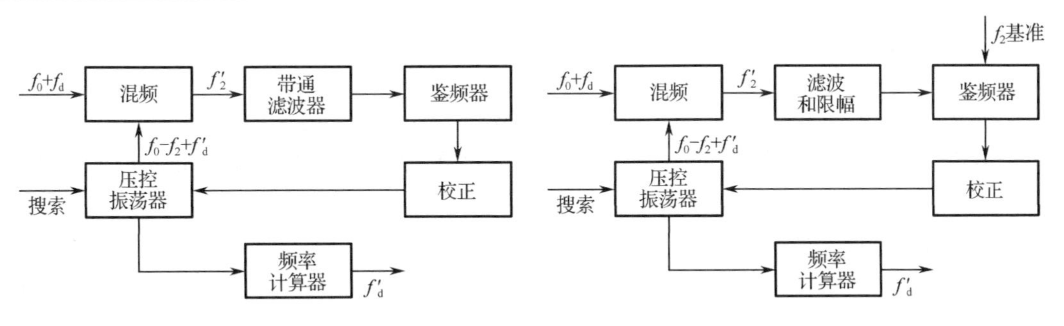

图 15.1　锁频式频率跟踪环路　　　　图 15.2　锁相式频率跟踪器原理框图

3. 单目标距离跟踪系统

距离跟踪的基本方法与常规的脉冲雷达相同，但 PD 雷达的距离跟踪环路中还加入了速度选择。经过单边带滤波器和窄带多普勒滤波器以后，信号接近于连续波，失去了距离信息。因此距离门必须加到速度选择之前的宽带中放部分，如图 15.3 所示。

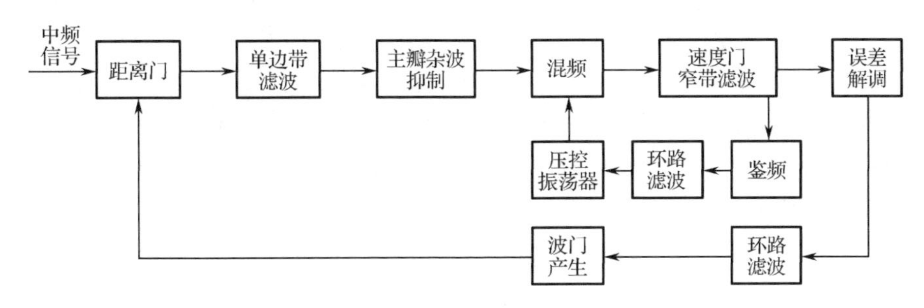

图 15.3　距离跟踪环路

4. 多目标跟踪系统

多目标跟踪可用多路接收通道实现。距离波门在不同的时间上覆盖整个脉冲间隔，每一通道中都有一组多普勒滤波器。当天线扫描时，所有目标都被检测，并可用离散的数据进行跟踪。当采用多重脉冲重复频率测量距离时，必须将天线扫过目标的时间划分为几段，以适应测距系统所需的多次观测的要求。由于积累时间变短，所以必须相应地加宽多普勒滤波器的带宽，这会使探测距离减少。同时，为解决测距模糊，需要进行几次探测，这也将进一步降低距离性能[3-10]。虽然多目标跟踪不是脉冲多普勒雷达所特有的工作体制，但是与单目标跟踪模式的情况一样，在很多场合，特别是在强杂波干扰环境下，它有着常规雷达所无法比拟的优良性能。

15.3　PD 雷达跟踪的典型算法

15.3.1　最佳距离-速度互耦跟踪算法

尽管目标的距离和速度之间有着严格的对应关系，但是在常规的脉冲多普勒雷达中，距离跟踪环路和速度跟踪环路却是相互独立的。如果在跟踪环路中插入卡尔曼滤波器，那么距离跟踪误差和速度跟踪误差就是卡尔曼滤波器的新息向量的两个分量。通过滤波运算，就可以建立起两个跟踪环路的联系。我们把这种跟踪系统称为最佳距离-速度互耦跟踪[11]。

下面来讨论如何得到最佳距离-速度互耦跟踪的闭式解。

设目标在某一坐标轴的系统模型是一个二阶微分方程：

$$\ddot{x}(t) = v(t) \tag{15.3}$$

式中，$x(t)$ 是目标的真实距离；$v(t)$ 是随机加速度，其统计特性为 $\mathrm{E}[\boldsymbol{v}(t)] = 0$，$\mathrm{E}[v(t)v(\tau)] = \sigma^2\delta(t-\tau)$。

目标的状态方程为

$$\dot{\boldsymbol{X}}(t) = \boldsymbol{A}\boldsymbol{X}(t) + \boldsymbol{\Gamma}v(t) \tag{15.4}$$

且

$$\boldsymbol{X}(t) = \begin{bmatrix} x(t) \\ \dot{x}(t) \end{bmatrix},\quad \boldsymbol{A} = \begin{bmatrix} 0 & 1 \\ 0 & 0 \end{bmatrix},\quad \boldsymbol{\Gamma} = \begin{bmatrix} 0 \\ 1 \end{bmatrix} \tag{15.5}$$

脉冲多普勒雷达的测量模型为

$$\boldsymbol{Z}(t) = \boldsymbol{H}\boldsymbol{X}(t) + \boldsymbol{W}(t) \tag{15.6}$$

式中

$$\boldsymbol{Z}(t) = \begin{bmatrix} Z_x(t) \\ Z_{\dot{x}}(t) \end{bmatrix},\quad \boldsymbol{H} = \begin{bmatrix} 1 & 0 \\ 0 & 1 \end{bmatrix},\quad \boldsymbol{W}(t) = \begin{bmatrix} W_x(t) \\ W_{\dot{x}}(t) \end{bmatrix}$$

通常，$W_x(t)$ 和 $W_{\dot{x}}(t)$ 是不相关的零均值白噪声过程，其统计特性为：$\mathrm{E}[\boldsymbol{W}(t)] = \boldsymbol{0}$，$\mathrm{E}[\boldsymbol{W}(t)\boldsymbol{W}'(\tau)] = \boldsymbol{R}\delta(t-\tau)$，式中，$\boldsymbol{R}$ 为定常对角阵，$\boldsymbol{R} = \mathrm{diag}[\sigma_r^2,\ \sigma_v^2]$，$\sigma_r^2$ 和 σ_v^2 分别为距离和速度测量噪声方差。

根据连续卡尔曼滤波理论，对应上述模型的目标状态最佳估计由下列微分方程组给出

$$\hat{\boldsymbol{X}}(t+1) = \boldsymbol{A}\hat{\boldsymbol{X}}(t) + \boldsymbol{K}(t)\,[\boldsymbol{Z}(t) - \boldsymbol{H}\hat{\boldsymbol{X}}(t)] \tag{15.7}$$

$$\boldsymbol{K}(t) = \boldsymbol{P}(t)\boldsymbol{H}'\boldsymbol{R}^{-1} \tag{15.8}$$

$$\boldsymbol{P}(t+1) = \boldsymbol{A}\boldsymbol{P}(t) + \boldsymbol{P}(t)\boldsymbol{A}' + \boldsymbol{\Gamma}\sigma^2\boldsymbol{\Gamma}' - \boldsymbol{P}(t)\boldsymbol{H}'\boldsymbol{R}^{-1}\boldsymbol{H}\boldsymbol{P}(t) \tag{15.9}$$

式（15.9）是黎卡提方程，$\boldsymbol{K}(t)$ 是滤波增益矩阵，$\boldsymbol{P}(t)$ 是估计误差协方差矩阵，$[\boldsymbol{Z}(t) - \boldsymbol{H}\hat{\boldsymbol{X}}(t)]$ 是滤波新息。

稳态滤波时，式（15.9）退化成

$$\boldsymbol{A}\boldsymbol{P} + \boldsymbol{P}\boldsymbol{A}' + \boldsymbol{\Gamma}\sigma^2\boldsymbol{\Gamma}' - \boldsymbol{P}\boldsymbol{H}'\boldsymbol{R}^{-1}\boldsymbol{H}\boldsymbol{P} - \boldsymbol{P} = 0 \tag{15.10}$$

求解式（15.10）可得

$$\boldsymbol{P} = \begin{bmatrix} \sigma_r\sigma_v\sin\varphi & \sigma_r\sigma\cos\varphi \\ \sigma_r\sigma\cos\varphi & \sigma_v\sigma\sin\varphi \end{bmatrix} \tag{15.11}$$

式中

$$\cos\varphi = \frac{1}{1+\sigma_r\sigma\sigma_v^{-2}} \tag{15.12}$$

令 $\alpha = \sigma_v/\sigma_r$，$\beta = \sigma/\sigma_v$，则增益矩阵为

$$\boldsymbol{K} = \begin{bmatrix} \alpha\sin\varphi & \dfrac{\beta}{\alpha}\cos\varphi \\ \alpha\beta\cos\varphi & \beta\sin\varphi \end{bmatrix} \tag{15.13}$$

而

$$\cos\varphi = \frac{\alpha}{\alpha+\beta} \tag{15.14}$$

稳态互耦卡尔曼滤波器对任意一组α、β都是稳定的，系统的极点可由特征方程

$$s^2+\sqrt{\beta^2+2\alpha\beta}s+\alpha\beta=0 \tag{15.15}$$

确定。系统的加速度误差常数为

$$K_a=\frac{\alpha^2\beta}{\alpha+\beta} \tag{15.16}$$

因此，只要α取有限值，系统就可以跟踪恒定加速度输入过程，跟踪误差是有限值。

为了评价最佳互耦跟踪系统的性能，我们把它的距离误差方差与无互耦跟踪环路的距离跟踪误差比较一下。单测距跟踪环路的测量方程为

$$Z(t)=[1\quad 0]\boldsymbol{X}(t)+w(t) \tag{15.17}$$

令式（15.12）中的$\sigma_v^{-2}=0$，即可得到该系统的稳态跟踪误差协方差矩阵。也就是说，测距跟踪环路是互耦跟踪环路当速度测量噪声方差趋于无穷大时的退化形式。由式（15.12）和式（15.14），我们有

$$p_{11}^*=\sigma_r\sqrt{2\sigma_r\sigma} \tag{15.18}$$

定义性能指标J为两种系统的距离误差方差之比，则

$$J=\frac{p_{11}^*}{p_{11}}=\frac{1+x}{\sqrt{1+x/2}} \tag{15.19}$$

式中

$$x=\sigma_r\sigma\sigma_v^{-2} \tag{15.20}$$

由此可见，性能指标单调地从 1 增加到无穷大，当$x\gg1$时，J逐渐趋向于$\sqrt{2x}$。对任何实际的脉冲多普勒雷达来说，一定有$\sigma_v^2<\infty$，因此互耦跟踪系统的性能总是高于单测距跟踪系统。

当目标随机加速度是相关过程时，目标的状态模型是三阶或高于三阶的微分方程，这时要求出滤波器的闭式解是相当困难的，因此需要借助计算机来分析滤波器的性能。

最后需要指出，实现互耦跟踪滤波的前提是首先消除测速模糊。

在视线坐标系中建立的卡尔曼滤波模型具有较高的估计精度和较强的适应能力。用这种滤波器闭合的跟踪系统有比较好的稳定特性，特别是角度跟踪系统只需要两轴稳定（它们是由天线稳定环路实现的），省去了雷达稳定平台，使雷达结构大为简化。因此，它是现代火控系统常采用的一种体制。这个滤波模型的缺点是不能用于跟踪多个目标。

15.3.2 高重频微弱目标跟踪算法

高脉冲重复频率（Pulse Repetition Frequency，PRF）模式广泛应用于机载 PD 雷达中，可有效消除地海杂波的干扰，提高目标测速精度。但高 PRF 模式会导致雷达距离测量模糊[12,13]，这时雷达的量测值不能准确反映目标的实际距离，从而对目标的检测跟踪性能产生较大影响；另一方面，随着隐身技术的发展，微弱目标的出现为雷达检测跟踪性能带来了新的挑战；特别是在包含强噪声干扰的复杂电磁环境下，由于目标信噪比较低，高 PRF 雷达对微弱目标的跟踪问题就变得更加困难。

针对距离模糊问题，国内外许多学者进行了相关研究。文献[14]从信号层上对雷达距离模糊进行了深入研究，重点讨论了距离模糊情况下杂波谱的补偿问题，取得了很好的结果。在解距离模糊方面，目前常用算法主要有中国余数定理方法[15,16]、余差查表法[17]、多假设目

标跟踪方法[18-21]和混合滤波算法[22]等，这些方法对噪声和距离量化误差比较敏感，在量测精度不高时难以正确地解距离模糊。另外，上述方法都不适用于微弱目标情况，这是因为微弱目标的 SNR 很低，需要先通过长时间积累，在得到点迹的可靠检测后才能采用上述方法解距离模糊；但是，距离模糊的出现破坏了目标量测在时空关系上的连续性，采用现有方法无法对来自同一个目标的信号进行长时间积累。文献[12,23,24]采用贝叶斯的思想来实现高 PRF 雷达数据处理，提出基于粒子滤波的微弱目标解距离模糊方法，但是该方法存在两个缺陷：首先，粒子滤波算法计算复杂度较高，数据处理时间太长，难以满足实际需要；另外，算法中目标量测模型采用了高分辨雷达强度扩散函数的形式，不适用于通用的中低分辨率雷达。

针对上述问题，可采用一种基于检测前跟踪（Track Before Detection，TBD）的高 PRF 雷达微弱目标检测跟踪算法[25]。该算法借用 TBD 的思想，对于单个时刻的量测，既不进行点迹检测也不解距离模糊，而是将检测和解距离模糊问题统一在目标真实航迹的确认过程中。首先通过距离多假设提取雷达模糊量测中的相关信息，然后利用 TBD 能够可靠检测规则航迹的特点，对目标量测进行时域和重频域的积累，在得到目标真实航迹的同时实现目标检测和解距离模糊。

1．测距模糊问题

测距主要是通过测量目标回波相对于发射脉冲信号的时延来实现。

图 15.4 给出雷达测距的原理图，p_i 和 P_i 分别表示低 PRF 和高 PRF 雷达的发射脉冲，e_i 和 E_i 表示某一目标反射的回波。如图 15.4（a）所示，在低 PRF 雷达中，由于目标时延 τ_{true} 小于脉冲重复周期 t_{r}，目标距离可以直接通过测量 τ_{true} 获得

$$R=\frac{1}{2}c\tau_{\text{true}} \tag{15.21}$$

其中 c 是光速。但是在高 PRF 雷达中，由于脉冲重复周期 T_{r} 很小，当目标的真实回波时延 τ_{true} 大于 T_{r} 时会产生测距模糊问题。从图 15.4（b）中可以看出，很难确定回波 E_5 的原始发射脉冲是 P_1 到 P_5 中的哪一个，如果默认 E_5 源于最近的发射脉冲 P_5，则会得到模糊时延

$$\tau_{\text{amb}}\equiv\text{mod}(\tau_{\text{true}},T_{\text{r}}) \tag{15.22}$$

这时如果仍用公式（15.21）来计算目标距离，便会得到模糊的距离测量

$$\tilde{r}=\frac{1}{2}c\tau_{\text{amb}}=\text{mod}(r_{\text{true}},R_{\text{u}}) \tag{15.23}$$

其中，r_{true} 表示目标真实距离，$R_{\text{u}}=\frac{1}{2}cT_{\text{r}}$ 是该 PRF 的最大单值测距范围，即最大不模糊距离。

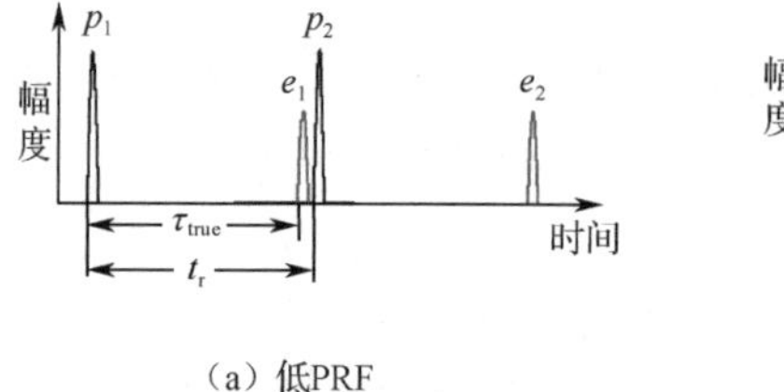

（a）低PRF

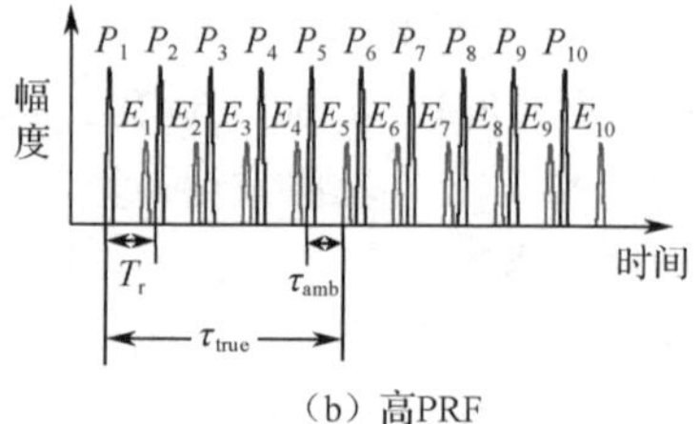

（b）高PRF

图 15.4　雷达测距原理图

2．高 PRF 雷达目标跟踪问题

高 PRF 雷达目标跟踪问题可理解为：通过对雷达模糊量测进行处理，估计目标真实状态

的过程。在传统方法中，上述问题可以通过检测-解模糊-跟踪的方式来实现，即首先通过恒虚警检测消除杂波和噪声的影响，在包含大量噪声干扰的雷达量测中找到目标，得到目标的模糊距离和方位信息，然后利用多 PRF 方法求取目标不模糊距离，最后经过滤波得到目标的航迹。典型的高 PRF 雷达通常在一个驻留时间内遍历 M 个（M 通常为 5～8）PRF，然后基于 N/M 准则来实现对目标的不模糊距离跟踪。具体方法是，首先对驻留时间内同一 PRF 的多个回波脉冲进行相参积累，经包络检波得到一组雷达量测；然后将量测中的每一个单元与由恒虚警（Constant False Alarm Rate，CFAR）确定的检测门限相比较，量测强度超过 CFAR 门限的单元标为可能目标；之后将所有 PRF 得到的目标量测进行距离扩展，如果至少有 N 个 PRF 在同一个扩展距离相互重合，则认为检测到目标，并通过余数定理计算 PRF 的脉冲间隔数[22]（Pulse Interval Number，PIN），实现解距离模糊；最后经滤波对目标航迹进行平滑，实现目标跟踪。

传统方法中，为了有效消除噪声干扰同时保留目标，通常要求在 M 个 PRF 中至少输出 3 个 PRF 的检测来计算 PIN。图 15.5 给出了虚警概率为 10^{-4}，PRF 数为 5 的情况下不同 N/M 准则检测到目标的概率。可以看出，在高 SNR 情况下，比较容易检测到目标；但是在低 SNR 情况下，由于噪声干扰较强，目标淹没在干扰中，因此在恒虚警处理阶段很难检测到目标从而造成漏检。在低 SNR 情况下，通常采用 TBD 方法提高微弱目标的检测概率。不同于传统的先检测后跟踪方法，TBD 对每一时刻有无目标不进行判断，而是先对所有可能航迹都进行跟踪，经过数次扫描的积累，在确认目标航迹的同时实现目标检测[26]。与传统方法相比，TBD 算法更容易从噪声或杂波中提取目标航迹，从而提高对微弱目标的检测跟踪性能。但是，在量测距离模糊情况下，目标量测数据在时空上是不连续的，因而无法通过 TBD 将目标在时间上连续积累[27]。可见，高 PRF 情况下的微弱目标的检测跟踪问题可以表述为，从强干扰背景中发现目标并通过解距离模糊提取目标真实航迹的过程。如何将不连续的微弱目标模糊量测能量进行积累，从而排除背景干扰的影响检测到目标是正确解决该问题的关键。

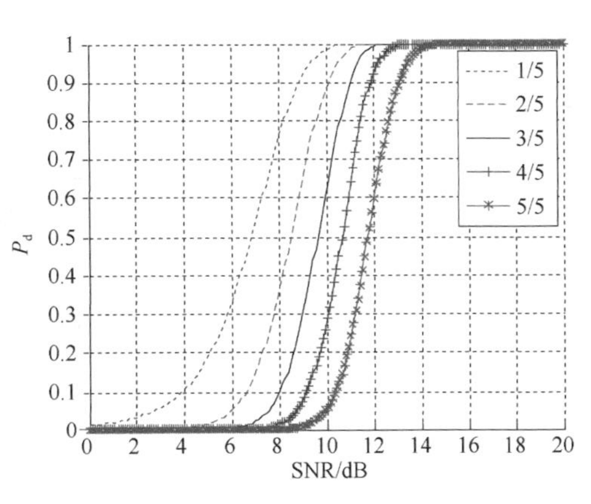

图 15.5　不同 N/M 准则对目标的检测概率

3. 算法描述

为了解决上述问题，首先通过多假设的方法将量测数据映射到多假设空间，得到目标在所有模糊区间的扩展量测；其次基于扩展量测中目标的时空相关信息，采用 TBD 方法[28]进行航迹检测。由于经过了多假设处理，扩展量测可以在目标真实航迹上进行有效积累，从而解决距离模糊情况下微弱目标的检测跟踪问题。

1）系统模型

考虑一个点状目标运动的场景，k 时刻目标的状态向量可表示为

$$\boldsymbol{X}_k = [x_k \quad \dot{x}_k \quad y_k \quad \dot{y}_k \quad \rho_k]^{\mathrm{T}} \tag{15.24}$$

其中，(x_k, y_k)，$(\dot{x}_k, \dot{y}_k)$ 分别是目标的位置、速度，ρ_k 是目标的雷达反射截面积 RCS。不失

一般性，假设目标服从线性高斯运动模式，则系统状态方程可描述为

$$\boldsymbol{X}_{k+1}=\boldsymbol{F}\boldsymbol{X}_k+\boldsymbol{G}v_k \tag{15.25}$$

其中，$\boldsymbol{F}$ 为状态转移矩阵，$\boldsymbol{G}$ 为过程噪声分布矩阵，v_k 为协方差矩阵为 $\boldsymbol{Q}$ 的零均值高斯白噪声。

$$\boldsymbol{F}=\begin{bmatrix}1 & T & 0 & 0 & 0\\ 0 & 1 & 0 & 0 & 0\\ 0 & 0 & 1 & T & 0\\ 0 & 0 & 0 & 1 & 0\\ 0 & 0 & 0 & 0 & 1\end{bmatrix},\quad \boldsymbol{G}=\begin{bmatrix}T^2/2 & 0 & 0\\ T & 0 & 0\\ 0 & T^2/2 & 0\\ 0 & T & 0\\ 0 & 0 & T\end{bmatrix},\quad \boldsymbol{Q}=\begin{bmatrix}\sigma_x^2 & 0 & 0\\ 0 & \sigma_y^2 & 0\\ 0 & 0 & \sigma_\rho^2\end{bmatrix} \tag{15.26}$$

这里，T 为系统采样周期，σ_x^2,σ_y^2 分别表示目标速度在 X 方向和 Y 方向的过程噪声协方差，σ_ρ^2 近似目标 RCS 的起伏状况。

假设二坐标雷达位于坐标系的原点，其采用 M 个高 PRF 分时轮流工作，第 m 个 PRF 记为 f_m，对应脉冲重复周期和最大不模糊距离分别为 Tr_m 和 Ru_m。对于时刻 k 的第 m 个 PRF，雷达接收到的回波脉冲经过信号处理后，在 $N_x\times N_y$ 个距离-方位分辨单元上得到一组量测 $\boldsymbol{Z}_k=\{z_k^{(1,1)},z_k^{(1,2)},\cdots,z_k^{(i,j)},z_k^{(N_x,N_y)}\}$，雷达量测能量图如图 15.6 所示。其中 $z_k^{(i,j)}$ 为分辨单元 (i,j) 上的回波能量，令 $\Delta r,\Delta\varphi$ 分别为雷达径向距离分辨率和方位分辨率，则分辨单元 (i,j) 的中心为 $((i-0.5)\Delta r,(j-0.5)\Delta\varphi)$。

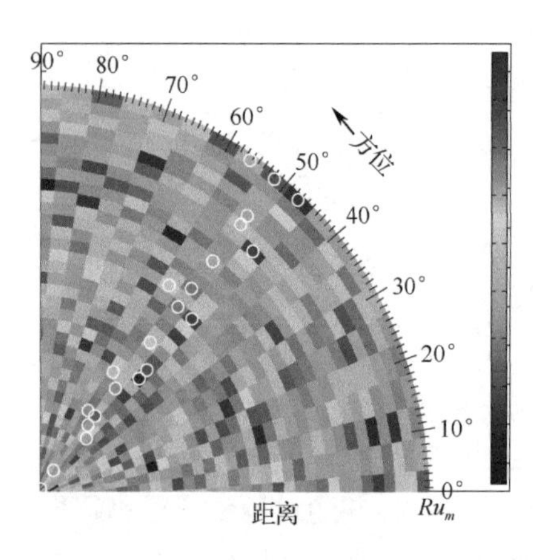

图 15.6　雷达量测能量图

对于 k 时刻的目标状态 $\boldsymbol{X}_k$，雷达测得的目标方位为

$$a_k=\arctan\left(\frac{y_k}{x_k}\right) \tag{15.27}$$

由于采用高 PRF，雷达测得的目标距离是模糊的，根据前面的测距模糊模型，第 m 个 PRF 测得目标的模糊距离为

$$\tilde{r}_k^m=\sqrt{x_k^2+y_k^2}\bmod(Ru_m) \tag{15.28}$$

$\boldsymbol{X}_k$ 在量测能量图上的坐标 (I_k,J_k) 为

$$\begin{cases}I_k=\mathrm{Int}\left(\dfrac{\tilde{r}_k^m}{\Delta r}\right)\\ J_k=\mathrm{Int}\left(\dfrac{a_k}{\Delta\varphi}\right)\end{cases} \tag{15.29}$$

$\mathrm{Int}(\cdot)$ 表示取整运算，则 k 时刻的雷达量测可表示为

$$z_k^{(i,j)}=\begin{cases}h_k^{(i,j)}(\boldsymbol{X}_k,\rho_k)+w_k^{(i,j)}, & \text{如果 } i=I_k,j=J_k\\ w_k^{(i,j)}, & \text{其他}\end{cases} \tag{15.30}$$

$w_k^{(i,j)}$ 为复高斯白噪声，其方差为 $2\sigma_w^2$。$h_k^{(i,j)}(\boldsymbol{X}_k,\rho_k)$ 是目标的回波能量，其大小由雷达方程[29]确定

$$h_k^{(i,j)}(\boldsymbol{X}_k,\rho_k)=\frac{P_{\mathrm{t}}G^2\rho_k\lambda^2}{(4\pi)^3r_{\mathrm{true}}^4} \tag{15.31}$$

其中，P_{t} 是雷达发射功率，G 是天线增益，λ 是雷达发射电磁波的波长，ρ_k 是目标 RCS，$r_{\mathrm{true}}=\sqrt{x_k^2+y_k^2}$ 是目标的实际距离。

2）模糊量测的多假设处理

高 PRF 雷达中对微弱目标的量测是不连续的，因此难以通过 TBD 直接进行能量积累。为了解决这个问题，必须首先从模糊量测中提取目标的相关信息。假设雷达最大作用距离为 $R_{\max}$，脉冲重复频率 f_m 的最大不模糊距离为 Ru_m，则 Ru_m 把 $R_{\max}$ 分割为 L_m 个模糊区间，其中第 l_m 个模糊区间表示为 $S_m^{l_m}=[(l_m-1)\cdot Ru_m,\ l_m\cdot Ru_m]$，$L_m=\mathrm{Int}(R_{\max}/Ru_m)$。对于 k 时刻 f_m 得到的目标模糊距离 $\tilde{r}_k^m$，其可能来自任何一个模糊空间，对 $\tilde{r}_k^m$ 进行多假设映射，将其转换到所有模糊空间，可得目标的扩展距离 $\{\varUpsilon_k^m(l_m)\}_{l_m=1}^{L_m}$

$$\varUpsilon_k^m(l_m)=(l_m-1)\times Ru_m+\tilde{r}_k^m,\qquad l_m=1,\cdots,L_m \tag{15.32}$$

高 PRF 雷达对同一目标的量测过程，虽然采用不同 PRF 得到的模糊距离 $\tilde{r}_k^m$ 不同，但在不考虑量测误差时，对这些 $\tilde{r}_k^m$ 进行解距离模糊所得到的目标真实距离 $r_{\text{true}}(k)$ 应该是一样的。从图 15.7 可知，对于 k 时刻 M 个 PRF 获得的扩展距离 $\varUpsilon_k^m$，一定且唯一存在 M 个整数 $\{l_m\}_{m=1}^M, l_m\in[1,L_m]$，使得 $\varUpsilon_k^m(l_m)=r_{\text{true}}(k)$，$l_m$ 就是重复频率 f_m 对应的 PIN；考虑从时刻 1 到 k 的量测序列，各 PRF 的扩展距离在时间-距离平面上的投影一定积累在目标的实际航迹上；这样，通过多假设处理，目标距离模糊量测的相关信息就包含在了各 PRF 的扩展量测空间上。针对 1）中的系统模型，多假设处理的具体做法是，对于任意距离-方位单元的量测 $z_k^{(i,j)}$，根据传感器设置获取其对应的距离方位信息 (r_k,a_k)，其中 $r_k=(i-0.5)\Delta r$，$a_k=(j-0.5)\Delta\varphi$；然后根据公式（15.32）求得相应的扩展距离 $\{\varUpsilon_k^m(l_m)\}_{l_m=1}^{L_m}$，从而得到目标的扩展量测 $\mathbb{Z}_k=\{\varUpsilon_k^m(l_m),a_k,h_k\}_{l_m=1}^{L_m}$，其中 $h_k=z_k^{(i,j)}$ 为回波能量；最后根据公式（15.30）将各 PRF 获得的扩展量测映射到雷达量测图中，得到雷达扩展量测能量图，如图 15.8 所示。将图 15.8 与图 15.6 作对比可以看出，如果不考虑杂波和噪声的干扰，经过多假设处理后，在图 15.6 中杂乱的模糊量测在图 15.8 中都积累在目标真实轨迹附近（图中，白色圆圈表示目标真实轨迹），这说明多假设处理能有效提取目标量测的时空相关信息；但是通过对比背景干扰与目标扩展量测的能量强度，可以看出，如果没有通过白色圆圈标示出目标航迹，很难将目标从背景中区分出来，所以无法采用传统的先检测后跟踪方法从扩展量测中提取目标真实航迹。为了解决这个问题，可采用 TBD 方法对目标扩展量测进行检测跟踪，从而从包含强干扰的背景中提取目标真实航迹。

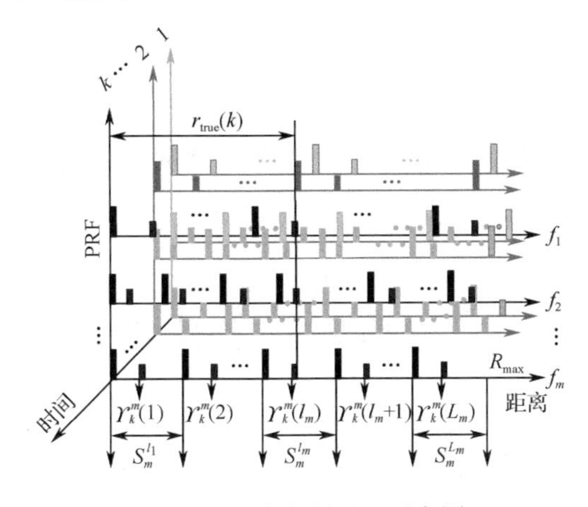

图 15.7　多假设处理示意图

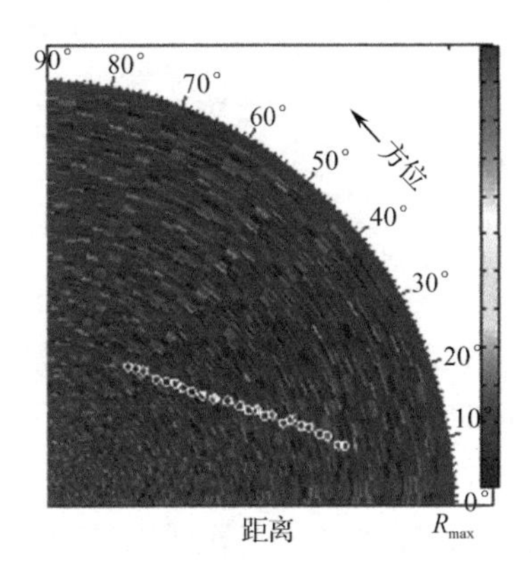

图 15.8　雷达扩展量测能量图

3）扩展量测的 TBD 处理

在低 SNR 情况下，为了从多假设处理后的扩展量测中获取目标真实航迹，采用基于 Hough 变换的 TBD 方法（Hough Transform Based TBD，HT-TBD）对目标扩展量测能量进行积累，从而降低背景干扰的影响，提高对微弱目标的检测概率。Hough 变换是一种形状匹配处理方法，它可将被检测数据中的曲线在参数空间中凝聚起来，并形成对应的参数峰点，然后通过峰值检测得到各个曲线的参数。该方法将数据空间中较为困难的全局检测问题转换成参数空间中的局部峰值提取问题，在直线航迹检测中具有良好的效果。由于传感器给出的量测为距离方位信息，因此采用极坐标 Hough 变换对扩展量测进行参数积累。

定义从极坐标 (r_i,a_i) 到参数空间 (ρ,θ) 的 Hough 变换映射为

$$(\rho,\theta)=f(r_i,a_i):\quad \rho=r_i\cos(a_i-\theta),\theta\in[0,180^\circ] \tag{15.33}$$

如图 15.9 所示，选取极坐标系中同一直线上 3 点 $\boldsymbol{z}_1$、$\boldsymbol{z}_2$、$\boldsymbol{z}_3$ 和直线外 1 点 $\boldsymbol{z}_4$，其中 $\boldsymbol{z}_i=(r_i,a_i)$ 表示的距离–方位信息，经过公式（15.33）的极坐标 Hough 变换，极坐标系中的 4 个数据点映射为参数空间中 4 条曲线。

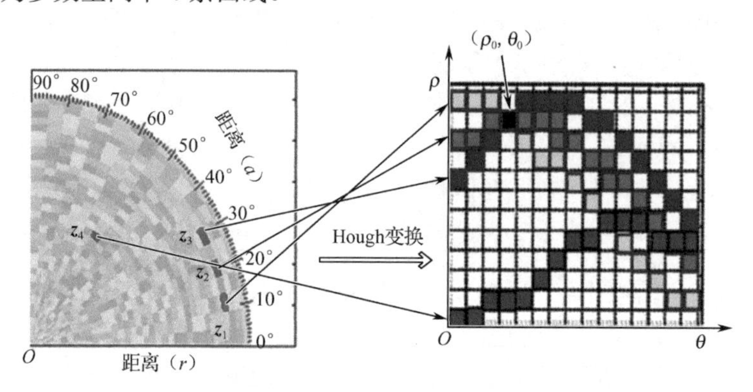

图 15.9　Hough 变换示意图

从图中可以看出，对于同一条直线上的 3 点，其参数空间中的曲线相交于 1 点 (ρ_0,θ_0)；对比 $\boldsymbol{z}_4$ 的参数曲线可以看出，不在同一直线上点的积累比较分散。这说明，Hough 变换对空间直线上的数据具有很好的积累效果，因此可利用 Hough 变换来检测直线运动的目标。

首先将参数空间离散化处理，形成 $N_\rho\times N_\theta$ 个参数单元，每个单元的中心为

$$\theta_n=(n-1/2)\varDelta_\theta,\qquad n=1,2,\cdots,N_\theta \tag{15.34}$$

$$\rho_n=(n-1/2)\varDelta_\rho,\qquad n=1,2,\cdots,N_\rho \tag{15.35}$$

其中，$\varDelta_\theta=180^\circ/N_\theta$，$\varDelta_\rho=\rho_{\max}/N_\rho$，$\rho_{\max}$ 为 ρ 的最大取值范围；然后对参数积累矩阵 $\boldsymbol{A}=\{A(u,v)\}_{u=1:N_\rho}^{v=1:N_\theta}$ 进行初始化，矩阵的每一单元置零；选取扩展量测中的任意一点 $\boldsymbol{z}_i=(r_i,a_i,h_i)$ 进行 Hough 变换，得到一条参数曲线 $\xi_i:\{(\rho_u,\theta_v)=f(r_i,a_i)\}$，其中 (ρ_u,θ_v) 为曲线 ξ_i 上离散点的坐标；将 $\boldsymbol{z}_i$ 的能量积累到参数积累矩阵相应的单元 $A(u,v)=A(u,v)+h_i$，其中 (u,v) 表示曲线 ξ_i 在 $\rho-\theta$ 空间上的参数单元。

将所有扩展量测都进行 Hough 变换处理，就可以实现不同时刻不同重复频率下量测的积累。由于经过距离多假设处理，目标的扩展量测具有很强的相关性，而噪声干扰和虚假位置不具有这种特性，因此目标真实航迹对应的参数单元具有较高的能量积累值。提取参数单元的峰值点，并与预先设定的门限进行比较，超过门限的峰值则判为目标，否则为干扰。对于

检测到的目标峰值(ρ_0,θ_0)，通过 Hough 逆映射到距离-方位单元(r_i,a_i)，然后由极坐标转换到直角坐标系(x,y)，就可以得到目标真实航迹，这样就实现了高 PRF 下微弱目标的检测跟踪。

4）算法实现

针对高 PRF 雷达微弱目标的检测跟踪问题，采用将距离多假设和检测前跟踪思想相结合的方法，主要处理对象为经过信号处理和包络检波得到的雷达原始量测数据，其处理流程如图 15.10 所示。

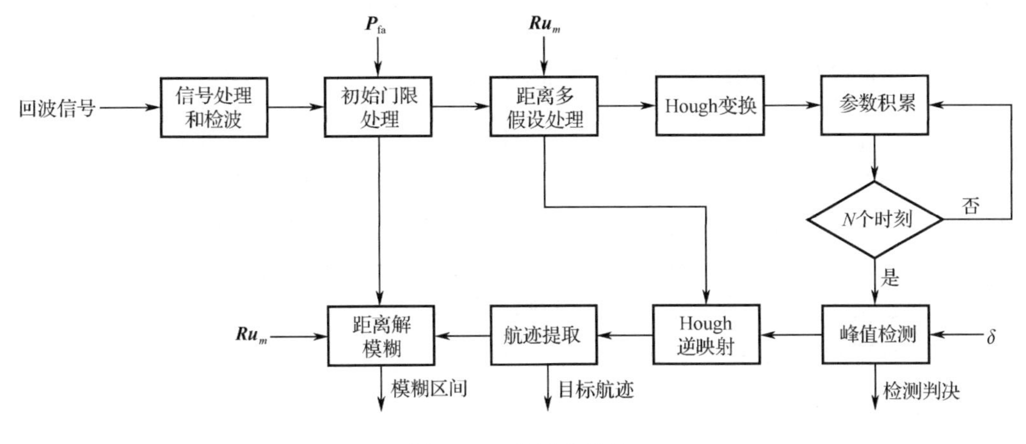

图 15.10 算法流程图

主要包括以下几个步骤。

步骤 1：初始门限处理

在经过信号处理和检波后的雷达回波数据图中，根据初始虚警P_{fa}设置初始门限，从而消除部分干扰影响，得到距离模糊的量测数据，数据中包含距离-方位-能量（功率）信息。

步骤 2：距离多假设处理

对于超过初始门限的量测数据，通过距离多假设得到扩展量测，从而恢复量测数据的相关性。

步骤 3：Hough 变换

将由步骤 2 得到的k时刻的扩展量测经过 Hough 变换映射到参数空间，通过滑窗对N个时刻的参数积累矩阵$\boldsymbol{A}$进行批处理得到能量积累直方图，具体方法如下：

（1）参数空间离散化，根据公式（15.34）和式（15.35）将参数空间离散化，形成参数单元；

（2）建立参数积累矩阵$\boldsymbol{A}_k$，矩阵的每个元素对应一个参数单元，并对矩阵进行初始化；

（3）依次选取扩展量测中的数据$\boldsymbol{z}_i$，将之映射到参数空间，得到相应的参数曲线ξ_i；

（4）在曲线ξ_i经过的参数积累矩阵元素上积累相应的回波能量；

（5）重复（3）～（4），将该时刻所有量测都映射到参数空间，实现$\boldsymbol{A}_k$的更新；

（6）将最近N个时刻的参数积累矩阵进行叠加，得到 Hough 变换能量积累直方图。

步骤 4：峰值检测

能量积累直方图上的每一个峰值点代表一个可能航迹，设置检测门限，能量积累超过检测门限的单元(ρ_s,θ_m)认为是有效检测，实现目标检测。

步骤 5：Hough 逆映射

对有效检测(ρ_s,θ_m)进行 Hough 逆变换，将参数单元映射到多假设处理的数据空间，得到目标可能点迹的距离-方位信息。

步骤 6：航迹提取

经坐标转换，得到目标在$x-y$坐标下的可能航迹，然后利用时序关系等先验信息，对可能航迹中的点迹进行筛选，剔除虚假点迹，获得目标最终航迹，实现目标跟踪。

步骤 7：距离解模糊

把得到的目标航迹与模糊量测进行逆转换，求得目标在每一时刻的 PIN，实现解模糊。

15.3.3　带 Doppler 量测的滤波算法

实际使用的雷达，尤其是 Doppler 雷达，往往还可以提供 Doppler 量测。理论计算与实践已经证明，充分利用 Doppler 量测信息可以有效地提高目标的跟踪精度。

解决带 Doppler 量测的滤波问题的最常用的方法是 EKF，但由于此时雷达量测和目标运动状态之间完全是非线性关系，所以估计效果往往很差。在已有的带 Doppler 量测的滤波算法中，通常假设斜距、角度和 Doppler 的量测误差统计独立，然而最近的研究表明，对于某些波形而言，斜距和 Doppler 量测误差是统计相关的[30]。

1．无偏序贯扩展卡尔曼滤波

为充分利用雷达的 Doppler 量测信息，将仅仅考虑位置量测的二维去偏一致转换量测 Kalman 滤波算法，推广到包含 Doppler 量测且斜距误差和 Doppler 误差相关的情况，下面就对此加以讨论[31]。

1）问题描述

在笛卡儿坐标系中，目标的运动模型一般可表示为

$$\boldsymbol{X}(k)=\boldsymbol{F}(k-1)\boldsymbol{X}(k-1)+\boldsymbol{G}(k-1)\boldsymbol{u}(k-1)+\boldsymbol{V}(k-1) \tag{15.36}$$

式中，$\boldsymbol{X}(k)=[x(k)\quad y(k)\quad \dot{x}(k)\quad \dot{y}(k)\quad s_{1\times(n-4)}]'$为目标运动状态；$x(k)$和$y(k)$分别为目标在$x,y$两个方向上的位置分量；$\dot{x}(k),\dot{y}(k)$为相应的速度分量；$s_{1\times(n-4)}$为其余的状态分量；$\boldsymbol{F}(k)\in\boldsymbol{R}^{n\times n}$为状态转移矩阵；$\boldsymbol{G}(k)$为适当维数的系数矩阵；$\boldsymbol{u}(k)$为确定性输入向量；$\boldsymbol{V}(k)$是均值为零且方差为$\boldsymbol{Q}_k$的 Gauss 白噪声序列。

设一部两坐标雷达位于坐标原点，则在极坐标系下雷达的量测方程可表示为

$$\boldsymbol{z}^m(k)=[\rho^m(k)\quad \theta^m(k)\quad \dot{\rho}^m(k)]'=\boldsymbol{f}_k(\boldsymbol{X}(k))+\boldsymbol{v}^m(k)=[\rho(k)\quad \theta(k)\quad \dot{\rho}(k)]'+\boldsymbol{v}^m(k) \tag{15.37}$$

式中

$$\begin{cases}\rho(k)=\sqrt{x^2(k)+y^2(k)}\\ \theta(k)=\arctan(y(k)/x(k))\\ \dot{\rho}(k)=(x(k)\dot{x}(k)+y(k)\dot{y}(k))/\sqrt{x^2(k)+y^2(k)}\\ \boldsymbol{v}^m(k)=[\tilde{\rho}(k)\quad \tilde{\theta}(k)\quad \tilde{\dot{\rho}}(k)]'\end{cases} \tag{15.38}$$

式中，$\rho^m(k)$、$\theta^m(k)$和$\dot{\rho}^m(k)$分别为雷达对目标的斜距、方位角和 Doppler 的量测值；$\rho(k)$、$\theta(k)$和$\dot{\rho}(k)$为相应的真值；$\tilde{\rho}(k)$、$\tilde{\theta}(k)$和$\tilde{\dot{\rho}}(k)$为相应的加性量测误差，假定它们都为均值为零的 Gauss 白噪声，方差分别为σ_ρ^2、σ_θ^2和$\sigma_{\dot{\rho}}^2$，且$\tilde{\rho}(k)$和$\tilde{\theta}(k)$不相关，$\tilde{\theta}(k)$和$\tilde{\dot{\rho}}(k)$

不相关，$\tilde{\rho}(k)$ 和 $\tilde{\dot{\rho}}(k)$ 的相关系数为 r。

2）量测转换

将极坐标系下的位置（斜距和方位角）量测转换到笛卡儿坐标系下，可表示为

$$\begin{cases} x^c(k) = \rho^m(k)\cos\theta^m(k) = x(k) + \tilde{x}(k) \\ y^c(k) = \rho^m(k)\sin\theta^m(k) = y(k) + \tilde{y}(k) \end{cases} \tag{15.39}$$

式中，$\tilde{x}(k)$ 和 $\tilde{y}(k)$ 分别为位置转换量测误差在笛卡儿坐标系中 x、y 两个方向上的分量。

为了减弱 Doppler 量测和目标运动状态之间的强非线性程度，可采用如下的估计量测转换方程

$$\xi^c(k) = \rho^m(k)\dot{\rho}^m(k) = x(k)\dot{x}(k) + y(k)\dot{y}(k) + \tilde{\xi}(k) \tag{15.40}$$

式中，$\tilde{\xi}(k)$ 为笛卡儿坐标系中估计量测 $\xi(k)$ 的转换误差。

由式（15.39）和式（15.40）可知，雷达量测从极坐标系转换到笛卡儿坐标系后可表示为

$$\begin{aligned} \boldsymbol{z}^c(k) &= [x^c(k) \quad y^c(k) \quad \xi^c(k)]' = \boldsymbol{h}_k(\boldsymbol{X}(k)) + \boldsymbol{v}^c(k) \\ &= [x(k)\ y(k)\ x(k)\dot{x}(k) + y(k)\dot{y}(k)]' + [\tilde{x}(k) \quad \tilde{y}(k) \quad \tilde{\xi}(k)]' \end{aligned} \tag{15.41}$$

3）转换量测误差的真实偏差和协方差

在目标的真实位置及 Doppler 量测已知的条件下，由式（15.39）的雷达量测误差的已知条件，可得转换量测误差的真实均值和协方差分别为

$$\begin{cases} \boldsymbol{\mu}_t(k) = E[\boldsymbol{v}^c(k) \mid \rho(k), \theta(k), \dot{\rho}(k)] = [\mu_t^x(k) \quad \mu_t^y(k) \quad \mu^{\xi}(k)]' \\ \boldsymbol{R}_t(k) = \text{cov}[\boldsymbol{v}^c(k) \mid \rho(k), \theta(k), \dot{\rho}(k)] = \begin{bmatrix} R_t^{xx}(k) & R_t^{xy}(k) & R_t^{x\xi}(k) \\ R_t^{yx}(k) & R_t^{yy}(k) & R_t^{y\xi}(k) \\ R_t^{\xi x}(k) & R_t^{\xi y}(k) & R_t^{\xi\xi}(k) \end{bmatrix} \end{cases} \tag{15.42}$$

且转换量测误差的真实偏差和协方差分别为

$$\begin{cases} \mu_t^x = \rho(k)\cos\theta(k)\left(\mathrm{e}^{-\frac{\sigma_\theta^2}{2}} - 1\right) \\ \mu_t^y = \rho(k)\sin\theta(k)\left(\mathrm{e}^{-\frac{\sigma_\theta^2}{2}} - 1\right) \\ \mu_t^{\xi}(k) = r\sigma_\rho\sigma_{\dot{\rho}} \\ R_t^{xx} = \text{var}[\tilde{x} | \rho(k), \theta(k)] = (\rho(k))^2\,\mathrm{e}^{-\sigma_\theta^2}[\cos^2\theta(k)(\cosh(\sigma_\theta^2) - 1) + \sin^2\theta(k)(\sinh(\sigma_\theta^2)] + \\ \qquad \sigma_\rho^2\,\mathrm{e}^{-\sigma_\theta^2}[\cos^2\theta(k)\cosh(\sigma_\theta^2) + \sin^2\theta(k)(\sinh(\sigma_\theta^2)] \\ R_t^{yy} = \text{var}[\tilde{y} | \rho(k), \theta(k)] = (\rho(k))^2\,\mathrm{e}^{-\sigma_\theta^2}[\sin^2\theta(k)(\cosh(\sigma_\theta^2) - 1) + \cos^2\theta(k)(\sinh(\sigma_\theta^2)] + \\ \qquad \sigma_\rho^2\,\mathrm{e}^{-\sigma_\theta^2}[\sin^2\theta(k)\cosh(\sigma_\theta^2) + \cos^2\theta(k)(\sinh(\sigma_\theta^2)] \\ R_t^{xy} = R_t^{yx} = \text{var}[\tilde{x}, \tilde{y} \mid \rho(k), \theta(k)] = \sin\theta(k)\cos\theta(k)\,\mathrm{e}^{-2\sigma_\theta^2}\{\sigma_\rho^2 + [\rho(k)]^2(1 - \mathrm{e}^{\sigma_\theta^2})\} \\ R_t^{x\xi}(k) = R_t^{\xi x}(k) = (\sigma_\rho^2\dot{\rho}(k) + \rho(k)r\sigma_\rho\sigma_{\dot{\rho}})\cos[\theta(k)]\mathrm{e}^{-\sigma_\theta^2/2} \\ R_t^{y\xi}(k) = R_t^{\xi y}(k) = ({\sigma_\rho}^2\dot{\rho}(k) + \rho(k)r\sigma_\rho\sigma_{\dot{\rho}})\sin[\theta(k)]\mathrm{e}^{-\sigma_\theta^2/2} \\ R_t^{\xi\xi}(k) = [\rho(k)]^2\sigma_{\dot{\rho}}^2 + \sigma_\rho^2[\dot{\rho}(k)]^2 + (1 + r^2)\sigma_\rho^2\sigma_{\dot{\rho}}^2 + 2\rho(k)\dot{\rho}(k)r\sigma_\rho\sigma_{\dot{\rho}} \end{cases} \tag{15.43}$$

4）平均转换量测误差的真实偏差和协方差

由于目标的真实位置和Doppler量测总是未知的，所以式（15.42）不能直接应用。为了使其变得实用，可在量测值已知的条件下对上述的真实均值和协方差求数学期望，即

$$\begin{cases}\boldsymbol{\mu}_a(k)=E[\boldsymbol{\mu}_t(k)\mid\rho^m(k),\theta^m(k),\dot{\rho}^m(k)]=[\mu_a^x(k)\quad\mu_a^y(k)\quad\mu_a^{\xi}(k)]' \\ \boldsymbol{R}_a(k)=E[\boldsymbol{R}_t(k)\mid\rho^m(k),\theta^m(k),\dot{\rho}^m(k)]=\begin{bmatrix}R_a^{xx}(k) & R_a^{xy}(k) & R_a^{x\xi}(k)\\ R_a^{yx}(k) & R_a^{yy}(k) & R_a^{y\xi}(k)\\ R_a^{\xi x}(k) & R_a^{\xi y}(k) & R_a^{\xi\xi}(k)\end{bmatrix}\end{cases} \tag{15.44}$$

且

$$\begin{cases}\mu_a^x=\rho^m(k)\cos[\theta^m(k)](\mathrm{e}^{-\sigma_\theta^2}-\mathrm{e}^{-\sigma_\theta^2/2})\\ \mu_a^y=\rho^m(k)\sin[\theta^m(k)](\mathrm{e}^{-\sigma_\theta^2}-\mathrm{e}^{-\sigma_\theta^2/2})\\ \mu_a^{\xi}(k)=r\sigma_\rho\sigma_{\dot{\rho}}\\ R_a^{xx}=[\rho^m(k)]^2\mathrm{e}^{-2\sigma_\theta^2}\{\cos^2[\theta^m(k)][\cosh(2\sigma_\theta^2)-\cosh(\sigma_\theta^2)]+\sin^2[\theta^m(k)][\sinh(2\sigma_\theta^2)-\sinh(\sigma_\theta^2)]\}+\\ \qquad\sigma_\rho^2\mathrm{e}^{-2\sigma_\theta^2}\{\cos^2[\theta^m(k)][2\cosh(2\sigma_\theta^2)-\cosh(\sigma_\theta^2)]+\sin^2[\theta^m(k)][2\sinh(2\sigma_\theta^2)-\sinh(\sigma_\theta^2)]\}\\ R_a^{yy}=(\rho^m(k))^2\mathrm{e}^{-2\sigma_\theta^2}\{\sin^2[\theta^m(k)][\cosh(2\sigma_\theta^2)-\cosh(\sigma_\theta^2)]+\cos^2[\theta^m(k)][\sinh(2\sigma_\theta^2)-\sinh(\sigma_\theta^2)]\}+\\ \qquad\sigma_\rho^2\mathrm{e}^{-2\sigma_\theta^2}\{\sin^2[\theta^m(k)][2\cosh(2\sigma_\theta^2)-\cosh(\sigma_\theta^2)]+\cos^2[\theta^m(k)][2\sinh(2\sigma_\theta^2)-\sinh(\sigma_\theta^2)]\}\\ R_a^{xy}=R_a^{yx}=\sin[\theta^m(k)]\cos[\theta^m(k)]\mathrm{e}^{-4\sigma_\theta^2}\{\sigma_\rho^2+[\rho^m(k)]^2(1-\mathrm{e}^{-\sigma_\theta^2})\}\\ R_a^{x\xi}(k)=R_a^{\xi x}(k)=[\sigma_\rho^2\dot{\rho}^m(k)+\rho^m(k)r\sigma_\rho\sigma_{\dot{\rho}}]\cos[\theta^m(k)]\mathrm{e}^{-\sigma_\theta^2/2}\\ R_a^{y\xi}(k)=R_a^{\xi y}(k)=[\sigma_\rho^2\dot{\rho}^m(k)+\rho^m(k)r\sigma_\rho\sigma_{\dot{\rho}}]\sin[\theta^m(k)]\mathrm{e}^{-\sigma_\theta^2/2}\\ R_a^{\xi\xi}(k)=[\rho^m(k)]^2\sigma_{\dot{\rho}}^2+\sigma_\rho^2[\dot{\rho}^m(k)]^2+3(1+r^2)\sigma_\rho^2\sigma_{\dot{\rho}}^2+2\rho^m(k)\dot{\rho}^m(k)r\sigma_\rho\sigma_{\dot{\rho}}\end{cases} \tag{15.45}$$

虽然一般来说转换量测误差并不服从Gauss分布，可以验证式（15.44）是转换量测误差前两阶矩的一致性估计，所以在跟踪滤波过程当中，可以近似认为转换量测误差服从Gauss分布，用式（15.41）的转换量测方程替代式（15.37）的雷达的实际量测方程。

5）跟踪滤波器

由式（15.41）可以看出，转换量测是目标运动状态的非线性函数，所以要完成跟踪滤波就必须对$\boldsymbol{h}_k[\boldsymbol{X}(k)]$进行线性化处理，常用的方法就是围绕状态的一步预测值$\hat{\boldsymbol{X}}(k|k-1)$对$\boldsymbol{h}_k[\boldsymbol{X}(k)]$利用Taylor级数进行展开。但是，由于位置转换量测是目标运动状态的线性函数，所以序贯滤波估计，即优先处理位置转换量测，得到对应的状态滤波值$\hat{\boldsymbol{X}}^p(k|k)$，然后再围绕$\hat{\boldsymbol{X}}^p(k|k)$对估计量测的非线性函数进行Taylor级数展开，无疑可以减小线性化处理中引起的误差。由式（15.44）可知，位置和估计量测的转换误差相关，所以要实现序贯滤波估计，必须首先去除掉它们之间的相关性。将协方差阵$\boldsymbol{R}_a(k)$按位置和估计量测两部分分块可表示为

$$\boldsymbol{R}_a(k)=\begin{bmatrix}\boldsymbol{R}_a^p(k) & (\boldsymbol{R}_a^{\xi p}(k))'\\ \boldsymbol{R}_a^{\xi p}(k) & \boldsymbol{R}_a^{\xi}(k)\end{bmatrix} \tag{15.46}$$

令

$$\begin{cases} \boldsymbol{L}(k) = -\boldsymbol{R}_a^{\xi p}(k)[\boldsymbol{R}_a^p(k)]^{-1} = [\boldsymbol{L}^1(k) \quad \boldsymbol{L}^2(k)] \\ \boldsymbol{B}(k) = \begin{bmatrix} \boldsymbol{I}_2 & \boldsymbol{0} \\ \boldsymbol{L}(k) & 1 \end{bmatrix} \end{cases} \tag{15.47}$$

在式（15.41）两边左乘 $\boldsymbol{B}(k)$，则由矩阵的 Cholesky 分解可得

$$\begin{cases} \boldsymbol{z}^{c,p}(k) = \boldsymbol{H}^{c,p}(k)\boldsymbol{X}(k) + \boldsymbol{v}^{c,p}(k) \\ \varepsilon^c(k) = h_K^{\varepsilon}[\boldsymbol{X}(k)] + \tilde{\varepsilon}(k) \end{cases} \tag{15.48}$$

式中

$$\begin{cases} \boldsymbol{z}^{c,p}(k) = [x^c(k) \quad y^c(k)]' \\ \boldsymbol{H}^{c,p} = [\boldsymbol{I}_2 \quad \boldsymbol{0}_{2\times(n-2)}] \\ \boldsymbol{v}^{c,p}(k) = [\tilde{x}(k) \quad \tilde{y}(k)]' \\ E[\boldsymbol{v}^{c,p}(k)] = \boldsymbol{\mu}_a^p(k) = [\mu_a^x(k) \quad \mu_a^y(k)]' \\ \mathrm{cov}[\boldsymbol{v}^{c,p}(k)] = \boldsymbol{R}_a^p(k) \\ \varepsilon^c(k) = L^1(k)x^c(k) + L^2(k)y^c(k) + \xi^c(k) \\ h_k^{\varepsilon}(\boldsymbol{X}(k)) = L^1(k)x(k) + L^2(k)y(k) + x(k)\dot{x}(k) + y(k)\dot{y}(k) \\ \tilde{\varepsilon}(k) = L^1(k)\tilde{x}(k) + L^2(k)\tilde{y}(k) + \tilde{\xi}(k) \\ \mathrm{E}[\tilde{\varepsilon}(k)] = \mu_a^{\varepsilon}(k) = L^1(k)\mu_a^x(k) + L^2(k)\mu_a^y(k) + \mu_a^{\xi}(k) \\ \mathrm{var}[\tilde{\varepsilon}(k)] = \boldsymbol{R}_a^{\varepsilon}(k) = \boldsymbol{R}_a^{\xi}(k) - \boldsymbol{R}_a^{\xi p}(k)(\boldsymbol{R}_a^p(k))^{-1}[\boldsymbol{R}_a^{\xi p}(k)]' \end{cases} \tag{15.49}$$

且 $\tilde{\varepsilon}(k)$ 和 $\boldsymbol{v}^{c,p}(k)$ 不相关。

这样，利用式（15.36）的目标运动状态方程和式（15.48）的量测方程，就可以序贯地完成对目标运动状态的滤波估计，主要包括以下四个步骤：

步骤 1——时间更新滤波估计

$$\begin{cases} \hat{\boldsymbol{X}}(k|k-1) = \boldsymbol{F}(k-1)\ \hat{\boldsymbol{X}}(k-1|k-1) + \boldsymbol{G}(k-1)\boldsymbol{u}(k-1) \\ \boldsymbol{P}(k|k-1) = \boldsymbol{F}(k-1)\ \boldsymbol{P}(k-1|k-1)[\boldsymbol{F}(k-1)]' + \boldsymbol{Q}(k-1) \end{cases} \tag{15.50}$$

步骤 2——位置量测更新滤波估计

$$\begin{cases} \boldsymbol{K}^p(k) = \boldsymbol{P}(k|k-1)[\boldsymbol{H}^{c,p}(k)]'[\boldsymbol{H}^{c,p}(k)\boldsymbol{P}(k|k-1)[\boldsymbol{H}^{c,p}(k)]' + \boldsymbol{R}_a^p(k)]^{-1} \\ \hat{\boldsymbol{X}}^p(k|k) = \hat{\boldsymbol{X}}(k|k-1) + \boldsymbol{K}^p(k)[\boldsymbol{z}^{c,p}(k) - \boldsymbol{\mu}_a^p(k) - \boldsymbol{H}^{c,p}(k)\hat{\boldsymbol{X}}(k|k-1)] \\ \boldsymbol{P}^p(k|k) = (\boldsymbol{I}_n - \boldsymbol{K}^p(k)\boldsymbol{H}^{c,p}(k))\boldsymbol{P}(k|k-1) \end{cases} \tag{15.51}$$

步骤 3——伪量测更新滤波估计

由式（15.48）可以看出，伪量测是目标运动状态的二次函数，所以用二阶 EKF 就足以最好地完成目标运动状态的非线性跟踪滤波，即

$$\begin{cases} \boldsymbol{K}^{\varepsilon}(k) = \boldsymbol{P}^p(k|k)[\boldsymbol{H}^{\varepsilon}(k)]'[\boldsymbol{H}^{\varepsilon}(k)\boldsymbol{P}^p(k|k)[\boldsymbol{H}^{\varepsilon}(k)]' + R_a^{\varepsilon}(k) + A(k)]^{-1} \\ \hat{\boldsymbol{X}}^{\varepsilon}(k|k) = \hat{\boldsymbol{X}}^p(k|k) + \boldsymbol{K}^{\varepsilon}(k)[\varepsilon^c(k) - \mu_a^{\varepsilon}(k) - \boldsymbol{h}^{\varepsilon}{}_k(\hat{\boldsymbol{X}}^p(k|k)) - 0.5\delta^2(k)] \\ \boldsymbol{P}^{\varepsilon}(k|k) = (\boldsymbol{I}_n - \boldsymbol{K}^{\varepsilon}(k)\boldsymbol{H}^{\varepsilon}(k))\boldsymbol{P}^p(k|k) \end{cases} \tag{15.52}$$

式中，$\boldsymbol{H}^{\varepsilon}(k)$ 仍为 $\boldsymbol{h}^{\varepsilon}{}_k[\boldsymbol{X}(k)]$ 在 $\hat{\boldsymbol{X}}^p(k|k)$ 处的 Jacobian 矩阵，即

$$\boldsymbol{H}^{\varepsilon}(k) = [L^1(k) + \hat{\dot{x}}^p(k|k) \quad \hat{x}^p(k|k) \quad L^2(k) + \hat{\dot{y}}^p(k|k) \quad \hat{y}^p(k|k), \boldsymbol{0}_{1\times(n-4)}] \tag{15.53}$$

而 $\delta^2(k)$ 由 $\boldsymbol{h}^{\varepsilon}{}_k[\boldsymbol{X}(k)]$ 的二阶导数组成，即

$$\delta^2(k) = 2P_k^p(1,3) + 2P_k^p(2,4) \tag{15.54}$$

同时 $A(k)$ 为

$$\begin{aligned} A(k) = & P_k^p(1,1)P_k^p(2,2) + P_k^p(3,3)P_k^p(4,4) + 2P_k^p(1,3)P_k^p(2,4) + \\ & 2P_k^p(1,4)P_k^p(2,3) + [P_k^p(1,2)]^2 + [P_k^p(3,4)]^2 \end{aligned} \tag{15.55}$$

式中，$P_k^p(i,j)$ 表示位于位置滤波误差协方差阵 $\boldsymbol{P}^p(k|k)$ 第 i 行第 j 列的元素；

步骤 4——最终滤波估计

$$\begin{cases} \hat{\boldsymbol{X}}(k|k) = \hat{\boldsymbol{X}}^{\varepsilon}(k|k) \\ \boldsymbol{P}(k|k) = \boldsymbol{P}^{\varepsilon}(k|k) \end{cases} \tag{15.56}$$

2. 无偏序贯不敏卡尔曼滤波

本书 4.3 节介绍的不敏卡尔曼滤波器适用于强非线性系统的估计问题，因此，上述无偏序贯扩展卡尔曼滤波算法中对位置量测进行滤波之后可以采用不敏卡尔曼滤波方法替代二阶扩展卡尔曼滤波方法。位置量测的无偏转换量测滤波过程以及距离量测与多普勒量测的去相关过程同无偏序贯扩展卡尔曼滤波算法的式（15.36）～式（15.49）。然后再采用不敏卡尔曼滤波方法对多普勒量测进行处理[32,33]，主要包括以下基本步骤。

步骤 1——时间更新滤波估计

$$\begin{cases} \hat{\boldsymbol{X}}(k|k-1) = \boldsymbol{F}(k-1)\ \hat{\boldsymbol{X}}(k-1|k-1) + \boldsymbol{G}(k-1)\boldsymbol{u}(k-1) \\ \boldsymbol{P}(k|k-1) = \boldsymbol{F}(k-1)\ \ \boldsymbol{P}(k-1|k-1)[\boldsymbol{F}(k-1)]' + \boldsymbol{Q}(k-1) \end{cases} \tag{15.57}$$

步骤 2——位置量测更新滤波估计

$$\begin{cases} \boldsymbol{K}^p(k) = \boldsymbol{P}(k|k-1)[\boldsymbol{H}^{c,p}(k)]'[\boldsymbol{H}^{c,p}(k)\boldsymbol{P}(k|k-1)[\boldsymbol{H}^{c,p}(k)]' + \boldsymbol{R}_a^p(k)]^{-1} \\ \hat{\boldsymbol{X}}^p(k|k) = \hat{\boldsymbol{X}}(k|k-1) + \boldsymbol{K}^p(k)[\boldsymbol{z}^{c,p}(k) - \boldsymbol{\mu}_a^p(k) - \boldsymbol{H}^{c,p}(k)\hat{\boldsymbol{X}}(k|k-1)] \\ \boldsymbol{P}^p(k|k) = (\boldsymbol{I}_n - \boldsymbol{K}^p(k)\boldsymbol{H}^{c,p}(k))\boldsymbol{P}(k|k-1) \end{cases} \tag{15.58}$$

步骤 3——伪量测更新滤波估计

（1）计算 $(2n_x+1)$ 个 δ 采样点 $\boldsymbol{\xi}_i$ 和相对应的权值 $\boldsymbol{W}_i$

$$\begin{cases} \boldsymbol{\xi}_0(k|k) = \hat{\boldsymbol{X}}^p(k|k), \quad i=0 \\ \boldsymbol{\xi}_i(k|k) = \hat{\boldsymbol{X}}^p(k|k) + (\sqrt{(n_x+\lambda)}\sqrt{\boldsymbol{P}^p(k|k)})_i, \quad i=1,\cdots,n_x \\ \boldsymbol{\xi}_{i+n_x}(k|k) = \hat{\boldsymbol{X}}^p(k|k) - (\sqrt{(n_x+\lambda)}\sqrt{\boldsymbol{P}^p(k|k)})_i, \quad i=1,\cdots,n_x \end{cases} \tag{15.59}$$

式中，n_x 为状态向量的维数，这里取 n_x=4，$\lambda = n_x(\alpha^2-1)$，取$\alpha$=0.01，$\left(\sqrt{(n_x+\lambda)\boldsymbol{P}^p(k|k)}\right)_i$ 是 $(n_x+\lambda)\boldsymbol{P}^p(k|k)$ 均方根矩阵的第 i 列。

相对应的权值 $\boldsymbol{W}_i$ 为

$$W_0^{(m)} = \frac{\lambda}{n_x+\lambda}, \qquad i=0 \tag{15.60}$$

$$W_0^{(c)} = \frac{\lambda}{n_x+\lambda} + 1 - \alpha^2 + \beta, \qquad i=0 \tag{15.61}$$

$$W_i^{(m)} = W_i^{(c)} = \frac{1}{2(n_x+\lambda)}, \qquad i=1,\cdots,2n_x \tag{15.62}$$

式中，取β=2。上标 m 表示状态更新中的权值，上标 c 表示协方差更新中的权值。

（2）量测更新

$$\varsigma_i(k|k)=\boldsymbol{h}_k^{\varepsilon}[k,\boldsymbol{\xi}_i(k|k)] \tag{15.63}$$

$\boldsymbol{h}_k^{\varepsilon}$ 为量测方程，则预测量测和相应的协方差为

$$\hat{\boldsymbol{Z}}^{\varepsilon}(k|k)=\sum_{i=0}^{2n_x}W_i\varsigma_i(k|k) \tag{15.64}$$

$$\boldsymbol{P}_{zz}=\boldsymbol{R}_a^{\varepsilon}(k)+\sum_{i=0}^{2n_x}W_i\Delta\boldsymbol{Z}_i^{\varepsilon}(k|k)\Delta\boldsymbol{Z}_i^{\varepsilon\prime}(k|k) \tag{15.65}$$

式中，$\Delta\boldsymbol{Z}_i^{\varepsilon}(k|k)=\varsigma_i(k|k)-\hat{\boldsymbol{Z}}^{\varepsilon}(k|k)$。

同样，我们可以得到测量和状态向量的交互协方差

$$\boldsymbol{P}_{xz}=\sum_{i=0}^{2n_x}W_i\Delta\boldsymbol{X}_i^{\varepsilon}(k|k)\Delta\boldsymbol{Z}_{ii}^{\varepsilon\prime}(k|k) \tag{15.66}$$

式中，$\Delta\boldsymbol{X}_i^{\varepsilon}(k|k)=\boldsymbol{\xi}_i(k|k)-\hat{\boldsymbol{X}}^{p}(k|k)$。

（3）状态更新和状态更新协方差可表示为

$$\hat{\boldsymbol{X}}^{\varepsilon}(k|k)=\hat{\boldsymbol{X}}^{p}(k|k)+\boldsymbol{K}^{\varepsilon}(k)[\varepsilon^{c}(k)-\mu_a^{\varepsilon}(k)-\hat{\boldsymbol{Z}}^{\varepsilon}(k|k)] \tag{15.67}$$

$$\boldsymbol{P}^{\varepsilon}(k|k)=\boldsymbol{P}^{p}(k|k)-\boldsymbol{K}^{\varepsilon}(k)\boldsymbol{P}_{zz}\boldsymbol{K}^{\varepsilon\prime}(k) \tag{15.68}$$

$$\boldsymbol{K}^{\varepsilon}(k)=\boldsymbol{P}_{xz}\boldsymbol{P}_{zz}^{-1} \tag{15.69}$$

步骤 4——最终滤波估计

$$\begin{cases}\hat{\boldsymbol{X}}(k|k)=\hat{\boldsymbol{X}}^{\varepsilon}(k|k)\\ \boldsymbol{P}(k|k)=\boldsymbol{P}^{\varepsilon}(k|k)\end{cases} \tag{15.70}$$

3．带 Doppler 量测的不敏卡尔曼滤波

从多普勒雷达的量测方程式（15.38）可以看出，量测向量的各个量测都是非线性的，尤其多普勒量测。对于距离和方位量测的非线性，通常采用转换量测卡尔曼滤波器（CMKF），但是无法处理多普勒量测。为此序贯滤波方法就是在 CMKF 之后，再进行对多普勒量测的滤波。由于不敏卡尔曼滤波器（UKF）对系统的非线性强度不敏感，滤波得到的后验均值和协方差都能够精确到二阶。因此可以直接用 UKF 方法对由 $\rho^m(k),\theta^m(k)$ 和 $\dot{\rho}^m(k)$ 组成的量测向量滤波。从而避免了位置的转换量测滤波和距离量测与多普勒量测之间的去相关过程。具体实现步骤同本书 4.3 节，即首先计算 $(2n_x+1)$ 个 δ 采样点及其权值，然后根据状态方程得到 δ 点的一步预测，再根据量测方程计算预测的量测，最后结合传感器所提供的量测进行状态更新和状态协方差更新。

需要强调的是这里的量测向量除了距离和方位，还包括多普勒量测。假设 k 时刻跟踪系统的状态估计向量和状态估计协方差分别为 $\hat{\boldsymbol{X}}(k|k)$ 和 $\boldsymbol{P}(k|k)$，极坐标系下的量测噪声 $\boldsymbol{v}^m(k)$ 的协方差矩阵为

$$\boldsymbol{R}(k)=\mathrm{cov}[\boldsymbol{v}^m(k)]=\begin{bmatrix}\sigma_\rho^2 & 0 & r\sigma_\rho\sigma_{\dot{\rho}}\\ 0 & \sigma_\theta^2 & 0\\ r\sigma_\rho\sigma_{\dot{\rho}} & 0 & \sigma_{\dot{\rho}}^2\end{bmatrix} \tag{15.71}$$

4．带 Doppler 量测的机动目标不敏卡尔曼滤波

机动目标跟踪环境下，交互多模型（IMM）是一种实用的多模型估计算法。在建立 UKF

的多滤波模型的基础上，将 IMM 与 UKF 相结合可以得到基于交互多模型的不敏卡尔曼滤波算法（IMM-UKF）。进一步，利用 UKF 优良的非线性滤波特性，处理带 Doppler 量测的机动目标环境，可以得到基于交互多模型的带 Doppler 量测的不敏卡尔曼滤波算法（IMM-DUKF）。使用 Doppler 量测的 IMM-DUKF 算法与不使用 Doppler 量测的 IMM-UKF 相比，有明显的优势[34]，主要包括以下几个方面。

① 跟踪性能：IMM-DUKF 估计器在目标的机动和非机动时间段位置和速度估计误差更小；

② 机动敏感度：IMM-DUKF 估计器在目标发生机动飞行时有更快的响应速度；

③ 数据互联：IMM-DUKF 估计器的误差协方差矩阵更小，所以能够减少错误互联。

IMM-DUKF 算法的基本步骤是：

① 分别建立常速率（CV）、常加速度（CA）和常转弯速率（CT）运动方式的多种 UKF 滤波模型；

② 建立由上述多个模型组成的 IMM 算法，其数学模型详见本书 9.3.5 节内容；

③ 引入 Doppler 量测，将量测 $z=[x\quad y]$ 扩展为 $z=[x\quad y\quad \dot{\rho}]$ 进行滤波。

15.4　PD 雷达数据处理算法性能分析

15.4.1　高重频微弱目标跟踪算法性能分析

1．仿真设置

为了验证算法的有效性，针对一个通用的单目标运动场景进行仿真。假设目标在 $x\sim y$ 平面内做匀速直线运动，目标初始位置（21 km，22 km），速度为（120 m/s，330 m/s）。传感器参数设置为：两坐标雷达处于坐标原点，扫描周期为 $T=2$ s，最大作用距离为 60 km，发射功率 P_{t}=10 kw，载波波长 $\lambda=0.1$ m，雷达天线增益 $G=10^4$，目标的雷达截面积 $\rho_{\mathrm{rcs}}=10\ \mathrm{m}^2$，雷达距离量测误差为 100 m，角度量测误差为 0.5°。雷达采用五个不同 PRF 的发射脉冲分时工作，各 PRF 分别为 110 000 Hz、13 000 Hz、150 000 Hz、170 000 Hz 和 19 400 Hz，对应脉冲重复周期 T_{r} 分别为 91 μs、87 μs、83 μs、79 μs 和 76 μs，最大不模糊距离分别为 $R_{u1}=13.7$ km，$R_{u2}=13.0$ km，$R_{u3}=$ 12.4 km，$R_{u2}=11.9$ km，$R_{u2}=11.4$ km。

针对以上设置的参数，在 SNR 分别为 10 dB 和 6 dB 两种场景下进行仿真，雷达量测为目标加杂波和噪声数据，仿真步数为 25 个扫描周期。为便于比较，两个场景中杂波点个数设置为服从均值为 $\Lambda=10$ 的泊松分布，信杂比（Signal Clutter Ratio, SCR）均为 5 dB，仿真结果如图 15.11 和图 15.12 所示。

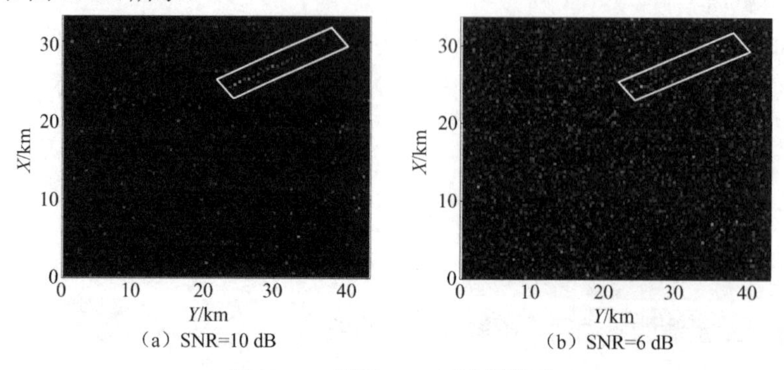

（a）SNR=10 dB　　（b）SNR=6 dB

图 15.11　不同 SNR 下实际场景

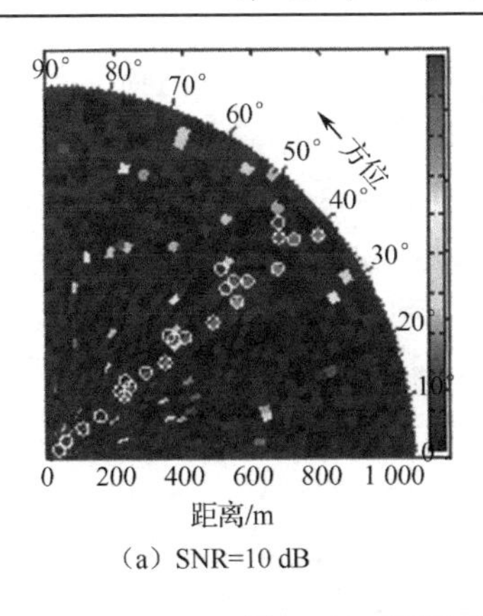

（a）SNR=10 dB

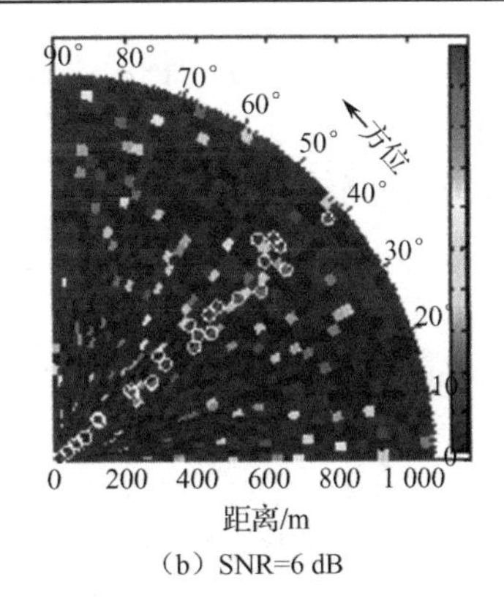

（b）SNR=6 dB

图 15.12　不同 SNR 下雷达未解模糊量测

图 15.11 至图 15.12 给出了目标的 SNR 分别取 10 dB 和 6 dB 时的仿真结果。图 15.11 为目标加杂波和噪声的实际仿真场景，在图中用灰度表示回波能量的强度，目标实际航迹位于白色四边形内；对比图 15.11（a）和图 15.11（b）可以看出，在高 SNR 时可以很容易从杂波和噪声中发现目标轨迹；在低 SNR 时目标量测逐渐淹没在背景噪声中，如果不预先知道目标的区域，很难从强噪声背景中发现目标。与图 15.11 相对应，图 15.12 给出了雷达在第一 PRF 下的量测数据，白色圆圈内的分辨单元表示目标的模糊量测，其他为噪声或杂波干扰，由于 PRF 较高，雷达获得的量测比目标实际位置近，全部位于雷达的第一个模糊区间；对比图 15.11 和图 15.12，可以看出，在高 PRF 下，在实际场景中连续的目标状态显示在雷达量测中变得杂乱无章，失去连续性；在 SNR=10 dB 时，从图 15.12（a）中可以排除干扰发现目标模糊点迹，但是由于受到量测模糊的影响，在图 15.12（b）中很难将目标的模糊点迹从背景中区分出来。

2．仿真结果与分析

针对上述场景，采用本节描述的 TBD 方法进行目标检测跟踪，图 15.13～15.14 是两种场景下的仿真结果。

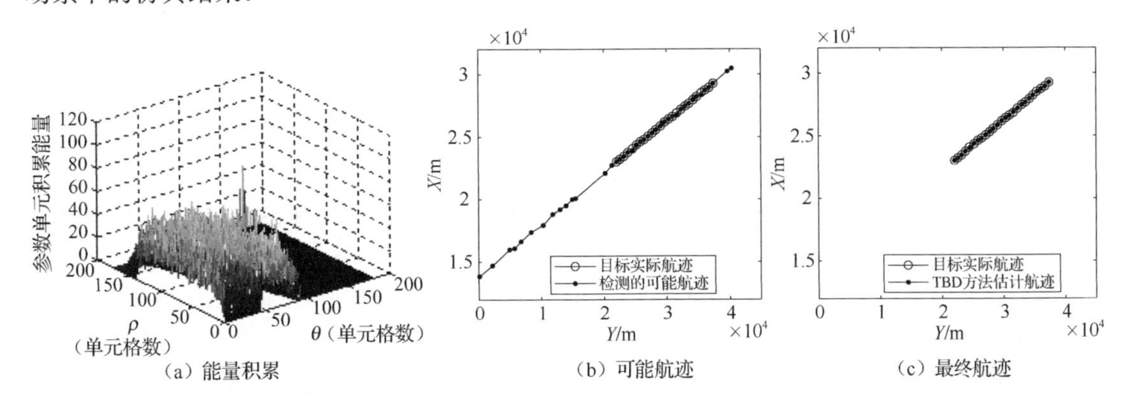

（a）能量积累　　（b）可能航迹　　（c）最终航迹

图 15.13　当 SNR=10 dB 时 TBD 方法检测跟踪结果

从图中可以看出，在两种场景下算法都能较好地对目标进行检测跟踪；对比图 15.13（a）和图 15.14（a）中的能量积累直方图可以看出，SNR 降低会导致噪声强度积累升高，在图 15.13（a）中只有一个最高峰值，而图 15.14（a）中则存在多个峰值；图 15.13（b）和图 15.14（b）

给出了经峰值检测后得到的可能航迹，可以看出在高 SNR 下只检测到一条可能航迹，在低 SNR 时由于强背景能量影响，算法检测到三条可能航迹；从可能航迹图可以看到，检测得到的目标可行航迹与实际航迹之间存在断续点和虚假航迹点，并且随着的 SNR 降低，断续点和虚假航迹点个数增多，这是因为本算法将多假设处理所得可能量测图中所有可能直线进行能量积累，而没有考虑量测的时序信息；图 15.13（c）和图 15.14（c）给出了经过航迹筛选和剔除后提取的最终航迹，可以看出，综合考虑量测的时序等先验信息后，本算法可以从可能航迹中提取目标的真实航迹。

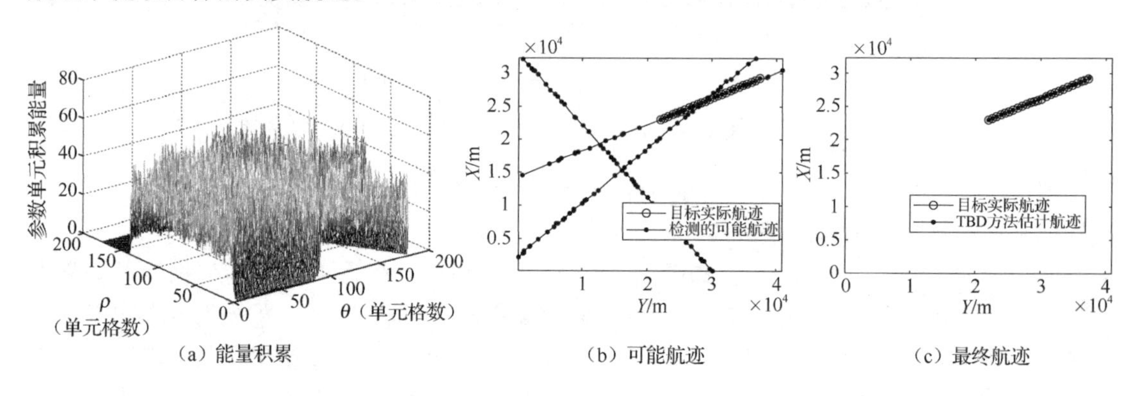

（a）能量积累　（b）可能航迹　（c）最终航迹

图 15.14　当 SNR=6 dB 时 TBD 方法检测跟踪结果

为进一步验证所提算法的性能，针对上述场景采用传统的检测-解模糊-跟踪方法进行目标检测跟踪，并与 TBD 方法进行比较，所得结果如图 15.15 所示。

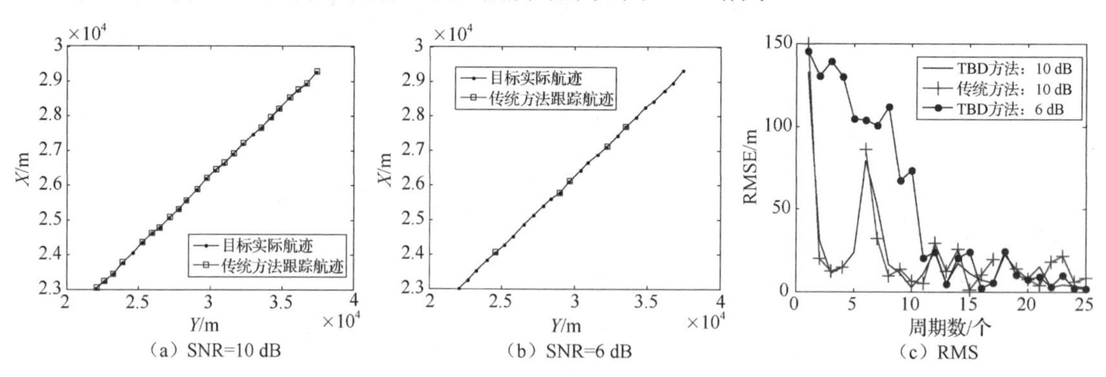

（a）SNR=10 dB　（b）SNR=6 dB　（c）RMS

图 15.15　传统方法仿真结果

从图 15.15 中可以看出，传统的检测-解模糊-跟踪方法对 SNR 敏感性很强，在高 SNR 下由于检测概率较高，因此跟踪性能较好；在低 SNR 下目标量测淹没在噪声背景中，目标的低检测概率导致跟踪性能很差。图 15.15（c）给出了跟踪位置误差协方差（Root-Mean-Square Errors，RMSE）对比图，图中包括两种场景下 TBD 方法的跟踪 RMSE 和高 SNR 下传统方法的跟踪 RMSE；从图 15.15（c）中可以看出，在高 SNR 下 TBD 和传统方法性能相近，但 TBD 方法性能略优于传统方法；低 SNR 下 TBD 方法跟踪性能降低，但是经过 10 个时刻的积累后，跟踪性能可以得到有效改善；低 SNR 下传统方法的跟踪性能很差，只能跟踪到几个时刻的目标点迹。

15.4.2　带 Doppler 量测的滤波算法性能分析

1. 仿真设置

仿真环境 1：假定目标初始状态 $\boldsymbol{X}(0)$、雷达测距误差σ_ρ、测角误差σ_θ、多普勒测速误差$\sigma_{\dot{\rho}}$的取值见表 15.1。测距量测与多普勒量测相关系数γ=0.5，扫描周期 T=5 s，将转换量测卡尔曼滤波（CMKF）、无偏转换量测卡尔曼滤波（UCMKF）、扩展卡尔曼滤波（EKF）与带 Doppler 量测的无偏序贯卡尔曼滤波（USEKF）进行对比，每种算法仿真 500 次，仿真 30 步。

仿真环境 2：假定目标初始状态 $\boldsymbol{X}(0)$=[10 000 m　30 m/s　10 000 m　30 m/s]，测距误差σ_ρ=150 m，测角误差σ_θ=5 mrad，扫描周期 T=5 s，多普勒测速误差$\sigma_{\dot{\rho}}$和距离量测与多普勒量测相关系数γ的取值见表 15.2，将不敏卡尔曼滤波（UKF）与带 Doppler 量测的无偏序贯卡尔曼滤波（USEKF）、带 Doppler 量测的无偏序贯不敏卡尔曼滤波（USUKF）、带 Doppler 量测的不敏卡尔曼滤波（DUKF）进行对比，每种算法仿真 500 次，仿真 30 步。

仿真环境 3：假定目标初始状态 $\boldsymbol{X}(0)$=[10 000 m　−160 m/s　2 000 m　50 m/s]，在二维平面内运动 100 s，分别在 0～20 s 和 40～60 s 进行匀速运动，20～40 s 和 60～80 s 进行匀速转弯运动，80～100 s 进行匀加速运动，20～40 s 和 60～80 s 时角速度分别为 10 deg/s 和 −10 deg/s，80～100 s 时两个方向加速度分别为 5 m/s^2 和 5 m/s^2。测距误差σ_ρ=150 m，测角误差σ_θ=5 mrad，扫描周期 T=2 s，多普勒测速误差$\sigma_{\dot{\rho}}$和距离量测与多普勒量测相关系数γ=0.1，将带 Doppler 量测的 IMM-DUKF 算法与不带 Doppler 量测的 IMM-UKF 进行对比，每种算法仿真 500 次，仿真 30 步。图 15.25 给出了目标的真实运动轨迹。

表 15.1　仿真环境 1 参数设置

序　号	$\boldsymbol{X}(0)$	σ_ρ /m	σ_θ /mrad	$\sigma_{\dot{\rho}}$ /（m/s）	结果图
1	[10 000 m　30 m/s　10 000 m　30 m/s]	150	5	1	图 15.16
2	[100 000 m　30 m/s　100 000 m　30 m/s]	150	5	1	图 15.17
3	[10 000 m　30 m/s　10 000 m　30 m/s]	150	5	100	图 15.18
4	[10 000 m　30 m/s　10 000 m　30 m/s]	50	5	1	图 15.19
5	[100 000 m　30 m/s　100 000 m　30 m/s]	150	40	1	图 15.20

表 15.2　仿真环境 2 参数设置

序　号	$\sigma_{\dot{\rho}}$ /（m/s）	γ	结果图
1	0.01	0.9	图 15.21
2	0.01	0.1	图 15.22
3	10	0.1	图 15.23
4	10	0.9	图 15.24

为对算法性能进行对比，采用均方根（RMS）位置、速度误差、平均归一化估计误差平方[35]（ANEES），如下

$$\text{RMS Pos}_k=\sqrt{\frac{1}{M}\sum_{i=1}^{M}(x_k^i-\hat{x}_{k|k}^i)^2+(y_k^i-\hat{y}_{k|k}^i)^2} \tag{15.72}$$

$$\text{RMS Vel}_k = \sqrt{\frac{1}{M}\sum_{i=1}^{M}(\dot{x}_k^i - \hat{\dot{x}}_{k|k}^i)^2 + (\dot{y}_k^i - \hat{\dot{y}}_{k|k}^i)^2} \tag{15.73}$$

$$\text{ANEES}_k = \frac{1}{Mn}\sum_{i=1}^{M}(x_k^i - \hat{x}_{k|k}^i)^T (P_{k|k}^i)^{-1}(x_k^i - \hat{x}_{k|k}^i) \tag{15.74}$$

2. 仿真结果与分析

仿真环境 1 的仿真结果如图 15.16～图 15.20 所示，仿真环境 2 的仿真结果如图 15.21～图 15.24 所示，仿真环境 3 的仿真结果如图 15.26 所示。

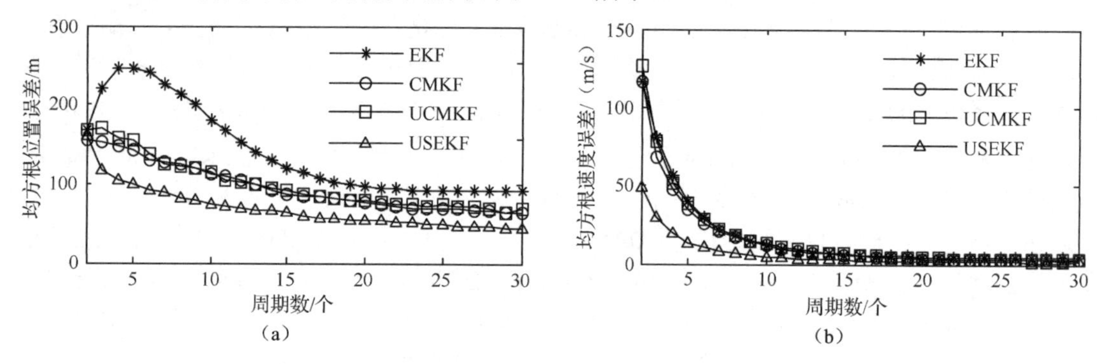

图 15.16　均方根位置误差和均方根速度误差（仿真环境 1 情况 1）

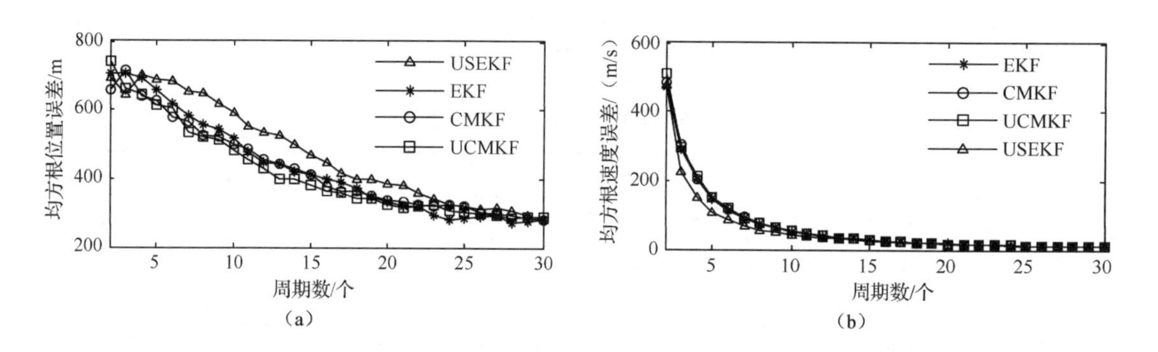

图 15.17　均方根位置误差和均方根速度误差（仿真环境 1 情况 2）

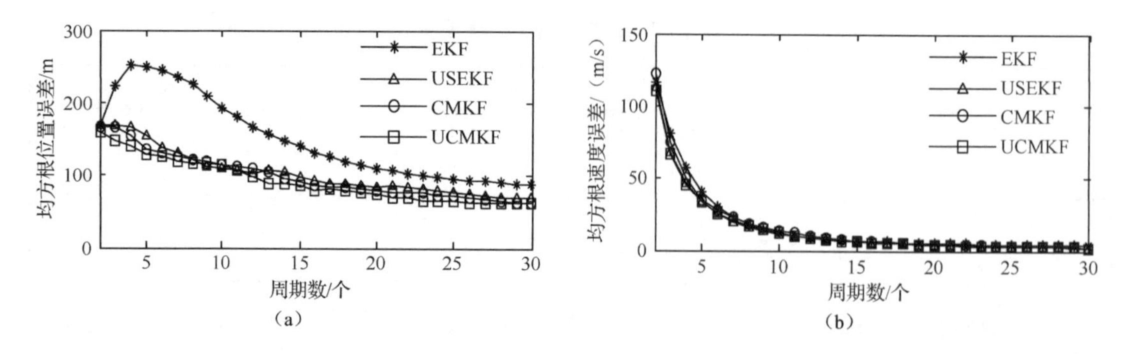

图 15.18　均方根位置误差和均方根速度误差（仿真环境 1 情况 3）

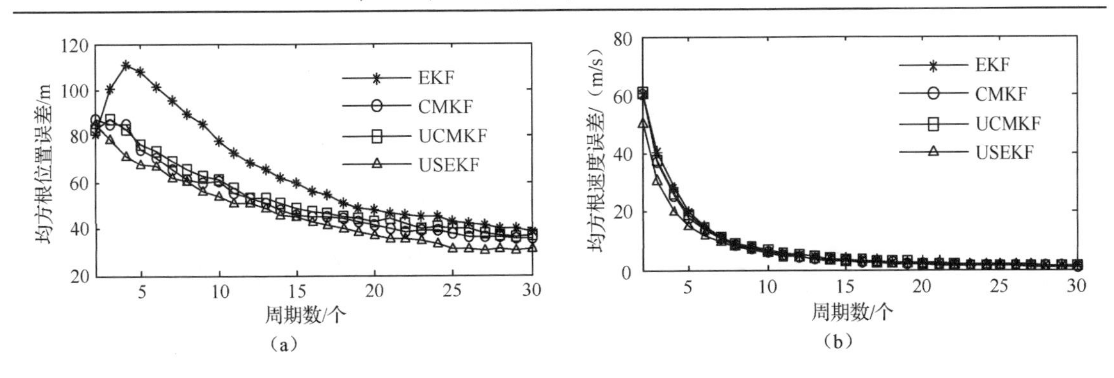

图 15.19　均方根位置误差和均方根速度误差（仿真环境 1 情况 4）

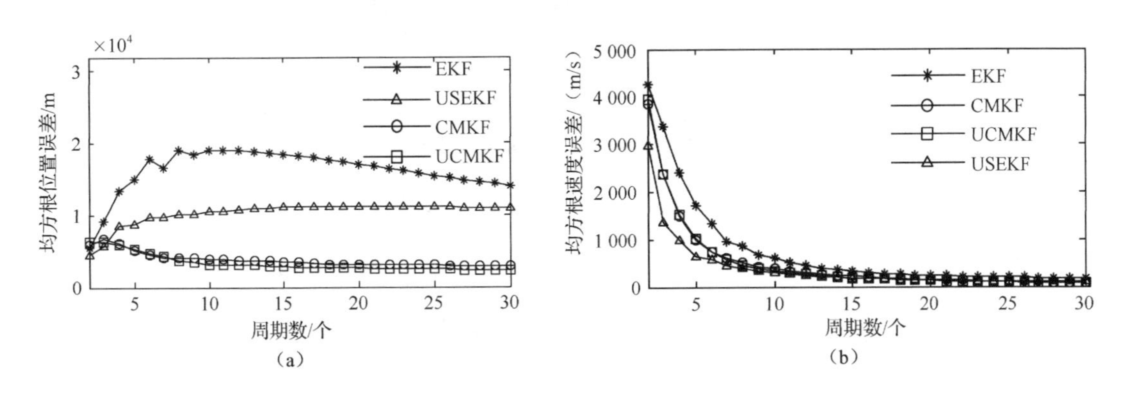

图 15.20　均方根位置误差和均方根速度误差（仿真环境 1 情况 5）

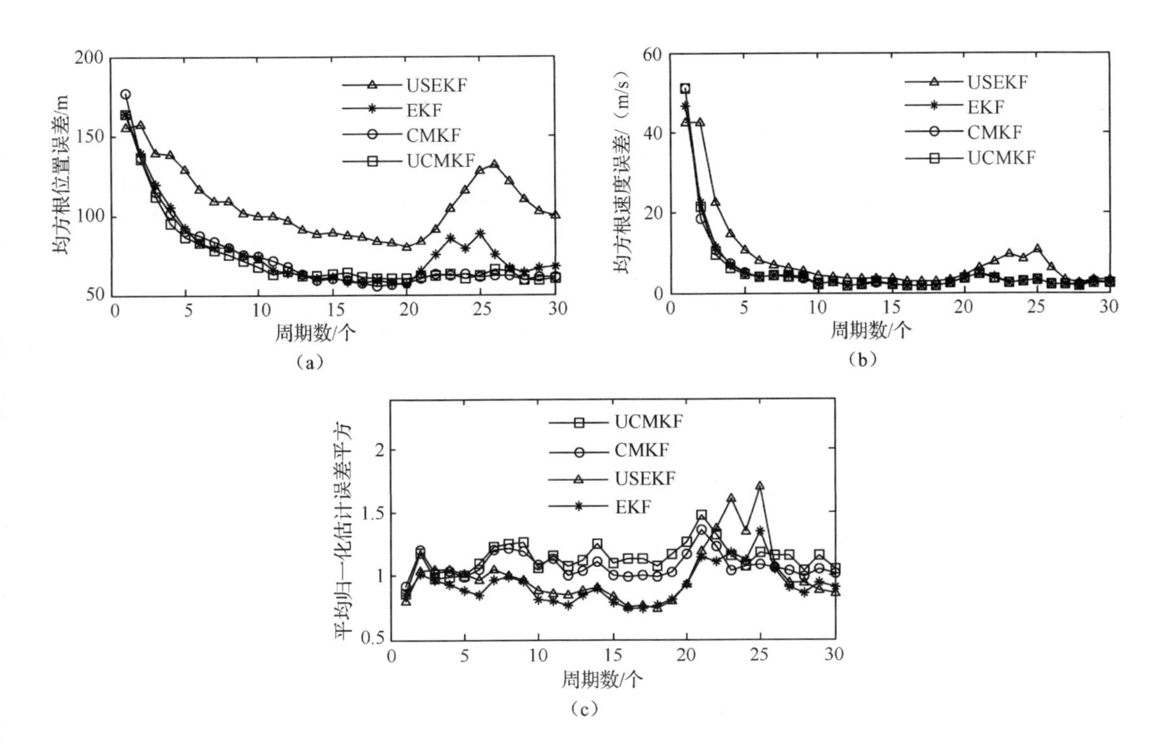

图 15.21　均方根位置误差、均方根速度误差和平均归一化估计误差平方（仿真环境 2 情况 1）

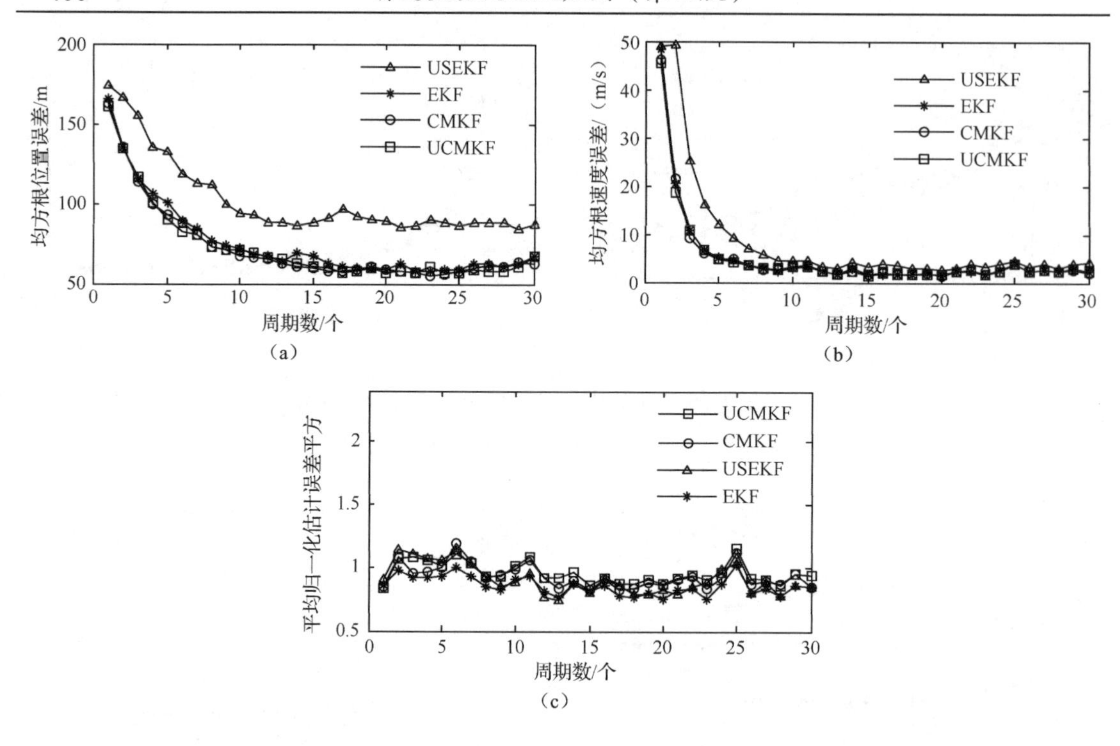

图 15.22　均方根位置误差、均方根速度误差和平均归一化估计误差平方（仿真环境 2 情况 2）

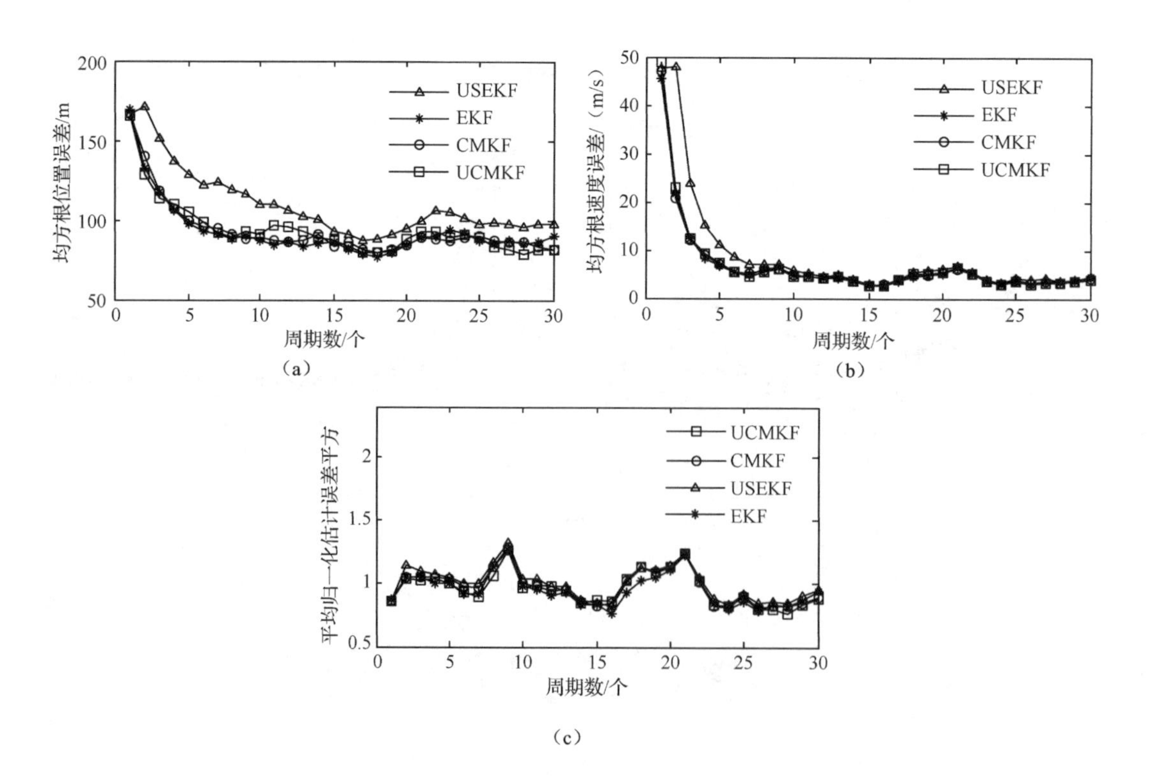

图 15.23　均方根位置误差、均方根速度误差和平均归一化估计误差（仿真环境 2 情况 3）

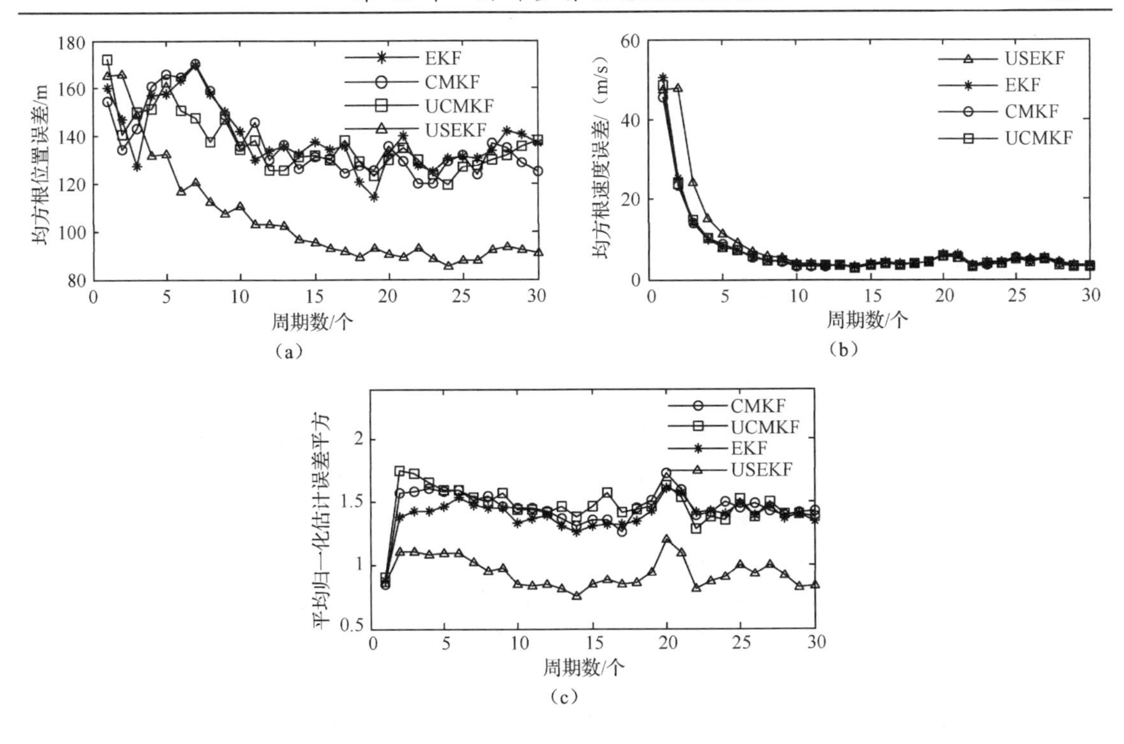

图 15.24　均方根位置误差、均方根速度误差和平均归一化估计误差平方（仿真环境 2 情况 4）

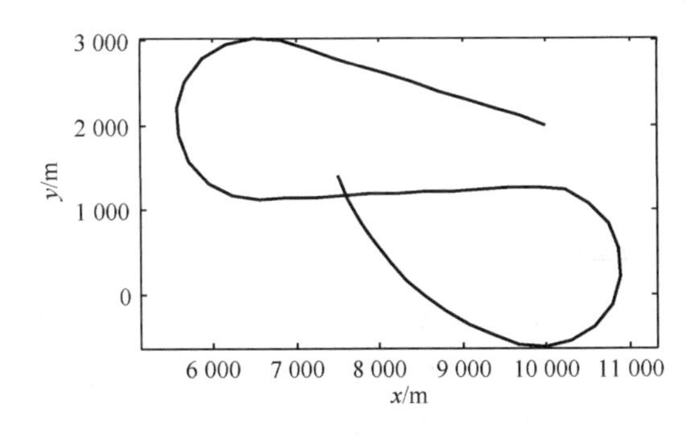

图 15.25　目标真实运动航迹（环境 3）

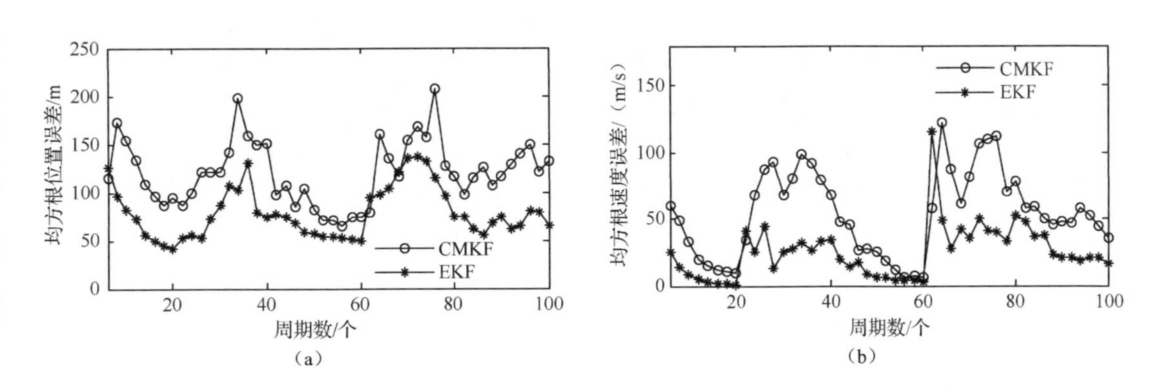

图 15.26　均方根位置误差和均方根速度误差（环境 3）

从图 15.16 的仿真结果中可以看出，利用多普勒量测信息的 USEKF 算法对目标的跟踪性能明显提高，目标的均方根位置误差和均方根速度误差明显小于其他算法。同时也可以看出EKF 算法受初始状态影响较大，在前几个仿真步长里位置误差较大，后来快速收敛，整体误差相对其他算法更大。

将图 15.17 与图 15.16 的仿真条件进行对比可以发现，当目标距离远时，USEKF 算法并不能有效提高跟踪精度，从图 15.16 也能看出，随着目标远离雷达的过程中，USEKF 算法的跟踪精度在接近于其他算法。

将图 15.18 与图 15.16 的仿真条件进行对比，多普勒测速精度低的情况下，USEKF 算法的跟踪精度同样不高，这说明利用多普勒速度信息受自身精度的影响，并不一定能够提高目标跟踪精度。

将图 15.19 与图 15.16 进行对比，目标测距精度高的情况下，USEKF 算法的跟踪精度与其他算法区别不大，再结合图 15.18 的仿真，说明测速精度与测距精度的比例关系影响着径向速度信息提高跟踪精度的程度。

将图 15.20 与图 15.16 进行对比，可以发现在远距大测角误差的情况下，采用 UCMKF 算法的跟踪精度达到最高，CMKF 算法次之，USEKF 算法再次之，EKF 算法精度最低。这说明，在这样的仿真条件下，利用测速信息不能改善跟踪精度，UCMKF 算法能够发挥最佳的跟踪效果，EKF 算法跟踪效果最差。

从图 15.21 中可以看出，当测距量测与多普勒量测相关系数较大，多普勒测速误差较小时，利用多普勒信息的算法能改善位置和速度估计精度。但是序贯滤波方法 USEKF 和 SUKF 的估计一致性比直接滤波方法 DUKF 和 UKF 的差。

对比图 15.22 与图 15.21 可以发现，当多普勒测速误差和测距量测与多普勒量测相关系数都较小时，利用多普勒信息的算法同样能改善位置和速度估计精度，但是序贯滤波方法 USEKF 和 SUKF 的估计一致性有一定的改善。

从图 15.23 中可以看出，当测距量测与多普勒量测相关系数较小，多普勒测速误差较大时，利用多普勒信息的算法对位置和速度估计精度并不明显，并且所有方法的估计一致性也十分接近。

从图 15.24 中可以看出，当多普勒测速误差和测距量测与多普勒量测相关系数都较大时，所有利用多普勒信息的算法不但没有改善目标状态估计精度，反而使其性能比不利用多普勒量测信息的 UKF 算法差，估计一致性也比 UKF 方法的差。

综合图 15.21～图 15.24 可以推断，系统设计中对算法的选择要考虑多普勒量测信息的精度，即如果多普勒量测的精度较高，则利用多普勒量测能够提高目标跟踪精度；反之，如果多普勒量测的精度较低，且测距量测和多普勒量测的相关性强时，则可能降低目标跟踪精度，此时不宜使用多普勒量测。如何定量描述使用多普勒量测的条件是进一步研究的内容。

在如图 15.25 的机动目标跟踪环境下将 IMM 和 UKF 相结合实现目标跟踪，从图 15.26 中可以看出，带 Doppler 量测的 IMM-DUKF 算法可以明显改善目标的跟踪性能，包括位置跟踪精度、速度跟踪精度、机动响应时间以及机动跟踪时的稳定性等。

15.5　PD 雷达应用举例

15.5.1　气象 PD 雷达

气象 PD 雷达是利用多普勒效应测量云和降水粒子等相对于雷达的径向运动速度的雷

达。20 世纪 60 年代初期开始研制，它是研究云和降水物理学、云动力学、中小尺度天气系统（特别是监视龙卷风）的重要工具，在突发性和灾害性的监测、预报和警报中具有极为重要的作用。目前气象 PD 雷达分为全相参气象 PD 雷达和接收相参气象 PD 雷达两类。全相参气象 PD 雷达采用主振放大式发射系统，价格较高，但测速性能更优，是未来主流产品；接收相参气象 PD 雷达采用单级振荡式发射系统，结构简单，价格相对便宜，但测速性能稍差[36]。

常规气象雷达的信号测量仅限于气象目标的位置和强度，而气象 PD 雷达除具备常规气象雷达的全部功能外，还能够基于多普勒效应，根据收/发信号的高频频率（相位）差，得到雷达波束有效照射体积内降水粒子群相对于雷达的平均径向速度和速度谱宽参数。利用这些参数，可以反演大气水平风场、气流垂直速度的分布以及不同高度大气层中各种空气湍流运动的分布情况。通过掌握这些天气变化的动力学背景，有助于工作人员系统分析中小尺度天气系统、警戒强对流危险天气、制作更精准的短时天气预报。利用双多普勒雷达或三多普勒雷达的联合探测试验，还能够获得降水的三维运动的详细结构，正日益广泛地被应用于许多科学研究工作中。

15.5.2　机载火控雷达

机载火控雷达是一种典型的脉冲多普勒雷达，用来搜索、截获和跟踪空中目标，提供武器瞄准、射击和制导所需数据。这种雷达必须能够工作于多种“空对空”或“空对地”模式，为解决下视情况下的地物、海浪等强杂波背景干扰问题，实现远距离探测，机载火控雷达普遍采用脉冲多普勒体制。

20 世纪 70 年代初，第一部实用型机载脉冲多普勒火控雷达 AWG-9 研制成功，并装备在美国海军的 F-14 战机上。随后，机载脉冲多普照勒火控雷达得到迅速发展，几乎成为先进战斗机火控雷达的唯一选择，是第三代战斗机的重要指标之一。20 世纪 90 年代以来，在数字技术和微电子技术的推动下，对机载雷达多目标攻击、抗干扰以及一体化等功能和性能的更高要求使得相控阵技术开始应用于机载火控雷达，又进一步促使了机载火控雷达更多功能的开发，现代机载火控雷达的发展已步入相控阵时代。

机载火控雷达功能从最初的只具有简单的空-空搜索、测距和跟踪等简单功能开始，发展到了现在的空-空、空-地、空-海、导航等四大类共几十种子功能，所制导的武器由原来的机炮发展到各种导弹和精确制导炸弹，使战斗机真正具有了远程、全天候、全方位和全高度的攻击能力。

15.5.3　机载预警雷达

机载预警雷达是一种搭载在空中平台上的雷达，重点关注空中飞机，为我方提供远程监视预警能力。由于远程监视预警雷达覆盖的区域受到地球曲率的限制，只能监视地平线以上的区域，而将预警雷达置于高空中灵活机动的飞机平台，可显著提升监视区域和应急响应预警探测能力[1]。

机载预警雷达必须具备在下视模式下从背景杂波中探测大批空中和海上目标的能力，因此通常采用脉冲多普勒体制。为舰艇编队提供防护的机载预警雷达需要同时具备探测中低空飞机、导弹等高速目标和水面舰艇等低速目标的能力，通常采用中重频（重复频率）波形提高杂波处理性能。而用于远程空中监视的机载预警雷达，其主要威胁是高速接近的飞行目标。

当目标冲出地平线时，获取目标的距离和速度数据变得尤为重要，对于此类目标，使用高重频脉冲多普勒模式最为合适。

15.5.4　陆/舰基防空雷达

脉冲多普勒雷达技术在近中程陆/舰基防空系统中有重要应用。与机载预警雷达相比，陆/舰基防空雷达通常不需要下视模式，但对低空目标进行搜索跟踪时，需采用非常低的俯仰角探测，此时受到地物、海浪杂波干扰，因此主要采用脉冲多普勒体制，用于早期目标探测和威胁评估[37]。

一方面，通过早期目标探测，指示交接高分辨雷达对目标进行跟踪以支援导弹攻击。探测过程中针对不同仰角的气象杂波和地物杂波，采用相应的脉冲多普勒处理进行杂波抑制。多功能有源相控雷达可集成监视和跟踪功能。另一方面，根据早期目标探测数据，包括多普勒径向速度大小和朝向，结合防御点的武器系统覆盖范围，可提高环境威胁评估能力。

近年来，随着低空慢速小型无人机的威胁与日俱增[38]，在复杂城市和自然环境中，需采用多部小型雷达组网覆盖构建探测体系，该体系对成本敏感，对探测距离要求相对较低，在此种特定要求下探测体系主要采用距离分辨力更高的调频连续波多普勒体制。

15.6　小结

本章主要讨论了 PD 雷达的数据处理技术。在介绍 PD 雷达系统的基础上，讨论了 PD 雷达的特点及跟踪系统，然后重点描述了 PD 雷达的几种典型跟踪算法，包括最佳距离-速度互耦跟踪算法、高重频微弱目标跟踪算法和几种带 Doppler 量测的滤波算法，并对算法性能进行了验证和分析。最后给出了 PD 雷达的应用举例。

参考文献

[1] Alabaster C. 脉冲多普勒雷达——原理、技术与应用. 张伟, 刘洪亮, 等译. 北京: 电子工业出版社, 2016.

[2] 贲德, 韦传安, 林幼权. 机载雷达技术. 北京: 电子工业出版社, 2006.

[3] 林晓斌, 张承志, 谢梦. 脉冲多普勒雷达目标航迹自动起始方法研究. 科技视界, 2018(12): 15-16.

[4] 冯讯, 江晶, 王陈, 等. 基于 CPHD 的 PD 雷达多目标检测前跟踪方法. 空军预警学院学报, 2018, 32(01): 1-5+10.

[5] 何山, 吴盘龙, 恽鹏, 等. 机载脉冲多普勒雷达在测量数据丢失下的多目标跟踪. 中国惯性技术学报, 2017, 25(05): 630-635.

[6] 王斌, 刘春生, 卢义成. 地/海杂波背景下机载火控雷达效能评估. 火力与指挥控制, 2017, 42(06): 154-157, 162.

[7] 王雪君, 孙进平, 张旭旺. 基于压缩感知的 PD 雷达序贯扩展卡尔曼滤波跟踪方法. 信号处理, 2017, 33(04): 601-606.

[8] Do. C.-T. Van Nguyen, H. Tracking Multiple Targets from Multi-static Doppler Radar with Unknown Probability of Detection. Sensors, 2019, 19(7): 1672.

[9] Zhou G, Pelletier M, Kirubarajan T, et al, Statically Fused Converted Position and Doppler Measurement

Kalman Filters, in IEEE Transactions on Aerospace and Electronic Systems, 2014, 50(1): 300-318.

[10] 王楠, 段荣, 张沐群, 等. 一种新型 PD 雷达目标跟踪检测模型与算法. 现代雷达, 2020, 42(10): 32-37+45.

[11] 毛士艺, 张瑞生, 许伟武, 等. 脉冲多普勒雷达. 北京: 国防工业出版社, 1990.

[12] Wang G H, Tan S C, Guan C B. Multiple Model Particle Filter Track-before-detect for Range Ambiguous Radar . Chinese Journal of Aeronautics, 2013, 26(6): 1477-1487.

[13] Tan S C, Wang G H, Wang N. Particle Filter for HPRF Radar Range Ambiguity Resolving in Clutters. IET International Radar conference 2013, Xi'an, Apr. 14-16.

[14] 刘锦辉, 廖桂生, 李明. 距离模糊的机载非正侧面阵雷达杂波谱补偿新方法.电子学报, 2011, 9: 2020-2066.

[15] 齐维孔, 党雅文, 禹卫东. 基于中国剩余定理解分布式星载 SAR-ATI 测速模糊. 电子与信息学报, 2009, 10: 2493-2497.

[16] Wen L, Long T, Han Y Q. Resolution of Range and Velocity Ambiguity for a Medium Pulse Doppler Radar. IEEE International Radar Conference, 2000: 560-564.

[17] 周闰, 高梅国, 戴擎宇, 等. 余差查表法解单目标距离模糊的分析和仿真. 系统工程与电子技术, 2002, 24(5): 30-31, 102.

[18] Akhtar J. Cancellation of Range Ambiguities with Block Coding Techniques. In 2009 IEEE Radar Conference. California, 2009:1-6.

[19] 王娜, 谭顺成, 王国宏. 基于 IMM 的高脉冲重复频率雷达解距离模糊方法. 系统工程与电子技术, 2011, 9: 1970-1977.

[20] 刘兆磊, 张光义, 徐振来, 等. 机载火控雷达高重复频率线性调频测距模式目标跟踪方法研究. 兵工学报, 2007, 28(4): 431-435.

[21] Kronhamn T R. Bearings-only Target Motion Analysis Based on a Multi-hypothesis Kalman Filter and Adaptive Ownship Motion Control . IEE Proc Radar Sonar Navig, 1998, 145, 247-252.

[22] 王娜, 王国宏, 曾家有, 等. 高脉冲重复频率雷达混合滤波解距离模糊方法. 中国科学: 信息科学, 2011, 41: 219-233.

[23] Bocquel M, Driessen H, Bagchi A. A Particle Filter for TBD Which Deals with Ambiguous Data. Proceedings of the IEEE Radar Conference, 2012.

[24] 谭顺成, 王国宏, 王娜, 等. 基于概率假设密度滤波和数据关联的脉冲多普勒雷达多目标跟踪算法. 电子与信息学报, 2013, 35(11): 2700-2706.

[25] 于洪波, 王国宏, 曹倩, 等. 一种高脉冲重复频率雷达微弱目标检测跟踪方法. 电子与信息学报, 2015, 37(05): 1097-1103.

[26] Grossi E, Lops M, Venturino L. A Track-before-detect Algorithm with Thresholded Observations and Closely-spaced targets . IEEE Signal Processing Letters, 2013, 20(12): 1171-1174.

[27] 钱李昌, 许稼, 孙文峰, 等. 基于宽带时空 Radon-Fourier 变换的高速微弱目标检测方法. 电子与信息学报, 2013, 35(1): 15-23.

[28] Wong S, Papi F. Bernoulli Forward-backward Smoothing for Track-before-detect. IEEE Signal Processing Letters, 2014: 99-100.

[29] 丁鹭飞, 耿富录, 等, 雷达原理. 西安: 西安电子科技大学出版社, 2002.

[30] Shalom Y B, Negative Y. Correlation and Optical Tracking with Doppler Measurements. IEEE

Transactions on Aerospace and Electronic Systems, 2001, 37(3): 1117-1120.

[31] Hall D L. Mathematical Techniques in Multisensor Data Fusion. Artech House, Boston, London, 1992.

[32] Lei M, Han C Z. Sequential Nonlinear Tracking Using UKF and Raw Range-rate Measurements. IEEE Transactions on Aerospace and Electronic Systems, 2007, 43(1): 239-250.

[33] Duan Z S, Li X R, et al. Sequential unscented Kalman Filter for Radar Target Tracking with Range Rate Measurements. The 8th International Conference on Information Fusion. 130-137, 2005.

[34] 马娟, 范玉珠, 李乐. 一种机载 PD 雷达交互多模型滤波方法. 雷达科学与技术, 2021, 19(01): 99-103, 110.

[35] Li X R., Zhao Z, Jilkov V P, Estimator’s Credibility and Its Measures. In Proceedings of IFAC 15th World Congress, July 2002.

[36] 周树道, 贺宏兵, 等著. 现代气象雷达. 北京: 国防工业出版社, 2017.

[37] 朱文涛, 宋凯. 海面低慢小目标雷达探测系统. 成都: 第十四届全国雷达学术年会, 2017, 11.

[38] 顾俊豪. 城区复杂场景低小慢目标检测与跟踪技术研究. 北京: 北京理工大学, 2018.

第 16 章　相控阵雷达数据处理

16.1　引言

相控阵雷达是雷达体制的一个重要发展，它采用电子波束扫描代替机械扫描，可在数微秒至百微秒量级内实现波束任意指向[1,2]，打破了常规雷达固定波束驻留时间、固定扫描方式、固定发射功率和固定数据率的限制，具有波束扫描灵活、快速、空间功率分配和时间资源分配可控等优点。相控阵雷达可自适应地改变工作参数和工作模式，以适应外界复杂的电磁环境，其多功能性和灵活度极高[3,4]，能同时完成搜索、捕获和对多个目标的精密跟踪。本章主要对相控阵雷达数据处理技术进行研究，在对相控阵雷达的主要技术特点进行介绍的基础上，讨论相控阵雷达系统结构及工作过程；然后详细阐述相控阵雷达自适应采样周期目标跟踪，相控阵雷达特有的变采样周期能力使其能够在机动目标跟踪中根据目标的机动情况自适应调整采样周期，从而提高机动跟踪时的稳定性，同时降低非机动跟踪时的雷达负载；最后，针对相控阵雷达多功能特点（要求同时对多个目标交替执行搜索、跟踪、辨识等多种任务），讨论相控阵雷达数据处理采用何种灵活高效的实时任务调度策略这一关键技术，并对相控阵雷达的几种自适应采样周期算法进行仿真分析。

16.2　相控阵雷达的特点

相控阵雷达由于其独特的波束捷变能力，具有多功能、多目标截获、跟踪、自适应等优点，其与计算机控制相结合，可以自适应地改变雷达的有关技术参数，适应变化的环境，根据需要选择工作方式和技术参数，使相控阵雷达完成对目标的探测、跟踪、测轨、编目、预报、识别等多种任务。

相控阵雷达与常规雷达相比，具有以下技术特点[5-8]。

1）监视（搜索）与跟踪功能相互独立

相控阵雷达采用序列法检测目标，雷达进入跟踪方式是根据监视（搜索）方式中的单次检测来确定目标的存在（跟踪起始）的，或是一次新的跟踪。其目标跟踪的数据率和波束驻留时间是自适应的，雷达在跟踪方式中完成目标航迹参数（如距离、角度、径向速度）的估算，并且使用最佳信号波形、脉冲重复频率和极化形式，提高雷达跟踪复杂环境中小目标的性能。

2）跟踪处理多机动目标的功能

相控阵雷达跟踪和处理多机动目标的功能是一般雷达不可比拟的，相控阵雷达的这个功能除了依赖相控阵雷达天线的快速捷变能力的特点以外，还依赖于相控阵雷达数据处理中的强大的跟踪滤波功能和多目标相关处理功能。

现代多目标跟踪技术是数据互联处理与现代滤波理论的有机结合，多目标跟踪问题包括相关门的形成，数据互联和跟踪的起始、保持及终止等，其中数据互联是多目标跟踪技术中的重点和难点。在相控阵雷达数据关联处理中，常采用相关门技术，雷达的空间分辨力不再由波束宽度和带宽决定，而是由其相关范围决定。

3）数据率高

由于数据率仅受波束驻留时间的限制，利用相控阵天线波束扫描的灵活性和监视（搜索）与跟踪功能相互独立的特点，减小雷达的监视（搜索）时间间隔或增加并行通道数，可显著提高相控阵雷达的有效数据率。

4）能量自适应管理

根据目标的状态/特性、环境条件和雷达的工作方式，对雷达的发射能量进行最佳控制，使雷达在所有的时间和能量约束条件下发挥最大的威力，适应各种任务的瞬时要求。

5）分辨力高

为了从目标回波中提取更多的信息，相控阵雷达可以控制波束驻留时间，提高目标的角分辨力和多普勒分辨力，以便进行目标分类和目标识别处理。

6）可进行空间滤波

相控阵天线可实现自适应零点控制，尤其是采用数字波束成形（DBF）技术。将信号处理技术与天线技术相结合，可实现各种具有特殊形状的波束，可提高雷达抑制干扰、杂波和多径效应的能力。

7）具有多功能能力

相控阵雷达按时间分割原理实现边扫描边跟踪工作方式，并可通过改变波束形状、波束驻留时间、信号形式和脉冲重复频率等参数，同时实现对多批目标的搜索、跟踪、制导和敌我识别等多种功能。这样，一部多功能相控阵雷达就可以代替多部专用的常规雷达。

16.3　相控阵雷达系统结构及工作过程

16.3.1　相控阵雷达系统结构

与传统的机械扫描雷达类似，相控阵雷达系统由发射分系统、接收分系统以及数据处理分系统等组成，还有其独特的阵列天线、T/R 组件、接收多波束形成网络、雷达控制器以及波束控制器等设备。典型相控阵雷达系统结构如图 16.1 所示，其中天线可以是收发分开的，也可以是收发共用的，图中所示为收发共用。接收多波束形成网络可以是相互覆盖的接收多波束，也可以是单脉冲测角所需要的和、差波束。波束控制器是相控阵雷达特有的，它取代了传统机械扫描雷达中的伺服驱动设备，波束控制器接收到雷达控制器指令，解算出每一个天线单元上移相器所需波控码，移相器再根据这些波控码来控制阵列天线的波束指向[9]。

雷达控制器，也称为雷达调度器或者中心计算机，是相控阵雷达系统的控制中心，控制相控阵雷达其他分系统的运行，负责雷达系统执行任务、工作方式、工作参数等的管理。在雷达控制器中，可以按照预先编制好的程序控制雷达发射波形和接收波束，实现对预定空域的搜索。当搜索捕获到目标后，也是在雷达控制器的控制下，建立对新目标的跟踪，同时管理多个已跟踪目标，实现雷达的搜索与跟踪功能。在目标跟踪丢失情况下，雷达控制器要控制对目标的补充照射，以继续维持对目标的跟踪。雷达控制器还可以根据目标回波信号的强弱实现自适应的能量管理、改变发射信号波形、信号重复频率以及发射脉冲数量等。

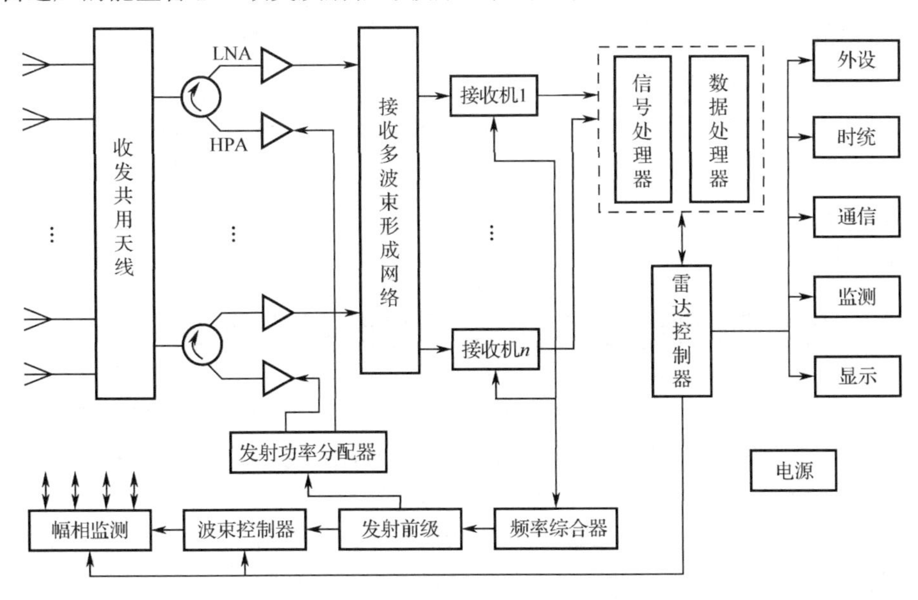

图 16.1　相控阵雷达系统结构框图

16.3.2　相控阵雷达工作流程

相控阵雷达工作的一般流程是：相控阵天线接收到目标的回波信号，经过接收网络、接收机处理后，送入信号/数据处理器，在其中完成目标的检测、测量、互联、滤波以及预测等处理；雷达控制器根据上述处理结果，产生雷达波束的驻留指令，包括雷达波束的指向、发射时间、频率、工作波形、驻留时间等参数，并将其送往雷达发射机和波束控制器；雷达发射机根据雷达控制器指令产生相应的工作波形，通过发射网络到达阵列天线辐射出去；同时波束控制器根据波束指向角计算出移相器所需的波控码，通过移相器控制阵列天线的波束指向，完成雷达控制器的任务指令，形成任务处理的一个闭环。相控阵雷达工作流程如图 16.2 所示。

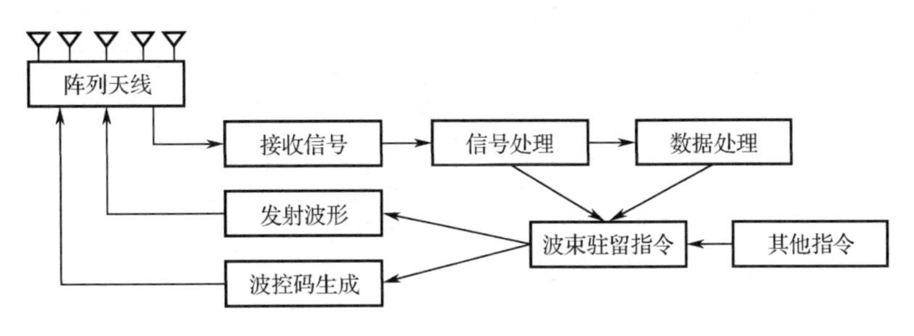

图 16.2　相控阵雷达工作流程图

相控阵雷达在搜索并发现目标后，在对目标进行跟踪的同时还要继续搜索其他目标，这样形成了相控阵雷达的两种典型工作方式：边扫描边跟踪（TWS）和搜索加跟踪（TAS）。

1）边扫描边跟踪工作方式

这种工作方式常用于一维相控阵扫描雷达，这类雷达的跟踪采样间隔时间与搜索采样间隔时间相同，即跟踪数据率与搜索数据率相同。这种方式控制简单，但跟踪数据率较低，往往不能满足高精度跟踪或制导的要求，并没有发挥出相控阵雷达的优点。

2）搜索加跟踪工作方式

这种工作方式下的雷达跟踪与搜索采用不同数据率。为了降低相控阵雷达的负载，对搜索应尽量采用较大的时间间隔，但为保证一定的目标跟踪精度和稳定性，又需要较小的跟踪数据率。把跟踪任务安插在搜索任务的间隔中就能有效解决这一矛盾，同时也显著提高了相控阵雷达的时间利用率。

16.4　相控阵雷达自适应采样周期目标跟踪

相控阵雷达具有天线波束快速扫描、波束形状可变、空间功率合成等技术特点，因而可实现多种工作方式，除可完成搜索、目标截获和多目标跟踪外，还可在某些重点方向上增加信号能量，实现“烧穿”工作方式，扩展搜索或跟踪距离[10]。

在相控阵雷达中使用多目标跟踪系统可完成对单个或多个目标的跟踪，特别是它的波束捷变性和可控性的优点，使多目标跟踪系统的性能得到更充分的发挥。相控阵雷达多目标跟踪的基本原理与普通雷达类似，其原理框图如图 16.3 所示。雷达探测到目标后，点迹录取器提取目标的位置信息形成量测数据（或称为点迹），经预处理后，新的点迹与已存在的航迹进行点航互联，互联上的点迹用来更新相应的航迹信息（滤波），没有互联上的点迹进行新航迹起始。如果目标航迹连续多次没有点迹与其互联，则航迹终止并撤销。可以看出，多目标跟踪的关键技术同样包括航迹起始与终结、点迹与航迹数据互联、跟踪滤波等[11-13]。

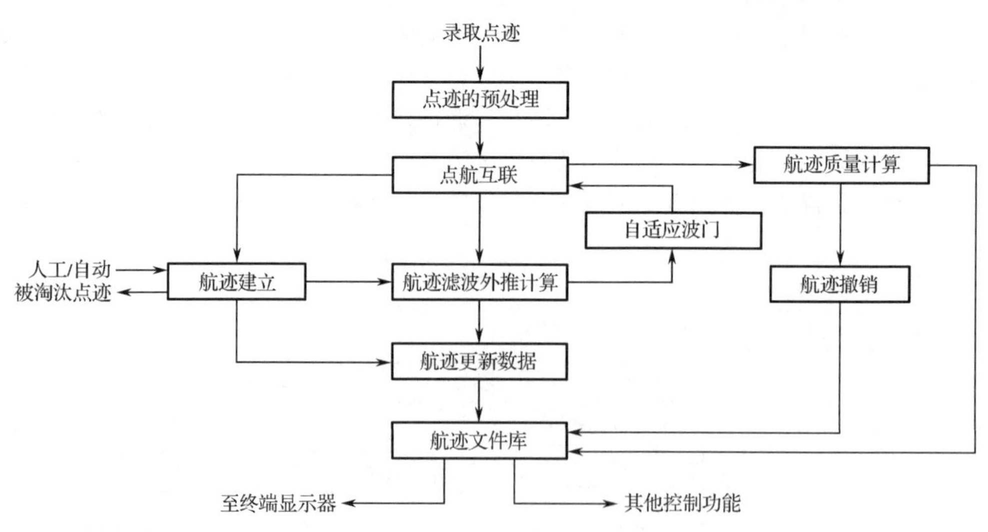

图 16.3　多目标跟踪原理框图

同时，相控阵雷达又具有和普通雷达多目标跟踪不一样的地方，例如利用相控阵雷达提供的径向速度信息可以提高跟踪性能[14,15]，表现在：可以加速初始化进程；可以提高目标参数的估计精度，特别是当目标急剧变化时；在多回波情况下，可以减少点迹与航迹关联的模糊[16-18]，特别是相控阵雷达系统可以按照特定的要求选择驻留时间（就是波束照射某目标的时间），而一般机械扫描雷达都是以相同方式来处理所有的目标的。相控阵雷达可以在很短时间内在任意方向上安排波束的能力，使雷达能同时跟踪多个目标[19-21]。它的这种波束控制能力，使得它能把搜索功能和跟踪功能分开。而机械扫描雷达则不同，其搜索和跟踪具有相同的数据率。在相控阵雷达跟踪中，不再限于采用固定的数据率，可以按照某种规定的最优准则对目标数据进行采样。这就意味着，对机动目标的采样率要高于直线飞行的目标，因而能降低平滑和预测的跟踪滤波器误差。如果某种信息严重缺乏，例如航迹初始条件不满足，就可以在很短时间内获得一个新的点迹，这样可大大缩短航迹起始时间。更重要的是在点迹丢失与雷达重复观测的时间之间，不需要明显地增大相关窗口的尺寸，这样大大减少了相关区域内的虚假点迹数量。

由于相控阵雷达的资源是由多种功能（搜索、跟踪、武器制导等）共享的而且是有限的，因此，必须采用一定的任务调度方式为不同目标分配相应的波束驻留时间和采样间隔，在有效利用跟踪波束使时间资源最小化的同时还要使整体的跟踪质量最大化。具体说来，当目标机动性较大时，系统采用小的采样间隔；而在机动性较小时，采样间隔相对长些。同时，采样间隔不能过大或过小：采样间隔过大会导致目标跟踪精度过低，易跟踪发散而丢失目标；采样间隔过小，一方面使得系统负载增大，另一方面对提高跟踪精度的贡献不大。另外，考虑到在非机动目标滤波稳定跟踪情况下，进一步提高数据率对跟踪精度的改善不明显，在机动目标跟踪出现跟踪发散的情况下，如果不根据目标机动调整滤波模型，单纯提高数据率并不能有效解决跟踪发散的问题。为此，本小节研究自适应采样周期目标跟踪算法时结合机动目标跟踪的相关算法调整滤波模型。

16.4.1　自适应采样周期常增益滤波

常增益α-β滤波器[22]对相控阵雷达跟踪目标而言是具有典型性的。该滤波器可用如下的一组递推滤波方程组描述：

$$\begin{cases} x_p(n) = x_s(n-1) + v_s(n-1)T(n-1) \\ x_s(n) = x_p(n) + \alpha[x_m(n) - x_p(n)] \\ v_s(n) = v_s(n-1) + \dfrac{\beta}{T(n-1)}[x_m(n) - x_p(n)] \end{cases} \tag{16.1}$$

式中，$x_m(n)$是相应于采样时刻$T(n)$的位置测量；$x_p(n)$是相应的预测位置；$x_s(n)$是相应的平滑位置；$v_s(n)$是平滑速度；α、β分别是位置和速度滤波参数。

采样数据间隔假定是分段均匀的。式（16.1）描述了某一种坐标的参数关系，对于其他坐标也是相同的。令

$$e(n) = x_m(n) - x_p(n) \tag{16.2}$$

为了减少噪声效应，可以对$e(n)$进行一个α滤波器处理，即

$$e_s(n) = e_s(n-1) + \alpha_R[e(n) - e_s(n-1)] \tag{16.3}$$

由于常加速度输入a所引起的预测位置的稳态滞后误差对具有定常采样间隔T的α-β滤波器来说是E，且

$$E = \frac{aT^2}{\beta} \tag{16.4}$$

那么，预测位置误差正比于加速度和采样间隔的平方。一个机动目标的加速度导致跟踪

滤波器残差的增加。因此，如果要保持残差为一常量，由式（16.4）可以看出，采样间隔应以反比于加速度的平方根的规律来减小。

在实时估计时，常常采用归一化的残差$e_0(n)$。这里

$$e_0(n)=\frac{e(n)}{\sigma} \tag{16.5}$$

式中，σ为量测噪声的标准偏差。于是

$$T(n)=\frac{T(n-1)}{\sqrt{e_0(n)}} \tag{16.6}$$

算法具体实现时，需要对式（16.6）做某些修改。例如从该式看，$T(n)$可以无限制增加或减小，因此需要根据工程应用的实际情况，给$T(n)$以最大值和最小值的限制。另外，实际可能要求采样间隔变化时取离散值，而不是像式（16.6）取连续值，这样做离散跳变的采样间隔可能会不满足式（16.6）。进而，如果目标量测维数大于 1，且同时采样，就需要对所有维量测残差做某些平均或逻辑合并。

16.4.2　自适应采样周期交互多模型滤波

自适应采样周期交互多模型滤波以 Singer 目标机动模型为基础，然后用交互多模型计算合成目标的过程噪声，并利用采样更新间隔与过程噪声关系的近似计算式计算采样间隔[23,24]。相关实现过程描述如下。

（1）Singer 模型把目标机动控制项按相关噪声建模。

把目标加速度作为具有指数自相关的零均值随机过程建模，即

$$R(\tau)=E[a(t)a(t+\tau)]=\sigma_m^2\mathrm{e}^{-\alpha|\tau|} \tag{16.7}$$

其中，σ_m^2是目标加速度方差，α是机动频率。Singer 模型用 Kalman 滤波对目标状态进行预测和估计，详见本书第 10 章相关内容。

（2）用$\sigma_\rho^2(k+1|k)$表示位置预测误差的方差。

令量测误差方差为σ_0^2，则定义方差缩小比ν_0为

$$\nu_0^2=\sigma_\rho^2/\sigma_0^2 \tag{16.8}$$

在给定位置误差精度时，下一个采样更新间隔（$T=t_{k+1}-t_k$）和稳定状态的预测精度之间的关系为

$$T\approx 0.4\left(\frac{\sigma_0\sqrt{\tau_m}}{\sigma_m}\right)^{0.4}\cdot\frac{\nu_0^{2.4}}{1+0.5\sigma_0^2} \tag{16.9}$$

其中，σ_m表示目标机动模型的过程噪声标准差，τ_m为目标机动时间常数。当位置量测误差标准差σ_0和目标机动参数σ_m、τ_m给定后，在稳态预测精度为ν_0的情况下，采样间隔可以很容易地由式（16.9）算出。

（3）利用 IMM 算法估计机动参数σ_m。

IMM 算法通过用N个模型$\{M_i:i=1,\cdots,N\}$交互作用来跟踪目标的机动运动，模型之间的转移用已知转移概率的有限马尔可夫链来建模。Z^k表示在t_k时所有量测值的集合。模型M_i在$[t_{k-1},t_k]$内的概率为

$$\mu_i(k)=P\{M_i(k)|Z^k\} \tag{16.10}$$

模型概率的更新过程详见本书第 10 章。假定每个模型都具有式（16.7）的形式，且过程噪声为σ_{mi}^2，那么目标加速度的方差估计合成如下：

$$\sigma_m^2(k|Z^k)=\sum_{i=1}^{N}\mu_i(k)\sigma_{mi}^2 \tag{16.11}$$

这样，就可以用上式的σ_m^2代入式（16.8）求得采样更新间隔。这种方法要求的所有模型都必须是同构的，例如都是 Singer 模型。

16.4.3　预测协方差门限法

目标状态预测协方差可以在一定程度上反映目标的机动特性。目标机动特性越大，预测协方差就越大，反之亦然。借鉴该思想可将 IMM 输出的位置预测协方差不断与给定门限进行比较，当超过了给定的门限时，即进行下一次采样，这就是本节所要讨论的预测协方差门限法[25]。相关实现过程具体如下。

基于 IMM 算法计算预测协方差和目标预测状态：

$$\boldsymbol{P}(t_{k+1})=\sum_{i=1}^{N}\mu_j(t_{k+1})\{\boldsymbol{P}_i(t_{k+1})+[\hat{\boldsymbol{X}}_i(t_{k+1})-\hat{\boldsymbol{X}}(t_{k+1})][\hat{\boldsymbol{X}}_i(t_{k+1})-\hat{\boldsymbol{X}}(t_{k+1})]'\} \tag{16.12}$$

$$\hat{\boldsymbol{X}}(t_{k+1})=\sum_{i=1}^{N}\mu_i(t_{k+1})\hat{\boldsymbol{X}}_i(t_{k+1}) \tag{16.13}$$

其中$\hat{\boldsymbol{X}}_i(t_{k+1})$和$\boldsymbol{P}_i(t_{k+1})$为模型$M_i$输出的目标预测状态和预测协方差矩阵。

采样时间满足下式：

$$\boldsymbol{P}(t_{k+1})\leqslant\boldsymbol{P}_{\text{th}} \tag{16.14}$$

其中，$\boldsymbol{P}(t_{k+1})$是t_{k+1}时刻的预测协方差矩阵，$t_{k+1}=t_k+T(t_k)$，$\boldsymbol{P}_{\text{th}}$是给定的预测协方差门限。

考虑到协方差矩阵的主对角线元素表征的是目标的径向距离、方位角和俯仰角的误差方差，非对角线元素反映的是它们之间的相关性，因此可利用矩阵的迹来比较，即

$$\text{tr}[\boldsymbol{P}(t_{k+1})]\leqslant\text{tr}[\boldsymbol{P}_{\text{th}}] \tag{16.15}$$

门限$\boldsymbol{P}_{\text{th}}$可选取量测噪声方差的线性函数，即

$$\text{tr}[\boldsymbol{P}_{\text{th}}]\leqslant\lambda\text{tr}[\boldsymbol{R}(t_{k+1})] \tag{16.16}$$

其中，$\boldsymbol{R}(t_{k+1})$代表t_{k+1}时刻的量测噪声方差矩阵，$\lambda>0$ 是可调系数。通过调整该参数可以灵活控制采样间隔。

在预测协方差门限法中，由于每次采样时刻的确定都要经过式（16.14）的若干次比较，当采样间隔比较大时，计算量会很大。为了减小计算量，可以先设定一组采样间隔，然后计算每种采样间隔下的预测协方差矩阵，预测协方差大于门限的采样间隔即为一种选取方法[26]，选取过程为：

（1）预先定义一组典型的采样间隔$\{T_i\}_1^N$，其中$T_1\leqslant T_i\leqslant T_N$；

（2）由跟踪滤波算法计算每种采样间隔下目标预测协方差$\boldsymbol{P}^i(t_{k+1})$，其中$i=1,2,\cdots,N$；

（3）根据$\boldsymbol{P}(t_{k+1})\leqslant\boldsymbol{P}_{\text{th}}$来确定下一时刻的采样间隔。

预测协方差控制法和预先定义采样间隔法中的系数λ是可控制的，从而可以控制采样间隔。λ越大，则采样间隔就越大，目标的跟踪精度就越低，反之亦然。这样就可以达到相控阵雷达时间资源的自适应调度。

16.5　相控阵雷达实时任务调度策略

相控阵雷达调度策略是指在给定雷达任务请求集合的条件下，计算机依据一定的准则来给出各任务请求的执行序列，以期望在满足系统约束的同时达到某种意义上的最优调度效果。相控阵雷达扫描天线在计算机的控制下，可在微秒量级上完成雷达波束的形成和定位，使雷达能同时执行对多个目标交替进行搜索、跟踪、辨识等任务。由于每个任务（如搜索和跟踪）都将消耗不同的雷达资源，而雷达资源是有限的，因此，如何采用灵活有效的任务调度策略分配和使用这些有限的资源，将对发挥相控阵雷达的多功能优势有着重要的影响，这也是相控阵雷达区别于传统雷达的显著特征之一[27-29]。为此，下面将针对实时任务调度的影响因素、模板调度策略、自适应调度策略等问题展开讨论。

16.5.1　调度的影响因素

在设计有效的调度策略时，需要考虑以下几个影响因素[30,31]。

1）根据任务需求确定相对优先级

在多任务环境下，不同的任务请求可能竞争同一个执行时间段，此时调度算法需要决定调度其中的哪些任务，而延迟或拒绝其他的任务执行。任务相对优先级为调度策略提供了选择依据。由于雷达的每一个任务都是相对于特定的目标（或空域）而采取的，所以其优先级的确定首先要取决于相应目标（或空域）的相对重要性。此外，任务的时间紧迫程度也是确定任务相对优先级时需要考虑的。

2）确定可用工作方式及其相对优先级

一般而言，按照优先级递减顺序，可用的工作方式分为专用工作方式、关键工作方式、近距离跟踪与搜索、远距离跟踪与搜索以及测试与维修五个级别。显然，优先级个数越多，系统作战效率越高；但同时也增加了计算机的处理与存储要求。一般情况下优先级类型个数是根据调度效率、计算机处理时间、存储器占有量以及目标分类方法之间进行综合考虑的。

3）确定雷达资源与设计条件约束

由于每一种工作方式都要消耗一定的雷达资源，而雷达系统资源是有限的。为有效利用雷达资源，需要确定雷达操作的约束因素。资源与设计条件约束如下：

（1）时间资源约束。任何一个雷达事件的发生，从波束定位到事件完成，都要求雷达有相应的动作时间，而调度时间间隔一旦选定之后，即使不考虑其他约束，在一个调度间隔内可能安排的雷达事件数也是有限的。

（2）能量资源约束。如同时间约束一样，任何一个雷达事件的发生，都要求雷达发射机发射一个或多个形状不同的脉冲，即消耗一定的能量。特别是对那些距离远或处于干扰环境中的目标，为保证足够的数据质量，可能要消耗更多的发射机能量。由于不同的工作方式通常要求不同的脉冲波形，即对应不同的占空比，所以，在考虑调度策略设计时，应取某个固定时间区间（一个或多个调度间隔）上一个脉冲序列的平均占空比，即综合占空比。

（3）计算机资源约束。在每一个雷达事件结束之后，雷达回波要经信号处理机送到雷达系统计算机进行数据处理，因而要占用相应的计算机处理与存储资源。一般而言，跟踪方式比搜索方式要占用更多的计算机资源。但是，为了方便起见，通常认为前者为后者的 1.5 倍，并把计算机约束统一表示为在单位时间内允许的最大跟踪波束数。

（4）雷达设计条件约束。它是指某些硬件设计所造成的限制。如对于一部采用封闭型铁氧体移相器的雷达来说，移相器的材料本身就规定了单位时间内允许最大波束位置改变的次数，因而也就限制了在一个调度间隔时间内可调度的工作方式数。

4）选择调度间隔

调度间隔是系统控制程序调用调度程序的时间间隔，它是整个计算机程序体系结构的基础，决定雷达控制回路中主要子程序的执行频率。雷达控制器与天线前端之间每隔一个调度间隔进行一次数据交换，若调度间隔选得过长，就无法满足系统对某些工作方式执行频率的要求；若调度间隔选得太短，则会额外增加计算机的支援程序和内务处理程序的开销。一般依据系统对某些工作方式的频度要求以及使计算机的中断次数和管理工作开销最小的原则来综合选择。

5）选择调度策略

相控阵雷达常用的调度策略包括模板调度策略和自适应调度策略两大类，前者又可进一步分为固定模板策略、多模板策略和部分模板策略，下一节就将针对这三种策略展开讨论；而自适应调度策略放在 16.5.3 节进行分析。

16.5.2　模板调度策略

1）固定模板策略

该策略最为简单，是指在每一调度间隔 T 内，预先分配相同的时间间隔，用于一组固定组合的雷达事件。在每个调度间隔内，调度程序依次安排五个雷达事件：证实—跟踪—跟踪—搜索—搜索，如图 16.4 所示。这种策略的优点是简单，不需要实时地对雷达事件排序，占用资源较少。但是固定模板策略缺乏灵活性和自适应能力，仅适用于特定的目标环境，不适用于多样的动态环境。因此，该方法只能供单一用途或单一功能的雷达使用。

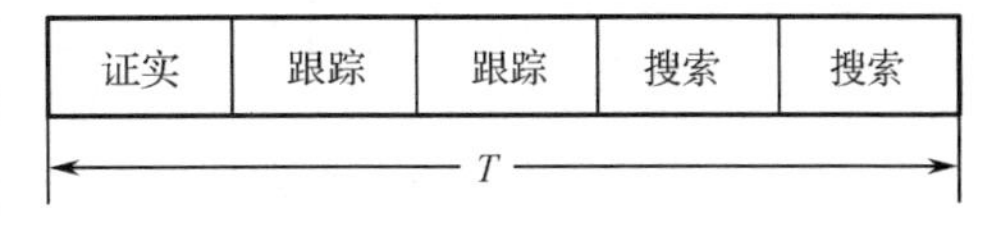

图 16.4　固定模板策略示意图

2）多模板策略

该策略是固定模板策略的一种改进，提高了调度的灵活性和自适应能力。多模板策略具体是指预先设计多个固定模板，每一种固定模板与一种特定的雷达操作环境相匹配，实时调度时计算机根据当前目标环境和一定的准则选择最佳的模板，如图 16.5 所示。该策略随着模板种类的增加，对计算机的处理能力要求也增加，当模板种类非常多时，也降低了调度的灵活性和适应性。因此，多模板策略仅适用于对目标环境和操作环境具有先验知识的雷达使用。

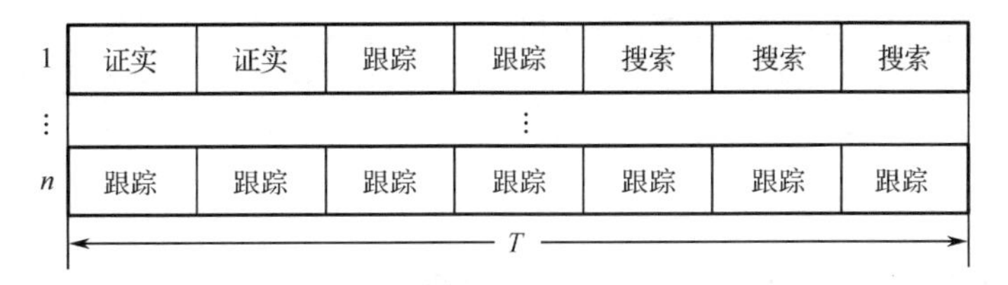

图 16.5　多模板策略示意图

3）部分模板策略

该策略实质上是一种部分自适应策略，具体是指在调度间隔内预先安排一个或多个事件，然后在剩余时间内按照操作优先级和各种约束安排其他雷达操作，如图 16.6 所示。该策略较前两种策略提高了雷达利用效率，对目标环境的灵活性和适应性较强，可用于多功能和多用途雷达。

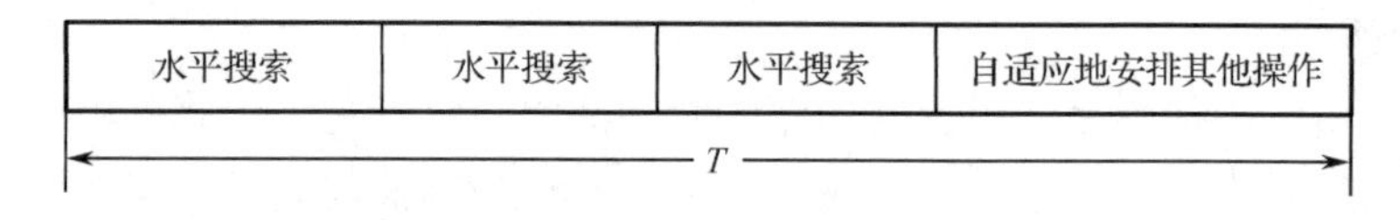

图 16.6　部分模板策略示意图

16.5.3　自适应调度策略

自适应调度策略是指在满足各种工作方式相对优先级的情况下，在雷达设计条件范围内，通过实时地平衡各种雷达波束请求的时间、能量和计算机资源，为每个调度间隔选择最佳雷达事件序列的一种调度方法。图 16.7 为自适应调度策略的功能框图，其中任务队列将各种雷达事件请求送入优先级滤波器，优先级滤波器将根据事先设定的规则和外界动态环境为各个雷达事件确定相对优先级，约束滤波器组随后根据雷达约束及优先级来决定接受还是拒绝送入的雷达事件，并将它们分别送入被调度执行或拒绝队列。由此可见，自适应调度策略满足下列自适应准则：

（1）与动态的雷达环境相适应；

（2）与不同工作方式的相对优先级相适应；

（3）实时平衡各种雷达操作所要求的时间、能量和计算机资源；

（4）满足雷达设计条件约束。

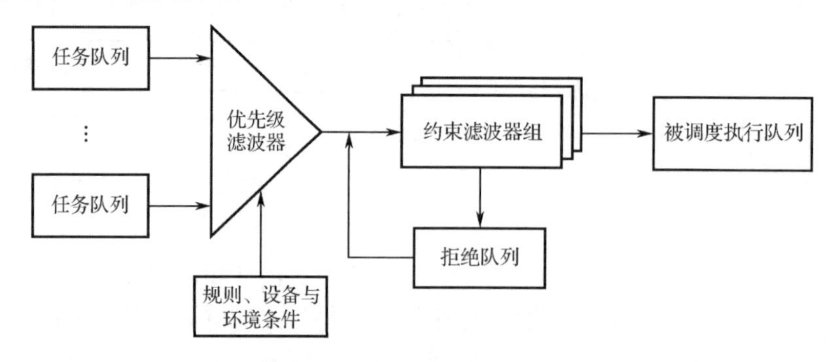

图 16.7　自适应调度策略功能框图

动态优先级的 EDF（Earliest Deadline First）调度算法与相控阵雷达任务动态变化的特点相适应，因此对于相控阵雷达系统的任务调度而言，动态优先级调度算法是其关注的重点。EDF 的含义是在调度处理中截止期最早的任务具有最高的优先级，因而最优先被调度。根据任务的抢占特性，可以将 EDF 调度算法划分为抢占式 EDF 调度算法和非抢占式 EDF 调度算法。

1）抢占式 EDF 调度算法

抢占式 EDF 调度算法是一个动态优先级驱动的调度算法，其中分配给每个任务的优先级根据它们当前对最终期限的要求而定。当前请求的最终期限最近的任务具有最高的优先级，而请求最终期限最远的任务被分配最低的优先级。这个算法能够保证在出现某个任务的最终期限不能满足之前，不存在处理器的空闲时间。上述抢占式 EDF 调度算法是基于如下的假设：

（1）任务不存在不可抢占的部分，而且任务抢占所付出的代价可以忽略不计；

（2）只考虑任务对处理器资源的消耗，而内存、I/O 和其他资源的消耗忽略不计；

（3）所有任务都是独立的，不存在时序上先后的约束；

（4）所有任务的相对最终期限与其周期相等。

基于上面的假设（1）～（4），抢占式 EDF 调度算法对给定的周期性任务集的可调度性充要条件为

$$\sum_{i=1}^{n} e_i / p_i \leqslant 1 \tag{16.17}$$

其中，e_i、p_i 分别为任务集合中任务 $i(1 \leqslant i \leqslant n)$ 的执行时间和执行周期。由此可见，抢占式 EDF 调度算法最大的优势在于，对于任何给定的周期性任务集合，只要处理器的利用率不超过 100%，都能够保证该任务集的可调度性。

需要指出的是，上述分析的结果只是针对相对截止期等于其周期的实时任务而言，对于更一般的情况，即任务的相对截止期不等于任务周期，特别是小于任务周期时，采用 EDF 调度算法对任务集的可调度条件可参见文献[32]。

2）非抢占式 EDF 调度算法

非抢占式 EDF 调度算法（NPEDF）是由 Jeffay[33]提出的，适用于周期性和非周期性任务。一个任务一旦执行就要执行完成，其间不能被其他任务所中断。调度程序只是在一个任务执行完毕后才决定下一个要执行的任务，这与抢占式调度中在每个时钟单位都要重新确定要执行的任务不同。NPEDF 可以用下面的方程描述：

$$\forall i, L, 1 < i \leqslant n, p_1 < L < p_i \quad L \geqslant e_i + \sum_{j=1}^{i-1} \left| \frac{L-1}{p_j} \right| e_j \tag{16.18}$$

由此可见，非抢占式 EDF 调度算法消除了抢占的调度开销，但是不能保证高优先级的任务优先得到执行。从相控阵雷达系统任务调度的特点来看，系统每个实时任务对应着雷达波束在某个方向上一段时间的驻留，而在波束照射的时间内是不会被其他任务所中断的，所以说相控阵雷达系统的任务调度属于非抢占式调度问题。

3）修正的 EDF 调度算法

EDF 调度算法本质上属于优先级驱动的调度策略，即在调度分析的各个时刻总是选取优先级最高的任务来调度、执行。在这种调度算法中任务的优先级完全由任务的时间属性决定，即任务的截止期。但是对于相控阵雷达系统而言，系统中各个任务还有自身的工作方式优先级属性，在这种混合的任务调度算法中，截止期越小的任务并不一定是越优先调度执行，此时需要综合任务的多种属性来判断任务最终的优先级。不失一般性，文献[31]考虑任务的截止期属性和任务的工作方式优先级属性确定任务的综合优先级，对于其他的属性参数或者三个以上的属性参数的情况可以依此类推。从上述分析可以看出，对于任务具有多个属性参数时的调度问题，优先级的确定是关键。只要任务的优先级逐个被确定，那么将此优先级类比于 EDF 调度算法中的任务截止期，就可以利用 EDF 调度算法的调度思想来进行调度分析处理，相关算法的实现可参见文献[34]。

4）基于时间窗的任务调度

Huizing 等提出了任务请求时间窗的概念[35]，即雷达任务请求的实际执行时间可在其期望发射时间范围内的一个时间窗中移动[36]。这种思想使原本在时间上有冲突的雷达事件，经时间窗的调整后，也可能被调度执行，可显著提高雷达事件请求的调度效率和雷达的时间利用率。但是该方法仅考虑了雷达系统的时间资源约束，而未考虑其他资源的约束，包括能量资源约束和计算机资源约束。随着计算机性能的日益提升，雷达计算机资源约束的瓶颈已经逐渐消失，因此重点是要综合系统的能量资源约束，具体算法实现可参见文献[37]。

5）基于脉冲交错的任务调度

为了进一步提高雷达的时间利用率，脉冲交错技术[38]被应用在雷达领域，其思想是在单个任务收发脉冲间隔中交错调度其他任务的发射或接收脉冲。虽然脉冲交错技术能使系统利用率提高，但雷达发射机的持续工作时间也会相应延长。为了保证各种雷达事件的有效执行，避免能量消耗量超过系统能承受的物理条件限制而导致发射机过热损坏，在脉冲交错时必须充分考虑系统的能量资源约束。Orman 等人进一步分析了这种技术，并利用启发式方法解决了一部实际雷达的任务调度问题[39]。这种方法的优点是同时考虑了雷达系统的时间和能量约束，相关算法的实现可参见文献[40]。

16.6　自适应采样周期目标跟踪算法性能分析

16.6.1　仿真环境与参数设置

对于采用固定采样间隔的目标跟踪仿真，每次蒙特卡罗仿真的数据率是相同的；但是当用自适应采样周期时，一定的仿真时间内几乎每次仿真的采样点数都不相同。因此，在进行性能分析时，不能采取传统的求和平均方法，而是在一个小的时间段内进行平滑处理，每个 $[T_a,T_b]$ 时间段内的平均采样间隔 $T_{\text{avg}[T_a,T_b]}$ 和位置误差均方根误差 $X_{\text{rms}[T_a,T_b]}$ 分别计算如下：

$$T_{\text{avg}[T_a,T_b]}=\left(\sum_{j=1}^{M}\sum_{t_k^j\in[T_a,T_b]}1\right)^{-1}M(T_b-T_a) \tag{16.19}$$

$$X_{\text{rms}[T_a,T_b]}=\left[\frac{1}{\bar{M}}\sum_{j\in J}\frac{\sum\limits_{t_k^j\in[T_a,T_b]}[(\hat{x}(t_k^j)-x(t_k^j))^2+(\hat{y}(t_k^j)-y(t_k^j))^2]}{\sum\limits_{t_k^j\in[T_a,T_b]}1}\right]^{1/2} \tag{16.20}$$

其中，t_k^j 表示第 j 次蒙特卡罗仿真中第 k 个更新时刻，$\sum\limits_{t_k^j\in[T_a,T_b]}1$ 表示更新时刻 t_k^j 落在 $[T_a,T_b]$ 时间段内的总次数，另外

$$J=\left\{j:\sum_{t_k^j\in[T_a,T_b]}1\neq 0, j=1,\cdots,M\right\},\qquad \bar{M}=\sum_{j\in J}1 \tag{16.21}$$

仿真场景中，目标从（10 000 m, 2 000 m）处出发，初始速度为（−160 m/s, 50 m/s），运动 100 s，目标运动情况如表 16.1 所示。相控阵雷达初始扫描周期 T=2 s，测距误差 σ_ρ=150 m，测角误差 σ_θ=5 mrad。仿真中平滑间隔取为 2 s，仿真次数为 500。图 16.8 给出了目标的真实运动轨迹。

表 16.1　目标运动情况

运动时间/s	0～12.5	12.5～25	25～50	50～62.5	62.5～100
运动方式	匀速	匀加速	匀速	匀加速	匀速
加速度/（m/s²）	(0,0)	(10, 50)	(0,0)	(50, −30)	(0,0)

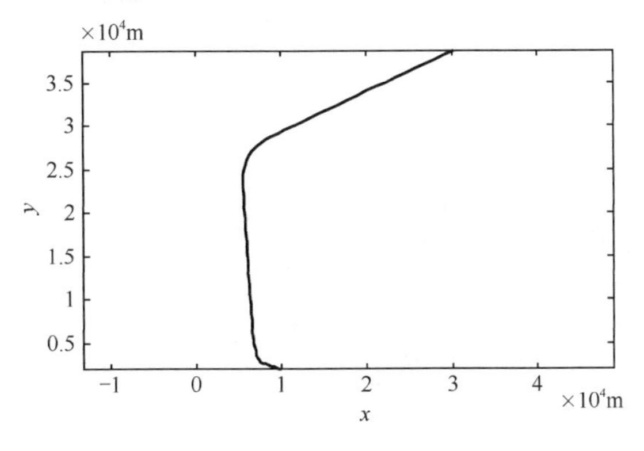

图 16.8　目标真实运动轨迹

在变间隔常增益滤波法中，采用变间隔 α - β 滤波器，滤波参数设置为 α =0.5，β =0.167。采样间隔的变化限制在 0.5～2 s 范围内。图 16.9 所示为自适应采样周期与固定采样周期常增益滤波法的仿真结果对比。

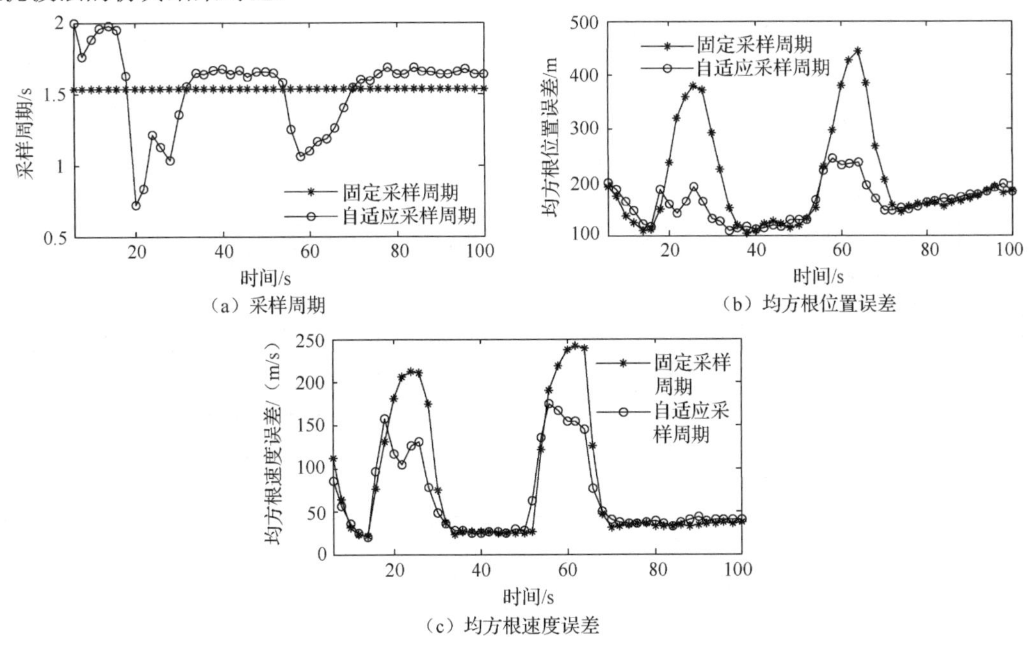

图 16.9　常增益滤波法结果图

在自适应采样周期交互多模型法中，采用 3 个具有不同过程噪声方差的 Singer 模型，大小分别为 2.5 m/s²、20 m/s² 和 80 m/s²，目标机动时间常数 τ_m =10 s，设 ν_0 =0.8，模型初始概率为[0.8, 0.1, 0.1]，转移概率矩阵为 $\boldsymbol{p}$ = [0.95, 0.025, 0.025; 0.025, 0.95, 0.025; 0.025, 0.025, 0.95]。图 16.10 给出了交互多模型法自适应采样周期与同样采用 3 个具有不同过程噪声方差的 Singer 模型的固定采样周期的仿真结果对比。

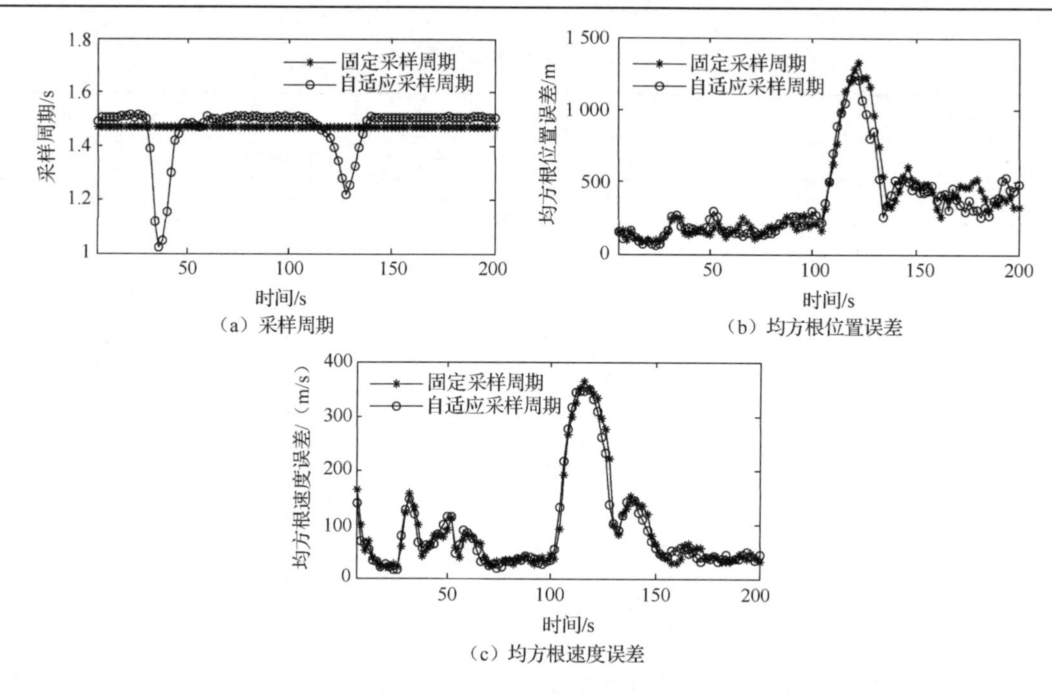

（a）采样周期 （b）均方根位置误差 （c）均方根速度误差

图 16.10 交互多模型法结果图

在预测协方差门限法中，选择两个匀速（CV）模型和一个匀加速（CA）模型构成多模型集合，CV 模型过程噪声方差为 1 和 10，CA 模型的为 20，模型初始概率为[0.8, 0.1, 0.1]，转移概率矩阵为 $\boldsymbol{p}$ =[0.95, 0.025, 0.025; 0.025, 0.95, 0.025; 0.025, 0.025, 0.95]，算法中预先定义的采样周期集合为{0.5s, 1s, 2s}。图 16.11 给出了该方法与同样采用两个 CV 和一个 CA 模型构成多模型集合的固定采样周期交互多模型方法的对比仿真结果。

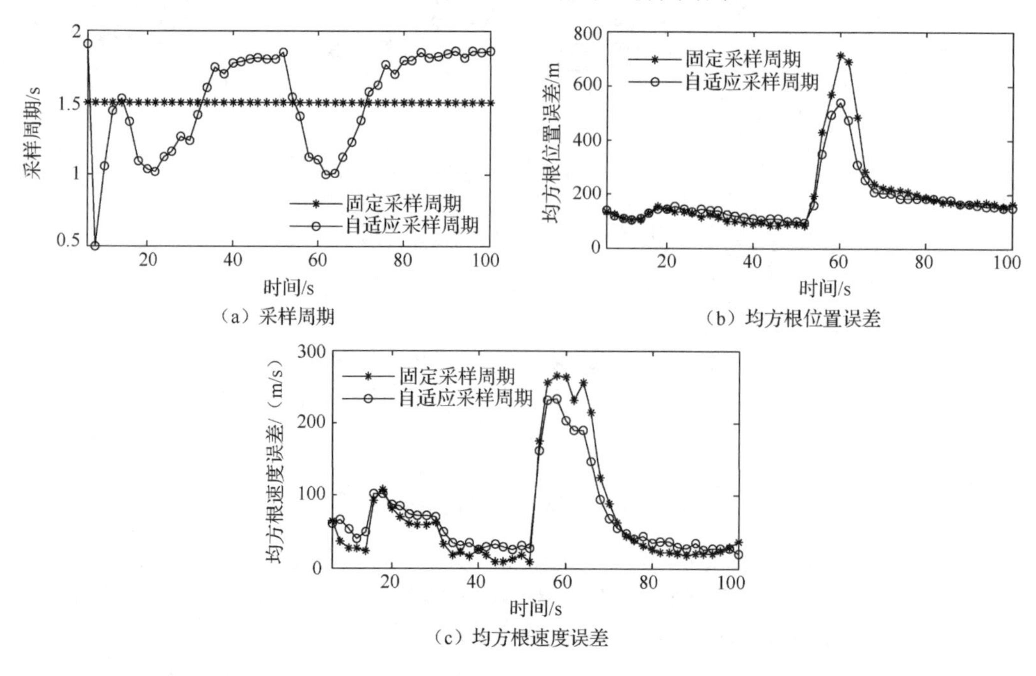

（a）采样周期 （b）均方根位置误差 （c）均方根速度误差

图 16.11 预测协方差门限法结果图

16.6.2　仿真结果与分析

从图 16.9（a）、图 16.10（a）和图 16.11（a）可见，自适应采样周期法均能达到预期的采样周期自适应控制的效果，采样周期能根据目标的运动状态自适应变化，即在目标机动期间采用小的采样周期，而在目标非机动期间采样周期相对大些。自适应采样周期常增益滤波法可以调整根据目标残差值设置的采样间隔，自适应采样周期交互多模型法可以调整稳态预测精度，预测协方差门限法可以调整协方差门限，从而调整雷达对目标的跟踪精度以及系统在该跟踪任务上分配的时间资源量，以提高自适应采样周期的灵活性。

为了表现自适应数据率工作方式的优越性，将自适应采样周期法与固定采样周期法进行对比，固定采样周期法中的模型集合与自适应采样周期法的相同，且其中的采样周期设定为由改进的自适应采样周期算法给出的平均采样周期，这使得两类跟踪算法在该跟踪任务消耗的时间资源量相同。图 16.9（b）、图 16.9（c）、图 16.10（b）、图 16.10（c）、图 16.11（b）和图 16.11（c）分别对比了常增益滤波法、交互多模型法和预测协方差门限法的跟踪性能，表 16.2～表 16.4 给出了定量对比结果。从中可见，固定采样周期算法的跟踪位置误差和速度误差都比三种自适应采样周期法大。

表 16.2　常增益滤波法的位置 RMS、速度 RMS 和平均周期

方　法	位置 RMS/m	速度 RMS/（m/s）	平均周期/s
自适应采样周期	159.70	63.50	1.53
固定采样周期	201.42	78.28	

表 16.3　交互多模型法的位置 RMS、速度 RMS 和平均周期

方　法	位置 RMS/m	速度 RMS/（m/s）	平均周期/s
自适应采样周期	155.70	66.99	1.46
固定采样周期	168.04	70.69	

表 16.4　预测协方差门限法中位置 RMS、速度 RMS 和平均周期

方　法	位置 RMS/m	速度 RMS/（m/s）	平均周期/s
自适应采样周期	177.12	71.64	1.52
固定采样周期	196.64	70.98	

16.6.3　比较与讨论

（1）从图 16.9（b）和图 16.9（c）中可见，常增益滤波法在目标发生机动时，自适应采样周期法的误差变化响应比固定采样周期法更快。这主要是由于常增益滤波的噪声模型是零均值高斯白噪声，能够快速检测到目标机动。目标机动时，自适应采样周期法立刻降低采样间隔，探测下一时刻目标位置，位置误差开始增大；而固定采样周期法采样间隔不变，等到下一时刻探测目标时，位置误差也开始增大，但增幅明显更大。

（2）对比图 16.10（a）和图 16.11（a）可以发现，交互多模型法在目标发生机动时，自适应采样周期法的采样周期变化的响应明显滞后于目标机动时间。这主要是因为交互多模型

法中使用的是 Singer 模型，而 Singer 模型是相关噪声模型，这就导致目标机动引起的模型概率更新存在去相关时间。这样从跟踪性能图 16.10（b）和图 16.10（c）中可以看出，在目标机动时间段，采样率的提高降低了跟踪误差，而在非机动时间段，自适应采样周期法比固定采样周期法采样周期长，对跟踪性能的影响并不大。总的平均跟踪性能依然是自适应采样周期法更好。

（3）对比图 16.11（a）和图 16.10（a）可以发现，预测协方差门限法在目标发生机动时，自适应采样周期法的采样周期变化的响应更快。这主要是因为预测协方差门限法使用的 CV 和 CA 模型，它们都是白噪声模型，响应目标机动引起的模型概率的变化更快。另外，由于预测协方差在跟踪阶段存在收敛过程，即在初始阶段预测协方差比较大，这导致在初始阶段自适应采样周期法的采样率也较大，由于该过程时间较短，对整个跟踪过程影响不大。

（4）对比图 16.10（c）和图 16.11（c）可以发现，速度 RMS 在两个机动时间段都出现了两个波峰。根据两个波峰出现的时间可知，目标发生机动时需要提高相控阵雷达对目标的采样率，本质上是加快滤波模型匹配目标运动模型的过程，当滤波模型与目标运动相匹配之后，跟踪精度逐渐提高，稳定跟踪之后，采样频率就可以相应降低。另外图 16.10（c）的两个波峰更为明显，并且使图 16.10(b)中也出现了明显的两个波峰，这同样是因为 Singer 模型是相关噪声模型，去相关时间将模型概率变化的响应时间展宽。

（5）由于各种机动目标跟踪算法之间的性能本身存在差异，各自适应算法之间不能进行统一对比，因此上述仿真都是针对相同跟踪算法前提下采用固定采样周期和自适应采样周期两种采样机制的性能对比，表明相控阵雷达采用自适应采样周期的性能优越性。

16.7　小结

本章在对相控阵雷达的主要特点、系统结构、工作过程等进行介绍的基础上，针对相控阵雷达数据处理中的几个典型的关键技术进行了讨论，包括：（1）充分利用相控阵雷达能够根据需要灵活控制目标数据采样间隔这一优势来有效提高目标高机动时的跟踪性能，更好地平衡雷达工作负载；（2）针对相控阵雷达能同时执行对多个目标交替进行搜索、跟踪、辨识等多种任务的特点，讨论了利用实时任务调度策略来使有限雷达资源发挥更强大功效等问题。本章最后重点对相控阵雷达自适应采样周期目标跟踪的相关算法进行了对比仿真，结果表明：根据目标机动情况自适应地改变采样周期，能够有效降低雷达的负载，同时改善目标的跟踪性能。

相控阵雷达是对空间目标进行监视和对远程战略目标进行预警的重要雷达，该类雷达作用距离远、目标容量大、数据率高等特点除了依靠增大雷达信号能量和计算机处理能力外，主要依靠相控阵天线波束扫描的灵活性。由于现代雷达系统工作环境日趋恶化，其在具备从强杂波等恶劣环境中检测目标和提取目标能力的同时，还必须具有自适应抑制干扰、频率捷变和极化捷变的能力。而相控阵雷达在提高空间域、时间域、频率域等方面综合的抗干扰性能的同时，在多目标跟踪时具备多目标搜索能力，可完成多部机械扫描雷达难以完成的任务，能够提高整个系统的快速响应能力。相控阵技术是同时满足高性能、高生存能力雷达所必需的关键技术，也是降低现代高性能雷达研制和生产成本的重要途径，具备广阔的应用前景和发展空间，相控阵雷达网多目标跟踪中的最佳资源分配等问题也受到国内外学者的广泛关注[41-45]，相控阵雷达信号处理和数据处理相关技术也必定会随着时代发展而不断进步。

参考文献

[1] 赵源. 相控阵雷达及组网抗有源假目标与虚假航迹方法研究. 成都: 电子科技大学, 2019.

[2] 廖翠平. 基于数据关联的相控阵雷达弱目标多帧联合探测技术研究. 成都: 电子科技大学, 2020.

[3] 徐振来. 相控阵雷达数据处理. 北京: 国防工业出版社, 2009. 4.

[4] 蔡庆宇, 张伯彦, 曲洪权. 相控阵雷达数据处理教程. 北京: 电子工业出版社, 2011.

[5] 张光义. 相控阵雷达原理. 北京: 国防工业出版社, 2009.

[6] 邵春生. 相控阵雷达研究现状与发展趋势. 现代雷达, 2016(6): 1-4.

[7] 窦兴师. 相控阵雷达研究现状与发展趋势. 电子测试, 2018(15): 94-100.

[8] 张光义. 有源相控阵雷达与无源相控阵雷达比较. 现代雷达, 2000, 22(4): 7-13.

[9] 胡卫东, 郁文贤, 卢建斌, 等. 相控阵雷达资源管理的理论与方法. 北京: 国防工业出版社, 2010.

[10] 张光义. 工作方式对相控阵雷达作用距离的影响. 电子工程信息, 2003(1): 1-6.

[11] Bordonaro S, Willett P, Shalom Y B. Decorrelated Unbiased Converted Measurement Kalman Filter. IEEE Transactions on Aerospace and Electr-onic Systems, 2014, 50(2): 1431-1442.

[12] Shalom Y B, Fortmann T E. Tracking and Data Association. Academic Press, 1988.

[13] He Y, Xiu J J, Guan X. Radar Data Processing with Applications. John Wiley & Publishing House of Electronics industry, 2016, 8.

[14] 荆楠. 地面相控阵雷达数据处理技术及软件设计研究. 南京: 南京理工大学, 2018.

[15] Carlson N A. Federated Square Filtering for Decentralized Parallel Processes. IEEE Trans. on Aerospace and Electronic System, 1990, 26(3): 517-525.

[16] Kural F. Performance Evaluation of Track Association and Maintenance for a MFPAR With Doppler Velocity Measurements. Progress In Electromagnetics Research. vol. 108. 2010: 249-275.

[17] Olivera R, Olivera R, Vite O, et al. Application of the Three State Kalman filtering for Moving Vehicle Tracking. IEEE Latin AmericaTransactions, 2016, 14(5): 2072-2076.

[18] 费利那 A, 斯塔德 F A. 雷达数据处理（第一卷）. 北京: 国防工业出版社, 1988.

[19] Musicki D, Doppler-aided target tracking in heavy clutter. The 13th Int. Conf. Inf. Fusion (FUSION), Edinburgh, U. K. , 2010, 26-29.

[20] Musicki D, Scala B L. Multi-target Tracking in Clutter Without Measurement Assignment. IEEE Transactions on Aerospace and Electronic Systems, 2008, 44(3): 877-896.

[21] Wang X, Musicki D, Ellem R, et al. Efficient and Enhanced Multi-target Tracking with Doppler Measurements. IEEE Transactions on Aerospace and Electronic Systems, 45(4), October 2009: 1400-1417.

[22] 卢泓铡, 罗强. 低空目标情况下 α-β 滤波器性能分析和优化. 电子世界, 2018(8): 201-202.

[23] Shin H J, Hong S M, Hong D H. Adaptive-Update-Rate Target Tracking for Phased-Array Radar. IEE Proceedings: Radar, Sonar Navigation, 1995, 142(3): 137-143.

[24] Van Keuk G. Software Structure and Sampling Strategy for Automatic Tracking with a Phased Array Radar. Proceedings of AGARD Conference, Monterey, CA, 1987, 11(252): 1-13.

[25] Watson G A, Blair W D. Tracking performance of a Phased Array Radar with Revisit Time Controlled Using the IMM Algorithm. In Proceedings of IEEE National Radar Conference. 1994. Atlanta, GA, 160-165.

[26] 王峰. 相控阵雷达资源自适应调度研究. 西安: 西北工业大学, 2002.

[27] 李姝怡. 相控阵雷达中目标跟踪和波束调度算法研究. 成都: 电子科技大学, 2018.

[28] 王祥丽. 相控阵雷达跟踪模式下波束和时间资源管理算法研究. 成都: 电子科技大学, 2018.

[29] Gu X, Li W. Utilization of Time Resource for the Dwell Scheduling of the Phase Array Radar. CIE International Conference on Radar, 2017: 1-5.

[30] 李俊, 李国梁. 相控阵雷达技术及其数据处理方式的研究. 科学与信息化, 2017(24): 23-25.

[31] 毕增军, 徐晨曦, 张贤志, 等. 相控阵雷达资源管理技术. 北京: 国防工业出版社, 2016.

[32] Goossens J, Devillers R. Feasibility intervals for the deadline driven scheduler with arbitrary deadlines. IEEE Conference on Real- Time System, 1999.

[33] Jeffay K, Stanat D F, Martel C U. On non-preemptive seheduling of periodic and sporadic tasks. Proceedings of the 12th IEEE Symposium on Real-Time Systems, 1991.

[34] 卢建斌. 相控阵雷达资源管理的理论与方法. 长沙: 国防科学技术大学, 2007.

[35] Huizing A G, Bloemen A A F. An Efficient Scheduling Algorithm for a Multifunction Radar. IEEE International Symposium on Phased Array Systems and Technology, Boston MA, 15-18 Oct 1996, 359-364.

[36] Huizing A G, Eloi Bosse. A High-Level Multifunction Radar Simulation for Studying the Performance of Multisensor Data Fusion Systems. Proceedings of SPIE on Signal Processing Sensor Fusion Target Recognition, 1998(3374): 129-138.

[37] 毛依娜. 相控阵雷达在跟踪模式下的资源管理及任务调度研究. 西安: 西安电子科技大学, 2011.

[38] Farina A, Neri P. Multitarget Interleaved Tracking for Phased Array Radar. IEE Proeeedings, PartF: Communication, Radar, and Signal Processing, 1980, 127(4): 312-318.

[39] Orman A J, Potts C N, Shahani A K, et al. Scheduling for a Multifunction phased Array Radar System. European Journal of Operational Research, 1996, 90(1): 13-25.

[40] 程婷. 相控阵雷达自适应资源管理技术研究. 成都: 电子科技大学, 2008.

[41] Pan W. Application of Adaptive Genetic Algorithm to Optimal Scheduling of Phased Array Radar. Electronic Information Warfare Technology, 2014, 29(1): 38-41.

[42] Dai J H, Yan J K, Zhou S H, et al. Sensor Selection for Multi-target Tracking in Phased Array Radar Network Under Hostile Environment. 2020 IEEE Radar Conference, 2020, 9.

[43] Sun M C, Zhang Q, Chen G L. Dynamic Time Window Adaptive Scheduling Algorithm for the Phased Array Radar. Journal of Radars, 2018, 7(3): 303-312.

[44] Yan J K, Pu W Q, Liu H W, et al. Cooperative target assignment and dwell allocation for multiple target tracking in phased array radar network. Signal Processing, 2017, 141: 74-83.

[45] Dai J H, Yan J K, Wang P H, et al. Optimal Resource Allocation for Multiple Target Tracking in Phased Array Radar Network. 2019 International Conference on Control, Automation and Information Sciences (ICCAIS), 2019, 10.

第 17 章 雷达组网误差配准算法

17.1 引言

雷达组网可有效聚合各雷达预警探测能力，构建生成体系化情报保障能力，其效能已得到世界各国公认。然而，实际系统中各雷达探测目标误差的存在，致使系统实时组网效果不稳定、波动大，这已成为制约雷达组网体系化能力生成的主要短板问题。实际应用表明：在多雷达组网跟踪系统中，雷达系统误差的存在会导致目标跟踪误差比理论值要大；当偏差太大时，多雷达的跟踪效果甚至不如单雷达；在最坏情况下，甚至会导致同一目标产生多条航迹，形成歧义，造成态势混乱。

虽然可在设备系统的设计、研制、安装、调整，直至操作、使用等各环节采取严格措施来减少雷达系统误差的存在，但受测量设备和系统体制、方法、器件的性能指标、零值校正残差及干扰和噪声等各种因素影响，设想提前消除系统误差的思路和措施具有很大的局限性。雷达系统误差是动态变化的，即使使用前消除了，也会随着时间的推移，受各种外界因素影响，会重新生成。误差配准是实现多平台分布式协同的基础性关键技术，网格锁定技术作为美国军方所倡导的网络中心战最为核心的关键技术之一，其本质上就是误差配准技术。同时，误差配准也是近期快速发展的马赛克战和决策中心战的基础支撑技术。本章主要讨论固定雷达[1,2]和机动雷达系统误差配准[3,4]方法。

17.2 系统误差构成及影响

17.2.1 系统误差构成

雷达探测系统主要存在两种类型的误差[5-8]：随机误差和系统误差。随机误差可以通过各种滤波的方法进行减小和消除；而系统误差是一种确定性误差，无法通过滤波方法直接去除，须事先进行估计，然后进行补偿，这一过程称为误差配准。

根据系统误差起源的不同，组网雷达系统误差可主要分为以下几类：

① 雷达定位误差；

② 雷达量测系统误差；

③ 机动平台姿态角系统误差；

④ 坐标变换系统误差。

雷达定位误差是由于位置测量设备不精确造成的，随着北斗卫星导航系统的广泛应用，雷达位置量测精度会越来越高，进而雷达定位误差对组网系统的影响也会越来越小。雷达量测系统误差主要包括测距误差、测方位角误差、测俯仰角误差（三坐标雷达）。其中，测距误差是由于雷达内部线路延时、系统零点漂移以及距离时钟速率不准确造成的，表现为加性误差慢变量以及与距离成正比的误差增益量；测方位角误差是由于雷达天线对准正北方向的偏差造成的，表现为加性误差慢变量；测俯仰角误差是由于雷达天线底座固定倾斜造成的，表现为加性误差慢变量。机动平台姿态角系统误差主要包括横摇、纵摇和偏航角系统误差，是由于姿态测量设备（如 GPS、陀螺仪等）不准确以及反应时间慢等原因造成的，与平台的机动程度有关，当平台大机动时，机动平台姿态角系统误差增大，对雷达系统影响明显，应予以重点配准消除。坐标变换系统误差是由于雷达不同坐标系间变换公式的固有误差造成的，可根据组网雷达部署情况，通过选择合适的公共坐标系来减小该类型系统误差对雷达组网系统的影响。

由于②、③类系统误差对雷达系统的影响较大，本章主要对这两类系统误差配准方法进行研究。另外，由于很难对距离系统误差和与平台机动程度有关的姿态角系统误差进行准确建模，在工程中一般通过经验进行近似建模，因此这里除做特别说明外，一般假设它们一段时间内都符合常量模型，都是固定常量。

17.2.2　系统误差影响

对于单雷达情况，系统误差对各个目标影响都是一样的，只产生一个固定的旋转和偏移，不会影响目标速度和相对位置的估计，因而并不会影响单部雷达跟踪性能。而雷达组网系统情况就不同，根据文献[9]可知，在多雷达跟踪系统中，系统误差的存在会导致跟踪均方根误差比理论值大。如果系统误差太大，就会出现多部雷达融合跟踪甚至不如单雷达跟踪效果的情况。最恶劣情况下，系统误差会导致来自同一目标轨迹的多雷达量测互联失败，同一目标产生多条航迹，给航迹关联与融合带来模糊和困难，尤其是在目标密集、编队飞行等复杂场景中更易造成航迹关联混乱、融合精度降低，进而使整体系统融合失去意义，丧失了雷达组网系统本应具有的优点。下面通过举例来说明系统误差对目标航迹的影响。

假设二坐标固定雷达 A、B 异地配置，以雷达 A 为系统融合中心，建立公共笛卡儿坐标系，在该坐标系中两雷达的坐标分别为 $(0,0)$ 、$(x_{Bs},0)$ 。两雷达有一定量测随机误差，为高斯白噪声，设测距和测方位角随机误差均方差分别为 $(\delta r_A,\delta\theta_A)$ 、$(\delta r_B,\delta\theta_B)$ ，而测距和测方位角系统误差分别设为 $(\Delta r_A,\Delta\theta_A)$ 、$(\Delta r_B,\Delta\theta_B)$ 。k 时刻两雷达上报目标航迹中对应同一目标的位置状态估计分别为 $(\hat{x}_A(k),\hat{y}_A(k))$ 、$(\hat{x}_B(k),\hat{y}_B(k))$ ，而目标的真实位置为 $(x(k),y(k))$ ，真实极坐标分别为 $(r_A(k),\theta_A(k))$ 、$(r_B(k),\theta_B(k))$ 。

各雷达对目标量测数据进行滤波获得目标状态估计，此时可忽略滤波误差的影响，有

$$\begin{cases}\hat{x}_A(k)=(r_A(k)+\Delta r_A)\sin(\theta_A(k)+\Delta\theta_A)\\ \hat{y}_A(k)=(r_A(k)+\Delta r_A)\cos(\theta_A(k)+\Delta\theta_A)\end{cases} \tag{17.1}$$

$$\begin{cases}\hat{x}_B(k)=(r_B(k)+\Delta r_B)\sin(\theta_B(k)+\Delta\theta_B)+x_{Bs}\\ \hat{y}_B(k)=(r_B(k)+\Delta r_B)\cos(\theta_B(k)+\Delta\theta_B)\end{cases} \tag{17.2}$$

$$\begin{aligned}\hat{x}_A(k)&=(r_A(k)+\Delta r_A)\sin(\theta_A(k)+\Delta\theta_A)\\ &=r_A(k)\sin(\theta_A(k)+\Delta\theta_A)+\Delta r_A\sin(\theta_A(k)+\Delta\theta_A)\\ &=r_A(k)\sin\theta_A(k)\cos\Delta\theta_A+r_A(k)\cos\theta_A(k)\sin\Delta\theta_A+\Delta r_A\sin(\theta_A(k)+\Delta\theta_A)\\ &=x(k)\cos\Delta\theta_A+y(k)\sin\Delta\theta_A+\Delta r_A\sin(\theta_A(k)+\Delta\theta_A)\end{aligned} \tag{17.3}$$

$$\begin{aligned}\hat{y}_A(k)&=(r_A(k)+\Delta r_A)\cos(\theta_A(k)+\Delta\theta_A)\\ &=r_A(k)\cos(\theta_A(k)+\Delta\theta_A)+\Delta r_A\cos(\theta_A(k)+\Delta\theta_A)\\ &=r_A(k)\cos\theta_A(k)\cos\Delta\theta_A-r_A(k)\sin\theta_A(k)\sin\Delta\theta_A+\Delta r_A\cos(\theta_A(k)+\Delta\theta_A)\\ &=-x(k)\sin\Delta\theta_A+y(k)\cos\Delta\theta_A+\Delta r_A\cos(\theta_A(k)+\Delta\theta_A)\end{aligned} \tag{17.4}$$

综合可得，

$$\begin{cases}\hat{x}_A(k)=x(k)\cos\Delta\theta_A+y(k)\sin\Delta\theta_A+\Delta r_A\sin(\theta_A(k)+\Delta\theta_A)\\ \hat{y}_A(k)=-x(k)\sin\Delta\theta_A+y(k)\cos\Delta\theta_A+\Delta r_A\cos(\theta_A(k)+\Delta\theta_A)\end{cases}\tag{17.5}$$

同理，考虑雷达 B 的相对坐标，有

$$\begin{aligned}\hat{x}_B(k)&=(r_B(k)+\Delta r_B)\sin(\theta_B(k)+\Delta\theta_B)+x_{Bs}\\ &=r_B(k)\sin\theta_B(k)\cos\Delta\theta_B+r_B(k)\cos\theta_B(k)\sin\Delta\theta_B+\Delta r_B\sin(\theta_B(k)+\Delta\theta_B)+x_{Bs}\\ &=(x(k)-x_{Bs})\cos\Delta\theta_B+y(k)\sin\Delta\theta_B+\Delta r_B\sin(\theta_B(k)+\Delta\theta_B)+x_{Bs}\\ &=x(k)\cos\Delta\theta_B+y(k)\sin\Delta\theta_B+\Delta r_B\sin(\theta_B(k)+\Delta\theta_B)+x_{Bs}(1-\cos\Delta\theta_B)\end{aligned}\tag{17.6}$$

同样

$$\hat{y}_B(k)=-x(k)\sin\Delta\theta_B+y(k)\cos\Delta\theta_B+\Delta r_B\cos(\theta_B(k)+\Delta\theta_B)+x_{Bs}\sin\Delta\theta_B\tag{17.7}$$

综合可得，

$$\begin{cases}\hat{x}_B(k)=x(k)\cos\Delta\theta_B+y(k)\sin\Delta\theta_B+\Delta r_B\sin(\theta_B(k)+\Delta\theta_B)+x_{Bs}(1-\cos\Delta\theta_B)\\ \hat{y}_B(k)=-x(k)\sin\Delta\theta_B+y(k)\cos\Delta\theta_B+\Delta r_B\cos(\theta_B(k)+\Delta\theta_B)+x_{Bs}\sin\Delta\theta_B\end{cases}\tag{17.8}$$

联立式（17.5）、式（17.8），消除目标的真实坐标 $(x(k),y(k))$，经推导不难得到

$$\begin{cases}\hat{x}_B(k)=\hat{x}_A(k)\cos(\Delta\theta_B-\Delta\theta_A)+\hat{y}_A(k)\sin(\Delta\theta_B-\Delta\theta_A)-\\ \qquad(-(\Delta r_A\sin(\theta_A(k)+\Delta\theta_B)+\Delta r_B\sin(\theta_B(k)+\Delta\theta_B)+x_{Bs}(1-\cos\Delta\theta_B)))\\ \hat{y}_B(k)=-\hat{x}_A(k)\sin(\Delta\theta_B-\Delta\theta_A)+\hat{y}_A(k)\cos(\Delta\theta_B-\Delta\theta_A)-\\ \qquad(-(\Delta r_A\cos(\theta_A(k)+\Delta\theta_B)+\Delta r_B\cos(\theta_B(k)+\Delta\theta_B)+x_{Bs}\sin\Delta\theta_B))\end{cases}\tag{17.9}$$

这里定义

$$\begin{cases}\theta_0\triangleq\Delta\theta_B-\Delta\theta_A\\ C_x\triangleq-(\Delta r_A\sin(\theta_A(k)+\Delta\theta_B)+\Delta r_B\sin(\theta_B(k)+\Delta\theta_B)+x_{Bs}(1-\cos\Delta\theta_B))\\ C_y\triangleq-(\Delta r_A\cos(\theta_A(k)+\Delta\theta_B)+\Delta r_B\cos(\theta_B(k)+\Delta\theta_B)+x_{Bs}\sin\Delta\theta_B)\end{cases}\tag{17.10}$$

式中，由于目标相对于各雷达的运动，仅有 $\theta_A(k)$ 和 $\theta_B(k)$ 是随时间变化的，雷达量测系统误差通常为较小常量或长时间内缓慢漂移量，并且在一定时间内目标的方位变化一般不大，这样则可认为 C_x、C_y 大致为常量，θ_0 亦为常量。因此有

$$\begin{bmatrix}\hat{x}_B(k)\\ \hat{y}_B(k)\end{bmatrix}=\begin{bmatrix}\cos\theta_0 & \sin\theta_0\\ -\sin\theta_0 & \cos\theta_0\end{bmatrix}\begin{bmatrix}\hat{x}_A(k)\\ \hat{y}_A(k)\end{bmatrix}-\begin{bmatrix}C_x\\ C_y\end{bmatrix}\tag{17.11}$$

由式（17.10）和式（17.11）可知，组网雷达测距系统误差会导致各雷达上报的目标航迹发生平移，而测方位角系统误差会导致各雷达上报的目标航迹发生旋转。

此外，当某些特殊情况发生，例如雷达阵地遭受火力强烈轰炸，产生天线严重倾斜等异常状况时，极可能导致测距和测方位角系统误差过大，需要对上述结论进行修正，此时

$$\begin{aligned}C_x&=-\Delta r_A\sin(\theta_A(k)+\Delta\theta_B)-\Delta r_B\sin(\theta_B(k)+\Delta\theta_B)-x_{Bs}(1-\cos\Delta\theta_B)\\ &=-\Delta r_A\sin(\theta_A(k)+\Delta\theta_A+\Delta\theta_B-\Delta\theta_A)-\Delta r_B\sin(\theta_B(k)+\Delta\theta_B)-x_{Bs}(1-\cos\Delta\theta_B)\\ &=-\Delta r_A\sin(\theta_A(k)+\Delta\theta_A)\cos(\Delta\theta_B-\Delta\theta_A)-\Delta r_A\cos(\theta_A(k)+\Delta\theta_A)\sin(\Delta\theta_B-\Delta\theta_A)-\\ &\quad\ \Delta r_B\sin(\theta_B(k)+\Delta\theta_B)-x_{Bs}(1-\cos\Delta\theta_B)\\ &=-\frac{\Delta r_A}{\Delta r_A+r_A}\hat{x}_A(k)\cos(\Delta\theta_B-\Delta\theta_A)-\frac{\Delta r_A}{\Delta r_A+r_A}\hat{y}_A(k)\sin(\Delta\theta_B-\Delta\theta_A)-\\ &\quad\ \frac{\Delta r_B}{\Delta r_B+r_B}\hat{x}_B(k)-x_{Bs}(1-\cos\Delta\theta_B)\end{aligned}\tag{17.12}$$

同理，有

$$\begin{aligned}C_y=&-\frac{\Delta r_A}{\Delta r_A+r_A}\hat{x}_A(k)\sin(\Delta\theta_B-\Delta\theta_A)-\frac{\Delta r_B}{\Delta r_B+r_B}\hat{y}_B(k)-\\&\frac{\Delta r_A}{\Delta r_A+r_A}\hat{y}_A(k)\cos(\Delta\theta_B-\Delta\theta_A)-x_{Bs}\sin\Delta\theta_B\end{aligned}\tag{17.13}$$

将式（17.12）和式（17.13）代入式（17.11）后，化简可得

$$\begin{bmatrix}\hat{x}_B(k)\\\hat{y}_B(k)\end{bmatrix}=\frac{\Delta r_B+r_B}{r_B}\frac{2\Delta r_A+r_A}{\Delta r_A+r_A}\begin{bmatrix}\cos\theta_0 & \sin\theta_0\\-\sin\theta_0 & \cos\theta_0\end{bmatrix}\begin{bmatrix}\hat{x}_A(k)\\\hat{y}_A(k)\end{bmatrix}+\frac{\Delta r_B+r_B}{r_B}\begin{bmatrix}x_{Bs}(1-\cos\Delta\theta_B)\\x_{Bs}\sin\Delta\theta_B\end{bmatrix}\tag{17.14}$$

由上式可知，在大量测系统误差情况下，测距系统误差对航迹的影响要更大。大的测距系统误差不仅造成目标航迹的平移和旋转，还会导致目标航迹发生仿射变换，使航迹发生整体变形，即不同量测点迹会因其所在位置不同，产生不同尺度和平移量的变换。这说明大测距系统误差不仅使目标航向偏离真实航向，还会导致目标航速、各目标间航向夹角发生变化；而测方位角系统误差只可能略微增大目标航迹平移量，对目标航迹的影响很小。因此为确保雷达组网的整体性能，必须对雷达系统误差进行配准消除。

17.3　固定雷达误差配准算法

根据组网雷达平台的不同，可把误差配准算法分为固定雷达误差配准算法和机动雷达误差配准算法。固定雷达误差配准算法只需要对雷达的量测系统误差进行配准消除；而机动雷达由于平台的运动，除雷达量测系统误差外，还要对机动平台姿态角系统误差进行配准去除。本节主要解决固定雷达误差配准问题。

对于固定雷达误差配准问题，最简单的方法是目标位置已知条件下的误差配准，但这一条件有时很难满足，所以人们研究了许多目标未知条件下的误差配准算法。根据坐标系的不同，又可以分为基于球极投影的误差配准算法，如 RTQC（实时质量控制）误差配准算法[10]、LS（最小二乘）误差配准算法[11]、GLS（广义最小二乘）误差配准算法[12]、精确极大似然配准算法[13-15]和基于大地坐标系（ECEF）的误差配准算法[16-18]，下面分别进行讨论。

17.3.1　已知目标位置误差配准

此种情况下，根据已知目标位置，分别对各雷达进行对齐调校，使雷达量测位置与已知位置匹配一致。该配准方法既适用于同地雷达，又适用于非同地雷达。假设所要补偿的误差在时间和空间上不发生变化，雷达系统误差和随机误差如图 17.1 所示。

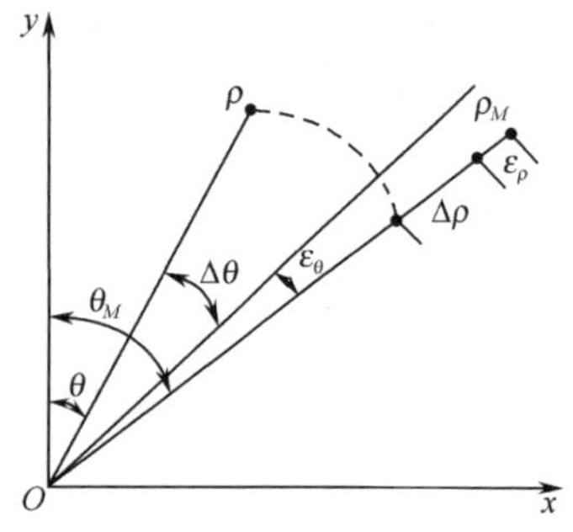

图 17.1　雷达系统误差和随机误差

其量测误差可写成

$$\begin{cases}\delta_\rho=\rho_M-\rho=\Delta\rho+\varepsilon_\rho\\\delta_\theta=\theta_M-\theta=\Delta\theta+\varepsilon_\theta\end{cases}\tag{17.15}$$

式中，(ρ_M,θ_M) 为目标的极坐标量测值，而 (ρ,θ) 为目标的真实位置。上述误差均由两项组成：一项为 $(\Delta\rho,\Delta\theta)$，是系统误差，是未知的；另一项为 $(\varepsilon_\rho,\varepsilon_\theta)$ 为随机误差，互不相关，通常具有零均值和已知方差 σ_ρ^2、σ_θ^2。可对适当的量测取平均，以减小随机误差的影响。

对于雷达组网中的某部雷达，对于位置已知目标，一段时间内可获得 n 个量测量 $\{(\rho_M(i),\ \theta_M(i))\,|\,i=1,\cdots,n\}$，它们与真实位置的差值为 n 个误差变量 $\{(\delta_\rho(i),\delta_\theta(i))\,|\ i=1,\cdots,n\}$，根据式（17.16）可求得 $(\Delta\rho,\ \Delta\theta)$ 的估值。

$$\begin{cases}\Delta\hat{\rho}=\dfrac{1}{n}\displaystyle\sum_{i=1}^{n}\delta_\rho(i)\\ \Delta\hat{\theta}=\dfrac{1}{n}\displaystyle\sum_{i=1}^{n}\delta_\theta(i)\end{cases} \tag{17.16}$$

其方差分别为 σ_ρ^2/n 和 σ_θ^2/n 。

如果进一步考虑距离时钟速率偏差引起的距离误差，那么其数学模型可假设为

$$\Delta\rho=a+b\rho \tag{17.17}$$

式中，a、b 为待估计参数。对两个未知变量进行估计，需要知道两个不同目标 P_1 和 P_2 的位置，设其坐标分别为 (ρ_1,θ_1) 和 (ρ_2,θ_2)。在无观测噪声 $(\varepsilon_\rho=0)$ 时，距离量测误差可表示为

$$\begin{cases}\delta_{\rho_1}=a+b\rho_1\\ \delta_{\rho_2}=a+b\rho_2\end{cases} \tag{17.18}$$

因此，可以求得 a、b 的估值为

$$\begin{cases}\hat{a}=\dfrac{-\rho_2\delta_{\rho_1}+\rho_1\delta_{\rho_2}}{\rho_1-\rho_2}\\ \hat{b}=\dfrac{\delta_{\rho_1}-\delta_{\rho_2}}{\rho_1-\rho_2}\end{cases} \tag{17.19}$$

当存在观测噪声时，$\hat{a}$、$\hat{b}$ 两个量为随机变量，其均值分别为 a 和 b，方差分别为

$$\begin{cases}\sigma_a^2=\dfrac{\rho_1^2+\rho_2^2}{(\rho_1-\rho_2)^2}\sigma_\rho^2\\ \sigma_b^2=\dfrac{2}{(\rho_1-\rho_2)^2}\sigma_\rho^2\end{cases} \tag{17.20}$$

式中，假设 ρ_1 和 ρ_2 互不相关，且具有相同的方差 σ_ρ^2。由式（17.20）可以看出，两个观测目标径向距离相距越大，估值就越准确。

17.3.2　实时质量控制（RTQC）算法

对于目标位置未知的误差配准算法，一般根据两部雷达对同一目标的多对量测值，对系统误差进行估计，然后根据估计值对雷达量测进行校正。

RTQC 算法是一种基于球（极）投影的误差配准算法，如图 17.2 所示。此类算法在配准前，将不同雷达对同一目标的量测投影到同一公共二维坐标系中，因此算法只能估计雷达的方位偏差和距离偏差。

图 17.2 为非同地雷达误差配准几何关系图。

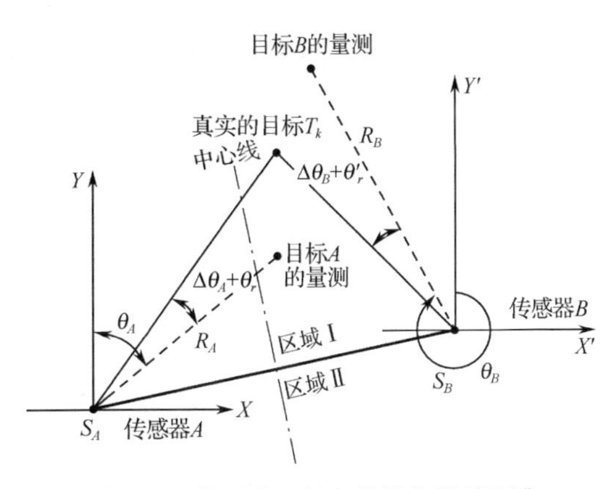

图 17.2　基于球（极）投影的误差配准

配准误差包括距离误差和角度误差两个要素，即$\boldsymbol{\beta}=[\Delta R_A \quad \Delta R_B \quad \Delta\theta_A \quad \Delta\theta_B]'$。对于投影到平面上的两个雷达站$S_A$、$S_B$，坐标分别为$(x_{S_A},y_{S_A})$和$(x_{S_B},y_{S_B})$。$(x'_A,y'_A)$和$(x'_B,y'_B)$分别表示目标$T_k$在两部雷达局部坐标系中的坐标，$(R_A,\theta_A)$和$(R_B,\theta_B)$为两部雷达对目标$T_k$的量测，包含系统误差和随机误差。如果忽略随机量测误差R_r、θ_r、R_r'、θ_r'的影响，由图 17.2 中的几何关系，可知

$$x'_A=(R_A-\Delta R_A)\sin(\theta_A-\Delta\theta_A) \tag{17.21}$$

$$y'_A=(R_A-\Delta R_A)\cos(\theta_A-\Delta\theta_A) \tag{17.22}$$

因为ΔR_A、$\Delta\theta_A$是微量，若忽略二阶微量式，式（17.21）和式（17.22）可以简化为

$$x'_A=R_A\sin\theta_A-\Delta R_A\sin\theta_A-R_A\Delta\theta_A\cos\theta_A \tag{17.23}$$

$$y'_A=R_A\cos\theta_A-\Delta R_A\cos\theta_A+R_A\Delta\theta_A\sin\theta_A \tag{17.24}$$

同理可得

$$x'_B=R_B\sin\theta_B-\Delta R_B\sin\theta_B-R_B\Delta\theta_B\cos\theta_B \tag{17.25}$$

$$y'_B=R_B\cos\theta_B-\Delta R_B\cos\theta_B+R_B\Delta\theta_B\sin\theta_B \tag{17.26}$$

对于同一目标

$$x_{S_A}+x'_A=x_{S_B}+x'_B \tag{17.27}$$

$$y_{S_A}+y'_A=y_{S_B}+y'_B \tag{17.28}$$

令

$$x_A=x_{S_A}+R_A\sin\theta_A \tag{17.29}$$

$$y_A=y_{S_A}+R_A\cos\theta_A \tag{17.30}$$

$$x_B=x_{S_B}+R_B\sin\theta_B \tag{17.31}$$

$$y_B=y_{S_B}+R_B\cos\theta_B \tag{17.32}$$

$$A=x_A-x_B=\sin\theta_A\Delta R_A-\sin\theta_B\Delta R_B+R_A\cos\theta_A\Delta\theta_A-R_B\cos\theta_B\Delta\theta_B \tag{17.33}$$

$$B=y_A-y_B=\cos\theta_A\Delta R_A-\cos\theta_B\Delta R_B-R_A\sin\theta_A\Delta\theta_A+R_B\sin\theta_B\Delta\theta_B \tag{17.34}$$

则实时质量控制量为

$$PP=A\sin\theta_A+B\cos\theta_A \tag{17.35}$$

$$QQ=-A\sin\theta_B-B\cos\theta_B \tag{17.36}$$

将式（17.33）、式（17.34）代入式（17.35）、式（17.36）中可得

$$PP=\Delta R_A-\cos(\theta_A-\theta_B)\Delta R_B-R_B\sin(\theta_A-\theta_B)\Delta\theta_B \tag{17.37}$$

$$QQ=-\cos(\theta_A-\theta_B)\Delta R_A+\Delta R_B+R_A\sin(\theta_A-\theta_B)\Delta\theta_A \tag{17.38}$$

对所有点迹取平均，根据式（17.37）、式（17.38）可得

$$[\overline{PP_1} \quad \overline{QQ_1} \quad \overline{PP_2} \quad \overline{QQ_2}]'=\boldsymbol{S}[\Delta R_A \quad \Delta R_B \quad \Delta\theta_A \quad \Delta\theta_B]' \tag{17.39}$$

式中

$$\boldsymbol{S}=\begin{bmatrix} \overline{1} & \overline{-\cos(\theta_{A1}-\theta_{B1})} & \overline{0} & \overline{-R_{B1}\sin(\theta_{A1}-\theta_{B1})} \\ \overline{-\cos(\theta_{A1}-\theta_{B1})} & \overline{1} & \overline{R_{A1}\sin(\theta_{A1}-\theta_{B1})} & \overline{0} \\ \overline{1} & \overline{-\cos(\theta_{A2}-\theta_{B2})} & \overline{0} & \overline{-R_{B2}\sin(\theta_{A2}-\theta_{B2})} \\ \overline{-\cos(\theta_{A2}-\theta_{B2})} & \overline{1} & \overline{R_{A2}\sin(\theta_{A2}-\theta_{B2})} & \overline{0} \end{bmatrix} \tag{17.40}$$

上画线表示取平均，下标为 1 表示区域 I 中的点迹，下标为 2 表示区域 II 中的点迹（区域 I 为图 17.2 中S_AS_B上部的区域，区域 II 为S_AS_B下部的区域）。通过式（17.39）可以求解得到误差向量$\boldsymbol{\beta}=[\Delta R_A \quad \Delta R_B \quad \Delta\theta_A \quad \Delta\theta_B]'$。

为确保矩阵 $\boldsymbol{S}$ 满秩，RTQC 配准算法要求目标要分布在直线 S_AS_B 的两侧，并且不能距离直线 S_AS_B 太近或偏离中心线太远。

17.3.3　最小二乘（LS）算法

RTQC 算法性能极易受目标分布影响，因此要求目标必须分布在直线 S_AS_B 的两侧。为此人们对其进行了改进，提出了一种最小二乘误差配准算法[11]。

对于 N 个不同的点迹，根据式（17.33）和式（17.34）可得

$$A(i)=x_A(i)-x_B(i)=\sin\theta_A(i)\Delta R_A-\sin\theta_B(i)\Delta R_B+R_A(i)\cos\theta_A(i)\Delta\theta_A-R_B(i)\cos\theta_B(i)\Delta\theta_B \tag{17.41}$$

$$B(i)=y_A(i)-y_B(i)=\cos\theta_A(i)\Delta R_A-\cos\theta_B(i)\Delta R_B-R_A(i)\sin\theta_A(i)\Delta\theta_A+R_B(i)\sin\theta_B(i)\Delta\theta_B \tag{17.42}$$

式中，$i=1,\cdots,N$。用矩阵形式可表示为

$$\boldsymbol{Z}=\boldsymbol{H}\boldsymbol{\beta} \tag{17.43}$$

式中

$$\boldsymbol{Z}=[P(1)\quad Q(1)\quad P(2)\quad Q(2)\quad\cdots\quad P(N)\quad Q(N)]' \tag{17.44}$$

$$\boldsymbol{H}=\begin{bmatrix}\sin\theta_A(1) & -\sin\theta_B(1) & R_A(1)\cos\theta_A(1) & -R_B(1)\cos\theta_B(1)\\ \cos\theta_A(1) & -\cos\theta_B(1) & -R_A(1)\sin\theta_A(1) & R_B(1)\sin\theta_B(1)\\ \sin\theta_A(2) & -\sin\theta_B(2) & R_A(2)\cos\theta_A(2) & -R_B(2)\cos\theta_B(2)\\ \cos\theta_A(2) & -\cos\theta_B(2) & -R_A(2)\sin\theta_A(2) & R_B(2)\sin\theta_B(2)\\ \vdots & \vdots & \vdots & \vdots\\ \sin\theta_A(N) & -\sin\theta_B(N) & R_A(N)\cos\theta_A(N) & -R_B(N)\cos\theta_B(N)\\ \cos\theta_A(N) & -\cos\theta_B(N) & -R_A(N)\sin\theta_A(N) & R_B(N)\sin\theta_B(N)\end{bmatrix} \tag{17.45}$$

$\boldsymbol{Z}=\boldsymbol{H}\boldsymbol{\beta}$ 是超定的，利用最小二乘估计方法，求解线性方程（17.43）可得

$$\boldsymbol{\beta}=(\boldsymbol{H}'\boldsymbol{H})^{-1}\boldsymbol{H}'\boldsymbol{Z} \tag{17.46}$$

17.3.4　广义最小二乘（GLS）算法

设两部雷达中的一部为关键雷达，位于坐标原点，另外一部为次要雷达，位置坐标为 (u,v)。假设雷达量测没有随机误差，只存在系统误差，则第 k 个目标的量测向量为 $\boldsymbol{\varPsi}(k)=[r_A(k)\quad \omega_A(k)\quad r_B(k)\quad \omega_B(k)]'$，取

$$\Delta x(k)=[r_A(k)+\Delta r_A]\sin[\omega_A(k)+\Delta\theta_A]-u-[r_B(k)+\Delta r_B]\sin[\omega_B(k)+\Delta\theta_B] \tag{17.47}$$

$$\Delta y(k)=[r_A(k)+\Delta r_A]\cos[\omega_A(k)+\Delta\theta_A]-v-[r_B(k)+\Delta r_B]\cos[\omega_B(k)+\Delta\theta_B] \tag{17.48}$$

令 $f[\boldsymbol{\varPsi}(k),\boldsymbol{\beta}]=[\Delta x(k),\Delta y(k)]'$，对其进行一阶泰勒展开，则有

$$f[\boldsymbol{\varPsi}(k),\boldsymbol{\beta}]\approx f[\boldsymbol{\varPsi}'(k),\boldsymbol{\beta}']+\nabla_{\boldsymbol{\beta}}[f(\boldsymbol{\varPsi}'(k),\boldsymbol{\beta}')](\boldsymbol{\beta}-\boldsymbol{\beta}')+\nabla_{\boldsymbol{\varPsi}}[f(\boldsymbol{\varPsi}'(k),\boldsymbol{\beta}')][\boldsymbol{\varPsi}(k)-\boldsymbol{\varPsi}'(k)] \tag{17.49}$$

式中，$\boldsymbol{\varPsi}'(k)$ 为雷达 S_A 和 S_B 在第 k 次采样时刻对目标的真实量测值，包含系统误差和随机误差，没有进行校正，$\boldsymbol{\beta}'$ 为对系统误差的初始估计，在没有任何先验信息条件下，可假设 $\boldsymbol{\beta}'=[0\quad 0\quad 0\quad 0]'$。$\nabla_{\boldsymbol{\varPsi}}[f(\boldsymbol{\varPsi}'(k),\boldsymbol{\beta}')]$ 和 $\nabla_{\boldsymbol{\beta}}[f(\boldsymbol{\varPsi}'(k),\boldsymbol{\beta}')]$ 分别为

$$\nabla_{\boldsymbol{\varPsi}}[f(\boldsymbol{\varPsi}'(k),\boldsymbol{\beta}')]=\begin{bmatrix}\dfrac{\partial(\Delta x(k))}{\partial r_A(k)} & \dfrac{\partial(\Delta x(k))}{\partial\omega_A(k)} & \dfrac{\partial(\Delta x(k))}{\partial r_B(k)} & \dfrac{\partial(\Delta x(k))}{\partial\omega_B(k)}\\ \dfrac{\partial(\Delta y(k))}{\partial r_A(k)} & \dfrac{\partial(\Delta y(k))}{\partial\omega_A(k)} & \dfrac{\partial(\Delta y(k))}{\partial r_B(k)} & \dfrac{\partial(\Delta y(k))}{\partial\omega_B(k)}\end{bmatrix}=\boldsymbol{\kappa}(k) \tag{17.50}$$

$$\boldsymbol{\xi}=[\boldsymbol{\kappa}(1)\partial\boldsymbol{\Psi}(1)\quad \boldsymbol{\kappa}(2)\partial\boldsymbol{\Psi}(2)\quad \cdots\quad \boldsymbol{\kappa}(N)\partial\boldsymbol{\Psi}(N)]' \tag{17.51}$$

$$\nabla_{\boldsymbol{\beta}}[f(\boldsymbol{\Psi}'(k),\boldsymbol{\beta}')]=\begin{bmatrix}\dfrac{\partial(\Delta x(k))}{\partial(\Delta r_A)} & \dfrac{\partial(\Delta x(k))}{\partial(\Delta\theta_A)} & \dfrac{\partial(\Delta x(k))}{\partial(\Delta r_B)} & \dfrac{\partial(\Delta x(k))}{\partial(\Delta\theta_B)}\\ \dfrac{\partial(\Delta y(k))}{\partial(\Delta r_A)} & \dfrac{\partial(\Delta y(k))}{\partial(\Delta\theta_A)} & \dfrac{\partial(\Delta y(k))}{\partial(\Delta r_B)} & \dfrac{\partial(\Delta y(k))}{\partial(\Delta\theta_B)}\end{bmatrix}=\boldsymbol{\zeta}(k) \tag{17.52}$$

对于同一目标，$f[\boldsymbol{\Psi}(k),\boldsymbol{\beta}]=[0\quad 0]'$。假设$[\boldsymbol{\Psi}(k)-\boldsymbol{\Psi}'(k)]$和$(\boldsymbol{\beta}-\boldsymbol{\beta}')$足够小，且高阶分量可以忽略，则

$$\boldsymbol{\zeta}(k)\boldsymbol{\beta}+\boldsymbol{\kappa}(k)\partial\boldsymbol{\Psi}(k)=\boldsymbol{\zeta}(k)\boldsymbol{\beta}'-f[\boldsymbol{\Psi}'(k),\boldsymbol{\beta}'] \tag{17.53}$$

式中，$\partial\boldsymbol{\Psi}(k)=[\boldsymbol{\Psi}(k)-\boldsymbol{\Psi}'(k)]$，$\boldsymbol{\Psi}(k)$只考虑了系统误差，而没有考虑随机量测误差，所以

$$\partial\boldsymbol{\Psi}(k)=\begin{bmatrix}R_r & \theta_r & R_r' & \theta_r'\end{bmatrix} \tag{17.54}$$

$\boldsymbol{\kappa}(k)\partial\boldsymbol{\Psi}(k)$是由量测噪声导致的误差；$\boldsymbol{\zeta}(k)$是已知参数的矩阵，所以式（17.53）的右半部分代表观测，并可以表示为

$$\boldsymbol{X\beta}+\boldsymbol{\xi}=\boldsymbol{Y} \tag{17.55}$$

式中，

$$\boldsymbol{X}=[\boldsymbol{\zeta}(1)\quad \boldsymbol{\zeta}(2)\quad \cdots\quad \boldsymbol{\zeta}(N)]' \tag{17.56}$$

$$\boldsymbol{\xi}=[\boldsymbol{\kappa}(1)\partial\boldsymbol{\Psi}(1)\quad \boldsymbol{\kappa}(2)\partial\boldsymbol{\Psi}(2)\quad \cdots\quad \boldsymbol{\kappa}(N)\partial\boldsymbol{\Psi}(N)]' \tag{17.57}$$

$$\boldsymbol{Y}=[\boldsymbol{\zeta}(1)\boldsymbol{\beta}'-f(\boldsymbol{\Psi}'(1),\boldsymbol{\beta}')\quad \boldsymbol{\zeta}(2)\boldsymbol{\beta}'-f(\boldsymbol{\Psi}'(2),\boldsymbol{\beta}')\quad \cdots\quad \boldsymbol{\zeta}(N)\boldsymbol{\beta}'-f(\boldsymbol{\Psi}'(N),\boldsymbol{\beta}')]' \tag{17.58}$$

令

$$\boldsymbol{\Sigma}_{\xi}=E[\boldsymbol{\xi\xi}']=\{\boldsymbol{\kappa}(i)E[(\partial\boldsymbol{\Psi}(i))(\partial\boldsymbol{\Psi}(j))']\boldsymbol{\kappa}(j)'\,|\,i,j=1,2,\cdots,N\} \tag{17.59}$$

如果$i\neq j$，则

$$E[(\partial\boldsymbol{\Psi}(i))(\partial\boldsymbol{\Psi}(j))']=0 \tag{17.60}$$

如果$i=j$，则

$$E[(\partial\boldsymbol{\Psi}(i))(\partial\boldsymbol{\Psi}(j))']=\begin{bmatrix}\sigma_r^2(A) & 0 & 0 & 0\\ 0 & \sigma_\theta^2(A) & 0 & 0\\ 0 & 0 & \sigma_r^2(B) & 0\\ 0 & 0 & 0 & \sigma_\theta^2(B)\end{bmatrix} \tag{17.61}$$

因为$\boldsymbol{\kappa}(k)$是2×4的矩阵，$\boldsymbol{\Sigma}_{\Psi}$是$4\times 4$的矩阵，所以$\boldsymbol{\Sigma}_{\xi}$为分块对角阵$\{\boldsymbol{\Sigma}_1,\boldsymbol{\Sigma}_2,\boldsymbol{\Sigma}_3,\cdots,\boldsymbol{\Sigma}_N\}$，其中

$$\boldsymbol{\Sigma}_k=\boldsymbol{\kappa}(k)\boldsymbol{\Sigma}_{\Psi}\boldsymbol{\kappa}(k)' \tag{17.62}$$

因此可得式（17.55）的解为

$$\boldsymbol{\beta}^*=(\boldsymbol{X}'\boldsymbol{\Sigma}_{\xi}^{-1}\boldsymbol{X})^{-1}\boldsymbol{X}'\boldsymbol{\Sigma}_{\xi}^{-1}\boldsymbol{Y} \tag{17.63}$$

$$\mathrm{cov}(\boldsymbol{\beta}^*)=(\boldsymbol{X}'\boldsymbol{\Sigma}_{\xi}^{-1}\boldsymbol{X})^{-1} \tag{17.64}$$

由式（17.64）可知，GLS配准的精度仅与雷达的量测精度和配准目标的空间分布有关。又因为$\boldsymbol{\Sigma}_{\xi}$为$2N\times 2N$的分块对角阵，所以可以将式（17.63）和式（17.64）分解为N个小型矩阵运算，即

$$\boldsymbol{X}'\boldsymbol{\Sigma}_{\xi}^{-1}\boldsymbol{X}=\sum_{k=1}^{N}\boldsymbol{\zeta}(k)'\boldsymbol{\Sigma}_k^{-1}\boldsymbol{\zeta}(k) \tag{17.65}$$

$$\boldsymbol{X}'\boldsymbol{\Sigma}_{\xi}^{-1}\boldsymbol{Y}=\sum_{k=1}^{N}\boldsymbol{\zeta}(k)'\boldsymbol{\Sigma}_k^{-1}[\boldsymbol{\zeta}(k)\boldsymbol{\beta}'-f(\boldsymbol{\Psi}'(k),\boldsymbol{\beta}')] \tag{17.66}$$

当N很大时，可以显著提高运算速度。

17.3.5　扩展广义最小二乘（ECEF-GLS）算法

17.3.2 节到 17.3.4 节给出的都是基于球（极）投影的误差配准算法，此类方法在工程上应用较多，具有算法简单、便于实现等特点。但是此类误差配准技术也存在以下缺陷：

① 球（极）投影法虽然利用高阶近似来提高精度，但由于地球是椭球而不是圆球，所以在投影时仍会给量测引入误差；

② 球（极）投影法会使数据变形，如球（极）保角投影，只保证方位角不变形，不能确保斜距不变形，这样会导致系统误差不再是常数，而且与量测有关；

③ 在二维公共坐标系中只能估计方位角偏差和径向斜距偏差，不能估计俯仰角偏差。

所以基于球（极）投影的误差配准技术，通常用于短距离雷达误差配准；而对于远距离误差配准，我们多采用基于 ECEF（Earth-Centered Earth-Fixed coordinate）坐标系的误差配准技术[16-18]。本节给出的 ECEF-GLS 误差配准算法就是在 ECEF 坐标系下给出的。

1．坐标变换关系

地球上每一点都可以用地理坐标(L,λ,H)来表示，其中L表示纬度，λ表示经度，H表示基于参考椭球体的高度（即海拔高度）。设雷达的地理坐标为(L_s,λ_s,H_s)，对应的 ECEF 直角坐标为(x_s,y_s,z_s)，则满足

$$\begin{cases} x_s=(C+H_s)\cos L_s\cos\lambda_s \\ y_s=(C+H_s)\cos L_s\sin\lambda_s \\ z_s=[C(1-e^2)+H_s]\sin L_s \end{cases} \tag{17.67}$$

式中，e为地球偏心率，C定义为

$$C=\frac{E_q}{(1-e^2\sin^2 L_s)^{1/2}} \tag{17.68}$$

其中，E_q为赤道半径。

假定雷达量测为(r_t,θ_t,η_t)，其中r_t是斜距，θ_t为方位角，η_t为俯仰角。将雷达量测转换到局部直角坐标系，可得

$$\begin{cases} x_l=r_t\sin\theta_t\cos\eta_t \\ y_l=r_t\cos\theta_t\cos\eta_t \\ z_l=r_t\sin\eta_t \end{cases} \tag{17.69}$$

使用式（17.69），将目标的局部直角坐标转换到以地心为原点的 ECEF 坐标系中，可得

$$\begin{bmatrix} x_t \\ y_t \\ z_t \end{bmatrix}=\begin{bmatrix} x_s \\ y_s \\ z_s \end{bmatrix}+\boldsymbol{T}\times\begin{bmatrix} x_l \\ y_l \\ z_l \end{bmatrix} \tag{17.70}$$

式中，(x_t,y_t,z_t)为 ECEF 坐标，(x_l,y_l,z_l)表示局部坐标，$\boldsymbol{T}$为旋转矩阵，即

$$\boldsymbol{T}=\begin{bmatrix} -\sin\lambda_s & -\sin L_s\cos\lambda_s & \cos L_s\cos\lambda_s \\ \cos\lambda_s & -\sin L_s\sin\lambda_s & \cos L_s\sin\lambda_s \\ 0 & \cos L_s & \sin L_s \end{bmatrix} \tag{17.71}$$

2. ECEF-GLS 配准算法

令(L_A,λ_A,H_A)和(L_B,λ_B,H_B)分别为雷达 A 和 B 的地理坐标，(x_{As},y_{As},z_{As})和(x_{Bs},y_{Bs},z_{Bs})分别为雷达 A 和 B 的 ECEF 直角坐标。用T_k表示 k 时刻的目标，$[r_A(k)\quad \theta_A(k)\quad \eta_A(k)]$和$[r_B(k)\quad \theta_B(k)\quad \eta_B(k)]$分别为雷达 A 和 B 对目标T_k的测量值，$\boldsymbol{\beta}=[\Delta r_A\quad \Delta\theta_A\quad \Delta\eta_A\quad \Delta r_B\quad \Delta\theta_B\quad \Delta\eta_B]'$为雷达 A 和 B 的系统误差，$[R_r(k)\quad \theta_r(k)\quad \eta_r(k)]$和$[R_r'(k)\quad \theta_r'(k)\quad \eta_r'(k)]$表示雷达 A 和 B 的随机量测误差，$[r_A''(k)\quad \theta_A''(k)\quad \eta_A''(k)]$和$[r_B''(k)\quad \theta_B''(k)\quad \eta_B''(k)]$表示只考虑系统误差，不考虑随机量测误差时雷达 A 和 B 对目标T_k的量测，并且令$\boldsymbol{\Psi}(k)=[r_A''(k)\quad \theta_A''(k)\quad \eta_A''(k)\quad r_B''(k)\quad \theta_B''(k)\quad \eta_B''(k)]'$。那么目标$T_k$在雷达 A 和雷达 B 局部坐标系中的坐标分别为

$$\begin{cases} x_{Al}'(k)=[r_A''(k)-\Delta r_A]\sin[\theta_A''(k)-\Delta\theta_A]\cos[\eta_A''(k)-\Delta\eta_A] \\ y_{Al}'(k)=[r_A''(k)-\Delta r_A]\cos[\theta_A''(k)-\Delta\theta_A]\cos[\eta_A''(k)-\Delta\eta_A] \\ z_{Al}'(k)=[r_A''(k)-\Delta r_A]\sin[\eta_A''(k)-\Delta\eta_A] \end{cases} \tag{17.72}$$

$$\begin{cases} x_{Bl}'(k)=\left[r_B''(k)-\Delta r_B\right]\sin\left[\theta_B''(k)-\Delta\theta_B\right]\cos\left[\eta_B''(k)-\Delta\eta_B\right] \\ y_{Bl}'(k)=\left[r_B''(k)-\Delta r_B\right]\cos\left[\theta_B''(k)-\Delta\theta_B\right]\cos\left[\eta_B''(k)-\Delta\eta_B\right] \\ z_{Bl}'(k)=\left[r_B''(k)-\Delta r_B\right]\sin\left[\eta_B''(k)-\Delta\eta_B\right] \end{cases} \tag{17.73}$$

根据式（17.70），将局部坐标转换到 ECEF 坐标系中，可得

$$\begin{bmatrix} x_t(k) \\ y_t(k) \\ z_t(k) \end{bmatrix}=\begin{bmatrix} x_{As} \\ y_{As} \\ z_{As} \end{bmatrix}+\boldsymbol{T}_A\times\begin{bmatrix} x_{Al}'(k) \\ y_{Al}'(k) \\ z_{Al}'(k) \end{bmatrix} \tag{17.74}$$

$$\begin{bmatrix} x_t(k) \\ y_t(k) \\ z_t(k) \end{bmatrix}=\begin{bmatrix} x_{Bs} \\ y_{Bs} \\ z_{Bs} \end{bmatrix}+\boldsymbol{T}_B\times\begin{bmatrix} x_{Bl}'(k) \\ y_{Bl}'(k) \\ z_{Bl}'(k) \end{bmatrix} \tag{17.75}$$

令

$$f(\boldsymbol{\Psi}(k),\boldsymbol{\beta})=[\Delta x_k\quad \Delta y_k\quad \Delta z_k]'=\begin{bmatrix} x_{As} \\ y_{As} \\ z_{As} \end{bmatrix}+\boldsymbol{T}_A\times\begin{bmatrix} x_{Al}'(k) \\ y_{Al}'(k) \\ z_{Al}'(k) \end{bmatrix}-\begin{bmatrix} x_{Bs} \\ y_{Bs} \\ z_{Bs} \end{bmatrix}-\boldsymbol{T}_B\times\begin{bmatrix} x_{Bl}'(k) \\ y_{Bl}'(k) \\ z_{Bl}'(k) \end{bmatrix} \tag{17.76}$$

进行一阶泰勒展开：

$$f(\boldsymbol{\Psi}(k),\boldsymbol{\beta})\approx f(\boldsymbol{\Psi}'(k),\boldsymbol{\beta}')+\nabla_{\boldsymbol{\beta}}[f(\boldsymbol{\Psi}'(k),\boldsymbol{\beta}')](\boldsymbol{\beta}-\boldsymbol{\beta}')+\nabla_{\boldsymbol{\Psi}}''[f(\boldsymbol{\Psi}'(k),\boldsymbol{\beta}')][\boldsymbol{\Psi}(k)-\boldsymbol{\Psi}'(k)] \tag{17.77}$$

式中，$\boldsymbol{\Psi}'(k)$为雷达 A 和 B 在第 k 采样时刻对目标 t 的量测值，包含系统误差和随机量测误差，没有进行校正，$\boldsymbol{\beta}'$为系统误差的初始估计，在没有任何先验信息条件下，可以假设$\boldsymbol{\beta}'=[0\quad 0\quad 0\quad 0\quad 0\quad 0]'$。

令$\boldsymbol{X}_A(k)=[x_{Al}'(k)\quad y_{Al}'(k)\quad z_{Al}'(k)]'$，$\boldsymbol{X}_B(k)=[x_{Bl}'(k)\quad y_{Bl}'(k)\quad z_{Bl}'(k)]'$，则$\nabla_{\boldsymbol{\Psi}}[f(\boldsymbol{\Psi}'(k),\boldsymbol{\beta}')]$和$\nabla_{\boldsymbol{\beta}}[f(\boldsymbol{\Psi}'(k),\boldsymbol{\beta}')]$分别为

$$\nabla_{\boldsymbol{\Psi}}[f(\boldsymbol{\Psi}'(k),\boldsymbol{\beta}')]=[\boldsymbol{T}_A\times\boldsymbol{J}_A(k),-\boldsymbol{T}_B\times\boldsymbol{J}_B(k)]=\boldsymbol{\kappa}(k) \tag{17.78}$$

$$\nabla_{\boldsymbol{\beta}}[f(\boldsymbol{\Psi}'(k),\boldsymbol{\beta}')]=[\boldsymbol{T}_A\times\boldsymbol{L}_A(k),-\boldsymbol{T}_B\times\boldsymbol{L}_B(k)]=\boldsymbol{\zeta}(k) \tag{17.79}$$

式中，

$$\boldsymbol{J}_A(k)=\begin{bmatrix}\dfrac{\partial(x'_{Al}(k))}{\partial r''_A(k)} & \dfrac{\partial(x'_{Al}(k))}{\partial\theta''_A(k)} & \dfrac{\partial(x'_{Al}(k))}{\partial\eta''_A(k)}\\ \dfrac{\partial(y'_{Al}(k))}{\partial r''_A(k)} & \dfrac{\partial(y'_{Al}(k))}{\partial\theta''_A(k)} & \dfrac{\partial(y'_{Al}(k))}{\partial\eta''_A(k)}\\ \dfrac{\partial(z'_{Al}(k))}{\partial r''_A(k)} & \dfrac{\partial(z'_{Al}(k))}{\partial\theta''_A(k)} & \dfrac{\partial(z'_{Al}(k))}{\partial\eta''_A(k)}\end{bmatrix} \tag{17.80}$$

$$\boldsymbol{J}_B(k)=\begin{bmatrix}\dfrac{\partial(x'_{Bl}(k))}{\partial r''_B(k)} & \dfrac{\partial(x'_{Bl}(k))}{\partial\theta''_B(k)} & \dfrac{\partial(x'_{Bl}(k))}{\partial\eta''_B(k)}\\ \dfrac{\partial(y'_{Bl}(k))}{\partial r''_B(k)} & \dfrac{\partial(y'_{Bl}(k))}{\partial\theta''_B(k)} & \dfrac{\partial(y'_{Bl}(k))}{\partial\eta''_B(k)}\\ \dfrac{\partial(z'_{Bl}(k))}{\partial r''_B(k)} & \dfrac{\partial(z'_{Bl}(k))}{\partial\theta''_B(k)} & \dfrac{\partial(z'_{Bl}(k))}{\partial\eta''_B(k)}\end{bmatrix} \tag{17.81}$$

$$\boldsymbol{L}_A(k)=\begin{bmatrix}\dfrac{\partial(x'_{Al}(k))}{\partial\Delta r_A} & \dfrac{\partial(x'_{Al}(k))}{\partial\Delta\theta_A} & \dfrac{\partial(x'_{Al}(k))}{\partial\Delta\eta_A}\\ \dfrac{\partial(y'_{Al}(k))}{\partial\Delta r_A} & \dfrac{\partial(y'_{Al}(k))}{\partial\Delta\theta_A} & \dfrac{\partial(y'_{Al}(k))}{\partial\Delta\eta_A}\\ \dfrac{\partial(z'_{Al}(k))}{\partial\Delta r_A} & \dfrac{\partial(z'_{Al}(k))}{\partial\Delta\theta_A} & \dfrac{\partial(z'_{Al}(k))}{\partial\Delta\eta_A}\end{bmatrix} \tag{17.82}$$

$$\boldsymbol{L}_B(k)=\begin{bmatrix}\dfrac{\partial(x'_{Bl}(k))}{\partial\Delta r_B} & \dfrac{\partial(x'_{Bl}(k))}{\partial\Delta\theta_B} & \dfrac{\partial(x'_{Bl}(k))}{\partial\Delta\eta_B}\\ \dfrac{\partial(y'_{Bl}(k))}{\partial\Delta r_B} & \dfrac{\partial(y'_{Bl}(k))}{\partial\Delta\theta_B} & \dfrac{\partial(y'_{Bl}(k))}{\partial\Delta\eta_B}\\ \dfrac{\partial(z'_{Bl}(k))}{\partial\Delta r_B} & \dfrac{\partial(z'_{Bl}(k))}{\partial\Delta\theta_B} & \dfrac{\partial(z'_{Bl}(k))}{\partial\Delta\eta_B}\end{bmatrix} \tag{17.83}$$

因为对于同一目标，$f(\boldsymbol{\Psi}(k),\boldsymbol{\beta})=[0\quad 0\quad 0]'$。假设$[\boldsymbol{\Psi}(k)-\boldsymbol{\Psi}'(k)]$和$(\boldsymbol{\beta}-\boldsymbol{\beta}')$足够小，高阶分量可以忽略，则

$$\boldsymbol{\zeta}(k)\boldsymbol{\beta}+\boldsymbol{\kappa}(k)\partial\boldsymbol{\Psi}(k)=\boldsymbol{\zeta}(k)\boldsymbol{\beta}'-f(\boldsymbol{\Psi}'(k),\boldsymbol{\beta}') \tag{17.84}$$

式中，$\partial\boldsymbol{\Psi}(k)=(\boldsymbol{\Psi}(k)-\boldsymbol{\Psi}'(k))$，$\boldsymbol{\Psi}(k)$只考虑系统误差，没有考虑随机量测误差，所以

$$\partial\boldsymbol{\Psi}(k)=[R_r(k)\quad \theta_r(k)\quad \eta_r(k)\quad R'_r(k)\quad \theta'_r(k)\quad \eta'_r(k)] \tag{17.85}$$

式（17.84）的右半部分代表观测。对于 N 个时刻，可以构造与 17.3.4 节类似的线性关系：

$$\boldsymbol{X\beta}+\boldsymbol{\xi}=\boldsymbol{Y} \tag{17.86}$$

对其进行广义最小二乘估计，可得

$$\hat{\boldsymbol{\beta}}=(\boldsymbol{X}'\boldsymbol{\Sigma}_\xi^{-1}\boldsymbol{X})^{-1}\boldsymbol{X}'\boldsymbol{\Sigma}_\xi^{-1}\boldsymbol{Y} \tag{17.87}$$

$$\text{cov}(\hat{\boldsymbol{\beta}})=(\boldsymbol{X}'\boldsymbol{\Sigma}_\xi^{-1}\boldsymbol{X})^{-1} \tag{17.88}$$

与 17.3.4 节类似，为提高运算速度，同样可以将式（17.87）和式（17.88）分解为 N 个小型矩阵运算：

$$\boldsymbol{X}'\boldsymbol{\Sigma}_\xi^{-1}\boldsymbol{X}=\sum_{k=1}^{N}\boldsymbol{\zeta}'(k)\boldsymbol{\Sigma}_\xi^{-1}\boldsymbol{\zeta}(k) \tag{17.89}$$

$$X'\Sigma_{\xi}^{-1}Y = \sum_{k=1}^{N} \zeta'(k)\Sigma_{\xi}^{-1}[\zeta(k)\beta' - f(\Psi(k),\beta')] \tag{17.90}$$

17.3.6 仿真分析

本节对基于 ECEF 坐标系的最小二乘和广义最小二乘系统误差配准算法（分别简称为 ECEF-LS 和 ECEF-GLS）进行了仿真分析，仿真条件设置如下：雷达 A 和 B 的量测精度均为 $\sigma_{\rho A} = \sigma_{\rho B} = 50\,\text{m}$，$\sigma_{\theta A} = \sigma_{\theta B} = 0.5^\circ$，$\sigma_{\eta A} = \sigma_{\eta B} = 0.5^\circ$；距离量测误差为 $\Delta R_A = \Delta R_B = 1\,842\,\text{m}$，方位角量测偏差为 $\Delta\theta_A(k) = \Delta\theta_B(k) = 0.008\,7\,\text{rad}$，俯仰角量测误差为 $\Delta\eta_A(k) = \Delta\eta_B(k) = 0.017\,5\,\text{rad}$。雷达 A 和 B 的地理坐标分别为 $(68.923\,\text{deg}, -137.258\,9\,\text{deg}, 0.027\,5\,\text{nmi})$ 和 $(70.171\,4\,\text{deg}, -124.725\,0\,\text{deg}, 0.118\,2\,\text{nmi})$。地球模型是世界测地系统于 1984 年参照的椭圆，其地球赤道半径为 $E_q = 3\,443.9\,\text{nm}$，离心率为 $e^2 = 0.006\,694$。两部雷达的采样间隔均为 1 s。以雷达 A 的局部坐标系为参考坐标系，生成配准目标航迹为

$$\begin{cases} x'_A(k) = 2\,000 + 200k \\ y'_A(k) = -6\,000 \\ z'_A(k) = 3\,500 \end{cases} \tag{17.91}$$

图 17.3 和图 17.4 是 ECEF-LS 配准算法对雷达 A 和雷达 B 的误差配准曲线，图 17.5、图 17.6 是 ECEF-GLS 配准算法对雷达 A 和雷达 B 的误差配准曲线，其中实线为系统误差估计值，虚线为真实系统误差值。

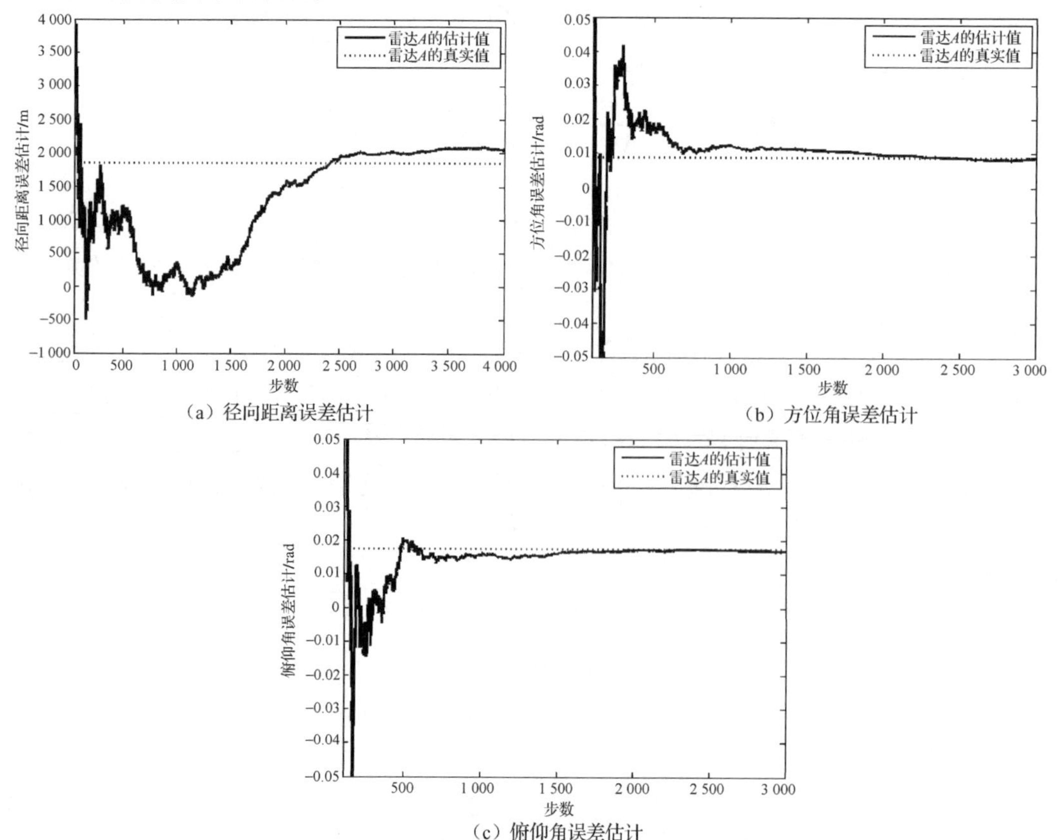

（a）径向距离误差估计　（b）方位角误差估计　（c）俯仰角误差估计

图 17.3　雷达 A 的 ECEF-LS 误差配准曲线

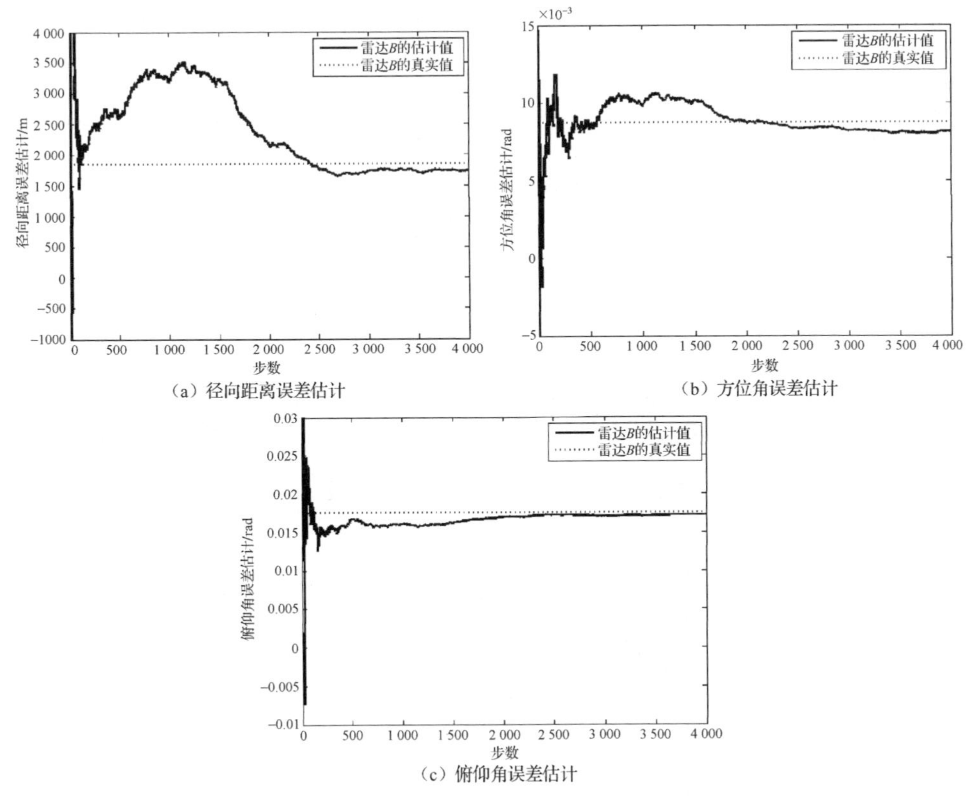

（a）径向距离误差估计　（b）方位角误差估计

（c）俯仰角误差估计

图 17.4　雷达 B 的 ECEF-LS 误差配准曲线

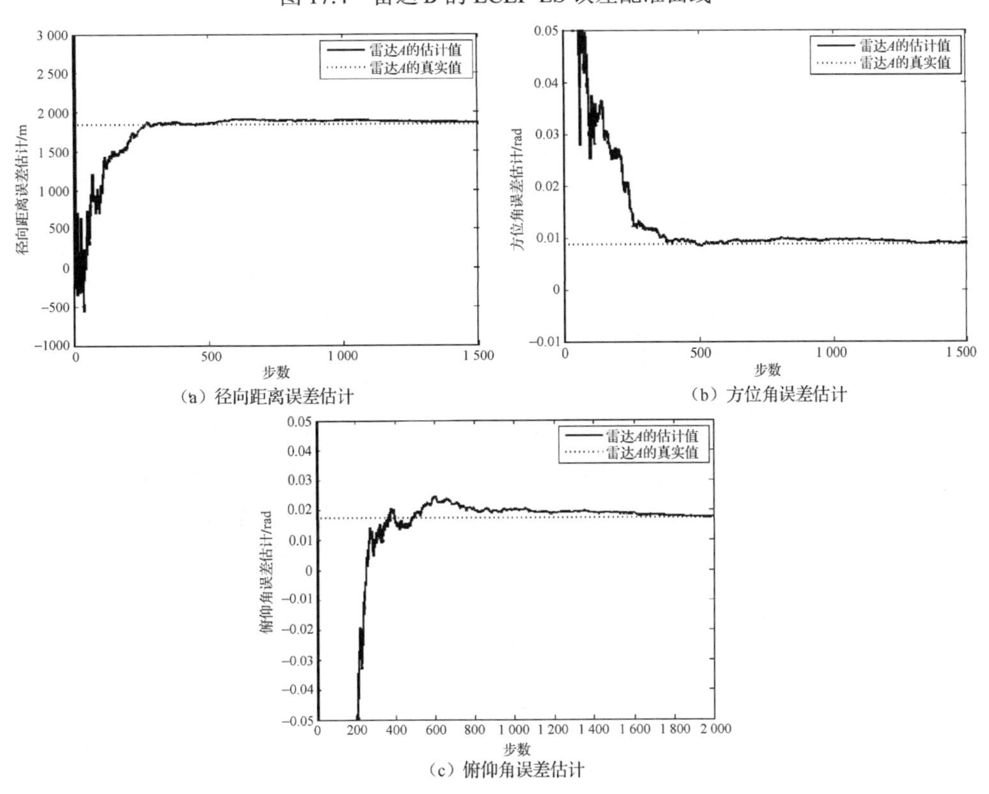

（a）径向距离误差估计　（b）方位角误差估计

（c）俯仰角误差估计

图 17.5　雷达 A 的 ECEF-GLS 误差配准曲线

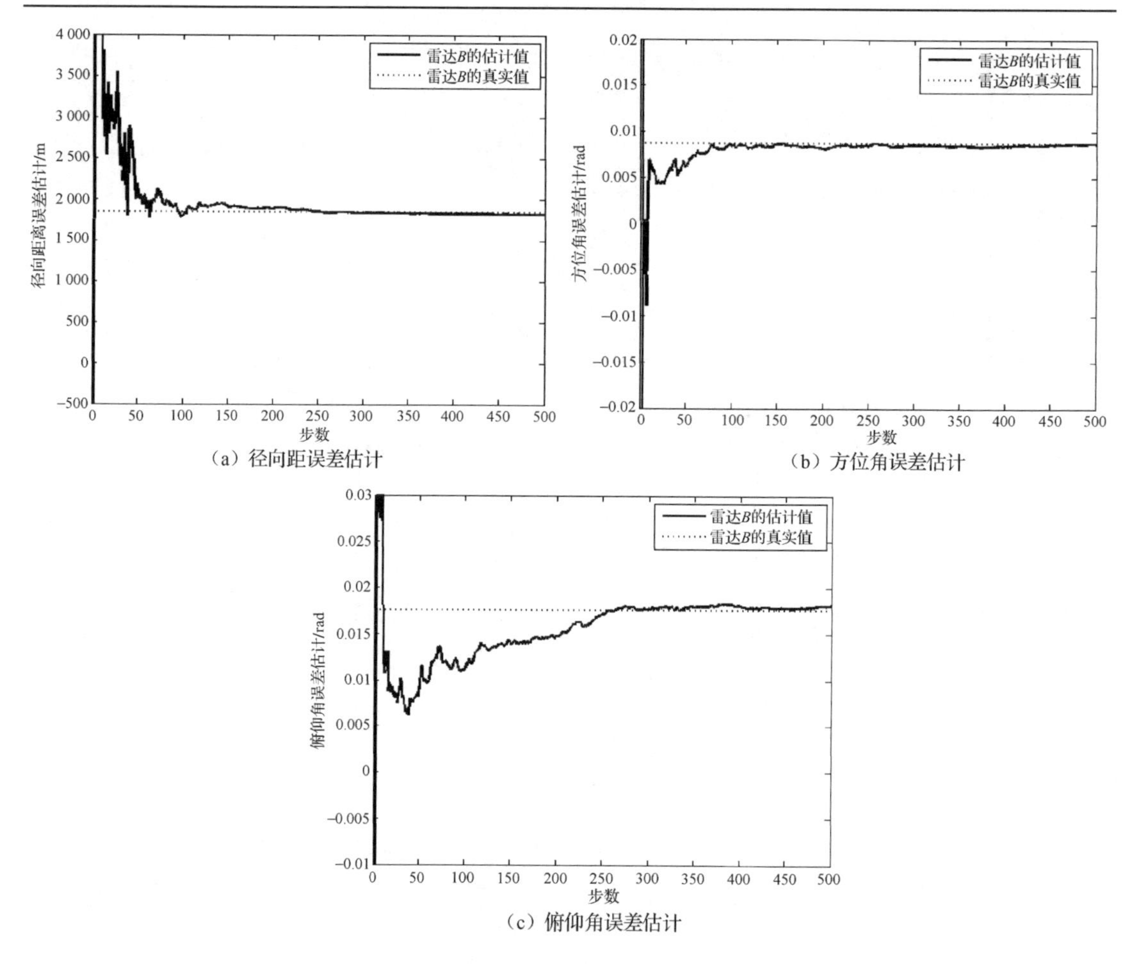

（a）径向距误差估计

（b）方位角误差估计

（c）俯仰角误差估计

图 17.6　雷达 B 的 ECEF-GLS 误差配准曲线

由图 17.3 和图 17.4 可以看出：①ECEF-LS 算法对径向距离、方位角、俯仰角方向上的系统误差估计，经过一定步数后都接近于系统误差的真实值，因此可知该算法能有效地对系统误差进行估计，同时可知径向距离、方位角、俯仰角三个方向上的误差估计需要 2 000 步左右才收敛，表明该算法实际配准运行速度比较慢；②通过图 17.3（a）、图 17.4（a）可以看出该算法对目标径向距离配准效果并不十分理想。

由图 17.5 和图 17.6 可以看出：①ECEF-GLS 算法对径向距离、方位角、俯仰角方向上的系统误差估计，经过一定步数后都接近系统误差的真实值，因此可知该算法能有效地对系统误差进行估计，而且径向距离、方位角、俯仰角三个方向上的误差估计到 500 步左右即可收敛，图 17.6 配准曲线收敛的步数更少，可知 ECEF-GLS 配准算法的配准速度较快；②通过图 17.5（a）、图 17.6（a）可以看出 ECEF-GLS 配准算法对目标径向距离的配准效果较好。

17.4　机动雷达误差配准算法

固定雷达误差配准算法[19-20]通常只考虑雷达的方位角偏差、俯仰角偏差和测距偏差，而机动雷达误差配准还要考虑运动平台的姿态角偏差，因此其误差配准难度更大[21-23]。本节分别从机动雷达系统误差建模、基于合作目标的误差配准、基于非合作目标的离线批处理估计和基于非合作目标的扩维滤波等四个方面，对机动雷达误差配准技术进行深入探讨。

17.4.1　机动雷达系统建模方法

由于在利用机动雷达量测进行误差配准时，常涉及多个不同坐标系间的量测变换，公式较为复杂，因此本小节首先探讨系统误差条件下机动雷达系统建模方法。

假设系统由两部三坐标机动雷达组成。假设机动雷达 i （ $i=1,2$ ）在极坐标系下对同一目标进行同步量测，存在距离偏差 b_i^r 、方位偏差 b_i^θ 、俯仰角偏差 b_i^η 、偏航角偏差 b_i^ϑ 、纵摇角偏差 b_i^ϕ 和横摇角偏差 b_i^α ，且假设它们是常量加性偏差，可描述为

$$\boldsymbol{b}_i=[(\boldsymbol{b}_i^l)' \quad (\boldsymbol{b}_i^z)']', i=1,2 \tag{17.92}$$

其中 $\boldsymbol{b}_i^l=[b_i^r \quad b_i^\theta \quad b_i^\eta]'$ 为量测系统误差， $\boldsymbol{b}_i^z=[b_i^\vartheta \quad b_i^\phi \quad b_i^\alpha]'$ 为姿态角系统误差。

对于匀速运动目标，基于离散连续白噪声加速模型，目标状态可建模为

$$\boldsymbol{X}(k+1)=\boldsymbol{F}(k)\boldsymbol{X}(k)+\boldsymbol{V}(k) \tag{17.93}$$

其中 k 时刻的目标状态向量 $\boldsymbol{X}(k)$ 和状态转移矩阵 $\boldsymbol{F}(k)$ 定义为

$$\boldsymbol{X}(k)=[x(k) \quad \dot{x}(k) \quad y(k) \quad \dot{y}(k) \quad z(k) \quad \dot{z}(k)]' \tag{17.94}$$

$$\boldsymbol{F}(k)=\begin{bmatrix} 1 & T & 0 & 0 & 0 & 0 \\ 0 & 1 & 0 & 0 & 0 & 0 \\ 0 & 0 & 1 & T & 0 & 0 \\ 0 & 0 & 0 & 1 & 0 & 0 \\ 0 & 0 & 0 & 0 & 1 & T \\ 0 & 0 & 0 & 0 & 0 & 1 \end{bmatrix} \tag{17.95}$$

其中， T 是离散化的时间间隔， $\boldsymbol{V}(k)$ 是零均值白色过程噪声，方差为

$$\boldsymbol{Q}=\mathrm{diag}(\boldsymbol{Q}_x,\boldsymbol{Q}_y,\boldsymbol{Q}_z) \tag{17.96}$$

$$\boldsymbol{Q}_x=\begin{bmatrix} \frac{1}{3}T^3 & \frac{1}{2}T^2 \\ \frac{1}{2}T^2 & T \end{bmatrix}\tilde{q}_x,\ \boldsymbol{Q}_y=\begin{bmatrix} \frac{1}{3}T^3 & \frac{1}{2}T^2 \\ \frac{1}{2}T^2 & T \end{bmatrix}\tilde{q}_y,\ \boldsymbol{Q}_z=\begin{bmatrix} \frac{1}{3}T^3 & \frac{1}{2}T^2 \\ \frac{1}{2}T^2 & T \end{bmatrix}\tilde{q}_z \tag{17.97}$$

其中 $\tilde{q}_x,\tilde{q}_y,\tilde{q}_z$ 为噪声的功率谱密度。

机动雷达 i 在 k 时刻量测得到含有量测误差 $\boldsymbol{b}_i$ 和量测噪声 $\boldsymbol{W}_i(k)$ 的目标距离 $r_i(k)$ 、方位角 $\theta_i(k)$ 和俯仰角 $\eta_i(k)$ ，设不含误差的真值量测为 $r_i'(k),\theta_i'(k),\eta_i'(k)$ ，其中 $\boldsymbol{W}_i(k)$ 为零均值白色量测噪声，其方差 $\boldsymbol{R}(\boldsymbol{W}_i)$ 为 $\mathrm{diag}(\sigma_{ri}^2,\sigma_{\theta i}^2,\sigma_{\eta i}^2)$ ，并且量测误差和量测噪声之间是相互独立的。则机动雷达 i 的量测方程为

$$\boldsymbol{Z}_{idp}(k)=\begin{bmatrix} r_i(k) \\ \theta_i(k) \\ \eta_i(k) \end{bmatrix}=\boldsymbol{Z}_{idp}(k)+\boldsymbol{b}_i^l+\boldsymbol{W}_i(k)=\begin{bmatrix} r_i'(k)+b_i^r+w_i^r \\ \theta_i'(k)+b_i^\theta+w_i^\theta \\ \eta_i'(k)+b_i^\eta+w_i^\eta \end{bmatrix} \tag{17.98}$$

把极坐标量测转化到直角坐标系，可得

$$\boldsymbol{Z}_{id}(k)=\begin{bmatrix} x_{id}(k) \\ y_{id}(k) \\ z_{id}(k) \end{bmatrix}=\boldsymbol{h}^{-1}[r_i'(k)+b_i^r+w_i^r \quad \theta_i'(k)+b_i^\theta+w_i^\theta \quad \eta_i'(k)+b_i^\eta+w_i^\eta] \tag{17.99}$$

其中

$$\boldsymbol{h}(x,y,z)=\left[\sqrt{x^2+y^2+z^2}\quad \arctan\left(\frac{y}{x}\right)\quad \arctan\left(\frac{z}{\sqrt{x^2+y^2}}\right)\right]' \tag{17.100}$$

$$\boldsymbol{h}^{-1}(r,\theta,\eta)=[r\cos\theta\cos\eta\quad r\sin\theta\cos\eta\quad r\sin\eta]' \tag{17.101}$$

设机动雷达 i 的载体平台，在时刻 k 的带误差姿态角为 $\boldsymbol{v}_i(k)=[\vartheta_i(k)\quad \phi_i(k)\quad \alpha_i(k)]'$，不含偏差姿态角为 $\boldsymbol{v}_i'(k)=[\vartheta_i'(k)\quad \phi_i'(k)\quad \alpha_i'(k)]'$，如图 17.7 所示。

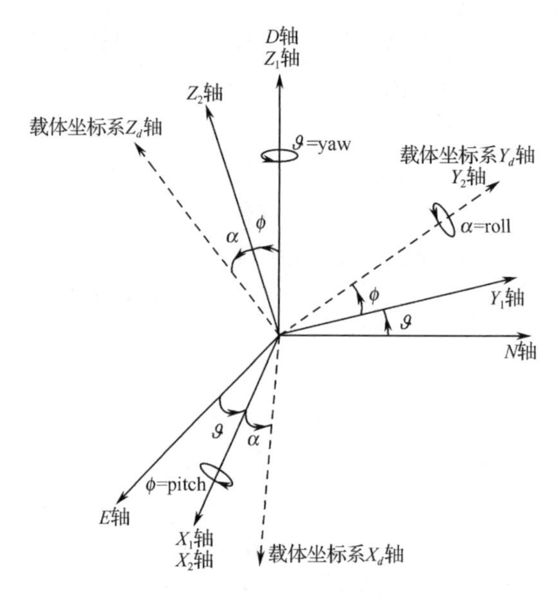

图 17.7　NED 坐标系与载体坐标系间的旋转关系

根据舰/机载坐标系和 NED 坐标系间的变换关系，把机动雷达 i 在载体坐标系中的量测转换到 NED 坐标系中，可得

$$\boldsymbol{Z}_{il}(k)=\begin{bmatrix}x_{il}(k)\\ y_{il}(k)\\ z_{il}(k)\end{bmatrix}=\boldsymbol{A}(\boldsymbol{v}_i(k))\begin{bmatrix}x_{id}(k)\\ y_{id}(k)\\ z_{id}(k)\end{bmatrix}=\boldsymbol{A}(\boldsymbol{v}_i'(k)+\boldsymbol{b}_i^z)\begin{bmatrix}x_{id}(k)\\ y_{id}(k)\\ z_{id}(k)\end{bmatrix} \tag{17.102}$$

其中，ϑ 为偏航角（yayo），ϕ 为纵摇角（pitch），α 为横摇角（roll）。

$$\begin{aligned}\boldsymbol{A}(\vartheta,\phi,\alpha)&=\boldsymbol{A}_{\text{head}}\boldsymbol{A}_{\text{pitch}}\boldsymbol{A}_{\text{roll}}\\ &=\begin{bmatrix}\cos\vartheta\cos\alpha+\sin\vartheta\sin\phi\sin\alpha & \sin\vartheta\cos\phi & -\cos\vartheta\sin\alpha+\sin\vartheta\sin\phi\cos\alpha\\ -\sin\vartheta\cos\alpha+\cos\vartheta\sin\phi\sin\alpha & \cos\vartheta\cos\phi & \sin\vartheta\sin\alpha+\cos\vartheta\sin\phi\cos\alpha\\ \cos\phi\sin\alpha & -\sin\phi & \cos\phi\cos\alpha\end{bmatrix}\end{aligned} \tag{17.103}$$

$$\boldsymbol{A}_{\text{head}}=\begin{bmatrix}\cos\vartheta & \sin\vartheta & 0\\ -\sin\vartheta & \cos\vartheta & 0\\ 0 & 0 & 1\end{bmatrix},\boldsymbol{A}_{\text{pitch}}=\begin{bmatrix}1 & 0 & 0\\ 0 & \cos\phi & \sin\phi\\ 0 & -\sin\phi & \cos\phi\end{bmatrix},\boldsymbol{A}_{\text{roll}}=\begin{bmatrix}\cos\alpha & 0 & -\sin\alpha\\ 0 & 1 & 0\\ \sin\alpha & 0 & \cos\alpha\end{bmatrix} \tag{17.104}$$

设机动雷达 i 在时刻 k 的地理坐标为 $\boldsymbol{X}_{isp}(k)=[L_i(k)\quad B_i(k)\quad H_i(k)]'$，在地球坐标系中坐标为 $\boldsymbol{X}_{is}(k)=[x_{is}(k)\quad y_{is}(k)\quad z_{is}(k)]'$，根据 NED 坐标系和 ECEF 坐标系间的变换关系，把机动雷达 i 在 NED 坐标系中的量测转换到 ECEF 坐标系中，可得

$$\boldsymbol{Z}_{ig}(k)=\begin{bmatrix}x_{ig}(k)\\y_{ig}(k)\\z_{ig}(k)\end{bmatrix}=\begin{bmatrix}x_{is}(k)\\y_{is}(k)\\z_{is}(k)\end{bmatrix}+\boldsymbol{T}(\boldsymbol{X}_{isp}(k))\times\begin{bmatrix}x_{il}(k)\\y_{il}(k)\\z_{il}(k)\end{bmatrix} \tag{17.105}$$

其中，$\boldsymbol{X}_{isp}(k)$ 可由式（17.67）得到，$\boldsymbol{T}$ 可由式（17.71）得到。

联合式（17.99）、式（17.102）和式（17.105），可得机动雷达 i 的 ECEF 坐标系量测方程为

$$\boldsymbol{Z}_{ig}(k)=[x_{is}(k)\quad y_{is}(k)\quad z_{is}(k)]'+\boldsymbol{T}(\boldsymbol{X}_{isp}(k))\boldsymbol{A}(\boldsymbol{v}_i'(k)+\boldsymbol{b}_i^z)\,\boldsymbol{h}^{-1}(r_i(k),\theta_i(k),\eta_i(k)) \tag{17.106}$$

下面根据式（17.106），推导 $\boldsymbol{Z}_{idp}(k)$ 关于 $\boldsymbol{X}(k)$ 的表达式。如果机动雷达 i 不存在系统误差、不含量测噪声，那么此时 $\boldsymbol{Z}_{ig}(k)=\boldsymbol{X}(k)$，即

$$\boldsymbol{X}(k)=[x_{is}(k)\quad y_{is}(k)\quad z_{is}(k)]'+\boldsymbol{T}(\boldsymbol{X}_{isp}(k))\boldsymbol{A}(\boldsymbol{v}_i'(k))\boldsymbol{h}^{-1}(r_i(k),\theta_i(k),\eta_i(k)) \tag{17.107}$$

进而可得

$$\boldsymbol{Z}_{idp}(k)=\boldsymbol{h}(\boldsymbol{A}(\boldsymbol{v}_i(k)-\boldsymbol{b}_i^z)^{-1}\boldsymbol{T}(\boldsymbol{X}_{isp}(k))^{-1}(\boldsymbol{X}(k)-\boldsymbol{X}_{is}(k)))+\boldsymbol{b}_i^l+\boldsymbol{W}_i(k) \tag{17.108}$$

由上面可知，整个系统由目标状态转移方程（17.93）和雷达量测方程（17.108）构成，整个系统涉及三个坐标系间的转换，其中目标状态是在地球坐标系中度量的，雷达的量测是在载体坐标系中度量的。

17.4.2　目标位置已知的机动雷达配准算法

在已知目标位置的前提下，譬如通过船舶自动识别系统（Automatic Identification System，AIS）得到的我方舰船目标位置或通过民航自动相关监视（Automatic Dependent Surveillance，ADS）系统得到的我民航飞机目标位置，单部雷达根据自身量测和所获取目标位置信息的不同，即可实现机动雷达系统误差配准[24-26]。

假设目标的真实状态为 $\boldsymbol{X}(k)=[x(k)\ \ y(k)\ \ z(k)]'$，机动雷达通过合作手段得到的目标位置为 $\bar{\boldsymbol{X}}(k)=[\bar{x}(k)\ \ \bar{y}(k)\ \ \bar{z}(k)]'$，则它们的关系为

$$\boldsymbol{X}(k)=\bar{\boldsymbol{X}}(k)+\boldsymbol{W}_x(k) \tag{17.109}$$

其中 $\boldsymbol{W}_x(k)$ 表示目标实际运动位置和导航设备量测位置间的偏差，这里假设其为零均值高斯白噪声，其协方差为 $\boldsymbol{R}_x(\boldsymbol{W}_x)=\mathrm{diag}(\sigma_x^2,\sigma_y^2,\sigma_z^2)$。

设机动雷达在时刻 k 的地理坐标为 $\boldsymbol{X}_{sp}(k)=[L(k)\quad B(k)\quad H(k)]'$，在地球坐标系中坐标为 $\boldsymbol{X}_s(k)=[x_s(k)\quad y_s(k)\quad z_s(k)]'$，其包含偏差的姿态角为 $\boldsymbol{v}(k)=[\vartheta(k)\quad \phi(k)\quad \alpha(k)]'$，不含偏差的姿态角为 $\boldsymbol{v}'(k)=[\vartheta'(k)\quad \phi'(k)\quad \alpha'(k)]'$，则由式（17.108）可得机动雷达在载体坐标系对目标的极坐标量测方程为

$$\boldsymbol{Z}(k)=[r(k)\quad \theta(k)\quad \eta(k)]'=\boldsymbol{h}(\boldsymbol{A}^{-1}(\boldsymbol{v}(k)-\boldsymbol{b}^z)\boldsymbol{T}^{-1}(\boldsymbol{X}_{sp}(k))(\boldsymbol{X}(k)-\boldsymbol{X}_s(k)))+\boldsymbol{b}^l+\boldsymbol{W}_z(k) \tag{17.110}$$

其中，$\boldsymbol{h}(\cdot)$ 由式（17.100）给出，$\boldsymbol{A}$ 由式（17.103）给出，$\boldsymbol{T}$ 由式（17.71）给出，$\boldsymbol{W}_z(k)$ 为机动雷达的零均值高斯白噪声，其协方差为 $\boldsymbol{R}_z(\boldsymbol{W}_z)=\mathrm{diag}(\sigma_r^2,\sigma_\theta^2,\sigma_\eta^2)$。

由最大似然估计的定义可知，机动雷达系统误差的最大似然估计为

$$\hat{\boldsymbol{b}}_{\mathrm{ML}}=\arg\max_{\boldsymbol{b}} p(\boldsymbol{Z}(1:N)\,|\,\boldsymbol{b}) \tag{17.111}$$

其中

$$p(\boldsymbol{Z}(1:N)\,|\,\boldsymbol{b})=\int\prod_k p(\boldsymbol{Z}(k)\,|\,\boldsymbol{X}(k),\boldsymbol{b})p(\boldsymbol{X}(1:N))\,\mathrm{d}\boldsymbol{X}(1:N) \tag{17.112}$$

由于已经获得目标的真实位置信息，结合式（17.109）可以认为：在已获取目标真实位置 $\bar{\boldsymbol{X}}(k)$ 的条件下，目标不同时刻状态向量 $\boldsymbol{X}(k)$ 之间是相互独立的。可得

$$p(\boldsymbol{X}(1:N))=\prod_{k=1}^{N}p(\boldsymbol{X}(k)) \tag{17.113}$$

其中 $p(\boldsymbol{X}(k))$ 为高斯概率密度函数，其均值为 $\bar{\boldsymbol{X}}(k)$，方差为 $\boldsymbol{R}(\boldsymbol{W}_x)$。

将式（17.113）代入式（17.111），可得

$$\hat{\boldsymbol{b}}_{\mathrm{ML}}=\arg\max_{\boldsymbol{b}}\prod_{k}p(\boldsymbol{Z}(k)\,|\,\boldsymbol{b}) \tag{17.114}$$

其中

$$p(\boldsymbol{Z}(k)\,|\,\boldsymbol{b})=\int p(\boldsymbol{Z}(k)\,|\,\boldsymbol{X}(k),\boldsymbol{b})p(\boldsymbol{X}(k))\,\mathrm{d}\,\boldsymbol{X}(k) \tag{17.115}$$

由式（17.110）可知，$\boldsymbol{Z}(k)$ 是 $\boldsymbol{X}(k)$ 的非线性函数，而式（17.115）又要计算 $\boldsymbol{Z}(k)$ 关于 $\boldsymbol{X}(k)$ 的积分，因此需要对 $\boldsymbol{Z}(k)$ 进行线性化。

令 $\boldsymbol{g}(\boldsymbol{X}(k),\boldsymbol{b}^z)=[u(k)\ \ v(k)\ \ m(k)]'=\boldsymbol{A}^{-1}(\boldsymbol{v}(k)-\boldsymbol{b}^z)\boldsymbol{T}^{-1}(\boldsymbol{X}_{sp}(k))(\boldsymbol{X}(k)-\boldsymbol{X}_s(k))$，把 $\boldsymbol{h}(\boldsymbol{A}^{-1}(\boldsymbol{v}(k)-\boldsymbol{b}^z)\boldsymbol{T}^{-1}(\boldsymbol{X}_{sp}(k))(\boldsymbol{X}(k)-\boldsymbol{X}_s(k)))$ 写成复合函数的形式，可得

$$\boldsymbol{h}(\boldsymbol{g}(\boldsymbol{X}(k),\boldsymbol{b}^z))=\boldsymbol{h}(\boldsymbol{A}^{-1}(\boldsymbol{v}(k)-\boldsymbol{b}^z)\boldsymbol{T}^{-1}(\boldsymbol{X}_{sp}(k))(\boldsymbol{X}(k)-\boldsymbol{X}_s(k))) \tag{17.116}$$

对多元复合函数式（17.116）分别在 $\boldsymbol{X}(k)=\boldsymbol{X}_0(k),\boldsymbol{b}^z=\boldsymbol{b}_0^z$ 处求取关于 $\boldsymbol{X}(k)$ 和 $\boldsymbol{b}^z$ 的偏导数，并为了表示方便，省去时间标号 k，可得

$$\begin{aligned}\boldsymbol{F}(\boldsymbol{X}_0,\boldsymbol{b}_0^z)&=\left.\frac{\partial\boldsymbol{h}(\boldsymbol{g}(\boldsymbol{X},\boldsymbol{b}^z))}{\partial\boldsymbol{X}}\right|_{\boldsymbol{X}=\boldsymbol{X}_0,\boldsymbol{b}^z=\boldsymbol{b}_0^z}=\left.\frac{\partial\boldsymbol{h}(\boldsymbol{g})}{\partial\boldsymbol{g}}\cdot\frac{\partial\boldsymbol{g}(\boldsymbol{X},\boldsymbol{b}^z)}{\partial\boldsymbol{X}}\right|_{\boldsymbol{X}=\boldsymbol{X}_0,\boldsymbol{b}^z=\boldsymbol{b}_0^z}\\&=\left[\frac{\partial\boldsymbol{h}(\boldsymbol{g})}{\partial u}\ \ \frac{\partial\boldsymbol{h}(\boldsymbol{g})}{\partial v}\ \ \frac{\partial\boldsymbol{h}(\boldsymbol{g})}{\partial m}\right]\cdot\left.\left[\frac{\partial\boldsymbol{g}(\boldsymbol{X},\boldsymbol{b}^z)}{\partial x}\ \ \frac{\partial\boldsymbol{g}(\boldsymbol{X},\boldsymbol{b}^z)}{\partial y}\ \ \frac{\partial\boldsymbol{g}(\boldsymbol{X},\boldsymbol{b}^z)}{\partial z}\right]\right|_{\boldsymbol{X}=\boldsymbol{X}_0,\boldsymbol{b}^z=\boldsymbol{b}_0^z}\end{aligned} \tag{17.117}$$

$$\begin{aligned}\boldsymbol{G}(\boldsymbol{X}_0,\boldsymbol{b}_0^z)&=\left.\frac{\partial\boldsymbol{h}(\boldsymbol{g}(\boldsymbol{X},\boldsymbol{b}^z))}{\partial\boldsymbol{b}^z}\right|_{\boldsymbol{X}=\boldsymbol{X}_0,\boldsymbol{b}^z=\boldsymbol{b}_0^z}=\left.\frac{\partial\boldsymbol{h}(\boldsymbol{g})}{\partial\boldsymbol{g}}\cdot\frac{\partial\boldsymbol{g}(\boldsymbol{X},\boldsymbol{b}^z)}{\partial\boldsymbol{b}^z}\right|_{\boldsymbol{X}=\boldsymbol{X}_0,\boldsymbol{b}^z=\boldsymbol{b}_0^z}\\&=\left[\frac{\partial\boldsymbol{h}(\boldsymbol{g})}{\partial u}\ \ \frac{\partial\boldsymbol{h}(\boldsymbol{g})}{\partial v}\ \ \frac{\partial\boldsymbol{h}(\boldsymbol{g})}{\partial m}\right]\cdot\left.\left[\frac{\partial\boldsymbol{g}(\boldsymbol{X},\boldsymbol{b}^z)}{\partial b^{\vartheta}}\ \ \frac{\partial\boldsymbol{g}(\boldsymbol{X},\boldsymbol{b}^z)}{\partial b^{\phi}}\ \ \frac{\partial\boldsymbol{g}(\boldsymbol{X},\boldsymbol{b}^z)}{\partial b^{\alpha}}\right]\right|_{\boldsymbol{X}=\boldsymbol{X}_0,\boldsymbol{b}^z=\boldsymbol{b}_0^z}\end{aligned} \tag{17.118}$$

其中

$$\left[\frac{\partial\boldsymbol{h}(\boldsymbol{g})}{\partial u}\ \ \frac{\partial\boldsymbol{h}(\boldsymbol{g})}{\partial v}\ \ \frac{\partial\boldsymbol{h}(\boldsymbol{g})}{\partial m}\right]=\begin{bmatrix}\dfrac{u}{\sqrt{u^2+v^2+m^2}} & \dfrac{v}{\sqrt{u^2+v^2+m^2}} & \dfrac{m}{\sqrt{u^2+v^2+m^2}}\\ \dfrac{-v}{\sqrt{u^2+v^2}} & \dfrac{u}{\sqrt{u^2+v^2}} & 0\\ \dfrac{-um}{\sqrt{u^2+v^2}(u^2+v^2+m^2)} & \dfrac{-vm}{\sqrt{u^2+v^2}(u^2+v^2+m^2)} & \dfrac{u^2+v^2}{\sqrt{u^2+v^2}(u^2+v^2+m^2)}\end{bmatrix} \tag{17.119}$$

$$\left[\frac{\partial\boldsymbol{g}(\boldsymbol{X},\boldsymbol{b}^z)}{\partial x}\ \ \frac{\partial\boldsymbol{g}(\boldsymbol{X},\boldsymbol{b}^z)}{\partial y}\ \ \frac{\partial\boldsymbol{g}(\boldsymbol{X},\boldsymbol{b}^z)}{\partial z}\right]=\boldsymbol{A}^{-1}(\boldsymbol{v}(k)-\boldsymbol{b}^z)\boldsymbol{T}^{-1}(\boldsymbol{X}_{sp}(k)) \tag{17.120}$$

$$\begin{bmatrix}\dfrac{\partial \boldsymbol{g}(\boldsymbol{X},\boldsymbol{b}^z)}{\partial b^{\vartheta}} & \dfrac{\partial \boldsymbol{g}(\boldsymbol{X},\boldsymbol{b}^z)}{\partial b^{\phi}} & \dfrac{\partial \boldsymbol{g}(\boldsymbol{X},\boldsymbol{b}^z)}{\partial b^{\alpha}}\end{bmatrix} = \frac{\partial \boldsymbol{A}_{\text{roll}}(b^{\alpha}-\alpha)\boldsymbol{A}_{\text{pitch}}(b^{\phi}-\phi)\boldsymbol{A}_{\text{head}}(b^{\vartheta}-\vartheta)}{\partial \boldsymbol{b}^z}\boldsymbol{T}(\boldsymbol{X}_{sp})^{-1}(\boldsymbol{X}-\boldsymbol{X}_s)$$

$$= \begin{bmatrix} \left(\boldsymbol{A}_{\text{roll}}(b^{\alpha}-\alpha)\boldsymbol{A}_{\text{pitch}}(b^{\phi}-\phi)\dfrac{\partial \boldsymbol{A}_{\text{head}}(b^{\vartheta}-\vartheta)}{\delta b^{\vartheta}}\boldsymbol{T}(\boldsymbol{X}_{sp})^{-1}(\boldsymbol{X}-\boldsymbol{X}_s)\right)' \\ \left(\boldsymbol{A}_{\text{roll}}(b^{\alpha}-\alpha)\dfrac{\partial \boldsymbol{A}_{\text{pitch}}(b^{\phi}-\phi)}{\delta b^{\phi}}\boldsymbol{A}_{\text{head}}(b^{\vartheta}-\vartheta)\boldsymbol{T}(\boldsymbol{X}_{sp})^{-1}(\boldsymbol{X}-\boldsymbol{X}_s)\right)' \\ \left(\dfrac{\partial \boldsymbol{A}_{\text{roll}}(b^{\alpha}-\alpha)}{\delta b^{\alpha}}\boldsymbol{A}_{\text{pitch}}(b^{\phi}-\phi)\boldsymbol{A}_{\text{head}}(b^{\vartheta}-\vartheta)\boldsymbol{T}(\boldsymbol{X}_{sp})^{-1}(\boldsymbol{X}-\boldsymbol{X}_s)\right)' \end{bmatrix}' \tag{17.121}$$

其中

$$\frac{\partial \boldsymbol{A}_{\text{head}}(b^{\vartheta}-\vartheta)}{\partial b^{\vartheta}} = \begin{bmatrix} -\sin(b^{\vartheta}-\vartheta) & \cos(b^{\vartheta}-\vartheta) & 0 \\ -\cos(b^{\vartheta}-\vartheta) & \sin(b^{\vartheta}-\vartheta) & 0 \\ 0 & 0 & 0 \end{bmatrix} \tag{17.122}$$

$$\frac{\partial \boldsymbol{A}_{\text{pitch}}(b^{\phi}-\phi)}{\partial b^{\phi}} = \begin{bmatrix} 0 & 0 & 0 \\ 0 & -\sin(b^{\phi}-\phi) & \cos(b^{\phi}-\phi) \\ 0 & -\cos(b^{\phi}-\phi) & -\sin(b^{\phi}-\phi) \end{bmatrix} \tag{17.123}$$

$$\frac{\partial \boldsymbol{A}_{\text{roll}}(b^{\alpha}-\alpha)}{\partial b^{\alpha}} = \begin{bmatrix} -\sin(b^{\alpha}-\alpha) & 0 & -\cos(b^{\alpha}-\alpha) \\ 0 & 0 & 0 \\ \cos(b^{\alpha}-\alpha) & 0 & -\sin(b^{\alpha}-\alpha) \end{bmatrix} \tag{17.124}$$

结合式（17.117）和式（17.118），对式（17.110）在目标真实位置 $\bar{\boldsymbol{X}}(k)$ 和初始系统误差估计 $\hat{\boldsymbol{b}}_0$ 处进行一阶泰勒展开，可得

$$\begin{aligned} \boldsymbol{Z}(k) \approx{}& \boldsymbol{h}(\boldsymbol{g}(\bar{\boldsymbol{X}}(k),\hat{\boldsymbol{b}}_0^z)) + \hat{\boldsymbol{b}}_0^l + \\ & \boldsymbol{F}(\bar{\boldsymbol{X}}(k),\hat{\boldsymbol{b}}_0^z)(\boldsymbol{X}(k)-\bar{\boldsymbol{X}}(k)) + \boldsymbol{G}(\bar{\boldsymbol{X}}(k),\hat{\boldsymbol{b}}_0^z)(\boldsymbol{b}^z-\hat{\boldsymbol{b}}_0^z) + \boldsymbol{I}_{3\times 3}(\boldsymbol{b}^l-\hat{\boldsymbol{b}}_0^l) + \boldsymbol{W}_z(k) \end{aligned} \tag{17.125}$$

其中 $\boldsymbol{I}_{3\times 3}$ 为 3 阶单位矩阵。

把式（17.125）写成紧凑的形式，可得

$$\boldsymbol{Z}(k) \approx \boldsymbol{h}(\boldsymbol{g}(\bar{\boldsymbol{X}}(k),\hat{\boldsymbol{b}}_0^z)) + \hat{\boldsymbol{b}}_0^l + \boldsymbol{F}(\bar{\boldsymbol{X}}(k),\hat{\boldsymbol{b}}_0^z)(\boldsymbol{X}(k)-\bar{\boldsymbol{X}}(k)) + \boldsymbol{G}_{\boldsymbol{b}}(\bar{\boldsymbol{X}}(k),\hat{\boldsymbol{b}}_0^z)(\boldsymbol{b}-\hat{\boldsymbol{b}}_0) + \boldsymbol{W}_z(k) \tag{17.126}$$

其中 $\boldsymbol{G}_{\boldsymbol{b}}(\bar{\boldsymbol{X}}(k),\hat{\boldsymbol{b}}_0^z) = [\boldsymbol{I}_{3\times 3}\ \ \boldsymbol{G}(\bar{\boldsymbol{X}}(k),\hat{\boldsymbol{b}}_0^z)]$。

由式（17.125）可知，$p(\boldsymbol{Z}(k)|\boldsymbol{b})$ 可近似为高斯概率密度函数，其均值 $\bar{\boldsymbol{Z}}(k)$、方差 $\boldsymbol{S}(k)$ 表示如下：

$$\bar{\boldsymbol{Z}}(k) = \boldsymbol{h}(\boldsymbol{g}(\bar{\boldsymbol{X}}(k),\hat{\boldsymbol{b}}_0^z)) + \hat{\boldsymbol{b}}_0^l + \boldsymbol{G}_{\boldsymbol{b}}(\bar{\boldsymbol{X}}(k),\hat{\boldsymbol{b}}_0^z)(\boldsymbol{b}-\hat{\boldsymbol{b}}_0) \tag{17.127}$$

$$\boldsymbol{S}(k) = \boldsymbol{F}(\bar{\boldsymbol{X}}(k),\hat{\boldsymbol{b}}_0^z)\boldsymbol{R}_x(\boldsymbol{W}_x)\boldsymbol{F}(\bar{\boldsymbol{X}}(k),\hat{\boldsymbol{b}}_0^z)' + \boldsymbol{R}_z(\boldsymbol{W}_z) \tag{17.128}$$

因此联合密度函数 $p(\boldsymbol{Z}(1:N)|\boldsymbol{b})$ 也是高斯密度函数，其均值、方差分别为

$$\begin{bmatrix} \bar{\boldsymbol{Z}}(1) \\ \vdots \\ \bar{\boldsymbol{Z}}(N) \end{bmatrix} = \begin{bmatrix} \boldsymbol{h}(\boldsymbol{g}(\bar{\boldsymbol{X}}(1),\hat{\boldsymbol{b}}_0^z)) + \hat{\boldsymbol{b}}_0^l \\ \vdots \\ \boldsymbol{h}(\boldsymbol{g}(\bar{\boldsymbol{X}}(N),\hat{\boldsymbol{b}}_0^z)) + \hat{\boldsymbol{b}}_0^l \end{bmatrix} + \begin{bmatrix} \boldsymbol{G}_{\boldsymbol{b}}(\bar{\boldsymbol{X}}(1),\hat{\boldsymbol{b}}_0^z) \\ \vdots \\ \boldsymbol{G}_{\boldsymbol{b}}(\bar{\boldsymbol{X}}(N),\hat{\boldsymbol{b}}_0^z) \end{bmatrix}(\boldsymbol{b}-\hat{\boldsymbol{b}}_0) \tag{17.129}$$

$$\boldsymbol{S} = \text{block-diag}(\boldsymbol{S}_1,\cdots,\boldsymbol{S}_N) \tag{17.130}$$

其中block-diag(·)表示块对角阵，下同。

根据高斯分布最大似然估计的标准公式，可得系统误差的最大似然估计为

$$\hat{\boldsymbol{b}}_{\mathrm{ML}}=\left(\begin{bmatrix}\boldsymbol{G}_b(\bar{\boldsymbol{X}}(1),\hat{\boldsymbol{b}}_0^z)\\ \vdots \\ \boldsymbol{G}_b(\bar{\boldsymbol{X}}(N),\hat{\boldsymbol{b}}_0^z)\end{bmatrix}'\boldsymbol{S}^{-1}\begin{bmatrix}\boldsymbol{G}_b(\bar{\boldsymbol{X}}(1),\hat{\boldsymbol{b}}_0^z)\\ \vdots \\ \boldsymbol{G}_b(\bar{\boldsymbol{X}}(N),\hat{\boldsymbol{b}}_0^z)\end{bmatrix}\right)^{-1}\times$$

$$\begin{bmatrix}\boldsymbol{G}_b(\bar{\boldsymbol{X}}(1),\hat{\boldsymbol{b}}_0^z)\\ \vdots \\ \boldsymbol{G}_b(\bar{\boldsymbol{X}}(N),\hat{\boldsymbol{b}}_0^z)\end{bmatrix}'\boldsymbol{S}^{-1}\begin{bmatrix}\boldsymbol{Z}(1)-\boldsymbol{h}(\boldsymbol{g}(\bar{\boldsymbol{X}}(1),\hat{\boldsymbol{b}}_0^z))-\hat{\boldsymbol{b}}_0^l+\boldsymbol{G}_b(\bar{\boldsymbol{X}}(1),\hat{\boldsymbol{b}}_0^z)\hat{\boldsymbol{b}}_0\\ \vdots \\ \boldsymbol{Z}(N)-\boldsymbol{h}(\boldsymbol{g}(\bar{\boldsymbol{X}}(N),\hat{\boldsymbol{b}}_0^z))-\hat{\boldsymbol{b}}_0^l+\boldsymbol{G}_b(\bar{\boldsymbol{X}}(N),\hat{\boldsymbol{b}}_0^z)\hat{\boldsymbol{b}}_0\end{bmatrix}$$

$$=\hat{\boldsymbol{b}}_0+\left[\sum_{j=1}^{N}\boldsymbol{G}_b(\bar{\boldsymbol{X}}(j),\hat{\boldsymbol{b}}_0^z)'\boldsymbol{S}_j^{-1}\boldsymbol{G}_b(\bar{\boldsymbol{X}}(j),\hat{\boldsymbol{b}}_0^z)\right]^{-1}\cdot$$

$$\sum_{k=1}^{N}\boldsymbol{G}_b(\bar{\boldsymbol{X}}(k),\hat{\boldsymbol{b}}_0^z)'\boldsymbol{S}_k^{-1}[\boldsymbol{Z}(k)-\boldsymbol{h}(\boldsymbol{g}(\bar{\boldsymbol{X}}(k),\hat{\boldsymbol{b}}_0^z))-\hat{\boldsymbol{b}}_0^l] \tag{17.131}$$

由上述推导过程可知，式（17.127）、式（17.128）、式（17.131）构成了机动雷达系统误差最大似然估计方程，通过用$\hat{\boldsymbol{b}}_{\mathrm{ML}}$代替$\hat{\boldsymbol{b}}_0$，即可实现系统误差的递归估计。

17.4.3　机动雷达最大似然配准（MLRM）算法

本节首先对较为典型的批处理MLR（Maximum Likelihood Registration）算法[15]进行介绍。然后根据机动雷达量测方程，利用MLR算法解决机动雷达误差配准问题，得到MLRM（Maximum Likelihood Registration of Mobile radar）算法[23]。

1. MLR算法

MLR算法是批处理算法，可对目标的状态和系统误差进行联合估计，但仅适用于固定雷达构成的组网系统，下面对MLR算法进行详细介绍。假设系统包含n部固定雷达，每部雷达可对公共区域内所有目标进行量测，得到距离、方位角和俯仰角三种量测量的子集，即雷达可以是任何类型的雷达，如三维雷达、二维雷达、无源雷达等，并且雷达的位置是精确可知的。整个雷达系统存在系统误差的量测方程可用下式表示：

$$\boldsymbol{z}(k)=\boldsymbol{h}(\boldsymbol{x}(k))+\boldsymbol{\beta}+\boldsymbol{w}(k) \tag{17.132}$$

其中标号$k=1,\cdots,N$可以表示同一时间对不同目标的量测，也可表示对同一目标不同离散时间的量测。$\boldsymbol{z}(k)=[\boldsymbol{z}_1(k)'\quad \boldsymbol{z}_2(k)'\quad \cdots\quad \boldsymbol{z}_n(k)']'$表示$n$部雷达在标号$k$处的量测组成的向量。$\boldsymbol{h}(x(k))=[\boldsymbol{h}_1(x(k))'\quad \boldsymbol{h}_2(x(k))'\quad \cdots\quad \boldsymbol{h}_n(x(k))']'$表示$n$部雷达的已知非线性量测方程组成的向量。$\boldsymbol{x}(k)$表示目标的真实位置向量，即目标状态。$\boldsymbol{\beta}=[\boldsymbol{\beta}_1'\quad \boldsymbol{\beta}_2'\quad \cdots\quad \boldsymbol{\beta}_n']'$表示雷达的系统误差向量。$\boldsymbol{w}(k)=[\boldsymbol{w}_1(k)'\quad \boldsymbol{w}_2(k)'\quad \cdots\quad \boldsymbol{w}_n(k)']'$表示雷达的随机量测噪声向量。系统误差$\boldsymbol{\beta}_i$是确定、时不变的，并且独立于目标状态$\boldsymbol{x}(k)$。量测噪声$\boldsymbol{w}_i(k)$零均值高斯白噪声，其协方差为$\Sigma_{z_i}$，并且雷达间的量测噪声是相互独立的。

已知量测方程$\boldsymbol{Z}=\{\boldsymbol{z}(k);k=1,\cdots,N\}$，所要解决的问题是估计出系统误差$\boldsymbol{\beta}$，并用估计值$\hat{\boldsymbol{\beta}}$修正后续的存在系统误差的量测方程。由于式（17.132）中，目标的状态$\boldsymbol{x}(k)$也是不知道的，因此MLR算法要对系统误差$\boldsymbol{\beta}$和目标状态$\boldsymbol{X}=\{\boldsymbol{x}(k);k=1,\cdots,N\}$进行联合估计。MLR算法通过使似然函数$p(\boldsymbol{Z}\mid \boldsymbol{X},\boldsymbol{\beta})$达到最大，来对$\boldsymbol{\beta}$和$\boldsymbol{X}$进行估计，即

$$\{\hat{\boldsymbol{X}},\hat{\boldsymbol{\beta}}\}=\arg\max_{\boldsymbol{X},\boldsymbol{\beta}} p(\boldsymbol{z}(1),\boldsymbol{z}(2),\cdots,\boldsymbol{z}(N)\mid\boldsymbol{X},\boldsymbol{\beta})=\arg\max_{\boldsymbol{\beta}}\left\{\prod_{k=1}^{N}\max_{\boldsymbol{x}(k)} p(\boldsymbol{z}(k)\mid\boldsymbol{x}(k),\boldsymbol{\beta})\right\} \tag{17.133}$$

因为量测噪声序列 $\boldsymbol{w}_i(k)$ 是白噪声，不同 k 之间是相互独立的，因此可以得到化简式（17.133）。因而可知求 $\boldsymbol{X}$ 使 $p(\boldsymbol{Z}\mid\boldsymbol{X},\boldsymbol{\beta})$ 达到最大等效于求 $\boldsymbol{x}(k),k=1,\cdots,N$ 使 $p(\boldsymbol{z}(k)\mid\boldsymbol{x}(k),\boldsymbol{\beta})$ 达到最大，从而使其积 $\prod_{k=1}^{N}p(\boldsymbol{z}(k)\mid\boldsymbol{x}(k),\boldsymbol{\beta})$ 达到最大。下面先估计 $\hat{\boldsymbol{x}}(k)$ 使 $p(\boldsymbol{z}(k)\mid\boldsymbol{x}(k),\boldsymbol{\beta})$ 达到最大，并且此时用前一步的估计值 $\hat{\boldsymbol{\beta}}$ 代替 $\boldsymbol{\beta}$。

根据雷达间量测噪声相互独立的假设，为了表示方便，省去标号 k，可得

$$p(\boldsymbol{z}_1,\boldsymbol{z}_2,\cdots,\boldsymbol{z}_n\mid\boldsymbol{x},\boldsymbol{\beta})=\prod_{i=1}^{n}p(\boldsymbol{z}_i\mid\boldsymbol{x},\boldsymbol{\beta}_i)=K_1\exp\left(-\frac{1}{2}\sum_{i=1}^{n}(\boldsymbol{z}_i-\overline{\boldsymbol{z}}_i)'\,\Sigma_{\boldsymbol{z}_i}^{-1}(\boldsymbol{z}_i-\overline{\boldsymbol{z}}_i)\right) \tag{17.134}$$

其中 $\overline{\boldsymbol{z}}_i=\boldsymbol{h}_i(\boldsymbol{x})+\boldsymbol{\beta}_i$。现通过下式把量测 $\boldsymbol{z}_i$ 投影到目标状态空间，即通过 $\boldsymbol{z}_i$ 求解出目标状态：

$$\boldsymbol{x}_i=\boldsymbol{h}_i^{-1}(\boldsymbol{z}_i-\boldsymbol{\beta}_i),\quad i=1,2,\cdots,N \tag{17.135}$$

假设雷达 i 是无源雷达，则可知通过 $\boldsymbol{z}_i$ 无法求出 $\boldsymbol{x}_i$，此时雷达 i 可结合另外一部无源或有源雷达求出 $\boldsymbol{x}_i$。由式（17.135）可知 $\boldsymbol{x}_i$ 是随机变量，因而需要求出 $\boldsymbol{x}_i$ 的概率密度函数。通过对 $\boldsymbol{h}_i$ 进行一阶泰勒展开，$\boldsymbol{x}_i$ 也可以近似表示成高斯型随机变量，并且其协方差的逆为

$$\Sigma_{\boldsymbol{x}_i}^{-1}=\boldsymbol{H}_i'\,\Sigma_{\boldsymbol{z}_i}^{-1}\,\boldsymbol{H}_i \tag{17.136}$$

其中

$$\boldsymbol{H}_i=[\nabla_{\boldsymbol{x}}\boldsymbol{h}_i(\boldsymbol{x})']'=\begin{bmatrix}\dfrac{\partial\boldsymbol{h}_{i1}}{\partial x_1} & \dfrac{\partial\boldsymbol{h}_{i1}}{\partial x_2} & \cdots & \dfrac{\partial\boldsymbol{h}_{i1}}{\partial x_p}\\ \dfrac{\partial\boldsymbol{h}_{i2}}{\partial x_1} & \dfrac{\partial\boldsymbol{h}_{i2}}{\partial x_2} & \cdots & \dfrac{\partial\boldsymbol{h}_{i2}}{\partial x_p}\\ \vdots & \vdots & & \vdots\\ \dfrac{\partial\boldsymbol{h}_{iq_i}}{\partial x_1} & \dfrac{\partial\boldsymbol{h}_{iq_i}}{\partial x_2} & \cdots & \dfrac{\partial\boldsymbol{h}_{iq_i}}{\partial x_p}\end{bmatrix} \tag{17.137}$$

$\boldsymbol{H}_i$ 是 $\boldsymbol{h}_i(\cdot)$ 关于 $\boldsymbol{x}$ 的雅可比矩阵，p 为目标状态的维数，q_i 为量测函数 $\boldsymbol{h}_i$ 的维数。

因而式（17.134）可在目标的状态空间近似表示为

$$\begin{aligned}p(\boldsymbol{z}_1,\boldsymbol{z}_2,\cdots,\boldsymbol{z}_n\mid\boldsymbol{x},\boldsymbol{\beta})&\approx K_2\exp\left(-\frac{1}{2}\sum_{i=1}^{n}(\boldsymbol{x}-\boldsymbol{x}_i)'\,\Sigma_{\boldsymbol{x}_i}^{-1}(\boldsymbol{x}-\boldsymbol{x}_i)\right)\\&=K_2\exp\left(-\frac{1}{2}\left(\boldsymbol{x}'\left(\sum_{i=1}^{n}\Sigma_{\boldsymbol{x}_i}^{-1}\right)\boldsymbol{x}-2\boldsymbol{x}'\left(\sum_{i=1}^{n}\Sigma_{\boldsymbol{x}_i}^{-1}\boldsymbol{x}_i\right)+\left(\sum_{i=1}^{n}\boldsymbol{x}'\,\Sigma_{\boldsymbol{x}_i}^{-1}\boldsymbol{x}_i\right)\right)\right)\end{aligned} \tag{17.138}$$

应用矩阵方程

$$\boldsymbol{x}'\boldsymbol{A}\boldsymbol{x}-2\boldsymbol{x}'\boldsymbol{B}+\boldsymbol{B}'\boldsymbol{A}^{-1}\boldsymbol{B}=(\boldsymbol{x}-\boldsymbol{A}^{-1}\boldsymbol{B})'\boldsymbol{A}(\boldsymbol{x}-\boldsymbol{A}^{-1}\boldsymbol{B}) \tag{17.139}$$

对（17.138）进行分解，可得

$$\begin{aligned}p(\boldsymbol{z}_1,\boldsymbol{z}_2,\cdots,\boldsymbol{z}_n\mid\boldsymbol{x},\boldsymbol{\beta})\approx K_2\exp\Bigg(&-\frac{1}{2}(\boldsymbol{x}-\hat{\boldsymbol{x}})'\left(\sum_{i=1}^{n}\Sigma_{\boldsymbol{x}_i}^{-1}\right)(\boldsymbol{x}-\hat{\boldsymbol{x}})-\\&\frac{1}{2}\left(\left(\sum_{i=1}^{n}\boldsymbol{x}'\,\Sigma_{\boldsymbol{x}_i}^{-1}\boldsymbol{x}_i\right)-\left(\sum_{i=1}^{n}\Sigma_{\boldsymbol{x}_i}^{-1}\boldsymbol{x}_i\right)'\left(\sum_{i=1}^{n}\Sigma_{\boldsymbol{x}_i}^{-1}\right)^{-1}\left(\sum_{i=1}^{n}\Sigma_{\boldsymbol{x}_i}^{-1}\boldsymbol{x}_i\right)\right)\Bigg)\end{aligned} \tag{17.140}$$

其中

$$\hat{\boldsymbol{x}} = \left(\sum_{i=1}^{n} \varSigma_{\boldsymbol{x}_i}^{-1}\right)^{-1} \left(\sum_{i=1}^{n} \varSigma_{\boldsymbol{x}_i}^{-1} \boldsymbol{x}_i\right) \tag{17.141}$$

由式（17.140）可知，当 $\boldsymbol{x} = \hat{\boldsymbol{x}}$ 时，似然函数 $p(\boldsymbol{z}_1, \boldsymbol{z}_2, \cdots, \boldsymbol{z}_n \mid \boldsymbol{x}, \boldsymbol{\beta})$ 达到最大值，因此可知 $\hat{\boldsymbol{x}}$ 是目标 k 时刻状态的最大似然估计，并且由式（17.141）可知，$\hat{\boldsymbol{x}}$ 是对不同雷达 k 时刻量测的融合结果，下面对系统误差 $\boldsymbol{\beta}$ 进行估计。将 $\boldsymbol{x} = \hat{\boldsymbol{x}}$ 代入式（17.140），可得

$$\begin{aligned} p(\boldsymbol{z}_1, \cdots, \boldsymbol{z}_n \mid \hat{\boldsymbol{x}}, \boldsymbol{\beta}) &= K \exp\left\{-\frac{1}{2}\left(\left(\sum_{i=1}^{n} \boldsymbol{x}' \varSigma_{\boldsymbol{x}_i}^{-1} \boldsymbol{x}_i\right) - \left(\sum_{i=1}^{n} \varSigma_{\boldsymbol{x}_i}^{-1} \boldsymbol{x}_i\right)' \left(\sum_{i=1}^{n} \varSigma_{\boldsymbol{x}_i}^{-1}\right)^{-1} \left(\sum_{i=1}^{n} \varSigma_{\boldsymbol{x}_i}^{-1} \boldsymbol{x}_i\right)\right)\right\} \\ &= K \exp\left\{-\frac{1}{2} \boldsymbol{X}'(k) \varSigma^{-1}(k) \boldsymbol{X}(k)\right\} \end{aligned} \tag{17.142}$$

其中 $\boldsymbol{X}(k) = [\boldsymbol{x}_1'(k) \quad \cdots \quad \boldsymbol{x}_n'(k)]'$，$K = 1/|2\pi\Sigma(k)|^{1/2}$ 是归一化常数。

$$\varSigma^{-1}(k) = \text{block-diag}(\varSigma_{\boldsymbol{x}_1}^{-1}, \varSigma_{\boldsymbol{x}_2}^{-1}, \cdots, \varSigma_{\boldsymbol{x}_n}^{-1}) - \left(\varSigma_{\boldsymbol{x}_i}^{-1} \left(\sum_{i=1}^{n} \varSigma_{\boldsymbol{x}_i}^{-1}\right)^{-1} \varSigma_{\boldsymbol{x}_j}^{-1}\right)_{ij} \tag{17.143}$$

对式（17.135）中的 $\boldsymbol{x}_i, \boldsymbol{\beta}_i$ 进行扰动，并在 $\boldsymbol{x}_{0i}, \boldsymbol{\beta}_{0i}$ 处进行线性近似，可得

$$\boldsymbol{x}_i - \boldsymbol{x}_{0i} \approx \boldsymbol{H}_i^{-L}(\boldsymbol{\beta}_i - \boldsymbol{\beta}_{0i}) \tag{17.144}$$

其中 $\boldsymbol{H}_i$ 定义如式（17.137）所示，上标 $-L$ 表示矩阵左逆。

根据式（17.144），$\boldsymbol{X}(k)$ 可表示为

$$\boldsymbol{X}(k) \approx \begin{bmatrix} \boldsymbol{x}_{01}(k) \\ \boldsymbol{x}_{02}(k) \\ \vdots \\ \boldsymbol{x}_{0n}(k) \end{bmatrix} + \begin{bmatrix} \boldsymbol{H}_1^{-L}(k)\boldsymbol{\beta}_{01} \\ \boldsymbol{H}_2^{-L}(k)\boldsymbol{\beta}_{02} \\ \vdots \\ \boldsymbol{H}_n^{-L}(k)\boldsymbol{\beta}_{0n} \end{bmatrix} - \begin{bmatrix} \boldsymbol{H}_1^{-L}(k)\boldsymbol{\beta}_1 \\ \boldsymbol{H}_2^{-L}(k)\boldsymbol{\beta}_2 \\ \vdots \\ \boldsymbol{H}_n^{-L}(k)\boldsymbol{\beta}_n \end{bmatrix} \tag{17.145}$$

把式（17.145）写成紧凑的形式为

$$\boldsymbol{X}(k) \approx \bar{\boldsymbol{X}}_0(k) - \boldsymbol{Q}(k)\boldsymbol{\beta} \tag{17.146}$$

其中

$$\boldsymbol{Q}(k) = \text{block-diag}(\boldsymbol{H}_1^{-L}(k), \boldsymbol{H}_2^{-L}(k), \cdots, \boldsymbol{H}_n^{-L}(k)) \tag{17.147}$$

$$\bar{\boldsymbol{X}}_0(k) = \boldsymbol{X}_0(k) + \boldsymbol{Q}(k)\boldsymbol{\beta}_0 \tag{17.148}$$

其中,$\boldsymbol{X}_0(k) = [\boldsymbol{x}_{01}'(k) \quad \boldsymbol{x}_{02}'(k) \quad \cdots \quad \boldsymbol{x}_{0n}'(k)]'$ 是目标的初始状态估计，$\boldsymbol{\beta}_0 = [\boldsymbol{\beta}_{01}' \quad \boldsymbol{\beta}_{02}' \quad \cdots \quad \boldsymbol{\beta}_{0n}']'$ 是系统误差的初始估计。

估计 $\boldsymbol{\beta}$ 使似然函数（17.140）达到最大值，等价于估计 $\boldsymbol{\beta}$ 使 N 个似然函数（17.142）的积达到最大值，即

$$\hat{\boldsymbol{\beta}} = \arg\max_{\boldsymbol{\beta}} p(\boldsymbol{z}_1, \boldsymbol{z}_2, \cdots, \boldsymbol{z}_n \mid \hat{\boldsymbol{X}}, \boldsymbol{\beta}) = \arg\max_{\boldsymbol{\beta}} \prod_{k=1}^{N} K_k \exp\left\{-\frac{1}{2} \boldsymbol{X}'(k) \varSigma^{-1}(k) \boldsymbol{X}(k)\right\} \tag{17.149}$$

利用式（17.139）和式（17.146），$p(\boldsymbol{z}_1, \boldsymbol{z}_2, \cdots, \boldsymbol{z}_n \mid \hat{\boldsymbol{X}}, \boldsymbol{\beta})$ 可写为

$$p(\boldsymbol{z}_1, \cdots, \boldsymbol{z}_n \mid \hat{\boldsymbol{X}}, \boldsymbol{\beta}) = \bar{K} \exp\left\{-\frac{1}{2}\left((\boldsymbol{\beta} - \hat{\boldsymbol{\beta}})' \left(\sum_{k=1}^{N} \boldsymbol{Q}'(k) \varSigma^{-1}(k) \boldsymbol{Q}(k)\right)(\boldsymbol{\beta} - \hat{\boldsymbol{\beta}}) + C\right)\right\} \tag{17.150}$$

其中，C 是与 $\boldsymbol{\beta}$ 无关的常量，$\bar{K}$ 是归一化常数，

$$\hat{\boldsymbol{\beta}}=\left[\sum_{k=1}^{N}\boldsymbol{Q}'(k)\Sigma^{-1}(k)\boldsymbol{Q}(k)\right]^{-1}\left[\sum_{k=1}^{N}\boldsymbol{Q}'(k)\Sigma^{-1}(k)\bar{\boldsymbol{X}}_0(k)\right] \tag{17.151}$$

由式（17.150）可知当 $\boldsymbol{\beta}=\hat{\boldsymbol{\beta}}$ 时，似然函数 $p(z_1,z_2,\cdots,z_n\,|\,\hat{\boldsymbol{X}},\boldsymbol{\beta})$ 达到最大值，因而 $\hat{\boldsymbol{\beta}}$ 是 $\boldsymbol{\beta}$ 的最大似然估计。

2．MLRM 算法

由 MLR 算法假设的量测方程（17.132）可知，$\boldsymbol{h}$ 只是目标状态 $\boldsymbol{x}(k)$ 的函数，和系统误差无关，系统误差只是常量加性系统误差，而由机动雷达的量测方程（17.108）可知，$\boldsymbol{h}$ 是目标状态和姿态角系统误差函数的函数，并且系统误差也分成姿态角系统误差和量测系统误差两部分，因而 MLR 算法假设的量测模型并不适合机动雷达的情况。这里先要对 MLR 的量测模型进行推广。假设

$$\boldsymbol{g}(\boldsymbol{X}(k),\boldsymbol{b}_i^z)=\boldsymbol{A}(\boldsymbol{v}_i(k)-\boldsymbol{b}_i^z)^{-1}\boldsymbol{T}(\boldsymbol{X}_{isp}(k))^{-1}(\boldsymbol{X}(k)-\boldsymbol{X}_{is}(k)) \tag{17.152}$$

则式（17.108）可重写为

$$\boldsymbol{Z}_{idp}(k)=\boldsymbol{h}_i(\boldsymbol{g}(\boldsymbol{X}(k),\boldsymbol{b}_i^z))+\boldsymbol{b}_i^l+\boldsymbol{W}_i(k) \tag{17.153}$$

因此 MLR 的推广量测模型可写为

$$\boldsymbol{z}(k)=\boldsymbol{h}(\boldsymbol{g}(\boldsymbol{x}(k),\boldsymbol{\beta}^2))+\boldsymbol{\beta}^1+\boldsymbol{w}(k) \tag{17.154}$$

对 MLR 深入分析发现，用式（17.154）作为其量测模型，对式（17.133）到式（17.143）的推导不会产生影响，即在已得到系统误差估计的情况下，对目标状态的估计不会产生影响，但会深刻影响系统误差的估计，需要对式（17.144）进行重新推导。

假设 $\boldsymbol{x}_{0i}(k),\boldsymbol{\beta}_{0i}^1,\boldsymbol{\beta}_{0i}^2$ 满足式（17.154），现对式（17.154）在 $\boldsymbol{x}_{0i}(k),\boldsymbol{\beta}_{0i}^1,\boldsymbol{\beta}_{0i}^2$ 周围进行微小扰动，并得到 $\boldsymbol{x}_i(k),\boldsymbol{\beta}_i^1,\boldsymbol{\beta}_i^2$，且 $\boldsymbol{x}_i(k),\boldsymbol{\beta}_i^1,\boldsymbol{\beta}_i^2$ 也满足式（17.154），则可得

$$\boldsymbol{h}_i(\boldsymbol{g}(\boldsymbol{x}_i(k),\boldsymbol{\beta}_i^2))+\boldsymbol{\beta}_i^1=\boldsymbol{h}_i(\boldsymbol{g}(\boldsymbol{x}_{0i}(k),\boldsymbol{\beta}_{0i}^1))+\boldsymbol{\beta}_{0i}^2 \tag{17.155}$$

对式（17.155）的坐标在 $\boldsymbol{x}_{0i}(k),\boldsymbol{\beta}_{0i}^2$ 处进行一阶泰勒展开，得

$$\boldsymbol{h}_i(\boldsymbol{g}(\boldsymbol{x}_i(k),\boldsymbol{\beta}_i^2))+\boldsymbol{\beta}_i^1\approx\boldsymbol{h}_i(\boldsymbol{g}(\boldsymbol{x}_{0i}(k),\boldsymbol{\beta}_{0i}^1))+\boldsymbol{H}_{ix}(\boldsymbol{x}_i(k)-\boldsymbol{x}_{0i}(k))+\boldsymbol{H}_{i\beta}(\boldsymbol{\beta}_i^2-\boldsymbol{\beta}_{0i}^2)+\boldsymbol{\beta}_i^1 \tag{17.156}$$

结合式（17.155）和式（17.156），可得

$$\boldsymbol{x}_i(k)-\boldsymbol{x}_{0i}(k)\approx\boldsymbol{H}_{ix}^{-L}\boldsymbol{H}_{i\beta}(\boldsymbol{\beta}_{0i}^2-\boldsymbol{\beta}_i^2)+\boldsymbol{H}_{ix}^{-L}(\boldsymbol{\beta}_{0i}^1-\boldsymbol{\beta}_i^1) \tag{17.157}$$

把式（17.157）写成紧凑的形式为

$$\boldsymbol{x}_i-\boldsymbol{x}_{0i}\approx\boldsymbol{H}_i^{-L}(\boldsymbol{\beta}_i-\boldsymbol{\beta}_{0i}) \tag{17.158}$$

其中，$\boldsymbol{\beta}=[\boldsymbol{\beta}^{1\prime}\quad\boldsymbol{\beta}^{2\prime}]'$，$\boldsymbol{H}_i^{-L}=[\boldsymbol{H}_{ix}^{-L}\quad\boldsymbol{H}_{ix}^{-L}\boldsymbol{H}_{i\beta}]$。

可见式（17.158）和式（17.144）有相同的形式，并且发现式（17.154）对式（17.145）到式（17.151）的推导没有影响，因而后续的计算按照原 MLR 算法的公式即可。

下面对式（17.152）涉及矩阵 $\boldsymbol{A}$、$\boldsymbol{T}$ 的逆和复合函数的导数进行推导。

由矩阵求逆公式可得矩阵 $\boldsymbol{A}$、$\boldsymbol{T}$ 的逆分别为

$$\boldsymbol{A}^{-1}(\vartheta,\phi,\alpha)=\boldsymbol{A}_{\text{roll}}^{-1}(\alpha)\boldsymbol{A}_{\text{pitch}}^{-1}(\phi)\boldsymbol{A}_{\text{head}}^{-1}(\vartheta)=\boldsymbol{A}_{\text{roll}}(-\alpha)\boldsymbol{A}_{\text{pitch}}(-\phi)\boldsymbol{A}_{\text{head}}(-\vartheta)=\boldsymbol{A}'(\vartheta,\phi,\alpha) \tag{17.159}$$

$$\boldsymbol{T}^{-1}(L_s,B_s)=\boldsymbol{T}'(L_s,B_s) \tag{17.160}$$

下面推导求解 $\boldsymbol{h}_i$ 关于 $\boldsymbol{x}$ 的雅可比矩阵和关于姿态角系统误差的雅可比矩阵，设

$$\boldsymbol{g}(\boldsymbol{X}(k),\boldsymbol{b}_i^z)=\begin{bmatrix}u_i\\ s_i\\ m_i\end{bmatrix}=\boldsymbol{A}(\boldsymbol{v}_i-\boldsymbol{b}_i^z)^{-1}\boldsymbol{T}(\boldsymbol{X}_{isp})^{-1}(\boldsymbol{X}-\boldsymbol{X}_{is}) \tag{17.161}$$

则由复合函数求导公式，可得

$$\boldsymbol{H}_{ix}=[\nabla_{\boldsymbol{x}}\boldsymbol{h}_i(\boldsymbol{x})']'=\begin{bmatrix}\frac{\partial \boldsymbol{h}_{i1}}{\partial u_i} & \frac{\partial \boldsymbol{h}_{i1}}{\partial s_i} & \frac{\partial \boldsymbol{h}_{i1}}{\partial m_i}\\ \frac{\partial \boldsymbol{h}_{i2}}{\partial u_i} & \frac{\partial \boldsymbol{h}_{i2}}{\partial s_i} & \frac{\partial \boldsymbol{h}_{i2}}{\partial m_i}\\ \frac{\partial \boldsymbol{h}_{i3}}{\partial u_i} & \frac{\partial \boldsymbol{h}_{i3}}{\partial s_i} & \frac{\partial \boldsymbol{h}_{i3}}{\partial m_i}\end{bmatrix}\begin{bmatrix}\frac{\partial u_i}{\partial x} & \frac{\partial u_i}{\partial y} & \frac{\partial u_i}{\partial z}\\ \frac{\partial s_i}{\partial x} & \frac{\partial s_i}{\partial y} & \frac{\partial s_i}{\partial z}\\ \frac{\partial m_i}{\partial x} & \frac{\partial m_i}{\partial y} & \frac{\partial m_i}{\partial z}\end{bmatrix} \tag{17.162}$$

$$\boldsymbol{H}_{ib}=[\nabla_{\boldsymbol{b}_i^z}\boldsymbol{h}_i(\boldsymbol{x})']'=\begin{bmatrix}\frac{\partial \boldsymbol{h}_{i1}}{\partial u_i} & \frac{\partial \boldsymbol{h}_{i1}}{\partial s_i} & \frac{\partial \boldsymbol{h}_{i1}}{\partial m_i}\\ \frac{\partial \boldsymbol{h}_{i2}}{\partial u_i} & \frac{\partial \boldsymbol{h}_{i2}}{\partial s_i} & \frac{\partial \boldsymbol{h}_{i2}}{\partial m_i}\\ \frac{\partial \boldsymbol{h}_{i3}}{\partial u_i} & \frac{\partial \boldsymbol{h}_{i3}}{\partial s_i} & \frac{\partial \boldsymbol{h}_{i3}}{\partial m_i}\end{bmatrix}\begin{bmatrix}\frac{\partial u_i}{\partial b_i^\vartheta} & \frac{\partial u_i}{\partial b_i^\phi} & \frac{\partial u_i}{\partial b_i^\alpha}\\ \frac{\partial s_i}{\partial b_i^\vartheta} & \frac{\partial s_i}{\partial b_i^\phi} & \frac{\partial s_i}{\partial b_i^\alpha}\\ \frac{\partial m_i}{\partial b_i^\vartheta} & \frac{\partial m_i}{\partial b_i^\phi} & \frac{\partial m_i}{\partial b_i^\alpha}\end{bmatrix} \tag{17.163}$$

其中

$$\begin{bmatrix}\frac{\partial \boldsymbol{h}_{i1}}{\partial u_i} & \frac{\partial \boldsymbol{h}_{i1}}{\partial s_i} & \frac{\partial \boldsymbol{h}_{i1}}{\partial m_i}\\ \frac{\partial \boldsymbol{h}_{i2}}{\partial u_i} & \frac{\partial \boldsymbol{h}_{i2}}{\partial s_i} & \frac{\partial \boldsymbol{h}_{i2}}{\partial m_i}\\ \frac{\partial \boldsymbol{h}_{i3}}{\partial u_i} & \frac{\partial \boldsymbol{h}_{i3}}{\partial s_i} & \frac{\partial \boldsymbol{h}_{i3}}{\partial m_i}\end{bmatrix}=\begin{bmatrix}\frac{u_i}{\sqrt{R}} & \frac{s_i}{\sqrt{R}} & \frac{m_i}{\sqrt{R}}\\ \frac{-s_i}{\sqrt{u_i^2+s_i^2}} & \frac{u_i}{\sqrt{u_i^2+s_i^2}} & 0\\ \frac{-u_i m_i}{R\sqrt{u_i^2+s_i^2}} & \frac{-s_i m_i}{\sqrt{u_i^2+s_i^2}R} & \frac{u_i^2+s_i^2}{\sqrt{u_i^2+s_i^2}R}\end{bmatrix},\quad R=(u_i^2+s_i^2+m_i^2) \tag{17.164}$$

$$\begin{bmatrix}\frac{\partial u_i}{\partial x} & \frac{\partial u_i}{\partial y} & \frac{\partial u_i}{\partial z}\\ \frac{\partial s_i}{\partial x} & \frac{\partial s_i}{\partial y} & \frac{\partial s_i}{\partial z}\\ \frac{\partial m_i}{\partial x} & \frac{\partial m_i}{\partial y} & \frac{\partial m_i}{\partial z}\end{bmatrix}=\boldsymbol{A}(\boldsymbol{v}_i-\boldsymbol{b}_i^z)^{-1}\boldsymbol{T}(\boldsymbol{X}_{isp})^{-1} \tag{17.165}$$

$$\begin{aligned}\begin{bmatrix}\frac{\partial u_i}{\partial b_i^\vartheta} & \frac{\partial u_i}{\partial b_i^\phi} & \frac{\partial u_i}{\partial b_i^\alpha}\\ \frac{\partial s_i}{\partial b_i^\vartheta} & \frac{\partial s_i}{\partial b_i^\phi} & \frac{\partial s_i}{\partial b_i^\alpha}\\ \frac{\partial m_i}{\partial b_i^\vartheta} & \frac{\partial m_i}{\partial b_i^\phi} & \frac{\partial m_i}{\partial b_i^\alpha}\end{bmatrix}&=\frac{\partial \boldsymbol{A}(\boldsymbol{v}_i-\boldsymbol{b}_i^z)^{-1}\boldsymbol{T}(\boldsymbol{X}_{isp})^{-1}}{\partial \boldsymbol{b}_i^z}(\boldsymbol{X}-\boldsymbol{X}_{is})\\ &=\frac{\partial \boldsymbol{A}_{\text{roll}}(b_i^\alpha-\alpha)\boldsymbol{A}_{\text{pitch}}(b_i^\phi-\phi)\boldsymbol{A}_{\text{head}}(b_i^\vartheta-\vartheta)\boldsymbol{T}(\boldsymbol{X}_{isp})^{-1}}{\partial \boldsymbol{b}_i^z}(\boldsymbol{X}-\boldsymbol{X}_{is})\end{aligned} \tag{17.166}$$

$$\frac{\partial \boldsymbol{A}_{\text{roll}}(b_i^\alpha-\alpha)\boldsymbol{A}_{\text{pitch}}(b_i^\phi-\phi)\boldsymbol{A}_{\text{head}}(b_i^\vartheta-\vartheta)}{\partial \boldsymbol{b}_i^z}\boldsymbol{T}(\boldsymbol{X}_{isp})^{-1}(\boldsymbol{X}-\boldsymbol{X}_{is})=$$

$$\begin{bmatrix} \left(\boldsymbol{A}_{\text{roll}}(b_i^\alpha-\alpha)\boldsymbol{A}_{\text{pitch}}(b_i^\phi-\phi)\dfrac{\partial \boldsymbol{A}_{\text{head}}(b_i^\vartheta-\vartheta)}{\partial b_i^\vartheta}\boldsymbol{T}(\boldsymbol{X}_{isp})^{-1}(\boldsymbol{X}-\boldsymbol{X}_{is})\right)' \\ \left(\boldsymbol{A}_{\text{roll}}(b_i^\alpha-\alpha)\dfrac{\partial \boldsymbol{A}_{\text{pitch}}(b_i^\phi-\phi)}{\partial b_i^\phi}\boldsymbol{A}_{\text{head}}(b_i^\vartheta-\vartheta)\boldsymbol{T}(\boldsymbol{X}_{isp})^{-1}(\boldsymbol{X}-\boldsymbol{X}_{is})\right)' \\ \left(\dfrac{\partial \boldsymbol{A}_{\text{roll}}(b_i^\alpha-\alpha)}{\partial b_i^\alpha}\boldsymbol{A}_{\text{pitch}}(b_i^\phi-\phi)\boldsymbol{A}_{\text{head}}(b_i^\vartheta-\vartheta)\boldsymbol{T}(\boldsymbol{X}_{isp})^{-1}(\boldsymbol{X}-\boldsymbol{X}_{is})\right)' \end{bmatrix}' \tag{17.167}$$

其中，$\dfrac{\partial \boldsymbol{A}_{\text{head}}(b_i^\vartheta-\vartheta)}{\partial b_i^\vartheta}$由式（17.122）定义，$\dfrac{\partial \boldsymbol{A}_{\text{pitch}}(b_i^\phi-\phi)}{\partial b_i^\phi}$由式（17.123）定义，$\dfrac{\partial \boldsymbol{A}_{\text{roll}}(b_i^\alpha-\alpha)}{\partial b_i^\alpha}$由式（17.124）定义。

采用上面的公式，并结合前面小节给出的系统，MLRM 算法具体过程如下：

（1）设置系统误差的初始估计为$\hat{\boldsymbol{b}}=[\hat{\boldsymbol{b}}_1',\hat{\boldsymbol{b}}_2']'=0\boldsymbol{I}$。

（2）对于雷达$i(i=1,2)$，利用系统误差的当前估计$\hat{\boldsymbol{b}}_0=[\hat{\boldsymbol{b}}_{01}' \quad \hat{\boldsymbol{b}}_{02}']'$，根据式（17.108），把所有量测投影到状态空间，这里为了方便省去时间标签$k=1,2,\cdots,N$，可得

$$\boldsymbol{x}_i=\boldsymbol{T}(\boldsymbol{X}_{isp})\boldsymbol{A}(\boldsymbol{v}_i-\hat{\boldsymbol{b}}_{0i}^z)h^{-1}(\boldsymbol{Z}_{idp}-\hat{\boldsymbol{b}}_{0i}^l)+\boldsymbol{X}_{is} \tag{17.168}$$

其中，$\boldsymbol{X}_{is},\boldsymbol{X}_{isp}$分别表示$k$时刻雷达$i$在地球坐标系和地理坐标系的位置，是精确已知的；$\boldsymbol{v}_i$表示$k$时刻雷达$i$含有系统误差的姿态角量测值，是已知的；$\hat{\boldsymbol{b}}_{0i}^l,\hat{\boldsymbol{b}}_{0i}^z$是已得到的雷达$i$的系统误差估计，是已知的；$\boldsymbol{Z}_{idp}$表示$k$时刻雷达$i$对目标的量测值，是已知的。

（3）将$\boldsymbol{x}_i$、$\hat{\boldsymbol{b}}_{0i}$代入式（17.162），求解$\boldsymbol{H}_{ix}$，再代入式（17.163），求解$\boldsymbol{H}_{ib}$。

（4）将$\boldsymbol{H}_{ix}$和$\boldsymbol{H}_{ib}$代入式（17.158），可求得$\boldsymbol{H}_i^{-L}$。

（5）将$\boldsymbol{H}_i^{-L}$代入式（17.147），可求得$\boldsymbol{Q}(k)$。

（6）将$\boldsymbol{x}_i,\hat{\boldsymbol{b}}_{0i},\boldsymbol{Q}(k)$代入式（17.148），可求得$\bar{\boldsymbol{X}}_0(k)$。

（7）将$\boldsymbol{H}_{ix},\boldsymbol{R}(\boldsymbol{W}_i)$代入式（17.136），可求得$\varSigma_{\boldsymbol{x}_i}^{-1}$。

（8）将$\varSigma_{\boldsymbol{x}_i}^{-1}$代入式（17.143），可求得$\varSigma^{-1}(k)$。

（9）将$\bar{\boldsymbol{X}}_0(k),\boldsymbol{Q}(k),\varSigma^{-1}(k)$代入式（17.151），可求得$\hat{\boldsymbol{b}}$。

（10）根据$\|\hat{\boldsymbol{b}}-\hat{\boldsymbol{b}}_0\|\leqslant\varepsilon$，判定估计值$\hat{\boldsymbol{b}}$是否收敛，其中$\|\cdot\|$表示某种向量范数，可以自行选取，$\varepsilon$表示接受门限。如果估计值$\hat{\boldsymbol{b}}$已收敛，继续向下执行，否则令$\hat{\boldsymbol{b}}_0=\hat{\boldsymbol{b}}$，然后重新从步骤（2）向下执行。

（11）将$\bar{\boldsymbol{X}}_0(k),\boldsymbol{Q}(k),\hat{\boldsymbol{b}}$代入式（17.146），可得到$\boldsymbol{X}(k)$。

（12）将$\boldsymbol{X}(k),\varSigma_{\boldsymbol{x}_i}^{-1}$代入式（17.141），可得到去偏后的目标状态估计$\hat{\boldsymbol{x}}$。

上面的 12 个步骤，就是 MLRM 算法详细流程，可见 MLRM 是关于量测的批处理算法，并且通过对系统误差沿着扰动最大梯度进行递归优化，最终可得到收敛的系统误差估计，同时得到配准后的目标状态估计。

17.4.4　联合扩维误差配准（ASR）算法

联合扩维误差配准（Augment State Registration）算法实质上就是对系统方程状态进行扩维，把系统误差作为系统的未知、待估计状态，然后按照传统的状态估计方法对目标状态和系统误差进行联合估计[27-29]，下面进行详细说明。

联合目标的状态 $\boldsymbol{X}(k)$ 和两部雷达的系统误差 $\boldsymbol{b}_1$、$\boldsymbol{b}_2$，构建新的系统状态为

$$\boldsymbol{X}_A=[\boldsymbol{X}'\ \ \boldsymbol{b}_1'\ \ \boldsymbol{b}_2']'=[x\ \ \dot{x}\ \ y\ \ \dot{y}\ \ z\ \ \dot{z}\ \ \boldsymbol{b}_1^l\ \ \boldsymbol{b}_1^z\ \ \boldsymbol{b}_2^l\ \ \boldsymbol{b}_2^z]' \tag{17.169}$$

由于假设雷达的系统误差为不变常量，因此可得下式：

$$\boldsymbol{b}_i(k+1)=\boldsymbol{I}_{6\times6}\boldsymbol{b}_i(k) \tag{17.170}$$

由式（17.93）和式（17.170），可得新系统状态 $\boldsymbol{X}_A$ 的状态转移方程为

$$\boldsymbol{X}_A(k+1)=\boldsymbol{F}_A(k)\boldsymbol{X}_A(k)+\boldsymbol{V}_A(k) \tag{17.171}$$

其中

$$\boldsymbol{F}_A(k)=\mathrm{diag}(\boldsymbol{F}(k),\boldsymbol{I}_{12\times12}) \tag{17.172}$$

$$\boldsymbol{V}_A(k)=\mathrm{diag}(\boldsymbol{V}(k),\boldsymbol{0}_{12\times12}) \tag{17.173}$$

由式（17.173），可知 $\boldsymbol{V}_A(k)$ 仍为高斯白噪声，其协方差为 $\boldsymbol{Q}_A=\mathrm{diag}(\boldsymbol{Q},\boldsymbol{0}_{12\times12})$。

联合机动雷达 1、2 的量测方程，并由式（17.108）可得

$$\boldsymbol{Z}_{\mathrm{p}}(k)=\boldsymbol{h}_A(\boldsymbol{X}_A(k))+\boldsymbol{W}(k) \tag{17.174}$$

其中

$$\boldsymbol{Z}_{\mathrm{p}}(k)=[\boldsymbol{Z}_{1\mathrm{p}}'(k)\quad \boldsymbol{Z}_{2\mathrm{p}}'(k)]' \tag{17.175}$$

$$\boldsymbol{h}_A(\boldsymbol{X}_A(k))=\begin{bmatrix} h(\boldsymbol{A}(\boldsymbol{v}_1(k)-\boldsymbol{b}_1^z)^{-1}\boldsymbol{T}(\boldsymbol{X}_{1sp}(k))^{-1}(\boldsymbol{X}(k)-\boldsymbol{X}_{1s}(k)))+\boldsymbol{b}_1^l \\ h(\boldsymbol{A}(\boldsymbol{v}_2(k)-\boldsymbol{b}_2^z)^{-1}\boldsymbol{T}(\boldsymbol{X}_{2sp}(k))^{-1}(\boldsymbol{X}(k)-\boldsymbol{X}_{2s}(k)))+\boldsymbol{b}_2^l \end{bmatrix} \tag{17.176}$$

$$\boldsymbol{W}(k)=[\boldsymbol{W}_1'(k)\quad \boldsymbol{W}_2'(k)]' \tag{17.177}$$

由式（17.177）可知 $\boldsymbol{W}(k)$ 仍为高斯零均值白噪声，其协方差为 $\boldsymbol{R}(k)=\mathrm{diag}(\boldsymbol{R}_1(k),\boldsymbol{R}_2(k))$。

对扩维后的状态方程（17.171）和量测方程（17.174），采用如下所示的 EKF 滤波方程组对系统状态进行滤波估计，即 ASR 算法：

$$\hat{\boldsymbol{P}}_A^-(k+1)=\boldsymbol{F}_A(k)\hat{\boldsymbol{P}}_A(k)\boldsymbol{F}_A'(k)+\boldsymbol{Q}_A \tag{17.178}$$

$$\boldsymbol{S}(k+1)=\boldsymbol{h}_{X_A}(k+1)\hat{\boldsymbol{P}}_A^-(k+1)\boldsymbol{h}_{X_A}'(k+1)+\boldsymbol{R}(k+1) \tag{17.179}$$

$$\boldsymbol{K}(k+1)=\hat{\boldsymbol{P}}_A^-(k+1)\boldsymbol{h}_{X_A}'(k+1)\boldsymbol{S}^{-1}(k+1) \tag{17.180}$$

$$\hat{\boldsymbol{X}}_A(k+1)=\boldsymbol{F}_A(k)\hat{\boldsymbol{X}}_A(k)+\boldsymbol{K}(k+1)(\boldsymbol{Z}_{\mathrm{p}}(k+1)-\boldsymbol{h}(\boldsymbol{F}_A(k)\hat{\boldsymbol{X}}_A(k))) \tag{17.181}$$

$$\hat{\boldsymbol{P}}_A(k+1)=\hat{\boldsymbol{P}}_A^-(k+1)-\boldsymbol{K}(k+1)\boldsymbol{S}(k+1)\boldsymbol{K}'(k+1) \tag{17.182}$$

其中 $\boldsymbol{h}$ 的雅可比矩阵是

$$\boldsymbol{h}_{X_A}(k+1)=\begin{bmatrix} \boldsymbol{H}_{1x}(:,1),\boldsymbol{0}_{3\times1},\boldsymbol{H}_{1x}(:,2),\boldsymbol{0}_{3\times1},\boldsymbol{H}_{1x}(:,3),\boldsymbol{0}_{3\times1},\boldsymbol{I}_{3\times3},\boldsymbol{0}_{3\times3},\boldsymbol{H}_{1b},\boldsymbol{0}_{3\times3}, \\ \boldsymbol{H}_{2x}(:,1),\boldsymbol{0}_{3\times1},\boldsymbol{H}_{1x}(:,2),\boldsymbol{0}_{3\times1},\boldsymbol{H}_{1x}(:,3),\boldsymbol{0}_{3\times1},\boldsymbol{0}_{3\times3},\boldsymbol{I}_{3\times3},\boldsymbol{0}_{3\times3},\boldsymbol{H}_{2b}, \end{bmatrix} \tag{17.183}$$

其中 $\boldsymbol{H}_{1x}$ 由式（17.162）得到，$\boldsymbol{H}_{1b}$ 由式（17.163）得到。

17.4.5　仿真分析

分析比较 MLRM 算法、ASR 算法对机动雷达系统误差的估计性能，本节进行如下

的仿真实验。假设系统由两部机载雷达 1、2 和一个空中目标构成。仿真环境经纬图如图 17.8 所示。各机载雷达的量测噪声 $\boldsymbol{W}_i(k)$ 均为零均值高斯白噪声，其协方差为 $\boldsymbol{R}(\boldsymbol{W}_i)=\mathrm{diag}((50\ \mathrm{m})^2,(0.002\ \mathrm{rad})^2,(0.001\ \mathrm{rad})^2)$，雷达 1 机载平台姿态角变化规律可以描述为 $\boldsymbol{v}_1'(k)=[0.002k\quad 0.01+0.002k\quad 0.01+0.002k]'$，雷达 2 机载平台姿态角变化规律可以描述为 $\boldsymbol{v}_2'(k)=[0.002k\quad 0.001k\quad 0.001k]'$。各个雷达的系统误差都为 $\boldsymbol{b}_i=[1\,000\ \mathrm{m}\quad 0.008\,7\ \mathrm{rad}\quad 0.004\,7\ \mathrm{rad}\quad 0.008\,7\ \mathrm{rad}\quad 0.004\,7\ \mathrm{rad}\quad 0.003\,7\ \mathrm{rad}]'$。

雷达平台设定为直升机平台，飞行速度较慢，飞行海拔高度为 1 km，目标设定为战斗机目标，飞行速度较快，飞行海拔高度为 2 km，时间间隔为 1 s，目标沿经线飞行。机动雷达存在系统误差的量测结果如图 17.9 所示。

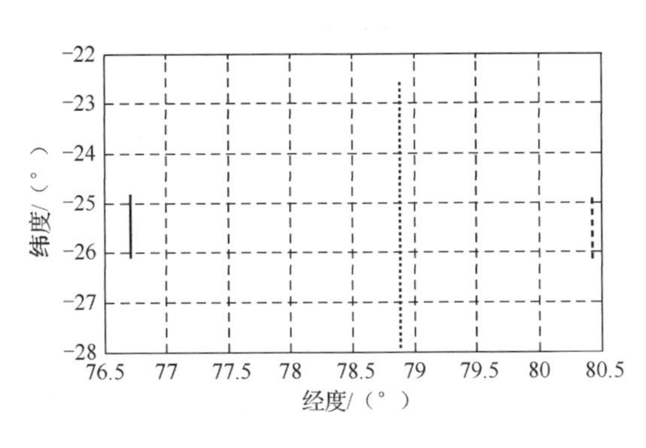

图 17.8　仿真环境经纬图

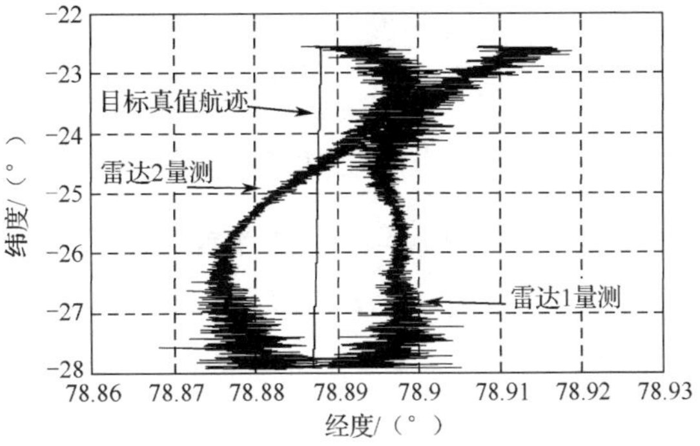

图 17.9　机动雷达存在系统误差的量测结果

（1）MLRM 算法估计性能的仿真分析。由于 MLRM 算法是批处理算法，并且可以给出配准后的目标状态估计，因此这里通过表 17.1 来说明它对系统误差的估计性能。

表 17.1　MLRM 算法系统误差估计性能

雷达 1	$\hat{b}_1^r$	$\hat{b}_1^\theta$	$\hat{b}_1^\eta$	$\hat{b}_1^\vartheta$	$\hat{b}_1^\phi$	$\hat{b}_1^\alpha$
K=1 估计精度	99.836 4%	97.897 7%	97.990 4%	98.172 4%	95.952 8%	99.631 0%
K=2 估计精度	97.531 3%	98.907 1%	99.133 6%	99.241 1%	98.049 0%	99.390 5%
K=3 估计精度	97.530 6%	98.906 8%	99.133 2%	99.240 8%	98.049 1%	99.389 9%
K=4 估计精度	97.530 6%	98.906 8%	99.133 2%	99.240 8%	98.049 1%	99.389 9%
K=5 估计精度	97.530 6%	98.906 8%	99.133 2%	99.240 8%	98.049 1%	99.389 9%
雷达 2	$\hat{b}_2^r$	$\hat{b}_2^\theta$	$\hat{b}_2^\eta$	$\hat{b}_2^\vartheta$	$\hat{b}_2^\phi$	$\hat{b}_2^\alpha$
K=1 估计精度	97.016 2%	97.842 9%	99.144 6%	96.459 1%	99.583 1%	89.915 8%
K=2 估计精度	97.567 6%	96.869 1%	98.537 5%	96.909 6%	98.093 5%	96.307 5%
K=3 估计精度	97.567 1%	96.869 2%	98.535 5%	96.910 3%	98.095 8%	96.312 1%
K=4 估计精度	97.567 1%	96.869 2%	98.535 5%	96.910 3%	98.095 8%	96.312 1%
K=5 估计精度	97.567 1%	96.869 2%	98.535 5%	96.910 3%	98.095 8%	96.312 1%

在表 17.1 中，K 表示 MLRM 算法递归的次数。由表 17.1 可以看出，MLRM 算法对各个系统误差的估计精度都达到 95%以上，并且经过三、四步递归，可实现算法的收敛，因此 MLRM 算法对各个雷达的系统误差具有良好的估计效果，但 MLRM 算法存在计算量过大的问题。

（2）ASR 算法估计性能的仿真分析。对 ASR 算法进行 50 次蒙特卡罗仿真结果如图 17.10～图 17.17 所示，可以看出，随着 ASR 算法估计的收敛，ASR 算法给出的目标状态估计基本消除了系统误差的影响。

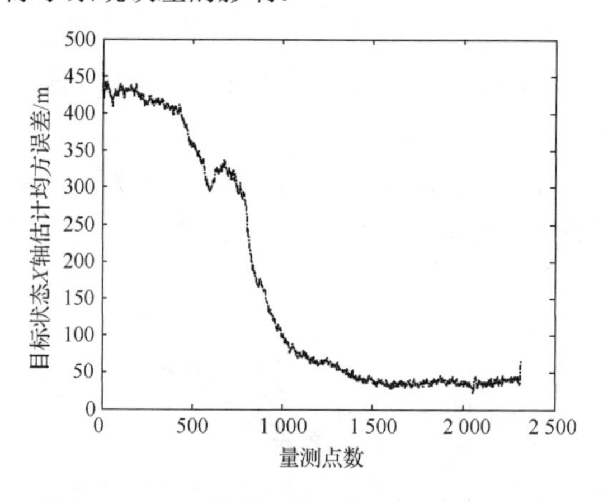

图 17.10　ASR 算法 X 轴方向目标状态估计效果

图 17.11　ASR 算法 Y 轴方向目标状态估计效果

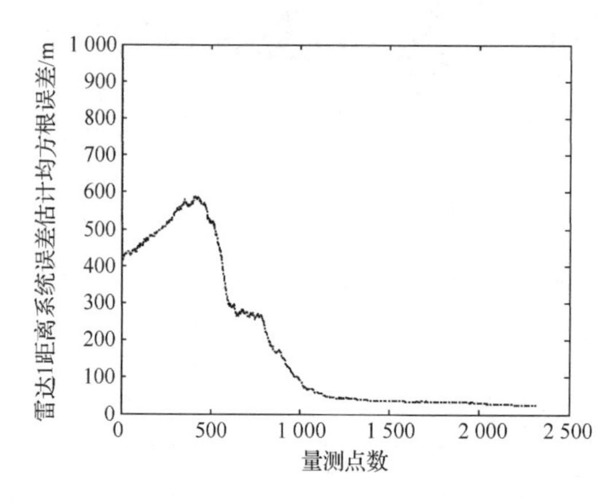

图 17.12　ASR 算法雷达 1 距离误差估计效果

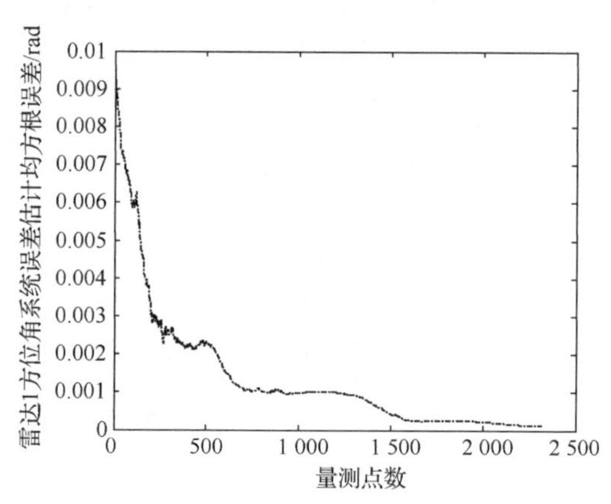

图 17.13　ASR 算法雷达 1 方位角系统误差估计效果

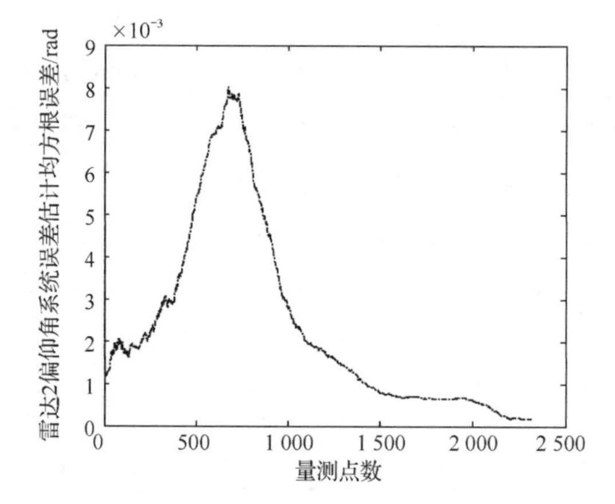

图 17.14　ASR 算法雷达 2 俯仰角系统误差估计效果

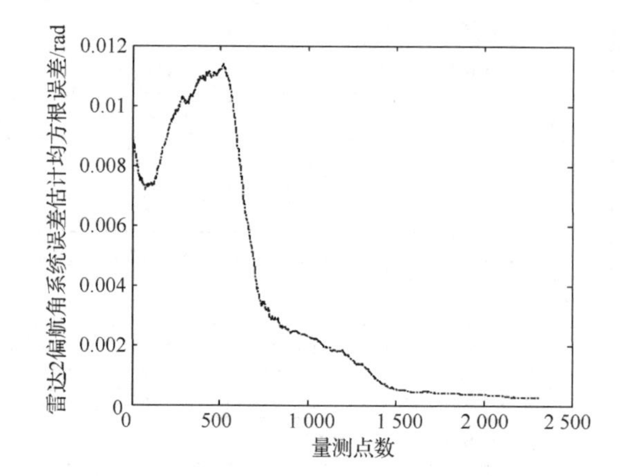

图 17.15　ASR 算法雷达 2 偏航角系统误差估计效果

（3）ASR 算法和 MLRM 算法估计性能对比分析，目标状态的估计对比如图 17.18 所示，系统误差估计对比如表 17.2 所示。

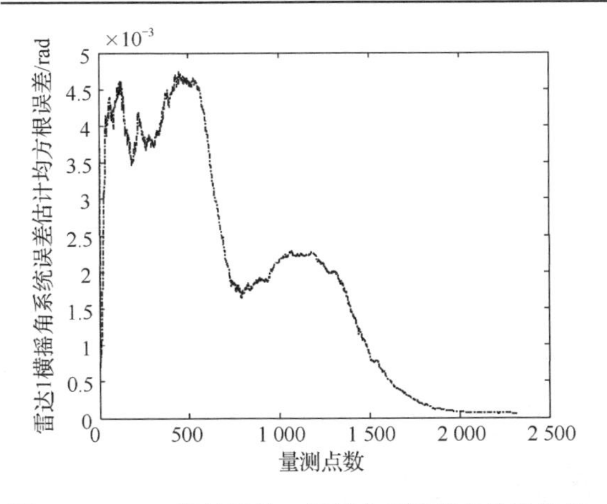

图 17.16　ASR 算法雷达 1 横摇角系统误差估计效果

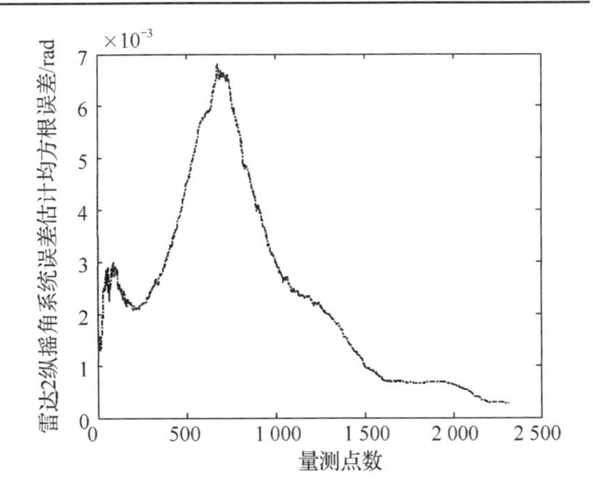

图 17.17　ASR 算法雷达 2 纵摇角系统误差估计效果

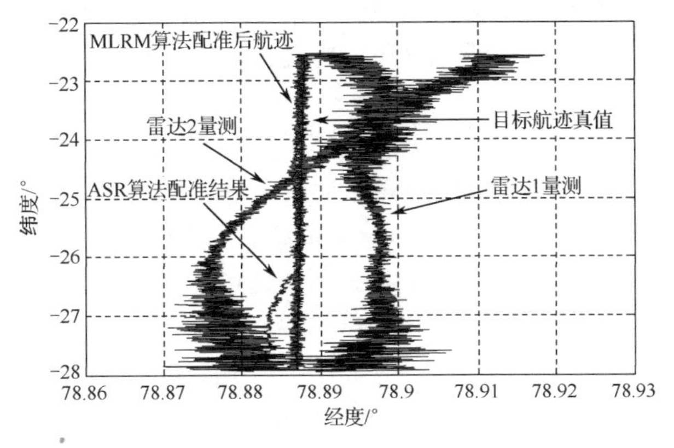

图 17.18　MLRM 和 ASR 目标状态估计对比

表 17.2　MLRM 和 ASR 系统误差估计对比

雷达 1	$\hat{b}_1^r$	$\hat{b}_1^\theta$	$\hat{b}_1^\eta$	$\hat{b}_1^\vartheta$	$\hat{b}_1^\phi$	$\hat{b}_1^\alpha$
ASR	98.102 3%	98.815 1%	97.960 7%	98.602 4%	97.505 7%	98.996 3%
MLRM	98.996 9%	99.271 5%	98.079 2%	99.005 2%	97.864 6%	98.988 0%
雷达 2	$\hat{b}_2^r$	$\hat{b}_2^\theta$	$\hat{b}_2^\eta$	$\hat{b}_2^\vartheta$	$\hat{b}_2^\phi$	$\hat{b}_2^\alpha$
ASR	98.890 1%	98.364 5%	97.992 7%	97.853 7%	95.797 8%	93.409 5%
MLRM	98.937 4%	98.575 7%	97.920 8%	97.980 9%	97.184 6%	93.541 2%

由图 17.18 和表 17.2 可知，MLRM 算法和 ASR 都对系统误差有很好的估计效果，都能很好地解决机动雷达的误差配准问题。通过两者算法性能对比分析可发现：MLRM 算法的性能最好，优于 ASR 算法，但 MLRM 算法的时耗明显高于 ASR 算法。

17.5　目标状态抗差估计方法

17.3 节和 17.4 节主要讲解了系统误差估计技术。在求得系统误差估计后，将具体误差大小代入雷达量测方程，通过在雷达量测方程中消除系统误差影响来最终实现系统误差配准，得到准确的目标状态估计。此外，雷达组网系统误差配准还有另一种技术路线和实现途径，即直接对系统误差情况下的目标状态进行估计[30-31]。

目前，该类技术主要包括扩维联合估计和抗差估计两大类别。其中扩维联合估计技术是把目标运动状态和未知系统误差联合在一起，合并它们各自的状态转移方程和量测方程，构建统一的转移方程和量测方程，最终进行滤波估计，即可得到目标状态估计，具体可参见 17.4.4 节内容。由于扩维联合估计实质上是把目标状态和系统误差耦合在一起进行估计，而它们之间本身是相互影响和相互牵制的，因此通常情况下，无论对于系统误差，还是对于目标状态，此类算法的估计性能都比较差。而抗差估计则是利用对消技巧，经公式推导，直接消除系统误差分量，得到无系统误差分量目标量测方程，最终结合目标状态方程，通过滤波直接得到目标状态估计。由于抗差估计跳过系统误差估计过程，直接对目标状态进行估计，避免了它们之间耦合作用对目标状态估计的影响，可以很好地实现目标状态估计。为此，本节主要讲述目标状态抗差估计方法[31]。

17.5.1　系统描述

以两部固定雷达和一个融合中心构成的组网系统为例，进行系统描述。假设两部固定雷达在极坐标系下对同一目标进行量测，存在距离偏差和方位偏差，且假设它们是常量加性偏差，描述为

$$\boldsymbol{b}_i = [b_i^r \quad b_i^\theta]', \quad i = 1,2 \tag{17.184}$$

对于匀速运动目标，基于离散连续白噪声加速模型，把目标状态建模为

$$\boldsymbol{X}(k+1) = \boldsymbol{F}(k)\boldsymbol{X}(k) + \boldsymbol{V}(k) \tag{17.185}$$

其中 k 时刻的目标状态向量 $\boldsymbol{X}(k)$ 和状态转移矩阵 $\boldsymbol{F}(k)$ 分别可定义为

$$\boldsymbol{X}(k) = [x(k) \ \ \dot{x}(k) \ \ y(k) \ \ \dot{y}(k)]' \tag{17.186}$$

$$\boldsymbol{F}(k) = \begin{bmatrix} 1 & T & 0 & 0 \\ 0 & 1 & 0 & 0 \\ 0 & 0 & 1 & T \\ 0 & 0 & 0 & 1 \end{bmatrix} \tag{17.187}$$

其中，T 是离散化时间间隔，$\boldsymbol{V}(k)$ 是零均值白色过程噪声，其方差为

$$\boldsymbol{Q} = \mathrm{diag}(\boldsymbol{Q}_x, \boldsymbol{Q}_y) \tag{17.188}$$

$$\boldsymbol{Q}_x = \begin{bmatrix} \frac{1}{3}T^3 & \frac{1}{2}T^2 \\ \frac{1}{2}T^2 & T \end{bmatrix} \tilde{q}_x \tag{17.189}$$

$$\boldsymbol{Q}_y = \begin{bmatrix} \frac{1}{3}T^3 & \frac{1}{2}T^2 \\ \frac{1}{2}T^2 & T \end{bmatrix} \tilde{q}_y \tag{17.190}$$

其中 $\tilde{q}_x, \tilde{q}_y$ 为噪声功率谱密度。

雷达 i 在 k 时刻量测得到含有量测偏差 $\boldsymbol{b}_i$ 和量测噪声 $\boldsymbol{W}_i(k)$ 的目标距离 $r_i(k)$ 和方位角 $\theta_i(k)$，其中 $\boldsymbol{W}_i(k)$ 为零均值高斯白色量测噪声，其方差为 $\mathrm{diag}(\sigma_{ri}^2, \sigma_{\theta i}^2)$，并且量测偏差和量测噪声之间是相互独立的，则雷达 i 的量测方程为

$$\boldsymbol{Z}_{ip}(k) = \boldsymbol{h}_i(\boldsymbol{X}(k)) + \boldsymbol{W}_i(k) \tag{17.191}$$

其中

$$\boldsymbol{Z}_{ip}(k) = \begin{bmatrix} r_i(k) \\ \theta_i(k) \end{bmatrix} \tag{17.192}$$

$$\boldsymbol{h}_i(\boldsymbol{X}(k))=\begin{bmatrix}\sqrt{(x(k)-u_i)^2+(y(k)-v_i)^2}+b_i^r\\ \arctan\left(\dfrac{y(k)-v_i}{x(k)-u_i}\right)+b_i^\theta\end{bmatrix}\tag{17.193}$$

$\boldsymbol{W}_i(k)$ 为量测噪声，(u_i,v_i) 为雷达 i 的位置坐标，融合中心的位置坐标为 $(0,0)$。

把极坐标系下的量测转化为直角坐标系下的量测，令

$$\boldsymbol{h}_i(\boldsymbol{X}(k))=\begin{bmatrix}\sqrt{(x(k)-u_i)^2+(y(k)-v_i)^2}+b_i^r\\ \arctan\left(\dfrac{y(k)-v_i}{x(k)-u_i}\right)+b_i^\theta\end{bmatrix}=\begin{bmatrix}r_i'(k)+b_i^r\\ \theta_i'(k)+b_i^\theta\end{bmatrix}\tag{17.194}$$

可知

$$\begin{aligned}\boldsymbol{Z}_{ic}(k)&=\begin{bmatrix}r_i(k)\cos(\theta_i(k))+u_i\\ r_i(k)\sin(\theta_i(k))+v_i\end{bmatrix}=\begin{bmatrix}(r_i'(k)+b_i^r+\omega_i^r)\cos(\theta_i'(k)+b_i^\theta+\omega_i^\theta)+u_i\\ (r_i'(k)+b_i^r+\omega_i^r)\sin(\theta_i'(k)+b_i^\theta+\omega_i^\theta)+v_i\end{bmatrix}\\
&=\begin{bmatrix}(r_i'(k)+b_i^r+\omega_i^r)(\cos(\theta_i'(k))\cos(b_i^\theta+\omega_i^\theta)-\sin(\theta_i'(k))\sin(b_i^\theta+\omega_i^\theta))+u_i\\ (r_i'(k)+b_i^r+\omega_i^r)(\sin(\theta_i'(k))\cos(b_i^\theta+\omega_i^\theta)+\cos(\theta_i'(k))\sin(b_i^\theta+\omega_i^\theta))+v_i\end{bmatrix}\\
&\approx\begin{bmatrix}(r_i'(k)+b_i^r+\omega_i^r)(\cos(\theta_i'(k))-\sin(\theta_i'(k))(b_i^\theta+\omega_i^\theta))+u_i\\ (r_i'(k)+b_i^r+\omega_i^r)(\sin(\theta_i'(k))+\cos(\theta_i'(k))(b_i^\theta+\omega_i^\theta))+v_i\end{bmatrix}\\
&\approx\begin{bmatrix}(r_i'(k))\cos(\theta_i'(k))+u_i\\ (r_i'(k))\sin(\theta_i'(k))+v_i\end{bmatrix}+(b_i^\theta+\omega_i^\theta)\begin{bmatrix}-r_i'(k)\sin(\theta_i'(k)\\ r_i'(k)\cos(\theta_i'(k)\end{bmatrix}+(b_i^r+\omega_i^r)\begin{bmatrix}\cos(\theta_i'(k)\\ \sin(\theta_i'(k)\end{bmatrix}\\
&=\boldsymbol{H}(k)\boldsymbol{X}(k)+\boldsymbol{B}_i(k)\boldsymbol{b}_i+\boldsymbol{B}_i(k)\boldsymbol{W}_i(k)=\boldsymbol{H}(k)\boldsymbol{X}(k)+\boldsymbol{B}_i(k)\boldsymbol{b}_i+\boldsymbol{W}_{ic}(k)\end{aligned}\tag{17.195}$$

其中

$$\boldsymbol{H}(k)=\begin{bmatrix}1&0&0&0\\0&0&1&0\end{bmatrix}\tag{17.196}$$

$$\boldsymbol{B}_i(k)=\begin{bmatrix}\cos(\theta_i'(k))&-r_i'(k)\sin(\theta_i'(k))\\ \sin(\theta_i'(k))&r_i'(k)\cos(\theta_i'(k))\end{bmatrix}\approx\begin{bmatrix}\cos(\theta_i(k))&-r_i(k)\sin(\theta_i(k))\\ \sin(\theta_i(k))&r_i(k)\cos(\theta_i(k))\end{bmatrix}\tag{17.197}$$

由于 $\boldsymbol{B}_i(k)$ 中的 $r_i'(k),\theta_i'(k)$ 是不可知的，因此一般用量测 $r_i(k)$、$\theta_i(k)$ 代替。

$\boldsymbol{W}_{ic}(k)$ 为直角坐标系下的量测噪声，其方差为

$$\boldsymbol{R}_{ic}(k)=\boldsymbol{B}_i(k)\mathrm{diag}(\sigma_{ri}^2,\sigma_{\theta i}^2)\boldsymbol{B}_i(k)'=\begin{bmatrix}r_i^2\sigma_{\theta i}^2\sin^2\theta_i+\sigma_{ri}^2\cos^2\theta_i&(\sigma_{ri}^2-r_i^2\sigma_{\theta i}^2)\sin\theta_i\cos\theta_i\\ (\sigma_{ri}^2-r_i^2\sigma_{\theta i}^2)\sin\theta_i\cos\theta_i&r_i^2\sigma_{\theta i}^2\cos^2\theta_i+\sigma_{ri}^2\sin^2\theta_i\end{bmatrix}\tag{17.198}$$

式（17.195）第三步约等成立是因为

$$b_i^\theta+\omega_i^\theta\approx 0,\cos(b_i^\theta+\omega_i^\theta)\approx 1,\sin(b_i^\theta+\omega_i^\theta)\approx b_i^\theta+\omega_i^\theta\tag{17.199}$$

式（17.195）第四步约等成立是因为 $(b_i^\theta+\omega_i^\theta)(b_i^r+\omega_i^r)$ 为二阶小数，可舍弃。

17.5.2　抗差估计

令两部雷达的式（17.195）相减，可得

$$\boldsymbol{Z}_{1c}(k)-\boldsymbol{Z}_{2c}(k)=\boldsymbol{B}_1(k)\boldsymbol{b}_1-\boldsymbol{B}_2(k)\boldsymbol{b}_2+\boldsymbol{W}_{1c}(k)-\boldsymbol{W}_{2c}(k)\tag{17.200}$$

把上式写成紧凑的形式可得

$$\boldsymbol{Z}_{1c}(k)-\boldsymbol{Z}_{2c}(k)=[\boldsymbol{B}_1(k),-\boldsymbol{B}_2(k)]\boldsymbol{b}+\boldsymbol{W}_{1c}(k)-\boldsymbol{W}_{2c}(k)\tag{17.201}$$

其中 $\boldsymbol{b}=[\boldsymbol{b}_1'\quad \boldsymbol{b}_2']'$。

进一步，由式（17.201）可得

$$\boldsymbol{b}=\boldsymbol{C}(k)(\boldsymbol{Z}_{1c}(k)-\boldsymbol{Z}_{2c}(k)-\boldsymbol{W}_{1c}(k)+\boldsymbol{W}_{2c}(k)) \tag{17.202}$$

其中 $\boldsymbol{C}(k)$ 为 $[\boldsymbol{B}_1(k)\quad -\boldsymbol{B}_2(k)]$ 的广义逆，其表达式为

$$\boldsymbol{C}(k)=[\boldsymbol{B}_1(k)\quad -\boldsymbol{B}_2(k)]'([\boldsymbol{B}_1(k)\quad -\boldsymbol{B}_2(k)]\times[\boldsymbol{B}_1(k)\quad -\boldsymbol{B}_2(k)]')^{-1} \tag{17.203}$$

令两部雷达的式（17.195）相加，可得

$$\boldsymbol{Z}_{1c}(k)+\boldsymbol{Z}_{2c}(k)=2\boldsymbol{H}(k)\boldsymbol{X}(k)+\boldsymbol{B}_1(k)\boldsymbol{b}_1+\boldsymbol{B}_2(k)\boldsymbol{b}_2+\boldsymbol{W}_{1c}(k)+\boldsymbol{W}_{2c}(k) \tag{17.204}$$

把式（17.204）写成紧凑的形式可得

$$\boldsymbol{Z}_{1c}(k)+\boldsymbol{Z}_{2c}(k)=2\boldsymbol{H}(k)\boldsymbol{X}(k)+[\boldsymbol{B}_1(k)\quad \boldsymbol{B}_2(k)]\boldsymbol{b}+\boldsymbol{W}_{1c}(k)+\boldsymbol{W}_{2c}(k) \tag{17.205}$$

将式（17.202）代入到式（17.205）中，可得

$$\begin{aligned}\boldsymbol{Z}_{1c}(k)+\boldsymbol{Z}_{2c}(k)=2\boldsymbol{H}(k)\boldsymbol{X}(k)+\boldsymbol{D}(k)\cdot\\ (\boldsymbol{Z}_{1c}(k)-\boldsymbol{Z}_{2c}(k)-\boldsymbol{W}_{1c}(k)+\boldsymbol{W}_{2c}(k))+\boldsymbol{W}_{1c}(k)+\boldsymbol{W}_{2c}(k)\end{aligned} \tag{17.206}$$

其中

$$\boldsymbol{D}(k)=[\boldsymbol{B}_1(k)\quad \boldsymbol{B}_2(k)]\boldsymbol{C}(k) \tag{17.207}$$

对式（17.206）进行展开，合并同类项，可得

$$\tilde{\boldsymbol{Z}}(k)=\tilde{\boldsymbol{H}}(k)\boldsymbol{X}(k)+\tilde{\boldsymbol{W}}(k) \tag{17.208}$$

其中

$$\tilde{\boldsymbol{Z}}(k)=(\boldsymbol{I}_{2\times2}-\boldsymbol{D}(k))\boldsymbol{Z}_{1c}(k)+(\boldsymbol{I}_{2\times2}+\boldsymbol{D}(k))\boldsymbol{Z}_{2c}(k) \tag{17.209}$$

$$\tilde{\boldsymbol{H}}(k)=2\boldsymbol{H}(k) \tag{17.210}$$

$$\tilde{\boldsymbol{W}}(k)=(\boldsymbol{I}_{2\times2}-\boldsymbol{D}(k))\boldsymbol{W}_{1c}(k)+(\boldsymbol{I}_{2\times2}+\boldsymbol{D}(k))\boldsymbol{W}_{2c}(k) \tag{17.211}$$

由式（17.211）可知，$\tilde{\boldsymbol{W}}(k)$ 仍为零均值高斯噪声，由于 $\boldsymbol{W}_{1c}(k)$、$\boldsymbol{W}_{2c}(k)$ 相互独立，可得 $\tilde{\boldsymbol{W}}(k)$ 的协方差为

$$\tilde{\boldsymbol{R}}(k)=(\boldsymbol{I}_{2\times2}-\boldsymbol{D}(k))\boldsymbol{R}_{1c}(k)(\boldsymbol{I}_{2\times2}-\boldsymbol{D}(k))'+(\boldsymbol{I}_{2\times2}+\boldsymbol{D}(k))\boldsymbol{R}_{2c}(k)(\boldsymbol{I}_{2\times2}+\boldsymbol{D}(k))' \tag{17.212}$$

经上述公式推导，可得目标状态抗差估计系统方程，其中目标状态转移方程由式（17.185）定义，无差量测方程由式（17.208）定义。运用卡尔曼滤波方法对其进行滤波估计，即可实现目标状态的直接估计。整个目标状态抗差估计算法流程如图 17.19 所示。

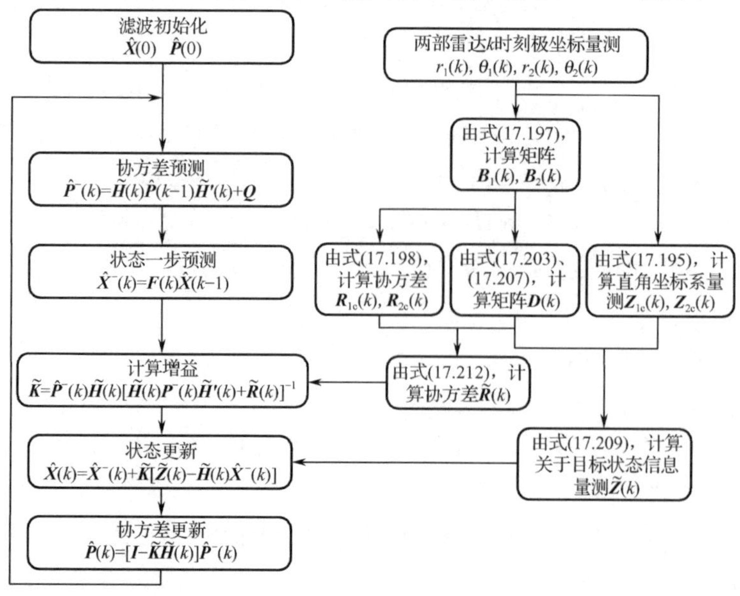

图 17.19　目标状态达抗差估计算法流程

17.5.3 仿真实验

下面通过对比扩维联合目标状态估计方法，对目标状态抗差估计方法性能进行仿真验证分析。在下面内容中，扩维联合目标状态估计方法简称扩维估计，目标状态抗差估计方法简称抗差估计。

仿真实验采用蒙特卡罗仿真，仿真次数设为 50 次，仿真时长为 1 000 s。其中雷达组网系统和目标的仿真想定为：组网系统由二部雷达构成，坐标分别为(0,0)和(100 km,0)；雷达扫描间隔为 1 s，距离量测和方位量测存在高斯白噪声，标准方差为 10 m 和 0.001 rad；共同观测区域内存在一目标，其初始状态为(100 km, −20 m/s, 100 km, −20 m/s)，其 X 轴和 Y 轴方向的噪声功率谱密度均为 $6\ \mathrm{m^2/s^3}$，初始协方差为 $\mathrm{diag}[(2\,000\ \mathrm{m})^2,(20\ \mathrm{m/s})^2,(2\,000\ \mathrm{m})^2,(20\ \mathrm{m/s})^2]$。

对于雷达系统误差，分常量系统误差、慢变系统误差和快变系统误差三种情况进行仿真，具体为：

情况 1，采用常见的系统误差常量模型进行仿真模拟，即设两部雷达系统误差均为常量，大小为 (20 m,0.002 rad)。对于扩维估计，设置各系统误差的初始估计协方差为 $\mathrm{diag}((100\ \mathrm{m})^2,(0.3\ \mathrm{rad})^2)$，初始估计状态为(0 m,0 rad)。

情况 2，采用常见的系统误差动态转移模型进行仿真模拟，其转移方程为

$$\boldsymbol{b}_i(k+1)=\boldsymbol{F}_{b_i}\boldsymbol{b}_i(k)+\boldsymbol{v}_b^i(k) \tag{17.213}$$

其中，$\boldsymbol{F}_{b_i}=0.99$，过程噪声 $\boldsymbol{v}_b^i(k)$ 为零均值白噪声，其方差为 $\boldsymbol{Q}_b^i=\mathrm{diag}([(2.8\ \mathrm{m})^2,(0.28\ \mathrm{mrad})^2])$，两部雷达的系统误差初始状态都为(20 m,0.002 rad)，对于扩维估计，初始估计状态和初始协方差的设置与环境 1 相同。

情况 3，通过系统误差突变进行仿真模拟。设仿真开始时两部雷达的初始系统误差都为(20 m,0.002 rad)，在 500 s 处发生突变，系统误差变为原来的 2 倍，设置为(40 m,0.004 rad)，其他设置与环境 1 相同。

在情况 1 下，抗差估计效果如图 17.20 所示，抗差估计和扩维估计均方误差对比如图 17.21 所示。由 17.20 可以看出，抗差估计算法可利用包含系统误差的传感器量测对目标进行精确的状态估计，并且无须对系统误差进行估计。由 17.21 可以看出，抗差估计算法具有快速的收敛性能和稳定的状态估计性能，并且其估计精度明显高于扩维估计算法。

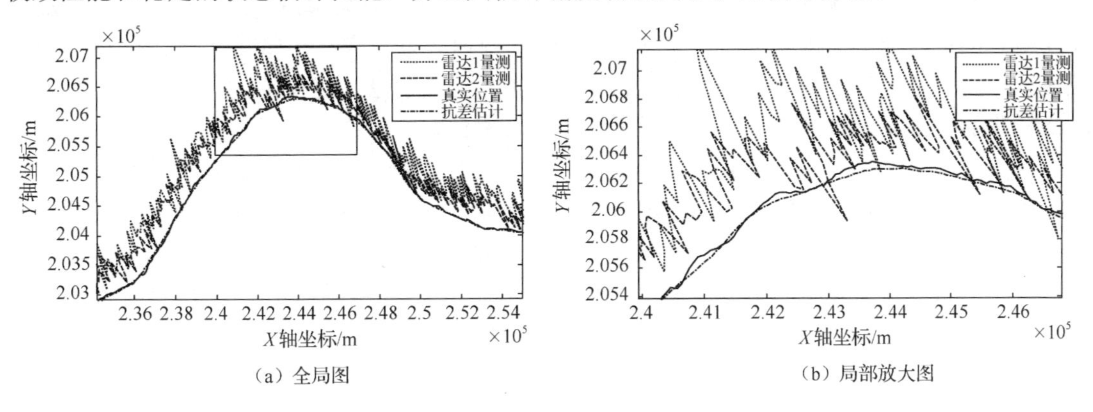

（a）全局图　（b）局部放大图

图 17.20　情况 1 下抗差估计效果图

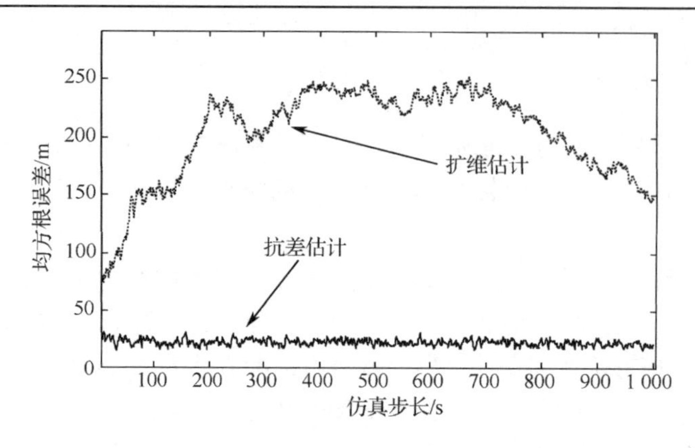

图 17.21　情况 1 下抗差估计与扩维估计均方误差对比

在情况 2 下，抗差估计与扩维估计均方误差对比如图 17.22 所示。可以看出，抗差估计算法开始的时候优于扩维估计算法，但随着仿真继续，两者性能相接近。经分析，考虑扩维估计算法最终接近抗差估计算法，主要是因为系统误差变小造成的，从图上可以看出在 200 步的时候，扩维估计算法已接近于抗差估计算法，而此时系统误差变为原来的 0.134(0.99^{200})倍，对量测的影响已经很小。为了证明上述推断，在 $F_{b_i}=0.99999$，且无过程噪声的条件下，重做仿真，如图 17.23 所示。

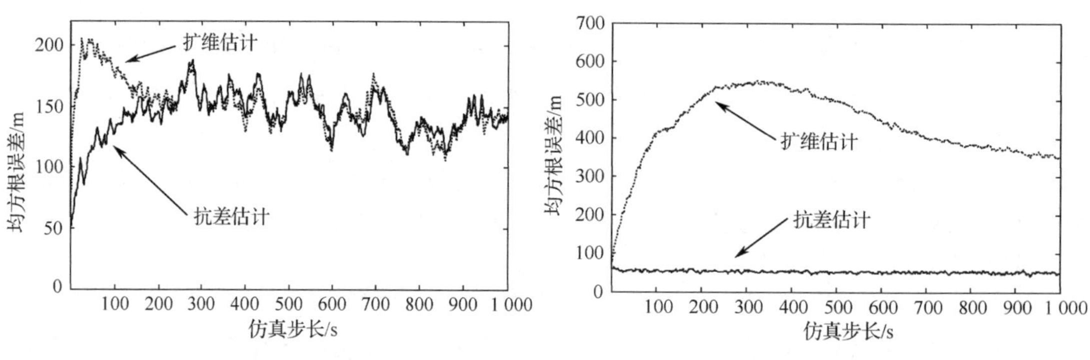

图 17.22　情况 2 下抗差估计与扩维估计均方误差对比　图 17.23　$F_{b_i}=0.99999$ 条件下蒙特卡罗仿真比较

可以看出，在系统误差变化很小的条件下，仿真结果与情况 1 相同。此条件下，系统误差在仿真结束时变为原来的 0.99(0.99999^{1000})倍，所以可以肯定，在情况 2 下，扩维估计算法接近于抗差估计算法是系统误差衰减过快造成的，不是算法本身的原因，因而在系统误差动态转移的情况下，抗差估计算法仍优于扩维估计算法。

在情况 3 下，抗差估计算法状态估计结果如图 17.24 所示，扩维估计和抗差估计均方误差对比如图 17.25 所示，突变点细化图如图 17.26 所示。可以看出，系统误差的突变对抗差估计算法性能几乎没有影响，算法性能稍有下降，主要是由于系统误差增大造成的。而扩维估计算法对于系统误差发生的突变，无法及时发现和补偿系统，致使难以对目标进行准确的状态估计。

通过上述仿真分析可以发现，无论对于不变或慢变系统误差，还是对于快变或突变系统误差，抗差估计方法均可实现目标状态的有效估计，估计效果显著优于扩维估计方法。因此，对于系统误差难以建模、可观测度差、估计精度低的情况，建议跳过系统误差估计，采用目标状态抗差估计方法，直接对目标状态进行估计。

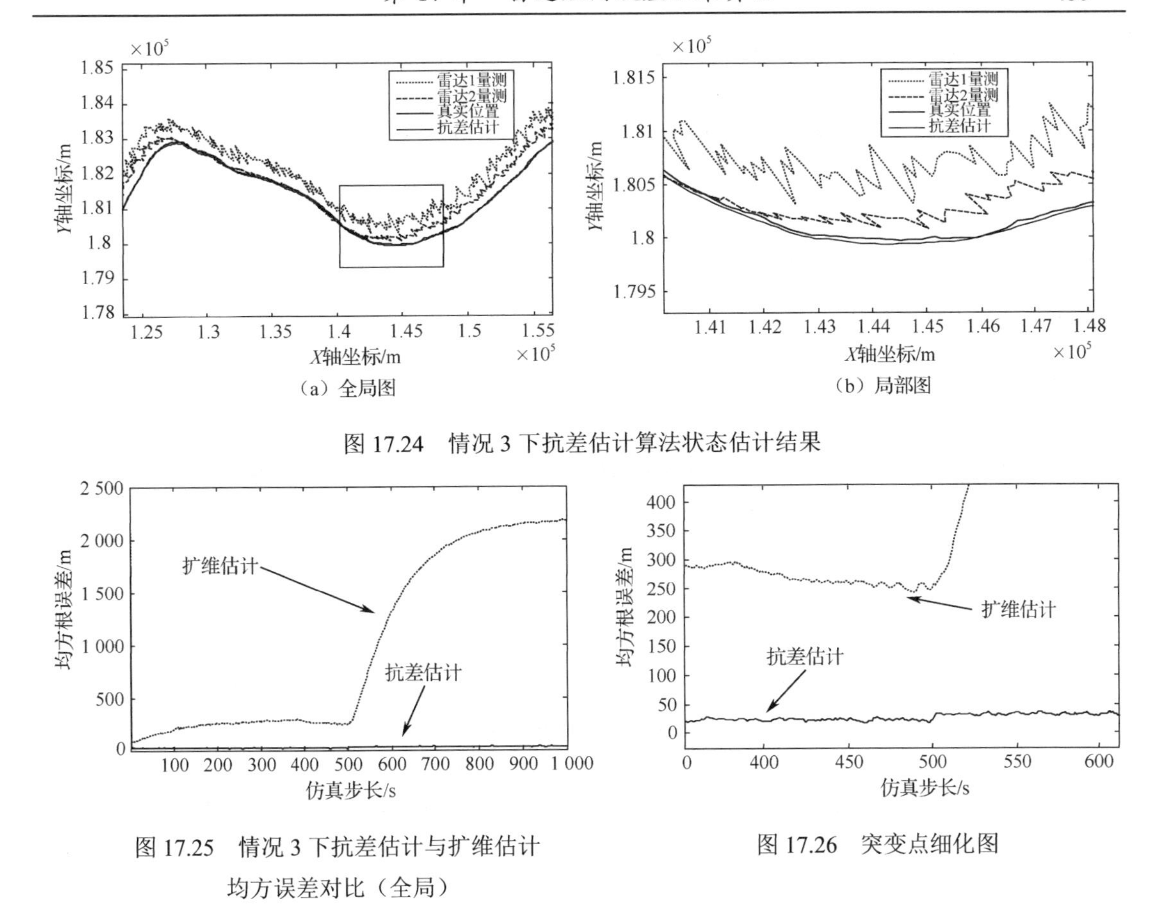

（a）全局图　　（b）局部图

图 17.24　情况 3 下抗差估计算法状态估计结果

图 17.25　情况 3 下抗差估计与扩维估计均方误差对比（全局）

图 17.26　突变点细化图

17.6　小结

雷达网误差配准技术是确保雷达网性能稳定的关键技术。本章根据目标位置已知和目标位置未知两种实际情况，从固定雷达组网和机动雷达组网两个方面，对该问题进行研究讨论。在目标位置已知情况下，本章对固定雷达和机动雷达误差配准技术进行了研究。在目标位置未知情况下，针对固定雷达误差配准问题，分别对 RTQC、LS、GLS 和 ECEF-GLS 误差配准算法进行了详细讨论，并对 ECEF-LS 和 ECEF-GLS 的性能进行了仿真比较，结果表明：ECEF-GLS 在估计精度和收敛速度等方面明显优于 ECEF-LS 算法。针对机动雷达误差配准问题，研究了 MLRM 算法和 ASR 算法，并对它们的性能进行了仿真比较，结果表明：MLRM 算法对目标状态和系统误差的估计精度明显优于 ASR 算法，但 MLRM 算法的时耗太大，不适合工程应用。同时，还特别研究了另一种系统误差配准途径，并着重研究了目标状态抗差估计技术，结果表明：抗差估计方法可实现目标状态的有效估计，受系统误差影响小，适用于系统误差难以建模、可观测度差、估计精度低的应用场景。

根据本章内容，可以发现大部分系统误差配准技术都是以系统误差模型为基础的，包括系统误差估计技术和扩维估计技术等，系统误差建模精度对配准算法性能具有决定性影响。因此，可以预见系统误差配准技术研究将主要从以下两个方面开展：①减少模型影响；②提高建模精度。在传统建模方法无法广泛支持雷达个体精确建模情况下，可通过减小系统误差模型影响，甚至避免系统误差建模，来提高误差配准算法的实际效能。目标状态抗差估计方法为其中的典型代表方法。当前，目标状态抗差估计方法仅实现固定雷达、理想同步观测情况下的目标状态估计，未来可围绕受系统误差影响更大的机动雷达、常态异步观测等情况开展研究。另一方面，大数据、数字孪生、机器学习、深度学习等数据处理和人工智能技术的快速发展和突飞猛进，以及各类数字工程的广泛开展，为雷达个体精确建模提供了有力的手段和工具。未来，在数字工程支持下，可利用采集的雷达组网探测大数据，运用机器学习、深度学习等人工智能技术，通过数据驱动模型，建立系统误差精确模型，或者直接构建系统误差配准方法。

参考文献

[1] 宋强. 目标航迹对准关联与传感器系统误差估计算法研究. 烟台: 海军航空工程学院, 2011.

[2] 吴泽民, 任姝婕, 刘熹. 雷达系统误差协同配准算法研究. 兵工学报, 2008, 29(10): 1192-1196.

[3] Sigalov D, Gal A, Vigdor B. An Improved Algorithm for Universal Sensor Registration. 2020 IEEE International Conference on Information Fusion (FUSION), 2020.

[4] Pan J H, He J Z. Robust Estimation for Ship-Borne Radar Detecting Biases. Lecture Notes in Electrical Engineering, 2014, 238: 1375-1382.

[5] Yong X, Wu Y, Tu M, et al. Improving Bias Estimation Precision via a More Accuracy Radar Bias Model. Mathematical Problems in Engineering, 2018, 2018(PT. 11): 1-9.

[6] Zhang F, Alois K. Systematic Error Modeling and Bias Estimation. Sensors, 2016, 16(5): 729.

[7] Jarama áJ, Jaime L A, De M G, et al. Complete Systematic Error Model of SSR for Sensor Registration in ATC Surveillance Networks. Sensors, 2017, 17(10): 2171.

[8] Helmick R E, Rice T R. Removal of Alignment Errors in an Integrated System of Two 3D Sensors. IEEE Transactions on Intelligent transportation systems, 29(4), 1993: 1333-1343.

[9] Dana AM P. Registration: A Prerequisite for Multiple Sensor Tracking. Multitarget-multisensor Tracking: Advanced Applications. Norwood: Artech House, 1990.

[10] Burke J J. The SAGE Real Time Quality Control Function and Its Interface With BUIC Ⅱ/BUIC Ⅲ. MITRE Corporation Technical Report, No. 308, November 1996.

[11] Leung H, Blanchett M A. Least Square Fusion of Multiple Radar Data. Proceedings of RADAR, Paris, 1994.

[12] Fortunati S, Gini F, Greco M S, et al. Least squares estimation and hybrid Cramér-Rao lower bound for absolute sensor registration. IEEE 2012 Tyrrhenian Workshop on Advances in Radar and Remote Sensing, 2012.

[13] Zhou Y F, Henry L. An Exact Maximum Likelihood Registration Algorithm for Data Fusion. IEEE Trans. on Signal Processing, 1997, 45(6): 1560-1572.

[14] 董云龙, 徐俊艳, 何友. 一种修正的精确极大似然误差配准算法. 哈尔滨工业大学学报, 2006, 38(3): 479-483.

[15] Okello N N, Ristic B. Maximum Likelihood Registration for Multiple Dissimilar Sensors. IEEE Transactions on Aerospace and Electronic Systems, 2003, 39(3): 1074-1083.

[16] Zhou Y F, Henry L, Martin B. Sensor Alignment with Earth-centered Earth-fixed(ECEF) Coordinate System. IEEE Trans. on AES, 1993, 35(2): 410-417.

[17] 董云龙, 何友, 王国宏. 基于 ECEF 的广义最小二乘误差配准技术. 航空学报, 2006, 27(3): 463-467.

[18] Ristic B, Okello N N. Sensor registration in the ECEF coordinate system using the MLR algorithm. In Proceedings of the 6th International Conference on Information Fusion (Fusion 2003), Cairns, Australia, 2003, 135-140.

[19] Gini F, Fortunati S, Giompapa S, et al. On the Application of the Expectation-maximisation Algorithm to the Relative Sensor Registration Problem. Iet Radar Sonar & Navigation, 2013, 7(2): 191-203.

[20] Lin X, Kirubarajan T, Bar-Shalom Y. Exact multisensor dynamic bias estimation with local tracks. IEEE Transactions on Aerospace and Electronic Systems, 2004, 40(2): 576-590.

[21] Chen L, Wang G H, Jia S Y, et al. Attitude Bias Conversion Model for Mobile Radar Error Registration. Journal of Navigation, 2012, 65(4): 651-670.

[22] Chen L, Wang G H, Progri I F. Unified Registration Model for Both Stationary and Mobile 3D Radar Alignment. Journal of Electrical and Computer Engineering, 2014, 2014: 1-12.

[23] 崔亚奇, 熊伟, 何友. 基于 MLR 的机动平台传感器误差配准算法, 航空学报, 2012, 33(001): 118-128.

[24] He Y, Zhu H W, et al. Joint Systematic Error Estimation Algorithm for Radar and Automatic Dependent Surveillance Broadcasting. Iet Radar Sonar & Navigation, 2013, 7(4): 361-370.

[25] Belfadel D, Bar-Shalom Y, Willett P. Single Space Based Sensor Bias Estimation Using a Single Target of Opportunity. IEEE Transactions on Aerospace and Electronic Systems, 2020, 56(3): 1676-1684.

[26] Winston L, Henry L. Simultaneous Registration and Fusion of Multiple Dissimilar Sensors for Cooperative Driving. IEEE Transactions on Intelligent transportation systems, 2004, 5(2): 84-98.

[27] Lin X, Bar-Shalom Y. Multisensor-multitarget Bias Estimation for General Asynchronous Senors. IEEE Transactions on Aerospace and Electronic Systems, 2005, 41(3): 899-921.

[28] Lin X, Bar-Shalom Y. Multisensor Target Tracking Performance with Bias Compensation. IEEE Transactions on Aerospace and Electronic Systems, 2006, 42(3): 1139-1149.

[29] Quanbo G E, Chen T, Duan Z, et al. Relative Sensor Registration with Two-Step Method for State Estimation. Cognitive Computation and Systems, 2019, 1(2).

[30] Belfadel D, Bar-Shalomy Y, Willettz P. Simultaneous Target State and Passive Sensors Bias Estimation. International Conference on Information Fusion. IEEE, 2016.

[31] 崔亚奇, 宋强, 何友. 系统误差情况下的目标跟踪技术. 仪器仪表学报, 2010, 31(8): 1848-1854.

第 18 章 雷达组网数据处理

18.1 引言

雷达组网是通过对多部不同体制、不同功能、不同频段、不同极化方式的雷达合理布站，对网内各部雷达的观测信息形成“网”状搜集与传递，并由中心站提取这些局部观测信息在时间、空间、幅相特征、识别特征等方面的相关性，进行相关、综合、控制、管理等，从而形成一个统一的有机整体，获得全局的信息优势。雷达组网的意义体现在以下几个方面。

① 提高探测区域的覆盖面积：在单部雷达获得局部环境态势基础上，雷达组网可以获得全局环境态势。

② 提高目标跟踪精度：雷达组网将不同雷达关于相同目标的信息进行相关和综合处理。

③ 提高反隐身能力：雷达组网通过对组网雷达频段的选择和从不同的角度对隐身目标进行探测，充分利用隐身目标不同频段吸波效果差异和不同方向反射的隐身缺口，提高对隐身目标的探测和跟踪的稳定性。

④ 提高低慢小目标连续跟踪能力：异地雷达对目标的不同视角可以形成不同的信杂比与径向速度，有效破解低慢小目标发现难和多普勒盲速难题，从而获得互补的探测点迹，提高跟踪连续性。

⑤ 提高系统的电子对抗能力：不同体制、不同频段、不同极化方式、不同部署位置的雷达组网，可以有效弥补部分雷达被干扰时的补盲探测能力。

雷达网按组网类型的不同可分为：

① 单基地雷达组网。由相互独立的雷达组成，通过组网使整个系统构成一个有机整体；单基地雷达组网内各雷达工作独立，工作方式灵活多变；各雷达在与网络中心站失去联系时，也可独立完成部分工作。

② 双/多基地雷达组网。充分利用双/多基地的特性，对于反干扰、抗反辐射导弹、反隐身等具有较强的工作能力；辅以空中平台，还可显著增强抗低空突防能力。

③ 单基地、双/多基地雷达混合组网：由单基地雷达和双/多基地雷达混合构成的雷达网，具有上述两种方式的共同优点。

军用雷达网按照其所承担的军事任务又可分为区域警戒雷达网（包括对空警戒雷达网和沿海警戒雷达网）和制导雷达网等。

本章 18.2 节从雷达网的设计和分析角度介绍了雷达网的性能、指标和优化布站等概念及典型应用；18.3 节、18.4 节和 18.5 节分别讨论组网单基地、双基地和多基地雷达数据处理的基本内容；18.6 节研究分布式处理中的航迹关联技术，最后是本章小结。

18.2 雷达网的设计与分析

18.2.1 雷达网性能评价指标

雷达网最主要的功能是探测责任区域的目标，跟踪并报出其航迹。因此，评价雷达网的首要指标是对责任区域的覆盖能力；其次是目标容量，即上传、融合和跟踪的最大目标数量；另外，对雷达网性能的综合评价还包括发现概率、反隐身技术能力、抗干扰能力、反低空突防能力、抗反辐射导弹能力等指标[1,2]。

1．雷达网的覆盖性能指标

雷达网的覆盖性能主要包括两个方面：覆盖的连续性和严密性。通常我们用盲区系数、覆盖系数、平均空域覆盖系数和重叠系数来表示。

盲区系数定义为

$$C_{\mathrm{BL}}=\frac{\sum A_{\mathrm{BL}}}{A_0} \tag{18.1}$$

式中，$\sum A_{\mathrm{BL}}$ 为责任区内各航迹探测盲区面积的总和，A_0 是责任区的总面积。根据雷达网覆盖连续性的要求，C_{BL} 必须趋近于 0。

覆盖系数定义为

$$C_{\mathrm{OV}}=\frac{A_1+A_2+\cdots+A_i}{A_0} \tag{18.2}$$

式中，$A_1,A_2,\cdots,A_i$ 为雷达网内各雷达站在责任区中的覆盖面积。

平均空域覆盖系数定义为

$$\bar{C}_{\mathrm{OV}}=\frac{\bar{A}_1+\bar{A}_2+\cdots+\bar{A}_i}{A_0} \tag{18.3}$$

式中，$\bar{A}_1,\bar{A}_2,\cdots,\bar{A}_i$ 为雷达网内各雷达在 M 个高度层上覆盖面积的平均值。

雷达网重叠系数是指能同时观察到空间某一目标的雷达数量，可表示为

$$K=\frac{\sum S_k}{A_0}=\frac{n[\pi R_h^2]}{A_0} \tag{18.4}$$

式中，S_k 为第 k 部雷达的探测面积；n 为雷达网内雷达数量；R_h 为雷达网在规定的下限高度上发现目标的距离。一般情况下，雷达网的最佳重叠系数为 3，而重点保卫目标的重叠系数可达到 4～5。

2．雷达网的目标容量

评价雷达网的目标容量，其决定因素有三个：一是雷达站的录取能力；二是通信网的传输能力，即信道的最大传输速率；三是情报中心的处理和显控能力。若不考虑通信信道和情报中心处理显控能力的影响，雷达网的目标容量 N_0 应为责任区域内探测目标容量之和，可表示为 $N_0=N_1+N_2+\cdots+N_i$，其中 $N_1,N_2,\cdots,N_i$ 分别为各雷达站的目标容量。

3．雷达网的抗干扰能力

雷达网的抗干扰能力主要与网内单站雷达的抗干扰能力、雷达网所占的频宽、空间信号能量密度、雷达信号类型有关。评价雷达网抗干扰能力主要有三个参数。

1）雷达网探测覆盖系数改善因子

雷达网探测覆盖系数是雷达网综合性能评价的一个指标，它和组网雷达站的探测能力密切相关，同时又和单站抗干扰能力密切相关。组网雷达的抗干扰能力强，或抗干扰措施好，则雷达网在干扰情况下探测能力受影响就小，覆盖系数就越高，反之则低。

雷达网探测覆盖系数改善因子是指雷达网在受到干扰条件下采取抗干扰措施和不采取抗干扰措施覆盖系数的比值来评价其抗干扰性能，即

$$C_{\mathrm{OVIF}}=\frac{C'_{\mathrm{OV}}}{C_{\mathrm{OV}}} \tag{18.5}$$

其中，C'_{OV}和C_{OV}分别为采取抗干扰措施和没有采取抗干扰措施的雷达网探测覆盖系数。

2）雷达网频域覆盖系数

频域对抗是雷达抗干扰最有效和最重要的一个领域，雷达网占有的频段越多、频域越宽，则雷达抗干扰能力越强，因此可将雷达网频域覆盖系数作为衡量雷达网抗干扰能力的一个重要指标。它包括两部分：频段覆盖系数和频宽系数。

对于一个N部雷达构成的雷达网，若占有M个频段，每个频段的标准频宽为F_1、F_2、…、F_M，在每个频段内，每部单站雷达所占频宽为$\Delta f_i(i=1,\cdots,M)$，则频段覆盖系数定义为

$$F_{\mathrm{fd}}=\frac{M}{N} \tag{18.6}$$

频宽系数定义为

$$F_{\mathrm{fk}}=\frac{\sum_{i=1}^{M}\Delta f_i}{\sum_{i=1}^{M}F_i} \tag{18.7}$$

而雷达网的频域覆盖系数定义为

$$F_{\mathrm{OV}}=F_{\mathrm{fd}}\times F_{\mathrm{fk}} \tag{18.8}$$

3）雷达网信号覆盖系数

对于多雷达组网，如果其中的信号类型越多、越复杂，则被侦察干扰就越困难。因此，在雷达组网中采用信号类型数量和复杂程度与雷达数量的比值作为衡量雷达网抗干扰能力的重要指标，并定义为雷达网信号覆盖系数，即

$$S_{\mathrm{OV}}=\frac{M_{\mathrm{S}}}{N} \tag{18.9}$$

其中，N为雷达数量；M_{S}表示雷达信号类型的数量。

18.2.2　雷达网优化布站

雷达布站研究网内各雷达在空间位置的配置，它直接影响系统性能在空间的分布，影响系统的检测、跟踪、分辨和抗干扰等各项功能[3-6]。一般而言，网内各雷达在空间位置上的配置结构，要在考虑地理环境约束的前提下，使雷达网能覆盖所需的空域，在低空探测时不能出现大的漏洞，对低可观测目标检测时要达到一定的检测概率，同时还具有一定的抗干扰能力。

1．雷达网优化部署的原则

雷达组网的优化部署是指在雷达总数或费用一定的情况下，在主要方向、重点角度和主要高度层中雷达网对目标覆盖冗余数最多、体积最大；单部雷达对目标的覆盖系数最多；各种极化方式、工作频段、工作方式的类别尽可能最大；在干扰环境下单部雷达间盲区互补、主要区域间盲区最小等。

总之，雷达组网优化配置和部署的原则很多，可以根据其中的一种原则进行部署，也可以综合其中几种或所有因素，在权衡利弊的基础上用数字手段对雷达网进行定量分析。不管采用何种原则部署，雷达组网优化的部署都可以看做一种多目标的优化和决策问题。

2. 根据无缝覆盖原则进行布站

对于对空雷达网，根据部署方式一般可将其分为两种结构。

1）单层网的结构和部署

单层网由中小型雷达密集配置构成。所谓中型雷达，通常是指探测范围为 200～400 km 的雷达；小型雷达是指近程低空警戒雷达，探测范围为 200 km 以内。单层网的结构如图 18.1 所示，图中给出了两部中型雷达的探测范围高度上连接的结构，并对两部雷达的探测范围的垂直半截面进行了规则化，H_X 和 H_L 分别表示雷达网探测的上限和下限高度（通常也是雷达威力塔接高度）。

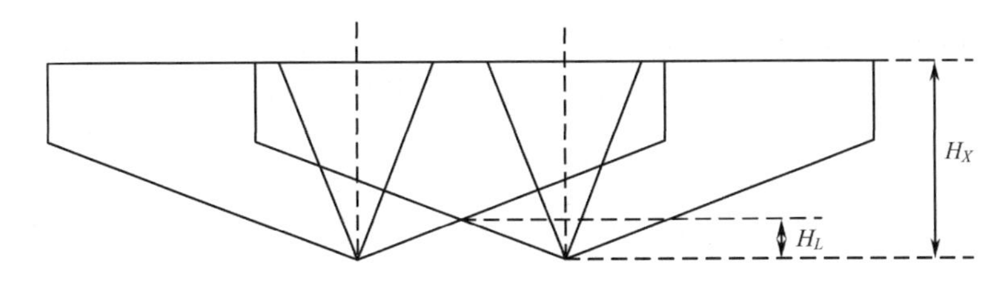

图 18.1　单层网结构图

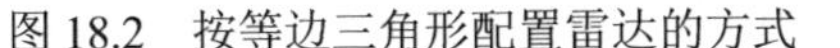

图 18.2　按等边三角形配置雷达的方式

图 18.3　按正方形配置雷达的方式

通常采用的雷达网的部署形式有三角形配置和正方形配置。如果按等边三角形配置，并使用同一程式雷达，即各雷达探测距离完全相等，假定其探测半径为 D_L，从图 18.2 可知，一部雷达的覆盖平均面积约等于圆内接正六边形的面积，即

$$\overline{S} = \frac{BA \times OA}{2} \times 12 = 6 \times (D_L \sin 60^\circ \times D_L \sin 30^\circ) = 2.6 D_L^2 \tag{18.10}$$

若按照如图 18.3 所示的正方形配置，一部雷达的平均覆盖面积 $\overline{S}$ 近似等于其内接正方形的面积，即

$$\overline{S} = \frac{D_L \sin 45^\circ \times D_L \sin 45^\circ}{2} \times 8 = 2D_L^2 \tag{18.11}$$

从经济的角度看，通常按等边三角形来配置。因为在这种情况下，单部雷达平均覆盖面积大，

所以覆盖同样面积责任区域需要的雷达数量要少于正方形配置。

2）多层网的结构和部署

多层网采用主体雷达和低空雷达上下层配置的结构方式，主体雷达波束约在 4 000 m 高度上塔接。4 000 m 以下的盲区由低空雷达来补盲，具体结构如图 18.4 所示。H_{BL} 为低空雷达的下限高度，通常为几十米。

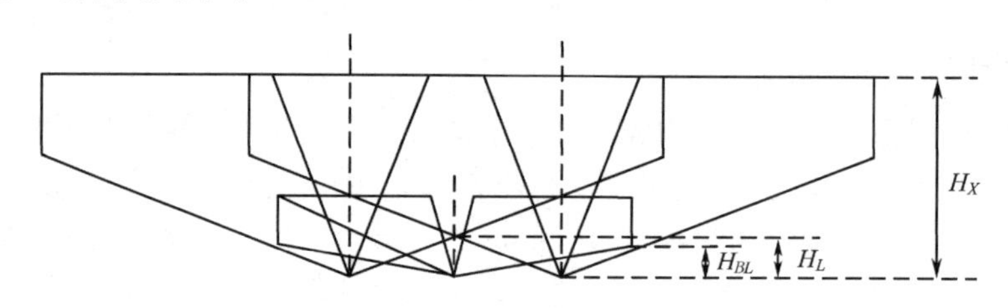

图 18.4　多层网结构图

多层雷达网的部署同样可以采用三角形和正方形配置。低空补盲雷达是用来填补主体雷达下层的低空和超低空盲区，一部主体雷达所需低空补盲雷达的数量一般满足下式

$$N_1 \geqslant \frac{d+2R_d}{2D} \tag{18.12}$$

式中，N_1 为一部主体雷达所需的低空补盲雷达数量；d 为主体雷达之间的距离；R_d 为主体雷达顶空盲区半径；D 为低空补盲雷达的作用距离。

3．从探测隐身目标出发进行布站

隐身技术的综合运用，虽显著降低了目标的雷达截面积（RCS），但并非使隐身目标变得完全不可见。因为隐身飞机的外形设计主要是降低鼻锥方向的 RCS。雷达组网反隐身最重要的一个特点在于，对共同空域实现多重覆盖，即对空域内的同一目标具有一定的观测重叠系数，以实现从不同方位对目标进行照射，提高系统对隐身目标的探测能力。

雷达网探测隐身目标时最可能出现的问题是漏报，从探测反隐身目标出发确定雷达在空间的布站，主要是要确定两个雷达站之间的最大间距。为了防止雷达网出现对威胁目标漏报的情况，对雷达网布局时从最不利的隐身目标出发[7]，即将雷达检测隐身目标所需的最小 RCS 随角度变化的曲线及该目标所能提供的 RCS 随照射角度变化的曲线画在同一坐标平面内。通过比较所需的与所能提供的 RCS 之间的差值，计算差值等于零时所对应的临界仰角和临界散射截面，并计算最大作用距离在地面上的投影距离，从而得到雷达对目标的可探测范围图。由可探测范围图来确定出对雷达最不利的“纵向暴露距离”和对雷达最有利的“隐身穿越的最小横距”，从而确定出雷达之间的最大间距，即两个雷达站之间的间距不能大于隐身目标对两个雷达站的“隐身穿越的最小横距”之和。应用该方法的关键是绘制雷达的可探测范围图。

在实际应用时，雷达站的选址受许多因素的限制，需要在限制条件与确定的最大范围之间进行折中。

4．从抗干扰原则出发进行雷达布站

电子干扰严重影响雷达性能的发挥，对雷达的生存也构成了重要的威胁。为了使雷达网在他方干扰条件下仍能有效地工作，首先要使网内各雷达之间的频段尽量减少重叠，各雷达之间的信号类型和极化类型应尽量不同，以降低他方干扰的影响。在此基础上，通过对雷达

在空间进行合适的配置，也可以在一定程度上提高雷达网的抗干扰能力，主要包括两个方面。

① 从雷达站的位置布置上讲，要把抗干扰能力较强的雷达放置在距敌干扰机较近的位置。即当来袭目标的主要方向明确时，把抗干扰能力最强的雷达布置在入侵方向的主要前沿；当目标来袭方向不明确时，把抗干扰能力最强的雷达配置在重点防空区域的边缘，而将抗干扰能力弱的雷达布置在中心区域。

② 网内各雷达站之间的间距设置应保证雷达网有较高的探测严密度，即应该使雷达网的覆盖系数较大，这样在雷达网受到干扰时，才能较好地保持探测的连续性。在遭受他方强干扰情况下，我方雷达的作用距离会大幅度地减小。为了在干扰情况下仍然能够对责任区域进行有效监视，就需要进行冗余布站，在布站前要充分论证他方的干扰能力和我方雷达网的抗干扰能力，根据论证的结果进行布站。另外，进行冗余布站也具有抵抗他方欺骗性干扰的优点，一种欺骗性干扰在同一时刻只能对一部雷达进行欺骗干扰。如果我方雷达进行了冗余布站，完全可以在共同覆盖区域利用数据融合的方法去除他方的欺骗性干扰。因此从抗干扰的角度出发，冗余布站是必须的。

对于实际的雷达布站，应考虑地理环境的限制和约束、雷达使用的战术要求，从可能的候选站址中，按前述的各项原则进行分析和设计，然后进行综合考虑，并确定出所需的空间配置结构。

5. 从对顶空补盲的原则出发确定雷达布站

雷达的垂直覆盖图具有这样的特点：探测目标的最大距离随目标高度升高而增加，在雷达的顶空通常存在一个张角为 60°～70° 的锥形盲区，并且，从雷达的垂直覆盖图还可以看出雷达存在低空盲区。

在具体进行多雷达组网时，如果某一雷达的顶空盲区可以被其邻站雷达的扫描波束覆盖，则不用对该雷达进行顶空补盲，如果某一雷达的顶空盲区无法由其邻站覆盖，而且在顶空盲区内可能会有他方的航路，则要考虑顶空补盲。在考虑顶空补盲时，可以采用两种方法。

1）相邻雷达站之间进行互相的覆盖

为了互相覆盖相邻雷达站的顶空盲区，可以适当地把站间距离拉近。假设在某高度层上雷达的探测距离为 R_1，盲区半径为 r_1，则雷达的覆盖范围是 $\pi(R_1^2 - r_1^2)$。对于有多个雷达组成的雷达网来说，假设其责任区域为 S，所允许的最大盲区系数为 C_B，所要求的覆盖系数为 F，在具体布站时就可以依据这些参数要求对多个相同或者不同的雷达进行优化组合，以求以最少的雷达资源最大限度地满足所提出的要求。

2）设置顶空补盲雷达

当雷达网没有受到他方的压制性干扰时，可以利用两部或者多部雷达的波束互相覆盖来互相消除顶空盲区是可行的，但是在雷达受到压制性干扰时，雷达的作用距离会下降，此时如果要依靠雷达之间的波束互相进行顶空补盲，则需要更多的雷达资源，这个时候可以考虑使用顶空补盲雷达。

6. 从抗低空突防原则出发确定雷达布站

由于雷达对目标的观测受地球曲率的影响，直线传播的雷达电波只能在一定的视距范围内发现目标，当在目标和/或雷达天线高度较低时，雷达难以发现低空飞行的目标，换句话说也就是飞行目标高于“雷达水平线”飞行时才会被发现，要观测的目标越低，视距就越近，而提高雷达天线高度可以扩展视距。设雷达视距为 R_s(km)，雷达天线为 h(m)，目标飞行高度为 H(m)，则三者之间的关系表达为

$$R_s = 4.12(\sqrt{h} + \sqrt{H}) \tag{18.13}$$

要想使雷达作用距离不受其视距限制，必须设法让雷达视距大于雷达作用距离。雷达的实际作用距离由下式决定，即

$$R = \min\{R_s, R_{\max}\} \tag{18.14}$$

式中，R 为雷达实际作用距离（km），$R_{\max}$ 为雷达方程确定的最大作用距离（km）。

要想使雷达组网真正具备抗低空突防能力，除要解决雷达视距问题外，还要采用以下三种措施。

1）低空补盲雷达超前部署延长防空系统预警时间

雷达组网系统中，低空补盲雷达主要是弥补雷达网的低空盲区，增强系统的抗低空突防能力。低空补盲雷达不仅具有先进的技术体制，而且还有灵活机动的特点。组网雷达中的低空补盲雷达由于高机动性和灵活的联网能力，一般部署在战区前沿，超前部署可以增加防空系统的预警时间。

2）杂波抑制技术改善组网雷达低空性能

低空雷达一般采用脉冲多普勒、动目标显示和动目标检测等技术体制，它们增强了雷达抗地/海面杂波的能力。低空雷达由于采用了专门的技术，它的低空性能比普通雷达有所提高，主要体现在杂波中检测目标的能力。雷达组网中配备了低空雷达之后，可以利用低空雷达的 MTI、MTD 或者 PD 技术提高整个组网雷达的发现概率和定位精度，减小跟踪误差。

3）信息融合技术增强组网雷达低空性能

组网雷达由雷达、信息融合中心和通信链路 3 部分组成，如图 18.5 所示，雷达获得的目标信息经过初步处理或者直接经过通信链路传给信息融合中心，信息融合中心综合各雷达的信息，运用一定的融合算法得出目标的系统信息。目标的系统信息将比任何一部单站雷达的信息更加精确和真实。对于低空目标，部分雷达将失去目标的观测信息或者得到不准确的目标信息，而低空补盲雷达或者空基雷达会获得低空目标的完整精确观测信息，信息融合中心将这些信息融合处理后即可获得低空目标的精确信息。因此，组网雷达的信息融合技术增强了其低空性能。对低空目标，将所有雷达信息送至信息融合中心处理之后，组网系统的低空性能将得到改善。

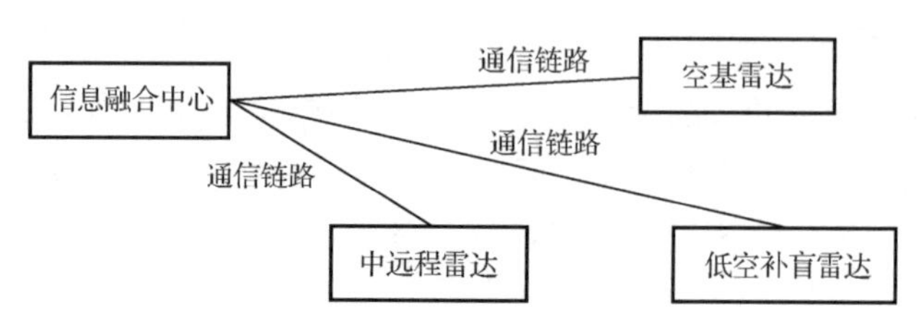

图 18.5　组网雷达抗低空部署示意图

18.2.3　从抗干扰原则出发进行雷达布站仿真

假设部署的雷达数目为 N 部，第 $i(i = 1, 2, \cdots, N)$ 部发现概率为 P_{di}，当要求警戒区域发现

概率为 P_{ds} 时，当站级采用 $k=1$（即 OR）的秩 k 融合规则，对某区域覆盖雷达数 m 应满足

$$P_{ds} \leqslant 1-\prod_{mi=1}^{m}(1-P_{dmi}) \tag{18.15}$$

对不同的区域，发现概率不同。根据警戒区域发现概率的要求不同，将警戒区域分为一般警戒区域和重点警戒区域。一般警戒区域的覆盖区域为 S_s，需要 l 部雷达覆盖；重点警戒区域的覆盖区域为 S_c，需要 m 部雷达覆盖。假设在某高度第 $i(i=1,2,\cdots,N)$ 部发现目标区域为 $S_i(\sigma_i,\xi_i)$，其中 σ_i,ξ_i 分别为目标有效反射面积和干扰机干扰电平。当满足优化部署时，可以得出[8]

$$\bigcup_{\substack{i_1,i_2,\cdots,i_l\in(1,2,\cdots,N)\\ i_1\neq i_2\neq\cdots\neq i_l}}[S_{i_1}(\sigma_i,\xi_i)\cap S_{i_2}(\sigma_i,\xi_i)\cap\cdots\cap S_{i_l}(\sigma_i,\xi_i)]\cap S_s=S_s \tag{18.16}$$

$$\bigcup_{\substack{i_1,i_2,\cdots,i_m\in(1,2,\cdots,N)\\ i_1\neq i_2\neq\cdots\neq i_m}}[S_{i_1}(\sigma_i,\xi_i)\cap S_{i_2}(\sigma_i,\xi_i)\cap\cdots\cap S_{i_m}(\sigma_i,\xi_i)]\cap S_c=S_c \tag{18.17}$$

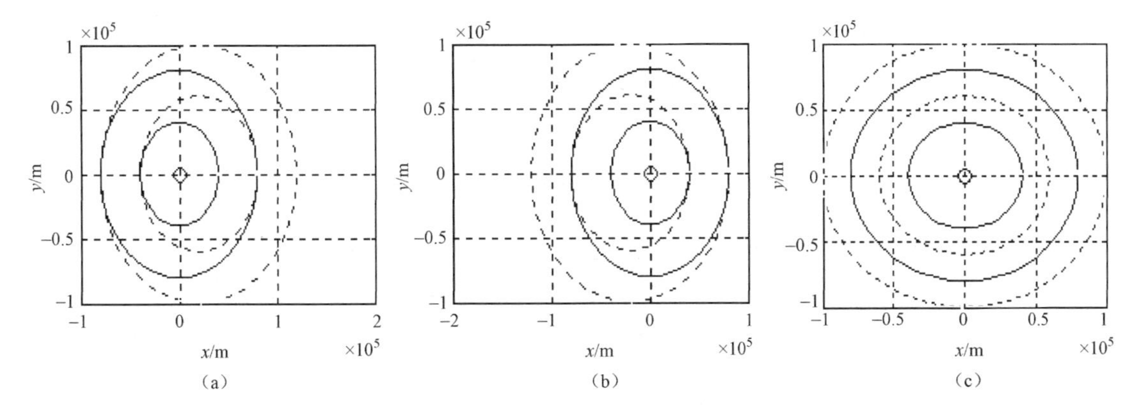

图 18.6　雷达网防御区域

假设由一支援干扰机在距原点约 150 km，高度约 3.5 km 处进行椭圆运动。雷达网部署两部相控阵雷达 A1、A2，每部雷达的一个阵面由 55×55 余弦阵子组成，对目标雷达截面积为 1.9 m^2 的空中小型飞机无干扰条件下最大作用距离分别为 100 km 和 60 km，每部雷达在雷达威力范围内的发现概率为 50%。一般警戒区域以（0,0）为圆心 80 km 区域，要求雷达网的检测概率为 50%；重点警戒区域以（0,0）为圆心 40 km 区域，要求雷达网的检测概率为 70%。因此上述两部雷达满足式（18.15）～式（18.17），能完成防御区域，并且可以有许多种部署方法，其中图 18.6（a）、（b）、（c）为采用重心法针对有方向性干扰和无方向性干扰的三种部署（实线为雷达网要求的防御区域，虚线为各部雷达的无干扰防御区域）。

在存在干扰的情况下，雷达网的防御区域变为多少，是否能满足式（18.15）～式（18.17）却不知。假设由于两部雷达采用了不同工作频率，抗干扰措施不同，干扰机对两部雷达干扰电平分别为 8 和 0.1，并从右侧干扰。采用一个 α 滤波器来对干扰机 t_k^j 时刻干扰能量级别 $\hat{\xi}(t_k^j)$ 进行估计，即

$$\hat{\xi}(t_k^j)=\alpha_j\hat{\xi}(t_{k-1}^j)+(1-\alpha_j)\frac{10^{(\rho_k^j/10)}}{\left(\sum\limits_{k}^{j}\right)^2} \tag{18.18}$$

式中，ρ_k^j 是 t_k^j 时刻JNR（干扰能量/内部噪声比）的估计；$\alpha_j=0.8$ 为滤波参数；α 滤波器的起始状态为 $\hat{\xi}_0(t_1^j)=1$；$\sum\limits_{k}^{j}$ 是天线轴线指向方位 $\hat{b}_k^j$，俯仰 $\hat{e}_k^j$，干扰机在方位 $B_k^j=\hat{b}_k^j+n_b$，俯仰 $E_k^j=\hat{e}_k^j+n_e$，t_k^i 时刻的归一化天线增益，式中 n_b 和 n_e 分别表示方位和俯仰角测量误差，并假设其为方差分别为 σ_k^{ib}、σ_k^{ie} 的高斯白噪声。

α 滤波器对干扰机干扰电平估计如图18.7所示。图中进行了180 s的跟踪估计，估计干扰电平均值估计分别8.090 3、0.119 7，均方差值分别为0.023 4、0.002 4。由图18.7结果可以看出，雷达采用α滤波器对干扰电平的估计收敛速度较快，且误差较小。

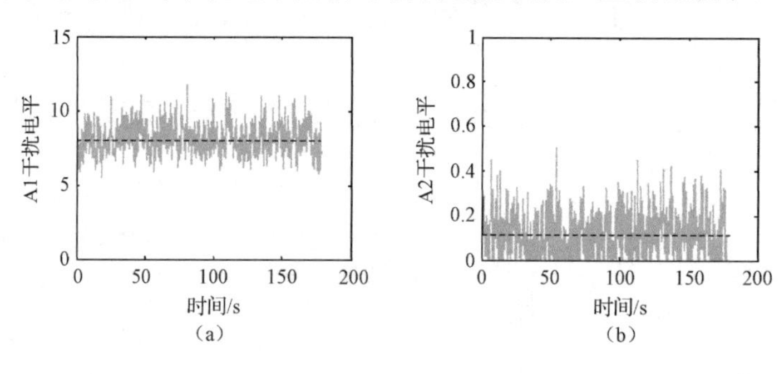

图18.7　干扰电平估计

假设干扰在防御区域正右方，根据上述估计的干扰功率，三种防御区域变为如图18.8所示。显然三种部署的盲区大小不同，我们可以根据估计的防御区域和盲区的大小采用机动雷达站进行补盲。由仿真可知，在已知上述干扰方向的情况下，图18.8（a）中为最优部署，这是对干扰进攻方向已知情况下的最优部署；图18.8（c）次之，但在不知干扰方向时却是最优部署；图18.8（b）最差，但当干扰从左侧进入时为最佳部署。同时可以看出，由于部署方法不同，盲区大小不同，根据盲区的大小可以确定机动雷达部署的位置及是否满足补盲要求。

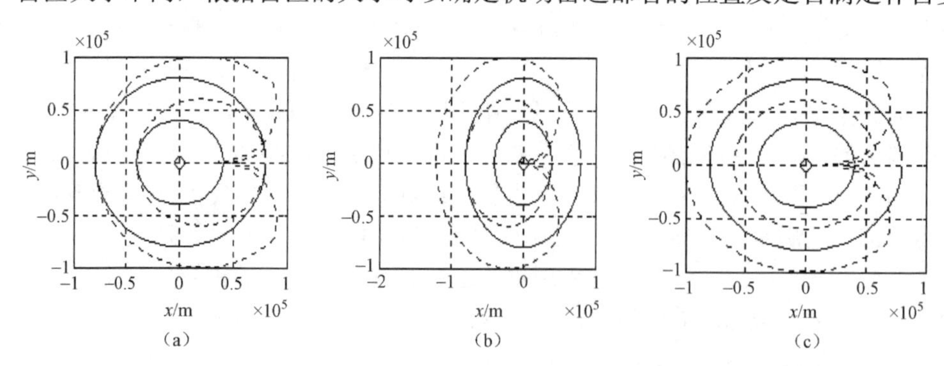

图18.8　干扰情况雷达网防御区域

18.2.4　雷达组网应用举例

1. 空管雷达监视系统

用于航空管制监视的雷达可分为一次雷达和二次雷达。一次雷达通过一次发射信号即可获得目标方位和距离。一次雷达按照区域划分为航路监视雷达、机场监视雷达、精密进近雷达和场面监视雷达。

上海区域管制中心使用的“欧洲猫-X”是一套完善的空管自动化应用系统[9]，该系统的功能处理分设四个分部：区域分部、进近分部、虹桥塔台分部、浦东塔台分部，如图 18.9 所示。该系统的雷达数据处理由单雷达航迹处理模块、多雷达航迹处理模块、安全网及监控处理模块组成。

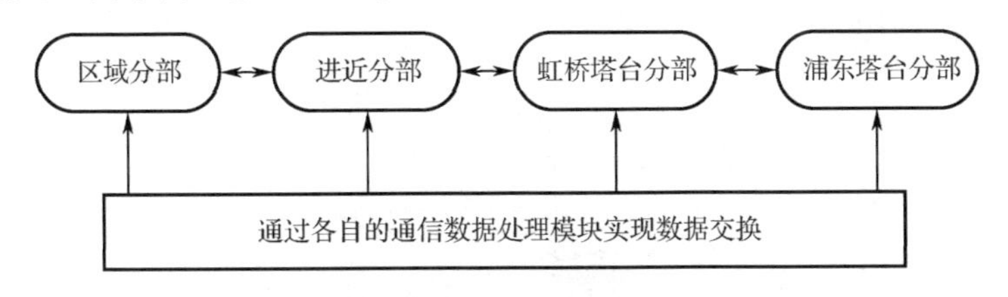

图 18.9 “欧洲猫-X”系统功能结构

1）雷达航迹处理

区域和进近两个分部采用不同的雷达航迹处理方式。

区域分部采用单雷达航迹处理（RTP）和多雷达航迹处理（MTP）相结合的处理方式。RTP 是指单雷达航迹处理器对雷达发送的飞机航迹、点迹、云量等雷达数据进行属性辨认，并检查 C 模式高度正确性后，生成单雷达飞机航迹（Local Track）；MTP 是指多雷达航迹处理器把多部雷达分别生成的飞机航迹融合生成系统航迹（System Track）。

进近分部采用的雷达航迹处理方式是多雷达点迹处理（MRTS），与区域分部 RTP+MTP 的方式不同。MRTS 直接对雷达送来的飞机点迹（Plots）进行融合生成系统航迹（System Track），而不采用各部雷达生成的飞机航迹。而且，MRTS 采用卡尔曼滤波方法进行跟踪处理，生成航迹的精度显著更高。

2）安全网及监控处理（SNMAP）

SNMAP 是雷达数据处理中不可或缺的组成部分，包括航迹的系统相关、自动位置报告和各类雷达警告的产生。其中，航迹的系统相关主要用于确认航班是否按照飞行计划执行飞行，为管制工作提供了重要帮助。为最大限度地避免错误的自动相关和使用应答机编码资源，SNMAP 根据航班的飞行计划给航班的计划航路定义了一条从起飞机场到落地机场的航路走廊。

2. 高级辅助驾驶系统

基于摄像头、毫米波雷达、激光雷达、超声波雷达等传感器的高级辅助驾驶系统（Advanced Driver Assistance System，ADAS）是目前智能汽车发展的重要方向，它通过多源传感器信息融合，为用户打造稳定、舒适、可靠可依赖的辅助驾驶功能。在无人驾驶中，传感器负责感知车辆行驶过程中周围的环境信息，包括周围的车辆、行人、交通信号灯、交通标志物、所处的场景等，为无人驾驶汽车的安全行驶提供及时、可靠的决策依据。由于不同传感器的特性不同，在实际应用中往往采用多种传感器功能互补的方式进行融合感知。图 18.10 为智能汽车的传感器配置示意图。

（1）毫米波雷达可获得障碍物的距离、角度、径向相对速度。测量距离远，通常能达到 200 多米，并且受天气影响较小，电磁波在雨雪、大雾、粉尘中具有良好的穿透性。

（2）激光雷达可获得障碍物的距离、角度，其中多线激光雷达还可获得一定分辨率的垂直视场俯仰角。其特点是测距精度高，价格较高。

（3）超声波雷达可获得安装指向障碍物的距离，短距离探测精度较高，5 米以内的精度可达厘米级，常用于泊车场景。

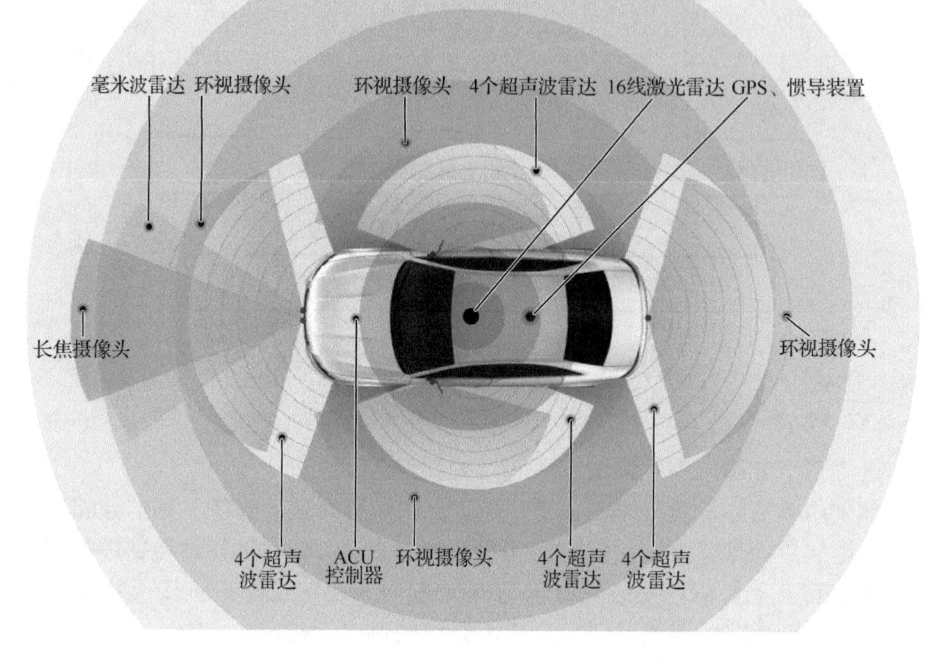

图 18.10　智能汽车的传感器配置示意图

（4）摄像头可获得丰富的纹理特征信息。采用图像数据能够实现车道线检测，交通标识符检测等，但受光照影响大。

ADAS 对多雷达及摄像头数据进行融合处理时，一个重要前提就是多传感器数据的相关判断，以确保是对相同目标的多源信息进行融合。根据融合的数据对象不同，分为三种模式：决策级融合、特征级融合、数据级融合[10,11,12]，如图 18.11～图 18.13 所示。

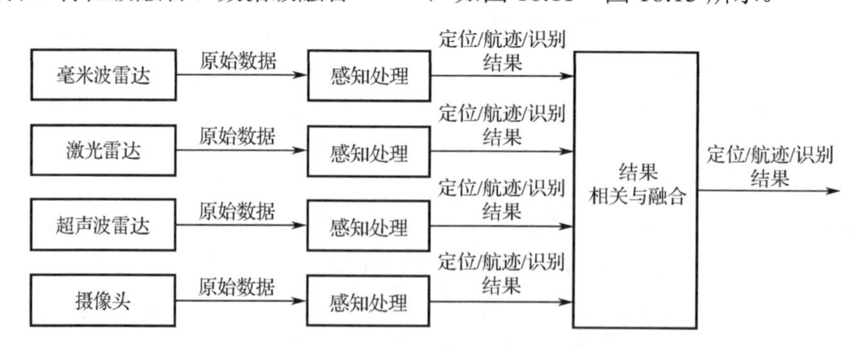

图 18.11　ADAS 传感器决策级融合

决策级融合是每个传感器独立感知，即对毫米波雷达、激光雷达等原始数据分别进行感知处理，得到目标/环境的定位/航迹/识别结果，再基于各传感器感知结果进行相关与融合；特征级融合是提取每个传感器原始数据的特征信息，再对特征进行相关与融合；数据级融合则直接对所有传感器的原始数据构成的多维度信息进行相关与融合，输出目标或环境的定位、航迹、识别结果，其前提是进行时间同步和空间对准等规范化处理。决策级融合设计简单、适用性广，但信息损失大；数据级融合信息损失少，但数据带宽要求高；而特征级融合是前述两种融合模式的折中，在特征提取方面可以大量应用神经网络、深度学习等智能处理方法，是当前的研究热点。

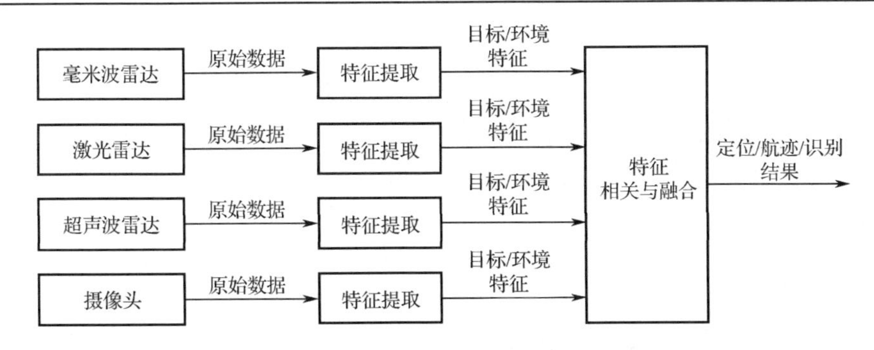

图 18.12　ADAS 传感器特征级融合

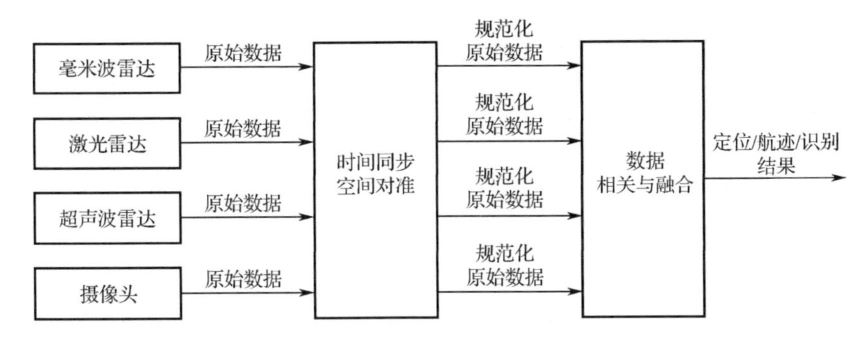

图 18.13　ADAS 传感器数据级融合

3．双/多基地气象雷达

单基地雷达的接收站和发射站位于同一个地方，即收发共址，而双/多基地气象雷达则是一（多）个发射站和一（多）个接收站，以分散形式配置，即收发异址。一般在一部多普勒气象雷达周围配置多个接收站，构成双/多基地气象雷达系统。雷达主站对多站数据进行融合处理，可测量风场的三维向量、降雨粒子的垂直速度等信息。另外，由于只用一部发射机，所以可保证对同一区域的同步观测，这对于快速变化的天气现象尤为重要。双/多基地多普勒气象雷达在气象研究、飞行保障、天气预报等方面有重要作用。

另一方面，双/多基地气象雷达系统具有实用性强，成本低廉的特点。利用单部多普勒气象雷达进行三维风场的反演过程要求对风场的特性做出强假设，难以保证正确性；利用多部多普勒气象雷达布站也能测量三维风场向量，但成本高昂。双/多基地多普勒气象雷达系统在一个多普勒气象雷达周围配置多个接收站，获取冗余风场和垂直气流的直接测量值，能够提供直接观测的三维风场信息，也可改善对较弱气象回波的探测能力。它不仅能够利用气象目标粒子的后向散射特性，还能利用其侧向散射特性，通过比较侧向散射强度与瑞利后向散射强度可以发现冰雹[13]。双/多基地气象雷达采用一部快速扫描雷达就可获得多部雷达同时快速扫描的效果，并且军用双/多基地气象雷达还具有电磁隐蔽、增强战场生存能力的重要作用。

4．“协同作战能力”系统

“协同作战能力”（Cooperative Engagement Capability，CEC）系统是美国海军在原 C3I 系统的基础上为加强海上防空作战能力而研制的作战指挥控制通信系统。该系统利用计算机、通信和网络等技术，把航母集群中各舰艇上的目标探测系统、指挥控制系统、武器系统和舰载预警机联成网络，实现作战信息共享，统一协调行动。CEC 系统允许各舰以极短的延时共享各种探测器获取的所有数据，从而使整个集群能高度协同地作战，其功能包括以下三个方面。

（1）复合跟踪与识别。将航母集群中的各舰载雷达的探测数据进行滤波、加权和集中，经综合处理后得出威胁目标的航迹，各舰可据此进行目标跟踪和识别。如果某舰载雷达在一段时间内未能更新目标诸元，可利用其他舰艇的雷达数据对目标航迹进行更新。

（2）捕获提示。在已形成目标航迹的情况下，如果某舰的雷达未能获得此航迹，CEC 系统可自动地启动捕获提示功能，使其雷达能快速捕获到目标，从而显著增加捕获距离。

（3）协同行动。使集群中各舰以极短的延时共享其他舰艇获取的目标信息，发射并制导导弹对目标进行攻击，协同抗御各威胁目标。由于被攻击的目标可以是本舰雷达未捕获到的目标，因此可以遂行“超视距攻击”。

5. 海军综合火控-防空系统

海军综合火控-防空（Naval Integrated Fire Control-Counter Air，NIFC-CA）又称“海上盾牌”，是美国基于动态分布式作战模式提出的概念性、探索性研究项目，旨在支撑分布式作战模式和基础能力的发展，重点是发展协同探测、协同定位、协同攻击以及支撑网络等技术，实现动态分布的闭环杀伤链功能[14]。它以 CEC 为核心，将先进的传感器系统和新一代超视距空面武器系统集成为一体，提供基于先进网络的、分布式远程防御性火力，使其具备对飞机和巡航导弹的超视距对空防御能力，构建能覆盖内陆纵深的海上对空防御体系，提升体系综合作战能力。NIFC-CA 的系统构型主要有以下两种。

（1）构型 1 是发展初期提出的，如图 18.14 所示，主要用于防空。在宙斯盾系统和航母编队上加入了 E-2D 预警机，利用 E-2D 的雷达探测能力提升航母编队雷达低空盲区和地形遮挡空域盲区的探测能力，具备火控级协同、地空掠海目标探测、超视距识别和摧毁目标的能力，有效扩展了舰艇编队防空反导的作战范围，使其具备“看不到但打得到”的超视距攻击能力。

（2）构型 2 是构型 1 不断发展的最新状态，如图 18.15 所示，已经由最初的防空能力逐步发展为具备分布式、网络化的协同作战能力。该构型以获取高品质传感器数据、提升系统弹载量和远距作战为目的，将 F-35、EA-18G、F/A-18E 和无人机等前出节点纳入了该系统，具备多平台协同作战、组网协同探测和多组网构型等特征。

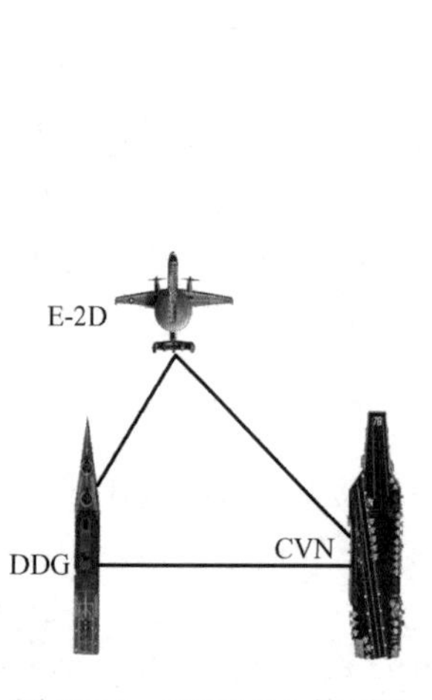

图 18.14　NIFC-CA 构型 1

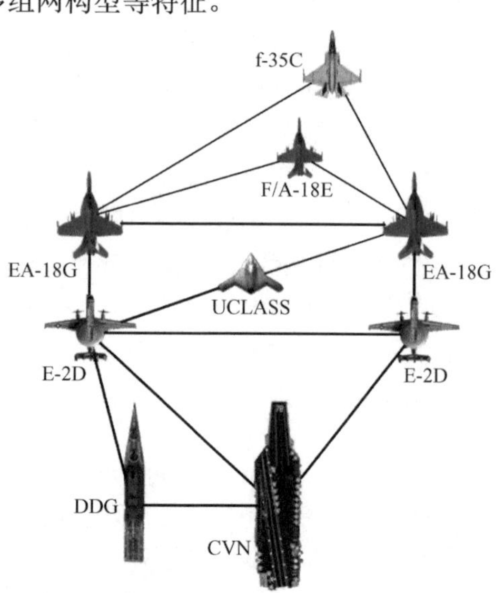

图 18.15　NIFC-CA 构型 2

未来，空、海、陆、潜等作战单元获得的以雷达为主的探测数据会通过 NIFC-CA 而联系到一起，通过组网数据处理综合生成全面的战场态势，再发布给各作战单元，通过信息火力一体的跨平台协同作战，进一步发挥体系化作战优势。

6. 预警机与其他平台雷达组网

E-2D 预警机是美国的新一代舰载预警指挥机，它可通过 CEC 和 Link-16 数据链与体系节点实现雷达、电子侦察及敌我识别数据共享，支持重点目标的航迹交换。E-2D 主要任务是通过与其他机种协同完成预警探测、指挥引导战斗机、通信中继以及战区导弹防御等任务。

（1）与“宙斯盾”舰协同。依托 CEC 数据链，E-2D 预警机与宙斯盾舰实现数据交换，探测感知来袭的敌方超视距反舰导弹，并提供给标准-6 导弹火控级别的信息，军舰发射具备末端雷达寻的能力的标准-6 导弹以拦截和摧毁正在来临的威胁。

（2）与 F-35C 和 F/A-18 舰载机协同。利用 F-35C 的五代机隐身特性，前置在高威胁区域，将其雷达感知的态势信息传递给 E-2D 预警机，显著拓展了机群的探测半径，并保障了预警机的安全。E-2D 可将 F-35C 发回的数据转发给航空联队的 F-18E/F，前出的 F-18E/F 与 F-35C 甚至不需要雷达开机，只需接收 E-2D 发来的数据就可实现静默空战。

（3）与无人机协同。随着无人机机载传感器及自主控制技术的发展，预警机与无人机通过数据链实现协同作战成为了可能。未来 E-2D 预警机可与目前 DARPA 正开发的 Gremlins “小精灵”无人机协同，通过低成本小型无人机为作战集群提供 ISR（情报、侦察与监视）能力，提高效费比。

18.3　单基地雷达组网数据处理

单基地雷达网按照多部雷达空间部署的位置不同，又可以分为共站式雷达网和分布式雷达网。本节主要讨论单基地雷达组网数据处理的一般过程。

18.3.1　单基地雷达组网数据处理流程

单基地雷达组网数据处理的过程如图 18.16 所示，概括来讲可以分为以下几部分[15]：

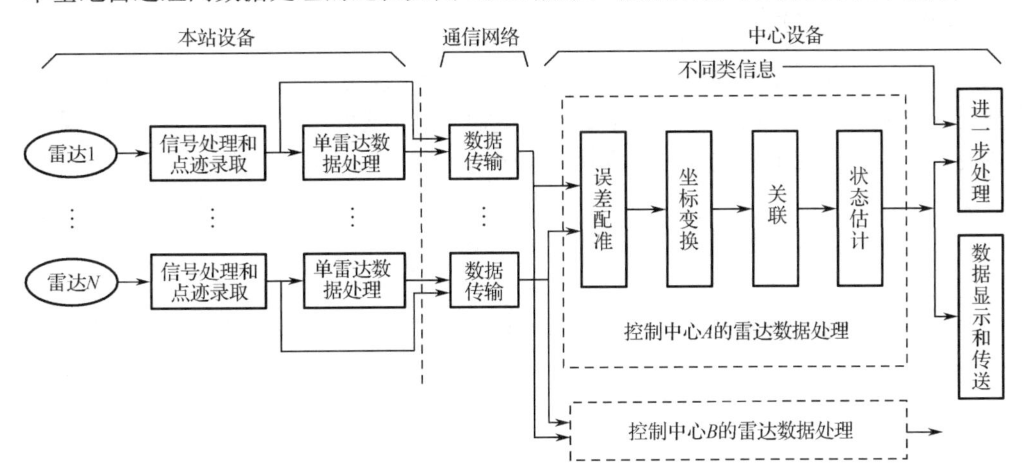

图 18.16　单基地雷达组网数据处理流程

① 通过误差配准，对不同的雷达进行系统误差校正，已在第 17 章进行了专题讨论；

② 通过坐标变换，将来自不同雷达站的观测数据转换到同一坐标系（数据处理中心坐标系），已在第 5 章进行了详细讨论；

③ 对由不同雷达提供的点迹和航迹进行关联，包括点迹与航迹关联、航迹与航迹关联，点迹和航迹的关联在第 7 章进行了讨论，航迹与航迹关联将在 18.6 节阐述；

④ 将不同雷达站上报的航迹和点迹（系统误差配准和坐标变换后的数据）进行融合（或综合），得到系统的状态估计。

18.3.2 单基地雷达组网的状态估计

雷达网的数据处理体系结构对雷达网性能有很大的影响。对于雷达网的数据处理结构，从信息流通形式和处理方式上看，可以采用的结构有：集中式（点迹融合）、分布式（航迹融合）、混合式和多级式结构[16-18]。

集中式结构的特点是：将各雷达录取的检测报告传递到融合中心，并在融合中心进行数据对准、数据互联、状态预测与更新。在集中式结构中，当组网中心的数据经过一定预处理后，所有单雷达多目标互联方法都可以直接采用。集中式结构的最大优点是信息损失小，但要求系统要具备大容量的通信能力，且系统的生存能力也较差。

分布式结构的特点是：每个雷达的检测报告在进入融合以前，先由它自己的数据处理器产生局部多目标跟踪航迹，然后把处理过的信息送至融合中心，中心根据各节点的航迹数据完成航迹-航迹关联和航迹融合，形成全局估计。它不仅具有局部独立跟踪能力，而且还有全局监视和评估特性。

混合式结构的特点是：同时传输每个雷达的检测报告和经过局部融合节点处理过的航迹信息，保留了上述两类结构的优点，但在通信和计算上要付出昂贵的代价。

多级式结构的特点是：各局部节点可以同时或分别是集中式、分布式或混合式的融合中心，它们将接收和处理来自多个雷达的检测报告或来自多个数据处理器的航迹，而系统的融合节点要再次对各局部融合节点传送来的航迹数据进行关联和融合，也就是说目标的检测报告要经过两级以上的融合处理。

1. 集中式结构的状态估计

假设由 N 部雷达组成单基地雷达网，雷达网中所有的量测数据都被直接传送到融合中心来形成统一的系统航迹。这种集中式雷达网的结构决定了其特有的优点：所有的数据在同一个地方处理，由来自几个雷达量测组成的目标航迹应该比基于单个雷达收到的部分数据建立的航迹更准确。

在离散化状态方程的基础上目标运动规律可表示为

$$\boldsymbol{X}(k+1)=\boldsymbol{F}(k)\boldsymbol{X}(k)+\boldsymbol{V}(k) \tag{18.19}$$

式中，$\boldsymbol{X}(k)\in\boldsymbol{R}^n$，是 k 时刻目标的状态向量；$\boldsymbol{V}(k)\in\boldsymbol{R}^n$，是零均值白色高斯过程噪声向量；$\boldsymbol{F}(k)\in\boldsymbol{R}^{n,n}$，是状态转移矩阵。初始状态 $\boldsymbol{X}(0)$ 是均值为 μ 和协方差矩阵为 $\boldsymbol{P}_0$ 的一个高斯随机向量，且

$$\mathrm{Cov}\{\boldsymbol{X}(0),\boldsymbol{V}(k)\}=\boldsymbol{0} \tag{18.20}$$

单部雷达的测量方程可表示为

$$\boldsymbol{Z}_i(k+1)=\boldsymbol{H}_i(k+1)\boldsymbol{X}(k+1)+\boldsymbol{W}_i(k+1) \tag{18.21}$$

式中，$\boldsymbol{Z}_i(k+1)\in\boldsymbol{R}^m$；$\boldsymbol{H}_i(k+1)$ 是测量矩阵；$\boldsymbol{W}_i(k+1)$ 是均值为零的高斯序列，且

$$E\left\{\begin{bmatrix}\boldsymbol{V}(k)\\ \boldsymbol{W}_i(k)\end{bmatrix}\begin{bmatrix}\boldsymbol{V}(k), & \boldsymbol{W}_i(k)\end{bmatrix}\right\}=\begin{bmatrix}\boldsymbol{Q}(k) & \boldsymbol{0}\\ \boldsymbol{0} & \boldsymbol{R}_i(k)\end{bmatrix} \tag{18.22}$$

设雷达 i 在融合中心笛卡儿坐标系中的三个位置分量为$\boldsymbol{\tau}_i=[a_i\quad b_i\quad c_i]'$，考虑融合中心与雷达量测位于不同笛卡儿坐标系的情况，目标的位置坐标分量（x,y,z 轴分量）被假定是包含在测量向量中。于是，令

$$\boldsymbol{\varPsi}_i=\begin{bmatrix}\boldsymbol{\tau}_i\\ \boldsymbol{0}\end{bmatrix}_{n\times 1} \tag{18.23}$$

为雷达 i 在融合中心笛卡儿坐标系中的增广向量。那么，雷达 i 在 k+1 时刻的观测（转换到融合中心笛卡儿坐标系）为

$$\boldsymbol{Y}_i(k+1)=\boldsymbol{Z}_i(k+1)+\boldsymbol{H}_i(k+1)\boldsymbol{\varPsi}_i \tag{18.24}$$

则 N 部雷达的测量向量为

$$\boldsymbol{Y}(k+1)=\left[\boldsymbol{Y}_1(k+1)\quad \boldsymbol{Y}_2(k+1)\quad \cdots\quad \boldsymbol{Y}_N(k+1)\right]' \tag{18.25}$$

于是测量方程可表示为

$$\boldsymbol{Y}(k+1)=\boldsymbol{H}(k+1)\boldsymbol{M}(k+1)+\boldsymbol{W}(k+1) \tag{18.26}$$

式中

$$\begin{cases}\boldsymbol{H}(k+1)=\left[\boldsymbol{H}_1(k+1)\quad \boldsymbol{H}_2(k+1)\quad \cdots\quad \boldsymbol{H}_N(k+1)\right]'\\ \boldsymbol{W}(k+1)=\left[\boldsymbol{W}_1(k+1)\quad \boldsymbol{W}_2(k+1)\quad \cdots\quad \boldsymbol{W}_N(k+1)\right]'\\ \boldsymbol{M}(k+1)=\left[\boldsymbol{X}(k+1)+\boldsymbol{\varPsi}_1\quad \boldsymbol{X}(k+1)+\boldsymbol{\varPsi}_2\quad \cdots\quad \boldsymbol{X}(k+1)+\boldsymbol{\varPsi}_N\right]'\end{cases} \tag{18.27}$$

且

$$E\left\{\begin{bmatrix}\boldsymbol{W}(k)\\ \boldsymbol{V}(k)\\ \boldsymbol{X}(k)\end{bmatrix}\begin{bmatrix}\boldsymbol{W}(k) & \boldsymbol{V}(k) & \boldsymbol{X}(k)\end{bmatrix}\right\}=\begin{bmatrix}\boldsymbol{R}(k) & \boldsymbol{0} & \boldsymbol{0}\\ \boldsymbol{0} & \boldsymbol{Q}(k) & \boldsymbol{0}\\ \boldsymbol{0} & \boldsymbol{0} & \boldsymbol{P}_0\end{bmatrix} \tag{18.28}$$

根据离散 Kalman 滤波理论，则集中式雷达网融合中心状态估计方程可以写为[61]

$$\hat{\boldsymbol{X}}(k+1|k)=\boldsymbol{F}(k)\,\hat{\boldsymbol{X}}(k|k) \tag{18.29}$$

$$\boldsymbol{P}(k+1|k)=\boldsymbol{F}(k)\boldsymbol{P}(k|k)\boldsymbol{F}'(k)+\boldsymbol{Q}(k) \tag{18.30}$$

$$\begin{aligned}\boldsymbol{P}(k+1|k+1)^{-1}&=\boldsymbol{P}(k+1|k)^{-1}+\boldsymbol{H}(k+1)\,\boldsymbol{R}(k+1)^{-1}\boldsymbol{H}(k+1)\\ &=\boldsymbol{P}(k+1|k)^{-1}+\sum_{i=1}^{N}\boldsymbol{H}_i(k+1)\,\boldsymbol{R}_i(k+1)^{-1}\boldsymbol{H}_i(k+1)\\ &=\boldsymbol{P}(k+1|k)^{-1}+\sum_{i=1}^{N}[\boldsymbol{P}_i(k+1|k+1)^{-1}-\boldsymbol{P}_i(k+1|k)^{-1}]\end{aligned} \tag{18.31}$$

式中，$\boldsymbol{P}_i(k+1|k)$ 和 $\boldsymbol{P}_i(k+1|k+1)$ 为单部雷达的协方差的一步预测值和更新值，可由第 3 章讨论的方法获得。由于

$$\boldsymbol{K}(k+1)=\boldsymbol{P}\left(k+1|k+1\right)\boldsymbol{H}'(k+1)\boldsymbol{R}^{-1}(k+1) \tag{18.32}$$

且

$$\boldsymbol{R}^{-1}(k+1)=\mathrm{diag}[\boldsymbol{R}_1^{-1}(k+1),\boldsymbol{R}_2^{-1}(k+1),\cdots,\boldsymbol{R}_N^{-1}(k+1)] \tag{18.33}$$

所以

$$\begin{aligned}\boldsymbol{K}(k+1)&=\boldsymbol{P}(k+1|k+1)[\boldsymbol{H}_1(k+1)\boldsymbol{R}_1^{-1}(k+1),\boldsymbol{H}_2(k+1)\boldsymbol{R}_2^{-1}(k+1),\cdots,\boldsymbol{H}_N(k+1)\boldsymbol{R}_N^{-1}(k+1)]\\&=[\boldsymbol{K}_1(k+1),\boldsymbol{K}_2(k+1),\cdots,\boldsymbol{K}_N(k+1)]\end{aligned} \tag{18.34}$$

$$\begin{aligned}\hat{\boldsymbol{X}}(k+1|k+1)&=\hat{\boldsymbol{X}}(k+1|k)+\boldsymbol{K}(k+1)[\boldsymbol{Y}(k+1)-\boldsymbol{H}(k+1)\hat{\boldsymbol{X}}(k+1|k)]\\&=\hat{\boldsymbol{X}}(k+1|k)+\sum_{i=1}^{N}[\boldsymbol{K}_i(k+1)\{\boldsymbol{Z}_i(k+1)+\boldsymbol{H}_i(k+1)[\boldsymbol{\varPsi}_i-\hat{\boldsymbol{X}}(k+1|k)]\}\end{aligned} \tag{18.35}$$

2．分布式结构的状态估计

分布式结构的状态估计其实质是航迹融合或合成。目前有三种主要的最优航迹合成解形式[19]，这三种航迹融合的表示形式和前面提出的集中式结构一样，都是最优的融合解，并且也是等价的。这里给出一种融合中心最优航迹合成解，即

$$\begin{aligned}\hat{\boldsymbol{X}}(k+1|k+1)=\boldsymbol{P}(k+1|k+1)\{\boldsymbol{P}(k+1|k)^{-1}\hat{\boldsymbol{X}}(k+1|k)+\\\sum_{i=1}^{N}[\boldsymbol{P}_i(k+1|k+1)^{-1}(\hat{\boldsymbol{X}}_i(k+1|k+1)+\boldsymbol{\varPsi}_i)-\boldsymbol{P}_i(k+1|k)^{-1}(\hat{\boldsymbol{X}}_i(k+1|k)+\boldsymbol{\varPsi}_i)]\}\end{aligned} \tag{18.36}$$

式（18.36）中的$\boldsymbol{P}(k+1|k+1)$、$\boldsymbol{P}(k+1|k)$、$\hat{\boldsymbol{X}}(k+1|k)$分别由式（18.31）、式（18.30）和式（18.29）式给出，而其他量测来自于单雷达的状态估计方程。但是这种性能的最优通常是以计算量和网络通信量的增加为代价的，因此工程上也常采用一种次优的融合算法。

当忽略过程噪声和初始条件的影响时，次优航迹融合解可表示为

$$\hat{\boldsymbol{X}}_s(k|k)=\left[\sum_{i=1}^{N}\boldsymbol{P}_i^{-1}(k|k)\right]^{-1}\left\{\sum_{i=1}^{N}\boldsymbol{P}_i^{-1}(k|k)[\hat{\boldsymbol{X}}_i(k|k)+\boldsymbol{\varPsi}_i]\right\} \tag{18.37}$$

18.4　双基地雷达组网数据处理

双/多基地雷达由分置于不同基地的一部或多部发射机和一部或多部接收机（接收机与发射机的数量不必相等）组成的统一的雷达系统。双基地雷达是多基地雷达中最简单的一种，早期主要是双基地形式，即发射机与接收机放置在不同地点。

双基地雷达常用于制导方面，重量很大的发射机装在发射台上或地面上，受制导的飞行器仅载有接收机。双基地雷达还曾用于对月球表面的探测。利用装在飞船上的一部连续波发射机和一部地面接收机，接收机接收到的发射机发射的直接信号和由月球散射的信号，经过处理，可以获得月球表面的图像。

18.4.1　双基地雷达的基本定位关系

双基地雷达有两种类型：T-R 型和 T/R-R 型。其中 T/R（T）为发射，R 为接收。双基地雷达布站几何关系如图 18.17 所示，取 T/R（T）站和 R 站的连线为 x 轴，R 站的坐标为$(a,0)$，目标点坐标为（x,y）。T/R（T）站与 R 站间距为基线，长度为 $2a$，并假设目标不位于基线上；θ_{T}和θ_{R}分别为发射波束和接收波束指向角；r_{T}和r_{R}分别为目标到 T/R 站和 R 站的距离，定义$\rho=r_{\mathrm{T}}+r_{\mathrm{R}}$为距离和。这四个量测量$r_{\mathrm{T}}$、$\theta_{\mathrm{T}}$、$\rho$和$\theta_{\mathrm{R}}$受到均值为零、均方差分别为$\sigma_{r_{\mathrm{T}}}$、

σ_{θ_T}、σ_ρ 和 σ_{θ_R} 的高斯白噪声的影响，并且这些测量噪声之间是相互独立的，设 η 为测量误差量 $\mathrm{d}\rho$ 和 $\mathrm{d}r_T$ 之间的相关系数。

对于 T-R 型双基地雷达来说，T 站只起照射作用，只能由 R 站测得的数据 ρ、θ_R 对目标进行定位，系统中不存在信息冗余。而对 T/R-R 型双基地雷达而言，T/R 站可提供观测数据 r_T、θ_T，而 R 站可提供观测数据 ρ、θ_R，于是可能出现信息冗余，为了充分利用已有的测量数据，就要对此冗余信息进行组合估计，这里我们假设双基地雷达为 T/R-R 型。根据双基地系统所处的工作环境，T/R 站的观测数据有时不可能同时获得，特别是受到强干扰时，根本无法观测到目标的任何信息，这时 T/R 站只起照射作用。因此，根据可能获得的量测量，又可分为以下三种情况。

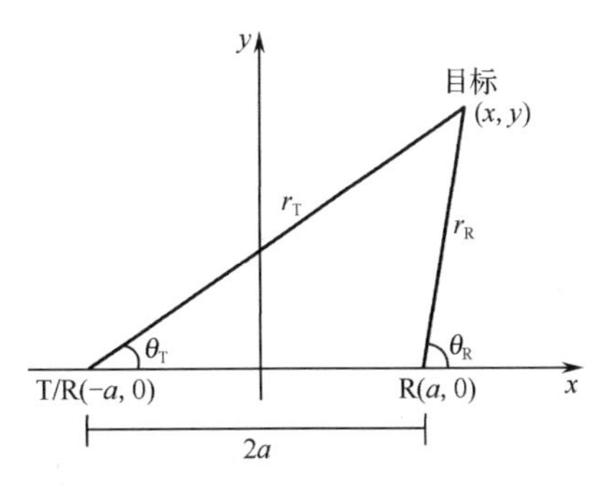

图 18.17　双基地雷达布站几何关系图

① 当四个量测量 r_T、θ_T、ρ、θ_R 可同时获得时，它们相互组合可得到六组测量子集（r_T,θ_T）、（ρ,θ_R）、（ρ,r_T）、（r_T,θ_R）、（ρ,θ_T）、（θ_T,θ_R）。

② 当双基地雷达只能获得三个量测量时：当三个量测量为 θ_T、ρ、θ_R 时，可获得如下三组可能的量测子集（ρ,θ_R）、（ρ,θ_T）、（θ_T,θ_R）；当三个量测量为 r_T、ρ、θ_R 时，可获得如下三组可能的量测子集（ρ,θ_R）、（ρ,r_T）、（r_T,θ_R）。

③ T/R 站只起照射作用时，只能获得量测 ρ、θ_R，这时目标位置完全由 R 站来确定。

若双基地系统可获得全部的四个量测量 r_T、θ_T、ρ、θ_R，则其相互组合可得到六组量测子集，并把它们用集合 Ω 表示，即 $\Omega=\{(\rho,\theta_R),(r_T,\theta_T),(\rho,\theta_T),(\theta_T,\theta_R),(\rho,r_T),(r_T,\theta_R)\}=\{S_1,S_2,\cdots,S_6\}$。若双基地雷达只能获得其中的部分量测量，则其量测子集相应地是这六组量测子集中的一部分。由于②、③是①的两种特殊情况，因此本部分只对第一种情况（即四个量测量 r_T、θ_T、ρ、θ_R 可全部获得）进行讨论。从集合 Ω 中任取一个量测子集（a_j, b_j）经过极坐标到直角坐标的坐标变换可得其直角坐标系下的转换量测值，具体情况描述如下。

当 $(a_j,b_j)=(\rho,\theta_R)$ 时，坐标变换方程为

$$\boldsymbol{X}_1=\begin{bmatrix}x_1\\y_1\end{bmatrix}=\begin{bmatrix}\dfrac{\rho^2\cos\theta_R+2\rho a}{2\rho+4a\cos\theta_R}\\[2ex]\dfrac{(\rho^2-4a^2)\sin\theta_R}{2\rho+4a\cos\theta_R}\end{bmatrix}\tag{18.38}$$

当 $(a_j,b_j)=(r_T,\theta_T)$ 时，坐标变换方程为

$$\boldsymbol{X}_2=\begin{bmatrix}x_2\\y_2\end{bmatrix}=\begin{bmatrix}r_T\cos\theta_T-a\\r_T\sin\theta_T\end{bmatrix}\tag{18.39}$$

当 $(a_j,b_j)=(\rho,\theta_T)$ 时，坐标变换方程为

$$\boldsymbol{X}_3=\begin{bmatrix}x_3\\y_3\end{bmatrix}=\begin{bmatrix}\dfrac{\rho^2\cos\theta_T-2\rho a}{2\rho-4a\cos\theta_T}\\[2ex]\dfrac{(\rho^2-4a^2)\sin\theta_T}{2\rho-4a\cos\theta_T}\end{bmatrix}\tag{18.40}$$

当 $(a_j,b_j)=(\theta_T,\theta_R)$ 时，坐标变换方程为

$$\boldsymbol{X}_4=\begin{bmatrix}x_4\\y_4\end{bmatrix}=\begin{bmatrix}\dfrac{a\sin(\theta_{\mathrm{R}}+\theta_{\mathrm{T}})}{\sin(\theta_{\mathrm{R}}-\theta_{\mathrm{T}})}\\\dfrac{2a\sin\theta_{\mathrm{R}}\sin\theta_{\mathrm{T}}}{\sin(\theta_{\mathrm{R}}-\theta_{\mathrm{T}})}\end{bmatrix}\tag{18.41}$$

当(a_j,b_j)=（ρ，r_{T}）时，坐标变换方程为

$$\boldsymbol{X}_5=\begin{bmatrix}x_5\\y_5\end{bmatrix}=\begin{bmatrix}\dfrac{\rho(2r_{\mathrm{T}}-\rho)}{4a}\\\dfrac{\pm\sqrt{16a^2(r_{\mathrm{T}}^2-a^2)-\rho(2r_{\mathrm{T}}-\rho)(8a^2+2r_{\mathrm{T}}\rho-\rho^2)}}{4a}\end{bmatrix}\tag{18.42}$$

当(a_j,b_j)=（r_{T}，θ_{R}）时，坐标变换方程为

$$\boldsymbol{X}_6=\begin{bmatrix}x_6\\y_6\end{bmatrix}=\begin{bmatrix}a+\left(-2a\cos\theta_{\mathrm{R}}\pm\sqrt{r_{\mathrm{T}}^2-4a^2\sin^2\theta_{\mathrm{R}}}\right)\cos\theta_{\mathrm{R}}\\\left(-2a\cos\theta_{\mathrm{R}}\pm\sqrt{r_T^2-4a^2\sin^2\theta_{\mathrm{R}}}\right)\sin\theta_{\mathrm{R}}\end{bmatrix}\tag{18.43}$$

上述坐标变换方程的详细推导过程可见参考文献[20]，上述过程可归纳为

$$\boldsymbol{X}_j=\begin{bmatrix}x_j\\y_j\end{bmatrix}=\begin{bmatrix}f(a_j,b_j)\\g(a_j,b_j)\end{bmatrix}\tag{18.44}$$

式中，（a_j, b_j）表示集合Ω中的第j个测量子集，$f(a_j, b_j)$和$g(a_j, b_j)$是与子集(a_j, b_j)有关的非线性函数。

于是直角坐标系下的转换测量误差可表示为

$$\mathrm{d}\boldsymbol{X}_j=\begin{bmatrix}\mathrm{d}x_j\\\mathrm{d}y_j\end{bmatrix}=\begin{bmatrix}\dfrac{\partial f}{\partial a_j}&\dfrac{\partial f}{\partial b_j}\\\dfrac{\partial g}{\partial a_j}&\dfrac{\partial g}{\partial b_j}\end{bmatrix}\begin{bmatrix}\mathrm{d}a_j\\\mathrm{d}b_j\end{bmatrix}\triangleq\boldsymbol{A}_j\begin{bmatrix}\mathrm{d}a_j\\\mathrm{d}b_j\end{bmatrix}\tag{18.45}$$

18.4.2 双基地雷达组合估计

为了提高双基地雷达的定位精度，需要对其冗余信息进行组合估计。设$\boldsymbol{X}_j$和$\mathrm{d}\boldsymbol{X}_j$分别表示由第$j$个量测子集$S_j$确定的目标直角坐标系下的估计位置及其估计误差，并且满足$\boldsymbol{X}_j=\boldsymbol{I}\boldsymbol{X}_0+\mathrm{d}\boldsymbol{X}_j$，其中$\boldsymbol{X}_0=[x_0,y_0]'$为未知的目标真实位置，$\boldsymbol{I}$为与向量$\boldsymbol{X}_0$同维的单位矩阵。利用直角坐标系下的任意两个估计位置$\boldsymbol{X}_k$和$\boldsymbol{X}_l$可得

$$\boldsymbol{X}=\boldsymbol{H}\boldsymbol{X}_0+\boldsymbol{V}\tag{18.46}$$

式中，$\boldsymbol{X}=[\boldsymbol{X}_k'\quad\boldsymbol{X}_l']'$，$\boldsymbol{V}=[\mathrm{d}\boldsymbol{X}_k'\quad\mathrm{d}\boldsymbol{X}_l']'$，$\boldsymbol{H}=[\boldsymbol{I}\quad\boldsymbol{I}]'$。量测噪声向量$\boldsymbol{V}$的协方差矩阵为

$$\boldsymbol{R}=E\left\{\begin{bmatrix}\mathrm{d}\boldsymbol{X}_k\\\mathrm{d}\boldsymbol{X}_l\end{bmatrix}\left[\mathrm{d}\boldsymbol{X}_k',\mathrm{d}\boldsymbol{X}_l'\right]\right\}\triangleq\begin{bmatrix}\boldsymbol{R}_{kk}&\boldsymbol{R}_{kl}\\\boldsymbol{R}_{lk}&\boldsymbol{R}_{ll}\end{bmatrix}\tag{18.47}$$

由式（18.45）经过简单的数学运算可求得量测噪声向量$\boldsymbol{V}$的协方差矩阵中的元素为

$$\boldsymbol{R}_{kl}=E[\mathrm{d}\boldsymbol{X}_k\quad\mathrm{d}\boldsymbol{X}_l']=\boldsymbol{A}_k\boldsymbol{B}_{kl}\boldsymbol{A}_l'\tag{18.48}$$

式中

$$\boldsymbol{B}_{kl} \triangleq E\left\{\begin{bmatrix}\mathrm{d}a_k\\ \mathrm{d}b_k\end{bmatrix}[\mathrm{d}a_l \quad \mathrm{d}b_l]\right\} \tag{18.49}$$

如果协方差矩阵 $\boldsymbol{R}$ 可逆，并且 $\boldsymbol{H}'\boldsymbol{R}^{-1}\boldsymbol{H}$ 的逆也存在，那么就可获得双基地雷达的最小二乘估计为

$$\hat{\boldsymbol{X}} = (\boldsymbol{H}'\boldsymbol{R}^{-1}\boldsymbol{H})^{-1}\boldsymbol{H}'\boldsymbol{R}^{-1}\boldsymbol{X} = (\boldsymbol{W}_{ll}+\boldsymbol{W}_{kl}+\boldsymbol{W}_{lk}+\boldsymbol{W}_{kk})^{-1}\boldsymbol{H}'\boldsymbol{W}\boldsymbol{X} \tag{18.50}$$

与最小二乘估计 $\hat{\boldsymbol{X}}$ 相对应的协方差矩阵为

$$\boldsymbol{P} = (\boldsymbol{H}'\boldsymbol{R}^{-1}\boldsymbol{H})^{-1} = (\boldsymbol{W}_{ll}+\boldsymbol{W}_{kl}+\boldsymbol{W}_{lk}+\boldsymbol{W}_{kk})^{-1} \tag{18.51}$$

其中，$\boldsymbol{W}_{ll}$、$\boldsymbol{W}_{kl}$、$\boldsymbol{W}_{lk}$ 和 $\boldsymbol{W}_{kk}$ 是协方差矩阵 $\boldsymbol{R}$ 的逆矩阵中的元素[21]，即

$$\boldsymbol{R}^{-1} \triangleq \boldsymbol{W} = \begin{bmatrix}\boldsymbol{W}_{kk} & \boldsymbol{W}_{kl}\\ \boldsymbol{W}_{lk} & \boldsymbol{W}_{ll}\end{bmatrix} \tag{18.52}$$

式中

$$\boldsymbol{W}_{ll} = (\boldsymbol{R}_{ll}-\boldsymbol{R}_{lk}\boldsymbol{R}_{kk}^{-1}\boldsymbol{R}_{kl})^{-1} = [\boldsymbol{A}_l(\boldsymbol{B}_{ll}-\boldsymbol{B}_{lk}\boldsymbol{B}_{kk}^{-1}\boldsymbol{B}_{kl})\boldsymbol{A}_l']^{-1} \tag{18.53}$$

$$\boldsymbol{W}_{kl} = \boldsymbol{W}_{lk}' = -\boldsymbol{R}_{kk}^{-1}\boldsymbol{R}_{kl}\boldsymbol{W}_{ll} \tag{18.54}$$

$$\boldsymbol{W}_{kk} = \boldsymbol{R}_{kk}^{-1} - \boldsymbol{W}_{kl}\boldsymbol{R}_{lk}\boldsymbol{R}_{kk}^{-1} \tag{18.55}$$

显然，若 $\boldsymbol{R}$ 不可逆，则最小二乘估计不存在。那么双基地雷达系统中的冗余信息能否利用最小二乘估计进行组合估计，即 $\boldsymbol{R}$ 是否可逆，以及在什么条件下可逆呢？下面给出的定理回答了这个问题[22]。

18.4.3　双基地雷达组合估计可行性分析

定理 18.1： 设 S_1,S_2 是从集合 Ω 中任取的两个量测子集，则 S_1,S_2 可进行最小二乘组合估计的充要条件是 S_1,S_2 中无重复量测量。

证明

充分性： 假设 S_k 和 S_j 是集合 Ω 中任意两个子集（即 $\forall S_k,S_j\in\Omega$，$k\neq j$），当这两个集合中无重复量测量时，即 $S_k\cap S_j=\phi$（ϕ 为空集），此时又分为以下三种情况：

① $S_1=(\rho,\theta_{\mathrm{R}})$ 和 $S_2=(r_{\mathrm{T}},\theta_{\mathrm{T}})$；

② $S_3=(\rho,\theta_{\mathrm{T}})$ 和 $S_6=(r_{\mathrm{T}},\theta_{\mathrm{R}})$；

③ $S_4=(\theta_{\mathrm{T}},\theta_{\mathrm{R}})$ 和 $S_5=(\rho,r_{\mathrm{T}})$。

对于第一种情况，也就是 S_1 和 S_2，利用式（18.49）可得

$$\boldsymbol{B}_{11} = E\left\{\begin{bmatrix}\mathrm{d}\rho\\ \mathrm{d}\theta_{\mathrm{R}}\end{bmatrix}[\mathrm{d}\rho \quad \mathrm{d}\theta_{\mathrm{R}}]\right\} = \begin{bmatrix}\sigma_\rho^2 & 0\\ 0 & \sigma_{\theta_{\mathrm{R}}}^2\end{bmatrix} \tag{18.56}$$

$$\boldsymbol{B}_{12} = E\left\{\begin{bmatrix}\mathrm{d}\rho\\ \mathrm{d}\theta_{\mathrm{R}}\end{bmatrix}[\mathrm{d}r_{\mathrm{T}} \quad \mathrm{d}\theta_{\mathrm{T}}]\right\} = \begin{bmatrix}\eta\sigma_\rho\sigma_{r_{\mathrm{T}}} & 0\\ 0 & 0\end{bmatrix} = \boldsymbol{B}_{21}' \tag{18.57}$$

$$\boldsymbol{B}_{22} = E\left\{\begin{bmatrix}\mathrm{d}r_{\mathrm{T}}\\ \mathrm{d}\theta_{\mathrm{T}}\end{bmatrix}[\mathrm{d}r_{\mathrm{T}} \quad \mathrm{d}\theta_{\mathrm{T}}]\right\} = \begin{bmatrix}\sigma_{r_{\mathrm{T}}}^2 & 0\\ 0 & \sigma_{\theta_{\mathrm{T}}}^2\end{bmatrix} \tag{18.58}$$

由式（18.38）、式（18.39）和式（18.45）经过简单的数学运算可得

$$\boldsymbol{A}_1 = K_1\begin{bmatrix}K_2\cos\theta_{\mathrm{R}} & 2\rho K_3\sin\theta_{\mathrm{R}}\\ K_2\sin\theta_{\mathrm{R}} & -K_3(2\rho\cos\theta_{\mathrm{R}}+4a)\end{bmatrix} \tag{18.59}$$

其中

$$K_1 = \frac{1}{(2\rho + 4a\cos\theta_R)^2} \tag{18.60}$$

$$K_2 = 2\rho^2 + 8\rho a\cos\theta_R + 8a^2 \tag{18.61}$$

$$K_3 = 4a^2 - \rho^2 \tag{18.62}$$

$$\boldsymbol{A}_2 = \begin{bmatrix} \cos\theta_T & -r_T\sin\theta_T \\ \sin\theta_T & r_T\cos\theta_T \end{bmatrix} \tag{18.63}$$

而由式（18.48）可得

$$|\boldsymbol{R}_{11}| = |\boldsymbol{A}_1\boldsymbol{B}_{11}\boldsymbol{A}_1'| = K_1^3 K_2^{\ 2} K_3^{\ 2}\sigma_\rho^2\sigma_{\theta_R}^2 \tag{18.64}$$

当目标不在基线上时，$\boldsymbol{R}_{11}$ 可逆，则由式（18.53）可求得

$$|\boldsymbol{R}_{22} - \boldsymbol{R}_{21}\boldsymbol{R}_{11}^{\ -1}\boldsymbol{R}_{12}| = |\boldsymbol{A}_2(\boldsymbol{B}_{22} - \boldsymbol{B}_{21}\boldsymbol{B}_{11}^{-1}\boldsymbol{B}_{12})\boldsymbol{A}_2'| = (1-\eta^2)r_T^2\sigma_{\theta_T}^2\sigma_{r_T}^2 \tag{18.65}$$

由于$|\eta| \neq 1$，所以$|\boldsymbol{R}_{22} - \boldsymbol{R}_{21}\boldsymbol{R}_{11}^{\ -1}\boldsymbol{R}_{12}| \neq 0$，即矩阵$\boldsymbol{R}_{22} - \boldsymbol{R}_{21}\boldsymbol{R}_{11}^{\ -1}\boldsymbol{R}_{12}$可逆。这样由式（18.53）至式（18.55）就可求得 $\boldsymbol{W}_{11}$、$\boldsymbol{W}_{13}$、$\boldsymbol{W}_{21}$ 和 $\boldsymbol{W}_{22}$，也就是协方差矩阵 $\boldsymbol{R}$ 可逆，则由式（18.50）就可求得目标的最小二乘估计。同理，可证明协方差矩阵 $\boldsymbol{R}$ 在其他两种情况下也是可逆的，此时也可获得目标的最小二乘估计。也就是上述三种情况下的两个量测子集都能够利用最小二乘估计进行组合估计。

必要性：即要证明当$S_k \cap S_j \neq \phi\ (k \neq j)$时，矩阵 $\boldsymbol{R}$ 不可逆，所以这两个量测子集无法利用最小二乘估计进行组合估计。当$S_k \cap S_j \neq \phi$时，量测子集又可分为两种情况。

① 量测子集 S_k 和 $S_j(k \neq j)$ 只有一个共同元素，包括：

$S_1 = (\rho, \theta_R)$ 和 $S_3 = (\rho, \theta_T)$；

$S_1 = (\rho, \theta_R)$ 和 $S_4 = (\theta_T, \theta_R)$；

$S_2 = (r_T, \theta_T)$ 和 $S_4 = (\theta_T, \theta_R)$；

$S_2 = (r_T, \theta_T)$ 和 $S_6 = (r_T, \theta_R)$；

$S_3 = (\rho, \theta_T)$ 和 $S_4 = (\theta_T, \theta_R)$；

$S_4 = (\theta_T, \theta_R)$ 和 $S_6 = (r_T, \theta_R)$。

对于第一种情况，也就是 S_1 和 S_3，由公式（18.49）可得

$$\boldsymbol{B}_{13} = E\left\{\begin{bmatrix} \mathrm{d}\rho \\ \mathrm{d}\theta_R \end{bmatrix}[\mathrm{d}\rho \quad \mathrm{d}\theta_T]\right\} = \begin{bmatrix} \sigma_\rho^2 & 0 \\ 0 & 0 \end{bmatrix} = \boldsymbol{B}_{31}' \tag{18.66}$$

$$\boldsymbol{B}_{33} = E\left\{\begin{bmatrix} \mathrm{d}\rho \\ \mathrm{d}\theta_T \end{bmatrix}[\mathrm{d}\rho \quad \mathrm{d}\theta_T]\right\} = \begin{bmatrix} \sigma_\rho^2 & 0 \\ 0 & \sigma_{\theta_T}^2 \end{bmatrix} \tag{18.67}$$

而矩阵 $\boldsymbol{B}_{11}$ 同式（18.56）。

利用式（18.40）和式（18.45）可求得

$$\boldsymbol{A}_3 = K_4\begin{bmatrix} K_5\cos\theta_T & 2\rho K_3\sin\theta_T \\ K_5\sin\theta_T & 2K_3K_6 \end{bmatrix} \tag{18.68}$$

其中

$$K_4 = \frac{1}{(2\rho - 4a\cos\theta_T)^2} \tag{18.69}$$

$$K_5 = 2\rho^2 - 8\rho a\cos\theta_T + 8a^2 \tag{18.70}$$

$$K_6 = 2a - \rho\cos\theta_{\mathrm{T}} \tag{18.71}$$

而矩阵 $\boldsymbol{A}_1$ 同式（18.59）。

由式（18.53）经过简单的数学运算可求得

$$\boldsymbol{R}_{33} - \boldsymbol{R}_{31}\boldsymbol{R}_{11}^{-1}\boldsymbol{R}_{13} = \boldsymbol{A}_3(\boldsymbol{B}_{33} - \boldsymbol{B}_{31}\boldsymbol{B}_{11}^{-1}\boldsymbol{B}_{13})\boldsymbol{A}_3' = 4K_3^2K_4^2\sigma_{\theta_T}^2\begin{bmatrix}\rho^2\sin^2\theta_T & \rho\sin\theta_T K_6\\ \rho\sin\theta_T K_6 & K_6^2\end{bmatrix} \tag{18.72}$$

由于 $\left|\boldsymbol{R}_{33} - \boldsymbol{R}_{31}\boldsymbol{R}_{11}^{-1}\boldsymbol{R}_{13}\right| = 0$，即矩阵 $\boldsymbol{R}_{33} - \boldsymbol{R}_{31}\boldsymbol{R}_{11}^{-1}\boldsymbol{R}_{13}$ 不可逆，此时无法利用式（18.53）求取 $\boldsymbol{W}_{11}$，而 $\boldsymbol{W}_{11}$ 若无法求得，则就无法利用式（18.54）求取 $\boldsymbol{W}_{13}$ 和 $\boldsymbol{W}_{31}$，进而又影响到无法利用式（18.55）求取 $\boldsymbol{W}_{33}$，即 $\boldsymbol{W}_{11}$、$\boldsymbol{W}_{13}$、$\boldsymbol{W}_{31}$ 和 $\boldsymbol{W}_{33}$ 都不存在，矩阵 $\boldsymbol{R}$ 不可逆。同理，可证明矩阵 $\boldsymbol{R}$ 在其他几种情况下也都不可逆，所以上述几种情况下最小二乘估计均不存在。

② 量测子集 S_k 和 S_j（$k\neq j$）不仅有一个共同元素，还有一个相关元素，包括：

$S_1 = (\rho, \theta_{\mathrm{R}})$ 和 $S_5 = (\rho, r_{\mathrm{T}})$；

$S_1 = (\rho, \theta_{\mathrm{R}})$ 和 $S_6 = (r_{\mathrm{T}}, \theta_{\mathrm{R}})$；

$S_2 = (r_{\mathrm{T}}, \theta_{\mathrm{T}})$ 和 $S_3 = (\rho, \theta_{\mathrm{T}})$；

$S_2 = (r_{\mathrm{T}}, \theta_{\mathrm{T}})$ 和 $S_5 = (\rho, r_{\mathrm{T}})$；

$S_3 = (\rho, \theta_{\mathrm{T}})$ 和 $S_5 = (\rho, r_{\mathrm{T}})$；

$S_5 = (\rho, r_{\mathrm{T}})$ 和 $S_6 = (r_{\mathrm{T}}, \theta_{\mathrm{R}})$。

对于第一种情况，即 S_1 和 S_5，由式（18.49）可得

$$\boldsymbol{B}_{15} = E\left\{\begin{bmatrix}\mathrm{d}\rho\\ \mathrm{d}\theta_{\mathrm{R}}\end{bmatrix}[\mathrm{d}\rho, \mathrm{d}r_{\mathrm{T}}]\right\} = \begin{bmatrix}\sigma_\rho^2 & \eta\sigma_\rho\sigma_{r_{\mathrm{T}}}\\ 0 & 0\end{bmatrix} = \boldsymbol{B}_{51}' \tag{18.73}$$

$$\boldsymbol{B}_{55} = E\left\{\begin{bmatrix}\mathrm{d}\rho\\ \mathrm{d}r_{\mathrm{T}}\end{bmatrix}[\mathrm{d}\rho, \mathrm{d}r_{\mathrm{T}}]\right\} = \begin{bmatrix}\sigma_\rho^2 & \eta\sigma_\rho\sigma_{r_{\mathrm{T}}}\\ \eta\sigma_\rho\sigma_{r_{\mathrm{T}}} & \sigma_{r_{\mathrm{T}}}^2\end{bmatrix} \tag{18.74}$$

而矩阵 $\boldsymbol{B}_{11}$ 同式（18.56）。

由式（18.42）和式（18.45）可得

$$\boldsymbol{A}_5 = \frac{1}{2aK_7}\begin{bmatrix}(r_{\mathrm{T}} - \rho)K_7 & \rho K_7\\ \pm(r_{\mathrm{T}} - \rho)K_8 & \pm K_9K_3\end{bmatrix} \tag{18.75}$$

其中

$$K_7 = \sqrt{16a^2(r_{\mathrm{T}}^2 - a^2) - \rho K_9(8a^2 - 2r_{\mathrm{T}}\rho - \rho^2)} \tag{18.76}$$

$$K_8 = \rho^2 - 2r_{\mathrm{T}}\rho - 4a^2 \tag{18.77}$$

$$K_9 = 2r_{\mathrm{T}} - \rho \tag{18.78}$$

而矩阵 $\boldsymbol{A}_1$ 同式（18.59）。

利用式（18.53）经过简单的数学运算可得

$$\boldsymbol{R}_{55} - \boldsymbol{R}_{51}\boldsymbol{R}_{11}^{-1}\boldsymbol{R}_{15} = \boldsymbol{A}_5(\boldsymbol{B}_{55} - \boldsymbol{B}_{51}\boldsymbol{B}_{11}^{-1}\boldsymbol{B}_{15})\boldsymbol{A}_5' = \frac{(1-\eta^2)\sigma_{r_{\mathrm{T}}}^2}{4a^2K_7^2}\begin{bmatrix}\rho^2K_7^2 & \rho K_9K_3K_7\\ \rho K_9K_3K_7 & K_9^2K_3^2\end{bmatrix} \tag{18.79}$$

且

$$\left|\boldsymbol{R}_{55} - \boldsymbol{R}_{51}\boldsymbol{R}_{11}^{-1}\boldsymbol{R}_{15}\right| = 0 \tag{18.80}$$

即矩阵 $\boldsymbol{R}_{55} - \boldsymbol{R}_{51}\boldsymbol{R}_{11}^{-1}\boldsymbol{R}_{15}$ 不可逆，此时无法利用式（18.53）求取 $\boldsymbol{W}_{11}$，而 $\boldsymbol{W}_{11}$ 若无法求得，则就无法利用式（18.54）求取 $\boldsymbol{W}_{15}$ 和 $\boldsymbol{W}_{51}$，进而又影响到无法利用式（18.55）求取 $\boldsymbol{W}_{55}$，即

$\boldsymbol{W}_{11}$、$\boldsymbol{W}_{15}$、$\boldsymbol{W}_{51}$和$\boldsymbol{W}_{55}$，都不存在，矩阵$\boldsymbol{R}$不可逆。同理，可证明矩阵$\boldsymbol{R}$在其他几种情况下也都不可逆，所以上述几种情况下最小二乘估计均不存在。故定理得证。

在双基地雷达的量测数据满足上述定理的前提下，通过数据压缩可显著提高其定位精度，在完成了对目标的定位后即可利用第3章介绍的卡尔曼滤波方法对目标进行跟踪滤波，在多目标情况下，还需要进行数据互联和多目标跟踪，这些方法在前面章节已有研究，这里就不详细阐述了。

18.4.4 双基地MIMO雷达技术

MIMO雷达是多输入多输出雷达（Multiple-Input Multiple-Output Radar）的简称，现已成为国内外雷达界的研究热点。其中，多输入是指同时发射多种雷达信号波形（一般是多个天线同时发射不同的波形），多输出是指多个天线同时接收并通过多路接收机输出以获得多通道空间采样信号。在这一概念框架下，传统的机械扫描雷达由于只发射一种信号波形，也只有一路接收机输出，其属于单输入单输出雷达；单脉冲雷达只发射一种信号波形，一般有两路（和波束与差波束或者左波束与右波束）接收机输出，其属于单输入双输出雷达；相控阵数字波束形成（Digital Beam Forming，DBF）体制雷达由多个发射天线同时发射相同波形的信号，多个接收天线也同时接收信号并经多路接收机输出，它可以看作单输入多输出雷达。根据发射和接收天线中各单元的间距大小，可以将MIMO雷达分为分布式MIMO雷达（又称统计MIMO雷达或非相干MIMO雷达）[23]和集中式MIMO雷达（又称相干MIMO雷达）[24]两类。分布式MIMO雷达中收发天线各单元相距很远，使得各阵元可以分别从不同的视角观察目标，从而获得空间分集得益，克服目标雷达截面积（Radar Cross Section，RCS）的闪烁效应，提高雷达对目标的探测性能。而集中式MIMO雷达的收发天线各单元相距较近，各个天线单元对目标的视角近似相同，且每个阵元可以发射不同的信号波形，从而获得波形分集，使得集中式MIMO雷达具有虚拟孔径扩展能力及更灵活的功率分配能力，改善系统的能量利用率、测角精度、杂波抑制及低截获能力等性能[25]。与相控阵雷达相比，MIMO雷达采用信号分集以及空间分集技术，从而可以获得稳定的目标RCS，使得其在抗干扰、抗目标隐身、抑制信号传输衰减、提高测量精度等方面具有潜在优势。

相比单基地雷达而言，双基地雷达的结构较为复杂，为实现对目标的跟踪定位，就要处理好收发站之间在空间、时间和相位这三个方面的同步问题：即发射波束与接收波束的空间扫描同步、发射站与接收站之间的时间同步、发射单元与接收单元之间相位同步。双基地MIMO雷达信号发射/接收示意图如图18.18所示。在雷达信号收/发模式上，双基地MIMO雷达发射端各子阵单元发射正交信号，信号模式参见图18.18。因为各阵元发射信号不同或正交，所以在发射端只能形成低增益的宽波束来覆盖任务空间，而在接收端，利用数字波束形成技术（DBF）形成许多窄波束来覆盖任务空间；因而雷达信号收发过程为“单宽发/多窄收”。由于阵元发射信号不同，在回波信号处理方面，比普通相控阵雷达信号处理过程复杂[26]。

目前关于双基地MIMO雷达的文献大都是针对静止目标的，而实际环境中大都是生存能力较强的机动目标，因此双基地MIMO雷达目标跟踪成为必须解决的问题。目标定位算法不能直接用于解决目标跟踪问题，因为目标定位算法需要多快拍接收数据，并且算法复杂度较高。当目标运动时，每个快拍数据对应的目标角度不同，如果仍然采用目标定位算法，会造成性能急剧下降甚至失效。针对运动目标，需要实时给出目标的角度，跟踪算法需要具有较低的复杂度进而能够实现线上估计[27]。目前对双基地 MIMO 雷达目标跟踪问题的研究较少，主要围绕目标角度估计和跟踪、角度与多普勒频率联合估计和跟踪等方面。

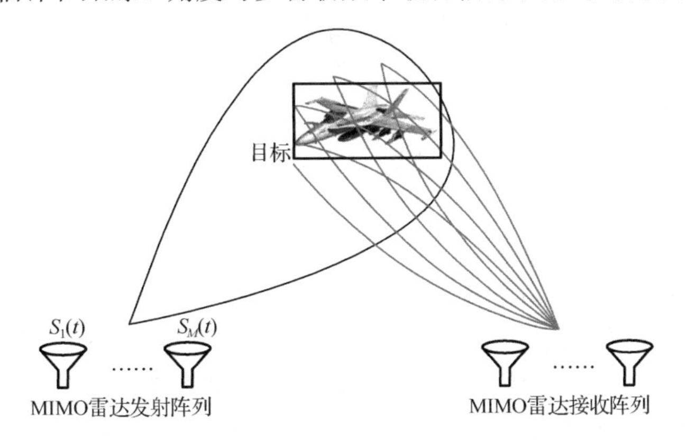

图 18.18　双基地 MIMO 雷达信号发射/接收示意图

18.5　多基地雷达组网数据处理

单基地雷达远距离测量时的横向距离的测量精度和分辨力有限，而三基地雷达能获得很高的测量精度和分辨力，因此在远距离上要求雷达精确定位或具有较高分辨力时，三基地雷达更加适宜。例如，三基地雷达可用于确定入侵飞机的数量、在诱饵中鉴别导弹弹头、对导弹精确制导。多基地雷达还用于试验靶场，作为导弹和空间飞行器的精确弹道测量系统。多基地雷达因其特殊的性能和作用，已成为雷达的重要发展方向之一。

与单基地雷达相比，多基地雷达的数据处理更复杂，且存在虚假目标现象，须利用其他辅助信息和相应的数据处理方法来消除或减少。本节所讨论的多基地雷达组网系统是指由一个发射站和多个处于不同地点的接收站组成的系统，给出了多基地雷达组网数据处理的过程、原理和技术发展。

18.5.1　多基地雷达数据处理流程

图 18.19 给出了常采用的一种多基地雷达跟踪滤波流程，它由非线性零存储滤波器和动态线性滤波器组成，前者执行极坐标—直角坐标转换，后者用以减小量测噪声并外推状态。

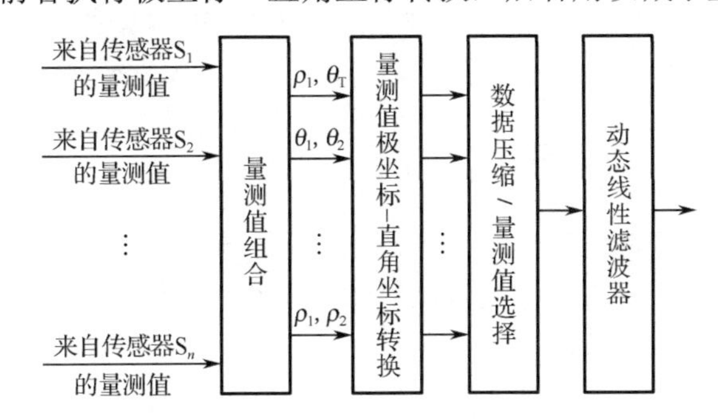

图 18.19　多基地雷达跟踪滤波流程

多基地雷达组网数据处理的一般流程如下。

① 对各站的量测值进行组合：各接收站量测值传输到数据处理中心后，按 18.5.2 节中的方法，选取不同的组合方式，然后可采用和 18.4.2 节类似的方式，即利用最小二乘估计进行组合估计，将组合后的各组变量转换为直角坐标参数，计算出目标运动的直角坐标分量及其相应的协方差。由于多基地雷达组网可以获得多组直角坐标分量来更新目标状态，可以对这些分量进行多种方式的组合，再进行跟踪滤波。

② 如果把每一组直角坐标分量看成是一部雷达的量测，则多基地雷达组网数据处理同样可以分成集中式、分布式和混合式结构，图 18.19 给出的多基地跟踪系统的滤波算法就是一种集中式结构。集中式结构是在融合中心对多基地雷达组网组合定位后的数据进行数据配准、航迹起始、数据互联、预测与综合跟踪。分布式结构是将每一组多基地雷达组网组合定位后的数据先各自进行数据配准、航迹起始、数据互联、预测与跟踪，然后将产生的局部多目标跟踪航迹送至融合中心，中心根据各节点的航迹数据完成航迹关联和航迹融合，形成全局估计。混合式同时传输探测报告和经过局部节点处理过的航迹信息。

18.5.2　多基地雷达数据处理方法

这里只考虑二维情况的处理方法，其原理可以推广到三维情况。多基地所采用的目标运动的数学模型和单基地的相同。主参考系下多基地雷达观测如图 18.20 所示，描述了多基地雷达系统第 i 个接收站测得的极坐标量测值为：

① 路径总长 $\rho_i = \rho_{\mathrm{T}} + \rho_{\mathrm{R}i}$，与散射信号的传输时间成正比；

② 散射信号的到达角 (θ_i)；

③ 发射波束角 (θ_{T})；

④ 沿发射机-目标和目标-接收机路径，目标的径向速度分量之和 $\dot{\rho}_i = \dot{\rho}_{\mathrm{T}} + \dot{\rho}_{\mathrm{R}i}$，该值与散射信号相对于同步链参考信号的多普勒频移成正比。

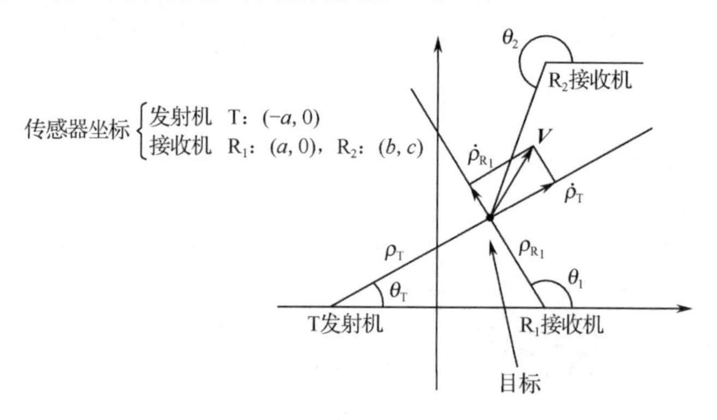

图 18.20　主参考系下多基地雷达观测

上述量测值组成的量测向量是非线性的，因此其最佳滤波器是非线性的。考虑到实用性，一般我们采用准最佳方法，对极坐标的量测值加以合并，并解算得到其直角坐标分量及其协方差矩阵，再进行线性卡尔曼滤波。

确定跟踪滤波器结构的一般方法是建立目标运动的数学模型和雷达观测方程。因为目标运动的数学模型和单基地组网系统相同，这里主要讨论一下观测方程。以图 18.15 所示的多基地系统（由一部发射机和两部非同地接收机组成）为例，为了求得目标运动的直角坐标分量，可以用几种不同的方法对极坐标量测值加以合并，例如$(\rho_1,\theta_{\mathrm{T}})$、$(\rho_2,\theta_1)$、$(\rho_2,\theta_2)$、$(\theta_1,\theta_2)$、

(ρ_1,ρ_2) 中任意一组都可以解算出相应的直角坐标分量。这里扰动直角坐标量测值的误差均值仍然为零，但互相有关，其协方差矩阵为

$$B=\begin{bmatrix}\sigma_x^2 & 0 & \sigma_{xy} & 0\\ 0 & \sigma_{\dot{x}}^2 & 0 & \sigma_{\dot{x}\dot{y}}\\ \sigma_{yx} & 0 & \sigma_y^2 & 0\\ 0 & \sigma_{\dot{x}\dot{y}} & 0 & \sigma_{\dot{y}}^2\end{bmatrix} \tag{18.81}$$

以 $(\rho_1,\theta_{\rm T})$ 为例，表 18.1 给出了极坐标相对应的直角坐标分量和观测误差协方差。

表 18.1　极坐标相对应的直角坐标和观测误差协方差

$x=(a-0.5\rho_1\cos\theta_{\rm T})\Big/\left(\dfrac{2a}{\rho_1}\cos\theta_{\rm T}-1\right)$
$y=\left(\dfrac{2a^2}{\rho_1}-0.5\rho_1\right)\sin\theta_{\rm T}\Big/\left(\dfrac{2a}{\rho_1}\cos\theta_{\rm T}-1\right)$
$\sigma_x^2=\left\{\left(2a^2\cos\theta_{\rm T}-2a\rho_1\cos^2\theta_{\rm T}+\dfrac{\rho_1^2}{2}\cos\theta_{\rm T}\right)^2\sigma_{\rho_1}^2+\left(2a^2\rho_1\sin\theta_{\rm T}-\dfrac{\rho_1^3}{2}\sin\theta_{\rm T}\right)^2\sigma_{\theta_{\rm T}}^2\right\}\dfrac{1}{(2a\cos\theta_{\rm T}-\rho_1)^4}$
$\sigma_y^2=\left\{\left(\dfrac{\rho_1^2}{2}\sin\theta_{\rm T}-a\rho_1\sin2\theta_{\rm T}+2a^2\sin\theta_{\rm T}\right)^2\sigma_{\rho_1}^2+\left[4a^3-a\rho_1^2+\left(\dfrac{\rho_1^3}{2}-2a^2\rho_1\right)\cos\theta_{\rm T}\right]\sigma_{\theta_T}^2\right\}\dfrac{1}{(2a\cos\theta_{\rm T}-\rho_1)^4}$
$\sigma_{xy}^2=\left\{\left(2a^2\cos\theta_{\rm T}-2a\rho_1\cos^2\theta_{\rm T}+\dfrac{\rho_1^2}{2}\cos\theta_{\rm T}\right)\left(\dfrac{\rho_1^2}{2}\sin\theta_{\rm T}-a\rho_1\sin2\theta_{\rm T}+2a^2\sin\theta_{\rm T}\right)\sigma_{\rho_1}^2+\left(2a^2\rho_1\sin\theta_{\rm T}-\dfrac{\rho_1^3}{2}\sin\theta_{\rm T}\right)[4a^3-a\rho_1^2+\left(\dfrac{\rho_1^3}{2}-2a^2\rho_1\right)\cos\theta_{\rm T}\right]\sigma_{\theta_{\rm T}}^2\right\}\dfrac{1}{(2a\cos\theta_{\rm T}-\rho_1)^4}$

18.6　雷达组网航迹关联

在分布式多雷达环境中，每个雷达都有自己的信息处理系统，并且各系统中都收集了大量的目标航迹信息。那么，一个重要问题是如何判断来自于不同系统的两条航迹是否代表同一个目标，这就是航迹与航迹关联问题，简称为航迹关联问题。实际上，就是解决雷达空间覆盖区域中的重复跟踪问题，因而航迹关联也称作去重复，同时它也包含了将不同目标区分开来的任务。当雷达上报航迹间相距很远并且没有干扰、杂波的情况下，关联问题比较简单。但在多目标、干扰、杂波、噪声和交叉、分岔航迹较多的场合下，航迹关联问题就变得比较复杂。再加上雷达之间在距离或方位上的组合失配、传感器位置误差、目标高度误差、坐标变换误差等因素的影响，使有效关联变得更加困难。

18.6.1　经典航迹关联方法

目前文献中出现的航迹关联算法主要有基于统计数学的方法、基于模糊数学的方法、基于灰色理论的方法、基于神经网络的方法等，其中基于统计的航迹关联算法，主要包括加权法[28]、独立序贯[29,30]、修正法[31,32]、相关序贯法[29,30]、经典分配法[33,34]、广义经典分配法[29]、独立双门限[29,35]、相关双门限[29,35]、最近邻域法（NN）[36]、K-NN 法和修正的 K 近邻域法[37,38]等。当系统包含有较大的导航、校准及转换和延迟误差时，有时统计方法显得力不从心，需要寻求其他方法。由于在航迹关联判决中存在着较大的模糊性，而这种模糊性可以用模糊数

学的隶属度函数来表示，也就是用隶属度概念来描述两个航迹的相似程度。为此，文献[39]至[50]提出了一系列模糊航迹关联算法，并针对传感器航迹关联中模糊因素集与隶属度函数选择、模糊因素的确定与模糊权集的动态分配、模糊双门限航迹关联算法、基于模糊综合函数的航迹关联算法、模糊综合评判航迹关联算法、多局部节点情况下的模糊航迹关联算法、不等样本容量下基于模糊综合分析的航迹关联等问题进行了分析和讨论，得出了许多重要而有意义的结论。文献[51]为解决航迹关联问题引入了灰色理论，即通过计算航迹间的灰色关联度获得灰色关联序，然后根据该序列确认航迹间的关联关系，并在此基础上给出了灰色航迹关联、多局部节点情况下的灰色航迹关联、不等样本容量下的灰色航迹关联等算法，并对模糊航迹关联算法及灰色航迹关联算法进行了性能分析。由于篇幅有限，本节只讨论基于统计的多局部节点情况下序贯航迹关联算法，若想了解其他算法，读者可以参见文献[52]。

为了讨论问题的方便，假设送至融合中心的所有状态估计 $\hat{\boldsymbol{X}}_i^s\,(s=1,2,\cdots,M;i=1,2,\cdots,n_i)$ 都在相同的坐标系里，并且各雷达同步采样，这里 M 是雷达个数（假定 $M\geqslant 2$），n_i 是雷达 i 的航迹的个数。设局部节点 1,2, …, M 的航迹号集合（即其相应的目标号集合）分别为

$$\boldsymbol{U}_1=\{1,2,\cdots,n_1\},\quad \boldsymbol{U}_2=\{1,2,\cdots,n_2\},\quad \cdots,\quad \boldsymbol{U}_M=\{1,2,\cdots,n_M\} \tag{18.82}$$

将

$$\boldsymbol{t}_{ij}^{s_a s_b}(l)=\hat{\boldsymbol{X}}_i^{s_a}(l\,|\,l)-\hat{\boldsymbol{X}}_j^{s_b}(l\,|\,l) \tag{18.83}$$

记为

$$\boldsymbol{t}_{ij}^{*s_a s_b}(l)=\boldsymbol{X}_i^{s_a}(l)-\boldsymbol{X}_j^{s_b}(l),\ \ (i\in\boldsymbol{U}_{s_a},j\in\boldsymbol{U}_{s_b}) \tag{18.84}$$

的估计，式中 $\boldsymbol{X}_i^{s_a}$ 和 $\boldsymbol{X}_j^{s_b}$ 分别是第 i 个和第 j 个目标的真实状态，而 $\hat{\boldsymbol{X}}_j^{s_a}$ 和 $\hat{\boldsymbol{X}}_j^{s_b}$ 分别为节点 s_a 对目标 i 和节点 s_b 对目标 j 的状态估计值。

设 H_0 和 H_1 是下列事件 $(i\in\boldsymbol{U}_{s_a},j\in\boldsymbol{U}_{s_b})$：

H_0：$\hat{\boldsymbol{X}}_i^{s_a}(l\,|\,l)$ 和 $\hat{\boldsymbol{X}}_j^{s_b}(l\,|\,l)$ 是同一目标的航迹估计；

H_1：$\hat{\boldsymbol{X}}_i^{s_a}(l\,|\,l)$ 和 $\hat{\boldsymbol{X}}_j^{s_b}(l\,|\,l)$ 不是同一目标的航迹估计。

这样航迹关联问题便转换成了假设检验问题。

对于 M 个局部节点的公共监视区，我们可以构造充分统计量为

$$\rho_{i_{s-1}i_s}(k)=\rho_{i_{s-1}i_s}(k-1)+[\hat{\boldsymbol{X}}_{i_{s-1}}(k\,|\,k)-\hat{\boldsymbol{X}}_{i_s}(k\,|\,k)]'\,\boldsymbol{A}_{i_{s-1}i_s}^{-1}(k)[\hat{\boldsymbol{X}}_{i_{s-1}}(k\,|\,k)-\hat{\boldsymbol{X}}_{i_s}(k\,|\,k)] \tag{18.85}$$

式中，$s=1,2,\cdots,M$ 是局部节点编号，$i_s=1,2\cdots,n_s$ 是局部节点 s 的航迹编号，并且

$$\boldsymbol{A}_{i_{s-1}i_s}(k)=\boldsymbol{P}_{i_{s-1}}(k\,|\,k)+\boldsymbol{P}_{i_s}(k\,|\,k)-\boldsymbol{P}_{i_{s-1}i_s}(k\,|\,k)-\boldsymbol{P}_{i_{s-1}i_s}(k\,|\,k) \tag{18.86}$$

现在构造全局统计量

$$a_{i_1i_2\cdots i_M}(k)=\sum_{s=2}^{M}\rho_{i_{s-1}i_s}(k) \tag{18.87}$$

定义一个二进制变量

$$\eta_{i_1i_2\cdots i_M}(k)=\begin{cases}1, & \mathrm{H}_0\text{假设}\\ 0, & \mathrm{H}_1\text{假设}\end{cases} \tag{18.88}$$

于是多局部节点相关序贯航迹关联问题，便转化成了多维分配问题，即

$$\min_{\eta_{i_1i_2\cdots i_M}}\sum_{i_1=1}^{n_1}\sum_{i_2=1}^{n_2}\cdots\sum_{i_M=1}^{n_M}\eta_{i_1i_2\cdots i_M}a_{i_1i_2\cdots i_M}(k) \tag{18.89}$$

上式的约束条件为

$$\begin{cases}\sum_{i_2=1}^{n_2}\sum_{i_3=1}^{n_3}\cdots\sum_{i_M=1}^{n_M}\eta_{i_1i_2\cdots i_M}=1, & \forall i_1=1,2,\cdots,n_1\\ \sum_{i_1=1}^{n_1}\sum_{i_3=1}^{n_3}\cdots\sum_{i_M=1}^{n_M}\eta_{i_1i_2\cdots i_M}=1, & \forall i_2=1,2,\cdots,n_2\\ \vdots & \\ \sum_{i_1=1}^{n_1}\sum_{i_2=1}^{n_2}\cdots\sum_{i_{M-1}=1}^{n_{M-1}}\eta_{i_1i_2\cdots i_M}=1, & \forall i_M=1,2,\cdots,n_M\end{cases} \tag{18.90}$$

当 M=2 时，式（18.89）退化成二维分配问题，即为参考文献[52]中相关序贯航迹关联算法。此时，若取 $\rho_{i_{s-1}i_s}(k-1)\equiv 0$，即为参考文献[52]中修正航迹关联法。

当假设各局部节点估计误差独立时，式（18.85）的充分统计量就变成为

$$\lambda_{i_{s-1}i_s}(k)=\lambda_{i_{s-1}i_s}(k-1)+[\hat{\boldsymbol{X}}_{i_{s-1}}(k|k)-\hat{\boldsymbol{X}}_{i_s}(k|k)]'\boldsymbol{C}_{i_{s-1}i_s}^{-1}(k)[\hat{\boldsymbol{X}}_{i_{s-1}}(k|k)-\hat{\boldsymbol{X}}_{i_s}(k|k)] \tag{18.91}$$

式中，$s=1,2,\cdots,M$ 是局部节点编号，$i_s=1,2\cdots,n_s$ 是局部节点 s 的航迹编号，并且

$$\boldsymbol{C}_{i_{s-1}i_s}(k)=\boldsymbol{P}_{i_{s-1}}(k|k)+\boldsymbol{P}_{i_s}(k|k) \tag{18.92}$$

当 M=2 时即退化为参考文献[52]中独立序贯航迹关联算法。此时，若取 $\lambda_{i_{s-1}i_s}(k-1)\equiv 0$，即为文献[47,48]中加权航迹关联法。

文献[52]详细给出了航迹关联中的航迹质量设计和多义性处理，本书不再详述。

18.6.2　航迹抗差关联方法

经典航迹关联方法通常隐含以下假设条件之一：

（1）参与航迹关联判决的各部雷达在获得目标航迹数据过程中，仅引入随机误差而无系统误差（或系统误差）；

（2）参与航迹关联判决的各部雷达在获得目标航迹数据过程中，引入随机误差和系统误差，但是系统误差的值远小于随机误差值（低一个量级），此时可忽略系统误差。

而当系统误差接近或者超过随机误差时，则上述航迹关联方法性能将受到较大影响。这在实际应用中，是较为常见的。雷达在使用过程中，容易积累系统误差，通常需要进行定期或使用前标校，但是不能彻底消除新积累的系统误差。系统误差使雷达的跟踪航迹整体偏离实际位置，影响与其他雷达跟踪航迹的关联判决，形成冗余或错误航迹。

针对系统误差影响下的航迹关联问题，国内外相关学者研究提出了多种航迹抗差关联方法。由于雷达的系统误差对目标间的相对位置关系即量测目标的拓扑结构影响较小，因此，可利用量测目标之间拓扑信息不变性进行航迹抗差关联。文献[53]首先提出利用量测目标参照拓扑信息，采用扇形格和弥散化系数量化拓扑结构，然后采用模糊模式识别方法进行航迹关联。但是扇形格的划分方式在目标间距较大时，弥散化拓扑矩阵的误差更大，降低了算法性能，此外，拓扑序列的扇形格依然在包含系统误差的传感器坐标系下划分，使同一目标的参照方向在不同传感器量测下隐含不同的系统误差，降低了目标拓扑矩阵之间的匹配度；文献[54]考虑传感器的方位系统误差，以目标航向为基准划分多象限，建立各象限内目标位置径向距离和、航速欧氏距离和航向变化率三个模糊因素，进行模糊航迹对准关联，但目标估计航向值的随机扰动（例如目标机动时滤波精度降低）将使算法性能显著降低。上述拓扑航

迹关联算法大多假定参照目标的随机误差可以忽略，进而舍弃了航迹数据中的状态估计误差协方差信息。而在一些实际应用中由于传感器性能、目标距离远等原因，目标探测精度较低，航迹滤波后的随机误差难以忽略，这使目标拓扑结构的相似度显著降低，进而影响拓扑航迹关联算法性能。因此，文献[55]针对低探测精度情况下拓扑航迹关联算法的不足，提出基于质心参照拓扑的灰色航迹关联方法。由于灰色航迹关联方法隐含要求各部雷达共同观测区域内目标对象和数量一致，以保证拓扑结果的相似性。针对目标对象和数量不一致的情形，文献[56]提出基于统计距离的拓扑航迹关联算法，实现了局部拓扑相似条件下的航迹抗差关联。

18.7　小结

现代复杂信息环境下，面对越来越复杂、密集的空间电磁环境，为了保证尽可能全面、准确和及时地获取信息，雷达组网和数据融合是必然的发展要求。雷达组网数据处理是多传感器数据融合理论在工程上的一种具体应用，即运用数据融合理论将多部雷达的量测信息融合成雷达网覆盖区域的环境态势。本章首先从雷达网的设计和分析角度讨论了雷达网的性能评价指标和优化布站等相关问题，并给出了雷达组网数据处理的几个典型应用实例；然后对组网单基地、双基地和多基地雷达数据处理的流程、方法和新技术进行了归纳；最后对雷达网数据处理中的航迹关联技术进行分析，包括经典航迹关联方法和考虑系统误差影响的航迹抗差关联方法，得出了相关结论。

参考文献

[1] 周文佳. 火控组网效能提升研究. 西安: 西北工业大学, 2017.

[2] 白尊辉. 机载雷达组网探测航迹融合优化处理技术研究. 成都: 电子科技大学, 2016.

[3] 李海鹏, 冯大政, 周永伟, 等. 多基地雷达组网布站优化方法.兵工学报, 2021, 42(03): 563-571.

[4] 丁建江. 预警装备组网协同探测模型及应用. 现代雷达, 2020, 42(12): 13-18.

[5] 周琳. 雷达组网协同探测系统技术架构设计. 现代雷达, 2020, 42(12): 19-23, 39.

[6] 杨阳. 预警探测系统中雷达组网优化部署研究. 科技创新与应用, 2020(31): 50-51.

[7] 毕思威. 组网雷达对超低空隐身目标探测方法研究. 战术导弹技术, 2017(02): 105-110.

[8] Wang B C, He Y, Wang G H, et al. Optimal Allocation of Multi-sensor Passive Localization. Sci China Inf Sci, 2010, 53: 2514-2526.

[9] 程擎, 朱代武. 新一代空中交通管理系统. 西安: 西安交通大学出版社, 2013.

[10] 罗俊海, 杨阳. 基于数据融合的目标检测方法综述. 控制与决策, 2020, 35(01): 1-15.

[11] 张新钰, 邹镇洪, 李志伟, 等. 面向自动驾驶目标检测的深度多模态融合技术. 智能系统学报, 2020, 15(4): 758-771.

[12] 李朝. 基于激光雷达和毫米波雷达融合的目标检测方法研究. 太原:中北大学, 2021.

[13] 周树道, 贺宏兵, 等著. 现代气象雷达. 北京: 国防工业出版社, 2017.

[14] 陈永红, 美海军综合防空火控系统简介及发展研判[OL]. https://www.sohu.com/a/299594189_358040. 2019, 03.

[15] Farina A, Studer F A. Radar Data Processing. Introduction and tracking. Research Studies Press Limited, 1985.

[16] 童志鹏. 综合电子信息系统. 北京: 国防工业出版社, 2008.

[17] 何友, 王国宏, 关欣. 信息融合理论及应用. 北京: 电子工业出版社, 2010,3.

[18] 丁建江, 许红波, 周芬. 雷达组网技术. 北京: 国防工业出版社, 2017,12.

[19] 何友, 王国宏, 陆大绘, 等. 多传感器信息融合及应用. 2 版. 北京: 电子工业出版社, 2007.

[20] 孙仲康, 周一宇, 何黎星. 单多基地有源无源定位技术. 北京: 国防工业出版社, 1996.

[21] 李树峰, 张履谦, 陈杰, 等. 基于完全互补序列的正交 MIMO 雷达二维 DOA 估计. 电波科学学报, 2010, 25 (4): 617-624.

[22] He Y, Xiu J J, Wang G H, et al. Theorem for the Combination of Bistatic Radar Measurements Using Least Squares. IEEE Trans. on AES, 2003, 39(4): 1441-1445.

[23] Haimovich A M. MIMO Radar with Widely Separated Antennas. IEEE Signal Processing Magazine, 2008, 25(1): 116-129.

[24] Li J, Stoica P. MIMO Radar Signal Processing. New York: John Wiley & Sons, Inc., 2009.

[25] 赵永波, 刘宏伟. MIMO 雷达技术综述. 数据采集与处理, 2018, 33(3): 389-399.

[26] 肖江东. 杂波背景下双基地 MIMO 雷达的目标跟踪技术研究. 成都: 电子科技大学, 2016.

[27] 张正言. 双基地 MIMO 雷达目标跟踪技术研究. 长沙: 国防科技大学, 2018.

[28] Ditzler W R. A Demonstration of Multisensor Tracking. In Proceedings of the 1987 Tri-Service Data Fusion Symposium, June 1987: 303-311.

[29] 何友, 彭应宁, 陆大绘. 多传感器数据融合模型评述. 清华大学学报, 1996,9: 14-20.

[30] 何友, 陆大绘, 彭应宁, 等. 多传感器数据融合中的两种新的航迹相关算法. 电子学报, 1997, 9: 10-14.

[31] Hall D L, Linn R J, Lins J. A Survey of Data Fusion Systems. Proceedings of SPIE Conf. on Data Structure and Target Classification, April 1991,Vol.1470, Orlando, Florida: 13-36.

[32] Bar-Shalom Y. On the Track-to-track Correlation Problem. IEEE Trans. on AC, 1981, 26(2): 571-572.

[33] 熊伟, 张晶炜, 何友. 基于多维分配和灰色理论的航迹关联算法. 电子与信息学报, 2010, 32(4): 898-901.

[34] Chang C B, Youens L C. Measurement Correlation for Multiple Sensor Tracking in a Dense Target Environment. IEEE Trans. on AC, 1982, 27(6): 1250-1252.

[35] 何友, 彭应宁, 陆大绘, 等. 分布式多传感器数据融合系统中的双门限航迹相关算法. 电子科学学刊, 1997, 6: 721-728.

[36] Kosaka M, Miyamoto S, Ihara H. A Track Correlation Algorithm for Multisensor Integration. Proceedings of the IEEE/AIAA 5th Digital Avionics Systems Conf., 1983, 10(3): 1-8.

[37] 夏佩伦. 目标跟踪与信息融合. 北京: 国防工业出版社, 2010,4.

[38] 王国宏, 何友. 基于模糊综合和统计假设检验的雷达与 ESM 相关方法. 系统工程与电子技术, 1997 (04): 13-16.

[39] 何友, 唐劲松. 多雷达综合跟踪. 电子科学学刊, 1996(03): 225-229.

[40] 王本才, 何友, 王国宏, 等. 多站无源定位最佳配置分析. 中国科学: 信息科学, 2011, 41: 1251-1267.

[41] 金国强, 赵德兴, 张宇. 目标航迹相关. 雷达与对抗, 1991(02): 7-13.

[42] 王海鹏, 熊伟, 何友, 等. 集中式多传感器概率最近邻域算法. 仪器仪表学报, 2010, 31(11): 2500-2507.

[43] 刘纲, 王国宏, 何友. 多雷达航迹模糊相关中运算模型选择及仿真比较. 火控雷达技术, 1994(03): 12-16.

[44] 何友, 黄晓冬. 基于模糊综合决策的航迹相关算法. 海军工程大学学报, 1999(04): 1-11.

[45] Wilson J F. A Fuzzy Logic Multisensor Association Algorithm. SPIE Vol.3068. 1997: 76-87.

[46] Tummala M, Glem I, Midwood S. Multisensor Data Fusion for the Vessel Traffic System. NPS EC-96-055, 1996, USA.

[47] Tummala M, Midwood S A. A Fuzzy Associative Data Fusion Algorithm for Vessel Traffic System. NPS EC-98-004, 1998, USA [34].

[48] Kim K H. Development of Track to Track Fusion Algorithms. Proceedings of the American Control Conference, Maryland, June 1994: 1037-1041.

[49] 何友, 彭应宁, 陆大绘. 多目标多传感器模糊双门限航迹相关算法. 电子学报, 1998, 26(3):15-19.

[50] 何友, 黄晓冬. 分布式多因素模糊综合评判航迹相关算法. 南京: 第七届全国雷达年会, 1999: 417-420.

[51] Guan X, He Y, Yi X. Gray Track-to-track Association Algorithm for Distributed Multi-target Tracking System, Signal Processing, 2006, 86(11): 3448-3455.

[52] Chair Z, Varshney P K. Optimal Data Fusion in Multiple Sensor Detection System. IEEE Trans. on AES, 1986, 22: 98-101.

[53] 石玥, 王钺, 王树刚, 等. 基于目标参照拓扑的模糊航迹关联方法. 国防科技大学学报, 2006, 28(4): 105-109.

[54] 宋强, 熊伟, 马强. 基于目标不变信息量的模糊航迹对准关联算法. 系统工程与电子技术, 2011, 33(1): 190-195.

[55] 董凯, 刘瑜, 王海鹏. 基于质心参照拓扑的灰色航迹抗差关联算法. 吉林大学学报（工学版）, 2015, 45(04): 1311-1317.

[56] 董凯, 王海鹏, 刘瑜. 基于拓扑统计距离的航迹抗差关联算法. 电子与信息学报, 2015, 37(01): 50-55.

第 19 章　雷达数据处理性能评估

19.1　引言

雷达数据处理技术无论是在军事领域还是在民用领域都有广泛的应用，是国际上热门研究领域之一。雷达数据处理过程中的量测数据预处理、航迹起始和终结、数据互联、跟踪等内容都涉及性能评估问题。雷达数据处理的性能评估依赖于大量因素[1-3]，例如目标密度和目标数量、传感器的探测性能、目标动态特性、背景噪声源、滤波器性能等，这就造成了雷达数据处理性能评估指标体系所涉及的内容有很多。对于不同的雷达数据处理技术而言，其性能的优劣、是否适用于应用环境，以及它所包含的各类功能算法，如航迹起始、数据关联、跟踪滤波等，都需要通过合适的性能评估技术来判断[4-9]。由于雷达数据处理性能评估的重要性，已有一些学者从不同的方面对其进行了研究。例如量测数据与航迹正确或不正确互联的概率、虚假航迹的概率、跟踪丢失概率等一些性能评估指标[10,11]，但这些单一的度量指标已不能满足机动性、密集性较强的现代多目标环境。因此，本章在分析、整理有关资料的基础上[12-16]，首先对有关名词术语进行了定义；然后从平均航迹起始时间、航迹累积中断次数、航迹关联概率、航迹模糊度、航迹精度、跟踪机动目标能力、虚假航迹比例、发散度、有效性、雷达覆盖范围重叠度、航迹容量、雷达网发现概率、响应时间等几个方面讨论了雷达数据处理性能评估指标；最后研究了 Monte Carlo 方法、解析法、半实物仿真评估法、试验法等雷达数据处理性能评估方法。另外，这里需要说明的是，不同定义的性能评估指标均有其相对合理性，但也都有局限性，定义一套使所有研究人员都认可的雷达数据处理性能评估指标体系是很难的，甚至是不现实的。同时，对不同层次上的用户可以有不同的性能评估指标。

19.2　有关名词术语

在对雷达数据处理性能进行评估时，首先要设计对雷达数据处理性能进行测试的剧情想定。在设计剧情想定时，可以考虑以下五种情况[12,16]。

剧情 1：单目标匀速直线运动，该剧情主要用于测试雷达系统对目标的跟踪精度。

剧情 2：平面内单目标匀速圆周运动，该剧情主要用于测试雷达跟踪机动目标的能力。选择匀速圆周运动，主要是考虑到在雷达跟踪过程中，目标的机动大部分是在水平面内的转弯机动。目标的加速度大小可以根据目标速度以及半径大小确定。

剧情 3：两个目标进行直线交叉运动，如图 19.1 所示，该剧情主要用于测试雷达对目标的误互联率的大小。

剧情 4：两个目标进行接近-离开运动，如图 19.2 所示，该剧情主要用于测试雷达对目标的误互联率的大小。

剧情 5：多个目标进行平行运动，如图 19.3 所示，该剧情主要用于测试雷达同时对多个目标进行跟踪的能力。

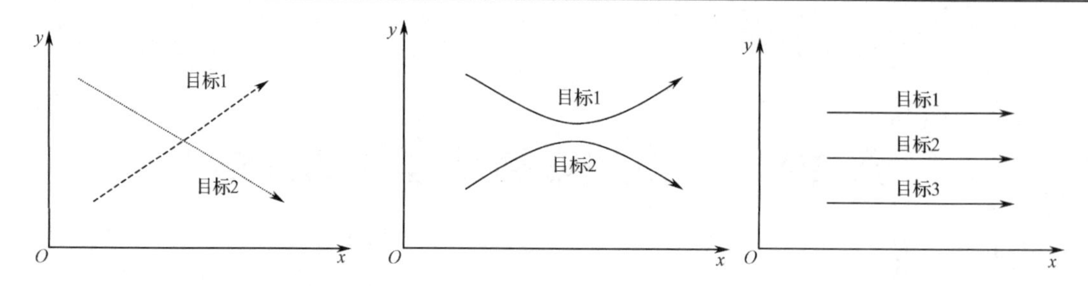

图 19.1　两个目标进行直线交叉运动　图 19.2　两个目标接近-离开运动　图 19.3　多目标平行运动

雷达对目标的跟踪性能与目标之间的密集程度有关，关于目标之间的“密集度”，比较典型的定义是 Farina 给出的[17]。Farina 把目标之间的密集程度大致分为三类：密集、中等、稀疏，区分的标准是目标之间的间隔与雷达量测标准差的比值，若该比值为 1，则目标之间的密集程度为“中等”，若该比值大于或等于 1.5，则目标之间的密集程度为“稀疏”，若该比值小于或等于 0.5，则目标之间的密集程度为“密集”。而目标之间的间隔可以从方位、距离或目标位置之间的间距来考虑，在实际应用中可以从目标位置之间的间距来考虑。在多雷达组网系统中，由于各雷达在地理位置上是配置在不同位置的，目标距各雷达的距离也不同，因此，即使对有同样量测精度的两部雷达，当目标距两部雷达的距离不一样时，按 Farina 定义计算的目标之间的密集程度也是不一样的。这时，可直接采用目标之间的欧氏距离作为目标之间的间隔。在对雷达数据处理性能进行评估时，需要指定时间，这些时间可以是随机选择的，也可以是固定间隔的，还可以是用户指定的时间。

在对雷达数据进行处理的过程中，为了更好地对相关性能评估指标进行描述和定义，先引入以下概念[12,16,18,19]。

① 确认航迹：数据处理中心建立的正式航迹。

② 可行航迹：雷达数据处理器建立的确认航迹集合中可分配给真实目标的航迹。

③ 冗余航迹：当有两个或两个以上的航迹分配给同一个真实目标时，称为航迹冗余，多余的航迹称为冗余航迹[12]。冗余航迹与可行航迹、确认航迹之间的关系如图 19.4 所示。

④ 虚假航迹：雷达数据处理器建立的确认航迹集合中不对应真实目标的航迹。

⑤ 可行目标：可行航迹对应的目标，即真实目标集合中至少有一个确认航迹的目标。可行目标与可行航迹之间的关系如图 19.5 所示。

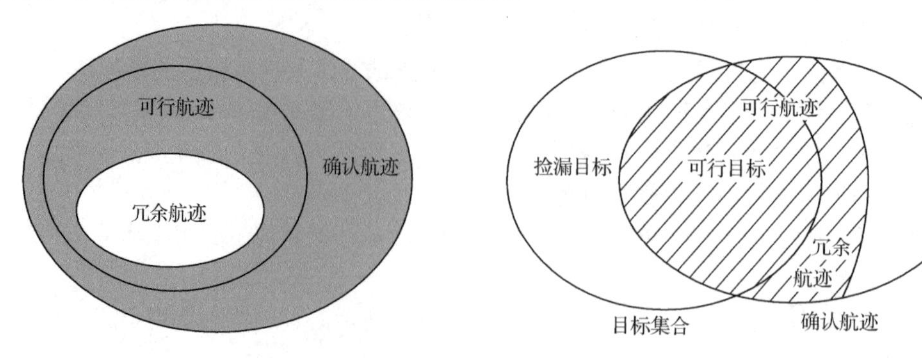

图 19.4　冗余航迹、可行航迹、确认航迹关系图　　图 19.5　可行目标与可行航迹关系图

⑥ 冗余航迹数量：冗余航迹数量定义为可行航迹数量与可行目标之差。

⑦ 虚假航迹数量：虚假航迹数量定义为雷达数据处理器建立的确认航迹与可行目标之差。

⑧ 航迹容量：雷达的航迹容量定义为雷达数据处理中心在同一时刻所能处理的雷达航迹的最大批数。

⑨ 航迹中断：如果某一航迹在 t 时刻分配给某一真实目标，而在 $t+m$ 时刻没有航迹分配给该目标，则称在 t 时刻发生了航迹中断，其中，m 是由测试者设定的一个参数，通常取 $m=1$。

⑩ 航迹交换：如果某一航迹在 t 时刻分配给某一真实目标，而在 $t+m$ 时刻另一个航迹分配给该目标，则称在 t 时刻发生了航迹交换，其中，m 是由测试者设定的一个参数，通常取 $m=1$。

19.3 数据关联性能评估

19.3.1 平均航迹起始时间

雷达数据处理的过程就是对目标状态进行估计的过程，换句话说也就是对目标进行跟踪和数据关联的过程。通过第 1 章的学习可知，数据关联问题按照关联对象的不同可分为三类，其中第一类就是在航迹起始中用到的量测与量测的互联。雷达能否尽早发现目标并尽快对目标进行航迹起始对雷达的生存和整个战斗的胜利都有重要的影响，所以数据处理器建立起目标航迹所需时间的统计平均值越小越好，为此，下面首先讨论的数据关联性能评估指标就是平均航迹起始时间。

设雷达数据处理系统共进行 M 次 Monte Carlo 仿真实验，在第 m 次 Monte Carlo 仿真中，记录下分配到目标 l 的确认航迹的时间为 $t_{l,\text{first}}^{m}$，若在该次仿真期间 T 内都没有航迹分配给目标 l，则令 $t_{l,\text{first}}^{m}=T$。于是，可定义目标 l 的平均航迹起始时间 $t_{l,\text{first}}$ 为

$$t_{l,\text{first}}=\frac{1}{M}\sum_{m=1}^{M}t_{l,\text{first}}^{m} \tag{19.1}$$

若把雷达 i 所测得的所有目标的平均航迹起始时间进行统计平均，可获得雷达 i 总的平均航迹起始时间 t_{first}^{i}，即

$$t_{\text{first}}^{i}=\frac{1}{L}\sum_{l=1}^{L}t_{l,\text{first}} \tag{19.2}$$

式中，L 为真实目标的总数。

对于分布式雷达数据处理系统，若该系统中共有 N 个雷达站，则该分布式雷达数据处理系统的平均航迹起始时间为

$$t_{\text{first}}=\frac{1}{N}\sum_{i=1}^{N}t_{\text{first}}^{i} \tag{19.3}$$

19.3.2 航迹累积中断次数

数据关联问题按照关联对象不同进行分类的第二类为：在航迹保持中用的量测与航迹的互联，若没有最新的量测分配给航迹，则航迹就会发生中断，所以下面要讨论的数据关联性能评估指标是航迹累积中断次数。

在评估时刻 t_{eval} 之前真实目标没有分配到航迹的总次数，称为 t_{eval} 时刻的航迹累积中断次数，记为 $NB(t_{\text{eval}})$，且

$$NB(t_{\text{eval}}) = \frac{1}{L}\sum_{l=1}^{L} NB_l(t_{\text{eval}}) \tag{19.4}$$

式中，L 为真实目标的总数，而 $NB_l(t_{\text{eval}})$ 为真实目标 l 在评估时刻 t_{eval} 的总航迹中断次数，其可通过 Monte Carlo 仿真方法获得，具体公式如下

$$NB_l(t_{\text{eval}}) = \frac{1}{M}\sum_{m=1}^{M} NB_l^m(t_{\text{eval}}) \tag{19.5}$$

式中，M 为 Monte Carlo 仿真次数，$NB_l^m(t_{\text{eval}})$ 为第 m 次 Monte Carlo 仿真中真实目标 l 在评估时刻 t_{eval} 的总航迹中断次数，其可按如下方法获得：在第 m 次 Monte Carlo 仿真中，如果有一个航迹在（$t_{\text{eval}}-1$）时刻分配给目标 l，而在 t_{eval} 时刻没有航迹分配给目标 l，则 $NB_{l,m}(t_{\text{eval}})$ 加 1。

19.3.3　航迹关联概率

数据关联问题按照关联对象不同进行分类的第三类为：多源信息融合中的航迹与航迹的关联，所以下面要讨论的数据关联性能评估指标是航迹与航迹的关联概率[20]。设多源信息融合处理中心收到雷达 A 上报的 N_{A} 条航迹、雷达 B 上报的 N_{B} 条航迹，这些航迹中来自同一目标的有效航迹对为 N_{C} 个，其中经过航迹关联处理被正确判定为相关航迹的有 N_1 个，判定为不相关或和其他航迹相关的有 N_2 个，且 $N_{\text{C}}=N_1+N_2$；来自不同目标或错误起始的航迹共有 N_{e} 个，经相关处理判定为不相关的航迹有 N_3 个，而错误判定为相关的航迹有 N_4 个，且 $N_{\text{e}}=N_3+N_4$。

（1）正确相关概率 P_{c}

将来自同一目标的有效航迹对正确判定为相关的正确相关概率

$$P_{\text{c}} = \frac{N_1}{N_{\text{C}}} \tag{19.6}$$

（2）漏相关概率 P_{s}

将来自同一目标的有效航迹对判定为不相关或和其他航迹相关的漏相关概率

$$P_{\text{s}} = \frac{N_2}{N_{\text{C}}} \tag{19.7}$$

（3）错误相关概率 P_{e}

将来自不同目标的航迹或错误起始的航迹判定为相关的错误相关概率

$$P_{\text{e}} = \frac{N_4}{N_{\text{e}}} \tag{19.8}$$

19.3.4　航迹模糊度

在数据关联过程中，当有两个或两个以上的航迹分配给同一个目标时，就会发生数据关联模糊现象[21-23]，所以下面要讨论的数据关联性能评估指标是航迹模糊度。航迹模糊度定义为在评估时刻 t_{eval} 冗余航迹数量与可行目标数量之比[12,16]，记为 $A(t_{\text{eval}})$

$$A(t_{\text{eval}}) = \frac{N_{\text{冗余航迹}}(t_{\text{eval}})}{N_{\text{可行目标}}(t_{\text{eval}})} \tag{19.9}$$

式中，$N_{\text{冗余航迹}}(t_{\text{eval}})$ 和 $N_{\text{可行目标}}(t_{\text{eval}})$ 分别表示评估时刻 t_{eval} 的冗余航迹数量和可行目标数量。

航迹模糊度 $A(t_{\text{eval}})$ 反映了平均每个可行目标对应的多余航迹，其值可大于 1，但最小值

为零。当确认航迹与真实目标一一对应而没有冗余时，航迹模糊度 $A(t_{\text{eval}})$ 的取值达到最小值零，即此时没有模糊性。

需要注意的是，航迹模糊度也与评估时刻有关，通过绘制出航迹模糊度随评估时刻的变化曲线，可以从总体上对航迹模糊性进行评估。

另外，也可以通过计算平均航迹模糊度 $\overline{A}$ 从总体上对航迹模糊性进行评估，其计算公式为

$$\overline{A}=\frac{1}{N_t}\sum_{t_{\text{eval}}\in S}A(t_{\text{eval}}) \tag{19.10}$$

式中，S 是评估时刻 t_{eval} 的集合，N_t 是集合 S 中评估时刻的数量。

在实际应用中，由式（19.9）定义的航迹模糊度通常可通过 Monte Carlo 仿真方法获得，其计算公式为

$$A(t_{\text{eval}})=\frac{1}{M}\sum_{m=1}^{M}A^m(t_{\text{eval}}) \tag{19.11}$$

式中，M 为总的 Monte Carlo 仿真次数，$A^m(t_{\text{eval}})$ 为第 m 次 Monte Carlo 仿真中在评估时刻 t_{eval} 的航迹模糊度，其计算公式为

$$A^m(t_{\text{eval}})=\frac{N^m_{\text{冗余航迹}}(t_{\text{eval}})}{N^m_{\text{可行目标}}(t_{\text{eval}})} \tag{19.12}$$

式中，$N^m_{\text{冗余航迹}}(t_{\text{eval}})$ 和 $N^m_{\text{可行目标}}(t_{\text{eval}})$ 分别为第 m 次 Monte Carlo 仿真中在评估时刻 t_{eval} 的冗余航迹数量和可行目标数量。

19.4　跟踪滤波性能评估

数据关联和跟踪问题是雷达数据处理过程中的两大根本问题[24,25]，19.3 节已经对数据关联的性能评估问题进行了分析，给出了平均航迹起始时间、航迹累积中断次数、航迹相关概率、航迹模糊度四种性能评估指标，下面将讨论跟踪滤波的性能评估问题，并给出航迹精度、跟踪机动目标能力、虚假航迹比例、发散度、有效性五个性能评估指标。

19.4.1　航迹精度

航迹精度是对跟踪滤波算法性能进行评估的一个非常重要的指标，它体现了不同的雷达数据处理算法对传感器量测误差的平滑程度。航迹精度概括来讲包括航迹位置精度和航迹速度精度，航迹位置和速度精度定义为航迹位置和速度估计误差的均方根误差。雷达在对目标跟踪的过程中其估计的均方根误差越小，滤波器的滤波值越接近目标的真实值，航迹精度越高。在实际应用中，对航迹精度的评估通常采用 Monte Carlo 仿真方法。

设第 l 个真实目标在评估时刻 t_{eval} 的滤波值和真实值之差为

$$\boldsymbol{E}_l^m(t_{\text{eval}})=\hat{\boldsymbol{X}}_l^m(t_{\text{eval}})-\boldsymbol{X}_l(t_{\text{eval}}) \tag{19.13}$$

式中，$\hat{\boldsymbol{X}}_l^m(t_{\text{eval}})$ 为评估时刻 t_{eval} 对第 l 个真实目标的第 m 次 Monte Carlo 仿真中的估计状态向量，$\boldsymbol{X}_l(t_{\text{eval}})$ 为第 l 个目标在评估时刻 t_{eval} 的真实状态。

定义 M 次 Monte Carlo 仿真实验后所获得的估计误差平方的统计平均值为

$$\boldsymbol{C}_l(t_{\text{eval}})=\frac{1}{M}\sum_{m=1}^{M}\boldsymbol{E}_l^m(t_{\text{eval}})\boldsymbol{E}_l^{m'}(t_{\text{eval}}) \tag{19.14}$$

若目标状态向量取为$\boldsymbol{X}(k)=[x\ \dot{x}\ y\ \dot{y}\ z\ \dot{z}]'$，则$\boldsymbol{C}_l(t_{\text{eval}})$为6×6的方阵，该矩阵中第一行第一列、第三行第三列和第五行第五列对应的元素$C_{l,x}(t_{\text{eval}})$、$C_{l,y}(t_{\text{eval}})$和$C_{l,z}(t_{\text{eval}})$分别表示目标x、y和z轴方向位置误差的方差，利用$C_{l,x}(t_{\text{eval}})$、$C_{l,y}(t_{\text{eval}})$和$C_{l,z}(t_{\text{eval}})$可获得在评估时刻t_{eval}对第l个真实目标跟踪的位置均方根误差，即

$$\text{RMSE}_{l,\text{position}}(t_{\text{eval}})=\sqrt{C_{l,x}(t_{\text{eval}})+C_{l,y}(t_{\text{eval}})+C_{l,z}(t_{\text{eval}})} \tag{19.15}$$

同理，可得对第l个真实目标跟踪的速度均方根误差为

$$\text{RMSE}_{l,\text{velocity}}(t_{\text{eval}})=\sqrt{C_{l,\dot{x}}(t_{\text{eval}})+C_{l,\dot{y}}(t_{\text{eval}})+C_{l,\dot{z}}(t_{\text{eval}})} \tag{19.16}$$

式中，$\boldsymbol{C}_{l,\dot{x}}(t_{\text{eval}})$，$\boldsymbol{C}_{l,\dot{y}}(t_{\text{eval}})$和$\boldsymbol{C}_{l,\dot{z}}(t_{\text{eval}})$分别为矩阵$\boldsymbol{C}_l(t_{\text{eval}})$第二行第二列、第四行第四列和第六行第六列的元素，表示目标在x、y和z轴方向的速度误差方差。

在评估时刻t_{eval}所有L个目标总的位置均方根误差和总的速度均方根误差可定义为

$$\begin{cases}\text{RMSE}_{\text{position}}(t_{\text{eval}})=\dfrac{1}{L}\sum\limits_{l=1}^{L}\text{RMSE}_{l,\text{position}}(t_{\text{eval}})\\ \text{RMSE}_{\text{velocity}}(t_{\text{eval}})=\dfrac{1}{L}\sum\limits_{l=1}^{L}\text{RMSE}_{l,\text{velocity}}(t_{\text{eval}})\end{cases} \tag{19.17}$$

19.4.2　跟踪机动目标能力

为了度量雷达跟踪机动目标的能力，可以用机动检测延迟时间作为衡量雷达网跟踪机动目标能力的指标。从目标开始机动到雷达检测到目标机动所需时间的统计平均值称为机动检测延迟时间，需要注意的是评估时刻必须是在目标机动期间取值。为了得到对机动目标的机动检测延迟时间，可采用Monte Carlo方法。

对集中式数据处理系统，记目标机动开始时刻为0，在第m次Monte Carlo仿真中，检测到目标l机动的时刻为$t_{l,\text{manouver}}^{m}$，若在该次仿真期间$T$内都没有检测到目标$l$机动，则令$t_{l,\text{manouver}}^{m}=T$。于是，对目标$l$的平均机动检测时间，记为$t_{l,\text{manouver}}$，即

$$t_{l,\text{manouver}}=\frac{1}{M}\sum_{m=1}^{M}t_{l,\text{manouver}}^{m} \tag{19.18}$$

式中，M为Monte Carlo仿真次数。

故所有L个目标总的平均机动检测延迟时间，记为t_{manouver}，即

$$t_{\text{manouver}}=\frac{1}{L}\sum_{l=1}^{L}t_{l,\text{manouver}} \tag{19.19}$$

对分布式数据处理系统，记第i个雷达的平均机动检测延迟时间为t_{manouver}^{i}，其同样可由式（19.18）和式（19.19）获得，若假定有N个雷达站，则分布式数据处理系统总的平均机动检测延迟时间可表示为

$$t_{\text{manouver}}=\frac{1}{N}\sum_{i=1}^{N}t_{\text{manouver}}^{i} \tag{19.20}$$

19.4.3　虚假航迹比例

在多目标情况下，雷达给出的目标航迹中很可能有虚假目标航迹，所以在对跟踪滤波性

能进行评估的过程中还必须给出虚假航迹在总航迹中所占的比例[26]，在同样的环境下，总希望雷达目标航迹中虚假航迹的比例越少越好。为此，定义评估时刻t_{eval}的虚假航迹比例为虚假航迹数量与总航迹数量之比，记为$\text{STR}(t_{\text{eval}})$，即

$$\text{STR}(t_{\text{eval}})=\frac{N_{\text{虚假航迹}}(t_{\text{eval}})}{N_{\text{总航迹}}(t_{\text{eval}})} \tag{19.21}$$

式中，$N_{\text{虚假航迹}}(t_{\text{eval}})$和$N_{\text{总航迹}}(t_{\text{eval}})$分别表示评估时刻$t_{\text{eval}}$的虚假航迹数量与总航迹数量。

需要注意的是，虚假航迹比例与评估时刻有关，通过绘制出虚假航迹比例随评估时刻变化的曲线，可以从总体上对虚假航迹比例进行评估。另外，也可以通过计算平均虚假航迹比例$\overline{\text{STR}}$从总体上对虚假航迹比例进行评估，其计算公式为

$$\overline{\text{STR}}=\frac{1}{N_t}\sum_{t_{\text{eval}}\in S}\text{STR}(t_{\text{eval}}) \tag{19.22}$$

式中，S是评估时刻t_{eval}的集合，N_t是集合S中评估时刻的数量。

在实际应用中，式（19.22）给出的平均虚假航迹比例$\overline{\text{STR}}$可通过 Monte Carlo 仿真方法获得，即通过 Monte Carlo 仿真方法获得评估时刻t_{eval}的虚假航迹比例，具体公式为

$$\text{STR}(t_{\text{eval}})=\frac{1}{M}\sum_{m=1}^{M}\text{STR}^m(t_{\text{eval}}) \tag{19.23}$$

式中，M为 Monte Carlo 仿真次数，而$\text{STR}^m(t_{\text{eval}})$表示第$m$次 Monte Carlo 仿真中在评估时刻$t_{\text{eval}}$虚假航迹比例，即

$$\text{STR}^m(t_{\text{eval}})=\frac{N^m_{\text{虚假航迹}}(t_{\text{eval}})}{N^m_{\text{总航迹}}(t_{\text{eval}})} \tag{19.24}$$

式中，$N^m_{\text{虚假航迹}}(t_{\text{eval}})$为第$m$次 Monte Carlo 仿真中在评估时刻$t_{\text{eval}}$的虚假航迹数量，$N^m_{\text{总航迹}}(t_{\text{eval}})$为第$m$次 Monte Carlo 仿真中在评估时刻$t_{\text{eval}}$的可行目标数量。

19.4.4　发散度

通过前面几章的讨论可知，由于雷达数据处理过程中存在：①用于滤波的量测值具有不确定性，换句话说就是由于存在多目标和虚警，雷达环境会产生很多点迹；②目标模型参数的不确定性等问题，所以在滤波时如果假设的模型和真实模型比较相符，而且在多目标情况下实现了正确的数据关联，则目标跟踪结果和真实值的差值随着滤波时间的增加会越来越小[27]。但如果假设的模型和真实模型不相符，或者在多目标情况下没有实现正确的数据关联，就会出现滤波发散现象，雷达数据处理中一旦出现发散，滤波就失去了意义，所以这里还要给出发散度指标。下面先给出滤波发散的判定方法。

记雷达在评估时刻t_{eval}对第l个真实目标跟踪的位置均方根误差为$\text{RMSE}_{l,\text{position}}(t_{\text{eval}})$，该均方根位置误差的计算分为二坐标雷达和三坐标雷达两种情况，其中三坐标雷达位置均方根误差的计算如式（19.15）所示，而两坐标雷达位置均方根误差的计算为

$$\text{RMSE}_{l,\text{position}}(t_{\text{eval}})=\sqrt{C_{l,x}(t_{\text{eval}})+C_{l,y}(t_{\text{eval}})} \tag{19.25}$$

式中，$C_{l,x}(t_{\text{eval}})$、$C_{l,y}(t_{\text{eval}})$的定义同前。

若从滤波稳定时刻k_0开始连续有采样点的位置均方根误差$\text{RMSE}_{l,\text{position}}$大于发散检验阈值$\varDelta_{P0}$[27]，则认为该次滤波发散。对发散度的评估在实际应用中通常采用 Monte Carlo 仿真方

法，即发散度定义为 Monte Carlo 仿真实验中滤波发散次数与总仿真次数之比，记为η_d，且

$$\eta_d = \frac{N_{滤波发散}}{N_{仿真}} \tag{19.26}$$

式中，$N_{滤波发散}$和$N_{仿真}$分别表示滤波发散次数和总仿真次数，且$0 \leqslant \eta_d \leqslant 1$。发散度越大说明在跟踪过程中滤波器越容易丢失目标。

19.4.5　有效性

在雷达数据处理过程中即使滤波器发散度为零（即滤波器不发散），但滤波器的滤波误差大于传感器量测误差，该情况下也是没有实用价值的，所以这里还要给出有效性指标[27]。

在雷达给出的是极坐标系下量测数据的情况下，通过极坐标和直角坐标转换可获得雷达直角坐标系下的位置量测误差$\varDelta_p$，下面分别按照二坐标雷达和三坐标雷达两种情况给出位置量测误差$\varDelta_p$的计算公式。

1）二坐标雷达

记雷达在极坐标下的距离和方位角量测数据分别为ρ、θ，测距误差和方位角测角误差的方差分别为σ_ρ^2和σ_θ^2，由于极坐标系下量测数据向直角坐标系下转换的过程中包含了非线性变换，所以转换后给出的直角坐标系下的估计结果为有偏估计。通过对这种有偏估计进行误差补偿，可得到更准确的结果[28,29]，由式（5.59）和式（5.60）可得进行误差补偿后直角坐标系下的位置量测误差$\varDelta_p$，即

$$\varDelta_p = \sqrt{\sigma_x^2 + \sigma_y^2} = \sqrt{\sigma_\rho^2 + \rho^2 \lambda_\theta^{-2} - \rho^2} \tag{19.27}$$

式中，$\lambda_\theta = \mathrm{e}^{-0.5\sigma_\theta^2}$。

如果对雷达数据处理滤波结果的精度要求不是很苛刻，从减少计算量的角度出发也可不进行误差补偿，则由式（5.43）前两个公式可得到不进行误差补偿时直角坐标系下的位置量测误差$\varDelta_p$，即$\varDelta_p = \sqrt{\sigma_\rho^2 + \rho^2 \sigma_\theta^2}$。

2）三坐标雷达

记雷达在极坐标下的俯仰角量测数据为ε，俯仰角测角误差的方差为σ_ε^2，而距离和方位角量测数据和量测误差同二坐标雷达。极-直坐标转换进行误差补偿时，由式（5.75）、式（5.76）和式（5.77）可得位置量测误差$\varDelta_p$为

$$\varDelta_p = \sqrt{\sigma_x^2 + \sigma_y^2} = \sqrt{\lambda_\varepsilon^{-2} \rho^2 \cos^2 \varepsilon (\lambda_\theta^{-2} - 1) + \rho^2 (\lambda_\varepsilon^{-2} - 1) + \sigma_\rho^2} \tag{19.28}$$

式中，λ_θ的定义同二坐标雷达，$\lambda_\varepsilon = \mathrm{e}^{-0.5\sigma_\varepsilon^2}$。

若极-直坐标转换不进行误差补偿，则可得位置量测误差$\varDelta_p$为

$$\varDelta_p = \sqrt{\sigma_\rho^2 + \rho^2 \sigma_\varepsilon^2 + \rho^2 \cos^2 \varepsilon \sigma_\theta^2} \tag{19.29}$$

定义位置滤波均方根误差与位置量测误差的比值为

$$\eta = \frac{1}{\varDelta_p} \mathrm{RMSE}_{l,\mathrm{position}} \tag{19.30}$$

式中，$\mathrm{RMSE}_{l,\mathrm{position}}(t_{\mathrm{eval}})$定义同式（19.17）。

若从滤波稳定时刻k_0开始至滤波结束有采样点的η值大于 1，则认为该次滤波无效，否

则为有效[27]。跟踪滤波性能评估指标通过 Monte Carlo 仿真实验统计出来之后，每个指标仅代表雷达数据处理算法的某一方面的性能。为对滤波算法进行全面、准确的性能评估，需要在上述性能评估指标的基础上，进行综合评估。综合评估时，对于具体的应用环境，工程技术人员可根据需要优先考虑滤波算法的某一、两种性能指标。

19.5　雷达网数据融合性能评估

在多雷达-多目标的情况下，通过对多部组网雷达的数据进行融合可以扩大雷达的空间和时间覆盖范围，减小覆盖范围内的盲区，尤其是低空盲区，使雷达能够在更大区域范围内搜索和跟踪目标。为此，本小节在前面对单雷达数据关联性能和跟踪滤波性能评估方法进行分析讨论的基础上，对雷达网数据融合性能评估方法进行讨论，并重点分析雷达覆盖范围重叠度、航迹容量、雷达网发现概率、响应时间等指标。

19.5.1　雷达覆盖范围重叠度

在雷达组网结构选择和性能比较中，雷达覆盖范围的重叠程度是一个重要的指标，为此，引入雷达覆盖范围重叠度。雷达覆盖范围重叠度定义为

$$\xi = \frac{1}{S_{\text{tot}}}\sum_{i=1}^{N} S_i \tag{19.31}$$

式中，S_i 是第 i 个雷达的覆盖区域；S_{tot} 是多雷达跟踪系统所控制的总区域；N 为雷达总数。

参数 ξ 的范围从 1（无重叠）到 N（全重叠）。如重叠度很小，则数据冗余的优点只局限于小的范围和不多的几个目标，在这种情况下，整个系统的性能几乎与多雷达跟踪结构的类型无关，通过数据融合所能获取的益处也极其有限，因此，为了体现雷达组网的益处，必须保持一定的重叠度。

19.5.2　航迹容量

雷达网航迹容量定义为雷达网信息融合中心在同一时刻所能处理的雷达航迹的最大批数，它是雷达组网中的一个基本指标。

19.5.3　雷达网发现概率

在评估时刻 t_{eval}，可行目标数量 $N_K(t_{\text{eval}})$ 与真实目标数量 $N_T(t_{\text{eval}})$ 之比称为雷达网在该时刻的发现概率，记为 $P_{\text{D}}(t_{\text{eval}})$，即

$$P_{\text{D}}(t_{\text{eval}}) = \frac{N_K(t_{\text{eval}})}{N_T(t_{\text{eval}})} \tag{19.32}$$

需要注意的是，$P_{\text{D}}(t_{\text{eval}})$ 与评估时刻有关，通过绘制出 $P_{\text{D}}(t_{\text{eval}})$ 随评估时刻的变化曲线，可以从总体上对雷达网的发现概率进行评估，同时也可以计算平均发现概率 $\bar{P}_{\text{D}}$，其计算公式为

$$\bar{P}_{\text{D}} = \frac{1}{N_t}\sum_{t_{\text{eval}}\in S} P_{\text{D}}(t_{\text{eval}}) \tag{19.33}$$

其中，S 是评估时刻的集合，$N_t \triangleq \text{Card}\{S\}$ 是 S 中评估时刻的数量。

在实际应用中，式（19.33）的雷达网平均发现概率可采用 Monte Carlo 仿真方法获得，

具体公式如下

$$P_{\mathrm{D}}(t_{\mathrm{eval}})=\frac{1}{M}\sum_{m=1}^{M}P_{\mathrm{D}m}(t_{\mathrm{eval}}) \tag{19.34}$$

$$P_{\mathrm{D}m}(t_{\mathrm{eval}})=\frac{NV_m(t_{\mathrm{eval}})}{NT_m(t_{\mathrm{eval}})} \tag{19.35}$$

其中，M 为总 Monte Carlo 仿真次数，$NV_m(t_{\mathrm{eval}})$ 为第 m 次 Monte Carlo 仿真中在评估时刻 t_{eval} 的可行目标数量，$NT_m(t_{\mathrm{eval}})$ 为第 m 次 Monte Carlo 仿真中在评估时刻 t_{eval} 雷达网责任范围内的真实目标数量。

19.5.4 雷达网响应时间

对于雷达网而言，能否尽早发现目标对雷达网的生存和整个战斗的胜利都有重要的影响。雷达网的响应时间就是用来衡量雷达网对目标跟踪及时性的一个指标。

雷达网响应时间定义为系统融合中心建立起该目标航迹所需时间的统计平均值。对于集中式数据处理系统，设在第 m 次 Monte Carlo 仿真中，记录下分配到目标 l 的确认航迹的时间为 $t_{l,\mathrm{first}}^{m}$，若在该次仿真期间 T 内都没有航迹分配给目标 l，则令 $t_{l,\mathrm{first}}^{m}=T$。于是，对目标 l 的平均航迹起始时间（即相应时间），记为 $t_{l,\mathrm{first}}$，为

$$t_{l,\mathrm{first}}=\frac{1}{M}\sum_{m=1}^{M}t_{l,\mathrm{first}}^{m} \tag{19.36}$$

故总的平均航迹起始时间（即相应时间），记为 t_{first}，为

$$t_{\mathrm{first}}=\frac{1}{L}\sum_{l=1}^{L}t_{l,\mathrm{first}} \tag{19.37}$$

对分布式数据处理系统，记第 i 个雷达的平均航迹起始时间为 t_{first}^{i}，并假定有 N 个雷达站，则总的平均航迹起始时间为

$$t_{\mathrm{first}}=\frac{1}{N}\sum_{i=1}^{N}t_{\mathrm{first}}^{i} \tag{19.38}$$

19.6 雷达数据处理算法的评估方法

前面讨论的数据关联性能评估和跟踪滤波性能评估中采用的都是 Monte Carlo 仿真方法，雷达数据处理性能评估除了采用 Monte Carlo 方法以外，还可采用多种方法[12,16]，如解析法、半实物仿真评估法、试验验证法等。本节在对 Monte Carlo 方法进行介绍的基础上，还将对这些方法作简单介绍。

19.6.1 Monte Carlo 方法

Monte Carlo 方法又称为统计试验法，它是一种采用统计抽样理论近似求解实际问题的方法，是通过大量的计算机模拟来检验系统的性能并归纳出统计结果的一种随机分析方法，它的理论基础是概率论中的大数定律。Monte Carlo 方法包括伪随机数的产生、Monte Carlo 仿真设计及结果解释等内容。它解决问题的思路是，首先建立与雷达数据处理性能评估有相似性的概率模型，然后对模型进行随机模拟或统计抽样，再利用所得到的结果进行雷达数据处

理性能评估。采用 Monte Carlo 方法的优点是：

① 可在计算机上大量重复抽样，可节省大量的经费，具有很好的经济性；

② 对于一些模型特别复杂，利用数值求解方法难以求解的问题，采用 Monte Carlo 方法是一种可行的选择；

③ 适应性强，受问题条件限制的影响较小，特别是对于一些危险、难以实现或成本太高的问题，采用 Monte Carlo 方法是一种好的选择。

采用 Monte Carlo 方法的缺点是：

① 对于一些精度要求较高的实际问题，通常收敛速度较慢，有时不能满足实时性要求；

② 它是实际问题的近似，与实际应用问题还有一定的差距，Monte Carlo 方法得到的结果只能作为参考或指导。

19.6.2　解析法

性能评估的解析法首先是通过各种方法建立起关于某个或多个性能评估指标的数学模型，然后利用解析计算或数值求解得到该雷达数据处理系统的效能评估指标的数值，从而对系统进行评估。为了采用解析法，可以以某种或多种理论为基础对系统进行抽象，将模型参数、初始条件、输入和输出关系等均用数学表示式表示，得到相应的数学模型。就所采用的数学理论而言，雷达数据处理性能评估的解析法主要有基于统计理论的性能评估、基于模糊集理论的性能评估等。

在用解析法进行性能评估时，建立系统的数学模型是至关重要的一步。而在数学模型的建立过程中首先要根据问题分析的结果，确定所采用的坐标系、系统状态变量，并根据变量间的相互关系以及约束条件，将它们用数学的形式描述出来，同时确定其中的参数，即构成用于解析评估的数学模型。该数学模型所描述的变量及作用关系必须要接近于真实系统，且要兼顾反映系统真实性和运行效率，使模型的复杂度适中，既不过于简单，也不过于复杂。

19.6.3　半实物仿真方法

半实物仿真是一种在室内进行的仿真试验评估方法，它是用硬件和软件来仿真信源和电子系统的电磁特性，由计算机控制试验系统（模拟器），产生典型试验环境中的真实信号，通过把实际的系统放置在内场半实物仿真试验工具中，并利用计算机模拟系统工作或运动，以分析评估系统的效能。进行半实物仿真时，内场半实物仿真工具需要大量各种类型的数据作为仿真的初始条件，这类数据包括目标运动轨迹、目标的 RCS 特征、信源的辐射特征、雷达数据处理算法模型、性能指标定义，以及战术、阵地条件的数据等。

内场半实物仿真试验可以为雷达数据处理系统试验鉴定与评估提供灵活方便的仿真试验平台，主要优点有：

① 试验环境可控，根据需要仿真各种所需的动态电磁环境，为雷达数据处理系统性能评估提供较为逼真的试验条件；

② 试验过程可控，可以根据需要，多次重复试验和评估过程，也可对其中感兴趣的中间过程进行试验和评估，为评估系统性能提供了有利条件，使定量评估性能成为可能；

③ 试验数据录取容易，受环境影响小，量测数据精度高，有利于对雷达数据处理系统性能的评估；

④ 试验效费比好；

⑤ 保密性好，不向外产生电磁辐射，不易被敌方侦察。

内场半实物仿真试验的主要缺点是：

① 试验结果可信度与数学仿真模型有关，与实际真实环境往往有些差别；

② 在微波暗室进行半实物仿真试验时，由于微波暗室尺寸的限制，必须考虑近场电磁波传输效应的消除问题。

19.6.4　试验验证法

试验验证方法是把所研制的雷达数据处理模型和/或系统放到实际应用环境中，通过实际检验对雷达数据处理系统的性能进行评估。用试验验证法进行评估的优点是能够客观、真实和比较全面地反映雷达数据处理系统的效能特性，缺点是成本高、实现困难。一般来说，用试验验证法进行性能评估往往是在解析评估、仿真评估和/或半实物仿真评估基础上进行的，也往往是最终的评估。

19.7　小结

雷达数据处理技术是随着时代的发展而不断发展的，新的雷达数据处理算法不断涌现，如何对这些数据处理算法的性能进行合理、准确的评估已逐渐成为理论和工程应用研究的热点，受到国内外学者和工程技术人员的普遍重视。为此，本章在对雷达数据处理性能评估有关的名词术语进行定义的基础上，从平均航迹起始时间、航迹累计中断次数、航迹相关概率、航迹模糊度、航迹精度、跟踪机动目标能力、虚假航迹比例、发散度、有效性、雷达覆盖范围重叠度、航迹容量、雷达网发现概率、响应时间等几个方面对雷达数据处理的评估指标进行了分析和说明，最后讨论了 Monte Carlo 方法、解析法、半实物仿真评估法、试验验证法等雷达数据处理性能评估方法。

不同的雷达数据处理评估指标通过 Monte Carlo 仿真实验统计出来之后，每个指标仅代表算法的某一方面的性能，例如发散度大说明在雷达数据处理过程中，滤波器很容易丢失目标；有效性小说明通过滤波并没有使雷达的数据处理性能得到改善；航迹精度则体现了滤波有效的情况下，滤波器对传感器量测误差的平滑程度等。为对雷达数据处理算法进行全面、准确的性能评估，需要对各个性能评估指标进行综合评估。综合评估时，对于具体的应用环境，工程技术人员通常会根据需要优先考虑滤波算法的某几种性能。

另外，雷达数据处理技术在多个领域的研究也在不断发展和突破[30-33]，无人机目标跟踪[34-36]、多目标智能跟踪[37-39]、模块化的雷达数据处理器工程实现[40]等都受到国内外学者的高度关注，这些新领域、新方向中的雷达数据处理算法性能评估也必然会结合新理论、新方法不断得到发展。

参考文献

[1] Blackman S S, Popoli R. Design and Analysis of Modern Tracking Systems. Artech House, Boston, London, 1999.

[2] 潘泉, 程咏梅, 梁彦等. 多源信息融合理论与应用. 北京: 清华大学出版社, 2013, 2.

[3] Ali N H, Hassan G M. Kalman Filter Tracking. International Journal of Computer Applications, 2014, 89(9): 15-18.

[4] 康耀红. 数据融合理论与应用, 第二版. 西安: 西安电子科技大学出版社, 2006.

[5] Ge Q, Shao T, Duan Z, et al. Performance Analysis of the Kalman Filter with Mismatched Noise Covariances. IEEE Transactions On Automatic Control, 2016, 61(12): 4014-4019.

[6] 龚亚信, 杨宏文, 胡卫东, 等. 融合跟踪系统性能的综合评估. 火力与指挥控制, 2006, 31(9): 4-7.

[7] Chen H M. Performance Evaluation of Multitarget Tracking Algorithms. USA: University of Connecticut, 2002.

[8] Alouani A T, Gray J E, McCabe D H. Performance Evaluation of a Asynchronous Multisensor Track Fusion Filter. Ivan Kadar. Proceedings of SPIE, 2003: 1-12.

[9] Bai J, Wang G H, Kong M, et al. Study on Data Association Methods for Distributed Passive Sensors with Long Baseline. Chinese Journal of Electronics, 2009, 18(2): 270-274.

[10] 何友, 王国宏, 陆大绘, 等. 多传感器信息融合及应用（第二版）. 北京: 电子工业出版社, 2007.

[11] 何友, 王国宏, 关欣. 信息融合理论及应用. 北京: 电子工业出版社, 2010, 3.

[12] 王国宏. 分布式检测、跟踪及异类传感器数据关联与引导研究. 北京: 高等教育出版社, 2006.

[13] He Y, Xiu J J, Wang G H, et al. Theorem for the Combination of Bistatic Radar Measurements Using Least Squares. IEEE Trans. on AES, 2003, 39(4): 1441-1445.

[14] Li Y W, He Y, Li G, et al. Modified Smooth Variable Structure Filter for Radar Target Tracking. 2019 International Radar Conference, Toulon, France, 2019: 1-6.

[15] Wang B C, He Y, Wang G H, et al. Optimal allocation of multi-sensor passive localization. Science China-Information Science, 2010, 53: 2514-2526.

[16] 王国宏. 雷达组网关键技术研究. 南京: 南京电子技术研究所, 2004, 5.

[17] Farina A, Studer F A. Radar Data Processing(Vol. I. II). Research Studies Press LTD, 1985.

[18] 王本才, 何友, 王国宏, 等. 多站无源定位最佳配置分析. 中国科学: 信息科学, 2011, 41: 1251-1267.

[19] He Y, Xiu J J, Guan X. Radar Data Processing with Applications. John Wiley & Publishing house of electronics industry, 2016, 8.

[20] 余安喜, 胡卫东, 郁文贤, 等. 航迹相关与融合的性能评估. 系统工程与电子技术, 2003, 25(7): 897-900.

[21] 夏佩伦. 目标跟踪与信息融合. 北京: 国防工业出版社, 2010,4.

[22] 何友. 多目标多传感器分布信息融合算法研究. 北京: 清华大学, 1996.

[23] 王海鹏, 熊伟, 何友, 等. 集中式多传感器概率最近邻域算法. 仪器仪表学报, 2010, 31(11): 2500-2507.

[24] 权太范. 目标跟踪新理论与技术. 北京: 国防工业出版社, 2009, 8.

[25] 刘妹琴, 兰剑. 目标跟踪前沿理论与应用. 北京: 科学出版社, 2015, 2.

[26] He Y, Zhang J W. New Track Correlation Algortihms in a Multisensor Data Fusion System. IEEE Trans on Aerospace and Electronic Systems, 2006, 42(4), 1359-1371.

[27] 阎红星, 王晓博, 王国宏. 跟踪滤波算法性能评估研究. 现代雷达, 2008, 30(4): 33-36.

[28] Wang G H, Xiu J J, He Y. An Unbiased Unscented Transform Based Kalman Filter for 3D Radar. Chinese Journal of Electronics, 2004, 13(4): 697-700.

[29] 王国宏，毛士艺，何友. 均方意义下的最优无偏转换测量 Kalman 滤波. 系统仿真学报，2002，14(1): 119-122.

[30] Milan A, Rezatofighi S H, Dick A, et al. Online Multi-target Tracking Using Recurrent Neural Networks. Proceedings of the Thirty-First AAAI Conference on Artificial Intelligence. Palo Alto, CA: AAAI Press, 2017: 4225-4232.

[31] Yang T, Chan A B. Learning Dynamic Memory Networks for Object Tracking. European Conference on Computer Vision (ECCV), 2018: 153-169.

[32] Wang B, Yi W, Hoseinnezhad R, et al. Distributed Fusion with Multi-Bernoulli Filter Based on Generalized Covariance Intersection. IEEE Transactions on Signal Processing, Jan. 2017, 65(1): 242-255.

[33] Tian M C, Bo Y M, Chen Z M, et al. Firefly Algorithm Intelligence Optimized Particle Filter. Acta Automatica Sinica, 2016, 42(1): 89-97.

[34] 孟凡琨. 无人机目标跟踪与避障研究. 西安：长安大学, 2019.

[35] Zhao S Y, Lin F, Peng K M, et al. Vision-aided Estimation of Attitude, Velocity and Inertial Measurement Bias for UAV Stabilization. Journal of Intelligent & Robotic Systems, 2016, 81(3): 531-549.

[36] Yao P, Wang H, Su Z. Cooperative Path Planning with Applications to Target Tracking and Obstacle Avoidance for Multi-UAVs. Aerospace Science & Technology, 2016, 54: 10-22.

[37] Meng T, Jing X Y, Yan Z, et al. A Survey on Machine Learning for Data Fusion. Information Fusion, 2020, 57(5): 115-129.

[38] Lim B, Zohren S, Roberts S. Recurrent Neural Filters: Learning Independent Bayesian Filtering Steps for Time Series Prediction. 2020 International Joint Conference on Neural Networks (IJCNN). Piscataway, 2020: 1-8.

[39] Liu J, Wang Z, Xu M. A Deep Learning Maneuvering Target-tracking Algorithm Based on Bidirectional LSTM Network. Information Fusion, 2020, 53: 289-304.

[40] Narasimhan R S, Rathi A, Seshagiri D. Design of Multilayer Airborne Radar Data Processor. IEEE Aerospace Conference, 2019, 3.

第 20 章　雷达数据处理的实际应用

20.1　引言

雷达数据处理是基于雷达获取的原始量测数据，通过起始、互联、滤波等处理，生成连续稳定目标航迹，并得到位置、航速、航向等精确目标状态估计的过程。雷达数据处理技术应用广泛，典型应用实例有民用空中交通管制（ATC）[1-3]、海上监视（MS）[4-6]和军用防空、火力控制和拦截制导[7-9]等系统。对于广义雷达数据处理来讲，处理对象可广泛包括雷达、船舶自动识别系统（AIS）、广播式自动相关监视（ADS-B）、电子侦察、光电、卫星遥感等多类手段获取的目标位置数据；数据来源可以是单传感器，也可以是同一类型多传感器或多类型多传感器；处理过程也不仅局限于目标航迹生成部分，还包括面向具体场景问题，基于已生成航迹的上层应用处理。譬如，在空中交通管制系统中，还包括航路控制、进场控制、冲突报警、防撞、间距调整和计量等处理过程；在海上监视中，还包括冲突航线快速测定和回避机动确定等处理过程；在防御应用中，还包括态势评估、威胁估计、武器分配、火力控制等处理过程。广义雷达数据处理框架如图 20.1 所示。

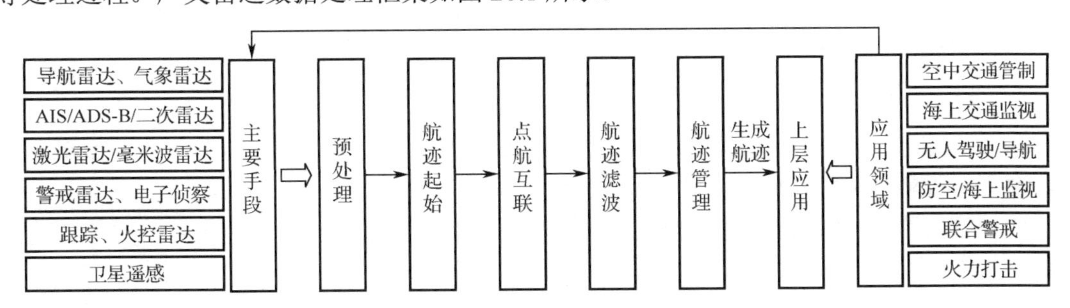

图 20.1　广义雷达数据处理框架

本章在广义雷达数据处理框架下，结合典型应用场景，从手段和系统两个层次，对雷达数据处理应用进行介绍，以加深读者对其理解和掌握。其中手段主要包括雷达、AIS、ADS-B等，系统主要包括海上信息中心和对空监视系统等。

20.2　在船用导航雷达中的应用

在船用导航中，实现目标自动跟踪、回波计算显示以及碰撞预测与避让的专用设备称为自动雷达标绘仪（Automatic Radar Plotting Aid, ARPA）[10]。ARPA 就是一种典型的雷达数据处理系统。

20.2.1　组成要求

国际海事组织（IMO）对 ARPA 的要求是：“观察者能够自动获得待标绘目标的信息，从而减少他们的工作量，这样他们就能够如同用手动标绘单个目标那样完成几个单独目标的标绘”。ARPA 由 ARPA 单元和雷达组成，主要功能是对人工或自动录取的目标和陀螺罗经、计程仪等传感器提供的信息进行分析、处理，给出并显示目标航向、航速、方位、目标与本船的距离、最近会遇距离和到最近会遇距离的时间等各种数据以及视觉和声响报警，其跟踪目标应达 40 个以上，最大跟踪距离一般为 24 nm。

早期，ARPA 与导航雷达相互独立，是作为一种专用设备存在的，通过与雷达连接来获取数据。现代集成的 ARPA 将传统雷达数据与计算机数据处理系统结合成一个单元，所有雷达跟踪的目标和来自其他信息源的数据能在一个单元内处理并在一个显示器上显示。

IMO 在 2004 年 12 月 6 日通过的 MSC.192（79）决议案[11]中，规定了 2008 年 7 月 1 日以后新造船舶的雷达性能标准，同时取消了专业术语 ARPA 的表述，取而代之的是自动“目标跟踪”（Target Tracking, TT）。有关目标跟踪，具体要求如下。

1）一般原则

输入到 TT 装置的目标量测数据由雷达获取提供。在进行目标跟踪之前，雷达通过杂波控制装置可显著去除与目标不相关的量测数据，减少量测数据中的杂波数量。利用 TT 对目标进行跟踪时，可以手动录取目标，也可让 TT 装置自动录取目标。

① 以雷达对目标的相对位置量测数据和本船的自报位数据为输入，进行自动目标跟踪。

② 尽可能多地利用其他手段或信源获取的可用信息，以获取最好的跟踪效能，达到最佳的跟踪性能。

③ 至少应能在 3、6、12 海里量程上进行目标跟踪，同时目标跟踪距离要不小于 12 海里。

④ 应能对超高速海上目标进行跟踪。

2）目标跟踪数量

① 除了按要求处理由 AIS 报告的目标外，还应能按照表 20.1 中最少目标跟踪数量的要求，对全部数量目标实施跟踪和显示。

② 当目标跟踪数量即将超出既有能力时，应及时给出指示。目标数量过载不能影响雷达系统的整体性能。

表 20.1　国际海上人命安全公约对不同大小船舶应具备的跟踪性能要求

船舶的大小	小于 500 总吨	500 总吨到小于 10 000 总吨 和小于 10 000 总吨的高速船	所有大于或等于 10 000 总吨的船
最小操作显示区直径	180 mm	250 mm	320 mm
最小显示区域	195 mm×195 mm	270 mm×270 mm	340 mm×340 mm
自动录取	—	—	有
最小目标跟踪数量	20	30	40

3）录取

① 应提供目标手动录取功能，支持表 20.1 中规定的目标数量。

② 应按表 20.1 要求，提供自动录取功能。此种情况下，还应能为用户提供自动录取区域选择功能。

4）跟踪

① 当一个目标已被录取后，TT 装置应能在 1 min 内显示目标运动趋势，3 min 内给出目

标运动趋势预测。

② 自始至终应能自动地跟踪目标，并实时更新所有录取目标的位置、航速、航向等信息。

③ 如果在 10 次天线扫描中显示器上有 5 次目标清晰显示，或者按比例等量显示，TT 装置应能对此类目标连续地、不间断地进行跟踪。

④ TT 装置应具备滤波功能，能对雷达量测进行平滑，得到稳定的目标状态估计，即得到更加精确的目标位置、航速、航向数据，同时 TT 装备还应具备目标机动检测功能，能及时、尽早检测到目标中的机动。

⑤ TT 装置应尽可能减少错误跟踪的概率，当中包括目标航迹交叉交换的概率。

⑥ 应分别提供单一目标跟踪取消和所有目标跟踪取消功能。

⑦ 当目标跟踪达到稳定状态时，自动跟踪精度应达到规定性能要求。

⑧ 对实际速度能达到 30 节的船舶，TT 装置应以 95%的置信度，在表 20.2 目标跟踪精度约束下，稳定跟踪 1 min 后显示目标运动趋势，3 min 后显示目标运动预测。

在录取、本船机动、目标机动或任何跟踪扰动期间或稍后的短时间内，精度可能有显著的下降，这也取决于本船的运动和传感器的精度。

表 20.2　目标跟踪精度（95%置信度）

稳定跟踪时间/min	相对航向/（°）	相对速度/节	CPA/nm	TCPA/min	真航向/（°）	真速度/节
1 分：趋势	11	1.5 或 10%（两者取最大）	1.0	—	—	—
3 分：运动	3	0.8 或 1%（两者取最大）	0.3	0.5	5	0.5 或 1%（两者取最大）

20.2.2　处理过程

导航雷达目标跟踪满足图 20.1 所示的广义雷达数据处理框架，按照 IMO 术语适用规范，主要包括目标录取（航迹起始）、目标跟踪（航迹关联、航迹滤波和航迹管理）和复杂场景跟踪（杂波抑制）[10-16]。

1. 目标录取

在 IMO 术语中，录取是用来描述目标跟踪过程由此开始的术语。它可以是手动的，此种情况下，操作者利用屏幕标志向计算机指示哪个目标需要被跟踪；也可以是自动的，此时，通过特定计算机程序来录取进入指定边界内的目标。当目标被录取后，计算机启动与目标相关的数据收集。

1）手动录取

操作者使用摇杆或轨迹球，利用屏幕标志手动确定待录取跟踪的目标。当“录取”键或“取消”键按下时，目标就进入跟踪程序或取消跟踪程序。

2）全自动录取

每个扫描周期内，雷达会得到大量的量测点，远远超过 TT 装备的目标跟踪能力，因此需要按照一定的准则，对不同类别目标分别进行跟踪。一般情况下，回波体积较大的目标，譬如大型地面目标，会被首先排除在外，剩余的目标按优先级进行处理。例如，优先处理离本船最近的 30 个目标。然后按扫描先后，依次对相应目标进行跟踪。而被列到末尾的目标则被直接删除掉，或者优先级发生变化时被录取。

2. 目标跟踪

无论是手动录取还是自动录取，ARPA 应按表 20.1 规定的目标数量，自动地跟踪、显示和更新目标的信息。因此根据船舶大小不同，简易版 ARPA 至少要有 20～30 个跟踪通道，完整版 ARPA 至少要有 40 个跟踪通道。当海上目标较多时，20～40 个跟踪通道往往是不够的，不过庆幸的是船舶驾驶员能快速辨别哪些目标需要跟踪并录取，此时可以进行手动录取。虽然 20～40 个跟踪通道有时候会捉襟见肘，但也并不是跟踪通道越多越好。过多的跟踪通道将产生“ARPA 杂乱干扰”，即信息过载。目标跟踪具体包括航迹关联、航迹滤波和航迹管理等部分。

1）航迹关联

航迹关联的核心在于互联波门的选择，太大的波门，将会导致过多的杂波点进入，易导致互联错误，而太小的波门，将会使满足要求的互联点减少，易导致互联失败。如果后续的航迹滤波步骤采用的是卡尔曼滤波实现方法，则可以利用卡尔曼滤波输出的目标状态协方差估计，通过马氏距离实现波门的自适应变化如 6.2 节所示。该类型波门会随着卡尔曼滤波趋于稳定、目标状态协方差变小，而相应变小。如果后续的航迹滤波步骤采用的是 α-β 滤波实现方法或者更为简单的平滑方法，也可以采用更为简单的波门设置方法，典型方法为变率辅助法。该方法采用圆形波门，核心思想是把上一时刻圆形波门中心与实际量测间的距离作为下一时刻圆形波门的半径 r_k，下一时刻圆形波门中心 $\boldsymbol{g}_k=(g_k^x,g_k^y)$ 由所有量测的平均速度预测得到，具体计算公式如式（20.1）所示，变率辅助法实际效果如图 20.2 所示。

$$\begin{cases} g_k^x = \dfrac{z_{k-1}^x - z_1^x}{t_{k-1}-t_1}\times(t_k-t_1)+z_1^x \\ g_k^x = \dfrac{z_{k-1}^y - z_1^y}{t_{k-1}-t_1}\times(t_k-t_1)+z_1^y \\ r_k=\sqrt{(z_{k-1}^x-g_{k-1}^x)^2+(z_{k-1}^y-g_{k-1}^y)^2} \end{cases} \tag{20.1}$$

其中，$\boldsymbol{z}_k=(z_k^x,z_k^y)$ 为第 k 时刻雷达对该目标量测，z_k^x 为 X 方向量测和 z_k^y 为 Y 方向量测，$t(k)$ 为第 k 时刻具体时间。

当目标首次被捕获时，必须设置一个较大的波门，因为不能确定目标将向什么方向运动。随着目标连续位置的获得，通过如图 20.2 所示的变率辅助法，可显著改善目标下一个预期位置的预测准确度，其中波门的半径用来度量跟踪置信度，半径越小，预测就越精确。跟踪波门减小的优点是：

① 降低目标交换交叉的可能性；

② 减小了雨杂波和海杂波对目标跟踪性能影响；

③ 即使当目标量测中断时，也能继续跟踪目标。

随着波门尺寸的减小，将会带来新的问题。如果目标机动，则计算机有可能会在预测位置上没有发现目标，如果继续在预测的方向上跟踪和寻找，则最后会仍无法发现目标，直至目标航迹完全消失。为了避免此种情况，目标一旦丢失，即在预测的位置上没有发现目标，则应尽快地把波门尺寸增大，同时减少平滑周期。波门放大后，如果仍能检测到目标并接连发现目标，那么跟踪将会恢复，新的轨迹也将逐渐稳定。

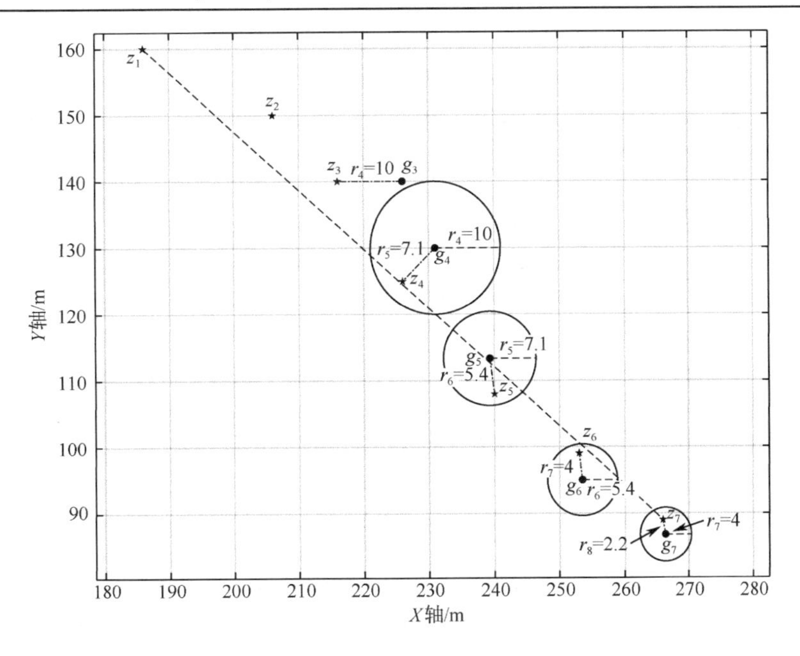

图 20.2　变率辅助实际效果

2）航迹滤波

在 IMO 以前的性能标准中，曾规定跟踪的精度不低于人工从雷达显示器上获得的连续目标位置精度，表 20.2 给出了现在关于目标跟踪精度的要求。

跟踪精度的提升主要是通过目标量测点积累和航迹滤波来实现的。当一个目标被录取后，天线每次扫过该目标，TT 装置将储存目标坐标位置。而这些同一目标不同时刻的位置将具有特有的波动性。起初，同一目标不同时刻量测点的中线相对一定距离的量测点是非常敏感的。随着量测时间的增加，且得到更多的量测点后，量测中线将逐步稳定，所代表的目标位置精度也随着提高。大量连续的量测才能提高目标位置、航速和航向精确。一般目标跟踪 1 分钟后，通过大约 12～20 次量测点的平滑，才能达到要求的跟踪精度。采用变率辅助法情况下，如果目标连续地在预测位置上被检测到，并且跟踪时间已长达 3 分钟，即已平滑滤波大约 36～60 次量测点，则滤波已达到较高的精度等级。此后，每增加一次新的量测，最老的数据将会被放弃。

精度是标绘时间的折中。如果实现平滑的时间太长，跟踪系统对航迹的变化将变得不灵敏，其结果是小的机动可能检测不出来，而且在大的机动变得明显之前，将有很长的延迟。另一方面，如果实现平滑的时间很短，输出的数据将波动不定。显然，滤波算法需要综合考虑平滑量和平滑时间，需要综合协调目标机动的灵敏度和数据稳定两方面。图 20.3 所示为塞莱尼亚防撞系统的跟踪算法，意大利罗马塞莱尼亚公司设计的自适应双通道跟踪滤波器兼顾目标机动灵敏度和数据稳定两个方面。它基于两种不同的并行处理组件，即“快速”滤波器和“精确”滤波器，前者主要用于跟踪机动船只，后者则完成窄带滤波以便在稳态条件下达到较高的精度，故前者选用的α、β值大于后者。两种滤波器均采用恒定的α-β参数。但在精确滤波时，允许选用三对α-β值，并备有开关逻辑电路。滤波算法的主要参数如表 20.3 所示， 给出了所用的α-β值和相应的反应时间（以雷达扫描次数计算）。在航迹起始阶段，只有快速滤波器通道在工作。

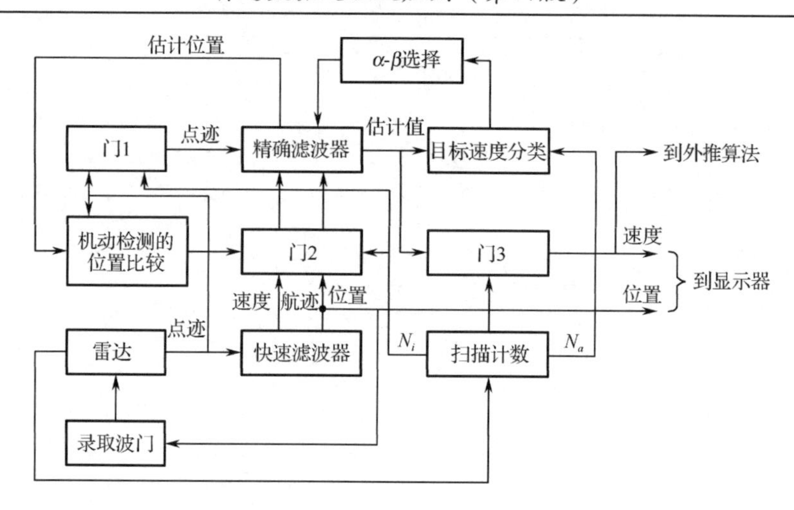

图 20.3　塞莱尼亚防撞系统的跟踪算法

表 20.3　滤波算法的主要参数

滤 波 器	目　标	α-β	扫 描 次 数
快速	机动	0.54～0.2	6
精确	快	0.18～0.017 8	20
	中	0.11～0.006 5	40
	慢	0.07～0.002 5	60

如图 20.3 所示，在 N_i 次扫描的暂态时间以后，精确滤波器经门 1 由目标航迹估计数据初始化。此后，便开始与快速滤波器一起并行处理点迹数据，不过使用的是允许的第一对 α-β 值。当精确滤波器达到稳态条件后，将进行一次测试来判定目标速度属于低、中、高哪一挡。根据测试结果，合适地选择精确滤波器的 α-β 值。同样的测试要周期性地重复进行，以便考虑船只速度的变化。这种对目标速度的自适应性，目的是使速度估值的相对误差几乎保持不变。根据这种方法，目标速度越低，滤波器的精度就越高，但要以更长的反应时间为代价。精确滤波器的输出用作显示、外推和估计最近的接近点（CPA）及到达最近接近点所需的时间（TCA），也可用来对预测位置和雷达点迹作比较而检测出目标的机动。一旦发现目标机动，就强制使快速滤波器提供的位置和速度估值经过门 2 进入精确滤波器。这样，便提供了对目标机动的自适应性。此后，精确滤波器的输出再次被用作进一步的处理和显示。只要目标持续机动，那么从快速滤波器到精确滤波器的周期性数据流也将持续不断，于是两通道间的这种交互作用使整个跟踪滤波器的暂态时间为最小。

3）航迹管理

对于已经录取并连续跟踪的目标，该目标在 10 次天线连续扫描中应至少有 5 次在显示器上清晰可辨。如果由于某些原因，在个别天线扫描中没有该目标的量测，ARPA 不应立即断定该目标丢失，应采用某些形式进行“搜索”，例如通过开一个大的跟踪波门，不仅仅是对曾经检测到的目标区域进行“搜索”，对未能检测到目标的区域也要进行“搜索”。如果在 6 次天线扫描后该目标仍然没有被发现，则确认该目标丢失，激活报警，同时在目标最后位置上显示一个闪烁的标志。

3. 复杂场景跟踪

船用导航雷达由于其特殊的工作环境，面临严重的杂波干扰，包括地杂波（如地面、海岸、海岛）、海杂波和气象杂波（如云、雨、雪、冰雹、大气湍流）。关于杂波抑制，IMO 决议案 MSC.192（79）中规定：

（1）应尽可能采用各种方法，以减少海杂波、雨和其他形式的降水、云、沙暴和来自其他雷达干扰等产生的量测；

（2）应提供手动和自动杂波抑制功能，有效去除杂波；

（3）允许手动和自动杂波抑制组合使用。

通过增益控制、杂波图自适应控制等信号处理方法措施，可以一定程度上缓解杂波干扰带来的影响。但事实证明，不论采取何种干扰抑制方法仍有剩余杂波漏到 ARPA 中，在雷达工作环境恶劣时会出现大量的虚假量测点，给目标录取和目标跟踪造成很大的困难，严重时甚至会导致计算机饱和，因此有必要在 ARPA 中进行杂波干扰抑制。

在 ARPA 中，可采取较为严格的自动目标录取和目标跟踪准则，来抑制杂波干扰。在杂波剩余严重的区域建立特殊区，特殊区内的量测点采用较为严格的航迹起始准则，变一般的 3/5 起始为 4/5 或 5/5 起始。在点迹-航迹关联时除考虑量测点的位置信息外，兼顾幅度和多普勒速度信息。对录取后的航迹增加速度滤波，撤销虚假航迹。对杂波剩余特别严重的区域建立人工区，根据操作员的观察，采用半自动和手动相结合的目标录取和跟踪维持准则。

此外，根据杂波空间上的不同分布，在雷达威力范围内可以划出几个特定的雷达区域，采取不同的控制和处理方法。这些特定区域包括寂静区、屏蔽区、人工区和图控区。寂静区主要用于雷达控制模块，这种区域内只接收不发射雷达波束，用于抑制杂波；屏蔽区主要用于回波预处理模块，该区域内只发射不接收，用以对付强杂波；人工区主要用于相关滤波模块，区域内的回波采用非常规的航迹起始和跟踪维持算法；图控区主要用于雷达控制模块和回波预处理模块，雷达控制模块根据图控区杂波图的特性控制雷达波束的工作参数，回波预处理模块根据图控区杂波图的特性滤除杂波点迹。基于电子地图背景的雷达显示控制模块可显示雷达威力范围内的海岸线、岛屿和钻井平台等地理信息，这些地理信息可作为杂波判断的依据，也可由此对雷达工作状态和区域进行控制。

20.2.3　典型实例

采用雷达数据处理方法，对某型导航雷达凝聚的点迹进行数据处理。该型导航雷达扫描周期为 25 转/分，距离精度为 25 m，方位精度为 1°，其原始量测点迹如图 20.4 所示，共 1271 个扫描周期数据。经航迹起始、点航互联、航迹滤波等多个步骤处理后，生成目标跟踪航迹如图 20.5 所示，图 20.6 为局部放大后的原始量测点迹，图 20.7 为局部放大后的目标跟踪航迹。对比雷达量测点迹图和目标跟踪航迹图可知，雷达数据处理方法有效去除了虚假点迹，跟踪生成的航迹连续稳定。

对于强海杂波环境，目标跟踪效果如图 20.8 和图 20.9 所示。图 20.8 为强海杂波情况下雷达量测情况，可以看出，由于强海杂波，雷达虚假量测点迹非常多。通过雷达数据处理方法进行杂波抑制后，最终效果如图 20.9 所示，有效地对海杂波进行了抑制去除。

进一步对空中快速目标进行跟踪，实验结果如图 20.10～图 20.13 所示，其中图 20.12 为存在一定干扰情况下的雷达量测点迹。经雷达数据处理后，快速目标跟踪航迹如图 20.11 和图 20.13 所示。由图 20.11 可知，通过雷达数据处理，可实现快速目标稳定连续的跟踪，防空态势清晰、准确。由图 20.13 可知，在存在一定干扰情况下，仍能实现快速目标的良好跟踪，但由于干扰杂波时空关联性较强，在杂波区域，跟踪生成了多条虚假航迹。

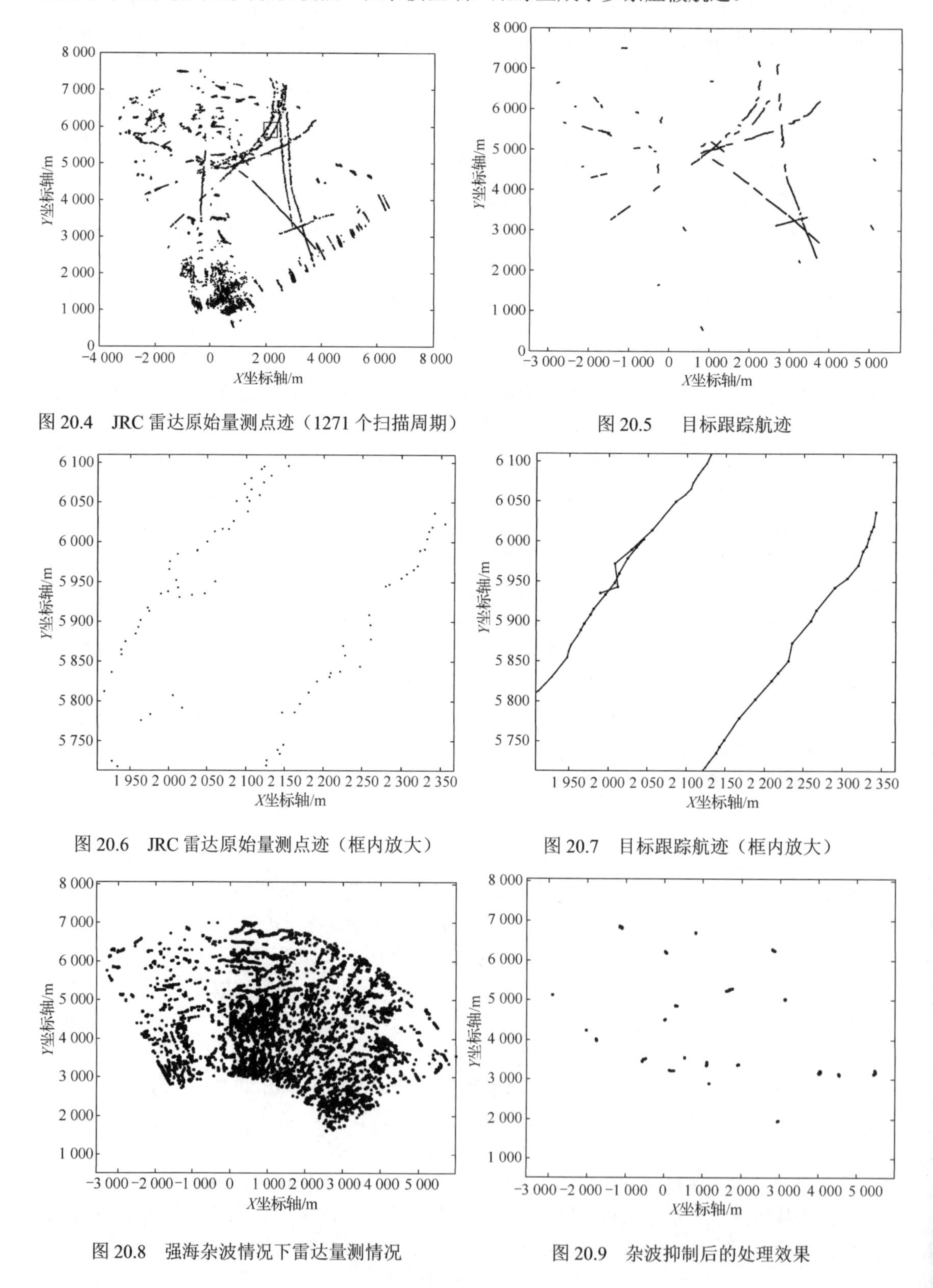

图 20.4　JRC 雷达原始量测点迹（1271 个扫描周期）

图 20.5　目标跟踪航迹

图 20.6　JRC 雷达原始量测点迹（框内放大）

图 20.7　目标跟踪航迹（框内放大）

图 20.8　强海杂波情况下雷达量测情况

图 20.9　杂波抑制后的处理效果

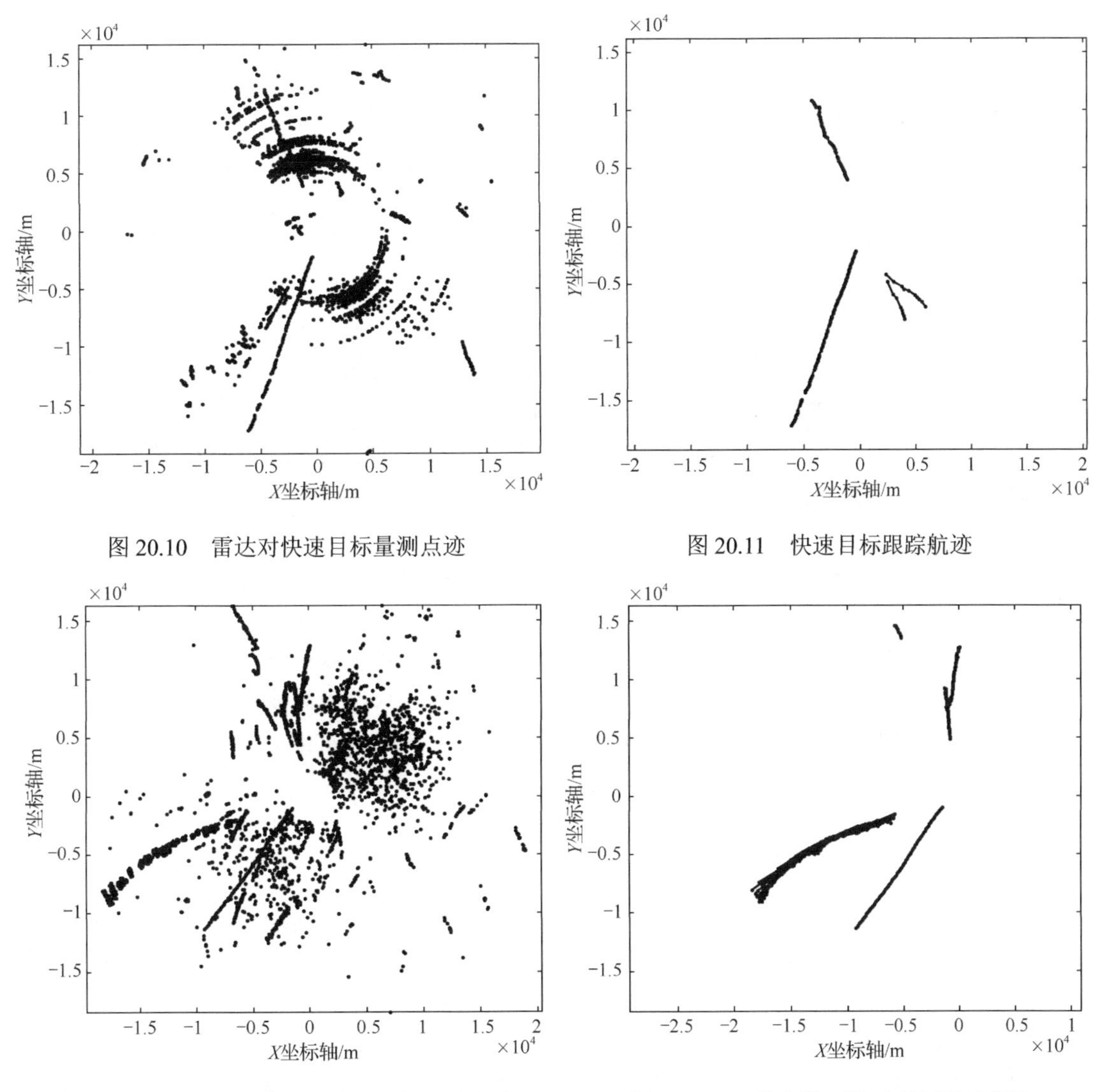

图 20.10　雷达对快速目标量测点迹

图 20.11　快速目标跟踪航迹

图 20.12　干扰环境下雷达对快速目标量测点迹

图 20.13　干扰环境下快速目标跟踪航迹

20.3　在 AIS 和 ADS-B 系统中的应用

除了雷达设备外，AIS 和 ADS-B 是其他主要的目标信息获取手段，其中 AIS 主要用于海上舰船目标信息获取，ADS-B 主要用于空中飞行目标信息获取。但不同于雷达自主探测方式，AIS 和 ADS-B 是合作式目标信息获取手段，即目标按照预先规定好的协议，通过自身的 AIS 或 ADS-B 设备主动向外发送自身属性信息和运动信息，其他 AIS 或 ADS-B 设备通过接收、解析、处理，来实现周边目标信息的获取。

20.3.1　AIS 系统

AIS 技术诞生于 20 世纪 90 年代，一经问世就得到了国际、国内航海界的高度重视，特别是近 20 年来，关于 AIS 性能参数和技术标准的法案、法规不断制定并颁布，这极大促进了 AIS 在航海领域的发展与应用，2000 年 12 月 IMO 会议通过 AIS 强制性安装议案，要求所有于 2002 年 7 月 1 前建造的、从事国际航运的各类船舶必须在 2003 年 7 月 1 到 2008 年 7 月 1 前装配 AIS 设备[17-19]，AIS 的广泛使用，标志着船-船、船-岸之间信息的识别与交互进入了全新的数字化时代。

AIS 是工作在甚高频海上频段的船载和岸基广播式自动识别应答器系统，船舶数据由 GNSS（Global Navigation Satellite System）获取，它对目标的跟踪几乎不受距离、位置和天气的限制，与导航雷达设备相比，AIS 具有以下诸多优点。

（1）跟踪精度高。受技术体制限制，雷达对目标探测存在一定盲区，并且极易受恶劣气象、不良海况和地形等外部环境因素影响，漏检、丢失、误跟踪、虚假概率较高。而 AIS 接收的目标位置则是从内置的或外接的全球定位系统接收机获得的，精度高，并且提供的信息内容丰富，不受天气、海况等外部环境因素影响。

（2）覆盖范围广。岸舰 AIS 设备跟踪信号具有一定的空间绕行能力，可对雷达探测不到的区域进行目标跟踪显示，甚至能对靠在大船后或被礁石、大山等遮蔽的小船进行显示。更先进的星载 AIS，可覆盖接收的范围更大。

当然，AIS 也不是无所不能的。首先并不是所有的船舶都安装了 AIS 设备，未安装 AIS 设备的小船、礁石、航标等目标将无法被跟踪显示。此外 AIS 提供的船舶位置只有坐标点，无法给出目标的视频信息和周围环境信息，这将给航行安全埋下隐患。而雷达是以自主探测方式实现目标跟踪的，可以对静止的大山、岛屿或一些用于协助航海安全的设施等进行跟踪探测，因此，在实际船舶导航、港口船舶监控等应用场景中，经常把 AIS 和雷达结合使用，通过信息融合，取长补短，实现海上目标连续、稳定、精准跟踪监视。

20.3.2　ADS-B 系统

随着全球民航业的快速发展，航班流量呈现持续高增长态势，传统二次监视雷达因其运行成本高、更新周期长、定位精度低、覆盖范围小等缺点已难以满足迅猛发展的空中交通管制需求，建立一个高效、立体的空管监视与管制设备体系已十分紧迫。在此需求下，广播式自动相关监视（ADS-B）应运而生。与传统的航管二次雷达监视相比，ADS-B 探测方式完全不同。传统二次雷达监视技术由地面询问机和空中应答机构成，采用询问应答的方式，通过雷达回波得到飞机位置、高度等信息的技术。而 ADS-B 则首先使用机载导航系统得到飞机的精确位置和速度信息[20,21]，然后周期性地向外广播飞机的国际民航组织（ICAO）地址码、经度、纬度、高度、速度、航向等飞行动态信息[22,23]，地面站通过空地数据链路接收 ADS-B 的广播信息，传送给地面管制中心，实现地空监视，其他飞机通过空空数据链路接收 ADS-B 广播信息，实现航管二次监视雷达无法实现的飞机间的空空监视[24,25]。目前，ADS-B 技术的应用模式主要有以下三种。

1）雷达覆盖区域内监视

由于空地 ADS-B 报告位置精准度高且位置更新速度快，增强了雷达覆盖空域内的空管监视服务，并可以实现更小的飞行间隔标准。在部署二次监视雷达的空域或航路上，ADS-B 地面站可作为备份监视系统，ADS-B 生产的位置报告可以弥补二次雷达缺失的位置信息[26]。在部署一次监视雷达的空域或航路上，ADS-B 可以提供增强数据信息，例如航班号、经纬度及修正海平面高度。ADS-B 技术还可以提供更多的航空器飞行数据，例如，外推航迹、飞行姿态，它可以加强空管自动化系统对于飞行数据的处理。

2）非雷达覆盖区域内监视

ADS-B 技术可以在非雷达覆盖空域提供空中交通管制监视服务，例如，辽阔偏远的内陆空域、近海运行空域或大洋空域。主要作用是增强位置信息服务和飞行间隔服务。在已经部署 ADS-B 监视的空域，ADS-B 可以提供刷新速度更快的位置信息报告，进而缩小空中交通管理的飞行间隔标准。

3）机场场面监视

ADS-B 技术可以作为新的机场场面监视的信息源，使机场的场面活动管理更加安全和高效[27]。在机场场面活动的车辆加装 ADS-B 设备，可以与航空器共同显示在空管自动化系统上。ADS-B 提供监视机场场面的飞机和车辆的位置更新，加强对飞机和车辆的监控，实现跑道冲突告警和滑行道入侵告警等功能。

20.3.3　处理过程

不同于雷达自主探测方式，AIS 或 ADS-B 获取的目标信息都是存在唯一标识的，AIS 中的 MMSI 码和 ADS-B 中的 ICAO 地址码一般都是与目标一一对应的，因此 AIS 或 ADS-B 等合作式目标信息获取系统对目标的跟踪比较简单，仅需要比对 MMSI 码或 ICAO 地址码，对依次接收的不同时刻目标航迹报文信息进行互联即可。此外，为形成广域的海上目标或空中目标态势信息，常常需要对多个 AIS 或 ADS-B 设备进行组网，因此它们的数据处理过程常常还包括航迹关联和航迹融合等处理过程。另外需要说明的是，由于 AIS 设备的 MMSI 码可以随意更改，别有用心船主，为故意掩人耳目，掩盖自己的身份，会故意更改 MMSI 码，对于此种情况需要更加复杂的数据处理技术进行甄别处理，譬如 MMSI 码异常检测，不同 MMSI 码航迹匹配关联等[28]。

由于 AIS 和 ADS-B 的编码格式是不同的，因此在信息解码处理部分，它们是不相同的，需要分别进行讲述。然而在后续处理过程中，AIS 和 ADS-B 基本上是相同的，因此在航迹生成、航迹关联、航迹融合处理部分，把 AIS 和 ADS-B 统称为合作式信源，不再进行区分。

1. 信息解码

AIS 和 ADS-B 分别遵守各自的编码约定。在信息解码阶段，按照各自的编码格式进行信息提取即可。

1）AIS 解码

AIS 消息可分为以下四种类型，它们以不同的周期发送，静态信息和航行相关信息一般每 6 min 发送一次，船舶安全相关信息根据需要发送，周期不定；动态信息则根据 AIS 航速和航向的不同，其发送信息的周期也有所变化。

① 静态信息，包括 MMSI（船舶识别编号）、IMO 号、船舶名称、船舶长宽、船舶型号以及 GPS 在船上的位置。

② 动态信息，包括船舶经纬度、UTC 时间、航速、航向、船艏航向、航行状态、转向率等。

③ 航次信息，包括船舶吃水数据，船载危险货物类型、目的地及预计到达时间。

④ 船舶安全信息，是自由编辑的文字信息，它能发送给 AIS 范围内的所有船舶，也能根据 MMSI 指定船舶发送信息。

AIS 接口协议采用国际上规定的 IEC61162 标准，该协议严格要求在链路上进行传输、广播的信息载体只能是 ASCII 码字符。对封装 ASCII 码字符串的解码与解析过程可分为三步：（1）提取封装的 ITU-RM.1371 无线电文；（2）按照表 20.4 的对应关系，将提取的 ASCII 字符串中各字符转化为它所对应的二进制数，并按字符的先后顺序组织好比特位；（3）将组织好顺序的 168 位二进制数进行位段划分，然后参照 ITU-RM.1373 定义的消息格式就可以将该电文传输的船舶信息解析出来了。表 20.5 给出了 168 位二进制数按照消息格式划分后所对应的船舶信息含义。

对解码得来的 168 位二进制数按 ITU-RM.1373 定义的消息格式划分位段后，需要运用公式才能将二进制数转换成实际可用的船舶数据，主要换算公式有：$\text{MMSI} = N$；经度 $\text{Longitude} = N/10\,000$；纬度 $\text{Latitude} = N/10\,000$；转向率 $\text{ROT} = \left(\dfrac{N}{4.733}\right)^2$；真航向 $\text{TrueHeading} = N/10$，以上各式中的 N 值即为各位段的二进制数所对应的十进制值。

表 20.4　一位有效的 ASCII 码字符与六位二进制数对应表

ASCII 码	二进制数	ASCII 码	二进制数	ASCII 码	二进制数	ASCII 码	二进制数
0	000000	@	010000	P	100000	h	110000
1	000001	A	010001	Q	100001	i	110001
2	000010	B	010010	R	100010	j	110010
3	000011	C	010011	S	100011	k	110011
4	000100	D	010100	T	100100	l	110100
5	000101	E	010101	U	100101	m	110101
6	000110	F	010110	V	100110	n	110110
7	000111	G	010111	W	100111	o	110111
8	001000	H	011000	‘	101000	p	111000
9	001001	I	011001	a	101001	q	111001
:	001010	J	011010	b	101010	r	111010
;	001011	K	011011	c	101011	s	111011
<	001100	L	011100	d	101100	t	111100
=	001101	M	011101	e	101101	u	111101
>	001110	N	011110	f	101110	v	111110
?	001111	O	011111	g	101111	w	111111

表 20.5　168 位二进制数按照消息格式划分后所对应的船舶信息含义

比特区域	比特意义	比特区域	比特意义	比特区域	比特意义	比特区域	比特意义
1-6	ID 号	43-50	转向率	90-116	纬　度	144-147	区域服务
7-8	重复标志	51-60	对地速度	117-128	对地航向	148	空闲位
9-38	MMSI 号	61	船位精度	129-137	真航向	149	RAIM
39-42	船舶状态	62-89	经　度	138-143	UTC 时间	150-168	通信状态

2）ADS-B 解码

ADS-B 数据帧由各个 ADS-B 数据块组成，每个数据块包含各个域值。单条 ADS-B 报告共 14 个字节，112 bit，被分为 5 个大的数据块，具体为：

① DF 域，单条 ADS-B 报告的前 5 个比特位（bit1-bit5）为 DF 域，DF 域表示该 ADS-B 报告是否采用 S 模式应答机发射；

② CA/CF 域，后续的 3 个比特位（bit6-bit8）为 CA/CF 域，它的用处视 DF 域的值而定；

③ AA 域，后续的 24 个比特位（bit9-bit32）表示飞机的 ICAO 地址域，对同一航空器 ICAO 地址域具有唯一性；

④ ME 域，后续的 56 个比特位（bit33-bit88）为 ADS-B 消息域（ME），该域包含航空器的诸多元素项；

⑤ PI 校验域，最后的 24 个比特位（bit89-bit112）为校验域 PI。

根据 ME 域传递信息的不同，ADS-B 报告分为三类：包含目标四维位置和姿态信息的状态向量报告；包含目标航行信息和飞机标识信息的模式状态报告；包含控制应答和其他辅助信息的条件报告。

① 状态向量报告。每个广播的状态向量报告包括唯一的 24 位 ICAO 地址码、经度、纬度、速度、高度，所有这些数据的参考坐标系都使用 WGS-84 坐标系。其他状态向量包括纵向速度、空速、大气压高度和地面轨迹等。表 20.6 为地面空中位置报 ME 域报文格式。

② 模式状态报告。模式状态报告传输的信息更新率比状态向量报告的要求低，报告元素包括唯一的 ICAO 地址码、航班号、紧急/优先状态、分类码等。

③ 条件报告。条件报告是为了支持将来能力提供的，报告元素包括唯一的 ICAO 地址码、下一个路径转弯点的经度、纬度、高度及到达下一个路径转弯点需要的时间等。

表 20.6　地面空中位置报 ME 域报文格式

地面位置报			空中位置报		
比　特　位	字 段 说 明	备　　注	比　特　位	字 段 说 明	备　　注
1-5	子类型	数值为 5～8	1-5	子类型	9～18、20～22
6-12	Movement 值	61	6-7	监视状态	0：无状态信息；1：紧急状态；
13	有效状态	0：有效；1：无效	8	单天线标识 SAF	UTC 时间
14-20	GroundTrack	—	9-20	气压高度	—
21	Time	0：没有和 UTC 时间同步；1：和 UTC 时间同步	21	Time	0：没有和 UTC 时间同步；1：和 UTC 时间同步
22	CPR	0：偶报文；1：奇报文	22	CPR	0：偶报文；1：奇报文
23-39	Latitude 编码		23-39	Latitude 编码	
40-56	Longitude 编码		40-56	Longitude 编码	

2. 航迹生成

对于合作式信源，航迹生成包括两种操作处理，分别是新航迹的建立和已有航迹的更新。具体处理过程为：

① 提取解码信息中目标唯一标识 ID，即对于 AIS 为 MMSI 码，对于 ADS-B 为地址码；

② 根据目标标识 ID，对现有航迹进行查找，如果没有相应目标航迹，则重新建立一个目标航迹，如果有相应航迹，则找到该航迹位置；

③ 对新建立或已有航迹进行更新，如果接收到的信息为静态属性信息，则对该航迹目标属性相关信息进行更新，如果接收到的信息为动态位置信息，则更新目标位置信息。

3. 航迹关联

根据目标唯一标识 ID 是否相同，对不同合作式信源接收到的航迹信息进行航迹关联处理，把属于同一目标的航迹关联在一起。为了确保关联准确无误，在目标唯一标识 ID 相同的基础上，进一步对不同信源航迹间距离进行判断，如果距离大于门限，则给出关联错误指示，请求人工进一步进行裁决，避免各种意想不到的错误。

4. 航迹融合

多路合作式信源航迹关联后，进行航迹融合，以得统一航迹。一般根据各路合作式信源的航迹信息质量进行加权融合，也可采用选主站方式，选择一路最优航迹作为系统航迹。在加权融合法中，权重系数表示各路航迹的数据质量，质量越高加权系数越大，质量越低加权系数越小。权重系数可根据多路合作式信源接收设备的性能进行考虑，高性能、速率快的接收设备其权重系数应设置的高一些，低性能、速率慢的接收设备其权重系数应设置的低一些。此外，也可通过对接收设备性能进行实时监控，以动态调整其权重系数。其中可监控统计的指标包括某个时间段内接收点迹数量、在某个时间段内接收航迹信息数量、接收数据帧中正确数据量和错误数据量、传输项中必须传输项的丢失量、测试目标的位置误差等。

20.3.4 典型实例

图 20.14 为欧洲某海域民用船舶 AIS 航迹图，图 20.15 为美国某海域民用船舶 AIS 航迹图，包括渔船、游艇、货船、客船、油轮、救援船只等不同类型海上目标。图 20.16 为部分全球分布的 ADS-B 数据，包括陆上飞机和直升机等类型。图 20.17 为波音 747 型飞机 ADS-B 轨迹，包括陆上飞机和直升机等类型，图 20.18 为 EC135 型直升机 ADS-B 轨迹。

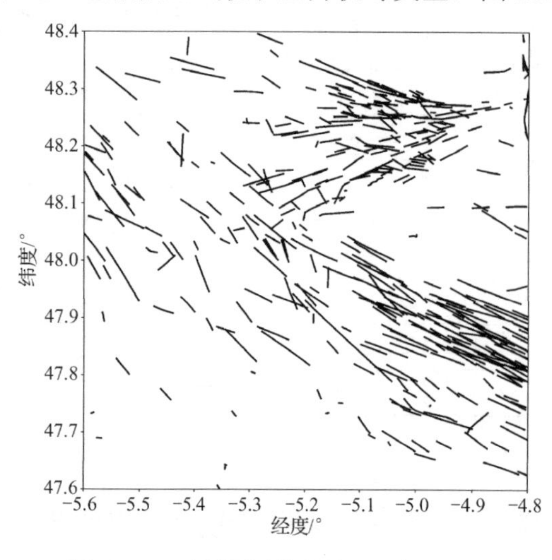

图 20.14 欧洲附近某海域 AIS 航迹图

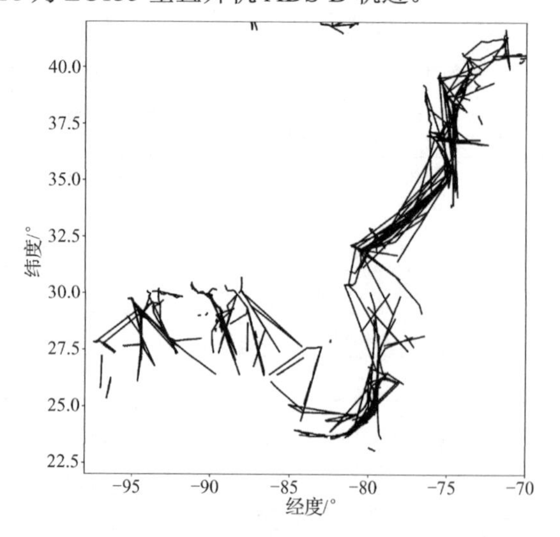

图 20.15 美国某海域民用船舶 AIS 航迹图

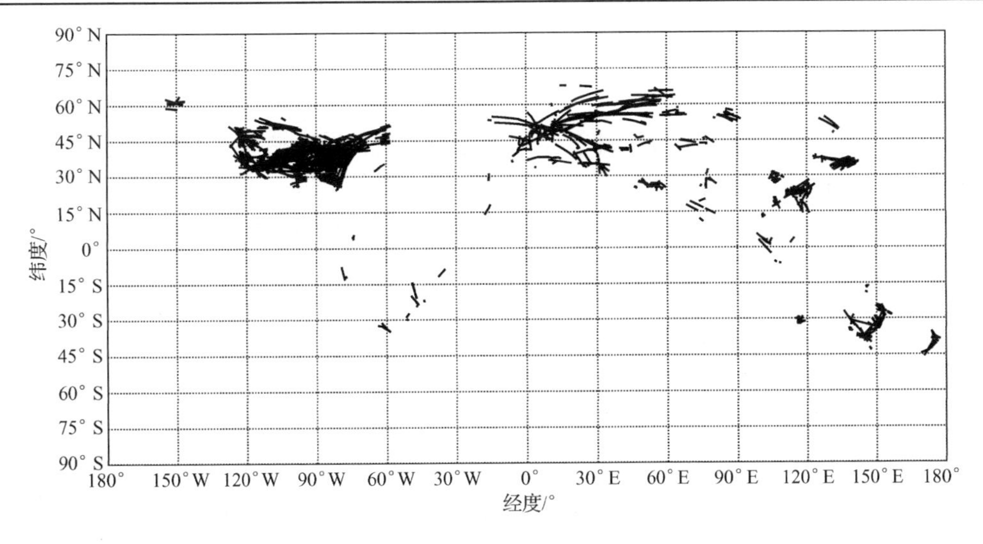

图 20.16　全球分布的 ADS-B 数据

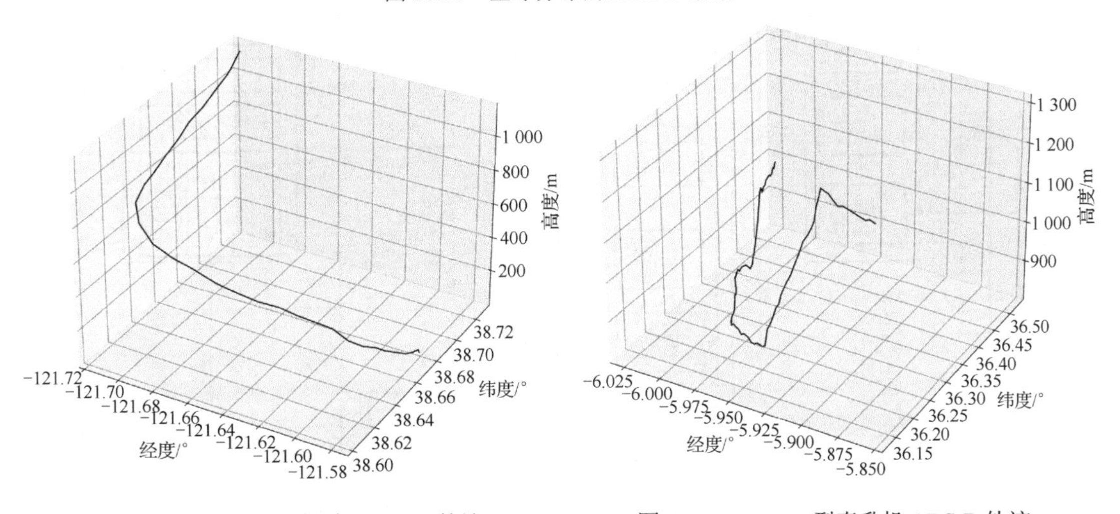

图 20.17　波音 747 型飞机 ADS-B 轨迹　　　　图 20.18　EC135 型直升机 ADS-B 轨迹

20.4　在海上信息中心的应用

随着中国国家利益的全球化拓展，海洋战略正逐步从近海走向远洋，从区域走向全球，远海远洋权益已成为我国核心利益关注的焦点。例如，世界 5 大恐怖海域之中有 4 个在海上丝绸之路上，以亚丁湾为例，平均每 3 天就有一起海盗抢劫事件，提升对海上丝绸之路等远海区域中危险小目标的监视能力是防范海盗、安全护航的必要前提；2014 年的马航事件后，世界各国都愈发重视提升海上异常突发事件的实时感知能力。

在此背景下，我国目前正在推动国家级海上信息中心建设，拓展引接各类海上目标信息资源，通过数据处理和信息融合，以充分发挥各种海上观察预警手段效能，增强海上目标监视能力和信息支援保障能力，提升远海远洋持续监视能力和突发异常事件实时感知能力。

20.4.1　功能组成

海上信息中心各功能信息流程图如图 20.19 所示。典型的海上信息中心应具备信息汇集、数据处理、共享服务、协同会商等功能，它们之间的关系如图 20.19 所示。

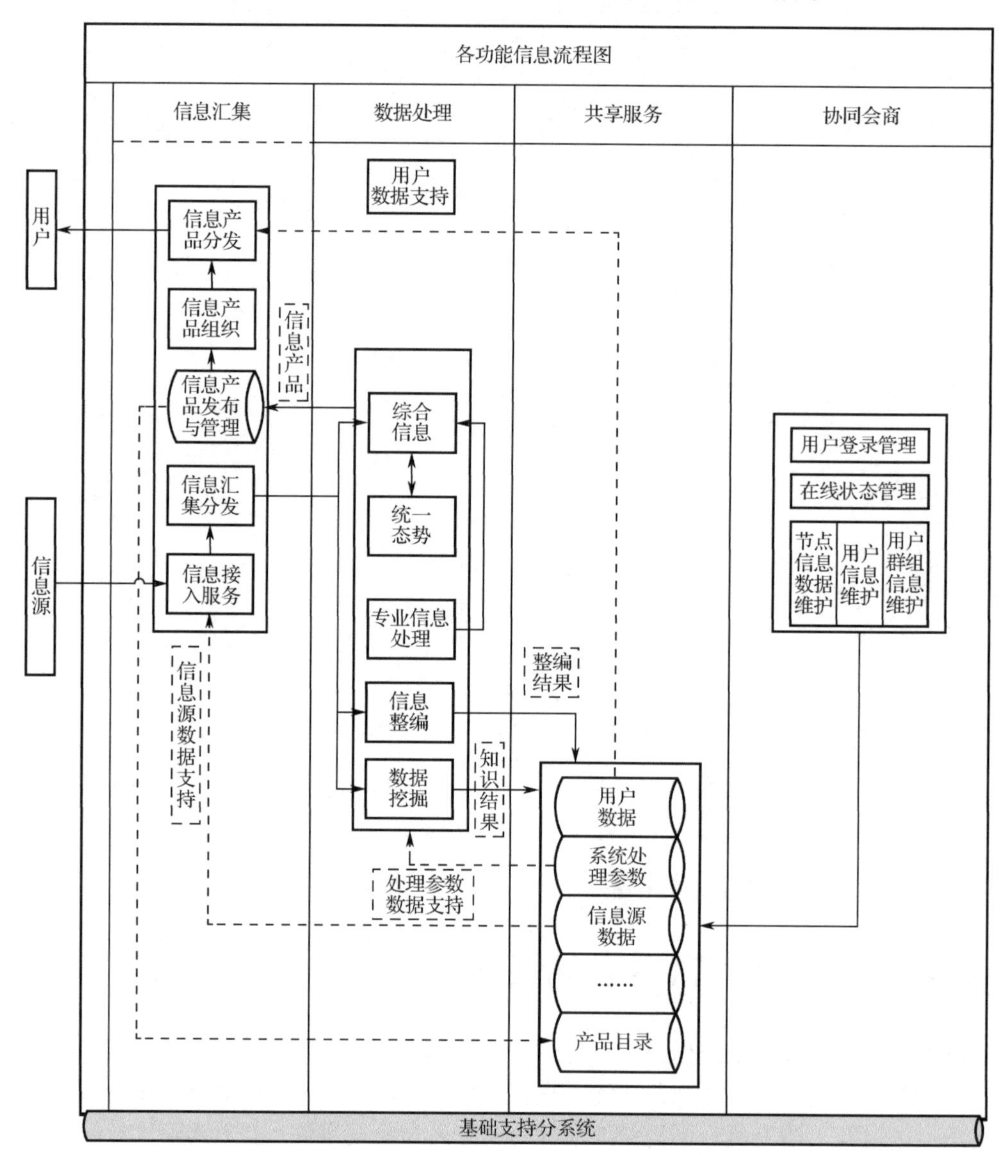

图 20.19　海上信息中心各功能信息流程图

20.4.2　处理过程

海上信息中心信息处理流程为首先对接入的雷达、AIS、船舶自报位等各类情报信息，根据获取手段和信息种类，由数据预处理和融合处理进行分布式协同处理和识别，形成统一的海情综合态势。然后系统对生成的数据产品统一管理，根据保障策略和用户保障需求，向各级各类用户按需提供透明化信息保障，典型信息接入、处理和保障流程见图 20.20 所示。

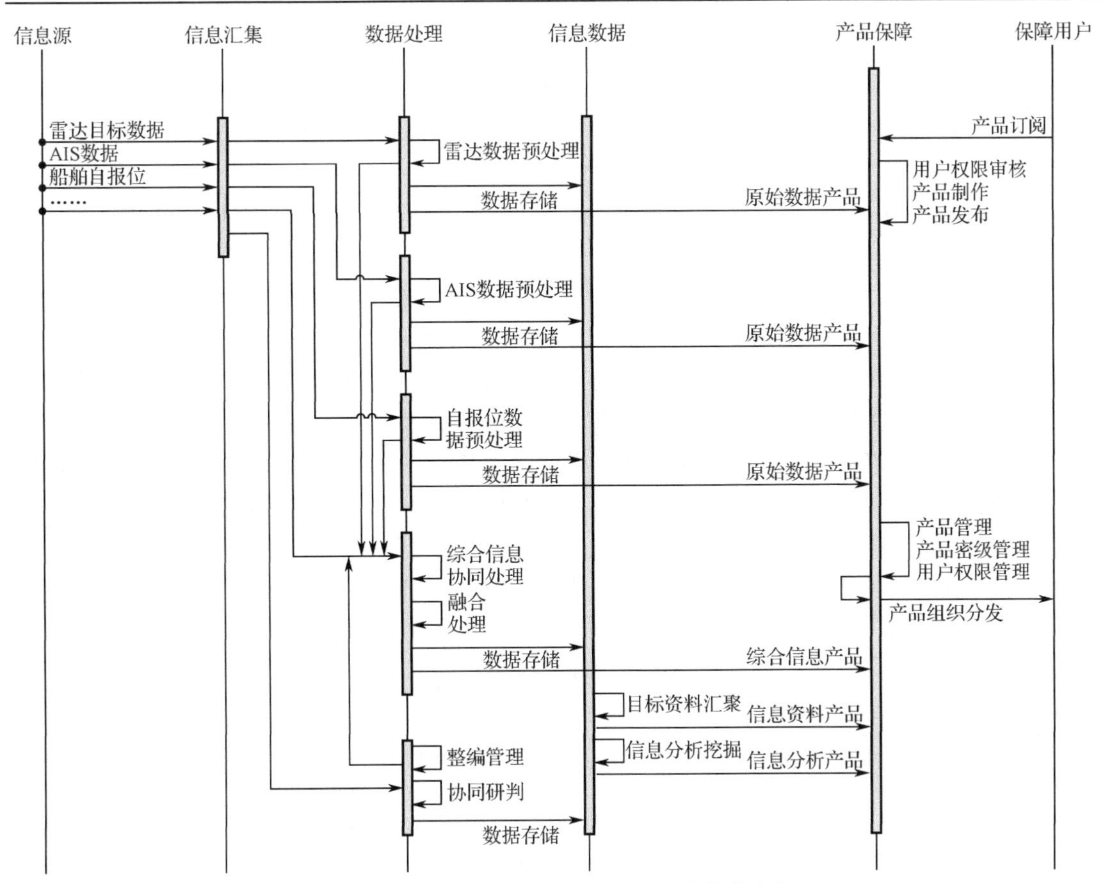

图 20.20　典型信息接入、处理与保障信息流程

1. 信息汇集

信息汇集主要完成各类涉海信息的接入、预处理、解析和存储管理，包括格式化报文、文本、音频、图像、视频、数据库等。涉海信息按信息类型分，主要有以下四种类型。

（1）格式化报文。包括水文气象环境数据、全球 AIS 数据、雷达站数据、北斗位置信息。

（2）自由文本。包括海上目标情况的文字通报和互联网发布的涉海公开信息以及开源涉海整编信息。

（3）遥感影像。包括卫星遥感图像和光电影像。

（4）数据库。包括船舶静态档案库。

2. 数据处理

根据获取手段和信息，进行分类专业处理和识别，形成雷达、AIS 等专业态势；在专业处理的基础上，进行多元融合、关联印证、统一编批等处理，实现不同手段掌握目标信息的综合处理和联合识别，形成统一的海上目标信息综合态势。

（1）对接收到的海上目标信息进行数据清洗、去重等预处理。

（2）对接收的卫星非实时信息进行处理，实现非实时信息与实时信息的关联。

（3）实现多源异类信息融合。

（4）实现海洋环境数据、互联网报告信息的整编管理。

（5）实现图像、视频等非格式化信息处理，与格式化信息的辅助关联识别印证，加强基于多证据的目标识别能力。

进一步，通过公开来源信息关联分析、面向目标/任务/时间的多维智能挖掘等技术，开展基于大数据的跨域分布式综合处理与融合研究，在目标识别、态势规律分析、形势研判和信息知识服务方面，充分挖掘信息资源的效能。

（1）全过程数据关联和目标识别能力。从多源海量数据中，建立每个目标的跟踪信息集，检索目标全航迹所关联的雷达、AIS、图像等信息，以及各种相关的开源信息，辅以目标活动规律等先验知识，进行全航迹信息关联，分析识别目标属性。

（2）态势规律分析与挖掘能力。通过积累和分析海量的各类传感器历史数据，挖掘提取目标的活动规律、装备特征、空间轨迹、协同关系等知识要素，建立知识库。进一步将实时态势信息与之进行关联匹配，对目标行为和意图进行预测。

（3）形势研判能力。通过公开媒体收集各种各类信息，利用自然语言处理和机器学习技术，提取事件信息，对时间地点、人物关系、事件性质、情感等要素进行分析，实现对重要事件的热点发现、舆情分析、关联追踪、趋势预测，提升征候分析、认知和预测能力。

（4）情报知识服务能力。从海量繁杂、来源广泛、不确定、关联弱的大数据中，快速提取目标实体、属性、关系等知识信息，构建精准、高价值的领域知识图谱，实现碎片化知识的关联分析与推理，为知识生成与知识推理奠定基础。

3. 共享服务

共享服务主要实现海上目标信息的二维和三维态势展示，并建立分发与门户保障服务，向用户提供保障，具有推送、订阅、浏览等多样化保障模式。其中态势展示应具备以下功能：

（1）具备对各类格式化目标实时位置的态势上显；

（2）具备对视频、图像、文本等非格式化信息检测提取的目标进行态势上显；

（3）具备调显目标的档案数据、卫星切片、视频图像等功能；

（4）具备加载水文气象数据展示能力；

（5）具备对目标行为分析结果进行展示；

（6）提供静态部署显示、图上目标关联查询、目标历史数据调显、态势回放、过滤显示、标绘以及显示风格自定义等功能。

4. 协同会商

为不同用户提供文字、图片以及音视频互通和数据文件传递、多用户在线会商等服务，支撑应对海上事件的快速响应、任务筹划与组织实施。具体包括：文字图片信息交互功能、数据文件传递功能、音视频沟通功能、基于公共态势图的多用户在线会商功能和协同标绘功能。

20.4.3　典型实例

海上交通监视实验环境如图 20.21。为更好支撑海上信息中心建设和发展，利用良好的实验环境，搭建了海上信息中心关键技术验证环境，主要对数据处理技术进行了验证。实验环境包括三部导航雷达，AIS 设备，光电设备以及其他实验配套装备。实验环境的原始观测结果即多雷达探测原始数据如图 20.22 所示，其中图 20.22（a）为全局结果图，图 20.22（b）和图 20.22（c）为图 20.22（a）两个小黑框内结果的局部放大图。AIS 和三部导航雷达探测上报的航迹，经过融合处理后，生成的航迹统一态势图如图 20.23 所示，态势清晰，航迹连续、稳定。

图 20.21　海上交通监视实验环境

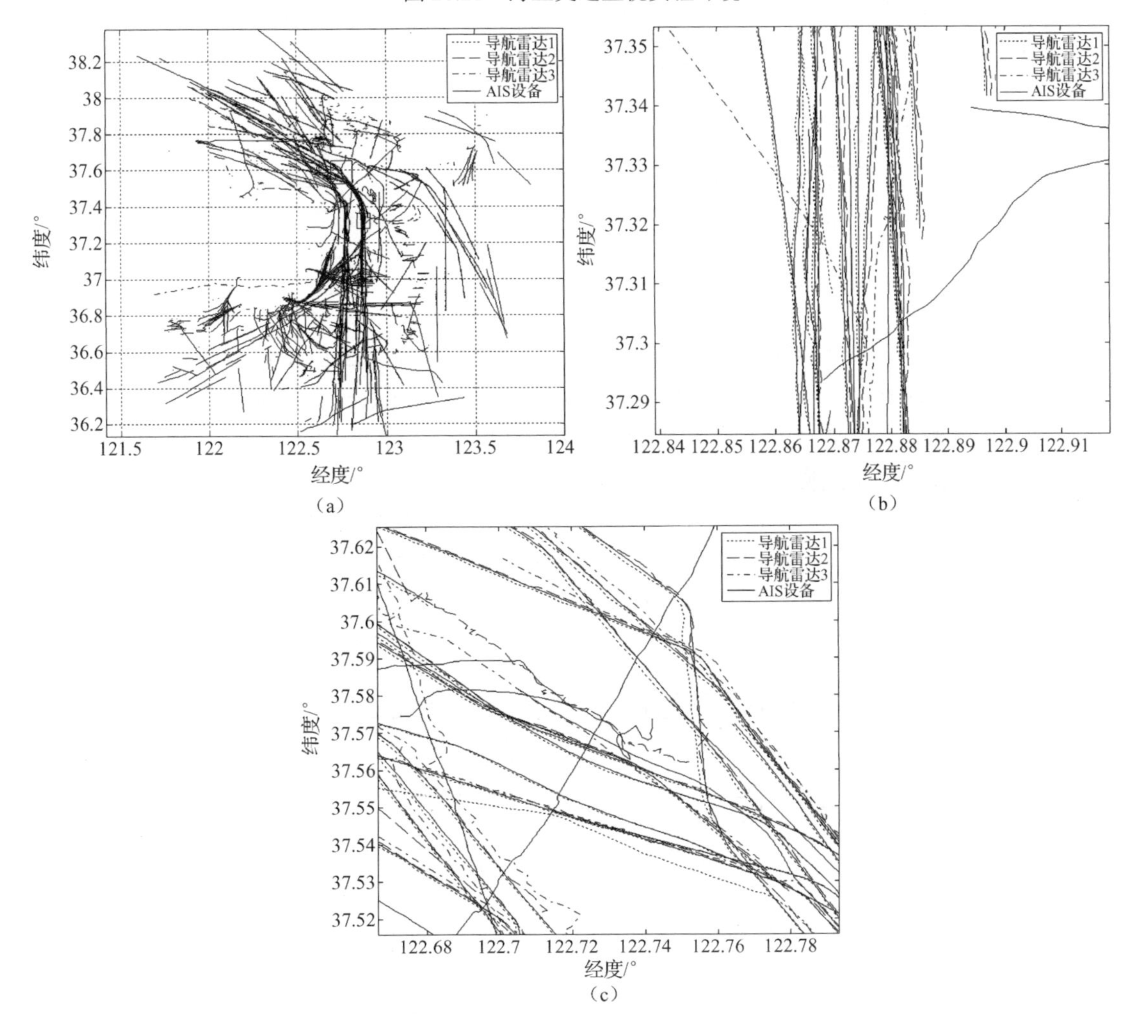

图 20.22　多雷达探测原始数据

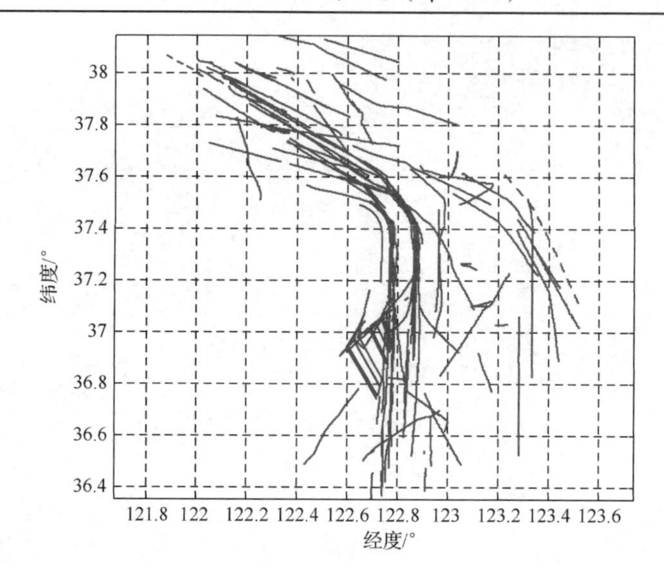

图 20.23　综合处理后生成的航迹统一态势图

20.5　在对空监视系统中的应用

在对空警戒中，依靠单部雷达或多部雷达独立工作，已很难满足警戒任务需求。而雷达组网与单部雷达相比具有发现概率高、探测区域广、跟踪精度高、反隐身效果好、电子对抗能力强等显著优点。下面概略讨论对空警戒雷达组网中的数据处理实现方法。

20.5.1　处理结构

雷达组网就是通过对多部不同体制、不同频段、不同极化方式的雷达适当布站，对网内各雷达的空情信息形成“网状”搜集与传递，并由中心站综合处理、控制，形成统一的有机整体。组网雷达系统主要包括终端雷达系统、数据传输系统、中心处理系统三部分，其中数据校准、数据相关、数据融合是构成中心处理系统的核心部分[29]。雷达组网数据处理结构如图 20.24 所示，雷达站包括雷达传感器、点迹录取器、一系列接收机、航迹数据计算机、一个发射机和一个显示器。跟踪是在每个站上同时进行的，它包括不同等级的航迹管理[30-35]。航迹分为本站航迹和系统航迹，前者由本地雷达点迹产生和更新，后者通过多个本地雷达上报航迹关联得到。

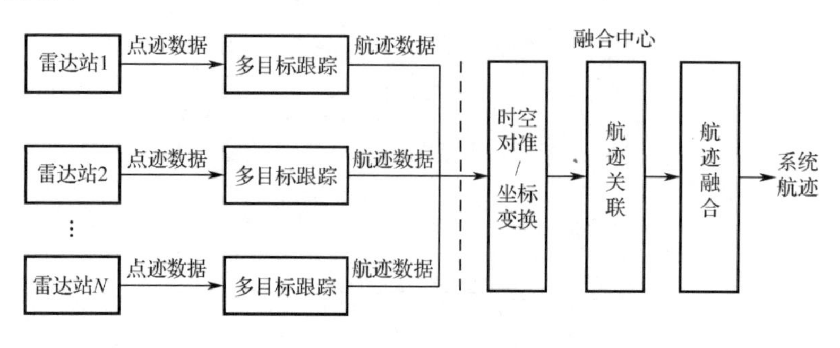

图 20.24　雷达组网数据处理结构

20.5.2　处理过程

1. 时间配准

由于雷达网内各雷达天线的扫描通常是异步的，如果没有统一的时间标准，就很难进行数据融合，这就要求网内各雷达上报的信息必须具有相同的时间基准。因此在融合之前必须将这些观测数据进行时间对准，即将各种同步或异步雷达在不同时刻测量到的航迹统一到时间轴上的同一时刻。和时间配准相关的内容可参见 5.2 节。

2. 空间配准

1）单站雷达精确定位

对雷达网中各单站雷达进行精确定位是各站之间通过坐标变换共享数据、对目标进行精确定位和对测量数据进行融合处理的基础。雷达的定位和空间标定可直接通过北斗系统实现。

2）坐标变换

在雷达组网系统中，各雷达上报的目标点迹是相对各自站址参照坐标系而言的，因此在进行多站航迹综合之前，要将所有雷达的测量值转换到统一坐标系中。常用的统一坐标系如下。

① 地心直角坐标系：惯性坐标系，比较适合于监视范围很大的战略预警探测系统。

② 以融合中心为坐标原点的北东天直角坐标系：惯性坐标系，当以该坐标系作为雷达组网系统的统一坐标系时，在融合中心视距外且被其他雷达观测到的目标高度为负值。

③ 地理坐标系：不是惯性坐标系，融合结果可以直接在电子地图上显示。

④ 以融合中心为坐标原点的球（极）平面坐标系：惯性坐标系，最大优点是具有保角变换的特性，这使得在坐标变换后目标运动轨迹间的夹角仍可保持不变，同时，球（极）平面坐标系中目标的高度是目标的海拔高度，物理意义明确；使用球（极）平面坐标系的不足是坐标转换中的计算略微复杂些。

综上所述，统一坐标系的选择需要根据雷达组网的任务需求以及雷达性能确定。与坐标转换相关的内容可参见 5.3 节。

3. 误差配准

由于雷达网对目标的观测都存在随机误差和系统误差，使得同一目标的不同雷达航迹出现偏差，其修正过程称为误差配准。其中，随机误差主要来源于随机观测噪声和目标随机的机动变化，可以通过各种滤波的方法进行消除；而雷达本身的测角和测距精度、雷达站位置和正北方向不精确以及坐标变换近似算法本身的偏差等系统误差，是无法通过滤波方法去除的，需要事先进行估计，再进行补偿。最理想的误差配准方法要求目标位置已知，在实际环境下很难满足。目前，大多数研究成果集中在目标未知条件下误差匹配算法研究，如基于球（极）投影实时质量控制法（RTQC）和基于大地坐标的广义最小二乘法（GLS）。和误差配准相关的内容可参见第 17 章。

4. 关联融合

在雷达组网对空警戒中，各雷达都有自己的信息处理系统，并且各系统中都收集了大量的目标航迹信息，对来自不同系统的大量航迹综合判断，确定出同一目标航迹，就是多站航迹关联。目前多站航迹关联算法通常分为两类，一类是基于统计的方法，另一类是基于模糊数学的方法。

20.5.3　演示验证

采用半实物仿真验证技术，搭建对空雷达组网实验环境，仿真想定设定为 4 个舰载雷达与 1 个机载雷达对 3 个方向来袭的飞机编队（每个编队 5～6 架飞机）进行预警探测，且存在干扰。当飞机编队靠近任务区域后，各飞机编队向舰艇编队发射两枚导弹后原路返回，对空雷达组网探测原始点迹如图 20.25 所示，经雷达数据处理后，防空预警态势即对空雷达组网跟踪航迹如图 20.26 所示。由图 20.26 可见，跟踪生成的航迹连续、清晰、态势易辨。

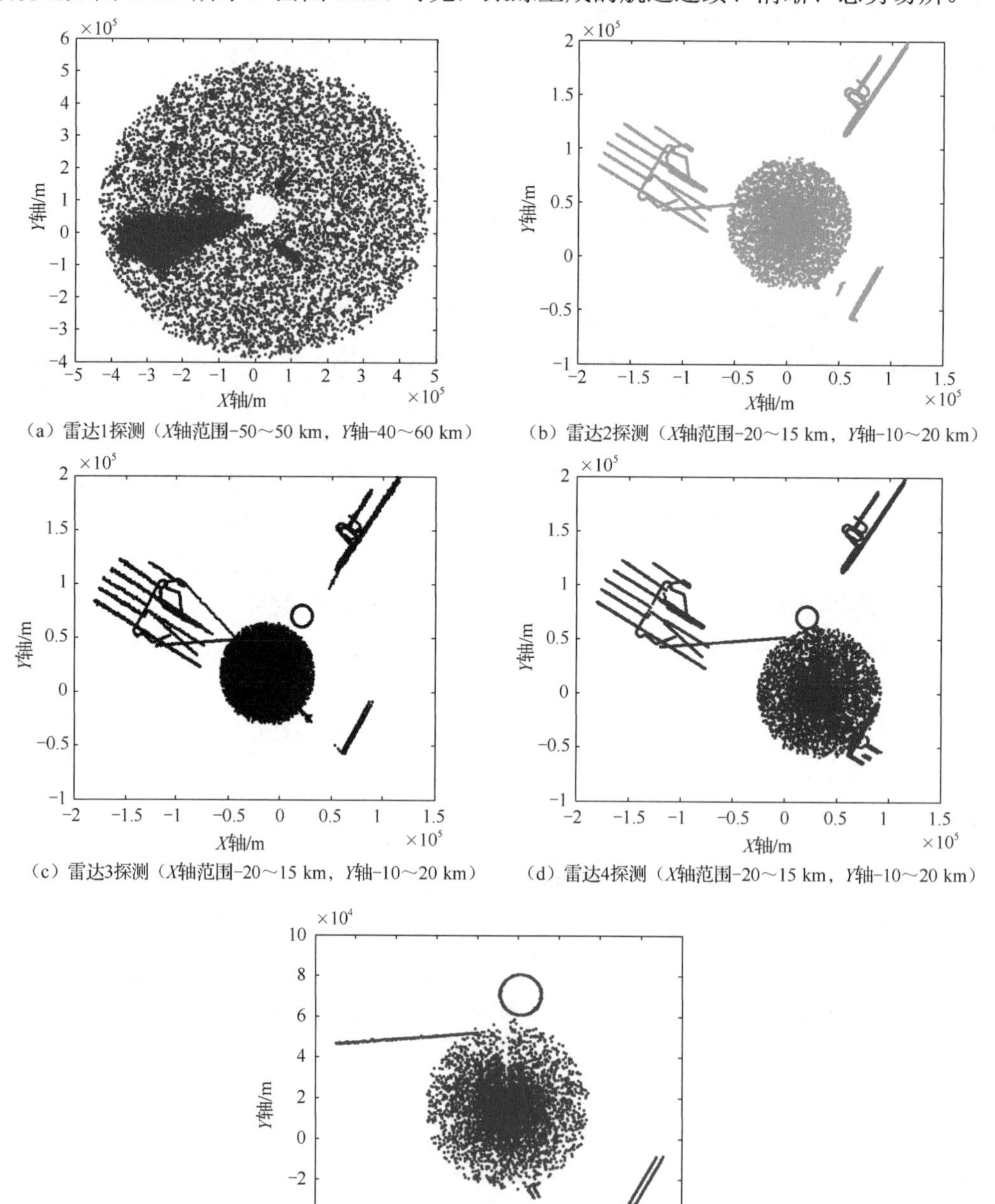

（a）雷达1探测（X轴范围-50～50 km，Y轴-40～60 km）

（b）雷达2探测（X轴范围-20～15 km，Y轴-10～20 km）

（c）雷达3探测（X轴范围-20～15 km，Y轴-10～20 km）

（d）雷达4探测（X轴范围-20～15 km，Y轴-10～20 km）

（e）雷达5探测（X轴范围-20～15 km，Y轴-10～20 km）

图 20.25　对空雷达组网探测原始点迹

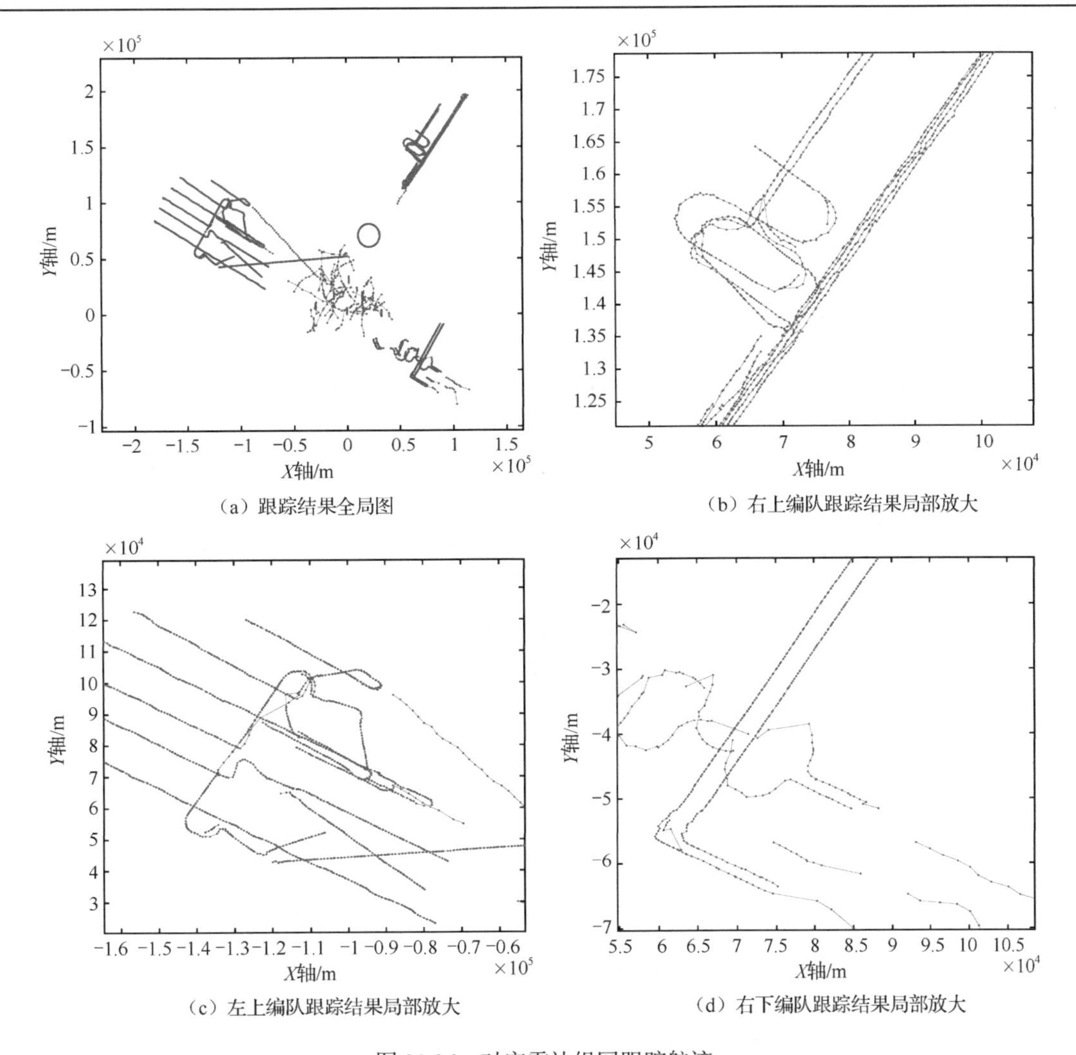

（a）跟踪结果全局图

（b）右上编队跟踪结果局部放大

（c）左上编队跟踪结果局部放大

（d）右下编队跟踪结果局部放大

图 20.26　对空雷达组网跟踪航迹

20.6　小结

本章以导航雷达、AIS、ADS-B、海上信息中心和对空监视系统为例，较为全面地介绍了雷达数据处理技术在探测手段、在民用对海组网系统和在军用对空组网系统中的应用，目的是使读者进一步了解雷达数据处理技术与实际工程应用是如何相结合的，形成更为具体的、实际的认识。

虽然应用领域有所区别，但是这些应用又存在统一的方面。第一，有许多算法适合于在不同工作条件下完成数据处理功能，各种算法的复杂程度不同，具有不同的特点，但都来自共同的数学基础。它们都基于动态系统模拟、滤波、统计判决、最优控制和管理理论。第二，可以看出，在所有应用中进行数据处理的共同目的，就是有选择地减少由传感器传送给用户的信息量。这样做旨在选出同判决和控制最有关系的信息，并且把这些相关信息以操作人员最满意的方式显示出来。第三，在不同的应用系统中对雷达数据处理的要求相差很大，通常需要寻找不同的解决方法来满足这些要求。

未来，随着 5G、物联网、无人驾驶技术的不断成熟和社会需求的大量释放[36,37]，所部署传感器数量和获取的数据将呈现井喷式增长，数据获取能力将会得到快速发展，对数据处理能力提出了更高的需求。如同 GPS 技术一样，虽然雷达数据处理技术也主要是在军事领域不断成熟和发展起来的，但该技术本身具有很大的通用性，定能在更广阔的领域得到广泛应用。同时，借助于大数据、机器学习、人工智能等民用领域先进技术[38-43]，雷达数据处理技术也将会得到更一步的发展，从而呈现出军民融合、协同共进的良好态势。

参考文献

[1] Johnston S L. An Efficient Decentralized Multiradar Multitarget Tracker for Air Surveillance. IEEE Trans. on AES, 1997, 33(4): 1357-1363.

[2] 李敏，王帮峰，丁萌. ADS-B 在机场场面监视中的应用研究. 中国民航飞行学院学报，2014，25(1): 11-14.

[3] 李昂，聂党民，温祥西，等. 基于相依网络和 SVM 的管制系统运行态势评估. 系统工程与电子技术，2021, 43(5): 8.

[4] 董志荣. 舰艇指控系统的理论基础. 北京：国防工业出版社, 1995.

[5] 薛晗，邵哲平，潘家财. 基于文化萤火虫算法-广义回归神经网络的船舶交通流量预测. 上海交通大学学报, 2020, v. 54;No. 410(04): 95-103.

[6] 王子骏，周晓安，夏金锋. 基于卫星的 AIS 在航海领域中应用. 卫星应用, 2020, 100(04): 44-47.

[7] 苏长云. 多目标多传感器跟踪：应用与发展. 情报指挥控制系统与仿真技术, 2002: 5-7.

[8] 刘兴钊. 数字信号处理. 北京：电子工业出版社，2010: 7.

[9] 何友，王国宏，陆大绘，等. 多传感器信息融合及应用，第二版. 北京：电子工业出版社, 2007.

[10] 张杨，罗军译. 雷达与 ARPA 手册（第 3 版）. 北京：电子工业出版社，2019.

[11] The Maritime Safety Committee. Adoption of the Revised Performance Standard for Radar Equipment, 2004, 12.

[12] Bole A G, Wall A D, Norris A. Radar and ARPA Manual: Radar, AIS and Target Tracking for Marine Radar Users. Butterworth-Heinemann, 2013: 218-237.

[13] 彭祥龙. 船用导航雷达的技术发展及最新应用. 电讯技术, 2013, 53(9): 1247-1252.

[14] Gaglione D, Soldi G, Meyer F, et al. Bayesian Information Fusion and Multitarget Tracking for Maritime Situational Awareness. IET Radar, Sonar & Navigation, 2020.

[15] Kim D, Ahn K, Shim S, et al. A Study on the Verification of Collision Avoidance Support System in Real Voyages. Navigation World Congress (IAIN), 2015 International Association of Institutes of. IEEE, 2015: 1-6.

[16] Han J, Sun Y K, Kim J. Enhanced Target Ship Tracking with Geometric Parameter Estimation for Unmanned Surface Vehicles. IEEE Access, 2021, PP(99): 1-1.

[17] Galati G, Pavan G. Evolution of Marine Radar: Practical Effects on Vessel Traffic Safety. Aeit International Conference. IEEE, 2016: 1-6.

[18] Galati G, Pavan G. Mutual Interference Problems Related to the Evolution of Marine Radars. IEEE, International Conference on Intelligent Transportation Systems. IEEE, 2015: 1785-1790.

[19] 李春光，冯嵘，余啸野. 自动识别系统（AIS）在交通管理系统（VTS）中的应用. 天津航海，2017, 000(001): 44-46.

[20] Department of Defense, U. S. O. A, Global Positioning System Standard Positioning Service(SPS) 2008.

[21] RTCA. Minimum Aviation System Performance Standards For Automatic Dependant Surveillance Broadcast(ADS-B), 2002(DO242A).

[22] 孟祥宇. 用于航空安全监视的 ADS-B 数据质量评估. 中国民航大学, 2020.

[23] 支旭东. ADS-B 与 SSR 监视系统对比分析与研究. 中国民用航空飞行学院, 2012.

[24] 周洋洋, 刘海涛, 李保国. 天津终端区 ADS-B 位置报告更新间隔的研究. 西安航空学院学报, 2020, 38(1): 6.

[25] 周游, 任伦, 李硕. 基于 ADS_B 的警戒搜索雷达空情过滤方法. 火控雷达技术, 2018, 47(1): 4.

[26] 李敏, 王帮峰, 丁萌. ADS-B 在机场场面监视中的应用研究. 中国民航飞行学院学报, 2014, 25(1): 11-14.

[27] Valovage E. Enhanced ADS-B Research. IEEE Aerospace and Electronic Systems Magazine, 2007, 22(5): 95-103.

[28] 亢院兵, 赵甫哲. 基于改进滤波算法的 ADS-B 航空目标监视雷达信道优化. 现代雷达, 2021.

[29] 张建科, 党立坤, 刁华伟. 防空兵火控雷达网数据融合关键问题研究. 科技信息, 2010, (1): 31.

[30] Ditzler W R. A Demonstration of Multisensor Tracking. In Proceedings of the 1987 Tri- Service Data Fusion Symposium, June 1987: 303-311.

[31] Deb S, Pattipati K R, Shalom Y B. A Multisensor Multitarget Data Association Algorithm for Heterogeneous Sensors. IEEE Trans. on AES, 1993, 29(2).

[32] Bath W G. Association of Multisite Radar Data in the Presence Large Navigation and Sensor Alignment Errors. IEE International Conference on Radar, 1982.

[33] Keneic R J. Local and Remote Track File Registration Using Minimum Description Length. IEEE Trans. on AES, 1993, 29(3): 245-249.

[34] Casstella F R. Theoretical Performance of a Multisensor Track-to-track Correlation Technique. IEE Proceedings Radar, Sonar Navigation, 1995, 142(6): 281-285.

[35] 林岳松. 多运动目标的无源跟踪与数据关联算法研究. 浙江大学, 2003.

[36] 徐鹤, 吴昊, 李鹏. 面向物联网的时空数据处理算法设计. 计算机科学, 2020, 47(11): 6.

[37] 余卓渊, 闾国年, 张夕宁, 等. 全息高精度导航地图: 概念及理论模型. 地球信息科学学报, 2020, 22(4): 12.

[38] Armstrong K. Big Data: A Revolution That Will Transform How We Live, Work, and Think. Mathematics & Computer Education, 2014, 47(10): 181-183.

[39] Howe D, Costanzo M, Fey P, et al. Big data: The future of biocuration. Nature, 2008, 455(7209): 47-50.

[40] Volodymyr M, Koray K, David S, et al. Human-level control through deep reinforcement learning. Nature, 2019, 518(7540): 529-533.

[41] He K, Zhang X, Ren S, et al. Deep Residual Learning for Image Recognition. IEEE, 2016.

[42] Mnih V, Kavukcuoglu K, Silver D, et al. Playing Atari with Deep Reinforcement Learning. Computer Science, 2013.

[43] Liu Z, Ping L, Wang X, et al. Deep Learning Face Attributes in the Wild. IEEE, 2016.

第 21 章　回顾、建议与展望

21.1　引言

本书从雷达数据处理的基本概念和基本滤波方法入手，以目标跟踪、数据互联为主线，在对时常参数估计、时变参数线性滤波和非线性滤波等基础理论进行研究的基础上，对多目标跟踪所涉及的量测数据预处理、航迹起始和数据互联技术进行讨论，并针对机动目标跟踪、群跟踪、航迹质量管理等经典内容，以及多目标智能滤波、断续航迹关联、空间多目标跟踪与轨迹预报等热点内容进行了分析，最后对无源雷达、PD 雷达、相控阵雷达和雷达网中的数据处理技术以及数据处理性能评估与应用等做了专题讨论。

内容安排是对每一专题先进行理论部分的研究、分析，然后结合应用实例分析算法实现流程和具体应用注意事项，以便加深理解，最后，对雷达数据处理技术的发展情况与最新研究成果进行了较全面、系统、深入的讨论和总结，讨论了雷达数据处理技术中值得关注的一些问题，并提供了较丰富的参考资料。为了能对雷达数据处理技术做更好的总结，本章首先回顾本书的主要理论成果；其次，就几个问题提一些建议；最后，对雷达数据处理的发展方向给予展望。

21.2　研究成果回顾

1．状态估计基础

本书第 1、2 章主要对雷达数据处理中的一些基本概念和一些基本的线性系统时常参数估计方法进行了讨论，以便使读者对雷达数据处理技术有一个全面和基本的了解。在讨论了线性系统常用的四种时常参数估计方法：最大似然估计、最大后验估计、最小二乘估计和最小均方误差估计的基础上，把参数估计扩展到动态情况。第 3 章分析了线性系统下的状态估计方法，包括系统模型的建立、相应的滤波模型、滤波器初始化方法、稳态卡尔曼滤波、常增益滤波、Sage-Husa 自适应卡尔曼滤波、H_∞卡尔曼滤波、变分贝叶斯滤波和状态估计的一致性检验等内容，比较和分析了几种常用的线性滤波方法的性能，并对滤波中应注意的一些问题进行了讨论。而后又在第 4 章把状态估计问题推广到非线性系统，给出了扩展卡尔曼滤波、不敏卡尔曼滤波、粒子滤波、平滑变结构滤波等非线性滤波方法，并结合弹道导弹目标跟踪问题对扩展卡尔曼滤波算法进行了分析和讨论，同时还在同一仿真环境下比较分析了线性滤波算法、非线性滤波算法对同一目标的跟踪精度和计算量等，对各种方法的优缺点进行了综合评价，得出了相关结论。

2．量测数据预处理技术

量测数据预处理技术是对雷达数据进行有效处理的必要前提，有效的量测数据预处理方法可以降低雷达数据处理的计算量、提高目标的跟踪精度。为此，本书在第 5 章对量测数据预处理技术进行了讨论，分析了不同传感器数据在时间上和空间上的同步问题、野值剔除、雷达误差标校以及数据压缩等内容，其中时间同步主要解决不同传感器的数据率不一致的问题，空间同步主要是保证将多传感数据信息格式统一到同一坐标系中，雷达误差标校是为了在融合之前通过标校消除雷达测距、测角方面存在的误差，而数据压缩技术、量测数据中野值的剔除等主要是为了减小以后数据处理中的计算负载并改善跟踪效果。

3. 多目标跟踪中的航迹起始

多目标航迹起始主要是在第 6 章讨论航迹起始中初始波门和相关波门的形状、种类的基础上，研究了多目标跟踪的航迹起始技术。航迹起始概括来讲包括两大类：一类是面向目标的顺序处理技术，包括直观法、逻辑法、修正的逻辑法；另一类是面向量测的批数据处理技术，包括 Hough 变换法、修正的 Hough 变换法等内容。通常，顺序处理技术适用于在相对无杂波背景中的目标航迹起始，优点是航迹起始速度较快，缺点是在强杂波环境下起始效果较差；而批数据处理技术在强杂波环境下起始目标的效果较好，但缺点是需要多次扫描才能起始航迹。针对这些特点，本章还给出了基于 Hough 变换和逻辑的航迹起始、基于速度约束的改进 Hough 变换航迹起始、基于聚类和 Hough 变换的编队目标起始等内容，并在同一仿真环境下对几种不同航迹起始算法的起始效果进行了比较分析，得出了相关结论。

4. 多目标数据互联算法

本书第 7 章主要是对极大似然类和贝叶斯类数据互联算法进行了讨论，其中极大似然类的数据互联算法是以观测序列的似然比为基础的，它不产生序列是正确的概率，是早期常用的批处理形式的数据互联算法，计算量较大，所以该类算法本次修订只保留了联合极大似然算法，其他如航迹分叉法、0-1 整数规划法和广义相关法等可参见本书第三版。贝叶斯类数据互联算法是以贝叶斯准则为基础的，其优点是可递推计算，能够方便地利用计算机实现。贝叶斯类的数据互联算法又可分为次优贝叶斯算法和最优贝叶斯算法，前者只对最新的确认量测集合进行研究，主要包括最近邻域算法、概率数据互联算法（PDA）、综合概率数据互联算法（IPDA）、联合概率数据互联算法（JPDA）、全邻模糊聚类数据互联算法（ANFC）等；后者是对当前时刻以前的所有确认量测集合进行研究，给出每一个量测序列的概率，主要包括最优贝叶斯算法和多假设法等，该类算法相对计算量较大。

5. 多目标智能滤波和中断航迹接续关联

本书第 8、9 章主要讨论了以深度学习、机器学习为代表的人工智能技术在目标跟踪领域的应用、断续目标航迹接批处理等热点领域的相关研究工作。围绕现有目标跟踪中航迹预测、点航关联、航迹滤波三大关键核心技术的人工智能方法实现和替换进行了讨论，提出了航迹智能预测、点航智能关联和航迹智能滤波方法。中断航迹接续关联问题主要从传统关联和神经网络智能关联两个方面进行讨论，既包括交互式多模型、多假设运动模型、模糊航迹相似性度量等中断航迹接续关联算法中的传统内容，又包括判别式、生成式和图表示等智能中断航迹接续关联算法。多目标智能滤波和中断航迹智能接续关联是人工智能与雷达数据处理技术的交叉融合，它利用以神经网络为代表的深度学习算法所具有的强大非线性拟合、学习、联想等能力，通过神经网络技术等来识别目标的运动模式、参数，对目标跟踪和中断航迹接续关联中的关键核心问题利用深度学习、机器学习等人工智能理论加以解决。

6．机动目标、群目标和空间目标跟踪

本书第 10、11、12 章主要研究了机动目标、群目标和空间跟踪问题。机动目标跟踪方法概括来讲主要包括机动检测类跟踪算法和自适应类跟踪算法。机动检测类跟踪算法按照检测到机动后调整的参数不同又分为调整滤波器增益的方法和调整滤波器结构的方法；自适应类跟踪算法包括修正的输入估计算法、多模型算法、Singer 模型算法、当前模型算法、交互式多模型算法和 Jerk 模型算法等，最后通过仿真分析对上述算法的性能进行了比较，得出了相应的结论。群目标跟踪部分主要从群分割、群互联入手，并针对中心类群航迹起始、杂波环境下群内目标精细航迹起始等问题进行研究，分析了群互联、群速度估计、群内目标灰色精细互联等问题，然后分别从群航迹更新、群合并、群分裂等多个方面讨论了中心群目标跟踪算法和编队群目标跟踪算法，最后，通过仿真分析从总体上对群目标跟踪算法进行了总结。空间目标跟踪部分主要是在讨论动力学方程约束下的系统模型和滤波模型的基础上，结合空间目标运动特点研究了目标与量测数据双向互选的数据互联方法，并将空间目标动力学方程和跟踪算法相结合，利用实时估计的加速度对空间目标跟踪模型进行修正来提高空间目标跟踪精度。在此基础上，讨论了空间目标轨迹预报问题，并通过仿真分析对空间目标跟踪和预报的相关算法进行了验证。

7．多目标跟踪终结理论与航迹管理

本书第 13 章主要阐述了目前的多目标跟踪终结技术与航迹管理技术。多目标跟踪终结技术主要是基于最近邻互联算法，包括序列概率比检验算法、跟踪波门方法、代价函数法、Bayes 算法和全邻 Bayes 算法。航迹管理技术主要讨论了航迹号管理与航迹质量管理，包括利用航迹质量选择航迹起始准则和进行航迹撤销、航迹质量管理优化、信息融合系统中的航迹文件管理等内容。

8．典型雷达中的数据处理

本书第 14、15、16 章结合无源雷达、相控阵雷达和 PD 雷达自身的特点讨论了这三种典型雷达中的数据处理方法，其中无源雷达部分重点分析了单站无源定位与跟踪、多站的纯方位/时差无源定位、扫描辐射源的时差无源定位与跟踪、无源雷达的最优布站和属性数据关联等问题。PD 雷达部分主要针对 PD 雷达的几种典型跟踪算法进行了分析，包括最佳距离-速度互耦跟踪、高重频微弱目标跟踪、带 Doppler 量测的目标跟踪等，并对高重频微弱目标跟踪、带 Doppler 量测的目标跟踪算法性能进行了仿真分析，最后对 PD 雷达的应用进行了举例分析。相控阵雷达数据处理部分则在讨论跟踪滤波方法的基础上，针对多目标变采样间隔滤波、资源调度策略等的内容进行了研究，其中变采样间隔滤波针对常增益滤波器的自适应采样、基于交互多模型的自适应采样、基于预测误差协方差门限的自适应采样和预先定义采样间隔的自适应采样等内容进行了分析和讨论，最后对相控阵雷达跟踪算法的性能进行了仿真分析和比较。

9．雷达网系统误差配准与数据处理

本书第 17、18 章主要是针对雷达网中的系统误差配准和数据处理问题进行了讨论。在多雷达组网系统中，雷达网系统误差的存在可能会导致多雷达信息融合时出现漏关联、错关联等问题，导致多雷达融合跟踪后同一目标产生多条航迹，出现航迹冗余，不同目标数据错误融合可能会导致融合后的效果甚至不如单雷达，为此，本书在第 17 章专门针对雷达网中的

系统误差配准问题进行分析和讨论。研究了固定雷达误差配准算法、机动雷达误差配准算法和目标状态抗差估计问题，在对已知目标位置误差配准、实时质量控制（RTQC）误差配准、最小二乘（LS）误差配准、广义最小二乘（GLS）误差配准、扩展广义最小二乘（ECEF-GLS）、目标位置已知的机动雷达配准、机动雷达最大似然配准（MLRM）、联合扩维误差配准（ASR）和抗差估计算法进行分析的基础上，对上述几类算法的性能进行了仿真验证和讨论。雷达网数据处理部分主要从雷达网设计和分析角度讨论了雷达网的性能评价指标和优化布站等内容，给出了一些典型的雷达组网系统，包括空管雷达监视系统、高级辅助驾驶系统、双/多基地气象雷达、“协同作战能力”系统、海军综合防空火控系统、预警机与其他平台雷达组网等，在此基础上研究了组网单基地雷达、双基地雷达和多基地雷达数据处理等内容；最后对雷达网数据处理中的经典航迹关联和航迹抗差关联方法进行了讨论。

10. 雷达数据处理性能评估和应用

本书第 19、20 章主要针对雷达数据处理性能评估和工程应用问题进行讨论，由于雷达数据处理的性能可从不同角度进行度量，这就导致雷达数据处理性能评估指标体系所涉及的内容有很多，为此，本书从平均航迹起始时间、航迹累积中断次数、航迹相关概率、航迹模糊度、航迹精度、跟踪机动目标能力、虚假航迹比例、发散度、有效度、雷达覆盖范围重叠度、航迹容量、雷达网发现概率、响应时间等多个角度对雷达数据处理性能评估指标进行了讨论。考虑到雷达数据处理技术是利用雷达提供的信息来估计目标航迹并预测目标的未来位置，而在实际应用中，估算航迹并不是雷达系统的最终目的，使用者需要利用这些信息做出判决，执行符合特定要求的动作。因而，本书还针对雷达数据处理技术在船用导航雷达、AIS 和 ADS-B 系统、海上信息中心、对空监视系统中的应用进行了研究，并对雷达数据处理技术在上述典型系统工程应用中的处理效果进行了分析，得出了相关结论。

21.3　问题与建议

1. 非高斯噪声问题

本书所研究的雷达数据处理技术大多是在量测噪声和过程噪声是高斯分布的假设下进行的，而实际情况下量测噪声和过程噪声严格来讲都是非高斯分布的。因而研究非高斯噪声情况下的雷达数据处理技术将对实际应用具有重要意义[1-3]。另外，本书的量测噪声和过程噪声都假定为白噪声，研究有色噪声假设下的相关问题也同样具有重要意义[4-6]。

2. 非标准和非线性系统中的数据处理问题

本书除第 4 章和第 14 章所讨论的数据处理模型外都是建立在线性离散标准系统模型基础之上的，非标准和非线性系统中的数据处理问题虽然已经有很长的研究历史，也取得了很多研究成果，但很多问题还没有得到很好的解决，还有许多方面需要深入研究，例如对于系统状态方程，包括控制项、过程噪声与量测噪声相关的非标准系统模型等这些都需要做进一步扩展研究[7,8]。

3. 复杂电磁环境下的多雷达多目标跟踪问题

本书在不同章节分别讨论了雷达数据处理中的多目标数据互联、机动目标跟踪和群目标跟踪等问题，但现代复杂电磁环境可能存在大量欺骗性干扰、压制性干扰、复合干扰（即同时存在多种人为干扰），该情况下通常需要利用雷达组网、多时刻量测数据、运动特征和空间特征等多维度特征联合来解决目标跟踪问题，然后通过对跟踪性能进行分析、评估和判断，自适应地调整检测、跟踪模型参数[8-11]。另外，强杂波、低分辨、多路径下等情况下的多目标跟踪也是现代复杂电磁环境下急需解决的关键问题，具有很强的工程应用背景。

4．无人机群协同跟踪问题

无人机群具有机动能力强、能够动态改变空间分布以适应环境和目标运动变化等特点，其不仅可以精确跟踪单目标，也能同时保持对多个目标群的跟踪[12-14]，但跟踪过程中也存在突发威胁、通信延迟和中断等环境不确定性，目标衍生与消失等目标运动不确定性，无人机抖动导致角度剧变引发定位跳动等传感器观测不确定性[12]，而且无人机群协同跟踪还存在任务背景多样性、应用环境高度动态性等特点，无人机群协同跟踪中的自主态势感知、自主避撞、状态联合估计与控制等是亟待解决的关键问题，而如何通过对多源信息的融合实现对重点区域的自动无缝覆盖与高效搜索、重点目标的自主连续追踪更是值得深入研究。

5．多雷达组网数据处理问题

目前针对多雷达组网数据处理问题人们已经进行了大量的研究，但这些理论研究成果的工程实现还需要进一步深化，现有理论和方法结合实际工程背景和环境进行改进和修正值得进一步研究。同时尽管雷达组网信息融合所能带来的巨大效益已经得到了世界各国的公认[15,16]，但是由于实际系统中各种雷达探测目标误差的存在，系统实时融合效果的保障已成为雷达组网信息融合技术领域长期以来十分棘手的问题，仍需要做出研究。

6．多雷达组网融合跟踪与控制一体化问题

多雷达组网融合跟踪可以实现对同一区域的联合监测，达到时间、空间和量测信息的融合利用，对多部雷达的信息进行融合和协同是当前雷达数据处理的一个重要的研究方向[17-19]。虽然本书已在第 7 章中讨论了用于单雷达多目标跟踪的 JPDA、多假设法等，但许多单雷达多目标跟踪算法能否和如何推广到多雷达环境中还需要进一步研究。而且为了有效进行管理和统一进行资源配制，多雷达融合中心需要根据信息融合和态势感知的实际需要，控制各个雷达的工作和状态，为整个系统提供完整、正确、通用、连续和及时的相关态势信息，这些也需要做进一步思考。

7．多雷达跟踪中特征和属性信息的综合利用问题

在现代目标信号环境日益复杂的背景下，特别是在杂波虚警严重及传感器网络存在系统误差情况下，充分利用各种目标特征和属性信息参与跟踪处理可以有效改善完全基于统计距离进行跟踪、关联所造成错误互联等现象[20,21]，提高目标跟踪精度。本书在 14.6 节对无源雷达属性数据互联问题进行了简要讨论，但多雷达系统如何综合利用位置和动态参数、特征和属性参数及主观知识解决目标融合跟踪问题仍需要做深入研究。

8．系统性能评估方法和测试平台建立问题

本书第 19 章对雷达数据处理性能预测和评估方法进行了一定的阐述，但这些还仅限于理论分析，如何建立评价体制和测试平台，以对数据处理算法和系统性能进行综合分析和客

观准确的评价，也是亟待解决的问题[22,23]。

9．多雷达信息融合系统的综合优化问题

本书在不同章节分别研究了目标状态估计、多目标跟踪、机动目标和群目标跟踪等问题，但都是作为单独的部分进行研究，未在考虑系统整体性能情况下，进行多目标跟踪、航迹关联与状态估计等信息融合性能的综合优化。在实际应用中，分布式多雷达信息融合前端往往级联多目标跟踪数据处理机，而往往需要考虑的不是每种处理机性能的各自最优化，而是多目标数据处理机和分布式信息融合在级联情况下的综合最优化问题，这就需要调整各局部性能指标，增加反馈层，构建融合系统整体性能指标，并嵌入各级处理过程，从而获得整体融合性能的最优化。在分布式融合节点向传感器级引入反馈信息可以明显改善传感器级的跟踪精度，当然这是指数据互联和航迹关联均为正确情况下的结果[24-26]。而在两级均存在错、漏关联情况下，如何获得联合最优化结果等问题的研究目前所做的工作仍然较少，在公开文献中至今尚未有明确的结论可供应用。

21.4 研究方向展望

尽管雷达数据处理技术不断得到发展，但仍然还有很多领域有待进一步的研究与探索。下面仅阐述其中的一些主要研究方向。

1．目标跟踪和识别联合优化问题

本书绝大部分内容研究的是目标跟踪问题，但现代复杂环境下，传感器系统不仅需要跟踪成百上千批目标，而且需要能够识别繁多的各种目标，通过目标跟踪和识别联合优化提升系统实时、快速响应能力。

2．搜索、跟踪、引导与指挥一体化问题

多雷达的集成使用和具有多种功能的雷达要求数据处理系统具备搜索、跟踪、引导和指挥等功能[27,28]。事实上，随着技术的不断进步，必然要求功能更加全面、性能更加强大的一体化数据处理系统。

3．变结构状态估计融合问题

由于网络传感器系统和移动自组网技术的发展，多源信息系统的结构和参数可以随着传感器节点的变化而变化。因此，研究能够适应系统结构和参数变化的状态估计模型，是未来网络化条件下状态估计融合的重点研究方向。

4．多雷达资源分配与管理问题

多部雷达构成了多传感器系统的互补体系，因此必须按照某些工作准则适当地管理这些传感器，以便获得最优的数据采集性能。传感器管理的内容通常包括空间管理、模式管理和时间管理。这一方向包括的主要问题有传感器性能预测、传感器对目标的分配方法、传感器空间和时间作用范围控制准则、传感器配置和控制策略、传感器接口技术、传感器对目标分配的优先级技术，以及传感器指示和交接技术等，尤其是在未来的决策中心体系下，按需临时自组织网络的资源分配与管理问题更突出[29,30]。

5. 雷达数据处理中的数据库和知识库问题

针对具体战术背景，建立雷达数据处理中的数据库和知识库，研究高速并行推理机制，是雷达数据处理技术工程化及实际应用中所面临的关键问题，也是未来的研究重点之一。

6. 复杂目标运动环境下的自动跟踪问题

地杂波、气象杂波和电磁干扰严重的恶劣环境下的目标有效跟踪问题在应用上的需求十分迫切。在雷达前端不变的情况下，可应用帧间滤波技术、检测前跟踪技术和先进的检测跟踪算法提升对弱小目标的自动跟踪性能[31-34]。另外，（1）临近空间、深远海等方向的目标跟踪问题；（2）慢速目标探测与跟踪问题；（3）超高速大机动目标跟踪；（4）超低空目标跟踪问题；（5）信息缺失情况下的多目标跟踪等也是实际应用中迫切需要解决的问题。

7. 多源异类空间数据融合跟踪问题

近年来，卫星星座、凝视卫星等天基探测系统的时间分辨率虽然得到很大的改善，但仍然为十几分钟甚至几小时，对同一区域的持续观测时间短、观测时间间隔长，目标数据率仍然较低。该情况下传统目标跟踪所采用的观测模型、运动模型、滤波算法等无法或很难适用于时空分布稀疏目标[35-37]。因而，如何充分利用不同平台的探测优势，通过对空天协同多源异构数据的深入分析和处理，研究多源异类空间数据融合跟踪新机理、新方法是值得深入思考的。

8. 复杂场景智能跟踪问题

无人机、飞机、导弹等目标运动模式种类多、变换快，运动状态区间广，导致目标跟踪存在不连续、不稳定、漏跟、错跟、频繁交叉等问题[38-40]。如何充分利用深度学习、机器学习等人工智能技术强大计算的和预测能力[41]，挖掘雷达历史数据中的规律信息，通过雷达智能跟踪提升复杂场景下多源多域信息提取、分析、评估、融合等能力，提高目标认知准确度和目标持续精确跟踪能力等也须做出大量研究。

9. 先进智能目标跟踪算法的工程实现问题

随着目标跟踪技术的发展，其在智能安防监控、人机交互、异常行为识别分析等重要领域都有着广泛应用[42]，而且随着深度学习的不断发展，基于深度学习的目标跟踪算法在行人追踪、无人机应用、无人驾驶及智能交通控制等领域都将发挥至关重要的作用[43-47]，同时基于机器学习等人工智能技术的预测算法在城市交通控制系统中也将发挥重要作用，其可通过动态确定自主车辆系统路线缓解城市交通路口的交通拥堵[48,49]，这些先进智能目标跟踪算法的工程实现和完善问题还须不断做出研究。

10. 无人机群协同跟踪问题

无人机群具有机动能力强、空间分布能够随环境变化和目标运动动态改变等特点，其无论是在区域覆盖搜索、重大活动监视，还是目标跟踪定位、应急搜救系统等方面都发挥着越来越重要的作用[50-53]，但随着环境、目标和传感器技术的发展变化，无人机群协同跟踪也面临诸多挑战[54-56]：（1）突发威胁和障碍、通信延迟和中断以及各种支援条件的变化等所带来的环境不确定性方面的挑战；（2）目标衍生与消失（隐蔽、伪装与欺骗）、未知的目标属性以及运动状态改变所带来的目标状态不确定性方面的挑战；（3）无人机抖动导致的角度剧变引发定位跳动和目标检测过程中产生的虚警和漏警等所带来的传感器观测不确定性方面的挑战。所以无人机群在协同配合完成跟踪任务时除了要解决自身的自主协同控制技术以外，还必须针对无人机群的目标跟踪动态分组、运动导引、目标状态融合估计等关键问题进行研究，以提供准确、持续的目标状态等信息。

参考文献

[1] 吕东辉, 王炯琦, 熊凯, 等. 适用处理非高斯观测噪声的强跟踪卡尔曼滤波器. 控制理论与应用, 2019, 36(12): 1997-2004.

[2] Ge Q, Shao T, Duan Z, et al. Performance Analysis of the Kalman Filter With Mismatched Noise Covariances. IEEE Transactions On Automatic Control, 2016, 61(12): 4014-4019.

[3] 成婷, 任密蜂, 续欣莹, 等. 基于中心误差熵准则的非高斯系统滤波器设计. 太原理工大学学报, 2017, 48(4): 634-641.

[4] Zhou Z B, Wu J, Li Y, et al. Critical Issues on Kalman Filter with Colored and Correlated System Noises. Asian Journal of Control: Affiliated with ACPA, the Asian Control Professors Association, 2017, 19(6) .

[5] 郑晓飞, 郭创, 秦康, 等. 有色量测噪声下的HCKF及其应用. 计算机工程与应用, 2017(14): 263-270.

[6] 熊雪, 郭敏华, 李伟杰, 等. 基于有色噪声的改进卡尔曼滤波方法. 中国惯性技术学报, 2017(1): 33-36.

[7] Li Y W, He Y, Li G, et al. Modified Smooth Variable Structure Filter for Radar Target Tracking. 2019 International Radar Conference, Toulon, France, 2019: 1-6.

[8] Jiang Y Z, Baoyin H. Robust Extended Kalman Filter with Input Estimation for Maneuver Tracking. Chinese Journal of Aeronautics, 2018, 31(9): 1910-1919.

[9] 葛泉波, 李宏, 文成林. 面向工程应用的 Kalman 滤波理论深度分析. 指挥与控制学报, 2019, 5(03): 167-180.

[10] 李云育. 工程化智能 Kalman 滤波方法. 杭州: 杭州电子科技大学, 2020.

[11] 虎小龙. 未知场景多伯努利滤波多目标跟踪算法研究. 西安: 西安电子科技大学, 2019. 04.

[12] 代芳. 基于深度学习的目标跟踪算法研究. 武汉: 武汉理工大学, 2019.

[13] Xu H, Yu H W, Dong M C, et al. Overview of UAV Object Tracking. Journal of Network New Media, 2019, 8(5): 11-20.

[14] 孟凡琨. 无人机目标跟踪与避障研究. 西安: 长安大学, 2019.

[15] 何友, 王国宏, 关欣. 信息融合理论及应用. 北京: 电子工业出版社, 2010.

[16] He Y, Xiu J J, Guan X. Radar Data Processing with Applications. John Wiley & Publishing house of electronics industry, 2016, 8.

[17] Pan X L, Wang H P, Cheng X Q, et al. Online Detection of Anomaly Behaviors Based on Multidimensional Trajectories. Information Fusion, 2020, 58(6): 40-51.

[18] 邸忆, 顾晓辉, 龙飞. 基于灰色残差修正理论的目标航迹预测方法. 兵工学报, 2017, 38(3): 454-459.

[19] 姬红兵, 刘龙, 张永权. 随机有限集多目标跟踪理论与方法. 西安: 西安电子科技大学出版社, 2021.

[20] Zhang J W, Xiu J J, He Y, et al. Distributed Interacted Multisensor Joint Probabilistic Data Association

Algorithm Based on D-S Theory. Science in China Series F-Information Sciences, 2006, 49(2): 219-227.

[21] 何友, 王国宏, 陆大绘, 等. 多传感器信息融合及应用(第二版). 北京: 电子工业出版社, 2007.

[22] Narasimhan R S, Rathi A, Seshagiri D. Design of Multilayer Airborne Radar Data Processor. IEEE Aerospace Conference, March 2019.

[23] 高萌. 雷达航迹处理算法及仿真平台设计与实现. 西安: 西安电子科技大学, 2015.

[24] 崔亚奇, 熊伟, 顾祥岐. 基于三角稳定的海上目标航迹抗差关联算法. 系统工程与电子技术, 2020, 42(10): 2223-2230.

[25] 丁自然, 刘瑜, 曲建跃, 等. 基于节点通信度的信息加权一致性滤波. 系统工程与电子技术, 2020, 42(10): 2181-2188.

[26] 刘瑜, 刘俊, 徐从安, 等. 非均匀拓扑网络中的分布式一致性状态估计算法. 系统工程与电子技术, 2018, 40(9): 1917-1925.

[27] Pan X L, Wang H P, He Y, et al. Online classification of frequent behaviours based on multidimensional trajectories. IET Radar, Sonar & Navigation, 2017, 11(7): 1147-1154.

[28] He Y, Zhang J W. New Track Correlation Algortihms in a Multisensor Data Fusion System. IEEE Trans on Aerospace and Electronic Systems, 2006, 42(4). 1359- 1371.

[29] 武思军. 防御体系中的“决策中心战”. 指挥与控制学报, 2020, 6(3): 289-293.

[30] 郭行, 符文星, 闫杰. 浅析美军马赛克战作战概念及起始. 无人系统技术, 2020, 3(6): 92-106.

[31] Peerapong T, Gao P Q, Shen M, et al. Space Debris Tracking Strategy through Monte-Carlo Based Track-before-Detect Framework. Astronomical Research And Technology, 2019, 16(1): 33-43.

[32] 王兴, 邵艳明, 余跃, 等. 基于帧间特征点匹配的红外弱小目标检测. 飞控与探测, 2019, 2(02): 44-49.

[33] Xu L, Liu C, Yi W, et al. A Particle Filter Based Track-before-detect Procedure For Towed Passive Array Sonar System. 2017 IEEE Radar Conference (RadarConf). IEEE, 2017: 1460-1465.

[34] 于洪波, 王国宏, 曹倩, 等. 一种高脉冲重复频率雷达微弱目标检测跟踪方法. 电子与信息学报, 2015, 37(05): 1097-1103.

[35] 何友, 姚力波. 天基海洋目标信息感知与融合技术研究. 武汉大学学报（信息科学版）, 2017, 42(11): 1530-1536.

[36] 何友, 姚力波, 李刚, 等. 多源卫星信息在轨融合处理分析与展望. 宇航学报, 2021, 42(1): 1-10.

[37] 何友, 姚力波, 江政杰. 基于空间信息网络的海洋目标监视分析与展望. 通信学报, 2019, 40(4): 1-9.

[38] 刘妹琴, 兰剑. 目标跟踪前沿理论与应用. 北京: 科学出版社, 2015.

[39] 权太范. 目标跟踪新理论与技术. 北京: 国防工业出版社, 2009.

[40] 胡秀华. 复杂场景中目标跟踪算法研究. 西安: 西北工业大学, 2017.

[41] 王海涛, 王荣耀, 王文皞. 目标跟踪综述. 计算机测量与控制, 2020, 28 (4): 1-6 转 21.

[42] Liu J, Wang Z, Xu M. A Deep Learning Maneuvering Target-tracking Algorithm Based on Bidirectional LSTM Network. Information Fusion, 2020, 53: 289-304.

[43] Meng T, Jing X Y, Yan Z, et al. A Survey on Machine Learning for Data Fusion. Information Fusion, 2020, 57, (5): 115-129.

[44] Yang T, Chan A B. Learning Dynamic Memory Networks for Object Tracking. European Conference on Computer Vision (ECCV), 2018: 153-169.

[45] Milan A, Rezatofighi S H, Dick A, et al. Online Multi-target Tracking Using Recurrent Neural Networks.

Proceedings of the Thirty-First AAAI Conference on Artificial Intelligence. Palo Alto, CA: AAAI Press, 2017: 4225-4232.

[46] Lim B, Zohren S, Roberts S. Recurrent Neural Filters: Learning Independent Bayesian Filtering Steps for Time Series Prediction. 2020 International Joint Conference on Neural Networks (IJCNN). Piscataway, NJ: IEEE Press, 2020: 1-8.

[47] Lee S, Kim, Kahng H, et al. Intelligent Traffic Control for Autonomous Vehicle Systems Based on Machine Learning. Expert Systems With Applications, 2020: 144.

[48] 储琪. 基于深度学习的视频多目标跟踪算法研究. 合肥: 中国科学技术大学, 2019.

[49] 钱夔, 周颖, 杨柳静, 等. 基于 BP 神经网络的空中目标航迹预测模型. 指挥信息系统与技术, 2017, 8(3): 54-58.

[50] 王晶, 顾维博, 窦立亚. 基于 Leader-Follower 的多无人机编队轨迹跟踪设计. 航空学报, 2020, 41(S1): 723-758.

[51] 沈林成, 牛轶峰, 朱华勇. 多无人机自主协同控制理论与方法, 第 2 版. 北京: 国防工业出版社, 2018.

[52] Dong X W, Li Y F, Lu C, et al. Time-varying Formation Tracking for UAV Swarm Systems with Switching Directed Topologies. IEEE Transactions on Neural Networks and Learning Systems, 2019, 30(12): 1-12.

[53] 宗群, 王丹丹, 邵士凯, 等. 多无人机协同编队飞行控制研究现状及发展. 哈尔滨工业大学学报, 2017, 49(3): 1-14.

[54] Song W H, Wang J N, Zhao S Y, et al. Event-triggered Cooperative Unscented Kalman filtering and Its Application in Multi-UAV Systems. Automatica, 2019, 105: 264-273.

[55] 牛轶峰, 刘俊艺, 熊进, 等. 无人机群协同跟踪地面多目标导引方法研究. 中国科学: 技术科学, 2020, 50: 403-422.

[56] Meng W, He Z R, Su R, et al. Decentralized Multi-UAV Flight Autonomy for Moving Convoys Search and Track. IEEE Trans Contr Syst Technol, 2017, 25: 1480-1487.

英文缩略语

ADAS	Advanced Driver Assistance System	高级辅助驾驶系统
ADS	Automatic Dependent Surveillance	自动相关监视
ADS-B	Automatic Dependent Surveillance-Broadcast	广播式自动相关监视
AIS	Automatic Identification System	船舶自动识别系统
ANEES	Average Normalized Estimation Error Squared	平均归一化估计误差平方
ARM	Anti Radar Missile	反雷达导弹
ARPA	Automatic Radar Plotting Aid	自动雷达标绘仪
ASR	Augment State Registration	联合扩维误差配准
ATC	Air Traffic Control	空中交通管制
AEW	Airborne Early Warning	机载预警
ANFC	All-Neighbor Fuzzy Clustering	全邻模糊聚类
ASP	Air wire Scans per Period	天线扫描周期
BP	Back Propagation	反向传播
C^3I	Command, Control, Communication and Intelligence	指挥、控制、通信和情报
CGT	Central Group Tracking	中心群目标跟踪
CA	Constant Acceleration	匀加速
CDKF	Central Difference Kalman Filter	中心差分卡尔曼滤波
CEC	Cooperative Engagement Capability	协同作战能力
CFAR	Constant False Alarm Rate	恒虚警检测
CGT	Centroid Group Tracking	中心群目标跟踪算法
CKF	Cubature Difference Kalman Filter	容积卡尔曼滤波
CMKF	Converted Measurement Kalman Filter	转换量测卡尔曼滤波器
CRLB	Cramer-Rao Lover Bound	Cramer-Rao 下界
CS	Current Statistical	当前统计
CT	Coordinate Turn	协同转弯
CV	Constant Velocity	匀速
DBF	Digital Beam Formation	数字波束形成
DDS	Data Distribution System	数据分发系统
DSP	Digital Signal Processing	数字信号处理
DUKF	Doppler Unscented Kalman Filter	带 Doppler 量测的不敏卡尔曼滤波器
ECM	Electronic Counter Measures	电子对抗

ECCM	Electronic Counter-Counter Measures	电子反干扰，电子反对抗
ECEF	Earth Centered Earth Fixed	地心地固坐标系
ECEF-GLS	Earth-Centered Earth-Fixed coordinate Generalized Least Squares	基于 ECEF 坐标系的广义最小二乘
ECI	Earth Centered Inertial	地心惯性坐标系
EDF	Earliest Deadline First	最早的期限优先
EKF	Extended Kalman Filter	广义卡尔曼滤波器
EM	Expectation Maximization	最大期望
ENU	East North Up	东北天坐标系
ESM	Electronic Support Measure	电子支援措施
FC	Fly Control	飞行控制
FDP	Fly Data Process	飞行数据处理
FDOA	Frequency Difference of Arrival	到达频差
FGT	Formation Group Tracking	编队群目标跟踪
FIM	Fisher Information Matrix	费舍尔信息矩阵
GAN	Generative Adversarial Networks	生成对抗网络
GCN	Graph Convolutional Network	图卷积网络
GIN	Graph Isomorphism Network	图同构网络
GLS	Generalized Least Squares	广义最小二乘
GMM	Gaussian Mixture Model	高斯混合模型
GNN	Graph Neural Network	图神经网络
GNSS	Global Navigation Satellite System	全球卫星导航系统
GPS	Global Position System	全球定位系统
GRU	Gated Recurrent Unit	门循环单元
GROA	Gain Ratio of Arrival	到达增益比
GUI	Graphic Users Interface	人机界面
HCAR	Hammerstein Controlled Autoregressive	Hammerstein 受控自回归
HDLC	High-level Data Link Control	高级数据链路控制
ICAO	International Civil Aviation Organization	国际民航组织
IFF	Identification Friend-or-Foe	敌我识别器
IMM	Interacting Multiplc Model algorithm	交互式多模型算法
IMM-DUKF	Interacting Multiple Model-Doppler Unscented Kalman Filter	基于交互多模型的带 Doppler 量测的不敏卡尔曼滤波器
IMM-PDAF	Interacting Multiple Model-Probability Data Association Filter	交互多模型-概率数据互联滤波
IMM-UKF	Interacting Multiple Model-Unscented Kalman Filter	基于交互多模型的不敏卡尔曼滤波器
IPDA	Integrated Probabilistic Data Association	综合概率数据互联
JPDAF	Joint Probabitistic Data Association Filter	联合概率数据互联滤波器
KF	Kalman Filter	卡尔曼滤波器

LDV	Laser Doppler Velocimeter	激光多普勒测速仪
LM	Linear Multitarget	线性多目标
LMMSE	Linear Minimum Mean-Square Error	线性最小均方误差
LS	Least Squares	最小二乘
LSTM	Long Short-Term Memory	长短期记忆网络
MAP	Maximum A Posterior	最大后验
MCMC	Markov Chain Monte Carlo	马尔可夫链蒙特卡罗
MESAR	Multi-Function Electronically Scanned Adaptive Radar	多功能自适应电子扫描雷达
MHT	Multiple Hypothesis Tracking	多假设法
MIMO	Multiple-Input Multiple- Output Radar	多输入多输出雷达
ML	Maximum Likelihood	最大似然
MLP	Multi-Layer Perceptron	多层感知机
MLR	Maximum Likelihood Registration	最大似然配准算法
MLRM	Maximum Likelihood Registration of Mobile Radar	机动雷达最大似然配准
MMSE	Minimum Mean-Square Error	最小均方误差
MMSI	Maritime Mobile Service Identify	水上移动通信业务标识码
MPC	Modified Polar Coordinates	修正的极坐标系
MRTS	Multiple Radar Track System	多雷达航迹系统
MS	Marine Surveillance	海上监视
MSE	Mean-Square Error	均方误差
MTD	Moving Target Detection	运动目标检测
MTI	Moving Target Indication	运动目标显示
MTP	Multiple Track Processing	多雷达航迹处理
MTT	Multiple Target Tracking	多目标跟踪
NES	Normalized Error Square	归一化误差平方
NED	North East Down	北东下坐标系
NEU	North East Up	北东天坐标系
NIFC-CA	Naval Integrated Fire Control-Counter Air	海军综合火控–防空
NLS	Nonlinear Least Square	非线性最小二乘
NN	Nearest Neighbor	最近邻
NNSF	Nearest-Neighbor Standard Filter	最近邻域标准滤波器
NPEDF	Non Preemptive Earliest Deadline First	非抢占式最早的期限优先
PD	Pulse Doppler	脉冲多普勒
PDA	Probabilistic Data Association	概率数据互联
PDAF	Probabilistic Data Association Filter	概率数据互联滤波器
PDOA	Phase Difference of Arrival	到达相位差
PDF	Probability Density Function	概率密度函数
PF	Particle Filter	粒子滤波器

PHDF	Probability Hypothesis Density Filter	概率假设密度滤波器
PIN	Pulse Interval Number	脉冲间隔数
PLN	Plan Message	飞行预报
PMF	Probability Mass Function	概率质量函数
PNNF	Probabilistic Nearest-Neighbor Filter	概率最近邻法
PRF	Pulse Recurrence Frequency	脉冲重复频率
PSR	Primary Surveillance Radar	一次监视雷达
PW	Pulse Width	脉宽
RCS	Radar Cross Section	雷达截面积
RDP	Radar Data Processing	雷达数据处理
ReLU	Rectified Linear Unit	线性整流函数
RF	Radio Freqency	载频
RKNN	Recurrent Kalman Neural Network	循环卡尔曼神经网络
RTP	Radar Track Processing	单雷达航迹处理
RTQC	Real Time Quality Control	实时质量控制
RMSE	Root Mean Square Error	均方根误差
RNN	Recurrent Neural Network	循环神经网络
SAR	Synthetic Aperture Radar	合成孔径雷达
SMC-PHDF	Sequential Monte Carlo Probability Hypothesis Density Filter	顺序蒙特卡罗概率假设密度滤波器
SNF	Strongest-Neighbor Filter	最强邻域滤波器
SNR	Signal Noise Ratio	信噪比
SNMAP	Security Network Monitoring And Processing	安全网及监控处理
STC	Sensitivity Time Control	灵敏度时间控制
SPRT	Sequence Probability Rate Test	序列概率比检验
SSR	Secondary Surveillance Radar	二次监视雷达
SVSF	Smooth Variable Structure Filter	平滑变结构滤波方法
SVD	Singular Value Decomposition	奇异值分解
TAS	Track And Scan	搜索加跟踪
TBD	Track Before Detect	检测前跟踪
TDA-TSA	Two Dummy Assignment-Track Segment Association	双哑分配-中断航迹接续关联
TDOA	Time Difference of Arrival	到达时间差
TLS	Total Least Square	总体最小二乘
TR/CD	Track and Conflict Detect	航迹预估与冲突探测
TSA	Track Segment Association	中断航迹接续关联
TT	Target Tracking	目标跟踪
TWS	Track While Scan	边扫描边跟踪
UCMKF	Unbiased Converted Measurement	无偏转换测量卡尔曼滤波器

	Kalman Filter	
UHF	Ultra High Frequency	超高频
UKF	Unscented Kalman filter	不敏卡尔曼滤波器
USEKF	Unbiased Sequential Extended Kalman Filter	无偏序贯扩展卡尔曼滤波器
USUKF	Unbiased Sequential Unscented Kalman Filter	无偏序贯不敏卡尔曼滤波器
UT	Unscented Transformation	不敏变换
UTAF	Uncertain Track Adaptive Forecast	不确定航迹自适应预测
VB	Variational Bayes	变分贝叶斯
VBL-SVSF	Variable Boundary Layer-Smooth Variable Structure Filter	边界可变-平滑变结构滤波
VHF	Very High Frequency	甚高频
VR/LP	Voice Recognise/Process	管制通话识别与处理